国家自然科学基金项目
国 家 863 计 划 项 目 研究专著

西北旱区作物水肥高效利用的理论与实践

Theory and Practice on High Efficient Use of Water and Fertilizer by Crop in Arid Region of Northwest China

张富仓 刘小刚 杨启良 等 著

科 学 出 版 社
北 京

内 容 简 介

本书以甘肃河西石羊河流域绿洲灌区和陕西关中灌区为例，通过作者近 10 年在该地区长期定位研究成果的总结和凝练，系统探索了该地区主要大田作物和果树水肥高效利用机制和模式。全书共 14 章，包括概述、调亏灌溉对石羊河流域春小麦生长和水氮利用的影响、调亏灌溉对石羊河流域春玉米生长和水氮利用的影响、石羊河流域膜下滴灌棉花的水氮耦合效应、石羊河流域沟灌棉花的水氮耦合效应、调亏灌溉和施肥对关中地区农田冬小麦生长和水肥利用的影响、调亏灌溉和氮营养对关中地区玉米生长及水氮利用的影响、节水灌溉条件下作物根区水氮迁移和高效利用研究、亏缺灌溉和氮营养对关中地区茄子生长和水氮利用的影响、关中地区桃树需水信号对灌水量和微气象环境的响应研究、关中地区灌水和施氮对果树幼苗水分传输和耗水规律的影响、部分根区滴灌和环境因素对关中地区苹果幼树水分传输机制的影响、保水剂保水持肥特征及作物效应研究，以及甘肃河西地区不同储水灌溉农田水分特征分析等内容。

本书可供农田水利、水资源、作物学、生态、土壤、环境等专业的生产、教学、科研、管理及决策者阅读参考。

图书在版编目(CIP)数据

西北旱区作物水肥高效利用的理论与实践 / 张富仓等著.—北京：科学出版社，2015.10

ISBN 978-7-03-045491-1

Ⅰ.①西…　Ⅱ. ①张…　Ⅲ.①干旱区–作物–肥水管理–研究–西北地区　Ⅳ.①S365

中国版本图书馆 CIP 数据核字(2015)第 201542 号

责任编辑：李秀伟　夏　梁／责任校对：赵桂芬　刘亚琦
责任印制：肖　兴／封面设计：北京铭轩堂广告设计有限公司

科 学 出 版 社 出版
北京东黄城根北街 16 号
邮政编码：100717
http://www.sciencep.com
北京通州皇家印刷厂 印刷
科学出版社发行 各地新华书店经销
*
2015 年 10 月第 一 版　开本：787 × 1092　1/16
2015 年 10 月第一次印刷　印张：38　插页：2
字数：900 000
定价：208.00 元
(如有印装质量问题，我社负责调换)

著 者 名 单

第 1 章　张富仓　刘小刚　杨启良

第 2 章　张富仓　寇雯萍　刘小刚　吴立峰　李志军

第 3 章　刘小刚　张富仓　李志军　田育丰

第 4 章　李培岭　张富仓　李志军　贾运岗

第 5 章　李培岭　张富仓　贾运岗

第 6 章　张富仓　雷　艳　郑彩霞　岳文俊　李志军

第 7 章　邢英英　岳文俊　张富仓　李志军

第 8 章　刘小刚　张富仓　李志军　杨启良

第 9 章　杨振宇　张富仓　李志军

第 10 章　周罕觅　张富仓　李志军

第 11 章　张志亮　张富仓　李志军　刘小刚

第 12 章　杨启良　张富仓　李志军　刘小刚

第 13 章　李常亮　张富仓　李志军

第 14 章　杨　伟　张富仓　李志军　陈静静

前　言

在干旱半干旱地区，水分缺乏和土壤贫瘠是限制旱区农业发展的一个重要障碍。缺水是限制旱区土壤生产力提高的主要因素，不合理的灌溉及不合理的施肥不仅导致了土壤肥力的下降和土壤生态系统的环境恶化，而且浪费了水肥资源。

在我国西北干旱半干旱区，水资源不足始终是困扰农业生产的最主要的因素之一。作为西北绿洲最重要的农业生产基地之一，河西走廊的石羊河流域绿洲灌区为典型的大陆性荒漠气候，天然降水少，平原区年降水量为150～300 mm，年蒸发量1300～2600 mm，气候十分干燥。没有灌溉就没有农业，但在缺水的同时，农田灌溉定额普遍偏高，为5850～6750 m^3/hm^2，农田灌溉用水比例高达86%，过度开发水资源，严重挤占生态用水，导致流域生态环境急剧恶化。除了水资源短缺外，影响该地区粮食生产的一个重要问题就是土壤贫瘠和肥力低下，由于河西地区土壤主要是风沙土和灌漠土，土壤有机质含量低、缺氮、少磷、富钾，农业生产中存在大水漫灌、过量施肥等传统灌溉施肥方式，不仅水肥利用效率低，而且造成耕层土壤水分物理性质和养分环境条件严重失衡，严重影响了大田作物的生长。陕西关中地区是黄土高原最重要的粮食主产区之一，气候属于半湿润易旱地区，平均年降水量680 mm，农业水资源贫乏，按人口和耕地平均占有水量分别为400.5 m^3和4950m^3/hm^2，是全国平均水平的17.3%和15%。关中地区需水量为74.27 $\times 10^8$ m^3，而实际供水量只有56.54$\times 10^8$ m^3，缺水率达23.87%，属典型的资源性缺水区。关中地区土壤是黄土，土层深厚，气候温和，无霜期200d左右，日照时间较长，很适宜农作物的生长。但在缺水的同时，关中灌区由于在小麦、玉米轮作的种植制度下，盲目施肥问题严重，表现为施肥量大，利用率低，配比不合理、不平衡等，导致土壤-植物-环境系统出现一系列问题，影响该地区农业可持续发展。

为了探讨石羊河流域和关中灌区主要作物水肥资源的高效利用机制与节水节肥模式，加速先进水肥高效利用技术的示范与推广，促进科技与生产的紧密结合，我们从2000年就开始在中国农业大学石羊河流域农业与生态节水试验站和西北农林科技大学节水灌溉试验站进行此方面的田间和室内试验研究工作。先后在国家自然科学基金面上项目“分根交替灌溉条件下作物根际土壤微环境效应”(50579066)、“调亏灌溉条件下作物水氮高效利用机制和供水供氮模式”(50879073)，国家高技术研究发展计划(863计划)课题“精细地面灌溉技术研究”(2002AA242091)、“农田水肥联合调控技术与设备”(2011AA100504)的资助下，对西北旱区主要作物水肥高效利用技术与模式进行了研究。

我们的研究针对过去只考虑单一的农田灌溉节水效应、施肥效应，强调将灌溉和施肥结合起来，在考虑作物高效利用水肥的过程和阶段需水需肥的基础上，研究西北旱区不同区域适宜的水肥高效利用模式；针对过去只考虑最高产量的最佳水肥供应的经济效应，强调建立基于大尺度(群体及区域)水肥高效利用和生态需水需肥的农业高效用水用肥新模式，开拓基于不同作物、不同生长阶段的作物水肥高效利用与调控的新途径；针对过去只考虑单一的作物对水肥的耦合效应，强调将水肥协同效应与灌溉技术和方法、作物生长条件、土壤等结合起来，综合考虑研究基于SPAC系统及区域作物群体的水肥高效利用模式和灌溉施肥制度。先后开展了包括“石羊河流域春小麦调亏灌溉与水氮利用试验”、“石羊河流域春玉米分根交替灌溉与水氮利用试验”、“民勤绿洲棉花不同灌溉方法与水氮耦合试验”、“调亏灌溉与施肥对关中地区农田冬小麦生长和水肥利用的影响试验”、“调亏灌溉与氮营养对关中地区农田玉米生长和水氮利用的影响试验”、“节水灌溉条件下作物根区水氮迁移与高效利用试验”、“亏缺灌溉和氮营养对关中地区茄子生长和水氮利用的影响试验”、“关中地区桃树需水信号对灌水量和微气象环境的响应试验”、“关中地区灌水和施氮对果树幼苗水分传输和耗水规律的影响试验”、“部分根区滴灌和环境因素对关中地区苹果幼树水分传输机制的影响试验”、“保水剂和氮肥混施对土壤保水持肥特征的影响及作物效应试验”等 20 多项野外定位科学试验，积累了宝贵的野外科学试验数据。上述野外试验数据为研究作物水肥高效利用机制和模式奠定了基础。

研究建立了不同生育阶段的灌水与施肥的互作效应在作物生长、生理、产量和品质与作物水肥高效利用之间的定量关系，提出适合本地区推广应用的、针对不同作物和生育阶段的水肥高效利用指标体系和最佳供水供肥模式；研究建立了适合石羊河流域绿洲灌区和陕西关中灌区主要农作物适宜的根系分区交替灌溉、调亏灌溉、膜下滴灌的最佳水肥控制指标及供水供肥模式，提出了主要农作物(小麦、玉米、棉花)和特色经济作物的水肥生产的函数模型，获得土壤水分、养分和盐分对作物缺水敏感指数调节的定量关系；研究建立了西北旱区主要作物的水肥联合调控技术和模式，研究了不同水肥条件下作物根-土微域中水肥耦合迁移动态、累积规律及有效性，探明了水肥迁移和残留量与灌水量和施肥量的关系，提出了基于作物的生长动态、干物质累积和产量形成机制、最佳灌水和施肥指标及耦合模式，为生产实践应用提供技术支撑。上述研究成果在生产上得到了大面积的推广应用，取得了重要的经济、社会和生态效益。该项成果在 *Agricultural Water Management*、*Soil Science Society of America Journal*、*Plant and Soil*、*Journal of Integrative Plant Biology*、*Scientia Horticulturae*、《农业工程学报》、《水利学报》、《中国农业科学》、《应用生态学报》、《土壤学报》等国内外刊物上发表论文 100 余篇，有的论文在学术界产生了一定的影响。

本书由张富仓、刘小刚、杨启良、李培岭、李志军、邢英英、周罕觅等著。各章的撰写人员在书中均有注明。全书由张富仓主编、统稿。

作者在有关西北旱区作物水肥高效利用的理论与实践的学习和研究过程中，始终得到了许多老前辈、领导的支持，以及同志们的热情帮助。首先感谢西北农林科技大学水利与建筑工程学院有关领导的热情帮助和大力支持，以及中国旱区节水农业研究院、旱区农业水土工程教育部重点实验室的领导和老师的帮助，特别感谢中国农业大学石羊河流域农业与生态节水试验站的康绍忠院士在学术和试验研究上给予的大力帮助和支持。感谢在野外试验观测和资料分析整理过程中，西北农林科技大学农业水土工程专业硕士研究生高月、周琦、李静、方栋平、邹海洋、闫世程等的辛勤劳动。感谢吴普特、蔡焕杰、马孝义、贾志宽、邹志荣、许迪、冯绍元等教授对我们工作的指导。

西北旱区作物水肥高效利用问题的研究是一项十分复杂的系统工程，作者的研究成果也是初步的，对某些问题的认识还是较肤浅，还有待于进一步探索和深化。书中不足之处，恳请同行专家批评指正。

张富仓
2015 年 1 月 26 日

目　录

第1章　概　　述

1.1 研究目的与意义

资源和环境是当今社会普遍关注的问题。在干旱半干旱地区，水分缺乏和土壤贫瘠是限制旱区农业发展的一个重要障碍。缺水是限制旱区土壤生产力提高的主要因素，由于不合理灌溉及不合理施肥不仅导致了土壤肥力的下降和土壤生态系统的环境恶化，而且浪费了水肥资源。问题的症结和解决问题的关键是如何综合调控土壤生态环境中水、肥、气、热的良性微生态环境，以期达到优质增产、合理利用土壤水肥资源和提高环境质量的目的。

我国水资源总量为 2.8 万亿 m^3，低于巴西、俄罗斯和加拿大，与美国和印度尼西亚相当，但人均和亩均水资源量仅约为世界平均水平的 1/4 和 1/2，而且地区分布很不平衡，长江流域以北地区，耕地占全国耕地的 65%，而水资源仅占全国水资源总量的 19%。目前全国正常年份农业缺水约 300 亿 m^3。农业是用水大户，其用水量约占全国用水总量的 70%，在西北地区则占到 90%，其中 90%用于农业灌溉。因此，为了应对日趋严重的缺水形势，建立节水型社会，特别是发展节水农业是一种必然选择。

在缺水的同时，中国农业水利用效率很低。据农业部门测算，我国农田自然降水利用率为 40%左右，而美国等发达国家达到 60%～70%。我国农田灌溉水利用系数为 0.5 左右，美国已经达到 0.75，还有 30%的潜力。我国每立方米水的农业产出只有 0.83 kg，比世界平均水平低 30%。我国是世界上最大的肥料生产国和消费国，目前化肥年消费量达 6000 多万吨。目前，化肥的利用率只有 25%～30%。化肥流失不仅造成资源的极大浪费，而且严重污染了环境。农田主要农作物当季氮肥利用率不足 30%，而世界平均 50%，当季磷肥利用率 15%～25%，世界平均 42%，钾肥利用率 30%～50%，世界平均 50%～70%，这些都说明，提高我国的肥料利用率，还有很大的潜力。

造成我国水肥利用率低的主要原因：一是过量灌溉，在我国的大部分灌区，大水漫灌现象还很普遍，过量灌溉既造成了水分损失，也会产生肥料淋失，农田面源污染，在盐碱化易发地区，土壤可能产生次生盐碱化；二是过量施肥，据调查显示，全国已有 17 个省的氮肥平均施用量超过国际公认的上限(225 $kg \cdot hm^{-2}$)，过量施肥不仅浪费肥料资源，而且会导致作物生长发育不协调、易倒伏和感染病虫害、贪青晚熟、作物产量和品质下降、土壤结构变差等问题。

在西北干旱半干旱区，水资源不足始终是困扰农业生产的最主要的因素之一。作为西北绿洲最重要的农业生产基地之一，河西走廊的石羊河流域绿洲灌区为典型的大陆性荒漠气候，天然降水少，年均降水量为 30～200 mm，年蒸发量为 2000～3500 mm，气候十分干燥，绿洲主要依靠南部祁连山地高山冰雪融水，山区降水形成三大内陆流域维系绿洲的命脉。可以说，没有灌溉就没有农业。在石羊河绿洲灌区，除了水资源短缺外，影响该地区粮食生产的一个重要问题就是土壤贫瘠和肥力低下，由于河西地区土壤主要是风沙土及灌漠土，土壤有机质含量低、缺氮、少磷、富钾，加之采用传统的耕作方式和大水漫灌，土壤侵蚀和水土流失严重，导致耕层土壤结构和养分条件差，严重影响了大田作物的生长。陕西关中地区是黄土高原最重要的粮食主产区之一，气候属于半干旱易湿润地区，平均年降水量仅 680 mm，农业水资源贫乏，按人口和耕地平均占有水量分别为 400.5 m^3 和 330 m^3，是全国平均水平的 17.3%和 15%。据现状分析，关中地区需水量为 74.27×10^8 m^3，而实际供水量只有 56.54×10^8 m^3，缺水率达 23.87%，属典型的资源性缺水区。关中地区的土壤是黄土，土层深厚，气候温和，无霜期 200 d 左右，日照时间较长，很适宜农作物的生长。但土壤贫瘠、在缺水的同时农田灌溉水浪费等是影响该地区农业可持续发展的重要因素。

水分是土壤生态环境中最为活跃的因子之一，土壤水分状况不仅直接关系到土壤对作物的水分供应，还会影响土壤的肥、气、热及其他物理化学性质。以改善土壤水分状况为主导的土壤生态环境最优调控已成为旱区农业可持续发展的关键，越来越受到人们的广泛关注。《国家中长期科学和技术发展规划纲要（2006～2020 年）》也把研究农业高效节水、综合节水、水资源优化配置与综合开发利用作为水与矿产资源研究领域的发展思路和重点研究问题。由于旱区农业水资源的短缺，以提高灌溉水利用效率的节水灌溉技术越来越受到人们的广泛重视和应用，特别是近年来，国内外提出的如限水灌溉（limited irrigation）、非充分灌溉（no-full irrigation）与调亏灌溉（regulated deficit irrigation），从改变作物根系土壤湿润方式，有效刺激作物根系吸收补偿功能对提高水分养分利用效率方面考虑提出的“根系分区交替灌溉（CRDI）”等概念和方法，打破了传统丰水高产型灌溉的思想，使灌溉向节水优产型方向发展，对我国北方旱区尤其是西北旱区的农业节水具有重要的理论和现实意义。

水分和养分是农业生产中影响作物生长的两个重要因素，水肥之间的关系相当复杂，合理调配水分和养分能够起到以肥调水，以水促肥的增产效果。近些年以来，作物生长的水肥效应研究越来越广泛，也取得了不少研究成果，但大多集中在水分和养分对作物生理生态指标、产量效应的单因素试验方面，而对不同生育阶段的灌水与养分的互作效应研究较少，水肥的高效配合不仅是量上的配合，而且与作物的生育时期紧密相关。作物水肥利用率低是我国西北旱区农业生产发展中面临的重大问题。适宜的水分条件和合理的养分供应是作物高产优质的基本保证，水分胁迫、养分缺乏及二者供应的不同步都不利于作物生长。研究不同节水灌溉条件下不同作物水分和养分耦合利用效率、最佳水肥配合模式及水肥高效利用机制，对于促进我国西北旱区农业可持续发展具有重要的理论与现实意义，该方面的研究也是农业水土工程学科领域研究的热点。

1.2 西北旱区作物水肥高效利用研究的总体思路

农田水肥资源及作物水肥利用状况是决定本地区农业生产力、土地利用方式、农田种植结构和生态环境状况的主导因素。西北旱区水资源极其短缺、农田肥力状况不足、降水量较少，特别是降雨期与农作物生长关键需水需肥期严重错位，导致本地区土地生产力极其低下，严重制约着本地区农业经济社会的可持续发展和农民致富奔小康目标的实现。近年来，为了提高农作物的单产潜力，农田投入的灌水量和施肥量激增，虽然这些措施对提高土地生产力起到积极的促进作用，但由于不合理的水肥供应，作物水肥利用效率极低，农田面源污染不断加重，改变了农田原有的生态环境系统，从而给本地区农业生产和生态环境带来了极大的挑战。农田水肥资源的合理配置和节水型生态农业建设必须考虑作物生长与水肥资源利用关系和农业种植结构调整带来的变化。西北旱区作物水肥高效利用的理论与实践研究的总体思路就是对过去只注重考虑农田生产力和作物单产潜力提高，不考虑农业生产对环境带来的不利影响转变为在保持作物持续稳定生产的同时，提高水和肥料的利用效率，减少土壤环境和地下水污染，实现节水节肥增效的目的。这需要我们在考虑作物高效利用水肥的过程和生态需水需肥的基础上，研究西北旱区不同区域适宜的水肥高效利用模式，同时也需要综合考虑农艺、生物及管理节水在解决西北旱区缺水问题中的作用。针对过去只考虑最高产量的最佳水肥供应的经济效应，还需要对这种生产模式生态环境效应进行评估。通过探索作物水肥高效利用的规律、进行面向生态的水肥资源合理配置、建立基于大尺度(群体及区域)水肥高效利用和生态需水需肥的农业高效用水用肥新模式、开拓基于不同生长阶段的作物水肥高效利用与调控的新途径。通过“以水调肥”、“以肥控水”的水肥互作效应机制来提高作物水肥利用效率，是西北旱区农业经济社会可持续发展的迫切需要。以作物与土壤水分养分之间的互作效应关系研究为核心，以减少奢侈生长消耗的水肥量而提高水肥资源利用效率为研究主线，通过点面结合、室内野外结合、定位试验与现场示范相结合，理论研究与技术开发应用相结合，系统探索西北旱区作物水肥高效利用的农业发展模式。

1.2.1 西北旱区作物水肥高效利用的研究现状

水肥是提高旱地农业生产力的关键，也是制约农业发展的主要因素，能否充分发挥水肥的增产效应对西北旱区粮食安全与农业可持续发展具有重要意义。水分或养分过多，特别是施肥量过多，都对作物生长不利。只有在一定范围内，肥料效应随土壤含水量的增加而提高，同时，又可提高水分的利用效率，即水肥之间存在明显的交互作用。多年来，很多学者进行了大量的研究，例如，在夏玉米生长关键时期补充灌水 15 mm，采用高量的氮磷配合(每公顷施 120 kg 氮和 26 kg 磷)，与灌水 30 mm 采用中量氮磷配合(每公顷施 60 kg 氮 和 13 kg 磷)时的玉米产量没有差异，灌水和施肥均提高了作物产量，它们之间有明显的正交互作用(李世清和李生秀，1994；李生秀和李世清，1995)。对滴灌、喷灌条件下的水肥耦合效应研究表明，花生玉米间作套种，全生育期耗水量及水分生产效率均随施肥量的增加而增大(詹卫华等，1999)。套播夏玉米全生育期耗水量保持在 4800 $m^3 \cdot hm^{-2}$，施纯氮和 P_2O_5 量分别保持在 175 $kg \cdot hm^{-2}$ 和 145 $kg \cdot hm^{-2}$ 水平时，可获取 9450 $kg \cdot hm^{-2}$ 以上产量，水分生产效率超过 1.9 $kg \cdot m^{-3}$，显示出较好的节水增收效益(黄冠华等，1999)。喷灌条件下花生产量与灌水量成一次正比关系，与施肥量的平方根成正比(冯绍元等，1999)。王凤仙等(2000)以灌水和施氮总量为决策变量，以产量和土壤水、氮资源利用效率为优化目标，根据作物-土壤联合模型模拟所得的目标函数，得到了不同降雨年型下小麦和夏玉米单季及中等降雨年型小麦-夏玉米周年的优化水氮管理措施方案。研究水肥投入的定量关系，优化水肥投入比例，有利于节水、节肥、高效增产。

根系分区交替灌溉(CRDI)和调亏灌溉(RDI)作为两种新的节水灌溉技术，研究其水肥调控效应和有效水肥供给模式具有重要的理论和现实意义。CRDI是康绍忠等在1996年基于节水灌溉技术原理与作物感知缺水的根源信号理论而提出的一种节水灌溉新方法。CRDI交替灌溉使不同区域的根系经受一定程度的水分胁迫锻炼，刺激根系吸收补偿功能，有利于作物部分根系处于水分胁迫时产生的根源信号脱落酸(ABA)传输至地上叶片，调节气孔开度，达到以不牺牲作物光合产物积累而大量减少其奢侈的蒸腾耗水。CRDI以刺激作物根系的吸水功能和改变根区剖面土壤湿润方式为核心，以调节气孔开度，减少"奢侈"蒸腾，提高水分利用效率，达到大量节水而不减少或提高品质为最终目的。CRDI在国外又称为部分根区干燥技术(partial root-zone drying，PRD)。

关于CRDI对作物养分吸收的影响，Benjamin等(1998)研究了隔沟灌溉带状施肥对玉米生长和氮肥吸收的影响，结果表明在干旱年份，当氮肥施在不灌水沟时，氮肥吸收降低50%；在相对湿润年份，灌水沟和不灌水沟之间肥料吸收无差异。Lehrsch等(2000)研究了不同隔沟灌溉方式对玉米生长和硝态氮淋洗的影响，结果表明交替隔沟灌溉在维持作物产量的同时，可使土壤氮的吸收增加21%。Skinner等(1998)报道了隔沟灌溉施肥对玉米根系分布的影响，不灌水沟与灌水沟相比根的生物量增加了26%，若生长季早期湿度合适，灌水沟和不灌水沟上下根层的根量都增加，氮的吸收也因此而增加。国内学者研究发现，在施肥和充分供水条件下，与常规灌溉(CI)相比，分根交替灌溉节水29.1%，总干物质量和冠层干物质量仅分别减少6.3%和5.6%，而水分利用效率和氮肥表观利用率分别提高24.3%和16.4%(梁继华等，2006)。胡田田等(2005)对局部灌水方式的玉米不同根区氮素吸收和利用进行了研究，结果表明交替灌水的不同根区对作物吸收氮素有同等贡献。

关于CRDI对土壤微环境的研究主要有以下报道，高明霞等(2004)对不同灌溉方式下玉米根区硝态氮的分布研究表明，不同灌水方式条件下玉米根区硝态氮的分布不同。在3种灌水方式的湿润区，NO_3^--N的累积趋势为：交替灌水>固定灌水>常规灌水。李志军等(2005)的试验表明，土壤含水率较高，有利于冬小麦根系对土壤中离子态养分的吸收；土壤含水率下限相同时，3种不同的灌水方式中，土壤中$H_2PO_4^-$-P和NH_4^+-N离子浓度均呈现出递减的趋势，而NO_3^--N离子浓度却呈现出明显的递增趋势，在同一土壤含水率下，CRDI对养分离子的吸收优于其他两种灌水方式。谭军利等(2005)研究表明，在低灌水量($450\ m^3 \cdot hm^{-2}$)水平下，水肥异区交替灌溉处理的施肥区和灌水区之间存在水势梯度差异，NO_3^--N含量也有差异；灌溉效率和肥料利用效率均高于均匀灌溉。在高灌水量($900\ m^3 \cdot hm^{-2}$)水平下，水肥异区交替灌水与常规均匀灌水差异不显著，但养分离子发生了强烈的淋洗。收获后，交替灌溉的NO_3^--N残留量比传统灌溉要高，而水分残留量则相反。研究结果发现，CRDI的灌水量为$450\ m^3 \cdot hm^{-2}$时的产量与均匀灌溉的灌水量为 900 $m^3 \cdot hm^{-2}$ 时的产量相差并不大，即 CRDI 可节水一半。王金凤等(2006)研究了 CRDI 对玉米根区土壤微生物的影响，在同一灌水方式下，轻度的水分亏缺导致土壤微生物数量占有一定的优势，有时甚至高于充分灌水处理；1/2 根区交替灌水的根系两侧土壤微生物数量分布均匀。

RDI 是根据作物的遗传和生态特性，即从作物生理角度出发，在作物生长发育的某些时期受到一定程度的有益水分胁迫，通过影响光合产物向不同组织器官的分配，从而提高最终产量而舍弃营养器官的生长量和有机合成物质的总量，达到节水增产、改善作物品质的目标。调亏灌溉的关键在于从作物的生理角度出发，根据作物的需水特点进行主动调亏处理。实践证明，RDI 可以实现产量、水分利用、品质的全面提高。

合理施用并结合 RDI 可显著提高作物产量和水分利用效率，但应用不当则会适得其反。土壤干旱情况下，氮、磷营养虽然都可以增强作物的渗透调节能力，但由于氮、磷营养对作物地上和地下部分生长的不同作用，氮、磷营养对作物的水分状况产生了完全相反的影响。氮素营养可增强作物对干旱的敏感性，使其水势和相对含水量大幅度下降，蒸腾失水减少，自由水含量增加而束缚水含量减少，并使膜稳定性降低。磷素营养则明显改善了植株的水分状况，增大了气孔导度，降低了其对干旱的敏感性，增加了束缚水含量，并使膜稳定性增强(张岁岐等，2000)。孔庆波等(2005)研究了在 RDI 条件下施用生物有机肥对小麦苗期地上部分和根系生长量、根系活力及养分吸收状况的影响，以及复水后对植株干物质重及根系活力的影响。结果表明，水分是影响冬小麦苗期生长的主要因素；不同施肥处理对小麦产量的影响不同。在水分适宜条件下，施用生物有机肥和 N、P、K 肥对小麦干物质重及养分吸收量的影响差异不大；而施用生物有机肥的小麦根系活力比 N、P、K 肥处理的高。在水分中度、重度亏缺时，施用生物有机肥的处理小麦干物质、养分吸收和根系活力均比 N、P、K 肥处理高。尤其复水后，施用生物有机肥处理的小麦各指标，较施用 N、P、K 肥效果好。甘肃省河西绿洲灌区春小麦 RDI 对土壤磷素养分有显著影响，0～20 cm 和 0～40 cm 土层土壤全磷量和速效磷均与小麦全生育期供水量呈线性正相关，土壤速效磷随着全磷量的增加呈线性增加。春小麦 RDI 对土壤有机质、全氮、碱解氮、全磷、速效磷、全钾、速效钾、pH 均有显著的影响作用。干旱条件下春小麦适度水分调亏对 0～20 cm 土层全钾和速效钾含量有不同程度的降低作用。RDI 处理的籽粒产量和生物产量均较高，造成籽粒和秸秆钾素携出量大，因而对土壤速效钾的消耗严重，导致土壤钾素含量降低。严重的水分亏缺降低钾从土壤向根系扩散的速率，而适度水分亏缺则会增加钾从土壤向根系扩散的速率，这也是土壤钾素养分含量降低的原因之一(张步翀，2007)。赵彦锋等(2002)研究发现，水、磷都有利于玉米株高、叶面积和总生物量的增加，磷的作用更明显，苗期玉米调亏控水结合施磷有利于玉米苗期建立较大的根/冠、培育壮苗、提高水分生产率；水、磷对氮、磷、钾养分向地上部运输都有促进作用，调亏控水条件下，施磷处理的氮、磷、钾向地上部运输的比例大于不施磷处理。黄高宝和张恩和(2002)试验得出，在小麦拔节后期(玉米苗期)以土壤相对含水率的 50%进行亏缺灌水，可明显提高间作系统总的生产力；间作农田土壤速效磷与根密度的垂直分布呈明显递减特性，30%以上的 P 和 40%以上的根干重分布在 0～10 cm 土层，而表层含水率低于 10%，水分空间分布与根系和 P 的错位，限制了磷素养分肥效的发挥，通过磷肥深施(20 cm 土层以下)和玉米苗期的适度 RDI，可促进根系在土壤下层的分布，便于深层根系在中、后期对养分的吸收。速效氮在空间上的分布受灌溉影响很大，生育前期速效氮虽然在表层含量较高，但随生育期的推进，逐渐向下层运移，因此灌溉农田过量施氮或施氮方法不当，将造成氮素随水流失，降低氮肥利用效率。Pandey 等(2000)研究表明，RDI 和供氮水平对玉米的叶面积系数、作物生长系数和地上干物质的重量影响不同。在玉米苗期适宜地采取水分调亏可以促进根系下扎的深度，有利于根系向深层土壤中的水分的汲取，同时也减小了叶面积，降低了作物的蒸腾量。水分和氮肥的最优化投入可以获得最大的生物学产量和收获指数。通过 2 年的试验，研究了增加水氮供应对小麦的生物学产量的影响。结果表明，将氮肥供给增加到 120 kgN · hm^{-2} 时，小麦会产生更大的叶面积、叶绿素含量、作物生长系数和地上部分的生物学产量。水氮交互作用对生物学产量影响显著。小麦生长参数随着调亏灌溉次数的增加而减小。研究还表明，如果把单位面积上的地上干物质产量和收获指数最大作为目标，就会限制本地区降低灌水定额的可能。在小麦的播种阶段的水氮最优投入是非常关键的，这将有助于作物以后的生长、生物学产量和收获指数的提高(Pandey et al.，2001)。

1.2.2 西北旱区作物水肥高效利用的研究目标

总体目标是通过认识西北旱区水肥资源高效利用规律及其与生态环境之间的相互关系，在探究作物高效利用水肥机制与环境的基础上，充分考虑节水与养分之间的关系及节流与开源的关系，提出与西北旱区水肥资源供需平衡相适应的节水型生态农业技术集成模式，合理配置本地区水肥资源，实现本地区水肥资源高效利用与生态系统良性循环。研究适宜于西北旱区不同作物的最佳调亏灌溉生育期、水分亏缺度及诊断作物缺水程度的技术指标。探明调亏灌溉对大田作物生理生态特征、产量、水分利用效率及品质的影响，构建调亏灌溉的水分生产函数；找到不同地区的大田作物的根系分区交替灌溉适用模式及相应的田间管理技术等；研究不同节水灌溉模式对土壤水肥微环境及理化特性的影响，为改善农田生态环境提供理论依据；研究不同灌水技术下作物生理响应(如导水率和茎流等)、节水机制(如保水剂的持水保肥特性等)；将先进的灌水技术和施肥相结合，水肥吸收累积规律，摸清不同节水灌溉下作物水肥高效利用机制，找到适合于西北旱区主要作物的最佳水肥供应模式，实现水肥高效利用和优质稳产的发展目标。

在深刻认识西北旱区作物水肥高效利用过程和根区微环境的基础上，建立定量描述当地农业生产过程中“以水定肥，以肥控水”的水肥高效利用模式，力求反映节水灌溉和作物生产力提高对农田生态系统的影响；获得西北旱区水肥供应量改变与生态环境效应之间的定量关系，建立本地区水肥供应量改变所导致的生态环境效应评估指标体系与方法；确定生态环境脆弱条件下的最优水肥供应量的决策方法，把作物生长过程与调控和水肥资源优化配置有机地结合起来，实现水肥资源合理配置理论的新突破。针对西北旱区水资源紧缺、生态环境脆弱、农业用水浪费、农业节水潜力较大的现状，以提高作物水肥利用效率、灌溉水利用率和改善农田生态环境为核心，建立适合本地区的作物水肥高效利用的理论与应用技术，提出基于不同生育阶段的作物水肥高效利用与调控新技术；通过节水灌溉条件下水分养分迁移转化理论及尺度效应的研究，把单点的水分养分迁移动力学模式扩转到尺度应用，为不同尺度水分养分转化过程的定量模拟和节水调控提供有力的工具。在作物水肥高效利用与根系分区交替灌溉、非充分灌溉和调亏灌溉理论研究中，注重节水灌溉条件下土壤、水、肥、盐迁移模型与尺度效应，考虑不同施肥量的本地区地表水-大气水相互转化关系，面向生态的水肥资源合理配置等重点领域建立新理论，提出新方法。

开发西北旱区水肥资源合理配置及农业生态节水的应用技术，建立本地区水肥资源合理配置的、综合考虑农艺和生物及管理节水的技术集成体系；通过作物水肥高效利用技术与调亏灌溉、非充分灌溉、根系分区交替灌溉、膜下滴灌等试验，建立适合西北旱区广泛使用的水肥高效利用技术、制订适合本地区农业发展的灌溉制度、适应本地区不同区域气候与水资源特点和土地资源状况的节水农业技术体系。对应用技术进行综合集成，建立主要农作物水肥高效利用的根系分区交替灌溉、调亏灌溉、非充分灌溉、膜下滴灌等技术的操作规程，与流域水资源供需平衡相适应的节水型农业种植格局、用水结构调整下的水肥资源合理配置模式，提出本地区考虑生态的农艺、生物及管理节水综合技术体系集成模式和技术规程，以及综合评价标准和指标体系。在本地区不同气候区不同水资源形成条件区，建立节水型农业高效利用水肥的示范区。

1.2.3 石羊河流域大田作物水肥高效利用研究的框架与体系

西北旱区作物水肥高效利用的理论与技术综合集成研究包括应用基础理论研究、应用技术研究和示范推广 3 个方面。应用基础研究是应用技术开发的依据，把基础研究和应用研究的技术与模式进行集成，并建立示范区，在西北旱区进行推广。

以水肥资源持续高效利用为中心，在深刻认识作物高效利用水肥的过程及其与生态环境之间的关系基础上，实施考虑环境的节水型生态农业技术措施与水肥资源的优化配置，其总体框架如图 1-1 所示。

1.2.4 需要解决的关键科学技术问题

根据西北旱区特别是关中地区及石羊河流域现有研究基础和条件，其作物水肥高效利用的理论与技术综合集成研究需要解决以下关键技术问题。

A. 建立不同生育阶段的灌水与肥料的互作效应在作物生长、生理、产量和品质与作物水肥高效利用之间的定量关系，提出适合本地区推广应用的针对不同作物和生育阶段的水肥高效利用指标体系和最佳供水供肥模式，这将对于促进我国西北旱区农业可持续发展具有重要的理论与现实意义，该方面的研究也为农业水土工程学科更好更快发展提供决策依据。该内容是为了回答“不同生育阶段的灌水与肥料之间的互作效应下西北旱区作物生长、生理、产量和品质与作物水肥高效利用之间如何响应”的科学问题，并期望针对调亏灌溉、根系分区交替灌溉、非充分灌溉和膜下滴灌技术提供可操作性的灌水和施肥的最优调控指标。

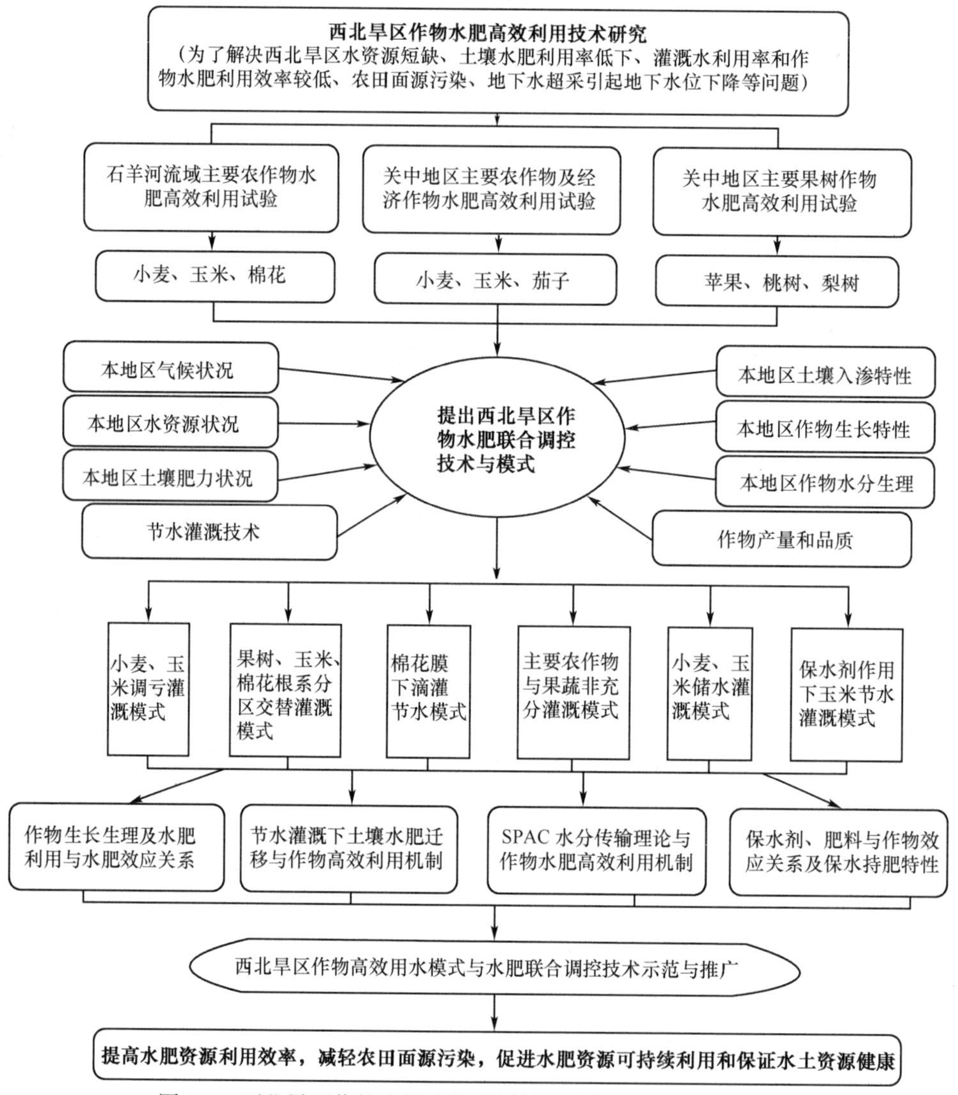

图 1-1　西北旱区作物水肥高效利用的理论与实践的总体框架

B. 建立西北旱区主要大田作物高效用水用肥的可控指标体系，为本地区节水潜力评估和水肥调控技术的应用提供科学依据；建立适合本地区的节水、高效及对环境友好的节水灌溉技术应用中(根系分区交替灌溉、调亏灌溉、非充分灌溉、膜下滴灌等技术)的最佳水肥控制指标及供水供肥模式，解决这些技术在存有土壤次生盐碱化的地区应用的可行性问题及农田面源污染控制的问题；建立主要农作物(小麦、玉米、棉花)和特色经济作物的水肥生产的关系模型，获得土壤养分和盐分对作物缺水敏感指数调节的定量关系；提出本地区主要农作物在节水灌溉条件下土壤水分养分运动规律及耦合效应关系；解决本地区土壤水分、养分和盐分之间的互作效应关系对作物生产的促进作用和对区域资源环境的管理利用问题。回答“在节水灌溉条件下土壤水分、养分如何迁移转化和如何进行作物水、肥、盐联合调控”的科学问题。

C. 提出西北旱区主要作物群体特征的耗水计算方法，解决区域作物耗水的计算问题。基于作物群体特征建立既有理论基础又便于实际应用的区域作物耗水计算新方法；提出作物水肥高效利用和节水灌溉条件下的作物系数值，以满足实际应用的需求。探明“西北旱区作物需水需肥和用水用肥结构的区域分布规律，预测其未来变化趋势？”解决“植物何时需要补充灌溉和施肥？如何获取植物生命需水需肥信息并实行精量控制植物水肥用量？”的科学问题。

D. 建立西北旱区主要作物的水肥联合调控技术与现有节水灌溉技术(根系分区交替灌溉、调亏灌溉、非充分灌溉、膜下滴灌等技术)综合集成体系，为生产实践及应用提供操作与技术规程，解决推广应用中为了提高水肥利用效率和对环境的污染问题，在“不同地区采取何种适宜的节水控肥措施或几种措施的集成技术、不同节水措施采用何种配套施肥技术”的实际操作技术问题。

E. 探索节水灌溉和施肥下西北旱区作物生理生态(光合、蒸腾、叶水势、根系水导、叶绿素、叶片脯氨酸含量、根系活力及渗透调节物质和抗氧化酶活性参数)、水肥吸收利用和土壤微环境响应机制。研究不同水肥条件下作物根-土微域中水肥耦合迁移动态、累积规律及有效性。采集不同时期根区土样测定水肥含量，研究不同亏水时期和灌水方式下作物根-土微域中土壤含水量、养分含量的变化趋势，得到不同节水方式下作物根区水肥转化规律。探明水肥迁移和残留量与灌水量和施肥量的关系。研究不同节水灌溉和施肥处理对作物根冠比、干物质累积、收获指数的影响规律。探讨不同亏水时期和灌水方式对作物产量、水分利用效率、氮肥利用效率和品质的水肥单因子效应和水肥耦合效应。研究节水灌溉和施肥下西北旱区作物的生长动态、干物质累积和提质高产机制、最佳灌水和施肥指标及耦合模式。

通过以上关键技术问题的深入系统研究，形成西北旱区基于作物水肥高效利用的节水与生态农业综合技术体系，实现本地区水肥资源的合理配置及农业与生态高效用水用肥前沿应用基础理论的重大突破和跨越式发展，为农业高效用水用肥提供科学依据和新的途径，通过示范区建设及推广应用，缓解本地区水资源短缺及生态环境恶化，特别是农田面源污染的问题，促进本地区水肥资源的持续高效利用和区域经济社会的可持续发展。

1.2.5 研究内容与方法

1.2.5.1 应用基础理论研究

1）作物生长生理及水肥利用与水肥互作效应机制

水分和养分是农业生产中影响作物生长的两个重要因素，水分不足影响营养物质的合成和运转，降低产量和品质；肥力不足则影响水分的吸收和利用。如何把水分和养分协调起来，起到以肥调水、以水促肥的增产效果是旱地农业的核心问题。近年来，国内外学者围绕此问题进行了大量的试验研究工作，但对不同生育阶段的灌水与肥料的互作效应研究较少，因此通过建立不同生育阶段的灌水与肥料的互作效应在作物生长、生理、产量和品质与作物水肥高效利用之间的定量关系，并期望针对调亏灌溉、根系分区交替灌溉和非充分灌溉及膜下滴灌技术提供可操作性的灌水和施肥的最优调控指标，对于促进我国西北旱区农业可持续发展具有重要的理论与现实意义，该方面的研究也为环境友好型现代农业更好更快发展提供决策依据。

2）石羊河流域节水灌溉条件下土壤水分、养分迁移及尺度效应

研究西北旱区不同节水灌溉方式下土壤水分、养分的迁移转化规律和数值模拟方法，不同节水灌溉技术条件下的水肥利用率及作物生长需要的水肥量的最佳组合模式和最优的灌水技术参数；研究大尺度的水分、养分、盐分运动规律；研究水分、养分、盐分运移的田块尺度与区域尺度条件下土壤微环境效应关系，推断实验室尺度、田块尺度、区域尺度之间的水分、养分(盐分)运移参数的转换关系与尺度效应；根据理论方法和野外实际测定方法，研究基于大尺度的水分、养分和盐分运动理论的预测模型。

3）西北旱区 SPAC 水分传输理论与作物水肥高效利用的调控机制

研究西北旱区苹果、桃树、梨树和玉米 SPAC 水分传输力能关系，探究各种作物不同器官的水流运动规律及其与环境因素(土壤水分、养分、盐分和大气因素)的相关关系，作物生长与不同器官水分传导及水流阻力之间的相关关系，并建立定量表征方程；研究作物适度缺水的补偿效应及其调控机制，建立作物对水分胁迫反应的定量模拟模型；研究不同滴灌方式作用下根系水分传导与水分利用效率、叶水流阻力与气孔导度之间的定量模拟模型，探索通过作物气孔调节、冠层水分传输和根系调控对提高其水分利用效率的机制和途径；研究作物根茎液流的热脉冲测定和作物群体蒸腾计算方法，力求探索清楚作物需水信号对土壤水分、养分和盐分的响应关系，为建立不同节水灌溉方式和不同环境条件下更为完善的作物蒸散发估算模型奠定基础，在此基础上综合考虑植物水分传导、水流阻力和茎秆液流测定为基础的作物水分和养分定量诊断指标，确定作物水肥高效利用的临界指标值。

4）保水剂保水持肥特征及作物效应机制

保水剂属于高分子电解质，它具有空间网状结构且其分子上有大量的亲水性基团。保水剂的三维网络多极空间的物理结构和高吸水性树脂分子上的亲水性基团的化学结构的特点决定了它能够吸持大量的水分。保水剂是化学节水材料的一种，又称高吸水剂，它能迅速吸收比自身重数百倍甚至上千倍的纯水，而且具有反复吸水功能，保水剂所吸持的大部分水分可释放供作物吸收利用。同时，保水剂可以改良土壤结构，提高土壤的水分保持，提高水肥的利用率。当土壤中加入保水剂后，保水剂在土壤中吸水膨胀，把分散的土壤颗粒黏结成团块状，使土壤容重下降，孔隙度增加，调节土壤中的水、气、热状况而有利于作物生长。保水剂表面有吸附、离子交换作用，肥料溶液中的离子能被保水剂中的离子交换，减少了肥料的淋失。因此，对保水剂的保水、保肥机制及对作物

生长发育、生理特性、养分吸收及水肥利用效率的影响进行试验，研究其作用机制，为旱地农业的节水增产和水肥利用效率的提高创造更为有利的条件，也为现代节水农业的发展提供理论依据。

1.2.5.2 应用技术的研究与开发

1）大田作物调亏灌溉技术

研究西北旱区主要农作物（小麦、玉米）的调亏灌溉技术，包括作物不同生育阶段水肥高效利用时其生长和生理特性的变化特征、生长和生理调节时的控制指标、最佳水肥互作效应时的水肥迁移和分布特征，以及作物缺水缺肥时作物生长生理指标的时空变异规律；提出不同作物调亏灌溉的最佳水肥调亏阶段、调亏程度、调亏持续时间，建立既考虑产量品质又考虑生态环境要求的最佳调亏灌溉模式，形成既考虑作物生育阶段又与作物生长状况相适应的农业技术措施，为生产实践中的推广应用提供技术支撑和保障。

2）主要作物根系分区交替灌溉技术

研究主要农作物（玉米、棉花）和果树（苹果树、桃树、梨树等）在沟灌和滴灌条件下根系分区交替灌溉对根区土壤水肥运移规律、不同生育阶段时根区水肥的分布特征、作物根系吸水及水分传输特征、根系及冠层形态特征、田间尺度的水量平衡、作物水肥利用效率的影响，建立作物水肥供应与产量和品质响应的关系模型，深层次挖掘作物生理节水的潜力和水肥调控的尺度效应关系，综合考虑西北旱区作物的生育阶段、气候特征、水资源状况和农田面源污染的现状，建立水肥高效利用且对环境友好的根系分区交替灌溉模式，在推广应用中真正体现出明显的节水节肥和水肥调质的效果。

3）大田作物及经济作物非充分灌溉技术

西北旱区非充分灌溉技术的应用主要针对农作物（小麦、玉米、棉花）和果蔬（苹果、桃树、梨树和茄子），研究内容包括作物光合生理（光合速率、气孔导度和蒸腾速率）和水分生理（叶水势、水流阻力和水分传导及茎液流）特性、水肥迁移和水肥利用效率及产量品质的变化，以及缺水缺肥敏感指标的时空变异规律；作物非充分条件灌溉下的水肥高效利用的控制指标及供水供肥模式，有限水肥量在作物生育期内的最优分配模式；提出不同作物非充分灌溉的最佳水肥调控阶段、调控程度、调控持续时间，提出与本地区资源和环境要求相适应的非充分灌溉模式。

4）大田棉花膜下滴灌水肥利用技术

研究棉花作物在膜下滴灌条件下的需水需肥规律和作物系数的变化，以及将膜下滴灌与分根区交替灌溉相结合时考虑棉花群体特征的节水、高产、高效和优质的节水灌溉技术和最佳供水供肥模式。

1.2.5.3 技术集成与应用

在上述理论研究与技术开发的基础上，将作物水肥高效利用技术与农艺、生物及管理节水技术交叉融合进行技术集成创新，并提出技术标准和操作规程，进行技术的示范和推广应用。

1）西北旱区作物高效用水模式与水肥联合调控技术集成

在对西北地区水土资源状况、节水潜力和生态环境评估的基础上，采用非充分灌溉技术、调亏灌溉、根系分区交替灌溉和膜下滴灌技术后，将水肥高效利用技术与现有节水灌溉技术集成，提出各种技术应用时实行总灌水量和总施肥量控制原则，综合考虑作物产量-品质-水肥利用效率之间的定量关系，基于作物不同生长发育阶段进行适量配水和测土配肥，制定出最优的灌水和施肥时间、灌水和施肥间隔、灌水和施肥量，依据本地区水资源和土地资源状况进行农业种植结构调整与布局、水土资源统一管理模式、水土环境的污染控制、水肥资源高效利用监测与评估方法。探索合理配置有限水量，以水定地、适水种植和以水肥定产的节约型农业生产模式，以田间节水节肥为重点，以水肥管理为核心，以提高水肥利用效率为根本，以水肥效益的动态评估为抓手的区域水肥资源可持续利用战略，探索出各种技术应用时实行“水肥总量控制、水肥定额管理、以水定植、以水肥定产、超用阶梯加价、节约奖励”的管理制度改革，建立西北旱区水肥资源合理配置与管理的技术集成创新体系。

2）西北旱区水肥资源高效利用与节水农业示范模式及推广应用

根据西北旱区水资源形成、转化特点及不同区域气候特点、土地利用现状及水利工程设施，提出综合考虑降水特点与适宜节水灌溉技术、先进的农艺生物和管理措施相结合的水肥资源高效利用的节水农业发展模式。根据作物各生育阶段对水肥需求量的不同，针对大田作物小麦和设施蔬菜，采用水肥资源高效利用技术与非充分灌溉或调亏灌溉技术相结合的节水高效农业模式；针对大田作物玉米，采用水肥资源高效利用技术与根系分区交替灌溉或调亏灌溉技术相结合的节水高效农业模式；针对大田果树作物，采用水肥资源高效利用技术与根系分区交替灌溉或非充分灌溉技术相结合的节水高效农业模式；针对大田作物棉花，采用水肥资源高效利用技术与根系分区交替灌溉和膜下滴灌技术相结合的节水高效农业模式。

根据西北旱区水肥高效利用模式的研究，对每种模式选择有代表性和有条件的小区，采用水肥资源高效利用技术与节水灌溉技术进行综合集成和示范。对示范区作物的生长、生理、耗水特性、灌溉用水和产量及品质等进行观测。分析与评价水肥投资与节水节肥效应及对生态环境的影响，为进一步在西北旱区大面积推广应用提供依据。

1.3 西北旱区作物水肥高效利用的技术与模式

针对我国西北旱区水资源短缺，农业生产中的水肥利用效率偏低的现实，采用先进的节水灌溉技术（根系分区交替灌溉和调亏灌溉等），以西北地区最常见的大田作物（小麦和玉米）、果树和蔬菜为试验材料，以节水灌溉条件下的根区水肥迁移动态和高效利用机制为主线，研究了节水灌溉和养分处理对不同地区不同作物根区土壤水分、养分的迁移动态、耗水规律、作物系数、水肥利用效率、根冠关系、营养生长与生殖生长的调控机制、作物群体产量、生理特性等的影响，在系统研究的基础上探讨了水肥高效利用机制，同时提出了适宜于西北旱区水肥高效利用模式。可指导西北旱区农业生产中水分和养分的科学管理，提供可操作性较强的灌水和施肥的最优指标，对发展节水节肥、保护土壤环境和农业可持续发展具有重要意义。

1.3.1 石羊河流域大田作物水肥高效利用模式

石羊河流域武威绿洲春玉米籽粒产量随施氮量的增加而增加；施氮量为 300 kg · hm^{-2}、拔节期灌水 136 mm 时的籽粒产量最大。籽粒灌溉水利用效率随灌水量的增加而降低；全生育期灌水 340 mm 时增施氮肥可使籽粒产量和籽粒灌溉水利用效率同时提高；施氮量为 300 kg · hm^{-2}、苗期和灌浆期分别灌水 34 mm 时籽粒灌溉水利用效率最大。各因素对玉米植株全氮累积总量的影响由大到小依次为：施氮量、拔节期灌水、苗期灌水、灌浆期灌水和抽穗期灌水。石羊河流域武威绿洲春玉米水氮耦合最佳模式为：施氮量 300 kg · hm^{-2}，苗期、拔节期、抽穗期和灌浆期分别灌水 34 mm、136 mm、68 mm 和 102 mm。

施氮量、拔节期和抽穗期灌水对干旱区春小麦的产量影响显著，施氮量为 168 kg · hm^{-2}、拔节期灌水 90 mm、抽穗期灌水 70 mm 可以获得较高的籽粒产量。水氮对地上干物质累积量的影响和对籽粒产量的影响相似，但抽穗期灌水对地上干物质累积量影响不显著。施氮量为 224 kg · hm^{-2}、抽穗期和灌浆期灌水都为 50 mm 可以获得较高的收获指数，在生产中考虑提高收获指数时，首先应保证较高的籽粒产量。施氮量对地上干物质和籽粒的氮素累积量影响显著，拔节期灌水为 90 mm，施氮量为 168 kg · hm^{-2} 时籽粒的氮素累积量最大。为获得较高产量和提高水氮利用效率，建议石羊河流域春小麦最优的水氮交互模式为：施氮量 168 kg · hm^{-2}，全生育期灌水 4 次，拔节期灌水为 90 mm，分蘖期、抽穗期、灌浆期灌水均为 60 mm。

在一定的施氮量和灌水量范围内，1 滴管带 4 行棉花（1 带 4 行）和 2 带 4 行增加施氮量和灌水量有利于提高棉花产量，2 带 6 行则增加灌水量和控制施氮量有利于提高产量。3 种滴灌模式增加灌水量和控制施氮量有利于提高氮肥利用效率。1 带 4 行和 2 带 4 行增加施氮量和减少灌水量有利于提高棉花水分利用效率，2 带 6 行则控制施氮量和减少灌水量有利于提高水分利用效率。综合棉花不同滴灌模式的水氮耦合效应，得出 2 带 4 行滴灌模式为最能够促进棉花水氮耦合效应发挥、有利于膜下滴灌棉花生长的田间水氮管理模式。

兼顾产量、氮肥吸收和利用效率中氮的高水处理更有利于膜下分区交替滴灌棉花氮肥的吸收和利用。水氮调控对棉花氮素吸收和利用特性具有显著影响，通过水氮调控可显著提高棉花氮素吸收性能和利用效率，促进根系分区交替滴灌棉花的氮肥效应发挥，对于棉花水肥管理具有重要理论意义。采用交替隔沟灌溉方式对棉花的氮素吸收和氮肥利用影响较小，固定隔沟灌溉则减少了棉花的氮素吸收，降低了水肥利用效率，沟灌棉花宜采用交替隔沟灌溉方式，有利于田间水氮管理。

1.3.2 关中地区大田作物水肥高效利用模式

对冬小麦拔节期进行不同程度的水分胁迫会对其生长和发育造成极大影响，最终使得干物质累积、运输和分配产生影响，拔节期长历时水分胁迫会减少有效穗数、穗粒数及最终产量。因此在实际生产当中应避免在拔节期发生任何程度的水分胁迫，这是确保稳产高产的根本。返青期轻度水分胁迫后复水处理的经济产量高于不胁迫处理，达到了节水增产的目的。在冬小麦的整个生育期，水分利用效率随供水量的提高而下降，适当的水分胁迫可以提高水肥利用效率而获得较高产量和高效益。施肥正是通过提高各生育期土壤供应能力，继而增加作物吸收量，从而使产量大幅度提高。因此，氮、磷肥配合施用是冬小麦产量进一步提高的重要途径，生产中可适当加大施肥量。随着施氮量的增加，冬小麦籽粒含氮量、吸氮量呈现增大趋势，施氮能弥补返青期、抽穗期、灌浆期水分亏缺对冬小麦籽粒含氮量的降低作用。当施磷量适当时，施磷明显能提高冬小麦产量和灌溉水利用效率，而施磷过大时，产量反而会降低。无论充分供水还是严重干旱水分条件，施磷对作物生长都有促进作用。只有在适当的水分亏缺条件下，适当的施磷量对冬小麦生长促进作用增加。从节水角度看，适当的条件下施足磷肥有重要意义。

干旱半干旱地区，在玉米营养生长和生殖生长的过程中，不仅要选择合理的灌水量和施肥量，而且更应该合理选用灌溉方式，只有将各个方面有机地结合起来才能达到节水增效的目的。交替沟灌中水高肥为最优组合处理：即沟灌方式为交替沟灌、灌溉量为 282 mm、施肥量为 240 $kg \cdot hm^{-2}$ 的处理。与常规和固定灌溉方式相比，交替沟灌中水高肥处理能更有效地展现自己的优越性，提高根系和冠层水导，促进水分养分吸收利用，增加产量，具有很好的应用价值。

1.3.3 关中地区果树水肥高效利用模式

不同树种因受环境因素胁迫程度的不同，耗水量也不同。桃树苗与梨树苗总耗水量相当，但是水分利用效率却有明显的不同，桃树苗水分利用效率较高，梨树苗水分利用效率较低。梨树苗在高水处理下，消耗了大量“无效”水分，浪费了水资源。在果园栽培梨树苗时选择中低水处理，即可以提高水分利用效率也节约了水资源，从而经济合理地发展经济林木。

交替滴灌（ADI）处理的苹果幼树提高了抗盐分胁迫能力，使得根系吸水能力增强，大大减少了叶片无效的水分蒸腾，也有利于维持苹果幼树体内水分平衡。采用 ADI 方式进行灌溉既提高了苹果幼树的节水调控能力，也增强了抗盐分胁迫能力。

1.3.4 关中地区蔬菜水肥高效利用模式

在低氮和中氮条件下，水分亏缺的时期越早，对茄子产量的影响越小；在高氮条件下，开花座果期水分亏缺处理的产量最低。随着施氮量的增加，无论是生育期进行了水分亏缺的处理还是没有进行水分亏缺的处理,茄子的产量均表现出先上升后下降的趋势。合理的施氮能够促进水分利用效率的提高，过高、过低地施氮都会降低水分利用效率。开花座果期亏水和中氮处理组合为茄子水肥高效利用模式。

1.3.5 保水剂节水保肥研究

保水剂是迅速发展起来的一种新型节水材料，基本特点是可吸收自身重量几百倍的水分，贮存在土壤中，然后在土壤缺水时，根据植物需要，缓慢释放；且能反复吸放水分，可持续使用多年。保水剂能调节土壤中的水、气、热状况，从而利于作物生长。使用沃特多功能抗旱凹凸棒(有机)/聚丙烯酸(无机)保水剂(WT)或海明聚丙烯酸钠型高能抗旱保水剂(HM)，保水剂用量为4‰，可以增加玉米苗期WUE，综合效益最优。

参 考 文 献

冯绍元，詹卫华，黄冠华. 1999. 喷灌条件下冬小麦水肥调控技术田间试验研究. 农业工程学报，15(4)：112-15
高明霞，王国栋，胡田田. 2004. 不同灌溉方式下娄土玉米根际硝态氮的分布. 西北植物学报，24(5)：881-885
胡田田，康绍忠，张富仓. 2005. 局部灌水方式对玉米不同根区氮素吸收与利用的影响. 中国农业科学，38(11)：2290-2295
黄高宝，张恩和. 2002. 调亏灌溉条件下春小麦玉米间套农田水、肥与根系的时空协调性研究 农业工程学报，18(1)：53-57
黄冠华，冯绍元，詹卫华. 1999. 滴灌玉米水肥耦合效应的田间试验研究. 中国农业大学学报，4(6)：48-52
孔庆波，聂俊华，张青. 2005. 生物有机肥对调亏灌溉下冬小麦苗期生长的影响. 河南农业科学，2：51-53
李生秀，李世清. 1995. 不同水肥处理对旱地土壤速效氮、磷养分的影响. 干旱地区农业研究，13(1)：6-13
李世清，李生秀. 1994. 水肥配合对玉米产量和肥料效果的影响. 干旱地区农业研究，12(1)：47-53
李志军，张富仓，康绍忠. 2005. 控制性根系分区交替灌溉对冬小麦水分与养分利用的影响. 农业工程学报，21(8)：17-21
梁继华，李伏生，唐梅. 2006. 分根区交替灌溉对盆栽甜玉米水分及氮素利用的影响. 农业工程学报，22(10)：68-72
谭军利，王林权，李生秀. 2005. 不同灌溉模式下水分养分的运移及其利用. 植物营养与肥料学报，11(4)：442-448
王凤仙，陈研，李韵珠. 2000. 土壤水氮资源的利用与管理Ⅲ. 冬小麦-夏玉米水氮管理措施的优化. 植物营养与肥料学报，6(1)：18-23
王金凤，康绍忠，张富仓. 2006. 控制性根系分区交替灌溉对玉米根区土壤微生物及作物生长的影响. 中国农业科学，39(10)：2056-2062
詹卫华，黄冠华，冯绍元，等. 1999. 喷灌条件下花生玉米间作的水肥耦合效应. 中国农业大学学报，4(4)：35-39
张步翀. 2007. 绿洲春小麦调亏灌溉对土壤磷素养分的影响研究. 中国生态农业学报，15(5)：26-29
张岁岐，山仑，薛青武. 2000. 氮磷营养对小麦水分关系的影响. 植物营养与肥料学报，6(2)：147-151
赵彦锋，吴克宁，李玲. 2002. 玉米苗期调亏控水与磷协同效应研究. 河南农业科学，4：4-6
Benjamin J G，Porter L K，Duke H R. 1998. Nitrogen movement with furrow irrigation method and fertilizer band placement. Soil Science Society of America Journal，62(4)：1103-1108
Lehrsch G A，Sojka R E，Westermann D T. 2000. Nitrogen placement，row spacing，and furrow irrigation water positioning effects on corn yield. Agronomy Journal，92(6)：1266-1275
Pandey R K，Maranville J W，Chetima M M. 2000. Deficit irrigation and nitrogen effects on maize in a Sahelian environment. Ⅱ.Shoot growth，nitrogen uptake and water extraction. Agricultural Water Management，46：15-27
Pandey R K，Maranville J W，Chetima M M. 2001. Tropical wheat response to irrigation and nitrogen in a Sahelian environment. Ⅱ. Biomass accumulation，nitrogen uptake and water extraction. European Journal of Agronomy，15：107-118
Skinner R H，Hanson J D，Benjamin J G. 1998. Root distribution following spatial of water and nitrogen supply in furrow irrigated corn. Plant and Soil，199：187-194
Wang L，Kroon H D，Smits A J M. 2007. Combined effects of partial root drying and patchy fertilizer placement on nutrient acquisition and growth of oilseed rape. Plant and Soil，295：207-216

第 2 章　调亏灌溉对石羊河流域春小麦生长和水氮利用的影响

水分和养分是农业生产中影响作物生长的两个重要因素，水肥之间的关系相当复杂，合理调配水分和养分能够起到以肥调水、以水促肥的增产效果。近年来，作物生长的水肥效应研究越来越广泛，也取得了不少研究成果，但大多集中在水分和养分对作物生理生态指标、产量效应的单因素试验方面，而对不同生育阶段的灌水与氮肥的互作效应研究较少，水肥的高效配合不仅是量上的配合，而且与作物的生育时期紧密相关。研究调亏灌溉条件下作物水分和养分耦合利用效率，对于促进我国西北旱区农业可持续发展具有重要的理论与现实意义，该方面的研究也是农业水土工程学科领域研究的热点。

2.1 国内外研究进展

对于某些作物，由于其生理生化通道受到遗传特性或生长激素的影响，在其生长发育的某些时期有目的地施加一定程度的水分胁迫，会促使光合产物在不同组织器官内进行重新分配，从而提高产量而降低营养器官的生长量和有机合成物质的总量。对于大多数作物来讲，早期阶段植株较小，而且气温也较低，蒸发强度小，需水强度也小，也就是说作物缺水的发展速度比较慢，作物不同时期对缺水的敏感程度各异(Paul，2003；何华等，1999；史文娟等，1998)。Turner(1997)指出，作物适当阶段的适度缺水有利于作物产量的提高。

蔡焕杰等(2000)研究表明，较慢的水分亏缺发展速度对作物产量的影响较小。而在作物的生长中期阶段，植株生长旺盛，需水强度大，作物缺水的发展速度比较快，不适于进行调亏灌溉。李洁(1999)研究表明，春小麦生育期内不同阶段缺水的敏感性依次为：拔节＞孕穗＞抽穗＞灌浆＞分蘖，而牧草敏感指数以营养生长期最大，其次为生殖生长期(郭克贞和何京丽，1999)；但也有与此不同的看法。黄土旱区两种优势作物冬小麦、春玉米的 Jensen 模式的作物-水分模型研究表明(梁银丽等，2000)，小麦在播种—返青期缺水敏感指数(A)最大，对缺水最为敏感，拔节—抽穗期次之，然后是抽穗—灌浆期，而灌浆—成熟期和返青—拔节期的敏感性最小；玉米拔节—抽穗期和抽穗—灌浆期对缺水最敏感，拔节前和灌浆—成熟期敏感性小。因而作物敏感性指标较好地反映了不同作物及同一作物不同生育阶段对水分亏缺的敏感性，它是灌溉水源不足时确定最优灌溉制度的基础(王修贵，1998)。所以施加主动亏水阶段(即调亏灌溉的时间)也是作物调亏灌溉的关键之一。因此根据作物与水分的关系、水分亏缺对作物的影响及作物自身的生理抗旱能力，在作物某些生育时期进行适度水分调亏灌溉是完全可行的。

调亏灌溉的亏水度应当控制在适度的缺水范围内，但何为适度缺水却很难有个统一的标准。因为不同的地区、不同的作物种类和品种，甚至于同一作物的不同生育阶段其亏水度的标准都各不相同。Mayer 和 Green（1980）在南非用蒸渗仪对冬小麦的研究发现，当 1 m 土层的土壤水分消耗低于 33%可利用水量时，扩长生长下降，为了避免扩长生长的下降，他们建议以土壤水分消耗到 50%可利用水量作为灌溉标准。张喜英和由懋正（1998）认为，拔节期冬小麦最大调亏程度为 0～50 cm 土层土壤含水量≥田间持水量的 65%，孕穗、抽穗期，抽穗、灌浆前期最大调亏程度为 0～80 cm 和 0～100 cm 土层土壤含水量≥田间持水量的 60%，灌浆后期最大调亏程度为 0～100 cm 土层土壤含水量≥田间持水量的 50%。黄占斌和山仑（1998）研究表明，拔节期 40%的田间持水量是春小麦产量和水分利用效率协调一致的土壤水分下限，60%的田间持水量则是小麦产量和水分利用效率同步达到较高值的土壤水分上限。蔡焕杰等（2000）也认为，在作物早期生长发育阶段，土壤含水率控制在田间持水量的 45%～50%不会对作物产量产生明显的不利影响。邵明安等（1987）也发现，在 40%～80%的田间持水量范围内，土壤水分对作物来说几乎同等有效，保持较低的土壤水分不会使作物遭受明显干旱而大幅度减产。张喜英等（1999）在不同生长时期进行不同程度的调亏试验结果表明，占田间持水量 60%的土壤含水量可作为小麦适宜土壤含水量的下限值。张薇等（1996）认为小麦苗期和成熟期土壤水分下限为田间持水量的 52%～55%，其他生育阶段为 58%田间持水量；土壤水分上限值，小麦、玉米在田间持水量的 72%～75%，可作为节水高产土壤水分的调控标准与范围。王和洲等（1999）系统研究了影响土壤水分调控标准的主要因素及相互作用和特点后也提出，小麦苗期和成熟期土壤水分下限为田间持水量的 50%～55%，其他生育阶段为 60%田间持水量；小麦土壤水分上限值在 70%～75%。陈玉民等（1997）通过对光合速率与蒸腾速率的土壤水分关系曲线叠加图分析后认为，蒸腾速率与光合速率曲线分离点的土壤水分（占田间持水量的 65%～90%）恰为节水灌溉应控制的水分指标，是作物水分生产率的峰值点。王宝英和张学（1996）对 3 种作物研究后认为，以田间持水量 85%～90%作为适宜的土壤水分上限指标，既可以使计划层内的土壤水分达到比较适宜作物生长的程度，有利于作物高产，又避免了水量浪费。水分下限指标为小麦返青前应为田间持水量的 75%以上，返青期可降至 65%以下，以不影响小穗分化为限度，拔节至抽穗期可适当提高，以控制在 70%为宜，抽穗至成熟阶段下限以 60%～65%为宜；夏玉米孕穗前土壤水分下限可控制在 60%～65%，灌浆期后下限可保持在 60%左右，而孕穗至灌浆期必须保持较高的土壤水分条件，下限一般控制在 70%为好。棉花在苗蕾期和花铃期土壤水分下限应掌握在 50%和 60%较好，而吐絮期为保证棉花质量、提高铃重水分，下限应保持在 55%。康绍忠等（1998）认为，从既提高产量又提高水分利用效率的双重目的出发，玉米苗期土壤含水率为 50%～60%田间持水量、拔节期土壤含水率为 60%～70%田间持水量是其最佳的调亏灌溉方案。马忠明（1999）采用二次回归旋转设计和回归分析方法，研究了甘肃河西绿洲灌区土壤水分的变化特征及其与主要水分生理因子的相关性后认为，出苗至抽穗、抽穗至灌浆初和灌浆初到成熟的土壤水分下限分别控制在 70%、60%和 50%时春小麦产量最高。孟兆江等（1998）研究表明，玉米节水高产的调亏灌溉指标为：调亏时段为三叶一心—拔节（七叶一心），调亏度为 45%～65%的田间持水率，历时 21 d；或者在拔节—抽穗调亏，调亏度为 60%～65%，历时 21 d，平均比对照增产 25.24%，节水 15.41%，水分利用效率提高 45.05%。胡笑涛等(1998)以营养液培养的方法在模拟调亏灌溉下研究玉米根系生长和蒸腾效率的变化后发现，调亏灌溉的土壤水势不宜低于–0.4 MPa，水势愈低则调亏时间愈短，水势较高时调亏周期可以延长。也有人研究得出，在节水灌溉管理中，棉花苗期、蕾期、花铃期和吐絮成熟期的土壤水分下限可分别定为田间持水量的 55%、55%、65%和 55%。裴冬和亢茹(2000)则认为，合理的棉花调亏灌溉制度是苗期应控制水分供应，土壤含水量维持在田间持水量的 55%～60%，蕾期和花铃期是棉花的需水关键期，土壤含水量应分别保持在田间持水量的 65%～70%，吐絮期应控制水分供应，土壤含水量维持在田间持水量的 50%～55%。王密侠等(2000)进行了玉米不同生育期的调亏度试验，结果发现玉米苗期经受适度水分亏缺，可促使水分和营养供给向根系倾斜，增强植株后期的调节和补偿能力，节水效益显著且对产量影响不大；与充分供水处理相比，苗期重度调亏、中度调亏和轻度调亏处理的根冠比分别增大了 11.5%、23.14%和 6.36%；产量则分别相差 5%、5%和 3%；拔节期重度调亏、中度调亏、中轻度调亏和轻度调亏处理的根冠比分别增大了 6.25%、24.20%、40.29%和 43.00%；产量则分别相差 18%、9%、3%和 1%。陈晓远和罗远培(2001)对小麦进行前期干旱、开花期复水处理，结果发现小麦茎秆伸长，单叶和单株叶面积增大，干物质积累增加，中度水分亏缺后充分供水，其生物量和产量都超过对照。

在果树调亏灌溉中，黄兴法等(2001a)研究认为，果树调亏灌溉的土水势值为–400～–200 kPa，这只是一个大致的范围，具体果树的最佳调亏灌溉指标应根据实际地区、果树品种种类、资源条件等来确定。他还认为在 6 月中旬到 7 月中旬以蒸发量的 40%对苹果树进行微喷灌溉，而其他季节恢复以蒸发量的 80%灌溉的调亏灌溉处理中，与充分灌溉比较，调亏灌溉处理的产量基本上没有受到影响，而灌水量减少了 17%～20%，耗水量减少了 10.2%～11.2%，并有效抑制了枝条生长(黄兴法等，2001a，2001b)。Costa 和 Shanmugathasan(2002)认为，大豆全生育期充分灌水和不灌水相比较，土壤水分亏缺最大量在 69～462 mm。不同牧草不同生育阶段生理特性的差异决定了对水分的要求也不相同。一般来说，人工牧草在出苗和营养生长阶段土壤水分控制在中等水分较为适宜，而营养生长阶段和生殖生长并进阶段则应控制在较高水分范围。天然旱生的冰草群落一般应使土壤水分保持在田间持水量的 55%～70%为宜，而中旱生的羊草群落则应保持在田间持水量的 70%～85%为宜(陈玉民等，1997)，这样才有利于牧草的生长发育。此外，调亏灌溉的适宜亏水度也可依照土壤水分亏缺指数(SWDI)或土壤水分胁迫指数(SWSI)来衡量(Colaizzi et al.，2003；Paul，2003)，其计算式为：SWDI(或 SWSI)$=1-ET_c/ET_p=1-Ks\cdot Krec$，其中 ET_c 为作物腾发量，ET_p 为作物潜在腾发量，Ks 为水分胁迫系数，Krec 为水分胁迫灌水后作物根系恢复生长和叶片恢复碳化的时间。

施肥对于农业生产的影响很大，合理施用并结合调亏灌溉可显著提高作物产量和水分利用效率。但如果应用不当则会适得其反。土壤干旱情况下，氮、磷营养虽然都可以增强作物的渗透调节能力，但由于氮、磷营养对作物地上和地下部分生长的不同作用，氮、磷营养对作物的水分状况产生了完全相反的影响。氮素营养可增强作物对干旱的敏感性，使其水势和相对含水量大幅度下降，蒸腾失水减少，自由水含量增加而束缚水含量减少，并使膜稳定性降低。磷素营养则明显改善了植株的水分状况，增大了气孔导度，降低了其对干旱的敏感性，增加了束缚水含量，并使膜稳定性增强(张岁岐等，2000)。孔庆波等(2005)采用盆栽试验，研究了在调亏灌溉条件下施用生物有机肥对小麦苗期地上部分和根系生长量、根系活力及养分吸收状况的影响，以及复水后对植株干物质重及根系活力的影响。结果表明，水分是影响冬小麦苗期生长的主要因素；不同施肥处理对小麦产量的影响不同。在水分适宜条件下，施用生物有机肥和 N、P、K 肥对小麦干物质重及养分吸收量的影响差异不大；而施用生物有机肥的小麦根系活力比 N、P、K 肥处理的高。在水分中度、重度亏缺时，施用生物有机肥的处理，小麦干物质、养分吸收和根系活力均比 N、P、K 肥处理高。尤其复水后，施用生物有机肥处理的小麦各指标，较施用 N、P、K 肥效果好。张步翀(2007)对甘肃省河西绿洲灌区春小麦调亏灌溉两年后土壤速效磷和全磷变化进行了研究，并采用配对样本 t 检验(双尾检验)对小麦收获时土壤磷素养分指标年际间的差异及其与全生育期调亏供水量、速效磷与全磷的关系进行了回归分析。结果发现，春小麦调亏灌溉对土壤磷素养分有显著影响，0～20 cm 和 0～40 cm 土层土壤全磷量和速效磷均与小麦全生育期供水量呈线性正相关，土壤速效磷随着全磷量的增加呈线性增加。赵彦锋等(2002)采用桶栽试验研究了不同水、磷条件对玉米苗期生长发育、水分利用和养分吸收的影响。结果表明水、磷都有利于玉米株高、叶面积和总生物量的增加，磷的作用更明显，苗期玉米调亏控水结合施磷有利于玉米苗期建立较大的根/冠、培育壮苗、提高水分生产率；水、磷对氮、磷、钾养分向地上部运输都有促进作用，调亏控水条件下，施磷处理的氮、磷、钾向地上部运输的比例大于不施磷处理。张步翀(2007)研究发现，春小麦调亏灌溉对土壤有机质、全氮、碱解氮、全磷、速效磷、全钾、速效钾、pH 均有显著的影响作用。干旱条件下春小麦适度水分调亏对 0～20 cm 土层全钾和速效钾含量有不同程度的降低作用。调亏灌溉处理的籽粒产量和生物产量均较高，造成籽粒和秸秆钾素携出量大，因而对土壤速效钾的消耗严重，导致土壤钾素含量降低。严重的水分亏缺降低钾从土壤向根系扩散的速率，而适度水分亏缺则会增加钾从土壤向根系扩散的速率，这也是土壤钾素养分含量降低的原因之一。黄高宝和张恩和(2002)采用池栽法对春小麦/春玉米间套系统在不同水分调亏水平下，水、肥与根系的时空协调性进行了研究。试验得出，在小麦拔节后期(玉米苗期)以土壤相对含水率的 50%进行亏缺灌水，可明显提高间作系统总的生产力；间作农田土壤速效磷与根密度的垂直分布呈明显递减特性，30%以上的磷和 40%以上的根干重分布在 0～10 cm 土层，而表层含水率低于 10%，水分空间分布与根系和磷的错位，限制了磷素养分肥效的发挥，通过磷肥深施(20 cm 土层以下)和玉米苗期的适度调亏灌溉，可促进根系在土壤下层的分布，便于深层根系在中、后期对养分的吸收。速效氮在空间上的分布受灌溉影响很大，生育前期速效氮虽然在表层含量较高，但随生育期的推进，逐渐向下层运移，因此灌溉农田过量施氮或施氮方法不当，将造成氮素随水流失，降低氮肥利用效率。

Pandey 等(2000a，2000b)研究表明，调亏灌溉和供氮水平对玉米的叶面积系数、作物生长系数和地上干物质的重量影响不同。在玉米苗期适宜的采取水分调亏可以促进根系下扎的深度，有利于根系向深层土壤中的水分的汲取，同时也减小了叶面积，降低了作物的蒸腾量。水分和氮肥的最优化投入可以获得最大的生物学产量和收获指数。本研究对萨赫勒地区如何提高玉米产量和确定灌水周期提供了理论指导。

Pandey 等(2001a)通过 2 年的试验，研究了增加水氮供应对小麦的生物学产量的影响。结果表明将氮肥供给增加到 120 kgN · hm^{-2}时，小麦会产生更大的叶面积、叶绿素含量、作物生长系数和地上部分的生物学产量。水氮交互作用对生物学产量影响显著。小麦生长参数随着调亏次数的增加而减小。小麦分蘖期、生殖阶段的作物生长速率、叶面积和叶绿素和地上部分干物质累积量显著相关。3 种灌溉模式条件下小麦的根系深度(通过水分汲取模型估计所得的)是不同的。研究还表明，如果把单位面积上的地上干物质产量和收获指数最大作为目标，就会限制本地区降低灌水定额的可能。在小麦的播种阶段的水氮最优投入是非常关键的，这将有助于作物以后的生长、生物学产量和收获指数的提高。

当一个地区水分受到限制时，补充灌溉可以弥补季节性降雨不足，从而获得令人满意的产量。Tavakkoli 和 Oweis(2004)在伊朗西北部进行了田间试验，试验土壤为黏性粉沙土，设 4 个灌水水平(不灌，1/3、2/3 和 3/3 充分灌溉)和 5 个施氮水平(0 kgN · hm^{-2}、30 kgN · hm^{-2}、60 kgN · hm^{-2}、90 kgN · hm^{-2}、120 kgN · hm^{-2})。灌水量为充分灌溉 1/3 的处理显著提高了作物产量且水分利用效率达到最大。补充灌溉明显地提高了水氮利用效率。在调亏灌溉条件下，60 kgN · hm^{-2}和充分灌溉 1/3 的灌水定额可以获得最大的水分利用效率。

Pandey 等(2001b)采用不同的季节灌溉制度(300～690 mm)和 5 个氮肥水平(0 kgN · hm^{-2}、40 kgN · hm^{-2}、80 kgN · hm^{-2}、120 kgN · hm^{-2}、160 kgN · hm^{-2})，研究了不同水氮处理对小麦生长的影响。结果表明，作物产量和产量的主要组成与灌溉水量呈正相关。由 2 年的试验结果可知，随着灌水量和施氮量的增加，小麦的耗水量也增加；所有灌溉处理中作物产量、单位面积上麦粒数量与施氮水平呈 2 次关系。在高氮水平条件下，产量、单位面积上穗的数量、千粒重对灌溉的响应最大。水分的亏缺导致了单位面积上麦穗数量的减少，在施氮水平为 0 kgN · hm^{-2}和 160 kgN · hm^{-2}时，最大程度的水分亏缺可以使单位面积上的穗的数量减少 40.6%～45%。在最低和最高的施氮水平条件下，水分亏缺分别降低了千粒重的 12%和 19.4%。在萨赫勒地区采取水氮的最优化组合，可以在小麦生产中获得最大的经济产量和经济效益。施氮量必须和灌水量相匹配，从而增加水分利用效率，使收益最大。

Elvio 和 Michele(2008)在地中海沿岸地区的意大利中部(玉米生育期的降雨量为 175 mm)进行了 2 年的田间试验，试验设水分和氮素两因素，3 个灌水水平(不灌、50% ET_c、ET_c)和 3 个氮肥水平(0 kgN · hm^{-2}、15 kgN · hm^{-2}、30 kgN · hm^{-2})。试验结果表明，施氮水平影响作物的经济产量和生物学产量、水分利用效率、灌溉水利用效率和氮肥利用效率，无氮处理和有氮处理的差异性显著。亏缺灌溉(50% ET_c)和充分灌溉对作物生长的影响基本上相同。水氮交互作用对作物产量和水分利用效率影响显著。充分灌水可以提高氮肥的利用效果。在地中海地区可以通过减少水氮的投入，探索出具体的水氮因素促进的操作模式，从而获得较高的玉米产量，达到资源利用最大化。

2.2 不同生育期灌水和施氮对春小麦生长的影响

小麦生长发育所必需的营养元素有很多种，而氮、磷、钾是小麦体内含量多，且很重要的 3 种元素，其中氮素是植物生长必需的大量元素之一。氮素能够促进小麦茎叶和分蘖的生长，增加植株绿色面积，加强光合作用和营养物质的积累。所以合理增施氮肥能显著增产。小麦在不同生育时期吸收养分的数量是不同的，一般情况是苗期的吸收量都比较少，返青以后吸收量逐渐增大，拔节到扬花期吸收最多，速度最快。因此，在生产上必须按照小麦的需肥规律合理施肥，才能提高施肥的经济效益。施肥对烟叶生长比水分亏缺处理明显，高肥对烟叶的株高、最大叶叶面积、烟叶产量、中部叶 N 和 K 含量、产量和耗水量的影响均高于低肥处理。有研究认为，施氮能加速小麦的生长发育，如小麦分蘖数和地上干重随施氮量的增加而增加。施氮的小麦地上部分的含氮量比不施氮的高，且小麦在分蘖期和拔节期的含氮量随施氮量的增加呈先增后减趋势。对有些作物，施氮能显著提高作物产量，在低氮水平下，作物的生长量随施氮量的增加而增大，但当施氮量过高时，反而会抑制作物的生长。因此，施氮对不同作物的抑制作用是不一样的（张殿顺等，2006；莫江华等，2008；李世娟等，2000）。

2.2.1 试验概况

本试验于 2009 年 3～7 月在中国农业大学石羊河流域农业与生态节水试验站进行。试验站位于甘肃省武威市，地处腾格里沙漠边缘（37°50′49″N，102°51′01″E）。海拔 1500 m，为大陆性温带干旱气候，该地区年平均气温 8℃，>0℃积温 3550℃以上，干旱指数 15～25。年均日照时数 3000 h 以上，年均降水量 160 mm，年均水面蒸发量 2000 mm 以上，土壤质地为灰钙质轻沙壤土，根层土壤干容重为 1.32 $g \cdot cm^{-3}$，田间持水量为 36.58%（体积含水率），地下水埋深达 25～30 m。

试验的春小麦品种为‘永良 4 号’。供试土壤为甘肃省武威市凉州区大田土壤（20～40 cm），土壤经自然风干，磨细过 2 mm 筛。土壤质地为灰钙质轻沙壤土，田间持水量为 36.58%（体积含水率）。土壤理化性质：有效磷含量 30.82 $mg \cdot kg^{-1}$，硝态氮含量 55.45 $mg \cdot kg^{-1}$，铵态氮含量 6.70 $mg \cdot kg^{-1}$，有机质含量为 0.4%～0.8%，土壤 pH 约为 8.2，地下水的矿化度 0.71 $g \cdot L^{-1}$，土壤速效性盐离子含量为 0.12%～0.56%。

试验设不同生育期灌水和施氮水平 2 个因素，水分设 6 个处理：充分供水（CK），苗期不灌水（T1），拔节期不灌水（T2），抽穗期不灌水（T3），灌浆期不灌水（T4）及苗期+灌浆期不灌水（T5）。灌水与不灌水以灌水量来控制，灌水的每个生育期灌水定额均为 90 mm，全生育期总共灌 4 次水。施氮设 4 个水平：分别为 0 $kgN \cdot hm^{-2}$（N_0）、60 $kgN \cdot hm^{-2}$（N_1）、120 $kgN \cdot hm^{-2}$（N_2）和 180 $kgN \cdot hm^{-2}$（N_3）。试验共 24 个处理，每个处理重复 2 次，共计 48 个小区，小区面积为 15 m^2（3 m×5 m），采用随机区组排列并设有保护区。氮肥选用尿素，施氮水平为 0 $kgN \cdot hm^{-2}$、60 $kgN \cdot hm^{-2}$、120 $kgN \cdot hm^{-2}$ 的播前一次性施入，为了保证出苗率，施氮为 180 $kgN \cdot hm^{-2}$ 分两次施入，播前施 1/2，第一次灌水追施 1/2。磷肥选用重过磷酸钙，作为底肥深翻土地前一次性均匀撒施，施磷量为 525 $kg \cdot hm^{-2}$ 重过磷酸钙（主要成分 P_2O_5）。春小麦于 3 月 21 日播种，7 月 20 日收获。试验灌溉水源为机井水，灌水量用精确水表控制。试验处理方案见表 2-1，供试期间的降雨量和灌水时间见图 2-1。

表 2-1　试验处理方案

施氮处理	水分处理	苗期/mm	拔节期/mm	抽穗期/mm	灌浆期/mm
N_0	CK	90	90	90	90
	T1		90	90	90
	T2	90		90	90
	T3	90	90		90
	T4	90	90	90	
	T5		90	90	
N_1	CK	90	90	90	90
	T1		90	90	90
	T2	90		90	90
	T3	90	90		90
	T4	90	90	90	
	T5		90	90	
N_2	CK	90	90	90	90
	T1		90	90	90
	T2	90		90	90
	T3	90	90		90
	T4	90	90	90	
	T5		90	90	
N_3	CK	90	90	90	90
	T1		90	90	90
	T2	90		90	90
	T3	90	90		90
	T4	90	90	90	
	T5		90	90	

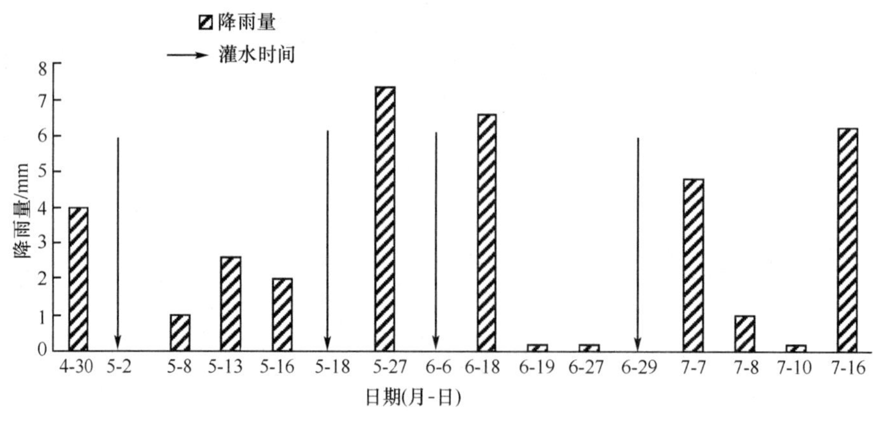

图 2-1　春小麦生育期降水和灌溉情况

根据春小麦的不同生育期进行取样，每个处理选取 10 株有代表性的进行测量。观测时期分别为苗期、拔节期、抽穗期和灌浆期，观测项目具体如下。

(1)株高

不同生育期阶段,在处理的小区随机选取 10 株能够代表小区整体长势的植株测定春小麦的株高，用米尺测定。

(2) 叶面积指数(LAI)

不同生育期阶段，用北京奥作生态仪器有限公司生产的 Sunscan 冠层分析仪测定叶面积指数。测定时分别在每一个处理内的南北和东西方向测 2 次叶面积指数，取平均值作为该处理的叶面积指数。

(3) 叶绿素

不同生育阶段,在处理的小区选取 10 株能够代表小区整体长势的植株测定春小麦的叶绿素，用叶绿素仪测定。

2.2.2 不同生育期灌水和施氮对春小麦株高的影响

由表 2-2 可以看出，不同生育期灌水和施氮对春小麦的株高有一定的影响。与全生育期灌水(CK)相比，在不同的施氮水平下，苗期不灌水、拔节期不灌水、抽穗期不灌水及苗期+灌浆期不灌水的春小麦的株高差异显著，而灌浆期不灌水对春小麦的株高差异不显著。

表 2-2　不同生育期灌水和施氮对春小麦株高的影响

不同生育期灌水处理	施氮水平	播种后的天数/d			
		47	58	79	106
CK	N_0	28.06d	49.51cd	64.93jk	65.13hi
	N_1	31.28c	50.65c	74.20lf	74.96d
	N_2	35.17b	56.28ab	79.49bc	80.13b
	N_3	36.11ab	57.94ab	84.34a	84.99a
T1	N_0	25.39e	38.14i	63.18jkl	63.29j
	N_1	27.98d	39.28hi	63.28jkl	63.33j
	N_2	28.14d	40.97gh	65.14j	65.85h
	N_3	29.96c	44.57f	68.93i	69.39g
T2	N_0	27.99d	46.73ef	62.20l	63.69ij
	N_1	30.48c	49.35cd	68.68i	70.10fg
	N_2	34.82b	50.91c	73.34fg	74.81d
	N_3	36.31ab	56.18b	77.04de	78.83bc
T3	N_0	28.08d	46.63ef	62.77kl	63.87ij
	N_1	30.85c	49.32cd	71.47gh	71.89e
	N_2	35.27b	56.71ab	74.94f	75.02d
	N_3	37.04a	58.59a	77.68cd	77.76c
T4	N_0	28.24d	48.23de	64.89jk	65.72h
	N_1	31.68c	49.29cd	75.12ef	71.23ef
	N_2	34.93b	56.31ab	80.31b	79.62b
	N_3	36.41ab	58.13ab	83.84a	84.37a
T5	N_0	25.16e	39.26hi	64.90jk	64.99hi
	N_1	27.26d	39.88hi	68.89i	68.94g
	N_2	34.93b	42.26g	69.88hi	70.09fg
	N_3	30.01c	45.19f	71.85gh	71.92e
显著性检验(*F* 值)					
灌溉		9.07**	63.31**	9.4**	8.52**
氮肥水平		33.92**	42.34**	26.77**	26.58*
水分×氮肥水平		7.32**	4.4**	17.03**	31.55**

注：T1. 苗期不灌水，T2. 拔节期不灌水，T3. 抽穗期不灌水，T4. 灌浆期不灌水，T5. 苗期+灌浆期不灌水，下同。

*表示差异显著，**表示差异极显著；a，b，c 等分别表示 P= 5%水平下显著性差异。下同

苗期不灌水条件下的株高在任何生长时期和施氮水平下都低于对照。苗期(播后47d) N_0、N_1、N_2、N_3处理的春小麦株高与对照相比分别降低了 9.52%、10.55%、19.99%和17.03%；拔节期(播后 58 d)、抽穗期(播后 79 d) 和灌浆期(播后 106 d) N_0、N_1、N_2、N_3处理的株高分别比对照降低了 22.97%、22.45%、27.20%、23.08%和 2.70%、14.72%、18.05%、18.27%及 2.83%、15.51%、17.82%、18.36%。随着施氮量的增加，对株高的影响呈现增大的趋势。拔节期不灌水处理的春小麦株高也都低于对照，拔节期(播后 58 d) N_0、N_1、N_2、N_3处理的株高与对照相比分别降低了 5.62%、2.57%、9.54%和 3.04%，抽穗期(播后 79 d) 和灌浆期(播后 106 d) N_0、N_1、N_2、N_3处理分别比对照降低了 4.20%、7.44%、7.74%、8.66%和 2.21%、6.48%、6.64%、7.25%，表明尽管在后期的复水后株高有所增加，但仍明显低于对照，施氮对拔节期不灌水处理的春小麦的株高有一定的促进作用，但这种作用的差异不显著。抽穗期不灌水对春小麦的株高也产生一定的抑制作用。抽穗期(播后 79 d) N_0、N_1、N_2、N_3处理的株高与对照相比分别降低了 3.33%、3.68%、5.72%、7.90%，在灌浆期(播后 106 d) N_0、N_1、N_2、N_3处理的株高与对照相比分别降低了 1.93%、4.10%、6.38%、8.51%。苗期+灌浆期不灌水处理的株高在任何施氮水平均显著低于对照，苗期(播后 47 d) N_0、N_1、N_2、N_3处理的株高与对照相比分别降低了 10.33%、12.85%、0.68%和 16.89%，拔节期(播后 58 d)、抽穗期(播后 79 d) 和灌浆期测定的 N_0、N_1、N_2、N_3处理的株高分别比对照降低了 20.70%、21.26%、24.91%、22.01%，0.05%、7.16%、12.09%、14.81%和 0.21%、8.03%、12.53%、15.38%。随着施氮量的增加，对抽穗期不灌水和苗期+灌浆期不灌水处理的株高也呈现增大的趋势。

2.2.3 不同生育期灌水和施氮对春小麦叶面积指数(LAI)的影响

由表 2-3 可知，不同生育期灌水和施氮对春小麦的叶面积指数的影响程度是不同的。随着生育期的推进，春小麦对养分的需求量加大，春小麦的叶面积指数也随着施氮量的增加而增加。与全生育期灌水(CK)相比，在不同施氮水平下，苗期不灌水、拔节期不灌水、抽穗期不灌水及苗期+灌浆期不灌水对春小麦的叶面积指数差异显著。灌浆期不灌水对春小麦的叶面积指数显著不差异。

表 2-3 不同生育期灌水和施氮对春小麦叶面积指数(LAI)的影响

不同生育期灌水处理	施氮水平	播种后的天数/d			
		51	58	81	106
CK	N_0	1.09fgh	1.25fghij	1.63ef	1.88hij
	N_1	1.30de	1.63cdef	2.03d	2.67fg
	N_2	1.60bc	1.95cd	3.22b	3.60abc
	N_3	2.19a	3.57a	3.90a	3.95a
T1	N_0	0.95h	0.88j	1.16i	1.77ijk
	N_1	1.04gh	1.03j	1.24hi	1.85hij
	N_2	1.10fgh	1.23fghij	1.61ef	2.08hi
	N_3	1.48cd	1.55defgh	2.15d	3.33cde

续表

不同生育期灌水处理	施氮水平	播种后的天数/d			
		51	58	81	106
T2	N_0	1.04gh	1.05j	1.38fghi	1.53jk
	N_1	1.25ef	1.20ghij	2.28d	2.15hi
	N_2	1.60bc	1.62cdef	2.80c	3.18cde
	N_3	2.22a	3.01b	3.40b	3.50abcd
T3	N_0	1.12efgh	1.14hij	1.27ghi	1.88hij
	N_1	1.26ef	1.51efghi	2.00d	2.05hi
	N_2	1.70b	1.98c	2.75c	2.88ef
	N_3	2.28a	3.62a	3.73a	3.53abc
T4	N_0	1.12efgh	1.16hij	1.50efg	1.45jk
	N_1	1.30de	1.59cdefg	2.20d	2.32gh
	N_2	1.56bc	1.90cde	3.28b	3.45abcd
	N_3	2.21a	3.60la	3.46b	3.85ab
T5	N_0	1.00gh	0.90j	1.21hi	1.40jk
	N_1	1.07fgh	1.11ij	1.46efgh	1.27k
	N_2	1.18efg	1.18ghij	1.72e	3.00def
	N_3	1.65bc	1.55defgh	2.25d	3.38bcde
显著性检验（F 值）					
灌溉		8.61**	5.01**	9.79**	3.82*
氮肥水平		60.24**	22.95**	35.99**	51.28**
水分×氮肥水平		4.83**	10.14**	13.29**	3.77**

苗期不灌水条件下的叶面积指数在任何生长时期和施氮水平下都低于对照，苗期(播后 51 d) N_0、N_1、N_2、N_3 处理的春小麦的叶面积指数与对照相比分别降低 12.84%、20.00%、31.25%和 32.42%；拔节期(播后 58 d)、抽穗期(播后 81 d)和灌浆期(播后 106 d) N_0、N_1、N_2、N_3 处理的叶面积指数分别比对照降低 29.60%、36.81%、36.92%、56.58%和 28.83%、38.92%、50.00%、44.87%及 5.85%、30.71%、42.22%、15.70%。随着施氮量的增加，对叶面积指数的影响呈现增大的趋势。拔节期不灌水处理下春小麦的叶面积指数在任何施氮水平下也都低于对照，拔节期(播后 58 d) N_0、N_1、N_2、N_3 处理的叶面积指数与对照相比分别降低 16.00%、26.38%、16.92%和 15.69%；抽穗期(播后 81 d)和灌浆期(播后 106 d)，N_0、N_1、N_2、N_3 处理分别比对照降低 15.34%、−12.32%、13.04%、12.82%和 18.62%、19.48%、11.67%、11.39%。抽穗期不灌水对春小麦的叶面积指数也产生一定的抑制作用，抽穗期(播后 81 d) N_0、N_1、N_2、N_3 处理的叶面积指数与对照相比分别降低 22.09%、1.48%、14.60%、4.36%，灌浆期(播后 106 d) N_0、N_1、N_2、N_3 处理的叶面积指数与对照相比分别降低 0.00%、23.22%、20.00%、10.63%。灌浆期不灌水 N_0、N_1、N_2、N_3 处理的叶面积指数与对照相比分别降低 22.87%、13.11%、4.17%和 2.53%。苗期+灌浆期不灌水处理的叶面积指数在任何施氮水平均显著低于对照，苗期(播后 51 d) N_0、N_1、N_2、N_3 处理的叶面积指数与对照相比

分别降低 8.26%、17.69%、26.25%和 24.66%，拔节期(播后 58 d) 和抽穗期(播后 81 d) N_0、N_1、N_2、N_3 处理分别比对照降低 28.00%、31.90%、39.49%、56.58%和 25.77%、28.08%、46.58%、42.31%，灌浆期测定的 N_0、N_1、N_2、N_3 处理与对照相比分别降低 25.53%、52.43%、16.67%、14.43%。抽穗期不灌水和苗期+灌浆期不灌水处理的叶面积指数随着施氮量的增加而呈现增大的趋势。

2.2.4 不同生育期灌水和施氮对春小麦叶片叶绿素含量的影响

由表 2-4 可以看出，不同生育期灌水和施氮对春小麦的叶绿素有一定的影响。与全生育期灌水(CK)相比，在不同的施氮水平下，苗期不灌水、拔节期不灌水、抽穗期不灌水及灌浆期不灌水对春小麦叶绿素都具有显著的影响，苗期不灌水和苗期+灌浆期不灌水对春小麦叶绿素的影响更大一些。从整个生育进程来看，春小麦从苗期到抽穗期叶绿素含量不断增加，抽穗期达到最大值，而从抽穗期到灌浆期叶片开始衰老，叶绿素也随之减少。随着施氮量的增加，春小麦的叶绿素含量也增加，在水分胁迫下春小麦的叶绿素含量也与施氮量成正比，表明施氮具有延缓叶片衰老的功能。

表 2-4 不同生育期灌水和施氮对春小麦叶片叶绿素含量的影响

不同生育期灌水处理	施氮水平	播种后的天数/d			
		47	58	79	103
CK	N_0	42.58ef	48.10fgh	52.25gh	28.47f
	N_1	43.68de	49.30ef	53.77ef	25.80g
	N_2	45.02bcd	53.10b	55.72bc	46.01b
	N_3	47.19a	55.20a	57.62a	52.56a
T1	N_0	41.63f	46.30i	50.75i	5.30no
	N_1	42.78ef	48.9efg	50.90hi	14.72kl
	N_2	44.06cde	49.75de	51.76ghi	15.73jk
	N_3	46.31ab	51.25c	54.72cde	30.25e
T2	N_0	42.38ef	46.90hi	51.67ghi	16.85j
	N_1	43.18ef	48.35fg	51.97ghi	19.26i
	N_2	45.48bc	50.95cd	54.31de	43.03c
	N_3	47.19a	51.10c	55.37bcd	43.71c
T3	N_0	42.72ef	47.76gh	51.86ghi	11.02m
	N_1	43.43de	48.69efg	52.96fg	10.97m
	N_2	45.72ab	53.25b	54.32de	22.36h
	N_3	47.19a	55.30a	56.12b	37.72d
T4	N_0	42.71ef	47.88gh	52.05ghi	5.89n
	N_1	43.73de	49.30ef	54.11def	14.68kl
	N_2	45.02bcd	53.00b	55.72bc	21.49h
	N_3	47.29a	55.18a	57.62a	36.83d
T5	N_0	41.66f	46.35i	50.78i	4.41o
	N_1	42.73ef	49.20ef	50.86hi	13.98l
	N_2	44.06cde	49.74de	51.81ghi	14.35kl
	N_3	46.31ab	51.20c	54.72cde	29.76e
显著性检验(F 值)					
灌溉		21.05**	6.04**	21.74**	16.52**
氮肥水平		512.66**	45.56**	77.25**	42.88**
水分×氮肥水平		0.19	5.87**	1.69	103.27**

苗期不灌水条件下的春小麦叶绿素在任何生长时期和施氮水平下都低于对照。苗期(播后 47 d) N_0、N_1、N_2、N_3 处理的春小麦叶绿素与对照相比分别降低 2.23%、2.06%、2.13%和 1.86%；拔节期(播后 58 d)、抽穗期(播后 79 d)和灌浆期(播后 103 d) N_0、N_1、N_2、N_3 处理的叶绿素分别比对照降低 3.74%、0.81%、6.31%、7.16%，2.87%、5.34%、7.11%、5.03%及 81.38%、42.95%、65.81%、42.45%。随着施氮量的增加，对叶绿素的影响呈现增大的趋势。拔节期不灌水处理的春小麦叶绿素也都低于对照，拔节期(播后 58 d) N_0、N_1、N_2、N_3 处理的春小麦叶绿素与对照相比分别降低 2.49%、1.93%、4.05%和 7.43%，抽穗期(播后 79 d)和灌浆期(播后 103 d) N_0、N_1、N_2、N_3 处理分别比对照降低了 1.11%、3.35%、2.53%、3.90%和 40.81%、25.35%、6.48%、16.84%，表明尽管在后期的复水后叶绿素有所增加，但仍明显低于对照，施氮对拔节期不灌水处理的春小麦叶绿素含量有一定的促进作用，但这种作用的差异不显著。与拔节期类似，抽穗期不灌水对春小麦的叶绿素也产生一定的影响。抽穗期(播后 79 d) N_0、N_1、N_2、N_3 处理的春小麦的叶绿素与对照相比分别降低了 0.75%、1.51%、2.51%、2.60%，在灌浆期(播后 103 d) N_0、N_1、N_2、N_3 处理的春小麦叶绿素与对照相比分别降低 61.29%、57.48%、51.40%、28.23%。灌浆期不灌水加速了叶片的衰老，灌浆期不灌水(播后 103 d)春小麦的叶绿素比对照降低 79.31%、43.10%、53.29%和 29.93%。苗期+灌浆期不灌水处理的春小麦叶绿素在任何施氮水平均显著低于对照，苗期(播后 47 d) N_0、N_1、N_2、N_3 处理的春小麦叶绿素与对照相比分别降低 2.16%、2.17%、2.13%和 1.86%，拔节期(播后 58 d)、抽穗期(播后 79 d)和灌浆期测定的 N_0、N_1、N_2、N_3 处理的春小麦叶绿素分别比对照降低 3.64%、0.20%、6.33%、7.25%，2.81%、5.41%、7.02%、5.03%和 84.51%、45.81%、68.81%、43.38%。随着施氮量的增加，对抽穗期不灌水和苗期+灌浆期不灌水处理的春小麦的叶绿素也呈现增大的趋势。施氮能增加叶绿素含量，且与施氮量呈正相关。

2.2.5 不同生育期灌水和施氮对春小麦生物量累积的影响

1）不同生育期灌水和施氮对春小麦地上和根系鲜物重累积的影响

由表 2-5 可以看出，随着生育进程的推进，春小麦地上鲜重也在迅猛增长。与全生育期灌水(CK)相比，苗期不灌水、苗期+灌浆期不灌水对春小麦地上鲜重的影响显著，同时春小麦地上鲜重随施氮量的增加而增加。苗期不灌水(播后 47 d) N_0、N_1、N_2、N_3 处理的地上部鲜重分别比对照降低 34.83%、36.46%、27.63%、37.84%，拔节期不灌水(播后 60 d) N_0、N_1、N_2、N_3 处理的地上部鲜重分别比对照降低 13.16%、0.71%、1.52%、6.94%，抽穗期不灌水(播后 79 d) N_0、N_1、N_2、N_3 处理的地上部鲜重分别比对照降低 6.94%、5.16%、1.21%、11.70%，苗期+灌浆期不灌水(播后 47 d) N_0、N_1、N_2、N_3 处理的地上部鲜重分别比对照降低 34.46%、36.19%、26.41%、36.26%，拔节期(播后 60 d)和抽穗期(播后 79 d) N_0、N_1、N_2、N_3 处理的地上部鲜重分别比对照降低 30.53%、11.64%、16.88%、33.57%和 8.56%、15.78%、22.08%、30.57%，灌浆期(播后 120 d)测定的 N_0、N_1、N_2、N_3 处理的地上部鲜重分别比对照降低 45.43%、21.82%、–2.85%、32.17%。

表 2-5 不同生育期灌水和施氮对春小麦地上和根系鲜物重的影响（单位：g · 株$^{-1}$）

不同生育期灌水	施氮水平	地上部鲜重				根系鲜重			
		播后天数/d				播后天数/d			
		47	60	79	120	47	60	79	120
CK	N_0	2.67cd	3.80hij	4.32l	4.05i	1.47e	1.68ghi	2.60ghij	1.59efg
	N_1	3.62b	4.21efg	6.59h	6.28de	1.58e	1.71fghi	3.64defg	1.62efg
	N_2	4.09a	4.62cd	9.06d	4.91h	2.02bc	2.33defgh	4.69bcd	2.05d
	N_3	4.44a	7.06a	11.45a	9.73a	2.59a	3.17ab	6.04a	2.72a
T1	N_0	1.74e	2.59l	3.99lm	2.77kl	1.04g	1.76efghi	2.50hij	1.11h
	N_1	2.30d	3.48jk	5.95i	5.18fgh	1.42ef	2.28defgh	3.15efghi	1.71e
	N_2	2.96c	3.84ghij	7.08g	5.79efg	2.08bc	2.46bcdef	4.09cde	2.19bcd
	N_3	2.76cd	4.63cd	8.10f	6.81d	2.25b	2.73abcd	4.79bc	2.30bc
T2	N_0	2.66cd	3.30k	4.08lm	3.20jk	1.38ef	1.5i	2.22ij	1.43fg
	N_1	3.60b	4.18efgh	6.23i	5.8efg	1.57e	1.68ghi	2.92fghi	1.62efg
	N_2	4.20a	4.55cde	8.72e	7.96c	1.86cd	2.36cdefg	3.23efghi	2.09cd
	N_3	4.29a	6.57b	9.44c	8.10bc	2.64a	2.73abcd	4.02cdef	2.68a
T3	N_0	2.63cd	3.79hij	4.02m	3.79ij	1.51e	1.60hi	1.74j	1.59efg
	N_1	3.60b	4.19efgh	6.25i	5.96ef	1.63de	1.71fghi	2.77ghij	1.65ef
	N_2	4.11a	4.71c	8.95de	8.14bc	1.86cd	2.36cdefg	3.50efgh	2.23bcd
	N_3	4.44a	7.08a	10.11b	8.91b	2.64a	3.21a	5.51ab	2.77a
T4	N_0	2.61cd	3.93fghi	4.77k	3.96ij	1.46e	1.68ghi	2.60ghij	1.55efg
	N_1	3.59b	4.28def	7.04g	5.42fg	1.59de	1.71fghi	3.64defg	1.65ef
	N_2	4.06a	4.59cd	9.73c	8.10bc	2.08bc	2.44bcdef	4.69bcd	2.40b
	N_3	4.41a	7.09a	11.36a	8.48bc	2.58a	3.17ab	6.04a	2.73a
T5	N_0	1.75e	2.64l	3.95m	2.21	1.16fg	1.81efghi	2.55ghij	1.39g
	N_1	2.31d	3.72ij	5.55j	4.91h	1.34ef	2.31defgh	3.17efghi	1.58efg
	N_2	3.01c	3.84ghij	7.06g	5.05gh	2.15b	2.48abcde	4.08cde	2.42b
	N_3	2.83c	4.69c	7.95f	6.60de	2.23b	3.09abc	5.19ab	2.44b
显著性检验（F 值）									
灌溉		64.45^{**}	9.51^{**}	7.38	3.68	2.19	1.551	6.87^{**}	1.57
氮肥水平		114.39^{**}	53.47^{**}	94.33^{**}	34.14^{**}	82.17^{**}	60.63^{**}	74.35^{**}	82.29^{**}
水分×氮肥水平		1.28	11.38^{**}	34.61^{**}	10.19^{**}	2.6	0.726	1.13	3.68^{**}

与全生育期灌水（CK）相比，在 N_0、N_1、N_2、N_3施氮水平下，不同生育期灌水对春小麦根系鲜重差异显著。苗期不灌水（播后 47d）N_0、N_1、N_2、N_3 处理的根系鲜重分别比对照降低 29.25%、10.13%、−2.97%、13.13%，拔节期不灌水（播后 60 d）N_0、N_1、N_2、N_3处理的根系鲜重分别比对照降低 10.71%、1.75%、−1.29%、13.88%，抽穗期不灌水（播后 79 d）N_0、N_1、N_2、N_3处理的根系鲜重分别比对照降低 33.08%、23.90%、25.43%、8.77%，苗期+灌浆期不灌水处理的根系鲜重分别比对照降低 12.58%、2.47%、−18.05%、10.29%，表明不同生

育期的干旱处理不同程度降低了根系鲜重，但施氮对根系鲜重具有一定的补偿作用。

2）不同生育期灌水和施氮对春小麦地上和根系干物质累积的影响

由表 2-6 可以看出，不同生育期灌水和施氮不同程度降低了春小麦地上干物质重。与全生育期灌水（CK）相比，苗期不灌水、拔节期不灌水、抽穗期不灌水、苗期+灌浆期不灌水对春小麦地上干物质重差异显著。苗期不灌水（播后 47 d）N_0、N_1、N_2、N_3处理的地上部干物质重分别比对照降低 30.71%、10.00%、15.94%、8.05%，拔节期（播后 60 d）、抽穗期（播后 79 d）和灌浆期（播后 120 d）N_0、N_1、N_2、N_3处理的地上部干物质重分别比对照降低 20.77%、15.89%、14.68%、13.44%，32.91%、15.82%、23.76%、27.22%和 24.67%、17.26%、25.23%、31.21%；拔节期不灌水（播后 120 d）N_0、N_1、N_2、N_3处理的地上部干物质重分别比对照降低 11.21%、7.60%、5.39%、5.06%。抽穗期不灌水（播后 120 d）N_0、N_1、N_2、N_3处理的地上部干物质重分别比对照降低 8.41%、3.40%、4.32%、4.21%。苗期+灌浆期不灌水（播后 47 d）N_0、N_1、N_2、N_3 处理的地上部干物质重分别比对照降低 33.03%、12.00%、7.25%、18.39%，拔节期（播后 60 d）和抽穗期（播后 79 d）N_0、N_1、N_2、N_3处理的地上部干物质重分别比对照降低 20.08%、18.22%、16.67%、21.79%和 33.41%、17.27%、25.47%、27.93%，灌浆期（播后 120 d）测定的 N_0、N_1、N_2、N_3处理的地上部干物质重分别比对照降低 24.77%、22.30%、29.13%、34.34%。表明苗期不灌水、苗期+灌浆期不灌水严重影响了春小麦地上干物质重，且干物质重随施氮量的增加而增加。

表 2-6　不同生育期灌水和施氮对春小麦地上和根系干物质重的影响（单位：$g \cdot 株^{-1}$）

不同生育期灌水	施氮水平	播后天数/d							
		47		60		79		120	
		地上干重	根系干重	地上干重	根系干重	地上干重	根系干重	地上干重	根系干重
CK	N_0	0.433def	0.032hij	0.727fg	0.063ghij	1.832efgh	0.072i	2.140h	0.047ghi
	N_1	0.50d	0.051fg	0.856def	0.072fgh	2.055cd	0.258e	2.381f	0.065ef
	N_2	0.69b	0.082cd	1.008cd	0.106c	2.348b	0.309c	2.822d	0.098c
	N_3	0.87a	0.142a	1.317ab	0.148ab	2.803a	0.426a	3.518a	0.144a
T1	N_0	0.30g	0.025ij	0.576g	0.054hij	1.229j	0.061i	1.612l	0.036i
	N_1	0.45def	0.03hij	0.72fg	0.06ghij	1.73ghi	0.14h	1.97jk	0.06fgh
	N_2	0.58c	0.07ef	0.86def	0.08def	1.79fgh	0.16gh	2.11hi	0.08de
	N_3	0.80a	0.11b	1.14bc	0.13b	2.04cde	0.17g	2.42f	0.12b
T2	N_0	0.41f	0.04ghij	0.71fg	0.05j	1.56i	0.06i	1.90jk	0.04hi
	N_1	0.48def	0.05gh	0.77efg	0.07fghi	1.86defgh	0.18fg	2.20gh	0.06f
	N_2	0.58c	0.08de	0.94de	0.09cd	1.96cdef	0.29cd	2.67e	0.08d
	N_3	0.84a	0.13a	1.16bc	0.14ab	2.64a	0.37b	3.34c	0.14a
T3	N_0	0.43ef	0.03hij	0.71fg	0.06ghij	1.68hi	0.07i	1.96jk	0.04hi
	N_1	0.48def	0.05gh	0.90def	0.08efg	1.90cdefg	0.20f	2.30fg	0.06ef
	N_2	0.64bc	0.08cd	1.00cd	0.10c	2.10c	0.29cd	2.7de	0.08d
	N_3	0.85a	0.13a	1.39a	0.15ab	2.65a	0.40b	3.37bc	0.14a

续表

不同生育期灌水	施氮水平	播后天数/d							
		47		60		79		120	
		地上干重	根系干重	地上干重	根系干重	地上干重	根系干重	地上干重	根系干重
T4	N_0	0.43ef	0.03hij	0.72fg	0.05ij	1.79fgh	0.07i	2.13h	0.05ghi
	N_1	0.49de	0.05fg	0.87def	0.08def	2.08c	0.27de	2.22gh	0.06f
	N_2	0.64bc	0.10bc	1.02cd	0.107c	2.43b	0.31c	2.75de	0.10c
	N_3	0.85a	0.14a	1.23ab	0.16a	2.76a	0.45a	3.48ab	0.14a
T5`	N_0	0.29g	0.02j	0.581g	0.06ghij	1.22j	0.06i	1.611	0.03i
	N_1	0.44def	0.04ghi	0.70fg	0.07fghi	1.70ghi	0.13h	1.85k	0.06fg
	N_2	0.64bc	0.06f	0.84def	0.09cde	1.75fghi	0.16gh	2.0ij	0.08d
	N_3	0.71b	0.11b	1.03cd	0.14ab	2.02cde	0.180g	2.31fg	0.11b
显著性检验（F 值）									
灌溉		5.4^{**}	12.0^{**}	18.8^{**}	6.7	26.2^{**}	6.1	15.7^{**}	6.7
氮肥水平		177.3^{**}	324.4^{**}	198.6^{**}	357.5^{**}	86.3^{**}	28.4^{**}	55.3^{**}	285.9^{**}
水分×氮肥水平		2.6^{*}	1.4	0.5	0.8	2.4^{*}	34.6^{**}	16.8^{**}	2.0

不同生育期灌水都会影响根系干物质重，与全生育期灌水（CK）相比，在不同施氮水平下拔节期不灌水、抽穗期不灌水和灌浆期不灌水都不同程度降低了根系干物质重，但苗期不灌水对春小麦根系干物质重差异显著。苗期不灌水（播后 47 d）N_0、N_1、N_2、N_3处理的根系干物质重分别比对照降低 21.88%、41.18%、14.63%、22.54%，拔节期（播后 60 d）、抽穗期（播后 79 d）和灌浆期（播后 120 d）N_0、N_1、N_2、N_3处理的根系干物质重分别比对照降低 14.29%、16.67%、20.00%、12.16%和 15.28%、45.74%、48.22%、60.09%及 23.40%、7.69%、18.37%、16.67%；苗期+灌浆期不灌水（播后 47 d）N_0、N_1、N_2、N_3处理的根系干物质重分别比对照降低 37.50%、21.57%、26.83%、22.54%，拔节期（播后 60 d）和抽穗期（播后 79 d）N_0、N_1、N_2、N_3处理的根系干物质重分别比对照降低 4.76%、2.78%、15.09%、5.41%和 16.67%、49.61%、48.22%、57.75%，灌浆期（播后 120 d）测定的 N_0、N_1、N_2、N_3处理的根系干物质重分别比对照降低 36.17%、7.69%、18.37%、23.61%。表明苗期不灌水、苗期+灌浆期不灌水抑制了春小麦根系干物质重的累积，且与全生育期灌水相比（CK）差异显著，虽然复水后有一定的补偿，但补偿效果不明显。根系干物质重随施氮量的增加而增加，故施氮有利于缺水状态下干物质重的累积。

2.2.6 结论

不同生育期灌水和施氮对春小麦的株高、叶面积指数（LAI）、叶绿素、地上和根系鲜物质的累积、地上和根系干物质的累积量都具有不同程度的影响。苗期不灌水、拔节期不灌水、抽穗期不灌水、苗期+灌浆期不灌水对春小麦的株高、叶面积指数、叶绿素、地上鲜重及地上干重的影响差异显著，灌浆期不灌水对春小麦株高的差异不显著，苗期不灌水和苗期+灌浆期不灌水对株高、叶面积指数、叶绿素、地上和根系鲜重、地上和根系干物质重影响尤为明显。施氮对不同生育期灌水的春小麦的株高、叶面积指数、叶绿素、地上和根系鲜重、地上和根系干物质重都具有显著的促进作用。

2.3 不同生育期灌水和施氮对春小麦产量及水分利用的影响

旱地作物农业生产最突出的问题是缺水，其特点是无灌溉条件，作物的需水只能依靠有限的自然降水。为了实现作物高产，除需重视作物品种、施肥和栽培等生产技术措施外，还应重视农田水分的有效利用。增施肥料是提高旱地作物水分利用效率的主要途径之一。大多的研究表明，施肥可促进旱地作物对水分的利用，但在不同干旱胁迫条件下其对水分利用效率提高不尽相同。施氮可增加产量和提高水分利用效率，但在严重干旱条件下，氮肥对作物产量和水分利用效率提高的作用非常有限。有研究认为，小麦采用高肥低水水分利用效率最高，达到 14.07 $kg \cdot hm^{-2} \cdot mm^{-1}$。高肥条件下的小麦水分利用效率是：低水＞中水＞高水；中肥条件下的水分利用效率是：中水＞低水＞高水；低肥条件下水分利用效率是：低水＞中水＞高水(党廷辉，1999；孙广春等，2009)。

水分利用效率的研究已成为国内外半干旱和半湿润地区生物学和农业研究的一个热点。因为它属于从基础到应用的一个重要中间环节，通过对它深入系统地研究，有助于解决农业研究工作中长期存在的基础性研究与实际应用的衔接问题。研究结果表明：作物增施氮、磷营养主要促进了光合作用，增大了蒸腾效率，即增大了作物单叶 WUE，主要是氮、磷营养对光合速率的促进大于水分散失的增加。有人测定，施肥后作物单叶 WUE 可增大 20%～40%。对宁夏南部山区亩产小于 150 kg 的春小麦进行试验，研究表明高肥与低肥相比，春小麦产量可提高为 35%～75%，而 ET 仅增加了 5%～17%(山仑，1994；徐萌和山仑，1991)。关于无机营养对作物抗旱性的影响，文献中的报道结果不一致。山仑等(1988)分别应用氮、磷及其合理配比对小麦进行多次试验，结果表明，干旱条件下，施用氮、磷化肥对小麦的不同器官、不同生理功能的作用是不一致的。中等干旱条件下，通过提高原生质的抗脱水性，增强植株的气孔调节和渗透调节能力，促进了地上部和根系的生长。

2.3.1 研究内容与方法

2.3.1.1 试验区概况、试验材料和试验设计

试验区概况、试验材料和试验设计同 2.2.1。

2.3.1.2 测定项目与方法

1）产量及产量构成

每处理随机选取 20 个麦穗测其穗长、有效小穗数，脱粒烘干后称重得总穗粒数(每穗粒数=总穗粒数/20)。千粒重：用称重法获得。每处理取 1 m^2 成熟小麦脱粒测产，再

换算成每公顷的春小麦产量。

2）收获指数

收获指数=产量/单位面积干物质的累积量。

3）灌溉水利用效率

灌溉水利用效率=产量/灌溉水量。

2.3.2 不同生育期灌水和施氮对春小麦的产量和产量构成要素的影响

表 2-7 为不同生育期灌水和施氮对春小麦的产量和产量构成要素的影响。与全生育期灌水（CK）相比，不同生育期灌水对春小麦的穗粒数、籽粒产量、生物学产量和收获指数（HI）都具有显著影响，但春小麦的千粒重差异不显著。施氮对春小麦的产量及产量构成都具有一定的促进作用。与全生育期灌水（CK）相比，苗期不灌水、拔节期不灌水、抽穗期不灌水、苗期+灌浆期不灌水的春小麦的穗粒数差异显著，且在 N_0、N_1、N_2、N_3 处理下分别比对照降低 22.48%、18.32%、26.22%、26.11%，8.14%、4.96%、11.28%、18.47%，3.10%、−1.15%、8.23%、16.01%及 22.48%、19.47%、28.96%、28.10%。苗期不灌水、拔节期不灌水、抽穗期不灌水、灌浆期不灌水、苗期+灌浆期不灌水的春小麦 N_3 处理下有效小穗数/m^2 与对照相比差异显著，且分别比对照降低 14.51%、12.00%、14.35%、10.84%、9.83%。苗期不灌水、拔节期不灌水、抽穗期不灌水、灌浆期不灌水和苗期+灌浆期不灌水的春小麦的籽粒产量 N_0、N_1、N_2、N_3 处理与对照相比分别降低 22.49%、21.10%、40.54%、16.05%，11.65%、10.83%、15.25%、9.47%，23.56%、1.98%、5.18%、24.59%，25.62%、18.59%、5.52%、0.46%及 30.91%、36.69%、43.22%、25.03%。苗期不灌水、拔节期不灌水、抽穗期不灌水、灌浆期不灌水和苗期+灌浆期不灌水春小麦的生物学产量 N_0、N_1、N_2、N_3 处理与对照相比分别降低 37.81%、36.35%、31.92%、36.70%，13.62%、15.07%、2.86%、27.69%，3.60%、3.65%、9.62%、20.10%，16.99%、12.65%、6.26%、16.46% 和 38.00%、39.13%、37.10%、39.84%。拔节期不灌水春小麦的收获指数 N_3 处理与对照相比增加 37.78%，此时春小麦收获指数达到最大（0.62）。抽穗期不灌水 N_0 处理的春小麦收获指数最小，由于养分和水分供应不足，虽然干物质累积量高，但没有很好地向籽粒转移。

表 2-7　不同生育期灌水和施氮对春小麦产量和产量构成要素的影响

不同生育期灌水处理	施氮水平	穗粒数	有效小穗数/(个·m^{-2})	千粒重/g	籽粒产量/(kg·hm^{-2})	生物学产量/(kg·hm^{-2})	收获指数	生物学产量的灌溉水利用率/(kg·m^{-3})	籽粒产量的灌溉水利用率/(kg·m^{-3})
CK	N_0	25.8efg	6 766e	48.10ab	4 802.5g	12 387.4ghi	0.39k	3.44m	1.33l
	N_1	26.2ef	6 860e	48.89ab	5 908.7e	12 984.6fg	0.46fghij	3.61lm	1.64jk
	N_2	32.8bc	7 985bc	49.62ab	8 127.8a	14 274.3cd	0.57bc	3.96jk	2.26ef
	N_3	40.6a	9 376a	46.80ab	8 287.3a	18 557.7a	0.45ghij	5.15d	2.3e

续表

不同生育期灌水处理	施氮水平	穗粒数	有效小穗数/(个 · m^{-2})	千粒重/g	籽粒产量/(kg · hm^{-2})	生物学产量/(kg · hm^{-2})	收获指数	生物学产量的灌溉水利用率/(kg · m^{-3})	籽粒产量的灌溉水利用率/(kg · m^{-3})
T1	N_0	20.0j	6 766e	47.74ab	3 722.4i	7 703.9p	0.48efg	2.85n	1.38l
	N_1	21.4j	6 844e	48.71ab	4 662.2g	8 265.1p	0.56bc	3.06n	1.73ij
	N_2	24.2ghi	6 813e	41.57b	4 832.4g	9 717.4n	0.50ef	3.6lm	1.79i
	N_3	30.0d	8 016bc	47.48ab	6 956.8c	11 746.5ijk	0.59abc	4.35h	2.58d
T2	N_0	23.7hi	6 860e	50.03ab	4 242.8h	10 700.7lm	0.33l	3.96jk	1.32l
	N_1	24.9ghi	7 611cd	50.39ab	5 269.0f	11 027.4kl	0.44hij	4.08ij	1.78i
	N_2	29.1d	8 079bc	48.23ab	6 888.0c	13 866.3de	0.55cd	5.13d	2.84c
	N_3	33.1bc	8 251bc	50.25ab	7 502.7b	13 419.2ef	0.62a	4.97de	3.05b
T3	N_0	25.0fgh	7 063de	48.71ab	3 670.9i	11 941.9hij	0.31l	4.42gh	1.36l
	N_1	26.5ef	8 032bc	48.89ab	5792.0e	12 511.0gh	0.46fghi	4.63fg	2.14fg
	N_2	30.1d	7 751bc	47.42ab	7 707.1b	12 901.8fg	0.60ab	4.78ef	2.85c
	N_3	34.1b	8 031bc	46.67ab	6 249.5d	14 827.72c	0.42ijk	5.49c	2.31e
T4	N_0	25.9ef	7 063de	47.81ab	3 572.2ij	10 283.3mn	0.41jk	3.81kl	1.57k
	N_1	27.3e	7 000de	47.27ab	4 810.3g	11 341.6jkl	0.46fghi	4.20hij	1.95h
	N_2	31.8c	7 875bc	46.61ab	7 679.0b	13 380.1ef	0.51de	4.95de	2.55d
	N_3	40.0a	8 360b	45.92ab	8 249.3a	15 503.1b	0.48efg	5.74b	2.78c
T5	N_0	20.0j	6625e	47.81ab	3 318.0j	7 680.4p	0.43hij	4.26hi	1.84hi
	N_1	21.1j	6 375e	41.86ab	3 740.8i	7 904.0p	0.47efgh	4.39gh	2.08g
	N_2	23.3i	7 032de	46.60ab	4 614.9g	8 978.0o	0.51de	4.99de	2.56d
	N_3	29.19d	8 454b	50.76a	6 213.4d	11 165.0kl	0.56bcd	6.20a	3.45a
显著性检验(F 值)									
灌溉		191.6**	1.9	1.2	5.4**	32.2**	1.0	19.5**	2.9*
氮肥水平		563.5**	14.9**	0.6	28. 1**	33.4**	7.4**	42.9**	26.5**
水分×氮肥水平		7.7**	4.2**	0.8	49.8**	11.4**	19.4**	9.3**	50.4**

2.3.3 不同生育期灌水和施氮对春小麦灌溉水利用效率的影响

由表 2-7 可以看出，不同生育期灌水和施氮下，春小麦的生物学产量的灌溉水利用效率和籽粒产量的灌溉水利用效率随施氮量的增加而增加。与全生育期灌水(16.16 kg · m^{-3})相比，在平均施氮水平下，春小麦生物学产量灌溉水利用效率最大的是苗期+灌浆期不灌水(19.84 kg · m^{-3})，其次是抽穗期不灌水(19.32 kg · m^{-3})、灌浆期不灌水(18.70 kg · m^{-3})、拔节期不灌水(18.14 kg · m^{-3})、苗期不灌水(13.87 kg · m^{-3})。苗期不灌水的春小麦生物学产量最小，主要由于苗期的需水量小。春小麦籽粒产量的灌溉水利用效率最大的是苗期+灌浆期不灌水(9.93 kg · m^{-3})，其次是拔节期不灌水(8.99 kg · m^{-3})、灌浆期不灌水(8.85 kg · m^{-3})、抽穗期不灌水(8.66 kg · m^{-3})、苗期不灌水(7.48 kg · m^{-3})，而全生育期灌水的春小麦籽粒产量的灌溉水利用效率是

(7.53 kg · m^{-3})。因此合理施肥和适时灌水对提高河西干旱地区春小麦产量和灌溉水利用效率意义重大。

2.3.4 结论

不同生育期灌水和施氮对春小麦的产量和产量的构成、春小麦的生物学产量的灌溉水利用效率及籽粒产量的灌溉水利用效率产生不同的影响。在平均氮肥水平下，苗期、拔节期、抽穗期、灌浆期及苗期+灌浆期不灌水春小麦的产量与对照相比分别降低25.63%、11.88%、13.67%、10.38%及34.06%。因此，苗期不灌水和苗期+灌浆期不灌水对春小麦的产量影响最大，其次为抽穗期不灌水、拔节期不灌水和灌浆期不灌水。不同生育期灌水的春小麦的穗粒数、有效小穗数/m^2、产量都随着施氮量的增加呈增加的趋势。因此，施氮具有增产的作用。春小麦生物学产量和籽粒产量的灌溉水利用效率最大的是苗期+灌浆期不灌水，最小的是苗期不灌水的处理。因此合理的灌水量不仅节约水资源，而且对河西春小麦的产量和灌溉水利用效率具有重大的意义。

2.4 不同生育期灌水和施氮对春小麦氮素吸收和根区土壤硝态氮分布的影响

水分和养分对作物的生长缺一不可。国内外学者研究认为，土壤中的氮，无论是施入的还是土壤本身固有的，经过一系列的生物化学反应后，只有 20%～30%能被有效吸收利用，而其他的氮素却经过挥发、淋失等途径损失了。NO_3^--N 是土壤中无机态氮的主要形态，也是植物氮素营养的直接来源。NO_3^--N 淋洗受施肥、灌水、降雨、土壤等多种因素的影响。氮肥利用率低，不仅造成资源浪费及经济损失，而且造成了环境污染。吕殿青等(1999)研究表明：灌水量在 0～4000 m³ · hm^{-2}，与玉米产量和玉米吸氮量之间的关系均呈线性相关。土壤剖面中 NO_3^--N 遗留量主要集中分布在 0～60 cm 土层，出现的高峰在 40 cm；在 0～80 cm 土层的 NO_3^--N 遗留量随灌水量的增加而降低；80～320 cm 土层的 NO_3^--N 与灌水量之间无明显相关，320～400 cm 土层 NO_3^--N 是随灌水量的增加而增高。不同深度的土壤剖面中 NO_3^--N 遗留量与灌水量之间均呈双曲线相关；氮素损失率以未灌溉和灌水量 4000 m³ · hm^{-2} 处理为最低。党廷辉等(2003)对黄土旱塬区农田氮素淋溶规律研究表明：在高原沟壑区旱作农业中，长期过量或不平衡使用氮肥，NO_3^--N 将在土壤剖面深层发生积累，峰值在 120～140 cm。配施磷肥后，由于补充了土壤磷的不足，改善了作物氮、磷营养元素的协调供应，促进了作物对土壤氮的吸收，因而土壤深层氮累积的状况得到减弱。小麦收获后，土壤残留的矿质态氮既有硝态氮又有铵态氮，但以硝态氮为主，介于 44.1～109.7 mg · kg^{-1}，占残留氮素总量的 93.4%～98.0%(朱兆良，1992；Benbi and Biswas，1997；Vanfassen and Lebbink，1990；陈子明等，1995；王朝辉等，2004；陈宝明，2006)。

有研究表明，随施氮量增加，土壤剖面硝态氮含量也增加。施入土壤中的氮肥转化成硝态氮，如果未被作物及时吸收，随着土壤水分的运动，硝态氮向土壤下层运动，这样不仅降低了氮肥的利用率，而且对生态环境造成污染。另外，旱地土壤不应该单独大量施用氮肥，虽然土壤的氮不会大量进入水体，但经过长时间的积累可能会成为气体污染源(杨学云等，2007；樊军和赫明德，2003)。

2.4.1 研究内容与方法

2.4.1.1 试验区概况、试验材料和试验设计

试验区概况、试验材料和试验设计同 2.2.1。

2.4.1.2 测定项目与方法

植株养分含量的测定：测定植株地上部及根系全氮含量，计算地上部、根系氮吸收量和分配比例。将烘干样品用粉碎机粉碎，称取 0.5 g 粉碎后样品，用 H_2SO_4-H_2O_2 消煮，半微量凯氏定氮法测定各器官全氮含量(瑞士福斯特卡托公司，Foss Tecator AB 全自动定氮仪)，并计算出吸氮量。

土样的采集分为 4 个时期进行，分别为拔节前(5 月 12 日)、抽穗前(5 月 24 日)、灌浆前(6 月 16 日)和收获后(7 月 28 日)。土钻取土，每 20 cm 取一个土样，一共 100 cm。部分土样用烘干法测定含水率，剩余新鲜土样立即放入冰箱待测氮素。

土壤理化性质：有机质用重铬酸钾容量法-外加热法测定；有效磷用 Olsen 法测定；土壤无机氮采用 2 $mol \cdot L^{-1}$ KCl(土液比 1∶5)浸提，铵态氮测定采用靛酚蓝比色法，硝态氮用紫外可见分光光度计测定(参照《土壤农化分析》)。

2.4.2 结果与分析

2.4.2.1 不同生育期灌水和施氮对春小麦氮含量影响

春小麦植株的含氮率随生育进程的推进而逐渐降低，苗期的含氮率最高(表 2-8)。不同生育期灌水和施氮对春小麦茎叶的含氮率有不同程度的影响。苗期不灌水(播后 47 d) N_0、N_1、N_2、N_3 处理的茎叶氮含量分别比对照降低 9.36%、10.66%、10.71%、12.72%；拔节期不灌水(播后 60 d) N_0、N_1、N_2、N_3 处理的茎叶氮含量分别比对照降低 4.14%、0.70%、3.59%、8.40%；抽穗期不灌水(播后 79 d) N_0、N_1、N_2、N_3 处理的茎叶氮含量分别比对照降低 3.39%、3.21%、6.03%、8.19%；灌浆期不灌水(播后 120 d) N_0、N_1、N_2、N_3 处理的茎叶氮含量分别比对照降低 0.00%、0.76%、1.20%、0.54%；苗期+灌浆期不灌水(播后 47 d) N_0、N_1、N_2、N_3 处理的茎叶氮含量分别比对照降低 9.36%、11.61%、11.62%、11.62%；拔节期（播后 60 d）、抽穗期(播后 79 d)、灌浆期(播后 120 d) N_0、N_1、N_2、N_3 处理的茎叶氮含量分别比对照降低 6.39%、7.02%、6.54%、18.37%，6.21%、6.95%、3.52%、10.78%，33.64%、39.39%、27.11%、24.32%。

表 2-8　不同生育期灌水和施氮对春小麦氮素含量的影响

不同生育期灌水	施氮水平	播后天数/d							
		47		60		79		120	
		茎叶	根系	茎叶	根系	茎叶	根系	茎叶	根系
CK	N_0	4.06fghi	0.36i	2.66hij	0.55g	1.77fghi	0.49h	1.10ef	0.77ghi
	N_1	4.22defg	0.60f	2.85ef	0.58fg	1.87efgh	0.53g	1.32cd	0.80gh
	N_2	4.39bcd	0.83d	3.06cd	0.68e	1.99cde	0.57f	1.66b	0.90defg
	N_3	4.56ab	0.86c	3.81a	1.29b	2.32a	0.66d	1.85a	1.15b
T1	N_0	3.68l	0.51h	2.40l	0.43h	1.64i	0.48h	0.74h	0.79gh
	N_1	3.77jkl	0.54g	2.69ghij	0.8293d	1.76ghi	0.521g	0.81h	0.92cdefg
	N_2	3.92ij	0.72e	2.84efg	0.87cd	1.81fghi	0.58f	1.23d	0.9defg
	N_3	3.98hi	1.45a	3.11c	1.42a	2.08bcd	0.59f	1.42c	1.01bcdef
T2	N_0	4.07efghi	0.36i	2.55jk	0.37i	1.74ghi	0.58f	1.02fg	0.67hi
	N_1	4.21defg	0.60f	2.83efgh	0.45h	1.83efgh	0.61e	1.30cd	0.89efg
	N_2	4.343cd	0.83d	2.95de	0.63ef	1.94def	0.70c	1.64b	0.91defg
	N_3	4.65a	0.86c	3.49b	0.90c	2.21ab	0.84a	1.83a	1.10b
T3	N_0	4.13efgh	0.35i	2.71fghi	0.55g	1.71hi	0.38j	0.97g	0.82g
	N_1	4.26cde	0.59f	2.85ef	0.58fg	1.81fghi	0.44i	1.27d	0.92cdefg
	N_2	4.39bcd	0.83d	3.17c	0.68e	1.87efgh	0.58f	1.59b	1.05bcde
	N_3	4.54ab	0.86c	3.79a	1.29b	2.13bc	0.71b	1.81a	1.446a
T4	N_0	4.07efghi	0.36i	2.69ghij	0.55g	1.75ghi	0.49h	1.10ef	0.63i
	N_1	4.23def	0.60f	2.82efgh	0.58fg	1.86efgh	0.27k	1.31cd	0.86fg
	N_2	4.42bc	0.83d	3.15c	0.69e	2.04cd	0.57f	1.64b	0.87fg
	N_3	4.56ab	0.86c	3.78a	1.28b	2.32a	0.65d	1.84a	1.06bcd
T5	N_0	3.68l	0.50g	2.49kl	0.43h	1.66i	0.48h	0.73h	0.76ghi
	N_1	3.73kl	0.53g	2.65ij	0.82d	1.74ghi	0.51g	0.80h	1.01bcdef
	N_2	3.88ijk	0.71e	2.86ef	0.86cd	1.92defg	0.58f	1.21de	1.05bcde
	N_3	4.03ghi	1.40b	3.11c	1.33b	2.07bcd	0.58f	1.40c	1.07bc
显著性检验（F 值）									
灌溉		99.6^{**}	0.8	8.4^{**}	4.7^{*}	13.9^{**}	4.0^{*}	97.6^{**}	3.3^{*}
氮肥水平		84.9^{**}	18.5^{**}	69.7^{**}	72.5^{**}	168.3^{**}	12.7^{**}	372.3^{**}	24.7^{**}
水分×氮肥水平		0.73	563.3^{**}	6.4^{**}	27.5^{**}	0.6	106.7^{**}	1.2	3.0^{*}

苗期不灌水和苗期+灌浆期不灌水 N_0 处理在拔节期根系氮含量比对照降低 21.82%和 21.82%；N_1 处理根系氮含量在苗期、抽穗期比对照降低 10%、1.70%和 11.67%、3.77%；N_2 处理苗期的根系氮含量比对照降低 13.25%、14.46%；N_3 处理根系氮含量在抽穗期、灌浆期比对照降低了 10.61%、12.17%和 12.12%、6.96%。拔节期不灌水(播后 60 d) N_0、N_1、N_2、N_3 处理的根系氮含量分别比对照降低 32.73%、22.41%、7.35%、30.23%，拔节期不灌水在抽穗期(播后 79 d)根系氮含量比全生育期

灌水的高。抽穗期不灌水(播后 79 d)N_0、N_1 根系氮含量分别比对照降低 22.45%、16.98%，灌浆期(播后 120 d)N_3 处理的根系氮含量分别比对照降低–25.74%。灌浆期不灌水(播后 120 d)N_0、N_1、N_2、N_3 处理的根系氮含量分别比对照降低 18.18%、–7.50%、3.33%、7.83%，拔节期不灌水和苗期+灌浆期不灌水春小麦 N_0、N_3 处理中，灌浆期的根系氮含量比灌水时降低了 12.99%、4.35%和 1.30%、6.96%，而 N_1、N_2 处理根系氮含量比灌水时高。同一水分处理下春小麦茎叶、根系氮含量均表现为 $N_3 > N_2 > N_1 > N_0$，表明增加施氮量可显著提高小麦组织氮含量。地上部氮含量以苗期最高，此后由于干物质量的增长速度大于吸氮量的增长速度，根系氮含量随生育进程的推进并未呈现一定的变化规律，反而在灌浆期根系的氮含量基本达到最大，这一结果有待进一步研究。

2.4.2.2 不同生育期灌水和施氮对春小麦氮素积累量的影响

春小麦植株从苗期到灌浆期，随着干物质的快速增长，植株对氮素的累积量随生育进程的推进而变化。由表 2-9 可知，春小麦茎叶对氮素的累积量在抽穗期达到最高，而灌浆期春小麦氮素累积量减小，这是氮素转移到籽粒的结果。与全生育期灌水(CK)相比，不同生育期干旱不同程度降低了春小麦地上部茎叶对氮素的累积量，春小麦在各生育时期茎叶的氮素累积量在不同的施氮水平下均随施氮量的增加而提高。苗期不灌水、拔节期不灌水、抽穗期不灌水和苗期+灌浆期不灌水的春小麦茎叶对氮素的累积量与对照相比差异显著。苗期不灌水(播后 47 d)N_0、N_1、N_2、N_3 处理的茎叶对氮素的累积量分别比对照降低 36.05%、20.16%、24.44%、19.82%，拔节期(播后 60 d)、抽穗期(播后 79 d)和灌浆期(播后 120 d)N_0、N_1、N_2、N_3 处理的茎叶干物质分别比对照降低 29.03%、20.63%、21.20%、29.49%和 37.76%、20.83%、30.83%、34.75%及 49.13%、49.16%、44.63%、49.00%。拔节期不灌水(播后 60 d)N_0、N_1、N_2、N_3 处理的茎叶对氮素的累积量分别比对照降低 7.04%、11.01%、10.47%、18.78%，抽穗期(播后 79 d)和灌浆期 (播后 120 d)N_0、N_1、N_2、N_3 处理的茎叶干物质分别比对照降低 16.28%、11.38%、19.05%、10.23%和 17.91%、9.16%、6.27%、6.38%。抽穗期不灌水(播后 79 d)N_0、N_1、N_2、N_3 处理的茎叶对氮素的累积量分别比对照降低 11.44%、10.47%、16.22%、13.17%，灌浆期(播后 120 d)N_0、N_1、N_2、N_3 处理的茎叶对氮素的累积量分别比对照降低 19.48%、6.84%、8.24%、6.64%。苗期+灌浆期不灌水(播后 47 d)N_0、N_1、N_2、N_3 处理的茎叶对氮素的累积量分别比对照降低 39.58%、22.70%、25.50%、28.24%，拔节期(播后 60 d) N_0、N_1、N_2、N_3 处理的茎叶对氮素的累积量分别比对照降低 25.49%、23.86%、22.46%、36.04%，抽穗期(播后 79 d) N_0、N_1、N_2、N_3 处理的茎叶对氮素的累积量分别比对照降低 37.89%、22.81%、28.61%、35.60%，灌浆期(播后 120 d) N_0、N_1、N_2、N_3 处理的茎叶对氮素的累积量分别比对照降低 50.15%、52.88%、48.10%、50.25%。

表 2-9　不同生育期灌水和施氮对春小麦氮素积累量的影响

不同生育期灌水	施氮水平	播后天数/d							
		47		60		79		120	
		茎叶	根系	茎叶	根系	茎叶	根系	茎叶	根系
CK	N_0	17.56gh	0.12g	19.46hi	0.34efg	32.44hij	0.35kl	23.51h	0.36ij
	N_1	21.28e	0.30efg	24.43gh	0.42defg	38.41fgh	1.37e	31.43ef	0.44ij
	N_2	30.16bc	0.80d	30.85de	0.66cdefg	46.87de	1.77d	46.74c	0.88efgh
	N_3	39.66a	1.22c	50.05ab	1.91a	64.98a	2.79b	65.21a	1.65b
T1	N_0	11.23i	0.14g	13.81j	0.23fg	20.19k	0.53ijkl	11.96l	0.34ij
	N_1	16.99h	0.20fg	19.39hij	0.77cde	30.41ij	0.72ghij	15.98jk	0.72efghi
	N_2	22.79de	0.50def	24.31gh	0.89bcd	32.42hij	0.91fgh	25.88gh	0.72efghi
	N_3	31.80b	1.61ab	35.29d	1.95a	42.4ef	1.01fg	65.21a	1.28cd
T2	N_0	16.76h	0.14g	18.09ij	0.18g	27.16j	0.62hijk	19.3i	0.29j
	N_1	20.07efg	0.28efg	21.74gh	0.30efg	34.04ghi	1.08ef	28.55fg	0.49ij
	N_2	25.1d	0.81d	27.62ef	0.55defg	37.94fgh	1.99d	43.81cd	0.96def
	N_3	39.01a	1.30c	40.65c	1.28b	58.33bc	3.12a	61.05b	1.75b
T3	N_0	17.73fgh	0.14g	19.34hij	0.34efg	28.73ij	0.27l	18.93ij	0.42ij
	N_1	20.32efg	0.30efg	25.54fg	0.44defg	34.39ghi	0.59hijkl	29.28efg	0.55ghij
	N_2	27.98c	0.77d	31.77de	0.72cdef	39.27fg	0.85fghi	42.89d	1.06de
	N_3	38.77a	1.29c	52.7a	1.94a	56.42c	2.37c	60.88b	2.16a
T4	N_0	17.45gh	0.12g	19.32hij	0.29efg	31.36ij	0.34kl	23.39h	0.29j
	N_1	20.69ef	0.32efg	24.54gh	0.48defg	38.74fgh	0.72ghij	29.01fg	0.53hij
	N_2	28.4c	0.80d	32.21de	0.73cde	49.76d	0.84fghi	45.16cd	0.88efgh
	N_3	37.3a	1.41bc	46.6b	2.06a	63.81ab	3.04ab	64.17ab	1.75b
T5	N_0	10.61i	0.13g	14.50j	0.30efg	20.15k	0.49jkl	11.72l	0.30j
	N_1	16.45h	0.22fg	18.60hij	0.70cdef	29.65ij	0.75fghij	14.81kl	0.64fghij
	N_2	22.47de	0.58de	23.92gh	1.07bc	33.46ghij	0.92fgh	24.26h	0.93defg
	N_3	28.46c	1.74a	32.01de	2.12a	41.85ef	1.05fg	32.44e	1.51bc
显著性检验（*F* 值）									
灌溉		21.5^{**}	0.1	9.6^{**}	5.0^{*}	17.8^{**}	2.5	8.5^{**}	1.4
氮肥水平		255.1^{**}	100.5^{**}	94.2^{**}	147.6^{**}	88.5^{**}	14.8^{**}	61.6^{**}	81.5^{**}
水分×氮肥水平		2.1	2.3^{*}	2.4^{*}	1.0	2.5^{*}	23.5^{**}	26.3^{**}	1.9

注：氮积累量=干物质量×氮含量

春小麦根系氮素累积量随生育期的推进，呈现“低—高—低”的变化趋势，在抽穗期根系氮素累积量达到最大值，随后根系氮素累积量减小，主要是由于春小麦成熟后根系死亡。不同生育期灌水对春小麦根系氮素累积量有不同程度的影响。与全生育灌水（CK）相比，在平均的施氮水平下，苗期不灌水春小麦根系氮素累积量在播后 47 d、60 d、79 d、120 d

分别比对照降低–0.25%、–15.63%、49.52%、–5.67%；拔节期不灌水春小麦根系氮素累积量在播后 60 d、79 d、120 d 分别比对照降低 30.39%、–8.63%、–20.51%；抽穗期不灌水春小麦根系氮素累积量在播后 79 d、120 d 分别比对照降低 34.90%、–44.83%；灌浆期不灌水春小麦根系氮素累积量在播后 120 d 比对照降低–19.30%。苗期+灌浆期不灌水春小麦根系氮素累积量在播后 47 d、60 d、79 d、120 d 分别比对照降低–8.99%、–26.30%、48.93%、–16.88%。表明灌水反而降低了根系氮素的累积量，可能由于土壤质地和取样条件的限制，这一结果有待进一步进行研究。

2.4.2.3 不同生育期灌水和施氮对春小麦根区土壤硝态氮分布的影响

硝态氮在土壤中的运移与土壤水分状况密切相关，灌水量直接影响土壤中硝态氮的分布和各层土壤中硝态氮浓度的变化。研究表明，作物在生长期，残留在土壤中的硝酸盐既有硝态氮也有铵态氮，但主要以硝态氮为主。硝态氮不易被土壤胶体所吸附，易随水移动，因此，不同生育期灌水均会降低春小麦对土壤氮素的吸收，容易使硝态氮被淋洗到下部土层，增加土壤残留的矿质氮。

由图 2-2 可以看出，土壤硝态氮的含量随土壤水分状况和施氮量变化而变化。拔节前(播后 52 d)测定的土壤硝态氮含量，在不同的施氮水平下，苗期不灌水处理硝态氮含量大于苗期灌水处理硝态氮的含量。所有处理在剖面 0～20 cm 处硝态氮含量最大。苗期灌水处理 N_3、N_2 的 0～20 cm 硝态氮含量是 N_0 处理的 4.50 倍和 14.25 倍，故土壤中硝态氮的含量随着施氮量的增加呈增大趋势。在 N_3 处理下，苗期不灌水处理的 0～20 cm 硝态氮含量为 115.5 $mg \cdot kg^{-1}$，而苗期灌水处理的硝态氮含量仅为 42.2 $mg \cdot kg^{-1}$，表明春小麦苗期对养分的需求不是很大。此外，由图 2-2（a）可知，灌溉会使土壤中来不及被春小麦吸收的硝态氮随灌水而淋失到土壤下层。

播后 64 d 是拔节期不灌水与拔节期灌水硝态氮含量的动态变化图，随着春小麦的生长和灌水的影响，硝态氮含量分布有了明显的变化。0～40 cm 的硝态氮含量降低，大于 60 cm 土层的硝态氮含量较高，在 80 cm 处的含量变化较大，且拔节期不灌水的土壤硝态氮含量高于拔节期灌水的硝态氮含量。在 80 cm 灌水处理硝态氮含量在 N_0、N_1、N_2、N_3 处理下是 40 cm 处硝态氮含量的 1.23 倍、3.40 倍、1.58 倍和 0.77 倍，明显看出，灌水使硝态氮向土壤下层迁移。

播后 87 d 是春小麦扬花抽穗期，取土样测定土壤硝态氮的含量，表层土壤的硝态氮含量明显低于播后 52 d 和 64 d 的硝态氮含量。不灌水高氮处理为 15.5 $mg \cdot kg^{-1}$，灌水高氮处理为 13.2 $mg \cdot kg^{-1}$。所有处理在 60～80 cm 处的变化浮动比较大，大于 80 cm 处硝态氮含量逐渐增大，到 100 cm 处达到最大，深层土壤仍表现为硝态氮含量随施氮量的增加而增加，整体表现为灌水处理的硝态氮含量大于不灌水处理。

播后 120 d 是收获后取土，经过多次的灌水处理，土壤表层的硝态氮随水分淋失，使下层土壤硝态氮含量逐渐增加，还有灌浆期春小麦对土壤养分吸收的影响，使得生育期末土壤的硝态氮浓度发生了明显的变化。

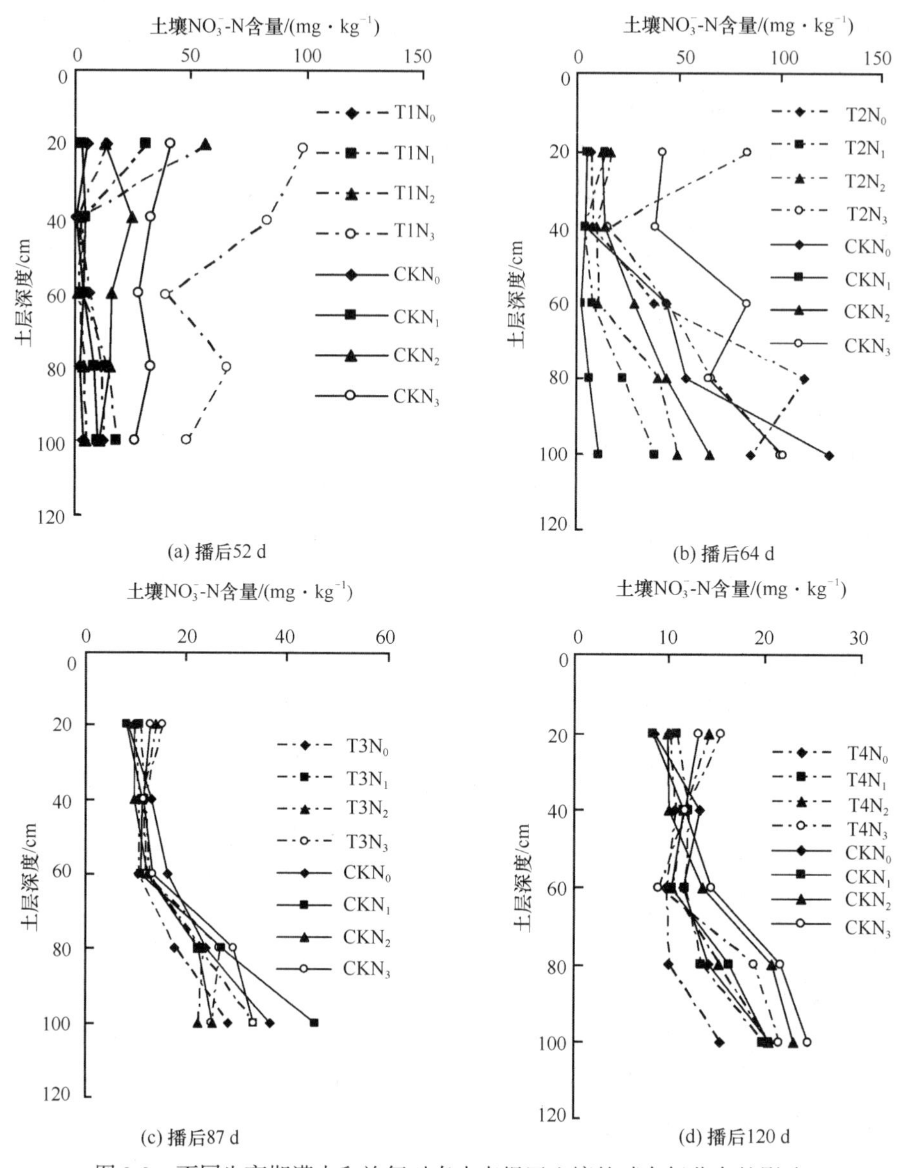

图 2-2　不同生育期灌水和施氮对春小麦根区土壤的硝态氮分布的影响

2.4.3 结论

不同生育期灌水和施氮对春小麦茎叶的含氮率有不同程度的影响。春小麦苗期茎叶的含氮率最高。与全生育期灌水(CK)相比，苗期不灌水和苗期+灌浆期不灌水对春小麦茎叶和根系的含氮率影响差异显著。同一水分处理下，春小麦茎叶、根系氮含量均表现为：$N_3 > N_2 > N_1 > N_0$，表明增加施氮量可显著提高春小麦植株的氮含量。春小麦茎叶对氮素的累积量在抽穗期达到最大值，与全生育期灌水(CK)相比，苗期不灌水、苗期+灌浆期不灌水对春小麦茎叶和根系的氮素累积量差异显著。

春小麦不同生育阶段灌水处理和不灌水处理硝态氮含量的分布随生育时期的变化而

变化。总的来看，在不同的土层深度不灌水处理比灌水处理硝态氮含量大，苗期不灌水处理比灌水处理在 0～20 cm 硝态氮含量高，随着生育期的推进表层土壤的硝态氮含量明显降低，且经过灌水处理，上层的硝态氮随水分淋失到下层土壤。

2.5 水氮互作对石羊河流域春小麦群体产量和水氮利用的影响

石羊河流域是甘肃省河西走廊三大内陆河流域中人口最多、水资源开发利用程度最高、用水矛盾最突出、生态环境问题最严重、水资源对经济社会发展制约性最强的区域。本地区农业用水量占水资源利用总量的 70%～90%，农业灌溉用水和供水矛盾突出。地面灌溉是当地采用的最广泛、最主要的一种灌水方法，大水漫灌现象比较普遍，造成了水肥资源的严重浪费，导致了系列农田环境问题(尉元明等，2003)。如何使作物在不减产的条件下减少灌溉定额，提高灌溉效益，已成为石羊河流域农业发展的最紧迫的任务。节水灌溉新技术在当地进行了大量的试验研究并取得了一定的成果(杜太生等，2007a，2007b)，但没有很好地将水和肥结合起来。肥水是影响旱地农业生产及作物生长最主要的两大因素，如何提高利用效率促进作物的生长发育是目前研究的热点。国内外研究证明，提高旱地水肥利用效率的最佳途径是水肥高效配合(Singh et al.，1987；Sharma et al.，1992)。但目前许多研究只注重水肥在量上的配合，而很少考虑水肥在不同生育阶段分配对作物生长发育的影响(翟丙年和李生秀，2005；唐玉霞等，1996)。本试验通过研究不同生育阶段的水量分配及氮肥处理对春小麦群体产量和水氮利用的效应，以便探明影响产量的最主要灌水时期和最佳的水氮耦合形式。为石羊河流域提高水肥利用效率，建立水肥耦合模型提供理论依据。

2.5.1 材料与方法

2.5.1.1 试验材料与试验设计

试验于 2007 年 4～7 月在中国农业大学石羊河流域农业与生态节水试验站(37°57′20″N，102°50′50″E)进行。试验田地处腾格里沙漠边缘，为典型的内陆荒漠气候区，地处黄羊河、杂木河、清源灌区交汇带，海拔 1581 m，多年平均降水量仅为 164.4 mm 左右。土壤质地为灰钙质轻沙壤土，根层土壤干容重为 1.32 $g \cdot cm^{-3}$，田间持水率为 36.58%(体积含水率)，地下水埋深达 25～30 m。土壤肥力水平较低，速效磷含量为 5～8 $mg \cdot kg^{-1}$，有机质含量为 0.4%～0.8%，土壤 pH 约为 8.2，矿化度 0.71 $g \cdot L^{-1}$，土壤速效性盐离子含量为 0.12%～0.56%。灌溉水源为地下水。

试验小麦为当地常规品种‘永良 15 号’。试验设施氮量和分蘖期、拔节期、抽穗期及灌浆期的灌水量共 5 因素，每因素 4 水平。各因素之间为正交组合 $L16(4^5)$，试验设计见表 2-10。每个处理重复 3 次，合计 48 个小区。小区为东西方向，四周开阔，小区面积为 15 m^2。氮肥选用尿素，播前一次施入。磷肥选用过磷酸钙，作为底肥深翻土地前一次均匀撒施，施磷量为 150 $kg \cdot hm^{-2}$ 五氧化二磷。4 月 4 日播种，7 月 15 日收获。灌水水量用低压管出水口处精确水表测量。春小麦整个生育期降雨量和参考作物腾发量及灌水时间见图 2-3。

表 2-10　试验设计

处理	A 施氮量/(kg·hm^{-2})		B 分蘖	C 拔节	D 抽穗	E 灌浆	处理	A 施氮量/(kg·hm^{-2})		B 分蘖	C 拔节	D 抽穗	E 灌浆
1	高氮	224	90	90	90	90	9	低氮	112	90	50	30	70
2		224	70	70	70	70	10		112	70	30	50	90
3		224	50	50	50	50	11		112	50	90	70	30
4		224	30	30	30	30	12		112	30	70	90	50
5	中氮	168	90	70	50	30	13	特低氮	56	90	30	70	50
6		168	70	90	30	50	14		56	70	50	90	30
7		168	50	30	90	70	15		56	50	70	30	90
8		168	30	50	70	90	16		56	30	90	50	70

注：表头中“因素”涵盖 A 至 E，B、C、D、E 为“灌溉/mm”。

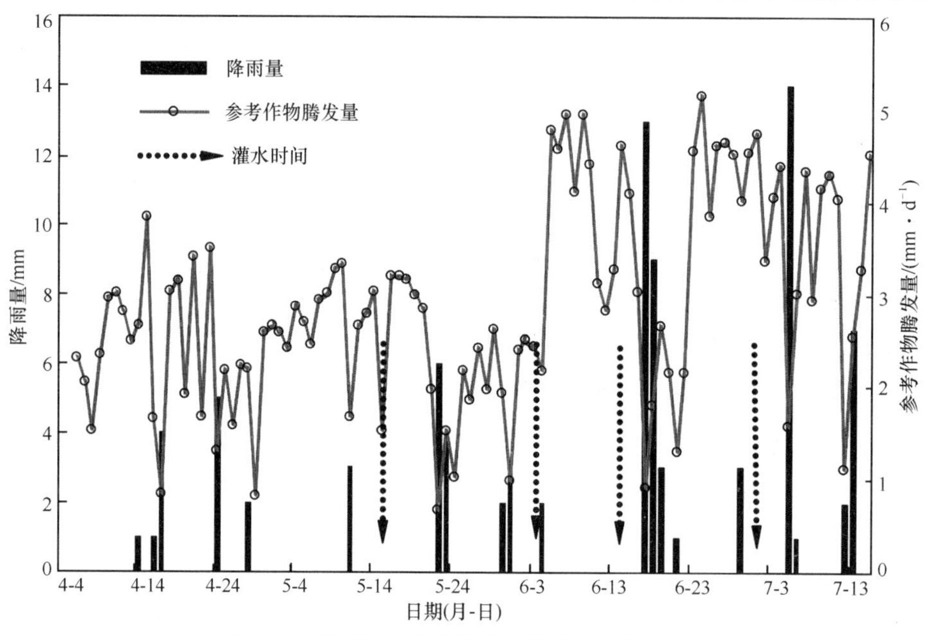

图 2-3　降雨量、参考作物腾发量和灌水时间

2.5.1.2 测定项目与方法

收获时在每个小区中随机选取 5 m^2 的春小麦脱粒称重，70℃烘干至恒重，折算产量。植物样 105℃杀青 30 min，60℃烘至恒重，测定地上部分干重。植株和籽粒经烘干磨碎后进行全氮测定，全氮测定用凯氏(Kjeldahl)定氮法。氮素累积量=全氮含量×质量。

2.5.2 结果与分析

不同水氮组合对作物的产量、干物质、收获指数、水分利用效率及其地上部分植株样和籽粒的氮素累积量的影响结果见表 2-11，其极差和方差分析见表 2-12 和表 2-13。书中用 A、B、C、D 和 E 分别表示试验中的 5 个因素(表 2-10)，字母右侧的数字(1、2、3、4)分别表示各因素的高、中、低、特低 4 水平。

表 2-11　水氮互作对春小麦产量及水氮利用的影响

处理	产量 /(kg · hm^{-2})	干物质 /(kg · hm^{-2})	收获指数	水分利用效率 /(kg · m^{-3})	氮素累积量 /(kg · hm^{-2})	籽粒氮素累积 /(kg · hm^{-2})
1	5 447.70	13 510.62	0.403	1.513	229.25	134.08
2	4 956.30	11 685.25	0.424	1.770	217.35	120.35
3	3 590.40	7 033.89	0.510	1.795	124.07	87.48
4	2 956.20	6 554.67	0.451	2.464	120.30	74.84
5	4 635.90	10 023.99	0.462	1.932	163.05	114.12
6	4 887.90	11 150.88	0.438	2.037	179.24	120.50
7	4 349.70	11 060.88	0.390	1.812	174.03	105.62
8	4 556.70	10 766.04	0.423	1.899	173.65	109.68
9	3 960.90	8 990.92	0.441	1.650	128.76	92.67
10	3 663.00	8 030.97	0.456	1.526	120.24	84.53
11	4 723.20	9 812.83	0.481	1.968	134.37	108.38
12	4 117.50	8 955.56	0.460	1.716	122.63	95.83
13	3 560.40	7 427.78	0.479	1.484	80.47	60.21
14	3 811.50	8 053.94	0.473	1.588	97.40	62.34
15	4 068.90	8 759.30	0.465	1.695	101.84	65.97
16	4 272.30	8 745.20	0.489	1.780	112.23	83.23

注：表中的数据为 3 个重复的平均值

表 2-12　群体产量和水氮利用的极差分析表

项目		产量 /(kg · hm^{-2})	干物质 /(kg · hm^{-2})	收获指数	水分利用效率 /(kg · m^{-3})	氮素累积量 /(kg · hm^{-2})	籽粒氮素累积量 /(kg · hm^{-2})
因素	A	679.275	2526.389	0.048	0.283	74.757	36.250
	B	425.440	1232.958	0.015	0.320	18.181	9.376
	C	1200.340	2513.807	0.018	0.088	40.012	30.247
	D	480.565	1959.235	0.048	0.304	25.929	10.973
	E	402.265	1655.375	0.036	0.330	31.490	10.548

表 2-13　群体产量和水氮利用的方差分析表

项目	方差来源	离差平方和	自由度	方差估计	F值	项目	方差来源	离差平方和	自由度	方差估计	F值
产量	A	9.86×10^{5}	3	4.93×10^{5}	7.628	水分利用效率	A	0.220	3	0.110	5.604
	B	4.23×10^{5}	3	2.12×10^{5}	3.277		B	0.224	3	0.112	5.690
	C	3.32×10^{6}	3	1.66×10^{6}	25.662		C	0.022	3	0.011	0.566
	D	7.71×10^{5}	3	3.85×10^{5}	5.967		D	0.193	3	0.096	4.897
	E	5.64×10^{5}	3	2.82×10^{5}	4.369		E	0.236	3	0.118	5.991
干物质	A	1.40×10^{7}	3	7.01×10^{6}	6.605	氮素累积量	A	1.62×10^{4}	3	8.10×10^{3}	12.820
	B	3.66×10^{6}	3	1.83×10^{6}	1.722		B	1.48×10^{3}	3	7.40×10^{2}	1.171
	C	1.55×10^{7}	3	7.77×10^{6}	7.318		C	4.05×10^{3}	3	2.03×10^{3}	3.204
	D	9.93×10^{6}	3	4.96×10^{6}	4.675		D	2.06×10^{3}	3	1.03×10^{3}	1.632
	E	1.00×10^{7}	3	5.00×10^{6}	4.707		E	3.49×10^{3}	3	1.75×10^{3}	2.762
收获指数	A	0.005	3	0.002	9.200	籽粒氮素累积量	A	4489.673	3	2233.980	12.690
	B	0.001	3	0.000	1.129		B	232.729	3	862.560	0.658
	C	0.001	3	0.000	1.183		C	2105.957	3	237.565	5.952
	D	0.005	3	0.002	8.855		D	364.126	3	120.630	1.029
	E	0.004	3	0.002	8.400		E	337.500	3	355.575	0.954
$F_{0.05}(3,5)=5.41$，$F_{0.01}(3,5)=12.06$											

2.5.2.1 水氮互作对春小麦产量的影响

根据表 2-11 试验结果可知，处理 1 的产量最高，处理 2 次之，处理 4 的最低，仅为处理 1 的 54.27%。在氮肥充足(高氮处理)的条件下分析前 4 个处理的产量可知，在氮肥相同的条件下灌水量和产量正相关，说明灌水太少降低了土壤养分的有效性，也影响作物对养分的吸收、转运、转化和同化。说明灌水是提高和保证旱区作物产量的最主要因素。在总灌水量为 240 mm 时，且在每个生育阶段的水量分配不同，氮肥水平直接影响小麦的产量。其中中氮水平的产量最高为 184 302 kg · hm^{-2}，低氮次之，无氮处理的产量最低，为中氮水平产量的 1.17 倍。说明作物在不同生育期对水分的敏感程度不同。统计分析结果表明(表 2-12，表 2-13)，各因素对产量影响的位次关系为施氮量(A) ＞抽穗期灌水(D)＞分蘖期灌水(B)＞拔节期灌水(C)＞灌浆期灌水(E)，其中拔节期灌水(C)对产量的影响达到了极显著水平，抽穗期灌水(D)和施氮量(A)达到了显著水平，其余因素对产量影响不显著。计算各因素相同水平下产量的平均值，结合方差分析的结果可知最优组合为 $A_2C_1D_2$。

2.5.2.2 水氮互作对干物质累积量的影响

干物质生产是作物产量形成的基础。由表 2-11 结果可知，处理 1 的干物质累积量最大，是处理 4 的 2.06 倍。在高氮条件下，灌溉定额由 90 mm 降为 30 mm，其干物质累积量下降 51.49%。在灌水定额为 240 m 时，中氮处理的干物质累积量最大，低氮处理的较小，特低氮处理的最小。说明在氮肥供应充足的条件下，土壤水分严重亏缺抑制了干物质的累积。当灌溉定额和施氮量相同，而每个生育阶段的灌水定额不同时，春小麦物质累积量各有差异。其中中氮处理的偏差最小，特低氮处理的偏差最大，这说明水氮对干物质累积有明显的交互作用。统计结果显示见表 2-12 和表 2-13，各因素对干物质累积的影响位次依次为：A＞C＞D＞E＞B。其中施氮量(A)和拔节期灌水(C)对干物质累积影响显著，其余因素对其影响不显著。结合对显著因素不同水平进行多重比较的结果可知，获得最大干物质累积量应采用中氮和拔节期高水处理的组合(A_2C_1)。

2.5.2.3 水氮互作对收获指数的影响

收获指数综合反映地上生物学产量向籽粒产量分配的效率。在所有处理中，处理 3 的收获指数最大，为 0.510，分别是处理 1 和处理 7 的 1.27 倍和 1.31 倍。说明高水高氮处理的生物学产量达到最高，但没有很好地向籽粒转移，收获指数也相对较低。前面分析可知，拔节期的灌水量对产量影响极显著，而处理 7 由于在苗期和拔节期灌水量较小，而在抽穗和灌浆期灌水较多，降低了籽粒产量，从而降低了收获指数。统计分析结果(表 2-12，表 2-13)显示，各因素对收获指数的影响位次为：A＞D＞E＞C＞B，其中施氮量(A)、抽穗灌水(D)和灌浆期灌水(E)对收获指数影响显著，其余因素对其影响不显著。结合对 A、D、E 分别进行不同水平上的多重比较的结果可知，欲获得最大的收获指数，最优组合为 $A_1D_3E_3$。

2.5.2.4 水氮互作对水分利用效率的影响

水分利用效率能综合反映耗水量和籽粒产量的相互关系。由表 2-11 结果可知，处理 4 的籽粒产量和地上干物质产量最小，但单位灌水量获得的经济产量最大为 2.464 $kg \cdot hm^{-2}$，是处理 1 和处理 14 的 1.63 倍和 1.55 倍。这说明在高氮条件下，低水处理更有利于提高水分利用效率。处理 1 水氮充足导致作物营养生长过旺，降低了产量的形成，从而降低了水分利用效率。由于施氮量(A)和拔节期灌水(C)对产量的影响显著，特低施氮和拔节期低水处理导致了产量和水分利用效率较低。在灌溉定额都为 240 mm，中氮处理的平均水分利用效率为 1.920 $kg \cdot m^{-3}$，是低氮和特低氮处理平均水分利用效率的 1.12 倍和 1.17 倍。高氮处理的水分利用效率的均值低于中氮的均值 0.034 $kg \cdot m^{-3}$，这主要是因为处理 1 的水分利用效率过低所致。统计结果表明(表 2-12，表 2-13)，各因素对水分利用效率影响程度依次为：E＞B＞D＞A＞C，这说明在干旱地区适量的灌水比施氮更有利于提高水分利用效率。其中施氮量(A)、分蘖期灌水(B)和灌浆期灌水(E)对水分利用效率影响达到显著水平，其余因素影响不显著。对达到显著水平的因素进行多重比较，可知获得最大水分利用效率的处理为 $A_2B_4E_4$。

2.5.2.5 水氮互作对植株氮素累积量的影响

试验结果表明(表 2-11)：在高氮条件下，处理 1 收获时植株氮素累积量最大，是处理 3 和处理 4 的 1.85 倍和 1.91 倍，比处理 2 高 11.902 $kg \cdot hm^{-2}$。这主要是因为低水处理和特低水处理抑制了作物生长，降低了氮素累积。在灌溉定额都为 240 mm 时，不同氮肥水平的氮素累积均值中氮处理最大，低氮处理次之，特低氮处理最小。统计分析可知(表 2-12，表 2-13)，各因素对植株氮素累积量的影响程度依次为 A＞C＞E＞D＞B。其中施氮量(A)对氮素累积量达到了极显著的程度。结合对 A 进行多重比较的结果可知，获得最大氮素累积量的处理为 A_1。这说明植株的氮素累积量和施氮量呈正相关，并且水氮交互作用明显。

2.5.2.6 水氮互作对籽粒氮素累积量的影响

试验结果显示(表 2-11)，处理 1 的籽粒氮素累积量最大，分别是处理 4 和处理 13 的 1.79 倍和 2.23 倍。高氮处理的氮肥收获指数(籽粒吸氮量和植株吸氮量的比值)的变化幅度较大，为 55.4%～70.5%，处理 3 的氮肥收获指数大于处理 1 和处理 2。这可能是由于水分相对充足的条件下，氮素向籽粒转移的比例略有减小。灌溉定额为 240 mm 的所有处理中，中氮处理的籽粒的氮素累积量均值最大，低氮的次之，特低氮处理的最小。这和植株氮素累积量的表现规律一致，说明了氮素累积量和施氮量呈正相关。统计分析结果表明(表 2-12，表 2-13)，对籽粒氮素累积量的影响位次依次是：A＞C＞D＞E＞B，其中 A(施氮量)对其影响极显著，C(拔节期灌水量)对其影响显著。其余因素对其影响不显著。前面分析可知，D(抽穗期灌水)对产量影响显著，因此 D 对籽粒氮素累积量的影响位次在 E 之前。结合多重比较的结果可知，获得籽粒最大的氮素累积量的处理为 A_2C_1。这说明高水高氮处理可以获得最大的生物产量，但没有提高水氮的利用效率。

2.5.3 讨论

水分和养分对作物生长的影响不是孤立的，而是相互作用的。根系吸水和养分吸收是两个独立的过程，但水分的有效性影响着整个土壤的微生物、物理及其生理过程，使得土壤水分和养分密切而复杂地联系在一起。在有限灌溉的条件下，配合适量的养分，能够使水分得到更有效的利用(Singh and Kumar，1981)。本研究表明，在高氮条件下充分灌溉处理籽粒产量和地上干物质产量都达到最高，而全生育期低水和特低水处理明显降低了干物质累积量，浪费了氮肥资源。虽然处理4(全生育期特低水)的水分利用效率达到最大，但这是以牺牲产量为代价的。灌溉定额都为240 mm而各生育期的灌水定额不同时，春小麦的产量和地上部分干物质的累积量差异明显。说明作物在不同的生育阶段的需水量和对水分的敏感程度不同，灌溉应根据作物需水量和灌水时间对产量的贡献程度来分配水量，大水漫灌和全生育期固定一个灌水定额是不科学的。

收获指数是以生物学产量为基础的，片面地追求收获指数的最大值而忽视籽粒产量是没有意义的。高的生物学产量不仅在表观上是收获指数实现高籽粒产量的数量保证，而且是实现高收获指数的生理基础。通过调整不同生育期的水氮供应，协调产量和收获指数之间的关系，在获得较大的产量的同时收获指数也较大，实现水氮的高效利用。水氮互作对作物的水氮利用存在着一定的交互作用，土壤水分亏缺影响植株对氮素的吸收，降低营养器官的含氮量，进而影响植株的正常生理功能，使氮“源”减少，运输能力降低。小麦生育后期，随着土壤水分胁迫的进一步加剧，籽粒中的氮“库”变弱变小，对“源”的拉力减弱，最后势必使各营养器官氮素转移量和转移率减少，最终影响籽粒产量和水氮利用。因此保证作物关键时期的水氮供应，才能获得高产和较高的水氮利用效率。由试验的结果可知，影响群体产量和水氮利用的因素各不相同，要获得较高的籽粒产量就必须保证施氮量为168～224 $kg \cdot hm^{-2}$，拔节期和抽穗期灌水在60～90 mm。因此只有合理匹配水肥因子，才能起到以肥调水、以水促肥，并充分发挥水肥因子的整体增产作用。

2.5.4 结论

试验结果表明，施氮量、拔节期和抽穗期灌水对干旱区春小麦的产量影响显著，施氮量为168 $kg \cdot hm^{-2}$、拔节期灌水90 mm、抽穗期灌水70 mm可以获得较高的籽粒产量。水氮对地上干物质累积量的影响和对籽粒产量的影响相似，但抽穗期灌水对地上干物质累积量影响不显著。施氮量为224 $kg \cdot hm^{-2}$、抽穗期和灌浆期灌水都为50 mm可以获得较高的收获指数，在生产中考虑提高收获指数时，首先应保证较高的籽粒产量。分蘖期和灌浆期灌水都为30 mm时，可以获得较高的水分利用效率，但这是以牺牲产量为代价的。施氮量对地上干物质和籽粒的氮素累积量影响显著，拔节期灌水为90 mm，施氮量为168 $kg \cdot hm^{-2}$时籽粒的氮素累积量最大。为获得较高产量和提高水氮利用效率，建议石羊河流域春小麦最优的水氮交互模式为：施氮量168 $kg \cdot hm^{-2}$，全生育期灌水4次，拔节期灌水为90 mm，分蘖期、抽穗期、灌浆期灌水均为60 mm。

2.6 限量灌溉对石羊河流域春小麦根区水氮迁移和利用的影响

2.6.1 材料与方法

2.6.1.1 试验材料与试验设计

试验于 2007 年 4～7 月在中国农业大学石羊河流域农业与生态节水试验站(37°57′20″N，102°50′50″E)进行。试验田地处腾格里沙漠边缘，为典型的内陆荒漠气候区，地处黄羊河、杂木河、清源灌区交汇带，海拔 1581 m，多年平均降水量仅为 164.4 mm 左右。土壤质地为灰钙质轻沙壤土，根层土壤干容重为 1.32 $g \cdot cm^{-3}$，田间持水率为 36.58%(体积含水率)，地下水埋深达 25～30 m。土壤肥力水平较低，速效磷含量为 5～8 $mg \cdot kg^{-1}$，有机质含量为 0.4%～0.8%，土壤 pH 约为 8.2，矿化度 0.71 $g \cdot L^{-1}$，土壤速效性盐离子含量为 0.12%～0.56%。灌溉水源为地下水。

试验小麦为当地主要种植品种‘永良 15 号’。试验设 4 个灌水水平，全生育期灌水 4 次。灌水时间分别在分蘖期、拔节期、抽穗期和灌浆期，灌水定额分别为 90 mm(高水)、70 mm(中水)、50 mm(低水)和 30 mm(特低水)。每个处理重复 3 次，合计 12 个小区。小区为东西方向，四周开阔，小区面积为 15 m^2。试验在田间进行了完全随机排列。氮肥选用尿素，播前一次施入，施氮量为 255 $kg \cdot hm^{-2}$ 纯氮。磷肥选用过磷酸钙作为底肥，深翻土地前一次均匀撒施，施磷量为 150 $kg \cdot hm^{-2}$ 五氧化二磷。4 月 4 日播种，7 月 15 日收获。灌水水量用低压管出水口处精确水表测量。降雨量和参考作物的腾发量及灌水时间见图 2-3。

2.6.1.2 测定项目与方法

土样和植物样的采集分为 4 个时期进行，分别为拔节前(5 月 18 日)、抽穗前(6 月 8 日)、灌浆前(6 月 23 日)和收获后(7 月 18 日)。土钻取土，每 10 cm 取一个土样，一共 100 cm。部分土样用烘干法测定含水率，剩余新鲜土样立即晾干后磨碎过筛待测氮素。土壤硝态氮采用 2 $mol \cdot L^{-1}$ KCl (土液比 1∶5) 浸提，用上海光谱仪器厂生产的 756 型紫外可见分光光度计测定。植物样用烘箱 105℃杀青 30 min，60℃烘至恒重，分别测定根干重和地上部分干重。植株和籽粒经烘干磨碎后进行全氮测定。全氮测定用凯氏定氮法。植株全氮含量为地上全氮含量和地下全氮含量之和。土壤剖面硝态氮累积量的计算公式：$A=c \times h \times BD \times 10 \times 0.01$，$A$ 为硝态氮的累积量($kg \cdot hm^{-2}$)，c 为土壤硝态氮的含量($mg \cdot kg^{-1}$)，h 为土层厚度(cm)，BD 为土壤容重($g \cdot cm^{-3}$)。土壤水分累积量的计算公式：$A=\theta \times h \times 10$，$A$ 为土壤储水量(mm)，θ 为土壤体积含水率，h 为土层厚度(cm)。

2.6.2 结果与分析

2.6.2.1 限量灌溉对土壤硝态氮累积量的影响

硝态氮是旱地作物吸收的主要氮素形态。图 2-4 表示根区土壤硝态氮累积量的动态变化。由图 2-4 试验结果可知，播后 44 d 各处理在整个剖面上土壤硝态氮的累积量约为 550 kg · hm^{-2}，变化幅度为 82 kg · hm^{-2}，且主要集中在 0～50 cm。这是因为播前施氮，土壤温度适宜，土壤矿化和硝化作用强烈，增加了耕层土壤的硝态氮含量。0～50 cm 土壤硝态氮累积量占整个剖面上累积量的比例有所差异，其中特低水分处理最大为 85%，低水和中水处理次之，高水处理最小为 73%。各处理剖面 70～100 cm 硝态氮累积量说明了土壤的本底情况。

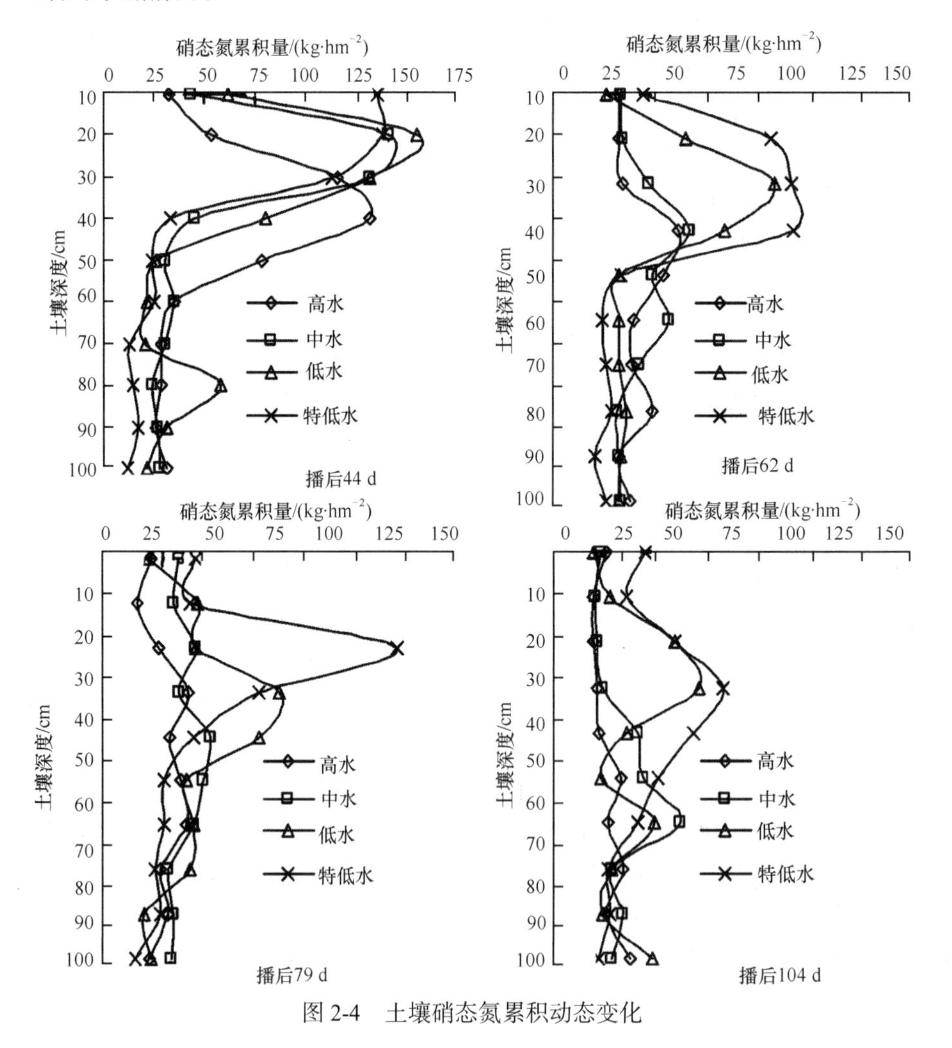

图 2-4 土壤硝态氮累积动态变化

播后 62 d 土壤硝态氮的累积量发生了显著的变化，各处理在整个剖面上的累积量特低水处理最大为 468 kg · hm^{-2}，是高水处理的 1.31 倍，是低水处理的 1.12 倍。和播后 44 d 相比，各处理 0～50 cm 土壤硝态氮的累积量所占整个剖面累积量的比例都有所降低，其中高水处理由 73%降低到 52%，降低的幅度最大。低水处理和特低水处理土壤硝态氮的累积还主要集中在剖面 0～50 cm，占整个剖面的 65%～76%。这是因为灌水和降雨，土壤硝态氮随水迁移，由图 2-4 可知其迁移的距离和灌水量呈正相关。

由于灌水和降雨的影响，播后 79 d 高水处理剖面各层次上土壤硝态氮累积量较小，变化幅度为 16～35 kg · hm^{-2}。中水处理在剖面 50～70 cm 上累积量达到峰值，低水处理的累积峰值在 30～60 cm 处。特低水分处理在剖面 30 cm 处的累积量最大为 124 kg · hm^{-2}，是高水处理相同层次上的累积量的 6 倍，0～50 cm 剖面上的累积量占整个剖面上的 73%，而高水处理 50～100 cm 剖面上的累积量占整个剖面上的 54%，说明灌水量的高低是土壤剖面上各层次硝态氮累积量大小的决定因素。

播后 104 d 土壤硝态氮在剖面上累积量代表了硝态氮残留的多少，由图 2-4 可知土壤硝态氮的残留量特低水处理＞低水处理＞中水处理＞高水处理。其中特低水处理的残留量是高水处理的 1.75 倍。和播后 44 d 硝态氮的累积相比，高水处理在整个剖面上减小的幅度最大为 337 kg · hm^{-2}，是低水处理和特低水处理减少幅度的 2 倍和 2.5 倍。说明高水处理让硝态氮产生了淋失，降低了氮肥的利用效率。

2.6.2.2 限量灌溉对土壤储水量的影响

土壤储水量是土壤水分收支平衡状况的综合反映，水分收入小于支出，土壤储水量降低，反之则增加。图 2-5 反映了根区土壤储水量的动态变化。由试验结果可知，播后 44 d 高水处理在整个剖面上的土壤储水量最大，比特低水处理高 43 mm。其中低水处理和特低水处理的储水量都约为 180 mm，这是因为低水和特低水处理的灌水定额（50 mm 和 30 mm）较小，灌水对剖面（50～100 cm）土壤含水率影响不大。小麦在拔节期的耗水量较大，使剖面 0～40 cm 的土壤含水率降低到同一水平。播后 62 d 土壤储水量和灌水定额呈正相关。其中高水

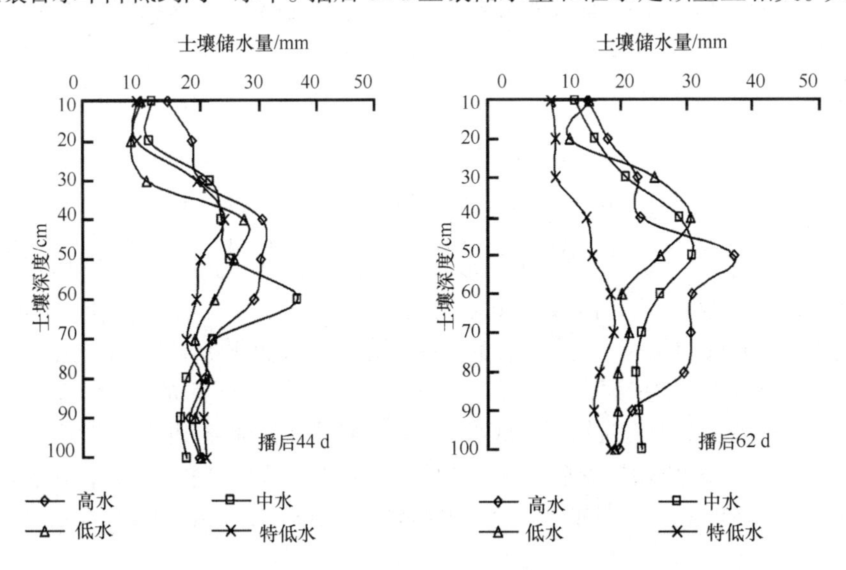

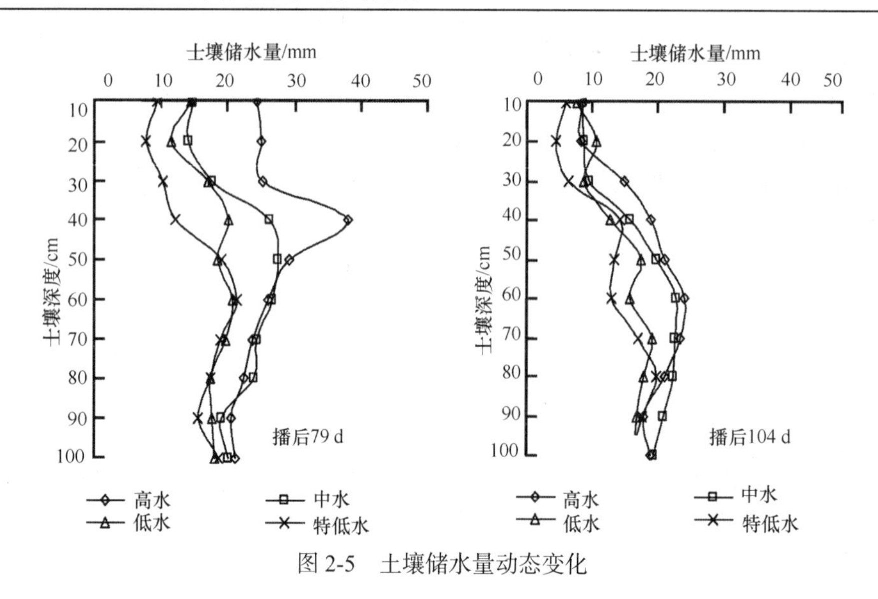

图 2-5 土壤储水量动态变化

和中水处理在剖面 40～50 cm 土壤储水量最大约为 30 mm。播后 79 d 的土壤储水规律和播后 62 d 的规律一致。和前 3 次土壤储水量相比，播后 104 d 土壤储水量最小。这是因为春小麦在灌浆期到收获期，大气温度很高，植物蒸发蒸腾作用强烈，所以消耗水分量增加。低水处理和特低水处理的土壤储水量的差异不明显。

由图 2-6 可知，在整个剖面上土壤硝态氮的累积量和土壤储水量存在线性关系，且有较好的相关性。除播后 44 d 土样外，其余 3 次土壤硝态氮的累积量都是随着土壤储水量的增加而减少。说明从播后 62 d 起，高水处理已导致部分土壤硝态氮超出了根区范围，很难被作物吸收利用。深层土壤反硝化作用微弱，硝态氮很难转化为其他形态的氮，只能随着土壤水分的向下运动而迁移，这样就会降低氮肥的利用效率。这是因为土壤大孔隙可以传导 90%的土壤水流通量，高水处理灌溉时使土壤剖面 0～50 cm 的大孔隙充满水分，开始以优势流的形式向深层入渗，土壤溶液中的硝态氮随之向深层运移。而低水或特低水处理不易形成优势流，因此硝态氮向下运移的深度比高水处理的小得多。由图 2-7 结果可知，在整个生育期高水处理的灌水量为特低水处理的 3 倍，收获时的土壤储水为特低水处理土壤储水的 1.35 倍，土壤硝态氮残留量高水处理为特低水处理的 0.56 倍。

2.6.2.3 限量灌溉对作物群体全氮含量和水分利用效率的影响

干物质是作物光合作用产物的最高形式，其累积和分配与作物产量密切相关。由图 2-8(a)干物质累积过程可知，播后 44 d 各处理的干物质累积集中在 2000 $kg \cdot hm^{-2}$ 左右，变化幅度约为 300 $kg \cdot hm^{-2}$。这是由于播前冬灌增加了土壤的储水量，加之春小麦苗期需水量较小，水分处理对这一时段干物质累积影响不大。播后 62 d 的干物质累积和灌水量呈正相关，高水处理的干物质累积是低水和特低水处理干物质累积的 1.27 倍和 1.40 倍。和播后 44 d 干物质累积相比，播后 62 d 各处理的累积量都有大幅度增加，高水处理增加的最多，为 3320 $kg \cdot hm^{-2}$，是中水、低水和特低水增加的 1.05 倍，1.43 倍和 1.58 倍。

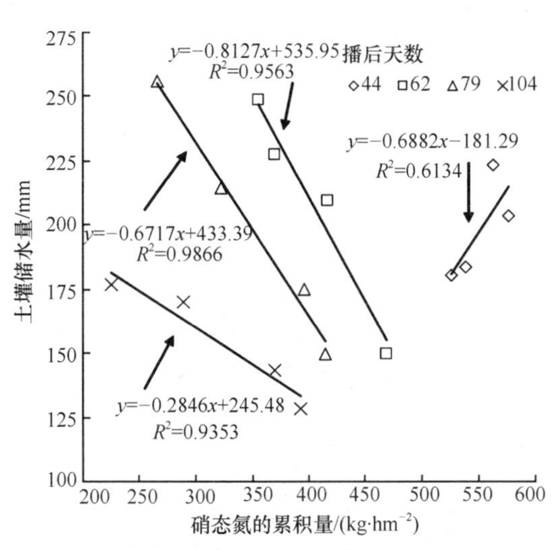

图 2-6　土壤剖面储水量和硝态氮累积量关系图

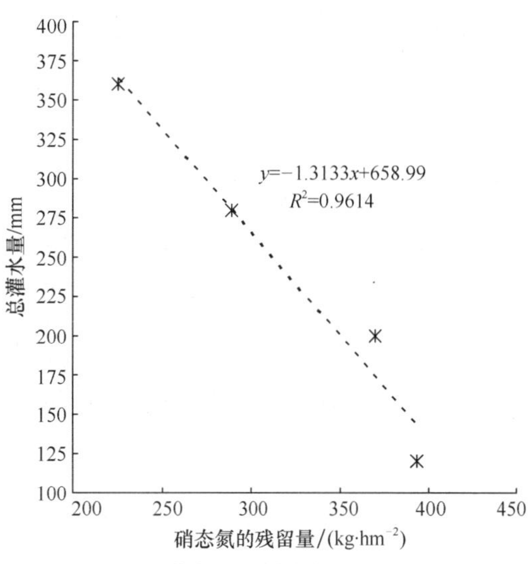

图 2-7　总灌水量和硝态氮残留量关系图

播后 44 d 到播后 62 d，干物质日累积量最大，为 180～120 $kg\cdot hm^{-2}\cdot d^{-1}$，其中高水处理的日累积量最大，特低水处理的最小。春小麦拔节期生长旺盛，蒸腾作用强烈，水分亏缺抑制了小麦的生长。播后 79 d 干物质累积和播后 62 d 累积规律一致，干物质日累积量略有减小，为 142～75 $kg\cdot hm^{-2}\cdot d^{-1}$。播后 104d 高水处理的干物质累积量比中水、低水和特低水的累积分别高 610 $kg\cdot hm^{-2}$、830 $kg\cdot hm^{-2}$、1254 $kg\cdot hm^{-2}$。在播后 79～104 d，低水和特低水处理的干物质日累积量比高水和中水处理的高，其中特低水处理的最大为 100 $kg\cdot hm^{-2}\cdot d^{-1}$，说明高水处理作物的前期物质生产量大，后期物质生产量小，无效生长多。而低水和特低水处理则相反。总之各处理在拔节期的干物质累积量最大，占整个生育期累积量的 27%～38%，而在抽穗期的干物质累积量较小，占生育期累积量的 16%～25%。

不同生育阶段的植株全氮含量表明［图 2-8(b)］，播后 44 d 高水处理的全氮含量是中水、低水、特低水处理的 1.15 倍、1.16 倍和 1.46 倍。由于苗期植株的全氮浓度较大，尤其是地上部分全氮浓度可达到 40 $g\cdot kg^{-1}$ 左右，因此全氮含量也较高。播后 62 d 虽然中水处理的干物质累积量小于高水处理的累积量，但中水处理的全氮浓度比高水处理的浓度高约 3 $g\cdot kg^{-1}$，中水处理的全氮含量比高水处理的全氮含量高 14 $kg\cdot hm^{-2}$，这有可能是高水处理使土壤硝态氮远离根区，降低了作物对氮素的吸收。低水处理和特低水处理植株全氮含量也达到了 25 $g\cdot kg^{-1}$，但由于土壤水分的亏缺严重地抑制了作物的生长，导致作物的全氮含量也较小。播后 79 d 植株全氮含量的分布规律和干物质的规律一致，高水处理的植株全氮含量比中水处理的全氮含量高 2 $kg\cdot hm^{-2}$。播后 104 d，中水处理的植株全氮含量最大，高水处理次之，特低水处理最小。试验测得特低水处理的全氮浓度为 18.3 $g\cdot kg^{-1}$，大于高水处理和低水处理的全氮浓度。这可能是高水处理条件下，作物生长旺盛，因此总生物量增加，但同时淋失和挥发增加，故效率降低。

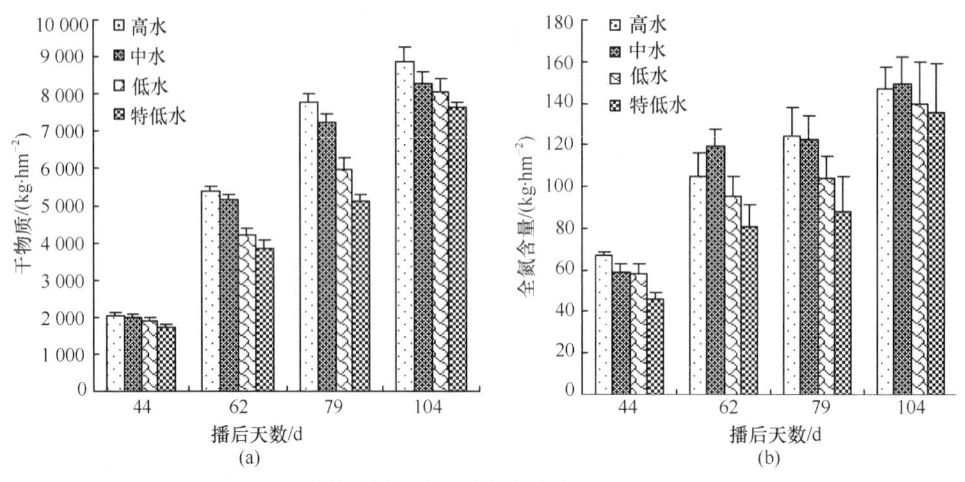

图 2-8　不同水分处理对干物质累计和全氮含量的影响

水分利用效率是用来描述作物生长量与水分利用状况之间关系的指标。由收获时的经济产量可知，高水处理的产量最大为 5177 kg · hm^{-2}，分别是中水、低水和特低水处理的 1.04 倍、1.36 倍、1.57 倍。而特低水处理的灌溉水利用效率最大为 3.65 kg · m^{-3}，分别是高水和中水处理灌溉水利用效率的 2.5 倍和 2.0 倍。虽然特低水处理的水分利用效率较大，但是在干旱条件下水分利用效率的增加是以牺牲产量为代价的，干旱迫使植物生长严重受阻，耗水量降低，因而水分利用率相对增加。高水处理和中水处理的产量相差只有 4%，而灌溉定额相差约 30%，说明土壤水分过高，作物营养生长过旺，降低了生殖生长，因此高水和中水处理的产量相差不大。

2.6.3 结论

灌水是干旱地区土壤硝态氮迁移和累积的最主要的影响因素。高水处理会导致土壤硝态氮的淋失，降低作物对氮素的吸收。随着生育期的推进，土壤硝态氮的累积呈递减趋势。除拔节前，土壤硝态氮的累积量和土壤水储量呈线性递减关系。特低水处理和低水处理的土壤硝态氮的累积量一直保持较高的水平。水分处理是土壤储水量大小的决定因素，剖面 0～30 cm 的土壤储水量较小。

春小麦在拔节期的干物质累积量最大，占整个生育期累积量的 27%～38%，而在抽穗期的干物质累积量较小，占生育期累积量的 16%～25%。高水处理的作物营养生长过旺，降低了生殖生长。特低水和低水处理严重地抑制了作物的生长，导致作物的全氮含量也较小。高水处理比中水处理的产量高约 4%，而灌溉定额比中水处理高约 30%。在水资源亏缺的条件下，春小麦全生育期灌水 280～360 mm 可以保证有较高的产量和水分利用效率。

参 考 文 献

蔡焕杰，康绍忠，张振华，等. 2000. 作物调亏灌溉的适宜时间与调亏程度的研究. 农业工程学报，16(3)：24-27

陈宝明. 2006. 施氮对植物生长、硝态氮累积及土壤硝态氮残留的影响. 生态环境，15(3)：630-632

陈晓远，罗远培. 2001. 开花期复水对受旱冬小麦的补偿效应研究. 作物学报，27(4)：513-516
陈玉民，孙景生，肖俊夫. 1997. 节水灌溉的土壤水分控制标准问题研究. 灌溉排水，16(1)：24-26
陈子明，袁锋明，姚造华，等. 1995. 氮肥施用对土体中氮素移动利用及其对产量的影响. 土壤肥料，(4)：36-42
党廷辉. 1999. 施肥对旱地冬小麦水分利用效率的影响. 生态农业研究，7(2)：28-31
党廷辉，郭胜利，樊军，等. 2003. 长期施肥条件下黄土旱塬土壤 NO_3^--N 的淋溶分布规律. 应用生态学报，14(8)：1265-1268
杜太生，康绍忠，王振昌，等. 2007a. 隔沟交替灌溉对棉花生长、产量和水分利用效率的调控效应. 作物学报，33(12)：1982-1990
杜太生，康绍忠，张建华. 2007b. 不同局部根区供水对棉花生长与水分利用过程的调控效应. 中国农业科学，40(11)：2546-2555
樊军，郝明德. 2003. 旱地农田土壤剖面硝态氮累积的原因初探. 农业环境科学，22(3)：263-266
郭克贞，何京丽. 1999. 牧草节水灌溉若干理论问题研究. 水利学报，(5)：77-81
何华，耿增超，康绍忠. 1999. 调亏灌溉及其在果树上的应用. 西北林学院学报，14(2)：83-87
胡笑涛，梁宗锁，康绍忠，等. 1998. 模拟调亏灌溉对玉米根系生长及水分利用效率的影响. 灌溉排水，17(2)：11-15
黄高宝，张恩和. 2002. 调亏灌溉条件下春小麦玉米间套农田水、肥与根系的时空协调性究. 农业工程学报，18(1)：53-57
黄兴法，李光永. 2001. 充分灌溉与调亏灌溉条件下苹果树微喷灌的耗水量研究. 农业工程学报，17(5)：43-46
黄兴法，李光永，曾德超，等. 2001b. 调亏灌溉——果园节水管理新技术. 节水灌溉，2：12-14
黄兴法，李光永，曾德超. 2001a. 果树调亏灌溉技术的机理与实践. 农业工程学报，17(4)：30-33
黄占斌，山仑. 1998. 水分利用效率及其生理生态机理研究进展. 生态农业研究，6(4)：19-23
康绍忠，史文娟，胡笑涛，等. 1998. 调亏灌溉对玉米生理指标及水分利用效率的影响. 农业工程学报，11(4)：82-87
孔庆波，聂俊华，张青. 2005. 生物有机肥对调亏灌溉下冬小麦苗期生长的影响. 河南农业科学，2：51-53
李洁. 1999. 作物的生理节水及需水关键期. 节水灌溉，(1)：35-37
李世娟，周殿玺，李建民，等. 2000. 限水灌溉条件下冬小麦氮肥利用研究. 中国农业大学学报，5(5)：17-22
梁银丽，山仑，康绍忠. 2000. 黄土旱区作物——水分模型. 水利学报，(9)：86-90
吕殿青，杨进荣，马林英. 1999. 灌溉对土壤硝态氮淋吸效应影响的研究. 植物营养与肥料学报，5(4)：307-315
马忠明. 1999. 绿洲灌区麦田节水高产适宜土壤水分指标研究. 灌溉排水，18(1)：26-29
孟兆江，贾大林. 1998. 夏玉米调亏灌溉的生理机制与指标研究. 农业工程学报，14(4)：88-92
孟兆江，刘安能，庞鸿宾，等. 1998. 夏玉米调亏灌溉的生理机制与指标研究. 农业工程学报，(4)：88-92
莫江华，李伏生，李桂湘，等. 2008. 不同生育期适度缺水对烤烟生长、水分利用和氮钾含量的影响. 土壤通报，39(5)：1071-1075
裴冬，亢茹. 2000. 调亏灌溉对棉花生长、生理及产量的影响. 中国生态农业研究，8(4)：52-55
山仑，孙纪斌，刘忠民等. 1988. 宁南山区主要粮食作物生产力的水分利用的研究. 中国农业科学，21(2)：9
山仑. 1994. 植物水分利用效率和半干旱地区农业用水. 植物生理学通讯，(1)：61-66
邵明安，杨文治，李玉山. 1987. 黄土区土壤水分有效性研究. 水利学报，(8)：38-40
史文娟，胡笑涛，康绍忠. 1998. 干旱缺水条件下作物调亏灌溉技术研究状况与展望. 干旱地区农业研究，16(2)：84-88
孙广春，刘德俊，李润杰，等. 2009. 施肥和灌溉方式对春小麦产量和水分利用效率的影响. 湖南农业科学，(3)：47-49
唐玉霞，孟春香，贾树龙，等. 1996. 冬小麦对水肥的反应差异与节水冬施肥技术. 干旱地区农业研究，14(2)：36-40
王宝英，张学. 1996. 农作物高产的适宜土壤水分指标研究. 灌溉排水，15(3)：35-39
王朝辉，王兵，李生秀. 2004. 缺水与补水对小麦氮素吸收及土壤残留氮的影响. 应用生态学报，15(8)：1339-1342
王和洲，孟兆江，庞鸿宾，等. 1999. 小麦节水高产的土壤水分调控标准研究. 灌溉排水，18(1)：14-17
王密侠，康绍忠，蔡焕杰，等. 2000. 调亏灌溉对玉米生态特性及产量的影响. 西北农业大学学报，28(1)：31-36
王修贵. 1998. 作物产量对水分亏缺敏感性指标的初步研究. 灌溉排水，17(2)：25-30
尉元明，朱丽霞，乔艳君，等. 2003. 干旱地区灌溉农田化肥施用现状与环境影响分析. 干旱区资源与环境，17(5)：65-69
徐萌，山仑. 1991. 无机营养对春小麦抗旱适应性的影响. 植物生态学与地植物学学报，15(1)：79
杨学云，张树兰，袁新民，等. 2007. 长期施肥对塿土硝态氮分布、累积和移动的影响、植物营养与肥料学报，7(2)：134-138
翟丙年，李生秀. 2005. 冬小麦水氮配合关键期和亏缺敏感期的确定. 中国农业科学，38 (6)：1188-1195
张步翀. 2007. 绿洲春小麦调亏灌溉对土壤磷素养分的影响研究. 中国生态农业学报，15 (5)：26-29
张步翀，黄高宝，李凤民. 2006. 调亏灌溉对河西绿洲灌区春小麦产量构成要素的影响研究. 灌溉排水学报，25 (5)：26-29

张步翀，李凤民，齐广平. 2007. 调亏灌溉对干旱环境下春小麦产量与水分利用效率的影响. 中国生态农业学报，15(1)：58-62
张殿顺，董翔云，刘树庆. 2006. 不同施氮水平对春小麦生长发育及其氮素代谢指标的影响. 华北农学报，21(增刊)：42-45
张岁岐，山仑，薛青武. 2000. 氮磷营养对小麦水分关系的影响. 植物营养与肥料学报，6(2)：147-151
张薇，司徒淞. 王和洲. 1996. 节水农业的土壤水分调控与标准研究. 农业工程学报，12(2)：23-27
张喜英，由懋正. 1998. 冬小麦调亏灌溉制度田间试验研究初报. 生态农业研究，6(3)：33-36
张喜英，由懋正，王新元. 1999. 不同时期水分调亏及不同调亏程度对冬小麦产量的影响. 华北农学报，14(2)：1-5
赵彦锋，吴克宁，李玲，等. 2002. 玉米苗期调亏控水与磷协同效应研究. 河南农业科学，4：4-6
朱兆良. 1992. 中国土壤氮素. 南京：江苏科学技术出版社
Benbi D K，Biswas C R. 1997. Nitrogen balance and N recovery after 22 years of maize-wheat-cowpea cropping in a long-term experi ments. Nutrient Cycling in Agroecosystems，47：107-114
Colaizzi P D，Barnes E M，Clarke T R，et al. 2003. Estimating soil moisture under low frequency surface irrigation using crop water stress index. Journal of Irrigation and Drainage Engineering，129(1)：27-35
Decosta W A，Shanmugathasan K N. 2002. Physiology of yield determination of soybean under different irrigation regimes in the sub-humid zone of Sri Lanka. Field Crops Research，75：23-35
Elvio D P，Michele R. 2008. Yield response of corn to irrigation and nitrogen fertilization in a Mediterranean environment. Field Crops Research，105(3)：202-210
Mayer W S，Green G C. 1980. Water use by wheat and plant indications of available soil water. Agronomy Journal，72：253-256
Pandey R K，Maraville J W，Admou A. 2000 a. Deficit irrigation and nitrogen effects on maize in a Sahelian environment. Ⅰ. Grain yield and yield components. Agricultural Water Management，46：1-13
Pandey R K，Maranville J W，Chetima M M. 2000b. Deficit irrigation and nitrogen effects on maize in a Sahelian environment. Ⅱ. Shoot growth，nitrogen uptake and water extraction. Agricultural Water Management，46：15-27
Pandey R K, Maraville J W, Admou A. 2001a. Tropical wheat response to irrigation and nitrogen in a Sahelian environment. Ⅰ. Grain yield，yield components and water use efficiency. European Journal of Agronomy，15：93-105
Pandey R K，Maranville J W，Chetima M M. 2001b. Tropical wheat response to irrigation and nitrogen in a Sahelian environment. Ⅱ. Biomass accumulation，nitrogen uptake and water extraction. European Journal of Agronomy，15：107-118
Paul D C. 2003. Estimating soil moisture under low frequency surface irrigation using crop water stress index.Journal of Irrigation and Drainage Engineering，129(1)：27-35
Paul D C，Edward M B，Thomas R C，et al. 2003. Water stress detection under high frequency sprinkler irrigation with water deficit index.Journal of Irrigation and Drainage Engineering，129(1)：36-43
Sharma B D，Jalota S K，Kar S，et al. 1992. Effect of nitrogen and water uptake on yield of wheat. Fertilizer Research，31：5-8
Singh K P，Kumar V. 1981. Water use and water-use efficiency of wheat and barely in relation to seeding dates，levels of irrigation and nitrogen fertilization. Agriculture Water Management，3(4)：305-316
Singh P N，Joshi B P，Singh G. 1987. Water use and yield response of wheat to irrigation and nitrogen on an alluvial soil in North India. Agriculture Water Manage，12：311-321
Tavakkoli A R，Oweis T Y. 2004. The role of supplemental irrigation and nitrogen in producing bread wheat in the highlands of Iran. Agricultural Water Management，65：225-236
Turner N C. 1997. Further progress in crop water relations advances in agronomy. Journal of the American Society for Horticultural Science，58：293-338
Vanfassen H G，Lebbink G. 1990. Nitrogen cycling in high-input versus reduced-input arable farming. Netherlands Journal of Agriculture Science，38：265-282

第3章　调亏灌溉对石羊河流域春玉米生长和水氮利用的影响

水分和养分是影响旱地农业生产的主要胁迫因子，它们既有自己特殊的作用，又互相牵制、互相作用，影响着彼此的效果和作物产量。这早已被人们所认识，但过去由于学科交叉和综合研究比较缺乏，有关水、肥二因素耦合效应与运移机制及其科学的综合管理技术的研究很少。近年来，全世界水资源短缺和化肥对环境污染的严重趋势引起了人们对这一工作的重视。水分是土壤养分溶解和向作物根系迁移的介质。水分不足，必然降低养分的空间有效性和动力学有效性，限制作物对土壤矿质养分的吸收。而在水分相同条件下，养分则成为限制农业生产的重要因子。水分和养分互相牵制、互相作用，影响着彼此的效果和作物产量。因此，近年来，对水分或养分单一因子的研究已转向水肥耦合效应研究。由于根系在吸收水分、养分中的重要作用，不仅研究了水分、养分对作物水分养分吸收、产量形成和水肥利用率的影响，而且，也在水分、养分对根系的影响方面做了大量工作，为最大限度地调控水肥耦合的叠加效应奠定了基础。

3.1 不同生育期灌水和施氮对春玉米生长及产量的影响

水分和养分是影响作物生长发育的两个重要因子，而作物植株株高、叶面积、干物质重及产量是作物生长发育状况的重要标志。本章研究了不同水氮处理对春玉米株高、叶面积、地上部干物质量、生物学产量、籽粒产量及水分利用效率的影响，以期为优化春玉米的灌水制度和施肥提供一定科学依据。

调亏灌溉对作物生长的影响主要表现在植株株高、叶面积和干物质重等方面，作物产量则是调亏灌溉技术优劣的最终衡量。作物在不同调亏灌溉条件下的生长特征，直接影响人们对农田灌溉措施的实施和对作物与灌溉水分关系的认识。Turner（1997）研究表明：在适当阶段对作物进行适度的亏水有利于作物产量的提高。蔡焕杰等认为对作物进行调亏灌溉的最佳时期应该在作物生长早期阶段，作物生长的早期阶段缺水对作物产量的影响较小。这是因为在作物生长的前期进行调亏灌溉既减少了营养生长对营养物质的过度消耗，又锻炼了作物的抗旱能力，对作物后期生长较为有利。而对于大田作物早期生长阶段，土壤含水率控制在田间持水量的 45%～50%不会对作物产量造成明显的影响，并可以明显地提高作物水分利用效率（蔡焕杰和康绍忠，2000）。王密侠等对玉米生长的苗期和拔节期进行了不同程度的水分调亏处理，其试验结果显示，玉米苗期遭受适度干旱可降低叶面积，促进根系发展，增大根冠比，为后期恢复生长提供有利条件，与充分供水处理相比，苗期重度、中度和轻度亏水处理的玉米根冠比分别增大 11.50%、23.14%和 6.36%，产量则分别增加 5.00%、5.00%和 3.00%；拔节期重度、中度、中轻度和轻度调亏处理的根冠比分别增大了 6.25%、24.20%、40.29%和 43.00%；产量则分别增加 18.00%、9.00%、3.00%和 1.00%(王密侠等，2004)。张步翀等(2008)研究认为：不同水分调亏处理春小麦籽粒产量与穗粒重、粒重、株高呈极显著正相关，也受小穗数的影响，此外，小麦收获指数与各产量构成要素间相关性不显著，收获指数甚至与穗长、小穗数、单粒重及株高呈现出一定的负相关，说明产量构成要素对小麦收获指数的影响作用不大。

3.1.1 研究内容与方法

3.1.1.1 试验区概况

试验在甘肃省武威市中国农业大学石羊河流域农业与生态节水试验站(37°57′20″N，102°50′50″E)进行。试验田地处腾格里沙漠边缘，为典型的内陆荒漠气候区，地处黄羊河、杂木河、清源灌区交汇带，海拔 1581 m，多年平均降雨量仅为 164.4 mm，年均水面蒸发量达 2000 mm 左右。地下水埋深达 25～30 m，灌溉水源为地下水，矿化度 0.71 $g \cdot L^{-1}$。试验于 2009 年 4～9 月进行，供试材料为武威地区大量种植的春玉米品种‘金穗 4 号’。

3.1.1.2 供试土壤

供试土壤质地为灰钙质轻沙壤土，其 0～20 cm 土层基本理化性质测定结果见表 3-1。

表 3-1 供试土壤理化性质

有机质/%	土壤容重/($g \cdot cm^{-3}$)	田间持水量/($cm^3 \cdot cm^{-3}$)	有效磷/($mg \cdot kg^{-1}$)	硝态氮/($mg \cdot kg^{-1}$)	铵态氮/($mg \cdot kg^{-1}$)	pH	土壤含盐量/%
0.8	1.32	21.5	38.16	55.45	6.70	8.2	0.36

3.1.1.3 试验设计

采取大田小区试验。试验设水分和氮肥处理 2 因素。水分设 7 个处理(表 3-2)：全生育期灌水(CK)、苗期不灌水(I1)、拔节期不灌水(I2)、抽穗期不灌水(I3)、灌浆期不灌水(I4)、苗期与灌浆期不灌水(I14)、拔节期与灌浆期不灌水(I24)。每生育期灌水量为 100 mm。氮肥处理设 4 个水平：0 $kg \cdot hm^{-2}$(N_0)、60 $kg \cdot hm^{-2}$(N_1)、120 $kg \cdot hm^{-2}$(N_2)、180 $kg \cdot hm^{-2}$(N_3)。试验为完全随机设计，共 28 个处理，重复两次。氮肥施用尿素(含 N 46%)，磷肥施用过磷酸钙(含 P 16%)，一次性施入，施入量为 120 $kg \cdot hm^{-2}$，另按当地施肥水平施入钾肥和锌肥。

表 3-2　春玉米灌溉处理方案

处理编号	生育阶段				灌溉定额/mm
	三叶期—拔节期	拔节期—抽穗期	抽穗期—灌浆期	灌浆期—成熟期	
CK	I	I	I	I	400
I1		I	I	I	300
I2	I		I	I	300
I3	I	I		I	300
I4	I	I	I		300
I14		I	I		200
I24	I		I		200

小区面积(5.5×3.5) m^2，东西走向。播种后立即覆膜保温保墒，以确保出苗率，在播种后一周左右检查出苗情况，若有缺苗现象，应及时按品种对号补种。种植密度为 75 000 株 · hm^{-2}，行距、株距均为 30 cm。春玉米于 2009 年 4 月 15 日播种，三叶期后定苗，每穴留生长健壮幼苗 1 株。2009 年 9 月 20 日左右收获(各处理在相同成熟条件下收获)。

3.1.1.4 测定项目及方法

作物生物学指标的观测按不同生育期进行，春玉米的观测时期为：苗期、拔节期、灌浆期和成熟期，观测项目如下。

1）株高

各处理小区随机选取 5 株能够代表小区平均长势的植株进行标记，测定不同生育阶段春玉米株高。采用米尺测量，抽雄前为春玉米植株基部至最高叶尖的高度，抽雄后为植株基部至雄穗顶端的高度。

2）叶面积

采用米尺测量春玉米叶长(从叶枕到叶尖的距离)、叶宽(叶面最宽处的距离)。单叶面积=叶长×叶宽×0.75，春玉米植株叶面积为全株绿叶面积总和。

3）地上部生物量

将所取植株样从茎基部与地下部分分离，去掉表面的尘土，称其鲜重，而后放入烘箱在 105℃条件下杀青 0.5～2 h，75～80℃恒温烘干至恒重，之后放入干燥器中冷却，用电子天平称重。

4）籽粒产量

成熟期进行测产，在各小区随机取样，将玉米穗脱粒后，风干籽粒称重并折算成每公顷千克数。

3.1.1.5 数据分析与处理方法

所得试验数据用 Excel 和 DPS 统计分析软件处理，首先对不同处理间指标进行方差分析，若差异显著，再进一步进行 Duncan 多重比较。

3.1.2 不同生育期灌水和施氮对春玉米株高的影响

不同施氮条件下，苗期灌水和不灌水处理对春玉米苗期株高的影响见图 3-1。由图 3-1 可以看出，虽然灌水和不灌水对春玉米苗期株高的影响是有差异的，但灌水与不灌水处理对春玉米株高影响不显著。由于玉米苗期对水分需求量少，土壤也有足够的墒情，苗期不灌水不显著影响春玉米的株高。苗期阶段春玉米在无氮处理(N_0)条件下植株高度最低，与施氮处理差异显著，分别比低氮处理(N_1)、中氮处理(N_2)、高氮处理(N_3)降低了 8.39%、10.64%、10.06%，各施氮处理之间植株高度差异不显著，其中中氮处理(N_2)最高，春玉米苗期阶段需氮量小，施氮 120 kg · hm^{-2} 可满足其生长需求，大量施氮会造成烧苗，高氮不利于玉米的生长。

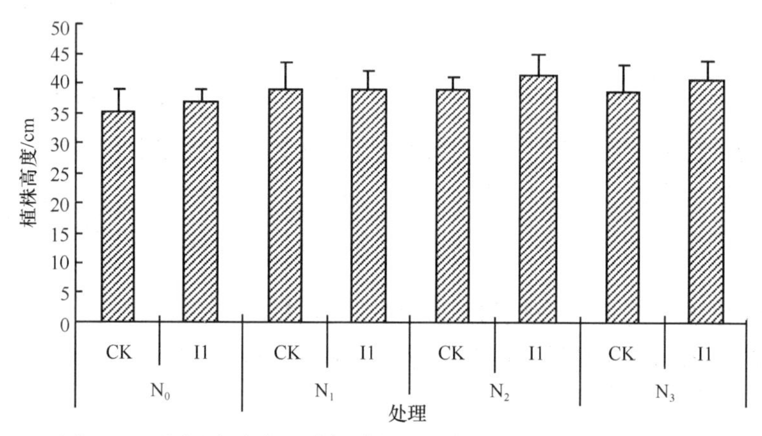

图 3-1　不同施氮条件下苗期灌水和不灌水对春玉米株高的影响

图 3-2 为不同施氮条件下春玉米在 ICK、I1 和 I2 三种灌水处理下株高的变化。由图可以看出，春玉米在拔节期阶段株高增长迅速，不同灌溉处理和施氮都对拔节期玉米的株高产生一定的影响。在 N_2 和 N_3 处理条件下株高差异不大，其余处理间差异极其显著，N_0 处理和 N_1 处理分别比 N_3 处理植株高度减少 12.00%和 3.42%，拔节期春玉米生长旺盛，氮素需求量大，缺少氮素会严重影响植株生长。在 N_0 和 N_1 处理条件下，苗期亏水处理植株高度最大，对照处理(CK)次之，拔节期亏水处理(I1)最小，说明在少量施肥或不施肥条件下春玉米苗期亏水后复水对植株株高有一定的补偿和促进作用。在 N_2 和 N_3 处理条件下，CK 处理株高最大，中氮和高氮水平下亏水对春玉米植株生长产生抑制作用，且亏水后复水补偿和促进作用不明显。由图 3-2 还可以得出，施氮可以在一定程度上减轻亏水产生的影响。

由图 3-3 可以看出，春玉米抽穗期阶段苗期亏水与对照处理差异不大，而拔节期亏水处理和抽穗期处理与对照处理差异极其显著，在 I3 和 I2 处理条件下植株高度分别比 CK 处理下降 3.09%和 13.00%，拔节期和抽穗期植株生长旺盛，需水量大，亏水会造成植株生长受到影响，尤其是拔节期亏水会严重影响植株生长，且在复水后补偿效应不明显。株高在 N_2 处理条件下最高，与其他水平氮肥处理差异显著，分别比 N_3、N_1 和 N_0 处理增加 1.87%、6.24%和 7.13%，缺氮处理显著影响植株生长，而过量施肥不会促进植株生长。

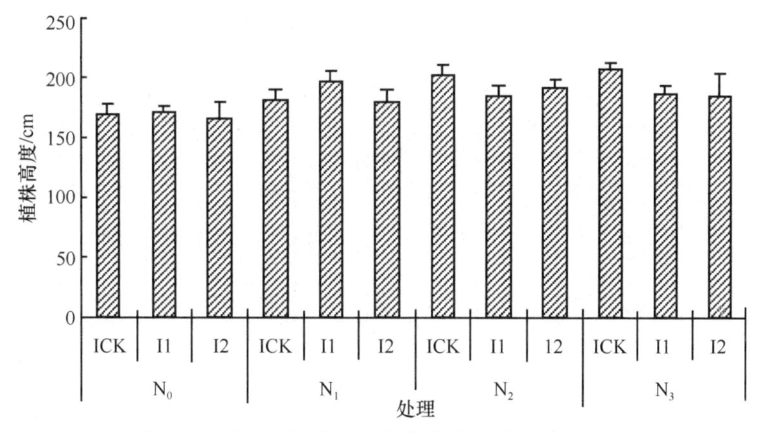

图 3-2　不同水氮处理对拔节期春玉米株高的影响

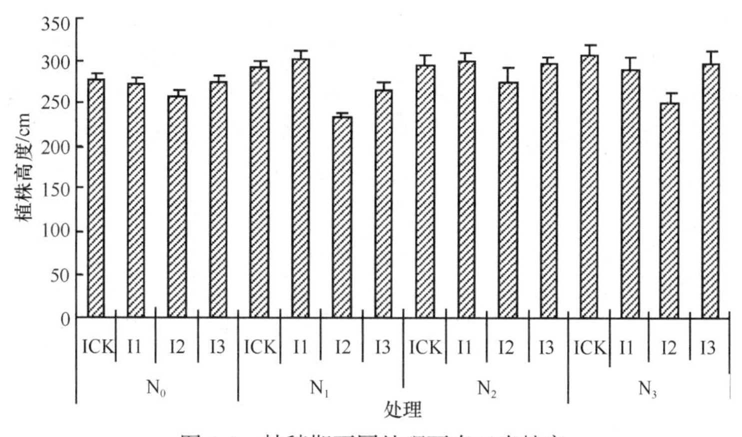

图 3-3　抽穗期不同处理下春玉米株高

在灌浆期阶段，与对照相比，I2 和 I24 处理显著影响植株高度，进一步说明拔节期亏水会对植株生长造成严重影响。

从整个生育期来看，在苗期阶段的施氮量是影响株高的首要因子(图 3-4)，亏水处理对株高影响不大；在拔节期，亏水处理作用逐渐显现，养分对株高的影响依然明显，在少量施氮条件下，苗期亏水后复水对植株生长补偿效果明显，表现出水肥协同的耦合性，大量施肥条件下，补偿效果不明显；抽穗期和灌浆期阶段，水分因子成为影响春玉米植株高度的首要因子，拔节期亏水影响春玉米整个生育期的生长，复水后补偿效果不明显。

3.1.3 不同生育期亏水和施氮对春玉米叶面积的影响

叶面积是春玉米生长状况的另一项重要指标，叶面积的大小基本反映了春玉米光合有效面积的大小和阳光截获量的多少。玉米叶片是进行光合作用的主要器官，植株干物质积累绝大部分来自叶片，因此叶面积的大小将直接影响玉米其他器官生长，甚至直接影响产量的大小。

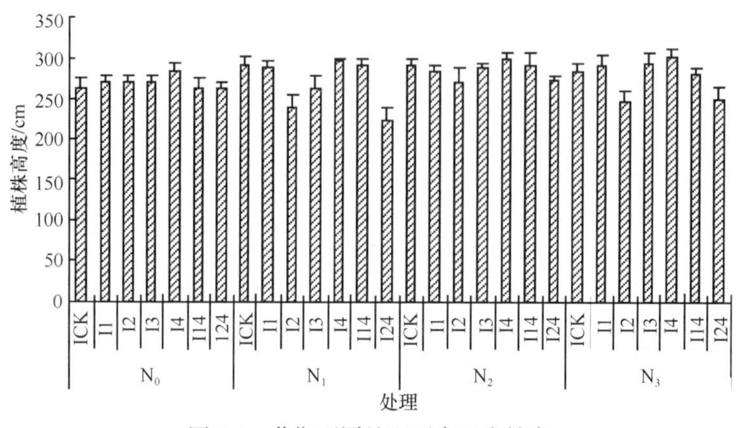

图 3-4　苗期不同处理下春玉米株高

由图 3-5 可以看出，苗期 N_2I1 处理春玉米叶面积最大，为 503.23 cm^2。CK 处理春玉米叶面积显著小于 I1 处理，在一定施氮条件下，苗期亏水促进叶面积的扩展。N_3 和 N_2 处理间叶面积差异不显著，而与 N_1 和 N_0 处理差异显著，其中 N_0 处理春玉米叶面积最小，为 369.66 cm^2，分别比 N_3、N_2 和 N_1 减少 22.05%、19.98%和 12.79%。

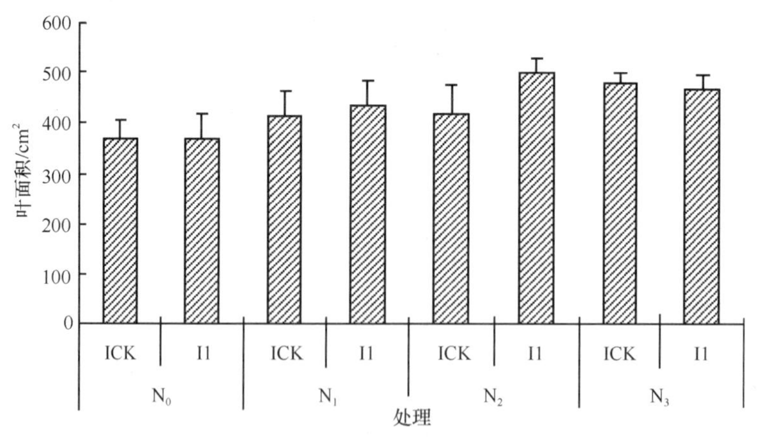

图 3-5　苗期不同处理下春玉米叶面积

由图 3-6 可以看出，拔节期阶段，在施肥条件下，与 CK 处理相比 I1 和 I2 处理均显著影响春玉米叶面积的增长，随着施肥量的增加，I1 处理对叶面积的影响逐渐增大，相反，I2 处理对叶面积影响减小。拔节期叶面积随着施氮量的增加而增大，且差异显著，

N_3、N_2、N_1 处理分别比 N_0 处理增大 29.67%、22.94%、17.94%。

春玉米生长至抽穗期阶段，各处理叶面积如图 3-7 所示。拔节期是春玉米生长的需水敏感期，和对株高的影响类似，I2 处理严重抑制抽穗时期玉米叶面积的增长，其次是 I3 和 I1 处理，和对照处理相比叶面积分别减少了 21.59%、17.735%和 13.09%。在抽穗期 N_0、N_1 和 N_2 处理条件下叶面积与 N_3 处理分别减少 30.40%、14.30%和 7.42%，说明缺少氮肥影响植株的有效叶面积。

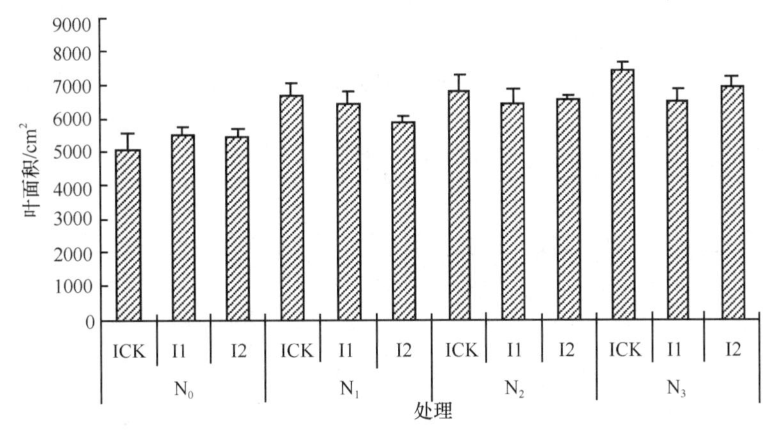

图 3-6　拔节期不同处理下春玉米叶面积

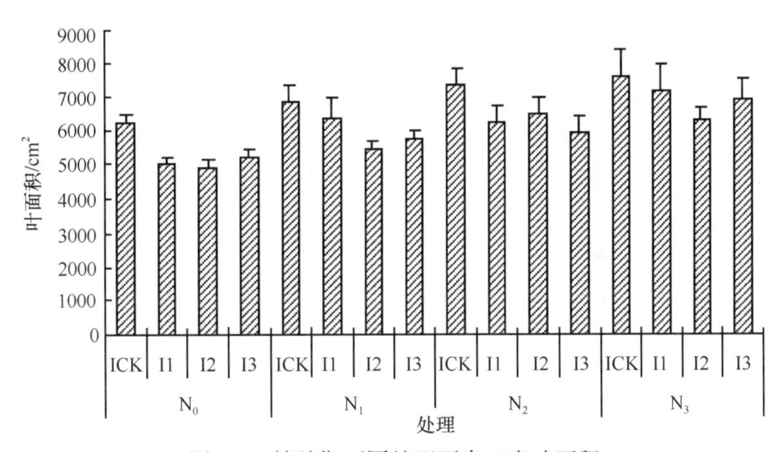

图 3-7　抽穗期不同处理下春玉米叶面积

由图 3-8 可以看出，春玉米灌浆期后期绿叶开始衰落，亏水处理有效叶面积减少尤为明显，抽穗期亏水和两个生育期亏水处理造成叶片衰落加速，I14、I3、I24、I1、I4 和 I2 处理条件下叶面积与对照相比分别减少 41.12%、29.31%、19.15%、14.48%、11.13%和 10.30%，有效叶面积的减少影响籽粒产量的积累。灌浆期绿叶有效面积随施氮量的增加而增加，N_3、N_2、N_1 处理条件下有效绿叶面积分别比 N_0 处理增大 17.51%、9.76%和 5.55%，施肥可以延缓叶片的衰老。

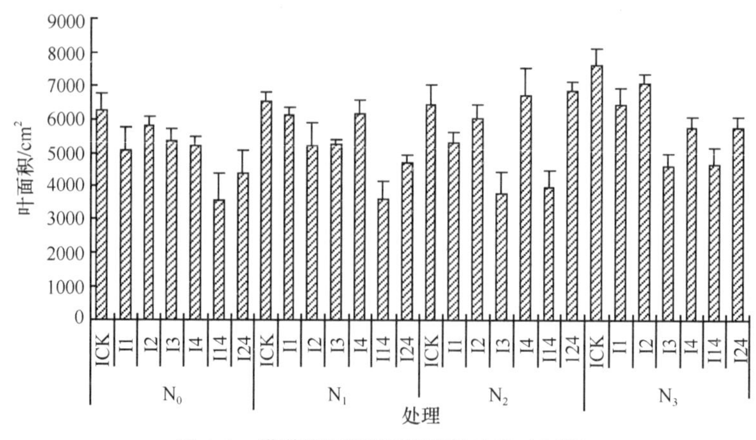

图 3-8　灌浆期不同处理下春玉米叶面积

从整个生育期来看，拔节期叶面积增长迅速，抽穗期达到最大值，随后叶片自下而上开始变黄衰落，有效叶面积逐渐减少。和株高的测定结果类似，拔节期亏水会造成叶面积的显著减少，另外生育后期亏水会造成叶片衰落速度加快。在各水分处理条件下，叶面积随着施氮量的增加而增大，且各施氮水平间差异显著。

3.1.4 不同生育期亏水和施氮对春玉米地上部干物质重的影响

由图 3-9 可以看出，苗期亏水与否和施氮量的多少对春玉米地上部干物质重影响显著，在 N_0 处理条件下，I1 处理和 ICK 处理之间差异不大，在 N_1 处理条件下，I1 处理比 ICK 处理春玉米地上部分干物质量增大，说明在低量施肥或不施氮肥条件下苗期不灌水并不影响地上部分干物质量的积累。在 N_2 和 N_3 处理条件下，I1 处理地上部干物质量显著减少，说明过量施肥苗期亏水处理会造成地上部干物质量的减少。另外，春玉米地上部分干物质量的积累随施氮量的增加而增加，N_3 处理干物质量最大，分别比 N_2、N_1、N_0 处理增大 10.40%、18.38%、43.35%。

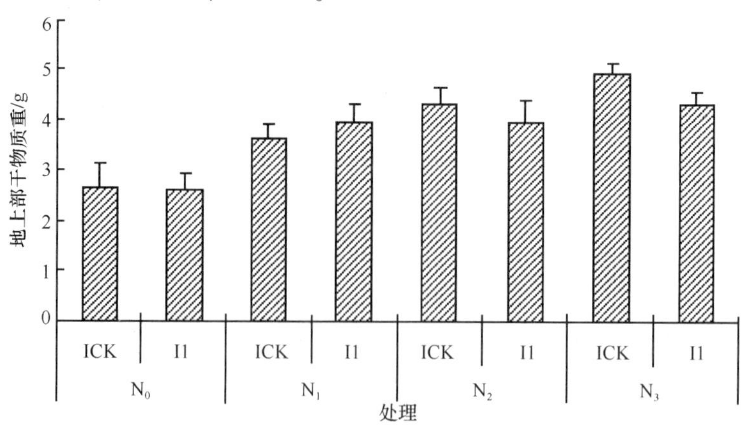

图 3-9　苗期不同处理下春玉米地上部干物质重

由图 3-10 可以看出，在春玉米拔节时期，水分对其生长的影响逐渐加重，ICK 处理地上部分干物质量最大，分别是 I1 和 I2 处理的 1.10 倍和 1.15 倍，而在各个氮肥水平下苗期亏水和拔节期亏水处理对地上部干物质量的积累差异不明显，苗期亏水处理后复水效果不明显。随着生育期的推进，春玉米生物量迅速增加，对氮素的需求逐渐增大，施氮量对春玉米地上部分干物质量的影响也日渐显著，其中 N_3 处理地上部分干物质量最大，分别比 N_2、N_1 和 N_0 增加 23.87%、18.66%和 10.26%，在春玉米生长的拔节期保证有足够的氮肥对干物质的积累有重要意义。

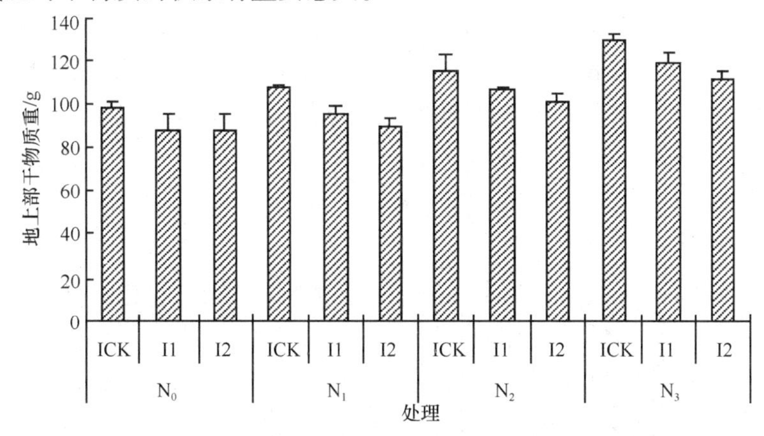

图 3-10　拔节期不同处理下春玉米地上部干物质重

抽穗期不同处理条件下春玉米地上部分干物质重如图 3-11 所示，各水分处理对此时期春玉米地上部分干物质量影响极其显著，其中 I2 处理对春玉米的生长伤害最大，至抽穗期其地上部分干物质量较 ICK 处理减少 31.04%，证明拔节期是春玉米生长的重要阶段，亏水后会严重影响干物质量的积累，且抽穗期复水后补偿效果不明显，并影响春玉米生育后期的生长。I1 和 I3 处理与 ICK 处理相比，地上部分干物质量分别降低 10.98%和 18.15%，玉米生长至抽穗期，单生育期亏水对地上部分干物质量影响严重度顺序为：拔节期＞抽穗期＞苗期。施氮量对地上部分干物质量的影响依然显著，在 ICK 处理条件下，

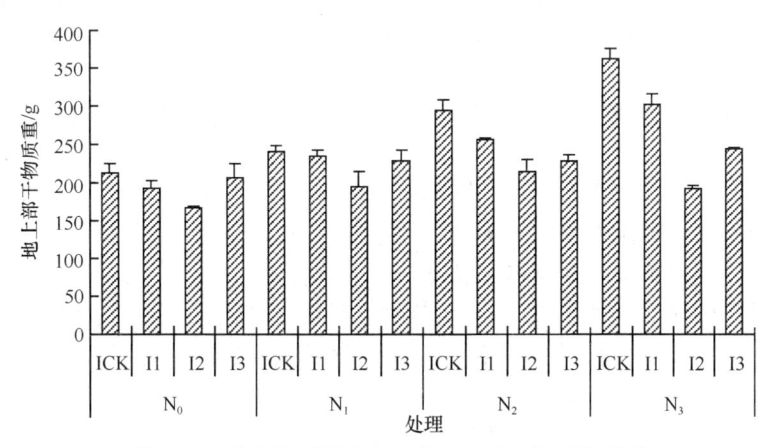

图 3-11　抽穗期不同处理下春玉米地上部干物质重

各肥料水平之间差异极其显著，N_3处理分别比N_2、N_1和N_0处理地上部分干物质重增加18.93%、33.75%和41.54%，在I1、I2和I3处理条件下，N_3、N_2和N_1处理之间差异不显著，而与N_0处理间差异显著，说明在一定亏水条件下，水分和氮肥对春玉米地上部分干物质量的积累有一定的耦合作用。

由图3-12可以看出，I24处理春玉米地上部干物质量最小，分别比ICK、I1、I14、I4、I3和I2减少25.77%、21.95%、14.54%、13.19%、11.73%和11.06%，拔节期和灌浆期不灌水造成春玉米茎秆干物质重和籽粒产量严重降低。苗期不灌水处理与ICK处理之间差异最小，说明苗期亏水对春玉米地上部干物质量影响最小，苗期亏水后复水对春玉米生长有一定的补偿和促进作用。施肥对地上部干物质积累的影响达到了显著水平，地上部干物质量在N_3、N_2、N_1处理条件下分别比N0处理增加32.80%、27.45%和19.78%。

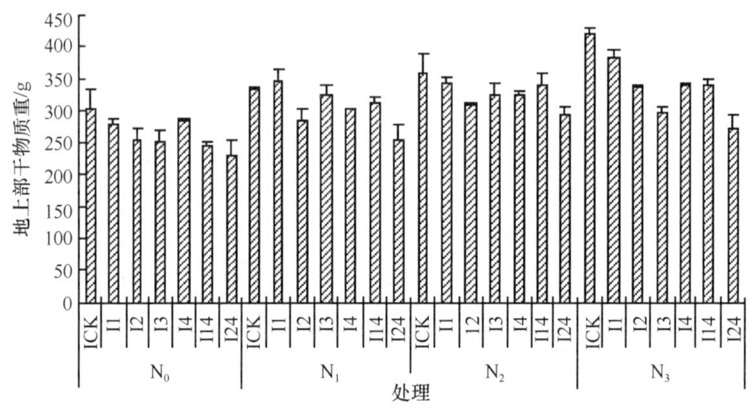

图3-12 收获后不同处理下春玉米地上部干物质重

纵观春玉米整个生育期，拔节期是生物量累积的敏感时期，亏水会造成其地上部生物量的显著下降，苗期不灌水而后复水的补偿作用要比拔节期不灌水而后复水的补偿作用明显。抽穗期不灌水处理和灌浆期不灌水处理对春玉米地上部干物质的影响介于拔节期和苗期之间，两个生育期亏水对生物量积累造成的影响大于单个生育期亏水。施肥对地上部生物量的积累有显著的促进作用。

3.1.5 不同生育期亏水和施氮对春玉米产量和水分利用效率的影响

表3-3是不同生育期水分亏缺和施氮对春玉米产量及灌溉水分利用效率的影响。灌溉是补充土壤水分的主要措施，灌溉与否、灌溉次数、灌溉量及灌溉时间都会影响玉米的产量及其水分利用效率。灌溉水分利用效率综合反映了作物产量和灌水量的关系，作物在特定时期进行亏水处理并不一定显著降低产量，反而会提高作物的水分利用效率。通过调控灌水量的分配，在不显著减少产量的条件下提高灌溉水的利用效率是节水灌溉理论的基础。

表 3-3　不同生育期水分亏缺和施氮对春玉米产量和水分利用效率的影响

施氮水平	水分处理	生物学产量/(kg · hm^{-2})	籽粒产量/(kg · hm^{-2})	生物学产量的灌溉水利用效率/(kg · m^{-3})	籽粒产量的灌溉水利用效率/(kg · m^{-3})
N_0	ICK	22 632.06hijk	11 554.86de	6.16p	2.89m
	I1	20 837.42jilm	9 604.04hij	5.95klmn	3.20kl
	I2	20 310.11klmn	10 878.85f	8.44lmno	3.63h
	I3	18 944.15mnop	9 622.58hij	6.98nop	3.21kl
	I4	18 378.26nop	10 028.50gh	6.79nop	3.34jk
	I14	16 769.97p	7 132.20k	7.88ghij	3.57hi
	I24	18 790.66mnop	9 390.58ij	10.40def	4.70f
N_1	ICK	25 627.27de	12 416.52b	6.41mnop	2.85m
	I1	23 153.69fghij	11 415.65def	7.72ijk	3.68gh
	I2	17 914.13op	11 040.37def	4.97op	3.30jk
	I3	24 298.62defgh	9 914.66ghi	8.52hij	3.84g
	I4	21 540.57ijkl	11 519.47de	7.18klm	3.09l
	I14	19 737.77lmno	9 282.61j	9.87d	4.90e
	I24	18 112.55nop	9 793.35ghij	9.06defg	6.26c
N_2	ICK	30 835.57b	12 510.18b	6.71ijk	2.82m
	I1	26 509.35d	11 617.55cd	7.50efgh	3.31jk
	I2	22 712.75ghij	11 285.89def	8.24jkl	3.86g
	I3	24 768.12defgh	9 932.41ghi	8.26ghij	3.61hi
	I4	25 768.03de	11 587.40d	8.59fghi	3.42ij
	I14	25 397.42def	10 826.46f	12.70a	6.85a
	I24	23 565.41efghi	10 263.06g	11.78b	6.65b
N_3	ICK	33 972.32a	13 701.33a	8.49ghi	2.74m
	I1	28 659.8c	13 298.30a	9.55de	3.75gh
	I2	24 995.31defg	12 130.58bc	8.33ghij	3.69gh
	I3	25 840.4de	10 969.73ef	6.11fgh	3.74gh
	I4	25 214.06def	11 248.79def	8.40ghij	3.75gh
	I14	21 646.54ijkl	11 074.27def	9.82c	5.54d
	I24	22 571.51hijk	11 228.67def	11.29bc	5.61d
显著性检验（F 值）					
水分		10.221**	10.782**	22.232**	14.290**
氮素		25.988**	15.362**	24.749**	2.775**
水×氮肥		5.461**	11.143**	5.314**	74.128**

注：表中数值为平均值，同列不同字母表示显著性差异（P<0.05）；*表示差异显著，**表示差异极显著。下同

春玉米生物学产量包括地上部分干物质重和根部干物质重两部分。在各个氮素水平下ICK 处理春玉米生物学产量最高，并且随着施肥量的增大，生物学产量有增大趋势且差异显著，其中高氮充分灌水处理条件下生物学产量最高，达 33 972.32 kg · hm^{-2}，是无氮充分灌水处理的 1.50 倍。在无氮处理条件下，I14 处理生物量最低，其次是 I4 处理和 I24 处理，分

别比充分灌水处理低 25.90%、18.80%和 16.97%，其余亏水处理与充分灌水处理之间差异不显著，苗期和成熟期在无氮处理条件下是玉米生长的关键期，在缺水条件下会严重影响生物学产量的积累。在低氮处理条件下拔节期缺水对生物学产量影响最大，其次是 I24 处理、I14 处理和 I4 处理，分别比充分灌溉处理生物学产量降低 30.10%、29.32%、22.98%和 15.95%。在中氮处理水平下，拔节期是影响生物量积累的关键期，其次是灌浆期、抽穗期和苗期，I2 和 I24 处理分别比 ICK 处理生物学产量下降 26.34%和 23.58%，在高氮处理水平下，亏水处理均会显著降低生物量的积累，两个生育期亏水的处理对其影响最大，其次是 I2、I4、I3 和 I1 处理，分别比 ICK 处理减少 34.92%、33.56%、26.42%、25.78%、23.94%和 15.64%，在氮素充足条件下，春玉米生长旺盛需水量大，长期亏水会严重影响生物量的积累。

和生物学产量类似，在各个氮肥水平下，充分灌水处理籽粒产量最高，并且随着施氮量的增加，籽粒产量增大。在无氮处理条件下，I14、I24、I1 和 I3 处理显著影响籽粒产量，分别比 ICK 处理减产 38.28%、18.73%、16.88%和 16.72%，由此可见，在无氮处理条件下两个生育期不灌水会严重影响玉米产量，苗期、抽穗期和灌浆期是影响籽粒产量的敏感期。分析低氮水平下玉米籽粒产量可知，产量与灌水量呈正相关，400 mm 灌溉水平下产量最高，达 12 416.52 $kg \cdot hm^{-2}$，分别是 300 mm 和 200 mm 灌溉水平的 1.13 倍和 1.30 倍，I14 处理对玉米籽粒产量影响最大，其次是 I24 和 I3 处理。在中氮处理水平下，抽穗期不灌水严重影响籽粒产量，较充分灌水处理下降 20.61%，其次是 I24、I14 和 I2 处理，其余时期亏水对玉米籽粒产量影响不显著。高氮处理条件下除苗期不灌水处理外，其他处理都对春玉米产量影响显著，其中 I3 处理产量最低，较充分灌水处理减产 19.94%。在各个水分处理条件下，无氮处理产量最低，产量与施氮亦呈正相关，说明施氮量是影响春玉米产量的重要因素，施氮具有明显的增产作用。

中氮处理的生物学产量的灌溉水利用效率最大，平均达 9.11 $kg \cdot m^{-3}$，分别是高氮、低氮和无氮处理的 1.03 倍、1.19 倍和 1.21 倍。在各个氮素水平下 I14 和 I24 处理的生物学产量的灌溉水利用效率最大，ICK 处理最小，这主要是因为 I14 和 I24 处理对春玉米两个生育期进行亏水处理，整个生育期灌溉水量仅为 200 mm，而 ICK 处理整个生育期灌水量大，为 400 mm。在单个生育期亏水处理中，I4 处理生物学产量的灌溉水利用效率最高，达到 7.74 $kg \cdot m^{-3}$，主要是由灌浆期亏水对生物学产量影响较小所致。

籽粒的灌溉水利用率有随着施氮量的增加而增大的趋势，其中中氮处理最大，为 4.36 $kg \cdot m^{-3}$，是无氮处理的 1.24 倍。在玉米生长过程中在只有一个生育期不灌水的条件下，I4 处理显著降低籽粒产量的灌溉水利用效率，可见灌浆期缺水严重影响春玉米的籽粒产量。与生物学产量的灌溉水利用效率类似，I14 和 I24 处理籽粒产量的灌溉水利用效率最大，而 CK 处理的籽粒产量灌溉水利用效率最低，证明在玉米生长过程中适当亏水有利于提高灌溉水利用效率。

3.1.6 讨论与结论

不同灌溉处理对玉米的生长发育有一定影响，通过研究，获得以下主要的结论。

A. 苗期阶段施氮量是影响株高的首要因子，亏水处理对株高影响不大；在拔节期，亏水和施肥处理均对株高影响显著，在少量施氮条件下，苗期亏水后复水对植株生长补偿效果明显；抽穗期和灌浆期阶段，水分因子成为影响春玉米植株高度的首要因子，拔节期亏水对株高影响显著。

B. 苗期阶段亏水会促进叶面积扩展；至拔节期，亏水处理会造成叶面积的显著减少；春玉米生育后期亏水会造成叶片衰落速度加快。在各水分处理条件下，叶面积随着施氮量的增加而增大，且各施氮水平间差异显著。

C. 不同生育期亏水和氮肥处理对春玉米地上部干物质量影响不一，拔节期是地上部干物质量累积的敏感时期，亏水会造成其地上部生物量的显著下降，苗期不灌水而后复水的补偿作用要比拔节期不灌水而后复水的补偿作用明显。单生育期对地上部干物质积累影响顺序为：拔节期>抽穗期>灌浆期>苗期。两个生育期亏水对生物量积累造成的影响大于单个生育期亏水。施肥对地上部生物量的积累有显著的促进作用。

D. 生物学和籽粒产量及其灌溉水利用效率有随施氮量增加而增大的趋势。与全生育期灌水比较，任何生育期不灌水处理都造成生物学和籽粒产量降低，而生育期不灌水处理增加了灌溉水利用效率，两个生育期不灌水处理的生物学和籽粒产量的灌溉水利用效率最高。在春玉米生长阶段，拔节期、抽穗期和灌浆期不灌水对生物学产量影响显著，抽穗期不灌水、苗期与灌浆期不灌水、拔节期和灌浆期不灌水处理显著影响籽粒产量。

3.2 不同生育期亏水和施氮对春玉米生理指标的影响

光合过程是生物界最基本的物质和能量转换过程，是指植物利用太阳光同化空气中及胞间的 CO_2 和作物体内的水分合成有机物并且释放出 O_2 的过程。光合作用合成的有机质形成作物产量。干旱会造成叶片水势降低，进而关闭气孔，影响作物进行光合作用。蒸腾速率对植物生长有重要作用，是指植物在一定时间内单位叶面积蒸腾的水量，通过蒸腾作用，作物消耗掉土壤中大量的水分。因为叶片气孔是蒸腾作用中水分的主要通道，作物受旱后，因气孔关闭导致蒸腾作用直线下降。光合作用和蒸腾作用相比，受到水分胁迫后速率降低具有一定的滞后性，这使得叶片的水分利用效率会因一定的水分胁迫而得到提高，这正是调亏灌溉条件下提高水分利用效率的依据。而大量的研究表明，适当的水肥耦合可以改善作物光合特性和蒸腾作用，以达到节水节肥和促进作物增产的目的。叶绿素是一类与光合作用有关的最重要的色素，参与光能传递和反应中心的形成，从而完成光能的转化和碳水化合物的形成。叶绿素含量的高低影响作物生长，已成为评价植物长势的一种重要指标。本节研究了不同水氮处理对春玉米苗期光合速率、蒸腾速率、叶片水分利用效率和叶绿素含量的影响，以期为旱地合理的灌水和施肥提供一定依据。

3.2.1 研究内容与方法

3.2.1.1 试验区概况

试验在甘肃省武威市中国农业大学石羊河流域农业与生态节水试验站（37°57′20″ N，

102°50′50″E)进行。试验田地处腾格里沙漠边缘，为典型的内陆荒漠气候区，地处黄羊河、杂木河、清源灌区交汇带，海拔 1581 m，多年平均降雨量仅为 164.4 mm，年均水面蒸发量达 2000 mm 左右。地下水埋深达 25～30 m，灌溉水源为地下水，矿化度 0.71 g · L^{-1}。试验于 2009 年 4～9 月进行，供试材料为武威地区大量种植的春玉米品种‘金穗 4 号’。供试土壤质地为灰钙质轻沙壤土，其 0～20 cm 土层基本理化性质测定结果见表 3-4。

表 3-4　供试土壤理化性质

有机质/%	土壤容重/(g · cm^{-3})	田间持水量/%	有效磷/(mg · kg^{-1})	硝态氮/(mg · kg^{-1})	铵态氮/(mg · kg^{-1})	pH	土壤含盐量/%
0.8	1.32	21.5	38.16	55.45	6.70	8.2	0.36

3.2.1.2 试验设计

采取大田小区试验。试验设水分和氮肥处理 2 因素。水分设 7 个处理(表 3-5)：全生育期灌水(CK)、苗期不灌水(I1)、拔节期不灌水(I2)、抽穗期不灌水(I3)、灌浆期不灌水(I4)、苗期与灌浆期不灌水(I14)、拔节期与灌浆期不灌水(I24)。每生育期灌水量为 100 mm。氮肥处理设 4 个水平：0 kg · hm^{-2} (N_0)、60 kg · hm^{-2} (N_1)、120 kg · hm^{-2} (N_2)、180 kg · hm^{-2} (N_3)。试验为完全随机设计，共 28 个处理，重复两次。氮肥施用尿素(含 N 46%)，磷肥施用过磷酸钙(含 P 16%)，一次性施入，施入量为 120 kg · hm^{-2}，另按当地施肥水平施入钾肥和锌肥。

表 3-5　春玉米灌溉处理方案

处理编号	生育阶段				灌溉定额/mm
	三叶期—拔节期	拔节期—抽穗期	抽穗期—灌浆期	灌浆期—成熟期	
CK	I	I	I	I	400
I1		I	I	I	300
I2	I		I	I	300
I3	I	I		I	300
I4	I	I	I		300
I14		I	I		200
I24	I		I		200

小区面积(5.5×3.5) m^2，东西走向。播种后立即覆膜保温保墒，以确保出苗率，在播种后一周左右检查出苗情况，若有缺苗现象，应及时按品种对号补种。种植密度为 75 000 株 · hm^{-2}，行距、株距均为 30 cm。春玉米于 2009 年 4 月 15 日播种，三叶期后定苗，每穴留生长健壮幼苗 1 株。2009 年 9 月 20 日左右收获(各处理在相同成熟条件下收获)。

3.2.1.3 测定项目及方法

1）光合特性

使用 Li-6400 型光合测定仪测定，选择晴朗无风的天气，每隔 2 h 测定春玉米顶端倒数完全展开的第三片叶子的光合速率和蒸腾速率。

2）叶绿素

用 SPAD-502 便携式叶绿素仪测定不同生育阶段春玉米叶绿素变化。

3.2.1.4 数据分析与处理方法

所得试验数据用 Excel 和 DPS 统计分析软件处理，首先对不同处理间指标进行方差分析，若差异显著，再进一步进行 Duncan 多重比较。

3.2.2 不同生育期亏水和施氮对春玉米苗期光合速率的影响

图 3-13 显示了不同水氮处理对春玉米苗期叶片光合速率的影响。由图 3-13 可知，在各处理条件下，春玉米苗期叶片光合速率变化趋势均随一天光强的变化呈现出明显的单峰或者双峰曲线，苗期灌水处理条件下，光合速率呈现出双峰变化趋势，上午的 10：00 与下午的 14：00 出现峰值，中午 12：00 叶片由于气孔闭合，光合速率下降出现波谷，下午 16：00 随着光强的逐渐减弱，光合速率逐渐下降；而在苗期不灌水处理条件下，其呈现出单峰变化趋势，其峰值也出现在上午 10：00，随后由于光强和气温的逐渐升高，水分胁迫逐渐加重，光合速率一直减少。在相同氮肥处理水平下，苗期亏水处理光合速率均小于不亏水处理，在高氮处理水平下尤为显著，在峰值时刻上午 10：00 其下降幅度达到 24.97%。在相同水分处理条件下，春玉米叶片光合速率随着施氮量的增加而增大，高氮条件下光合速率最高，无氮处理条件下最低，高氮处理比无氮处理光合速率平均提高 29.08%。因此可以得出，在春玉米生长的苗期阶段，亏水会降低叶片的光合速率，施氮肥则有利于促进光合速率的提高。

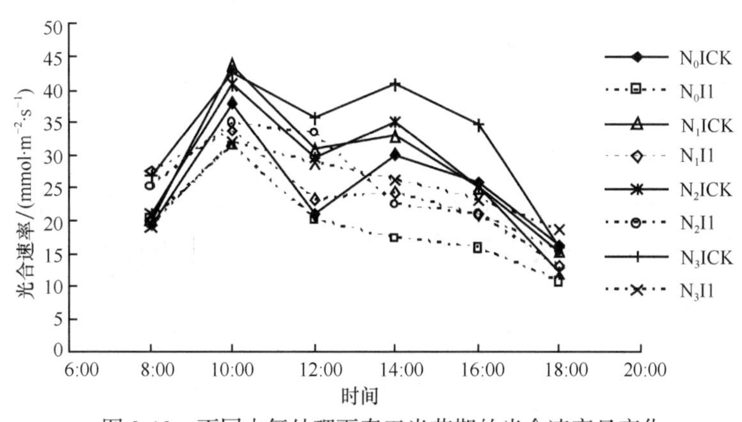

图 3-13　不同水氮处理下春玉米苗期的光合速率日变化

图 3-14 显示的是春玉米苗期阶段不同水氮处理对叶片蒸腾速率的影响。在不同处理条件下春玉米苗期叶片蒸腾速率均呈现出明显的单峰变化趋势。各处理叶片蒸腾速率在上午 8：00～12：00 增长迅速，于 10：00 或 12：00 达到顶峰后开始缓慢降低。在同一氮肥处理条件下，全天平均蒸腾速率均为不亏水处理大于亏水处理，并且其差值随着施氮量的增大而增大，在高氮处理条件下其差值达到 1.61 $mmol \cdot m^{-2} \cdot s^{-1}$，说明叶片对亏水比较敏感，缺水后蒸腾速率降低，并且施肥加重亏水对蒸腾作用的影响。在苗期不亏水处理条件下，高氮处理蒸腾速率最高，白天平均值 9.62 $mmol \cdot m^{-2} \cdot s^{-1}$，分别比中氮、低氮和无氮处理提高 0.22 $mmol \cdot m^{-2} \cdot s^{-1}$、0.33 $mmol \cdot m^{-2} \cdot s^{-1}$ 和 0.98 $mmol \cdot m^{-2} \cdot s^{-1}$，各施肥处理间差异不大，说明充分供水条件下苗期春玉米需氮量少，少量施肥即可满足生长需求，加大施肥量虽然可以促进蒸腾速率提高，但是效果不明显。苗期亏水条件下，低氮处理蒸腾速率最大，并随施氮量的增加而逐渐降低，进一步表明施肥增加亏水对蒸腾速率的影响。

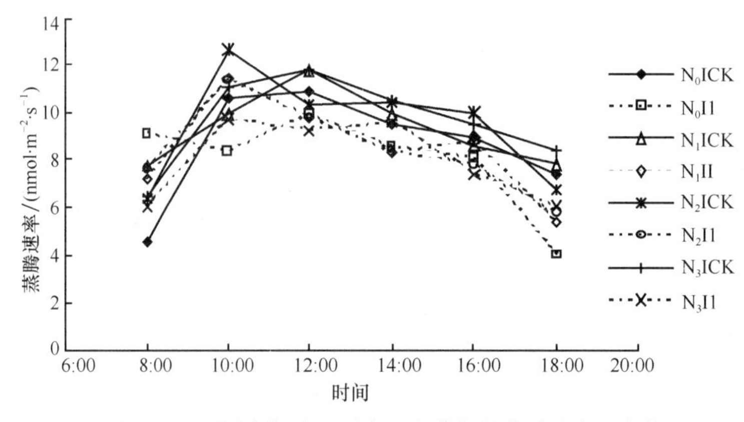

图 3-14　不同水氮处理下春玉米苗期的蒸腾速率日变化

水分利用效率为植物消耗单位水量所形成的产量，植物在进行光合作用同化 CO_2 和 H_2O 的同时，蒸腾作用释放出一定的水汽，因此单叶片的叶片水分利用效率=光合速率/蒸腾速率。图 3-15 为不同水氮处理下春玉米苗期的叶片水分利用效率。除了中氮水平，其余氮肥处理的不亏水处理叶片日均水分利用效率比亏水处理增大，说明苗期亏水会影响叶片的水分利用效率。苗期灌水处理在早上 8：00 叶片水分利用效率较高，随后有下降趋势，至中午 12：00 出现波谷，而后又开始上升，下午 14：00 到达一个峰值，随后又缓慢下降。亏水条件下，无氮处理叶片水分利用效率在 10：00 和 18：00 较大，其余时刻较小且差异不大，施肥处理在早上 8：00 叶片水分利用效率最大，随后有逐渐降低趋势。另由图 3-15 可知，叶片水分利用效率随施氮量的增大而增大，这一点在亏水处理条件下尤为明显，高氮、中氮、低氮处理分别比无氮处理增大 24.54%、21.22%、14.83%。

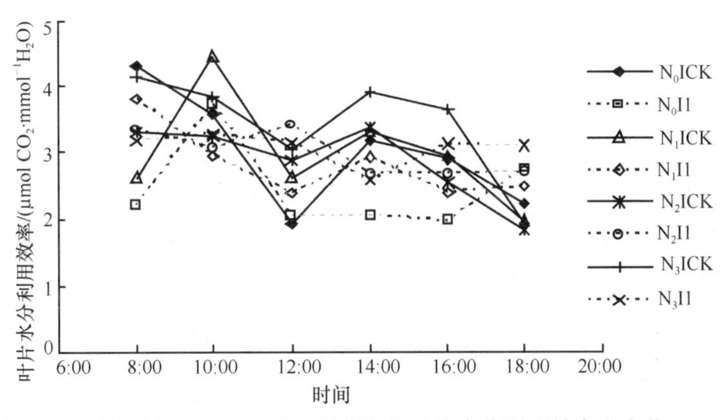

图3-15　不同水氮处理下春玉米苗期的叶片水分利用效率日变化

3.2.3 不同生育期亏水和施氮对春玉米叶片叶绿素含量的影响

由图3-16和图3-17可知，各处理叶绿素含量在苗期相对较低，拔节期增长迅速，至拔节后期或抽穗期达到峰值，随后开始降低。春玉米苗期阶段，亏水与不亏水处理间叶绿素含量差异不显著，调亏对其影响不大；不施肥条件下，叶绿素含量最低，其SPAD值为36.66，分别比高氮、中氮和低氮处理降低13.96%、12.2%和6.41%。拔节期阶段的叶绿素含量均比苗期有不同程度的提高，和ICK处理相比，I1和I2处理对叶绿素含量影响不显著，在无氮、低氮和中氮处理条件下，苗期亏水处理的叶绿素含量在拔节期增长迅速，其值略高于苗期不亏水处理，而高氮条件下其值稍低，说明在适量施氮情况下，苗期亏水后复水对叶绿素含量有补偿效应。拔节期阶段叶绿素含量随施肥量增大而增大，是影响SPAD值的主要因素。抽穗期阶段各处理叶绿素含量达到了最大值，亏水对叶绿素含量的影响逐渐加深，在充分供水条件下，施肥对叶绿素

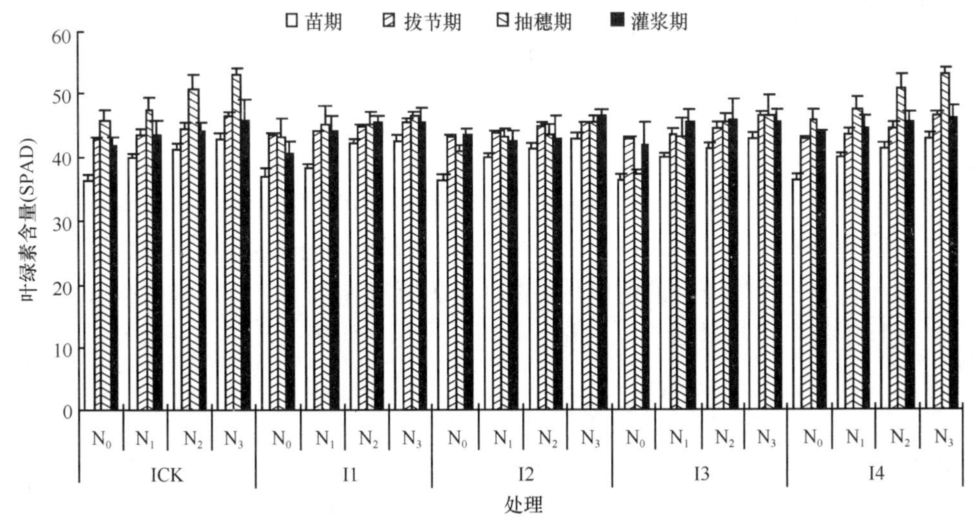

图3-16　单个生育期亏水和施氮对叶绿素的影响

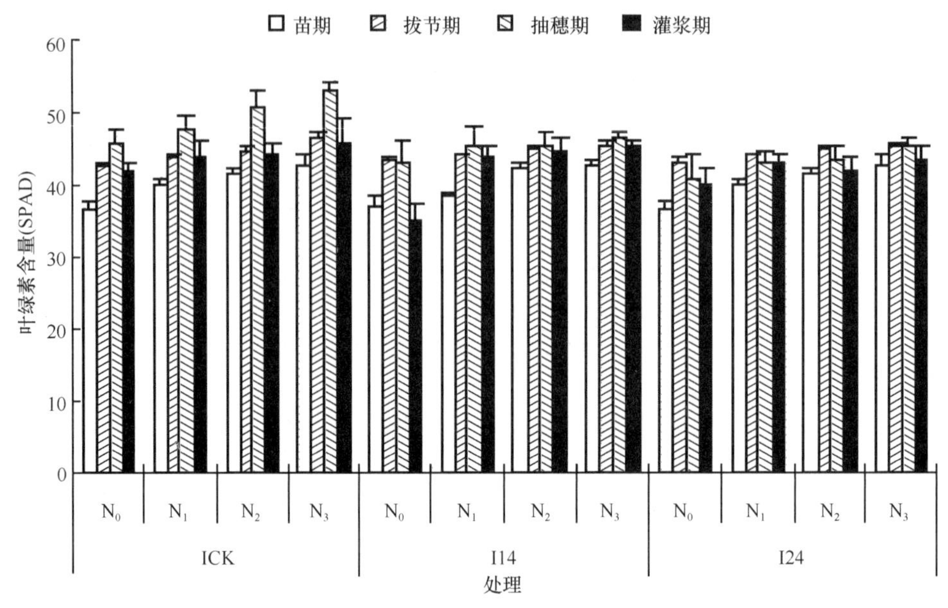

图 3-17　两个生育期亏水和施氮对叶绿素的影响

含量影响显著，高氮处理均值最高达 47.90，分别为中氮处理、低氮处理和无氮处理的 1.11 倍、1.17 倍和 1.28 倍，而亏水处理对叶绿素影响不显著。在同一氮肥处理条件下，充分供水处理最高，其余水分处理之间差异不明显。抽穗期叶绿素含量开始降低，其中充分灌水处理下降速度最快，其次是灌浆期不灌水处理，在相同水分处理条件下高氮处理下降速度最快，其次是中氮处理。统计分析表明，水分处理和氮肥处理对叶绿素含量均有影响，但施氮的效应大于亏水的效应。整个生育期来看，叶绿素含量随施氮量增大而增大，且与灌水量呈正相关。

3.2.4 结论与讨论

土壤水肥的变化直接影响着光合作用的强弱，而光合作用的强弱直接影响着作物产量的积累。土壤水分亏缺会导致叶孔闭合，进而抑制作物光合作用和蒸腾作用，而施氮在一定程度上会促进作物的光合和蒸腾，起到水肥耦合的效应。水分亏缺对作物生理过程影响的先后顺序为：叶片细胞膨压—蒸腾作用—光合作用—产物积累，植物体的生长对干旱的反应大于对产物的分配，这一结果使调亏灌溉成为可能。调亏灌溉可以达到在不牺牲大量产量的前提下提高水分利用效率的目的。不同水分亏缺和氮肥处理影响着作物叶片叶绿素含量，进而影响作物光合作用，最终达到影响作物产量的目的。

通过研究，获得以下主要的结论。

A. 在春玉米生长的苗期阶段，充分供水处理光合速率日变化呈“双峰”变化趋势，而亏水处理呈“单峰”变化趋势，亏水会降低叶片的光合速率，而施氮肥则有利于促进光合速率的提高。在不同处理条件下，蒸腾速率均呈现出明显的“单峰”变化趋势。全天平均蒸腾速率均为不亏水处理大于亏水处理，施肥对各不亏水处理蒸腾速率影响不大，但加重亏水处理对蒸腾速率的抑制。苗期亏水会抑制叶片的水分利用效率，而叶片水分利用效率随施氮量的增大而增大。

B. 各处理叶绿素含量在拔节后期或抽穗期达到最大值，随后开始降低。从整个生育期来看，叶绿素含量随施氮量增大而增大，而亏水会降低叶绿素含量。施肥对叶绿素的影响大于亏水对其的影响。

3.3 不同生育期亏水和施氮对春玉米根区氮素运移的影响

作物水肥利用率低是我国农业生产发展中面临的重大问题。在西北旱区，水资源的紧缺是影响作物生长的主要限制因素，但传统的大水漫灌现象仍比较普遍，不但造成水肥资源的严重浪费，而且引发了一系列农田环境问题。国内外研究表明，水肥的高效配合是提高水肥利用效率的最佳途径，现代农业强调水氮之间的交互作用，利用其存在的协同作用进行水氮综合管理。近些年来，调亏灌溉作为一种重要的节水灌溉方式在农业生产中得到了广泛的研究和应用，但就调亏灌溉与施肥的结合，水肥高效利用及不同调亏灌溉制度条件下农田水肥迁移的影响研究还比较少。

硝态氮是土壤中无机态氮的主要形态，也是植物氮素营养的直接来源。淋洗损失受施肥、灌溉、降雨、土壤、植被、耕作方式及气候等多种因素的影响。氮肥利用率低，阻碍了我国农业生产发展，不仅造成资源浪费及经济损失，而且造成了环境污染。国内外许多研究者认为：土壤中的氮素，无论是外部加入的，还是土壤本身存在的，在经过土壤本身物理的、化学的和生物的系列过程之后，其中只有 20%～30%被作物有效利用，而大部分氮素(30%～50%)却通过不同的途径如硝化、反硝化、氨挥发、径流和淋洗等损失掉(Benbi et al.，1991)。张步翀等(2008)对河西绿洲灌区春小麦进行调亏灌溉后得出：调亏灌溉对 2003 年和 2004 年两个试验年度 0～20 cm、20～40 cm 及 0～40 cm 土层土壤氮素分布影响显著；而小麦收获时 2004 年 0～20 cm 土层土壤全氮、碱解氮，20～40 cm 土层全氮，0～40 cm 土层全氮显著高于 2003 年，然而 20～40 cm 土层碱解氮，0～40 cm 土层碱解氮在 2003 年和 2004 年间差异不显著。0～40 cm 土层土壤全氮量与小麦全生育期供水量呈线性负相关，而碱解氮则与全生育期供水量呈线性正相关。党廷辉等在 2003 年对黄土旱塬区农田氮素淋溶规律研究表明，在高原沟壑区旱作农业中，长期过量或不平衡使用氮肥，NO_3^--N 将在土壤剖面深层发生积累，峰值在 120～140 cm。配施磷肥后，由于补充了土壤 P 的不足，改善了作物 N、P 营养元素的协调供应，促进了作物对土壤 N 的吸收，因而土壤深层 N 累积的状况得到减弱。

本节研究了河西地区春玉米不同生育期灌水及施氮条件下农田土壤硝态氮迁移的影响，探明影响春玉米产量的最主要灌水时期和最佳水氮耦合方式，为西北旱区节约农业用水，提高水氮利用效率提供理论依据。

3.3.1 研究内容与方法

3.3.1.1 试验区概况

试验在甘肃省武威市中国农业大学石羊河流域农业与生态节水试验站（37°57′20″ N，102°50′50″E）进行。试验田地处腾格里沙漠边缘，为典型的内陆荒漠气候区，地处黄羊河、杂木河、清源灌区交汇带，海拔 1581 m，多年平均降雨量仅为 164.4 mm，年均水面蒸发量达 2000 mm 左右。地下水埋深达 25～30 m，灌溉水源为地下水，矿化度 0.71 $g \cdot L^{-1}$。供试土壤质地为灰钙质轻沙壤土，其 0～20 cm 土层基本理化性质测定结果见表 3-6。试验于 2009 年 4～9 月进行，供试材料为武威地区大量种植的春玉米品种‘金穗 4 号’。

表 3-6　供试土壤理化性质

有机质/%	土壤容重/($g \cdot cm^{-3}$)	田间持水量/($cm^3 \cdot cm^{-3}$)	有效磷/($mg \cdot kg^{-1}$)	硝态氮/($mg \cdot kg^{-1}$)	铵态氮/($mg \cdot kg^{-1}$)	pH	土壤含盐量/%
0.8	1.32	21.5	38.16	55.45	6.70	8.2	0.36

3.3.1.2 试验设计

采取大田小区试验。试验设水分和氮肥处理 2 因素。水分设 7 个处理(表 3-7)：全生育期灌水(CK)、苗期不灌水(I1)、拔节期不灌水(I2)、抽穗期不灌水(I3)、灌浆期不灌水(I4)、苗期与灌浆期不灌水(I14)、拔节期与灌浆期不灌水(I24)。每生育期灌水量为 100 mm。氮肥处理设 4 个水平：0 $kg \cdot hm^{-2}$ (N_0)、60 $kg \cdot hm^{-2}$ (N_1)、120 $kg \cdot hm^{-2}$ (N_2)、180 $kg \cdot hm^{-2}$ (N_3)。试验为完全随机设计，共 28 个处理，重复两次。氮肥施用尿素(含 N 46%)，磷肥施用过磷酸钙(含 P 16%)，一次性施入，施入量为 120 $kg \cdot hm^{-2}$，另按当地施肥水平施入钾肥和锌肥。

表 3-7　春玉米灌溉处理方案

处理编号	生育阶段				灌溉定额/mm
	三叶期—拔节期	拔节期—抽穗期	抽穗期—灌浆期	灌浆期—成熟期	
CK	I	I	I	I	400
I1		I	I	I	300
I2	I		I	I	300
I3	I	I		I	300
I4	I	I	I		300
I14		I	I		200
I24	I		I		200

小区面积(5.5×3.5)m^2，东西走向。播种后立即覆膜保温保墒，以确保出苗率，在播种后一周左右检查出苗情况，若有缺苗现象，应及时按品种对号补种。种植密度为

75 000 株 · hm^{-2}，行距、株距均为 30 cm。春玉米于 2009 年 4 月 15 日播种，三叶期后定苗，每穴留生长健壮幼苗 1 株。2009 年 9 月 20 日左右收获(各处理在相同成熟条件下收获)。

3.3.1.3 测定项目及方法

全生育期共取土 4 次，分别于播后 37 d、69 d、107 d 和 158 d。使用土钻取土，每 10 cm 取一次样，取至 100 cm。一部分土样使用烘干法测定含水率，另一部分新鲜土样立即放入冰箱冷藏待测土壤硝态氮含量。土壤硝态氮采用 2 mol · L^{-1} KCl(土液比 1∶5)浸提，用紫外可见分光光度计测定。

土壤的基本理化性状：速效钾用 NH_4OAC 浸提-火焰光度法测定；全磷用钒钼磺比色法测定；有效磷用 Olsen 法测定；有机质用重铬酸钾外加热容量法，测量方法主要参照《土壤农化分析》进行。

3.3.1.4 数据分析与处理方法

所得试验数据用 Excel 和 DPS 统计分析软件处理，首先对不同处理间指标进行方差分析，若差异显著，再进一步进行 Duncan 多重比较。

3.3.2 不同生育期亏水对春玉米农田土壤硝态氮累积量的影响

硝态氮是旱地作物吸收的主要氮素形态，且在土壤氮素循环中发挥着重要作用，而铵态氮含量相对稳定。试验结果分析表明，不同处理土壤残留硝态氮含量存在显著差异，随着玉米生育期时间的变化基本呈递减趋势，而残留铵态氮含量差异较小，且不同生育期无明显规律，本节主要分析研究春玉米根区土壤硝态氮累积量变化规律。

图 3-18 为苗期(播后 37 d)测定的各处理玉米根区不同深度土壤硝态氮累积量。图 3-18 表明，由于表面施氮，播后 37 d 各处理春玉米根区 0～40 cm 土层硝态氮累积量均较大，且随着施氮量的增大而增大。其中苗期不灌水处理(I1)在各个氮肥处理下土壤硝态氮累积量均在剖面 0～20 cm 处最大，硝态氮分布呈 L 形，高氮处理表层 0～20 cm 硝态氮累积量达到

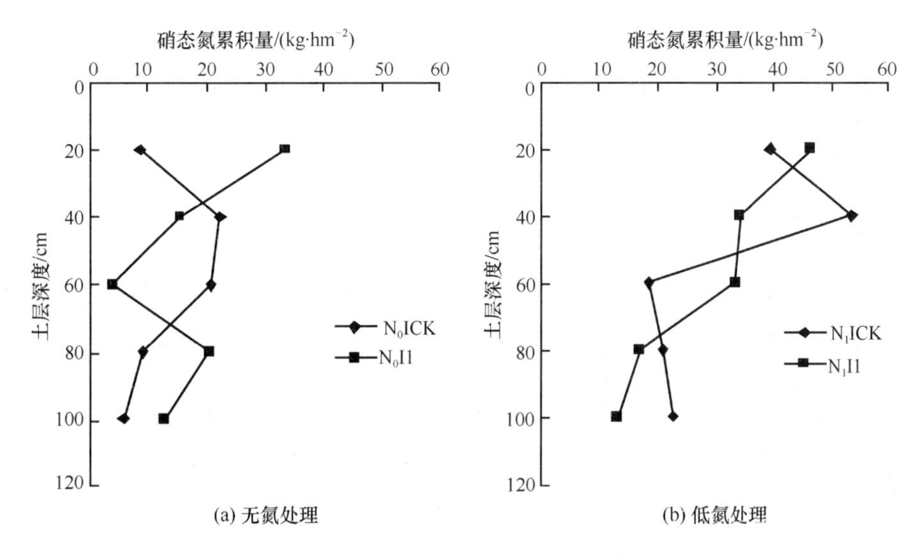

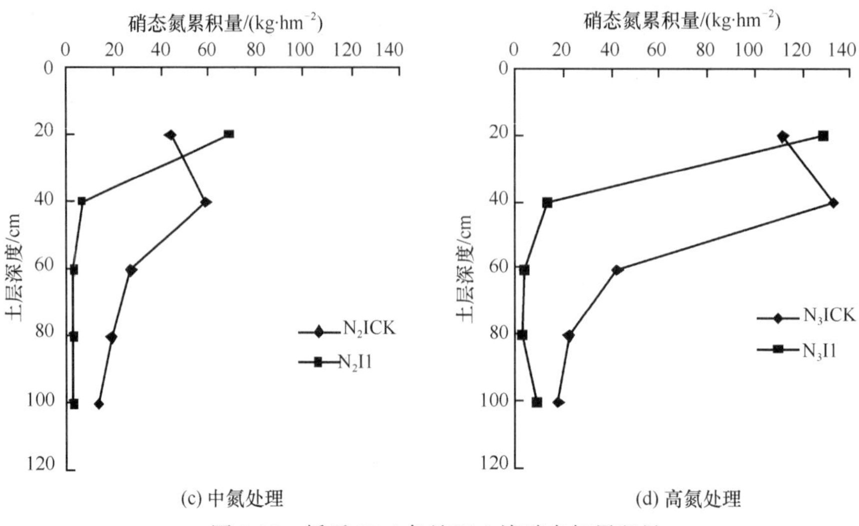

(c) 中氮处理　　(d) 高氮处理

图 3-18　播后 37 d 各处理土壤硝态氮累积量

129.50 kg · hm^{-2}，分别为中氮处理、低氮处理和无氮处理的 1.86 倍、2.80 倍和 3.87 倍。而苗期灌水(CK)处理剖面峰值主要分布在 40 cm 左右，其中高氮(N_3)处理在 0～40 cm 硝态氮累积量最大，为 133.20 kg · hm^{-2}，分别为中氮(N_2)处理、低氮(N_1)处理和无氮(N_0)处理的 2.25 倍、2.49 倍和 5.98 倍，这表明，春玉米苗期灌水处理导致根区土壤硝态氮加速向下运移。高氮(N_3)处理 0～100 cm 根区土壤剖面硝态氮累积量最大，达 243.64 kg · hm^{-2}，分别是中氮(N_2)处理、低氮(N_1)处理和无氮(N_0)处理的 1.97 倍、1.64 倍和 3.20 倍。

图 3-19 为拔节期(播后 69 d)测定的各处理玉米农田不同深度土壤硝态氮累积量。从图 3-19 可知，春玉米根区硝态氮继续向下层土壤迁移。高氮处理(N_3)条件下各水分处理根区土层含氮量最大，其中 I1 处理 0～100 cm 硝态氮累积量最大，为 431.90 kg · hm^{-2}，而 CK 处理与拔节期不灌水处理(I2)硝态氮累积量分别为 134.20 kg · hm^{-2} 和 138.25 kg · hm^{-2}。I1 处理根区硝态氮主要累积于 0～60 cm 土层，达 330.30 kg · hm^{-2}，这主要是因为 I1 处理在苗期内未进行灌水，硝态氮大量累积于根区表层，而拔节期灌水后硝态氮随灌溉水

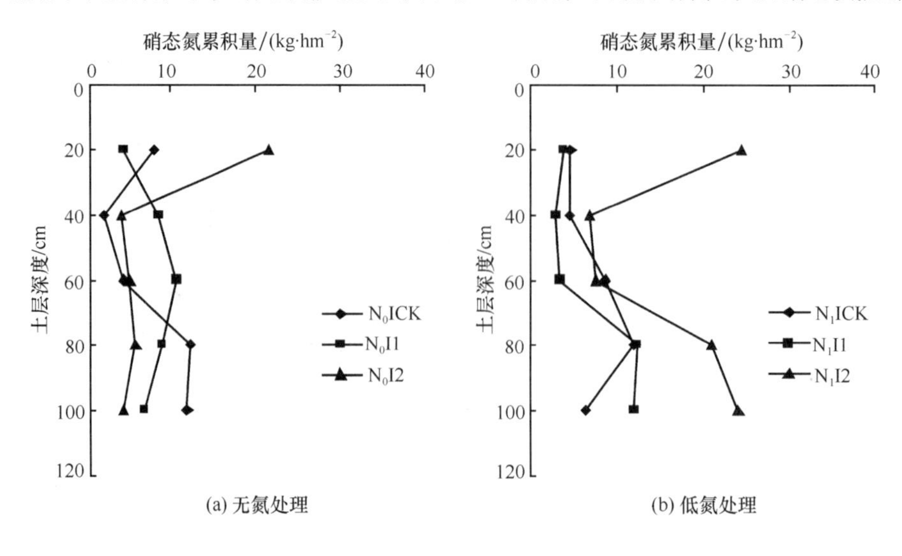

(a) 无氮处理　　(b) 低氮处理

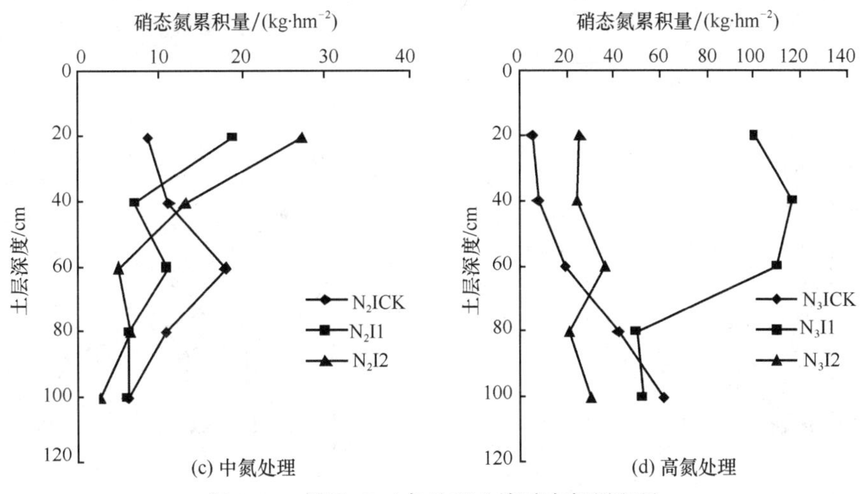

图 3-19　播后 69 d 各处理土壤硝态氮累积量

向下淋溶。I2 处理根区 0～40 cm 硝态氮累积量均高于 CK 处理，这主要是由于拔节期不灌水，硝态氮未随灌水下移。CK 处理硝态氮累积量于 100 cm 处最大，可能在 100 cm 以下出现峰值，表明硝态氮已向根层以下淋溶。无氮处理(N_0)、低氮处理(N_1)和中氮处理(N_2)条件下 CK 处理与 I1 处理硝态氮累积量峰值出现在 60～80 cm，I2 处理根区硝态氮含量峰值均出现在表层 0～20 cm，且差异不大，均值为 24.37 kg · hm^{-2}，这主要是因为 CK 和 I1 处理拔节期进行灌水处理，硝态氮向下迁移，而 I2 处理在拔节期不灌水，硝态氮随水分蒸发向上运移。

图 3-20 为抽穗期(播后 107 d)测定的各处理玉米农田不同深度土壤硝态氮累积量。由图 3-20 可知，高氮处理(N_3)0～100 cm 硝态氮累积量最大，平均达 89.18 kg · hm^{-2}，分别为中氮处理(N_2)、低氮处理(N_1)和无氮处理(N_0)的 3.82 倍、3.67 倍和 5.34 倍。各水分处理玉米根区土壤硝态氮主要集中在 60 cm 以下，累积量均呈 L 形，与播后 37 d 硝

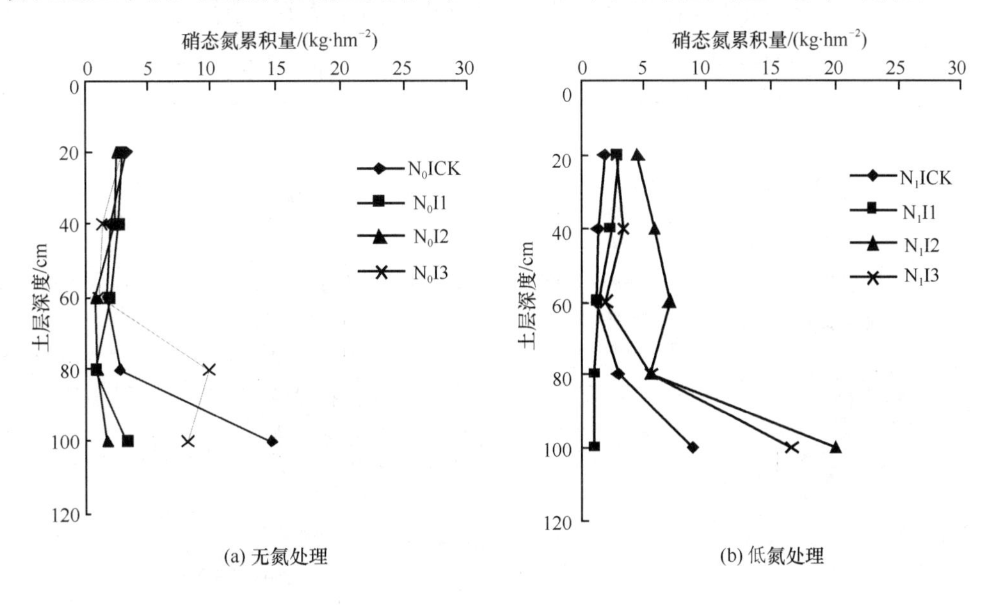

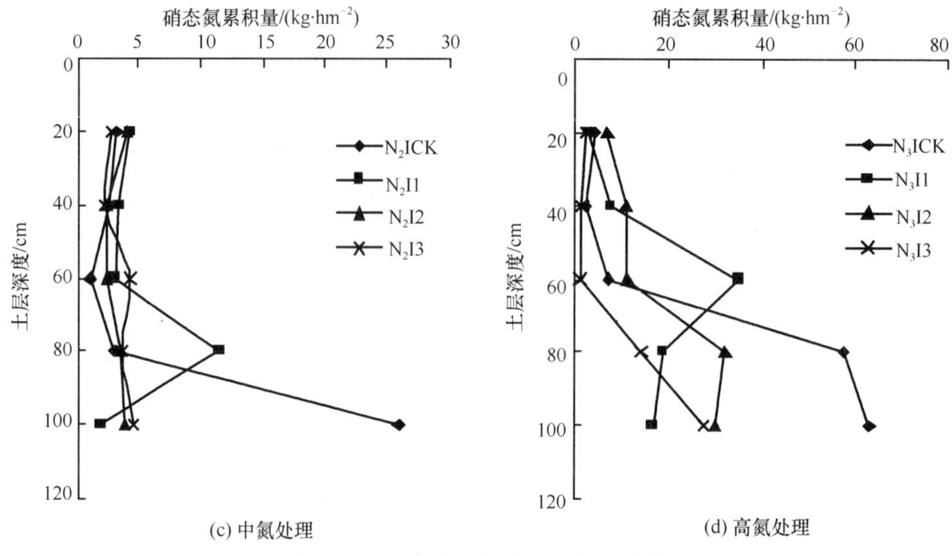

图 3-20　播后 107 d 各处理土壤硝态氮累积量

态氮累积量 L 形分布不同，播后 107 d 根区土层 80～100 cm 以下硝态氮累积量最大，峰值可能出现在 100 cm 以下，各处理硝态氮均出现淋失，造成肥料浪费。在各个氮素水平处理条件下充分灌水(CK)处理的玉米根区 0～60 cm 土层硝态氮累积量小于其他水分处理，而 60 cm 土层以下累积量逐渐增大，充分灌水(CK)造成硝态氮淋溶严重。无氮处理、低氮处理和中氮处理条件下根区 80 cm 以上各土层硝态氮累积量相差不大，各层硝态氮累积量均小于 10 kg · hm^{-2}。高氮处理条件下各水分处理在 60 cm 以上硝态氮累积量相差不大，60 cm 以下硝态氮累积量急剧增加，其中充分灌水(CK)处理 60～100 cm 硝态氮累积量为 121.07 kg · hm^{-2}，占 0～100 cm 土层深度硝态氮累积量的 89.49%。

收获后(播后 158 d)取第 4 次土样。土壤硝态氮在剖面上累积量代表了硝态氮残留的多少，由图 3-21 可知，土壤硝态氮的残留量依次为：高氮处理＞中氮处理＞低氮处理＞

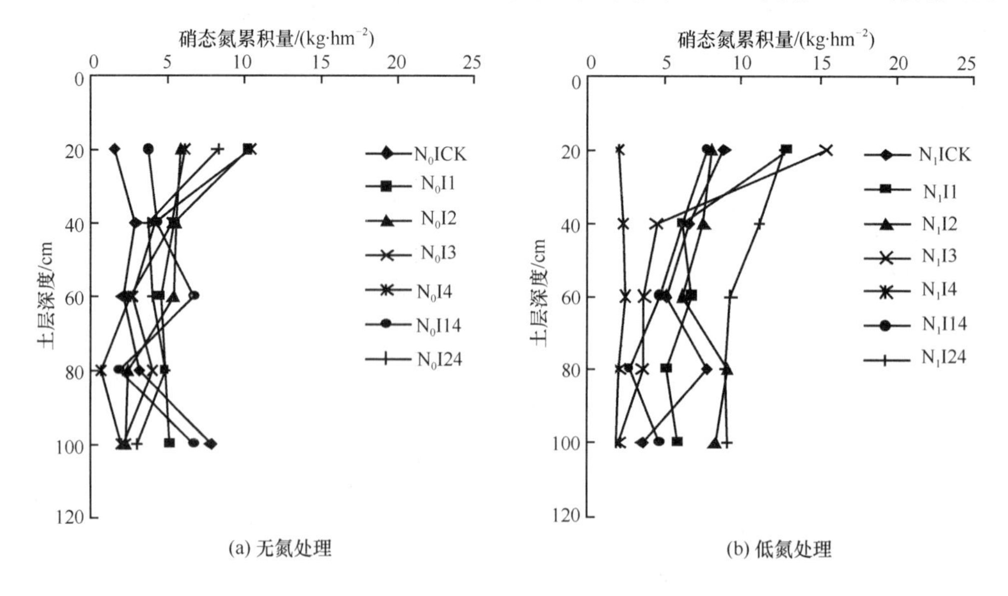

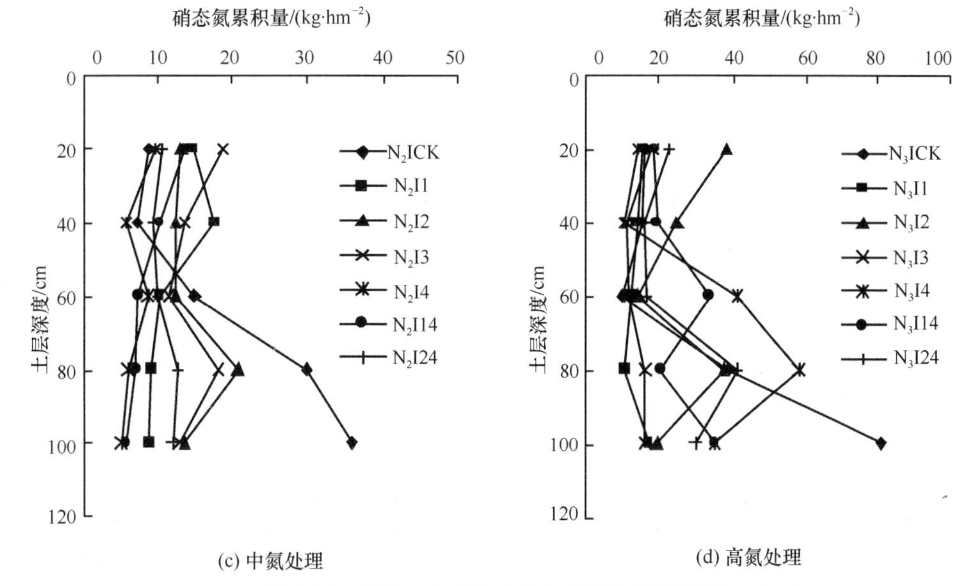

图 3-21　播后 158 d 各处理土壤硝态氮累积量

无氮处理，其中高氮处理 0～100 cm 残留量达 122.22 kg · hm^{-2}，分别是中氮处理、低氮处理和无氮处理的 1.95 倍、3.83 倍和 5.44 倍。和苗期硝态氮的累积相比，高氮处理在 0～100 cm 剖面上减小的幅度最大为 121.42 kg · hm^{-2}，是中氮处理、低氮处理和无氮处理减少幅度的 2.00 倍、1.04 倍和 2.26 倍。说明高肥处理硝态氮淋失严重，降低了氮肥的利用效率。

由图 3-22 可知，在整个剖面上土壤硝态氮的残留量与施氮量存在线性关系，具有较好的相关性。收获后土壤硝态氮残留量随着施氮量的增加而增加，高氮处理硝态氮残留量达 178.008 kg · hm^{-2}，分别是中氮处理、低氮处理和无氮处理的 2.39 倍、2.88 倍和 4.74 倍，说明在高量施肥条件下作物收获后的土壤中残留了大量的氮素，造成了氮肥的浪费。由图 3-23 可知，随着春玉米生育期的推进，灌水量和降雨量的逐渐增加，硝态氮残留量逐渐减少，而高氮处理硝态氮残留量减少速度最快，无氮处理硝态氮残留量减少速度最慢，低氮和中氮处理居中，除了作物生长吸收氮素原因外，硝态氮向根层下运移也是残留量减少的一个重要原因。

3.3.3 讨论与结论

施氮或灌水均显著影响硝态氮的积累和淋失，硝态氮累积量随着施氮量的增加而增加，土壤供水量越高，土体硝态氮的淋洗量越大。高亚军等对水氮互作研究表明，土壤中硝态氮累积的主要因素是施氮量造成的，灌水量对硝态氮累积量的影响较小。刘小刚等研究了降雨条件下玉米隔沟交替灌溉的水分迁移状况，结果表明高水处理造成根区硝态氮淋失，降低了氮肥的利用。施氮量与硝态氮在根区剖面上的累积呈正相关，与本试验结果相似。由本试验的硝态氮迁移动态分布可知，在各个生育期玉米根区 0～100 cm 硝态氮累积量随施氮量的增大而增大。施氮后表层土壤硝态氮含量明显增大，硝态氮含量随着土壤水分下渗，造成下层土壤硝态氮含量的上升。苗期(播后 37 d)

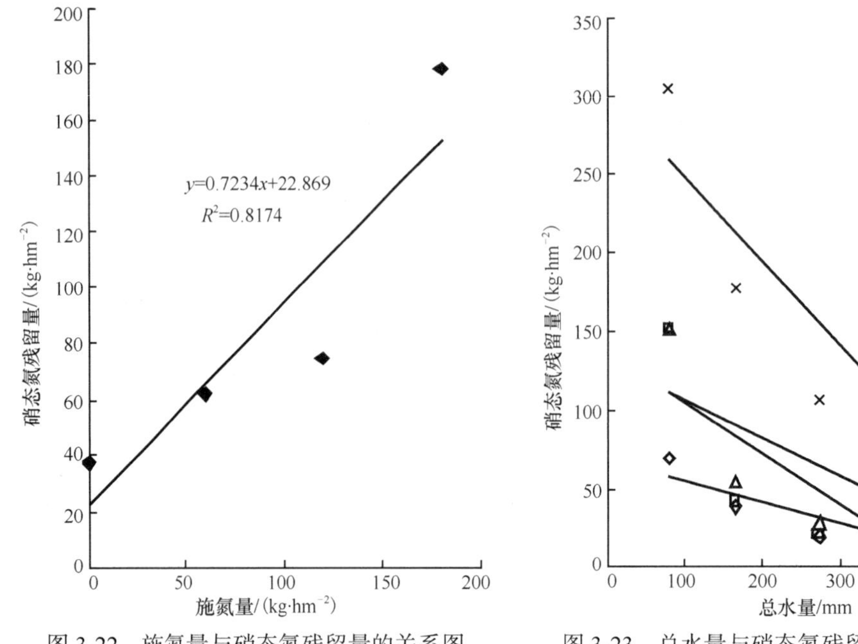

图 3-22　施氮量与硝态氮残留量的关系图　　　　图 3-23　总水量与硝态氮残留量的关系图

测定的硝态氮主要累积于根区 0～40 cm 土层，其累积量占总累积量的 65.71%，其中苗期不灌水处理根区 20 cm 土层累积量最大，充分灌水处理 40 cm 土层累积量最大，表明硝态氮随灌水下移。拔节期(播后 69 d)根区土壤硝态氮分布曲线平滑并且累积量降低，硝态氮随灌水进一步下移，其中高氮处理下硝态氮已向根层以下淋溶。无氮、低氮和中氮处理条件下 CK 和 I1 处理硝态氮峰值出现于根区 40～80 cm 土层，I2 处理表层 20 cm 硝态氮累积量最大。抽穗期(播后 107 d)各处理玉米根区硝态氮高峰下移至 80～100 cm 深度，分布呈 L 形，各处理硝态氮均出现向根层以下的淋失现象，充分灌水处理尤为严重。收获后(播后 158 d)植株根区土壤硝态氮在剖面上的累积量代表了硝态氮残留的多少，高氮处理 0～100 cm 残留量达 122.22 kg · hm^{-2}，分别是中氮处理、低氮处理和无氮处理的 2.00 倍、1.04 倍和 2.26 倍，而且高氮处理在 0～100 cm 剖面上硝态氮累积量生育期始末减小的幅度最大，硝态氮因淋失降低了氮肥的利用效率。在整个剖面上土壤硝态氮的残留量与施氮量存在线性关系，且具有较好的相关性，高量施肥条件下作物收获后土壤中残留了大量的氮素，造成了氮肥的浪费。随着春玉米生育期的进行，灌水量和降雨量的逐渐增加，硝态氮残留量逐渐减少，减少速度依次为高氮处理>低氮处理>中氮处理>无氮处理，除了作物生长吸收氮素的原因外，硝态氮向根层下运移也是残留量减少的一个重要原因。

3.4 不同生育期灌水和施氮对春玉米根区水氮吸收利用的影响

石羊河流域农业用水占水资源利用总量的 70%～90%，是甘肃省河西走廊三大内陆河流域用水矛盾最突出、生态环境问题最严重的区域，节水增效仍是当地农业发展最紧迫的任务。通过有限灌水在不同生育期的最优化分配，提高水分向作物根系吸收转化及光合产物向经济产量转化的效率，已成为提高农业水生产力的主要途径。水肥是影响旱地农业生产及作物生长最主要的两大因素，调节灌水量与施肥量使有限的水肥产生良好的耦合作用，达到以肥调水、以水促肥的目的，对于提高作物生产能力和节肥节水至关重要(任小龙等，2010；马守臣等，2012)。目前水肥在总量配合上的研究较多，而在不同生育阶段分配对作物生长发育的影响研究较少。对高寒半干旱区春小麦的水肥耦合效应研究表明：供水量 230～350 mm 条件下，氮、磷配施改善了地上部生物学性状，水肥配比为 350 mm、$N_{120}P_{60}$ 最佳；水肥配比为 350 mm、$N_{60}P_{120}$ 时氮肥利用率最高(翟丙年和李生秀，2005)。实际上，水肥的高效配合与作物的生育时期关系密切。要充分发挥水分和养分的增产作用，必须确定水分、养分耦合的关键期、高效期和迟钝期，特别是水分、养分亏缺后的补偿效应(冯鹏等，2005)。研究表明，干旱胁迫条件下，氮肥早施比晚施好，低量氮肥比高量氮好。水氮配合条件下，氮素的作用得到充分发挥，产量大幅度提高，而且对有效穗数、每穗粒数和千粒重都产生显著的影响。拔节期为冬小麦对水氮配合效应的关键期和亏缺敏感期(胡志桥等，2010)。本试验通过研究有限水量在不同生育阶段的分配及氮肥供给对春玉米群体产量和水氮利用的耦合效应，以便探明石羊河流域武威绿洲春玉米的需水敏感期和最佳的水氮耦合模式，为其水氮最优调控提供科学依据。

3.4.1 材料与方法

3.4.1.1 试验材料

试验于 2007 年 5～9 月在武威绿洲边缘中国农业大学石羊河流域农业与生态节水试验站(37°57′20″N，102°50′50″E)进行，地处腾格里沙漠边缘，黄羊河、杂木河、清源灌区交汇带，海拔 1581 m，多年平均降水量仅为 164 mm 左右，为典型的内陆荒漠气候区。土壤质地为灰钙质轻沙壤土，耕层土壤(0～30 cm)容重为 1.32 $g\cdot cm^{-3}$，田间持水率为 36.6%(体积含水率)，地下水埋深达 25～30 m。土壤肥力水平较低，速效磷含量为 5～8 $mg\cdot kg^{-1}$，有机质含量为 4～8 $g\cdot kg^{-1}$，土壤 pH 约为 8.2，矿化度为 0.71 $g\cdot L^{-1}$，土壤速效性盐离子含量为 1.2～5.6 $g\cdot kg^{-1}$。试验玉米为当地常规品种‘金穗 2 号’。

3.4.1.2 试验设计

根据当地春玉米水肥管理经验和已有的研究成果，春玉米生育期灌水 4～5 次，充分灌溉每次灌水 90 mm，适宜施氮量为 225 $kg\cdot hm^{-2}$，制订本试验方案。试验采用 5 因素 4 水平正交设计(表 3-8)，5 因素分别为施氮量(A)、苗期灌水量(B)、拔节期灌水量(C)、抽穗期灌水量(D)和灌浆期灌水量(E)，各因素设 4 个水平。小区面积为 5 m×4 m，各处理重复 3 次。种植密度为 72 000 株 · hm^{-2}，株距为 25 cm，行距为 55 cm。播前一次撒施氮肥和磷肥，普通过磷酸钙按 560 $kg\cdot hm^{-2}$ 施入。5 月 5 日播种，9 月 24 日收获。6 月 9 日开始灌水处理。采用膜上畦灌，水表精确控制灌水。全生育期降雨量为 158 mm，参考作物腾发量及灌水时间，如图 3-24 所示。此外，试验期间其他田间管理措施一致。

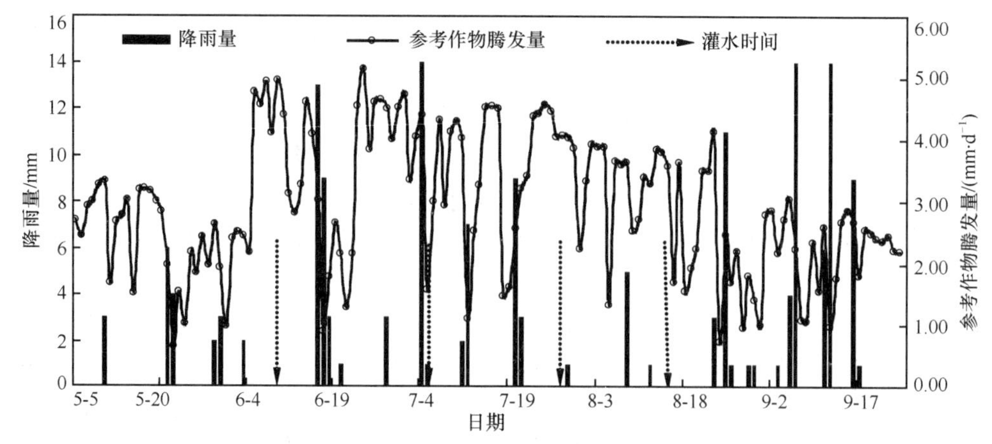

图 3-24 试验期间降雨量、参考作物腾发量和灌水时间

表 3-8 $L_{16}(4^5)$ 正交试验设计因素水平

处理	因素				
	A 施氮量/(kg · hm^{-2})	灌水定额/mm			
		B 苗期	C 拔节期	D 抽穗期	E 灌浆期
$A_1B_1C_1D_1E_1$	75(1)	34(1)	34(1)	34(1)	34(1)
$A_1B_2C_2D_2E_2$	75(1)	68(2)	68(2)	68(2)	68(2)
$A_1B_3C_3D_3E_3$	75(1)	102(3)	102(3)	102(3)	102(3)
$A_1B_4C_4D_4E_4$	75(1)	136(4)	136(4)	136(4)	136(4)
$A_2B_1C_2D_3E_4$	150(2)	34(1)	68(2)	102(3)	136(4)
$A_2B_2C_1D_4E_3$	150(2)	68(2)	34(1)	136(4)	102(3)
$A_2B_3C_4D_1E_2$	150(2)	102(3)	136(4)	34(1)	68(2)
$A_2B_4C_3D_2E_1$	150(2)	136(4)	102(3)	68(2)	34(1)
$A_3B_1C_3D_4E_2$	225(3)	34(1)	102(3)	136(4)	68(2)
$A_3B_2C_4D_3E_1$	225(3)	68(2)	136(4)	102(3)	34(1)
$A_3B_3C_1D_2E_4$	225(3)	102(3)	34(1)	68(2)	136(4)
$A_3B_4C_2D_1E_3$	225(3)	136(4)	68(2)	34(1)	102(3)
$A_4B_1C_4D_2E_3$	300(4)	34(1)	136(4)	68(2)	102(3)
$A_4B_2C_3D_1E_4$	300(4)	68(2)	102(3)	34(1)	136(4)
$A_4B_3C_2D_4E_1$	300(4)	102(3)	68(2)	136(4)	34(1)
$A_4B_4C_1D_3E_2$	300(4)	136(4)	34(1)	102(3)	68(2)

注：括号中的数字代表因素的水平

3.4.1.3 测定项目

植株样在收获期一次采取，根系采用大田挖掘法，在行距和株距的中间竖直向下开挖，直到看不见毛细根为止。将根系在细纱网上反复冲洗，称取根系鲜重。植株样品按不同器官(籽粒、叶、茎、根系)分开、烘干、称重、粉碎，用瑞士福斯特卡托公司(Foss Tecator AB)生产的自动定氮仪测定植株不同部位的全氮含量。在各小区中随机选取 5 m^2

玉米折算产量。籽粒灌溉水分利用效率为籽粒产量与灌水量的比值。收获指数为籽粒产量与干物质总量的比值。

3.4.1.4 数据处理

采用 SAS 统计软件对不同水氮处理的玉米干物质和全氮累积进行方差分析，采用 Excel 2003 软件进行数据处理和制图。

3.4.2 结果与分析

不同水氮组合对籽粒产量、籽粒灌溉水分利用效率、干物质累积和氮素累积量的影响见表 3-9，其极差和方差分析见表 3-10 和表 3-11。

表 3-9　水氮互作对春玉米产量及水氮利用的影响

处理	籽粒产量/(kg · hm^{-2})	籽粒灌溉水分利用效率/(kg · m^{-3})	叶干重/(kg · hm^{-2})	茎干重/(kg · hm^{-2})	根干重/(kg · hm^{-2})	籽粒氮素累积量/(kg · hm^{-2})	叶氮素累积量/(kg · hm^{-2})	茎氮素累积量/(kg · hm^{-2})	根氮素累积量/(kg · hm^{-2})	氮素累积总量/(kg · hm^{-2})
$A_1B_1C_1D_1E_1$	6 245	4.592	3 219	11 555	734	5.898	2.212	3.047	0.391	11.548
$A_1B_2C_2D_2E_2$	6 884	2.531	3 641	12 196	1 171	6.025	1.722	3.373	0.382	11.502
$A_1B_3C_3D_3E_3$	9 181	2.250	4 786	17 131	1 015	8.822	1.562	3.988	0.357	14.729
$A_1B_4C_4D_4E_4$	11 635	2.139	4 823	18 083	672	10.126	1.516	3.376	0.205	15.223
$A_2B_1C_2D_3E_4$	12 278	3.611	5 478	19 336	1 117	12.463	3.594	7.821	0.678	24.556
$A_2B_2C_1D_4E_3$	10 775	3.169	5 761	18 767	841	11.951	2.657	6.879	0.244	21.731
$A_2B_3C_4D_1E_2$	11 194	3.292	6 349	22 491	1 370	13.222	3.667	9.756	0.587	27.232
$A_2B_4C_3D_2E_1$	11 866	3.490	6 454	21 845	1 202	13.439	3.437	7.397	0.383	24.656
$A_3B_1C_3D_4E_2$	12 748	3.749	4 935	20 003	1 159	14.936	3.245	8.667	0.635	27.483
$A_3B_2C_4D_3E_1$	12 267	3.608	5 744	18 468	1 101	13.876	3.109	7.791	0.477	25.253
$A_3B_3C_1D_2E_4$	11 197	3.293	5 975	20 291	1 186	12.833	3.092	7.836	0.549	24.310
$A_3B_4C_2D_1E_3$	12 293	3.616	5 569	19 215	1 573	14.470	3.287	8.396	0.532	26.685
$A_4B_1C_4D_2E_3$	15 617	4.593	6 140	21 177	1 179	17.890	4.094	8.944	0.513	31.441
$A_4B_2C_3D_1E_4$	12 053	3.545	6 161	21 912	1 510	13.360	4.093	10.146	0.756	28.355
$A_4B_3C_2D_4E_1$	11 715	3.446	6 485	23 784	1 429	13.797	3.394	12.264	0.700	30.155
$A_4B_4C_1D_3E_2$	12 719	3.741	5 098	19 207	1 111	14.526	3.847	11.864	0.651	30.888

注：表中的数据为 3 个重复的平均值

3.4.2.1 水氮互作对春玉米籽粒产量的影响

由表 3-9 可知，$A_4B_1C_4D_2E_3$ 处理的籽粒产量最高，达到 15 617 kg · hm^{-2}；$A_3B_1C_3D_4E_2$ 处理次之；$A_1B_1C_1D_1E_1$ 处理的最低，仅为 $A_4B_1C_4D_2E_3$ 处理的 40%。高氮(300 kg · hm^{-2})

表 3-10　群体产量和水氮利用的极差分析

因素	籽粒产量/(kg·hm^{-2})	籽粒灌溉水分利用效率/(kg·m^{-3})	叶干重/(kg·hm^{-2})	茎干重/(kg·hm^{-2})	根干重/(kg·hm^{-2})	籽粒氮素累积量/(kg·hm^{-2})	叶氮素累积量/(kg·hm^{-2})	茎氮素累积量/(kg·hm^{-2})	根氮素累积量/(kg·hm^{-2})	氮素累积总量/(kg·hm^{-2})
A	4540	0.953	1894	6778	409	7.175	2.104	7.359	0.321	16.959
B	1634	1.066	956	3088	203	1.837	0.391	1.414	0.111	2.653
C	2444	0.440	751	2768	355	2.476	0.145	0.557	0.128	2.668
D	1165	0.636	51	1624	272	0.965	0.612	0.979	0.120	0.879
E	1443	0.637	603	1431	86	1.531	0.220	1.363	0.153	1.373

表 3-11　群体产量和水氮利用的方差分析

项目	方差来源	离差平方和	自由度	方差估计	F值	项目	方差来源	离差平方和	自由度	方差估计	F值
籽粒产量	A	46 523 699	3	23 261 849	20.051**	籽粒氮素累积量	A	123.669	3	61.835	14.084**
	B	6 967 097	3	3 483 548	3.003		B	7.812	3	3.906	0.890
	C	13 278 685	3	6 639 342	5.723*		C	14.635	3	7.317	1.667
	D	4 036 426	3	2 018 213	1.740		D	2.174	3	1.087	0.248
	E	5 836 723	3	2 918 361	2.516		E	5.127	3	2.563	0.584
籽粒灌溉水分利用效率	A	1.941	3	0.971	10.635*	叶氮素累积量	A	9.735	3	4.867	10.616**
	B	2.833	3	1.417	14.808**		B	0.377	3	0.188	0.411
	C	0.472	3	0.236	2.936		C	0.057	3	0.029	0.063
	D	0.880	3	0.440	5.018		D	0.764	3	0.382	0.833
	E	0.862	3	0.431	5.436*		E	0.108	3	0.054	0.118
叶干重	A	9 472 890	3	4 736 445	12.075**	茎氮素累积量	A	111.938	3	55.969	17.899**
	B	1 878 043	3	939 022	2.394		B	5.212	3	2.606	0.833
	C	1 307 467	3	653 733	1.667		C	0.760	3	0.380	0.122
	D	214 657	3	107 328	0.274		D	2.692	3	1.346	0.430
	E	924 117	3	462 059	1.178		E	4.234	3	2.117	0.677
茎干重	A	109 148 079	3	54 574 039	17.849**	根氮素累积量	A	0.219	3	0.109	17.270**
	B	25 337 959	3	12 668 980	4.144		B	0.039	3	0.020	3.080
	C	20 383 242	3	10 191 621	3.333		C	0.044	3	0.022	3.500
	D	6 336 441	3	3 168 220	1.036		D	0.043	3	0.022	3.410
	E	4 302 699	3	2 151 350	0.704		E	0.057	3	0.029	4.500
根干重	A	397 718	3	198 859	8.029*	氮素累积总量	A	102.646	3	51.323	19.525**
	B	82 555	3	41 278	1.667		B	17.523	3	8.761	3.333
	C	291 590	3	145 795	5.887*		C	14.922	3	7.461	2.839
	D	169 594	3	84 797	3.424		D	1.695	3	0.847	0.322
	E	18 970	3	9 485	0.383		E	4.522	3	2.261	0.860

$F_{0.05}(3，5)=5.41$，$F_{0.01}(3，5)=12.06$

处理的均产分别为中氮（225 kg · hm^{-2}）、低氮（150 kg · hm^{-2}）和特低氮（75 kg · hm^{-2}）的 1.07 倍、1.13 倍和 1.53 倍。说明在灌水量一定的条件下，适量增施氮肥可以提高籽粒产量。在施氮量和灌溉定额（340 mm）相同的条件下，各生育期的不同水量分配对产量影响不同，如 $A_4B_1C_4D_2E_3$ 处理的产量比 $A_4B_3C_2D_4E_1$ 高 3902 kg · hm^{-2}，其原因是不同生育期的需水量和水分敏感程度不同。统计分析结果表明（表 3-10，表 3-11），各因素对籽粒产量的影响依次为施氮量＞拔节期灌水＞苗期灌水＞灌浆期灌水＞抽穗期灌水，其中施氮量对产量的影响达到了极显著水平，拔节期灌水达到了显著水平，其余因素对产量影响不显著。计算各因素相同水平下籽粒产量的平均值，结合方差分析结果，得到最优组合为：施氮量 300 kg · hm^{-2}，拔节期灌水量为 136 mm。

3.4.2.2 水氮互作对春玉米籽粒灌溉水分利用效率的影响

施氮量和不同生育阶段灌水对玉米籽粒灌溉水分利用效率（GIWUE）有明显的影响（表 3-9）。结果表明，$A_1B_1C_1D_1E_1$ 的 GIWUE 最大为 4.592 kg · m^{-3}，是相同氮肥处理条件下充分灌溉（$A_1B_4C_4D_4E_4$）的 2.15 倍；而其产量仅为 $A_1B_4C_4D_4E_4$ 的 54%。说明特低水处理虽然获得了较高的 GIWUE，但是以牺牲产量为代价的，仍不可取。高氮处理的 GIWUE 均值最大，为 3.831 kg · hm^{-2}；中氮处理的次之；特低氮处理的最小。统计结果表明（表 3-10，表 3-11），各因素对 GIWUE 的影响依次为：苗期灌水＞施氮量＞灌浆期灌水＞抽穗期灌水＞拔节期灌水。统计分析表明，苗期灌水、施氮量和灌浆期灌水对 GIWUE 的影响达显著水平，拔节期和抽穗期灌水对其影响不显著。结合多重比较，可知获得最大 GIWUE 的处理组合为：施氮量为 300 kg · hm^{-2}，苗期和灌浆期分别灌水 34 mm。

3.4.2.3 水氮互作对春玉米干物质累积的影响

（1）叶、茎和根的干物质累积

由表 3-9 可知，不同水氮处理对玉米叶干重的影响不同。其中 $A_1B_1C_1D_1E_1$ 的叶干重最小，仅约为 $A_4B_3C_2D_4E_1$ 处理的 1/2。在灌水量为 340 mm 时，低氮和高氮水平的叶干重较大，中氮水平的次之，特低氮水平的最小。茎在干物质累积中占有较大比例，茎重是叶干重的 3.22～4.05 倍。其中高氮处理的茎干重最大，其均值比特低氮处理的高 6779 kg · hm^{-2}；低氮和中氮处理的茎干重均值都约为 20 000 kg · hm^{-2}。试验结果表明，在特低氮水平下，4 个生育阶段分别灌水 136 mm（$A_1B_4C_4D_4E_4$）获得的根干重最小，低于灌水 34 mm 的处理（$A_1B_1C_1D_1E_1$）约 62 kg · hm^{-2}。各因素对叶、茎和根干物质的影响依次分别为：施氮量＞苗期灌水＞拔节期灌水＞灌浆期灌水＞抽穗期灌水、施氮量＞苗期灌水＞拔节期灌水＞抽穗期灌水＞灌浆期灌水、施氮量＞拔节期灌水＞抽穗期灌水＞苗期灌水＞灌浆期灌水。统计分析表明，施氮量对叶、茎和根的干物质累积量影响显著，其余各因素对其影响不显著。

（2）干物质累积总量

综合分析籽粒产量、茎、叶及根干重可知，由于持续亏水和氮肥营养供给不足，$A_1B_1C_1D_1E_1$ 处理干物质累积最小，仅约占 $A_4B_3C_2D_4E_1$ 处理的 1/2。由不同施氮水平下的干物质累积总量的均值可知，特低氮处理的最小，为 28 242 kg · hm^{-2}，比高氮处理的少 13 581 kg · hm^{-2}。计算玉米的收获指数可知，高氮和中氮处理的收获指数均值为 0.314，比低氮和特低氮处理均值高 0.018。表明施氮明显提高了玉米的收获指数，促进了水肥向籽粒运转，提高了经济产量。

3.4.2.4 水氮互作对玉米氮素吸收利用的影响

干物质和养分积累是作物器官分化、产量形成的前提，也是水分、养分吸收和利用的物质基础。干物质累积与养分累积密切相关，养分累积是干物质累积的基础，也是作物经济产量形成的基础。由于水氮之间存在复杂的交互作用，不同施氮量和各生育期不同的水分供给不但影响玉米的干物质和养分累积的状况，而且影响玉米的经济产量。

(1)籽粒氮素累积

籽粒的氮素累积量决定于籽粒产量及蛋白质含量的多少。试验结果表明，随着施氮量的增加籽粒全氮累积量呈明显增加趋势，其中 $A_4B_1C_4D_2E_3$ 处理的籽粒全氮累积量最大，达 17.890 kg · hm^{-2}，比 $A_1B_1C_1D_1E_1$ 处理的高 11.992 kg · hm^{-2}。在特低氮(75 kg · hm^{-2})条件下，灌溉定额从 136 mm 分别提高到 272 mm、408 mm 和 544 mm 时，其籽粒全氮累积量也分别提高 2%、49%和 72%。说明增加灌水可以部分弥补氮肥营养不足，促进籽粒全氮的吸收累积，提高氮肥的利用效率，水氮表现出良好的协同效应。统计分析表明，各因素对籽粒全氮累积量的影响位次为：施氮量＞拔节灌水＞苗期灌水＞灌浆灌水＞抽穗灌水。其中施氮量对籽粒氮素累积量的影响达到了显著水平，其余指标对其影响不显著。结合方差分析结果得到，施氮 300 kg · hm^{-2} 可以获得较高的籽粒氮素累积量。

(2)叶、茎和根的氮素累积

叶氮素累积量占籽粒氮素累积量的 15%～38%，其中 $A_1B_4C_4D_4E_4$ 的叶氮素累积量最小为 1.516 kg · hm^{-2}。特低氮条件下充分灌溉($A_1B_4C_4D_4E_4$)虽然在一定程度上提高了叶片的干物质总量，但其全氮含量为所有处理中的最小，导致其氮素累积量也为最小。茎的氮素累积随着施氮量的增加而增加，这和叶片全氮累积趋势基本一致。不同水氮处理对茎的氮素累积的交互作用不同，在特低氮条件下持续亏水($A_1B_1C_1D_1E_1$)的氮素累积量最小，仅占最大累积处理($A_4B_3C_2D_4E_1$)的 24.8%。总体来说，各处理茎的全氮累积差异性很大，最大累积量是最小累积量的 4.03 倍；而叶氮素累积量变异性相对较少，最大累积量为最小累积量的 2.70 倍。和籽粒、茎、叶片相比，玉米根系的氮素累积量最小。根系全氮累积为 0.205～0.756 kg · hm^{-2}，并随着施氮量的增加而增加。统计分析表明，各因素对叶、茎和根氮素累积的影响依次分别为：施氮量＞抽穗期灌水＞苗期灌水＞灌浆期灌水＞拔节期灌水、施氮量＞苗期灌水＞灌浆期灌水＞抽穗期灌水＞拔节期灌水、施氮量＞灌浆期灌水＞拔节期灌水＞抽穗期灌水＞苗期灌水。施氮量对叶、茎和根系的氮素累积量的影响达到显著水平，其余指标对其影响不显著。施氮 300 kg · hm^{-2} 可以获得较高的叶、茎和根系的氮素累积量。

(3)氮素累积总量

试验结果表明，在特低氮条件下灌溉定额由 136 mm 增加到 544 mm 可使氮素累积总量提高 32%，但都小于其余各施氮水平，说明施氮水平对全氮累积量起决定作用。在灌溉定额都为 340 mm 时，不同生育阶段的灌水分配对氮素累积的影响各不相同，如 $A_2B_3C_4D_1E_2$ 处理的氮素累积量比 $A_2B_2C_1D_4E_3$ 处理的多 5.500 kg · hm^{-2}。$A_4B_1C_4D_2E_3$ 的氮素累积总量最大，是 $A_1B_1C_1D_1E_1$ 的 2.72 倍。计算氮素投入和累积的比值可知，随着施氮量的增加，氮肥的利用效率逐步降低，其中施氮量从 75 kg · hm^{-2} 增加到 150 kg · hm^{-2} 时春玉米氮素累积总量增长最快。统计分析表明，各因素对全氮累积总量的影响位次为：施氮量＞拔节灌水＞苗期灌水＞灌浆灌水＞抽穗灌水。方差分析可知，施氮量对氮素累积总量的影响达到极显著水平，其余因素对其影响不显著。施氮 300 kg · hm^{-2} 可以获得较高的氮素累积总量。

3.4.3 讨论

进行有限灌溉条件下玉米水肥协调研究，是发展高产、优质、高效、生态、安全农业的基础。石羊河流域武威绿洲春玉米水肥管理粗放，不但造成水肥资源的严重浪费和农田面源污染，还会造成作物产量和品质下降及土壤板结等问题(粟晓玲等，2008)。前人对玉米调亏灌溉的研究集中在某一生育期亏水或者盆栽模拟阶段，和实际应用有较大的差别(刘小刚等，2010)。本试验期间降雨量仅为 158 mm，远不能满足玉米的生长需求，进行限量灌溉研究非常必要。试验通过灌水量在不同生育阶段的分配及不同氮肥水平的正交试验，研究不同水氮管理下的春玉米群体水氮利用，探明水氮耦合模式及耦合效应。

植物生理学者提出并建议水量有限条件下应优先保证作物水分敏感期用水，作物水分生产函数的确立为实现有限水量的最优分配提供了依据(王密侠等，2004)。本试验观测到不同水氮处理对产量及氮素累积的影响不同，主要是由于玉米不同生育阶段的水肥需求规律和敏感程度不同。例如，各因素对籽粒产量的影响依次为施氮量＞拔节期灌水＞苗期灌水＞灌浆期灌水＞抽穗期灌水，其中施氮量对产量的影响达到了极显著水平，拔节期灌水达到了显著水平。说明拔节期是玉米需水敏感期，水分供应必须得到保证。统计分析表明，高氮处理既可以获得较高的产量，又可使籽粒的灌溉水分利用效率有所提高。已有研究表明，施肥使得土体结构得到显著改善，从而保证了土壤水分的有效性和充分供给，充分发挥了以肥调水的生物学效应，和本研究的结果一致。

研究表明，灌水能够增加肥料的增产效应，施肥能够增加灌水的增产效应(冯鹏等，2012)。本试验也观测到，灌水量为 340 mm 时高氮(300 kg · hm^{-2})的均产分别为中氮(225 kg · hm^{-2})、低氮(150 kg · hm^{-2})和特低氮(75 kg · hm^{-2})的 1.07 倍、1.13 倍和 1.53 倍，且高氮的籽粒灌溉水分利用效率均值分别为中氮、低氮和特低氮的 1.09 倍、1.13 倍和 1.33 倍。说明适量增施氮肥可使籽粒产量和 GIWUE 同时提高，灌水和施氮表现出明显的协同效应。由试验结果可知，水氮耦合效应不但与灌水量和施氮量相关，而且与灌水量在不同生育阶段的分配密切相关。在施氮量和灌溉定额(340 mm)相同时，各生育期不同水量分配和施氮量对籽粒产量的影响不同，如 $A_4B_1C_4D_2E_3$ 处理的产量比 $A_4B_3C_2D_4E_1$ 大 3902 kg · hm^{-2}。籽粒灌溉水分利用效率、干物质累积及氮素累积都表现出不同的水氮耦合效应。

研究表明,作物施氮反应及其氮肥利用不仅与施氮量有关,还与灌水管理(如灌水量、灌水时间、灌水方式等)有关，并且很大程度上受到气候(如水、热环境等要素)变化的影响(王小彬等，2010)。本试验观测到，在灌溉定额都为 340 mm 时，不同生育阶段的灌水分配对氮素累积的影响各不相同，如 $A_2B_3C_4D_1E_2$ 处理的氮素累积量比 $A_2B_2C_1D_4E_3$ 处理的多 5.500 $kg \cdot hm^{-2}$。说明前者的土壤水分更有利于土壤养分活化，提高氮素的有效性。

参 考 文 献

蔡焕杰，康绍忠. 2000. 作物调亏灌溉的适宜时间与调亏程度的研究. 农业工程学报，16(3)：24-27

陈子明，周春生，姚造华，等. 1996. 北京褐潮土肥力监测研究的初报.土壤肥料，1：6-11

党廷辉，郭胜利，樊军，等. 2003. 长期施肥下黄土旱塬土壤硝态氮的淋溶分布规律. 应用生态学报，14(8)：1265-1268

冯鹏，王晓娜，王清郦，等. 2012. 水肥耦合效应对玉米产量及青贮品质的影响. 中国农业科学，45(2)：376-384

胡志桥，马忠明，包兴国，等. 2010. 亏缺灌溉对石羊河流域主要作物产量和耗水量的影响. 节水灌溉，(7)：10-13

刘小刚，张富仓，杨启良，等. 2010. 调亏灌溉与氮营养对玉米根区土壤水氮有效性的影响. 农业工程学报，26(2)：135-141

马守臣，张绪成，段爱旺，等. 2012. 施肥对冬小麦的水分调亏灌溉效应的影响. 农业工程学报，28(6)：139-143

任小龙，贾志宽，陈小莉. 2010. 不同模拟雨量下微集水种植对农田水肥利用效率的影响. 农业工程学报，26(3)：75-81

粟晓玲，康绍忠. 2009. 石羊河流域多目标水资源配置模型及其应用. 农业工程学报，25(11)：128-132

粟晓玲，康绍忠，石培泽. 2008. 干旱区面向生态的水资源合理配置模型与应用. 水利学报，39(9)：1111-1117

王密侠，康绍忠，蔡焕杰，等. 2004. 玉米调亏灌溉节水调控机理研究. 西北农林科技大学学报(自然科学版)，32(12)：87-89

王小彬，代快，赵全胜，等. 2010. 农田水氮关系及其协同管理. 生态学报，30(24)：7001-7015

翟丙年，李生秀. 2005. 冬小麦水氮配合关键期和亏缺敏感期的确定. 中国农业科学，38(6)：1188-1195

张步翀，赵文智，张炜. 2008. 春小麦调亏灌溉对土壤氮素养分的影响. 中国生态农业学报，16(5)：1095-1099

Benbi D K, Biswas C R, Kalkat J S. 1991. Nitrate distribution and accumulation in an Ustochrept soil profile in a long term fertilizer experiment. Fertilizer Research，28：173-177

Turner N C. 1997. Further progress in crop water relations. Advances in Agronomy，58：293-338

第 4 章　石羊河流域膜下滴灌棉花的水氮耦合效应

滴灌作为先进的节水灌溉技术，具有显著的节水效果，但水肥调控不合理容易导致作物营养生长与生殖生长不协调，生育期延长、产量下降和水氮利用效率低等问题(Li and Robert，2011；Olson et al.，2009)，使得滴灌技术的经济效益显著下降，因此在实现节水的同时，如何提高氮肥利用效率成为滴灌技术进一步推广和应用的核心问题。根系是作物最活跃的养分和水分吸收器官，根系对水分和养分的吸收取决于与其接触的土壤空间及根系的生理活性和吸收能力，根系的分布直接影响土壤水分和养分的空间有效性(Liu et al.，2008；Dağdelen et al.，2009)。研究表明，在作物生长发育过程中，根区水分状况显著影响同化物在植株各器官的转化与分配(Dong et al.，2010；胡国智等，2011)，不同生育阶段光合产物的生产、分配和累积对根区水分的敏感性、后效性不同(Cabello et al.，2009；杨荣和苏永中，2011)。在某些生育时期，减少土壤水分供应，诱导根系遭受轻度至中度水分胁迫，不仅能影响作物光合物质生产量(Hu et al.，2009；Yudhveer et al.，2010)，还能改变光合产物在源库间的分配(李培岭等，2009；Cyrus，2010)，有利于作物向高产高效方向转变(Zhao and Reddyb，2007；Cabello et al.，2009)。因此改变棉花根区水分供应方式是协调棉花生长的水分和养分调控的重要途径。本文在此基础上，将根区湿润方式与根区水分、养分的有效性及根系的吸收功能等有机地结合起来，研究膜下滴灌对棉花根区水分、养分的有效性和根系微生态系统影响，探索水氮耦合对膜下滴灌棉花的影响，为滴灌棉花协调生长和水氮调控提供理论依据。

4.1 不同滴灌毛管布置模式下棉花的水氮耦合效应

大田作物膜下滴灌是干旱地区一种高效的节水灌溉技术，目前大田棉花膜下滴灌有很多模式，主要有 1 带 4 行、2 带 4 行、2 带 6 行等。针对不同滴灌模式，灌水和施肥等因素对棉花产量及经济效益起着决定性作用(Dong et al.，2010)，因此研究不同滴灌模式下田间的水肥耦合效应，对膜下滴灌技术的推广应用具有很重要的意义。现代农业强调水氮之间的交互作用，利用其存在的协同作用进行水氮综合管理。目前在水分、养分管理等方面，前人根据膜下滴灌的棉花根系分布特点，对膜下滴灌水、肥、盐的运移规律进行了研究，提出了膜下滴灌棉花的灌水决策指标(王欢元等，2011；王平等，2005)，以及滴灌条件下作物的肥料利用规律(胡田田等，2009；Liu et al.，2008)。棉花膜下滴灌灌水量过多或过少均不利于高产和水分利用率的提高，生育期适度缺水可以提高棉花的品质(Cabello et al.，2009；杨荣和苏永中，2011)。棉花的水肥利用研究表明，棉花在满足对水分的需求后，氮素利用效率明显提高，水分是影响棉花膜下滴灌主效应因子，适宜控制灌水可以提高棉花的养分利用效率。前人针对滴灌技术的灌水决策和施肥决策的研究较多，水氮耦合研究主要考虑施肥策略和灌溉制度对棉花生长发育、水分利用效率及养分吸收和利用的影响。本节将以大田滴灌技术的实际应用为背景，研究不同滴灌模式下棉花产量、水分利用效率及水氮耦合效应，建立以产量、氮素利用效率、水分利用效率为目标的不同滴灌模式水氮优化方案，提出不同滴灌模式的水肥耦合条件下的高效利用策略，以期为棉花水氮管理提供科学依据和实践指导。

4.1.1 材料与方法

本试验于 2007 年 4～10 月在甘肃民勤农业技术推广中心试验站进行。该试验站位于甘肃石羊河流域的民勤县内，属温带大陆性干旱气候，年蒸发量为 2644 mm，多年平均降雨量 110 mm 左右，且多为 5 mm 以下的无效降水，7～9 月的降水占全年降水的 60%，干燥度为 5.15，无霜期 188 d，绝对无霜期仅 118 d，日照时数＞3010 h，＞10℃积温 3149.4℃。地下水埋深在 30 m 以下，1 m 土层内土质均为沙壤土，0～60 cm 土层含少量腐殖质和黏粒，粒径在 0.5～2.0 mm、60～100 cm 土层黏粒增多，有少量夹层黄砂，胶泥质夹杂少量腐殖质。1 m 土层内含盐量＜0.4%，平均容重 1.51 g · cm^{-3}，田间持水量（θ_f）为 22.8%。该区域土壤养分含量差异较小，有机质含量 8 g · kg^{-1}，全氮含量 0.8 g · kg^{-1}，速效磷平均含量 17.5 mg · kg^{-1}，速效钾为 150～200 mg · kg^{-1}。

供试棉花品种为‘新陆早 7 号’（*Gossypium hirsutum* cv. Xinluzao 7），参照该区地膜覆盖、足墒播种和矮秆密植的棉花种植模式，每穴保苗 2～3 株。播种时初始含水量为 22.2%。各小区随机布设，小区长 11 m、宽 4 m，各小区间留宽 1 m 的保护带，各处理锄草、化控、催熟等田间管理措施均一致。

4.1.1.1 试验处理

本试验设 3 种滴灌模式，分别为 1 带 4 行、2 带 4 行和 2 带 6 行，试验布置见图 4-1。在不同滴灌模式下，以施氮量和灌水量作为试验因子，采用二次通用旋转组合设计，试验因子的零水平及变化间距见表 4-1，两个试验因子的编码值及田间实施量见表 4-2，另外在每种滴灌模式设置不施氮处理，各小区随机布设。滴灌试验采用内镶式薄壁滴灌带，滴头流量为 1.8 L · h^{-1}，工作压力 7 m，滴头间距为 25 cm，灌水量由水表控制，所有处理灌水日期相同，分别为 6 月 25 日、7 月 2 日、7 月 9 日、7 月 16 日、7 月 19 日、7 月

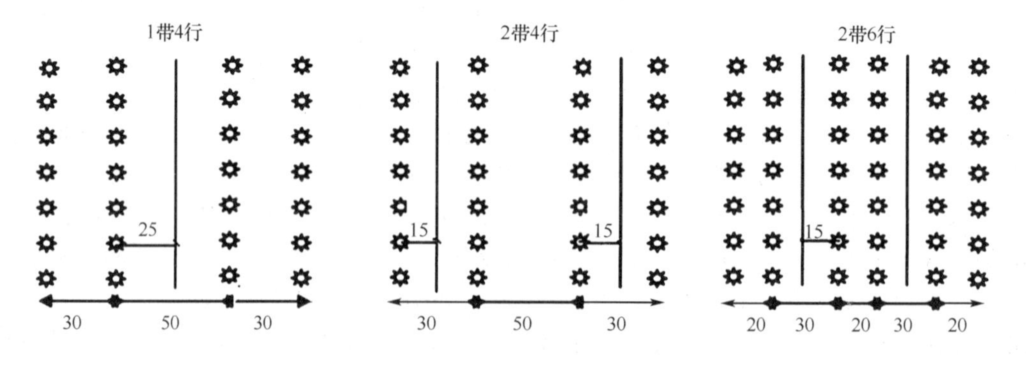

图 4-1　不同滴灌模式棉花行距及滴灌带布置示意图（单位：cm）

表 4-1　试验因子的零水平及变化间距

项目	施氮量/(kg · hm^{-2}) (X_1)			灌水量/mm (X_2)		
	1 带 4 行	2 带 4 行	2 带 6 行	1 带 4 行	2 带 4 行	2 带 6 行
零水平	55.2	55.2	55.2	150	200	200
变化间距	27.6	27.6	27.6	60	60	60

表 4-2　试验因素的码值方案与田间实施方案

试验处理号	码值方案		田间实施方案					
			1 带 4 行		2 带 4 行		2 带 6 行	
	施氮量 (X_1)	施氮量 (X_2)	施氮量/(kg · hm^{-2}) (X_1)	灌水量/mm (X_2)	施氮量/(kg · hm^{-2}) (X_1)	灌水量/mm (X_2)	施氮量/(kg · hm^{-2}) (X_1)	灌水量/mm (X_2)
1	1	1	82.8	210	82.8	260	82.8	260
2	1	−1	82.8	90	82.8	140	82.8	140
3	−1	1	27.6	210	27.6	260	27.6	260
4	−1	−1	27.6	90	27.6	140	27.6	140
5	−1.414 21	0	16.2	150	16.2	200	16.2	200
6	1.414 21	0	94.2	150	94.2	200	94.2	200
7	0	−1.414 21	55.2	65.1	55.2	115.1	55.2	115.1
8	0	1.414 21	55.2	234.9	55.2	284.9	55.2	284.9
9	0	0	55.2	150	55.2	200	55.2	200
10	0	0	55.2	150	55.2	200	55.2	200
11	0	0	55.2	150	55.2	200	55.2	200
12	0	0	55.2	150	55.2	200	55.2	200
13	0	0	55.2	150	55.2	200	55.2	200

24 日、7 月 28 日、7 月 31 日、8 月 4 日、8 月 9 日、8 月 18 日，灌水次数均为 11 次，灌水定额=总灌水量/灌水次数。灌水量和施氮量的上下限，根据当地棉花种植灌水和施肥水平而定，上限充分满足棉花水肥需求，下限保证棉花生长和获得经济产量。所用的氮素肥料为尿素（含 N 46%），另外施 420 kg · hm^{-2} 的过磷酸钙（不设处理），均作为基肥，人工均匀撒施。

4.1.1.2 观测指标与测定方法

1）棉花产量

在棉花生育期结束，对不同滴灌模式棉花进行分小区采摘，测定棉花的最终产量。

2）水分利用效率

在棉花的播种前和生育期结束时分别测定土壤含水量，再加上灌水量和有效降雨量（本试验为 65.2 mm），计算土壤含水量变化。

利用水量平衡法，计算不同滴灌模式的耗水量：

$$ETa=I-\Delta W \tag{4-1}$$

式中，I 为时段 Δt 内的灌水量(mm)，ΔW 为时段 Δt 内 0～90 cm 土层储水量的变化(mm)。

水分利用效率(WUE)按下式计算：

$$WUE=Y/ETa \tag{4-2}$$

式中，WUE 为作物水分利用效率($kg \cdot mm^{-1}$)；Y 为产量($kg \cdot hm^{-2}$)；ETa 为作物腾发量(mm)。根据试验小区内的土壤含水量实测资料，采用水量平衡方法计算。本试验采用滴灌，灌水定额＜20 mm，故不考虑水分的深层渗漏。ETa 为时段 Δt 内的平均腾发量(mm)。

3）氮素利用效率

通过棉花试验处理的施氮量，与不施氮处理棉花全氮含量相加，即为不同滴灌模式的棉花的总供氮量：

$$N_{total}=N_{up}+N_i \tag{4-3}$$

棉花全氮含量通过硫酸消煮法，利用凯氏定氮仪进行测定。氮素利用效率(NUE)的计算公式为：

$$NUE=Y_i/N_{total} \tag{4-4}$$

式(4-3)和式(4-4)中，N_{total} 为总的氮供应量；N_{up} 为不施氮处理的氮吸收量；N_i 为施氮量($kg \cdot hm^{-2}$)。NUE 为氮素利用效率($kg \cdot kg^{-1}N$)；Y_i 为施氮处理的棉花产量($kg \cdot hm^{-2}$)。

4.1.2 结果与分析

4.1.2.1 不同滴灌模式棉花产量的水氮耦合效应

由表 4-3 可知，棉花产量的回归方程，相关系数在 0.9 以上。表明所建立的回归模型精度较高，与实际状况模拟较好，具有实际应用价值。在回归模拟计算过程中应用的是无量纲线性编码代换，所求得的偏回归系数已标准化，故其绝对值大小可直接反映各变量对因变量的影响程度。由回归方程的一次项偏回归系数和棉花产量的水氮互作效应(图 4-2)可知，灌水量和施氮量对棉花产量的影响，1 带 4 行为灌水量＞施氮量，2 带 4 行和 2 带 6 行为施氮量＞灌水量。由于 1 带 4 行滴灌带布置在膜中间，滴灌水分入渗后膜边和膜中间土壤含水量分布不均匀，边行棉花水分胁迫程度较大，因此 1 带 4 行灌水量对棉花产量的影响大于施氮量。2 带 4 行和 2 带 6 行土壤含水量分布相对均匀，能够满足棉花根系一定水分需求，因此施氮量成为影响棉花产量的主要因素。

棉花产量的水氮单因子效应：由施氮量不同取值水平棉花产量可见，1 带 4 行施氮量与棉花产量呈显著的正相关，2 带 4 行施氮量为 16.2～69.0 $kg \cdot hm^{-2}$(X_1：−1.414 21～0.5)时，施氮量与棉花产量呈显著的负相关，施氮量为 69.0～94.2 $kg \cdot hm^{-2}$(X_1：0.5～1.414 21)时，呈显著的正相关。2 带 6 行施氮量为 16.2～55.2 $kg \cdot hm^{-2}$(X_1：−1.414 21～0)，施氮量与产量呈正相关，施氮量为 55.2～94.2 $kg \cdot hm^{-2}$(X_1：0～1.414 21)时呈负相关。

表 4-3　棉花产量、NUE、WUE 与试验因素的回归方程

项目	滴灌毛管布置方式	回归方程	F 值
产量/(kg · hm^{-2})	1 带 4 行	Y_C=1 898.370−4.423X_1+9.498X_2+0.108X_1^2−0.015X_2^2 +0.029X_1X_2	9.443**
	2 带 4 行	Y_C=3 681.563−48.465X_1+1.007X_2+0.389X_1^2+0.005X_2^2+0.079X_1X_2	8.898**
	2 带 6 行	Y_C=1 068.734+57.753X_1+9.094X_2−0.572X_1^2−0.007X_2^2−0.009X_1X_2	6.128**
氮素利用效率/(kg · kg^{-1}N)	1 带 4 行	Y_N=175.384−4.749X_1+0.629X_2+0.033X_1^2−0.001X_2^2−0.003X_1X_2	21.786**
	2 带 4 行	Y_N=226.770−6.519X_1+0.528X_2+0.045X_1^2−0.001X_2^2−0.001X_1X_2	31.646**
	2 带 6 行	Y_N=167.396−4.564X_1+0.726X_2+0.030X_1^2−0.001X_2^2−0.004X_1X_2	19.402**
水分利用效率/(kg · mm^{-1})	1 带 4 行	Y_W=53.284+0.142X_1−0.365X_2+0.000 4X_1^2+0.000 8X_2^2−0.000 6X_1X_2	31.646**
	2 带 4 行	Y_W=46.215−0.178X_1−0.191X_2+0.002X_1^2+0.000 3X_2^2+0.000 03X_1X_2	21.786**
	2 带 6 行	Y_W=44.988+0.295X_1−0.249X_2−0.003X_1^2+0.000 4X_2^2+0.000 1X_1X_2	19.402**

注：Y_C 为棉花产量；Y_N 为氮素利用效率；Y_W 为水分利用效率；X_1 为施氮量；X_2 为灌水量

**表示 $F>F_{0.01}$

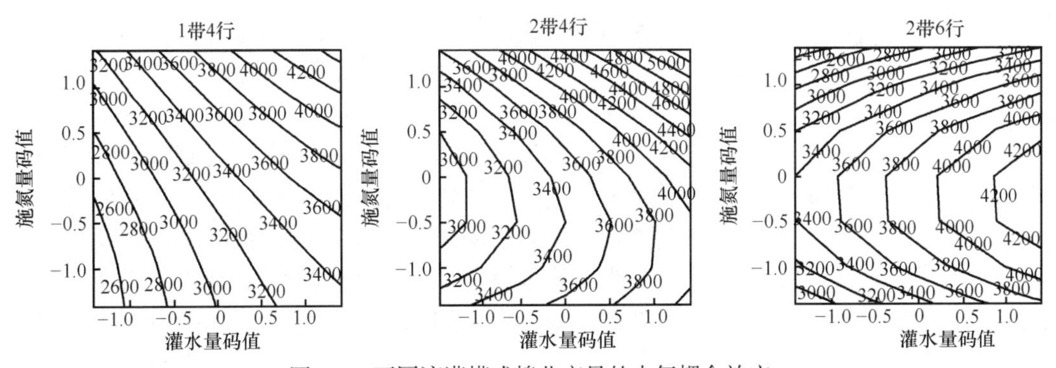

图 4-2　不同滴灌模式棉花产量的水氮耦合效应

由灌水量不同取值水平的棉花产量可见，在灌水量为 65.1～284.9 mm 时，3 种滴灌模式棉花产量与灌水量呈显著正相关。棉花产量的水氮耦合效应表明，1 带 4 行相对于 2 带 4 行受水分胁迫的影响较大，增加施氮量可提高棉花产量，但提升幅度较小。2 带 4 行在低施氮量情况下，棉花营养生长和生殖生长的氮素吸收不平衡，导致生育后期棉花生殖生长养分供应不足，表现为蕾铃脱落明显，因此产量与施氮量呈负相关，随着施氮量的增加，在满足了棉花营养生长所需一定的氮素情况下，随施氮量增加棉花产量显著提高。2 带 6 行相对于 2 带 4 行种植密度增大，棉花生长速率降低，增加施氮量导致棉花生育期延长，影响霜前棉花产量和品质。

4.1.2.2 不同滴灌模式棉花 NUE 的水氮耦合效应

从不同滴灌模式氮素利用效率(NUE)与灌水量和施氮量两因素的回归方程(表 4-3)可以看出，回归模型精度较高，由回归方程的一次项偏回归系数和 NUE 的水氮互作效应(图 4-3)可知，灌水量和施氮量对棉花 NUE 的影响程度，1 带 4 行、2 带 4 行和 2 带 6 行均为施氮量＞灌水量。在棉花滴灌条件下，土壤氮素随水分运移而分布不均匀，棉花根系对氮素吸收和利用效率降低，增加施氮量则显著降低棉花 NUE。增加灌水量可提高棉花 NUE，但提升的幅度较小。

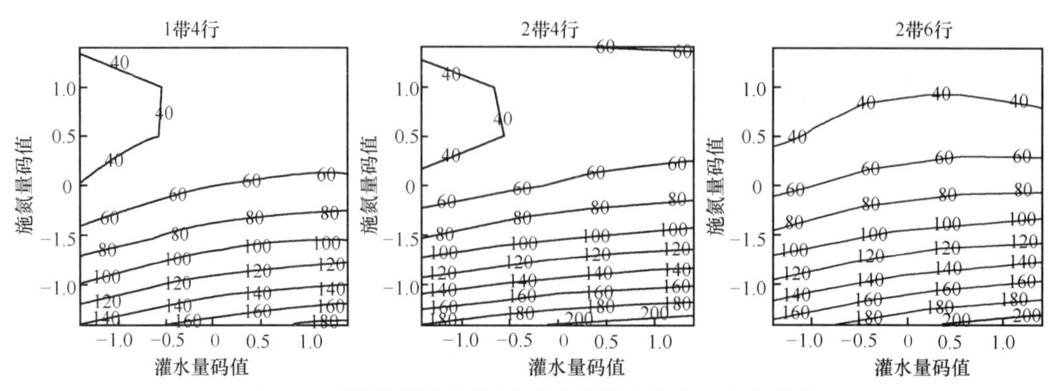

图 4-3　不同滴灌模式棉花氮素利用效率的水氮耦合效应

棉花 NUE 水氮单因子效应：由施氮量不同取值水平的 NUE 可见，1 带 4 行施氮量为 16.2～82.2 kg · hm^{-2}(X_1：−1.414 21～1)，施氮量与 NUE 呈显著负相关，当施氮量为 82.2～94.2 kg · hm^{-2}(X_1：1～1.414 21)，施氮量与 NUE 呈显著正相关。2 带 4 行施氮量为 16.2～69.0 kg · hm^{-2}(X_1：−1.414 21～0.5)，施氮量与 NUE 呈显著负相关，当施氮量为 69.0～94.2 kg · hm^{-2}(X_1：0.5～1.414 21)，呈显著正相关。2 带 6 行施氮量为 27.6～94.2 kg · hm^{-2}，NUE 与施氮量呈显著负相关。由灌水量不同取值水平的 NUE 可见，在灌水量为 65.1～284.9 mm 时，3 种滴灌模式的 NUE 与灌水量呈显著正相关。NUE 水氮耦合效应分析表明，棉花 NUE 与滴灌模式有关。1 带 4 行滴灌模式的土壤氮素随水分运移，使棉花外行土壤氮素含量低于内行，影响了外行棉花对氮素的吸收和利用，因此 NUE 低于 2 带 4 行。2 带 4 行滴灌模式，土壤中水分和氮素分布相对均匀，各行棉花氮素吸收和利用效率明显提高，棉花 NUE 明显高于 1 带 4 行和 2 带 6 行。2 带 6 行土壤水氮含量的分布与 2 带 4 行相近，但种植密度高于 2 带 4 行，棉花群体生长速度缓慢，棉花群体的氮素吸收和利用效率低于 2 带 4 行。

4.1.2.3 不同滴灌模式棉花 WUE 的水氮耦合效应

从不同滴灌模式水分利用效率(WUE)与灌水量和施氮量两因素的回归方程(表 4-3)可以看出，回归模型精度较高，由回归方程的一次项偏回归系数和 WUE 的水氮互作效应(图 4-4)分析可知，灌水量和施氮量对不同滴灌模式 WUE 的影响，1 带 4 行和 2 带 4 行表现为灌水量＞施氮量，2 带 6 行为施氮量＞灌水量。不同滴灌模式 WUE 的水氮单因子效应表明：由施氮量不同取值水平的 WUE 可见，1 带 4 行棉花 WUE 与施氮量呈正相关。2 带 4 行施氮量为 16.2～41.4 kg · hm^{-2}(X_1：−1.414 21～−0.5)，呈显著负相关，施氮量为 41.4～94.2 kg · hm^{-2}(X_1：−0.5～1.414 21)，呈显著正相关。2 带 6 行在施氮量为 16.2～55.2 kg · hm^{-2}(X_1：−1.414 21～0)，呈显著正相关，当施氮量 55.2～94.2 kg · hm^{-2}(X_1：0～1.414 21)，呈显著负相关。由灌水量不同取值水平的 WUE 可见，在灌水量为 65.1～284.9 mm 时，3 种滴灌模式 WUE 与灌水量呈负相关。

WUE 水氮耦合分析表明，1 带 4 行滴灌模式棉花内行和外行的土壤含水量分布不均匀，影响外行棉花对水分的吸收和利用。增加施氮量虽然可提高棉花 WUE，但提高空间较小。因此 1 带 4 行模式的灌水量对棉花 WUE 的影响大于施氮量。2 带 4 行土壤含水量分布相对均匀，各行棉花水分吸收明显提高，棉花的耗水量增大，因此 2 带 4 行棉花 WUE 低于 1 带 4 行。2 带 6 行土壤含水量分布与 2 带 4 行相近，但种植密度高于 2 带 4 行，透光和通气性能下降，耗水量降低，又由于霜前棉花产量也显著降低，影响了棉花的 WUE。

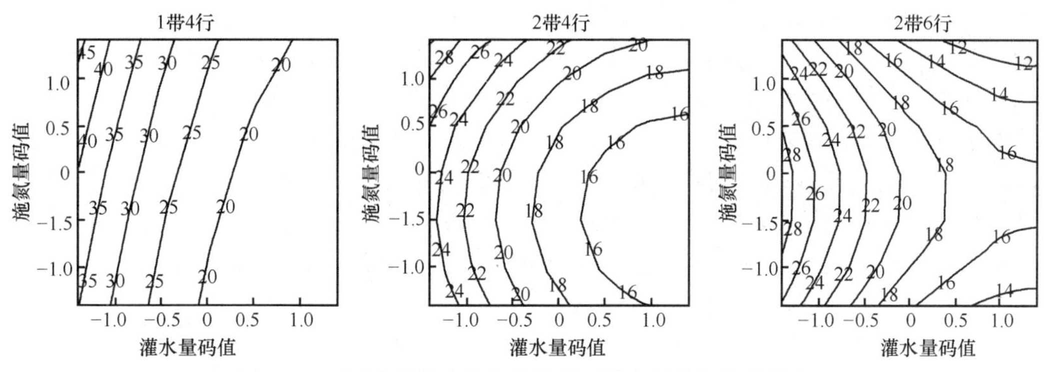

图 4-4　不同滴灌模式棉花水分利用效率的水氮耦合效应

4.1.3 讨论

在大田膜下滴灌节水技术中，灌水和施肥等因素对棉花产量及经济效益起着决定性作用。滴灌棉花产量、水分和养分利用的水氮耦合效应，也成为滴灌水氮管理的研究热点。有研究表示，棉花产量的水氮耦合效应表明，棉花受到水分严重胁迫时，施肥对产量无显著影响，即水分严重胁迫完全抑制了肥效的发挥。本节对 3 种滴灌模式棉花产量的水氮耦合效应研究表明，3 种滴灌模式棉花产量随灌水量和施氮量的变化趋势也有很大差异。1 带 4 行棉花产量与灌水量呈显著正相关，随着灌水量的增加，产量有显著的提高，而在此滴灌模式下增加氮肥施用量对棉花增产有一定效应，但增产的空间比较小，说明 1 带 4 行棉花由于水分胁迫影响，明显抑制氮素作用的发挥。增加灌水量后，水氮互作效应明显，能够有效促进棉花生长和提高棉花产量。2 带 4 行在低灌水量情况下，施氮量为 16.2～94.2 kg · hm^{-2}，随着施氮量的增加，产量变化趋势表现为先下降后上升，而随着灌水量的增加，至最大灌水量时，棉花产量与施氮量呈正相关。说明在低灌水量情况下，限制了肥效的发挥，而随着灌水量的增加，水氮互作效应明显，棉花产量显著提高。2 带 6 行相对于 2 带 4 行种植密度增大，棉花的生长速度低，随着施氮量的增加，促进棉花生长。但施氮量过多就会使棉铃霜前吐絮数量减少，影响肥效发挥，降低霜前棉花产量。

滴灌棉花的 NUE 的水氮耦合效应表明，当棉花受到水分胁迫时，氮素利用效率差异不大，3 种滴灌模式都较低，随着灌水量的增加，NUE 明显增长。例如，在 1 带 4 行的模式下，施氮量为 27.62 kg · hm^{-2}，灌水量 90 mm 与 210 mm 的氮素利用效率仅相差 25.7%，而在灌水量为 90 mm，施氮量 16.2 kg · hm^{-2} 和 82.2 kg · hm^{-2} 的 NUE 达 77.9%，水氮之间互作效应明显。可以看出，灌水量对氮素利用效率有明显的促进作用，在满足棉花对水分的需求后，棉花的氮素利用效率才有显著提高。本节对 NUE 水氮耦合分析表明，棉花 NUE 受根系氮素吸收、土壤氮素含量分布及土壤水氮运移状况等因素的影响，3 种滴灌方式 NUE 有很大差异。1 带 4 行和 2 带 6 行相对于 2 带 4 行，氮素吸收和利用效率明显偏低。

滴灌棉花的 WUE 的水氮耦合效应表明，灌水量对 WUE 影响大于施肥量，不同膜下滴灌模式下 WUE，表现为 1 带 4 行>2 带 4 行>2 带 6 行。施氮量和灌水量对 WUE 的影响，如在 1 带 4 行的模式下，灌水量为 210 mm 时，施氮量 16.2 kg · hm^{-2} 和 82.2 kg · hm^{-2} 的水分利用效率仅相差 9.4%，而在 82.2 kg · hm^{-2} 施氮量下，灌水量 90 mm 和 210 mm 的差值达 41.6%，水氮之间互作效应明显。可以看出，氮肥对 WUE 有明显的促进作用，即增施氮肥提高了 WUE，但灌水量对 WUE 的影响要高于氮肥的影响，因此水分是膜下滴灌棉花的主效应因子。本节对 3 种滴灌模式的 WUE 水氮耦合分析表明，1 带 4 行相对于 2 带 4 行，耗水量显著下降，棉花的 WUE 高于 2 带 4 行。2 带 6 行与 2 带 4 行相比，棉花产量下降，降低了棉花的 WUE。

由于本试验为一年试验资料，棉花产量、NUE、WUE 在不同的年季气候变化情况下可能会有所影响，尚需进一步研究。

4.1.4 结论

由不同滴灌模式下棉花产量、水分利用效率及氮素利用效率的水氮耦合效应分析得出，不同滴灌模式下水氮之间互作效应明显，1 带 4 行的水分胁迫极大抑制了肥效发挥，而 2 带 4 行和 2 带 6 行在水分适宜时氮肥的效应差异明显，2 带 4 行促进了氮肥利用，2 带 6 行则限制了氮肥的利用。棉花产量的水氮耦合效应表明，在一定的施氮量和灌水量范围内，1 带 4 行和 2 带 4 行增加施氮量和灌水量有利于提高产量，2 带 6 行则增加灌水量和控制施肥量有利于提高产量。棉花氮肥利用效率的水氮耦合效应表明，3 种滴灌模式增加灌水量和控制施氮量有利于提高氮肥利用效率。棉花水分利效率的水氮耦合效应表明，1 带 4 行和 2 带 4 行增加施氮量和减少灌水量有利于提高棉花水分利用效率，2 带 6 行则控制施氮量和减少灌水量有利于提高水分利用效率。综合棉花不同滴灌模式的水氮耦合效应，得出 2 带 4 行滴灌模式是最能够促进棉花水氮耦合效应发挥、有利于膜下滴灌棉花生长的田间水氮管理模式。

4.2 不同滴灌方式下棉花生物量和产量的水氮调控效应

根区水肥调控即将灌水方式、灌溉制度、根区湿润方式和范围等与根区水分、养分的有效性，根系的吸收功能等有机地结合起来（李培岭等，2010；胡田田等，2009），调节根区水分、养分的有效性和根系微生态系统（Hu et al.，2009；Yudhveer et al.，2010），从而最大限度地提高水分与养分耦合效率（Zhao and Reddyb，2007）。滴灌作为先进的节水灌溉技术，不仅能影响作物光合物质生产量，还能改变光合产物在源库间的分配，有利于作物向高产高效方向转变(Cabello et al., 2009)，而水分和氮素则是膜下滴灌棉花光合作用和获得高产的主要限制因素(Olson et al., 2009)。适宜的灌水量可以促进棉花生长，而水分不足会影响其生长，田间水分含量过高又会使棉花根系生长受到影响，叶片脱落，甚至使棉桃腐烂、微生物滋生。氮素较少限制棉花生长，过多则造成棉花旺长(Hu et al., 2009; Yudhveer et al., 2010)。因此合理协调水分和氮素之间的关系，可以有效提高棉花的光合效率，从而获得高产、稳产。本节设置不同的供氮水平和灌水量，研究了 3 种滴灌模式对棉花生物量、产量和品质的水氮调控效应，为大田棉花膜下滴灌水氮管理提供理论参考和试验依据。

4.2.1 研究内容与方法

4.2.1.1 研究区概况

试验于 2007 年 4～10 月在甘肃省民勤农业技术推广中心试验站进行,该试验站位于甘肃省石羊河流域的民勤县境内，属于温带大陆性干旱气候，年蒸发量 2644 mm，多年平均降雨量 110 mm 左右，且多为 5 mm 以下的无效降水，7～9 月的降水占全年降水的 60%，干燥度为 5.15，无霜期 188 d，绝对无霜期仅 118 d，日照时数>3010 h，＞10℃积温 3149.4℃。地下水埋深在 30 m 以下，1 m 土层内土质均为沙壤土，0～60 cm 土层含少量腐殖质和黏粒，粒径在 0.5～2.0 mm、60～100 cm 土层黏粒增多，有少量夹层黄砂，胶泥质夹杂少量腐殖质。1 m 土层内含盐量<0.4%，平均容重 1.51 g · cm^{-3}，田间持水量(θ_f)为 22.8%，土壤养分含量差异较小，有机质含量 8 g · kg^{-1}，全氮含量 0.8 g · kg^{-1}，速效磷平均含量 17.5 mg · kg^{-1}，速效钾含量为 150～200 mg · kg^{-1}。

4.2.1.2 试验材料与设计

供试棉花品种为‘新陆早 7 号’，参照该地区地膜覆盖、足墒播种和矮秆密植的棉花种植模式，各试验区水量由灌水软管末端的水表控制，各处理锄草、施肥、化控、催熟等田间管理措施均保持一致。

根据膜下滴灌技术和滴灌毛管布置方式，结合棉花种植和灌溉等特点，本试验设 3 种滴灌模式，分别为 1 带 4 行、2 带 4 行和 2 带 6 行，试验布置见图 4-1。在不同滴灌模式下，分别设 3 个施氮量和 3 个灌水量水平(表 4-4)。各小区随机布设。滴灌试验采用内镶式薄壁滴灌带，滴头流量为 1.8 L · h^{-1}，滴头间距为 25 cm，灌水量由水表控制，所有处理灌水日期相同，分别为 6 月 25 日、7 月 2 日、7 月 9 日、7 月 16 日、7 月 19 日、7 月 24 日、7 月 28 日、7 月 31 日、8 月 4 日、8 月 9 日、8 月 18 日，灌水次数均为 11 次，灌水定额=灌溉定额/灌水次数。灌水量和施氮量的上下限根据当地棉花种植灌水和施肥水平确定，上限充分满足棉花水肥需求，下限保证棉花生长和获得经济产量。所用的氮肥为尿素(含 N 46%)，另外施 420 kg · hm^{-2} 的过磷酸钙(不设处理)，均作为基肥，人工均匀撒施。

表 4-4　不同滴灌模式施氮量和灌水量田间实施方案

代号	施氮量/(kg · hm^{-2})			灌水量/mm		
	1 带 4 行	2 带 4 行	2 带 6 行	1 带 4 行	2 带 4 行	2 带 6 行
F_LW_L	67.6	67.6	67.6	90	140	140
F_LW_M	67.6	67.6	67.6	150	200	200
F_LW_H	67.6	67.6	67.6	210	260	260
F_MW_L	95.2	95.2	95.2	90	140	140
F_MW_M	95.2	95.2	95.2	150	200	200
F_MW_H	95.2	95.2	95.2	210	260	260
F_HW_L	122.8	122.8	122.8	90	140	140
F_HW_M	122.8	122.8	122.8	150	200	200
F_HW_H	122.8	122.8	122.8	210	260	260

4.2.1.3 测定项目与方法

棉花植株按器官分为根、茎、叶、蕾铃，每个生育阶段取 5 株，在 105℃杀青 30 min 后，80℃烘至恒量，分别称生物量。叶面积指数(LAI)用叶面积仪测定。收获后考种，测定单铃质量、吐絮时期的平均单铃质量(g)、霜前花百分率和僵瓣花百分率、籽棉产量(包括霜前花和霜后花)、皮棉产量、衣分(皮棉占籽棉的质量百分比)和绒长。

在棉花播种前和生育期结束时通过烘干法分别测定土壤含水量，计算土壤含水量变化，再加上灌水量和有效降雨量(气象站资料为 65.2 mm)，利用水量平衡法，计算不同滴灌模式棉花耗水量：

$$ETa=I-\Delta W$$

式中，I 为时段 Δt 内的灌水量(mm)；ΔW 为时段 Δt 内 0～90 cm 土层的储水量变化(mm)；ETa 为作物实际腾发量(mm)。

4.2.1.4 数据处理

用 SPSS 10.0 软件对数据进行处理，采用 Duncan 新复极差法进行统计分析。

4.2.2 结果与分析

4.2.2.1 不同滴灌模式对棉花生物量的调控效应

1）1 带 4 行模式对棉花生物量的水氮调控效应

由表 4-5 可以看出，在各施氮量情况下(低肥，F_L；中肥，F_M；高肥，F_H)，棉花耗水量、叶面积指数、地上部干物质量随着灌水量由 W_L(低水)到 W_M(中水)平均分别提高 10.8%、79.9%和 7.3%，由 W_M 到 W_H(高水)分别提高为 7.7%、15.6%和 13.9%，而根系干物质量、根冠比随灌水量无显著变化。在各灌水量情况下(W_L、W_M、W_H)，棉花耗水量、地上部干物质量、根系干物质量、根冠比随施氮量均无显著变化，叶面积指数随施氮量由 F_L 到 F_M 平均提高 17.6%，由 F_M 到 F_H 各指标均无显著变化。由此可知，1 带 4 行模式下灌水量变化对棉花地上部干物质量、叶面积指数、耗水量的影响明显，施氮量变化仅对叶面积指数有显著影响。

表 4-5　1 带 4 行模式下不同水氮处理的棉花生物量

处理	耗水量/mm	叶面积指数	地上部干物质量/(g · 株$^{-1}$)	根系干物质量/(g · 株$^{-1}$)	根冠比
F_LW_L	430.2c	2.2c	36.01cd	3.01b	0.098a
F_LW_M	481.3b	3.7c	38.37bcd	3.25ab	0.097a
F_LW_H	525.8a	4.3b	40.75bcd	4.09a	0.110a
F_MW_L	444.6c	2.5c	34.33d	3.05b	0.109a
F_MW_M	479.1b	4.5b	39.99bc	3.48ab	0.121a
F_MW_H	503.8a	5.0a	44.74ab	3.65ab	0.092a
F_HW_L	429.4c	2.4c	36.82cd	3.25ab	0.090a
F_HW_M	484.4b	4.6b	38.64cd	3.52ab	0.092a
F_HW_H	525.9a	5.5a	47.77a	4.07a	0.089a

注：同列不同字母表示处理间差异显著(P<0.05)，下同

2）2 带 4 行模式对棉花生物量的水氮调控效应

由表 4-6 可以看出，2 带 4 行模式下棉花耗水量均随灌水量增加而明显上升，而随施肥水平变化不明显。在各施氮量情况下(F_L、F_M、F_H)，叶面积指数、地上部干物质量、根系干物质量随灌水量由 W_L 到 W_M 平均分别提高 51.4%、41.5%和 45.2%，由 W_M 到 W_H 分别提高 15.5%、19.2%和 18.5%，根冠比随灌水量无显著变化。在各灌水量情况下(W_L、W_M、W_H)，叶面积指数、地上部干物质量、根系干物质量随施肥量由 F_L 到 F_M 平均分别提高 18.3%、14.3%和 11.7%，由 F_M 到 F_H 地上部干物质量、根系干物质量分别提高 8.5%和 20.6%，叶面积指数无显著变化。根冠比 F_M 低于 F_L、F_H 处理 7%以下。由此可知，2 带 4 行模式灌水量变化对棉花叶面积指数、地上部干物质量、根系干物质量的影响明显，施氮量变化对地上部干物质量、叶面积指数、根系干重、根冠比影响显著。

表 4-6　2 带 4 行模式下不同水氮处理的棉花生物量

处理	耗水量/mm	叶面积指数	地上部干物质量/(g · 株$^{-1}$)	根系干物质量/(g · 株$^{-1}$)	根冠比
F_LW_L	447.2c	2.9c	25.67g	2.19e	0.087b
F_LW_M	509.9b	3.8c	43.22e	4.09c	0.101b
F_LW_H	580.4a	4.8b	52.37bc	4.74b	0.091b
F_MW_L	454.2c	3.0c	35.43f	2.97d	0.089b
F_MW_M	497.9b	5.1b	47.11d	4.30c	0.064c
F_MW_H	570.1a	5.5a	56.00b	5.04b	0.094b
F_HW_L	444.6c	3.2c	40.85e	4.48b	0.111a
F_HW_M	509.7b	4.9b	50.29cd	4.66b	0.099b
F_HW_H	565.5a	5.5a	59.15a	5.70a	0.094b

3）2 带 6 行模式对棉花生物量的水氮调控效应

由表 4-7 可以看出，在各施氮量情况下（F_L、F_M、F_H），棉花耗水量、叶面积指数、地上部干物质量、根系干物质量随灌水量由 W_L 到 W_M 平均分别提高 12.2%、55.9%、23.9%和 16.0%，由 W_M 到 W_H 分别提高 12.1%、15.5%、16.7%和 26.7%。在各灌水量情况下（W_L、W_M、W_H），棉花耗水量随施氮量变化不明显，叶面积指数、地上部干物质量、根系干物质量由 F_L 到 F_M 平均分别提高 19.8%、7.2%和 19.0%，由 F_M 到 F_H 叶面积指数、根系干物质量变化不明显，地上部干物质量平均提高 6.9%，根冠比随灌水量和施氮量变化均不显著。由此可知，2 带 6 行模式灌水量变化对棉花耗水量、地上部干物质量、根系干物质量、叶面积指数的影响明显，而施氮量由 F_L 到 F_M 各生物量指标变化明显，由 F_M 到 F_H 各生物量指标无显著变化。

表 4-7　2 带 6 行模式下不同水氮处理的棉花生物量

处理	耗水量/mm	叶面积指数	地上部干物质量/(g · 株$^{-1}$)	根系干物质量/(g · 株$^{-1}$)	根冠比
F_LW_L	437.0c	3.0c	32.84g	2.60e	0.079b
F_LW_M	500.9b	4.0c	41.80e	3.67c	0.087b
F_LW_H	565.8a	5.1b	48.56bc	4.42b	0.091b
F_MW_L	450.1c	3.2c	35.10f	3.05d	0.086b
F_MW_M	484.0b	5.5b	44.55d	3.24c	0.072c
F_MW_H	551.0a	5.8a	52.37b	4.34b	0.082b
F_HW_L	438.0c	3.2c	39.84e	3.87b	0.097a
F_HW_M	501.4b	5.2b	46.78cd	3.89b	0.083b
F_HW_H	549.0a	5.9a	54.46a	4.890a	0.089b

4.2.2.2 不同滴灌模式对棉花产量及品质因子的调控效应

1）1 带 4 行模式对棉花产量、品质因子的水氮调控效应

由表 4-8 可以看出，在各施肥量情况下（F_L、F_M、F_H），各产量和品质因子随灌水量由 W_L 到 W_M，单株铃数变化不明显，铃质量、籽棉产量平均分别提高 6.6%和 19.6%，由 W_M 到 W_H 单株铃数、铃质量、籽棉产量平均分别提高 42.4%、12.2%和 8.1%，衣分和绒长随灌水量变化不明显。在各灌水量情况下（W_L、W_M、W_H），单株铃数随施氮量由 F_L 到 F_M 变化不显著，由 F_M 到 F_H 平均提高 10.6%。籽棉产量由 F_L 到 F_M、F_M 到 F_H 分别平均提高 22.2%和 7.4%。铃质量、衣分、绒长随施氮量无显著变化。由此可知，1 带 4 行模式灌水量变化对棉花单株铃数、铃质量、籽棉产量影响明显，施氮量变化对籽棉产量影响显著。

表 4-8　1 带 4 行模式下不同水氮处理的棉花产量和品质因子

处理	单株铃数	铃质量 /(g · 株$^{-1}$)	衣分 /%	绒长 /mm	籽棉产量 /(kg · hm^{-2})
F_LW_L	4.58abc	4.47b	42a	48.2ab	2577.3c
F_LW_M	3.17c	5.08ab	42a	50.8a	3230.7b
F_LW_H	4.93abc	6.57a	46a	44.2bc	3478.5b
F_MW_L	3.86abc	4.74ab	42a	42.2c	3454.2b
F_MW_M	3.87bc	4.57b	45a	44.8bc	3669.9b
F_MW_H	5.62bc	5.49b	41a	44.1bc	4228.4a
F_HW_L	4.22abc	4.67ab	46a	51.9a	3422.5b
F_HW_M	4.57abc	5.13ab	46a	45.8bc	4354.8a
F_HW_H	5.98a	4.47ab	42a	45.6bc	4413.5a

2）2 带 4 行模式对棉花产量、品质因子的水氮调控效应

由表 4-9 可以看出，在各施氮量条件下（F_L、F_M、F_H），单株铃数、铃质量、籽棉产量分别随灌水量由 W_L 到 W_M 平均提高 33.6%、8.7%、14.5%，由 W_M 到 W_H 分别平均提高 39.5%、11.5%、11.8%。衣分和绒长随灌水量变化不显著。在各灌水量情况下（W_L、W_M、W_H），单株铃数随施氮量变化不显著，铃质量、籽棉产量随施氮量由 F_L 到 F_M 变化不显著，由 F_M 到 F_H 分别平均提高 16.7%、13.9%，绒长 F_M 处理最低，分别低于 F_L 和 F_H 处理 8.1%、9.9%，衣分随施氮量变化不显著。分析表明，2 带 4 行模式灌水量变化对棉花单株铃数、铃质量、籽棉产量均有显著影响，施氮量变化对铃质量、绒长略有影响。

表 4-9　2 带 4 行模式下不同水氮处理的棉花产量和品质因子

处理	单株铃数	铃质量/(g · 株$^{-1}$)	衣分/%	绒长/mm	籽棉产量/(kg · hm^{-2})
F_LW_L	3.86c	4.85d	42ab	48.4ab	3619.4d
F_LW_M	6.34abc	5.30cd	40b	50.6a	4597.5bc
F_LW_H	5.97abc	5.91abc	45a	45.8cd	4751.4bc
F_MW_L	3.87c	4.79d	44ab	43.4d	3830.5d
F_MW_M	5.28bc	4.94d	43ab	45.1d	4041.0cd
F_MW_H	7.38ab	5.88abc	40b	44.5d	5023.6ab
F_HW_L	4.57c	5.49bcd	41ab	48.3ab	4443.7bc
F_HW_M	4.58c	6.24ab	45a	47.9bc	4929.7ab
F_HW_H	8.45a	6.49a	41b	50.0ab	5317.6a

3）2 带 6 行模式对棉花产量、品质因子的水氮调控效应

由表 4-10 可以看出，在各施氮量条件下（F_L、F_M、F_H），单株铃数、籽棉产量随灌水量由 W_L 到 W_M 平均分别提高 14.2%和 16.0%，由 W_M 到 W_H 分别提高 38.2%和 9.5%。铃质量由 W_L 到 W_M，W_M 到 W_H 平均提高幅度均在 7%以下，衣分和绒长随灌水量均无显著变化。在不同灌水量情况下（W_L、W_M、W_H），棉花单株铃数随施氮量由 F_L 到 F_M，F_M 到 F_H 平均提高幅度均在 6%以下，铃质量由 F_L 到 F_M 变化不明显，由 F_M 到 F_H 平均提高 10.0%，绒长在 F_M 情况下低于 F_L 和 F_H 处理。籽棉产量由 F_L 到 F_M、F_M 到 F_H 分别提高 7.8%和 9.9%。分析表明，2 带 6 行模式灌水量变化对棉花单株铃数、籽棉产量的影响显著，而施氮量变化对铃质量、籽棉产量的影响明显。

表 4-10　2 带 6 行模式下不同水氮处理的棉花产量和品质因子

处理	单株铃数	铃质量/(g · 株$^{-1}$)	衣分/%	绒长/mm	籽棉产量/(kg · hm^{-2})
F_LW_L	4.22c	5.05d	42a	48.30ab	3198.3d
F_LW_M	4.86abc	4.95cd	41b	50.70a	4014.0bc
F_LW_H	5.65abc	5.59a	46a	45.00cd	4214.9bc
F_MW_L	3.86c	4.78d	43ab	43.00d	3642.3d
F_MW_M	4.78bc	4.84d	44a	45.04d	3955.5cd
F_MW_H	6.9ab	5.75abc	41b	44.42d	4726.0ab
F_HW_L	4.45c	5.29bc	44ab	49.81ab	4033.1bc
F_HW_M	4.67c	6.04a	46a	46.85bc	4642.2ab
F_HW_H	7.22a	5.58a	42b	47.63ab	4865.6a

4.2.3 讨论

作物生长发育对干旱—复水这一水分变动的响应机制，是作物干旱胁迫期间将 N、P、可溶性糖等营养物质转移到茎秆和根系(Liu et al.，2008；Dağdelen et al.，2009；Li et al.，2010)；复水后作物将干旱期间贮存的营养物质重新分配，新根与新叶的大量生长促进作物对养分的吸收与光合性能的提高(Hu et al.，2009；Yudhveer et al.，2010)，本试验中滴灌棉花经过多次的干旱—复水的水分变化过程，研究灌水量和施氮量对不同滴灌模式棉花生物量、产量及品质因子效应，对于棉花滴灌模式的实际应用具有重要意义。试验表明，1 带 4 行模式水分调控对棉花耗水量、生物量、产量因子的影响明显。由于根区土壤含水量随着灌水量增加而明显增大，改善了棉花根区供水状况，耗水量明显提高，促进了棉花水分吸收和生长发育，产量因子中单株铃数、铃质量、籽棉产量等指标水分效应明显。而 1 带 4 行模式氮素调控对棉花耗水量、地上部干物质量等指标均无显著效应，仅叶面积指数随施氮量由低肥到中肥变化明显，说明 1 带 4 行模式限制了根区氮素效应发挥，其原因在于 1 带 4 行模式根区水分供应不均影响氮素吸收。2 带 4 行模式相对于 1 带 4 行模式，生物量、产量因子等指标水分调控效应更为明显。由于该模式棉花根区水分分布相对均匀，提高棉花根系水分养分吸收的效率，增加灌水量和施肥量能有效促进棉花根系生长，有利于根系养分吸收和地上部干物质量累积。因此灌水量变化对叶面积指数、地上部干物质量、根系干物质量的影响更为明显。2 带 4 行模式随着根区水分分布均匀性提高，土壤氮素的吸收利用效率提高，氮素调控效应对生物量指标影响更为明显。 2 带 4 行模式水氮调控对棉花产量因子中单株铃数、铃质量、籽棉产量均有显著影响，且 2 带 4 行模式各处理的籽棉产量均高于 1

带 4 行，综合表明 2 带 4 行从生长发育和收获产量上均优于 1 带 4 行。2 带 6 行模式棉花水分调控对生物量的影响表明，地上部干物质量、根系干物质量的水分调控效应比较显著。由于棉花种植密度增加，叶面积指数高于 1 带 4 行和 2 带 4 行模式，但棉花根区水分和养分竞争及通气性和透光性下降，影响棉花干物质量累积，与 2 带 4 行模式相比，相同水氮处理下地上部干物质量，除低水处理外其他处理均明显降低。2 带 6 行模式棉花的氮素调控对生物量指标的影响，由于棉花根系受根区土壤养分竞争的限制，仅对叶面积指数、根系干物质量的影响显著。2 带 6 行模式棉花产量品质的水氮调控效应表明，灌水量和施氮量变化对单株铃数、铃质量、籽棉产量影响明显，但同 2 带 4 行模式相比较，各水氮处理籽棉产量均明显降低。

因此，与 1 带 4 行和 2 带 6 行模式主要生物量指标和产量相比较，2 带 4 行模式地上部干物质量的水氮调控效应最显著，籽棉产量(除灌水量和施氮量由低到中外)水氮调控效应最显著。在相同水氮组合处理下，2 带 4 行模式地上部干物质量和籽棉产量均显著高于 1 带 4 行和 2 带 6 行模式。综合比较，2 带 4 行滴灌模式最有利于棉花生长发育及获得较高经济产量，是水氮耦合理论中值得进一步研究的问题。

4.2.4 结论

在 1 带 4 行、2 带 4 行、2 带 6 行滴灌模式下灌水量由低(分别为 90 mm、140 mm、140 mm)到中(分别为 150 mm、200 mm、200 mm)时，地上部干物质量分别提高 9.2%、37.9%和 23.5%，籽棉产量分别提高 19.1%、14.1%和 16.0%；灌水量由中到高(分别为 210 mm、260 mm、260 mm)时，地上部干物质量分别提高 15.8%、19.1%和 16.7%，籽棉产量分别提高 7.7%、11.2%和 9.5%。施氮量由低(67.6 $kg \cdot hm^{-2}$)到中(95.2 $kg \cdot hm^{-2}$)时地上部干物质量 2 带 4 行模式提高 14.3%，籽棉产量 1 带 4 行模式提高 22.2%，其他模式无显著变化；施氮量由中到高(122.8 $kg \cdot hm^{-2}$)时籽棉产量 3 种模式分别提高 7.4%、13.9%和 9.9%，地上部干物质量无显著变化。与 1 带 4 行和 2 带 6 行模式相比，2 带 4 行模式地上部干物质量和籽棉产量的水氮调控效应更明显，相同水氮处理下 2 带 4 行地上部干物质量和籽棉产量均高于 2 带 6 行和 1 带 4 行。表明 2 带 4 行是最有利于滴灌棉花田间水氮管理的模式。

4.3 膜下分区交替滴灌和施氮对棉花干物质累积与氮肥利用的影响

改变棉花根区水分供应方式是协调棉花生长的水分和养分调控的重要途径。滴灌技术具有显著的节水效果，但水肥调控不合理容易导致作物营养生长与生殖生长不协调，生育期延长、产量下降和水氮利用效率低等问题，使得滴灌技术的经济效益显著下降，因此在实现节水的同时，如何提高氮肥利用效率成为滴灌技术进一步推广和应用的核心问题。根系是作物最活跃的养分和水分吸收器官，根系对水分和养分的吸收取决于与其接触的土壤空间及根系的生理活性和吸收能力，根系的分布直接影响土壤水分和养分的空间有效性(Cabello et al., 2009)。在某些生育时期，减少土壤水分供应，诱导根系遭受轻度至中度水分胁迫，不仅能影响作物光合物质生产量(Olson et al., 2009; Dong et al., 2010)，还能改变光合产物在源库间的分配(Liu et al., 2008; Dağdelen et al., 2009)，有利于作物向高产高效方向转变。因此本节在此基础上，将根区湿润方式与根区水分、养分的有效性及根系的吸收功能等有机地结合起来，采用膜下分区交替滴灌方式调节棉花根区水分、养分的有效性和根系微生态系统，探索分根区交替灌溉条件下水氮耦合对滴灌棉花氮素吸收和利用的影响，为滴灌棉花协调生长和水氮调控提供依据。

4.3.1 材料与方法

4.3.1.1 试验区概况

试验于 2010 年 4～10 月在甘肃省民勤农业技术推广中心试验站进行。该试验站位于甘肃省石羊河流域的民勤县境内，属于温带大陆性干旱气候，年蒸发量 2644 mm，年平均降雨量 110 mm 左右，且多为 5 mm 以下的无效降水，7～9 月的降水占全年降水的 60%，干燥度为 5.15，无霜期 188 d，绝对无霜期仅 118 d，日照时数>3010 h，>10℃积温 3149.4℃。地下水埋深在 30 m 以下，1 m 土层内土质均为沙壤土，0～60 cm 土层含少量腐殖质和黏粒，粒径在 0.5～2.0 mm、60～100 cm 土层黏粒增多，有少量夹层黄砂，胶泥质夹杂少量腐殖质。1 m 土层内含盐量<0.4%，平均容重 1.51 $g \cdot cm^{-3}$，田间持水量 22.8%，土壤养分含量差异较小，有机质含量 8 $g \cdot kg^{-1}$，全氮含量 0.8 $g \cdot kg^{-1}$，速效磷含量 17.5 $mg \cdot kg^{-1}$，速效钾含量 150～200 $mg \cdot kg^{-1}$。

4.3.1.2 试验材料与试验设计

供试棉花品种为‘新陆早 7 号’。参照该地区地膜覆盖、足墒播种和矮秆密植的棉花种植模式，根据膜下滴灌技术、毛管布置方式等特点，本试验采用一膜 3 带 4 行滴灌模式，即一膜种植 4 行，行距依次为 30 cm、50 cm、30 cm，滴灌带布置情况见图 4-5，(a)图为分根区滴灌模式 1，(b)图为分根区滴灌模式 2，以后各次交替使用两种灌溉形式，实现滴灌棉花的根系分区交替水氮调控。灌水量和施氮量的上下限根据当地棉花种植灌水和施肥水平确定，上限充分满足棉花水肥需求，下限保证棉花生长和获得经济产量。试验设 3 个施氮量(高氮 270 $kg \cdot hm^{-2}$、中氮 180 $kg \cdot hm^{-2}$、低氮 90 $kg \cdot hm^{-2}$)和 3 个灌水量水平(高水 260 mm、中水 200 mm、低水 140 mm)，进行完全组合设计，各小区随机布设。滴灌采用内镶式薄壁滴灌带，滴头流量为 1.8 $L \cdot h^{-1}$，滴头间距为 25 cm，灌水量由水表控制，所有处理灌水日期相同，分别为 2010 年 6 月 25 日、7 月 2 日、7 月 9 日、7 月 16 日、7 月 19 日、7 月 24 日、7 月 28 日、7 月 31 日、8 月 4 日、8 月 9 日和 8 月 18 日，灌水次数均为 11 次，灌水定额=灌溉定额/灌水次数。施用氮肥为尿素(含 N 46%)，另外施 420 $kg \cdot hm^{-2}$ 的过磷酸钙(各处理相同)，均作为基肥，人工均匀撒施。各处理锄草、施肥、化控、催熟等田间管理措施均保持一致。

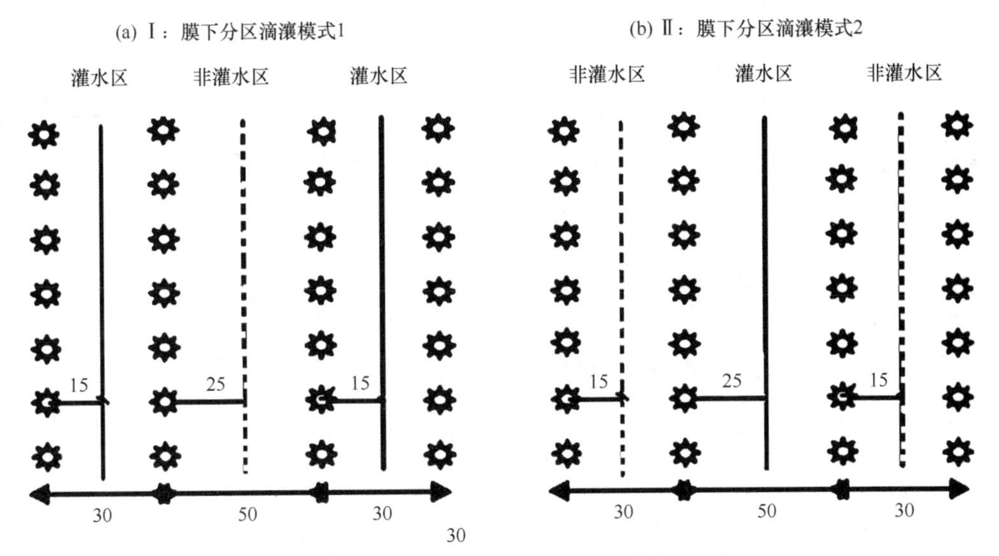

图 4-5　膜下分区交替滴灌示意图(单位：cm)

4.3.1.3 测定项目与方法

棉花植株按器官分为根、茎、叶、蕾铃，分别在出苗后 35 d、75 d、105 d、135 d、150 d 各取 5 株，在 105℃杀青 30 min 后，80℃烘至恒量，分别称生物量。收获后考种，测定籽棉产量(包括霜前花和霜后花)。棉花全氮含量采用硫酸消煮法-凯氏定氮仪测定。计算以下指标。

施氮利用效率=DMI(或 NCI)/NA

灌水利用效率=DMI(或 NCI)/WA

植物吸收的氮素来源于肥料的质量百分数，即 Ndff(nitrogen derived from fertilizer)(%)：Ndff = [(NTN−OTN)/NTN]×100%

作物 N 回收率(%) = TN/NA

氮肥生理利用效率，即 PNUE(physiological N-fertilizer use efficiency)($kg \cdot kg^{-1}$)：PNUE=(NY−OY)/(NTN−OTN)

氮肥农学利用效率，即 AENF(agronomic efficiency of applied N-fertilizer)($kg \cdot kg^{-1}$)：AENF=(NY−OY)/NA

氮肥表观利用率，即 ANRE(apparent N-fertilizer recovery efficiency)：ANRE = (NTN−OTN)/NA×100%

式中，DMI 为干物质累积指标；NCI 为 N 累积指标；NA 为施氮量($kg \cdot hm^{-2}$)；WA 为灌水量(mm)；NTN 为施氮区植株总吸氮量($kg \cdot hm^{-2}$)；OTN 为不施氮空白区植株总吸氮量($kg \cdot hm^{-2}$)；TN 为植株总吸氮量($kg \cdot hm^{-2}$)；NY 为施氮区籽棉产量($kg \cdot hm^{-2}$)；OY 为不施氮区籽棉产量($kg \cdot hm^{-2}$)。

4.3.1.4 数据处理

采用 SPSS 10.0 软件对数据进行处理，采用 Duncan 新复极差法进行统计分析。两年试验的干物质和氮素累积特征相似，且干物质量、氮素含量和棉花产量差异较小，本节采用 2007 年试验数据进行分析。

棉花干物质累积符合作物干物质累积的一般规律。以出苗后天数为横坐标，以干物质累积量或氮素累积吸收量为纵坐标，分别作干物质和氮素对时间的累积曲线：

$$y = ae^{\frac{-b}{t}} \tag{4-5}$$

式中，y 为干物质累积量或氮素累积吸收量；t 为时间(d)；a，b 为待定参数，可用 SPSS 统计软件求得。

对方程(4-5)求导，可得干物质增长与养分吸收速率方程：

$$\mathrm{d}(t) = \frac{1}{t^2}abe^{\frac{-b}{t}} \tag{4-6}$$

式中，d(t)为氮素吸收速率；t 为出苗后天数(d)。

用求二阶导数的方法可求出干物质最大累积速率或氮素最大吸收速率。所求的二阶导数：

$$\frac{d^2}{dt^2}f(t) = \frac{-2b}{t^3}ae^{\frac{-b}{t}} + \frac{b^2}{t^4}ae^{\frac{-b}{t}} \tag{4-7}$$

4.3.2 结果与分析

4.3.2.1 膜下分区交替滴灌条件下水氮耦合对棉花干物质累积的影响

由图 4-6 和表 4-11 可知，棉花干物质量除出苗后 35 d 无显著差异外，其余生育时段随生育期推移差异逐渐变大。出苗后 75 d 及以后时期施氮量水平对低水情况下棉花干物质累积影响较小，而中水和高水情况下干物质量随施氮量的增加显著提高。由低水到中水，各施氮处理干物质量显著提高；由中水到高水，仅高氮处理提高明显。收获期中氮高水和高氮高水处理干物质量最高，中氮高水处理施氮利用效率比高氮高水处理提高 34.0%～44.6%，而灌水利用效率下降 6.4%～10.7%，可见，中氮高水处理可显著提高干物质累积的施氮利用效率，而对灌水利用效率的影响相对较小。

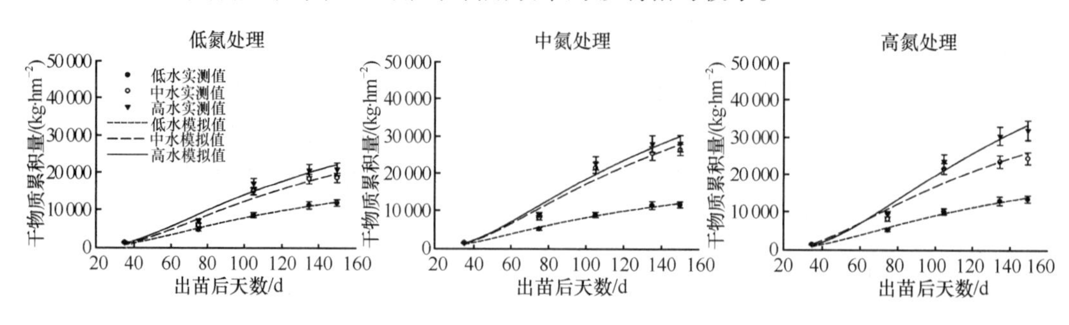

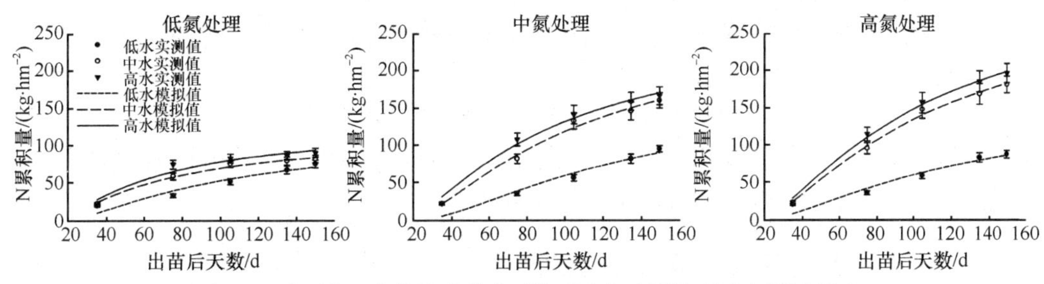

图 4-6　膜下分区交替滴灌棉花干物质和氮素累积的水氮耦合效应

表 4-11　膜下分区交替滴灌棉花干物质累积模型参数

处理		数值			标准差		变差系数/%	
		a	*b*	*R*	*a*	*b*	*a*	*b*
低氮	低水	28 730.0	129.3	0.992 0	2 913.1	12.4	10.1	9.6
	中水	51 560.1	143.6	0.966 1	12 370.6	29.7	24.0	20.7
	高水	56 100.2	138.5	0.968 4	12 680.5	27.8	22.6	20.1
中氮	低水	26 070.1	116.6	0.990 2	2 667.1	12.2	10.2	10.5
	中水	73 560.0	145.8	0.963 0	18 960.8	32.0	25.8	21.9
	高水	79 330.6	145.9	0.966 0	19 690.3	30.8	24.8	21.1
高氮	低水	33 240.7	130.2	0.987 7	4 245.2	15.6	12.8	12.0
	中水	62 670.1	131.9	0.944 6	18 340.8	35.8	29.3	27.1
	高水	96 270.4	158.7	0.981 8	18 570.4	24.2	19.3	153

4.3.2.2 膜下分区交替滴灌条件下水氮耦合对棉花氮素累积的影响

由图 4-6 和表 4-12 可知，除出苗后 35 d 外，其余生育时段棉花氮素含量均随灌水量的增加而显著提高。在出苗后 75 d 及以后时期，低水情况下施氮量对氮素累积量影响较小，中水和高水情况下均随施氮量的提高而显著提高。中氮中水、中氮高水、高氮中水、

表 4-12　膜下分区交替滴灌棉花氮素累积模型参数

处理		数值			标准差		变差系数/%	
		a	*b*	*R*	*a*	*b*	*a*	*b*
低氮	低水	125.8	87.2	0.9208	25.45	22.84	20.23	26.21
	中水	120.3	55.8	0.9905	5.54	4.64	4.61	8.32
	高水	133.3	54.42	0.9499	14.43	10.83	10.82	19.90
中氮	低水	205.4	125.90	0.9080	63.17	37.28	30.75	29.62
	中水	289.7	91.28	0.9902	23.33	9.18	8.05	10.06
	高水	279.1	76.97	0.9884	20.82	8.18	7.46	10.63
高氮	低水	175.0	109.00	0.9346	40.39	27.29	23.08	25.02
	中水	330.8	92.22	0.9952	17.84	6.16	5.39	6.68
	高水	349.2	87.88	0.9964	16.63	5.39	4.76	6.13

高氮高水处理是棉花收获期获得较高氮素含量的水氮耦合处理，比较 4 种处理可知，中氮高水处理的施氮利用效率最高，高氮中水处理的灌水利用效率最高，其中中氮高水比高氮中水处理的施氮利用效率提高 29.0%～41.7%，灌水利用效率下降 5.5%～14.0%。可见，中氮高水处理下氮素累积施氮利用效率较高，而对灌水利用效率的影响相对较小，是提高棉花氮素累积量最为有效的水氮耦合处理。

4.3.2.3 膜下分区交替滴灌条件下水氮耦合对棉花干物质量和氮素含量累积速率的影响

对比不同水氮耦合处理下棉花干物质与氮素含量累积速率(图 4-7)可知，除出苗后 35 d 差异较小外，其余生育时段两者累积速率均随灌水量和施氮量的增加呈增长趋势。中氮高水和高氮高水处理是获得较大干物质累积速率的水氮耦合处理，其中，中氮高水处理的施氮利用效率比高氮高水处理提高 34.7%，而灌水利用效率降低 10.2%。中氮高水、高氮中水和高氮高水处理是获得较高氮素累积速率的水氮耦合处理，3 种处理中，中氮高水处理的施氮利用效率最高，高氮中水处理的灌水利用效率最高。由表 4-13 可知，干物质量和氮素累积速率随灌水量和施氮量的增加而提高，而干物质最大累积速率出现的时间则是中氮低水处理明显提前而高氮高水处理显著推后，氮素含量最大累积速率出现的时间则是低氮高水处理明显提前而中氮低水处理明显推后，表明灌水量更能够有效促进干物质量持续快速累积，施氮量更能够有效促进氮素累积速率。

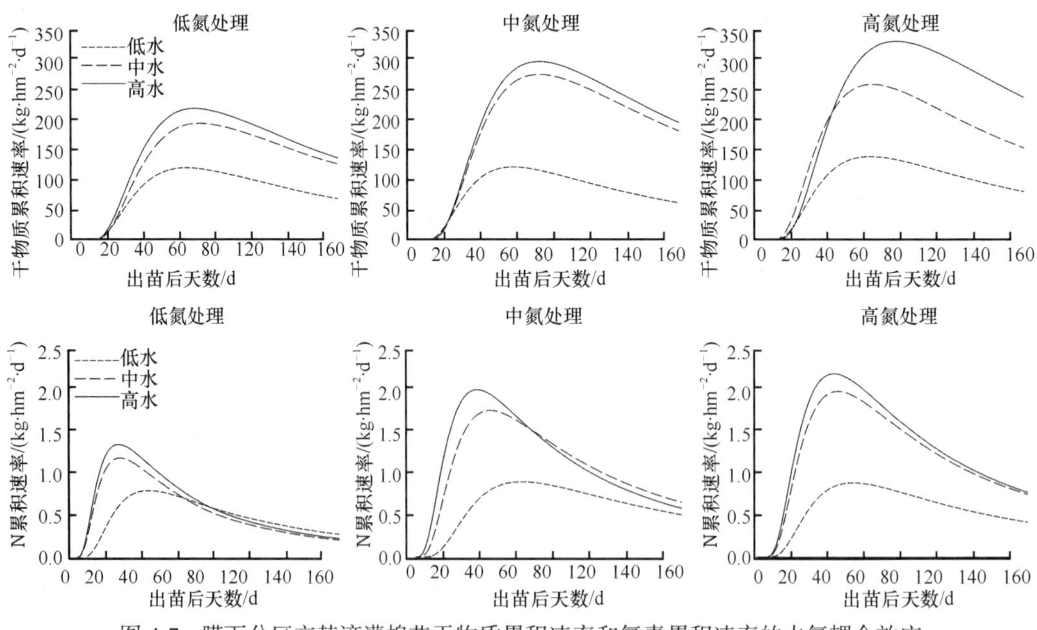

图 4-7 膜下分区交替滴灌棉花干物质累积速率和氮素累积速率的水氮耦合效应

表 4-13　棉花干物质量与氮素含量的最大累积速率和时间

处理		最大累积速率		最大累积速率时间	
		干物质量	氮素含量	干物质量	氮素含量
低氮	低水	120.6	0.8	64.7	43.5
	中水	194.4	1.2	71.8	28.0
	高水	220.1	1.3	69.3	27.0
中氮	低水	121.0	0.9	58.1	63.1
	中水	273.1	1.7	73.1	45.5
	高水	294.3	2.0	73.0	38.5
高氮	低水	138.4	0.9	65.2	54.5
	中水	254.2	1.9	59.5	46.2
	高水	327.7	2.2	78.3	44.1

4.3.2.4 膜下分区交替滴灌条件下水氮耦合对棉花氮肥吸收和利用效率的影响

由表 4-14 可知，氮肥吸收比例较高的水氮耦合处理为中氮高水、高氮中水和高氮高水处理，N 回收率较高的处理为低氮中水和低氮高水处理，氮肥生理利用效率较高的处理为低氮低水、低氮高水、中氮低水和高氮低水处理，氮肥农学利用效率最高的处理为低氮高水处理，表观利用效率最高的处理为中氮高水处理。综合各指标分析可知，中氮高水处理下的氮肥吸收比例和氮肥表观利用效率最高，N 回收率和农学利用效率则在中氮和高氮处理下也为最高，仅氮肥生理利用效率较低，因此，中氮高水处理是氮肥吸收和利用效率较高的水氮耦合处理。由表 4-12 可知，中氮高水、高氮中水和高氮高水处理是获得较高棉花产量的水氮耦合处理，3 种处理的氮肥吸收比例、氮肥生理利用效率无显著差异，但中氮高水处理的 N 回收率、氮肥农学利用效率和表观利用效率均高于高氮中水和高氮高水处理。因此，兼顾产量和氮肥吸收利用等情况，中氮高水处理更有利于膜下分区交替滴灌棉花增产和水氮高效利用。

表 4-14　不同水、氮组合处理下棉花的产量和氮肥吸收利用特性

处理		籽棉产量 /(kg · hm^{-2})	氮肥吸收比例/%	N 回收率/%	氮肥生理利用效率/%	氮肥农学利用效率/%	表观利用效率/%
低氮	低水	3587.5g	31.34e	61.2d	71.2a	14.0c	13.4e
	中水	4203.3d	43.82c	86.0a	52.2b	20.1b	38.7cd
	高水	4682.1c	44.6c	85.4a	66.8a	25.4a	38.0cd
中氮	低水	3813.3f	37.8d	30.2g	71.2a	8.0f	6.2f
	中水	4549.0c	67.0b	71.1c	25.7c	12.1d	47.2b
	高水	4970.6b	69.1ab	78.2b	26.4c	14.1c	54.1a
高氮	低水	4021.1e	37.2d	24.7h	66.9a	5.8g	8.7f
	中水	4922.4b	69.0ab	51.1f	27.1c	9.3ef	34.9d
	高水	5131.5a	72.0a	55.9e	25.3c	10.2de	40.8c

4.3.3 讨论

棉花具有无限开花结铃习性，其营养生长与生殖生长重叠进行。作物在适宜的水分或养分局部供应条件下，可限制棉花的冗余生长，且可促进根系发育，增强养分和水分吸收功能，提高棉花产量和水氮利用效率，因此挖掘适合滴灌条件下的水氮耦合模式，对于节水灌溉条件下棉花水肥管理具有重要意义。本节试验结果表明，膜下分区交替滴灌棉花在中氮高水和高氮高水处理下干物质量相对较大，而中氮高水相比高氮高水的施氮利用效率提高 34.0%～44.6%，灌水利用效率下降 6.4%～10.7%。从干物质累积速率可以看出，中氮高水和高氮高水处理的干物质累积速率相对较高，比较 2 种处理提升棉花干物质累积速率的水氮利用效率，中氮高水的施氮利用效率高于高氮高水 34.7%，而灌水利用效率低 10.2%，因此综合比较，中氮高水是促进棉花干物质累积最为有效的水氮耦合处理。与常规滴灌、交替隔沟灌等节水方式相比，同等施氮量和灌水量处理下膜下分区滴灌棉花干物质量的施氮利用效率显著提高，而灌水利用效率无显著差异，可见膜下分区滴灌在提高氮肥利用效率上具有显著优势。

膜下分区交替滴灌棉花 N 累积量在中氮中水、中氮高水、高氮中水、高氮高水处理下相对较高，且中氮高水处理氮素累积的施氮利用效率最高，高氮中水的灌水利用效率最高，而中氮高水相比高氮中水施氮利用效率提高 29.0%～41.7%，灌水利用效率下降 5.5%～14.0%。各处理 N 累积速率在中氮高水、高氮中水和高氮高水处理下相对较高，且棉花氮素累积速率提升的水氮利用效率，中氮高水的施氮利用效率最高，灌水利用效率最高为高氮中水，比中氮高水提高 28.7%。从提高氮肥吸收和利用效率的角度分析，中氮高水的氮肥吸收比例和氮肥表观利用效率最高，N 回收率和农学利用效率在中氮、高氮处理中也是最高的，仅氮肥生理利用效率较低，是氮肥吸收和利用效率较高的处理。另外棉花产量较高的中氮高水、高氮中水和高氮高水处理，3 种处理的氮肥吸收比例、氮肥生理利用效率无显著差异，而中氮高水的 N 回收率、氮肥农学利用效率和表观利用效率均高于高氮中水和高氮高水。因此，兼顾产量、氮肥吸收和利用效率，中氮高水处理更有利于膜下分区交替滴灌水氮耦合效应发挥。与常规膜下滴灌、交替隔沟灌等节水灌溉方式相比，同等施氮量和灌水量处理下膜下分区滴灌棉花的产量、氮素吸收率和氮肥利用效率显著提高。

本研究仅就根系分区交替滴灌棉花水氮利用特性进行分析研究，所得结论仅为试验初步结果，至于膜下分区交替滴灌棉花水氮耦合实施效果与田间农艺措施、施肥方式、种植密度等因素的关系仍是需要进一步研究的重要问题。

4.3.4 结论

A. 在中氮高水和高氮高水处理下能够获得较大棉花干物质量，而中氮高水干物质量的施氮利用效率相比高氮高水处理提高 34.0%～44.6%，灌水利用效率下降 6.4%～10.7%。

B. 在中氮中水、中氮高水、高氮中水、高氮高水处理下能够获得较大 N 累积量，其中中氮高水 N 累积量的施氮利用效率最高，高氮中水的灌水利用效率最高，而中氮高水相比高氮中水施氮利用效率提高 29.0%～41.7%，灌水利用效率下降 5.5%～14.0%。

C. 在中氮高水、高氮中水和高氮高水处理下获得较高产量，且 3 种处理的氮肥吸收比例、氮肥生理利用效率无显著差异，而中氮高水的 N 回收率、氮肥农学利用效率和表观利用效率均高于高氮中水和高氮高水。因此，兼顾产量、氮肥吸收和利用效率，中氮高水处理更有利于膜下分区交替滴灌棉花氮肥吸收和利用。

4.4 分根交替滴灌下水氮调控对棉花氮素吸收和利用特性影响

改变棉花根区水分供应方式，也就成为棉花协调生长的水分和养分调控重要途径，通过水肥调控协调营养生长与生殖生长，改善生育期延长、产量下降和水氮利用效率不高等问题，实现滴灌棉花节水灌溉的同时，如何提高氮肥利用效率成为滴灌技术进一步推广和应用的核心问题。在作物生长发育过程中，根区水分状况显著影响同化物在植株各器官的转化与分配，不同生育阶段光合产物的生产、分配和累积对根区水分的敏感性、后效性不同。在某些生育时期，减少土壤水分供应，诱导根系受轻度至中度水分胁迫，不仅能影响作物光合物质生产量，还能改变光合产物在源库间的分配，有利于作物向高产高效方向转变。本节将在此基础上，将根区湿润方式与根区水分、养分的有效性、根系的吸收功能等有机地结合起来，采用根系分区水氮调控方式调节棉花根区水分、养分的有效性和根系微生态系统，探索根系分区水氮调控对滴灌棉花氮素吸收和利用的调节影响，作为滴灌棉花协调生长和氮素高效利用的水氮调控理论依据。

4.4.1 材料与方法

4.4.1.1 试验区概况

试验于 2007 年 4～10 月在甘肃省民勤农业技术推广中心试验站进行,该试验站位于甘肃省石羊河流域的民勤县境内，属于温带大陆性干旱气候，年蒸发量 2644 mm，多年平均降雨量 110 mm 左右，且多为 5 mm 以下的无效降水，7～9 月的降水占全年降水的 60%，干燥度为 5.15，无霜期 188 d，绝对无霜期仅 118 d，日照时数>3010 h，＞10℃积温 3149.4℃。地下水埋深在 30 m 以下，1 m 土层内土质均为沙壤土，0～60 cm 土层含少量腐殖质和黏粒，粒径在 0.5～2.0 mm、60～100 cm 土层黏粒增多，有少量夹层黄砂，胶泥质夹杂少量腐殖质。1 m 土层内含盐量＜0.4%，平均容重 1.51 $g \cdot cm^{-3}$，田间持水量（θ_f）为 22.8%，土壤养分含量差异较小，有机质含量 8 $g \cdot kg^{-1}$，全氮含量 0.8 $g \cdot kg^{-1}$，速效磷平均含量 17.5 $mg \cdot kg^{-1}$，速效钾含量为 150～200 $mg \cdot kg^{-1}$。

4.4.1.2 试验材料与设计

供试棉花品种为‘新陆早 7 号’，参照该地区地膜覆盖、足墒播种和矮秆密植的棉花种植模式，根据膜下滴灌技术、毛管布置方式等特点，本试验采用一膜 3 带 4 行滴灌模式，即一膜种植 4 行，行距依次为 30 cm、50 cm、30 cm，滴灌带布置见图 4-8，(a)图为首次灌溉滴灌图，(b)图为二次灌溉示意图，以后各次交替使用两种灌溉形式，实现滴灌棉花的根系分区交替水氮调控。灌水量和施氮量的上下限根据当地棉花种植灌水和施肥水平确定，上限充分满足棉花水肥需求，下限保证棉花生长和获得经济产量。设 3 个施氮量和 3 个灌水量水平，并进行完全组合设计(表 4-15)。各小区随机布设。滴灌试验采用内镶式薄壁滴灌带，滴头流量为 1.8 L · h^{-1}，滴头间距为 25 cm，灌水量由水表控制，所有处理灌水日期相同，分别为 6 月 25 日、7 月 2 日、7 月 9 日、7 月 16 日、7 月 19 日、7 月 24 日、7 月 28 日、7 月 31 日、8 月 4 日、8 月 9 日、8 月 18 日，灌水次数均为 11 次，灌水定额=灌溉定额/灌水次数。所用的氮肥为尿素(含 N 46%)，另外施 420 kg · hm^{-2} 的过磷酸钙(不设处理)，均作为基肥，人工均匀撒施。各处理锄草、施肥、化控、催熟等田间管理措施均保持一致。

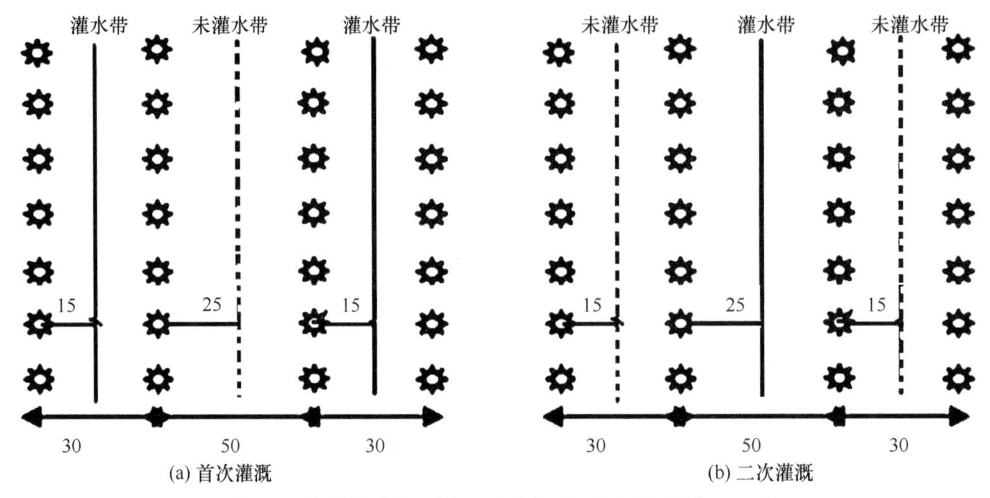

图 4-8　棉花滴灌根系分区水氮调控示意图(单位：cm)

表 4-15　施氮量和灌水量完全组合设计的田间实施方案

水氮组合		处理编号	施氮量/(kg · hm^{-2})	灌水量/mm
低氮	低水	$N_{90}W_{140}$	90	140
低氮	中水	$N_{90}W_{200}$	90	200
低氮	高水	$N_{90}W_{260}$	90	260
中氮	低水	$N_{180}W_{140}$	180	140
中氮	中水	$N_{180}W_{200}$	180	200
中氮	高水	$N_{180}W_{260}$	180	260
高氮	低水	$N_{270}W_{140}$	270	140
高氮	中水	$N_{270}W_{200}$	270	200
高氮	高水	$N_{270}W_{260}$	270	260
对照	处理	N_0W_{200}	0	200

4.4.1.3 测定项目与方法

棉花植株按器官分为根、茎、叶、蕾铃，每个生育阶段取 5 株，在 105℃杀青 30 min

后，80℃烘至恒量，分别称生物量。收获后考种，测定籽棉产量(包括霜前花和霜后花)。棉花全氮含量通过硫酸消煮法，利用凯氏定氮仪进行测定，计算以下指标。

植物吸收的氮素来源于肥料的质量百分数(Ndff)(%)：Ndff = [(NTN−OTN)/NTN]×100%

作物 N 回收率(%) = TN/NA

氮肥生理利用效率(PNUE)($kg \cdot kg^{-1}$)：PNUE=(NY−OY)/(NTN−OTN)

氮肥农学利用效率(AENF)($kg \cdot kg^{-1}$)：AENF=(NY−OY)/NA

氮肥表观利用率(ANRE)：ANRE = (NTN−OTN)/NA×100%

式中，NA 为施氮量($kg \cdot hm^{-2}$)；NTN 为施氮区植株总吸氮量($kg \cdot hm^{-2}$)；OTN 为不施氮空白区植株总吸氮量($kg \cdot hm^{-2}$)；TN 为植株总吸氮量($kg \cdot hm^{-2}$)；NY 为施氮区籽棉产量($kg \cdot hm^{-2}$)；OY 为不施氮区籽棉产量($kg \cdot hm^{-2}$)。

4.4.1.4 数据处理

试验数据采用二因素 Duncan 新复极差法进行统计分析。

4.4.2 结果与分析

4.4.2.1 根系分区交替水氮调控对滴灌棉花干物质的影响

根系分区交替滴灌调控下棉花各生育阶段干物质量在灌水量(W_{140}、W_{200}、W_{260})和施氮量(N_{90}、N_{180}和 N_{270})交互影响下变化表明(表 4-16)，棉花干物质量在各施氮量情况下均随灌水量增加而显著提高，其中蕾期由低水到高水处理下各施氮量情况分别提高 33.95%、42.94%和 45.36%，花期至吐絮期低氮情况提高 39.31%～49.80%，中氮和高氮情况提高 57.05%～61.14%。棉花干物质量在各灌水量情况下均随施氮量增加而显著提高，蕾期以后干物质量在施氮量由低氮到高氮处理低水情况下提高 10.59%～17.71%，中水和高水情况则提高 25.97%～58.42%。可见在适中及高灌水量情况下增加施氮量对干物质量提升作用更显著，增加灌水量则各施氮量处理提升均明显。

表 4-16　不同水、氮组合条件下棉花各生育阶段干物质量

处理	干物质量/($kg \cdot hm^{-2}$)				
	苗期	蕾期	花期	铃期	吐絮期
$N_{90}W_{140}$	1 251.25a	4 662.08e	8 617.50f	11 261.25f	10 325.00fg
$N_{90}W_{200}$	1 321.67a	5 885.00d	15 025.83d	18 369.58e	14 676.75e
$N_{90}W_{260}$	1 261.25a	7 057.92c	17 167.50c	20 678.33d	17 013.75d
$N_{180}W_{140}$	1 303.33a	5 039.17e	8 844.58ef	11 426.67f	9 895.00g
$N_{180}W_{200}$	1 385.83a	7 997.50b	21 466.25b	25 375.83c	19 350.42c
$N_{180}W_{260}$	1 267.08a	8 830.83a	22 760.42ab	27 930.00b	24 071.25b
$N_{270}W_{140}$	1 344.17a	5 155.83e	10 143.33e	13 017.08f	11 530.42f
$N_{270}W_{200}$	1 350.83a	8 119.17b	21 690.42b	23 595.00c	18 487.92cd
$N_{270}W_{260}$	1 300.42a	9 436.67a	23 617.08a	30 509.17a	26 953.75a
$N_{0}W_{200}$	454.17b	3 174.58f	7 221.67g	9 135.42h	6 800.42h

4.4.2.2 根系分区交替水氮调控对滴灌棉花全氮含量的影响

根系分区交替滴灌调控下棉花氮素含量在灌水量(W_{140}、W_{200}、W_{260})和施氮量(N_{90}、N_{180}和N_{270})交互影响下变化表明(表 4-17),棉花氮素含量在各施氮量情况下均随灌水量增加而显著提高,其中由低水到高水处理蕾期各施氮量情况分别提高 1.24 倍、2.03 倍和 2.21 倍,花期至吐絮期低氮情况下提高 28.68%～59.29%,中氮和高氮情况下提高 92.83%～165%。棉花氮素含量在不同灌水量情况下随施氮量变化有较大差异。施氮量由低氮到高氮不同生育阶段低水情况下提高 6.38%～22.49%,中水和高水情况下提高 52.50%～111%。可见增加灌水量可显著提高各施氮量处理棉花氮素含量,增加施氮量对中水和高水处理的棉花氮素含量提升作用大于低水处理。

表 4-17 不同水、氮组合条件下棉花各生育阶段氮素含量

处理	作物 N 积累量/($kg \cdot hm^{-2}$)				
	苗期	蕾期	花期	铃期	吐絮期
$N_{90}W_{140}$	20.00a	32.93g	51.27h	66.70g	54.58f
$N_{90}W_{200}$	22.50a	58.37f	74.20f	78.33f	77.08d
$N_{90}W_{260}$	21.25a	73.77e	81.67e	85.83e	76.67d
$N_{180}W_{140}$	21.67a	35.03g	55.43gh	80.83f	53.75f
$N_{180}W_{200}$	21.67a	80.83d	130.43d	143.37d	127.08c
$N_{180}W_{260}$	22.50a	106.27b	138.77c	155.87c	140.00b
$N_{270}W_{140}$	20.00a	35.03g	57.93g	81.70ef	65.83e
$N_{270}W_{200}$	22.50a	93.77c	144.60b	165.03b	137.08b
$N_{270}W_{260}$	22.08a	112.50a	153.37a	181.27a	152.08a
N_0W_{200}	10.42b	24.17h	37.50r	52.50h	42.58g

4.4.2.3 不同水氮处理对棉花氮肥吸收和利用的影响

棉花氮素吸收特性指标在灌水量(W_{140}、W_{200}、W_{260})和施氮量(N_{90}、N_{180}和N_{270})交互影响下表明(表 4-18),灌水量由低水到高水处理下各施氮量情况氮肥吸收比例分别提高 39.43%、85.32%和 95.73%,N 回收率分别提高 0.40 倍、1.60 倍和 1.31 倍,氮肥农学利用效率则分别提高 80.67%、79.44%和 71.14%,表观利用效率分别提高 1.84 倍、7.72 倍和 3.71 倍,氮肥生理利用效率分别下降 7.91%、62.77%和 62.45%。棉花氮素吸收特性指标在施氮量由低氮到高氮处理下各灌水量情况为:氮肥吸收比例分别提高 15.37%、54.01%和 61.96%,N 回收率分别下降 59.80%、40.72%和 33.88%,氮肥生理利用效率分别下降 7.46%、49.00%和 62.26%,氮肥农学利用效率分别下降 57.34%、53.41%和 59.59%,表观利用效率低水和中水情况下分别下降 35.41%和 8.69%,高水情况下提高 7.08%。

表 4-18　不同水、氮组合条件下棉花产量和氮肥吸收利用特性

处理	籽棉产量/(kg · hm^{-2})	氮肥吸收比例/%	N 回收率/%	氮肥生理利用效率/(kg · kg^{-1})	氮肥农学利用效率/(kg · kg^{-1})	表观利用效率/%
$N_{90}W_{140}$	3657.13g	31.88e	60.65d	72.40a	13.97c	13.33e
$N_{90}W_{200}$	4196.83d	44.75c	85.65a	52.20b	19.96b	38.33cd
$N_{90}W_{260}$	4671.47c	44.45c	85.19a	66.67a	25.24a	37.87cd
$N_{180}W_{140}$	3826.50f	37.54d	29.86g	70.78a	7.93f	6.20f
$N_{180}W_{200}$	4550.33c	66.43b	70.60c	25.58c	11.95d	46.95b
$N_{180}W_{260}$	4961.20b	69.57ab	77.78b	26.35c	14.23c	54.12a
$N_{270}W_{140}$	4008.90e	36.78d	24.38h	67.00a	5.96g	8.61f
$N_{270}W_{200}$	4911.23b	68.92ab	50.77f	26.62c	9.30ef	35.00d
$N_{270}W_{260}$	5154.20a	71.99a	56.33e	25.16c	10.20de	40.55c

4.4.3 讨论

作物在水分或养分局部供应条件下，根系在局部供应区由于补偿效应，养分和水分吸收功能明显增强。棉花具有无限开花结铃习性，其营养生长与生殖生长重叠进行，根系、叶片及蕾、花、铃等在干旱胁迫复水后可以重新生长，这决定了棉花干旱及复水后的氮素吸收与分配。在水氮交互影响下，根系分区交替滴灌棉花伴随着蕾期以后各生育阶段干物质量迅速累积及养分的大量需求，增加灌水量在促进干物质量累积的同时，也显著提高了氮素累积效率。其中由低水到中水处理较为明显，由中水到高水处理影响相对较小，表明增加水分供应可显著促进棉花氮素吸收，但满足棉花一定的水分生理需求后其作用不再显著。随施氮量增加棉花氮素含量铃期提高最为显著，表明增加氮素供应可促进棉花生殖器官氮素含量的累积，有利于产量因子的形成。

根系分区交替滴灌对棉花氮素吸收作用影响的试验表明，氮肥吸收比例和表观利用效率随灌水量增加而显著提高，其中灌水量由低水到中水调控作用更显著；增加施氮量可显著提高各灌水量情况氮肥吸收比例，且施氮量由低氮到中氮处理的作用更显著，因此通过灌水量和施氮量处理可显著调节氮肥中氮素的吸收和转运效率。棉花 N 回收率、氮肥生理利用效率和氮肥农学利用效率随施氮量增加呈下降趋势，且各灌水量情况下均显著下降，说明在满足棉花一定的氮素需求时，相对过多的施氮量对棉花氮素吸收无显著促进作用。由于增加灌水量和施氮量在满足棉花生殖生长的同时，大量氮素和利用都满足棉花营养生长需求，导致棉花营养生长与生殖生长的不协调，因此适当调控棉花营养生长，促进棉花产量因子的形成可显著提高氮肥生理利用效率和氮肥农学利用效率。本研究仅就根系分区交替滴灌棉花水氮利用特性进行分析研究，所得结论仅为试验初步结果，至于根系分区交替滴灌棉花水氮调控实施效果与田间农艺措施、施肥方式、种植密度等因素的关系仍是需要进一步研究的重要问题。

4.4.4 结论

A. 根系分区交替滴灌棉花在灌水量和施氮量交互影响下表明，增加灌水量能够显著

提高干物质量和氮素含量，增加施氮量对适中及高灌水量情况下棉花干物质量和氮素含量有显著提升作用，能够实现棉花生长发育和氮素吸收的水氮调节效应。

B. 水氮交互作用下增加灌水量显著提高了棉花各施氮量情况，如籽棉产量、氮素含量、氮肥吸收比例、N 回收率、氮肥农学利用效率和表观利用效率，降低了氮肥生理利用效率，并且施氮量越高其水分调控效应越明显；增加施氮量促进了各灌水量情况下干物质量、氮素含量和氮肥吸收比例，显著降低了 N 回收率、氮肥生理利用效率和氮肥农学利用效率，且灌水量越高其氮素调控效应越明显。

因此，水氮调控对棉花氮素吸收和利用特性具有显著影响，通过水氮调控可显著提高棉花氮素吸收性能和利用效率，促进了根系分区交替滴灌棉花的氮肥效应发挥，对于棉花水肥管理具有重要理论意义。

4.5 大田滴灌施肥条件下土壤湿润体水氮运移规律

滴灌施肥作为先进的节水灌溉施肥技术在全世界范围大面积推广，其节水保肥增产的优点日益显现，它的特点是水肥从滴头直接进入土壤，然后向土壤的各个方向扩散，由于滴头滴出的水分仅仅湿润作物根区，使根系充分吸收灌溉水肥，减少深层渗漏和环境污染，使作物的水分条件始终处在最优状态下，避免了其他灌水方式产生的周期性水分过多和水分亏缺情况的发生，因此滴灌能够显著提高作物产量和水分利用效率。近年来，许多学者对滴灌条件下水分在土壤中的入渗规律及土壤湿润体的变化进行了较多的研究。有些学者采用数值计算的方法模拟计算了单滴头滴灌条件下土壤湿润体的分布规律。还有些学者对氮素在湿润体内的分布情况进行了研究。但较多的研究是在室内土柱条件下进行的，对大田滴灌条件下土壤湿润体和土壤含水量的分布规律研究报道的较少。实际上田间土壤存在着很大的变异性，研究和分析田间滴灌不同滴头流量及滴灌量条件下土壤水分沿纵、横方向运移特性及土壤含水量的分布规律和氮素运移规律，对于合理地确定滴头间距、毛管间距及滴灌运行管理等有重要的理论和实际意义。本节在田间对单滴头不同流量、不同灌水量，以及剖面不同容重情况下的土壤水分运移特征和氮素分布规律进行了初步试验研究，以期为田间滴灌施肥管理提供理论和技术指导。

4.5.1 试验材料与方法

本试验于2006年9月在石羊河流域民勤地区农业技术推广试验站的农田中进行裸土滴灌试验，选择土壤剖面较均一的田块，将一定量的肥料（NH_4NO_3）溶于水配制成含氮量浓度为 150 mg · L^{-1} 的溶液并进行不同滴头流量（1.5 L · h^{-1}、3 L · h^{-1}、4.5 L · h^{-1}）、不同灌水量（2 L、4 L、6 L、8 L）、单滴头滴灌条件下土壤水分运动的试验，包括湿润体形状、含水量分布、氮素运移情况等。

为研究不同容重的土壤剖面滴灌条件下土壤湿润体的迁移及土壤含水量在剖面的分布，选择了 2 种容重土壤剖面进行试验，土壤剖面质地较轻，耕层土壤质地为沙壤土，其剖面不同层次的土壤容重见表 4-19。试验过程中用马氏瓶控制滴头流量和灌水量，试验结束后，以滴点为中心，在水平和垂直方向每 5 cm 打钻取土样测定其土壤含水率，测定土壤含水量和水平及垂直湿润锋的运移。取土用烘干法测定土壤含水量。

表 4-19　2 种剖面不同层次土壤容重测定表

土壤剖面	土层/cm								平均值/(g · cm^{-3})
	0～5	5～10	10～15	15～20	20～25	25～30	30～35	35～40	
1	1.37	1.53	1.51	1.44	1.46	1.46	1.48	1.46	1.47
2	1.36	1.24	1.27	1.26	1.25	1.25	1.51	1.43	1.32

4.5.2 结果与分析

4.5.2.1 单滴头滴灌土壤湿润体的迁移特征

图 4-9、图 4-10 是在流量为 3 L · h^{-1} 滴灌条件下沿滴头周围东西和南北 2 个方向土壤表层湿润锋的分布规律。由图 4-9 可见，在大田土质较均一的条件下，沿滴头周围东西和南北 2 个方向土壤表层湿润锋的迁移基本呈圆形分布。图中所测定的湿润锋基本上在 1：1 的线周围。说明在大田土质变异较小的情况下，可以用滴头的等间距分布布置滴头。图 4-10 是在滴头流量为 3 L · h^{-1}、4 种滴水量(2 L、4 L、6 L、8 L)条件下，滴灌结束后测定的沿土壤表层水平方向最大湿润锋及沿垂直方向的最大湿润锋的分布状况。由图可以看出，在同一滴灌流量条件下，随着滴灌量的增加(滴灌时间)，不论是水平方向还是垂直方向，最大湿润锋均与滴灌量(滴灌时间)呈幂函数关系。同时可以看出，垂直方向土壤的湿润峰变化的速率是水平方向的 3 倍，分析表明，即使是滴灌，水的重力也起了很大的作用。因此在用滴灌进行灌溉时，选择合适的滴头流量和灌水时间(或灌水量)对于灌溉水在根区的分布有重要作用。

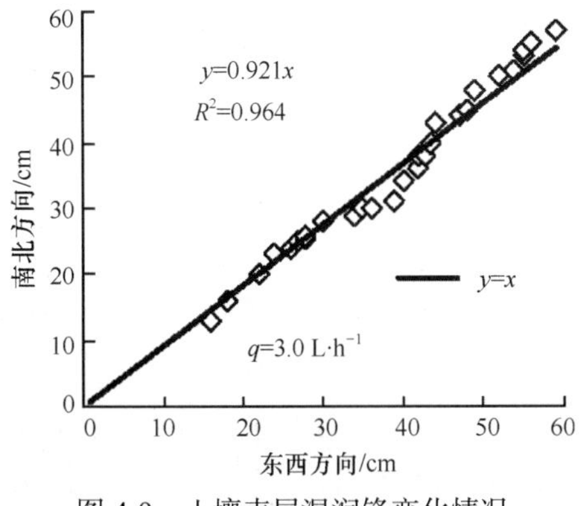

图 4-9　土壤表层湿润锋变化情况

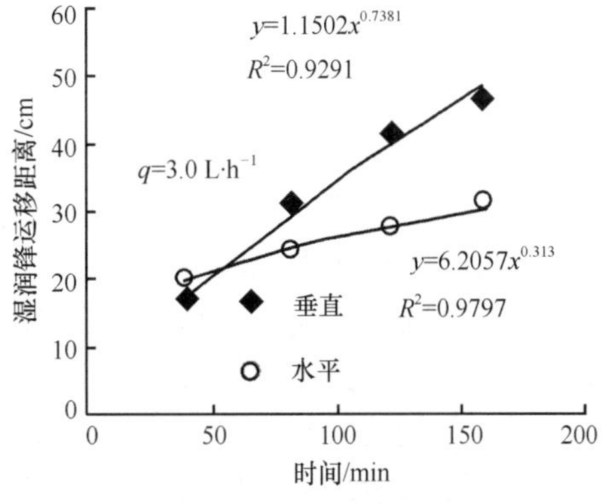

图 4-10　灌水时间对湿润锋的影响

4.5.2.2 滴头流量对湿润锋与土壤含水量分布的影响

点源入渗的地表水平扩散半径和竖直入渗深度是湿润体的 2 个重要特征值，掌握特定土壤条件下不同滴头流量入渗过程中地表水平扩散半径和竖直入渗深度的变化，是确定滴灌毛管田间布置方式和滴头间距的重要依据。由图 4-11 可看出，在同一灌水量下，随流量的增大，湿润体水平扩散半径和竖直入渗深度相应变大。水平方向随着离滴灌点距离的增加，土壤含水量逐渐减小，但是在小于 28 cm 时不同流速下的土壤含水量基本相同，当大于 28 cm 时，不同流量下的土壤含水量差距变大，可以得知水平湿润距离随着滴头流量的增大而增大。这是因为在滴头流量增大的情况下，灌水强度大于土壤入渗能力，地表积水范围增大，从而加快了水分在水平方向的运动。垂直方向上，在小于 25 cm 时，土壤含水量差异不大，25 cm 下土壤含水量差异性逐渐明显，流速大的土壤含水量也大。试验表明，在其他条件一定的情况下，滴头流量对土壤湿润体大小和形状都有影响，特别对湿润锋水平运移影响较大。滴灌系统设计中，应根据土壤入渗特性选择滴头流量，以保证设计湿润深度和水平湿润锋能够在实践中同时满足要求。

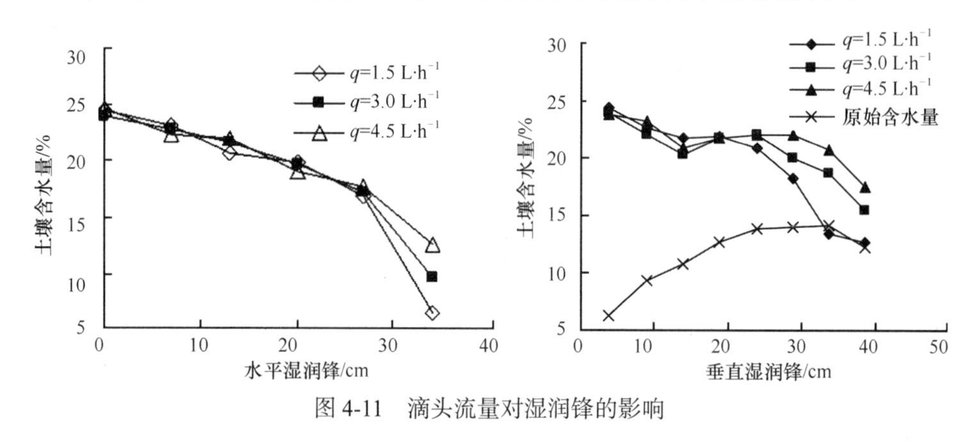

图 4-11 滴头流量对湿润锋的影响

4.5.2.3 灌水量对湿润锋迁移与土壤含水量分布的影响

图 4-12 为在滴头流量为 q=3 L · h^{-1} 下，不同灌水量对湿润锋与土壤含水量分布的影响。取沿土壤表面 0～5 cm 处的土壤含水量进行分析。从图 4-12 可知，随着灌水量的逐渐增加，水平湿润锋不断增加。不同灌水量下，土壤含水量随着灌水点距离的增大差异性逐渐明显。虽然最大湿润锋随着时间的增大而增大，但是湿润锋的水平湿润速度随着灌水量的增加而逐渐变小。垂直湿润锋随着灌水量的增加也逐渐增加，在 5 cm、10 cm 处不同的灌水量下土壤含水量基本相等，在 20 cm 处灌水量为 2 L 时基本与原始含水量相差不大，其他远大于土壤初始含水量；在 40 cm 处时，只有灌水量为 8 L 的比原始含水量大 4.4 个百分点，其他的都已经和原始含水量基本相等，说明垂直湿润锋随着灌水量的增大而增大，由此可见，在同一入渗时段内，随流量的增大，湿润体水平扩散半径和竖直入渗深度都在相应变大。

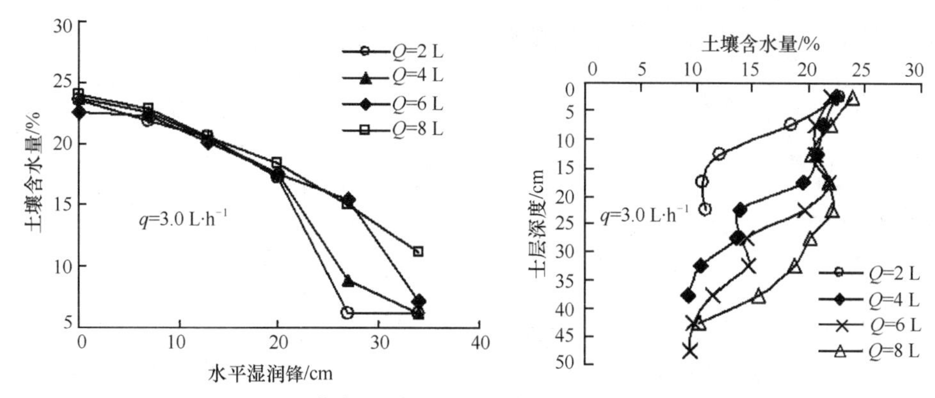

图 4-12　灌水量对湿润锋与土壤含水量分布的影响

从图 4-12 可以得知，同一滴头流量下，湿润体水平和竖直湿润速度都随时间的增大而逐渐变小，开始时水平湿润速度大于垂直湿润速度，当入渗时间超过 90 min 以后，垂直入渗速率较水平湿润速率逐渐变大，这说明此时垂直方向的扩散速度相对较快，土壤水分以下渗为主。形成这种现象的原因是：在入渗的初始阶段湿润锋处的基质势梯度远远大于重力势梯度，入渗面积较小，滴头流量大于土壤的入渗吸收能力，在滴头下方能形成表积水，因此水平湿润锋大于垂直湿润锋，随着灌水历时的增加，润湿体内土壤含水率逐渐增大，水势梯度急剧变小，此时重力势的作用相对增大导致竖直入渗速率高于水平扩散速率。在现实中人们更关心灌水量和滴头流量对湿润体特征值的影响，即在相同的灌水速度条件下不同的滴头量对湿润体特征值的影响规律。

4.5.2.4 土壤剖面容重对湿润锋迁移与土壤含水量分布的影响

土壤容重的变化会对滴灌湿润体形状和土壤含水量分布产生很大影响。试验研究表明，在其他条件一致的情况下，不同的土壤剖面容重对土壤湿润体有着不同的影响。图 4-13 为在同一个滴头流量 $(3\ L\cdot h^{-1})$ 下，两种不同的剖面容重条件下土壤表面水平湿润锋随时间的迁移特征。由图可知，对于质地较沙的沙壤土，随着剖面土壤容重的增加，水平湿润锋的迁移加快，这是容重增加导致土壤非饱和导水能力增大的缘故。同时可以看出，水平湿润锋随时间的变化呈显著的幂函数关系。

图 4-13 为在不同灌水量条件下，2 种剖面土壤容重对水平和垂直方向滴灌土壤湿润锋的影响。由图可知，对于同一灌水流量 $(q=3\ L\cdot h^{-1})$，剖面容重较大的垂直湿润深度和水平湿润距离都较大，同时随着灌水量的增加，不同容重下的水平湿润锋都随着灌水量的增加而增加，但随着灌水量的增加，不同容重下的土壤的水平湿润距离的差异逐渐变小，而垂直湿润锋，呈现由小变大的趋势。试验还发现，在剖面容重大的土壤表面进行滴灌时，开始出现了短时积水现象(表层土壤黏粒影响)，从而加快了水分在地表的扩散。但是随着时间的加大，这种差异逐渐减小，这是随着灌水量的增加，积水范围增大，径向湿润锋发展，基质势逐渐减小的结果。由于沙质土壤中大孔隙多，入渗时重力作用明显，在竖直方向上向下的入渗不仅受基质势的作用，而且受到重力势的作用，因此竖直方向的入渗速率大于水平方向的入渗速率。

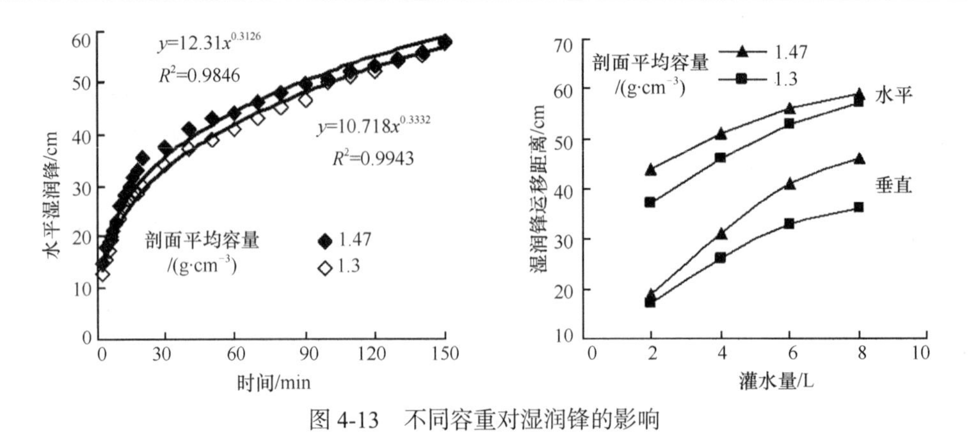

图 4-13 不同容重对湿润锋的影响

4.5.2.5 灌水量对湿润体内铵态氮分布的影响

灌水量是影响 NH_4^+-N 进入土壤的重要因素之一。灌水量对 NH_4^+-N 进入土壤中的分布情况的影响主要是通过灌水时间的持续来实现的。在灌水量增大的同时，带入到土壤中的 NH_4^+-N 也在增大，NH_4^+-N 的运移时间也在延长。如图 4-14 所示，在流速为 q=3 L · h^{-1}时，不同的灌水量（Q=4 L、6 L、8 L）条件下，在滴头处垂直方向铵态氮浓度的变化情况。垂直方向 0～5 cm 时，NH_4^+-N 的浓度随着灌水量的增大而增大，但是在 5 cm 以下变化不太明显。如图所示，水平方向 0～5 cm 时，NH_4^+-N 的浓度随着灌水量的增大而增大，并且随着灌水量的增大，NH_4^+-N 距离滴头更远的地方范围也在增大。因铵态氮具有吸附作用，所以 NH_4^+-N 聚集在了滴头周围。

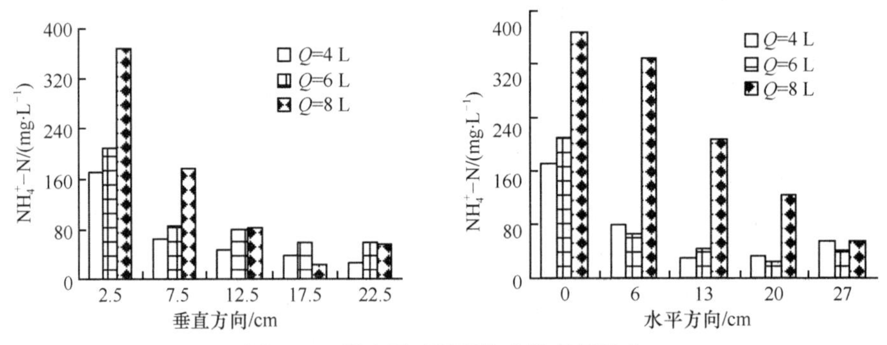

图 4-14 灌水量对湿润体内铵态氮影响

4.5.2.6 滴头流量对湿润体内铵态氮分布的影响

NH_4^+-N 随水分的运移进入土壤，在土壤湿润体内主要发生吸附、质流和扩散 3 个过程。不同滴头流量下，水分的运动过程会引起 NH_4^+-N 运动的差异性，这种差异表现在吸附、质流和扩散 3 个过程持续的时间长短和发挥的作用大小的不同。图 4-15 为在同一灌水量（Q=8 L）下，不同的流速下 NH_4^+-N 浓度的变化情况。当滴头流量较小时，如 q=1.5 L · h^{-1}，NH_4^+-N 先在滴头附近累积再向水平和垂直方向沿浓度梯度扩散，因而随着

滴头距离的增大 NH_4^+-N 浓度逐渐降低。当 q=3 L · h^{-1}、4.5 L · h^{-1}时，水平方向首先在滴头周围达到饱和，然后浓度向周围扩散积累。但是 q=3 L · h^{-1}时更有利于氮的运移，有利于把 NH_4^+-N 运到距离滴头较远的地方，使肥料在离滴头一定距离产生积累，利于植物根部的吸收，而把 NH_4^+-N 运送到较远的地方使滴头处浓度降低，减少了 NH_4^+-N 的挥发。滴灌施肥就是根据作物对水分和养分的需求，确定不同的滴头流量，以利于作物根部的吸收。

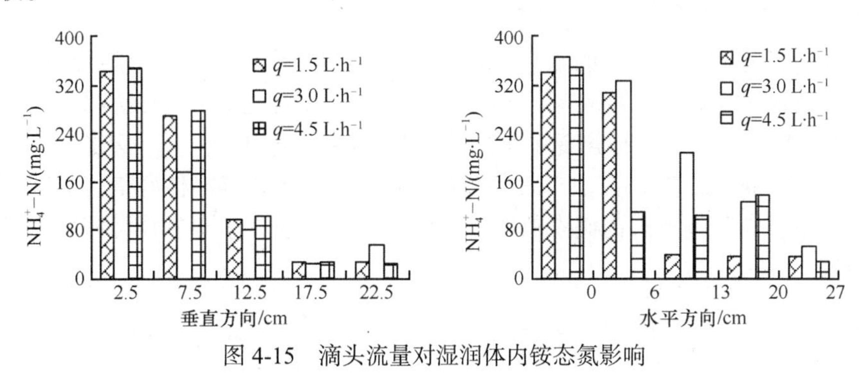

图 4-15　滴头流量对湿润体内铵态氮影响

4.5.2.7 灌水量对湿润体内硝态氮分布的影响

在不同的灌水量下，NO_3^--N 的水平变化情况如图 4-16 所示。随着灌水量的增大，在湿润区的 NO_3^--N 积累有所增加，在灌水量为 2 L、4 L、6 L、8 L 时，距离滴头 20 cm 范围内硝态氮平均浓度为 26.27 mg · L^{-1}、29.73 mg · L^{-1}、39.84 mg · L^{-1}、66.22 mg · L^{-1}。NO_3^--N 在湿润区边缘产生大量积聚现象。例如，灌水量为 6 L 时，20 cm 范围内的浓度为 39.84 mg · L^{-1}，但是边缘的硝态氮浓度为 91.19 mg · L^{-1}，大约是湿润区浓度的 2.5 倍。硝态氮垂直方向如图 4-16 所示，硝态氮在湿润区内部的浓度变化不大，主要是聚集在湿润体底部。这是因为 NO_3^--N 不断向下运移，湿润体底部 NO_3^--N 浓度不断增大，而湿润体内 NO_3^--N 浓度相对较稳定，下层土壤 NO_3^--N 含量随时间的延长和湿润锋的下移

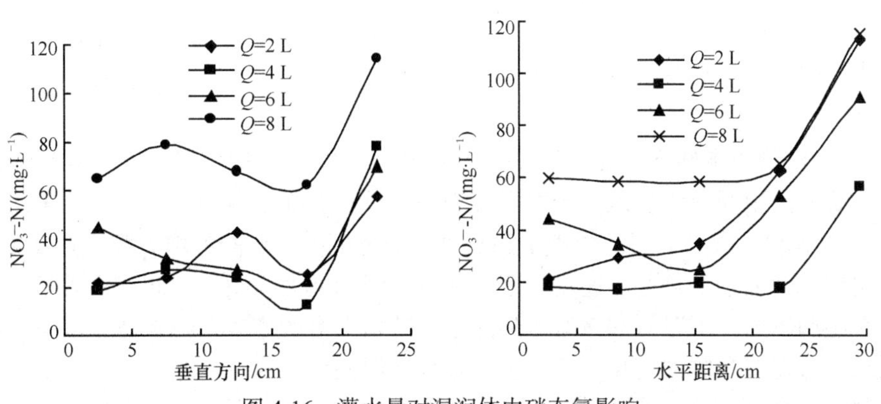

图 4-16　灌水量对湿润体内硝态氮影响

而增大造成的。而且，由于土壤胶体带负电荷，对 NO_3^- 有排斥作用，还有硝态氮浓度梯度和干湿土之间的水势梯度和基质势的作用，随着灌水量的增加，硝态氮随水运移到了边界处，并产生了距离现象，因此没有发生吸附作用，而是聚集在边缘区，这样如果灌水量过大就会对地下水造成污染。这也是在滴灌施肥时要解决的重要问题，即要控制好灌水量和滴头流量。

4.5.2.8 滴头流量对湿润体内硝态氮分布的影响

在不同的流速时，硝态氮的水平和垂直变化情况如图 4-17 所示，随着流速的增大，湿润区的硝态氮有所增加，但是幅度不是太大。水平方向主要聚集在边缘地带，如流速为 q=3 L · h^{-1}时，湿润区内硝态氮的平均浓度为 64.09 mg · L^{-1}，但在边缘区，硝态氮的浓度为 114.78 mg · L^{-1}。垂直方向硝态氮随水下移，聚集在湿润体底部。不同流速时，湿润区内水平方向和垂直方向硝态氮浓度变化也不太明显，硝态氮在湿润体边缘部发生了聚集现象。

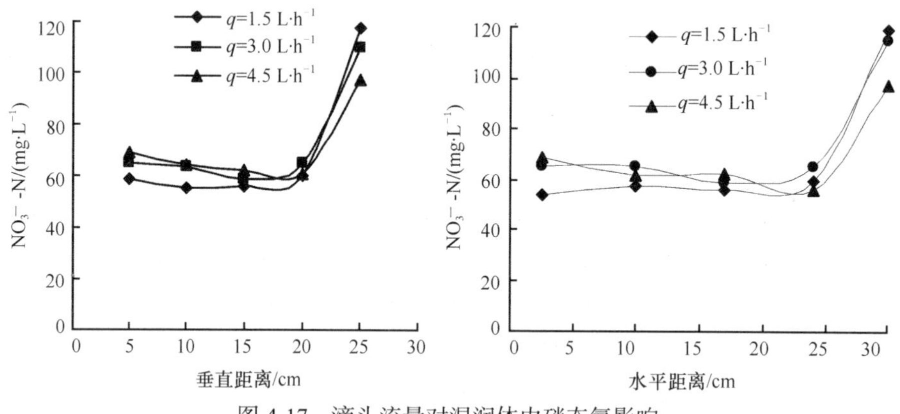

图 4-17 滴头流量对湿润体内硝态氮影响

4.5.3 结论

本节通过在田间对单滴头不同流量、不同灌水量，以及剖面不同容重情况下的土壤湿润体变化情况和土壤含水量的变化；不同灌水量、不同滴头流量下氮素分布情况，得到以下结论。

A. 在大田滴灌条件下，地表沿滴头土壤湿润锋基本呈圆形分布，在一定滴灌流量条件下，土壤垂直湿润锋明显地大于水平湿润锋，且随着灌水量的增加呈线性关系。

B. 在不同灌水量下，湿润体水平和竖直湿润速度随着时间的增大都逐渐变小，开始时水平湿润速度大于垂直湿润速度，但是随着时间的增大，垂直湿润速率大于水平湿润速率。在湿润体内，硝态氮和铵态氮随灌水量的增大有所增大，但铵态氮聚集在滴头附近，而硝态氮在湿润体内变化不大，主要聚集在湿润体边缘。

C. 在不同滴头流量、同一灌水量下，随着流量的增大，湿润体水平扩散半径和竖直入渗深度都相应变大，但是水平湿润锋增大的速度较快。因此，布置滴头的间距时，应考虑滴头流量的大小。不同滴头流量时，铵态氮也聚集在滴头附近，但是流量增大会影响扩散到边缘处 NH_4^+-N 的浓度。硝态氮在湿润区变化不明显，主要聚集在湿润体边缘处，并且不同滴头流量之间湿润体内硝态氮浓度差异不大。

D. 在不同的容重下，湿润锋随着土壤容重的增加，水分的横向湿润距离都在加大，但是一定时间后，不同容重下的水平湿润锋差距逐渐变小，在灌水量小时不同容重下土壤垂直湿润锋受容重影响较小，随着灌水量的增大，容重大的垂直湿润距离明显增大。

E. 不同滴头流量下，水分的运动过程会引起 NH_4^+-N 运动的差异性，这种差异表现在吸附、质流和扩散 3 个过程持续的时间长短和发挥的作用大小的不同。因铵态氮具有吸附作用，所以 NH_4^+-N 聚集在了滴头周围。滴灌施肥就是根据作物对水分和养分的需求，确定不同的滴头流量，利于作物根部的吸收。不同的灌水量下，灌水量对 NH_4^+-N 进入土壤中的分布情况的影响主要是通过灌水时间的持续来实现的。NH_4^+-N 随着灌水量的增大而增大，并且随着灌水量的增大，NH_4^+-N 距离滴头更远的地方范围也在增大。

F. 在不同的灌水量下，随着灌水量的增大，在湿润区的 NO_3^--N 积累有所增加，硝态氮在湿润区内部的浓度变化不大，主要是聚集在湿润体边缘和底部。这是 NO_3^--N 不断向下运移，湿润体底部 NO_3^--N 浓度不断增大，而湿润体内 NO_3^--N 浓度相对较稳定，下层土壤 NO_3^--N 含量随时间的延长和湿润锋的下移而增大造成的。不同滴头流量下，水平方向主要聚集在边缘地带，垂直方向硝态氮随水下移，聚集在湿润体底部。不同流速时，湿润区内水平方向和垂直方向硝态氮浓度变化也不太明显，硝态氮在湿润体边缘部发生了聚集现象。这是因为 NO_3^--N 具有随水运移的特性，这也是导致氮素流失的原因之一，故一定要注意灌水量和氮肥的用量。

4.6 不同滴灌带布置对根区水氮运移和植株吸氮量的影响

水分和养分都是作物赖以生长发育所必需的条件。在当今工业高度发展，肥料问题已经基本解决的前提下，水成为当今绝大部分地区农业发展的一个重要限制因素，尤其在那些降雨不稳、年蒸发量大于降雨的地区。过去很多研究表明，水分和肥料的交互作用非常明显，在适宜的范围内肥料越充足，根系越发达，吸水能力越强，水分利用效率越高。但是人们总是追求高产，使得污染问题越来越严重。肥料 N 的损失与土壤性质、灌水量、肥料用量及灌水方式有关。因此合理的灌水量和施肥量还有灌水方式不仅可以降低耗水量，减少水资源浪费，而且可以降低土壤养分损失和硝态氮对地下水污染的威胁。滴灌作为一种新型的灌溉技术，以其明显节水、增产的特点，且容易控制而成为世界上主要的精确灌溉技术。然而在生产实践中还存在许多问题，如水肥相互优化组合、投资太大等。本试验就是从水肥优化组合和减少滴灌带的用量来减少投资这两个方向来出发的。另外，不同的施肥量对棉花的吸氮量也有一定的影响，花铃期是棉花对水肥的敏感期，水肥供应是否适当对棉花产量影响很大。

4.6.1 材料与方法

4.6.1.1 试验区概述

本试验于 2007 年 4～11 月在石羊河流域，甘肃省民勤县农业技术推广中心试验站(38°30′N，103°30′E)进行，供试作物为棉花。该区海拔 1340 m，属温带大陆性干旱气候，多年平均降水量 110 mm 左右，且多为 5 mm 以下的无效降水，7～9 月的降水占全年降水的 60%，年蒸发量 2644 mm，日照时数＞3010 h，＞10℃积温 3147.8℃。地下水埋深 13～18 m。1 m 土层内土质均为沙壤土，0～60 cm 土层含少量腐殖质和黏粒，粒径 0.5～2.0 mm。80～100 cm 土层土壤颜色变深，黏粒增多，土质不匀，有少量夹层黄砂，呈黄色透镜体，胶泥质夹杂少量腐殖质。

4.6.1.2 试验材料

供试材料：棉花‘硕丰 1 号’，滴灌试验采用内镶式薄壁滴灌带，滴头流量为 1.8 $L \cdot h^{-1}$，滴头间距为 25 cm，各小区随机布设，以滴灌时间控制流量。

4.6.1.3 试验设计

本试验共设有 2 个不同的滴灌带布置方式，为“1 带 4 行”和“2 带 4 行”的布置方式，由水泵恒压供水。水分和氮素分别设有 3 个不同的水平，水分的各次灌水定额如表 4-20 所示。

表 4-20　各处理试验区灌溉方案

处理		灌水量/mm											
		6.25	7.2	7.9	7.16	7.19	7.24	7.28	7.31	8.4	8.9	8.18	合计
1 带 4 行	高水	14	14	15	22	22	23	16	16	17	16	20	195
	中水	13	16	13	15	15	16	12	11	15	12	22	160
	低水	11	10	12	11	11	11	11	9	13	10	13	122
2 带 4 行	高水	22	20	24	22	22	31	18	21	19	16	23	238
	中水	12	16	21	15	15	20	15	16	14	20	22	186
	低水	10	12	12	11	12	10	10	13	10	14	16	130

棉花在 5 月 1 日播种。播种时一次性施足底肥，试验设计 3 个氮素水平 60 $kg \cdot hm^{-2}$、120 $kg \cdot hm^{-2}$、180 $kg \cdot hm^{-2}$，所用的肥料为相等质量的尿素(含 N 46%)，另外施 420 $kg \cdot hm^{-2}$ 的过磷酸钙，所有的肥料人工均匀施撒。每个小区长 9 m，宽 3 m，一膜种植 4 行作物。灌水量由灌水软管末端的水表控制，膜有效宽为 120 cm，膜间距为 40 cm，棉花平均行距为 35 cm，具体的布置为(30 cm+50 cm+30 cm)，株距为 25 cm(图 4-18)。滴灌试验采用内镶式薄壁滴灌带，各小区随机布设，以滴灌时间控制流量。

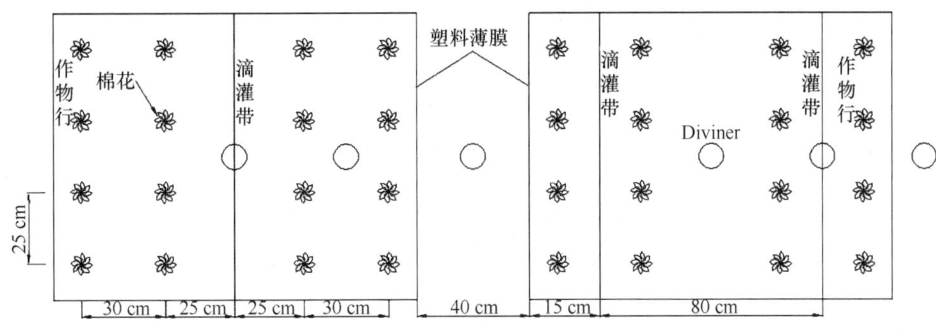

图 4-18　滴灌带布置图

4.6.1.4 试验测试项目与方法

1）环境参数

环境参数包括气象资料(温度、风速、降雨量、地温、湿度、蒸发量)，并实地测量土壤状况(容重、土壤水分含量、土壤的含盐量)。气象资料由试验站的气象站自动测得，ET_0利用 Penman-Monteith(彭曼-蒙特斯)公式计算而得(图 4-19)。

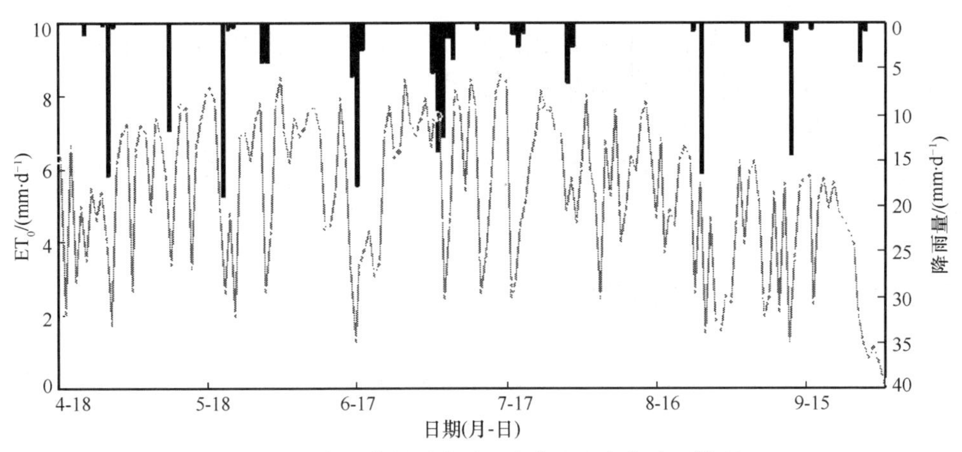

图 4-19　参照作物需水量日变化和生育期降雨情况

2）土壤水分的测定

棉花大田埋设 1.0 m 的 Diviner 管(Diviner2000 测定)，在没有灌水期间每周测一次土壤含水量，在灌水期间，每次灌水前、后加测土壤含水量及降雨前后加测土壤含水量。Diviner 管埋设在膜内窄行区中部、膜内宽行区中部和膜外裸露地中部。

3）棉花吸氮量和土壤无机氮的测定

（1）植株吸氮量的测定

在生育阶段末每个处理都有针对性地选择有代表性的 3～5 穴棉花，然后烘干，将植物样在粉碎机上粉碎过 1 mm 的目筛，以 H_2SO_4-H_2O_2 消化，最后用全自动定氮仪测定含氮量。

(2) 土壤无机氮的测定

每 10 cm 取土一次，风干后用靛酚蓝比色法测量土壤的 NH_4^+ 和 NO_3^-。

4）棉花生理指标的测定

分别于苗期、蕾期、花期、铃期和絮期，测量棉花的生理指标(气孔导度、叶水势、株高、叶面积、直径和地下根系长度、根系直径和根系干重)和最终产量(霜前花和霜后花)。

(1) 株高茎

生长过程中，观测和测定不同处理小区生长速率，每周测一次株高茎。

(2) 叶面积

利用叶面积仪对叶面积进行测定。

(3) 考种、测产和品质分析

考种、测产和品质分析包括单铃重、吐絮时期的平均单铃重(g)、霜前花百分率和僵瓣花百分率、籽棉产量(包括霜前花和霜后花)、皮棉产量、衣分(皮棉占籽棉的质量百分比)、纤维长度。

(4) 根系

在生育阶段末每个处理都有针对性地选择有代表性的 3 穴棉花，测其根的长度，并且分段进行测量直径和质量，最后测出根的干重。

(5) 土壤温度的测定

每两天测一回，每次 8：00、14：00、20：00 各测一次，另外在每个生育期测一次地温日变化。

4.6.2 膜下不同滴灌带布置土壤水氮变化规律

4.6.2.1 膜下不同滴灌带布置土壤水分变化规律

为了研究地膜覆盖对不同滴灌带布置下水分运移的影响，将膜下滴灌的滴灌带分为 1 带 4 行和 2 带 4 行两种布置方式，研究这两种布置方式下土壤水分的变化情况，便于提出更有利于棉花生长的布置方式。单滴头土壤水分入渗的湿润体大小、地表水横向扩散垂直入渗深度是确定膜下滴灌毛管布置间距的重要依据。因此本试验依据此观点设计了不同的滴灌带布置方式。不同的滴灌带布置导致了不同的土壤水分变化情况。另外因为膜下滴灌灌水量比较小，土壤的湿润范围比较有限，对于深层的土壤含水量影响较小，所以本节只是对 20 cm 处的土壤含水量进行研究。李明思对线源滴灌土壤含水率分布进行讨论，以 Richards 方程为基础，用 MATLAB 模拟得知，沙土的交汇锋不是首先出现在地表，而是首先出现在土壤下层，这是因为沙土下层的密度大于其上层的密度，使得下层土壤含水率下渗速度减慢而水平速度增大，不同滴头流量所产生的湿润锋沿滴头毛管方向没有明显的规律，垂直滴灌带方向的土壤湿润均匀度主要对毛管两侧作物的生长有影响，会造成一行作物高，另一行作物低。

本试验的主要目的就是要得知不同滴灌带的布置下，哪个布置水分运移更有利于棉花的生长发育，本节主要从水分和氮素的变化情况来说明不同滴灌带的布置下的最优布置，以便于在以后的生产实践中得到更好的效果。

从图 4-20 可以看出，地表 20 cm 处的土壤含水率随着滴灌带的不同布置方式，膜边和膜中土壤含水率变化不同。1 带 4 行时，由于滴灌带铺设在膜的中间位置使得膜中土壤含水率较膜边的高，膜外的最小，并且膜外土壤含水量随着时间的推移，呈下降趋势，这是因为滴灌带铺设在膜中间位置，而地膜的膜边埋在土里，在地膜的阻隔下膜内的积水区很难向膜外扩展，使得膜外土壤含水率较小，再加上地膜的保墒、提墒作用使得膜内的土壤含水率增大；使得土壤含水率是以内行最大，边行次之，膜外含水率最小，而

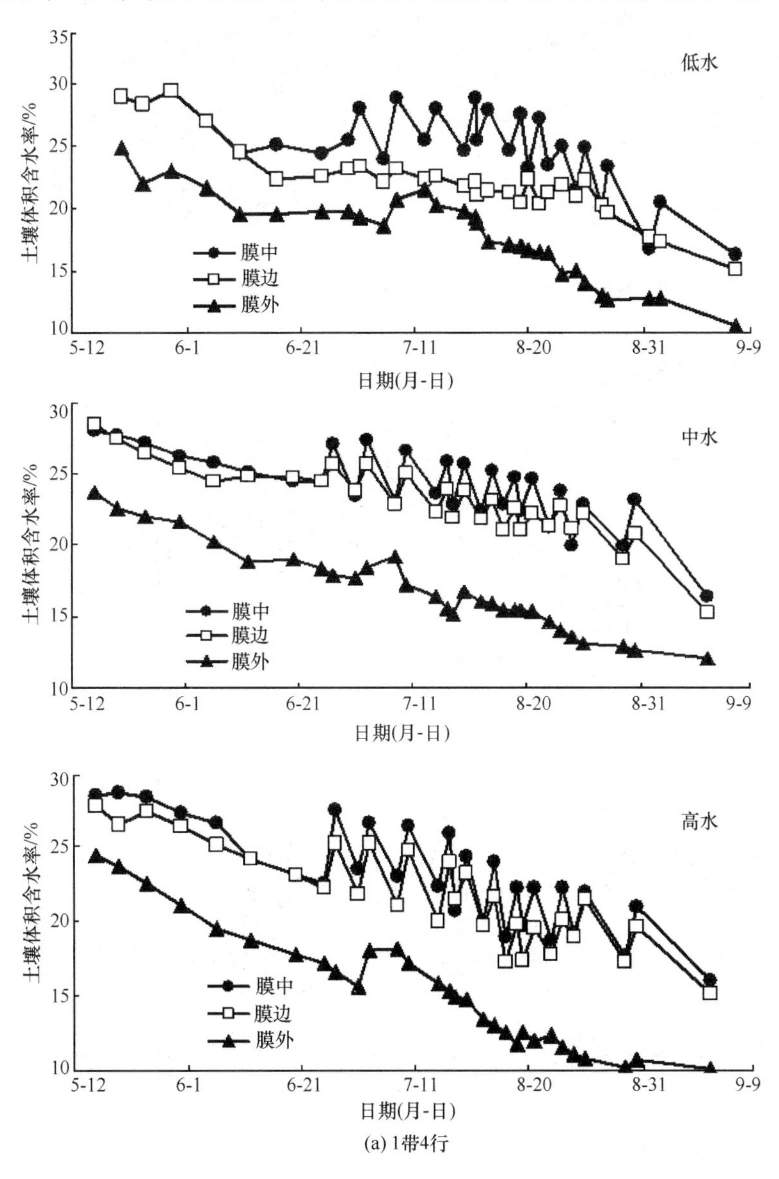

(a) 1带4行

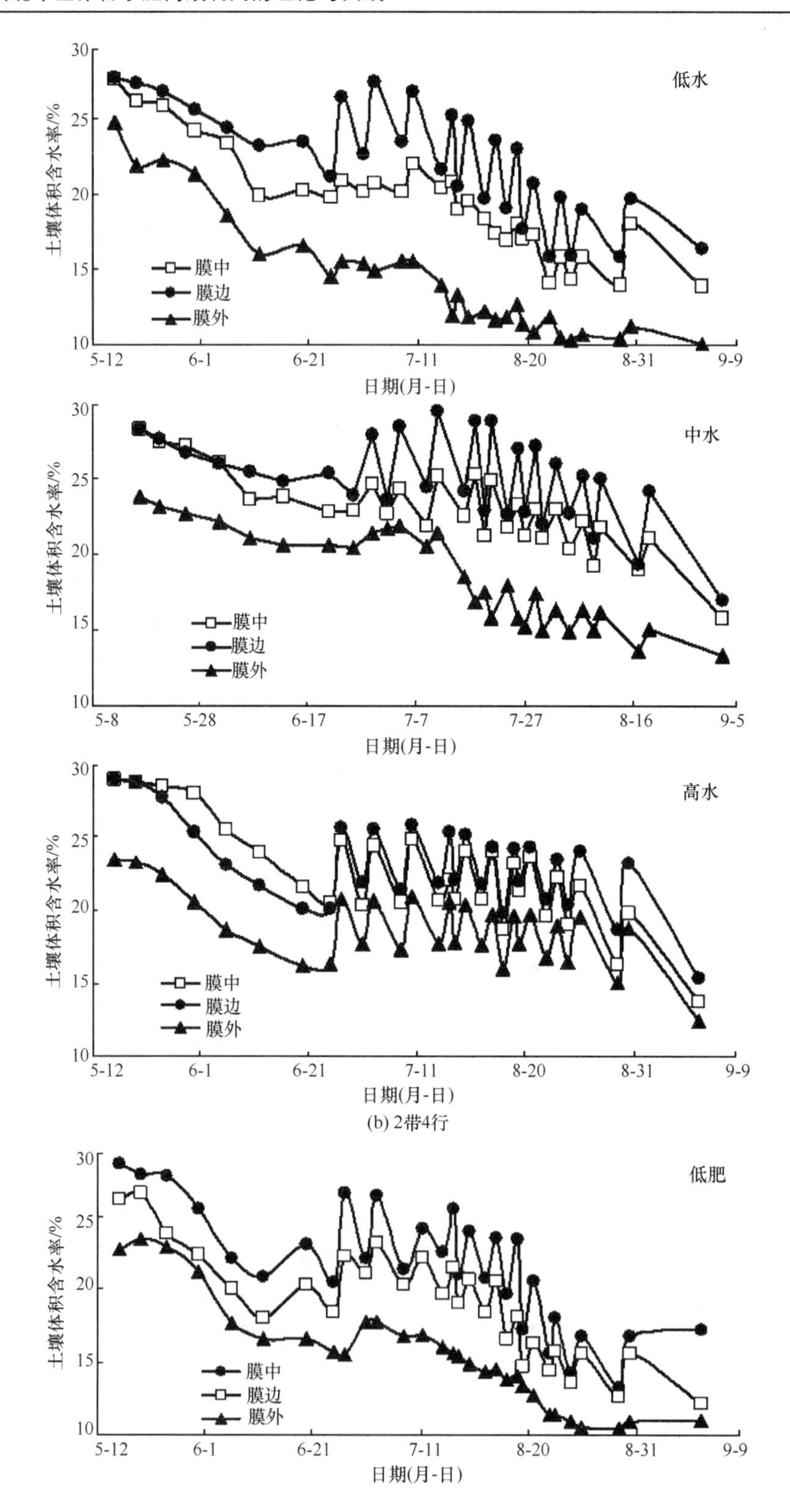

(b) 2带4行

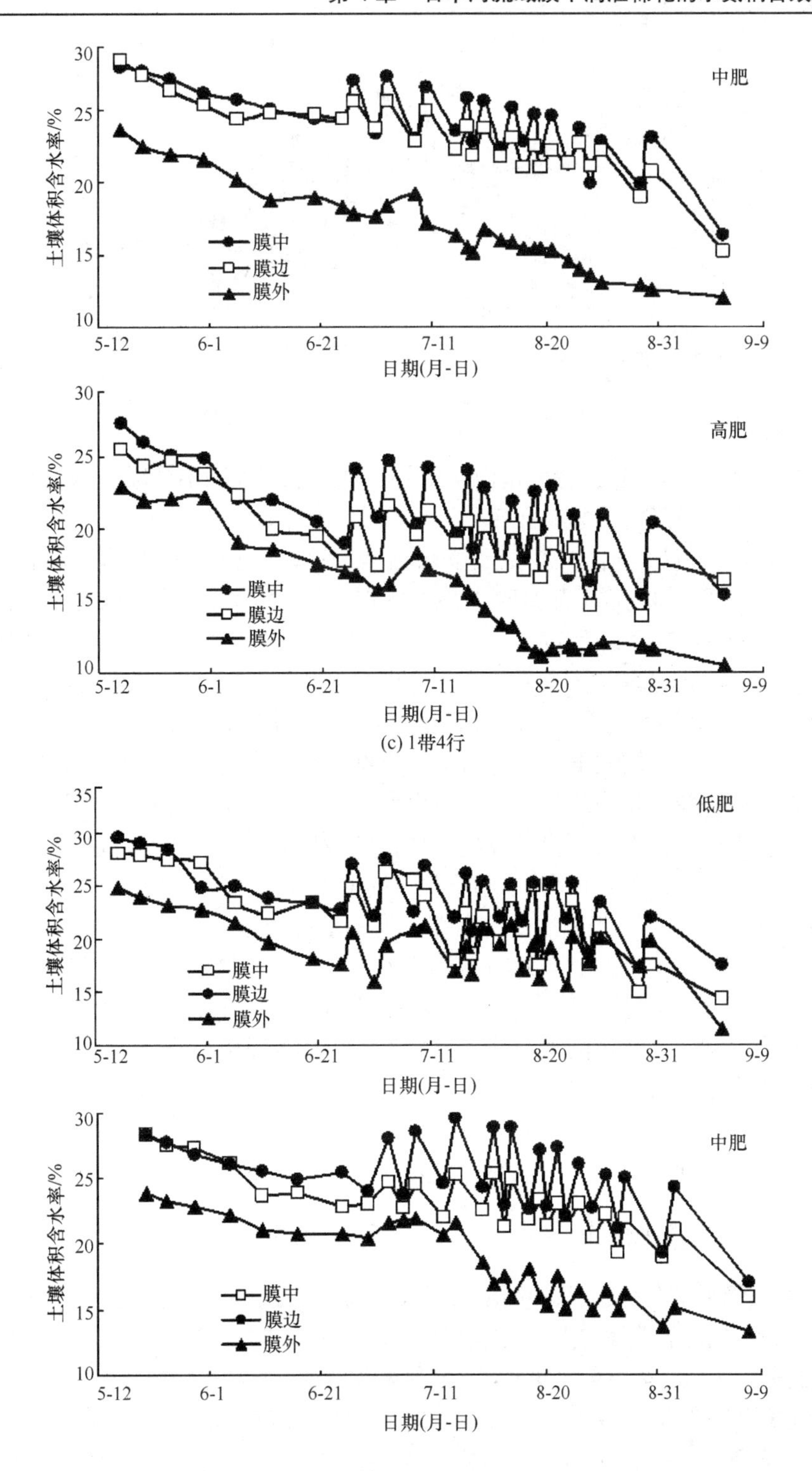

(c) 1带4行

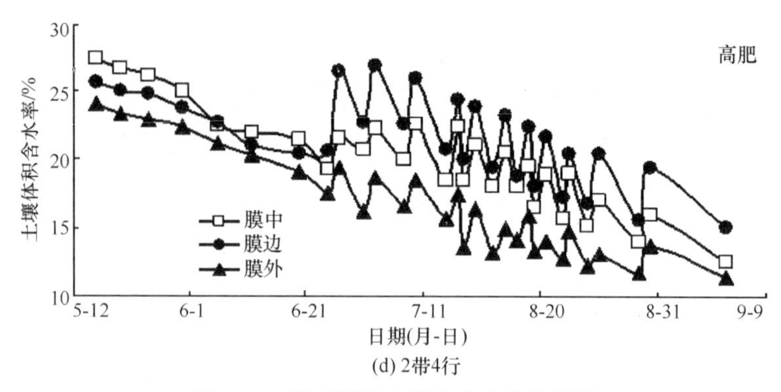

(d) 2带4行

图 4-20　膜下滴灌土壤含水率变化情况

且膜外土壤含水率波动不是很大,这说明膜外土壤含水率几乎不受膜下滴灌水分的影响,膜外含水率主要是受降雨的影响而变化。

2 带 4 行时膜边的土壤含水率大于膜中的土壤含水率，膜外的土壤含水率最小，这是因为滴灌毛管铺在边行，地膜的膜边埋在土壤中，在地膜的阻隔下，边行地表积水很难向膜外扩展，但是容易向内行运移，使得膜外土壤含水量较小，内行的相对较大，边行含水率最大，另外，地膜覆盖减小，土壤表面蒸发最小的是膜外含水率，膜外的土壤含水量已经受到灌水量的影响，特别是在高水量下，膜外的土壤含水量的变化趋势已经与膜内的相似。

在两个滴灌带布置模式下，灌水后膜内土壤含水率有所回升，但是在棉花整个生育期内土壤含水率整体呈下降趋势。棉花生育期初期，土壤含水量较大，这是因为根据当地的风俗习惯进行了一次大水泡田洗盐灌溉，使得整个土壤剖面的含水率很高，不同位置下土壤含水率差异性不是很大,不同层次之间的差异主要是由于的土质的不同引起的。在 1 带 4 行的情况下，由于滴灌带的布置，使得膜中的含水率较膜边略高，特别是在 6 月下旬到 8 月中旬，正是在灌水期间，导致了膜中的含水率较高，膜边和膜外的土壤含水率相差不是很大，但是 2 带 4 行下，滴灌带的间距较小，使得虽然膜边土壤含水率较大，但是在灌水期间，膜边的土壤含水率只是稍微大于膜中，膜外最小。另外，棉花的根系主要集中在了窄行，使得窄行的土壤水的消耗大于宽行土壤水分的消耗，这也是 1 带 4 行中间行的土壤含水率远大于膜边和膜外的土壤含水率，而 2 带 4 行时，边行的土壤含水率稍大于中间行的土壤含水率，膜外的土壤含水率最小的一个原因。

4.6.2.2 膜下不同滴灌带布置土壤硝态氮变化规律

硝态氮是植物能够直接吸收和利用的速效性氮素,是反映北方地区农业土壤氮素水平的一个重要指标。硝态氮不易被土壤胶体所吸附，易随水移动，因此容易被淋洗到下部土层。为此，人们根据作物根系分布划分土壤硝态氮淋失的最低界面。硝化过程对于 N 肥的运移、转化、淋洗来说都是相当重要的。本节根据土壤剖面中土壤硝态氮的分布与积累，计算土壤 0～90 cm 硝态氮的动态平衡，以期为氮肥合理施用，减少氮素损失提供依据。

由图 4-21 可知，不同施氮处理土壤硝态氮含量在垂直方向上由表层至深层逐渐降低。表层 0～30 cm 土壤硝态氮含量受施氮量、土壤有机质矿化、棉株氮素吸收及气温等共同作用的影响变化较大，但随生育期推进总体呈增加的趋势。30～60 cm 和 60～90 cm

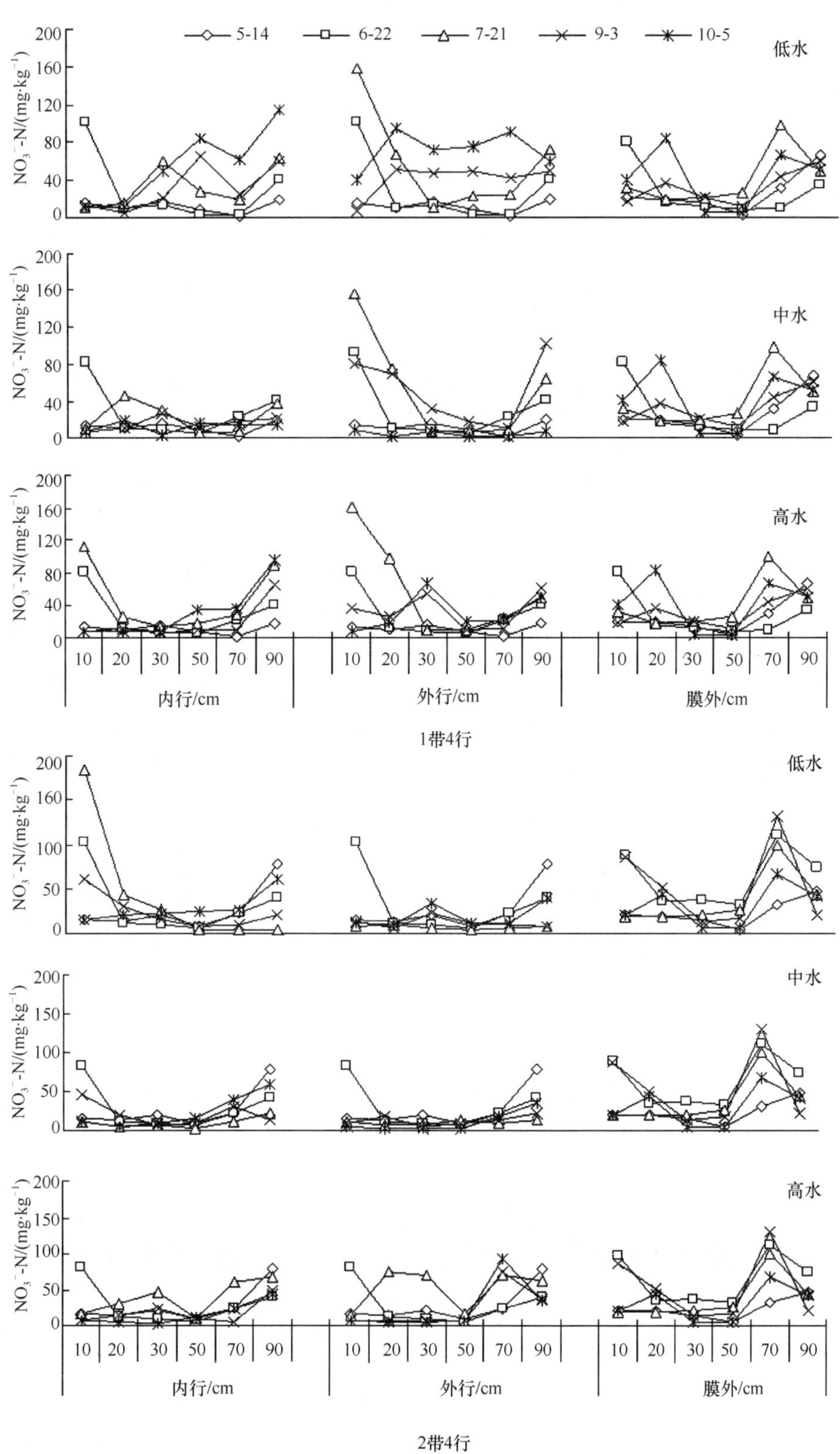
5-14
6-22
7-21
9-3
10-5
低水
中水
高水
NO_3^--N/(mg·kg^{-1})
10 20 30 50 70 90
内行/cm
外行/cm
膜外/cm
1带4行
2带4行

(a) 高肥N_{240}

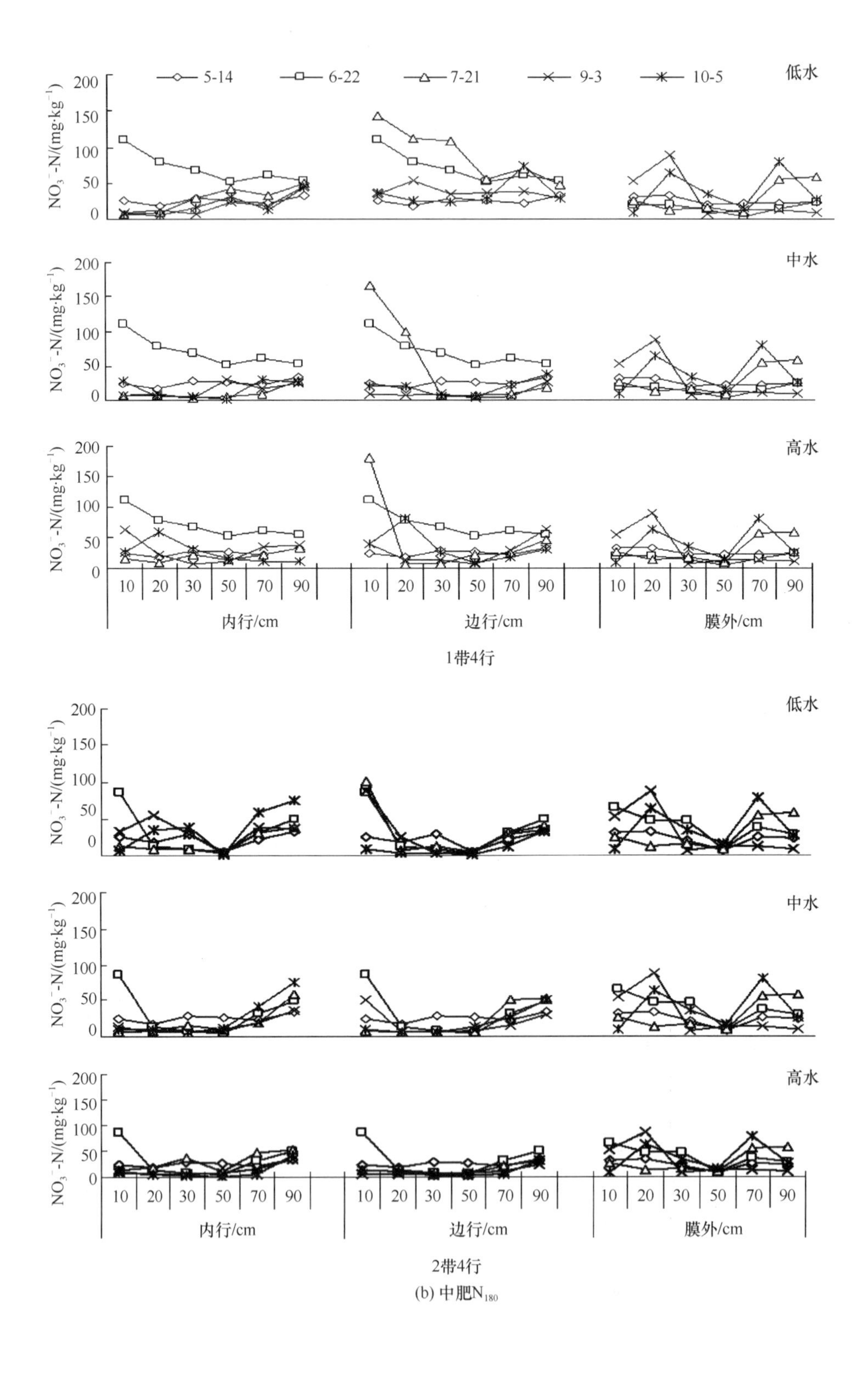

1带4行

2带4行

(b) 中肥N_{180}

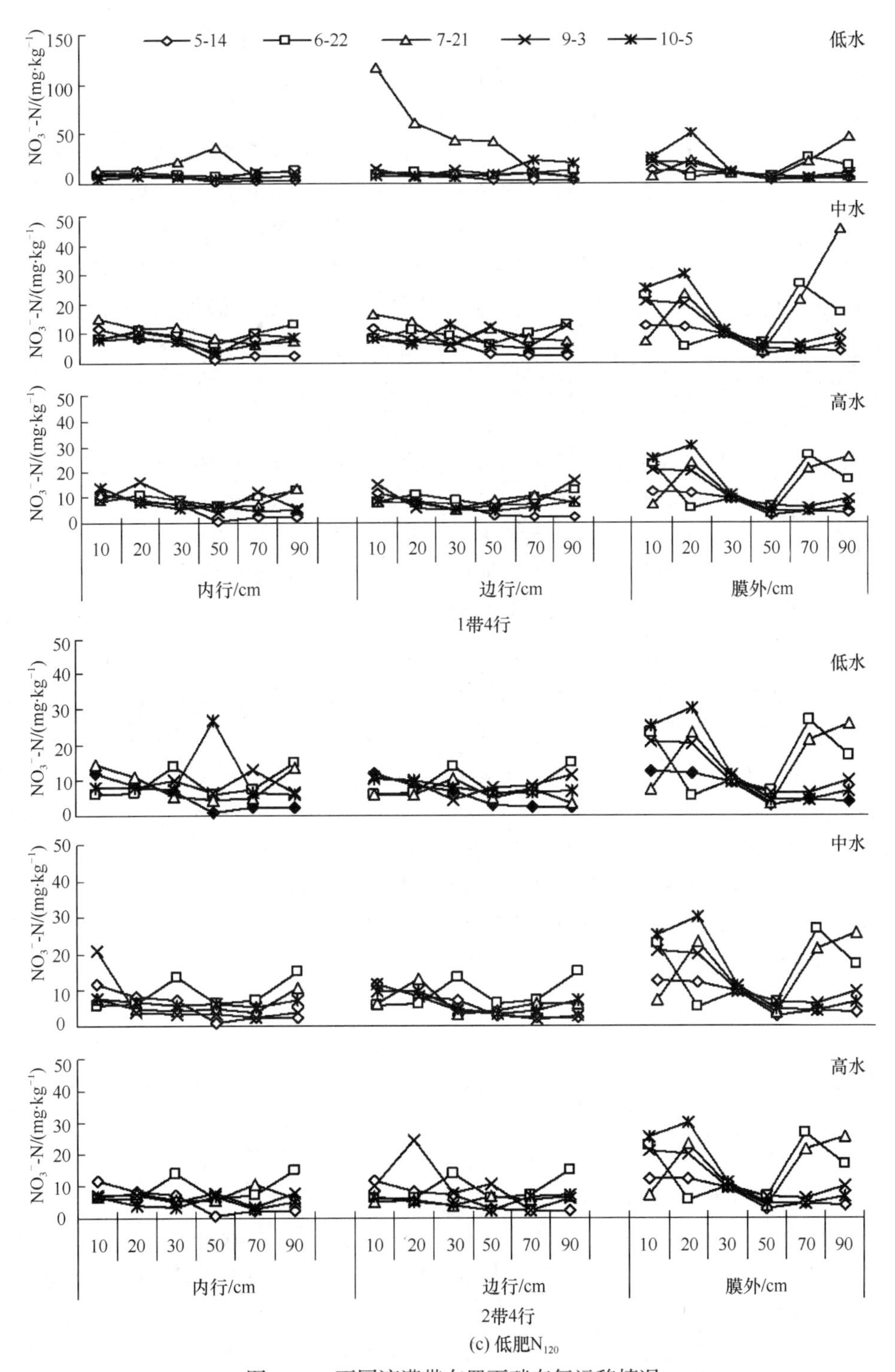

(c) 低肥N_{120}

图 4-21　不同滴灌带布置下硝态氮运移情况

由于受施肥、灌水和天气变化的影响较小，其硝态氮含量变化不大，随生育期推进硝态氮含量有不同程度的降低；土壤硝态氮含量变化幅度0～30 cm土层大于30～60 cm土层，30～60 cm土层变化又略小于60～90 cm土层；棉花完成整个生育期对氮素吸收后，土壤硝态氮在0～30 cm均出现明显的累积。

棉花播种时，表层土壤硝态氮含量略高一些，随着土壤深度的增加，硝态氮含量基本上没有多大变化；各个肥料处理之间因为含水量基本相同也没有多大的差异。棉花苗期因为还没有灌水开始的缘故，棉花的内行与外行硝态氮含量在表层的含量稍大一些，随着深度的加大硝态氮含量逐渐变小，这是因为氮元素的转化作用并且随水分有了一定的运移。但是在这一阶段由于没有灌水，土壤中的水分大部分是播种前大水漫灌的水分。因此，水分很少进行水平运移，只是在垂直方向有了一定的随水分运移的现象。

棉花蕾期在90 cm土层内，因为灌水的原因，棉花边行硝态氮含量明显提高，特别是土壤表层的含量明显高于其他层次的土壤硝态氮含量。不同处理各个土层均明显降低，并且施肥量越小，降低越甚。1带4行低肥和低水时在边行土壤硝态氮含量明显高于其他层次，并且随着土壤深度的增大硝态氮含量逐渐减小。但是高水与中水时，由于水分运移时把硝态氮带到了外面，同时由于土壤硝态氮含量较低和植株的吸收，导致在蕾期边行的土壤硝态氮含量没有明显高于其他层次，而是呈现平缓状态。1带4行中肥和高肥时，不管是在边行还是内行硝态氮含量均随着土壤深度的增加逐渐较小。在50～90 cm变化逐渐变平稳。在不同土壤层次，与播种时相比，蕾期土壤硝态氮变化最为剧烈，在低施氮量处理中，上层土壤硝态氮降低最大，而在高施肥量处理时由于施肥的影响，上层硝态氮含量则有很大提高。另外，所有施氮肥处理，随着土壤深度的增加硝态氮含量随之降低。在70～90 cm土层施氮量在240 kg · hm^{-1}时，硝态氮含量明显超过了播种时的水平，这说明在棉花生长期间土壤硝态氮向土壤深层淋洗的现象比较严重，出现深层渗漏的现象可能性非常大。因为在高肥时，低水和中水下，在70～90 cm土层的硝态氮含量没有明显减少，但是高水时，由于水分的作用，高水高肥在70～90 cm硝态氮含量明显的降低说明很可能发生了深层渗漏。另外，在膜内所有水氮处理，随着土壤深度的增加硝态氮含量随之降低，一般在70～90 cm土层含量最低。但是膜外在20 cm最大，然后变小，在底层时又变大，各土层硝态氮含量变化有“低变高”、“高变低”，然后再“低变高”的趋势。

棉花花铃期，由于棉花生长速度加快，进入旺盛生长期，对氮素的吸收强度增大。在土壤硝态氮的变化上，测定结果表明，由于土壤中其他形态氮素的转化无法补充棉花对硝态氮的消耗，在中、低施氮量处理均有硝态氮亏缺区出现，氮肥用量越低出现亏缺越严重。即使在高施氮量处理下，某些处理也出现了硝态氮含量降低的土层。在50～90 cm土层下，硝态氮含量也稍微超过了播前水平，而即使在低氮肥用量120 kg · hm^{-1}时，个别处理也有高出播种时的现象，这说明在棉花生长期间土壤硝态氮向土壤深层淋洗的现象比较严重。

棉花吐絮期，植株生长已经缓慢下来，对氮素的吸收也在逐渐减少，即在花铃期出现亏缺的土层到了吐絮期由于土壤中其他形态氮素的转化补充，土壤中的硝态氮得到了一定恢复。

本试验是在保证作物的正常生长所需氮的同时维持根系层无机氮含量在合理的范围，从而减少氮素的流失和残留，提高氮肥的利用效率。特别是在大幅度减少氮肥使用的同时保证棉花的产量和品质，兼顾了作物高产和环境两方面的需要。产量的形成是水肥、田间管理等多方面影响的结果，因此进一步提高氮肥的利用应采取综合管理措施并提高产量水平。对作物需氮量的估算是优化施氮的重要前提，作物需氮量和作物长势又受到气候、地块产量水平、品种、水肥、田间管理等多因素的影响。因此，氮肥的优化管理应建立在综合的高产、优质栽培的基础上，并根据作物的生长动态和气候条件等对目标产量作出准确的预测。

2 带 4 行时由于水分的作用，硝态氮多聚集在膜中间地带，同时灌水量的不同也导致了硝态氮运移距离的不同，从理论上讲随着灌水量的增大，硝态氮水分运移距离越大。但是由于大田试验的局限性，因此只有在低灌水量时才能看出硝态氮随水分运移的现象。但是随着灌水量的增大硝态氮运移距离的增大，使得在中水和高水时硝态氮聚集现象不是很明显。灌溉是影响硝态氮淋失的重要因素之一。灌溉带来的下渗水流是累积在土壤中的硝态氮向下迁移直至淋失的必要条件，即水是运载工具。供水量和供水方式都对硝态氮的迁移淋失有重要作用。随着灌水量的增大土壤深层硝态氮含量逐渐增大。

4.6.3 棉花膜下滴灌不同滴灌带布置对植株吸氮量的影响

氮素作为作物的大量元素之一，是棉花生长、发育和产量形成的基础。国内外对不同生育期及不同成熟期品种的棉花氮素累积动态进行了研究，但是由于研究处在不同气候生态区，以及棉花品种的差异，结果也不尽相同，而且棉花具有奢侈吸肥的特性，过去少次高量的施肥模式与多次少量的施肥模式下的棉花氮素累积动态有所差异，因此，通过膜下滴灌进行棉花氮肥的一次施用，由于灌水定额低，降低硝态氮淋洗，氮肥主要分布在根系附近。因此，本节根据土壤剖面中土壤硝态氮的分布与积累，计算土壤 0～90 cm 硝态氮的动态平衡，以期为氮肥合理施用，减少氮素损失提供依据。近几年来，中国棉花生产获得了较大的发展，种植面积不断增长。尽管如此仍不能满足国内纺织企业对棉纤维的需求，缺口较大，而且每年需要从国外进口。由于受耕地面积、水资源和复种指数的限制，种植面积增加的潜力已经不大，进一步增加产量的关键在于提高单产，尤其是提高低产田棉花产量。近年来既得益于新品种的应用和推广，更是因为以“矮、密、早、膜、壮、高”为特点的高产栽培技术体系的日益成熟和完善，同时水肥施用对提高单产起到重要作用。在棉区植棉农户为了获得稳定产量，往往习惯于进行多施肥、多灌水的策略，导致了水分和肥料的大量浪费，并且导致了环境的污染。水资源是限制干旱半干旱地区农业发展最主要的因素，地表水资源仅够 75%耕地的需要，因此粗放的灌溉方式加剧了水的供需矛盾。研究表明，通过基于土壤氮素实时监控技术和土壤水分实时监测技术进行分阶段氮肥和水分推荐，采用过程控制结果的技术手段，同步作物水氮需求和土壤水氮供应，能够大幅度减少施氮量和灌水量。本研究的目的在于，通过对比不同滴灌带布置下的不同水氮处理在产量、品质、水分利用效率和氮肥利用效率的影响，同时在于通过对比分析找出进一步优化的可能性和途径，以便更好地指导农民进行生产。

从表 4-21 可以看出，棉花不同生育时期，植株吸收氮素呈现一定的规律。在苗期和蕾期氮素主要集中在叶片，随着生育进程逐渐向茎秆运移；花铃期由于生殖器官的大量形成，氮素大量运移往生殖器官。在蕾期到吐絮期间，各处理的蕾铃中的氮素分配率表现为随着施氮量的增加而增加的趋势。

表 4-21　一膜四行不同生育期阶段各器官全氮素吸收量和比例

处理	时期	吸氮量/($kg \cdot hm^{-2}$)					占吸氮量比例/%				
		根	茎	叶片	蕾铃	总数	根	茎	叶片	蕾铃	总数
N_{120}	苗期	4.94	10.94	24.25		40.13	12.31	27.26	60.43		100
	蕾期	7.19	31.61	56.00	38.89	133.69	5.33	23.41	43.70	27.56	100
	花铃期	4.72	34.06	43.26	128.58	210.62	2.24	16.17	20.54	61.05	100
	吐絮期	6.21	43.26	58.49	151.58	259.54	2.39	16.67	22.54	58.40	100
N_{180}	苗期	5.70	14.90	29.08		49.68	11.48	30.00	58.52		100
	蕾期	5.72	40.70	61.67	36.25	144.34	3.97	28.03	42.83	25.17	100
	花铃期	4.12	38.78	47.52	133.86	224.28	2.29	17.3	21.13	59.28	100
	吐絮期	7.06	51.34	47.52	149.86	255.77	2.72	19.76	18.29	59.23	100
N_{240}	苗期	6.48	17.55	30.65		54.68	11.85	32.09	56.06		100
	蕾期	4.71	33.81	69.02	41.59	149.13	3.57	25.61	52.29	18.53	100
	花铃期	6.66	48.56	53.26	145.66	254.14	2.62	19.11	20.96	57.31	100
	吐絮期	4.88	48.73	53.26	155.66	262.53	1.86	18.56	20.29	59.29	100

从表 4-22 可以看出，棉花的吸氮量呈一定的规律，叶片和茎的吸氮量随着时间的推移逐渐增大，但是叶片和茎的含氮量比例在苗期最大，随着时间的推移，逐渐较少，吐絮期最小，这是因为叶片和茎的质量在棉花的各个器官中随着棉花的生长发育所占比例逐渐减小。根的变化没有一定的规律；蕾铃的吸氮量和氮素所占比例都在逐渐增加，这是因为蕾铃的质量和吸氮量都在增加。从不同的施肥量来看，在各个生育期内，植株的吸氮量随着施肥量的增加而增加。苗期低肥比中肥低 23.77%，比高肥低 36.26%；中肥比高肥低 10.09%；到了蕾期，棉花吸氮量突然增大，这是因为这个时期棉花的生长速度较快，干物质增长较大，导致吸氮量增大，比苗期的吸氮量大了 3 倍多，到了吐絮期，低肥的吸氮量为 269 $kg \cdot hm^{-2}$，中肥为 299.8 $kg \cdot hm^{-2}$，高肥则为 323.14 $kg \cdot hm^{-2}$，比低肥高了 20.13%，比中肥高了 7.79%。总之，棉花吸氮量在各个生育期随着施氮量的增加而增大。

表 4-22　2 带 4 行不同生育期阶段棉花氮素吸收量和比例

处理	时期	吸氮量/($kg \cdot hm^{-2}$)					占吸氮量比例/%				
		根	茎	叶片	蕾铃	总数	根	茎	叶片	蕾铃	总数
N_{120}	苗期	4.94	10.94	24.25		40.13	12.31	27.26	60.43		100
	蕾期	4.75	34.19	56.00	39.28	134.22	3.57	25.71	42.11	28.61	100
	花铃期	6.44	45.32	58.38	121.41	231.55	2.46	17.33	33.79	46.42	100
	吐絮期	6.06	48.38	60.59	153.97	269.00	2.03	16.18	30.29	51.50	100

续表

处理	时期	吸氮量/(kg · hm^{-2})					占吸氮量比例/%				
		根	茎	叶片	蕾铃	总数	根	茎	叶片	蕾铃	总数
N_{180}	苗期	5.70	14.90	29.08		49.67	11.48	30.00	58.52		100
	蕾期	7.75	56.25	66.19	45.21	175.40	4.51	32.70	38.48	24.31	100
	花铃期	3.53	80.85	54.55	141.87	280.79	1.21	27.80	22.20	48.79	100
	吐絮期	6.33	59.05	64.55	169.87	299.80	2.25	20.96	16.51	60.28	100
N_{240}	苗期	6.48	17.55	30.65		54.68	11.85	32.09	56.06		100
	蕾期	4.73	52.65	76.27	46.34	179.99	3.58	28.45	32.86	35.11	100
	花铃期	8.44	58.98	79.94	148.75	296.12	2.85	19.92	27.00	50.23	100
	吐絮期	6.45	58.00	79.94	178.75	323.14	2.06	18.52	25.53	53.89	100

4.6.4 结论与讨论

1 带 4 行时内行的土壤含水率较大，边行较小，膜外最小；2 带 4 行时边行的土壤含水率最大，内行次之，膜外最小。这是因为：1 带 4 行时滴灌带布置在膜中间，使得内行土壤含水率较大，又有薄膜的作用使得膜内行与边行的土壤含水率较大，而膜外的土壤含水率因滴灌带距离膜外距离较大，几乎不受灌水的影响，只有降雨的时候膜外土壤含水率才会增加；2 带 4 行时滴灌带布置在膜边行，使得边行土壤含水率较大，这是由于一个膜下有两根滴灌带，滴灌带间距小于 1 带 4 行，这就使得内行土壤含水量稍微小于边行的，没有 1 带 4 行时内行与边行差异性大，膜外高水时受灌水的影响，土壤含水量的变化趋势随着灌水而增加。

硝态氮受水分的影响，不同滴灌带下硝态氮运移情况不一样。1 带 4 行时，水平方向上硝态氮向膜边缘地带移动以至膜边硝态氮含量远远大于内行与膜外，垂直方向上不同施氮处理土壤硝态氮含量由表层至深层逐渐降低。2 带 4 行时由于水分的作用，水平方向上硝态氮多聚集在膜中间地带，同时灌水量的不同也导致了硝态氮运移距离的不同，从理论上讲，随着灌水量的增大，硝态氮水分运移距离越大。但是由于大田试验的局限性，只有在低灌水量时能显示出硝态氮随水分运移的现象。而且随着灌水量的增大硝态氮运移距离的增大，使得在中水和高水时硝态氮聚集现象不是很明显。灌溉是影响硝态氮淋失的重要因素之一。灌溉带来的下渗水流是累积在土壤中的硝态氮向下迁移直至淋失的必要条件，即水是运载工具。供水量和供水方式都对硝态氮的迁移淋失有重要作用。随着灌水量的增大土壤深层硝态氮含量逐渐增大。

棉花在各生育阶段的生长中心不同,吸收的氮素在各器官中的分布也有较大的差异。不管是 1 带 4 行，还是 2 带 4 行植株含氮量在苗期和蕾期氮素均主要集中在叶片上，随着棉花的生长发育，氮素的含量逐渐向棉花生殖器官转移，并且棉花生殖器官的含氮量随着棉花的生育期的推移，含氮量比例逐渐增大。

4.7 不同滴灌带布置对棉花生长和水分利用效率的影响

4.7.1 不同滴灌带布置对棉花株高变化趋势

棉花的株高用子叶节到顶芽的长度来表示，主要是靠节数的增加和节间的延长，在生产实践中，节数的增加有利于果枝的形成，对增加棉花的产量有重要的意义。一般来说，水分条件过于充足就会导致植株的徒长，不利于棉花的生殖生长，这就需要通过控制棉花灌溉量在一定程度上来实现。株高的测量从 5 月 31 日开始，以后每隔一周左右测量一次棉花的株高，直至棉花打顶后。随着灌水量和施肥量的不同，在苗期阶段植株之间生长差异性较小，开始现蕾以后，随着气温和地温的逐渐增高，植株生长加快，尤其到了花期植株生长最快，差异性逐渐明显。本试验结果表明，不同氮肥水平处理对棉花的生育进程影响不是太大，不同的氮肥处理在苗期和蕾期没有明显的差异，盛蕾期后不同氮肥水平处理间株高差异性逐渐增大，表现为高氮＞中氮＞低氮。

4.7.1.1 1 带 4 行时不同水肥处理对棉花株高的影响

膜下滴灌直接将所需要的水分灌入根区，为作物创造了良好的生长条件。土壤水分在重力和毛管力的作用下向四周扩散，并且由于硝态氮具有随着水分运移的特性，硝态氮向边行聚集。但是土壤含水量的不同影响到棉花的生长发育。从图 4-22 可以得知，将靠近地膜边缘的棉花称为边行，中间两行的称为内行。由于滴灌带的不同布置方式导致了土壤湿润效果和肥料分布的不同，使得棉花生长在边行和内行的棉花株高也不一样，如图 4-22 所示。由于滴灌带只是中间行进行布置，内行棉花根系处在含水率较高的环境中，土壤水分环境好，因此棉株生长最快。而且因为边行棉花处在窄行和膜外土壤水分包围中，膜外土壤含水率很低，棉花根系主要偏向窄行生长，膜外根系较少，又受水分胁迫，所以边行棉花生长较慢。膜边行的棉花株高要比内行棉花株高低 10 cm 左右。

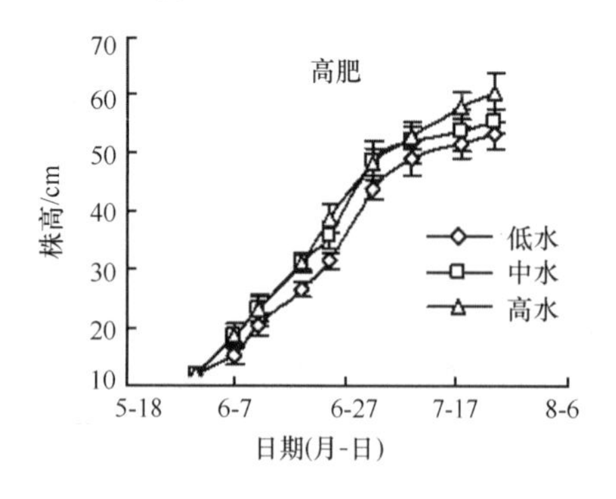

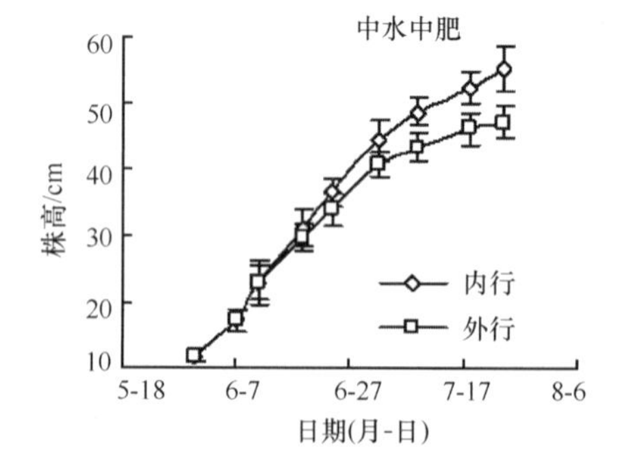

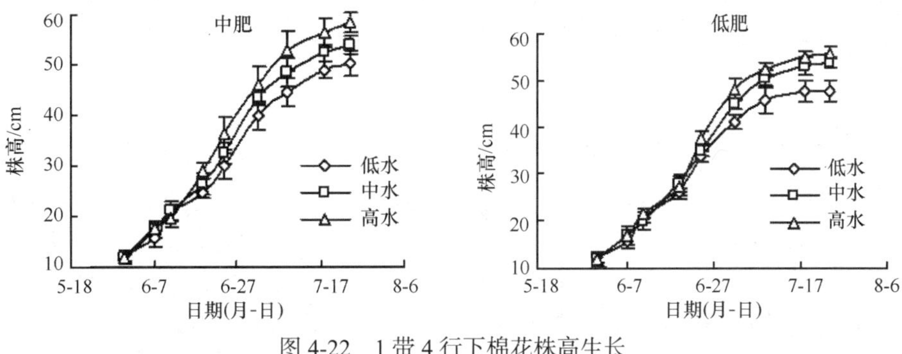

图 4-22　1 带 4 行下棉花株高生长

4.7.1.2 2 带 4 行时不同水肥处理对棉花株高的影响

从图 4-23 可以看出，在 2 带 4 行布置下不同处理之间的差异性不是十分明显，内行与边行的株高差异性也不是很大，一般在 5 cm 左右。这是因为在 2 带 4 行的情况下能够满足作物水分的需要。但是这样会使成本大幅度增加，本试验就在减少成本的同时，且棉花产量没有明显减少的情况下提高滴灌带的利用效率。通过减少滴灌带的使用，不仅节约了水资源，而且取得了良好的经济效益和生态效益。水分的“就近分配”使受水量较多及膜内温度较高的中行植株主茎生长量大于边行，出现边行低、中行高的现象。其中 1 带 4 行边、中行株高相差 8～10.4 cm，2 带 4 行相差 4～5 cm，随着棉花生长，至打顶前，边、中行株高差距逐渐减小，这种边行和中行的株高差有利于塑造棉花田间群体“二台阶”的双层结构，可充分利用光热资源，通风透光，减少田间植株郁蔽，降低蕾铃脱落。

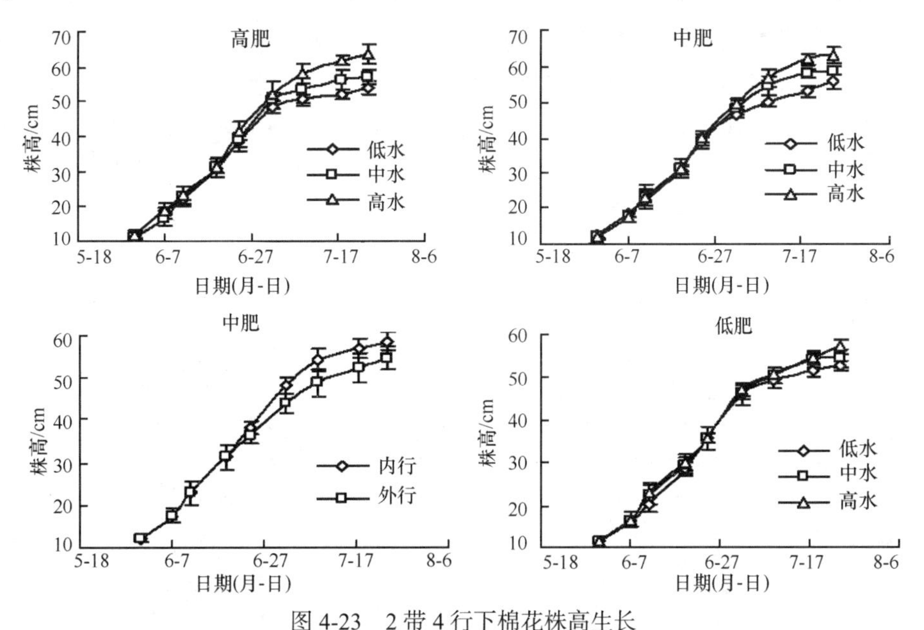

图 4-23　2 带 4 行下棉花株高生长

4.7.1.3 不同滴灌带布置下棉花叶面积指数变化情况

1）不同水分处理对棉花叶面积指数（LAI）的影响

在两种不同的滴灌带布置下，3 种施肥量下叶面积指数变化趋势如图 4-24 所示。在不同生育期，棉花叶面积指数表现为：在结铃期以前，随着时间的推移叶面积指数在增加，不管是 1 带 4 行还是 2 带 4 行都是以高肥叶面积指数最大，但是生育期前期不同肥料处理之间差异性较小；随着棉花的生长发育，差异性逐渐开始明显。2 带 4 行不同的施肥处理对棉花叶面积指数影响不是太大,但是随着施肥量的增加叶面积指数也在增大，特别是低肥处理，在棉花生长后期下降较快。

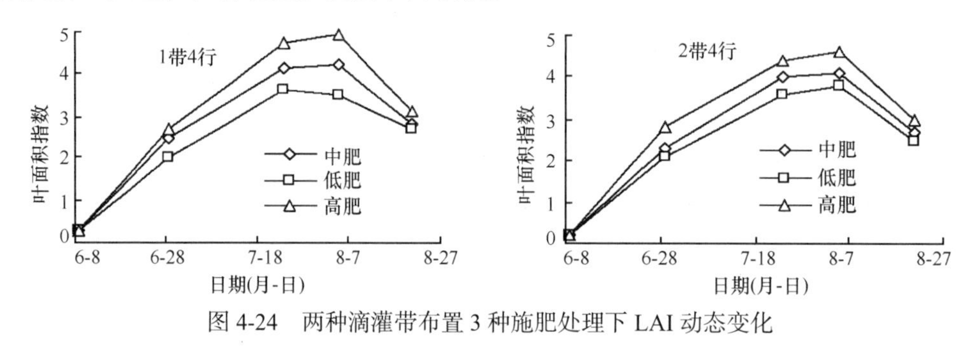

图 4-24 两种滴灌带布置 3 种施肥处理下 LAI 动态变化

2）不同肥料处理对棉花叶面积指数的影响

棉花叶面积指数在整个生育期的变化呈单峰型，在不同滴灌带布置下不同的水肥处理对棉花叶面积指数有较大的影响。合理的群体冠层结构，最适的叶面积指数是充分利用光能提高棉花产量的重要途径之一。从图 4-25 可以看出，叶面积指数受土壤水分的影响较大，土壤含水率越高，作物叶面积指数越高，可能造成棉花旺长，营养生长期延长，生殖生长较晚，经济产量降低。一定范围内的增加灌水量有利于 LAI 增加，但是不同水分处理下叶面积指数差异性较大。1 带 4 行时不同灌水量之间的差异性较 2 带 4 行的大，这是因为 1 带 4 行时，边行棉花对水分的需求处于饥渴状态的，所以随着灌水量的加大，叶面积指数也随之增大。综合可以看出水分对棉花叶面积指数较肥料影响大。

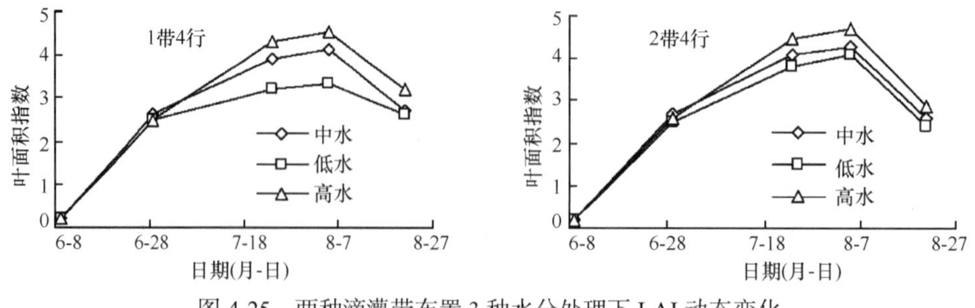

图 4-25 两种滴灌带布置 3 种水分处理下 LAI 动态变化

4.7.1.4 不同滴灌带布置下棉花品质的差异性

棉花品质主要是由 3 个方面决定的：一是遗传品质，受遗传基因或品种本身的影响；二是生产品质，受栽培管理措施及气候环境等的影响；三是加工品质，受采收、加工过程的影响。试验过程中只有生产品质可以提高，这就要通过合理的栽培管理。由于棉花生育期和生育速度的变化会对棉花的品质有一定的影响，而且不同的滴灌带布置下不同水肥处理会导致棉花生育期的差异，进而使得棉花的品质有了一定的差异性。

从表 4-23 中可以看出，皮棉产量各施氮处理均随着灌水量的增大而增大，其中以高氮处理增产效果最显著，低水时，中肥比低肥高 34%，但是高肥与中肥没有差异性；中水中肥比低肥高 13.60%，高肥比中肥高 18.67%；高水时中肥比低肥高 21.56%，中肥与高肥之间没有差异性。各处理间衣分差别不明显。各时期单铃重均以高氮处理最高。当施肥量相同时，随着灌水量的增大，单株铃数逐渐增加，但是铃重的变化不太明显。低肥的情况下，因为肥料的不足使得单株铃数和铃重的变化不是随着灌水量的增大而增大。

表 4-23　1 带 4 行下棉花产量构成指标

处理	单株铃数	铃重/g	衣分/%	绒长/mm	籽棉产量/(kg · hm^{-2})
$W_{120}N_{120}$	4.58abc	6.57a	0.42a	48.2ab	2577.25c
$W_{180}N_{120}$	3.17c	4.47b	0.42a	50.8a	3230.67b
$W_{240}N_{120}$	4.93abc	5.08ab	0.46a	44.2bc	3478.52b
$W_{120}N_{180}$	3.86abc	4.74ab	0.42a	42.2c	3454.19b
$W_{180}N_{180}$	3.87bc	4.57b	0.45a	44.8bc	3669.86b
$W_{240}N_{180}$	5.62bc	5.49b	0.41a	44.1bc	4228.35a
$W_{120}N_{240}$	4.22abc	4.67ab	0.46a	51.9a	3422.48b
$W_{180}N_{240}$	4.57abc	5.13ab	0.46a	45.8bc	4354.75a
$W_{240}N_{240}$	5.98a	4.47ab	0.42a	45.6bc	4413.50a

从表 4-24 可以看出，不同处理间单株铃数没有明显的差异，铃重是随着灌水量的增大而增大，与肥料之间的关系不是十分明显。不同的水肥处理下衣分的差异性不是很明显。从表中的数据可以看出，不同处理之间绒长存在差异性，但是仅仅从水分或者肥料来看，没有一定的规律，这可能是水肥耦合的结果。籽棉产量的差异性较大，从不同的水分处理来看，不同的施肥水平下产量逐渐增高，低水时，中肥与低肥没有差异性，高肥比中肥高 16.01%；中水时，中肥比低肥反而减小，这可能是试验中出现的问题，高肥比中肥高 22%；高水时，高肥、中肥、低肥差异不是很大。与 1 带 4 行相比，2 带 4 行的籽棉产量整体较高，从产量来看 2 带 4 行较合理，但是综合投资、水分利用效率等因素，可以得知 1 带 4 行下中水高肥较为合理。

4.7.1.5 不同滴灌带布置下棉花产量和水分利用效率

棉花生育期有效降雨量为 160 mm，由于不同的灌水量和施肥量使得土壤水、热环境不同，作物的生长状况也不同，所产生的株间蒸发也不同，不同的处理对作物生长发育所产生的影响，最终将反映在各个处理的籽棉产量和水分利用效率上。而作物生长的最终目的是通过进行合理的灌溉管理，在充分利用土壤水资源的条件下，尽可能获得较高的产量。这需要对作物水分利用效率作具体分析。

表 4-24 2 带 4 行时棉花品质构成指标

处理	单株铃数	铃重/g	衣分/%	绒长/mm	籽棉产量/(kg · hm^{-2})
$W_{120}N_{120}$	3.86c	4.85d	0.42ab	48.4ab	3619.38d
$W_{180}N_{120}$	6.34abc	5.3cd	0.40b	50.6a	4597.52bc
$W_{240}N_{120}$	5.97abc	5.91abc	0.45a	45.8cd	4751.36bc
$W_{120}N_{180}$	3.87c	4.79d	0.44ab	43.4d	3830.49d
$W_{180}N_{180}$	5.28bc	4.94d	0.43ab	45.1d	4041.03cd
$W_{240}N_{180}$	7.38ab	5.88abc	0.40b	44.5d	5023.55ab
$W_{120}N_{240}$	4.57c	5.49bcd	0.41ab	48.3ab	4443.73bc
$W_{180}N_{240}$	4.58c	6.24ab	0.45a	47.9bc	4929.70ab
$W_{240}N_{240}$	8.45a	6.49a	0.41b	50ab	5317.59a

施肥在作物生理指标上的影响，最终表现在产量上。由于施肥显著增加了作物产量，因而也显著提高了水分利用效率。表 4-25 列出了不同的水肥处理对棉花产量、干物质和水分利用效率的影响，数据显示，相同灌水量不同施肥处理下，水分的消耗没有明显的差异，但是由于显著地增加了棉花的产量，水分的利用效率也明显提高，提高程度因施肥量而不同。随着施氮量增加，水分利用效率一直稳定增加。从表可以得知，在低水时，随着施肥量的增加，水分利用效率逐渐增加，中肥水分利用效率比低肥增加 28.87%，高肥水分利用效率比中肥高 3.9%。但是随着灌水量的增加水分利用效率并不一定增加，灌溉量较低和中等水平下，相同的灌水量时，随着施肥量的增大土壤水分利用效率也逐渐增加，但是在高水时水分利用效率反而下降，说明灌水量是有一定的限度的。超过这个度水分利用效率将会减小，甚至会减产。从表中可知，灌溉量较低时中肥比低肥水分利用效率高 29.7%，籽棉产量高出 34%，而耗水量和植株干物质还有根冠比差异性不是太大，高肥下产量并没有明显提高，但是水分利用效率提高了 33.2%；中水的情况下，产量只有在高肥时才有明显的提高，低肥和中肥之间的产量没有明显的差异；在高水量的情况下，随着施氮量提高，水分利用效率有所提高，随着氮肥的进一步增加，水分利用效率开始下降。这是因为过多氮素，使得茎叶旺长，生殖器官形成受阻，蒸腾过大，导致了水分利用效率的下降。灌水量越大，耗水量越多，这是由于籽棉和生物量的形成并为随着灌水量的增加而按比例增加，同时每次灌水量的增加导致了上层土壤含水量的增大，改善了植株的水分状况而增加了蒸腾耗水，同时株间蒸发也加大，使得在每次灌水之后都会产生一个耗水高峰，致使水分利用效率下降。因此从产量和水分利用效率来分析，$W_{180}N_{240}$ 处理比较经济。

表 4-25　1 带 4 行下棉花干物质和水分利用效率

处理	灌水量/mm	耗水量/mm	地上干物质/(g · 株$^{-1}$)	根系干重/(g · 株$^{-1}$)	根冠比	WUE_{ET}/(kg · mm^{-1})
$W_{120}N_{120}$	90	430	36.01cd	3.01b	0.098a	5.99
$W_{180}N_{120}$	150	481	38.37bcd	3.25ab	0.097a	6.72
$W_{240}N_{120}$	210	525	40.75bcd	4.09a	0.110a	6.63
$W_{120}N_{180}$	90	444	34.33d	3.05b	0.109a	7.77
$W_{180}N_{180}$	150	479	39.99bc	3.48ab	0.121a	8.66
$W_{240}N_{180}$	210	503	44.74ab	3.65ab	0.092a	8.41
$W_{120}N_{240}$	90	429	36.82cd	3.25ab	0.090a	7.98
$W_{180}N_{240}$	150	484	38.64cd	3.12ab	0.092a	9.00
$W_{240}N_{240}$	210	525	47.77a	4.07a	0.089a	8.40

表 4-26 列出了在 2 带 4 行布置条件下，不同水肥处理对棉花干物质和水分利用效率的影响，数据显示地上干物质部分差异性比较大，以高水高肥的最大，当灌水量下降时，地上干物质明显减少。与 1 带 4 行相比，2 带 4 行时水分利用效率明显增大，这是因为 2 带 4 行时水分充足，并且水分没有下渗到深处。1 带 4 行时，低水和中水情况下边行距棉花离滴灌带较远，使得棉花不能很好地吸收水分，导致水分可能向深处渗漏，并且边行棉花不能得到水分而影响到产量，使得水分利用效率较低，但是高水时，水分能运移到边行棉花根部，使得棉花产量增大，水分利用效率也随之提高。

表 4-26　2 带 4 行下面棉花干物质和水分利用效率

处理	灌水量/mm	耗水量/mm	地上干物质/(g · 株$^{-1}$)	根系干重/(g · 株$^{-1}$)	根冠比	WUE_{ET}/(kg · mm^{-1})
$W_{120}N_{120}$	140	447	25.67g	2.19e	0.087b	8.04
$W_{180}N_{120}$	200	509.9	43.22e	4.09c	0.101b	8.10
$W_{240}N_{120}$	270	580.0	52.37bc	4.74b	0.091b	7.72
$W_{120}N_{180}$	140	454.2	35.43f	2.97d	0.089b	7.94
$W_{180}N_{180}$	200	497.9	47.11d	3.00d	0.064c	8.05
$W_{240}N_{180}$	270	570.1	56.00b	5.04b	0.094b	8.17
$W_{120}N_{240}$	140	444.6	40.85e	4.48b	0.111a	8.79
$W_{180}N_{240}$	200	509.6	50.29cd	4.66b	0.099b	8.56
$W_{240}N_{240}$	270	565.5	59.15a	5.70a	0.094b	8.51

4.7.1.6 棉花蒸散量和产量的关系

图 4-26 表明，从总的趋势来看，实际蒸散量与籽棉产量二次相关。1 带 4 行时籽棉产量(y)与实际蒸散量(x)之间的关系为：y=–0.0319x^2+39.668x–7868，相关系数 R^2=0.7348。而 2 带 4 行时籽棉产量(y)与实际蒸散量(x)之间的关系为：y=–0.0148x^2+21.566x–2639.5，相关系数 R^2=0.85。从图可以看出，实际蒸散量多在 300 mm 以上，蒸散量在 400～

550 mm 时，氮素是籽棉产量的限制性因素。因此随着蒸散量的增大，氮素成为了抑制籽棉产量的决定因素。

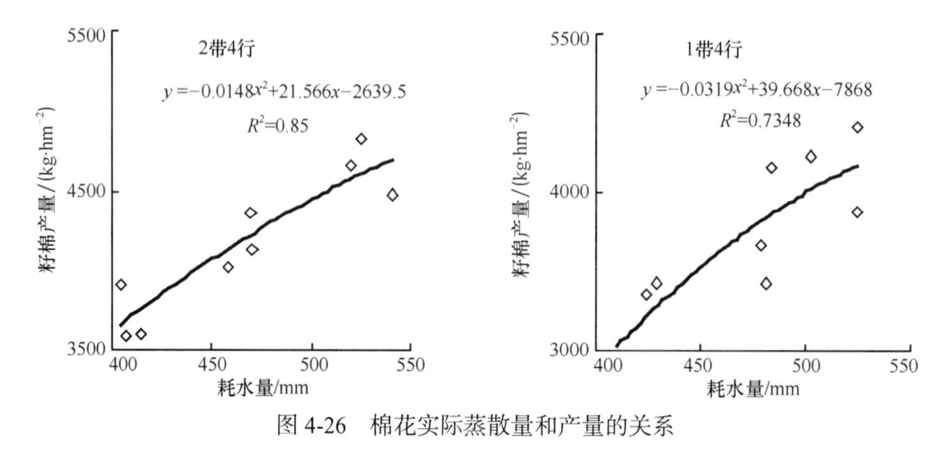

图 4-26 棉花实际蒸散量和产量的关系

4.7.2 结论

滴灌带的不同布置方式导致了土壤湿润效果和肥料分布的不同，使得棉花生长在边行和内行的棉花株高也不一样。1 带 4 行时，滴灌带只在中间行进行布置，内行棉花根系处在含水率较高的环境中，土壤水分环境好，因此棉株生长最快，而边行棉花处在窄行和膜外土壤水分包围中，膜外土壤含水率很低，棉花根系主要偏向窄行生长，膜外根系较少，而且受水分胁迫，故边行棉花生长较慢。膜边行的棉花株高要比内行棉花株高低 10 cm 左右。2 带 4 行的布置下的不同处理之间的差异性不是十分明显，内行与边行的株高差异性也不是很大，一般在 5 cm 左右。

1 带 4 行下因为水分对边行影响较大，使得叶面积指数在相同的水肥处理时小于 2 带 4 行，并且水分对棉花叶面积指数较肥料影响大。2 带 4 行不同的施肥处理对棉花叶面积指数影响不是太大，但是随着施肥量的增加叶面积指数也在增大，特别是低肥处理，在棉花生长后期下降较快。棉花叶面积指数在整个生育期的变化呈单峰型，在不同滴灌带布置下不同的水肥处理对棉花叶面积指数有较大的影响。一定范围内增加灌水量有利于 LAI 增加，但是不同水分处理下叶面积指数差异性较大。1 带 4 行时不同灌水量之间的差异性较 2 带 4 行的大。

从整个试验的结果来看，高水高肥的产量最高，但是综合各项指标来看，2 带 4 行低水高肥的组合相对较好，而 1 带 4 行时中水高肥相对较好，这样通过合理的组合来实现高水分利用效率和高产；从棉花实际蒸散量和产量的关系来看，随着蒸散量的增大氮素成为了抑制籽棉产量的决定因素。

参 考 文 献

胡国智，张炎，李青军，等. 2011. 氮肥运筹对棉花干物质积累、氮素吸收利用和产量的影响. 植物营养与肥料学报，17(2)：397-403

胡田田，康绍忠，李志军，等. 2009. 局部湿润方式下玉米对不同根区氮素的吸收与分配. 植物营养与肥料学报，15(1)：105-113

李培岭，张富仓，贾运岗. 2009. 不同沟灌方式棉花的水氮耦合效应. 应用生态学报，20(6)：1346-1354
李培岭，张富仓，贾运岗. 2010. 交替隔沟灌溉棉花群体生理指标的水氮耦合效应. 中国农业科学，43(1)：206-214
李学刚，宋宪亮，孙学振，等. 2010. 控释氮肥对棉花叶片光合特性及产量的影响. 植物营养与肥料学报，16(3)：656-662
王欢元，胡克林，李保国，等. 2011. 不同管理模式下农田水氮利用效率及其环境效应. 中国农业科学，44(13)：2701-2710
王平，陈新平，田长彦，等. 2005. 不同水氮管理对棉花产量、品质及养分平衡的影响. 中国农业科学，38(4)：761-769
杨荣，苏永中. 2011. 水氮供应对棉花花铃期净光合速率及产量的调控效应. 植物营养与肥料学报，17(2)：404-410
Cabello M J，Castellanos M T，Romojaro F，et al. 2009. Yield and quality of melon grown under different irrigation and nitrogen rates. Agricultural Water Management，96：866-874
Dağdelen N，Başal H，Yılmaz E，et al. 2009. Different drip irrigation regimes affect cotton yield，water use efficiency and fiber quality in western Turkey. Agricultural Water Management，96：111-120
Dong H Z，Kong X Q，Li W J，et al. 2010. Effects of plant density and nitrogen and potassium fertilization on cotton yield and uptake of major nutrients in two fields with varying fertility. Field Crops Research，119：106-113
Hu X T，Chen H，Wang J，et al. 2009. Effects of soil water content on cotton root growth and distribution under mulched drip irrigation. Agricultural Sciences in China，8：709-716
Li H，Lascano R J. 2011. Deficit irrigation for enhancing sustainable water use：comparison of cotton nitrogen uptake and prediction of lint yield in a multivariate autoregressive state-space model. Environmental and Experimental Botany，71(2)：224-231
Li S T，Li Y，Zhang J H. 2010. Partial root zone irrigation increases water use efficiency，maintains yield and enhances economic profit of cotton in arid area. Agricultural Water Management，97：1527-1533
Liu R X，Zhou Z G，Guo W Q，et al. 2008. Effects of N fertilization on root development and activity of water-stressed cotton (*Gossypium hirsutum* L.) plants. Agricultural Water Management，95：1261-1270
Mansouri-Far C，Sanavy S A，Saberali S F. 2010. Maize yield response to deficit irrigation during low-sensitive growth stages and nitrogen rate under semi-arid climatic conditions. Agricultural Water Management，97(1)：12-22
Olson D M，Cortesero A M，Rains G C，et al. 2009. Nitrogen and water affect direct and indirect plant systemic induced defense in cotton. Biological Control，49：239-244
Tang L S，Li Y，Zhang J H. 2010. Partial rootzone irrigation increases water use efficiency，maintains yield and enhances economic profit of cotton in arid area. Agricultural Water Management，97(10)：1527-1533
Yudhveer S，Sajjan Singh R，Panna Lal R. 2010. Deficit irrigation and nitrogen effects on seed cotton yield，water productivity and yield response factor in shallow soils of semi-arid environment. Agricultural Water Management，97：965-970
Zhao D L，Reddyb K R，Kakani V G，et al. 2007. Canopy reflectance in cotton for growth assessment and lint yield prediction. European Journal of Agronomy，26：335-344

第5章　石羊河流域沟灌棉花的水氮耦合效应

水分和养分是密切关联的两大作物生长因子，近年来有关植物对水分、养分供应的反应及适应机制方面的研究逐渐增多(Zhao et al.，2007a；Lafarge and Hammer，2002)。研究表明，根系是作物最活跃的养分和水分吸收器官，在作物的生长发育和产量形成过程中起着非常重要的作用。主要农业措施如灌溉、施肥等都是首先影响根系的生长、分布和功能，然后对地上部起作用进而影响产量的高低(Webber et al.，2006；Du et al.，2006)。同时，根系的分布也直接影响土壤水分和养分的空间有效性(Mansouri-Far，2010；Zhao et al.，2007b)。根系对水分和养分的吸收，取决于与其接触的土壤空间及根系的生理活性和吸收能力(Kage et al.，2004；Cabello et al.，2009)，因此作物根系和养分在土壤中的分布直接影响着作物对养分的吸收。施肥量和灌水量对作物根系发展及作物养分吸收表明，通过改变灌水量和施肥量来调节棉株生长特征值，从而获得高产(Zhao et al.，2007b；Lafarge and Hammer，2002)。施肥过多不仅利用率低，而且易造成营养器官比例加大，棉株虽可获得较大的干物质和氮素累积，但不能适时向生殖器官转移，导致棉花产量降低(Cabello et al.，2009)。大田沟灌棉花在突破常规沟灌方式，采用交替隔沟灌溉和固定隔沟灌溉后，具有明显的节水效果，并且显著提高了农田水分利用效率。本章通过3种沟灌方式的大田棉花沟灌试验，研究不同沟灌方式对棉花水肥耦合效应，为大田棉花的水氮管理提供理论依据和实践指导。

5.1 不同沟灌方式棉花水氮耦合效应

现代农业强调水肥之间的交互作用，利用其存在的协同作用进行水肥综合管理是当前大田作物水氮管理的研究热点(Webber et al.,2006)。目前在棉花水分和养分管理方面，针对棉花灌水和施肥决策、棉花生长发育的水肥影响及根区水肥运移规律等研究较多。有研究者根据棉花的根系分布和生长发育特点，指出灌水量过多或过少均不利于高产和水分利用率的提高，在生育期适度缺水可提高棉花的产量和品质(Du et al.，2006)。棉花实行不同的灌水和施肥策略，对棉花根系的氮素吸收，减少氮肥在土壤中的残留，提高氮肥利用率等有明显的影响(庞云等，2007；张建恒等，2006)，适度的水分亏缺能够有效控制作物生长冗余，具有刺激根系生长和提高根系吸收功能的补偿效应(杜太生等，2005；Zegbe-Domínguez et al.，2003)。随着灌溉理论和技术的发展，国内外提出了许多节水灌溉新技术，通过控制部分根区湿润来调节气孔开度和控制水分消耗(Feng et al.，2007；胡田田等，2009)。本节利用控制性交替灌溉理论，研究大田棉花在不同沟灌方式下的产量、水分利用效率和氮素利用效率的水氮耦合效应，建立以产量、水分利用效率、氮素利用效率为目标的不同沟灌方式水氮优化方案，提出不同沟灌方式的水肥高效利用策略，以期为棉花水氮管理提供理论依据和实践指导。

5.1.1 材料与方法

5.1.1.1 研究区自然概况

于 2007 年 4～10 月在甘肃民勤农业技术推广中心试验站进行。该试验站位于甘肃石羊河流域的民勤县境内(北纬 38°05′，东经 103°03′，海拔 1340 m)，气候类型属温带大陆性干旱气候；多年平均降雨量 110 mm 左右，且多为 5 mm 以下的无效降水，7～9 月的降水占全年降水的 60%，年均自然水面蒸发量 2644 mm，干燥度 5.15；无霜期 188 d，绝对无霜期仅 118 d；日照时数大于 3010 h，＞10℃积温 3149.4℃；地下水埋深在 30 m 以下，1 m 土层内土质均为沙壤土，0～60 cm 土层含少量腐殖质和黏粒，粒径在 0.5～2.0 mm、60～100 cm 土层黏粒增多，有少量胶泥质腐殖质。1 m 土层内含盐量小于 0.4%，平均容重 1.51 g · cm^{-3}，田间持水量(θ_f)为 22.8%；土壤养分含量差异较小，有机质含量 8 g · kg^{-1}，全氮含量 0.8 g · kg^{-1}，速效磷平均含量 17.5 mg · kg^{-1}，速效钾含量 150～200 mg · kg^{-1}。

5.1.1.2 试验设计

供试棉花品种为‘新陆早 7 号’，参照该区地膜覆盖、足墒播种和矮秆密植的棉花种植模式，沟灌试验采用垄植沟灌方式。播种前开沟起垄，沟深 30～40 cm，沟宽 60 cm，垄顶宽 40 cm；覆膜膜宽 120 cm 左右，沟底留缝隙并盖土以便沟内水分入渗；覆膜后每垄种两行棉花，行距 25 cm，株距 18 cm，每穴保苗 2～3 株，种植密度为 1.95×10^5 株 · hm^{-2}。

试验设 3 种灌水方式，分别为常规沟灌(CFI)、交替隔沟灌溉(AFI)、固定隔沟灌溉(FFI)，以施氮量和灌水量作为试验因子，采用二次通用旋转组合设计，试验因子的零水平及变化间距见表 5-1，两个试验因子的编码值及田间试施量见表 5-2，另外在每种沟灌方式设置不施氮处理。各试验小区随机排列，每小区 8 垄 9 沟，垄长 7.5 m。为减少水分侧向入渗，各小区间以 2 沟 2 垄(宽 2 m)作为保护带。灌水时常规沟灌处理每条灌水沟均灌水，交替隔沟灌溉处理第 1 次灌第 1、第 3 条等单号沟，第 2 次灌第 2、第 4 条等双号沟，以后交替进行；固定隔沟灌溉处理始终灌第 1、第 3 条等单号沟，其余沟不灌水。各灌水沟的水量由灌水软管末端的水表控制，各处理锄草、施肥、化控、催熟等田间管理措施保持一致。

表 5-1　试验因子的零水平及变化间距

项目	AFI		CFI		FFI	
因素	施氮量 X_1 /(kg · hm^{-2})	灌水量 X_2 /mm	施氮量 X_1 /(kg · hm^{-2})	灌水量 X_2 /mm	施氮量 X_1 /(kg · hm^{-2})	灌水量 X_2/mm
零水平	95.2	128	95.2	128	95.2	128
变化间距	27.6	64	27.6	64	27.6	64

注：AFI 为交替隔沟灌溉；CFI 为常规沟灌；FFI 为固定隔沟灌溉。下同

表 5-2 试验因素的码值方案与田间实施方案

试验处理编号	码值方案		田间实施方案					
			AFI		CFI		FFI	
	施氮量 X_1	灌水量 X_2	施氮量 X_1 /(kg · hm^{-2})	灌溉量 X_2/mm	施氮量 X_1 /(kg · hm^{-2})	灌溉量 X_2/mm	施氮量 X_1 /(kg · hm^{-2})	灌溉量 X_2/mm
1	1	1	122.8	192	122.8	192	122.8	192
2	1	−1	122.8	64	122.8	64	122.8	64
3	−1	1	67.6	192	67.6	192	67.6	192
4	−1	−1	67.6	64	67.6	64	67.6	64
5	−1.414 21	0	56.2	128	56.2	128	56.2	128
6	1.414 21	0	134.2	128	134.2	128	134.2	128
7	0	−1.414 21	95.2	37.52	95.2	37.52	95.2	37.52
8	0	1.414 21	95.2	218.48	95.2	218.48	95.2	218.48
9	0	0	95.2	128	95.2	128	95.2	128
10	0	0	95.2	128	95.2	128	95.2	128
11	0	0	95.2	128	95.2	128	95.2	128
12	0	0	95.2	128	95.2	128	95.2	128
13	0	0	95.2	128	95.2	128	95.2	128

5.1.1.3 目标因子的测定方法

1）棉花产量

在棉花生育期结束，对不同沟灌方式的皮棉产量以小区为单位测定。

2）水分利用效率

在棉花播种前和生育期结束时通过烘干法分别测定土壤含水量，计算土壤含水量变化，再加上灌水量和有效降雨量(气象站资料为 65.2 mm)，利用水量平衡法，计算不同沟灌方式耗水量：$ETa=I-\Delta W$，进而计算水分利用效率：$WUE=Y/ETa$。式中，I 为时段 Δt 内的灌水量(mm)；ΔW 为时段 Δt 内 0～90 cm 土层的储水量变化(mm)；WUE 为作物水分利用效率(kg · mm^{-1})；Y 为棉花产量(kg · hm^{-2})；ETa 为作物实际腾发量(mm)。

3）氮素利用效率

通过硫酸消煮法、利用凯氏定氮仪测定棉花全株全氮含量，每小区取 10 株。取样时间为 9 月 18 日，因为此时棉花生长发育基本停止，而且棉花干物质累积达到高峰，能够反映棉花氮素吸收量。各处理施氮量与不施氮处理棉花全氮含量相加，即为不同沟灌方式棉花土壤总供氮量：$N_{total}=N_{up}+N_i$，式中，N_{total} 为总供氮量；N_{up} 为不施氮处理的棉花全氮吸收量；N_i 为施氮量(kg · hm^{-2})。氮素利用效率计算公式为：$NUE=Y_i/N_{total}$，式中，NUE 为氮肥利用效率(kg · kg^{-1} N)；Y_i 为施氮处理的棉花产量(kg · hm^{-2})。棉花吐絮率=

吐絮期单株吐絮数量/铃期单株棉铃数量，每小区取 10 株进行测定。

5.1.1.4 数据处理

通过 SPSS 软件对棉花水氮耦合效应进行二次通用旋转组合设计回归分析，利用 Sigmaplot 软件进行水氮耦合效应制图。

5.1.2 结果与分析

5.1.2.1 不同沟灌方式下棉花产量的水氮耦合效应

表 5-3 为 3 种沟灌方式棉花产量、水分利用效率(WUE)、氮素利用效率(NUE)的试验结果，表 5-4 为施氮量和灌水量与不同沟灌方式棉花产量、WUE、NUE 的回归方程。由表 5-4 可知，施氮量和灌水量与棉花产量的回归方程的相关系数在 0.9 以上，表明所建立的回归模型精度较高，可以直接反映灌水量和施氮量对不同沟灌方式棉花产量的影响程度。由求得的标准化偏回归系数和不同沟灌方式下棉花产量的水氮耦合效应(图 5-1)可知，3 种沟灌方式下灌水量和施氮量对棉花产量的影响均表现为灌水量>施氮量。棉花产量的单因子效应：当施氮量为 56.2～95.2 kgN · hm^{-2}(X_1：−1.414 21～0)时，3 种沟灌方式的棉花产量与施氮量均呈显著正相关，当施氮量为 95.2～134.2 kgN · hm^{-2}(X_1：0～1.414 21)时，棉花产量变化均不明显；施氮量在 56.2～134.2 kgN · hm^{-2}时，CFI 比 AFI 平均高 0.57%，比 FFI 平均高 9.28%。灌水量在 37.52～160.00 mm(X_1：−1.414 21～0.5)时，3 种沟灌方式的棉花产量与灌水量呈显著正相关，灌水量在 160.00～218.48 mm(X_1：0.5～1.414 21)时，棉花产量变化均不明显；灌水量在 37.52～218.48 mm 时，CFI 比 AFI 平均高 1.86%，比 FFI 平均高 9.02%。棉花产量的水氮耦合效应表明，FFI 方式下棉花产量随着施氮量和灌水量的增加而明显提高，但棉花产量明显低于 CFI 和 AFI。CFI 方式在低灌水量和施肥量情况下，棉花产量高于 AFI 和 FFI，随着施氮量和灌水量的增加，霜前棉花产量下降。AFI 方式随着施氮量和灌水量的增加，棉花产量和质量得到明显提高。

表 5-3　不同沟灌方式下棉花水氮耦合的试验结果

施氮量编码值	灌水量编码值	棉花产量/(kg · hm^{-2})			水分利用效率(WUE)/(kg · mm^{-1})			氮素利用效率(NUE)/(kg · kg^{-1} N)		
		AFI	CFI	FFI	AFI	CFI	FFI	AFI	CFI	FFI
1	1	3 927.12	3 952.41	3 687.28	10.74	10.81	10.08	19.08	19.120	17.91
1	−1	3 596.32	3 645.25	3 212.34	15.13	15.33	13.51	17.47	17.71	15.60
−1	1	3 682.41	3 845.34	3 356.42	10.07	10.51	9.18	24.44	25.52	22.28
−1	−1	3 099.65	3 105.66	2 843.43	13.04	13.06	11.96	20.57	20.61	18.87
−1.414 21	0	3 493.50	3 356.05	3 154.37	11.58	11.12	10.45	25.09	24.11	22.66
1.414 21	0	3 852.34	3 857.08	3 524.55	12.77	12.78	11.68	17.73	17.75	16.22
0	−1.414 21	2 874.05	3 056.13	2 795.90	13.61	14.47	13.23	16.12	17.14	15.68
0	1.414 21	4 222.11	4 068.07	3 841.37	10.77	10.37	9.79	23.69	22.82	21.55

续表

施氮量编码值	灌水量编码值	棉花产量/(kg·hm^{-2})			水分利用效率(WUE)/(kg·mm^{-1})			氮素利用效率(NUE)/(kg·kg^{-1} N)		
		AFI	CFI	FFI	AFI	CFI	FFI	AFI	CFI	FFI
0	0	3 785.07	3 876.08	3 486.51	12.55	12.85	11.55	21.23	21.74	19.56
0	0	3 689.81	3 798.91	3 562.54	12.23	12.59	11.81	20.70	21.31	19.98
0	0	3 700.20	3 742.67	3 396.30	12.26	12.40	11.26	20.76	20.99	19.05
0	0	3 752.34	3 810.37	3 520.23	12.44	12.63	11.67	21.05	21.37	19.75
0	0	3 741.63	3 800.64	3 514.21	12.4	12.60	11.65	21.00	21.32	19.71

表 5-4　棉花产量、水分利用效率、氮素利用效率与试验因素的回归方程

项目	沟灌方式	回归方程	F值	R
产量	AFI	Y=3733.82+156.11X_1+352.50X_2−38.99X_1^2−101.41X_2^2−62.99X_1X_2	12.943**	0.912
	CFI	Y=3805.75+169.40X_1+309.74X_2−86.39X_1^2−108.62X_2^2−108.13X_1X_2	48.402**	0.975
	FFI	Y= 3495.97+152.91X_1+308.31X_2−91.80X_1^2−102.22X_2^2−9.51X_1X_2	26.990**	0.956
水分利用效率	AFI	Y=12.37+0.56X_1−1.42X_2−0.085X_1^2−0.077X_2^2−0.36X_1X_2	16.640**	0.931
	CFI	Y=12.61+0.61X_1−1.61X_2−0.27X_1^2−0.036X_2^2−0.49X_1X_2	82.414**	0.985
	FFI	Y=11.58+0.52X_1−1.38X_2−0.29X_1^2−0.065X_2^2−0.16X_1X_2	53.227**	0.977
氮素利用效率	AFI	Y=20.94−2.36X_1+2.02X_2+0.17X_1^2−0.59X_2^2−0.057X_1X_2	26.939**	0.956
	CFI	Y=21.28−2.28X_1+1.80X_2−0.10X_1^2−0.57X_2^2−0.86X_1X_2	124.120**	0.994
	FFI	Y=19.61−2.09X_1+1.75X_2−0.18X_1^2−0.59X_2^2−0.27X_1X_2	47.212**	0.975

注：X_1为施氮量；X_2为灌水量；R为相关系数

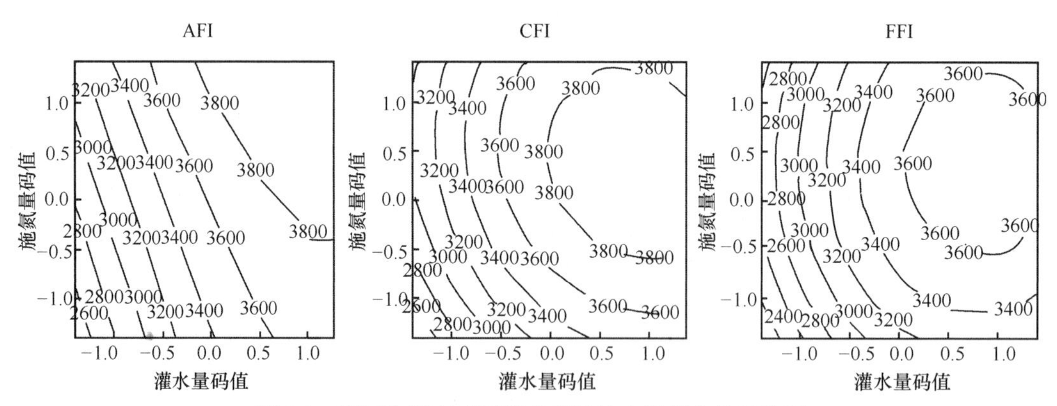

图 5-1　不同沟灌方式下棉花产量的水氮耦合效应分析

AFI. 交替隔沟灌溉；CFI. 常规沟灌；FFI. 固定隔沟灌溉；下同

5.1.2.2 不同沟灌方式下棉花水分利用效率的水氮耦合效应

由表 5-4 可知，施氮量和灌水量与不同沟灌方式下棉花水分利用效率(WUE)的回归方程的相关系数都在 0.9 以上，表明所建立的回归模型精度较高，可以直接反映灌水量和施氮量对 WUE 的影响程度。由求得的标准化偏回归系数和不同沟灌方式下棉花 WUE 的水氮互作效应(图 5-2)可知，灌水量和施氮量对 3 种沟灌方式下棉花 WUE 的影响均表现为灌水量＞施氮量。棉花 WUE 单因子效应分析表明，当施氮量为 56.2～122.8 kgN · hm^{-2}(X_1：−1.414 21～1)时，3 种沟灌方式下棉花的 WUE 与施氮量均呈显著正相关，当施氮量为 122.8～134.2 kgN · hm^{-2}(X_1：0～1.414 21)时，棉花 WUE 变化不明显；施氮量在 56.2～134.2 kgN · hm^{-2} 时，CFI 和 AFI 差异不明显，CFI 比 FFI 平均高 9.26%。灌水量在 37.52～160.00 mm(X_1：−1.414 21～0.5)时，3 种沟灌方式下棉花 WUE 与灌水量均呈显著负相关，当灌水量在 160.00～218.48 mm(X_1：0.5～1.414 21)时，3 种沟灌方式下棉花 WUE 变化均不明显；不同灌溉量下，CFI 比 AFI 平均高 2.96%，比 FFI 平均高 8.76%。棉花 WUE 的水氮耦合效应表明，FFI 方式限制了棉花根系吸水、降低了棉花光合速率，棉花 WUE 低于 CFI 和 AFI。CFI 方式在较低灌水量条件下，棉花 WUE 明显高于 AFI 和 FFI，但随着施氮量和灌水量的增加，棉花吐絮率降低，影响了棉花 WUE。AFI 棉花花期以前受水分胁迫影响，抑制了棉花的耗水量，显著提高 WUE。3 种沟灌方式下增加施氮量可提高棉花 WUE，但提升空间有限。

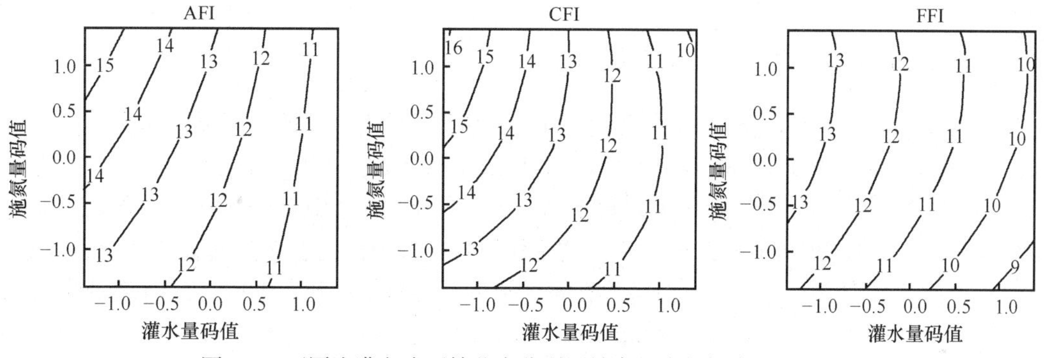

图 5-2　不同沟灌方式下棉花水分利用效率的水氮耦合效应分析

5.1.2.3 不同沟灌方式下棉花氮素利用效率的水氮耦合效应

由表 5-4 可知，施氮量和灌水量与不同沟灌方式下棉花氮素利用效率(NUE)的回归方程的相关系数在 0.9 以上，表明所建立的回归模型精度较高，可以直接反映灌水量和施氮量对 NUE 的影响程度。由求得的标准化偏回归系数和不同沟灌方式下棉花 NUE 的水氮互作效应(图 5-3)可知，灌水量和施氮量对 3 种沟灌方式下棉花 NUE 的影响均表现为灌水量＞施氮量。棉花 NUE 的水氮单因子效应表明：在施氮量为 56.2～134.2 kgN · hm^{-2} (X_1：−1.414 21～1.414 21)时，3 种沟灌方式下棉花 NUE 与施氮量呈显著负相关，在不同施肥量条件下，AFI 与 CFI 的棉花 NUE 差异不明显，FFI 则比 CFI 平均低 5.42%。3 种沟灌方式的灌水量为 37.52～160.00 mm(X_2：−1.414 21～0.5)时，棉花 NUE 与灌水量呈显著正相关，灌水量在 160.00～218.48 mm (X_2：0.5～1.414 21)时，棉花 NUE 变化不显著；不同灌水量情况下，AFI 比 CFI 平均低 4.10%，FFI 比 CFI 平均低 7.25%。棉花的 NUE 水氮耦合效应表明，由于 FFI 是单侧沟灌水，土壤剖面氮素分布相对不均匀，影响了棉花的氮素吸收和利用效率，降低了棉花 NUE，而增加灌水量可显著促进棉花的 NUE。

AFI 为相邻灌水沟交替灌水，土壤的水分侧渗作用促进了土壤剖面水氮运移，而水分胁迫增强了棉花根系吸收水分和养分的功能，棉花的 NUE 比 FFI 明显提高。CFI 方式下土壤含水量和氮素分布相对均匀，棉花的氮素吸收效率明显高于 FFI，但 CFI 易造成土壤氮素深层淋失，影响棉花的 NUE。

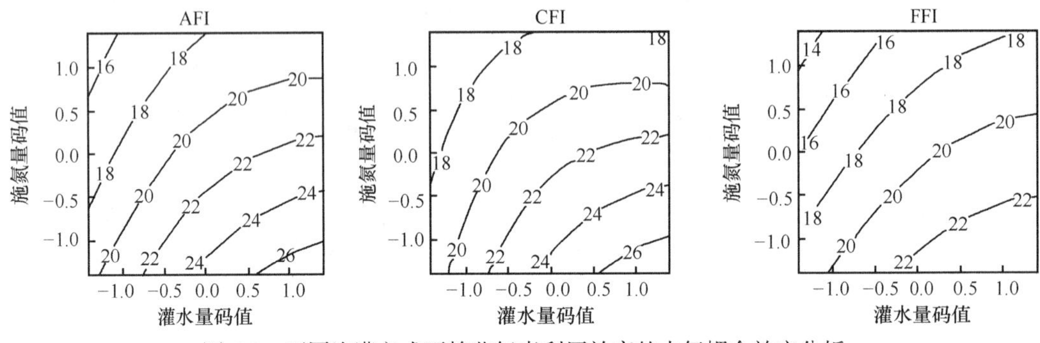

图 5-3　不同沟灌方式下棉花氮素利用效率的水氮耦合效应分析

5.1.2.4 沟灌棉花水氮优化方案

依据试验结果所建立的数学模型，利用二次通用旋转组合设计分析和筛选优化组合方案。以棉花产量≥3600.00 kg · hm^{-2}、水分利用效率（WUE）≥13 kg · mm^{-1}、氮素利用效率（NUE）≥20 kg · kg^{-1}N 为目标，分别建立不同沟灌方式棉花水氮耦合优化技术方案。各优化方案及对应的技术见表 5-5，试验因素的优化组合频数分析见表 5-6。对棉花产量、WUE、NUE 的优化方案进行比较，可以得出在不同目标下的水氮优化方案中，同时满足棉花产量≥3600 kg · hm^{-2} 和 WUE≥9 kg · mm^{-1} 所需的施氮量：交替隔沟灌溉为 84.5～112.7 kg · hm^{-2}，常规沟灌为 94.0～110.5 kg · hm^{-2}，固定隔沟灌溉为 101.1～113.4 kg · hm^{-2}。而同时满足棉花产量≥3600 kg · hm^{-2}、NUE≥20 kg · kg^{-1}N，或棉花 NUE≥20 kg · kg^{-1} N、WUE≥13kg · mm^{-1}，或棉花产量≥3700 kg · hm^{-2}、NUE≥20 kg · kg^{-1} N、WUE≥13 kg · mm^{-1} 的情况下，在棉花水氮优化技术方案中不能产生相同阈值，因此需根据实际生产中的目标需要，降低目标值实现水氮优化的综合管理，或对单一目标实际所需实行水氮优化。

表 5-5　棉花产量、水分利用效率、氮素利用效率的水氮耦合效应回归分析

项目	因素	沟灌方式	平均值	标准误	95%置信域	水氮用量
棉花产量 Y≥3600.00 kg · hm^{-2}	X_1 /(kg · hm^{-2})	AFI	0.19	0.29	−0.39～0.76	84.00～116.20
		CFI	0.27	0.29	−0.290.839	87.31～118.19
		FFI	0.48	0.27	−0.04～1.00	94.01～122.69
	X_2 /mm	AFI	0.93	0.15	0.64～1.22	210.8～257.80
		CFI	0.79	0.19	0.41～1.17	154.50～202.75
		FFI	0.88	0.17	0.54～1.21	162.75～205.57

续表

项目	因素	沟灌方式	平均值	标准误	95%置信域	水氮用量
水分利用效率（WUE）$Y \geqslant 13\ kg \cdot mm^{-1}$	X_1 /（$kg \cdot hm^{-2}$）	AFI	0.66	0.30	0.08～1.238	82.50～112.70
		CFI	0.55	0.32	−0.07～1.17	79.90～110.50
		FFI	0.97	0.23	0.51～1.42	82.60～113.40
	X_2 /mm	AFI	−1.08	0.16	−1.40～0.77	76.30～133.00
		CFI	−1.24	0.08	−1.39～1.09	71.60～119.70
		FFI	1.25	0.09	−1.43～1.07	67.00～115.00
氮素利用效率（NUE）$Y \geqslant 20.0\ kg \cdot kg^{-1}N$	X_1 /（$kg \cdot hm^{-2}$）	AFI	−0.88	0.17	−1.21～0.54	61.70～80.20
		CFI	−0.88	0.17	−1.19～0.42	62.30～83.70
		FFI	−0.968	0.18	−1.19～0.42	62.30～83.70
	X_2 /mm	AFI	0.48	0.26	0.14～1.00	171.20～239.70
		CFI	0.48	0.27	0.42～1.00	193.36～239.70
		FFI	0.698	0.27	0.42～1.19	193.36～255.40

表 5-6　试验因素的优化组合频数分析

项目	码值	AFI				CFI				FFI			
		X_1		X_2		X_1		X_2		X_1		X_2	
		次数	频率	次数	频率	次数	频率	次数	频率	次数	频率	次数	频率
产量	−1.414 21	2.00	0.15	0.00	0.00	2.00	0.14	0.00	0.00	0.00	0.00	0.00	0.00
	−1	2.00	0.15	0.00	0.00	2.00	0.14	1.00	0.07	0.00	0.00	0.00	0.00
	0	3.00	0.23	3.00	0.23	3.00	0.21	3.00	0.21	3.00	0.43	2.00	0.29
	1	3.00	0.23	5.00	0.38	3.00	0.21	5.00	0.36	3.00	0.43	3.00	0.43
	1.414 21	3.00	0.23	5.00	0.38	4.00	0.29	5.00	0.36	1.00	0.14	2.00	0.29
水分利用效率（WUE）	−1.414 21	0.00	0.00	4.00	0.50	0.00	0.00	4.00	0.57	0.00	0.00	3.00	0.60
	−1	1.00	0.13	3.00	0.38	1.00	0.14	3.00	0.43	0.00	0.00	2.00	0.40
	0	2.00	0.25	1.00	0.13	2.00	0.29	0.00	0.00	1.00	0.20	0.00	0.00
	1	2.00	0.25	0.00	0.00	2.00	0.29	0.00	0.00	2.00	0.40	0.00	0.00
	1.414 21	3.00	0.38	0.00	0.00	2.00	0.29	0.00	0.00	2.00	0.40	0.00	0.00
氮素利用效率（NUE）	−1.414 21	4.00	0.40	0.00	0.00	3.00	0.33	0.00	0.00	3.00	0.33	0.00	0.00
	−1	3.00	0.30	1.00	0.10	3.00	0.33	0.00	0.00	3.00	0.33	0.00	0.00
	0	3.00	0.30	3.00	0.30	3.00	0.33	3.00	0.33	3.00	0.33	3.00	0.33
	1	0.00	0.00	3.00	0.30	0.00	0.00	3.00	0.33	0.00	0.00	3.00	0.33
	1.414 21	0.00	0.00	3.00	0.30	0.00	0.00	3.00	0.33	0.00	0.00	3.00	0.33

5.1.3 讨论

作物的节水灌溉技术研究表明，作物受到严重水分胁迫时，施肥对产量无显著影响，完全抑制了肥效的发挥(Zhao et al.，2007b；Wang et al.，2007)。本试验结果表明，不同沟灌方式下棉花产量的水氮耦合效应表明，由于 FFI 方式土壤含水量分布不均匀，受根系吸水的影响，棉花水分和养分的传输能力下降，棉花产量明显低于 CFI 和 AFI，随着施氮量和灌水量的增加，棉花产量明显提高。CFI 灌溉方式下土壤水分分布相对均匀，棉花的水分和养分利用效率明显提高（Kage et al.，2004；Cabello et al.，2009），在较低灌水量和施肥量条件下，棉花产量高于 AFI 和 FFI，随着施氮量和灌水量的增加，易造成棉花营养生长和生殖生长的不平衡，使霜前棉花吐絮率降低。本试验中，在最高施肥量和灌水量条件下，CFI 吐絮率小于 52.4%，而 AFI 和 FFI 分别在 85.3%和 92.6%以上，可见 CFI 的吐絮率明显低于 AFI 和 FFI，从而影响了其霜前棉花产量。与 CFI 相比，AFI 根系受水分胁迫影响，有效抑制了花铃前期营养生长，促进了花铃后期棉花生殖生长，为产量构成因素（单株铃数、吐絮率、铃重等）奠定了基础，随着施氮量和灌水量的增加，棉花产量和质量得到明显提高。但施氮量高于 95.2 $kg \cdot hm^{-2}$ 后，棉花产量变化不明显，说明在满足棉花一定的氮肥需求后，施氮量对棉花产量影响较小。

棉花 WUE 的水氮耦合效应研究表明，FFI 方式下灌水量为 63.4 mm，施氮量为 16.2 $kg \cdot hm^{-2}$ 和 94.2 $kg \cdot hm^{-2}$ 的棉花 WUE 仅相差 12.2%，而施氮量为 82.2 $kg \cdot hm^{-2}$，灌水量为 37.52 mm 和 218.48 mm 的 WUE 差值达到 73.6%。AFI 方式下灌水量为 63.4 mm 时，施氮量为 16.2 $kg \cdot hm^{-2}$ 和 94.2 $kg \cdot hm^{-2}$ 的 WUE 仅相差 15.5%，而在 82.2 $kg \cdot hm^{-2}$ 施氮量下，灌水量为 37.52 mm 和 218.48 mm 的 WUE 差值达到 75.5%，说明 AFI 和 FFI 方式下棉花 WUE 随施肥量增加而有一定程度的增长。而灌水量之间的棉花 WUE 差异则较明显。不同灌溉方式下棉花 WUE 水氮耦合效应表明，FFI 由于使棉花的根系活性显著降低，降低了棉花蒸腾耗水，同时也降低了棉花光和速率，抑制了棉花干物质累积，因此棉花 WUE 明显低于 CFI。AFI 方式下棉花花期以前受到水分胁迫影响，抑制了棉花蒸腾速率，降低了棉花耗水量，花期以后棉花根系吸水功能显著增强，光合速率显著提高，棉花的 WUE 显著提升。CFI 由于棉花吸收水分充分，在低灌水量情况下，其 WUE 高于 AFI 和 FFI，随着灌水量和施氮量增加，使棉花营养生长旺盛，增大了棉花的耗水量，导致棉花 WUE 降低。施氮量增加对不同沟灌方式棉花 WUE 有明显的促进作用，但是棉花 WUE 肥料效应发挥与灌水量、灌水方式有密切关系，增加灌水量有利于棉花 WUE 的提升，灌水量对 WUE 的影响要明显大于氮肥的影响（Zhao et al.，2007b；Lafarge and Hammer，2002；Gretchen，1995）。

棉花 NUE 的水氮耦合效应研究表明，在低灌水量情况下，3 种沟灌方式的棉花 NUE 均比较低，随着灌水量的增加，棉花 NUE 明显升高，而棉花 NUE 随施氮量变化则有较大差异。例如，在 FFI 方式下，施氮量为 27.6 $kg \cdot hm^{-2}$ 时，灌水量为 64 mm 与 160 mm 的 NUE 仅相差 25.7%，而在 64 mm 灌水量下，施氮量为 16.2 $kg \cdot hm^{-2}$ 和 82.2 $kg \cdot hm^{-2}$ 的 NUE 差值达到 77.9%。可以看出，灌水量对氮素利用率有明显的促进作用，在满足棉花对水分的正常需求后，随灌水量的提高棉花的氮素利用效率显著提高。本试验 NUE 水氮耦合研究表明，棉花 NUE 与沟灌方式有关。土壤水氮运移状况决定着土壤氮素含量分布，而土壤中氮素以硝态氮为主，易随水分运移，因此沟灌方式直接影响土壤剖面氮素含量分布的均匀性。FFI 的灌水沟与未灌水沟土壤氮素含量分布差异较大，对棉花根系的氮素吸收影响显著，降低了棉花的 NUE。CFI 相邻灌水沟土壤水分和氮素分布相对均匀，各行棉花根系对氮素和水分的吸收及利用效率明显提高。AFI 的侧渗作用及相邻灌水沟的交替灌溉作用使其土壤水氮含量分布同 CFI 相近，但受土壤水分的影响，棉花氮素吸收和利用效率低于 CFI。

不同沟灌方式下棉花产量、NUE、WUE 的水氮耦合效应研究表明，总体上固定隔沟灌溉的水分胁迫极大抑制了肥效的发挥，而在水分适宜时交替隔沟灌溉促进了氮肥效应的发挥，常规沟灌方式则限制了氮肥效应的发挥。在本试验的灌水量和施氮量范围内，棉花产量水氮耦合效应表明，增加施氮量和灌水量均有利于产量的提高，但 FFI 限制了水氮效应的发挥，AFI 与 CFI 的效应差异不显著。棉花 NUE 的水氮耦合效应中，3 种沟灌方式下增加灌水量能够明显提高棉花 NUE，但 AFI 和 FFI 方式下增加施氮量则 NUE 变化不显著。棉花 WUE 的水氮耦合效应中，增加施氮量和控制灌水量能够促进 WUE 的提高，与 CFI 相比，AFI 促进了水氮效应的发挥，而 FFI 则降低了水氮效应的发挥。在大田棉花的水氮管理上，根据产量、水氮利用效率的目标要求，综合优化管理，确定棉花水氮的高效利用策略。综合比较，AFI 最能促进水氮耦合效应发挥，促进棉花水氮高效利用。本节仅为一年试验，而棉花生长发育受年际气候变化等因素的影响，因此需对不同沟灌方式下棉花的水氮耦合效应作多年研究。

5.1.4 结论

在交替隔沟灌溉(AFI)、常规沟灌溉(CFI)、固定隔沟灌溉(FFI)等方式及施氮量和灌水量的二次通用旋转组合设计下，棉花产量水氮耦合效应表明，在施氮量为 56.2～95.2 $kgN \cdot hm^{-2}$ 时，棉花与施氮量呈显著正相关，在施氮量为 95.2～134.2 $kgN \cdot hm^{-2}$ 时变化不明显；在灌水量为 37.52～160.00 mm 时，棉花产量与灌水量呈显著正相关，在灌水量为 160.00～218.48 mm 时变化不明显；不同施氮量和灌水量情况下，AFI 与 CFI 的产量差异不显著，CFI 平均比 FFI 高 9.15%。棉花 WUE 水氮耦合效应表明，在 56.2～122.8 $kgN \cdot hm^{-2}$ 时，棉花 WUE 与施氮量呈显著正相关，在 122.8～134.2 $kgN \cdot hm^{-2}$ 时变化不明显；在灌水量为 37.52～160.00 mm 时，棉花 WUE 与灌水量呈显著负相关，在灌水量为 160.00～218.48 mm 时，棉花 WUE 无明显变化；不同施氮量和灌水量情况下，CFI 与 AFI 的 WUE 差异不显著，CFI 平均比 FFI 高 9.01%。棉花 NUE 水氮耦合效应表明，施氮量为 56.2～134.2 $kgN \cdot hm^{-2}$ 时，棉花 NUE 与施氮量呈显著负相关；在灌水量为37.52～160.00 mm时，棉花NUE与灌水量呈显著正相关，在灌水量为160.00～218.48 mm 时变化明显；不同施氮量和灌水量情况下，AFI 与 CFI 的 NUE 差异不显著，FFI 则平均比 CFI 低 6.34%。根据大田沟灌棉花的水氮耦合效应，以棉花产量、WUE、NUE 的水氮优化管理为目标，提出了不同沟灌方式水氮高效利用策略。

5.2 不同沟灌方式对棉花氮素吸收和氮肥利用的影响

作物根系和养分在土壤中的分布直接影响着作物对养分的吸收，但水肥调控不合理容易导致作物营养生长与生殖生长不协调、生育期延长、产量下降和水氮利用效率低等问题。根系对水分和养分的吸收取决于与其接触的土壤空间及根系的生理活性和吸收能力，根系的分布直接影响土壤水分和养分的空间有效性。施肥量和灌水量对作物根系发展及作物养分吸收表明，通过改变灌水量和施肥量来调节棉株生长特征值，从而获得高产(Mansouri-Far，2010；Zhao et al.，2007b)。施肥过多不仅利用率低，而且易造成营养器官比例加大，棉株虽可获得较大的干物质和氮素累积，但不能适时向生殖器官转移，导致棉花产量降低（Wang et al.，2007）。有关施肥量和灌水量对作物的养分吸收利用影响方面，取得了显著成果。而针对不同灌溉方式，尤其是采用不同节水灌溉方式，对作物的养分吸收和利用的研究，目前还比较少。大田沟灌棉花在突破常规沟灌方式，采用交替隔沟灌溉和固定隔沟灌溉后，具有明显的节水效果，并且显著提高了农田水分利用效率，本节则通过 3 种沟灌方式的大田棉花沟灌试验，研究不同沟灌方式对棉花的养分吸收和利用效率的影响，为大田棉花的水氮管理提供理论依据和实践指导。

5.2.1 材料与方法

5.2.1.1 试验区概况

本试验于 2006 年 4～10 月在甘肃民勤农业技术推广中心试验站进行，该试验站位于甘肃石羊河流域的民勤县内，是温带大陆性干旱气候，多年平均降雨量 110 mm 左右，年蒸发量为 2644 mm，且多为 5 mm 以下的无效降水，7～9 月的降水占全年降水的 60%，干燥度为 5.15，无霜期 188 d，绝对无霜期仅 118 d，日照时数＞3010 h，＞10℃积温 3149.4℃。地下水埋深在 30 m 以下。1 m 土层内土质均为沙壤土，0～60 cm 土层含少量腐殖质和黏粒，粒径在 0.5～2.0 mm、60～100 cm 土层黏粒增多，有少量夹层黄砂，胶泥质夹杂少量腐殖质。1 m 土层内含盐量＜0.4%，平均容重 1.51 $g \cdot cm^{-3}$，田间持水量(θ_f)为 33.7%～36.2%(土壤体积含水量)，凋萎系数为 7.65%，土壤养分含量差异较小，有机质含量 0.8%，全氮含量 0.055%，速效磷平均含量 175 $mg \cdot kg^{-1}$，速效钾为 150～200 $mg \cdot kg^{-1}$。

5.2.1.2 试验设计

供试棉花品种为‘新陆早 7 号’，参照该区地膜覆盖、足墒播种和矮秆密植的棉花种植模式，沟灌试验采用垄植沟灌的方式，播种前开沟起垄，沟深 30～40 cm ，沟宽 60 cm，垄顶宽 40 cm，种植后覆膜，膜宽 120 cm 左右，沟底留缝隙并盖土以便沟内水分入渗，覆膜后每垄种两行棉花，行距 25 cm，株距 18 cm，每穴保苗 2～3 株，种植密度为 1.95×10^5 株 · hm^{-2}。

试验的灌水情况见表 5-7，表中不同灌溉定额和灌溉时间根据当地棉花常规沟灌情况下适宜的经验灌水量和灌水时间进行设计，本试验设置 3 种灌水方式处理(常规沟灌 CFI、交替隔沟灌溉 AFI、固定隔沟灌溉 FFI)，另外设置对照处理 CK，常规沟灌不施肥处理。通过灌溉情况见表 5-7，播种前施尿素 240 $kg \cdot hm^{-2}$，磷酸二铵 240 $kg \cdot hm^{-2}$，过磷酸钙 560 $kg \cdot hm^{-2}$，均作为基肥一次均匀撒施。每个处理设 3 次重复，各小区随机布设，小区长 11 m，宽 4 m，为减少水分侧向入渗，各小区间以一沟一垄(宽 1 m)作为保护带。灌水时常规沟灌处理每条灌水沟均灌水，交替隔沟灌溉处理本次灌 1 沟、3 沟，下次灌 2 沟、4 沟，固定隔沟灌溉处理始终灌 1 沟、3 沟，其余沟不灌水。各灌水沟的水量由灌水软管末端的水表控制，各处理锄草、施肥、化控、催熟等田间管理措施均保持一致。各生育阶段的天数，苗期 38 d、蕾期 24 d、花期 29 d、铃期 48 d、吐絮期 33 d。棉花株距 25 cm，行距 25 cm。各处理锄草、化控、催熟等田间管理措施均保持一致。

表 5-7　不同沟灌方式的灌水情况

沟灌处理	灌水次数	灌水日期(月-日)	灌溉定额/沟/($m^3 \cdot hm^{-2}$)	总灌水量/($m^3 \cdot hm^{-2}$)
交替隔沟灌溉(AFI)	3	6-23、7-21、8-16	240	480
常规沟灌(CFI)	3	6-23、7-21、8-16	240	960
固定隔沟灌溉(FFI)	3	6-23、7-21、8-16	240	480
对照处理(CK)	3	6-23、7-21、8-16	240	960

5.2.1.3 测定项目

棉花植株按器官分为根、茎、叶、蕾铃，每个生育阶段取 5 株，在 105℃进行杀青 30 min，后 80℃烘至恒重，分别称生物量，粉碎后用凯氏定氮仪测定单株棉花全氮含量，试验中把不同沟灌方式施氮处理与对照不施肥处理(CK)棉花全氮含量的差值，计为该沟灌方式棉花器官氮肥的吸收量，结合棉花各器官全氮含量，通过公式(5-1)计算棉花各器官氮肥吸收比例(Ndff)。

$$\text{Ndff}(\%)=\text{各器官氮肥 N 吸收量}/\text{各器官全氮含量}\times 100\% \tag{5-1}$$

利用棉花各器官的氮肥吸收比例和各器官氮素含量(N)，计算各器官氮肥的吸收量，通过公式(5-2)计算氮肥吸收率(NAR)。

$$\text{NAR}(\%)=\sum\text{各器官 Ndff}(\%)\times\text{各器官氮素含量}(g)/\text{氮肥施用量}(g)\times 100\% \tag{5-2}$$

试验测得不同沟灌方式棉花各器官生物量(DMW)，减去对照不施肥处理(CK)的生物量(DMW)，再结合氮肥施用量，计算氮肥利用效率(NUE)。

$$\text{NUE}=(\text{施肥处理生物量}-\text{CK 生物量})/\text{氮肥施用量}(g) \tag{5-3}$$

5.2.1.4 分析方法

棉花干物质和全氮含量，以及 NAR、Ndff、NUE 的显著性分析均采用 Duncan 新复极差法。

5.2.2 结果与分析

5.2.2.1 不同沟灌方式对棉花器官干物质和全氮含量的影响

1）不同沟灌方式棉花各生育期器官干物质变化情况

表 5-8 是 3 种沟灌方式的棉花干物质随生育期变化情况。由表可见不同沟灌方式棉花根、茎和蕾铃为苗期至铃期呈上升趋势，铃期达到峰值，铃期至吐絮期呈下降趋势。

叶为苗期至花期呈上升趋势，花期达到峰值，花期至吐絮期呈下降趋势。不同沟灌方式下棉花根干物质变化表明：AFI 与 CFI 相比较，全生育期平均提高 2.9%，整体差异不显著；FFI 与 CFI 相比，蕾期以后根干物质平均降低 28.7%，花期降低达 37.4%。棉花茎干物质变化表明：AFI 与 CFI 相比较，铃期以前差异不显著，铃期降低 10.0%，吐絮期降低 8.4%；FFI 则全生育期均显著下降，平均降低 25.5%，花期降低达 37.6%。棉花叶干物质变化表明：AFI 与 CFI 相比较，苗期至花期差异不显著，铃期降低 12.3%，吐絮期差异不明显；FFI 与 CFI 相比较，全生育期平均降低 31.5%。棉花蕾铃干物质变化表明：AFI 与 CFI 相比较，全生育期差异不明显；FFI 则蕾期以后明显降低，平均降低 22.5%。综合比较可以看出，棉花在 AFI 沟灌方式下，与 CFI 相比较，对根系生长影响较小，抑制了棉花茎秆和叶片的增长，而蕾铃则变化不显著，说明 AFI 有效抑制了棉花的营养生长，对棉花产量构成因素影响较小。FFI 沟灌方式下，限制了棉花营养生长的同时，也明显降低了棉花生殖生长。

表 5-8　不同沟灌方式棉花各器官生物量

灌溉处理	棉花各器官	干物质重/株				
		苗期	蕾期	花期	铃期	吐絮期
交替隔沟灌溉（AFI）	根	0.880f	2.578g	9.057j	12.234h	11.276hi
	茎	9.501a	34.647a	53.676c	65.354b	63.247b
	叶	1.794e	22.886c	62.901b	49.878d	11.307hi
	蕾铃	—	6.823f	37.013de	57.974c	50.955c
常规沟灌（CFI）	根	0.799fg	2.674g	9.295j	11.343h	11.119hi
	茎	8.833b	35.460a	56.275c	72.584a	69.036a
	叶	1.787e	21.857c	67.367a	56.851c	12.614h
	蕾铃	—	7.087f	39.879d	60.559c	50.441c
固定隔沟灌溉（FFI）	根	0.766fg	1.863g	5.818k	8.390h	8.765i
	茎	8.461c	25.725b	35.113e	51.019d	49.486c
	叶	1.739e	12.428d	54.240c	38.651e	8.647i
	蕾铃	—	5.307f	28.434f	47.615d	42.936d
对照处理（CK）	根	0.250h	1.067g	2.425l	4.111i	4.636j
	茎	3.000d	12.333d	18.678h	25.324f	23.438f
	叶	0.500gh	9.123e	23.977g	25.868f	6.563e
	蕾铃	—	2.745d	12.538i	18.276g	19.361g

注：同列数据后字母表示 5%显著水平，下同

2）不同沟灌方式棉花各生育期器官全氮含量变化情况

表 5-9 是 3 种沟灌方式下，棉花不同生育期各器官全氮含量（N）动态变化情况。由表可见，全生育期内棉花各器官全氮含量峰值，根 N 在铃期或吐絮期，茎 N 为蕾期和铃期，叶 N 为花期，蕾铃 N 为铃期。不同沟灌方式根 N 随生育期变化表明：AFI 与 CFI

相比较，苗期根 N 无差异，蕾期至花期降低了 13.3%，花期至铃期平均增加了 10.9%；FFI 与 CFI 相比较，蕾期以后平均降低 39.0%，蕾期降低最大，达到 51.4%。茎 N 随生育期变化表明：AFI 和 CFI 差异不显著，FFI 与 CFI 相比较，除苗期差异不显著外，蕾期以后平均降低 39.4%。不同沟灌方式叶 N 随生育期变化表明：AFI 和 CFI 差异不显著，FFI 与 CFI 相比较，苗期差异不显著，蕾期至铃期平均降低 43.8%，吐絮期差异显著。不同沟灌方式蕾铃 N 随生育期变化表明：AFI 和 CFI 差异不显著，FFI 与 CFI 相比较，花期以前差异不显著，花期以后平均降低 23.9%。通过棉花各器官全氮含量分析可以看出，AFI 与 CFI 相比较，棉花根系氮素吸收增加，茎、叶、蕾铃的全 N 含量变化不显著，说明采用 AFI 方式下棉花氮素吸收未受显著影响。FFI 与 CFI 相比较，棉花各器官的氮素含量均显著下降，说明 FFI 降低了棉花氮素吸收。

表 5-9　不同沟灌方式棉花单株各器官全氮含量

灌溉处理	棉花器官	全氮含量/株				
		苗期	蕾期	花期	铃期	吐絮期
交替隔沟灌溉（AFI）	根	0.022e	0.028h	0.057ij	0.078g	0.075ij
	茎	0.176a	0.710b	0.516f	0.630d	0.603c
	叶	0.078c	0.976a	2.134a	1.670b	0.283e
	蕾铃	—	0.259e	1.333cd	2.087a	1.834a
常规沟灌（CFI）	根	0.020e	0.035h	0.060ij	0.075g	0.075ij
	茎	0.162b	0.760b	0.489f	0.629d	0.642c
	叶	0.078c	0.989a	1.997b	1.690b	0.254ef
	蕾铃	—	0.248ef	1.396c	2.120a	1.765a
固定隔沟灌溉（FFI）	根	0.020e	0.017h	0.033k	0.047g	0.062ij
	茎	0.157b	0.417d	0.287i	0.421e	0.397d
	叶	0.076c	0.478c	1.306d	0.925c	0.170gh
	蕾铃	—	0.191fg	0.967e	1.619b	1.460b
对照处理（CK）	根	0.006f	0.009h	0.014k	0.023g	0.033j
	茎	0.054d	0.173g	0.149j	0.210f	0.189fg
	叶	0.022e	0.315ef	0.575f	0.600d	0.112hi
	蕾铃	—	0.097h	0.389h	0.566d	0.657c

5.2.2.2 不同沟灌方式对棉花器官氮素吸收和氮肥利用的影响

1）不同沟灌方式棉花各器官氮素吸收率(NAR)的变化情况

表 5-10 为 3 种沟灌方式棉花各器官氮素吸收率(NAR)变化情况。不同沟灌方式处理棉花各器官 NAR 变化表明：AFI 与 CFI 相比，根 NAR 苗期至花期平均降低 11.5%，蕾期降低最大，为 38.7%，花期以后差异不显著。茎 NAR 苗期增加 11.3%，蕾期以后差异不显著。叶和蕾铃氮素吸收率(NAR)全生育期 AFI 与 CFI 差异不显著；FFI 与 CFI 相比，

苗期各器官差异不显著，蕾期以后根 NAR 平均降低 53.0%，蕾期下降达 69.0%。茎 NAR 平均降低 55.4%，叶 NAR 平均降低 63.5%，蕾期下降最明显，达 75.8%。蕾铃 NAR 在蕾期至铃期平均下降 35.0%。上述分析结果表明，与 CFI 相比，AFI 对棉花各器官 NAR 影响都较小，FFI 各器官 NAR 蕾期以后则明显降低。通过分析棉花各器官 NAR 各生育期变化情况得出，AFI 与 CFI 相比较，根 NAR 花期以前下降明显，其他器官各生育阶段差异不显著，说明采用 AFI 方式花期以前棉花根系氮素吸收略有降低，但对其他器官影响较小。FFI 与 CFI 相比较，各器官 NAR 均显著下降，说明采用 FFI 方式降低了棉花氮素吸收。

表 5-10　不同沟灌方式棉花氮素吸收率

灌溉处理	棉花器官	氮肥吸收率/%				
		苗期	蕾期	花期	铃期	吐絮期
交替隔沟灌溉（AFI）	根	0.266d	0.377f	0.851h	1.095e	0.837ef
	茎	2.014a	10.647b	7.257f	8.304c	8.177c
	叶	0.937c	13.097a	30.868a	21.185b	3.388d
	蕾铃	—	3.216d	18.706c	30.114a	23.308a
常规沟灌（CFI）	根	0.238d	0.523f	0.904h	1.029e	0.83ef
	茎	1.786b	11.634b	6.730f	8.285c	8.956c
	叶	0.931c	13.343a	28.161b	21.584b	2.803de
	蕾铃	—	2.995de	19.945c	30.758a	21.942a
固定隔沟灌溉（FFI）	根	0.224d	0.162f	0.373h	0.485e	0.568f
	茎	1.696b	4.838c	2.727g	4.178d	4.099d
	叶	0.902c	3.226d	14.471d	6.436cd	1.137ef
	蕾铃	—	1.866de	11.450e	20.844b	15.887b

2）不同沟灌方式棉花各器官氮肥吸收比例（Ndff）的变化情况

表 5-11 是 3 种沟灌方式下，棉花各器官氮肥吸收比例（Ndff）的变化情况。棉花各器官 Ndff 随生育期变化不明显，不同沟灌方式之间，全生育期 AFI 和 CFI 差异不显著，FFI 则明显低于 CFI。不同沟灌方式棉花各器官氮肥吸收比例（Ndff）变化表明：苗期 3 种沟灌方式差异不显著，蕾期以后 AFI 和 CFI 无明显差异，FFI 与 CFI 相比较，各器官 Ndff 下降明显，根 Ndff 平均降低 26.0%，茎 Ndff 平均降低 26.6%，叶 Ndff 平均降低 39.7%，蕾铃 Ndff 平均降低 15.0%。不同沟灌方式整株棉花 Ndff 变化表明：AFI 和 CFI 苗期至花蕾期逐渐上升，花期达到峰值，花期以后逐渐下降。FFI 与 CFI 相比较，全生育期呈下降趋势，蕾期以后平均降低 26.2%。由不同沟灌方式棉花各器官 Ndff 分析得出，与 CFI 相比较，AFI 处理棉花各器官氮素含量来自氮肥所占比例没有显著变化，FFI 处理明显降低了棉花各器官氮素含量来自氮肥所占比例，说明采用 AFI 方式棉花对氮肥吸收没有显著影响，FFI 则限制了棉花的氮肥吸收。

表 5-11　不同沟灌方式棉花氮肥吸收比例

灌溉处理	棉花器官	氮肥吸收比例/%				
		苗期	蕾期	花期	铃期	吐絮期
交替隔沟灌溉（AFI）	根	72.8a	69.0ab	75.6ab	71.0abc	55.8abc
	茎	69.3a	75.7a	70.9bc	66.6abc	68.5a
	叶	72.1a	67.7ab	73.1abc	64.0c	59.9abc
	蕾铃	—	61.5b	70.8bc	72.9ab	64.0ab
常规沟灌（CFI）	根	70.4a	75.6a	76.6a	69.6ab	55.9abc
	茎	66.7a	77.3a	69.5c	66.5abc	70.4a
	叶	72.3a	68.0ab	71.1bc	64.4c	55.4abc
	蕾铃	—	60.1bc	72.2abc	73.2a	62.8ab
固定隔沟灌溉（FFI）	根	69.2a	48.7c	57.3d	51.5d	46.3cd
	茎	65.5a	58.4bc	48.0e	49.8d	52.1bc
	叶	71.7a	33.5d	56.0d	34.8e	32.8d
	蕾铃	—	49.0c	59.6d	65.0bc	54.7abc

3）不同沟灌方式棉花各器官氮肥利用效率（NUE）变化情况

表 5-12 是 3 种沟灌方式下，棉花不同生育期各器官氮肥利用效率（NUE）的变化情况。不同沟灌方式棉花各器官 NUE 变化表明：AFI 与 CFI 相比较，根 NUE 全生育期差异不明显；茎 NUE 苗期增加了 11.4%，蕾期以后平均降低 9.6%，铃期下降达到 15.3%；叶 NUE 苗期和蕾期差异不明显，花期以后平均下降 18.1%，铃期达到 22.5%；蕾铃 NUE 差异不明显。FFI 与 CFI 相比较：各器官苗期差异不显著，根 NUE 蕾期以后平均下降 44.5%，花期下降最明显，达到 50.7%；茎 NUE 蕾期以后平均下降 46.7%，花期下降最

表 5-12　不同沟灌方式棉花氮肥利用效率（NUE）

灌溉处理	棉花器官	氮肥利用效率/($g \cdot g^{-1}$ N)				
		苗期	蕾期	花期	铃期	吐絮期
交替隔沟灌溉（AFI）	根	0.125d	0.299de	1.316g	1.611ef	1.315e
	茎	1.287a	4.419a	6.933c	7.921b	7.884b
	叶	0.256c	2.750b	7.710b	4.755d	0.945ef
	蕾铃	—	0.803c	4.851e	7.863b	6.262c
常规沟灌（CFI）	根	0.109d	0.318de	1.359g	1.434f	1.284e
	茎	1.155b	4.580a	7.447bc	9.357a	9.030a
	叶	0.255c	2.546b	8.594a	6.136c	1.204e
	蕾铃	—	0.856c	5.415de	8.375ab	6.160c
固定隔沟灌溉（FFI）	根	0.102d	0.158e	0.670g	0.850f	0.818ef
	茎	1.081b	2.652b	3.257f	5.086cd	5.159d
	叶	0.245c	0.679cd	5.995d	2.532e	0.419f
	蕾铃	—	0.503cde	3.149f	5.812cd	4.673d

明显，达到 56.3%；叶 NUE 蕾期以后平均下降 34.4%，花期达到 41.8%；蕾铃 NUE 蕾期至吐絮期平均下降了 34.5%，花期达到 41.8%；由不同沟灌方式棉花的 NUE 各生育期变化分析得出，采用 AFI 方式棉花茎 NUE 提升明显，蕾铃 NUE 和叶 NUE 略有降低，根 NUE 无显著变化。FFI 方式下棉花各器官 NUE 明显下降，且花期下降最明显。

5.2.3 讨论及结论

作物在不同的环境影响或胁迫下，具有一定的自身调节和环境适应的能力。有研究表明，作物在水分或养分局部供应条件下，根系在局部供应区由于补偿效应，养分和水分吸收功能明显增强。本研究表明，棉花沟灌采用交替隔沟灌溉和固定隔沟灌溉方式，棉花根系处于局部的水分和养分供应的土壤环境下，苗期至花期棉花全氮含量和氮肥吸收比例(Ndff)明显低于常规沟灌。花期以后交替隔沟灌溉的棉花单株全氮含量、氮肥吸收比例和氮肥利用效率(NUE)，均与常规沟灌差异不明显，而固定隔沟灌溉明显低于常规沟灌，说明交替隔沟灌溉的棉花氮素吸收，在时间和空间上均表现出了明显的补偿效应。这种氮素吸收的补偿效应，是由于交替隔沟灌溉方式使根区水分不均匀供应，从而诱导棉花根系适应局部养分供应，本节研究表明棉花花期前，交替隔沟灌溉单株全氮含量略低于常规沟灌，而花期后各器官氮素含量显著提升，说明其补偿效应明显。固定隔沟灌溉方式下未灌水沟侧的棉花根系的活性降低，导致水分和养分的吸收和运输均受到抑制，全生育期氮素的吸收总量均明显低于常规沟灌，说明棉花根系局部供水条件下的养分供应适应机制有一定的限制性，在固定隔沟灌溉方式下棉花补偿效应不明显。

棉花具有无限开花结铃习性，其营养生长与生殖生长重叠进行，根系、叶片及蕾、花、铃等在干旱胁迫复水后可以重新生长，这决定了棉花干旱及复水后氮素吸收、物质累积与分配。本研究表明，作物在不同沟灌方式下，棉花的干物质累积和氮素吸收情况与沟灌方式关系密切。不同生育阶段各器官氮素吸收率(NAR)和氮肥利用效率(NUE)变化表明，交替隔沟灌溉和常规沟灌的氮素吸收和肥料利用差异不显著，固定隔沟灌溉则明显降低。土壤氮素有效性和植物氮素吸收运输，与土壤水分供应情况有关，在交替隔沟灌溉和固定隔沟灌溉方式下，土壤在受水分胁迫的影响下，其化学有效性与动力学有效性明显降低，养分离子的迁移速率下降，土壤缓效养分向速效养分的释放过程明显变缓，土体中的有效养分不能变为作物的实际有效养分。另外，水分亏缺加重时会抑制作物根系生长，降低根系的吸收面积和吸收能力，使木质部液流黏滞性增大，降低作物对土壤养分的吸收和运输。固定隔沟灌溉和交替隔沟灌溉都是局部灌水，但前者是部分灌水沟持续湿润或干燥，而后者是对不同灌水沟进行交替湿润与干燥，可以避免局部根区长期干旱对作物养分吸收的不良影响，使作物在较长时间内维持较高的氮素累积速率，保证了棉花的氮素需求量，并且提高了肥料利用效率。

总之，AFI 有效抑制了棉花的营养生长，对棉花产量构成因素影响较小，很好地调节棉花的生殖生长和营养生长的比例关系，与 CFI 相比较，采用 AFI 方式棉花根全 N 含量增加，茎、叶、蕾铃的全 N 含量变化不显著。棉花各器官 NAR，根花期以前略有降低，其他器官各生育阶段差异不显著，棉花各器官 Ndff 没有显著变化。棉花各器官 NUE，茎提升明显，蕾铃和叶略有降低，根无显著变化。FFI 与 CFI 相比较，使棉花的生长发育受到较大影响，限制了营养生长的同时，也明显降低了生殖生长。棉花各器官全氮含量、NAR、Ndff、NUE 均显著下降。综合比较得出，采用交替隔沟灌溉方式对棉花的氮素吸收和氮肥利用影响较小，固定隔沟灌溉则减少了棉花的氮素吸收，降低了水肥利用效率，因此沟灌棉花宜采用交替隔沟灌溉方式，有利于田间水氮管理。

5.3 不同沟灌方式下根区水氮调控对棉花群体生理指标的影响

随着灌溉理论和技术的发展，国内外提出了许多节水灌溉技术，可明显提高作物产量和水分利用效率(Mansouri-Far，2010；Zhao et al.，2007b)，而作物生长发育与作物的群体结构紧密联系在一起，因此研究不同灌溉方式对作物群体生理指标影响，对于节水灌溉技术推广和应用有重要意义。棉花群体结构是由单株成铃率、单位面积有效株数、株行距的配置、株型和叶型、封行时间和封行程度等因素构成。描述棉花群体质量，过去常用群体光合速率、叶面积指数、群体干物质积累与分配、单位面积的总铃数和成铃率等进行描述(Wang et al.，2007)。近些年来，由于作物诊断技术的不断发展，用群体叶片光合势、群体净同化率、作物的生长速率、叶面积指数等群体生理指标来评价作物的群体质量受到许多学者的广泛关注(Webber et al.，2006；Du et al.，2006)，它们是评价作物最优生长综合的生理生态指标。群体系统中的群体生理指标综合了基因型效应、群体质量、群体结构等，系统描述群体生长发育规律及每单位土地面积上的生产能力。由于作物产量与群体系统的关系较单株更为紧密，随着作物产量的不断提高，以及群体生理指标测定仪器的改进，在大田条件下，作物群体生长发育的研究越来越受到人们的重视。本节在此基础上将进一步研究不同沟灌方式根区水氮调控对棉花群体生长发育的影响，并比较不同沟灌方式的调控效果，以期为大田棉花水氮管理及群体优化提供理论依据与技术指导。

5.3.1 材料与方法

5.3.1.1 试验区概况

本试验于 2007 年 4～10 月在甘肃民勤农业技术推广中心试验站进行，该试验站位于甘肃石羊河流域的民勤县内，是温带大陆性干旱气候，多年平均降雨量 110 mm 左右，且多为 5 mm 以下的无效降水，7～9 月的降水占全年降水的 60%，年蒸发量为 2644 mm，干燥度为 5.15，无霜期 188 d，绝对无霜期仅 118 d，日照时数＞3010 h，＞10℃积温 3149.4℃。地下水埋深在 30 m 以下。1 m 土层内土质均为沙壤土，0～60 cm 土层含少量腐殖质和黏粒，粒径在 0.5～2.0 mm、60～100 cm 土层黏粒增多，有少量夹层黄砂，胶泥质夹杂少量腐殖质。1 m 土层内含盐量＜0.4%，平均体积质量 1.51 g · cm^{-3}，田间持水率(θ_f)为 33.7%～36.2%(土壤体积含水量)，凋萎系数为 7.65%，土壤养分含量差异较小，有机质含量 8000 mg · kg^{-1}，全氮含量 550 mg · kg^{-1}，速效磷平均含量 175 mg · kg^{-1}，速效钾为 150～

$200\ mg \cdot kg^{-1}$。

5.3.1.2 试验设计

供试棉花品种为‘新陆早 7 号’，参照该区地膜覆盖、足墒播种和矮秆密植的棉花种植模式，试验采用垄植沟灌的方式，播种前开沟起垄，沟深 30～40 cm，沟宽 60 cm，垄顶宽 40 cm，种植后覆膜，膜宽 120 cm 左右，沟底留缝隙并盖土以便沟内水分入渗，覆膜后每垄种两行棉花，行距 25 cm，株距 18 cm，每穴保苗 2～3 株，种植密度为 1.95×10^5 株 · hm^{-2}。试验为大田小区试验，小区长 11 m，宽 4 m，为减少水分侧向入渗，各小区间以一沟一垄（宽 1 m）作为保护带。试验设置常规沟灌（CFI）、交替隔沟灌溉（AFI）、固定隔沟灌溉（FFI）3 种灌水方式，灌水时常规沟灌处理每条灌水沟均灌水；交替隔沟灌溉处理本次灌 1 沟、3 沟，下次灌 2 沟、4 沟；固定隔沟灌溉处理始终灌 1 沟、3 沟，其余沟不灌水。灌水量由水表控制，所有处理灌水日期相同，分别为 6 月 25 日、7 月 19 日、8 月 9 日、灌水次数均为 3 次。播种前施过磷酸钙折纯 P_2O_5 560 kg · hm^{-2}，施肥试验中施氮量设 3 个水平，灌水试验中施氮量为 122.8 kg · hm^{-2}，试验中所用氮素为尿素（含 N 46%），所有肥料均作为基肥均匀撒施。本试验的灌水量和施氮量设计，根据当地棉花种植灌水和施肥水平，确定灌水量和施肥量的上限和下限。上限充分满足棉花水肥需求，下限保证棉花生长和获得经济产量。灌水量、施氮量情况见表 5-13。

表 5-13　不同沟灌方式的灌水和施肥情况

试验项目	水氮用量	交替隔沟灌溉（AFI）			常规沟灌溉（CFI）			固定隔沟灌溉（FFI）		
		A1	A2	A3	C1	C2	C3	F1	F2	F3
施肥试验	施氮量/（kg · hm^{-2}）	56.2	95.2	134.2	56.2	95.2	134.2	56.2	95.2	134.2
	灌水量/mm	128	128	128	128	128	128	128	128	128
灌水试验	施氮量/（kg · hm^{-2}）	122.8	122.8	122.8	122.8	122.8	122.8	122.8	122.8	122.8
	灌水量/mm	37.52	128	218.48	37.52	128	218.48	37.52	128	218.48

5.3.1.3 测定项目

通过观察记载各处理棉花各生育阶段（播后 45 d、72 d、103 d、137 d、171 d）生长发育状况，在每小区分别取 5 株棉花进行群体生理指标测定。各处理群体指标包括测定群体光合势（LAD）、群体净同化率（NAR）、叶面积指数（LAI），各指标计算方法如下。

叶片光合势：$LAD=1/2\times(LA_2+LA_1)/(T_2-T_1)$

群体净同化率：$NAR=(M_2-M_1)/(T_2-T_1)\times(\ln LA_2-\ln LA_1)/(LA_2-LA_1)$

叶面积指数：LAI=单株叶面积×单位土地面积株数/单位土地面积

式中，LA_1（$m^2 \cdot hm^{-2}$）和 LA_2（$m^2 \cdot hm^{-2}$）分别为 T_1、T_2 时间的叶面积；M_1（$g \cdot m^{-2}$）、M_2（$g \cdot m^{-2}$）分别为 T_1、T_2 的干物质积累量。将棉花植株按各器官分解于干燥箱 105℃杀青 30 min 后，80℃烘干至恒重，测定干物质积累量并计算群体净同化率。在收获期至棉花生育期结束后，对不同沟灌方式的皮棉产量以小区为单位测定。

5.3.1.4 数据分析

试验数据采用 Duncan 新复极差法进行统计分析。

棉花群体指标变化趋势模拟采用高斯单峰分布模型：$f=a\times\exp[-0.5\times((T-T_0)/b)^2]$，式中，$a$、$b$、$T_0$ 为拟合参数，f 为模拟群体指标，T 为播后天数(d)。其中：a 代表各指标生育期内最大值，b 代表反应各指标相对变化趋势，与各指标变化速率呈负相关关系，T_0 代表各指标达到最大值时的播后时间。

5.3.2 结果与分析

5.3.2.1 不同沟灌方式棉花氮肥处理下群体指标变化规律

利用模型模拟各群体生理指标变化趋势，各参数变差系数在 20%以下，相关系数(R^2)在 0.8 以上，模型拟合度相对较高。从图 5-4 中各群体指标变化趋势可以看出，叶片光合势(LAD)随施氮量增加在交替隔沟灌溉(AFI)方式下增长最明显，叶面积指数(LAI)在 AFI 和常规沟灌(CFI)方式下增长较显著，群体净同化率(NAR)由低氮至中氮处理 3 种方式增长均显著。由表 5-14 模型参数可知，低氮处理情况下相比 CFI，AFI 方式棉花 LAD 峰值(参数 a)降低 39.3%，NAR 和 LAI 无显著变化，固定隔沟灌溉(FFI)方式 LAD、NAR、LAI 峰值分别降低 41.36%、35.67%、42.86%，说明低氮处理降低了 AFI 方式棉花叶片光合能力，而 FFI 方式棉花群体性能则整体下降；中氮处理情况下相比 CFI 方式，AFI 方式各指标峰值无显著差异，FFI 方式 LAD、NAR、LAI 峰值分别下降 43.4%、44.0%、35.1%，表明中氮处理下 AFI 和 CFI 方式棉花群体性能差异不显著，而 FFI 方式各群体指标均受到抑制；高氮处理情况下，相比 CFI 方式，AFI 方式的 LAD 峰值提高 17.26%，NAR 峰值降低 21.69%，LAI 峰值差异不显著，表明高氮处理显著提高棉花叶片光合能力，而抑制群体净同化速率。FFI 方式相对于 CFI 方式，棉花各指标均下降且棉花群体性能显著降低。施氮处理下不同沟灌方式棉花各指标参数 b 变化表明，LAD 在 AFI 方式高氮处理下增长相对较快，NAR 在 FFI 低氮处理下增长相对较慢，LAI 在 FFI 高氮处理下增长相对较快。模型参数 T_0 为棉花各群体指标峰值的播后累积天数，由表 5-14 说明施氮处理对 LAD 无显著影响，高氮处理减少 NAR 峰值累积天数，FFI 方式高氮处理下明显减少 LAI 的累积天数。

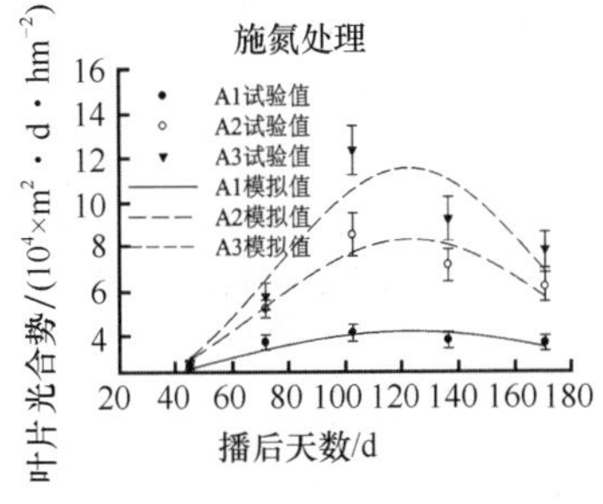

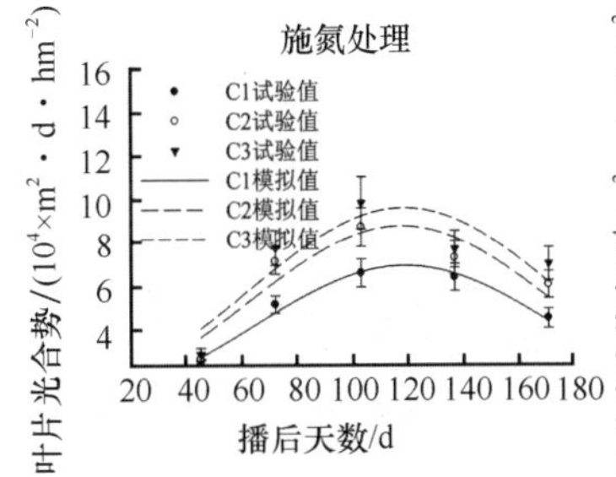

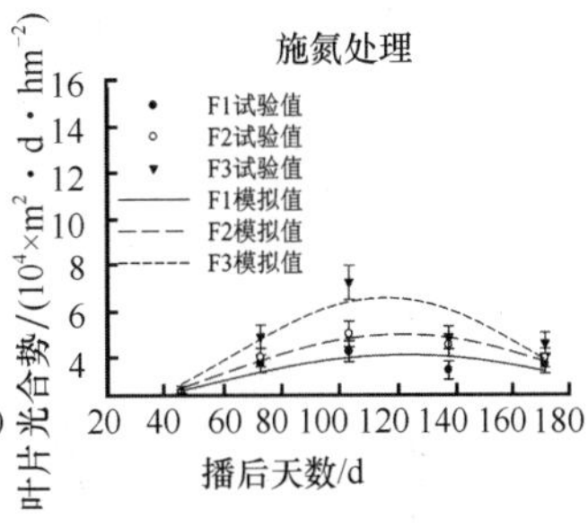

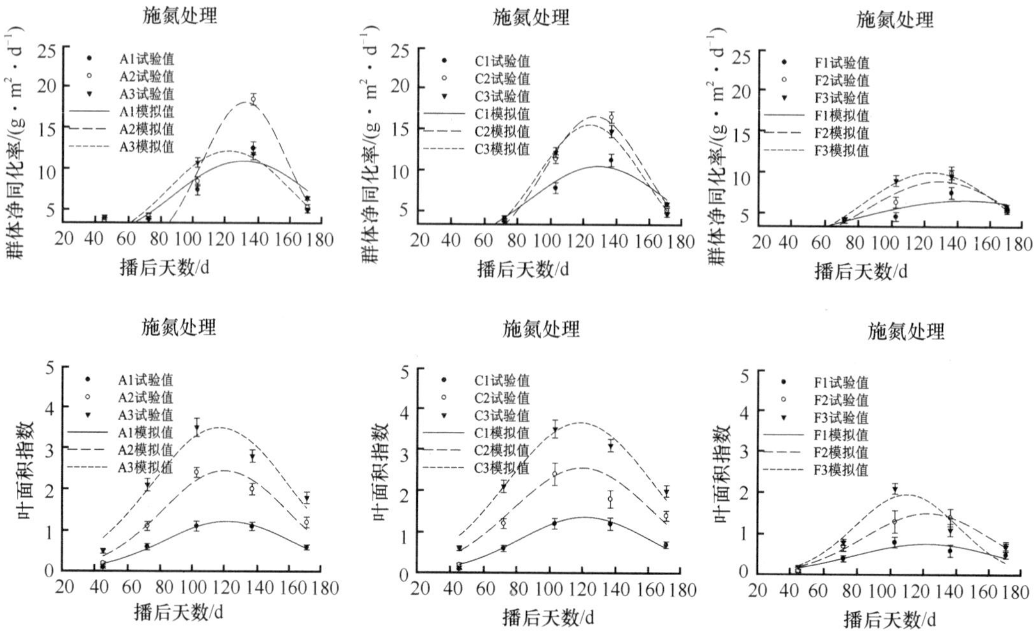

图 5-4 施氮处理下棉花群体指标变化趋势

表 5-14 施氮处理下棉花群体指标模型参数

指标	编号	数值				标准差			变差系数/%		
		a	b	T_0	R^2	a	b	T_0	a	b	T_0
LAD	A1	4.18e	78.25a	123.40a	0.84	0.30	15.83	9.17	14.75	23.67	8.21
	A2	8.31bc	54.49ab	123.70a	0.91	0.75	8.25	6.38	9.07	15.15	5.16
	A3	11.53a	47.46b	122.80a	0.85	1.63	9.58	8.04	14.13	20.18	6.55
	C1	6.89cd	53.93ab	118.90a	0.97	0.31	3.95	2.98	4.54	7.32	2.50
	C2	8.70b	54.56ab	117.50a	0.85	1.00	10.17	7.54	11.45	18.64	6.42
	C3	9.54b	55.68ab	118.40a	0.80	1.28	12.53	9.18	13.44	22.51	7.75
	F1	4.04e	78.89a	121.90a	0.66	0.46	25.51	14.29	11.31	32.34	11.72
	F2	4.92e	67.52ab	120.60a	0.94	0.96	12.82	9.46	5.11	11.31	4.00
	F3	6.49d	54.17ab	115.20a	0.75	0.25	7.64	4.83	7.12	20.23	7.43
NAR	A1	10.93b	44.65b	131.30ab	0.79	1.91	11.29	9.94	17.46	25.28	7.57
	A2	18.07a	26.14b	132.20ab	0.84	3.46	5.55	6.14	19.15	21.24	4.65
	A3	12.17b	38.65b	122.30b	0.86	1.80	7.00	6.51	14.80	18.11	5.32
	C1	10.48b	42.61b	129.20ab	0.92	1.11	6.16	5.48	10.57	14.44	4.24
	C2	16.57a	30.73b	126.90ab	0.93	2.09	4.49	4.38	12.60	14.60	3.45
	C3	15.54a	31.85b	123.90b	0.94	1.78	4.22	4.08	11.44	13.26	3.29
	F1	6.74c	71.19a	143.80a	0.80	0.83	25.35	22.69	12.34	35.61	15.78
	F2	9.28bc	43.67b	129.70ab	0.87	1.33	8.75	7.73	14.31	20.03	5.96
	F3	10.11b	42.17b	124.70b	0.99	0.43	2.36	2.11	5.54	6.87	2.06

续表

指标	编号	数值				标准差			变差系数/%		
		a	b	T_0	R^2	a	b	T_0	a	b	T_0
LAI	A1	1.22d	39.84ab	122.00a	0.98	0.07	2.74	2.52	9.57	11.61	3.49
	A2	2.44b	38.72ab	120.10a	0.95	0.23	4.50	4.19	9.73	12.30	3.98
	A3	3.49a	42.27a	117.00ab	0.94	0.34	5.20	4.65	5.72	7.19	2.12
	C1	1.33d	39.95ab	123.70a	0.98	0.08	2.87	2.63	15.05	19.40	6.08
	C2	2.31bc	42.50a	121.00a	0.87	0.35	8.24	7.35	6.98	9.18	2.95
	C3	3.61a	43.98a	119.80a	0.96	0.25	4.04	3.53	14.92	20.23	6.43
	F1	0.76e	44.94a	122.30a	0.86	0.11	9.09	7.87	4.99	6.11	1.79
	F2	1.50d	38.61ab	122.80a	0.99	0.36	6.46	6.44	18.24	20.56	5.84
	F3	1.96c	31.43b	110.30b	0.86	0.07	2.36	2.19	5.54	6.87	2.06

5.3.2.2 不同沟灌方式棉花水分处理群体指标的变化规律

利用模型模拟各群体生理指标在灌水处理下变化趋势(图 5-5)，其中参数 a、b、T_0 变差系数在 25%以下，相关系数(R^2)在 0.8 以上(表 5-15)。从图 5-5 中各群体指标变化趋势可以看出，随灌水量增加 LAD 在 AFI 方式下增长显著，NAR 和 LAI 在 AFI 和 CFI 方式下增长显著。相比 CFI 方式各群体指标峰值(表 5-15 参数 a)，低水分处理下，AFI 方式棉花 LAD 峰值降低 23.94%，而 NAR 和 LAI 则无显著变化。

表 5-15　灌水处理下棉花群体指标模型参数

指标	编号	数值				标准差			变差系数/%		
		a	b	T_0	R^2	a	b	T_0	a	b	T_0
LAD	A1	5.21e	64.87a	115.70a	0.93	0.29	7.29	4.55	8.99	13.59	4.68
	A2	10.17b	47.76b	117.20a	0.94	0.76	5.01	4.13	7.47	10.48	3.52
	A3	11.99a	44.64b	117.70a	0.97	0.66	3.24	2.80	5.49	7.25	2.38
	C1	6.85d	53.20b	115.50a	0.96	0.37	4.53	3.40	5.42	8.51	2.94
	C2	8.95c	52.21b	114.20a	0.87	0.95	8.51	6.46	10.63	16.29	5.66
	C3	11.27ab	51.20b	117.40a	0.93	0.92	6.30	4.92	8.15	12.31	4.19
	F1	5.43e	54.46ab	109.20a	0.93	0.37	5.90	4.26	6.74	10.84	3.90
	F2	6.58d	52.43b	109.40a	0.92	0.75	7.00	5.41	7.46	11.46	4.11
	F3	8.36c	51.49b	115.40a	0.91	0.49	6.01	4.50	5.47	11.23	3.93
NAR	A1	11.68bc	37.33bc	133.10ab	0.90	1.60	6.65	6.09	13.70	17.81	4.58
	A2	16.86a	29.16c	130.10abc	0.86	3.05	6.05	6.10	18.07	20.74	4.69
	A3	14.72ab	37.13bc	123.70abc	0.83	2.57	7.83	7.36	17.43	21.07	5.95
	C1	10.96c	41.60bc	127.30abc	0.96	0.89	4.45	3.99	8.10	10.70	3.14
	C2	15.92a	33.86bc	125.40abc	0.86	2.63	6.58	6.32	16.49	19.44	5.04
	C3	14.56ab	39.04bc	119.20c	0.90	1.87	6.08	5.66	12.84	15.58	4.75
	F1	7.12d	63.89a	136.30a	0.92	0.55	11.34	9.39	7.75	17.75	6.88
	F2	9.44cd	46.19b	126.70abc	0.84	1.31	9.18	7.90	13.90	19.88	6.24
	F3	10.43cd	43.22bc	122.10bc	0.93	1.00	5.45	4.81	9.60	12.60	3.94

续表

指标	编号	数值				标准差			变差系数/%		
		a	*b*	T_0	R^2	*a*	*b*	T_0	*a*	*b*	T_0
LAI	A1	1.31e	42.20a	119.50a	0.96	0.10	4.23	3.79	7.86	10.02	3.17
	A2	2.60c	41.78ab	117.10a	0.95	0.22	4.46	4.01	8.50	10.66	3.43
	A3	3.54a	41.80ab	112.80a	0.95	0.30	4.39	3.96	8.44	10.51	3.51
	C1	1.44e	38.29ab	117.50a	0.99	0.07	2.22	2.09	4.85	5.80	1.78
	C2	3.03b	41.78ab	117.60a	0.97	0.21	3.71	3.34	7.06	8.87	2.84
	C3	3.77a	43.80ab	115.70a	0.95	0.30	4.52	3.96	7.97	10.32	3.42
	F1	0.76f	49.86ab	118.50a	0.87	0.09	8.73	7.00	11.90	17.52	5.90
	F2	1.85d	39.17b	114.60a	0.95	0.11	2.21	2.01	9.01	10.82	3.45
	F3	2.54c	41.13b	115.10a	0.99	0.17	4.24	3.96	4.35	5.38	1.75

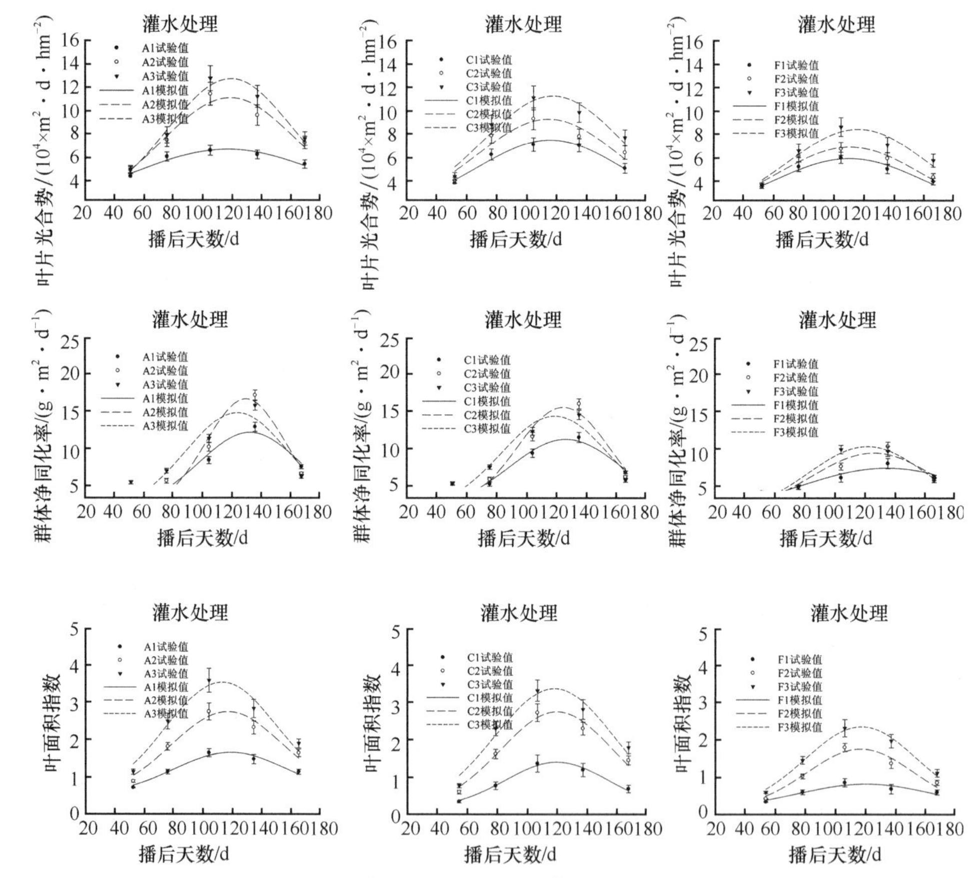

图 5-5　灌水处理下棉花群体指标变化趋势

FFI 方式棉花 LAD、NAR、LAI 峰值分别降低 20.7%、35.04%、47.22%，表明低水分处理显著影响 AFI 方式棉花叶片光合同化能力，而 FFI 方式棉花群体性能整体降低；中等水分处理下，AFI 方式 LAD 峰值提高 13.63%，NAR 无显著差异，LAI 降低 14.2%，说明中等水分处理显著提高 AFI 方式棉花叶片光合同化能力，FFI 方式棉花群体指标 LAD、NAR、LAI 峰值分别下降 26.5%、40.7%、38.9%，表明 FFI 方式群体性能显著下降；高水分处理下，AFI 与 CFI 方式各指标峰值无显著差异，FFI 方式棉花 LAD、NAR、LAI 峰值分别降低 25.8%、33.0%、32.6%，表明棉花群体性能明显下降，群体生长发育明显受到抑制。

由表 5-15 模型参数 b 可知，LAD 在 AFI 方式低水分处理下增长速率相对较小，NAR 和 LAI 总体差异不显著。参数 T_0 表明 CFI 方式高水分处理下 NAR 的累积时间减少。

5.3.2.3 不同沟灌方式对棉花生物量和产量的影响

表 5-16 为不同沟灌方式下棉花生物量和产量随水氮变化情况。由表可以看出，AFI 与 CFI 方式相比，在各施氮和灌水水平处理下地上部干物质量、根冠比、单株铃数和皮棉产量均无显著差异，根系干物质量在施氮处理下，AFI 方式低氮和低水处理下降低 1.5%、4.8%。FFI 方式各指标施氮处理下，低氮、中氮和高氮处理，地上部干物质量分别降低 11.1%、19.3%和 9.8%，根系干物质量分别降低 5.4%、3.1%和 6.3%，单株铃数分别降低 10.6%、17.9%和 6.3%，生殖器官与营养器官干物质量比分别提高 12.9%、9.5%和 15.8%，皮棉产量分别降低 8.4%、8.1%和 8.5%。FFI 方式灌水处理下，各指标低水分、中等水分、高水分处理地上部干物质量分别降低 19.1%、16.3%和 12.4%，根系干物质量分别降低 9.1%、6.0%和 5.7%，单株铃数分别降低 13.1%、19.0%和 10.4%，生殖器官与营养器官干物质量比分别提高 14.1%、6.6%和 12.5%，皮棉产量分别降低 8.9%、8.1%和 7.6%。根冠比灌水中等水分处理提高 11.7%。总体来看，AFI 与 CFI 生物量指标差异相对较小，FFI 与 CFI 相比，地上干物质、根系干重、单株铃数明显降低，根冠比、生殖器官/营养器官则明显增加，说明 FFI 生长发育受到明显的抑制。

表 5-16　不同沟灌方式棉花单株生物量、产量情况

灌水施氮处理		地上干物质量/g	根系干物质量/g	根冠比	单株铃数	生殖器官与营养器官干物质量比	皮棉产量/(kg · hm^{-2})
施氮量	A1	59.40c	4.75c	0.080a	10.01c	0.63c	3538.13c
	A2	65.15b	4.83b	0.074b	11.64b	0.65c	3733.77b
	A3	73.68a	5.12a	0.069b	13.71a	0.58d	3850.6a
	C1	56.95c	4.82b	0.085a	10.33c	0.70a	3549.5c
	C2	70.18b	4.87b	0.069b	12.46ab	0.63c	3805.2ab
	C3	74.90a	5.21a	0.070b	13.18a	0.57d	3888.4a
	F1	50.63d	4.56d	0.090a	9.24d	0.79a	3250.9d
	F2	56.63c	4.72c	0.083a	10.23c	0.69ab	3495.6b
	F3	67.55b	4.88b	0.072b	12.35b	0.66bc	3556.7b
灌水量	A1	55.69c	4.52c	0.081a	9.60c	0.65c	3279.6d
	A2	66.75b	4.79b	0.072b	10.70b	0.63c	3733.4b
	A3	75.67a	5.31a	0.070b	14.11a	0.57d	3984.6a
	C1	58.64c	4.75b	0.081a	9.82c	0.64a	3386.9d
	C2	64.82b	4.96b	0.077b	11.90ab	0.61c	3805.2b
	C3	76.31a	5.25a	0.069b	13.51a	0.56d	4006.5a
	F1	47.45d	4.32d	0.091a	8.53d	0.73a	3084.9e
	F2	54.27c	4.66c	0.086a	9.64b	0.65ab	3495.6c
	F3	66.84b	4.95b	0.074b	12.11b	0.63bc	3701.71b

5.3.3 讨论

作物干旱后复水对其生长具有一定的补偿效应。大量研究表明，土壤干旱对棉株的生长发育有明显的抑制作用，花铃期干旱胁迫抑制了棉花叶片净光合速率，光合产物输出减少(Kage et al.，2004)；同时各器官的生理活性降低(Cabello et al.，2009)，从而限制了植株对营养的吸收与积累，作物生长发育过程中经过干湿交替和低水环境的水分胁迫锻炼，可以明显增强根系的吸水功能(张建恒等，2006；Webber et al.，2006)。本试验研究表明，第一，在低水处理下，CFI 灌水方式使得棉花根区土壤含水量分布相对均匀并且能够满足一定的根系吸水需求，棉花叶片光合同化能力明显高于 AFI 和 FFI，而 AFI、FFI 由于隔沟灌溉且灌水量小，根区土壤含水量低且分布很不均匀，严重影响棉花根系水分的传导能力及养分水分的吸收能力，AFI 和 FFI 方式棉花光合同化能力明显下降。第二，中水和高水处理下 AFI 方式相邻灌水沟交替灌溉，土壤水分的侧渗作用明显，灌水沟和未灌水沟土壤含水量差异减小，因此能够满足棉花一定的水分需求，与 CFI 方式相比各群体指标、地上干物质、棉花产量差异明显减小。FFI 由于未灌水沟棉花根系长期受到水分胁迫的影响，根系木质部栓化，棉花的水分和养分吸收转运效率降低，作物光合同化能力明显低于灌水沟，影响群体生长发育、地上干物质累积、产量形成。第三，不同沟灌方式和灌水水平对土壤氮素运移影响，也是棉花群体生长发育主要因素之一。在低灌水水平下，由于 AFI 和 FFI 为隔沟灌溉，土壤水分运移距离较短，棉花根区水氮分布很不均匀。随着灌水量增加 AFI 相邻灌水沟水分侧渗作用明显，使得土壤氮素分布相对均匀，由此提高根区土壤氮素利用效率。FFI 受未灌水沟水分运移的影响，根区土壤水氮分布不均匀抑制棉花生长发育。

氮肥的合理施用一直是调控作物生长发育及产量形成的重要措施，施氮可以改变土壤干旱胁迫对作物生长发育的影响。土壤干旱对作物的抑制作用受氮素供应水平影响，施氮量越大，水分胁迫指数越高，抑制作用越明显。已有的研究表明，土壤干旱条件下氮肥可以显著影响作物的物质累积、营养吸收与分配，从而改变作物产量与品质的形成。第一，本试验沟灌棉花在低氮处理下，由于 AFI 和 FFI 根区土壤含水量分布不均匀，土壤氮素含量偏低等，严重影响棉花根系养分传导吸收，AFI 和 FFI 方式棉花光合同化能力明显下降，群体净同化率明显偏低，叶面积增长缓慢。由于 CFI 方式相邻灌水沟均匀灌水，能够满足一定根系氮素需求，棉花叶片光合同化能力、叶面积指数明显高于 AFI 和 FFI。第二，在中氮处理下，AFI 方式灌水沟和未灌水沟受土壤水分的侧渗作用和施氮量增加等因素影响，土壤氮素随水分运移更加明显，使得根区分布的均匀性提高，满足棉花一定的氮素需求，棉花地上干物质、产量与 CFI 方式的差异明显减小。FFI 由于隔沟固定灌溉，根区土壤氮素运移有限，棉花的氮素吸收转运效率降低，作物光合同化能力明显低于灌水沟，影响整体群体生长发育，地上干物质和产量均低于 CFI。第三，在高氮处理下，由于 AFI 方式棉花根系经过苗期至蕾期的水分胁迫锻炼，根系水分养分能力和吸收功能增强，同时也抑制了棉花营养生长，随着生育期推移，棉花光合同化能力逐步提高，使棉花光合同化产物转移在生殖生长上，保证棉花的产量因子的形成，提高棉花产量。FFI 仍然受到灌水沟侧渗作用限制，根区土壤水氮分布不均匀，影响棉花氮素吸收，使得棉花生长发育受到抑制、产量偏低。

5.3.4 结论

不同沟灌方式下根区水氮调控对棉花群体生理指标的影响，利用高斯单峰分布模型模拟棉花群体生理指标变化趋势，模型参数变差系数相对较小，模型模拟精度相对较高。试验结果表明如下。

A. 不同沟灌方式棉花施氮水平处理，与常规沟灌相比交替隔沟灌溉低氮处理叶片光合势峰值下降 39.3%、中氮处理各指标无显著差异，高氮处理下叶片光合势峰值提高 17.26%，群体净同化率峰值下降 21.69%；固定隔沟灌方式不同施氮处理各指标峰值下降 35.1%～44.0%。说明交替隔沟灌溉在适中灌水处理下随施氮量增加明显提高棉花光合同化能力，保证棉花的产量因子的形成，提高棉花产量。固定隔沟灌溉则作用不显著。

B. 不同沟灌方式棉花灌水水平处理，与常规沟灌相比交替隔沟灌溉低水分处理叶片光合势峰值下降 23.94%，中等水分下叶片光合势提高 13.63%，叶面积指数下降 14.2%，高水分处理下各指标峰值无显著差异；固定隔沟灌方式不同灌水处理各群体指标下降 20.7%～47.22%。与常规沟灌相比，交替隔沟灌溉各处理地上干物质量和产量无显著差异，固定隔沟灌溉地上干物质量下降 12.4%～19.1%，产量下降 7.6%～8.9%。说明 AFI 在适中施氮量情况下增加灌水量能够显著提高光合同化能力，FFI 方式则显著抑制棉花生长发育和降低产量。

因此，交替隔沟灌溉的根区水、氮调控对棉花群体性能影响较显著，能够有效调控棉花群体生长发育，获得相对较好的经济产量，在棉花水肥管理中具有重要的应用价值。

参 考 文 献

杜太生，康绍忠，夏桂敏，等. 2005. 滴灌条件下不同根区交替湿润对葡萄生长和水分利用的影响. 农业工程学报，21(11)：43-48

胡田田，康绍忠，李志军，等. 2009. 局部湿润方式下玉米对不同根区氮素的吸收与分配. 植物营养与肥料学报，15(1)：105-113

庞云，刘景辉，郭顺美. 2007. 不同饲用高粱品种群体光合性能指标变化的研究. 西北植物学报，16(5)：180-183

张建恒，李宾兴，王斌. 2006. 不同磷效率小麦品种光合碳同化和物质生产特性研究. 中国农业科学，39(11)：2200-2207

Cabello M J，Castellanos M T，Romojaro F，et al. 2009. Yield and quality of melon grown under different irrigation and nitrogen rates. Agricultural Water Management，96：866-874

Du T S，Kang S Z，Zhang J H. 2006. Yield and physiological responses of cotton to partial root-zone irrigation in the oasis field of northwest China. Agricultural Water Management，84：41-52

Feng X L，Lia Y X，Gu J Z，et al. 2007. Error thresholds for quasispecies on single peak Gaussian-distributed fitness landscapes. Journal of Theoretical Biology，246：28-32

Gretchen F.1995. Sassenrath-Cole dependence of canopy light distribution on leaf and canopy structure for two cotton（*Gossypium*）species. Agricultural and Forest Meteorology，77：55-72

Kage H，Kochler M，Stützel H. 2004. Root growth and dry matter partitioning of cauliflower under drought stress conditions：measurement and simulation. European Journal of Agronomy，20：379-394

Lafarge T A，Hammer G L. 2002. Predicting plant leaf area production：shoot assimilate accumulation and partitioning，and leaf area ratio，are stable for a wide range of sorghum population densities. Field Crop Research，77：137-151

Mansouri-Far C，Sanavys A，Saberali S F. 2010. Maize yield response to deficit irrigation during low-sensitive growth stages and nitrogen rate under semi-arid climatic conditions. Agricultural Water Management，97：12-22

Wang C Y，Akihiroz I，Li M S. 2007. Growth and eco-physiological performance of cotton under water stress conditions. Agricultural Sciences in China，6(8)：949-955

Webbcr H A，Madramootoo C A，Bourgault M，et al. 2006. Water use efficiency of common bean and green gram grownusing alternate furrow and deficit irrigation. Agricultural Water Management，86(3)：259-268

Zegbe-Domínguez J A，Behboudian M H，Lang A. 2003. Deficit irrigation and partial rootzone drying maintain fruit dry mass and enhance fruit quality in 'Petopride' processing tomato. Scientia Horticulturae，98：505-510

Zhao D H，Huang L M，Li J L. 2007a. A comparative analysis of broadband and narrowband derived vegetation indices in predicting LAI and CCD of a cotton canopy. Journal of Photogrammetry & Remote Sensing，62：25-33

Zhao D L，Reddyb K R，Kakani V G. 2007b. Canopy reflectance in cotton for growth assessment and lint yield prediction. European Journal of Agronomy，26：335-344

第 6 章 调亏灌溉和施肥对关中地区农田冬小麦生长和水肥利用的影响

目前关于结合调亏灌溉和施肥的研究报道不多，且已有的成果主要是对单一生育期水分亏缺的水肥效应进行研究，缺乏多个生育期水分亏缺和施肥对作物生长、产量及养分利用影响的研究结果。本试验在过去较多学者研究的基础上，以冬小麦‘小偃 22’为试验材料，设置 4 个氮肥水平和 11 个水分亏缺处理，采用盆栽试验研究不同生育期水分亏缺和施氮水平对冬小麦不同生长阶段的生长、产量、水分利用效率和养分吸收的影响，探索小麦生长的水分亏缺敏感期和合理施氮量，以期为调亏灌溉条件下作物水氮高效利用和最优调控提供理论依据。可以看到，这一研究具有重要的理论和现实意义，并有广阔的推广应用前景。

6.1 国内外研究进展

6.1.1 调亏灌溉的概念

调亏灌溉(regulated deficit irrigation，RDI)，是调控亏水度灌溉的简称。调亏灌溉是一种节水灌溉管理技术，其从作物的生理角度出发，根据作物对水分亏缺的反应，在作物生长发育过程中的某些阶段人为主动地给予一定程度的水分胁迫，用以对作物的生理生化过程造成影响，从而对作物进行抗旱锻炼，来提高作物生长后期的抗旱能力，也就是通过作物自身产生的变化来达到提高水分利用效率的目的。所以，调亏灌溉就是主动地利用水分胁迫的正面影响，是对以往传统灌溉理论的突破。调亏灌溉研究的关键问题在于作物调亏的生育阶段、调亏时间的长度和亏水的严重程度，在这几方面国内外专家进行了大量的研究。调亏灌溉初始阶段较多应用于果树，用以促进产量和质量，而今在大田作物上也有大量研究和应用。

6.1.2 调亏灌溉对作物生长的影响

不同水分条件下作物根冠的生长特征，是根冠生长功能的具体体现，直接关系到人们对作物水分关系的正确认识和对农田水分调控措施的合理制订与实施。不同生育期水分调亏对冬小麦株高、根冠均有不同影响。

程福厚等(2000)研究发现，鸭梨果实生长的前中期控水能显著降低果实的果形指数；并且控水处理降低了果实的含水量，但能提高产量、单果重、果实品质和贮藏性，且能显著抑制新梢的生长。裴冬和张喜英(2000)进行棉花盆栽试验，结果显示：调亏灌溉对棉花的株高、蕾铃脱落、成桃数等有较为显著的影响；蕾期和花铃期是棉花的需水关键期；苗期、吐絮期重度水分亏缺及蕾铃期中度水分亏缺均对棉花产量的形成有利。郭相平等(2001)进行玉米盆栽试验，结果表明：调亏在量上抑制了根系生长，但在形态及吸收功能上表现出一定的补偿效应。孟兆江等(2008)试验表明，适时适度的水分调亏能诱导根系下扎，降低植株的冗余生长，加强生殖生长，促进其光合产物向子棉的运转与分配，提高其经济产量；改善某些品质指标。棉花调亏灌溉的适宜指标为：苗期轻、中度水分调亏，0～40 cm 土层的湿度下限为 60%或 50%田间持水量；蕾期轻度水分调亏，0～40 cm 土层的湿度下限为 60%田间持水量；花铃期充分供水，0～40 cm 土层的湿度不低于 75%田间持水量；吐絮期中度水分调亏，0～40cm 土层的湿度控制为 50%～55%田间持水量。张岁岐等(2009)进行小麦试验研究发现，随着干旱程度的加剧，单株叶面积和株高明显减小；在各个水分条件下增施磷肥均能增加单株叶面积、株高，但水分胁迫的加重会降低磷肥对植株生长的促进作用。

Turner(1990)研究表明：在适当阶段对作物进行适度的亏水可以有利于作物产量的提高。蔡焕杰等(2000)对冬小麦、春小麦和棉花进行田间试验，研究分析适度缺水对作物产量的影响，发现调亏灌溉的适宜时段是作物早期生长阶段，当水分亏缺为 45%～50%田间持水量，其对作物的产量也没有不利影响，却能提高作物的水分利用效率。王密侠等(2004)试验结果显示，玉米苗期遭受适度干旱可降低叶面积，促进根系发展，增大根冠比，为后期恢复生长提供有利条件。与充分供水处理相比，苗期重度、中度和轻度亏水处理的玉米根冠比分别增大 11.50%、23.14%和 6.36%，产量则分别增加 5.00%、5.00%和 3.00%；拔节期重度、中度、中轻度和轻度调亏处理的根冠比分别增大了 6.25%、24.20%、40.29%和 43.00%，产量则分别增加 18.00%、9.00%、3.00%和 1.00%。张步翀等(2005)研究发现，干旱环境下的春小麦调亏灌溉能显著增产和节水。调亏灌溉处理的小麦籽粒产量、收获指数、水分利用效率与充分供水差异显著，但调亏处理间的差异不显著。调亏灌溉春小麦产量和收获指数线性相关，水分利用效率和收获指数、产量间呈现二次抛物线关系。

6.1.3 调亏灌溉对作物光合和水分利用的影响

水是植物体的重要组成部分，是植物体生长发育不可缺少的物质，对植物光合作用和蒸腾作用的速率影响明显。如何在不明显降低光合速率的情况下显著降低植物蒸腾速率正是节水农业研究的出发点。

郭相平和康绍忠(2000)研究表明，玉米苗期调亏处理能使后期叶片、根系的衰老得到延缓，从而使光合速度、蒸腾速率及根系活力保持在较高的水平。与对照相比，苗期调亏处理复水后对拔节期、抽雄期的叶片光合速度、蒸腾速率、作物需水量均有降低作用，而在灌浆期叶片光合速率、蒸腾速率与作物需水量较高，且作物总需水量减少。赵春明等(2010)对温室梨枣树进行水分调亏得出：梨枣树在水分胁迫条件下光合速率和蒸腾速率降低，茎液流量峰值延迟；水分胁迫后复水光合速率和蒸腾速率增大，且光合速率的增幅大于蒸腾速率。

徐振柱和于振文(2003)通过对冬小麦的调亏试验得出，生育后期过多灌水或土壤严重缺水均显著影响冬小麦对土壤水分的利用效率。董国锋等(2006)研究表明：在轻度调亏处理下，即土壤含水率为田间持水量的 60%～65%时，相对于对照，苜蓿的产量没有明显降低，而耗水量却减少了 600 $m^3 \cdot hm^{-2}$，苜蓿的水分利用效率、粗蛋白含量与其余各处理间存在显著差异，其值均达到了最大，分别达 2.10 $kg \cdot m^{-3}$ 和 13 406.7 $\mu g \cdot g^{-1}$，因此，轻度水分亏缺是苜蓿调亏灌溉的最佳调亏程度。韩占江等(2009)对冬小麦进行田间试验得出，各生育期土壤相对含水量分别为播种期 80%、拔节期 65%和开花期 65%时，水分利用效率较高，但是产量却最低；随灌水量增加，水分利用效率呈现出先增加后降低的趋势。当各生育期土壤相对含水量分别为播种期 80%、拔节期 70%和开花期 70%时，冬小麦产量最高，且水分利用效率也较高，为高产节水的最佳处理。申孝军等(2010)在新疆乌鲁木齐对棉花进行了膜下滴灌试验，研究得出适时适度的水分调亏降低了棉花总的生物量，但亏水后复水的补偿效益不但提高了生殖器官在总生物量的分配比例，而且促进了光合产物向经济产量转移，水分利用效率明显提高。

6.1.4 调亏灌溉对土壤养分迁移和利用的影响

硝态氮是土壤中无机态氮的主要形态，也是植物氮素营养的直接来源。淋洗损失受施肥、灌溉、降雨、土壤、植被、耕作方式及气候等多种因素的影响。氮肥利用率低，阻碍了我国农业生产发展，不仅造成资源浪费及经济损失，而且造成了环境污染。国内外许多研究者认为：土壤中的氮素，无论是外部加入的，还是土壤本身存在的，在经过土壤本身物理的、化学的和生物的系列过程之后，其中只有 20%～30%被作物有效利用(陈子明等，1996)，而更多氮素(30%～50%)通过不同的途径如硝化、反硝化、氨挥发、径流和淋洗等损失掉(Benbl et al.，1991)。党廷辉等(2003)对黄土旱塬区农田氮素淋溶规律研究表明，在高原沟壑区旱作农业中，长期过量或不平衡使用氮肥，NO_3^--N 将在土壤剖面深层发生积累，峰值为 120～140 cm。配施磷肥后，由于补充了土壤 P 的不足，改善了作物 N、P 营养元素的协调供应，促进了作物对土壤 N 的吸收，因而土壤深层 N 累积的状况得到减弱。张步翀等(2008)研究发现，春小麦调亏灌溉对土壤氮素养分有显著的影响。在一定程度上，水分亏缺加速了化学氮素肥料的溶解及碱解氮的矿化，提高了速效氮肥利用效率，从而造成土壤碱解氮含量下降。

王晓英等(2008)研究认为，在一定的灌溉水平上，随施氮量(0～240 $kg \cdot hm^{-2}$)增加，植株总吸氮量呈上升趋势。旱地作物农业生产最突出的问题是缺水，其特点是无灌溉条件，作物的水分需要只能依靠有限的自然降水。为了实现作物高产，除需重视作物品种、施肥和栽培等生产技术措施外，还应重视农田水分的有效利用。增施肥料是提高旱地作物水分利用效率的主要途径之一(党廷辉，1999)。孙广春等(2009)研究表明：节水灌溉有利于提高水分利用效率。在所有的处理中，采用高肥低水处理的小麦水分利用效率最高，达 14.07 $kg \cdot hm^{-2} \cdot mm^{-1}$。水分利用效率在大量施肥的条件下低水＞中水＞高水，在中量施肥的条件下中水＞低水＞高水，在少量施肥的条件下，低水＞中水＞高水。山仑等(1988)分别应用氮、磷及其合理配比对小麦进行多次试验。结果表明，干旱条件下，施用氮、磷化肥对其不同器官、不同生理功能并不都具有一致的作用，一方面促进了地上部和根系的生长，中等干旱条件下，提高了原生质的抗脱水性，增强了植株的气孔调节和渗透调节能力；另一方面则使叶水势下降，根冠比变小，严重干旱条件下植株生长受抑制程度相对较大。因此认为，旱地施用化肥主要有利于对土壤水分的有效利用、维持较高和正常的生理功能，但对于作物生理耐旱性似乎没有产生显著的影响，对这一问题应作进一步的深入研究。赵彦锋和吴克宁(2002)桶栽试验表明，水、磷均利于玉米株高、叶面积、总生物量的增加，其中磷的作用更明显；苗期玉米的调亏控水结合施磷能增大玉米苗期的根冠比，提高水分生产率；水、磷都能促进氮、磷、钾向地上部运输。

6.2 调亏灌溉和氮营养对冬小麦生长和水氮利用的影响

6.2.1 材料和方法

6.2.1.1 试验区概况

试验在西北农林科技大学灌溉试验站内的旱区农业水土工程教育部重点实验室进行。试验站位于东经 108°40′，北纬 34°20′，海拔 521 m，年平均气温 13℃，年平均降水量 550～600 mm(主要集中在 7～9 月)，年平均蒸发量 1500 mm。站内设有县级气象站，按照国家气象局的《地面气象观测规范》进行气温、湿度、降水、日照、水面蒸发、风速、气压和地温的观测，并设有自动气象站自动记录气温、相对湿度、太阳辐射和风速。

6.2.1.2 试验材料

试验于 2008 年 10 月～2009 年 6 月在西北农林科技大学旱区农业水土工程教育部重点实验室遮雨棚中进行。供试冬小麦品种为‘小偃 22’。供试土壤为西北农林科技大学节水灌溉试验站的大田耕层土壤，经自然风干、磨细过 5 mm 筛备用。土壤质地为重壤土，田间持水量(θ_F)为 24%，pH 为 8.14，有机质为 11.26 g · kg^{-1}，全氮为 0.77 g · kg^{-1}，全磷为 0.35 g · kg^{-1}，全钾为 13.8 g · kg^{-1}，碱解氮为 55.93 mg · kg^{-1}，速效磷为 8.18 mg · kg^{-1}，速效钾为 102.30 mg · kg^{-1}。

6.2.1.3 试验设计

见图 6-1，试验用盆上部内径 29 cm、底部内径 21.5 cm、高 29 cm，盆底均匀分布 7 个小孔，并铺有纱网和细砂以保证良好的通气条件。控制装土干容重为 1.30 g · cm^{-3}，其中每盆装土 15.6 kg。

图 6-1 试验场景(见图版)

试验设不同生育期土壤水分亏缺和施氮 2 个因素。不同生育期土壤水分亏缺设 1 个生育期水分亏缺，包括返青期(从播种后 108 d 开始亏水处理，持续 28 d，其他时间正常供水)、拔节期(从播种后 136 d 开始亏水处理，持续 14 d，其他时间正常供水)、抽穗期(从播种后 150 d 开始亏水处理，持续 22 d，其他时间正常供水)和灌浆期(从播种后 172 d 开始亏水处理，持续 35 d，其他时间正常供水)，以及 2 个生育期水分亏缺，包括返青期+拔节期、返青期+抽穗期、返青期+灌浆期、拔节期+抽穗期、拔节期+灌浆期和抽穗期+灌浆期，共 10 个处理，另外设全生育期不亏水处理作为对照(CK)，共 11 个处理。生育期土壤水分处理以控制土壤含水量占田间持水量(θ_F)的百分数表示，其中不亏水处理为 65%~80%θ_F，水分亏缺处理为 50%~65%θ_F。氮肥选用尿素，设置 4 个氮肥水平，分别为不施氮(N_0)、低氮(0.1 $g \cdot kg^{-1}$，N_1)、中氮(0.3 $g \cdot kg^{-1}$，N_2)和高氮(0.5 $g \cdot kg^{-1}$，N_3)。磷肥为过磷酸钙，施入量为 0.2 $g \cdot kg^{-1}$。氮肥和磷肥在装盆时与土样混合均匀一次性施入。每个处理设 3 次重复，随机排列。

为保证冬小麦的正常萌发，播种前土壤灌水至田间持水量。2008 年 10 月 21 日播种，待长到两叶一心时，每盆留长势均匀的植株 20 株。按照试验处理进行灌水，2009 年 5 月 25 日～6 月 5 日收获。用称重法确定每次灌水量。

6.2.1.4 测定项目及测定方法

分别在冬小麦播后 136 d、150 d、172 d 和 207 d 进行取样，每次采样各处理均取 3 个重复，在每盆中选择有代表性植株。

1）土壤水分的测定

土壤水分的测定：开始处理时，土壤含水量用三参数土壤水分测定仪测定。分3层测定不同深度的土壤含水量，取平均值确定土壤水分的上下限。以后的水分管理采用称重法。当土壤含水量降至该处理水分下限时即进行灌水，用量筒精确量取所需水量，灌水使含水量达到该处理水分控制上限。

2）冬小麦生理生态指标的测定

(1) 株高

在不同生育阶段，随机选取各处理盆栽中能够代表盆栽整体长势的植株5株，测定冬小麦株高，抽穗前为土面至最高叶尖的高度，抽穗后为土面至最高穗顶（不连芒）的高度。

(2) 叶面积

测量所选5株冬小麦每一绿叶片的长和宽（叶片最宽处），根据∑（叶长×叶宽）/（系数×株数）求出单株叶面积，其中系数为1.25。

(3) 干物质的测定

用水浸泡、冲洗根系，从盆中取出完整植株，用吸水纸擦干。将所取冬小麦植株从茎基部与地下部分分离，置于烘箱中105℃杀青30 min，75℃恒温烘干至恒重，之后放入干燥器中冷却，用电子天平称重获得地上部干物质量和根系干物质量。

(4) 产量及其构成要素的测定

以每盆20株小麦计数其有效穗数。选取每盆20个麦穗，烘干脱粒后统计总穗粒数（每穗粒数=总穗粒数/20）。同时测定产量，产量为收获脱粒后的籽粒干物质量（$g \cdot 盆^{-1}$）。统计千粒质量。

(5) 耗水量

精确记录各处理灌水量，冬小麦成熟时测定土壤含水量并折算成水量。全生育期累积灌水量与冬小麦成熟时盆中水量之差为耗水量。产量/耗水量=水分利用效率。

3）养分含量的测定

冬小麦植株全氮含量的测定：烘干、磨细冬小麦植株样品，称取0.2 g过筛后的样品和1.85 g混合加速剂，置于消化管中，加浓H_2SO_4 5 ml。摇匀后，瓶口放一个弯颈漏斗在消化炉上消煮，消煮完毕后取下消化管。待消煮液冷却后，用半微量凯氏定氮法测定冬小麦植株根系、茎叶和冬小麦籽粒全氮含量(瑞士福斯特卡托公司，Foss Tecator AB全自动定氮仪)，并计算根系、茎叶和冬小麦籽粒氮素累积量。

4）数据分析与处理方法

所得试验数据用DPS统计分析软件处理，首先对不同处理间的指标进行方差分析，若差异显著，再进一步进行Duncan多重比较($P \leqslant 0.05$显著水平)。

6.2.2 结果与分析

6.2.2.1 不同生育期水分亏缺和施氮对冬小麦生长及根系活力的影响

水分亏缺对作物的影响是复杂的，灌水、施肥对作物的生长及形态指标有重要的影响。目前，有关水分和养分之间耦合关系的研究很多。但这些研究只注重了水分和养分在用量上的配合，而把作物每个生育期的水肥结合起来的研究甚少。本章研究了不同生育期水分亏缺和施氮对冬小麦株高、叶面积、根系干物质和地上部干物质的影响，旨在探明对冬小麦各生长指标的最佳灌水时期和水氮互作模式，为半干旱地区肥料和灌溉水更有效利用途径提供科学依据。

1）不同生育期水分亏缺和施氮对冬小麦株高的影响

单一生育期、2 个生育期水分亏缺和施氮对冬小麦株高的影响见表 6-1 和表 6-2。由表 6-1 可知，随着生育期的推进，冬小麦株高不断增加，其中不同生育期水分亏缺处理对冬小麦株高影响不同。与充分供水比较，在不同施氮条件下，返青期水分亏缺处理对冬小麦株高有一定的降低作用，但影响不显著，复水后对冬小麦拔节期、抽穗期和灌浆期的株高有补偿和促进作用。

表 6-1　单一生育期水分亏缺和施氮对冬小麦生长的影响

水分亏缺处理				施氮水平	株高/ cm	叶面积/ cm^2	根系干物质 /($g \cdot 株^{-1}$)	地上部干物质 /($g \cdot 株^{-1}$)
返青期	拔节期	抽穗期	灌浆期					
不亏水	—	—	—	N_3	38.10abc	146.94b	0.48de	1.58cd
				N_2	34.04bc	165.99a	0.41ef	1.67bc
				N_1	40.07a	172.22a	0.59bc	1.82a
				N_0	34.80abc	103.58cd	0.74a	1.39f
亏水	—	—	—	N_3	36.57abc	119.55c	0.42ef	1.45ef
				N_2	32.87c	141.03b	0.36f	1.53de
				N_1	38.95ab	165.44a	0.52cd	1.74ab
				N_0	33.37c	97.14d	0.68ab	1.27g
显著性检验(P 值)								
水分亏缺					0.2684	0.0026	0.0007	0.0030
施氮水平					0.0147	0.0112	0.0000	0.0006
水分亏缺×施氮水平					0.9988	0.1635	0.9878	0.7522

续表

水分亏缺处理				施氮水平	株高/ cm	叶面积/ cm^2	根系干物质/(g·株$^{-1}$)	地上部干物质/(g·株$^{-1}$)
返青期	拔节期	抽穗期	灌浆期					
不亏水	不亏水	—	—	N_3	51.64ab	186.93cd	0.62ef	2.74b
				N_2	49.34bcd	198.90bc	0.65ef	2.81b
				N_1	53.50a	217.37ab	0.78cd	2.93a
				N_0	48.67cd	144.21e	0.95ab	2.45f
亏水	不亏水	—	—	N_3	51.70ab	194.05cd	0.65ef	2.63cd
				N_2	48.02cd	227.69a	0.68de	2.75b
				N_1	50.20bc	186.41cd	0.83bc	2.71bc
				N_0	49.47bcd	171.94d	0.98a	2.32g
不亏水	亏水	—	—	N_3	48.47cd	178.04cd	0.53fg	2.49ef
				N_2	46.82d	187.48cd	0.48g	2.43f
				N_1	49.35bcd	179.04cd	0.66de	2.56de
				N_0	48.17cd	117.75f	0.93ab	2.18h
显著性检验(P 值)								
水分亏缺					0.0365	0.0835	0.0054	0.0004
施氮水平					0.0389	0.0133	0.0001	0.0003
水分亏缺×施氮水平					0.2323	0.0059	0.5041	0.0582
不亏水	不亏水	不亏水	—	N_3	69.04b	108.66cde	0.81f	3.38ab
				N_2	60.90cd	123.42bc	1.09b	3.81a
				N_1	62.45cd	165.52a	0.83f	3.52a
				N_0	75.07a	90.77fg	1.23a	2.67bcde
亏水	不亏水	不亏水	—	N_3	69.77b	118.06cd	0.98cd	3.36ab
				N_2	61.18cd	136.73b	0.87ef	3.47ab
				N_1	63.60c	167.65a	1.09b	3.48ab
				N_0	74.67a	101.35ef	1.21a	2.49de
不亏水	亏水	不亏水	—	N_3	67.51b	92.66fg	0.64g	3.24abcd
				N_2	56.46e	113.55cde	0.92de	3.41ab
				N_1	59.75d	152.74a	0.87ef	3.46ab
				N_0	74.03a	74.55h	1.29a	2.42e
不亏水	不亏水	亏水	—	N_3	68.43b	102.95def	0.80f	3.31abc
				N_2	55.97e	117.56cd	1.06bc	3.43ab
				N_1	60.25d	162.63a	0.99cd	3.33abc
				N_0	74.17a	82.56gh	1.28a	2.55cde
显著性检验(P 值)								
水分亏缺					0.0099	0.0000	0.5376	0.0230
施氮水平					0.0000	0.0000	0.0020	0.0000
水分亏缺×施氮水平					0.2838	0.9129	0.0000	0.9986
不亏水	不亏水	不亏水	不亏水	N_3	72.43cd	53.10c	0.23g	4.90h
				N_2	67.30efgh	58.21ab	0.32de	5.93a
				N_1	68.75defg	49.01ef	0.52ab	5.68de

续表

水分亏缺处理				施氮水平	株高/ cm	叶面积/ cm^2	根系干物质 /(g · 株$^{-1}$)	地上部干物质 /(g · 株$^{-1}$)
返青期	拔节期	抽穗期	灌浆期					
不亏水	不亏水	不亏水	不亏水	N_0	79.69a	47.31efgh	0.48b	3.35j
亏水	不亏水	不亏水	不亏水	N_3	73.95bc	56.16b	0.24fg	4.74i
				N_2	67.73efgh	60.47a	0.36cd	5.85ab
				N_1	70.46cde	49.71de	0.48b	5.59ef
				N_0	77.28ab	48.38efg	0.41c	3.05k
不亏水	亏水	不亏水	不亏水	N_3	69.63def	46.42fghi	0.27efg	4.67i
				N_2	65.61fgh	52.82c	0.35cd	5.79bc
				N_1	65.29gh	45.11hij	0.57a	5.43g
				N_0	77.48ab	43.69ij	0.51ab	2.97kl
不亏水	不亏水	亏水	不亏水	N_3	69.15defg	48.45efg	0.32de	4.71i
				N_2	64.21h	52.54c	0.31def	5.73cd
				N_1	65.71fgh	42.66j	0.49b	5.49fg
				N_0	77.09ab	38.69k	0.54ab	2.91l
不亏水	不亏水	不亏水	亏水	N_3	71.99cd	51.92cd	0.31de	4.78i
				N_2	65.57fgh	55.74b	0.41c	5.81bc
				N_1	65.34gh	48.53efg	0.49b	5.52fg
				N_0	77.24ab	46.01ghi	0.51ab	3.31j
显著性检验(P 值)								
水分亏缺					0.0031	0.0000	0.2314	0.0028
施氮水平					0.0000	0.0000	0.0000	0.0000
水分亏缺×施氮水平					0.6590	0.0842	0.0065	0.0010

注：表中数值为平均值，同列不同字母表示处理间差异显著(P<0.05)，下同

表 6-2　2 个生育期水分亏缺和施氮对冬小麦生长的影响

水分亏缺处理				施氮水平	株高/ cm	叶面积/ cm^2	根系干物质 /(g · 株$^{-1}$)	地上部干物质 /(g · 株$^{-1}$)
返青期	拔节期	抽穗期	灌浆期					
不亏水	不亏水	—	—	N_3	51.64ab	186.93bc	0.62c	2.74b
				N_2	49.34bc	198.90b	0.65c	2.81b
				N_1	53.50a	217.37a	0.78b	2.93a
				N_0	48.67c	144.21f	0.95a	2.45c
亏水	亏水	—	—	N_3	47.72c	177.37cd	0.48d	2.31d
				N_2	44.39d	167.34de	0.44d	2.38cd
				N_1	48.36c	156.54ef	0.59c	2.42cd

续表

水分亏缺处理				施氮水平	株高/ cm	叶面积/ cm^2	根系干物质/(g · 株$^{-1}$)	地上部干物质/(g · 株$^{-1}$)
返青期	拔节期	抽穗期	灌浆期					
亏水	亏水	—	—	N_0	46.42cd	101.35g	0.85b	2.14e
显著性检验(*P* 值)								
水分亏缺					0.0087	0.0433	0.0076	0.0020
施氮水平					0.0600	0.0589	0.0054	0.0243
水分亏缺×施氮水平					0.3742	0.0027	0.2827	0.0938
不亏水	不亏水	不亏水	—	N_3	69.04cd	108.66e	0.81gh	3.38abc
				N_2	60.90g	123.42d	1.09c	3.81a
				N_1	62.45fg	165.52a	0.83gh	3.52ab
				N_0	75.07a	90.77gh	1.23b	2.67cdef
亏水	亏水	不亏水	—	N_3	65.13ef	90.66gh	0.76h	3.19abcd
				N_2	55.18hi	97.33fg	0.88fg	3.25abc
				N_1	56.96h	146.97b	1.04cd	3.13abcde
				N_0	71.87abc	79.46i	1.22b	2.32ef
亏水	不亏水	亏水	—	N_3	66.43de	103.13ef	0.94ef	3.22abcd
				N_2	54.53hi	104.23ef	0.91ef	3.32abc
				N_1	57.20h	159.55a	0.98de	3.29abc
				N_0	72.37ab	88.27h	1.35a	2.41def
不亏水	亏水	亏水	—	N_3	61.52g	89.79gh	1.04cd	2.94bcdef
				N_2	53.51i	94.31gh	0.91ef	3.13abcde
				N_1	56.03hi	139.21c	1.02cd	3.02abcdef
				N_0	70.83bc	69.42j	1.32a	2.29f
显著性检验(*P* 值)								
水分亏缺					0.0001	0.0000	0.5008	0.0001
施氮水平					0.0000	0.0000	0.0014	0.0000
水分亏缺×施氮水平					0.4582	0.0547	0.0000	0.9990
不亏水	不亏水	不亏水	不亏水	N_3	72.43bcd	53.10b	0.23n	4.90bcde
				N_2	67.30efghij	58.21a	0.32ijklm	5.93a
				N_1	68.75defgh	49.01defg	0.52abc	5.68a
				N_0	79.69a	47.31gh	0.48bcde	3.35f
亏水	亏水	不亏水	不亏水	N_3	66.22fghijk	45.75hi	0.26lmn	4.58e
				N_2	62.14klm	52.13bc	0.38fghi	5.46ab
				N_1	62.37klm	44.27ij	0.53ab	5.33abc
				N_0	75.65ab	42.15jkl	0.44def	2.84f
亏水	不亏水	亏水	不亏水	N_3	67.73efghi	50.50bcdef	0.28jklmn	4.66de

续表

水分亏缺处理				施氮水平	株高/ cm	叶面积/ cm^2	根系干物质/($g \cdot 株^{-1}$)	地上部干物质/($g \cdot 株^{-1}$)
返青期	拔节期	抽穗期	灌浆期					
亏水	不亏水	亏水	不亏水	N_2	62.57klm	51.10bcde	0.35hij	5.52ab
				N_1	63.51ijklm	47.80fgh	0.50abcd	5.42ab
				N_0	76.52ab	40.20kl	0.45cdef	2.93f
亏水	不亏水	不亏水	亏水	N_3	70.63cde	52.67bc	0.25mn	4.73cde
				N_2	63.82ijklm	55.90a	0.33ijkl	5.48ab
				N_1	65.37ghijkl	44.30ij	0.39fghi	5.46ab
				N_0	76.43ab	43.01ijk	0.43defg	2.88f
不亏水	亏水	亏水	不亏水	N_3	65.87fghijkl	47.60fgh	0.27klmn	4.47e
				N_2	61.53lm	48.60efgh	0.24n	5.39ab
				N_1	60.26m	42.32jkl	0.34ijkl	5.25abcd
				N_0	74.32bc	41.30jkl	0.54ab	2.75f
不亏水	亏水	不亏水	亏水	N_3	69.88def	50.52bcdef	0.34hijk	4.61e
				N_2	64.33hijklm	51.76bcd	0.36ghij	5.50ab
				N_1	65.46fghijkl	47.55fgh	0.42efgh	5.38ab
				N_0	76.36ab	42.47jkl	0.57a	2.96f
不亏水	不亏水	亏水	亏水	N_3	69.59defg	49.92cdefg	0.48bcde	4.59e
				N_2	63.07jklm	51.29bcde	0.43defg	5.49ab
				N_1	62.51klm	42.49jkl	0.35hij	5.44ab
				N_0	76.28ab	39.72l	0.49bcde	3.05f
显著性检验(P 值)								
水分亏缺					0.0000	0.0004	0.5130	0.0000
施氮水平					0.0000	0.0000	0.0005	0.0000
水分亏缺×施氮水平					0.9844	0.0012	0.0000	1.0000

与充分供水比较，拔节期水分亏缺处理冬小麦株高在 N_0、N_1、N_2 和 N_3 各施氮水平下分别降低了 1.03%、7.76%、5.10%和 6.14%，复水后 22 d、57 d 在 N_0、N_1、N_2 和 N_3 各施氮水平下冬小麦株高分别降低了 1.38%、4.32%、7.29%、2.21%和 2.77%、5.03%、2.51%、3.86%。与拔节期水分亏缺处理类似，抽穗期水分亏缺处理冬小麦株高在 N_0、N_1、N_2 和 N_3 各施氮水平下分别降低了 1.20%、3.52%、8.10%和 0.88%，复水后 35 d 在 N_0、N_1、N_2 和 N_3 各施氮水平下冬小麦株高分别降低了 3.26%、4.42%、4.59%、4.53%。由此可知，拔节期、抽穗期水分亏缺处理对冬小麦株高有显著降低作用，复水后冬小麦表现出一定的调节能力，但不能补偿由于拔节期、抽穗期水分亏缺造成的株高的降低。灌浆期水分亏缺处理冬小麦株高有所降低，但没有显著影响。

由表 6-2 可知，返青期+拔节期水分亏缺处理冬小麦株高在 N_0、N_1、N_2 和 N_3 各施氮水平下分别降低了 4.61%、9.61%、10.02%和 7.58%，返青期+抽穗期降低了 3.59%、8.41%、10.46%和 3.77%，返青期+灌浆期降低了 4.09%、4.92%、5.17%和 2.48%，拔节期+抽穗期降低了 5.64%、10.28%、12.13%和 10.89%，拔节期+灌浆期降低了 4.18%、4.79%、4.41%和 3.51%，抽穗期+灌浆期降低了 4.28%、9.08%、6.29%和 3.91%。可以看到，拔节期+抽穗期 2 个生育期连续水分亏缺处理对冬小麦株高有显著降低作用。

2）不同生育期水分亏缺和施氮对冬小麦叶面积的影响

叶面积是反映作物生长的重要指标，它是直接反映作物光合作用能力和物质转化的基础。单一生育期、2 个生育期水分亏缺和施氮对冬小麦叶面积的影响见表 6-1 和表 6-2。由表 6-1 可以看出，与充分供水比较，返青期水分亏缺处理冬小麦叶面积在 N_0、N_1、N_2 和 N_3 各施氮水平下分别降低了 6.21%、3.94%、15.03%和 18.65%，复水后 71 d 在 N_0、N_1、N_2 和 N_3 各施氮水平下冬小麦叶面积分别提高了 2.27%、1.44%、3.87%、5.76%。说明返青期水分亏缺处理在复水后对冬小麦叶面积有明显补偿作用，能够促进后期冬小麦叶面积的生长。灌浆期水分亏缺处理对冬小麦叶面积没有显著影响。

拔节期水分亏缺处理冬小麦叶面积在 N_0、N_1、N_2 和 N_3 各施氮水平下分别降低了 18.35%、17.64%、5.74%和 4.76%，复水后 22 d、57 d 在 N_0、N_1、N_2 和 N_3 各施氮水平下冬小麦叶面积分别降低了 17.87%、7.72%、8.00%、14.73%和 7.65%、7.96%、9.27%、12.58%。抽穗期水分亏缺处理冬小麦叶面积在 N_0、N_1、N_2 和 N_3 各施氮水平下分别降低了 9.04%、1.74%、4.75%和 5.26%，复水后 35 d 在 N_0、N_1、N_2 和 N_3 各施氮水平下冬小麦叶面积分别降低了 18.21%、12.96%、9.75%、8.76%。可见，拔节期、抽穗期水分亏缺处理在复水后 N_0、N_1、N_2 和 N_3 冬小麦叶面积均低于对照，影响显著。施氮对冬小麦叶面积有积极的促进作用，能够缓解由于水分亏缺对冬小麦叶面积造成的影响。

由表 6-2 可知，返青期+拔节期水分亏缺处理冬小麦叶面积在 N_0、N_1、N_2 和 N_3 各施氮水平下分别降低了 29.72%、27.98%、15.87%和 5.11%，返青期+抽穗期降低了 2.76%、3.61%、15.55%和 5.09%，返青期+灌浆期降低了 9.09%、9.60%、3.97%和 0.81%，拔节期+抽穗期降低了 23.53%、15.89%、23.59%和 17.37%，拔节期+灌浆期降低了 10.23%、2.97%、11.08%和 4.85%，抽穗期+灌浆期降低了 16.03%、13.30%、11.90%和 5.99%。可以看到，返青期+拔节期、拔节期+抽穗期、抽穗期+灌浆期 2 个生育期连续水分亏缺处理引起冬小麦叶面积大幅度降低。

3）不同生育期水分亏缺和施氮对冬小麦干物质的影响

(1) 冬小麦根系干物质

单一生育期、2 个生育期水分亏缺和施氮对冬小麦根系干物质的影响见表 6-1 和表 6-2。由表 6-1 可以看出，随着生育期的推进，冬小麦根系干物质量表现为先增大后减少的趋势，在抽穗期达到最大。不同生育期水分亏缺处理对冬小麦根系干物质量产生不同的影响。返青期水分亏缺处理冬小麦根系干物质在 N_0、N_1、N_2 和 N_3 各施氮水平下分别降低了 8.11%、11.86%、12.20%和 12.50%，复水后 71 d 在 N_0、N_1 施氮水平下冬小麦根系干物质分别降低了 14.58%、7.69%，在 N_2、N_3 施氮水平下冬小麦根系干物质分别提高了 14.29%、6.67%，说明返青期水分亏缺复水后对后期冬小麦根系生长有补偿作用，且施氮对冬小麦根系干物质的形成有促进作用。

拔节期水分亏缺处理冬小麦根系干物质在 N_0、N_1、N_2 和 N_3 各施氮水平下分别降低了 2.11%、15.38%、26.15%和 14.52%，复水后 57 d 在 N_0、N_1、N_2 和 N_3 各施氮水平下分别提高了 6.25%、9.62%、11.11%和 20.00%。抽穗期水分亏缺处理对冬小麦根系干物质的影响因施氮量的不同而不同，但抽穗期水分亏缺处理对冬小麦根系干物质没有显著影响。灌浆期水分亏缺处理对冬小麦根系干物质的影响与抽穗期水分亏缺处理类似。

由表 6-2 可知，返青期+拔节期水分亏缺处理冬小麦根系干物质在 N_0、N_1、N_2 和 N_3 各施氮水平下分别降低了 10.53%、24.36%、32.31%和 22.58%；返青期+抽穗期水分亏缺处理冬小麦根系干物质除在 N_2 施氮水平下降低 16.13%外，N_0、N_1 和 N_3 施氮水平下分别提高了 9.35%、18.18%、16.05%；返青期+灌浆期水分亏缺处理冬小麦根系干物质在 N_0、N_1 施氮水平下降低了 10.42%、25.96%，在 N_2、N_3 施氮水平下提高了 3.17%、8.89%；拔节期+抽穗期水分亏缺处理冬小麦根系干物质除在 N_2 施氮水平下降低 16.59%外，N_0、N_1 和 N_3 施氮水平下分别提高了 7.32%、23.64%、27.78%；拔节期+灌浆期水分亏缺处理冬小麦根系干物质除在 N_1 施氮水平下降低 19.23%外，N_0、N_2 和 N_3 施氮水平下分别提高了 18.75%、12.50%、47.83%；抽穗期+灌浆期水分亏缺处理冬小麦根系干物质除在 N_1 施氮水平下降低 33.65%外，N_0、N_2 和 N_3 施氮水平下分别提高了 2.08%、36.51%、111.11%。可以看到，水分亏缺处理对冬小麦根系干物质的影响因施氮量的不同而不同，但总体来看水分亏缺处理对冬小麦根系干物质的形成有促进作用。

(2) 冬小麦地上部干物质的影响

单一生育期、2 个生育期水分亏缺和施氮对冬小麦地上部干物质的影响见表 6-1 和表 6-2。由表 6-1 可以看出，返青期水分亏缺处理冬小麦地上部干物质在 N_0、N_1、N_2 和 N_3 各施氮水平下分别降低了 8.63%、4.40%、8.38%和 8.23%，复水后 71 d 冬小麦地上部干物质在 N_0、N_1、N_2 和 N_3 各施氮水平下分别降低了 8.82%、1.50%、1.35%、3.17%。拔节期水分亏缺处理冬小麦地上部干物质在 N_0、N_1、N_2 和 N_3 各施氮水平下分别降低了 11.02%、12.63%、13.52%和 9.12%，复水后 22 d、57 d 冬小麦地上部干物质在 N_0、N_1、N_2 和 N_3 各施氮水平下分别降低了 9.36%、1.70%、10.50%、4.14%和 11.21%、4.32%、2.36%、4.60%。抽穗期水分亏缺处理冬小麦地上部干物质在 N_0、N_1、N_2 和 N_3 各施氮水平下分别降低了 4.49%、5.40%、9.97%和 2.07%，复水后 35 d 冬小麦地上部干物质在 N_0、N_1、N_2 和 N_3 各施氮水平下分别降低了 13.00%、3.26%、3.37%、3.78%。返青期、拔节期和抽穗期水分亏缺处理对冬小麦地上部干物质的形成有显著降低作用，复水后对冬小麦地上部干物质的形成表现出有限补偿作用。灌浆期水分亏缺处理冬小麦地上部干物质在 N_0、N_1、N_2 和 N_3 各施氮水平下分别降低了 1.05%、2.73%、2.02%和 2.35%，但影响不显著。

由表 6-2 可知，2 个生育期水分亏缺处理对冬小麦地上部干物质的形成均有显著的降低作用，返青期+拔节期水分亏缺处理冬小麦地上部干物质在 N_0、N_1、N_2 和 N_3 各施氮水平下分别降低了 12.65%、17.41%、15.30%和 15.69%，返青期+抽穗期降低了 9.74%、6.53%、12.86%和 4.73%，返青期+灌浆期降低了 13.90%、3.79%、7.59%和 3.37%，拔节期+抽穗期降低了 14.23%、14.20%、17.85%和 13.02%、拔节期+灌浆期降低了 11.51%、5.20%、7.25%和 5.82%，抽穗期+灌浆期降低了 8.82%、4.14%、7.42%和 6.23%。可以看到，返青期+拔节期、拔节期+抽穗期 2 个生育期连续水分亏缺处理引起冬小麦地上部干物质大幅度降低。

4）不同生育期水分亏缺和施氮对冬小麦根系活力的影响

植物根系是活跃的吸收器官和合成器官，根的生长情况和活力水平直接影响地上部的生长和营养状况及产量水平。根系活力是衡量根系功能的主要指标之一。由图 6-2 和图 6-3 可知，随着生育进程的推进，根系活力呈现出下降的趋势，但在生育后期，根系仍有一定的活力。

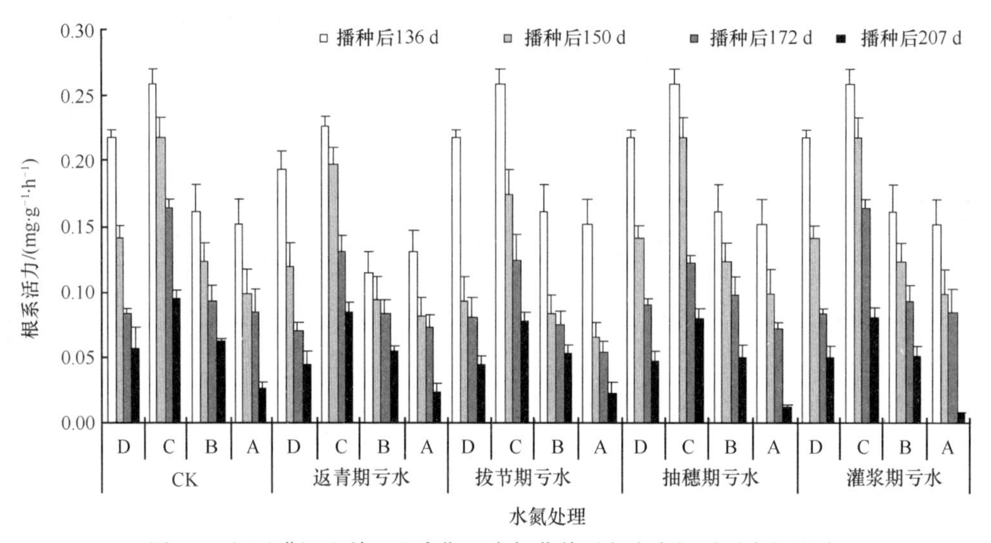

图 6-2　调亏灌溉和单一生育期亏水氮营养对冬小麦根系活力的影响

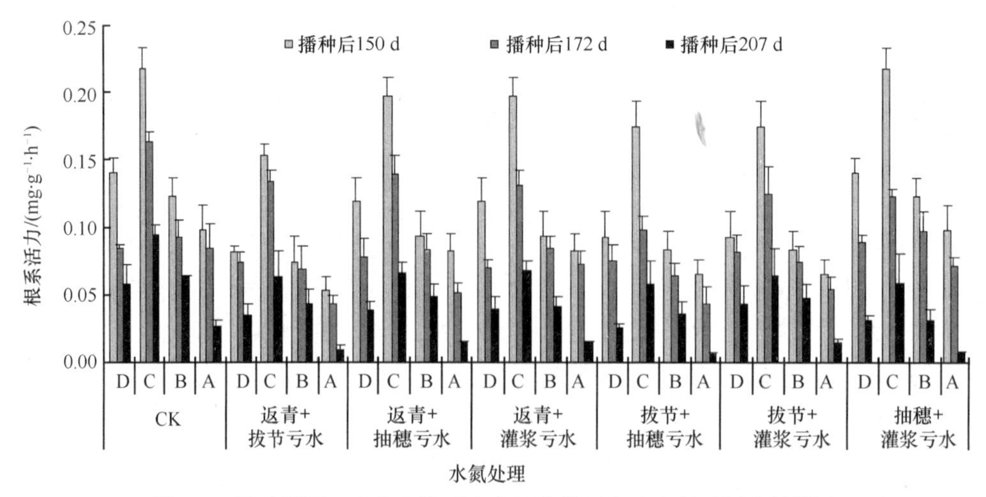

图 6-3　调亏灌溉 2 个生育期亏水和氮营养对冬小麦根系活力的影响

由图 6-2 可知，在氮肥平均条件下，与充分供水相比，返青期水分亏缺处理冬小麦根系活力显著降低了 15.65%，复水后 14 d、36 d、71 d 在氮肥平均条件下，冬小麦根系活力分别降低了 14.91%、15.86%、13.49%。拔节期水分亏缺处理冬小麦根系活力显著降低了 28.36%，复水后 22 d、57 d 在氮肥平均条件下，冬小麦根系活力分别降低了 21.03%、17.63%。抽穗期水分亏缺处理冬小麦根系活力显著降低了 10.22%，复水后 35 d 在氮肥平均条件下，冬小麦根系活力降低了 21.16%。灌浆期水分亏缺处理冬小麦根系活力显著降低了 20.75%。由图 6-3 可知，在氮肥平均条件下，与充分供水相比，返青期+拔节期、返青期+抽穗期、返青期+灌浆期、拔节期+抽穗期、拔节期+灌浆期、抽穗期+灌浆期水分亏缺处理，冬小麦根系活力分别显著降低了 37.34%、30.90%、31.95%、48.13%、29.05%、45.64%。可以看到，无论单一生育期还是 2 个生育期水分亏缺处理，冬小麦根系活力均明显下降。随着施氮量的增加，各个生育期水分亏缺处理冬小麦根系活力呈现出先增大后降低的趋势，其中以 N_2 处理冬小麦根系活力最高。说明施氮能提高冬小麦的根系活力，但氮肥的施入量要适当，过量的氮肥对根系活力的提高没有显著促进作用，只能造成氮肥的浪费。

5）讨论与结论

不同的生育阶段水分亏缺和施氮对作物株高、叶面积和干物质的影响不同，一定的氮肥水平下，在适当的阶段对作物进行水分亏缺处理是调亏灌溉的关键。Turner（1990）研究指出，适当阶段的适度缺水有利于作物产量的提高。山仑和徐萌（1991）认为，在一定条件下，中等水分亏缺不会对作物产量造成影响，但能显著提高作物水分利用效率。蔡焕杰等（2000）研究表明，作物不同时期对缺水的敏感度不同。对大多数作物而言，早期阶段植株较小、气温也较低，蒸发强度和需水强度小，也就是说作物缺水的发展速度比较慢，较慢的水分亏缺发展速度对作物产量的影响较小；而在作物生长的中期阶段，植株生长旺盛，需水强度大，作物缺水的发展速度比较快，不适于进行调亏灌溉。

本试验结果显示，不同生育期水分亏缺处理均会影响冬小麦株高、叶面积和干物质积累。拔节期、抽穗期、拔节期+抽穗期水分亏缺处理对冬小麦株高、叶面积有显著降低作用；返青期、拔节期、抽穗期、返青期+拔节期、拔节期+抽穗期水分亏缺处理对冬小麦地上部干物质的形成有显著降低作用；不同生育期水分亏缺对冬小麦根系干物质的形成有促进作用。可见，冬小麦株高、叶面积、根系干物质和地上部干物质对不同生育期水分亏缺的响应不同。生产中可以通过调整水分供给状况，以达到相应的生产目的。

6.2.2.2 不同生育期水分亏缺和施氮对冬小麦产量及水分利用效率的影响

近年来，大量的研究表明，调亏灌溉具有一定的节水增产功效。随着调亏灌溉研究的发展，国内学者开始把调亏灌溉和施肥结合起来进行研究。莫江华等研究表明，在较低施肥条件下进行生根期轻度水分亏缺处理（占田间持水量的 50%～60%）可明显提高烟叶产量和水分利用效率。祁有玲等（2009）研究表明，冬小麦对水分亏缺的敏感期为拔节期，其次为开花期、灌浆期和苗期，水分逆境条件下施用氮肥对冬小麦植株生长和干物质积累及氮吸收具有明显的调节效应。但目前关于结合调亏灌溉和施肥的研究报道不多，且已有的成果主要是对单一生育期水分亏缺的水肥效应进行研究，缺乏多个生育期水分亏缺和施肥对作物生长和产量影响的研究结果。本章以冬小麦‘小偃 22’为试验材料，设置 4 个氮肥水平和 11 个水分亏缺处理，采用盆栽试验研究冬小麦调亏灌溉和氮肥处理对产量及水分利用效率的影响，探索小麦生长的水分亏缺敏感期和合理施氮量，以期为调亏灌溉条件下作物水氮高效利用和最优调控提供理论依据。

1）不同生育期水分亏缺和施氮对冬小麦干物质和产量的影响

单一生育期、2个生育期水分亏缺和施氮对冬小麦干物质和产量的影响见表6-3和表6-4。由表6-3可知，单一生育期水分亏缺、施氮水平及其交互作用对冬小麦干物质和产量影响显著。在氮肥平均条件下，与全生育期不亏水处理(CK)比较，返青期、拔节期、抽穗期、灌浆期水分亏缺对冬小麦干物质的形成有显著降低作用，各生育期水分亏缺处理冬小麦干物质分别降低了7.70%、13.69%、15.88%和7.08%，其中拔节期、抽穗期水分亏缺处理冬小麦干物质降低更明显。随着施氮量的增加，各水分处理的冬小麦干物质呈现先增大后降低的趋势。在氮肥平均条件下，与全生育期不亏水处理(CK)比较，灌浆期水分亏缺对冬小麦产量没有显著影响，返青期水分亏缺处理冬小麦产量显著增加了4.95%，而拔节期、抽穗期水分亏缺处理冬小麦产量分别显著减少了5.69%、8.06%。施氮对冬小麦产量的影响与对干物质的趋势相同。

表 6-3 单一生育期水分亏缺和施氮对冬小麦产量和水分利用效率的影响

水分亏缺处理	施氮水平	干物质 /(g·盆$^{-1}$)	产量 /(g·盆$^{-1}$)	耗水量 /(L·盆$^{-1}$)	水分利用效率 /(kg·m^{-3})
全生育期不亏水	N_3	119.23b	52.10cd	33.63d	1.55a
	N_2	130.04a	53.60bc	37.55bc	1.43bc
	N_1	118.64b	50.70cd	39.86a	1.27def
	N_0	80.36g	32.90g	29.40e	1.12h
返青期亏水	N_3	108.43de	52.60bcd	32.34d	1.63a
	N_2	119.15b	58.71a	37.26bc	1.58a
	N_1	111.38cd	53.79bc	39.10ab	1.38cd
	N_0	74.78g	33.60g	28.28ef	1.19fgh
拔节期亏水	N_3	97.28f	47.18e	29.06e	1.63a
	N_2	106.08de	50.60cd	36.02c	1.41c
	N_1	108.45de	49.57de	37.67bc	1.32cde
	N_0	75.08g	31.20g	27.50ef	1.14gh
抽穗期亏水	N_3	97.98f	43.70f	31.83d	1.37cd
	N_2	104.78e	51.20cd	36.71c	1.40c
	N_1	96.77f	46.80e	37.80abc	1.24efg
	N_0	77.55g	32.37g	28.83e	1.12h
灌浆期亏水	N_3	109.38de	52.49bcd	32.36d	1.63a
	N_2	117.24bc	55.53b	36.47c	1.52ab
	N_1	111.61cd	52.94bcd	37.53bc	1.41c

续表

水分亏缺处理	施氮水平	干物质 /(g · 盆$^{-1}$)	产量 /(g · 盆$^{-1}$)	耗水量 /(L · 盆$^{-1}$)	水分利用效率 /(kg · m^{-3})
灌浆期亏水	N_0	78.29g	32.61g	26.45f	1.24efg
显著性检验(P 值)					
水分亏缺		0.0013	0.0016	0.0060	0.0014
施氮水平		<0.0001	<0.0001	<0.0001	<0.0001
水分亏缺×施氮水平		0.0004	0.0147	0.2621	0.1248

注：表中数据为 3 个重复的平均值，同列数据后不同小写字母表示处理间差异显著(P<0.05)。下同

由表 6-4 可知，2 个生育期水分亏缺、施氮水平及其交互作用对冬小麦干物质和产量影响显著。在氮肥平均条件下，返青期+拔节期、返青期+抽穗期、返青期+灌浆期、拔节期+抽穗期、拔节期+灌浆期、抽穗期+灌浆期水分亏缺处理冬小麦干物质较全生育期不亏水处理分别显著降低了 17.44%、13.55%、14.28%、17.57%、16.93%和 16.80%。随着施氮量的增加，除抽穗期+灌浆期水分亏缺外其他各水分处理的冬小麦干物质呈现先增大后降低的趋势。不同生育期水分亏缺对冬小麦产量的影响与干物质的趋势相同。在氮肥平均条件下，返青期+拔节期、返青期+抽穗期、返青期+灌浆期、拔节期+抽穗期、拔节期+灌浆期、抽穗期+灌浆期水分亏缺处理冬小麦产量较对照显著降低了 11.60%、8.12%、12.39%、14.52%、9.63%和 8.03%。施氮对冬小麦产量的影响与干物质的趋势相同。

表 6-4　2 个生育期水分亏缺和施氮对冬小麦产量及水分利用效率的影响

水分亏缺处理	施氮水平	干物质 /(g · 盆$^{-1}$)	产量 /(g · 盆$^{-1}$)	耗水量 /(L · 盆$^{-1}$)	水分利用效率 /(kg · m^{-3})
全生育期不亏水	N_3	119.23b	52.10ab	33.63ef	1.55ab
	N_2	130.04a	53.60a	37.55abc	1.43bcde
	N_1	118.64b	50.70abc	39.86a	1.27fghi
	N_0	80.36h	32.90h	29.40hi	1.12j
返青期+拔节期亏水	N_3	94.08g	43.35g	32.55fg	1.34defgh
	N_2	97.80efg	47.40cdef	35.95bcde	1.32efgh
	N_1	100.58defg	44.80efg	38.17ab	1.17ij
	N_0	77.60hi	31.81h	28.80ij	1.11j
返青期+抽穗期亏水	N_3	98.55efg	47.86cde	31.91fgh	1.50b
	N_2	107.15cd	49.83bc	36.33bcde	1.37cdef
	N_1	103.94cdef	44.16fg	38.65ab	1.14ij
	N_0	77.86hi	32.10h	28.50ij	1.13j
返青期+灌浆期亏水	N_3	98.38efg	44.70efg	30.09ghi	1.49bc
	N_2	108.28c	46.31defg	34.89cdef	1.33defgh
	N_1	105.46cde	44.70efg	36.45bcde	1.23hij
	N_0	72.10i	30.16h	26.19jk	1.16ij
拔节期+抽穗期亏水	N_3	96.00g	43.20g	31.99fgh	1.35defgh
	N_2	100.98cdefg	43.90g	33.50ef	1.32efgh

续表

水分亏缺处理	施氮水平	干物质/(g · 盆$^{-1}$)	产量/(g · 盆$^{-1}$)	耗水量/(L · 盆$^{-1}$)	水分利用效率/(kg · m^{-3})
拔节期+抽穗期亏水	N_1	95.35g	43.02g	36.91bcd	1.17ij
	N_0	77.18hi	31.73h	28.35ij	1.12j
拔节期+灌浆期亏水	N_3	97.53fg	46.00defg	30.08ghi	1.54ab
	N_2	101.03cdefg	49.18bcd	33.89def	1.46bcd
	N_1	100.78cdefg	44.20fg	35.87bcde	1.23ghij
	N_0	73.02hi	31.71h	27.14ijk	1.17ij
抽穗期+灌浆期亏水	N_3	100.15defg	49.10bcd	30.18ghi	1.63a
	N_2	99.61defg	47.50cdef	34.94cdef	1.36defg
	N_1	98.12efg	47.50cdef	35.62bcde	1.33defgh
	N_0	75.04hi	30.01h	25.24k	1.19ij
显著性检验(P值)					
水分亏缺		0.0001	0.0006	<0.0001	0.0038
施氮水平		<0.0001	<0.0001	<0.0001	<0.0001
水分亏缺×施氮水平		0.0006	0.0096	0.9056	0.1135

2）调亏灌溉和氮肥处理对冬小麦产量构成要素的影响

单一生育期水分亏缺、2个生育期水分亏缺和施氮对冬小麦产量构成要素的影响见表6-5和表6-6。由表6-5可知，单一生育期水分亏缺、施氮水平对有效穗数、穗粒数和千粒质量影响显著，水分亏缺和施氮水平的交互作用对有效穗数影响显著。与全生育期不亏水处理（CK）比较，在氮肥平均条件下，返青期和灌浆期水分亏缺对冬小麦有效穗数的形成有补偿和促进作用，而拔节期、抽穗期水分亏缺对冬小麦有效穗数的形成有显著降低作用。在氮肥平均条件下，拔节期和抽穗期水分亏缺处理冬小麦有效穗数与对照相比分别降低了6.31%和7.58%。随着施氮量的增加，各水分处理的有效穗数呈现先增大后降低的趋势。与全生育期不亏水处理（CK）比较，在氮肥平均条件下，返青期水分亏缺对冬小麦穗粒数没有显著影响，而拔节期、抽穗期和灌浆期水分亏缺对冬小麦穗粒数有显著降低作用，尤其是抽穗期水分亏缺处理冬小麦穗粒数降低最为显著。抽穗期水分亏缺处理冬小麦穗粒数在N_0、N_1、N_2和N_3各施氮水平下与对照相比分别降低了5.91%、8.04%、7.24%和12.70%。随着施氮量的增加，各水分处理的穗粒数呈现增大的趋势。与有效穗数和穗粒数不同，单一生育期水分亏缺对冬小麦千粒质量没有显著影响。在氮肥平均条件下，返青期、拔节期、抽穗期和灌浆期水分亏缺处理冬小麦千粒质量分别较对照减少了0.91%、3.59%、1.22%和3.19%，但影响不显著。施氮对千粒质量的影响与有效穗数的趋势相同。

由表6-6可知，2个生育期水分亏缺、施氮水平对有效穗数、穗粒数和千粒质量影响显著，水分亏缺和施氮水平的交互作用对穗粒数和千粒质量影响显著。2个生育期水分亏缺的有效穗数、穗粒数和千粒质量都低于其相应施氮水平的对照。与全生育期不亏水处理（CK）比较，在氮肥平均条件下，返青期+灌浆期水分亏缺对冬小麦有效穗数影响不显著，而返青期+拔节期、返青期+抽穗期、拔节期+抽穗期、拔节期+灌浆期、抽穗期+灌浆期水分亏缺处理冬小麦有效穗数较对照分别降低了8.08%、10.35%、14.14%、7.07%和10.35%，影响显著。随着施氮量的增加，各水分处理的有效穗数呈现先增大后降低的趋势。在氮肥平均条件下，返青期+拔节期、返青期+抽穗期、返青期+灌浆期、拔节期+抽穗期、拔节期+灌浆期、抽穗期+灌浆期水分亏缺处理冬小麦穗粒数分别较对照降低了8.80%、7.83%、4.24%、12.05%、5.36%和10.40%。随着施氮量的增加，除拔节期+抽穗期水分亏缺外其他各水分处理的穗粒数呈现增大的趋势。与全生育期不亏水处理(CK)比较，在氮肥平均条件下，返青期+拔节期、返青期+抽穗期和抽穗期+灌浆期水分亏缺对冬小麦千粒质量影响不显著，而返青期+灌浆期、拔节期+抽穗期、拔节期+灌浆期水分亏缺处理冬小麦千粒质量分别显著降低了8.86%、4.22%和8.13%。随着施氮量的增加，除拔节期+灌浆期水分亏缺外其他各水分处理的千粒质量呈现先增大后降低的趋势。

表 6-5　单一生育期水分亏缺和施氮对冬小麦产量构成要素的影响

水分亏缺处理	施氮水平	有效穗数/(穗 · 盆$^{-1}$)	穗粒数/(粒 · 穗$^{-1}$)	千粒质量/g
全生育期不亏水	N_3	34.67cd	37.81a	48.17bcdef
	N_2	37.67ab	33.88bcd	50.17a
	N_1	35.33bc	32.91cde	49.07abcd
	N_0	24.33f	30.55fgh	47.94cdefg
返青期亏水	N_3	37.33abc	38.98a	49.23abcd
	N_2	39.33a	34.68bc	49.72ab
	N_1	37.00abc	31.29efg	47.97cdefg
	N_0	24.33f	29.92ghi	46.66fghi
拔节期亏水	N_3	31.67e	34.18bcd	45.44i
	N_2	37.00abc	32.26def	49.04abcd
	N_1	32.67de	30.37fgh	47.21efgh
	N_0	22.33f	27.58j	46.66fghi
抽穗期亏水	N_3	31.33e	33.01cde	47.97cdefg
	N_2	35.33bc	31.43efg	49.43abc
	N_1	32.67de	30.26fghi	48.73abcde
	N_0	22.67f	28.74hij	46.87fghi
灌浆期亏水	N_3	39.33a	35.61b	46.36ghi
	N_2	39.67a	32.78cde	48.99abcd
	N_1	35.67bc	30.89efg	47.68defgh
	N_0	24.00f	28.29ij	46.11hi
显著性检验(P值)				
水分亏缺		0.0010	0.0011	0.0116
施氮水平		<0.0001	<0.0001	0.0003
水分亏缺×施氮水平		0.0248	0.0550	0.1295

表 6-6 2 个生育期水分亏缺和施氮对冬小麦产量构成要素的影响

水分亏缺处理	施氮水平	有效穗数/(穗·盆$^{-1}$)	穗粒数/(粒·穗$^{-1}$)	千粒质量/g
全生育期不亏水	N_3	34.67abcd	37.81a	48.17cdef
	N_2	37.67a	33.88cde	50.17a
	N_1	35.33abc	32.91def	49.07abc
	N_0	24.33j	30.55ghij	47.94cdef
返青期+拔节期亏水	N_3	31.67defghi	35.61bc	45.49ij
	N_2	35.00abcd	31.38fgh	49.33abc
	N_1	32.33cdefgh	29.11ijkl	48.27cdef
	N_0	22.33j	27.17mn	47.18defgh
返青期+抽穗期亏水	N_3	30.33fghi	36.29ab	46.81efghi
	N_2	32.67cdefg	32.25efg	49.26abc
	N_1	32.67cdefg	28.21klmn	48.35cde
	N_0	22.67j	27.83lmn	47.23defgh
返青期+灌浆期亏水	N_3	34.33bcde	37.03ab	44.81j
	N_2	36.67ab	32.45defg	46.20ghij
	N_1	34.00bcde	31.49fgh	44.87j
	N_0	23.33j	28.45klmn	42.18k
拔节期+抽穗期亏水	N_3	28.67i	34.19cd	46.13ghij
	N_2	32.67cdefg	28.78jklmn	48.48bcd
	N_1	29.33ghi	29.00ijklm	46.70fghi
	N_0	22.67j	26.89n	45.81ghij
拔节期+灌浆期亏水	N_3	32.00cdefgh	37.52a	41.77k
	N_2	35.33abc	31.40fgh	45.98ghij
	N_1	33.00cdef	31.22fgh	45.67hij
	N_0	22.33j	27.78lmn	46.05ghij
抽穗期+灌浆期亏水	N_3	31.00efghi	33.01def	47.24defgh
	N_2	33.00cdef	30.71ghi	49.95ab
	N_1	32.00cdefgh	29.79hijk	47.39defg
	N_0	22.33j	27.60lmn	45.94ghij
显著性检验(P 值)				
水分亏缺		<0.0001	0.0001	<0.0001
施氮水平		<0.0001	<0.0001	0.0002
水分亏缺×施氮水平		0.6859	0.0094	0.0004

3）调亏灌溉和氮肥处理对冬小麦水分利用效率的影响

由表6-3可知，单一生育期水分亏缺、施氮水平对耗水量和水分利用效率影响显著，水分亏缺和施氮水平交互作用对耗水量和水分利用效率没有显著影响。单一生育期水分亏缺耗水量在任何施氮水平下都低于对照。与全生育期不亏水处理（CK）比较，在氮肥平均条件下，返青期水分亏缺对冬小麦耗水量影响不显著，而拔节期、抽穗期、灌浆期水分亏缺处理冬小麦耗水量分别显著减少了7.27%、3.75%和5.44%。随着施氮量的增加，各水分处理的耗水量呈现先增大后降低的趋势。与全生育期不亏水处理（CK）比较，在氮肥平均条件下，拔节期水分亏缺对冬小麦水分利用效率影响不显著，返青期、灌浆期水分亏缺处理冬小麦水分利用效率分别显著增加了7.56%和8.02%，而抽穗期水分亏缺处理显著降低了4.38%。随着施氮量的增加，除抽穗期水分亏缺外、其他各水分处理的水分利用效率呈增大趋势。

由表 6-4 可知，2 个生育期水分亏缺、施氮水平对耗水量和水分利用效率影响显著，其交互作用对耗水量和水分利用效率没有显著影响。2 个生育期水分亏缺耗水量在各施氮水平下都低于其相应的对照。与全生育期不亏水处理（CK）比较，在氮肥平均条件下，返青期+拔节期、返青期+抽穗期水分亏缺对冬小麦耗水量影响不显著，而返青期+灌浆期、拔节期+抽穗期、拔节期+灌浆期、抽穗期+灌浆期水分亏缺处理冬小麦耗水量分别显著降低了 9.14%、6.91%、9.59%和 10.30%。随着施氮量的增加，各水分处理的耗水量呈现先增大后降低的趋势。与全生育期不亏水处理（CK）比较，在氮肥平均条件下，返青期+抽穗期、返青期+灌浆期、拔节期+灌浆期、抽穗期+灌浆期水分亏缺对冬小麦水分利用效率没有显著影响，而返青期+拔节期、拔节期+抽穗期水分亏缺处理冬小麦水分利用效率分别显著降低了 8.02%和7.56%。随着施氮量的增加，各水分处理的水分利用效率呈现增大的趋势。

4）讨论与结论

本研究结果表明，返青期水分亏缺冬小麦产量和水分利用效率显著增加，而拔节期、抽穗期水分亏缺干物质、产量显著降低。灌浆期水分亏缺对产量影响不显著，但耗水量显著减少，水分利用效率显著增加。冬小麦对返青期+拔节期、拔节期+抽穗期水分亏缺很敏感，这2个时段水分亏缺会显著减产，从而引起水分利用效率显著降低。返青期+拔节期、拔节期+抽穗期均为2个连续的生育期水分亏缺处理，且拔节期、抽穗期处于冬小麦生长中期阶段，进一步说明调亏灌溉阶段的重要性，而且水分亏缺历时要适度，水分亏缺历时过长会使复水无法起到补偿效应，导致产量下降。随着施氮量的增加，除抽穗期+灌浆期水分亏缺外其他各水分处理的产量呈现先增大后降低的趋势，且施氮与不施氮产量差异显著，说明合理施肥并结合调亏灌溉可显著提高作物产量和水分利用效率，氮的增产效应是和土壤水分紧密联系的。

刘晓宏等（2006）研究表明，在不同土壤水分条件下，春小麦地上部分干物质量和籽粒的水分利用效率随施氮量的增加而增加，尤以水分充足条件下水分利用效率随施氮量的增加最为显著。本研究结果表明，在土壤水分亏缺条件下，随施氮量的增加，除抽穗期水分亏缺外，其他水分利用效率呈现增大的趋势。说明水分利用效率随施氮量的增加而增高，施氮对水分利用效率有积极的促进作用。

本研究获得以下主要结论。

A. 冬小麦对拔节期、抽穗期、返青期+拔节期、拔节期+抽穗期水分亏缺很敏感。返青期水分亏缺处理冬小麦干物质显著降低了7.70%，但产量、水分利用效率分别显著增加了4.95%和7.56%。拔节期、抽穗期水分亏缺对冬小麦有效穗数、穗粒数形成有显著降低作用，且干物质分别显著降低了13.69%、15.88%，产量分别显著降低了5.69%、8.06%。灌浆期水分亏缺对冬小麦产量影响不显著，但耗水量显著减少了5.44%，水分利用效率显著增加了8.02%。冬小麦对返青期+拔节期、拔节期+抽穗期水分亏缺很敏感，这2个时段水分亏缺会显著减产，从而引起水分利用效率显著降低。

B. 中氮处理(N_2)具有最高的产量、较高的水分利用效率和最佳的产量构成要素。随着施氮量的增加，除抽穗期+灌浆期水分亏缺外其他各水分处理的干物质、产量呈现先增大后降低的趋势，其中 N_2 处理产量最高；各水分处理的耗水量呈现先增大后降低的趋势，表现为 $N_1>N_2>N_3>N_0$；除抽穗期水分亏缺外其他各水分处理的水分利用效率呈现增大的趋势。N_2 在获得最高产量的同时，耗水量较低，又能保证较高的水分利用效率。随着施氮量的增加，各水分处理的有效穗数呈现先增大后降低的趋势，N_2 处理有效穗数最多；除拔节期+抽穗期水分亏缺外其他各水分处理的穗粒数呈现增大的趋势；除拔节期+灌浆期水分亏缺外其他各水分处理的千粒质量呈现先增大后降低的趋势，N_2 处理千粒质量最大。N_2 可以获得最佳的产量构成要素。

6.2.2.3 不同生育期水分亏缺和施氮对冬小麦氮素利用的影响

土壤氮素养分是作物高产的重要氮素来源，也是确定氮肥合理用量的重要依据。已有的试验研究发现，合理的农业耕作措施能改变作物的氮肥利用状况，例如，灌水不仅能显著提高氮肥累积利用率及瞬时利用率，而且能提高其养分吸收速率及干物质累积速率。因此，研究不同的生育阶段水分亏缺和施氮处理对冬小麦氮素利用的影响无疑具有重要意义。

1）调亏灌溉和氮肥处理对冬小麦全氮含量的影响

单一生育期、2 个生育期水分亏缺和施氮对冬小麦全氮含量的影响见表 6-7 和表 6-8。可以看出，随着生育期的推进，冬小麦根系、茎叶全氮含量呈降低趋势。由表 6-7 可知，与充分供水比较，在不同施氮条件下，返青期、灌浆期水分亏缺处理对冬小麦根系全氮含量有一定的降低作用，但影响不显著。与充分供水比较，拔节期水分亏缺处理冬小麦根系全氮含量在 N_0、N_1、N_2 和 N_3 各施氮水平下分别显著降低了 7.06%、9.80%、11.39% 和 9.13%，复水后 22 d、57 d 在 N_0、N_1、N_2 和 N_3 各施氮水平下冬小麦根系全氮含量分别降低了 18.50%、9.91%、9.17%、7.71%和 11.93%、9.70%、16.58%、10.42%。抽穗期水分亏缺处理冬小麦根系全氮含量在 N_0、N_1、N_2 和 N_3 各施氮水平下分别降低了 15.21%、14.92%、5.95%和 5.69%，复水后 35 d 在 N_0、N_1、N_2 和 N_3 各施氮水平下冬小麦根系全氮含量分别降低了 7.73%、12.44%、7.59%、9.52%。随着施氮量的增加，冬小麦根系全氮含量呈现出先增大后降低的趋势。

由表 6-7 可知，与充分供水比较，在不同施氮条件下，返青期、灌浆期水分亏缺处理对冬小麦茎叶全氮含量没有显著影响。与充分供水比较，拔节期水分亏缺处理冬小麦茎叶全氮含量在 N_0、N_1、N_2 和 N_3 各施氮水平下分别显著降低了 10.84%、9.54%、10.19% 和 9.20%，复水后 22 d、57 d 在 N_0、N_1、N_2 和 N_3 各施氮水平下冬小麦茎叶全氮含量分别降低了 8.11%、8.81%、9.13%、10.97%和 12.95%、11.40%、14.65%、12.15%。抽穗期水分亏缺处理冬小麦茎叶全氮含量在 N_0、N_1、N_2 和 N_3 各施氮水平下分别降低了

11.37%、9.81%、9.42%和 6.60%，复水后 35 d 在 N_0、N_1、N_2和 N_3各施氮水平下冬小麦茎叶全氮含量分别降低了 5.69%、10.39%、11.86%、18.77%。施氮对冬小麦茎叶全氮含量的影响与对根系全氮含量的趋势相同。

表 6-7　单一生育期水分亏缺和施氮对冬小麦全氮含量及氮素累积量的影响

水分亏缺处理				施氮水平	根系全氮含量/%	茎叶全氮含量/%	根系氮素累积量/$(g \cdot 株^{-1})$	茎叶氮素累积量/$(g \cdot 株^{-1})$
返青期	拔节期	抽穗期	灌浆期					
不亏水	—	—	—	N_3	1.8814b	3.4707b	0.9031b	5.4837d
				N_2	1.9852a	3.7870a	0.8140de	6.3243a
				N_1	1.6969c	3.2648cd	1.0012a	5.9420b
				N_0	1.1199d	1.8032e	0.8287cd	2.5064g
亏水	—	—	—	N_3	1.8397b	3.3472c	0.7727ef	4.8535f
				N_2	1.8531b	3.4647b	0.6671g	5.3010e
				N_1	1.6766c	3.2447d	0.8718bc	5.6458c
				N_0	1.1067d	1.7149f	0.7526f	2.1779h
显著性检验(*P* 值)								
水分亏缺					0.1552	0.1225	0.0043	0.0433
施氮水平					0.0007	0.0007	0.0100	0.0018
水分亏缺×施氮水平					0.1783	0.0020	0.1251	0.0001
不亏水	不亏水	—	—	N_3	1.4405a	2.8522bcd	0.8931de	7.8151bc
				N_2	1.4458a	3.1514a	0.9397c	8.8555a
				N_1	1.3983ab	2.8980bc	1.0906b	8.4912a
				N_0	0.7742f	1.5555f	0.7355gh	3.8110g
亏水	不亏水	—	—	N_3	1.3431bcd	2.7363cde	0.8730ef	7.1965cde
				N_2	1.3521bc	3.0550ab	0.9194cd	8.4012ab
				N_1	1.3810ab	2.7522cde	1.1462a	7.4585cd
				N_0	0.7639f	1.4943f	0.7486g	3.4668gh
不亏水	亏水	—	—	N_3	1.3091cde	2.5898e	0.6938hi	6.4486f
				N_2	1.2811de	2.8302bcd	0.6149j	6.8774def
				N_1	1.2613e	2.6216de	0.8325f	6.7113ef
				N_0	0.7196f	1.3870f	0.6692i	3.0236h
显著性检验(*P* 值)								
水分亏缺					0.0046	0.0002	0.0051	0.0016
施氮水平					0.0000	0.0000	0.0069	0.0000
水分亏缺×施氮水平					0.0896	0.9445	0.0000	0.0932
不亏水	不亏水	不亏水	—	N_3	1.3845b	2.1074cd	1.1215fg	7.1228def
				N_2	1.2957cdef	2.3841a	1.4058b	9.0832a
				N_1	1.4682a	2.2007bc	1.2113e	7.7465bc
				N_0	0.8020i	1.0721g	0.9864i	2.8624j
亏水	不亏水	不亏水	—	N_3	1.3499bc	2.0159de	1.3162c	6.7733fgh
				N_2	1.2382fg	2.2837ab	1.0711gh	7.9245b

续表

水分亏缺处理				施氮水平	根系全氮含量/%	茎叶全氮含量/%	根系氮素累积量/(g·株$^{-1}$)	茎叶氮素累积量/(g·株$^{-1}$)
返青期	拔节期	抽穗期	灌浆期					
亏水	不亏水	不亏水	—	N_1	1.3924b	2.0936cde	1.5177a	7.2857de
				N_0	0.7135j	1.0285g	0.8634j	2.5610jk
不亏水	亏水	不亏水	—	N_3	1.2778defg	1.8763f	0.8178j	6.0791i
				N_2	1.1769h	2.1665bc	1.0828gh	7.3876cd
				N_1	1.3227cd	2.0068de	1.1507f	6.9434efg
				N_0	0.6536k	0.9851g	0.8432j	2.3840k
不亏水	不亏水	亏水	—	N_3	1.3058cde	1.9683ef	1.0381hi	6.5151h
				N_2	1.2186gh	2.1595c	1.2857cd	7.4071cd
				N_1	1.2492efg	1.9849def	1.2367de	6.6097gh
				N_0	0.6800jk	0.9502g	0.8670j	2.4230k
显著性检验(*P* 值)								
水分亏缺					0.0007	0.0001	0.1783	0.0023
施氮水平					0.0000	0.0000	0.0160	0.0000
水分亏缺×施氮水平					0.0376	0.6129	0.0000	0.0030
不亏水	不亏水	不亏水	不亏水	N_3	1.3161bc	1.9648ab	0.2962fg	9.6174cd
				N_2	1.3757a	2.0492a	0.4333c	12.1512a
				N_1	0.6061e	1.2391g	0.3152f	7.0319hi
				N_0	0.4436g	0.8839i	0.2129i	2.9567k
亏水	不亏水	不亏水	不亏水	N_3	1.3234abc	1.8975bcd	0.3176f	8.9942de
				N_2	1.3345ab	1.9626ab	0.4804b	11.4812ab
				N_1	0.5795ef	1.1886gh	0.2782gh	6.6443ij
				N_0	0.4181g	0.8564i	0.1714j	2.6120k
不亏水	亏水	不亏水	不亏水	N_3	1.1790d	1.7261e	0.3183f	8.0607fg
				N_2	1.1475d	1.7490e	0.4017d	10.1264c
				N_1	0.5473f	1.0978h	0.3120f	5.9611j
				N_0	0.3907g	0.7694i	0.1993i	2.2852k
不亏水	不亏水	亏水	不亏水	N_3	1.1908d	1.5960f	0.3811d	7.5172gh
				N_2	1.2713c	1.8061cde	0.3878d	10.3487c
				N_1	0.5307f	1.1104gh	0.2601h	6.0961j
				N_0	0.4093g	0.8337i	0.2210i	2.4260k
不亏水	不亏水	不亏水	亏水	N_3	1.1434d	1.7804de	0.3545e	8.5101ef
				N_2	1.2856bc	1.9308abc	0.5271a	11.2180b
				N_1	0.5819ef	1.1858gh	0.2852g	6.5456ij
				N_0	0.3951g	0.8188i	0.2015i	2.7103k
显著性检验(*P* 值)								
水分亏缺					0.0140	0.0017	0.7381	0.0002
施氮水平					0.0000	0.0000	0.0000	0.0000
水分亏缺×施氮水平					0.0002	0.0979	0.0000	0.1245

由表 6-8 可知，返青期+抽穗期、返青期+灌浆期、拔节期+灌浆期对冬小麦根系全氮含量没有显著影响，与充分供水比较，返青期+拔节期水分亏缺处理冬小麦根系全氮含量在 N_0、N_1、N_2 和 N_3 各施氮水平下分别显著降低了 10.69%、6.62%、12.14%和 14.45%；拔节期+抽穗期水分亏缺处理显著降低了 22.02%、15.97%、7.56%、14.02%；抽穗期+灌浆期水分亏缺处理显著降低了 0.63%、10.33%、7.41%、17.53%。

由表 6-8 可知，拔节期+灌浆期对冬小麦茎叶全氮含量没有显著影响。与充分供水比较，返青期+拔节期水分亏缺处理冬小麦茎叶全氮含量在 N_0、N_1、N_2 和 N_3 各施氮水平下分别显著降低了 15.54%、14.40%、11.36%、17.29%；返青期+抽穗期水分亏缺处理显著降低了 8.78%、10.77%、3.85%、8.81%；返青期+灌浆期水分亏缺处理显著降低了 26.77%、9.05%、10.05%、16.25%。拔节期+抽穗期水分亏缺处理显著降低了 9.27%、13.28%、11.60%、12.86%；抽穗期+灌浆期水分亏缺处理显著降低了 17.45%、19.72%、11.94%和 5.21%。

表 6-8　2 个生育期水分亏缺和施氮对冬小麦全氮含量及氮素累积量的影响

水分亏缺处理				施氮水平	根系全氮含量/%	茎叶全氮含量/%	根系氮素累积量/(g·株$^{-1}$)	茎叶氮素累积量/(g·株$^{-1}$)
返青期	拔节期	抽穗期	灌浆期					
不亏水	不亏水	—	—	N_3	1.4405a	2.8522b	0.8931c	7.8151c
				N_2	1.4458a	3.1514a	0.9397b	8.8555a
				N_1	1.3983a	2.8980b	1.0907a	8.4912b
				N_0	0.7742d	1.5555f	0.7355e	3.8110g
亏水	亏水	—	—	N_3	1.2324c	2.3591e	0.5916f	5.4495f
				N_2	1.2703bc	2.7934c	0.5590f	6.6481d
				N_1	1.3057b	2.4808d	0.7704d	6.0036e
				N_0	0.6915e	1.3138g	0.5878f	2.8115h
显著性检验(P 值)								
水分亏缺					0.0201	0.0057	0.0102	0.0099
施氮水平					0.0017	0.0008	0.1033	0.0081
水分亏缺×施氮水平					0.0065	0.0003	0.0000	0.0000
不亏水	不亏水	不亏水	—	N_3	1.3845bc	2.1074d	1.1215f	7.1229c
				N_2	1.0957e	2.3841a	1.1888de	9.0832a
				N_1	1.4682a	2.2007c	1.2113cd	7.7465b
				N_0	0.8020h	1.0721i	0.9864g	2.8624j
亏水	亏水	不亏水	—	N_3	1.3348c	1.8598gh	1.0078g	5.9326g
				N_2	0.8648g	2.0989d	0.7610j	6.8215d
				N_1	1.2305d	1.8724fgh	1.2735b	5.8605gh
				N_0	0.6279i	0.9293j	0.7660j	2.1559l
亏水	不亏水	亏水	—	N_3	1.2251d	1.9216ef	1.1516ef	6.1876f
				N_2	1.0765e	2.2922b	0.9796g	7.6099b
				N_1	1.4165ab	1.9638e	1.3811a	6.4608e
				N_0	0.5881i	0.9779j	0.7910ij	2.3568k
不亏水	亏水	亏水	—	N_3	1.1904d	1.8364h	1.2321bcd	5.3989i

续表

水分亏缺处理				施氮水平	根系全氮含量/%	茎叶全氮含量/%	根系氮素累积量/(g·株$^{-1}$)	茎叶氮素累积量/(g·株$^{-1}$)
返青期	拔节期	抽穗期	灌浆期					
不亏水	亏水	亏水	—	N_2	1.0128f	2.1076d	0.9166h	6.5968e
				N_1	1.2338d	1.9086fg	1.2585bc	5.7638h
				N_0	0.6254i	0.9727j	0.8255i	2.2275kl
显著性检验(*P* 值)								
水分亏缺					0.0318	0.0002	0.1936	0.0004
施氮水平					0.0000	0.0000	0.0012	0.0000
水分亏缺×施氮水平					0.0000	0.0001	0.0000	0.0000
不亏水	不亏水	不亏水	不亏水	N_3	1.3161b	1.9648b	0.2962i	9.6174e
				N_2	1.3757a	2.0491a	0.4333e	12.1512a
				N_1	0.6061e	1.2391h	0.3152h	7.0319j
				N_0	0.4436g	0.8839l	0.2129m	2.9567o
亏水	亏水	不亏水	不亏水	N_3	1.2995b	1.6237g	0.3379g	7.4363i
				N_2	1.2902b	1.8398de	0.4903c	10.0453cd
				N_1	0.5992e	1.1234ij	0.3176h	5.9878lm
				N_0	0.3827i	0.7122mn	0.1684o	2.0227pq
亏水	不亏水	亏水	不亏水	N_3	1.2059c	1.7287f	0.3377g	8.0558g
				N_2	1.2968b	1.9176bc	0.4539d	10.5849b
				N_1	0.5472f	1.1816hi	0.2736j	6.4043k
				N_0	0.3904hi	0.6505n	0.1757no	1.9060pq
亏水	不亏水	不亏水	亏水	N_3	1.2024c	1.6454g	0.2946i	7.7828gh
				N_2	1.1110d	1.8432de	0.3611f	10.1008cd
				N_1	0.5977e	1.1269ij	0.2301klm	6.1529kl
				N_0	0.4003ghi	0.6473n	0.1722no	1.8641q
不亏水	亏水	亏水	不亏水	N_3	1.3123b	1.7975e	0.3478fg	8.0349g
				N_2	1.3204b	1.8743cd	0.3103hi	10.1022cd
				N_1	0.5663ef	1.0853j	0.1897n	5.6979mn
				N_0	0.4316ghi	0.6471n	0.2331kl	1.7796q
不亏水	亏水	不亏水	亏水	N_3	1.0742d	1.6289g	0.3652f	7.5092hi
				N_2	1.2760b	1.8760cd	0.4530d	10.3178bc
				N_1	0.5979e	1.1743hi	0.2481k	6.3177kl
				N_0	0.4312ghi	0.7529m	0.2458k	2.2285p
不亏水	不亏水	亏水	亏水	N_3	1.0855d	1.8623cde	0.5156b	8.5480f
				N_2	1.2738b	1.8044de	0.5478a	9.9062de
				N_1	0.5435f	0.9948k	0.1875no	5.4115n
				N_0	0.4408gh	0.7297m	0.2160lm	2.2256p
显著性检验(*P* 值)								
水分亏缺					0.1934	0.0067	0.2648	0.0001
施氮水平					0.0000	0.0000	0.0000	0.0000
水分亏缺×施氮水平					0.0000	0.0000	0.0000	0.0000

2）调亏灌溉和氮肥处理对冬小麦氮素累积量的影响

氮素累积量为干物质量与全氮含量之积。由表 6-7 可知，与充分供水比较，在不同施氮条件下，抽穗期、灌浆期水分亏缺处理对冬小麦根系氮素累积量没有显著影响。与充分供水比较，返青期水分亏缺处理冬小麦根系氮素累积量在 N_0、N_1、N_2 和 N_3 各施氮水平下分别显著降低了 9.18%、12.92%、18.04%、14.44%；拔节期水分亏缺处理显著降低了 9.01%、23.67%、34.56%、22.32%。可以看到，拔节期水分亏缺处理对冬小麦根系氮素累积量的降低作用尤其明显。随着施氮量的增加，冬小麦根系氮素累积量有的呈现出先增大后降低再增大的趋势。

由表 6-7 可知，与充分供水比较，在不同施氮条件下，灌浆期水分亏缺处理对冬小麦茎叶氮素累积量没有显著影响。与充分供水比较，返青期水分亏缺处理冬小麦茎叶氮素累积量在 N_0、N_1、N_2 和 N_3 各施氮水平下分别显著降低了 13.11%、4.98%、16.18%、11.49%；拔节期水分亏缺处理显著降低了 20.66%、20.96%、22.34%、17.48%；抽穗期水分亏缺处理显著降低了 15.35%、14.68%、18.45%、8.53%。施氮对冬小麦茎叶氮素累积量的影响与对根系氮素累积量的趋势不同。

由表 6-8 可知，与充分供水比较，返青期+拔节期水分亏缺处理冬小麦根系氮素累积量在 N_0、N_1、N_2 和 N_3 各施氮水平下分别降低了 20.09%、29.37%、40.52%、33.76%；返青期+抽穗期水分亏缺处理降低了 19.81%、−14.02%、17.60%、−2.68%；返青期+灌浆期水分亏缺处理降低了 19.14%、27.00%、16.67%、0.52%；拔节期+抽穗期水分亏缺处理降低了 16.31%、−3.90%、22.90%、−9.87%；拔节期+灌浆期水分亏缺处理降低了−15.43%、21.29%、−4.53%、−23.32%；抽穗期+灌浆期水分亏缺处理降低了−1.43%、40.51%、−26.41%、−74.10%。与充分供水比较，2 个生育期水分亏缺处理冬小麦根系含氮量均有降低，而氮素累积量有增有降，这是因为水分亏缺处理不总是降低冬小麦根系干物质量。随着施氮量的增加，冬小麦根系氮素累积量有的呈现出先增大后降低再增大的趋势。

由表 6-8 可知，与充分供水比较，返青期+拔节期水分亏缺处理冬小麦茎叶氮素累积量在 N_0、N_1、N_2 和 N_3 各施氮水平下分别降低了 26.23%、29.30%、24.93%、30.27%；返青期+抽穗期水分亏缺处理降低了 17.67%、16.60%、16.22%、13.13%；返青期+灌浆期水分亏缺处理降低了 36.95%、12.50%、16.87%、19.08%；拔节期+抽穗期水分亏缺处理降低了 22.18%、25.59%、27.37%、24.20%；拔节期+灌浆期水分亏缺处理降低了 24.63%、10.16%、15.09%、21.92%；抽穗期+灌浆期水分亏缺处理降低了 24.73%、23.04%、18.48%、11.12%。可以看出，2 个生育期水分亏缺处理冬小麦茎叶氮素累积量均有较大幅度的降低。施氮对冬小麦茎叶氮素累积量的影响与对根系氮素累积量的趋势不同。

3）调亏灌溉和氮肥处理对冬小麦全氮吸收的影响

由表 6-9 可知，单一生育期水分亏缺、施氮水平及其交互作用对冬小麦籽粒全氮含量影响显著。与充分供水比较，返青期、抽穗期、灌浆期水分亏缺处理 N_0 施氮水平冬小麦籽粒全氮含量分别显著降低了 6.23%、11.06%、13.06%；N_0、N_1、N_2 和 N_3 各施氮水平下，拔节期水分亏缺处理对冬小麦籽粒全氮含量均有显著降低作用，分别降低了 12.80%、10.57%、

7.10%、8.16%。随着施氮量的增加，冬小麦籽粒全氮含量呈现增大趋势。

由表 6-9 可知，单一生育期水分亏缺、施氮水平及其交互作用对冬小麦籽粒氮素累积量影响显著。与充分供水比较，返青期、灌浆期水分亏缺处理对冬小麦籽粒氮素累积量没有显著影响。N_0、N_1、N_2 和 N_3 各施氮水平下，拔节期、抽穗期水分亏缺处理冬小麦籽粒氮素累积量分别显著降低了 17.31%、12.56%、12.30%、16.83%和 12.50%、14.55%、9.77%、16.66%。施氮对冬小麦籽粒氮素累积量的影响与籽粒氮素含量的趋势不同。

表 6-9 单一生育期水分亏缺和施氮对冬小麦全氮吸收的影响

水分亏缺处理	施氮水平	籽粒全氮含量/%	籽粒氮素累积量/($g \cdot 株^{-1}$)	植株氮素累积量/($g \cdot 株^{-1}$)	合计全氮吸收/($g \cdot 株^{-1}$)
全生育期不亏水	N_3	3.0647a	7.9834b	9.9136de	17.8970b
	N_2	2.9222cd	7.8315bc	12.5845a	20.4160a
	N_1	2.4162g	6.1251f	7.3471ij	13.4722f
	N_0	1.9067j	3.1365h	3.1696l	6.3060h
返青期亏水	N_3	2.9541bc	7.7693bc	9.3118ef	17.0810cd
	N_2	2.8361de	8.3249a	11.9616ab	20.2864a
	N_1	2.3291gh	6.2641f	6.9224jk	13.1865f
	N_0	1.7879k	3.0037h	2.7834l	5.7871hi
拔节期亏水	N_3	2.8146def	6.6397e	8.3790gh	15.0187e
	N_2	2.7146f	6.8680de	10.5281cd	17.3960bc
	N_1	2.1609i	5.3557g	6.2730k	11.6287g
	N_0	1.6626l	2.5937i	2.4844l	5.0781i
抽穗期亏水	N_3	3.0455ab	6.6536e	7.8983hi	14.5518e
	N_2	2.7603ef	7.0664d	10.7364c	17.8028bc
	N_1	2.2367hi	5.2339g	6.3562k	11.5900g
	N_0	1.6958kl	2.7444i	2.6470l	5.3913i
灌浆期亏水	N_3	2.9189cd	7.6608c	8.8646fg	16.5254d
	N_2	2.8882cd	8.0189b	11.7451b	19.7639a
	N_1	2.4021g	6.3581f	6.8308jk	13.1888f
	N_0	1.6577l	2.7024i	2.9118l	5.6142hi
显著性检验（P 值）					
水分亏缺		0.0024	0.0003	0.0002	0.0001
施氮水平		0.0000	0.0000	0.0000	0.0000
水分亏缺×施氮水平		0.0155	0.0000	0.1222	0.0010

由表 6-9 可知，单一生育期水分亏缺、施氮水平对冬小麦植株氮素累积量影响显著，水分亏缺和施氮水平的交互作用对冬小麦植株氮素累积量没有显著影响。与充分供水比较，返青期、灌浆期水分亏缺处理对冬小麦植株氮素累积量没有显著影响。N_0、N_1、N_2 和 N_3 各施氮水平下，拔节期、抽穗期水分亏缺处理冬小麦植株氮素累积量分别显著降低了 21.62%、14.62%、16.34%、15.48%和 16.49%、13.49%、14.69%、20.33%。随着施氮量的增加，冬小麦植株氮素累积量呈现出先增大后降低的趋势。

由表 6-9 可知，单一生育期水分亏缺、施氮水平及其交互作用对冬小麦全氮吸收影响显著。与充分供水比较，返青期、灌浆期水分亏缺处理对冬小麦全氮吸收没有显著影响。N_0、N_1、N_2 和 N_3 各施氮水平下，拔节期、抽穗期水分亏缺处理冬小麦全氮吸收分别显著降低了 19.47%、13.68%、14.79%、16.08%和 14.51%、13.97%、12.80%、18.69%。施氮对冬小麦全氮吸收的影响与植株氮素累积量的趋势相同。

由表 6-10 可知，2 个生育期水分亏缺、施氮水平及其交互作用对冬小麦籽粒全氮含量影响显著。与充分供水比较，返青期+灌浆期水分亏缺处理 N_2 和 N_3 施氮水平、拔节期+抽穗期水分亏缺处理 N_3 施氮水平、抽穗期+灌浆期水分亏缺处理 N_1 和 N_3 施氮水平对冬小麦籽粒全氮含量没有显著影响。N_0、N_1、N_2 和 N_3 各施氮水平下，返青期+拔节期、返青期+抽穗期、拔节期+灌浆期水分亏缺处理冬小麦籽粒全氮含量分别显著降低了 12.60%、14.01%、11.20%、9.83%，12.09%、7.95%、9.40%、4.94%和 11.58%、13.84%、7.97%、5.67%。随着施氮量的增加，冬小麦籽粒全氮含量呈现增大趋势。

表 6-10　2 个生育期水分亏缺和施氮对冬小麦全氮吸收的影响

水分亏缺处理	施氮水平	籽粒全氮含量/%	籽粒氮素累积量/(g·株$^{-1}$)	植株氮素累积量/(g·株$^{-1}$)	合计全氮吸收/(g·株$^{-1}$)
全生育期不亏水	N_3	3.0647a	7.9834a	9.9136e	17.8970b
	N_2	2.9222b	7.8315a	12.5845a	20.4160a
	N_1	2.4162g	6.1251e	7.3471i	13.4722i
	N_0	1.9067j	3.1365i	3.1696m	6.3060m
返青期+拔节期亏水	N_3	2.7635cd	5.9888e	7.7742h	13.7629i
	N_2	2.5949f	6.1499e	10.5356cd	16.6855e
	N_1	2.0776i	4.6536h	6.3054k	10.9589k
	N_0	1.6664kl	2.6506j	2.1911no	4.8417nop
返青期+抽穗期亏水	N_3	2.9134b	6.9716c	8.3934g	15.3650f
	N_2	2.6474ef	6.5951d	11.0388b	17.6339bc
	N_1	2.2241h	4.9102g	6.6779j	11.5880j
	N_0	1.6762kl	2.6903j	2.0817o	4.7720op
返青期+灌浆期亏水	N_3	3.0518a	6.8208c	8.0774gh	14.8981g
	N_2	2.8612b	6.6257d	10.4618cd	17.0876d
	N_1	2.1938h	4.9032g	6.3830jk	11.2861jk
	N_0	1.5489m	2.3359k	2.0363o	4.3722q
拔节期+抽穗期亏水	N_3	3.0276a	6.5396d	8.3827g	14.9223g
	N_2	2.7809c	6.1041e	10.4125d	16.5166e
	N_1	2.0921i	4.4996h	5.8876l	10.3871l
	N_0	1.6165lm	2.5642j	2.0126o	4.5768pq
拔节期+灌浆期亏水	N_3	2.8909b	6.6491d	7.8744h	14.5235h
	N_2	2.6892de	6.6129d	10.7707bc	17.3835cd
	N_1	2.0818i	4.6008h	6.5658jk	11.1666k
	N_0	1.6860kl	2.6732j	2.4742n	5.1474n
抽穗期+灌浆期亏水	N_3	3.0125a	7.3957b	9.0636f	16.4593e

续表

水分亏缺处理	施氮水平	籽粒全氮含量/%	籽粒氮素累积量/(g·株$^{-1}$)	植株氮素累积量/(g·株$^{-1}$)	合计全氮吸收/(g·株$^{-1}$)
抽穗期+灌浆期亏水	N_2	2.7798c	6.6020d	10.4539cd	17.0559d
	N_1	2.3583g	5.6010f	5.5990l	11.2000k
	N_0	1.7008k	2.5518j	2.4416n	4.9933no
显著性检验(*P* 值)					
水分亏缺		0.0014	0.0000	0.0002	0.0000
施氮水平		0.0000	0.0000	0.0000	0.0000
水分亏缺×施氮水平		0.0000	0.0000	0.0000	0.0000

由表6-10可知，2个生育期水分亏缺、施氮水平及其交互作用对冬小麦籽粒氮素累积量影响显著。在氮肥平均条件下，返青期+拔节期、返青期+抽穗期、返青期+灌浆期、拔节期+抽穗期、拔节期+灌浆期、抽穗期+灌浆期水分亏缺处理冬小麦籽粒氮素累积量较充分供水处理分别显著降低了22.47%、15.59%、17.51%、21.41%、18.11%、11.67%。施氮对冬小麦籽粒氮素累积量的影响与籽粒全氮含量的趋势不同。

由表6-10可知，2个生育期水分亏缺、施氮水平及其交互作用对冬小麦植株氮素累积量影响显著。在氮肥平均条件下，返青期+拔节期、返青期+抽穗期、返青期+灌浆期、拔节期+抽穗期、拔节期+灌浆期、抽穗期+灌浆期水分亏缺处理冬小麦植株氮素累积量较充分供水处理分别显著降低了18.81%、14.61%、18.34%、19.14%、16.14%、16.53%。随着施氮量的增加，冬小麦植株氮素累积量呈现出先增大后降低的趋势。

由表6-10可知，2个生育期水分亏缺、施氮水平及其交互作用对冬小麦全氮吸收影响显著。在氮肥平均条件下，返青期+拔节期、返青期+抽穗期、返青期+灌浆期、拔节期+抽穗期、拔节期+灌浆期、抽穗期+灌浆期水分亏缺处理冬小麦全氮吸收较充分供水处理分别显著降低了 20.39%、15.03%、17.98%、20.12%、16.99%、14.43%。施氮对冬小麦全氮吸收的影响与植株氮素累积量的趋势相同。

4）讨论与结论

A. 返青期水分亏缺对冬小麦根系、茎叶吸氮量有显著的降低作用；拔节期水分亏缺对冬小麦根系和茎叶含氮量、根系和茎叶吸氮量、籽粒含氮量、籽粒吸氮量、植株吸氮量、合计吸氮量均有显著降低作用；抽穗期水分亏缺处理冬小麦根系和茎叶含氮量、茎叶吸氮量、籽粒吸氮量、植株吸氮量、合计吸氮量显著降低；灌浆期水分亏缺处理对冬小麦籽粒吸氮量、植株吸氮量、合计吸氮量没有显著影响。

B. 返青期+拔节期、拔节期+抽穗期、抽穗期+灌浆期水分亏缺使冬小麦根系、茎叶含氮量显著降低；返青期+拔节期、返青期+抽穗期、拔节期+灌浆期水分亏缺对冬小麦籽粒含氮量有显著降低作用；由于水分亏缺处理不总是降低冬小麦根系干物质量，因此与不亏水处理比较，2个生育期水分亏缺处理冬小麦根系吸氮量有增有降；2个生育期水分亏缺对冬小麦籽粒吸氮量、植株吸氮量、合计吸氮量均有显著降低作用。

C. 随着施氮量的增加，冬小麦籽粒含氮量、吸氮量呈现增大趋势，施氮能弥补返青期、抽穗期、灌浆期水分亏缺对冬小麦籽粒含氮量的降低作用，使其与对照相比不会显著降低；冬小麦根系和茎叶的含氮量、吸氮量呈现出先增大后降低的趋势；冬小麦植株吸氮量呈现出先增大后降低的趋势，合计氮吸收与植株吸氮量的趋势相同。

6.3 限量灌水和施磷对冬小麦生长及养分吸收的影响

6.3.1 材料与方法

6.3.1.1 试验区概述

试验在西北农林科技大学旱区农业水土工程教育部重点实验室进行，该实验室在西北农林科技大学灌溉试验站内。试验站位于渭河北岸上，北纬 34°20′，东经 108°40′，海拔 521 m，属宝鸡峡塬上灌区，年平均蒸发量 1500 mm。站内设有气象站，按照国家气象局的《地面气象观测规范》进行气温、湿度、降水、日照、水面蒸发、风速、气压和地温的观测，并设有自动气象站自动记录气温、相对湿度、太阳辐射和风速。当地年平均气温 13℃，全年降雨量 550 mm 左右，主要集中在 7～9 月，属半湿润易干旱地区，2006 年 10 月 10 日至 2007 年 5 月 31 日冬小麦生长阶段温度和降雨情况如图 6-4。

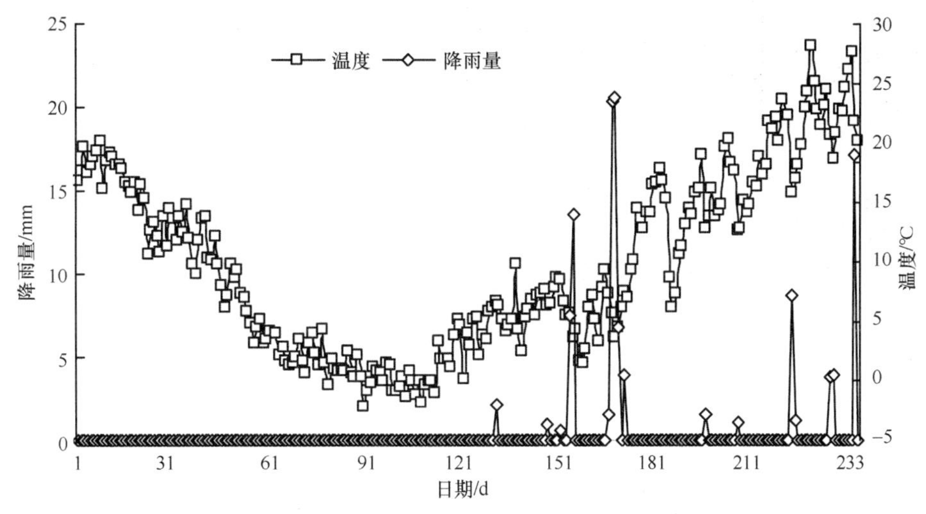

图 6-4　2006 年 10 月 10 日至 2007 年 5 月 31 日年温度和降雨量随日期变化

供试土壤：供试土壤为重壤土，1 m 内土壤剖面平均容重为 1.39 g · cm^{-3}，田间持水量为 24%，种植前测得土壤理化性质：pH 为 8.14，土壤有机质含量为 10.08 g · kg^{-1}，全磷含量为 0.72 g · kg^{-1}，速效磷含量为 28.18 mg · kg^{-1}，全氮含量为 0.89 g · kg^{-1}，全钾含量为 20.19 g · kg^{-1}，速效钾 102.30 mg · kg^{-1}。

6.3.1.2 试验设计

本试验设灌水和施磷两个因素，灌水设有 3 个水平，即 W_1、W_2 及 W_3，其每次灌水量分别为 80 mm、60 mm、40 mm；施磷设 4 个水平，即 F_1、F_2、F_3 及 F_4，施磷肥量分别是 0、60 kg 纯 $P_2O_5 \cdot hm^{-2}$、120 kg 纯 $P_2O_5 \cdot hm^{-2}$ 及 180 kg 纯 $P_2O_5 \cdot hm^{-2}$，12 个处理，3 次重复，共 36 个小区。具体处理如表 6-11。试验采用裂区随机区组合，施磷肥同时施氮肥(N)(80 $kg \cdot hm^{-2}$)，氮、磷肥全部作为底肥一次性施入。整个生育期内灌 3 次水，分别是冬灌(1 月 11 日)、拔节期(4 月 3 日)、灌浆期(5 月 13 日)。灌水量用水表控制。

表 6-11　冬小麦的不同水肥处理

水分处理(W)	施磷肥处理(F)/(kg 纯 $P_2O_5 \cdot hm^{-2}$)			
	0	60	120	180
高水处理	W_1F_1	W_1F_2	W_1F_3	W_1F_4
中水处理	W_2F_1	W_2F_2	W_2F_3	W_2F_4
低水处理	W_3F_1	W_3F_2	W_3F_3	W_3F_4

注：高水处理(W_1)灌水量为 80 mm；中水处理(W_2)灌水量为 60 mm；低水处理(W_3)灌水量为 40 mm

1）试验小区要求

选择质地良好、肥力均匀的土地作为试验用地。灌水方式采用畦灌，畦田的周围用小土埂挡水，挡水地埂大约是 0.4 m，畦宽为 4 m，畦长为 4.5 m，小区面积是 18 m^2，试验田周围设有保护带，保护带的宽度大约 2 m。试验小区布置考虑到灌水方便，将水分处理一样的小区放在一块，便于试验操作。

2）试验基本要求

(1) 供试品种

冬小麦选用当地种植的品种‘西农 979’。

(2) 供试水源

冬小麦在全生育期共浇水 3 次，一次在越冬前；一次在拔节时；再一次是灌浆时。浇灌时用水表控制水量，用自来水浇灌。

(3) 化肥品种

尿素(含纯氮 46%)，过磷酸钙(含 P_2O_5 16%)，因当地土壤含钾量较高，可以不施钾肥，施肥要求按上述要求施入。

(4) 播种

冬小麦试验于 2006 年 10 月 11 日播种，来年大约 6 月 2 号收割，生育期大约 250 d，依据田间隔水小区试验。根据当地生产实际情况或参试品种特殊要求决定播种方式及播种量，冬小麦行距为 15 cm。力争播出全苗，在播种后一周左右检查出苗情况，若有缺苗现象，应及时按品种对号补种。

(5) 基本苗

冬小麦要求基本苗为 18 万～20 万株/亩，有特殊要求的品种按供种单位提出的适宜密度播种。

(6) 试验管理

田间试验地要有代表性，地势平坦，前茬一致，肥力均匀，四周无不良环境影响，对试验小区的管理方法与大田一样。

6.3.1.3 测试项目与方法

1）作物生物学特性

作物生长观测按不同生育期各处理随机取样测定。观测时期：冬小麦分为返青期、拔节期、抽穗期、灌浆期和成熟期，观测项目如下。

株高：在各处理小区随机选取几株能够代表小区整体长势的植株进行标记，测定不同生育阶段冬小麦株高，抽穗前是从茎基部到叶顶端的距离，抽穗后是从茎基部到穗顶端的距离。

地上部生物量：将所取冬小麦植株从茎基部与地下部分分离，去掉表面的尘土放入烘箱在 105℃下杀青 0.5～2 h，75～80℃恒温烘干至恒重，之后放入干燥器中冷却，用电子天平称重。

根重：获取根系时，先将剪下地下部植株的土柱从田间取出，然后放入水池中浸泡，直至土柱变得松散，然后冲洗根系，最后烘干，称重，进行 N、P 百分含量的测定。

籽粒产量：成熟期进行产量测定，在各小区随机取样测穗数、穗粒数及千粒重。测定小麦株高、穗长、穗粒数和千粒重。

光合特性等：用光合仪测定冬小麦的光合速率、蒸腾速率、水分利用率、气孔阻抗等生理指标和二氧化碳浓度、湿度、温度、光合有效辐射等生态因子。测定每个生育阶段的光合日变化规律。

2）水分利用效率的计算

(1) 土壤含水量

在每次灌水前及灌水结束一天后，各处理在田间取3点分层采集0～10 cm、10～20 cm、20～30 cm、30～40 cm、40～50 cm、50～60 cm、60～70 cm、70～80 cm、80～90 cm、90～100 cm深度土层土壤样品测定土壤水分，在大雨前后要加测，具体方法采用烘干法。

(2) 土壤储水量的计算

$$土壤储水量(mm) = \sum(\Delta\theta_i \times Z_i) \tag{6-1}$$

式中，$\Delta\theta_i$为土壤某一层次体积含水率，Z_i为土壤层次厚度(mm)，i为土壤层次。

(3) 作物耗水量的计算

根据土壤水量平衡方程(不考虑地表径流和地下水的影响)：

$$ET = P + I + \Delta S \tag{6-2}$$

式中，ET 为作物的耗水量；P 为降雨量，可以通过气象数据得到；I 为灌水量，可以通过水表测定；ΔS 为土壤储水量变化量，可以用水层厚度(Δh)来表示，$\Delta h=10\sum(\Delta\theta_i\times Z_i)_i(i, m)$。$\Delta\theta_i$为土壤某一层次在给定时间段内体积含水量的变化，$Z_i$为土壤层次厚度(cm)，$(i, m)$是土壤从第$i$层到第$m$层。

(4) 水分利用效率

水分利用效率(WUE)的计算公式为

$$\mathrm{WUE} = Y / \mathrm{ET} \tag{6-3}$$

式中，Y 为作物的经济产量或干物质积累量；ET 为作物的耗水量。

6.3.1.4 植物样品采集与处理

A. 采回的样品带回实验室后，先冲洗根部，再用毛巾擦干水分。

B. 收获期小麦样品分根、茎叶、颖壳、籽粒，分别测定生物量，然后取分析样在105℃杀青 30 min，60～70℃下烘干至恒重，称量干重，计算水分含量。

C. 用粉碎机将各器官分别粉碎。

D. 称取 0.5 g 粉碎后样品，用 H_2SO_4-H_2O_2 法消煮，消煮液分别用全自动定氮仪蒸馏定氮法和钼锑抗比色法测定各器官全氮和全磷，并计算出吸氮量、吸磷量。

6.3.1.5 土壤样品的采集与处理

A. 采回的样品，立即用铝盒测鲜重，105～110℃烘干至恒重后测干重，计算土壤含水量。

B. 取的土样室内自然风干过 1 mm 筛。

C. 耕层土壤的基本理化性状：用上述方法测播前 0～20 cm 土壤样品，再分别用重铬酸钾容量法-外加热法、半微量凯氏定氮法（K_2SO_4-$CuSO_4$-Se+蒸馏法）、0.5 mol/L $NaHCO_3$ 法、火焰光度法和电位法测土壤有机质、全氮、速效磷、速效钾和 pH。测量方法主要参照《土壤农化分析》进行。

D. 土壤养分的测定

为了掌握土壤养分在冬小麦生育期的变化情况，分别在苗期冬前、拔节期、灌浆期、成熟期 4 个时期分前文所述 10 个层次测定土壤速效磷。测定速效磷采用 $NaHCO_3$ 浸提、钼锑抗比色法。计算肥料利用效率。

本章文字和图表处理在 Office2003 下的 Word2003 和 Excel2003 进行，统计分析用 SAS 数据处理软件进行。

6.3.2 结果与分析

6.3.2.1 限量灌水和施磷对冬小麦生长及其产量的影响

施肥有明显的调水作用，灌水也有明显的调肥作用。灌水量少时，水肥的交互作用随肥料用量增加而表现得明显；灌水量高则相反。灌水提高了当季作物产量和肥料利用率，却降低了后作产量及肥料效果。但从总体来看，灌水提高产量、增加肥效的作用依然突出。合理水肥的冬小麦整个生育期的干物质积累总量均有所增加，株高有所增加，物质生产结构趋于合理；合理水肥的冬小麦单位面积收获穗数有所增加，穗粒数显著增加，千粒重显著提高，籽粒产量有所增加。

1）限量灌水和施磷对冬小麦分蘖的影响

不同灌水和施磷量对冬小麦返青时分蘖数的影响，结果见表 6-12。从试验结果可以看出，冬小麦春季分蘖数均随着灌水量和施肥量的增加而增加，在不同施磷处理下，施磷量 F_1 与施磷量 F_2、F_3、F_4 之间有极显著差异，施磷量 F_2、F_3 和 F_4 之间差异达到显著水平，施磷量 F_2 和 F_3 之间差异不显著，但施磷量 F_3 的分蘖数比 F_2 施磷水平增加 10.1%，这说施磷量不是越多越好，要结合作物的需肥规律，适量地施肥，做到少施高效。

表 6-12　限量灌水和施磷对冬小麦分蘖数的影响

处理		每株分蘖数	显著性	
			5%	1%
水分	W_1	2.271	ab	A
	W_2	2.374	a	A
	W_3	2.060	b	A
磷肥	F_1	1.585	c	C
	F_2	2.494	a	AB
	F_3	2.746	a	A
	F_4	2.115	b	B
显著性检验（F 值）				
水分			3.56^{*}	
磷肥			4.49^{*}	
水分×磷肥			26.65^{**}	

注：*表示差异显著，**表示差异极显著；W_1 表示灌水量 80 mm，W_2 表示灌水量 60 mm，W_3 表示灌水量 40 mm，F_1 表示不施磷处理，F_2 表示施磷量 60 $kg\cdot hm^{-2}$，F_3 表示施磷量 120 $kg\cdot hm^{-2}$，F_4 表示施磷量 180 $kg\cdot hm^{-2}$，a、b、c 分别表示 P=5%水平下显著性差异，A、B、C 分别表示 P = 1%水平下显著性差异，下同

随着灌水量的增大，分蘖数也随之先增大再减小，灌水量 W_2 跟其他灌水量的差异达到显著水平。说明灌水量 W_2 的土壤水分适合冬小麦生长发育。灌水量和施磷量都能不同程度上增加冬小麦分蘖数。最大分蘖数是在施肥量为 F_3 的时候，施磷肥对冬小麦春季分蘖数的影响明显高于水分的影响，同时也说明适当地增施磷肥可增强冬小麦的抗旱分蘖能力，进而增加穗密度，而增加产量。

2）限量灌水和施磷对冬小麦株高的影响

从表 6-13 可以看出，不同灌水和施磷量对植株高度的影响不同，随生育进程的推进差异显著。拔节至抽穗期间，随生育进程的推进、生长量的增加，水分和养分需求加大，不同的土壤水分和养分条件对植株生长的影响更加明显，引起株高的差异越来越大，到灌浆期不同处理植株高度差异最大。从结果可以看出，冬小麦生长前期，株高保持较快的增长势态，而在灌浆期到成熟期株高的变化缓慢。随着灌水量和施肥量增加，冬小麦株高也随之增加。在不同施磷条件下，株高整个生育期无显著差异，但施磷的株高比不施磷的株高要突出。在不同水分条件下，返青期土壤水分能够满足作物的需水量，所以在返青期株高没有显著的差异。在拔节期和灌浆期由于冬小麦需水量大，株高在这两个生育期有明显的差异。可以看出，水分是影响株高的主要因素。但灌水量和施磷量达到最大时，株高并没有达到最大，而是处理 W_2F_3 的植株高度比其他处理的要高。这说明不是施磷量和灌水量越大越好，要结合作物的需肥和需水规律，适时、适量地施肥和灌水。

表 6-13　限量灌水和施磷对冬小麦株高的影响(单位：cm)

处理	生育阶段				
	返青期	拔节期	抽穗期	灌浆期	成熟期
W_1F_1	25.27±1.78a	57.17±0.36b	78.37±1.02ab	79.41±2.17ab	79.69±0.73c
W_1F_2	24.86±0.72a	58.17±1.08ab	78.63±1.12ab	79.35±2.79ab	80.11±0.54abc
W_1F_3	25.05±0.10a	58.27±0.44ab	78.2±1.38ab	80.37±1.02ab	80.96±0.58ab
W_1F_4	24.96±0.56a	59.23±1.15ab	78.33±1.29ab	80.50±3.00ab	80.72±0.93abc
W_2F_1	25.38±2.74a	59.23±4.28ab	78.13±1.53ab	79.77±1.40ab	80.24±0.57abc
W_2F_2	25.55±2.61a	59.44±1.26ab	79.03±0.35ab	78.85±2.50ab	79.86±0.61bc
W_2F_3	28.22±3.72a	62.38±2.43a	80.03±0.32a	81.76±1.73a	81.28±0.93a
W_2F_4	26.05±0.51a	61.11±3.34ab	78.17±1.20ab	79.48±2.32ab	80.40±0.93abc
W_3F_1	23.39±0.96a	56.88±0. 35b	77.40±1.06b	75.83±1.62b	79.96±0.78bc
W_3F_2	23.81±1.45a	57.32±3.70b	78.90±1.39ab	78.59±4..6ab	80.16±0.44abc
W_3F_3	24.27±2.596a	59.46±2.27ab	77.33±1.50b	76.05±1.35b	79.96±0.47bc
W_3F_4	26.72±1.50a	58.49±2.28ab	77.70±1.25b	78.91±2.10ab	79.76±0.37bc
	显著性检验(*F* 值)				
水分 W	2.62	4.41*	2.25	4.24*	2.13
磷肥 P	1.09	1.91	1.13	0.59	2.83
水分×磷	1.04	0.23	0.94	1.05	1.40

3）限量灌水和施磷对冬小麦地上部分鲜重的影响

土壤水分条件的差异对冬小麦生长状况的影响还表现为植株各部分的生长情况。鲜重所包括的器官水分状况能更好地反映水分条件对作物生长的影响。冬小麦地上部分主要分为叶、鞘、茎、穗四大部分，在不同的土壤水分条件影响下各部分的生长量各有差异，并随生育期及作物整体生长状况的不同而不同。

茎秆为地上器官中生长量较大的一部分。由图 6-5 可知水分条件的差异对茎秆鲜重的影响在生育早期差异不显著。孕穗期为茎秆旺盛生长期，不同处理间的生长量差异达到极显著水平，生育后期茎秆鲜重有所衰退，不同的水分条件下呈现出明显的差异，低水条件下灌浆期较灌浆期减少得快，而 W_2 和 W_1 则减少得相对缓慢，表明水分条件差的鲜重减少量较水分条件好的大。中水条件下地上部分在后期比其他的要高。在土壤水分充足的条件下，不同施磷量对冬小麦地上部分前期的影响很小，随着冬小麦的生长，差异也随之显著。施磷肥量 F_3 的地上部分在冬小麦后期要比其他施磷量的显著(图 6-6)。

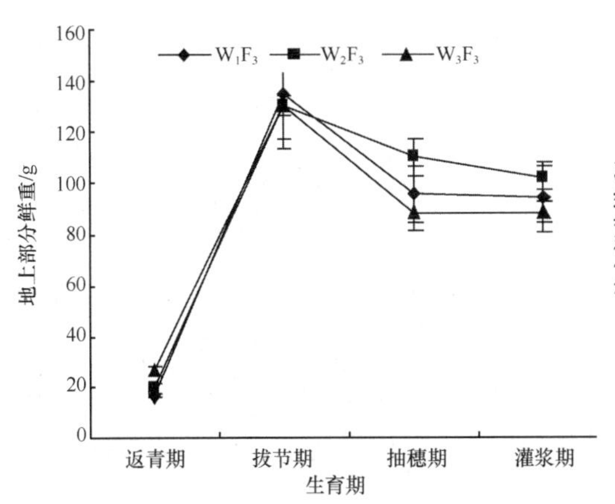

图 6-5　不同灌水处理对地上部分鲜重的影响

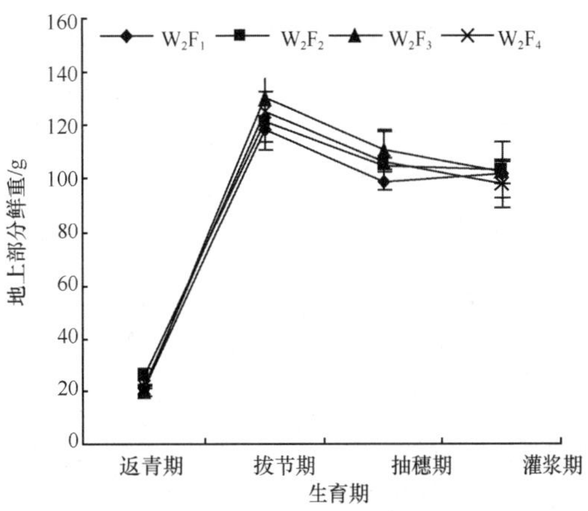

图 6-6　不同施肥处理对地上部分鲜重的影响

4）限量灌水和施磷对冬小麦干物质积累的影响

不同灌水量和施磷量对冬小麦干物质积累的影响，如表 6-14 所示。冬小麦干物质积累均呈现出冬前—返青阶段干物质积累速度很慢，返青—拔节阶段积累速度逐渐加快，拔节—孕穗期迅速增大，灌浆—成熟期缓慢增加，整个过程表现为慢—快—慢的规律。茎秆是物质贮存的主要部分，小麦根、冠干物质的积累大多数随施肥量和灌水量的增加而先增大后减小。返青前植株茎、绿叶干物质积累量较少，不同施磷量的差异不明显。随着小麦的生长，其差异逐渐增大，拔节后更明显。干物质生产是作物产量形成的基础，各种农艺措施对作物产量的影响大多与干物质积累特点及其转化效率有关。以抽穗期为界，把物质生产全过程划分为前期和后期，抽穗期前期生产的干物质主要用来建造营养器官和穗器官。大多以结构物质的形态固定下来，少部分后期可以向籽粒运转。抽穗后生产的物质大多用来建造和充实籽粒。因此要求前、后期物质生产具有合理结构，保持平衡。通常认为不合理的物质生产结构是前期物质生产量大，后期物质生产量小，无效生育多，籽粒灌浆对物质运转的依赖性大(冯广龙等，1997)。

表 6-14 限量灌水和施磷对冬小麦干物质积累的影响

生育阶段		水分			磷肥			
		W_1	W_2	W_3	F_1	F_2	F_3	F_4
返青期	根干重/[g·(10株)$^{-1}$]	1.16a	1.42a	1.25a	1.18a	1.22a	1.42a	1.28a
	冠干重/[g·(10株)$^{-1}$]	3.91ab	4.17a	3.66b	3.69a	3.82a	4.19a	3.95a
	根/冠	0.58a	0.68a	0.63a	0.56b	0.67ab	0.71a	0.57b
拔节期	根干重/[g·(10株)$^{-1}$]	2.31a	2.80a	2.27a	2.07b	2.55ab	2.98a	2.24b
	冠干重/[g·(10株)$^{-1}$]	25.27a	25.38a	24.12a	22.80b	23.77b	28.62a	24.47b
	根/冠	0.19a	0.21a	0.21a	0.17b	0.28a	0.14c	0.22ab
抽穗期	根干重/[g·(10株)$^{-1}$]	2.63a	2.74a	2.54a	2.17c	2.49bc	3.18a	2.70b
	冠干重/[g·(10株)$^{-1}$]	25.9ab	26.46a	23.89b	22.64c	26.56b	29.45a	23.04c
	根/冠	0.10a	0.11a	0.11a	0.09b	0.09b	0.11ab	0.12Aa
灌浆期	根干重/[g·(10株)$^{-1}$]	2.46ab	2.87a	2.38a	2.18b	2.49b	3.03a	2.56ab
	冠干重/[g·(10株)$^{-1}$]	32.42a	33.88a	28.04b	30.85a	31.69a	32.02a	31.22Aa
	根/冠	0.08a	0.09a	0.09a	0.09a	0.08a	0.10a	0.08a

试验表明，不同水分条件对植株干物质积累的影响有明显差异(表 6-14)。冬小麦冠和根干重到返青期以后的增加先快后慢。各处理在早期的干物质积累缓慢，在孕穗期后有一段快速积累时期，但随生育期推进，又变得缓慢，灌浆期以后开始下降。W_1、W_2和W_3的干物质积累量相差不大,表明灌浆期以后W_1的物质积累还在以较大的速率进行，这是受水分条件的影响生长延缓、贪青晚熟的表现。

不同施磷量对冬小麦地上部分前期的影响很小，随着冬小麦的生长，差异也随之显著。干物质积累量均随生育进程推进而增加。拔节期以前，各处理的干物质无明显差别，说明在此阶段之前各个土壤处理中磷都能满足小麦前期正常生长的需求。而在小麦生长的中后期不施磷处理的干物质均明显低于其他施磷处理，这是由于不施磷处理的肥力在该时期已经不能满足冬小麦正常生长的需肥要求，而施磷肥处理仍能源源不断地供给小麦磷素。这说明两种施磷肥处理在干物质积累方面效果明显。施磷处理的冬小麦干重和生长后期干重增加的速率均显著高于不施磷的。施磷量适合的处理冬小麦干物质积累总量分别比其他处理增加。随着施磷量的增加，冬小麦冠干重的增加显著。根干重整个生育期内受施磷量的影响很大，由于根系生长量的增加，作物摄取更多的养分和水分，产量随之增加。根、冠生长发育及功能之间存在着相互依存、互为竞争的关系。当土壤水分充足时，二者主要表现为相互依赖和促进关系。当土壤水分亏缺时，根、冠为生存及为维持二者间功能平衡，又互相竞争各自所需物质，此时主要体现的则是竞争关系。

5）限量灌水和施磷对冬小麦产量及其产量构成的影响

冬小麦产量的形成，很大程度上受到水分和养分条件的影响。冬小麦产量和产量构成也受土壤水分和施磷条件影响(表 6-15)，随着灌水量和施磷量增加，冬小麦产量构成及产量也随之增加。当达到某一水分供应量后，则又出现下降现象。以表 6-15 作进一步的分析可以看出，在不同土壤水分条件下，冬小麦的产量和千粒重的差异达到显著水平，而不同土壤水分条件对穗长、穗重和穗粒数的影响没有显著差异。随着灌水量的增加，灌溉水的利用效率逐渐减小。灌水量为 W_2 时，产量达到最大。产量在灌水量 W_2 条件下比 W_1 和 W_3 条件下分别增加了 2.97%和 3.38%。

表 6-15　不同灌水和施磷对冬小麦产量构成及灌溉水利用效率的影响

处理		穗数/(万 · hm^{-2})	穗粒数/粒	穗长/cm	穗重/[g · (10 株)$^{-1}$]	千粒重/g	产量/(kg · hm^{-2})	灌溉水利用效率/(kg · hm^{-2} · mm^{-1})
水分	W_1	731.58b	28.83a	9.40ab	26.46a	39.83ab	7702.8ab	32.10c
	W_2	763.58a	29.00a	9.63a	26.72a	40.22a	7931.8a	44.07b
	W_3	713.70b	28.58a	9.03b	26.12a	38.73b	7672.1b	63.94a
磷肥	F_1	710.67c	28.11b	9.06a	24.35b	37.61c	7570.2b	45.37b
	F_2	729.22bc	29.22ab	9.35a	27.11ab	40.24ab	7697.7b	46.28b
	F_3	761.40a	29.44a	9.60a	28.72a	41.29a	8044.8a	48.19a
	F_4	743.80ab	28.44ab	9.40a	25.55b	39.24b	7762.9b	46.94ab
显著性检验(F 值)								
水分		15.09**	1.25	2.57	0.14	4.00*	3.11*	991.36**
磷肥		13.17**	8.72**	1.04	4.00*	12.2**	4.66**	4.04*
水分×磷肥		2.52	1.02	0.70	1.85	0.78	1.51	1.35

通过对表 6-15 各处理分析比较得出，在不同施磷处理下，产量及其产量构成随着磷肥施用量的增加而呈现增加趋势，施磷肥量 F_3 与其他处理有显著差异，F_3 产量 8044.8 kg·hm^{-2}、穗数 761.4 万 · hm^{-2}、穗粒数 29.44 粒、穗长 9.60 cm、穗重 28.72 g · (10 株)$^{-1}$、千粒重 41.29 g 等综合因素都好于其他处理。据研究证明，小麦对磷素反应敏感，在无磷素小区，小麦产量比其他施磷处理要低。小麦幼穗分化，小麦分蘖数随着施磷量增加而增加。施磷具有增产作用，但其增产量则因施磷量不同有显著的差异，施磷处理的产量高于无磷处理。不同磷肥水平之间，表现出穗数随磷肥水平提高而差异显著，施磷量 F_3、F_4、F_2 和不施磷量 F_1 比较，穗数分别增加了 7.14%、4.66%和 2.61%，说明磷肥具有显著增加穗数的作用。上述结果表明，施磷对土壤水分不足的补偿效应主要是增加单位面积穗数，施肥增加了穗粒数，而对穗长影响不显著，从而增加了产量。施磷肥对灌溉水利用效率有显著水平影响，结果表明施磷比不施磷的处理灌溉水利用效率要高，随着施磷量的增加，灌溉水利用效率先增加后减少，施磷量 F_3 与其他施磷量条件下差异达到显著水平，冬小麦增施磷肥对水分亏缺具有一定的补偿作用。

总体来说，在不同灌水条件下，灌水量 W_2 与其他灌水量相比，产量差异达到了显著水平；在不同施磷量条件下，施磷量 F_3 与其他处理产量差异达到显著水平，这说明施磷量过大，则其增产作用随水分条件的改善逐渐减小；适量施磷的增产作用大于施磷量过大的，而且随水分条件的改善增产作用仍明显。这说明水分条件较好时可适量多施磷肥，而水分条件较差时则应少施磷肥，多施反而会抑制其生长。无论是灌水和施肥均有增产效果，当施肥量为 F_3 时冬小麦的产量达到最大，说明肥料增产效果更突出。但总的来说，只有适量施肥，才能促使小麦生长和产量提高，灌溉水利用效率也随之提高。这一结果表明，在本试验范围内，灌水量 W_2 和施磷 F_3 条件已能满足冬小麦对水分和磷肥的要求。灌水量 W_2 与施磷肥量 F_3 对于冬小麦生长、干物质及其产量是最优组合。

试验结果表明，冬小麦产量各构成因素均受土壤供水状况的影响，但其对土壤水分的敏感期及敏感程度并不相同。适当的土壤水分对冬小麦有促进作物生长、增加产量的作用。在不同水分处理下，随着小麦生育进程的推移，灌水量 W_2 处理与其他处理的产量差异越来越明显，灌水量 W_2 处理的产量显著地高于其他灌水处理。产量在灌水量 W_2 条件下比 W_1 和 W_3 条件下分别增加了 2.97%和 3.38%。说明灌水量 W_2 的处理显著改善了土壤的水分状况。虽然 W_1 处理在量上最大，但产量却无显著影响。在灌浆期以后 W_1 的物质积累还在以较大的速率进行，这是受水分条件的影响生长延缓、贪青晚熟的表现。灌水量过大显著地降低了水分利用效率，造成了水资源的浪费。

在不同施磷处理下，磷对冬小麦生长发育的作用贯穿于整个生育时期，其中以对前期的促进作用最为明显，以往的研究大都注重这一时期，磷对冬小麦分蘖数有十分重要的作用，施磷促进小麦初期的生育，增加分蘖数，增加穗数，从而增加产量，这与前人研究（关军锋和李广敏，2004；孙慧敏等，2006）一致。施用磷肥后促进了冬小麦地上、地下部的生长，增加了冬小麦穗数和干物质积累，提高了作物中、后期的吸水能力，提高了灌溉水利用效率。这与王生录（2003）的研究一致，磷肥有利于对深层水分的利用，增强作物抗旱能力，是提高水分利用效率的重要措施之一。李裕元等（2000）试验表明，N、P 单施均可显著提高小麦的生物产量、籽粒产量、株高、穗长、单株干重、穗粒数和穗粒重，施磷还可显著提高单株成穗数、单株粒数和千粒重。施磷水平越高，对冬小麦促进作用也大，随施磷量的增加，穗长、穗粒数、成穗数提高，最终产量受施磷水平影响更为明显。但施磷量超过一定的范围，土壤速效磷含量较高时，土壤中的速效磷能满足作物生长所需，因而施磷不会增产，当磷肥施用量过大时，造成 N、P 比例失调，产量降低，主要由氮素不足所致，且磷素过量也会对小麦生长产生抑制作用（梁银丽和康绍忠，1997）。水分和养分是人为易于控制的因素，但是土壤水分、养分与作物的关系密切又复杂，要深入地了解和掌握它们之间的作用关系，还需要进行深入的研究。

本试验条件中，施磷量有多个处理，因而可以明显地看出，当施磷量适当时，施磷明显提高冬小麦产量和灌溉水利用效率，而施磷过大时，产量反而会降低。无论充分供水还是严重干旱水分条件下，施磷对作物生长都有促进作用。只有在适当的水分亏缺条件下，适当的施磷量对冬小麦生长促进作用才增加。从节水角度，适当的条件下施足磷肥有重要意义。

6.3.2.2 限量灌水和施磷对冬小麦水分利用效率的影响

水分利用效率作为作物与水分关系的一个综合指标，包括农田水分循环、水气交换及作物光能利用、碳素同化、物质运输、籽粒干物质积累等生理生态过程，以及产量水平、群体水平、叶片水平和细胞分子水平等不同层次，因此必须从水分利用效率形成生理生态过程出发，对其不同层次进行研究才能更深入地了解水分利用效率的本质，为采取高效节水措施提供理论依据。水分利用效率（WUE），可用作物生产力与水分消耗的比值表示，反映了作物利用水分进行物质生产的效率。灌溉和施肥不仅对作物的耗水量（ET）

有重要影响，同时也对产量有决定作用，因此必须把耗水与作物生产结合起来，才能更深入地分析灌溉对作物水分利用的影响。

水分利用效率是冬小麦节水灌溉基础研究的中心问题。提高水分利用效率成为冬小麦节水灌溉的根本目标，它是建立在作物与水分关系内在联系的基础之上的。灌溉对冬小麦产量的影响不仅包括其对光合生产及蒸腾耗水有重要作用，而且对光合产物转化为籽粒产量也有重要的影响，这是冬小麦水分利用效率的生化机制，反映了作物与水分关系的内在联系。在作物叶片水平上水分利用效率的研究集中在作物利用水分的生理机制上。任何影响作物叶片光合和蒸腾生理过程的因素都会不同程度地影响作物的水分利用效率(WUE)，气孔作为作物与环境进行气体交换的重要门户，其行为对作物光合及蒸腾有决定作用。在与环境相互作用的过程中形成了一种最优化机制：土壤-作物-大气相互协调机制，包括气孔行为、根冠信息传递、作物本身生理变化调节等，其结果就是使得作物在有限水分条件下尽量减少水分散失，同时又要保持较高的光合生产能力，最大限度地提高水分利用效率。

通过人为调控灌溉量与施肥量来实现节水灌溉，提高了肥料和水分的利用效率，因而对冬小麦正常生长发育需水规律有较大程度的影响。冬小麦的需水量受许多因素的影响，由于气候、土壤、农艺技术、灌溉方式及水文地质条件的差异，需水量在不同年份有所变化，同时表现在各生育期的需水量、土壤蒸发和叶面蒸腾等均有一定的规律，反映了冬小麦在生长发育过程中生理需水和生态需水的特性。在苗期到拔节前期，由于气温比较低，植株幼小，叶面覆盖率低，地面裸露大，土壤蒸发较强，需水量以株间蒸发为主。进入拔节期后随气温的不断升高，冬小麦生长速度加快，新陈代谢作用加强，需水量相应增大。随着叶面积增大，叶量增加，土壤覆盖度较好，株间蒸发少。

1）灌水对叶片水分利用效率的影响

水分是光合作用的原料之一，缺乏时可使光合作用下降，植物对此较为敏感，缺水时小麦叶片气孔关闭，影响 CO_2 进入叶内，干物质积累缓慢。在大田生产条件下，小麦生长发育所必需的环境条件——光、热、水、气、养分中，光、热资源主要是由小麦适应大自然而得到满足的，水、气、养分一部分来自土壤，但主要还是人们依靠灌溉和施肥在田间生产和管理中给以供应和调节。水分是小麦生产管理中首先要具备的基本条件，依据小麦各生理过程和各生育阶段对水分亏缺的敏感程度，建立最优灌溉制度是农田水分管理的重要手段。

作物对水分条件的反应不仅表现为器官的生长发育状况，更表现为植株体内一系列的生理变化。光合作用既是作物一项最基本也是最重要的生理功能，也是作物干物质积累和产量形成的基础，这是由于进行光合产物的积累影响到器官的生长发育及功能发挥等各方面。光合作用的强弱受到作物体内、外多种因素的影响，如气孔导度、蒸腾速率、细胞间隙 CO_2 浓度、气象条件及肥水条件等。因此，光合特性随土壤水分条件的变化情况是作物对水分状况反应的一个重要方面，水分条件的影响使得作物的光合速率、蒸腾速率及气孔行为等均发生了不同的变化，从而影响到光合产物的积累、转运及分配，最终表现为产量水平的差异。

(1) 不同处理对冬小麦光合速率的影响

试验结果表明，在不同处理条件下，冬小麦光合速率随生育期有明显变化。小麦在此生育期有两个光合作用高峰，第一个在营养生长与生殖生长并进期，第二个在开花后，这与小麦生物量的积累进程相似。不同灌水条件下的光合速率存在明显差异，在不同生育期的水分亏缺对光合速率有明显影响，高水处理在整个生育期光合速率值一直高于其他处理，可见，水分亏缺能造成光合能力和强度的下降。各处理的光合值随生育进程有逐渐缓慢下降的趋势，各处理的光合速率在灌浆期有峰值，说明此时有较强的光合能力，为后期的籽实高产贮备同化物。

研究结果表明，限量灌水后，小麦的群体光合速率和叶片的光合速率均增大。特别是挑旗期的灌溉对小麦的群体光合速率升高的作用明显，使灌浆期间的光合强度保持在较高的水平上(图 6-7)。由图 6-7 可知不同水分和施肥处理下冬小麦净光合速率的季节变化趋势基本一致，由返青、拔节至抽穗、开花，其净光合速率先降低再逐渐升高，至灌浆期达最大值，成熟期迅速下降，且随水分胁迫的加剧，其光合速率随之降低，表明冬小麦叶片净光合速率随生育期呈规律性变化。图 6-8 表明不同施磷处理对旗叶净光合速率的影响因条件的不同而异。在同一灌水条件下，施肥量适合的处理光合速率明显高于施肥量低的处理，说明施肥量适合比高施肥有更好的调水能力。

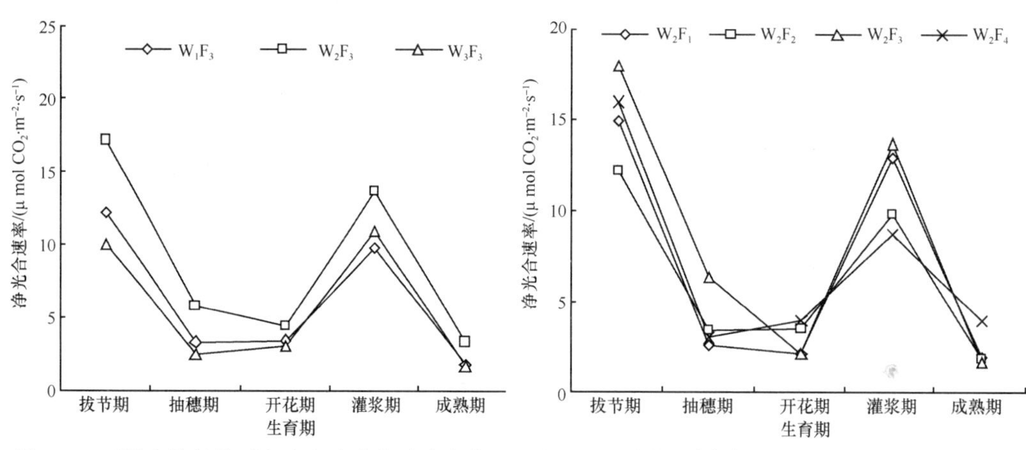

图 6-7 不同水分条件下冬小麦净光合速率变化

图 6-8 不同施磷条件下冬小麦净光合速率变化

(2) 不同处理对冬小麦蒸腾速率的影响

由图 6-9、6-10 可知在灌浆中期灌水尤其是挑旗期的灌水能显著地减少小麦叶片的气孔阻力，增大蒸腾强度；而在灌浆后期气孔的调节作用减小，各处理后期的蒸腾速率大小相差不明显，这是由于不断得到降水补给而相对减弱了限量灌水的作用；结果还表明，冬小麦各生育期叶片光合速率和蒸腾速率变化一致。对不同处理进行比较，在各个生育期，蒸腾速率的大小和气孔导度高度相关，生育期内 W_2F_3 处理的蒸腾速率始终高于或等于其他两个处理，气孔阻力的加大使得蒸腾受阻，生育期内蒸腾速率的变化趋势和气孔导度基本一致。

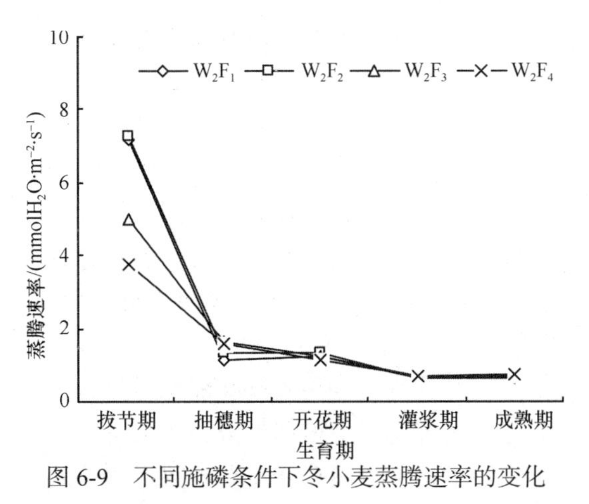

图 6-9　不同施磷条件下冬小麦蒸腾速率的变化

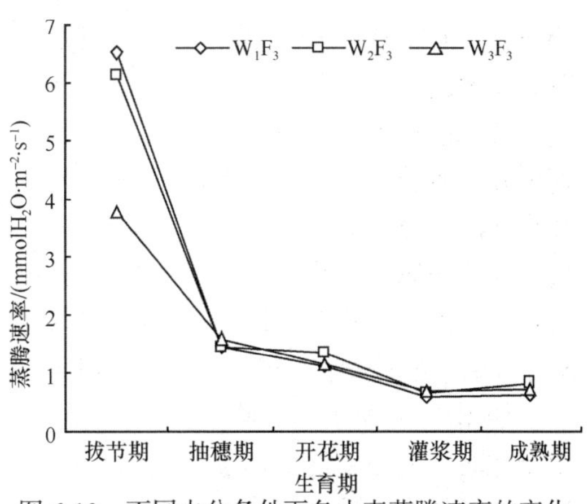

图 6-10　不同水分条件下冬小麦蒸腾速率的变化

(3) 不同处理对冬小麦气孔导度的影响

气孔导度的变化趋势基本和光合速率一致，生育期内灌水量大的处理的气孔导度始终大于灌水量小的处理，水分亏缺造成了气孔的关闭和气孔阻力(图 6-11)的加大，同时证明了气孔导度和光合速率的高度相关性。从图 6-12 可以看出，从开花期到挑旗期，不施肥的处理的气孔导度都有所降低，但光合作用却在提高，而施肥量少的处理，气孔导度与光合速率的变化趋势一致。即高光合速率表现为气孔导度也高，这就表明在维持较高的光合速率时，合适的施肥处理能够有效减少水分的散失，而高肥处理则是以大量水分散失为代价的。说明在维持相同的光合速率的条件下低水处理散失的水分更少，水分利用效率更高。

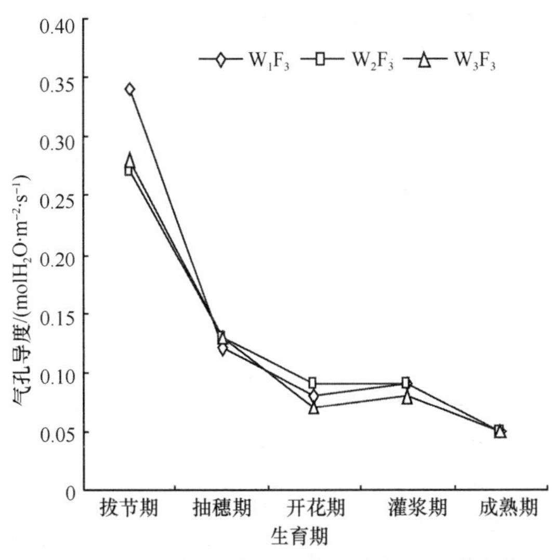

图 6-11　不同水分条件下冬小麦气孔导度变化

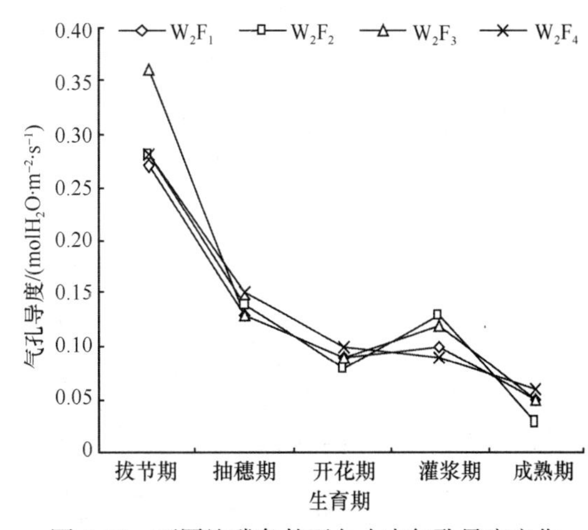

图 6-12　不同施磷条件下冬小麦气孔导度变化

(4) 不同处理对冬小麦潜在水分利用效率的影响

作物的水分利用效率(water use efficiency，WUE)是作物消耗单位水量生产出的同化物质量，它可从单叶、单株和群体不同层次上表达。叶片的 WUE 可以其净光合速率和蒸腾速率的比值表示。经过比较图 6-13 和图 6-14 可以看出，小麦在灌浆期有叶片水分利用效率的峰值，此时，W_2F_3 处理的叶片水分效率明显高于其他处理。W_2F_2 处理生育期内叶片水分利用效率一直低于 W_2F_3 处理，并且 W_2F_1 处理、生育期内的叶片水分利用效率之间无显著差异，作物吸收的水分除了参与自身的生理生化过程以外，还有一部分属于奢侈蒸腾。整个生育期内 W_2F_3 处理的叶片水分利用效率均值略高于其他处理，并且从拔节期、灌浆期、成熟期该处理叶片水分利用效率高于其他处理的现象可以推测出，对于 W_2F_3 处理来说，拔节期、灌浆期和成熟期仍有一定的节水潜力。

如图 6-14 所示，不同水分处理 W_2F_3 组合冬小麦叶片水分利用效率在灌浆时最高，由于此时光照强度逐渐加强，气孔开度也逐渐增加，光合速率呈增加趋势，而蒸腾速率还未达到最高水平，因此水分利用率最高。本试验表明，冬小麦在开花期和灌浆期各处理始终保持较高的水分利用率而高水高磷处理具有相对较低的水分利用率。可见，不同水分处理 W_2F_3 组合对同一作物的水分利用率存在一定影响。

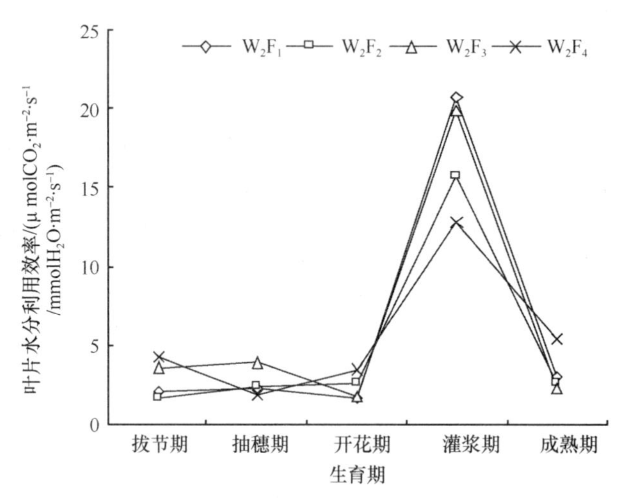

图 6-13 不同施磷条件下冬小麦瞬时水分利用效率的变化

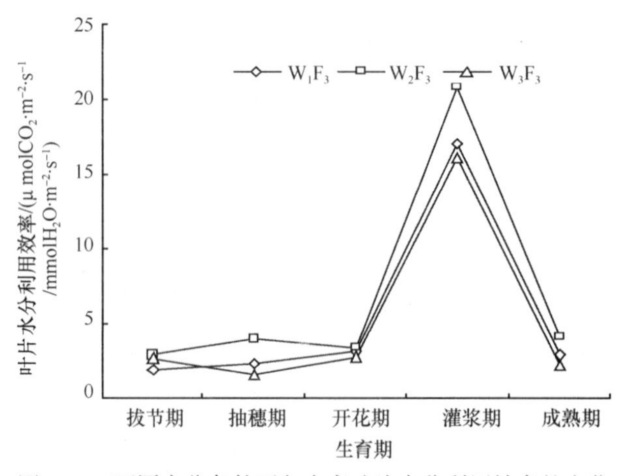

图 6-14 不同水分条件下冬小麦叶片水分利用效率的变化

(5) 不同处理对冬小麦光合速率的日变化的影响

试验表明在冬小麦受旱阶段，无论在多云还是在晴朗的天气，在水分充足条件下的冬小麦光合速率都比其他处理条件下的各小麦光合速率高。在阴天，无论水分状况如何，光合速率都是很低的。光合速率的日变化测定(5 月 1 日)结果表明，处理之间光合速率差异逐渐减小。灌水对冬小麦光合速率的影响作用显著，主要原因是，在冬小麦生长前期大量消耗土壤水分，灌水与不灌水处理消耗土壤中水量相差不大。如图 6-15 所示，冬小麦光合速率从早晨开始随着光照和温度的增加而逐渐增加，光合速率最高值出现在 15：00 左右。高值出现在 11：00～16：00，但是，在中午，即从 11：30～12：30，光合速率有所降低，出现小范围内的“午休”现象，究其原因可能是 CO_2 浓度降低，蒸腾速率很大，导致气孔导度减小造成的。各处理光合速率日变化趋势相似，其值在丰水处理时期大于缺水处理。

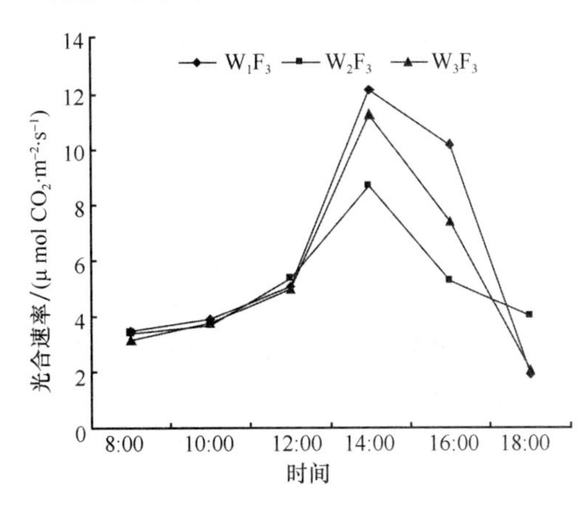

图 6-15　不同水分条件下冬小麦光合速率日变化

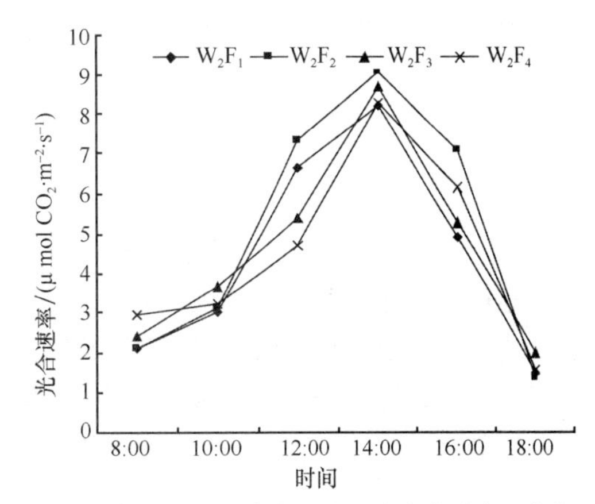

图 6-16　不同施磷条件下冬小麦光合速率日变化

光合速率的日变化测定(5 月 1 日)结果表明，施磷和灌水明显提高了作物的光合作用能力，且这种促进作用主要表现在 13：00 前后，各处理之间光合速率差异逐渐减小。由图 6-16 可知，不同施磷处理组合冬小麦在开花期和灌浆期旗叶光合速率的日变化趋势为单峰曲线。从 8：00 时开始光合速率随光照强度的增加而升高，到 14：00 光合速率先后达到一天中的最大值。开花期和灌浆期以低磷处理的组合光合速率日变化较小，且在不同生育时期 F_3 和 F_2 处理下全天均具有高的光合速率，在不同生育时期低施磷处理全天均具有低的光合速率值。表明高水高肥料处理组合不利于冬小麦光合作用，光合速率低，W_2F_3 肥料处理组合有利于冬小麦进行光合作用，光合速率值高。

(6) 蒸腾速率、光合速率及瞬时水分利用效率的日变化规律

叶片的光合作用与蒸腾作用是两个同时进行的气体交换过程，气孔作为气体交换的门户，其行为调节和控制光合作用与蒸腾作用，光合作用与蒸腾作用一起决定着叶片水平上的水分利用效率，如何协调两者间的关系，以最少水分消耗获得最多的光合生产，是节水高效研究的热点和难点，从图 6-17 可以看出，蒸腾速率和光合速率呈非线性关系，

蒸腾速率水平较低时，光合速率随蒸腾速率增加而缓慢增加，而增加到一定程度后，光合速率不再随蒸腾速率增加。

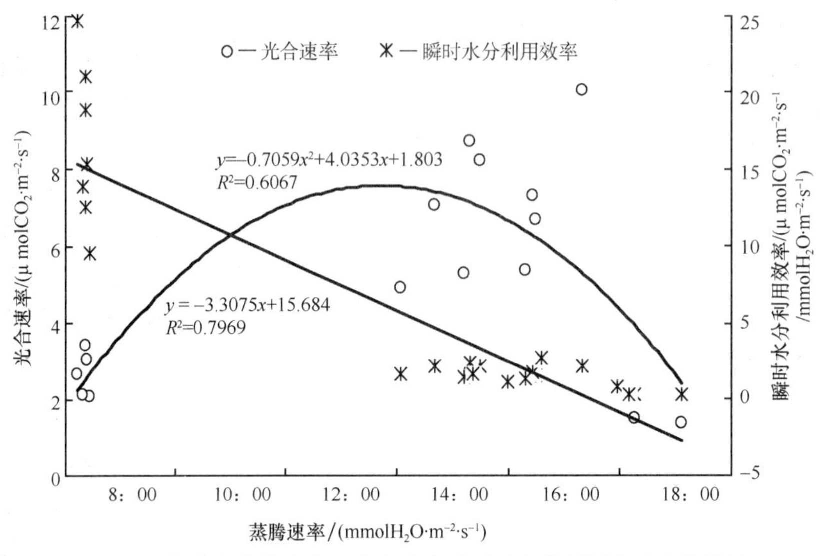

图 6-17　冬小麦蒸腾速率、光合速率及瞬时水分利用率日变化规律

作物光合速率和蒸腾速率的比值可以作为叶片的瞬时水分利用效率。结果表明，冬小麦叶片蒸腾速率和瞬时水分利用效率存在着一定的相关关系(图 6-17)。瞬时水分利用效率随着蒸腾速率的增大而减小，不同处理间瞬时水分利用效率的差异，是由各试验因子对光合速率和蒸腾速率产生的不同作用而引起的。

2）不同处理对冬小麦群体水分利用效率的影响

随灌水量增加，作物耗水量也随之增加，但产量的表现并不一致，水分利用效率也不是随耗水量的增加而增加，W_1 处理灌溉量大，但鲜重和水分利用效率不高，可见水分的无效蒸发和渗漏损失多，灌溉水利用效率低，水资源浪费严重；W_2 的灌溉量并不大，其耗水量也较 W_2 低，但产量和水分利用效率表现最好，表明适宜的水分条件有利于冬小麦生长，器官间功能均衡，物质积累分配合理；水分不足的处理耗水量虽少，水分利用效率也较高，但产量过低，生产上不提倡。W_2 处理生育期长势良好。灌浆期为除孕穗期外的又一水分敏感期，这一时期的水分条件限制导致产量的严重下降，在生产中应予以足够重视。本试验所获得的产量数据均为小区试验的结果，相对而言稍低，因此水分利用效率也相应偏低，各处理间由于水分条件所反映出的差异是明显的。

(1) 不同处理对冬小麦群体干物质积累及群体水分利用效率的影响

群体水分利用效率是联系产量水平水分利用效率和叶片水平水分利用效率的重要环节。一般用群体生产(同化物)与群体水分消耗的比值表示。目前没有统一的指标，在短时间尺度内可用群体光合速率与蒸腾速率的比值或冠层二氧化碳通量与水汽通量比值表示；在长时间尺度内可用群体干物质生产与群体冠层水分蒸散比值表示。

由图 6-18 可看出群体干物质生产(生物产量)随耗水量的增加呈二次曲线变化，在耗水量达到 700 mm 时，生物产量达到最大，群体水分利用效率随耗水量增加呈线性下降，并没有出现最大值，进一步计算了单位叶面积蒸腾速率与其干物质积累随耗水量的变化，可看出单位叶面积的蒸腾速率随耗水量呈线性增加，而单位叶面积的干物质生产随耗水量增加没有明显的上升趋势，从而使群体水分利用效率降低。可见群体水平水分利用效率决定于单位叶面积的蒸腾及其干物质生产，即叶片水平水分利用效率，二者呈极显著正相关。

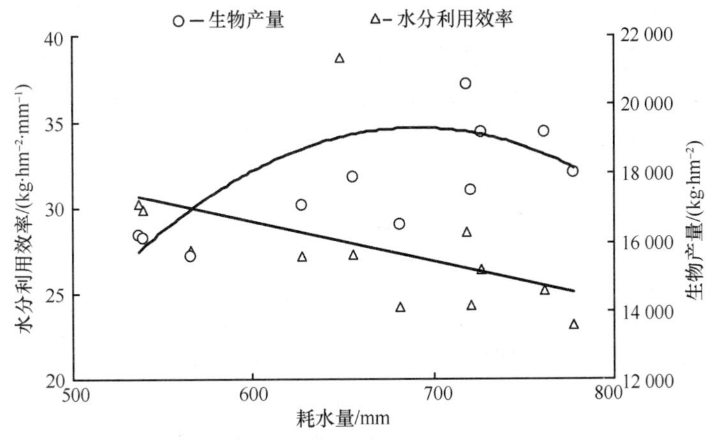

图 6-18　冬小麦干物质积累和水分利用效率及耗水量的关系

(2) 不同处理对冬小麦不同生育期群体水分利用的影响

冬小麦不同生育期水分利用效率的变化反映了作物对水分利用的特性。在灌水少和水分充足或供水相对较多的条件下群体水分利用效率只有一个最高值，尽管大小不一致却都在挑旗—开花期出现，说明此期是冬小麦对水分利用效率最高的时期，与其需水高峰期一致。灌溉和施肥对冬小麦不同生育期水分利用有明显调节作用，无论什么时期灌溉都会显著降低冬小麦群体水分利用效率：拔节期灌水水分利用效率降低，挑旗期灌水和灌浆期灌水水分利用效率也降低。在冬前及返青—挑旗期，各处理群体水分利用效率都相对较低，挑旗后干物质积累迅速增加，水分利用效率也显著提高，特别是在不灌水的条件下(处理 W_1)，水分利用效率明显增加：灌浆期处理 W_2 水分利用效率要比处理 W_1 和处理 W_3 高。

3）限量灌水和施磷对冬小麦产量水平水分利用效率的影响

水和肥是作物生长发育必不可少的条件，水是土壤中各种养分运转和作物吸收养分的介质，肥可促进作物对水分的充分利用。施肥在提高旱地作物产量的同时，也提高对水分的利用率，起到以肥调水的作用。但不同施肥处理的增产效果不同，它们对水分利用率的影响也不同。产量水平上水分利用效率是作物耗水(蒸腾蒸发)和产量形成（光合作用）在整个生育期积累的结果，这个过程也是作物水分利用效率研究的重点，主要集中在通过控水研究水分、产量和水分利用效率的关系，为节水灌溉提供理论基础。

大量研究表明，增施肥料在增加产量的同时，提高了对土壤水分的利用，增加了作物耗水量，由于产量增加的幅度小于耗水量增加的幅度，因此水分利用效率随产量提高而提高。本试验的研究结果表明，各处理之间耗水量的变异系数明显小于产量和水分利用效率的变异系数，而后两者之间的变异系数又十分接近，说明施肥后水分利用效率增加的主要原因是产量的增加，施肥提高旱地小麦水分利用效率的关键是提高产量。施肥处理的耗水量和水分利用效率均高于不施肥的，肥料配合的又高于肥料单施的。但不同肥料处理对它们的影响又是不同的。磷肥处理间的耗水量差异不显著，而产量和水分利用效率差异明显，即在水分充足条件下，增施磷肥对土壤水分的消耗利用影响不大，水分利用效率有随产量增加而同步增加的趋势。这就说明，施肥特别是氮磷配合施用，能促进冬小麦根系生长发育，使土壤水分得到充分利用，提高水分利用效率，起到以肥调水的作用。

(1) 不同处理对冬小麦产量构成要素及收获指数的影响

穗数和千粒重是冬小麦产量构成的要素，土壤水分及灌水时期对产量构成影响不同。由图 6-19 可看出：随着耗水量的增加，产量构成三要素也增加，穗数、穗粒数及收获指数显著提高，而千粒重增加相对较小。图 6-19 显示了产量三要素与耗水量之间的关系：穗数、穗粒数与耗水量呈显著正相关，而千粒重与耗水量相关性较差。从产量构成要素随耗水量增长过程看，当耗水量小于 500 mm 时，三要素都比较低，各处理之间差异不大；耗水量大于 500 mm 时，三要素相对比较高，特别是穗粒数逐渐增加，而千粒重增加缓慢，这说明穗粒数对灌溉和施肥更敏感。这也说明灌水可明显增加穗数，挑旗水可增加穗粒数，灌浆水对千粒重有利。

(2) 不同处理对冬小麦产量水平水分利用效率的影响

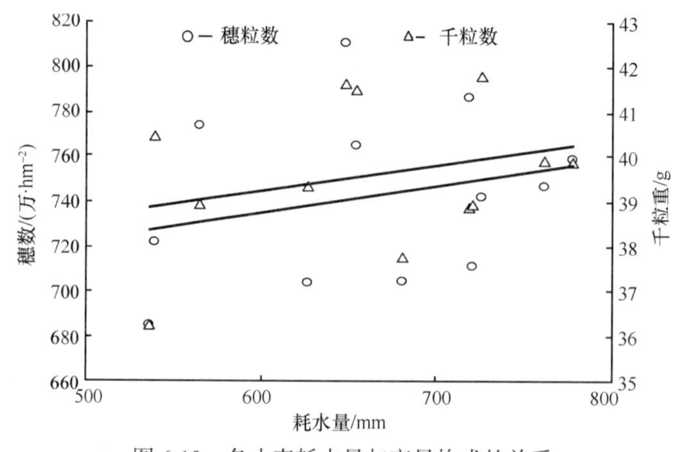

图 6-19　冬小麦耗水量与产量构成的关系

产量水平上水分利用效率是作物耗水(蒸腾蒸发)和产量形成(光合作用)在整个生育期积累的结果，这个过程也是作物水分利用效率研究的重点，主要集中在通过控水研究水分、产量和 WUE 的关系，为节水灌溉提供理论基础。张岁岐和山仑(1990)研究指出在水分有限的情况下，作物产量随耗水量线性增加，WUE 则随耗水量的增加而降低，同时指出由于供水方式、时期的不同，其 WUE 也不同。冯广龙等(1998)研究指出，土壤水分条件会显著影响同化物在各器官的转化和分配，特别是扬花水对收获指数、WUE 有重要影响。吴凯等(1997)研究指出，冬小麦全生育期有两个明显的生育期和三个需水关键期，并指出冬小麦耗水量与生长发育时期有很好的相关性。由以上可以看出，目前对冬小麦产量水平的水分利用效率的研究不很系统，大多是作为一个节水的指标，没有对其机制进行详细研究。

产量多重比较表明(表 6-16)：试验 W_2F_3 跟其他处理有显著的差异。大田试验处理灌水与不灌水存在显著差异，说明在耗水量小于 500 mm 或大于 500 mm 左右时灌水量和灌水时期对产量的影响都不明显；而在水分亏缺条件下各个施肥处理之间差异不显著，可见随着耗水量的增加，作物水分利用效率要早于产量达到最大值，当产量达到最大值时，水分利用效率已经下降，对耗水而言，水分利用效率比产量更为敏感。同时由图 6-20 和图 6-21 中产量变化曲线与 X 轴交点(产量为 0)为冬小麦获得经济产量的最低水分需求，在 100 mm 左右，当耗水量小于此值时，冬小麦无产量形成。

表 6-16　不同处理对冬小麦产量与水分利用效率的关系

处理	播前土壤含水量(0～100cm)/%	收获后土壤含水量(0～100cm)/%	土壤供水量/mm	灌水量/mm	全生育期降雨量/mm	耗水量/mm	产量/(kg · hm^{-2})	水分利用效率/(kg · hm^{-2} · cm^{-1})
W_1F_1	15.34	12.08	326	240	115.5	681.5	7717.3b	1.13
W_1F_2	15.4	11.34	406	240	115.5	761.5	7611.3Bb	1.00
W_1F_3	15.51	11.8	371	240	115.5	726.5	7959.0Bb	1.10
W_1F_4	15.56	11.34	422	240	115.5	777.5	7523.3Bb	0.97
W_2F_1	15.53	11.3	423	180	115.5	718.5	7548.3Bb	1.05
W_2F_2	15.45	11.85	360	180	115.5	655.5	7877.7Bb	1.20
W_2F_3	15.65	12.12	353	180	115.5	648.5	8413.7Aa	1.30
W_2F_4	15.08	11.38	370	180	115.5	665.5	7887.7Bb	1.19
W_3F_1	15.56	11.55	401	120	115.5	636.5	7445.0Bb	1.17
W_3F_2	15.28	11.36	392	120	115.5	627.5	7604.0Bb	1.21
W_3F_3	15.37	12.33	304	120	115.5	539.5	7761.7Bb	1.44
W_3F_4	15.35	10.5	485	120	115.5	720.5	7877.7Bb	1.09

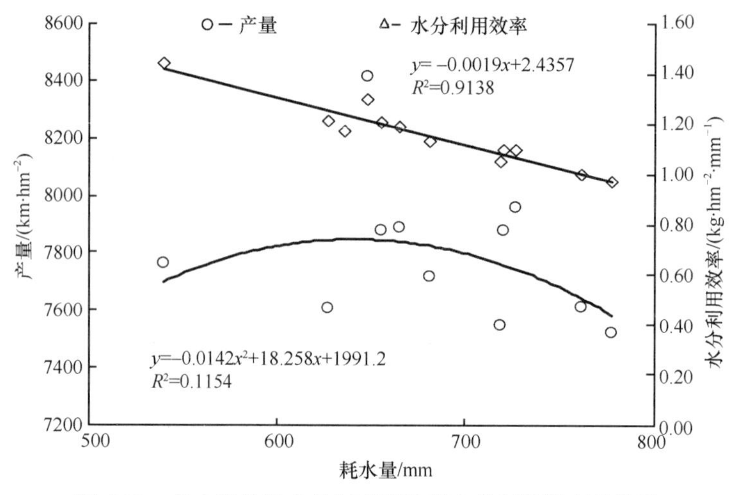

图 6-20　冬小麦的耗水量与产量及其水分利用效率的关系

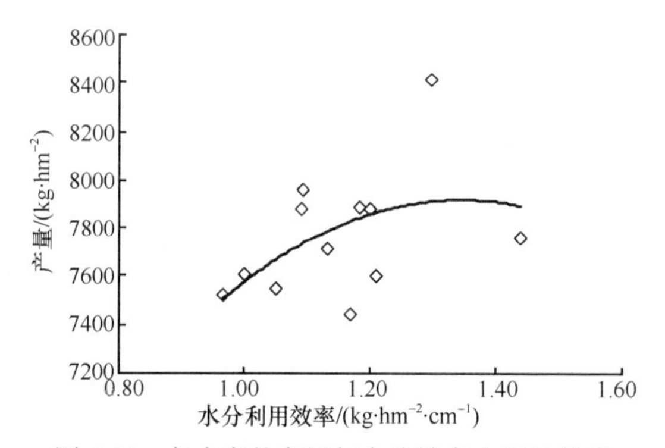

图 6-21　冬小麦的产量与水分效率之间的关系

产量水平的水分利用效率仅具有平均意义，实质上是边际分析中的“平均产量”（刘文兆，1998），大量试验表明，WUE 最高值并不在供水充足产量最高时获得，农田蒸散量的增加往往导致 WUE 的下降，因此 WUE 的内在联系并没有得到充分揭示。边际水分利用效率（marginal WUE，MWUE）是指在某一耗水量条件下，耗水量发生单位变化所导致的产量变化，本身也具有水分利用效率的意义，可反映水分利用效率的动态特征。

本试验结果表明，冬小麦的耗水量随灌溉量的增加而增加，而且产量也随耗水量的增加而增加，但水分利用效率却随耗水量的增加逐渐降低。WUE 的最大值并不在产量最高时获得，冬小麦的水分利用效率与耗水量呈非线性关系，冬小麦的水分利用效率和耗水量之间的关系可以划分为三个阶段：①水分利用效率零下降或增长阶段；②水分利用效率缓慢下降阶段；③水分利用效率迅速下降阶段。

从生产实际出发，冬小麦的灌溉投入应该在第二阶段，在这个阶段耗水量增加的幅度要小于 WUE 下降的幅度，不同地区应该根据当地水资源的情况合理配置资源从而实现冬小麦产量的提高和水分利用效率的提高。

4）冬小麦三个不同层次水分利用效率之间的关系

冬小麦水分利用效率的三个层次相互联系，叶片水平的水分利用效率是群体及产量水平的水分利用效率的基础，而群体水平的水分利用效率与产量水平的水分利用效率最为密切。试验结果表明，灌溉对叶片水平水分利用效率的影响是群体水分利用效率变化的主导因子，而产量水平水分利用效率是群体水分利用效率及收获指数二者共同作用的结果，前者对产量水平水分利用效率有负作用，后者对水分利用效率有正作用，二者的相对变化决定了产量水平的水分利用效率的变化。灌溉对收获指数的影响是土壤水分对冬小麦籽粒中物质来源及合成能力作用影响的表现，即源库关系变化上，这是灌溉对冬小麦水分利用效率影响的生化基础。

从叶片光合与蒸腾的关系看，随蒸腾速率的线性增加，光合速率并没有同步增加，导致水分利用效率的下降，这是群体与产量水平水分利用效率变化的基础。蒸腾耗水在一定范围内是必需的或者是高效的，而当土壤水分含量过高时，光合速率不再增加，蒸腾速率的持续增长必然导致作物耗水过多，所以作物蒸腾也存在无效水分的消耗，这也是水分利用效率下降的重要原因之一。导致无效水分消耗的原因是光合作用与蒸腾作用的过程及其对环境因子响应的差异：当外界环境发生变化时，蒸腾速率往往比光合速率变化更为剧烈，随着气孔导度的增加，细胞内二氧化碳浓度并没有呈线形增加而成为提高光合速率的重要限制因素，关于增加二氧化碳浓度与光合作用、蒸腾作用及 WUE 之间的关系需要进一步的研究。

从总体来看，灌水提高产量、增加肥效的作用依然突出。施肥有明显的调水作用，灌水也有显著的调肥作用，由本研究可以看出，在水分充分的条件下，磷对冬小麦生长发育的作用贯穿于整个生育时期，其中以对前期的促进作用最为明显，因此以往的研究大都注重于这一时期，磷对小麦幼苗次生根和分蘖数有十分重要的作用。这与前人研究一致。在低水条件下，施磷对作物生长有抑制，水分利用效率低于不施磷处理。在灌水处理(W_3)下，磷并没有促进作物干物质积累。无论高水或低水条件，施磷对作物生长都有促进作用。灌水经济系数有随供水和施磷水平提高而降低的趋势。从节水角度，施足磷肥有重要意义。

综合以上分析，关于冬小麦与水分的关系研究尽管已比较深入，但比较分散，气象学和生理学研究注重其生态和生理生化方面的基础理论，农学方面注重产量层次上的研究，综合作物、大气及土壤水分三方面的研究还比较少，特别是关于水分利用效率的三个层次(叶片水平、群体水平及作物产量水平)之间的内在联系及长时间尺度范围内的关系，尚无系统地从作物生态、生理、生化的角度进行的研究。本研究针对目前的研究现状，着重研究冬小麦的需水特性及灌溉对其耗水规律的影响，并联系产量、群体、叶片及细胞等不同层次的物质生产与水分消耗的关系，探讨作物水分利用效率的形成机制和生理机制。

6.3.2.3　限量灌水和施磷对冬小麦养分吸收的影响

磷肥是我国粮食作物和经济作物广泛施用的一种肥料，大量试验表明，磷不仅是作物必需的元素，施用磷肥还可以调节作物根系生长，促进作物对氮素和其他营养元素的吸收(张富仓，2001)。我国北方旱地土壤的全磷含量一般较高，而速效磷含量却不高，施用磷肥是提高小麦产量的重要措施。最近几年来，关于小麦氮磷吸收、转移及分配规律，以及磷肥对小麦产量的影响和磷肥利用率的研究报道较多(Waldrenrp，1979；李晓林等，1995)，但将不同磷肥施用量对冬小麦产量和吸氮、磷特性及其与土壤养分的动态变化结合起来，并研究二者之间关系的报道尚少，本文系统地分析研究这一问题，探讨了长期施用磷肥对冬小麦植株吸氮、磷特性和土壤肥力的影响，以期为当地冬小麦合理施肥提供参考依据。

1）限量灌水和施磷对冬小麦整个生育期植株氮含量影响

冬小麦地上部分植株体内氮平均含量在整个生育期内变化较大，从表 6-17 可以看出，其总体趋势是生育前期高于生育后期，养分含量的总体变化呈下降趋势，且在拔节期至抽穗期下降较快，这主要是此期间植株生长旺盛所致，灌浆后下降减缓。从表 6-17 不同处理冬小麦体内 N 浓度可以看出，由于不同处理之间 N 肥施用量相同，而不同处理冬小麦体内 N 浓度差异明显，且不同处理植株氮含量都随施磷水平的升高而增加，表明增施磷肥提高了小麦的相对吸氮能力。返青期是全生育期养分含量达到最高值的时期；峰值出现在植株生长速率(单位时间内干物质的增加数量)逐渐增加的阶段，可见，浓度的升高并非植株生长速率下降导致的浓缩效应，而是该阶段植株对养分的吸收速率高于生长速率的结果，这也说明了此时小麦对养分的需求比较迫切。

高水条件下，不论高施磷量还是低施磷量处理，施磷处理的冬小麦植株 N 含量均显著高于不施磷处理冬小麦 N 含量，但最高施磷量处理和适中施磷处理之间冬小麦 N 含量差异不显著。低水条件下，除高施磷量冬小麦 N 含量显著高于其他处理外，其他处理之间冬小麦 N 差异也显著。中水条件下高施磷量全层施磷处理冬小麦 N、P 吸收量最高，是由于此条件下小麦磷营养状况最佳，地上部生长最好。

表 6-17　限量灌水和施磷对冬小麦整个生育期植株氮含量的变化规律(单位：$g \cdot kg^{-1}$)

处理		生育阶段				
		返青期	拔节期	抽穗期	灌浆期	成熟期
W_1	F_1	26.2±0.66d	20.20±0.30d	17.17±0.35cd	9.50±0.66a	6.40±0.10c
	F_2	27.53±0.8abc	21.13±0.57abcd	17.90±0.30bc	9.87±0.70ab	6.60±0.17abc
	F_3	28.13±0.25ab	21.4±0.62abcd	17.96±0.20abc	10.33±0.81ab	6.73±0.15ab
	F_4	27.53±0.6cde	20.7±0.4bcd	18.07±0.25ab	9.83±0.45ab	6.50±0.20bc
W_2	F_1	26.30±0.20d	20.23±0.40d	17.73±0.32bcd	9.00±0.56ab	6.60±0.17abc
	F_2	28.00±0.53a	20.57±0.64bcd	18.40±0.26ab	10.13±0.47a	6.77±0.06ab
	F_3	28.3±0.53ab	21.83±0.68abc	18.80±0.45a	10.33±0.78ab	6.97±0.12a
	F_4	28.36±0.40a	22.43±0.76a	18.17±0.23ab	10.10±0.66b	6.80±0.10abc
W_3	F_1	26.57±0.31cd	20.43±0.97dc	17.07±0.47d	8.9±0.36ab	6.63±0.15abc
	F_2	27.1±0.31bcd	21.60±0.47abcd	18.00±0.20abc	9.90±0.46ab	6.80±0.10abc
	F_3	27.83±0.32ab	22.1±0.44ab	18.60±0.50ab	10.33±0.71ab	6.97±0.21a

续表

处理		生育阶段				
		返青期	拔节期	抽穗期	灌浆期	成熟期
W_3	F_4	28.2±0.32ab	21.43±0.57abcd	18.17±0.30ab	10.20±0.66ab	6.83±0.23ab
显著性检验（*F* 值）						
水分（W）		2.85^{*}	5.12^{*}	6.62^{*}	0.42	4.1^{*}
施磷（F）		33.4^{**}	21.06^{**}	17.96^{**}	81.14^{**}	20.19^{**}
W×F		1.89	1.26	1.17	5.44^{*}	1.48

不同处理冬小麦各生育阶段植株的氮含量表现为从高到低，随处理施磷量的增加而增加，而施磷量处理最高时，磷的吸收量不是最高。施磷对小麦不同生育阶段氮素吸收的影响幅度大小也不一样，其中对越冬—返青、返青—拔节、拔节—孕穗和灌浆—成熟阶段的影响幅度较大，施磷处理比不施磷处理小麦磷素吸收分别增加 6.46%～8.86%、1.68%～7.91%、2.48%～6.03%和 2.58%～5.61%；而孕穗—灌浆阶段增加 12.2%～14.78%。

2）限量灌水和施磷对冬小麦植株磷含量的影响

与氮素相比，小麦植株体内磷浓度在不同生育期变化较大，总体趋势是生育前期高于后期。在小麦各生育期，施磷肥处理比不施磷肥处理小麦植株磷含量都要高。施磷处理小麦磷含量均高于不施磷处理，各个施磷处理磷含量有显著差异。表 6-18 表明，从返青期开始，磷浓度逐渐下降，磷呈单峰曲线变化，且养分浓度峰值在越冬—返青期；不同处理含磷量均表现出越冬—返青最高（2.07～2.6 $g \cdot kg^{-1}$），灌浆期最低（1.23～1.5 $g \cdot kg^{-1}$），整个生育期总的趋势是降低的。植物生长速率高的生育期，养分浓度也高，说明此时植物对养分的需求很迫切。其中越冬—返青降低最为显著，而灌浆—成熟磷含量还略有升高。这是因为磷到后期不易淋失。从不同处理间的比较来看，施磷处理的含磷量高于不施磷处理。

不同处理冬小麦各生育阶段植株的磷含量也表现为从高到低，随处理施磷量的增加而增加，但到最大施磷量 120 $kg \cdot hm^{-2}$ 磷的吸收量不再增加。与氮相比，施磷对小麦不同生育阶段磷素吸收的影响幅度大小也不一样，其中对越冬—返青、返青—拔节和灌浆—成熟阶段的影响幅度较大，施磷处理比不施磷处理小麦磷素含量分别增加 15.9%～25.6%、12.67%～20.6%、8.09%～15.4%和 6.5%～17.65%；而孕穗—灌浆和灌浆—成熟阶段分别仅增加 8.09%～15.4%和 6.5%～17.65%。可见，返青后冬小麦积累的氮磷之比不断减小，收获期的氮、磷之比明显小于之前各时期。说明返青以后，冬小麦吸氮相对减少，吸磷相对增加，但各生育期的磷素积累总量仍均小于氮素。

表 6-18　限量灌水和施磷对冬小麦整个生育期植株磷含量的变化规律(单位：g · kg^{-1})

处理		生育阶段				
		返青期	拔节期	抽穗期	灌浆期	成熟期
W_1	F_1	2.13±0.06ed	2.0±0.1c	1.5±0.1a	1.23±0.15b	1.40±0.1c
	F_2	2.3±0.1bcd	2.27±0.21abc	1.6±0.21a	1.37±0.06a	1.60±0.1abc
	F_3	2.5±0.1ab	2.47±0.21ab	1.53±0.15a	1.5±0.1ab	1.73±0.12ab
	F_4	2.26±0.16cde	2.26±0.16cde	1.63±0.15a	1.4±0.1ab	1.60±0.10abc
W_2	F_1	2.07±0.12e	2.13±0.06bc	1.63±0.12a	1.36±0.06ab	1.53±0.06abc
	F_2	2.4±0.1abc	2.4±0.1abc	1.63±0.15a	1.47±0.06ab	1.7±0.1ab
	F_3	2.6±0.1a	2.57±0.21a	1.56±0.15a	1.57±0.15a	1.8±0.1a
	F_4	2.53±0.12a	2.43±0.15ab	1.5±0.1a	1.5±0.1ab	1.63±0.06abc
W_3	F_1	2.3±0.2bcd	2.17±0.15abc	1.57±0.06a	1.33±0.06ab	1.5±0.1bc
	F_2	2.4±0.1abc	2.3±0.1abc	1.6±0.1a	1.47±0.15ab	1.63±0.06abc
	F_3	2.6±0.1a	2.47±0.15ab	1.7±0.1a	1.4±0.1ab	1.67±0.15abc
	F_4	2.6±0.1a	2.57±0.21a	1.73±0.15a	1.47±0.15ab	1.70±0.17ab
显著性检验(*F* 值)						
水分(W)		9.25*	5.12*	1.49	2.97*	37.54**
施磷(F)		26.25**	21.06**	0.66	5.3**	29.39**
W×F		2.14	1.26	0.86	0.75	0.57

3）限量灌水和施磷对冬小麦氮、磷吸收的影响

作物的养分吸收量是估算农田养分移出量的重要参数，植株体内的养分浓度、收获产品中养分在籽粒和秸秆的分配比及每形成单位籽实产量等参数不同程度地受施肥或植株生长状况的影响。从表 6-19 可以看出不同水肥对冬小麦各生育期地上部分养分吸收量的影响，不同处理冬小麦从出苗到起身期、生育前期，植株对氮磷的积累量不大。随生育的进程，各养分累积量逐渐增加，氮的累积峰值在挑旗期和成熟期，磷的累积峰值在拔节期和灌浆期，冬小麦吸磷总体呈现出中后期偏多的特点。拔节期是根茎叶生长旺盛时期，需要有充分的养分供应，因此，拔节—挑旗期和灌浆—成熟期是氮、磷累积的重要时期。根据植物所需及时供给充足的养分对植物正常生长非常关键。

表 6-19　限量灌水和施磷对冬小麦整个生育期植株氮、磷吸收量的变化规律[单位：g · (10 株)$^{-1}$]

处理		生育阶段									
		返青期		拔节期		抽穗期		灌浆期		成熟期	
		N	P	N	P	N	P	N	P	N	P
水分	W_1	10.01b	0.84b	42.49b	3.85a	50.49a	5.47a	27.80b	3.87b	25.38a	6.13a
	W_2	11.58a	1.01a	48.43a	4.15a	54.21a	6.10a	33.50a	5.01a	25.23a	6.21a
	W_3	10.7ab	0.97a	46.68ab	4.28a	54.22a	6.03a	31.80ab	4.49ab	25.10a	5.99a
施磷	F_1	9.71b	0.79c	39.96c	3.60c	46.42b	4.50c	28.04b	4.08a	23.71a	5.30b
	F_2	10.5ab	0.91bc	48.07b	4.28ab	50.29b	5.54bc	30.99ab	4.48a	25.60a	6.25a

续表

处理		生育阶段									
		返青期		拔节期		抽穗期		灌浆期		成熟期	
		N	P	N	P	N	P	N	P	N	P
施磷	F_3	11.77a	1.08a	54.40a	4.76a	62.47a	7.20a	33.13a	4.78a	26.41a	6.67a
	F_4	11.1b	0.98ab	41.05c	3.72bc	52.72b	5.93b	31.96ab	4.65a	25.37a	6.22a
显著性检验(F 值)											
水分		3.39*	4.64*	1.64	0.8	5.92*	1.86	4.6*	5.45*	0.03	0.36
施磷		3.14*	6.53*	7.44**	6.23**	21.49**	11.56*	1.9	1.19	1.72	7.22*
W×F		1.3	1.66	1.42	0.25	3.47	0.27	0.11	0.34	0.56	0.75

不同处理冬小麦各生育阶段植株的吸氮量表现出随施磷量的增加而增加，表现为施磷对小麦各生育阶段氮素吸收的影响幅度均比不施磷肥对氮素吸收的影响幅度大，其中对返青—拔节和孕穗—灌浆阶段的影响更为明显，施磷处理比不施磷处理小麦氮素吸收分别增加 8.34%～34.58%和 2.73%～36.14%，越冬—返青、拔节—孕穗阶段及灌浆—成熟阶段分别增加 8.14%～21.21%，13.98%～18.15%和 7.0%～11.38%。孕穗期是小麦吸 N 量最多时期。供应充足的 N 素以保证穗分化，增加每穗小穗数、粒数及其他器官的协调发育。其中施磷处理 F_3、F_4 吸 N 量较多，分别比不施 P 处理增加 34.58%和 13.57%。

冬小麦吸磷量随生育期的变化与氮素吸收相似，各处理冬小麦吸磷量同样是前期很小，返青以后迅速增大，孕穗—灌浆初期达峰值。有所不同的是，小麦吸 P 是一个缓慢过程，而且吸量比 N 少。小麦越冬期对 P 极敏感，充足的 P 促进根系旺盛生长，早分蘖、促进分蘖，提高有效分蘖数和抗寒力。冬小麦各生育阶段的磷素吸收量如表 6-19，不施肥冬小麦一生中只有一个吸磷高峰，在孕穗至灌浆初期；而施肥处理灌浆中期至成熟阶段又增加一个吸磷高峰，只是峰值低于前一个。处理 W_2F_3 施肥提高了冬小麦各生育阶段，尤其是生长发育后期的吸磷强度，从而显著加大了各阶段的绝对吸磷量，改变了其相对吸磷量，特别是明显增大了后期籽粒形成阶段的相对吸磷量，使籽粒发育良好，最终使产量显著提高。

4）限量灌水和施磷对冬小麦不同生育期土壤中 P 含量动态变化的影响

不同施肥水平对各生育期土壤速效磷含量变化规律的影响，即随施肥量增大，土壤速效磷含量增加幅度提高。在施肥条件下，冬小麦生育期内土壤速效磷的变化趋势是不施磷处理在小麦拔节和灌浆初期明显增大，其他时期略高或略低；其他 3 个施肥处理在各生育期均显著增大，其中越冬前、灌浆期增加的幅度分别为 22.74%～26.35%和4.99%～128.31%。说明冬小麦播前底施磷肥可以明显增大各生育期土壤的供磷能力，而且施肥水平愈高，增加幅度愈大；同时，每公顷 120 kg 的施磷量即氮磷配合情况，可以明显提高冬小麦整个生育期的土壤速效磷水平。从表 6-20 可以看出，在小麦返青以后，土壤速效磷含量明显增大。说明随冬小麦生育进程的继续，地温上升，土壤磷素存在明显的活化作用。这是因为，一方面，可能是冬小麦返青以后土壤温度升高，有机磷矿化和无机磷转化加强而导致土壤磷素表现出明显的温度效应；另一方面，可能与植物根系分泌物对土壤磷素的活化作用有关。

表 6-20　限量灌水和施磷对冬小麦在整个生育期土壤速效磷的含量的影响(单位：$mg \cdot kg^{-1}$)

处理		生育阶段				
		返青期	拔节期	抽穗期	灌浆期	成熟期
W_1	F_1	30.49±4.93b	27.16±1.09a	20.57±3.80edf	35.60±9.18ab	26.65±4.33c
	F_2	33.13±4.86ab	9.79±7.13a	34.05±8.24abc	42.35±5.79bcd	40.68±4.03ab
	F_3	37.76±4.30ab	29.10±6.25a	38.23±8.24abc	54.18±2.43ab	49.60±5.61a
	F_4	37.01±3.64ab	37.01±9.52a	33.36±1.54bc	40.56±6.17cde	38.26±2.34ab
W_2	F_1	31.57±3.61b	26.38±1.36a	22.59±5.39c	27.46±3.70ef	30.33±2.16c
	F_2	38.75±6.35ab	36.16±6.09a	35.45±7.77abc	28.83±7.46ef	40.74±8.53ab
	F3	39.89±8.56ab	46.33±6.29a	51.15±6.79a	59.18±7.69a	49.90±6.68a
	F4	39.38±6.42ab	37.04±11.3a	32.24±7.34a	62.69±3.69a	46.74±8.98a
W_3	F1	29.71±4.7bcd	33.57±5.99a	22.81±5.76c	25.01±4.70f	26.08±4.79c
	F2	39.50±2.32ab	35.41±12.1a	33.54±2.78bc	51.54±1.94abc	48.57±5.88a
	F3	46.33±6.29a	39.89±8.56a	44.32±1.17ab	62.66±5.52a	49.19±3.49a
	F4	37.04±1.42ab	36.05±9.24a	37.56±6.61bc	60.43±2.03a	51.46±8.59a
显著性检验(*F* 值)						
水分(W)		1.57	1.97	1.06	5.2*	2.25
施磷(F)		6.75*	2.39*	18.86**	54.93**	23.99**
W×F		0.78	0.98	0.79	9.44**	1.31

由表 6-20 可以看出，施肥增大了冬小麦各生育期，尤其是冬前、拔节、抽穗和灌浆期的土壤速效磷含量，而且随施肥水平提高，土壤速效磷增加幅度更大。小麦越冬前—返青期，不施肥处理土壤速效磷基本稳定或略有增加，而各施肥处理土壤速效磷均明显增多，增幅为 22.74%～26.35%。在水肥处理条件下，冬小麦的返青期出现了整个生育期中土壤速效磷含量的第一个低谷，这可能是因为小麦在越冬期间为了维持自身的生长，需要吸收足够的磷营养以提高抗寒性。而此时植株的根系尚小，只能吸收表层土中的磷营养，使表层土壤中的磷显著降低。

5）限量灌水和施磷对氮、磷肥及水分利用效率的影响

由表 6-21 可以看出，不同的灌水量和施磷量对氮、磷肥的利用率及其灌溉水利用效率的影响。随着灌水量的增加，氮肥、磷肥利用率及其产量也随之增加。而灌溉水利用效率是减少的。在施 N 量相同的底肥基础上，随着施磷量的增加，氮肥、灌溉水利用效率及其产量随之先增加后减少，在同一底肥基础上 P 肥利用率随其用量的增加而降低。从表 6-21 冬小麦不同处理施磷量及磷肥利用率的结果可以看出，单位面积作物吸收的磷量基本随施磷量的增加而增加，而且施磷越多，利用率越低。

表 6-21　限量灌水和施磷对冬小麦产量及水分、养分利用效率的影响

处理		产量/(kg · hm^{-2})	氮肥生产利用效率	磷肥生产利用效率	灌溉水利用效率/(kg · mm^{-1})
灌水	W_1	7672.1b	95.90b	78.39a	63.94a
	W_2	7931.8a	99.15a	81.74a	44.07b
	W_3	7702.8ab	96.28ab	78.33a	32.10c
施磷	F_1	7570.2c	94.63b	—	45.37b
	F_2	7696.7b	96.22b	128.29a	46.28b
	F_3	8044.8a	100.56a	67.04b	48.19a
	F_4	7762.9b	97.04b	43.13c	46.94ab
显著性检验（*F* 值）					
水分(W)		3.11	3.11	3.2	991.36**
施磷(P)		4.66*	4.66*	1617.44**	4.04*
W×P		1.51	1.51	0.61	1.35

注：氮、磷肥生产利用效率= kg 籽粒/ kg 施 N、P 量；灌溉水利用效率= kg 籽粒/灌水量

氮肥当季利用率表示小麦植株吸收当季肥料氮的能力，它体现了整株小麦吸收肥料氮的多少，然而并不能体现出所吸收氮的利用情况，如果吸收的肥料氮量很高，成熟时大部分却滞留在茎、叶等营养器官，一般是不会高产的。人们的最终目标是产量，所以要评价作物对氮素的吸收利用能力的高低，应该将氮素利用率和产量结合起来，也就是评价氮素生理效率的高低，即吸收的氮素形成产量的能力，氮素生理效率越高，说明小麦利用氮素越经济有效。

从不同水分条件来看，虽然不同处理之间 N 肥施用量相同，但氮肥的利用率却有着明显的差异，氮、磷肥利用率随灌水量的增加而增加。而灌溉水利用效率随着灌水量的增加却降低。从氮素利用效率看，随灌水量的减少，氮素利用效率降低。说明水分胁迫愈重，氮素利用效率愈低。因此，要提高磷肥利用率必须掌握适宜用量，并充分利用它的后效作用。

适度水分胁迫可提高水分利用效率。植株对肥料的吸收利用率受水分胁迫影响极大，水分亏缺将影响作物地上部的生长，加速生长后期叶的衰老，使叶面积减少，光合作用降低，影响植株对肥料的吸收利用，使大量肥料滞留于耕层中，且淋渗损失极少。因而在无水浇条件的旱地麦田应重视底施化肥，以提高肥料利用率。

从不同施磷条件来看，氮肥的利用效率随着施磷量增加也增加，同时施磷提高灌溉水利用效率。而磷肥的利用率随着施磷量的增加而降低。施磷肥能有效地提高氮肥的利用率。这可能是由于土壤持续平稳的供氮可较多地被小麦吸收利用，无效转化而浪费掉的较少，利用率较高；以施磷肥量 F_4 将磷肥施入土壤后前期土壤养分过高，而这一时期小麦植株体较小，吸收养分的能力有限，大量养分不能被吸收利用而损失掉，不能满足小麦后期大量吸肥的需要，所以肥料利用率较低。适当地施加磷肥可以满足小麦整个生长期的需要，减少了尿素追施的环节，节省了劳动力投入。

6）小结

水分和养分相互影响、相互制约，土壤水分制约着肥效的发挥，反之肥料也会影响水分利用率的提高。本试验表明，冬小麦产量的高低与返青—拔节、灌浆—成熟阶段的吸磷量及各生育阶段，特别是器官建成阶段的吸氮量有非常密切的关系。各阶段作物吸收的氮、磷量由土壤供应水平所决定；整个冬小麦生育期内，土壤有效氮、磷含量与播前施用氮磷肥量密切相关。施肥正是通过提高各生育期土壤供应能力，继而增加作物吸收量，从而使产量大幅度提高。因此，氮、磷肥配合施用是冬小麦产量进一步提高的重要途径，生产中可适当加大施肥量。

施磷处理与不施磷处理相比，没有改变冬小麦对氮、磷的吸收及含量的规律，但施磷在一定程度上加快植株对养分的吸收，促进其生长，从而提高了产量。这与前人的研究相似。不同施磷量处理，在不同程度上增加植株对养分的吸收和含量。从返青期的植株含量来看，其中氮磷的影响程度很大，施入磷肥后，能明显增加植株对氮磷的吸收量。一方面是因为磷肥的施入能够提高植株内氮磷的营养水平，并显著增加单位面积干物质的生产与累积量，另一方面，由于土壤中的含磷量不高，施入磷后能满足植株对磷的需求，并使累积吸收量增加。结果还说明，在氮肥充足的情况下施磷肥能够明显促进植株对氮磷的吸收，提高小麦产量。

试验结果还表明，冬小麦吸收氮、磷的关键时期，分别在拔节—抽穗期和灌浆—成熟期，以及起身—拔节期和拔节—灌浆期，这些阶段养分含量和养分吸收量均达最高值，此期应适当满足小麦对各种养分的需求。因此，依据植株在不同时期对各养分的吸收规律，有针对性地施肥，也是提高小麦产量的关键。磷的吸收、累积特点与氮相似，冬小麦氮的积累在灌浆初期达峰值后，出现氮素的损失，这与胡田田等（2001）的研究相似。

本研究表明，在小麦的整个生育期，水分利用效率随供水量的提高而下降，适当的水分胁迫可以提高水肥利用效率而获得较高产量和高效益。在正常供水时磷肥当季利用率随施磷量增加而下降。在小麦生育期内土壤中含磷量随施磷量增加而增加，且在小麦的不同生育期出现一致性起伏。

6.4 不同水氮磷耦合对作物生长、生理特性和解剖结构的影响

6.4.1 返青期水分胁迫、复水和施肥对冬小麦生长及产量的影响

土壤缺肥、缺水一直是限制我国北方旱地农田生产力的最主要因素，供水、供肥不足，特别是水肥不协调是造成这一地区农作物长期产量不高的重要原因（张淑香等，2003）。在我国西北干旱地区，怎样高效地利用有限的灌溉水量已经成为当今的热点，因此，提高水肥利用效率对我国旱区农业的发展具有重要意义（雷艳等，2010）。近年来的一些研究表明，在作物特定的生育期内进行调亏灌溉，不仅可以提高作物水分利用效率，而且能使作物光合产物向不同组织器官重新分配，从而提高经济产量而降低营养器官的生长量（史文娟等，1998）。祁有玲等（2009）研究发现，冬小麦的需水关键期为拔节期，也是水分亏缺最为敏

感时期，之后为花期、灌浆期和返青期，水分胁迫条件下，合理施用氮肥对冬小麦生长及后期产量的形成具有明显的调节效应。目前，有关水分胁迫对冬小麦生长、生理特性、根系及各种产量因子影响的研究较多，单一养分氮或磷对作物抗旱性的研究也较多，主要是在氮营养条件下生育期进行单一亏水(雷艳等，2010)，到作物成熟后对其植株生长、干物质累积及产量进行分析，而不同氮磷营养和水分处理下对冬小麦的生长和产量的影响较少，因此有必要在返青期、拔节期通过不同程度的水分胁迫后复水，对冬小麦生育后期的后效性展开研究(刘晓英和罗远培，2003)，胁迫及复水条件下，作物表现出明显的补偿效应，施肥能够增强冬小麦在逆境中的应变能力，这对非充分灌溉理论及农业生产有重要的指导意义(郝树荣等，2009)。为此，本研究采用盆栽方式，以‘小偃22’为试验材料，在返青期设置3个水分胁迫处理和3个氮磷肥水平，返青处理在拔节期复水至不亏水，以全生育期水分不胁迫为对照，研究返青期、拔节期不同程度水分胁迫及复水后对冬小麦生长及产量的影响，探索冬小麦返青期合适的土壤含水量及施肥量，以期为水分胁迫条件下作物的水肥高效利用和最优调控提供理论依据。

6.4.1.1 材料与方法

1）试验材料

冬小麦选用‘小偃22’。供试土壤为西北农林科技大学节水灌溉试验站的大田土壤(20～40 cm)，经自然风干、磨细过5 mm筛备用。土壤质地为重壤，土田间持水量为24%，有机质4.99 $g\cdot kg^{-1}$，全氮0.7 $g\cdot kg^{-1}$，速效磷3.36 $mg\cdot kg^{-1}$，硝态氮2.79 $mg\cdot kg^{-1}$，铵态氮5.36 $mg\cdot kg^{-1}$。

2）试验设计

试验在西北农林科技大学旱区农业水土工程教育部重点实验室遮雨棚中进行(图6-22)。试验用盆上部内径29 cm、底部内径21.5 cm、高29 cm，盆底部各打8个小孔并铺有纱网和细砂以保持下层土壤良好的通气条件。控制每盆装土干容重为1.3 $g\cdot cm^{-3}$，每盆装土15 kg。初始含水量为4%。装土之前在桶底铺3 cm厚的砂层作为过滤层以防盆底滞水，试验设水分和肥料(氮肥和磷肥)2个因素，冬小麦水分处理设3个水平，即全生育期不胁迫(CK)、返青期轻度胁迫(LWS)、返青期重度胁迫(SWS)，其分别占田间持水量的70%～85%、55%～70%、40%～55%；设3个氮磷肥水平，分别为N_1P_1(纯氮0.1 $g\cdot kg^{-1}$、P_2O_5 0.05 $g\cdot kg^{-1}$)、N_2P_2(纯氮0.2 $g\cdot kg^{-1}$、P_2O_5 0.1 $g\cdot kg^{-1}$)、N_3P_3(纯氮0.3 $g\cdot kg^{-1}$、P_2O_5 0.15 $g\cdot kg^{-1}$)，氮肥和磷肥分别用尿素(含N 46%)和过磷酸钙(含P_2O_5 15%)，并在装盆时与土样混合均匀一次性施入。试验总共9个处理设计完全组合试验，重复3次。

为保证冬小麦的正常萌发，播种前土壤灌水至田间持水量。2010年11月11日播种，播前对种子进行精选，以保证纯度和出苗整齐，每盆内留长势均匀的植株15株。按照试验处理进行灌水，2011年6月1日收获。

3）测定项目及方法

在 2011 年 3 月 4 日开始水分胁迫处理，3 月 18 日复水，在水分胁迫 7 d、14 d 和复水后 7 d、14 d 时用直尺测定冬小麦的株高——从茎基部到叶顶端。土壤含水量采用称质量的方式，以确定灌水量和灌水时间，当水分下降到设定土壤含水量的下限时再加水至上限，使土壤含水量控制在设定范围内。在水分胁迫 14 d 和复水后 14 d 时用 Li-6400 便携式光合测定仪测定叶片的光合生理指标（Pn、Tr、WUE= Pn / Tr），胁迫 14 d 和复水 26 d 后分别破坏性取样测定冬小麦地上部、地下部干物质（盆内取 3 株为一组进行称量）。6 月 1 日将每盆中所有麦穗剪下测其产量。

图 6-22　试验场景（见图版）

4）数据处理

统计数据采用 DPS 软件进行分析，多重比较采用 Duncan 法（$P<0.05$ 为显著性水平，$P<0.01$ 为极显著水平）。

6.4.1.2 结果与分析

1）返青期水分胁迫、复水和氮磷营养对冬小麦株高的影响

由表6-22可知，水分胁迫7 d时，水处理、肥处理及水肥交互作用对返青期冬小麦株高的影响达到极显著水平；水分胁迫14 d、复水7 d、复水14 d，肥处理对株高的影响没有达到显著水平，水处理和水肥交互作用均达到极显著水平。水分胁迫第7～14天时，冬小麦的延伸生长受到抑制，在相同氮磷营养条件下冬小麦株高均随着土壤水分含量减少而降低，即水分胁迫越重，株高越小。这表明在本试验条件下水分对冬小麦株高的生长起着关键性的作用。与不胁迫（CK）相比较，轻度胁迫、重度胁迫处理在N_1P_1、N_2P_2、N_3P_3 3种施肥处理条件下，冬小麦返青期（胁迫14 d）株高分别降低了9.52%、30.41%，9.25%、31.87%和26.75%、38.18%。在不胁迫（CK）和重度胁迫条件下，不同施肥处理均以N_3P_3

处理下的株高为最高，N_2P_2次之，N_1P_1最低；而在轻度胁迫条件下，N_2P_2处理更利于冬小麦生长，这也反映了在该处理下冬小麦具有较好的抗旱性。同一水分处理条件下，在水分胁迫14 d 3种氮磷肥水平对株高有影响但差异不显著，这可能是由于水分胁迫情况下肥料利用率降低。

表 6-22　返青期水分胁迫、复水和氮磷营养对冬小麦株高的影响

施肥水平	水分胁迫	冬小麦株高/cm			
		胁迫 7 d	胁迫 14 d	复水 7 d	复水 14 d
N_1P_1	CK	27.8c	34.76b	39.25b	47.24bc
	LWS	25.29d	31.45cd	35.53c	43.75c
	SWS	18.95g	24.19e	26.16e	32.37e
N_2P_2	CK	30.3b	35.14b	39.39b	48.17b
	LWS	27.72c	31.89c	35.68c	44.66bc
	SWS	20.35fg	23.94d	25.71e	33.40e
N_3P_3	CK	32.66a	39.81a	44.91a	52.13a
	LWS	23.34e	29.16c	30.73d	39.40d
	SWS	21.62f	24.61d	25.79e	32.72e
显著性检验（*F* 值）					
施肥水平		14.11^{**}	1.35	0.03	0.49
水分胁迫		262.65^{**}	160.82^{**}	144.14^{**}	136.98^{**}
水分胁迫×施肥水平		15.10^{**}	6.492^{**}	7.53^{**}	4.78^{**}

注：表中数值是 3 个重复的平均值。同一列相同小写字母，代表各个处理之间差异不显著（$P>0.05$），同一列数据后不同小写字母代表处理之间差异显著（$P<0.05$）。*表示差异显著，**表示差异极显著。下同

由表 6-22 还可以看出，复水 7 d 后，各个胁迫处理的株高生长都开始恢复，但是没有出现补偿效应，这主要是由于补偿生长存在一个调整期，一般为 7～10 d，调整期间株高生长率与胁迫期间相比较有所增加，但仍低于不胁迫处理。复水 14 d 后，在氮磷营养相同时，与不胁迫相比较，冬小麦返青期（复水 14 d）轻度胁迫、重度胁迫处理在 N_1P_1、N_2P_2、N_3P_3 3 种施肥处理条件下冬小麦的株高分别降低了 7.39%、31.48%，7.29%、30.66% 和 24.42%、37.23%。可以看出调整期过后，胁迫处理下的株高开始大幅度增加，轻度胁迫的处理其增长速率大于对照，出现了超越补偿效应。

2）返青期水分胁迫、复水和氮磷营养对冬小麦干物质累积的影响

干物质是光合作用的直接产物，是作物最终产量的基础，而作物产量的高低，不但取决于光合产物的生产总量，而且与其在不同器官部分间的分配有关（丁端锋等，2006）。从表6-23可以看出，冬小麦返青期胁迫14 d时，水处理、肥处理及水肥交互作用对冬小麦地不部干物质量、地下部干物质量和根冠比的影响都达到极显著水平；复水26 d时，水肥交互作用对冬小麦地下部干物质量没有达到显著性水平，水处理、肥处理和水肥交互作用对其地上部和根冠比的影响均达到显著水平。

相同氮磷营养条件下，水分胁迫对返青期冬小麦地上部、地下部干物质量及根冠比

的影响达极显著水平，说明水分直接影响着冬小麦干物质的生产与积累，且随着水分胁迫的加重地上部和地下部干物质累积呈下降趋势。与不胁迫相比，冬小麦返青期水分胁迫14 d时，轻度胁迫、重度胁迫处理在N_1P_1、N_2P_2、N_3P_3 3种施肥处理条件下，地上部干物质量分别降低了12.11%、24.66%，18.48%、32.67%和11.36%、30.60%，地下部干物质量分别降低了7.55%、48.28%，15.04%、61.06%和6.41%、35.90%；同时水分胁迫影响干物质的分配，轻度水分胁迫下冬小麦的根冠比最大，充分供水（CK）次之，重度胁迫最小。说明当玉米根系受到水分胁迫时，土壤内有限的水分和养分大部分被根部吸收，促使根系加快生长，为后期补偿创造条件，增强其抗旱性（王密侠等，2000）。同一水分处理条件下，冬小麦地上部干物质累积量（胁迫14 d）的变化趋势为N_3P_3＞N_2P_2＞N_1P_1，表明在水分胁迫时，增加施肥量能够提高冬小麦地上部生物量；冬小麦地下部干物质累积量（胁迫14 d）的变化趋势为N_2P_2＞N_3P_3＞N_1P_1，说明在N_2P_2处理下更有利于根系的生长，施肥量过高反而对根系起抑制作用。

从表6-23还可以看出，施用相同氮磷肥条件下，与CK相比，冬小麦返青期胁迫复水26 d后，轻度胁迫、重度胁迫处理在N_1P_1、N_2P_2、N_3P_3 3种施肥处理条件下，地上部干物质总量分别降低了5.26%、21.50%，7.19%、24.66%和2.92%、28.68%，地下部干物质量分别降低了3.18%、32.86%，5.6%、29.6%和0.83%、33.75%。复水后，受到抑制的各处理植株地上、地下部干物质累积加快，较大程度地补偿了因水分胁迫而造成的损失，尤其是轻度胁迫处理后复水其地上、地下部干物质累积量逐渐接近CK，但是返青期重度水分胁迫处理地上、地下部干物质量明显低于CK，这主要是因为在重度胁迫情况下冬小麦正常生长发育受到抑制。

表6-23　返青期水分胁迫、复水和氮磷营养对冬小麦干物质累积的影响

施肥水平	水分胁迫	胁迫 14 d			复水 26 d		
		地上部干物质量/(g·组$^{-1}$)	地下部干物质量/(g·组$^{-1}$)	根冠比	地上部干物质量/(g·组$^{-1}$)	地下部干物质量/(g·组$^{-1}$)	根冠比
N_1P_1	CK	2.23e	0.53d	0.23de	11.21e	2.83a	0.25a
	LWS	1.96f	0.49d	0.25c	10.62f	2.74a	0.26a
	SWS	1.68g	0.29f	0.17g	8.80h	1.9c	0.21b
N_2P_2	CK	3.03b	1.13a	0.37b	12.37c	2.50b	0.20b
	LWS	2.47d	0.96b	0.39a	11.48e	2.36b	0.21b
	SWS	2.04f	0.44e	0.22f	9.32g	1.76cd	0.19c
N_3P_3	CK	3.17a	0.78c	0.25cd	16.77a	2.40b	0.14d
	LWS	2.81c	0.73c	0.26c	16.28b	2.38b	0.15d
	SWS	2.20e	0.50d	0.23ef	11.96d	1.59d	0.13e
显著性检验（F值）							
施肥水平		261.82^{**}	356.27^{**}	430.63^{**}	1023.13^{**}	22.53^{**}	314.26^{**}
水分胁迫		286.13^{**}	388.82^{**}	348.40^{**}	515.40^{**}	125.82^{**}	28.00^{**}
水分胁迫×施肥水平		9.99^{**}	47.98^{**}	79.11^{**}	29.84^{**}	1.00	2.82^{*}

注：地上部、地下部干物质量为3株的测定值

3）返青期水分胁迫、复水和氮磷营养对冬小麦叶片生理特性和水分利用的影响

由表6-24可知，冬小麦返青期胁迫14 d、复水14 d，水处理、肥处理及水肥交互作用对冬小麦叶片净光合速率、蒸腾速率和水分利用效率的影响都达到极显著水平，相同氮磷营养条件下，胁迫14 d时冬小麦净光合速率趋势为不胁迫＞轻度胁迫＞重度胁迫，表明水分胁迫处理使得冬小麦净光合速率降低，下降幅度和胁迫程度呈正相关，即胁迫越重，净光合速率越小。与CK相比，冬小麦返青期（胁迫14 d时）轻度胁迫、重度胁迫处理在N_1P_1、N_2P_2、N_3P_3 3种施肥处理条件下，冬小麦叶片净光合速率分别降低了14.13%、31.71%，18.49%、38.30%和14.73%、35.84%，蒸腾速率分别降低了27.76%、50.21%，32.78%、50.83%和18.58%、59.21%；但水分利用效率分别增大了18.87%、37.16%，21.25%、25.48%和5.12%、57.99%，说明在适度的土壤水分胁迫范围内，冬小麦叶片蒸腾速率的下降大于净光合速率的下降，WUE 反而提高（张光灿等，2004）。相同水分处理情况下，冬小麦返青期（胁迫14 d）叶片净光合速率变化趋势为N_3P_3＞N_2P_2＞N_1P_1，并且氮磷肥处理对光合速率的影响达极显著水平，说明增加施肥量能够极显著提高冬小麦的抗旱性。

由表 6-24 还可以看出，在复水 14 d 后，水分胁迫处理下冬小麦叶片净光合速率较 CK 都有明显提升，冬小麦经过返青期轻度胁迫、重度胁迫后复水，叶片净光合速率超过了返青期不胁迫处理，蒸腾速率小于 CK，水分利用效率大于 CK，出现了超补偿效应。施用相同氮磷肥的条件下，与 CK 相比，冬小麦返青期复水 14 d 后，轻度胁迫、重度胁迫处理在 N_1P_1、N_2P_2、N_3P_3 3 种施肥处理条件下，叶片净光合速率分别增加了 14.29%、6.30%，16.10%、12.24%和 15.94%、3.38%。蒸腾速率分别减少了 17.40%、33.71%，7.17%、12.40%和 24.43%、33.81%；水分利用效率分别增加了 38.37%、60.37%，25.07%、28.13%和 53.41%、56.20%。由此可见，经过一定胁迫后复水能够促进冬小麦的光合作用。这可能是由于植株受旱后其生理代谢发生了一系列适应性变化，胁迫后复水使合成代谢与分解代谢比例发生变化，水分和可溶性蛋白质含量增加，产生补偿效应，可抵消干旱阶段某些负效应，使植物体内适应机制更趋于良好（赵丽英等，2004）。说明冬小麦于返青期适度水分胁迫能促进后续叶片的生理补偿，且轻度水分胁迫效果最佳，可以通过合理控制土壤水分条件来提高冬小麦叶片净光合速率。

表 6-24　返青期水分胁迫、复水和氮磷营养对冬小麦叶片生理特性和水分利用的影响

施肥水平	水分胁迫	胁迫 14 d			复水 14 d		
		净光合速率 /(μmol · m^{-2} · s^{-1})	蒸腾速率 /(mmol · m^{-2} · s^{-1})	水分利用效率 /(μmol · mmol^{-1})	净光合速率 /(μmol · m^{-2} · s^{-1})	蒸腾速率 /(mmol · m^{-2} · s^{-1})	水分利用效率 /(μmol · mmol^{-1})
N_1P_1	CK	14.438d	1.816d	7.949f	16.399i	2.938b	5.582h
	LWS	12.398f	1.312f	9.449c	18.742d	2.426f	7.724d
	SWS	9.860h	0.904i	10.903a	17.432g	1.947h	8.952a
N_2P_2	CK	16.270b	2.361b	6.889g	16.853h	2.875c	5.861g
	LWS	13.262e	1.587e	8.353e	19.566b	2.669d	7.331f
	SWS	10.038h	1.161g	8.644d	18.915c	2.519e	7.510e

续表

施肥水平	水分胁迫	胁迫 14 d 净光合速率/(μmol · m^{-2} · s^{-1})	胁迫 14 d 蒸腾速率/(mmol · m^{-2} · s^{-1})	胁迫 14 d 水分利用效率/(μmol · mmol^{-1})	复水 14 d 净光合速率/(μmol · m^{-2} · s^{-1})	复水 14 d 蒸腾速率/(mmol · m^{-2} · s^{-1})	复水 14 d 水分利用效率/(μmol · mmol^{-1})
N_3P_3	CK	18.209a	2.751a	6.591h	17.957f	3.220a	5.576h
	LWS	15.526c	2.240c	6.928g	20.819a	2.434f	8.555c
	SWS	11.683g	1.122h	10.413b	18.565e	2.131g	8.710b
显著性检验（F 值）							
施肥水平		1 783.411**	27 183.443**	4 126.342**	3 743.897**	2 490.896**	1 859.530**
水分胁迫		6 809.305**	87 899.737**	11 874.118**	10 251.414**	26 041.718**	28 467.186**
水分胁迫×施肥水平		79.939**	3 988.098**	1 323.731**	417.705**	2 323.799**	1 381.187*

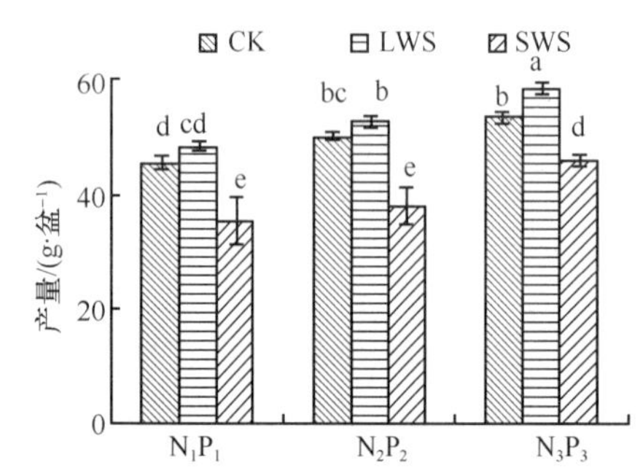

图 6-23　返青期水分胁迫、复水和氮磷营养对冬小麦产量的影响

图中不同小写字母表示各个处理之间差异显著（$P<0.05$）

4）返青期水分胁迫、复水和氮磷营养对冬小麦产量的影响

由图6-23可以看出，相同氮磷营养条件下，冬小麦产量均以返青期轻度水分胁迫下最高，其次是全生育期不胁迫处理，而重度胁迫处理最低。与CK相比，冬小麦返青期水分胁迫后复水，轻度胁迫处理在N_1P_1、N_2P_2、N_3P_3 3种施肥处理条件下，产量分别增加了6.47%、4.68%、9.55%，而重度胁迫处理则分别减少了22.50%、24.85%、13.76%，减产幅度较大。以上现象说明：在返青期经过轻度水分胁迫处理后复水有利于冬小麦产量的提高，但返青期重度水分胁迫后复水产量明显低于不胁迫处理，这可能是由于在重度水分胁迫下冬小麦的正常生长发育受到抑制。在相同水分处理情况下，冬小麦产量的变化趋势为$N_3P_3>N_2P_2>N_1P_1$，即冬小麦产量都随施肥量的增加而增加，因此施肥对水分胁迫具有一定的补偿作用。

5）返青期水分胁迫、复水和氮磷营养对冬小麦叶绿素含量的影响

图6-24中反映返青期不同程度水分胁迫及复水后冬小麦叶片叶绿素的变化规律，由图中可知，相同氮磷营养条件下，胁迫期间冬小麦叶片叶绿素的变化趋势是不胁迫＞轻度水分胁迫＞重度水分胁迫，随着土壤水分胁迫程度加剧，冬小麦旗叶叶绿素含量降低。与CK相比，冬小麦返青期水分胁迫期间，轻度胁迫处理在N_1P_1、N_2P_2、N_3P_3 3种施肥处理条件下，叶绿素分别降低了5.39%、3.68%、5.81%，而重度胁迫处理则分别减少了10.58%、14.53%、10.86%。相同水分条件下，叶绿素变化规律为$N_1P_1<N_2P_2<N_3P_3$。说明提高肥力可以降低由于水分胁迫导致叶绿素分解的速率。

胁迫后复水几天后，在相同氮磷营养条件下，冬小麦叶片叶绿素含量呈增加趋势，与CK相比，轻度胁迫和重度胁迫处理下的叶绿素含量在N_1P_1、N_2P_2、N_3P_3 3种施肥处理条件下，叶绿素分别增加了7.04%、8.40%，6.56%、1.96%，2.29%、1.82%，表明经过复水冬小麦叶片叶绿素相对含量增加，这为光合作用奠定了基础，从而促进叶片各项机能恢复。

由图6-24中可以看出：在相同氮磷营养条件下，返青期轻度水分胁迫冬小麦叶片叶绿素含量降低幅度不大，重度水分胁迫下叶片中叶绿素降低幅度明显。同等水分条件下，高肥处理下冬小麦叶片叶绿素含量大于低肥处理。

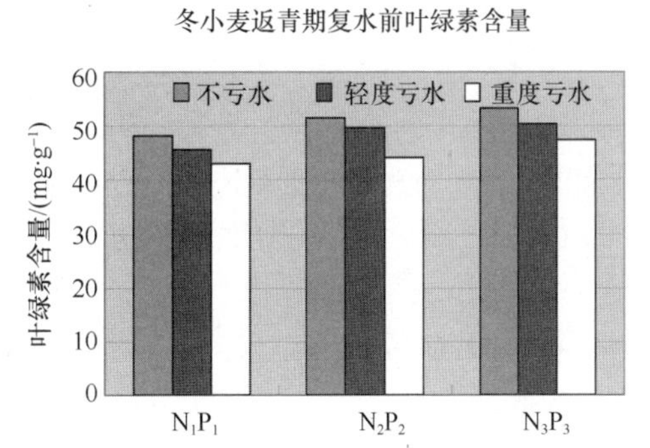

图 6-24　水分亏缺、复水和氮磷营养对返青期冬小麦叶绿素含量的影响

6.4.1.3 结论与讨论

Turner（1990）研究指出，在作物特定生育期适度水分亏缺有助于提高作物产量。山仑和徐萌（1991）研究指出，在一定条件下，轻度水分胁迫不会对作物产量造成太大影响，反而能够提高作物的水分利用效率。王密侠等研究表明，在作物生育前期进行水分调控，可提高作物的根冠比及根系相对粗度，增加根系活力，促使根系向下生长，增强抗旱性，利于作物后期吸收更多的水分和养分，达到节水增产增益的目的。

本试验研究发现，冬小麦返青期轻度水分胁迫后复水对其后期产量形成具有显著的增加效应。在相同氮磷营养条件下，返青期水分胁迫抑制了冬小麦株高的生长和干物质的累积，抑制程度与水分胁迫程度呈正相关，轻度胁迫条件下根冠比有所提高，复水后补偿效应明显；水分胁迫处理的冬小麦叶片表现出胁迫的负效应，但复水后轻度胁迫和重度胁迫处理的净光合速率明显增大，表现出明显的超补偿效应。在水分条件相同时，冬小麦干物质和产量随着施肥量的增加而增大，施肥对地上部促进作用大于地下部，这与祁有玲等（2009）的研究结果一致。本试验是在栽培盆内完成，在每次灌水的时候都是浇到土壤表面，加上灌水量少，有限的水分只能被盆内上层根部吸收，这可能会对本试验造成影响。今后的盆栽试验最好采用分层灌水的方式，而在大田中不同水分处理条件下氮磷营养的冬小麦试验结论有待进一步深入研究。

冬小麦返青期水分胁迫处理对其株高的影响达到极显著水平，在水分胁迫7 d时氮磷营养对株高的影响也能达到极显著水平，但随着胁迫历时的延长差异不显著。不同水分胁迫处理对返青期冬小麦地上部、地下部干物质量及根冠比的影响达极显著水平，且随着水分胁迫的加重地上部和地下部干物质累积呈下降趋势，在轻度胁迫下地上部的抑制效应大于地下部。冬小麦返青期进行水分胁迫处理，在相同氮磷营养条件下，胁迫14 d时冬小麦叶片净光合速率趋势为不胁迫＞轻度胁迫＞重度胁迫，复水14 d遭受胁迫处理的冬小麦叶片光合速率超过了CK，表现出超补偿效应。N_3P_3处理下冬小麦的产量最高，试验中各个水分处理的干物质与产量均随着施肥量的增加而增大。综上所述，冬小麦在返青期进行适当的干旱胁迫有利于后期产量的提高，并且合理施肥能够使其产量进一步提升。

6.4.2 拔节期水分胁迫、复水和施肥对冬小麦生长及产量的影响

作物在某一生长时期对水分胁迫最为敏感，将这一时期称为需水关键期或者需水临界期。每种作物都有各自的需水关键期，大多出现在营养生长期到生殖生长期，在灌水量供应不充足的时候，应当首先保证需水关键期的水分供应。一般情况下，作物生长初期耗水量较少，对其进行适当的干旱胁迫，可以促进根系生长，调节地上、地下部的生长，为最后产量的提升奠定基础，但是在作物生长中期，植物生长旺盛，对水分的需求量很大，不适宜调亏灌溉(蔡焕杰，2000)。山仑等(2003)研究表明对大多数禾谷类作物，从花粉母细胞形成到授粉时期对水分最敏感，其他时期可以适当缺水，相关试验表明，禾谷类作物从幼苗期到拔节前期，轻度、中度水分胁迫后复水有利于后期生长和产量的提高。李晓东等(2008)通过冬小麦试验表明，冬小麦生长初期进行水分胁迫处理后复水，对其之后的株高、叶面积、分蘖数及干物质量累积影响不大，选择不当的生育时期进行水分胁迫会对作物的产量造成很大影响。由此可见作物在非水分敏感期进行适当控水处理可以产生积极作用。在需水临界期作物对水分需求等问题也应当深入研究，所以本试验以冬小麦为试验材料在拔节期设置 3 个水分胁迫处理和 3 个氮磷肥水平(同第 4 章返青期处理设置)于抽穗期复水至不亏水，以全生育期不亏水为对照，研究拔节期不同程度水分胁迫及复水后对冬小麦生长及产量的影响，以期为水分胁迫条件下作物的水肥高效利用和最优调控提供理论依据。

6.4.2.1 材料与方法

在 2011 年 3 月 25 日开始水分胁迫处理，4 月 15 日复水，在水分胁迫 14 d、21 d 和复水后 7 d 时用直尺测定冬小麦的株高——从茎基部到叶顶端。土壤含水量采用称质量的方式，以确定灌水量和灌水时间，当水分下降到设定土壤含水量的下限时再加水至上限，使土壤含水量控制在设定范围内。在水分胁迫 21 d 和复水后 7 d 时用 Li-6400 便携式光合测定仪测定叶片的光合生理指标(Pn，Tr，WUE= Pn / Tr)，在水分胁迫 14 d 和复水 14 d 后进行破坏性取样测量地上部干物质量和地下部干物质量。6 月 1 日将每盆中所有麦穗剪下测其产量、穗数和千粒质量。

6.4.2.2 结果与分析

1）拔节期水分胁迫、复水和氮磷营养对冬小麦株高的影响

由表6-25可知，拔节期水分胁迫14 d时，水肥交互作用对冬小麦株高的影响没有达

到显著性水平，水处理达到极显著性水平，肥处理达到显著性水平；水分胁迫21 d时，肥处理和水肥交互作用对株高的影响没有达到显著性水平，水处理对冬小麦株高影响达极显著水平；复水7 d后，水处理对冬小麦株高的影响达极显著水平，肥处理也达到显著性水平，而水肥交互作用没有达到显著性水平。

拔节期水分胁迫14 d时，轻度、重度胁迫下冬小麦生长受到抑制，相同氮磷营养条件下冬小麦株高均随着土壤水分含量的减少而降低。与不胁迫(CK)相比较，轻度胁迫、重度胁迫处理在N_1P_1、N_2P_2、N_3P_3 3种施肥处理条件下，冬小麦拔节期(胁迫14 d)株高分别降低了7.60%、21.50%，3.50%、14.49%和6.50%、20.53%；水分胁迫21 d时，则分别降低了12.46%、29.98%，8.76%、23.60%和11.66%、31.12%，轻度、重度胁迫下的冬小麦株高明显低于对照(CK)，表明水分是冬小麦生长过程中一个非常重要的因素。同一水分处理条件下，水分胁迫14 d时3种氮磷肥水平对株高影响达到显著性水平，但当水分胁迫持续到21 d时3种氮磷肥水平对株高有影响而差异不显著，这可能是由于水分胁迫持续时间过长，肥料利用率降低。

由表6-25还可以看出，当复水7 d后，各个胁迫处理的株高生长速率开始加快。相同氮磷营养条件下，重度水分胁迫处理下的冬小麦株高生长速率明显高于对照，开始产生补偿效应。与不胁迫(CK)相比较，轻度胁迫、重度胁迫处理在N_1P_1、N_2P_2、N_3P_3 3种施肥处理条件下，冬小麦拔节期(复水7 d)株高分别降低了13.11%、22.31%，8.80%、17.92%和13.87%、26.95%，与对照(CK)差异逐渐缩小，复水产生部分补偿效应。同一水分处理条件下，冬小麦复水7 d时3种氮磷肥水平对株高影响又达到显著性水平，说明合理供水可以提高肥料的利用效率。

表 6-25　拔节期水分胁迫、复水和氮磷营养对冬小麦株高的影响(单位：cm)

施肥水平	水分胁迫	胁迫 14 d	胁迫 21 d	复水 7 d
N_1P_1	CK	54.74ab	65.32ab	72.05b
	LWS	50.58c	57.18c	62.60cd
	SWS	42.97e	45.74e	55.97e
N_2P_2	CK	56.19ab	67.32a	72.70b
	LWS	54.22b	61.42bc	66.30c
	SWS	48.05cd	51.43d	59.67de
N_3P_3	CK	57.95a	69.64a	78.01a
	LWS	54.18b	61.52bc	67.19c
	SWS	46.05de	47.97dc	56.98e
显著性检验(F 值)				
施肥水平		8.813^{*}	7.01	5.275^{*}
水分亏缺		69.567^{**}	133.044^{**}	94.295^{**}
水分亏缺×施肥水平		0.909	1.076	1.923

2）拔节期水分胁迫、复水和氮磷营养对冬小麦干物质累积的影响

拔节期水分胁迫14 d时明显抑制了冬小麦根冠的生长，相同氮磷营养条件下，与不胁迫相比，轻度胁迫、重度胁迫处理在N_1P_1、N_2P_2、N_3P_3 3种施肥处理条件下，地上部干物质量分别降低了22.54%、41.31%，16.36%、38.64%和11.76%、37.87%；地下部干物质量分别降低了23.88%、46.77%，20.83%、43.06%和17.28%、43.21%；总干物质量分别降低了23.93%、43.57%，17.12%、43.32%和12.74%、39.09%（表6-26）。与返青期水分胁迫相比较，在相同历时和水分胁迫程度下，拔节期亏水14 d对地上部干物质累积的抑制效应更加明显。说明冬小麦拔节期较返青期对水分的需求更加敏感。同一水分条件下，增加氮磷肥能够显著提高植株总重，并且能够促进根系生长，提高根系干物质累积，同时施肥对地上部干物质量的累积效应也十分明显。

从表6-26还可以看出，施用相同氮磷肥条件下，与CK相比，冬小麦拔节期胁迫复水14 d后，轻度胁迫、重度胁迫处理在N_1P_1、N_2P_2、N_3P_3 3种施肥处理条件下，地上部干物质总量分别降低了35.38%、39.23%，36.14%、40.00%和25.30%、31.58%，地下部干物质总量分别降低了40.66%、51.65%，37.35%、49.40%和33.78%、39.19%；总干物质量分别降低了36.38%、41.37%，36.56%、41.58%和26.41%、32.75%，可以看出拔节期轻度、重度水分胁迫处理地上、地下部干物质量及总干物质量明显低于CK，这主要是因为拔节期是冬小麦的需水关键期，前期任何程度的水分亏缺都会影响冬小麦正常生长，后期复水没有出现补偿效应。

表 6-26　拔节期水分胁迫、复水和氮磷营养对冬小麦干物质累积的影响(单位：g · 株$^{-1}$)

施肥水平	水分亏缺	胁迫 14 d			复水 14 d		
		地上部干重	地下部干重	总干重	地上部干重	地下部干重	总干重
N_1P_1	CK	2.13c	0.67c	2.80c	3.90c	0.91a	4.81c
	LWS	1.65e	0.51e	2.13e	2.52g	0.54d	3.06g
	SWS	1.25f	0.37h	1.58g	2.37h	0.44e	2.82i
N_2P_2	CK	2.20c	0.72b	2.92c	4.15b	0.83b	4.99b
	LWS	1.84d	0.57d	2.42d	2.65f	0.52d	3.16f
	SWS	1.35f	0.41g	1.76f	2.49g	0.42e	2.91h
N_3P_3	CK	2.72a	0.81a	3.53a	4.94a	0.74c	5.68a
	LWS	2.40b	0.67c	3.08b	3.69d	0.49d	4.18d
	SWS	1.69a	0.46f	2.15e	3.38e	0.45e	3.82e
显著性检验(*F* 值)							
施肥水平		211.41**	104.93**	271.57**	2732.82**	16.11**	1677.68**
水分亏缺		449.79**	600.02**	712.15**	6097.34**	520.78**	6459.06**
水分亏缺×施肥水平		4.86	2.49	6.38**	13.87**	8.92**	14.91**

3）拔节期水分胁迫、复水和氮磷营养对冬小麦叶片生理特性和水分利用的影响

由表6-27可知，冬小麦拔节期胁迫21 d、复水7 d，水处理、肥处理及水肥交互作

用对冬小麦叶片净光合速率、蒸腾速率和水分利用效率的影响都达到极显著水平，相同氮磷营养条件下，胁迫21 d时冬小麦叶片净光合速率趋势为不胁迫＞轻度胁迫＞重度胁迫，即胁迫越重，净光合速率越小。与CK相比，冬小麦拔节期（胁迫21 d时）轻度胁迫、重度胁迫处理在N_1P_1、N_2P_2、N_3P_3 3种施肥处理条件下，冬小麦叶片净光合速率分别降低了33.11%、60.95%，28.43%、55.92%和27.34%、59.73%，蒸腾速率分别降低了44.94%、72.15%，51.46%、64.55%和45.56%、72.34%；但水分利用效率分别增大了21.43%、40.25%，47.45%、24.36%和33.45%、45.60%。与返青期相比，拔节期在重度水分胁迫条件下，土壤水严重亏缺导致叶片光合速率、蒸腾速率急剧下降，光合产物合成受阻，影响组织器官的生长和发育，最后使得产量大幅降低。相同水分处理情况下，冬小麦拔节期（胁迫21 d）叶片净光合速率变化趋势为N_3P_3＞N_2P_2＞N_1P_1，随着肥力增加，光合速率也有所提高。

表 6-27　拔节期水分胁迫、复水和氮磷营养对冬小麦叶片生理特性和水分利用的影响

施肥水平	水分亏缺	胁迫 21 d			复水 7 d		
		净光合速率/($\mu mol \cdot m^{-2} \cdot s^{-1}$)	蒸腾速率/($mmol \cdot m^{-2} \cdot s^{-1}$)	水分利用效率/($kg \cdot hm^{-2} \cdot mm^{-1}$)	净光合速率/($\mu mol \cdot m^{-2} \cdot s^{-1}$)	蒸腾速率/($mmol \cdot m^{-2} \cdot s^{-1}$)	水分利用效率/($kg \cdot hm^{-2} \cdot mm^{-1}$)
N_1P_1	CK	16.678c	2.352c	7.092f	14.438d	1.816d	7.949f
	LWS	11.157f	1.295f	8.611c	12.398f	1.312f	9.449c
	SWS	6.513i	0.655i	9.946a	9.860h	0.904i	10.903a
N_2P_2	CK	17.198b	2.759b	6.233g	16.270b	2.361b	6.889g
	LWS	12.309e	1.339e	9.191b	13.262e	1.587e	8.353e
	SWS	7.581h	0.978g	7.752e	10.038h	1.161g	8.644d
N_3P_3	CK	20.127a	3.394a	5.931h	18.209a	2.751a	6.591h
	LWS	14.624d	1.848d	7.915d	15.526c	2.240c	6.928g
	SWS	8.105g	0.939h	8.635c	11.683g	1.122h	10.413b
显著性检验（*F* 值）							
施肥水平		881.115**	13 917.041**	892.085**	1 783.411**	235 225.138**	4 126.342**
水分亏缺		11 815.303**	143 202.228**	4 941.231**	6 809.305**	756 858.124**	11 874.118**
水分亏缺×施肥水平		66.351**	2 439.814**	513.753**	79.939**	34 572.052**	1 323.731*

由表6-27还可以看出，在复水7 d后，水分胁迫处理下冬小麦叶片净光合速率较CK都有一定幅度提升，但都达不到对照水平，没有产生补偿效应。与CK相比，冬小麦拔节期（复水7 d时）轻度胁迫、重度胁迫处理在N_1P_1、N_2P_2、N_3P_3 3种施肥处理条件下，冬小麦叶片净光合速率分别降低了14.13%、31.71%，18.49%、38.30%和14.73%、35.84%，蒸腾速率分别降低了27.76%、50.21%，32.78%、50.83%和18.58%、59.21%；水分利用效率分别增大了18.87%、37.16%，21.25%、25.48%和5.12%、57.99%，冬小麦经过拔节期轻度胁迫、重度胁迫后复水，其叶片净光合速率都小于CK。可知冬小麦在拔节期进行水分胁迫对叶片生长抑制作用较返青期更为明显。

4）拔节期水分胁迫、复水和氮磷营养对冬小麦产量及产量构成要素的影响

由表6-28可以看出，冬小麦拔节期水分胁迫21 d后复水，水处理、肥处理对冬小麦产量、有效穗数和千粒质量的影响都达到极显著水平。相同氮磷营养条件下，冬小麦产量均以拔节期无水分胁迫下最高，其次是轻度水分胁迫处理，而重度水分胁迫处理最低。随着水分胁迫的加剧，产量明显下降，有效穗数也呈相同的变化趋势。千粒重在施用相同氮磷肥的条件下，与CK相比，冬小麦拔节期水分胁迫21 d后复水，轻度胁迫、重度胁迫处理在N_1P_1、N_2P_2、N_3P_3 3种施肥处理条件下，产量分别降低了32.99%、57.30%，19.76%、47.81%和18.72%、34.20%。有效穗数分别减少了29.41%、50.00%，11.11%、30.56%和9.76%、24.39%；千粒重分别增加了12.11%、22.43%，7.08%、16.79%和13.88%、26.34%。拔节期是冬小麦的需水关键期，对水分胁迫十分敏感，如果此时对冬小麦进行水分胁迫将会对其生物量积累及产量的形成造成很大影响，复水后补偿效应不明显，所以在拔节期应当避免较大程度的亏水。在相同水分处理情况下，冬小麦产量、有效穗数和千粒重的变化趋势为$N_3P_3>N_2P_2>N_1P_1$，即冬小麦产量及产量构成要素都随施肥量的增加而增加，在3种肥力之间产量、有效穗数和千粒质量差异极显著，因此施肥对水分胁迫具有一定的补偿作用。

表 6-28　拔节期水分胁迫 21d、复水和氮磷营养对冬小麦产量及产量构成要素的影响

施肥水平	水分胁迫	产量/(g · 盆$^{-1}$)	有效穗数/(穗 · 盆$^{-1}$)	千粒质量/g
N_1P_1	CK	51.20bc	34bc	38.88bc
	LWS	34.31f	24d	34.17d
	SWS	21.86h	17e	30.16e
N_2P_2	CK	53.49ab	36ab	40.39b
	LWS	42.92de	32c	37.53c
	SWS	27.92g	25d	33.61d
N_3P_3	CK	57.96a	41a	44.80a
	LWS	47.11cd	37ab	38.58c
	SWS	38.14ef	31c	33.00d
显著性检验（F 值）				
施肥水平		25.914**	48.148**	47.696**
水分亏缺		112.532**	56.669**	200.257**
水分亏缺×施肥水平		1.808	2.491	5.441**

6.4.2.3 结论与讨论

冬小麦拔节期水分胁迫后复水对其后期生物量积累及籽粒产量形成造成不同程度的影响。生物量积累和籽粒产量都随着肥力的增加而呈现上升的趋势，各个肥力之间差异显著，得出如下结论。

A. 在相同氮磷营养条件下，拔节期水分胁迫抑制了冬小麦株高的生长，抑制程度与水分胁迫程度呈正相关，复水后虽然产生补偿效应但补偿效应不明显。拔节期水分胁迫14 d时，轻度、重度胁迫下冬小麦生长受到抑制，相同氮磷营养条件下冬小麦株高均随着土壤水分含量的减少而降低。但当水分胁迫持续到21 d时3种氮磷肥水平对株高有影响而差异不显著，这可能是由于水分胁迫持续时间过长，肥料利用率降低。当复水7 d后，各个胁迫处理的株高生长速率开始加快。相同氮磷营养条件下，重度水分胁迫处理下的冬小麦株高生长速率明显高于对照，开始产生补偿效应。

B. 水分胁迫处理的冬小麦叶片净光合速率表现出胁迫的负效应，复水后轻度胁迫和重度胁迫处理的净光合速率虽然有一定程度的增加，但是始终低于CK。冬小麦拔节期进行水分亏缺处理，在相同氮磷营养条件下，胁迫21 d时叶片净光合速率趋势为：不胁迫＞轻度胁迫＞重度胁迫，复水后净光合速率趋势没有发生变化。

C. 冬小麦产量及产量构成要素均随着水分胁迫程度的增大而减小，复水后补偿效应不明显。拔节期对冬小麦进行不同程度的水分胁迫会对其生长和发育造成极大影响，最终对干物质累积、运输和分配产生影响，拔节期长历时水分胁迫会减少有效穗数、穗粒数及最终产量。因此在实际生产当中应避免在拔节期发生任何程度的水分胁迫，这是确保稳产、高产的根本。

D. 在水分条件相同时，冬小麦株高、叶片净光合速率、产量及产量构成要素都随着施肥量的增加而增大，高肥处理下冬小麦的株高、叶片净光合速率、产量及产量构成要素表现出一定优势，表明通过施肥可以一定程度缓解水分胁迫负效应。冬小麦的生物产量与籽粒产量变化趋势相同，同样冬小麦生物量与经济产量及产量构成因素也具有相同的变化趋势。表明在本次试验当中，高肥处理下的冬小麦在进行水分胁迫处理下，比中肥和低肥处理更具有抗旱性。在土壤水分合适的情况下，肥料的增产效应随着施肥量的增加而增加。氮磷肥的合理施用能够改善土壤根系的水分条件，提高根系水势，降低蒸发和蒸腾量，促进作物地下部生长。

返青期水分胁迫处理的补偿效应大于拔节期水分胁迫处理。冬小麦在返青期进行水分胁迫与拔节期复水对其生长及产量形成均有促进作用，轻度胁迫复水后冬小麦生长受到激发，表现为茎秆伸长速率增大，干物质累积增加并且更多地向冠部转移，冬小麦进行补偿生长。返青期轻度水分胁迫后复水处理的经济产量高于不胁迫处理，达到了节水增产的目的。说明冬小麦在全生育期内，干旱不一定总是有害，经过一定程度的干旱锻炼可以增强作物后期的抗旱性，同时能够避免植株过多地消耗水分和养分。

同样冬小麦在拔节期进行水分胁迫于抽穗期进行复水，发现冬小麦的生长和产量受到严重影响，复水后冬小麦的生长没有受到有效激发，与CK相比，轻度水分胁迫、重度水分胁迫处理其产量明显低于对照，没有产生补偿效应。

参 考 文 献

蔡焕杰，康绍忠，张振华，等. 2000. 作物调亏灌溉的适宜时间与调亏程度的研究.农业工程学报，16(3)：24-27

陈子明，周春生，姚造华，等. 1996. 北京褐潮土肥力监测研究的初报.土壤肥料，1：6-11

程福厚，霍朝忠，张纪英，等. 2000. 果实的生长、产量及品质的影响. 干旱地区农业研究，18(4)：72-76

党廷辉，郝明德，郭胜利，等. 2003. 黄土高原南部春玉米地膜栽培的水肥效应与氮肥去向. 应用生态学报，14(11)：1901-1905

党廷辉. 1999. 施肥对旱地冬小麦水分利用效率的影响. 生态农业研究，7(2)：28-31

丁端锋，蔡焕杰，王健，等.2006.玉米苗期调亏灌溉的复水补偿效应.干旱地区农业研究，24(3)：64-67
董国锋，成自勇，张自和，等.2006.调亏灌溉条件下秦王川灌区苜蓿种植效应初步分析.灌溉排水学报，25(4)：85-87
冯广龙，罗远培，刘建利，等.1997.不同水分条件下冬小麦根与冠生长及功能间的动态消长关系.干旱地区农业研究，15 (2)：73-79
冯广龙，罗远培，杨培岭.1998. 节水灌溉对冬小麦干物质分配、灌浆及水分利用效率的影响.华北农学报，13(2)：11-17
关军锋，李广敏.2004.施磷对限水灌溉小麦根冠及产量的影响研究.中国生态农业学报，12(4)：102-105
郭相平，康绍忠，索丽生.2001. 苗期调亏处理对玉米根系生长影响的试验研究. 灌溉排水，20(1)：25-27
郭相平，康绍忠. 2000. 玉米调亏灌溉的后效性. 农业工程学报，16(4)：58-60
韩占江，于振文，王东，等. 2009.调亏灌溉对冬小麦耗水特性和水分利用效率的影响.应用生态学报，20(11)：2672-2677
郝树荣，郭相平，张展羽.2009.作物干旱胁迫及复水的补偿效应研究进展.水利水电科技进展，29(1)：81-84
胡田田，刘翠英，李岗，等.2001. 施肥对土壤供肥和冬小麦养分吸收及其产量的影响.干旱地区农业研究，19(3)：36-40
雷艳，张富仓，寇雯萍，等.2010.不同生育期水分亏缺和施氮对冬小麦产量及水分利用效率的影响. 西北农林科技大学学报(自然科学版)，38(5)：167-174
李晓东，孙景生，张寄阳，等.2008. 不同水分处理对冬小麦生长及产量的影响.安徽农业科学，36(26)：11373-11375
李晓林，陈新平，崔俊霞，等.1995.不同水分条件下表层施磷对小麦吸收下层土壤养分的影响.植物营养与肥料学报，1(2)：40-46
李裕元，郭永杰，邵明安.2000.施肥对丘陵旱地冬小麦生长发育和水分利用的影响.干旱地区农业研究，18 (1)，15-21
梁银丽，康绍忠. 1997.限量灌水和磷营养对冬小麦产量及水分利用的影响.土壤侵蚀与水土保持学报，3(1)：61-67
刘文兆.1998. 作物生产、水分消耗与水分利用效率间的动态联系.自然资源学报，13(1)：23-27
刘晓宏，肖洪浪，赵良菊. 2006. 不同水肥条件下春小麦耗水量和水分利用率. 干旱地区农业研究，24(1)：56-59
刘晓英，罗远培.2003.水分胁迫对冬小麦生长后效影响的模拟研究.农业工程学报，19(4)：28-32
孟兆江，卞新民，刘安能，等. 2008. 调亏灌溉对棉花生长发育及其产量和品质的影响. 棉花学报，20(1)：39-44
裴冬，张喜英. 2000. 调亏灌溉对棉花生长、生理及产量的影响. 生态农业，8(4)：52-55
祁有玲，张富仓，李开峰.2009.水分亏缺和施氮对冬小麦生长及氮素吸收的影响. 应用生态学报，20(10)：2399-2405
山仑，2003.节水农业与作物高效用水.河南大学学报，33(1)：2-3
山仑，孙纪斌，刘忠民，等. 1988. 宁南山区主要粮食作物生产力和水分利用的研究. 中国农业科学，2：45-48
山仑，徐萌. 1991. 节水农业及其生理生态基础. 应用生态学报，2(1)：70-76
申孝军，陈红梅，孙景生，等. 2010. 调亏灌溉对膜下滴灌棉花生长、产量及水分利用效率的影响. 灌溉排水学报，29(1)：40-43
史文娟，胡笑涛，康绍忠，等.1998.干旱缺水条件下作物调亏灌溉技术研究状况与展望.干旱地区农业研究，16(2)：84-88
孙广春，刘德俊，李润杰，等. 2009. 施肥和灌溉方式对春小麦产量和水分利用效率的影响. 湖南农业科学，3：47-49
孙慧敏，于振文，颜红，等.2006.施磷量对小麦品质和产量及氮素利用的影响. 麦类作物学报，26(2)：135-138
王密侠，康绍忠，蔡焕杰，等. 2004. 玉米调亏灌溉节水调控机理研究. 西北农林科技大学学报(自然科学版)，32(12)：87-89
王密侠，康绍忠，蔡焕杰，等.2000.调亏对玉米生态特性及产量的影响.西北农业大学学报，28(1)：31-36
王生录. 2003. 黄土高原旱地磷肥残效及利用率研究.水土保持研究，10(1)：71-75
王晓英，贺明荣，刘永环，等. 2008. 水氮耦合对冬小麦氮肥吸收及土壤硝态氮残留淋溶的影响. 生态学报，28(2)：685-694
吴凯，陈建耀，谢贤群.1997. 冬小麦水分耗散特性与农业节水.地理学报，52(5)：454-460
徐萌，山仑. 1991. 不同土壤水分条件下无机营养对小麦物质生产和水分利用的影响. 西北植物学报，4：30-34
徐振柱，于振文. 2003. 限量灌溉对冬小麦水分利用效率的影响. 干旱地区农业研究，21(1)：6-10
张步翀，李凤民，黄高宝，等. 2005. 干旱环境条件下春小麦适度调亏灌溉的产量效应. 灌溉排水学报，24(6)：38-40
张步翀，赵文智，张炜. 2008. 春小麦调亏灌溉对土壤氮素养分的影响. 中国生态农业学报，16(5)：1095-1099
张富仓.2001.土壤-根系统养分迁移机制及其数值模拟.杨凌：西北农林科技大学博士学位论文
张光灿，刘霞，贺康宁，等.2004.金矮生苹果叶片气体交换参数对土壤水分的响应.植物生态学报，28(1)：66-72
张淑香，金柯，蔡典雄，等.2003.水分胁迫条件下不同氮磷组合对小麦产量的影响.植物营养与肥料学报 ，9(3)：276-279
张岁岐，周小平，慕自新，等. 2009. 不同灌溉制度对玉米根系生长及水分利用效率的影响.农业工程学报，25(10)：1-6
张岁歧，山仑.1990.有限供水对春小麦产量及水分利用效率的影响.华北农学报，增刊：69-75
赵春明，王密侠，郑灵祥，等.2010. 调亏灌溉对梨枣树蒸腾作用和光合作用的影响. 水利水电科技进展，30(1)：45-47

赵丽英，邓西平，山仑. 2004. 持续干旱及复水对玉米幼苗生理生化指标的影响研究.中国生态农业学报，12(3)：59-61
赵彦锋，吴克宁. 2002. 玉米苗期调亏控水与磷协同效应研究. 河南农业科学，2：4-7
Benbi D K, Biswas C R, Kalkat J S. 1991. Nitrate distribution and accumulation in an Ustochrept soil profile in a long term fertilizer experiment.Fertilizer research，28：173-177
Turner N C. 1990. Plant water relations and irrigation management. Agricultural Watergement，17：59-73
Turner N C. 1997. Further Progress in crop water relation.Advances in Agronomy，58：293-338
Waldrenrp F. 1979.The growth stages and distribution of dry matter，N、P、K in winter wheat. Agron J，71：391-397

第7章　调亏灌溉和氮营养对关中地区玉米生长及水氮利用的影响

水分与氮素是一对相互影响和耦合的因子，水分不足影响营养物质的合成和运转，降低产量和品质；肥力不足则影响水分的吸收和利用。如何把氮营养和水分协调起来，充分和有效地发挥水分和氮素生产潜力，是旱地农业的核心问题。在西北旱区水资源严重缺乏条件下，未能从更深层次上解决有限补充灌溉水量和养分之间的最优耦合问题，达到水肥协调，最大限度地提高水分和氮素利用效率，有限的水分和养分供应未能获得最大的经济效益。如何提高水分养分耦合利用效率是当前我国西北旱作农业可持续发展中迫切需要解决的关键科学问题，并期望针对调亏灌溉提供具有可操作性的灌水和施氮的最优指标。

7.1　国内外研究进展

7.1.1　作物调亏灌溉的提出及研究进展

调亏灌溉(regulated deficit irrigation，RDI)，是20世纪70年代中后期由澳大利亚持续灌溉农业研究所最早提出的一种新的节水灌溉技术。它不同于以往的灌溉理论，其基本思想是基于植物生理学和生物化学知识。调亏灌溉的基本思想是根据作物在水分亏缺发生后的反应，在作物生长发育过程中的某些阶段人为主动地给予一定程度的水分胁迫，影响其生理生化过程，使作物经受抗旱锻炼，增强生长后期对干旱的抵抗能力，以调节作物的生长过程，改善产品品质，达到在不影响作物产量的条件下提高水分利用效率的目的。

调亏灌溉最早是在果树上进行，用以提高产量和质量，国外学者对桃树、梨树、果树等在调亏灌溉条件下的生理生化反应、调亏时期和需水规律、调亏程度等进行了大量研究，发现调亏灌溉能明显抑制果树的营养生长，大幅减少作物需水量和剪枝量，而对果实的产量影响很小。该阶段的研究主要集中在不同果树调亏情况下的生理生化反应及其最适宜调亏时期和调亏程度。20世纪80年代后期对于调亏灌溉研究开始从现象深入到机制，以探讨调亏灌溉的节水增产机制，使之明朗化，并且对调亏灌溉在改善作物品质方面的影响也进行了初步研究，90年代至今的研究在持续上述研究的同时，国内外学者开始在大田作物上进行试验(康绍忠等，1998；张喜英等，1999)，重心由产量的提高转向对品质的改善方面，并开始向调亏灌溉条件下肥料利用效率的提高、咸水灌溉等方面扩展，研究的范围越来越宽广(史文娟等，1998)。成效也越来越明显。

国内对于调亏灌溉的研究比较晚，起步于20世纪80年代后期，有学者研究作物在水分胁迫后复水对生长和光合作用的补偿效应，并逐步开始在果树上的研究。90年代后期，开始在大田作物上进行试验，曾德超和彼得 · 杰里(1994)对果树调亏灌溉密植节水增产进行了研究，但其研究主要集中在灌水技术方面。孟兆江于1996～1998年对夏玉米调亏灌溉的生理机制与指标进行了研究；康绍忠等(1998)把调亏灌溉的研究运用到粮食作物玉米上，研究了调亏灌溉对玉米生理指标及水分利用效率的影响，从亏水处理引起的气孔反应能提高光合与蒸腾之比，揭示了调亏灌溉的节水增产机制。又从既提高产量又提高水分利用效率的双重目的出发，得出苗期土壤含水率为50%～60%田间持水量、拔节期土壤含水率为60%～70%田间持水量是最佳的调亏灌溉方案；张喜英等(1999)对冬小麦调亏灌溉制度下的田间试验进行了研究；王密侠等(2000)进行了大田覆膜玉米的调亏试验；程福厚等(2000)研究在鸭梨果实生长的前中期，实施调亏灌溉，显著降低了成熟期果实的果形指数，中期控水处理在解除亏缺后呈现显著的加快生长。前期控水处理期间，果实干物质的含量略高于对照，但并未抑制果实的生长发育或减小最终果实大小；对产量、单果重、果实品质及贮藏性有提高的趋势。

国内其他的研究主要集中在水量不充足条件下的非充分灌溉理论问题，如作物缺水敏感指数的变化规律及有限水量的最优分配问题，但对不同的调亏阶段对作物生长和产量的影响、具体的调亏指标研究，以及对于作物生理特性的主动调亏问题的研究不够(康绍忠等，1997)。调亏灌溉不同于充分灌溉，前者不仅存在水分亏缺，更重要的是对作物生长最佳水分状态的理解不同，按照传统研究理论(汪志农，2000)，供水充足、作物生长旺盛、单位面积产量高，即认为作物是处于最佳水分状态。但是调亏灌溉研究表明(郭相平和康绍忠，1998)，在作物生长的某一阶段进行调亏处理，不仅不会导致减产，甚至还可能增加产量。如果调亏灌溉和密植相结合，调整作物的群体结构，则增产效果更好。调亏灌溉也不同于非充分灌溉，非充分灌溉是从经济学的角度出发，寻求一个地区灌溉作物总的净灌溉效益最大的一种灌溉方法，即力求在水分利用效率(WUE)-产量-经济效益三方面达到有效统一。而调亏灌溉则是从作物的生理角度出发，根据作物对水分亏缺的反应，人为主动地施加一定程度的水分胁迫，以影响作物的生理生化过程，对作物进行抗旱锻炼，提高作物的后期抗旱能力，即通过作物自身的变化实现高水分利用效率。调亏灌溉为农业生产开辟了一条最佳调控水-土-植物-环境的有效途径，是一种更科学、更有效的新的灌水策略(庞秀明等，2005)。

7.1.2 调亏灌溉的节水增产机制

调亏灌溉与充分灌水相比，具有一定的节水增产效应(Chalmers et al.，1986)。对于调亏灌溉的节水增产机制目前有两种解释：一种是从作物的生理角度进行说明，另一种是从分子的角度进行说明。根系在节水增产的过程中起着决定性的作用。

调亏灌溉是通过管理土壤中的水分来控制植株根系生长的，从而操纵地上部分的营养生长及叶水势，叶水势能够调节气孔的开度，气孔开度对光合作用和水分利用有着重要的作用。这一系列的生理作用过程主要由根系来控制。梁宗锁等(1997)研究认为，根系受到干旱胁迫时，其吸水能力受到限制，叶水势、膨压和脱落酸(ABA)含量不变但大部分气孔明显关闭。Blachman 和 Davies(1985)研究表明，在植株受到干旱时，根系将会产生某种物质，并且运输到叶片中央，控制气孔开度，从而引起光合和蒸腾等生理过程的变化，最终引起产量的变化。Turner 和 Begg（1981）也发现经过控水处理的向日葵比正常供水情况多产籽粒。Turner（1990）研究表明，水分亏缺并不总是降低产量，早期适度的亏水对于某些作物来说能够增产。在亏水期间，植株的不同组织及器官对水分的吸收能力有很大的差异，对水势的敏感性也不同，所以在亏水期间获得的水量也有所不同。气孔开度在植株的生理过程中起作用，细胞膨大后对水分的亏缺最敏感，而光合作用和有机物从叶片运输到果实的过程则次之。这种不同的敏感性最终引起：当营养生长受到抑制时，果实积累有机物，使得自身的生长不会明显降低，在果实快速膨大的时期，由于在细胞扩张的过程中进行调亏并产生了代谢物，复水后这些代谢物可供给细胞壁的合成及果实的生长，使得生长得到补偿，不会导致产量的下降。但是水分胁迫一定要适度，如果水分胁迫的程度过大或者历时过长，细胞壁则会变得比较坚固，复水也不能恢复扩张，最终导致产量的下降。这些机制就是调亏灌溉在分子水平上的解释。何华等（1999）对调亏灌溉进行定性化和可操作化的研究为此提供了理论依据。

7.1.3 水分亏缺对作物生长的影响

作物生长发育主要是指根系和冠层生长关系的外在表现。不同水分条件下根冠外在的生长特征，是根冠生长能力的具体体现，其发育情况的好坏直接关系着人们对作物需水关系的正确认识，以及制订合理的水分调控方案。水分亏缺对小麦根系和地上部生长均有抑制作用，能够显著降低小麦生物量、产量及收获指数（黄明丽等，2007）。Kage 等（2004）研究发现，在水分胁迫情况下，小麦的茎高、总叶面积、总干重及总籽粒干重、比叶面积等都有所降低，根冠比升高。干旱胁迫时，植物的生产力与干物质的分配、根系的时空分布密切相关，分配到根系的生物量及功能根的数量、长度都增加。水分亏缺使小麦叶片的长势减弱，使分配到根的干物质量增加，根冠比增大。但这些方面互相联系，又相互制约。

近年来国内外学者对水分亏缺引起作物减产的机制进行了大量研究（孟庆伟等，1990），表明水分胁迫影响了作物生长发育全过程，细胞的延伸对水分胁迫最敏感。玉米叶片的伸展速率随着水分胁迫的加强而迅速减慢直至停止，并且加速老叶的衰败。Abbavaju 等（1993）研究表明呼吸作用对水分胁迫的反应因作物和器官的不同而不同，玉米、向日葵幼苗、黄豆及玉米根尖的呼吸速率均随水分胁迫的加剧而呈下降趋势，而高粱幼苗、小麦的呼吸速率则在水分胁迫条件下表现为先升后降。

在干旱、半干旱地区，干旱胁迫是影响作物生长和限制作物产量的重要的非生物因素之一（Boyer and Westgate，2004）。Brocklehurst（1977）和 Nicolas 等（1985）对谷粒生长发育的研究表明，如果在早期遇到水分胁迫，就会使胚乳积累淀粉的能力下降，速率和持续时间缩短，最后引起籽粒质量减小。玉米在拔节期、抽雄初期、灌浆初期等阶段受到干旱胁迫将会导致植株的矮化，生长发育受阻，籽粒性状恶化，生物产量和经济产量大幅下降。但是玉米受干旱胁迫的影响程度跟受旱的轻重、持续时间的长短有关，受旱越重，持续时间越长，则对作物的影响就越大。从拔节开始至灌浆期作物受到严重干旱胁迫时，将严重影响株高和生物产量，使得穗粒数和百粒重减小，最终导致作物的经济产量大幅下降。玉米生育前期受到干旱胁迫将使生育进程向后推迟(白莉萍等，2004)。

作物生长对水分亏缺的敏感度很高，极轻微的水分胁迫就会对作物的生长产生极明显的影响(汤章城，1983)。一旦缺水，细胞增大首先受到抑制，单叶叶面积比正常供水条件下要小。也有研究发现，适当的水分胁迫还可以促进叶片的伸展。郭庆荣等研究发现在玉米抽雄期、盛花期和灌浆期适量减少水分供应将会促进玉米叶面积的伸展，重度亏水才有较大抑制作用。张岁岐和山仑(1997)也研究发现随干旱程度的加剧，单株的株高及叶面积明显减小，而且增施磷肥在各个水分水平上则增加了单株的叶面积和株高，但随着水分胁迫的加重，磷肥的促进作用逐渐减弱。

7.1.4 水分亏缺对作物光合作用的影响

水分在植物体内所占的比例很大，是植株组成及生长发育必不可少的物质，是作物进行光合作用和蒸腾作用必需的最重要的环境因素。因此，植株体内水分的多寡直接关系着光合速率。CO_2是光合作用的底物，但是当CO_2浓度升高，则气孔关闭，气孔阻力增大。因此在水分亏缺条件下，大气CO_2浓度升高可通过促进光合、抑制蒸腾以削弱干旱对光合作用的抑制作用。水分胁迫对植物的光合作用影响最严重，亏水后气孔关闭，切断了叶绿体与大气中CO_2的联结，水分状况不同对植物的生理功能及生长发育的影响也不相同；水分胁迫条件下将引起气孔导度的下降及细胞间CO_2浓度的降低，最后引起光合速率的下降。

国内有许多学者进行了这方面的研究。郭相平和康绍忠(2000)研究结果表明，玉米苗期调亏处理能够延长后期叶片和根系的衰老时间，使其保持较高的光合速率和蒸腾速率，后期复水对拔节期和抽雄期有补偿作用，与对照相比，叶片的光合速率、蒸腾速率和作物需水量有所下降，而在灌浆期较高，需水量减少。丁端峰等(2006)对盆栽玉米苗期亏水后复水，得出玉米植株在苗期受旱后光合速率、蒸腾速率、叶片气孔导度及根系活力均有所下降，但是蒸腾速率下降的幅度更大，复水后蒸腾速率的恢复速率也大于光合作用，表明干旱条件对蒸腾作用的影响大于对光合作用的影响。许振柱等(1997)在小麦试验中表明：水分亏缺的程度不同，对光合作用的影响也不同。在严重干旱胁迫条件下，植株的光合速率急剧下降，其中旗叶的光合速率下降更为严重。此时，如果适当增加灌水则可显著提高小麦植株的光合速率，改善其光合性能，而轻度的水分胁迫对小麦光合速率则无显著性影响。

7.1.5 水分亏缺对作物水分和养分利用效率的影响

水分在植物的生长发育过程中起着至关重要的作用。植物对水分的吸收是其存活的必要条件，植株体对水分的吸收及其利用效率直接影响到植株的各项生理、生态指标。在这一过程当中，根系起着决定性的作用，当根系处于水分亏缺状况时，作物会改变光合产物在根与冠之间的分配比例，根系将得到更多的同化产物，生长相对有利，而冠的生长则受到抑制，使叶面积减少，意味着即使在同样蒸腾速率下，作物的蒸腾耗水量也较少，进而引起需水量的下降。水分利用效率(WUE)指的是消耗单位水量所产生的经济产品的数量。传统的丰水高产灌溉理论是指在作物生长的整个生育期内对作物进行充分供水，使其处于最佳最充足的水分状态，以期获得最高产量。即认为在有限供水条件下，作物的产量随着耗水量的增加呈线性增加(Steward et al.，1983)，WUE 则随着耗水量的增加而降低。但是水分利用效率最高的灌溉方式往往不是充分灌水，而是在作物生长的某些阶段进行适度的亏水，这样不但不会严重影响作物的产量，而且能节约大量的水分，达到提高水分利用效率的目的。调亏灌溉不仅能减少作物蒸腾，还能减少株间蒸发。调亏期间土壤中的水分含量比较少，由于表层土壤蒸发及根系吸水，上层土壤的含水量保持在毛管断裂含水量以下，而下层土壤中的水分则以水汽扩散的形式散失到大气中，水通量小，减少了株间蒸发，提高了水分的利用效率。

石喜等(2009)研究水分亏缺对玉米水分利用效率的影响表明：水分亏缺显著抑制了植株的生长，WUE 下降，复水后 WUE 均高于对照。莫江华等(2008)研究不同生育期适度缺水对烤烟的影响表明，在较低施肥水平下对伸根期进行轻度水分亏缺处理(占田间持水量的 50%～60%)，可明显提高烟叶的产量和水分利用效率。Payero 等 (2006)在美国半干旱环境下研究了玉米对亏水灌溉的反应，发现在这种条件下，WUE 并没有随着亏水灌溉而增加，这主要因为 WUE 是随着实际植株腾发量与潜在植株腾发量的比值呈线性增长。Cakir (2004)在土耳其东北部研究了水分胁迫对玉米植株不同生长阶段的影响。发现在灌溉水源短缺的情况下，抽雄期和(或)玉米棒的形成期是需水最关键时期。

氮肥表观利用效率是指当季作物对氮肥中氮的吸收量占施氮量的百分率，是表征氮肥利用情况的一个指标。刘小刚等(2010)研究调亏灌溉与氮营养对玉米根区土壤水氮有效性的影响，表明苗期亏水、高氮处理组合的水分利用效率最高，低氮调亏情况下的氮肥表观利用效率都大于 30%。Pandey 等(2001a，2001b)进行田间试验，表明在小麦苗期进行调亏处理，作物对氮素的吸收能力降低，生长中期复水后对氮素的吸收有强烈的补偿效应。Dioufa 等(2004)研究了调亏灌溉条件下小米对氮肥的交互作用，表明对不同生育期进行调亏灌溉，作物对氮肥的吸收和利用程度不同，适时的缺水和复水对作物吸收水分和氮肥及提高水肥利用效率有着重要的作用。

7.1.6 水分亏缺对作物养分吸收的影响

水分和养分是作物生长过程中必不可少的因素，二者不是孤立的，而是相互作用、相互影响的，在农业生产实践中，对水分和养分进行合理的调配，就可以达到“以水促肥、以肥调水”的增产目的。在这一系列吸收运转过程中，根系对水分和养分的吸收敏感度很高，也是合成茎叶的基础。根系作为水分和矿质养分吸收的器官，吸收强度的大小一方面取决于与其接触的土壤空间，另一方面取决于根系的生理活性和吸收能力，后者是水分亏缺的旱地研究的重点。有研究发现，适宜的水肥能够促进根系的生长，提高根系的活性。根系发育发达，活力强，吸收水分和养分的空间大，水分和养分的利用效率就高。也有学者在水分亏缺情况下对根系养分吸收利用方面进行了研究。

氮是作物生长所必需的首要营养元素，也是旱地土壤最为缺乏的元素，氮素的亏缺与富裕严重影响着作物根系的生长和水分生理特性，土壤中的施氮情况及土壤水分情况决定了植株对氮素吸收量的大小及吸收速率。王丽梅等(2010)关于水、氮供应对玉米冠层营养器官干物质和氮素累积、分配影响的研究表明：无论水、氮供应情况如何，叶片均是各生育时期氮素累积的主要部位。刘小刚等(2010)研究发现：施氮量和调亏时期对全氮累积量影响显著。祁有玲等(2009)研究了水分亏缺和施氮对冬小麦生长及氮素吸收的影响，表明任何生育期水分亏缺都会影响冬小麦植株对氮素的吸收，开花期适度干旱后复水对氮素吸收有一定的补偿作用，相同氮肥处理下，与不亏水处理比较，苗期水分亏缺、拔节期水分亏缺、开花期水分亏缺、灌浆期水分亏缺的根系氮素积累量分别平均降低 25.82%、55.68%、46.14%和 16.34%，地上部氮素积累量分别平均降低 33.37%、51.71%、27.01%和 2.60%。李世娟等(2002)对于水分和氮肥对冬小麦氮素吸收影响进行了研究，发现：4 次灌水处理的氮损失率比较高，在这种灌水条件下，土壤残留率和氮肥当季利用率均低于 2 次灌水的相应氮肥处理。邵兰军等(2010)研究了水分亏缺对烤烟光合特性和氮代谢的影响，得出：适度的水分亏缺对硝酸还原酶的活性有抑制作用，也降低了中上部叶片全氮的含量。也有研究表明：在水分胁迫下，玉米根系对养分如硝态 N、速效 P、速效 K 的吸收随水分亏缺程度的加大而增加，对氨态 N 的吸收则相反，水分亏缺对苗期的影响较小，适当的水分胁迫能够刺激玉米根系生长并增加根系的吸收性能。

7.1.7 水分亏缺对土壤养分迁移动态和利用的影响

水分和养分对作物的生长是相互作用、相互影响的。土壤缺水首先影响作物根系对水分的吸收，从而抑制了对地上部营养物质的供应，使地上部生长受到限制，最终影响了作物的生长发育。若土壤中缺少氮素，则根系能够吸收的氮营养就减少，向上运输供给地上部的氮素会显著减少，地上部的正常生长也会受到影响。水分胁迫和养分缺乏的不同步性均不利于作物生长。长期以来，人们把增加化肥用量作为提高农业产量的重要途径，但是目前我国农田氮肥使用量大，氮肥利用率低，我国氮肥利用率仅为 30%～50%(李世娟等，2000)，残留量高，流失严重，我国农田氮素损失通过氨的挥发、反硝化脱氮、铵的固定、径流冲刷和硝态氮淋失等方式可达 5%～41.9%。一般情况下，进入土壤环境中的氮素随着施氮量的增加而增加，而氮肥利用率则随着施氮量的增加而降低。合理施肥的基本原则是将氮肥的施用量控制在既获得最大经济效益，又对环境产生的影响较小。肥料和水分利用效率低是现代农业生产的主要障碍。为了使作物达到高产优质，适宜的水分条件和合理的养分供应是基本保证。

土壤中无机态氮的主要形态是硝态氮，也是植物氮素营养和淋失的直接来源。国内对氮素的运移和转化的研究始于 20 世纪 70 年代，并且早期的研究主要集中在氮素去向及氮素的有效利用效率。吕殿青等(1996)研究发现不同深度土壤剖面中 NO_3^--N 残留量与灌水量之间呈双曲线相关。李晓欣等(2003)对不同施肥处理对作物产量及土壤中硝态氮累积的影响进行了研究，表明：土壤中 NO_3^--N 累积的重要原因是长期施用大量且单一氮肥。李世清和李生秀(2000)对硝态氮的淋失进行了研究。郭大应等(2001)对灌溉土壤硝态氮运移与土壤湿度的关系进行了研究，发现土壤中硝态氮的运移与土壤湿度有良好的相关关系。党廷辉等(2003)对黄土旱塬区农田氮素淋溶规律进行研究，表明：在高原沟壑旱作农业区，长期过量使用氮肥，在深层土壤剖面将发生 NO_3^--N 积累，配施磷肥后，补充作用改善了作物 N、P 营养元素的协调供应，促进了作物对土壤 N 的吸收。张步翀等(2008)研究发现，春小麦调亏灌溉对土壤氮素有显著的影响，在一定程度上，水分亏缺加大了碱解氮的矿化及氮素的溶解速度，降低了土壤碱解氮的含量，提高了速效氮肥的利用效率。杜红霞等(2009)研究发现，施氮能提高土壤硝态氮含量，土壤水分状况和含量影响着土壤中硝态氮的运移，含量越高，向下移动越深，施氮能显著提高水分利用效率。刘小刚等(2010)研究表明，施氮量的多少决定根区土壤硝态氮含量，各生育阶段的灌水量和养分吸收影响硝态氮的变化动态；根区中、下层土壤硝态氮含量在抽穗期结束时与施氮量呈正相关关系。

7.2 水分亏缺和氮营养对玉米生长的影响

水分与氮素是一对相互影响的因子，水分不足影响营养物质的合成和运转，降低产量和品质；肥力不足则影响水分的吸收和利用。人们对水分亏缺和氮素对作物生长的影响进行了大量的研究，并取得了一定的进展。康绍忠等(1998)研究发现，水分的亏缺抑制了根系的生长，且根部比地上部有着更有效的渗透调节作用，水分亏缺对作物的营养生长有一定的抑制作用。调亏处理时，地上部的生长比根系的生长减小更多，致使根冠比常因调亏而增加。裴冬等(2006)研究表明，不同生育期不同水分亏缺程度均引起冬小麦株高、叶面积等的降低，水分亏缺越严重，其降低也越多，复水后越难于恢复。莫江华等(2008)研究表明，各水分亏缺处理对烟叶生长、氮钾含量和水分利用均有不同程度的影响。姜琳琳等(2011)研究表明，在一定氮素范围内供氮量的增加能够促进玉米地上部的生长，也促进根系干重的增加，而高量供氮会抑制根系的生长，导致根冠比下降。本部分结合水分和氮肥研究了不同生育期水分亏缺和氮营养对玉米株高、叶面积、根系干物质、地上部干物质及根系活力的影响，来探讨不同生育期水分亏缺和氮营养对玉米生理生长的影响，提出更为合理的水氮组合模式，指导农业生产中的水分和养分管理。

7.2.1 研究内容与方法

7.2.1.1 试验区概况

试验在西北农林科技大学旱区农业水土工程教育部重点实验室进行。该实验室位于东经108°04', 北纬34°20'。试验站海拔521 m，年平均气温13℃，年平均降水量550～600 mm，主要集中在7～9月。站内设有县级气象站，按照国家气象局的《地面气象观测规范》标准，进行气温、湿度、降水、日照、水面蒸发、风速、气压和地温观测，并设有自动气象站自动记录气温、相对湿度、太阳辐射和风速。

试验于2009年6～10月在西北农林科技大学旱区农业水土工程教育部重点实验室遮雨棚中进行。供试土壤为西北农林科技大学灌溉试验站(20～40 cm)的耕层土，土壤质地为重壤土，土壤经自然风干、磨细、过5 mm筛。土壤基本理化性质为：pH 8.14，有机质

15.02 g · kg^{-1}，全氮0.87 g · kg^{-1}，全磷0.55 g · kg^{-1}，全钾(K_2O) 16.8 g · kg^{-1}，碱解氮78.32 mg · kg^{-1}，速效磷13.50 mg · kg^{-1}，土壤田间持水量(θ_f)为24%。供试玉米品种为‘蠡玉18号’。试验在内径29 cm、外径32.5 cm、高29 cm的塑料桶中进行。为防止土壤板结，控制土壤黏度，便于灌水均匀，在土壤表面铺设蛭石；为便于水分下渗、土壤透气，在桶底打眼；为了使通气均匀、排水时不带走桶里的土，在土底铺一层细砂；为防止细砂漏出，在桶底铺一层纱网，玉米生长环境基本与田间一致。

7.2.1.2 试验设计

试验设不同生育期水分亏缺和施氮水平 2 个因素。不同生育期水分亏缺设置苗期亏水(从播种后 12 d 开始亏水，持续 20 d，其他生育期正常供水)、拔节期亏水(从播种后 32 d 开始亏水，持续 30 d，其他生育期正常供水)、灌浆期亏水(从播种后 62 d 开始亏水，持续 23 d，其他生育期正常供水)、成熟期亏水(从播种后 85 d 开始亏水，持续 25 d，其他生育期正常供水)、苗期+拔节期亏水、苗期+灌浆期亏水、苗期+成熟期亏水、拔节期+灌浆期亏水、拔节期+成熟期亏水、灌浆期+成熟期亏水及全生育期充分灌水(CK) 11 个水分处理，土壤充分供水(M)按土壤含水量占田间持水量(θ_f)的 65%～80%控制，土壤亏水处理(L)按土壤含水量占田间持水量(θ_f)的 50%～65%控制，如表 7-1。施氮水平设不施氮(0 g 纯氮 · kg^{-1} 土，N_0)、低氮(0.1 g 纯氮 · kg^{-1} 土，N_1)、中氮(0.3 g 纯氮 · kg^{-1} 土，N_2)、高氮(0.5 g 纯氮 · kg^{-1} 土，N_3) 4 个氮素水平。所有处理的磷肥统一按 0.2 g P_2O_5 · kg^{-1} 土施入，氮肥为尿素分析纯，磷肥为 KH_2PO_4 分析纯。试验在入口内径 29 cm、桶底内径 21.5 cm、高 29 cm 的桶内进行，桶底铺有细砂和纱网，桶底均匀地打有 7 个小孔以提供良好的通气条件。控制装土容重为 1.30 g · cm^{-3}，分层压实装入盆中，土表层铺设蛭石。

2009 年 6 月 23 日每盆播种 4 粒种子，播后将桶内土壤灌水至田间持水量以保证正常出苗，定苗时每桶留苗 2 株。每个水肥处理进行 3 个重复，随机排列(图 7-1)。

表 7-1　不同生育期水分亏缺处理

处理编号	生育阶段			
	苗期	拔节期	灌浆期	成熟期
1	M	M	M	M
2	L	M	M	M
3	M	L	M	M
4	M	M	L	M
5	M	M	M	L
6	L	L	M	M
7	L	M	L	M
8	L	M	M	L
9	M	L	L	M
10	M	L	M	L
11	M	M	L	L

图 7-1 试验场景(见图版)

7.2.1.3 测定项目及测定方法

1）株高

在不同生育阶段选取各处理盆中一株长势较好的植株，测定从土面至最高叶尖的高度。

2）叶面积

测定所选植株的每一片绿叶的长度和最大宽度，计算单株叶面积[单株叶面积按 $X=\sum(L\times W)\times 0.7$ 计算，式中，X 为单株叶面积，L 为叶片长度，W 为叶片最大宽度，0.7 为单株叶面积换算系数]。

3）干物质的测定

用冲洗法取出完整根系，用吸水纸擦干，称鲜重后放入烘箱，在 105℃下杀青 0.5～2 h，75～80℃恒温烘干至恒重，之后放入干燥器中冷却，用电子天平称干重，同时对玉米植株的茎叶也进行杀青烘干处理，称重并计算根冠比。

4）根系活力

首先绘制氯化三苯基四氮唑(TTC)标准曲线。取根尖样品0.5 g放入小烧杯中，加入0.4%TTC溶液和磷酸缓冲液(pH 7.5)各5 ml，使根充分浸没在溶液内；在37℃的黑暗条件下保温1 h，然后立即加入1 mol · L^{-1}硫酸2 ml，以停止反应。取出根尖，用滤纸吸干水分后与3～4 ml乙酸乙酯和少量石英砂一起在研钵中充分研磨，以提取TTF。把红色浸提液滤入试管，并用少量乙酸乙酯把残渣洗涤2或3次，滤入试管，最后加乙酸乙酯使总体积为10 ml。用分光光度计在波长485 nm下进行比色，以空白试验作对照测出吸光度，查标准曲线，即可求出TTC还原量。并按下式计算：

$$根系活力=C/(1000\times W\times H)\ [mgTTF/(g\cdot h)] \tag{7-1}$$

式中，C为由标准曲线查得的TTC还原量，μg；W为根重，g；H为时间，h。

5）数据分析与处理方法

采用 DPS 统计分析软件处理试验数据并进行方差分析，多重比较采用 Duncan 法（P<0.05 显著水平和 P<0.01 极显著水平），文字部分在 Word2003 下进行，用 Excel 和 CAD 进行表格制作及制图。

7.2.2 水分亏缺和氮营养对玉米株高的影响

株高是反映植株生长特征的重要指标之一。由表 7-2、表 7-3 可以看出，在不同施氮条件下，充分灌水和不同生育期亏水对玉米株高均有显著的影响。总体趋势是：不同施氮水平在充分灌水与不同生育期亏水条件下，低氮水平的株高始终最大，其次是不施氮，中氮和高氮水平的株高较小。不施氮水平在不同生育期亏水对株高的影响显著，亏水对低氮水平的影响较中氮和高氮显著。

表 7-2 表明，与充分灌水相比，在不同施氮水平（N_0、N_1、N_2、N_3）下，苗期亏水对玉米株高有一定的抑制作用，比对照分别降低了 13.6%、10.43%、10.34%、9.92%，且水分和氮肥分别对玉米株高的影响达到了极显著水平，复水 20 d 后株高与充分灌水相比分别降低了 7.3%、7.1%、2.27%、4.98%，补偿作用明显，但始终达不到对照水平，复水 50 d、73 d 后持续有补偿效应。拔节期亏水条件下，株高在 N_0、N_1、N_2、N_3 水平与对照相比分别降低了 19.87%、16.6%、9.96%、11.49%，表明拔节期亏水对株高影响显著，水分效应、氮肥效应及水氮组合效应都达到了极显著水平，亏水后复水 30 d 株高与对照相比分别降低了 9.41%、13.25%、8.93%、10.84%，补偿效应微弱。灌浆期亏水对玉米植株的生长也有一定的影响，与充分灌水相比，不同施氮水平下，株高分别降低了 4.89%、9.01%、7.81%、8.88%，水分和氮素对株高的影响极显著，水氮组合效应影响显著，成熟期复水对株高的补偿效应明显。成熟期亏水在各个施氮水平下对株高有较小的促进作用。表明苗期、拔节期、灌浆期亏水对玉米株高产生抑制作用，拔节期亏水复水后补偿效应不明显，苗期、灌浆期亏水复水后补偿效应明显；不同施氮水平之间差异显著，且在试验的土壤肥力水平下低氮水平株高始终最高。

表 7-2　一个生育期水分亏缺和氮营养对玉米生长的影响

水分处理				施氮水平	株高/cm	叶面积/（cm^2 · 株$^{-1}$）	根系干物质/（g · 株$^{-1}$）	地上干物质/（g · 株$^{-1}$）	根冠比
苗期	拔节期	灌浆期	成熟						
充分灌水	—	—	—	N_0	69.1a	137.50d	0.80a	1.75a	0.456bc
				N_1	73.8b	159.82a	0.66c	1.81a	0.363d
				N_2	60.9c	152.13b	0.59de	1.59b	0.373cd
				N_3	59.5c	144.92c	0.63cd	0.67d	0.946a
亏水	—	—	—	N_0	59.7c	123.22f	0.70b	1.51b	0.464b
				N_1	66.1b	134.60de	0.58e	1.59b	0.365d
				N_2	54.6d	130.96e	0.53f	1.39c	0.379bcd

续表

水分处理				施氮水平	株高/cm	叶面积/(cm^2·株$^{-1}$)	根系干物质/(g·株$^{-1}$)	地上干物质/(g·株$^{-1}$)	根冠比
苗期	拔节期	灌浆期	成熟						
亏水	—	—	—	N_3	53.6d	124.66f	0.56ef	0.59d	0.951a
显著性检验(F值)									
水分					85.533**	80.387**	112.742**	24.941*	13.132*
氮肥					61.97**	10.813*	132.941**	184.546**	39 884.1**
水分×氮肥					1.175	6.071	0.846	4.361*	0.006
充分灌水	充分灌水	—	—	N_0	157.5a	1 677.34f	5.98a	37.70b	0.159c
				N_1	157.8a	2 592.97a	5.13c	40.58a	0.126e
				N_2	136.5c	2 113.55c	3.17g	29.85d	0.106f
				N_3	130.5d	2 020.98cd	4.37e	22.54g	0.194a
亏水	充分灌水	—	—	N_0	146.0b	1 552.36g	5.37b	34.27c	0.157c
				N_1	146.6b	2 258.93b	4.59d	36.45b	0.126e
				N_2	133.4cd	1 962.49d	2.94h	26.75ef	0.110f
				N_3	124.0e	1 801.19e	3.95f	20.45h	0.193a
充分灌水	亏水	—	—	N_0	126.2e	1 210.62h	4.67d	26.42f	0.177b
				N_1	131.6d	1 935.79d	3.99f	27.82e	0.144d
				N_2	122.9e	1 806.27e	2.45i	21.77g	0.113f
				N_3	115.5f	1 537.82g	2.95h	16.67i	0.177b
显著性检验(F值)									
水分					24.502**	38.217**	45.824**	35.72**	0.531
氮肥					16.848**	53.294**	117.447**	53.457**	38.739**
水分×氮肥					14.752**	4.621*	12.573**	15.002**	15.051**
充分灌水	充分灌水	充分灌水	—	N_0	161.6b	3 317.64ef	7.49a	41.47ab	0.181b
				N_1	172.1a	4 218.60a	6.60b	42.53a	0.155d
				N_2	160.1bc	3 841.32b	4.20i	38.70bcd	0.109e
				N_3	158.7bc	3 448.35de	6.18d	29.49g	0.210a
亏水	充分灌水	充分灌水	—	N_0	153.2def	3 117.45g	6.76b	38.56cd	0.175bc
				N_1	160.7bc	4 204.12a	5.97e	39.49bc	0.151d
				N_2	150.3efg	3 781.37bc	3.82j	35.97de	0.106e
				N_3	144.3ij	3 456.85de	5.65f	26.00h	0.217a
充分灌水	亏水	充分灌水	—	N_0	146.4ghi	2 834.51h	6.20cd	29.89g	0.207a
				N_1	149.3fgh	3 606.93cd	5.53f	31.74fg	0.174bc
				N_2	145.8hij	3 321.50ef	3.51k	29.19g	0.121e
				N_3	141.5j	3 064.20g	4.53h	21.03i	0.215a
充分灌水	充分灌水	亏水	—	N_0	153.7de	3 043.36g	6.36c	33.84ef	0.188b
				N_1	156.6cd	3 914.33b	5.63f	34.62e	0.163cd
				N_2	147.6ghi	3 621.90cd	3.46k	31.49fg	0.110e
				N_3	144.6ij	3 210.85fg	5.15g	23.63hi	0.218a
显著性检验(F值)									

续表

水分处理				施氮水平	株高/cm	叶面积/(cm^2 · 株$^{-1}$)	根系干物质/(g · 株$^{-1}$)	地上干物质/(g · 株$^{-1}$)	根冠比
苗期	拔节期	灌浆期	成熟						
水分					43.59**	46.964**	29.458**	130.705**	6.396*
氮肥					22.146**	148.136**	172.805**	197.272**	208.021**
水分×氮肥					2.726*	1.213	11.406**	0.772	1.7
充分灌水	充分灌水	充分灌水	充分灌水	N_0	164.6de	2 311.86efgh	7.20a	51.56c	0.140ab
				N_1	184.6ab	3 266.17a	6.47b	60.83a	0.106fg
				N_2	162.3def	2 572.59de	4.16h	43.29efg	0.096hi
				N_3	160.0defg	2 452.19efg	5.38e	40.56gh	0.133bcd
亏水	充分灌水	充分灌水	充分灌水	N_0	154.3efgh	2 231.97fgh	6.30bc	46.48d	0.136abc
				N_1	176.4bc	3 057.96ab	5.47e	56.57b	0.097hi
				N_2	152.2fgh	2 529.46def	3.53j	40.32gh	0.088i
				N_3	150.8fgh	2 447.61efg	4.78f	37.99hi	0.126de
充分灌水	亏水	充分灌水	充分灌水	N_0	151.6fgh	2 058.40h	5.90d	41.16fg	0.143a
				N_1	169.1cd	2 907.58bc	5.47e	45.89de	0.119e
				N_2	150.0gh	2 403.44efg	3.43j	36.13i	0.095hi
				N_3	143.3h	2 262.03fgh	4.00h	31.59j	0.127cde
充分灌水	充分灌水	亏水	充分灌水	N_0	161.2defg	2 201.55gh	6.20c	43.93def	0.141ab
				N_1	180.7ab	3 123.36ab	5.50e	51.15c	0.108f
				N_2	160.0defg	2 616.43de	3.37j	37.17i	0.091hi
				N_3	152.0fgh	2 440.06efg	4.41g	35.52i	0.124de
充分灌水	充分灌水	充分灌水	亏水	N_0	168.3cd	2 055.05h	6.47b	45.28de	0.143a
				N_1	189.0a	2 748.05cd	5.79d	53.06c	0.109f
				N_2	162.5def	2 502.98defg	3.73i	37.97hi	0.098gh
				N_3	161.2defg	2 365.96efg	4.84f	35.66i	0.136abc
显著性检验(F 值)									
水分					67.651**	7.946**	32.755**	32.047**	4.435*
氮肥					252.164**	107.797**	336.222**	157.918**	143.999**
水分×氮肥					0.233	0.748	5.16	2.022	1.859

注：表中小写字母表示 P=5%水平下显著性差异，*表示差异显著，**表示差异极显著。下同

表 7-3 表明，任何两个生育期水分亏缺都对玉米株高产生了极显著的影响。在不同施氮水平(N_0、N_1、N_2、N_3)下，苗期+拔节期连续亏水株高与对照相比分别降低了 13.27%、15.65%、14.65%、16.86%，N_1、N_2、N_3 水平之间差异极显著，但水氮组合效应不明显，复水 30 d、53 d 后各氮水平株高由于前期持续亏水几乎没有获得补偿。苗期+灌浆期亏水和拔节期+灌浆期亏水在 N_0、N_1、N_2、N_3 水平下，株高比充分灌水分别降低了 6.00%、2.96%、8.59%、12.67%及 7.15%、5.81%、18.99%、23.82%，不同氮肥水平之间差异极显著，水分和氮素组合效应对株高影响也极显著，复水 23 d 后，不同氮肥水平对亏水产生的抑制作用补偿不大。苗期+成熟期亏水和灌浆期+成熟期亏水对株高影响不大，N_0、

N_1、N_2、N_3 水平与对照相比分别降低了 1.40%、2.00%、2.77%、9.31%及 3.40%、5.96%、7.21%、9.94%，拔节期+成熟期亏水在不同施氮水平下，株高比对照分别降低了 6.23%、9.02%、14.42%、12.88%。任何两个生育期亏水都与充分灌水之间差异极显著，任一亏水条件下，不同氮素水平之间差异极显著，水氮组合效应也达极显著水平。表明任何两个生育期水分亏缺都对玉米株高产生一定的影响，对苗期+拔节期亏水和拔节期+灌浆期亏水组合影响极大，但对苗期+成熟期亏水和灌浆期+成熟期亏水组合影响不大，后期补偿效应都不明显，主要是由于玉米苗期需水量少，成熟期植株生长能力微弱，亏水不会对株高的生长有明显的抑制作用，拔节期是玉米的需水关键期，亏水会严重影响植株的伸长。

表 7-3　两个生育期水分亏缺和氮营养对玉米生长的影响

水分处理				施氮水平	株高 / cm	叶面积 /(cm^2 · 株$^{-1}$)	根系干物质 /(g · 株$^{-1}$)	地上干物质 /(g · 株$^{-1}$)	根冠比
苗期	拔节期	灌浆期	成熟期						
充分灌水	充分灌水	—	—	N_0	157.5a	1677.34d	5.98a	37.70a	0.159cd
				N_1	157.8a	2592.97a	5.13b	40.58a	0.126de
				N_2	136.5b	2113.55b	3.16e	29.85b	0.106e
				N_3	130.5bc	2020.98c	4.37c	22.54d	0.194abc
亏水	亏水	—	—	N_0	136.6b	1645.78d	4.49c	25.65cd	0.176bcd
				N_1	133.1bc	1590.28e	3.77d	27.91bc	0.212ab
				N_2	116.5d	1502.49f	2.91f	14.56e	0.204abc
				N_3	108.5e	1420.89g	2.56g	11.20e	0.230a
显著性检验(F 值)									
水分					469.84**	2236.632**	578.086**	223.052**	9.4*
氮肥					184.893**	257.509**	375.283**	89.222**	1.655
水分×氮肥					0.662	283.578**	43.956**	1.127	3.261
充分灌水	充分灌水	充分灌水	—	N_0	161.6bc	3317.64de	7.49a	41.47a	0.181bcde
				N_1	172.1a	4218.60a	6.60b	42.53a	0.156efg
				N_2	160.1c	3841.32c	4.20de	38.70b	0.109i
				N_3	158.7d	3448.35d	6.18b	29.49d	0.210a
亏水	亏水	充分灌水	—	N_0	147.6d	3234.23efg	4.41de	23.08f	0.191abc
				N_1	159.8c	3851.08c	4.01ef	26.27e	0.153fg
				N_2	134.2ef	3100.89gh	2.57ij	13.12h	0.196ab
				N_3	128.4f	3037.43h	2.40j	12.91h	0.186abcd
亏水	充分灌水	亏水	—	N_0	151.9d	3289.66ef	5.69c	30.34d	0.188abcd
				N_1	167.0ab	4103.53ab	4.37de	34.91c	0.125hi
				N_2	146.4d	3210.2efg	3.59fg	25.41e	0.141gh
				N_3	138.6e	3126.78fgh	3.25gh	19.32g	0.169bcdefg
充分灌水	亏水	亏水	—	N_0	150.1d	3220.09efg	5.25c	29.51d	0.178bcdef
				N_1	162.1bc	4057.96b	4.64d	31.21d	0.148gh
				N_2	129.7f	3161.86efgh	3.36gh	20.32g	0.167cdefg

续表

水分处理				施氮水平	株高/cm	叶面积/(cm^2·株$^{-1}$)	根系干物质/(g·株$^{-1}$)	地上干物质/(g·株$^{-1}$)	根冠比
苗期	拔节期	灌浆期	成熟期						
充分灌水	亏水	亏水	—	N_3	120.9g	3102.13gh	2.92hi	18.13g	0.161defg
显著性检验(F值)									
水分					12.221**	6.344*	22.361**	64.005**	0.884
氮肥					18.338**	34.358**	18.144**	39.085**	2.948
水分×氮肥					7.637**	7.703**	10.263**	7.108**	7.934**
充分灌水	充分灌水	充分灌水	充分灌水	N_0	164.6cd	2311.9fgfhij	7.20a	51.56bc	0.140a
				N_1	184.6a	3266.17a	6.47b	60.83a	0.106fgh
				N_2	162.3de	2572.59def	4.16kl	43.29fgh	0.096hijk
				N_3	160.0defg	2452.19efgh	5.38ef	40.56ghijk	0.132ab
亏水	亏水	充分灌水	充分灌水	N_0	152.5ijk	1703.89l	5.22efg	41.14ghij	0.127bcd
				N_1	156.1fghij	2703.06cde	4.39jk	46.35def	0.094ijk
				N_2	144.1lm	2036.28jk	3.36p	38.60ijklm	0.087k
				N_3	138.8m	2213.78hij	3.93lmn	34.22m	0.115ef
亏水	充分灌水	亏水	充分灌水	N_0	154.4hijk	1893.71kl	5.84c	44.53efg	0.131abc
				N_1	160.9def	2943.27bc	5.10fgh	48.69cde	0.105fghi
				N_2	145.4l	2354.07fghi	3.49op	39.56hijkl	0.088k
				N_3	141.1lm	2302.5fghij	3.99lm	35.55lm	0.112efg
亏水	充分灌水	充分灌水	亏水	N_0	162.3de	2233.76ghij	6.42b	48.25cde	0.134ab
				N_1	180.9a	3146.41ab	5.82cd	54.46b	0.107fgh
				N_2	157.8efg	2392.79fghi	3.95lmn	42.16fghi	0.093ijk
				N_3	145.1l	2523.84defg	4.94ghi	38.58ijklm	0.128abcd
充分灌水	亏水	亏水	充分灌水	N_0	150.8jk	1667.18l	5.35ef	39.26hijkl	0.137ab
				N_1	155.2ghijk	2756.95cd	4.65ij	46.06def	0.101ghij
				N_2	143.1lm	2103.83ijk	3.41p	36.53klm	0.093ijk
				N_3	125.3n	2239.94ghij	4.11klm	34.14m	0.120cde
充分灌水	亏水	充分灌水	亏水	N_0	154.4hijk	1861.61kl	5.52de	42.19fghi	0.131abc
				N_1	168.0c	2899.29bc	4.81hi	49.52cd	0.097hijk
				N_2	138.9m	2302.9fghij	3.64nop	39.37hijkl	0.093jk
				N_3	139.4m	2348.9fghi	4.26kl	35.81lm	0.119de
充分灌水	充分灌水	亏水	亏水	N_0	159.0efgh	2034.98jk	6.46b	48.34cde	0.133ab
				N_1	173.6b	3150.53ab	5.85c	54.26b	0.108fgh
				N_2	150.6k	2365.90fghi	3.81mno	41.58ghi	0.091jk
				N_3	144.1lm	2415.92fgh	4.78hi	36.88jklm	0.130abcd
显著性检验(F值)									
水分					15.446**	23.261**	23.581**	17.768**	6.697**
氮肥					48.623**	217.621**	124.806**	101.843**	206.002**
水分×氮肥					6.749**	0.728	5.041**	1.576	0.951

7.2.3 水分亏缺和氮营养对玉米叶面积的影响

叶面积是作物的形态指标之一，叶面积的大小是作物光合特性的直接表征因素，它的生长发育与水分和肥料密切相关。由表 7-2、表 7-3 可以看出，在不同施氮条件下，任何一个生育期水分亏缺玉米叶面积的生长趋势是：低氮>中氮>高氮>不施氮，且不同水分之间和不同氮肥之间差异显著。任何两个生育期水分亏缺条件下，低氮水平的玉米叶面积也是最大。

表 7-2 表明，苗期亏水在不同施氮水平(N_0、N_1、N_2、N_3)下与充分灌水相比叶面积分别降低了 10.39%、15.78%、13.91%、13.98%，复水 20 d 后对叶面积的生长补偿作用明显，复水 50 d 后 N_0、N_1、N_2 水平比充分灌水降低了 6.03%、0.34%、1.56%，而 N_3 水平比充分灌水条件提高了 0.25%，不同氮素水平之间差异显著。拔节期亏水对叶面积有极明显的影响，N_0、N_1、N_2、N_3 水平与对照相比分别降低了 27.82%、25.34%、14.54%、23.91%，复水 30 d、53 d 后，不同氮素水平处理比充分灌水分别降低了 14.56%、14.5%、13.53%、11.14%和 10.96%、10.98%、6.58%、7.75%，不同氮水平之间差异极显著，水氮组合效应对叶面积的影响显著。灌浆期亏水对叶面积的扩张在不同施氮水平下差异显著，与对照相比分别降低了 8.27%、7.21%、5.71%、6.89%，复水 23 d 后不同施氮水平的叶面积增长较快，与充分灌水条件无显著性差异，各氮肥水平之间差异显著。N_0、N_1、N_2、N_3 水平下成熟期亏水比充分灌水分别降低了 11.11%、15.86%、2.71%、3.52%，不同氮肥水平之间差异显著。表明任何一个生育期水分亏缺都对叶面积的生长产生一定的抑制作用，拔节期表现尤为明显，苗期亏水复水后对叶面积的补偿效应明显，拔节期亏水复水后补偿效应不明显，说明拔节期是玉米需水关键期，不能亏水，苗期可以进行适当的亏水，灌浆期在肥料充足的条件下可以亏水。

表 7-3 表明，苗期+拔节期亏水对施氮条件下的叶面积产生极大的抑制作用，与充分灌水相比，N_0、N_1、N_2、N_3 水平下叶面积比对照分别降低了 1.88%、38.67%、28.91%、29.69%，复水 30 d 后有一定的补偿作用，复水 53 d 后补偿作用微弱，水分条件和氮肥条件及水氮组合条件都对叶面积的生长产生了极显著的影响。苗期+灌浆期亏水和拔节期+灌浆期亏水在 N_0、N_1、N_2、N_3 水平下叶面积比对照分别降低了 0.84%、2.73%、16.43%、9.33%和 2.94%、3.81%、17.69%、10.04%，施氮条件下亏水对叶面积影响显著，但各氮水平之间除低氮外差异均不显著。复水 23 d 后，叶面积由于亏水带来的抑制作用几乎得不到补偿，拔节期+灌浆期亏水条件下长势持续下降。苗期+成熟期亏水和灌浆期+成熟期亏水在施氮条件下对叶面积影响不大，但拔节期+成熟期亏水在不同施氮水平下叶面积比对照分别降低了 19.48%、11.22%、10.48%、4.21%，差异极显著，这与对株高的影响规律一致，且充分灌水及各亏水条件下，N_0、N_1、N_2 水平之间差异显著，与 N_3 水平之间差异不显著。表明任何两个生育期水分亏缺都对叶面积产生很大的抑制作用，苗期+拔节期亏水和拔节期+灌浆期亏水情况表现尤为明显，复水补偿效应不明显，任一亏水组合情况下不同氮肥水平之间差异显著。

7.2.4 水分亏缺和氮营养对玉米干物质累积及根冠比的影响

7.2.4.1 水分亏缺和氮营养对玉米根系干物质的影响

由表 7-2、表 7-3 可以看出，在不同施氮水平下，任一生育期水分亏缺及任两个生育期水分亏缺均对玉米根系干物质产生极大的影响。根系干物质随着生长阶段的推进增幅很大，但对于一个生育期水分亏缺的情况，生长到成熟期根系干物质有降低的趋势。不同施氮水平在任一生育期亏水条件下，玉米根系干物质量由高到低的顺序是：不施氮、低氮、高氮、中氮，任两个生育期亏水条件下玉米根系干物质量表现为不施氮水平最大，低氮水平次之，中氮和高氮水平最小，这主要是因为高氮处理使土壤硝态氮含量偏大，作物的正常生理活动受阻，抑制了根系对土壤中的水分和养分的吸取，限制了根系生长，降低了干物质量。这与姜琳琳等(2011)研究结果：高量供氮会抑制根系的生长，导致根冠比下降一致。且 4 种氮肥水平之间及每一种氮肥水平在各种亏水条件下差异显著。

由表 7-2 可以看出，苗期亏水对根系干物质的累积产生了一定的影响，与充分灌水相比，N_0、N_1、N_2、N_3 水平比对照分别降低了 12.50%、12.12%、10.17%、11.11%，且 N_0、N_1、N_2 水平之间差异显著，与 N_3 水平之间差异不显著，复水 20 d、50 d、73 d 后有一定的补偿效应。拔节期亏水对根系干物质累积产生了极显著的影响，N_0、N_1、N_2、N_3 水平比充分灌水分别降低了 22.07%、22.22%、22.47%、32.49%，不同氮肥水平之间差异极显著，复水 30 d、53 d 后对根系的生长有一定的恢复作用，但不明显。灌浆期亏水根系干物质量在不同氮肥水平下比充分灌水分别降低了 15.09%、14.7%、17.62%、16.67%，水分处理、氮肥处理及水氮处理对根系干物质影响极显著，复水 23 d 后补偿效应不明显。成熟期亏水在不同施氮水平下对根系干物质量也产生了显著的降低作用。表明任一生育期水分亏缺均对玉米根系干物质量的增长产生了抑制作用，拔节期和灌浆期亏水抑制作用最明显，复水补偿效应不明显，不同氮素水平之间差异显著。

由表 7-3 可以看出，任何两个生育期水分亏缺均对根系干物质产生了极显著的影响，苗期+拔节期亏水在 N_0、N_1、N_2、N_3 水平下比对照分别降低了 24.92%、26.34%、7.98%、41.56%，复水 30 d 后，根系扩张能力继续下降，不同氮肥条件下根系干物质量比对照分别降低了 41.11%、39.24%、38.79%、61.17%，N_0、N_1、N_2、N_3 水平之间差异极显著。苗期+灌浆期亏水和拔节期+灌浆期亏水在不同施氮水平下均对根系干物质量产生了极显著的抑制作用，与对照相比分别降低了 24.03%、33.79%、14.52%、47.41% 及 29.93%、29.71%、20.04%、52.71%，可见在这两种亏水组合下高氮水平的干物质量最小，对其影响最明显，复水 23 d 后，对高氮水平的补偿能力也较其他氮水平大。苗期+成熟期亏水和灌浆期+成熟期亏水在不同施氮条件下对根系干物质量的抑制作用较拔节期+成熟期亏水小，N_0、N_1、N_2、N_3 水平之间差异极显著，这与株高和叶面积的生长规律一致。表明任何两个生育期亏水对根系干物质的抑制作用较株高和叶面积更显著，亏水对高氮水平根系干物质量的降低作用比其他氮水平都大，各氮肥之间及水氮组合之间差异极显著。

7.2.4.2 水分亏缺和氮营养对玉米地上干物质的影响

由表 7-2 和表 7-3 可以看出，任何一个生育期水分亏缺或任何两个生育期水分亏缺玉米地上部干物质量变化趋势表现为：低氮>不施氮>中氮>高氮，不同氮肥水平之间差异极显著。

表 7-2 表明，苗期亏水在 N_0、N_1、N_2、N_3 水平下地上部干物质量比对照分别降低了 13.71%、12.15%、12.58%、11.94%，后期持续复水有较明显的补偿效应，N_1、N_2、N_3 水平之间差异显著。拔节期是玉米快速生长的时期，亏水对地上部干物质的累积产生了极大的抑制作用，与充分灌水相比，不同施氮水平地上干物质量分别降低了 29.92%、31.44%、27.08%、26.04%，复水 30 d、53 d 后补偿效应甚微，亏水条件下不同氮肥之间差异极显著。灌浆期亏水和成熟期亏水地上干物质在不同氮肥水平下比对照分别降低了 18.40%、18.60%、18.63%、19.87%及 12.18%、12.77%、12.29%、12.11%，各氮肥水平之间差异极显著，可见，任何一个生育期水分亏缺对地上部干物质量的抑制作用都比较显著，对低氮水平的抑制最大，除灌浆期亏水外，其他生育期亏水各氮水平之间差异显著。

表 7-3 表明，任何两个生育期水分亏缺均对玉米地上干物质量产生很大的降低作用。在不同施氮水平下，苗期+拔节期亏水地上干物质量比对照分别降低了 31.96%、31.22%、51.21%、50.33%，复水 30 d 后，连续两个生育期亏水造成的抑制作用没有得到补偿，反而继续加剧，N_1、N_2 水平之间差异显著，与 N_0、N_3 水平之间差异不显著。苗期+灌浆期亏水和拔节期+灌浆期亏水在不同施氮水平下比对照分别降低了 26.86%、17.91%、34.34%、34.47%及 28.85%、26.61%、47.50%、38.51%，复水补偿效应较小，在亏水条件下，N_0、N_1、N_2 水平之间差异显著，与 N_3 水平差异不显著。苗期+成熟期亏水和灌浆期+成熟期亏水在不同施氮条件下对地上部干物质影响相对较小，拔节期+成熟期亏水在不同施氮条件下地上干物质量比对照分别降低了 18.16%、18.59%、9.06%、11.71%，不同氮肥水平之间差异显著。表明拔节期是作物缺水敏感期，亏水对地上部的生长产生很大的影响，若与其他生育期组合亏水，则对植株的抑制作用更大，且复水恢复生长能力微弱，不同氮肥梯度之间的差异也明显。

7.2.4.3 水分亏缺和氮营养对玉米根冠比的影响

表 7-2 表明，玉米植株在不同生育期亏水对根冠比有不同程度的提高。苗期亏水对茎叶和根系的生长影响不明显，根冠比在 N_0、N_1、N_2、N_3 水平下比充分灌水分别提高了 1.75%、0.55%、1.61%、0.53%，复水 20 d、50 d、73 d 后，不施氮和低氮水平对根系生长的补偿作用较茎叶明显，中氮和高氮水平对茎叶生长的补偿效应明显。N_0、N_1、N_2 水平在拔节期亏水条件下极大地抑制了茎叶的生长，与充分灌水相比，根冠比分别提高了 11.32%、14.29%、5.66%，N_3 水平根冠比降低了 8.76%，复水 30 d 后，不同施氮水平对根系的促进作用较茎叶大，灌浆期和成熟期亏水均能不同程度地提高根冠比。由此可

见，亏水对茎叶的抑制作用较根系大，根冠比增加，氮素水平在整个生育期内对根冠比的影响极显著，不同水氮组合在拔节期根冠比差异极显著。

表 7-3 表明，苗期+拔节期亏水在施氮条件下对根冠比影响极大，N_0、N_1、N_2、N_3 水平下根冠比比对照分别增大了 10.93%、67.67%、92.35%、18.40%，复水 30 d 后，低氮和高氮水平的根冠比与对照相比分别降低了 1.62%、11.18%，不施氮和中氮水平比对照分别增加了 5.72%、80.15%，复水 53 d 后，不同施氮水平下根冠比与对照相比均有所降低。苗期+灌浆期亏水在 N_0 和 N_2 水平根冠比比对照分别增大了 3.87%、29.36%，N_1 和 N_3 水平比对照分别降低了 19.87%、19.52%，拔节期+灌浆期亏水在 N_2 水平根冠比比对照增大了 53.62%，在 N_0、N_1、N_3 水平根冠比比对照分别减小了 1.52%、4.31%、23.19%，复水 23 d 后，不同施氮水平根冠比都有所降低。苗期+成熟期亏水和灌浆期+成熟期亏水除 N_1 水平根冠比分别增大 0.45%和 1.38%外，N_0、N_2、N_3 水平与对照相比分别降低了 4.74%、2.20%、3.06%和 4.40%、4.59%、2.11%，拔节期+成熟期亏水在各施氮水平下根冠比均小于充分灌水条件。表明苗期+拔节期亏水对茎叶的抑制作用远远大于对根系的抑制作用，复水对低氮水平的茎叶补偿作用相当明显，苗期+灌浆期亏水和拔节期+灌浆期亏水对中氮水平茎叶的抑制作用大于对根系的抑制作用，苗期+成熟期亏水和灌浆期+成熟期亏水对根系和茎叶的生长影响都不明显，根冠比与对照差异不显著。

7.2.5 水分亏缺和氮营养对玉米根系活力的影响

根系活力标志着根系吸收养分和水分能力的强弱，而根系活力的强弱又与酶活性和蛋白质含量有关。除了与这些遗传因子有关外，根系的生长发育在很大程度上受土壤水分和养分等环境条件的控制。由表 7-4、表 7-5 可以看出，根系活力在整个生育期内呈现出先增大后减小的趋势，在不同施氮条件下，任何一个生育期水分亏缺或任何两个生育期水分亏缺对夏玉米根系活力影响显著，各氮肥水平之间差异极显著，总体变化趋势表现为：低氮>不施氮>中氮>高氮。

表 7-4 表明，苗期亏水对根系活力有极大的促进作用，在 N_0、N_1、N_2、N_3 水平下，根系活力比对照分别提高了 16.09%、19.32%、8.15%、12.07%，复水 20 d、50 d 后，根系活力比充分灌水条件仍有略微的增大，复水 73 d 后，根系活力在不同氮肥水平（N_0、N_1、N_2、N_3）下比对照分别降低了 14.31%、19.50%、5.01%、7.85%。拔节期亏水对根系的活性有很大的抑制作用，不同施氮水平（N_0、N_1、N_2、N_3）根系活力比对照降低了 33.60%、36.40%、33.27%、31.74%，差异极显著，各氮肥水平间差异显著，复水 30 d、53 d 后，对根系的活性均有不同程度的补偿。灌浆期亏水在不同施氮水平（N_0、N_1、N_2、N_3）下根系活力比对照分别降低了 20.38%、20.88%、19.34%、16.20%，N_0、N_1、N_3 水平之间差异显著，与 N_2 水平差异不显著，复水 23 d 补偿作用甚微。成熟期根系生长能力较弱，亏水后根系得不到充足的水分，对其活性影响很大，与对照相比，不同施氮水平（N_0、N_1、N_2、N_3）根系活力分别降低了 30.30%、27.41%、31.43%、29.03%，N_0、N_1、N_2 水平之间差异显著，与 N_3 水平差异不显著。表明任何一个生育期亏水和不同施氮水平对根系活力的影响极显著，水分和氮肥组合差异不明显。苗期亏水增大了根系活力，复水后促进作用逐渐减小，拔节

期亏水极大地降低了根系活力，成熟期亏水根系活力降低也很大。

表 7-4　一个生育期水分亏缺和氮营养对玉米根系活力的影响

处理	施氮水平	根系活力/(mg · g^{-1} · h^{-1})			
		播种后 12 d	播种后 32 d	播种后 62 d	播种后 85 d
充分灌水	N_0	0.149c	0.344bcd	0.045cd	0.066e
	N_1	0.176b	0.379ab	0.069a	0.135a
	N_2	0.135cd	0.326cd	0.038def	0.035h
	N_3	0.116d	0.254e	0.032efg	0.031hij
苗期亏水	N_0	0.173b	0.365abc	0.046c	0.057f
	N_1	0.210a	0.403a	0.071a	0.109c
	N_2	0.146c	0.339bcd	0.040cde	0.033hi
	N_3	0.130cd	0.264e	0.032efg	0.028hij
拔节期亏水	N_0	0.148c	0.229e	0.039de	0.060ef
	N_1	0.173b	0.241e	0.057b	0.121b
	N_2	0.131cd	0.217e	0.032efg	0.030hij
	N_3	0.116d	0.173f	0.028g	0.029hij
灌浆期亏水	N_0	0.143c	0.356bcd	0.036ef	0.055f
	N_1	0.177b	0.377ab	0.054b	0.114bc
	N_2	0.127cd	0.318d	0.031fg	0.030hij
	N_3	0.116d	0.249e	0.027g	0.027hij
成熟期亏水	N_0	0.147c	0.342bcd	0.044cd	0.046g
	N_1	0.177b	0.371ab	0.066a	0.098d
	N_2	0.133cd	0.320d	0.039de	0.024ij
	N_3	0.118d	0.250e	0.034efg	0.022j
显著性检验(F值)					
水分		17.772**	55.443**	17.505**	0.9801**
氮素		162.54**	82.503**	204.493**	41.5572**
水分×氮肥		0.511	0.93	0.883	0.1351**

表 7-5　两个生育期水分亏缺和氮营养对玉米根系活力的影响

处理	施氮水平	根系活力/(mg · g^{-1} · h^{-1})			
		播种后 12 d	播种后 32 d	播种后 62 d	播种后 85 d
充分灌水	N_0	0.149c	0.344cde	0.045fg	0.066efg
	N_1	0.176b	0.379abc	0.068ab	0.135a
	N_2	0.135cd	0.326de	0.038fghij	0.035jklm
	N_3	0.116d	0.254gh	0.032hijk	0.031klm
苗期+拔节期亏水	N_0	0.173b	0.28fg	0.039ghij	0.060fgh
	N_1	0.210a	0.326de	0.063bc	0.082de
	N_2	0.146c	0.244gh	0.033hijk	0.031klm
	N_3	0.130cd	0.159i	0.029k	0.041ijkl

续表

处理	施氮水平	根系活力/(mg · g^{-1} · h^{-1})			
		播种后 12 d	播种后 32 d	播种后 62 d	播种后 85 d
苗期+灌浆期亏水	N_0	0.173b	0.365abcd	0.039fghi	0.047hijk
	N_1	0.210a	0.393ab	0.072a	0.106bc
	N_2	0.146c	0.339cde	0.041fgh	0.067efg
	N_3	0.130cd	0.264gh	0.028k	0.031klm
苗期+成熟期亏水	N_0	0.173b	0.365abcd	0.046ef	0.063fgh
	N_1	0.210a	0.403a	0.071ab	0.121ab
	N_2	0.146c	0.339cde	0.04fghi	0.036ijklm
	N_3	0.130cd	0.264gh	0.032hijk	0.029klm
拔节期+灌浆期亏水	N_0	0.148c	0.229h	0.035hijk	0.054fghi
	N_1	0.173b	0.241gh	0.060cd	0.071ef
	N_2	0.131cd	0.217h	0.034hijk	0.028klm
	N_3	0.116d	0.173i	0.029jk	0.024lm
拔节期+成熟期亏水	N_0	0.148c	0.229h	0.039fghij	0.036ijklm
	N_1	0.173b	0.241gh	0.057cd	0.097cd
	N_2	0.131cd	0.217h	0.032hijk	0.051ghij
	N_3	0.116d	0.173i	0.028k	0.021m
灌浆期+成熟期亏水	N_0	0.143c	0.356bcde	0.036ghijk	0.068efg
	N_1	0.177b	0.377abc	0.054de	0.105bc
	N_2	0.127cd	0.318def	0.031ijk	0.038ijklm
	N_3	0.116d	0.249gh	0.027k	0.030klm
显著性检验(F 值)					
水分		19.605**	54.493**	7.778**	1.239
氮素		197.456**	71.114**	189.837**	36.441**
水分×氮肥		0.633	1.295	1.074	6.536**

由表 7-5 可以看出，在上述各种亏水组合条件下，拔节期根系活力最大，最大值为 0.379 mg · g^{-1} · h^{-1}，灌浆期根系活力相对最小，最小值为 0.021 mg · g^{-1} · h^{-1}。苗期+拔节期亏水对根系活力降低很大，与充分灌水相比，不同施氮水平比对照分别降低了 18.60%、13.98%、25.15%、37.40%，N_1、N_2、N_3 水平之间差异显著，复水对根系活力有一定的恢复作用，表现最明显的是复水 53 d 后对高氮水平的促进作用达 33.72%。苗期+灌浆期亏水条件下根系活力在生育期前期均大于充分灌水条件，至灌浆期 N_1、N_2 水平的根系活力仍分别比对照增大了 5.80%、7.10%、N_0、N_3 水平分别比对照降低了 12.80%、11.94%，N_1、N_2、N_3 水平之间差异极显著，复水后低氮和不施氮水平根系活力得不到恢复，而中氮和高氮水平有很大的促进作用；拔节期+灌浆期亏水在不同施氮条件下根系活力比对照分别降低了 21.73%、12.82%、11.04%、9.28%，复水对施氮水平的根系活力几乎没有补偿作用。苗期+成熟期亏水条件下，N_2 水平的根系活力比对照增大 3.31%，其他氮水平都有略微的降低；拔节期+成熟期亏水条件下 N_1、N_2 水平根系活力分别比对照增大了

37.31%、81.51%，N_0、N_3 水平分别比对照降低了 33.19%、12.10%；灌浆期+成熟期亏水在不同施氮条件下根系活力比对照分别增大了 26.18%、48.25%、35.21%、24.36%。表明苗期+拔节期亏水和拔节期+灌浆期亏水在各氮素水平下均降低了根系活力，且前期水分亏缺对中氮和高氮水平的抑制作用较大，后期水分亏缺对不施氮和低氮水平的抑制作用较大，4 种氮素水平之间差异极显著，说明生育前期高浓度的氮素加剧了根系由于亏水带来的抑制作用，而后期高浓度的氮素却起到了补偿作用，灌浆期+成熟期亏水在各氮素水平下增大了根系活力，这种反弹现象与赵秉强等（2001）对间套早春玉米根系活力的研究一致。

7.2.6 结论

本部分研究一个生育期水分亏缺和两个生育期水分亏缺条件下施氮对玉米株高、叶面积、地上干物质、根系干物质、根冠比及根系活力的影响，表明以下几点。

A. 拔节期亏水、苗期+拔节期亏水、拔节期+灌浆期亏水在不同施氮水平下均对玉米各形态指标及根系活力产生极显著的影响，复水补偿效应不明显。

B. 苗期亏水、成熟期亏水、苗期+成熟期亏水、灌浆期+成熟期亏水在各施氮水平下均对株高、叶面积、根系干物质、地上干物质及根冠比影响不大，但对不施氮和低氮水平的叶面积影响大于中氮和高氮水平，亏水对茎叶的抑制作用较根系明显，根冠比增加；苗期亏水、灌浆期+成熟期亏水均对各施氮水平下的根系活力有增大作用。

C. 在试验的土壤肥力水平下，低氮水平玉米植株长势最好，叶面积最大，地上干物质累积最多，根系活力最旺盛，不施氮水平次之，除对叶面积的影响外，中氮和高氮水平下各指标最小；根系干物质表现为不施氮水平最大，低氮水平次之，4 种施氮水平差异显著。因此，生产实践中可以进行适当的调水调肥，以达到节水节肥高产的目的。

7.3 水分亏缺和氮营养对玉米氮素吸收和利用的影响

水分和肥料是影响作物生长与吸收的两大重要因素，近些年来许多学者关于水、肥对作物生长的效应进行了大量的研究工作，也取得了许多研究成果。李秀芳等（2011）研究表明，夏玉米干物质积累量与植株全 N、K 的积累量变化趋势基本一致，植株内全 N、K 积累量以拔节—大喇叭口阶段最多，施肥促进了根系活跃吸收能力，养分吸收积累量增多，生育期灌水也能促进根系生长和对养分的吸收。张家铜等（2009）研究表明：与不施肥相比，施氮肥增加了整株玉米及籽粒中干物质和氮的积累，根、茎、叶、穗轴的干物质和氮积累均有先增加后降低的趋势，同一取样时期，不同处理玉米体内干物质和氮积累随施氮量增加而增加。王丽梅等（2010）关于水、氮供应对玉米冠层营养器官干物质和氮素累积、分配的影响研究表明：除 11 叶期外，施氮可显著提高叶片和茎鞘单位干重氮素含量；施氮条件下，充分供水有利于叶片和茎鞘单位干重氮素累积；而氮素胁迫时，充分供水反而不利于单位干重氮素累积，无论水、氮供应情况如何，各生育时期氮素累积主要部位均为叶片。但这些关于氮素吸收利用的研究主要集中在单独的水分因素或氮肥因素，或对某一生育阶段的研究，将不同生育期水分亏缺和氮素结合起来的研究比较少。本部分通过盆栽试验研究了不同生育期水分亏缺和氮营养对玉米根系、茎叶含氮量和吸氮量的影响，为进一步研究水分和氮素对玉米植株体内氮营养的调节提供了理论依据。

7.3.1 研究内容与方法

7.3.1.1 试验区概况

试验在西北农林科技大学旱区农业水土工程教育部重点实验室进行，试验于 2009 年 6～10 月在西北农林科技大学旱区农业水土工程教育部重点实验室遮雨棚中进行。试验方案同上一节。

7.3.1.2 测定项目及测定方法

1）植株养分含量的测定

烘干、磨细玉米植株根系和茎叶样品，称取0.2 g过筛后的样品和1.85 g混合加速剂，置于消化管中，加浓H_2SO_4 5 ml。摇匀后，瓶口放一个弯颈漏斗在消化炉上消煮，消煮完毕后取下消化管。待消煮液冷却后，用半微量凯氏定氮法（瑞士福斯特卡托公司，Foss Tecator AB全自动定氮仪）测定根系和茎叶的全氮含量，并计算出吸氮量。

2）氮肥表观利用效率

计算公式如下：氮肥表观利用效率（%）=（施氮处理的氮吸收量-未施氮处理的氮吸收量）/氮肥用量×100。

7.3.1.3 数据分析与处理方法

采用 DPS 统计分析软件处理试验数据并进行方差分析，多重比较采用 Duncan 法（$P<0.05$ 显著水平和 $P<0.01$ 极显著水平），文字部分在 Word2003 下进行，用 Excel 和 CAD 进行表格制作及制图。

7.3.2 水分亏缺和氮营养对玉米含氮量的影响

7.3.2.1 水分亏缺和氮营养对玉米根系含氮量的影响

土壤水分和氮素是作物生长必需的物质基础，水分的充足情况及供氮水平的高低直接影响着作物的生长发育和氮素的吸收。表 7-6、表 7-7 是不同生育期水分亏缺对根系和茎叶的含氮量及吸氮量的影响。

N_0、N_1、N_2 水平在苗期亏水条件下根系含氮量比对照分别降低了 2.72%、0.48%、6.39%，N_3 水平比对照增大了 3.18%，各氮水平之间无显著性差异，复水对不施氮和低氮水平促进作用较大，对中氮和高氮水平影响不大。拔节期亏水对根系含氮量影响较大，N_0、N_1、N_2 水平下根系含氮量比对照增大了 18.73%、4.07%、17.66%，N_3 水平比对照降低了 8.11%，N_0、N_1、N_2 水平之间差异显著，与 N_3 水平差异不显著，复水 30 d 后，N_0、N_2、N_3 水平下根系含氮量比对照降低了 10.46%、10.06%、4.83%，N_1 水平比对照增大了 0.07%，复水 53 d 后，各氮水平下根系含氮量比对照分别增大了 11.16%、11.02%、6.54%、6.30%。灌浆期亏水在不同施氮水平下根系含氮量比对照降低了 7.43%、0.13%、1.81%、0.52%，复水后对 N_0、N_1、N_2 水平的根系含氮量有很大的补偿作用，对 N_3 水平还有继续抑制的趋势。成熟期亏水在不同施氮水平下根系含氮量比对照分别增大了 7.26%、6.47%、7.96%、13.85%，各氮肥水平之间差异显著。苗期+拔节期亏水在不同施氮水平（N_0、N_1、N_2、N_3）下根系含氮量比对照分别增大了 40.82%、3.17%、2.66%、1.90%，N_0、N_1、N_3 水平之间差异显著，与 N_2 水平差异不显著，复水 30 d 后各氮水平根系含氮量比对照均有所降低，复水 53 d 后又趋于增大。苗期+灌浆期亏水和拔节期+灌浆期亏水在 N_0、N_1、N_2、N_3 水平下根系含氮量比对照分别降低了 11.92%、7.32%、10.67%、8.74% 和 6.74%、12.48%、7.75%、8.03%，差异不显著，复水 23 d 后，各氮水平下根系含氮量均高于充分灌水条件，且对不施氮水平的促进作用远远大于其他氮水平。苗期+成熟期亏水、拔节期+成熟期亏水及灌浆期+成熟期亏水在不同施氮水平下根系含氮量比对照分别增大了 17.12%、17.12%、4.86%、5.91%和 15.86%、5.43%、9.49%、11.85%及 13.32%、4.01%、3.17%、7.12%，施氮和不施氮水平之间差异显著。表明除灌浆期亏水、苗期+灌浆期亏水、拔节期+灌浆期亏水外其他生育期亏水均不同程度地增大了根系含氮量，苗期和拔节期亏水对高氮水平的根系含氮量有降低作用，成熟期亏水对高氮水平的根系含氮量有明显的增大作用，两个生育期亏水情况对不施氮水平的影响大于其他施氮水平，复水有一定的补偿作用。

表 7-6　一个生育期水分亏缺和氮营养对玉米各器官含氮量及吸氮量的影响

水分处理				施氮水平	根系含氮量/%	茎叶含氮量/%	根系吸氮量/(g · 株$^{-1}$)	茎叶吸氮量/(g · 株$^{-1}$)
苗期	拔节期	灌浆期	成熟期					
充分灌水	—	—	—	N_0	1.8630c	3.7074ab	0.0148a	0.0647a
				N_1	2.0591ab	3.7049ab	0.0135b	0.0670a
				N_2	2.1057ab	3.6384abc	0.0124d	0.0576b
				N_3	2.1315ab	3.8973a	0.0133bc	0.0258d
亏水	—	—	—	N_0	1.8123c	3.3908c	0.0127cd	0.0512c
				N_1	2.0491ab	3.5857bc	0.0119d	0.0570b
				N_2	1.9712bc	3.5052bc	0.0104e	0.0486c
				N_3	2.1993a	3.7469ab	0.0123d	0.0221d
显著性检验（F 值）								
水分					0.571	15.283*	44.356**	20.014*
氮肥					10.485*	7.23	14.256*	72.917**
水分×氮肥					1.236	0.553	2.097	2.676
充分灌水	充分灌水	—	—	N_0	0.8184c	1.1141e	0.0490e	0.4195de
				N_1	1.4562b	1.8564c	0.0745ab	0.7532a
				N_2	1.5899ab	2.2175ab	0.0502de	0.6612b

续表

水分处理				施氮水平	根系含氮量/%	茎叶含氮量/%	根系吸氮量/(g·株$^{-1}$)	茎叶吸氮量/(g·株$^{-1}$)
苗期	拔节期	灌浆期	成熟期					
充分灌水	充分灌水	—	—	N_3	1.8680a	2.294ab	0.0817a	0.5169c
亏水	充分灌水	—	—	N_0	1.1213c	1.4071d	0.0602cd	0.4824cd
				N_1	1.4869b	2.0421bc	0.0683bc	0.7441a
				N_2	1.6522ab	2.2537ab	0.0484e	0.6029b
				N_3	1.7129ab	2.3828a	0.0677bc	0.4873cd
充分灌水	亏水	—	—	N_0	0.9717c	1.3516de	0.0453e	0.3570e
				N_1	1.5155b	2.1851ab	0.0604cd	0.6080b
				N_2	1.8707a	2.2459ab	0.0458e	0.4887cd
				N_3	1.7164ab	2.1733ab	0.0505de	0.3875e
显著性检验(F 值)								
水分					0.506	4.21	3.718	23.82**
氮肥					25.723**	89.653**	5.759*	56.792**
水分×氮肥					1.642	1.023	4.712*	1.303
充分灌水	充分灌水	充分灌水	—	N_0	0.9170c	0.7871e	0.0687d	0.3260g
				N_1	1.4726ab	1.5968d	0.0972a	0.6791bc
				N_2	1.5306a	1.7365bcd	0.0643d	0.6715bc
				N_3	1.5619a	2.0410ab	0.0965a	0.6011cd
亏水	充分灌水	充分灌水	—	N_0	0.9169c	1.0823e	0.0620de	0.4174f
				N_1	1.4984ab	1.8032bcd	0.0894b	0.7124ab
				N_2	1.4615ab	2.1321a	0.0558ef	0.7667a
				N_3	1.5389a	1.9133abc	0.0870bc	0.4970ef
充分灌水	亏水	充分灌水	—	N_0	0.821c	0.8583e	0.0509fg	0.2564g
				N_1	1.4736ab	1.7365bcd	0.0815c	0.5499de
				N_2	1.3766b	2.0542ab	0.0484g	0.5997cd
				N_3	1.4865ab	1.9872abc	0.0672d	0.4170f
充分灌水	充分灌水	亏水	—	N_0	0.8489c	0.9140e	0.0540fg	0.3088g
				N_1	1.4706ab	1.7209cd	0.0829bc	0.5956cd
				N_2	1.5028ab	1.9273abc	0.0520fg	0.6064cd
				N_3	1.5539a	2.1222a	0.0800c	0.5010ef
显著性检验(F 值)								
水分					4.526*	2.217	31.868**	9.691**
氮肥					353.989**	89.502**	120.341**	54.307**
水分×氮肥					0.587	1.325	1.833	2.271
充分灌水	充分灌水	充分灌水	充分灌水	N_0	0.5705f	0.6712e	0.0411g	0.3461g
				N_1	1.1511e	1.2711d	0.0745abc	0.7733a
				N_2	1.4696abcd	1.6288ab	0.0610de	0.7052bc
				N_3	1.4984abc	1.5193abc	0.0805ab	0.6156e
亏水	充分灌水	充分灌水	充分灌水	N_0	0.7209f	0.7574e	0.0454fg	0.3520g

续表

水分处理				施氮水平	根系含氮量/%	茎叶含氮量/%	根系吸氮量/(g·株$^{-1}$)	茎叶吸氮量/(g·株$^{-1}$)
苗期	拔节期	灌浆期	成熟期					
亏水	充分灌水	充分灌水	充分灌水	N_1	1.2744cde	1.237d	0.0697bcd	0.6983bc
				N_2	1.5116abc	1.5333ab	0.0534ef	0.6178de
				N_3	1.4526abcd	1.6110ab	0.0694bcd	0.6116e
充分灌水	亏水	充分灌水	充分灌水	N_0	0.6342f	0.7339e	0.0374g	0.3018g
				N_1	1.2779cde	1.3101d	0.0697bcd	0.6010e
				N_2	1.5657ab	1.6256ab	0.0538ef	0.5869e
				N_3	1.5928ab	1.6486a	0.0638cde	0.5200f
充分灌水	充分灌水	亏水	充分灌水	N_0	0.7506f	0.7492e	0.0466fg	0.3293g
				N_1	1.2465cde	1.3320cd	0.0685bcd	0.6809cd
				N_2	1.5967ab	1.6200ab	0.0537ef	0.6006e
				N_3	1.3677bcde	1.5884ab	0.0603de	0.5641ef
充分灌水	充分灌水	充分灌水	亏水	N_0	0.6119f	0.7564e	0.0396g	0.3424g
				N_1	1.2256de	1.4279bcd	0.0709bcd	0.7573ab
				N_2	1.5865ab	1.6291ab	0.0591de	0.6186de
				N_3	1.7060a	1.6226ab	0.0825a	0.5786ef
显著性检验(*F* 值)								
				水分	1.012	2.538	1.832	8.048**
				氮肥	121.302**	434.345**	35.55**	159.18**
				水分×氮肥	1.112	0.511	2.102	1.894

表 7-7 两个生育期水分亏缺和氮营养对玉米各器官含氮量及吸氮量的影响

水分处理				施氮水平	根系含氮量/%	茎叶含氮量/%	根系吸氮量/(g·株$^{-1}$)	茎叶吸氮量/(g·株$^{-1}$)
苗期	拔节期	灌浆期	成熟期					
充分灌水	充分灌水	—	—	N_0	0.8185d	1.1141d	0.0490b	0.4195bc
				N_1	1.4562b	1.8564c	0.0745a	0.7532a
				N_2	1.5899ab	2.2175ab	0.0502b	0.6612a
				N_3	1.8680a	2.2940a	0.0817a	0.5169b
亏水	亏水	—	—	N_0	1.1526c	1.1622d	0.0516b	0.2979d
				N_1	1.5024b	1.8719bc	0.0567b	0.3350cd
				N_2	1.6322ab	2.2556a	0.0475b	0.3265cd
				N_3	1.9034a	2.3512a	0.0486b	0.2638d
显著性检验(*F* 值)								
				水分	2.443	19.58*	0.2029	2.518
				氮肥	26.462*	3618.802**	0.4484	1.288
				水分×氮肥	1.268	0.014	0.0027**	12.323**
充分灌水	充分灌水	充分灌水	—	N_0	0.9170c	0.7871e	0.0687b	0.3260de
				N_1	1.4726ab	1.5968d	0.0972a	0.6791a
				N_2	1.5306a	1.7365bcd	0.0643bc	0.6715a

续表

水分处理				施氮水平	根系含氮量/%	茎叶含氮量/%	根系吸氮量/(g·株$^{-1}$)	茎叶吸氮量/(g·株$^{-1}$)
苗期	拔节期	灌浆期	成熟期					
充分灌水	充分灌水	充分灌水	—	N_3	1.5619a	2.041abc	0.0965a	0.6011ab
亏水	亏水	充分灌水	—	N_0	0.8386c	1.1219e	0.0370ef	0.2587e
				N_1	1.4316ab	1.6711bcd	0.0574c	0.4388c
				N_2	1.3604ab	2.0678ab	0.0348f	0.2695e
				N_3	1.4819ab	2.1771a	0.0355f	0.2810e
亏水	充分灌水	亏水	—	N_0	0.8076c	0.8816e	0.0459d	0.2675e
				N_1	1.3649ab	1.6292cd	0.0596c	0.5683b
				N_2	1.3672ab	2.0681ab	0.0490d	0.5257b
				N_3	1.4254ab	1.9706abcd	0.0463d	0.3808cd
充分灌水	亏水	亏水	—	N_0	0.8552c	0.9611e	0.0449de	0.2836e
				N_1	1.2888b	1.7815abcd	0.0596c	0.5549b
				N_2	1.4119ab	1.9561abcd	0.0474d	0.3964cd
				N_3	1.4365ab	2.0919ab	0.0419def	0.3792cd
显著性检验(F 值)								
水分					9.528**	4.411*	19.985**	10.358**
氮肥					224.342**	131.291**	5.216*	12.142**
水分×氮肥					0.313	0.516	9.079**	6.424**
充分灌水	充分灌水	充分灌水	充分灌水	N_0	0.5705d	0.6712g	0.0411j	0.3461lm
				N_1	1.1511c	1.2711ef	0.0745abc	0.7733a
				N_2	1.4696ab	1.6288abc	0.0610efg	0.7052b
				N_3	1.4984ab	1.5193bcd	0.0805a	0.6156def
亏水	亏水	充分灌水	充分灌水	N_0	0.6891d	0.6674g	0.0359j	0.2741n
				N_1	1.2200c	1.2677f	0.0534gh	0.5872efg
				N_2	1.5641ab	1.6176abcd	0.0525gh	0.6244cdef
				N_3	1.6860a	1.5148bcd	0.0661cdef	0.5179hi
亏水	充分灌水	亏水	充分灌水	N_0	0.7031d	0.8500g	0.0410j	0.3782kl
				N_1	1.1903c	1.4166cdef	0.0607efg	0.6887bc
				N_2	1.4988ab	1.6823ab	0.0521gh	0.6652bcd
				N_3	1.5286ab	1.5391abcd	0.0610efg	0.5467gh
亏水	充分灌水	充分灌水	亏水	N_0	0.6682d	0.8665g	0.0429ij	0.4172jk
				N_1	1.3483bc	1.4257cdef	0.0783ab	0.7764a
				N_2	1.5410ab	1.6324abc	0.0608efg	0.6881bc
				N_3	1.5870ab	1.5758abcd	0.0784ab	0.6071defg
充分灌水	亏水	亏水	充分灌水	N_0	0.6754d	0.7882g	0.0361j	0.3088mn
				N_1	1.2442c	1.2297f	0.0578fgh	0.5657fgh
				N_2	1.4919ab	1.4872bcde	0.0509hi	0.5430gh
				N_3	1.5350ab	1.3963def	0.0631def	0.4755ij
充分灌水	亏水	充分灌水	亏水	N_0	0.6611d	0.7931g	0.0365j	0.3327lmn

续表

水分处理				施氮水平	根系含氮量/%	茎叶含氮量/%	根系吸氮量/(g · 株$^{-1}$)	茎叶吸氮量/(g · 株$^{-1}$)
苗期	拔节期	灌浆期	成熟期					
充分灌水	亏水	充分灌水	亏水	N_1	1.2137c	1.3996def	0.0583fgh	0.6927b
				N_2	1.6091a	1.7529a	0.0586fgh	0.6895bc
				N_3	1.6760a	1.6321abc	0.0715abcd	0.5820efgh
充分灌水	充分灌水	亏水	亏水	N_0	0.6465d	0.6992g	0.0418j	0.3371lmn
				N_1	1.1974c	1.2595f	0.0700bcde	0.6826bc
				N_2	1.5162ab	1.5610abcd	0.0575fgh	0.6481bcde
				N_3	1.6052a	1.4848bcde	0.0767ab	0.5472gh
显著性检验(F值)								
水分					3.772*	7.901**	8.216**	13.903**
氮肥					640.719**	422.057**	83.289**	194.175**
水分×氮肥					0.362	0.57	1.993*	2.036*

7.3.2.2 水分亏缺和氮营养对玉米茎叶含氮量的影响

由表 7-6 可以看出，苗期茎叶含氮量最大，在亏水条件下，N_0、N_1、N_2、N_3 水平比对照分别降低了 8.54%、3.22%、3.66%、3.86%，复水 20 d、50 d 后补偿能力逐渐增大，复水 73 d 后补偿能力减弱，各氮肥水平之间差异不显著。拔节期亏水在不同施氮水平下茎叶含氮量分别比对照增大了 21.32%、17.71%、1.28%、1.27%，复水对不施氮和低氮水平的含氮量有降低作用，对中氮和高氮水平有增大作用。灌浆期亏水在不同施氮水平下茎叶含氮量比对照分别增大了 16.12%、7.77%、10.98%、3.98%，N_0、N_1、N_3 水平之间差异显著，复水对茎叶含氮量影响不大。成熟期亏水在不同施氮水平下茎叶含氮量比对照分别增大了 12.69%、12.33%、0.01%、6.80%。由表 7-7 可以看出，苗期+拔节期亏水对茎叶含氮量影响不大，与充分灌水相比，不同施氮水平下茎叶含氮量分别增大了 4.32%、0.83%、1.72%、2.49%，N_0、N_1、N_2 水平之间差异显著，复水 30 d 后对各氮肥水平均有补偿作用，复水 53 d 后各氮肥水平下茎叶含氮量比对照有略微的降低，主要由于生育末期根系吸收能力减弱，向茎叶传输能力减弱，并将大量氮素向籽粒转移。苗期+灌浆期亏水在 N_0、N_1、N_2 水平下茎叶含氮量比对照分别增大了 12.01%、2.03%、19.10%，N_3 水平比对照降低了 3.44%，复水后，除 N_2 水平外对其他氮水平补偿效应明显，拔节期+灌浆期亏水在不同施氮水平下茎叶含氮量比对照分别增大了 22.11%、11.57%、12.65%、2.50%，复水后各氮水平下茎叶含氮量均低于对照。苗期+成熟期亏水和拔节期+成熟期亏水在不同施氮水平下茎叶含氮量比对照分别增大了 29.08%、12.16%、0.22%、3.72%和 18.15%、10.11%、7.62%、7.42%，灌浆期+成熟期亏水在不同施氮水平下茎叶含氮量比对照分别降低了 0.30%、0.91%、4.16%、2.27%，各亏水组合下 N_0、N_1、N_2 水平之间差异显著。表明除苗期亏水和灌浆期+成熟期亏水对茎叶含氮量有略微的降低外，其他生育期亏水对茎叶含氮量均有增大作用，在亏水条件下，中、高浓度的氮素抑制了根系对土壤中氮素的吸收，并减弱了向茎叶的传输能力，复水后充足的水分加速了中、高氮水平下氮素向茎叶的运输速率，反而不利于不施氮和低氮水平氮素的吸收和传输。

7.3.3　水分亏缺和氮营养对玉米吸氮量的影响

7.3.3.1 水分亏缺和氮营养对玉米根系吸氮量的影响

吸氮量为干物质量与含氮量的乘积。由表 7-6、表 7-7 可以看出，随着生育阶段的推进，根系吸氮量逐渐增大，到生育末期有略微的降低，苗期最小值为 0.0104 g · 株$^{-1}$，灌浆期最大值为 0.0972 g · 株$^{-1}$，一个生育期亏水条件根系吸氮量普遍高于两个生育期亏水条件，低氮和高氮水平下根系吸氮量高于不施氮和中氮水平。

任何一个生育期水分亏缺均不同程度地降低了根系的吸氮量。苗期亏水在 N_0、N_1、N_2、N_3 水平下根系吸氮量比对照分别降低了 14.32%、12.22%、16.61%、7.55%，复水 20 d、50 d、73 d 后对 N_0、N_1、N_2 水平的根系吸氮量补偿作用较大。拔节期亏水在不同施氮水平下根系吸氮量比对照分别降低了 7.42%、18.93%、8.77%、38.17%，复水 30 d 后对根系吸收氮素的抑制作用继续加剧，与充分灌水相比，各氮素水平根系吸氮量分别降低了 25.92%、16.20%、24.67%、30.35%，复水 53 d 后有一定的补偿效应。灌浆期亏水在不同施氮水平下根系吸氮量比对照分别降低了 21.38%、14.75%、19.15%、17.13%，N_0 和 N_2 水平与 N_1 和 N_3 水平之间差异显著，复水对 N_0、N_1、N_2 水平的根系吸氮量补偿作用明显。成熟期亏水在 N_0、N_1、N_2 水平下根系吸氮量比对照分别降低了 3.60%、4.74%、3.09%，N_3 水平根系吸氮量比对照增大了 2.47%，各氮水平之间差异显著。苗期+拔节期亏水条件下，N_0 水平根系吸氮量比对照增大了 5.44%，N_1、N_2、N_3 水平根系吸氮量比对照分别降低了 23.99%、5.51%、40.51%，氮肥水平之间差异不显著，复水 30 d 后抑制作用继续加剧，复水 53 d 后有所缓解。苗期+灌浆期亏水和拔节期+灌浆期亏水在不同施氮水平下根系吸氮量比对照分别降低了 33.15%、38.67%、23.75%、52.02%和 34.61%、38.72%、26.23%、56.57%，复水 23 d 后苗期+灌浆期亏水和拔节期+灌浆期亏水在不同施氮水平下根系吸氮量比对照分别降低了 0.28%、18.50%、14.50%、24.19%和 12.15%、22.38%、16.56%、21.61%，补偿作用明显。苗期+成熟期亏水和灌浆期+成熟期亏水对不同施氮条件下的根系吸氮量影响不大，拔节期+成熟期亏水在不同施氮水平下根系吸氮量比对照分别降低了 11.28%、21.75%、3.96%、11.17%，各亏水组合条件下 N_0、N_2、N_3 水平之间差异显著。表明除成熟期亏水、苗期+成熟期亏水和灌浆期+成熟期亏水外其他生育期亏水对根系吸氮量均有很大的降低作用，拔节期亏水和苗期+拔节期亏水后复水根系的吸氮量持续下降，其他生育期亏水后复水补偿作用明显，主要原因在于复水减轻了前期的水分胁迫，促进了根系对土壤中氮素的吸收。

7.3.3.2 水分亏缺和氮营养对玉米茎叶吸氮量的影响

由表 7-6、表 7-7 可以看出，N_1、N_2、N_3 条件下茎叶吸氮量随着生育阶段的推进逐渐增大，而 N_0 条件下茎叶吸氮量表现出先增大后减小的趋势，低氮水平下茎叶吸氮量在不同生育期亏水条件下均高于其他氮水平。

苗期亏水在不同施氮条件下茎叶吸氮量比对照分别降低了20.79%、14.93%、15.69%、14.29%，N_1、N_2、N_3水平之间差异显著，与N_0水平差异不显著，复水20 d、50 d后补偿作用明显，对N_0和N_1水平的促进作用极显著。拔节期亏水在不同施氮条件下茎叶吸氮量分别比对照降低了14.89%、19.28%、26.09%、25.03%，N_1、N_2、N_3水平之间差异显著，复水30 d、53 d后补偿作用很小。灌浆期亏水在不同施氮条件下茎叶吸氮量比对照分别降低了5.28%、12.29%、9.69%、16.66%，N_0、N_1、N_3水平之间差异显著，复水23 d后，各氮水平茎叶吸氮量均有所增加。成熟期亏水在N_0、N_1、N_2、N_3水平下茎叶吸氮量分别降低了1.07%、2.07%、12.27%、6.00%，N_0、N_1、N_2水平之间差异显著。苗期+拔节期亏水在不同施氮条件下茎叶吸氮量比对照分别降低了28.98%、55.52%、50.62%、48.97%，复水30 d后对N_0、N_1水平下茎叶吸氮量有一定的补偿作用，但对N_2、N_3水平的抑制作用继续加剧。复水53 d后对各氮水平的水分胁迫均有减轻作用。苗期+灌浆期亏水和拔节期+灌浆期亏水在不同施氮水平下茎叶吸氮量比对照分别降低了17.95%、16.31%、21.72%、36.66%和13.00%、18.28%、40.97%、36.92%，复水后对苗期+灌浆期亏水条件下的补偿作用较拔节期+灌浆期亏水条件明显。苗期+成熟期亏水在N_0、N_1水平下茎叶吸氮量比对照分别增大了20.54%、0.40%，N_2、N_3水平比对照分别降低了2.42%、1.38%，氮肥水平之间差异显著，拔节期+成熟期亏水和灌浆期+成熟期亏水在不同施氮条件下茎叶吸氮量比对照分别降低了3.88%、10.42%、2.23%、5.44%及6.67%、11.73%、8.09%、11.10%，N_1和N_2水平与其他氮素水平之间差异显著。表明亏水对茎叶干物质的抑制作用大于对茎叶含氮量的抑制作用，导致亏水对茎叶吸氮量的降低作用极显著，成熟期亏水及与其组合的任何两个生育期亏水情况对茎叶吸氮量均有较小的降低作用，除拔节期亏水、苗期+拔节期亏水和拔节期+灌浆期亏水外，其他生育期亏水后复水补偿作用明显，对N_0、N_1水平的促进效率高于N_2、N_3水平，主要由于高氮水平使土壤中硝态氮含量偏大，作物正常的生理活动受阻，抑制了根系对土壤中水分和养分的吸收与运输。

7.3.4 结论

本试验研究一个生育期亏水和两个生育期亏水对玉米根系和茎叶的含氮量及吸氮量的影响。得出以下结论。

A. 在不同生育期水分亏缺情况下根系和茎叶含氮量随着生育阶段的推进逐渐降低，根系和茎叶的吸氮量均低于对照，且施氮对根系含氮量的影响明显，始终表现为$N_0<N_1<N_2<N_3$。

B. 除灌浆期亏水、苗期+灌浆期亏水、拔节期+灌浆期亏水外其他生育期亏水均不同程度地增大了根系的含氮量，两个生育期亏水情况对不施氮水平的影响大于其他氮水平，复水有一定的补偿作用，但成熟期亏水对高氮处理下的根系含氮量有明显的增大作用。不同生育期亏水对茎叶含氮量有增大作用，除苗期亏水和灌浆期+成熟期亏水有略微的降低，在亏水情况下，高浓度的氮素降低了茎叶的含氮量，复水后充足的水分加速了中、高氮处理下土壤中氮素向茎叶的运输速率，反而不利于不施氮和低氮水平氮素的吸收和传输。

C. 一个生育期亏水条件根系吸氮量普遍高于两个生育期亏水条件，除成熟期亏水、苗期+成熟期亏水和灌浆期+成熟期亏水外其他生育期亏水均对根系吸氮量有很大的降低作用，N_1 和 N_3 水平下根系吸氮量高于 N_0 和 N_2 水平，拔节期亏水和苗期+拔节期亏水后复水根系的吸氮量持续下降，其他生育期亏水后复水补偿作用明显。茎叶吸氮量在不同亏水条件下均低于充分灌水条件，对拔节期亏水、苗期+拔节期亏水和拔节期+灌浆期亏水条件下茎叶吸氮量的抑制作用更显著，复水补偿作用不明显，低氮水平的茎叶吸氮量在不同生育期亏水条件下均高于其他氮水平。

7.4 水分亏缺和氮营养对玉米水氮迁移与利用的影响

水资源短缺已经是影响农业减产的主要原因，施肥对作物抵抗干旱及促进复水后的补偿效应有一定的作用，合理的水肥供应可以使作物充分吸收土壤中的水分和养分，有效地提高水分和养分的利用效率，达到节水节肥的效应。前人做过大量的研究，易镇邪等(2006)研究表明，随施氮量的增大，产量、耗水量及水分生产效率增大，氮肥利用率降低。刘小刚等(2008)研究了水氮处理对玉米根区水氮迁移和利用的影响，表明：高水处理的水分利用效率小于低水处理的水分利用效率；高氮处理玉米的氮素累积总量大于低氮处理的氮素累积总量，作物的氮素累积总量和施氮量呈正相关。杜红霞等(2009)研究表明，施氮能提高土壤硝态氮含量，土壤硝态氮运移受土壤水分状况和含量的影响，含量越高，向下移动越深；施氮能显著提高水分利用效率及籽粒产量，增产效果明显。刘小刚等(2010)研究表明，施氮量决定根区土壤硝态氮含量，各生育阶段的灌水量和氮素吸收影响硝态氮的变化动态；抽穗期结束时根区中、下层土壤硝态氮含量与施氮量呈正相关关系；低氮调亏灌溉的氮肥表观利用效率都大于30%，比高氮调亏灌溉的高约6.6%，最佳的水氮组合为抽穗期亏水低氮处理。但这些结论主要针对大田玉米或者是对某一生育期亏水的研究，本部分通过盆栽试验研究了一个生育期亏水和两个生育期亏水对玉米水分利用效率、氮素表观利用效率及根区土壤水氮迁移的影响，来提出获得最高水肥利用效率的最佳水氮组合，以期为水氮高效利用与调控提供理论基础。

7.4.1 研究内容与方法

7.4.1.1 试验区概况

试验于 2009 年 6 ~10 月在西北农林科技大学旱区农业水土工程教育部重点实验室遮雨棚中进行。

7.4.1.2 测定项目及测定方法

1）土壤水分的测定

灌水量以称重法控制，当含水量降至或接近该处理水分控制下限时进行灌水，灌水至水分控制上限。用量筒精确量取所需水量，记录每次灌水量。

2）耗水量

精确记录各处理灌水量，全生育期累积灌水量与夏玉米成熟时盆中水量之差为耗水量。

3）水分利用效率

水分利用效率(WUE)的计算公式为

$$WUE = Y/ET \tag{7-2}$$

式中，Y 为作物的经济产量或干物质积累量；ET 为作物的耗水量。

4）土壤的采集及基本性质的测定

在苗期(播种后 32 d)、拔节期(播种后 62 d)、灌浆期(播种后 85 d)和成熟期(播种后 110 d)结束时取玉米根区土样。在离玉米 5 cm 处用小土钻取土，每 6 cm 取一个土样，分上、中、下共 3 层，取出的土样装入自封袋，阴干磨细过筛后测定土壤的硝态氮和铵态氮含量，土壤无机氮采用 2 $mol \cdot L^{-1}$KCl(土液比 1∶5)浸提，铵态氮测定采用靛酚蓝比色法，硝态氮用紫外可见分光光度计测定。

7.4.1.3 数据分析与处理方法

采用 DPS 统计分析软件处理试验数据并进行方差分析，多重比较采用 Duncan 法(P<0.05 显著水平和 P<0.01 极显著水平)，文字部分在 Word2003 下进行，用 Excel 和 CAD 进行表格制作及制图。

7.4.2 水分亏缺和氮营养对水分利用效率的影响

水分利用效率是指作物消化单位水量所产生的干物质量，反映了作物生产过程中的能量转化效率。由表 7-8、表 7-9 可以看出，任何一个生育期水分亏缺对耗水量和水分利用效率的影响均达到了显著水平，水分和氮素的交互作用对耗水量和水分利用效率的影响达到了极显著水平。任何两个生育期水分亏缺对耗水量和水分利用效率的影响达到了极显著水平。整体来看，一个生育期亏水条件下水分利用效率高于两个生育期亏水条件，最大达 4.087 $kg \cdot m^{-3}$，低氮水平在不同生育期亏水条件下水分利用效率最高，苗期亏水在不同施氮水平下水分利用效率均高于其他亏水条件。苗期亏水、成熟期亏水、苗期+成熟期亏水、灌浆期+成熟期亏水在不同施氮水平下水分利用效率比对照分别增大了 52.10%、2.71%、1.61%、12.05%，5.22%、3.15%、0.98%、6.79%，18.69%、6.28%、9.11%、5.02%及 7.37%、4.71%、2.99%、2.20%，其他生育期亏水条件下水分利用效率比对照均有所降低，拔节期亏水和灌浆期亏水在不同施氮水平下水分利用效率比对照分别降低了 12.08%、12.72%、7.00%、17.64%及 15.07%、12.69%、6.65%、3.74%，两个生育期亏水对水分利用效率降低作用较小。表明苗期植株小，对水分的需求量小，成熟期作物生长能力较弱，苗期亏水、成熟期亏水、苗期+成熟期亏水、灌浆期+成熟期亏水提高水分利用效率，施氮量对一个生育期亏水条件下的水分利用效率影响不显著，对两个生育期亏水条件下的水分利用效率影响极显著，水氮组合在一个生育期亏水条件下对水分利用效率影响极显著，对两个生育期亏水条件下水分利用效率无显著性差异。

表 7-8 一个生育期水分亏缺和氮营养对夏玉米水分和氮素利用效率的影响

处理	施氮水平	干物质量/(g · 株$^{-1}$)	耗水量/(L · 株$^{-1}$)	水分利用效率/(kg · m^{-3})	植株吸氮量/(g · 株$^{-1}$)	氮肥表观利用效率/%
充分灌水	N_0	58.76c	21.87a	2.687efg	0.3872h	—
	N_1	67.30a	21.66a	3.108bc	0.8478a	61.41a
	N_2	47.45ef	17.99def	2.643efg	0.7662bc	16.84c
	N_3	45.94fg	16.98efg	2.706def	0.6961de	8.24cd
苗期亏水	N_0	52.78d	12.93i	4.087a	0.3974h	—
	N_1	62.04b	19.43bcd	3.192b	0.7679bc	49.40b
	N_2	43.85gh	16.34fg	2.685efg	0.6712ef	12.17cd
	N_3	42.77hi	14.11hi	3.032bcd	0.6810ef	7.56d
拔节期亏水	N_0	47.06f	19.92bc	2.362ghi	0.3392h	—
	N_1	51.35d	18.98cd	2.713def	0.6707ef	44.20b
	N_2	39.57i	16.10g	2.458fghi	0.6407efg	13.40cd
	N_3	35.59j	16.01g	2.229i	0.5837g	6.52d
灌浆期亏水	N_0	50.13de	21.97a	2.282hi	0.3759h	—
	N_1	56.65c	20.91ab	2.714def	0.7494cd	49.81b
	N_2	40.54i	16.43fg	2.468fghi	0.6543ef	12.37cd
	N_3	39.93i	15.33gh	2.605efgh	0.6244fg	6.63d
成熟期亏水	N_0	51.75d	18.38cde	2.827cde	0.3820h	—
	N_1	58.85c	18.37cde	3.206b	0.8282ab	59.49a
	N_2	41.70hi	15.64gh	2.669efg	0.6777ef	13.14cd
	N_3	40.49i	14.03hi	2.890bcde	0.6611ef	7.44d
显著性检验（F 值）						
水分		38.3**	3.584*	4.46*	9.207**	1.957
氮素		192.902**	8.328**	1.657	179.622**	210.247**
水分×氮肥		2.022	8.884**	9.385**	1.9	2.178

表 7-9 两个生育期水分亏缺和氮营养对玉米水分和氮素利用效率的影响

处理	施氮水平	干物质量/(g · 株$^{-1}$)	耗水量/(L · 株$^{-1}$)	水分利用效率/(kg · m^{-3})	植株吸氮量/(g · 株$^{-1}$)	氮肥表观利用效率/%
充分灌水	N_0	58.76bc	21.87a	2.687cde	0.3872lm	—
	N_1	67.30a	21.66a	3.108abcd	0.8478a	61.41a
	N_2	47.45efg	17.99bcdef	2.643de	0.7662b	16.84e
	N_3	45.94fgh	16.98bcdefghi	2.706cde	0.6961cdef	8.24ghi
苗期+拔节期亏水	N_0	46.36efgh	18.69bc	2.502e	0.3100n	—
	N_1	50.75de	17.41bcdefg	2.914abcde	0.6407fghi	44.09c
	N_2	41.97hijk	16.51bcdefghi	2.541e	0.6770efg	16.31ef

续表

处理	施氮水平	干物质量/(g · 株$^{-1}$)	耗水量/(L · 株$^{-1}$)	水分利用效率/(kg · m^{-3})	植株吸氮量/(g · 株$^{-1}$)	氮肥表观利用效率/%
苗期+拔节期亏水	N_3	38.15k	14.43i	2.643de	0.5841ij	7.31hi
苗期+灌浆期亏水	N_0	50.38def	19.01b	2.651de	0.4192kl	—
	N_1	53.80d	18.48bcd	2.936abcde	0.7494bcd	44.03c
	N_2	43.06ghij	17.28bcdefgh	2.499e	0.7174bcde	13.25efg
	N_3	39.55jk	15.60efghi	2.535e	0.6077hi	5.03i
苗期+成熟期亏水	N_0	54.68cd	17.25bcdefgh	3.189abc	0.4602k	—
	N_1	60.29b	18.39bcd	3.303a	0.8548a	52.62b
	N_2	46.11fgh	15.99cdefghi	2.884abcde	0.7489bcd	12.83efg
	N_3	43.53ghij	15.31fghi	2.842abcde	0.6855defg	6.01hi
拔节期+灌浆期亏水	N_0	44.60ghi	17.36bcdefg	2.570e	0.3449mn	—
	N_1	50.72de	17.38bcdefg	2.918abcde	0.6235ghi	37.14d
	N_2	39.95ijk	15.79defghi	2.530e	0.5939hij	11.06fgh
	N_3	38.25k	14.60hi	2.621de	0.5386j	5.17i
拔节期+成熟期亏水	N_0	47.72efg	18.37bcd	2.607de	0.3692lmn	—
	N_1	54.33d	18.11bcde	3.002abcde	0.7510bcd	50.91b
	N_2	43.01ghij	16.88bcdefghi	2.568e	0.7480bcd	16.84e
	N_3	40.08ijk	15.16ghi	2.653de	0.6536efgh	7.58hi
灌浆期+成熟期亏水	N_0	54.80cd	19.08b	2.884abcde	0.3649lmn	—
	N_1	60.12b	18.47bcd	3.254ab	0.7526bc	51.70b
	N_2	45.38gh	16.68bcdefghi	2.722cde	0.7057bcde	15.15ef
	N_3	41.67hijk	15.10ghi	2.765bcde	0.6240ghi	6.91hi
显著性检验(F值)						
水分		19.356**	14.795**	18.262**	13.532**	2.331
氮素		100.156**	58.654**	51.574**	183.784**	224.843**
水分×氮肥		1.802	0.511	0.219	2.615*	5.853**

7.4.3 水分亏缺和氮营养对氮素利用效率的影响

氮肥利用率是指当季作物对氮肥中氮的吸收量占施氮量的百分率，由于本试验采用差减法计算氮肥利用率，不能区分施氮处理作物所吸收的氮是来自施用的氮还是原来土壤的氮，因此将氮肥利用率称为氮肥表观利用效率。由表 7-8、表 7-9 可知，不论一个生育期亏水还是两个生育期亏水条件，低氮处理的氮肥表观利用效率最大，中氮处理的次之，高氮处理的最小，低氮处理下最大氮肥表观利用效率达 61.41%，是中氮和高氮处理表观利用效率的 2.70～8.76 倍，氮肥水平之间差异极显著。任何一个生育期亏水或任何两个生育期亏水在不同施氮处理条件下，氮肥表观利用效率均低于充分灌水情况，两个生育期亏水条件下氮肥表观利用效率普遍低于一个生育期亏水条件。拔节期+灌浆期亏水条件下氮肥表观利用效率最低，其次是苗期+灌浆期亏水、苗期+拔节期亏水、拔节期亏水，其他亏水条件下氮肥表观利用效率比对照降低较小，成熟期亏水对氮肥表观利用效率影响最小。表明低氮处理是最适宜的施氮水平，氮肥表观利用效率高，中、高氮处理的氮肥表观利用效率偏低，这与中、高氮处理情况中、下层土壤中硝态氮含量偏大一致，施氮量对氮肥表观利用效率影响差异极显著。亏水降低了氮肥表观利用效率，拔节期+灌浆期亏水条件下的降低作用达极显著水平，成熟期亏水条件影响不显著，水氮组合在两个生育期亏水条件下对氮肥表观利用效率影响达极显著水平。

7.4.4 水分亏缺和氮营养对玉米根区土壤氮素迁移的影响

在北方干旱作物条件下，土壤具有很强的硝化与矿化潜力，施入土壤中的氮肥在 1～2 周就转化为硝态氮，土壤中的硝态氮是一种能被作物直接吸收利用的矿物氮。图 7-2、图 7-3 为在不同施氮条件下，不同生育期亏水玉米根区土壤硝态氮含量变化图。总体趋势是：随着土层深度及施氮量的增加，根区土壤中硝态氮含量增加，随着生育阶段的推进，根区土壤中硝态氮含量减少，上层土壤中硝态氮含量降幅大，中氮和高氮水平硝态氮累积较大。

由图 7-2(a)中可以看出，苗期亏水条件下，根区土壤中硝态氮的含量最大，且随着土层深度和施氮量的增加而增加，N_0 水平下最大值为 69.575 mg · kg^{-1}，N_3 水平下最大值达 215.8 mg · kg^{-1}，N_0、N_1、N_2、N_3 水平在苗期亏水条件下，与充分灌水相比，上、中、下层土壤中硝态氮含量分别降低了 18.88%、9.48%、5.60%，19.43%、9.68%、4.95%，21.08%、12.02%、2.00%及 25.98%、10.98%、1.53%，复水 20 d、50 d 后，各氮水平下根区土壤中硝态氮含量继续降低，根系逐渐吸收中、下层土壤中的硝态氮，且对高氮水平的补偿能力大于其他氮水平，复水 73 d 后土壤中硝态氮含量比对照有略微的增大。表明苗期亏水促进根系对土壤氮素的吸收，土壤中硝态氮含量降低，复水增强根系吸收土壤氮素的能力，这与根系活力和根系含氮量的测定结果相吻合，随着根系的生长发育及生育阶段的推进，中、下层土壤中硝态氮含量逐渐降低。

由图 7-2(b)可以看出，拔节期根区土壤硝态氮含量比苗期降低很多，在亏水条件下，N_0、N_1、N_2、N_3 水平与充分灌水相比，上、中、下层土壤中硝态氮含量分别增大了 10.49%、9.89%、10.79%，23.02%、27.66%、11.28%，29.29%、5.98%、1.51%及 13.94%、17.92%、4.11%。N_0 水平下最大值为 26.7 mg · kg^{-1}，复水 30 d、53 d 后，上层、中层土壤中硝态氮含量有所降低，下层土壤硝态氮含量几乎不变；N_1、N_2、N_3 水平在复水 30 d、53 d 后，根区土壤硝态氮含量继续增大。表明拔节期是根系大量吸收土壤氮素的最佳时机，亏水严重增大了上层土壤中硝态氮含量，复水后对根系吸收氮素的抑制作用继续延续，根系主要吸收中、上层土壤中的氮素，偶尔有中、下层土壤中硝态氮含量比对照增大较多，可能是由于土壤矿物氮硝化和上层的硝态氮向下迁移，高氮水平在拔节期亏水条件下造成了氮素的大量沉积，复水 53 d 后上层土壤的硝态氮含量比对照增大最多，富足的氮肥造成了中、下层的硝态氮累积很大。

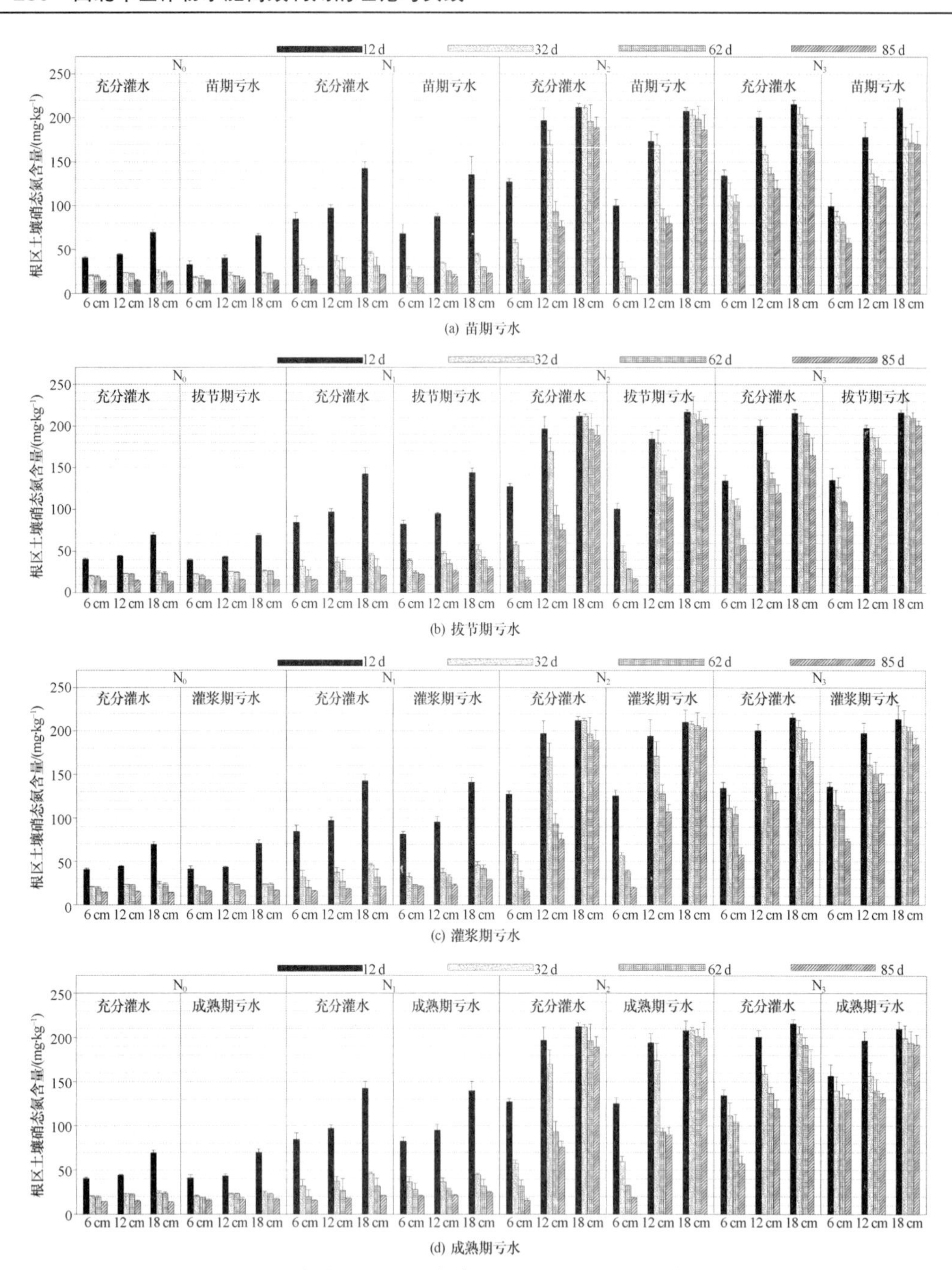

图 7-2　一个生育期亏水和氮营养对玉米根区土壤硝态氮含量的影响

由图 7-2(c)可知，灌浆期亏水抑制了根系对土壤氮素的吸收，N_0、N_1、N_2、N_3 水平与充分灌水相比，上、中、下层土壤中硝态氮含量分别增大了 8.48%、2.50%、0.21%，15.62%、19.29%、31.53%，19.34%、37.37%、5.03%及 5.38%、10.15%、4.67%，复水 23 d 后，N_0 和 N_3 水平下上、中、下层土壤中硝态氮含量比对照分别增大了 8.02%、10.30%、16.33%和 27.83%、16.43%、11.61%，N_1 和 N_2 水平下根系吸收土壤氮素的能力没有多大提高。表明在不施氮条件下，各土层深度的氮素含量很小且逐渐下降，低氮水平有利于根系的生长，使根系能够吸收到中、下层土壤中的氮素，中、高氮处理使得中、下层土壤中氮素大量累积，复水后，中、上层土壤中的氮素随水分向下运移，造成下层土壤中氮素的大量富集。

由图 7-2(d)可知，成熟期亏水条件下，N_0、N_1、N_2、N_3水平在上、中、下层土壤中硝态氮含量与充分灌水相比分别增大了 9.56%、14.53%、18.36%，12.34%、15.99%、18.71%，23.09%、18.73%、5.14%及 35.84%、10.43%、16.51%，N_0、N_1水平下各土层土壤硝态氮含量较小，N_0、N_1处理下层土壤硝态氮含量变化分别为 70.24～16.925 mg · kg^{-1}，140.65～25.375 mg · kg^{-1}，N_2、N_3水平下中、下层土壤硝态氮含量很大，最大值达 198.75 mg · kg^{-1}。表明不施氮水平不能满足植株对氮素的需求，低氮水平下中、下层土壤中氮素含量减小的梯度较大，中氮和高氮水平抑制了根系对下层土壤中氮素的吸收。

由图 7-3 可以看出，任何两个生育期亏水，根区土壤硝态氮含量比对照均有所增大，但增大幅度不同。图 7-3(a)表明，苗期+拔节期亏水在不同施氮条件下，上、中、下层土壤中硝态氮含量比充分灌水条件分别增大了 12.30%、15.53%、9.13%，12.69%、20.12%、6.13%，15.10%、9.72%、1.77%及 10.33%、11.16%、0.86%，复水 30 d、53 d 后对各氮水平上层土壤根系吸收氮素的补偿能力明显，对 N_0 和 N_1 水平中层土壤的补偿能力也很明显，生育末期 N_1 水平下土壤中氮含量最大值为 24.00 mg · kg^{-1}，N_3 水平下最大值为 209.73 mg · kg^{-1}，后期充足的灌水使得氮素随水分向下运移，造成下层土壤氮素大量累积，N_3 水平表现尤为明显。表明苗期+拔节期亏水极大地限制了根系对土壤氮素的吸收，复水后对上层及低氮水平下中层土壤中氮素含量降低作用明显，对下层土壤的补偿作用不明显，说明在试验的土壤肥力水平下，低氮水平有利于根系吸收土壤中的氮素，高的施氮水平抑制了根系对养分的吸收，造成了大量氮素的沉积。

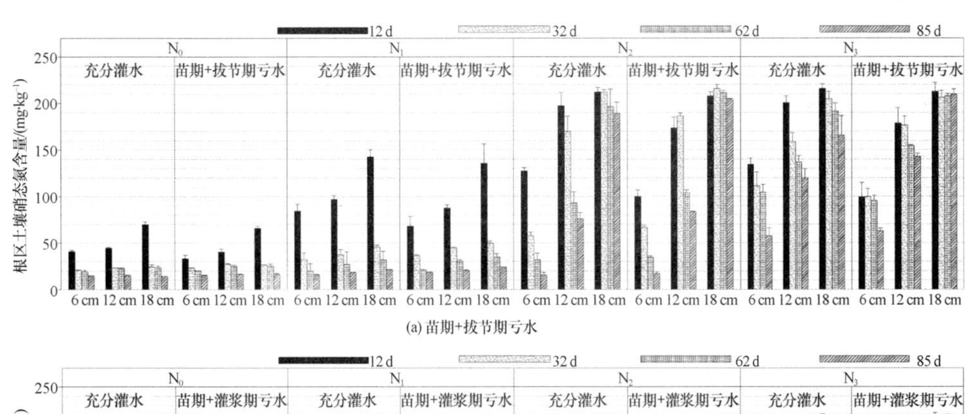

(a) 苗期+拔节期亏水

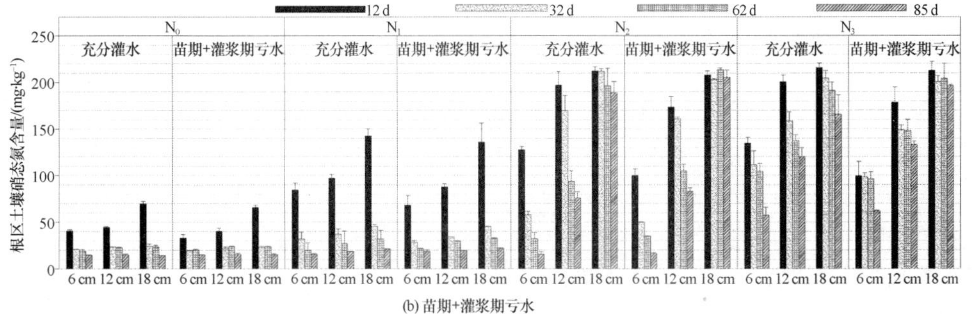

(b) 苗期+灌浆期亏水

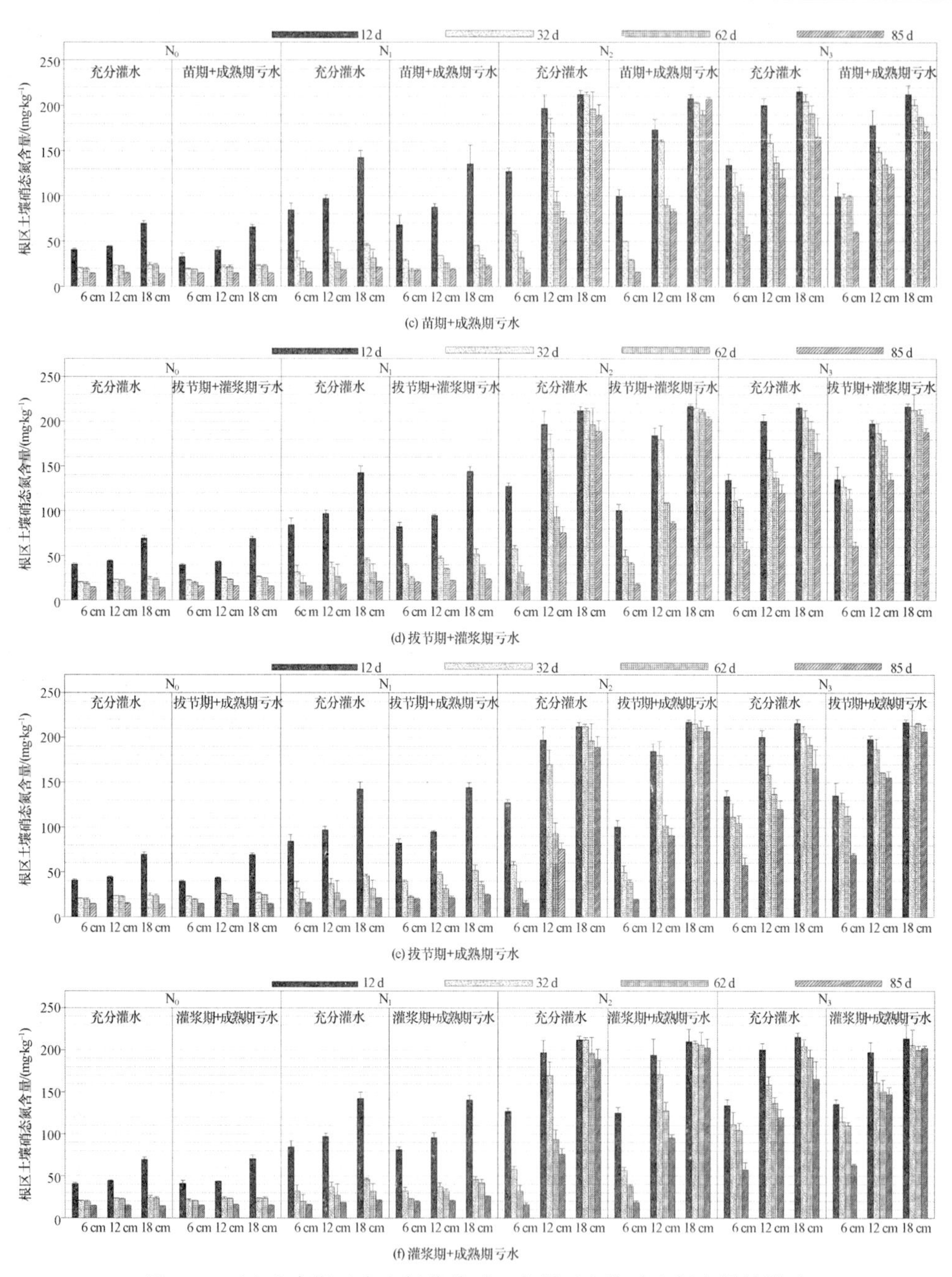

图 7-3 两个生育期亏水和氮营养对玉米根区土壤硝态氮含量的影响

从图 7-3(b)可以看出，苗期+灌浆期亏水在苗期亏水、拔节期复水阶段，根区土壤硝态氮含量均低于对照，灌浆期亏水后，N_0、N_1、N_2 水平在上、中、下层土壤中硝态氮含量比充分灌水条件分别增大了 6.56%、5.12%、1.49%，7.30%、10.11%、3.22%及 9.36%、12.09%、8.72%，N_3 水平下上层土壤硝态氮含量比对照降低了 8.16%，中、下层土壤硝态氮含量比对照分别增大了 8.36%、6.62%，复水 23 d 后上层土壤氮素含量明显降低，根系对低氮条件下中、下层土壤氮素的吸收力度明显高于中氮和高氮条件，低氮和中氮处理下层土壤硝态氮含量分别为 21.88 mg · kg^{-1} 和 205.18 mg · kg^{-1}，表明拔节期+灌浆期亏水明显增大了土壤中硝态氮含量，复水有补偿效应，在试验的土壤肥力水平下低氮水平是最适宜的供氮水平，中、高氮水平造成了大量氮素的浪费。

由图 7-3(c)可以看出，苗期+成熟期亏水在苗期亏水、拔节期和灌浆期复水后，土壤中硝态氮含量均低于对照，成熟期亏水后，N_0、N_1、N_2、N_3 水平在上、中、下层土壤中硝态氮含量比对照分别增大了 0.34%、0.68%、2.45%，0.85%、1.90%、3.27%，2.23%、9.37%、9.46%及 4.27%、4.02%、3.70%，表明土壤硝态氮含量随着施氮量和土层深度的增加而增加，苗期+成熟期亏水对 N_0、N_1 水平下土壤硝态氮含量影响不大，N_0 水平不能满足作物对氮素的需求，N_1 水平下根系能够吸收中、下层土壤中的氮素，吸收彻底，N_2、N_3 水平在充分灌水和亏水条件下中、下层土壤中硝态氮累积很大，作物生长结束时最大值达 206.90 mg · kg^{-1}。

由图 7-3(d)可以看出，拔节期+灌浆期亏水在亏水期间土壤氮素含量均低于对照水平，各氮水平在上、中、下层土壤中硝态氮含量比对照分别增大了 3.28%、3.15%、7.45%，26.45%、30.61%、16.59%，28.86%、16.35%、7.46%及 8.45%、26.17%、8.49%，成熟期复水后根系吸收能力有所恢复。表明拔节期是根系大量吸收土壤氮素的关键时期，土壤中硝态氮含量降低幅度极大，在此期间 N_0 和 N_1 水平根系能够吸收下层土壤中的氮素，复水后根系吸收氮素能力有所增长，N_1 水平在生育期结束时土壤氮素含量最大为 24.10 mg · kg^{-1}；N_2 水平下根系从灌浆期开始转向吸收中层土壤中的氮素，复水对上层土壤硝态氮含量补偿较大，对下层氮素影响很小，最大值达 202.70 mg · kg^{-1}； N_3 水平在亏水条件下严重抑制了根系对中层土壤氮素的吸收，复水后补偿力度明显增大。说明在试验的土壤肥力水平下，低氮是最适宜的施氮水平，既能满足作物的需求又不造成浪费。

由图 7-3(e)可以看出，拔节期+成熟期亏水在拔节期亏水条件下，根区土壤硝态氮含量均高于对照，灌浆期复水后，根系吸氮能力得到了一定的补偿，成熟期根系生长能力降低，亏水后再度抑制了根系对土壤氮素的吸收，各氮水平在上、中、下层土壤中硝态氮含量比对照分别增大了 0.68%、1.52%、0.17%，12.62%、16.26%、16.02%，21.97%、20.09%、9.46%及 19.77%、29.40%、24.66%，从图中可以看出，N_0 水平不能满足作物在生育后期对氮素的需求；N_1 水平在拔节期亏水期间不同深度土壤中硝态氮含量降幅很大，而后硝态氮含量逐级下降，最后处于 19.85～24.80 mg · kg^{-1}；N_2 水平下根系对上层土壤氮素吸收比较彻底，拔节期亏水严重抑制了根系对中层土壤氮素的吸收，灌浆期复水补偿作用很大，中层土壤氮素含量降低显著，成熟期亏水同样严重影响了根系对中层土壤氮素的吸收；N_3 水平在充分灌水和亏水条件下对上层土壤氮素吸收均不彻底，亏水对中层根系吸氮能力有明显的降低作用，灌浆期复水有补偿作用，N_2 和 N_3 水平在拔节期+成熟期亏水条件下几乎吸收不到下层土壤中的氮素，下层土壤氮素在整个生育期的变化范围为 216.8～206.35 mg · kg^{-1}。表明亏水对中、高氮水平下各层土壤中硝态氮含量影响相当明显，低氮水平满足作物的生长需求。

由图 7-3(f)可以看出，N_0、N_1、N_2、N_3 水平下，灌浆期+成熟期亏水在亏水结束后上、中、下层土壤中硝态氮含量比对照分别增大了 4.95%、5.74%、6.47%，8.79%、12.20%、

20.35%，17.20%、25.76%、7.17%及 9.02%、22.84%、22.20%。土壤硝态氮的含量从上层到下层表现出递增趋势，但 N_0 水平在充分灌水和亏水条件下，从拔节期结束时至生育期结束时各层土壤硝态氮含量很小，上层分别为 14.65～20.725 mg · kg^{-1}、15.38～21.18 mg · kg^{-1}，下层分别为 14.3～24.1 mg · kg^{-1}、15.23～23.6 mg · kg^{-1}；N_1 条件下根系有很强的吸氮能力，中、下层土壤硝态氮含量比苗期降幅大很多，灌浆期+成熟期亏水对中、下层土壤中硝态氮含量的降低作用大于上层；N_2 水平在水分充足的苗期和拔节期，上、中层土壤中硝态氮含量分别降低了 68.875 mg · kg^{-1} 和 23.09 mg · kg^{-1}，亏水后中层土壤氮素含量显著高于对照，对下层土壤硝态氮含量影响不大；N_3 水平下上层土壤硝态氮含量显著高于其他氮水平，亏水后中、下层土壤氮素含量几乎不变，变化范围为 1.915～3.425 mg · kg^{-1}。表明不施氮条件下土壤硝态氮含量不能满足作物对养分的需求，低氮条件下，中、下层土壤中氮素含量变化较大，高氮水平造成了氮素在各土层深度的累积，亏水后中、高氮条件下中、下层土壤中氮素累积量大。

7.4.5 结论

本试验研究一个生育期亏水和两个生育期亏水对玉米根区土壤水分和氮素利用及氮素迁移的影响。得出以下结论。

A. 低氮处理在不同生育期亏水条件下水分利用效率和氮肥表观利用效率均最高，施氮量对两个生育期亏水条件下的水分利用效率影响极显著，苗期亏水、成熟期亏水、苗期+成熟期亏水、灌浆期+成熟期亏水提高水分利用效率，亏水对水分利用效率影响显著，水氮组合在一个生育期亏水条件下对水分利用效率影响极显著。施氮量对氮肥表观利用效率影响差异极显著，亏水降低了氮肥表观利用效率，对拔节期+灌浆期亏水组合的降低作用最大，水氮组合在两个生育期亏水条件下对氮肥表观利用效率影响达极显著水平。

B. 随着土层深度及施氮量的增加，根区土壤中硝态氮含量增加，随着生育阶段的推进，根区土壤中硝态氮含量减少，上层土壤中硝态氮含量迅速减小，中氮和高氮水平硝态氮累积较大。玉米在不同的生长时期根系吸收氮素的能力不同，拔节期是生殖生长和营养生长并进时期，此时对水分和氮营养的需求量大，土壤中硝态氮含量降低相当明显，水分亏缺导致了土壤中氮素的大量累积。

C. 除苗期亏水外，其他任何一个生育期亏水在不同施氮水平下、不同深度土壤中硝态氮含量均高于对照。苗期亏水促进根系对土壤氮素的吸收，土壤中硝态氮含量降低，复水增强根系吸收土壤氮素的能力，并向中、下层发展。拔节期亏水严重增大了上层土壤中硝态氮含量，复水后对根系吸收氮素的抑制作用延续，且主要吸收中、上层土壤中的氮素，高氮水平造成中、下层的硝态氮累积很大。灌浆期亏水和成熟期亏水条件下，不施氮水平不能满足植株对氮素的需求，低氮水平下中、下层土壤中氮素含量减小的梯度较大，中、高氮处理使得中、下层土壤中氮素大量累积。

D. 任何两个生育期亏水，根区土壤硝态氮含量比对照均有所增大，但增大幅度不同，苗期+成熟期亏水对土壤硝态氮含量影响最小，苗期+拔节期亏水、拔节期+灌浆期亏水、拔节期+成熟期亏水条件下土壤氮素累积很大，复水对上层及低氮水平下中层土壤中氮素含量降低作用明显，对下层土壤的补偿作用不明显。在试验的土壤肥力水平下，N_0 水平不能满足作物对氮素的需求，N_1 水平是最适宜的供氮水平，既能满足作物的需求又吸收彻底，N_2、N_3 水平造成了氮素在中、下层土壤中的大量累积。

7.5 不同氮磷营养条件下苗期水分亏缺对玉米生长及水分利用的影响

我国每年约有667万hm^2耕地由于干旱少产粮食710亿～820亿kg。在影响作物产量的因素当中，水分不足是造成这一结果的最主要因素。因此，如何有效地利用有限的降水资源，提高作物水分利用效率，最大限度地发掘旱地农业节水生产潜力，并从多方面探讨各种有效途径和措施，成为提高旱地农田生产力水平的关键。通过多种方式提高作物抗逆性，在节水、节肥的情况下达到粮食增产的目的已成为我国节水农业可持续发展的一大趋势(祁有玲等，2009)。植物发育初期主要是根系的生长，生产实际中农民在玉米苗期经常用“蹲苗”的方法促进根系发育，进而解决地上、下部的生长矛盾，促使玉米幼苗早生根深扎根，加强后期的抗旱性、抗倒伏的能力，最后为粮食丰收奠定一个良好的基础。水分亏缺是植物面临的最广泛的一种生长逆境因子，探索作物对水分逆境因子的响应机制，是实现农业节水的前提(张寄阳等，2006)。怎样在调亏灌溉条件下合理施用氮磷肥，研究水分和氮磷肥对作物生长的耦合效应，是当前肥水利用研究的热点之一。调亏灌溉和施氮在玉米上的耦合效应研究报道较多，但调亏灌溉条件下不同氮磷营养对玉米的生长和水分利用影响的研究较少，本部分以不亏水处理为对照，研究了在不同氮磷营养条件下苗期不同程度的水分亏缺对玉米生长、干物质累积及水分利用效率的影响，为提高玉米氮磷与水分利用率提供理论依据。

7.5.1 材料与方法

7.5.1.1 试验设计

试验于 2010 年在西北农林科技大学节水灌溉试验站遮雨棚内进行，土壤为杨凌塿土，取耕作层以下 20～40 cm 的土层，经风干、碾碎过 5 mm 筛。装土体积为 1.3 $g \cdot cm^{-3}$。土壤的基本理化参数为：pH 为 8.15，有机质为 5.03 $g \cdot kg^{-1}$，全氮为 0.75 $g \cdot kg^{-1}$，速效磷为 3.4 $mg \cdot kg^{-1}$，硝态氮为 2.91 $mg \cdot kg^{-1}$，铵态氮为 5.34 $mg \cdot kg^{-1}$，田间持水率为 24%。栽培盆为塑料盆，盆上部内径 29 cm、底部内径 21.5 cm、高 29 cm，桶底部各打 8 个小孔以保持下层土壤的通气性。每桶装风干土 15 kg，初始含水量是 2%。装土之前在桶底铺 3 cm 厚的砂层作为过滤层以防盆底滞水，两侧各插一根半径为 1 cm 的 PVC 管子，每根管子隔一定距离打一个孔便于灌水，并用窗纱包裹以防土壤堵塞出水孔。此试验设水分和肥料(氮肥和磷肥)两个因素：玉米苗期水分处理设 4 个水平即不亏水(CK)、轻度亏水、中度亏水和重度亏水，其分别占田间持水量的 75%～85%、65%～75%、55%～65%、45%～55%；设 3 个氮磷肥水平分别为 N_0P_0(不施氮磷)，N_1P_1(0.1 g 纯氮 · kg^{-1} 土、0.05 g $P_2O_5 \cdot kg^{-1}$ 土)，N_2P_2(0.3 g 纯氮 · kg^{-1} 土、0.15 g $P_2O_5 \cdot kg^{-1}$ 土)。氮肥和磷肥分别用尿素(含 N 46%)和过磷酸钙(含 P_2O_5 15%)。氮肥和磷肥于 2010 年 6 月 30 日浇水时倒入水中，通过两个 PVC 管子注入土层中。试验共 12 个处理，重复 3 次。玉米品种为‘兴民-338’，2010 年 6 月 21 日播种，播前对种子进行精选，以保证纯度和出苗整齐。每盆内留两株长势均匀的植株，6 月 27 日～8 月 5 日进行水分胁迫处理，于 8 月 6 日各个处理都复水至田间持水量的 75%～85%(不亏水)一直持续到玉米成熟。土壤含水量严格控制在设定的范围内。

7.5.1.2 测定项目

在复水前 2 d(8 月 4 日)，复水后 8 d (8 月 14 日)和复水后 13 d (8 月 19 日)用直尺测定玉米的株高、叶面积。土壤含水量用称重的方式进行测定，以确定灌水量和灌水时间，当水分下降到设定含水量的下限时再加水至上限，使含水量控制在设定范围内。在复水前 2 d(8 月 4 日)，复水后 8 d(8 月 14 日)用 Li-6400 便携式光合测定仪测定叶片的光合生理指标(Pn、Tr、WUE= Pn / Tr)，复水前 1 d(8 月 5 日)和复水后 21 d(8 月 27 日)分别破坏性取样测定玉米地上部、地下部干物质、根系活力。统计数据采用 DPS 软件，多重比较采用 Duncan 法(图 7-4)。

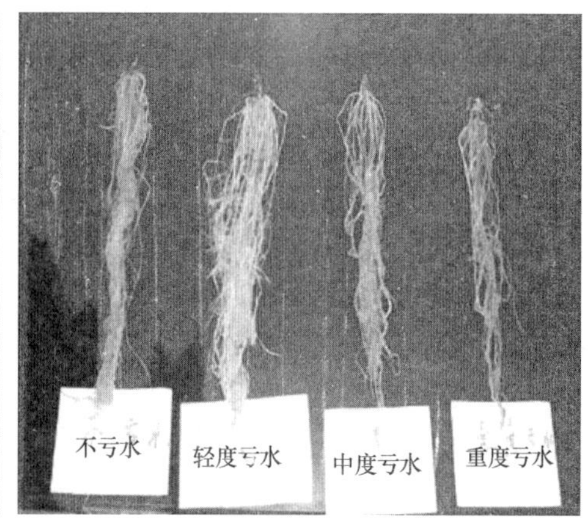

图 7-4 试验场景(见图版)

7.5.2 结果与分析

7.5.2.1 苗期不同水分亏缺处理、复水和氮磷营养对玉米株高和叶面积的影响

表 7-10 为玉米苗期不同水分亏缺处理和氮磷营养对株高和叶面积的影响。由表 7-10 可以看出，在相同氮磷营养条件下，与不亏水的对照(CK)比较，玉米苗期(复水前 2 d)轻度亏水、中度亏水和重度亏水处理对苗期的株高都有极显著的影响，且影响的程度都随着水分胁迫的加重而呈增大趋势。相比较而言，轻度亏水、中度亏水对苗期株高的影响程度没有明显的差异，但重度亏水影响较大。与 CK 比较，玉米苗期(复水前 2 d)轻度亏水、中度亏水和重度亏水处理在 N_0P_0、N_1P_1、N_2P_2 3 种施肥处理条件下的株高分别降低了 5.83%、15.95%、11.3%，6.42%、17.54%、12.43%和 13.85%、26.84%、20.87%。在同一水分处理条件下，3 种氮磷肥水平对玉米苗期株高的影响不同且随亏水处理的不

同而有很大的差异。苗期不亏水处理（复水前 2 d）3 种氮磷肥水平的株高呈显著差异，且表现为 $N_1P_1>N_2P_2>N_0P_0$；而轻度亏水、中度亏水条件下 3 种氮磷肥水平的株高虽有相同的趋势变化，但差异不显著，重度亏水处理 3 种氮磷肥水平的株高没有显著的变化。

复水 8 d 后，各个处理的株高都明显增加，在氮磷营养相同时，苗期轻度亏水处理最高，N_0P_0、N_1P_1、N_2P_2 处理的株高在复水后 8 d 与 CK 相比较分别增加了 5.04%、7.76%、7.77%；复水 13 d 后与 CK 比较分别增加了 1.73%、6.57%、4.15%，出现了超补偿效应。而中度和重度处理的株高始终低于不亏水处理。由此可见，玉米经过苗期轻度亏水后复水对其日后的生长有促进作用。从表 7-10 中，还可以得知，在水分处理相同时，N_1P_1 下的肥处理有利于玉米生长。

表 7-10　苗期不同水分亏缺处理、复水和氮磷营养对玉米株高和叶面积的影响

水分亏缺	氮磷水平	复水前 2 d		复水后 8 d		复水后 13 d	
		株高/cm	叶面积/cm^2	株高/cm	叶面积/cm^2	株高/cm	叶面积/cm^2
不亏水	N_0P_0	91.89c	969.70d	113.13c	1731.33d	121.47ab	2540d
	N_1P_1	108.39a	1253.06a	114.89abc	2332.89a	121.33ab	3087.80a
	N_2P_2	100.14b	1145.36b	114.07bc	2176.26b	121.43ab	2946.63b
轻度亏水	N_0P_0	86.53de	763.00e	118.83abc	1468.76e	123.57a	2159.20f
	N_1P_1	91.10cd	1052.90c	123.80a	2240.63b	129.3a	2839c
	N_2P_2	88.82cde	987.60d	122.93ab	1892.70c	126.47a	2328.80e
中度亏水	N_0P_0	85.99e	614.25hi	103.03d	1486.79fg	113.37bc	1868.48h
	N_1P_1	89.38cde	724.93ef	100.37d	1726.29d	111.6c	2185.93f
	N_2P_2	87.69cde	654.53gh	101.73d	1573.56e	112.5c	2038.96g
重度亏水	N_0P_0	79.16f	567.52i	99.93d	1218.20h	107.5c	1510.86i
	N_1P_1	79.30f	685.23fg	97.34d	1446.40g	108.13c	1886.60h
	N_2P_2	79.24f	638.53gh	98.67d	1545.20ef	107.83c	1938.76h
显著性检验（F 值）							
施肥水平		25.63**	121.15**	0.046	452.51**	0.476	216.994**
水分亏缺		131.85**	481.02**	51.14**	540.59**	81.415**	623.711**
水分亏缺×施肥水平		10.753**	8.87**	0.498	45.274**	0.385	15.866**

注：表中的数值为 3 个重复的平均值，同一列数据后小写字母不同表明处理之间差异显著（$P<0.05$），如果同一列字母相同，则表示处理之间差异不显著（$P>0.05$）。*表示差异显著，**表示差异极显著，下同

由表 7-10 也可以看出，在相同氮磷营养条件下，苗期水分亏缺对叶面积的影响程度也达到极显著水平。苗期水分亏缺与施肥水平之间的交互作用对玉米叶面积的影响也十分明显。在玉米苗期水分亏缺期间，相同氮磷肥条件下，玉米叶面积随着水分亏缺的加重而呈减少趋势，即不亏水＞轻度亏水＞中度亏水＞重度亏水。表明水分直接影响着玉米叶片的生长发育。与 CK 相比，玉米苗期（复水前 2 d）轻度亏水、中度亏水和重度亏水处理在 N_0P_0、N_1P_1、N_2P_2 3 种施肥处理条件下的叶面积分别降低了 21.32%、15.97%、13.77%，36.66%、42.15%、42.85%和 41.47%、45.32%、44.25%，但是随着复水时间的推移，与 CK 相比，苗期轻度缺水处理的叶面积在复水后 8 d，其 N_0P_0 处理减少了 15.17%，

N_1P_1处理减少了12.53%，N_2P_2处理减少了11.20%，叶面积的相对增长率明显大于对照，出现了补偿效应。而复水后13 d，其N_0P_0处理减少了14.99%，N_1P_1处理和N_2P_2处理则分别减少了8.06%和10.79%。表明玉米经过苗期轻度缺水后复水可以促进玉米叶片的补偿生长。出现这种现象的原因可能是玉米苗期轻度缺水后恢复至CK时，叶片生长受到激发，使叶面积逐渐接近CK，从而能够弥补由于前期干旱而造成的损失(陈晓远和罗远培，2002)。而玉米在苗期经过重度亏水处理，叶片的生长受到了严重抑制，叶片生长几乎停止，后期复水但补偿效应不明显（刘晓英等，2001）。

7.5.2.2 苗期不同水分亏缺处理、复水和氮磷营养对干物质累积的影响

表7-11为玉米苗期不同水分亏缺处理和氮磷营养对玉米干物质累积的影响。干物质是由光合作用产生的，它对玉米产量起着关键性的作用。由表7-11可知，在相同氮磷肥时，玉米苗期水分亏缺处理对其地上部、地下部干重及干物质总量的累积达极显著水平，随着水分胁迫的加剧干物质累积呈下降趋势，与CK相比，玉米苗期(复水前1 d)轻度亏水、中度亏水和重度亏水处理在N_0P_0、N_1P_1、N_2P_2 3种施肥处理条件下的干物质总量分别降低了1.21%、5.33%、4.94%，9.72%、16.61%、12.17%和24.7%、27.27%、26.99%，但是根冠比在增加，除了重度亏水小于CK外，其余均高于对照，说明当玉米根系受到水分胁迫时，土壤内有限的水分和养分大部分被根部吸收，促使根系加快生长，为后期补偿创造条件，增强其抗旱性(王密侠等，2000)。在相同水分处理情况下，玉米干物质总的累积量(复水前1 d)变化趋势：低氮低磷＞高氮高磷＞无氮无磷，在不亏水处理条件下，3种氮磷肥水平之间差异显著。在轻度、中度和重度条件下，无氮无磷和高氮高磷之间差异不显著。这说明过量施肥反而不利于作物生长。

从表7-11还可以看出，经过21 d的复水处理后，在施用相同氮磷肥的条件下，植株体地上部、地下部干重及干物质总量以苗期轻度亏水为最多，其次是不亏水处理，而苗期重度亏水最低。这一结果表明，玉米苗期轻度亏水处理后有利于地上部、地下部干重及干物质总量的累积。和CK相比较，苗期轻度亏水时，N_0P_0、N_1P_1和N_2P_2处理的玉米干物质总量分别增加了21.84%、22.22%、19.50%。从上面的现象可以看出：在苗期玉米通过轻度亏水处理后复水对玉米干物质累积及后期产量的提高非常有利。但是苗期重度亏水处理干物质明显低于CK，这主要是因为苗期重度亏水严重抑制了玉米的正常生长发育。

表7-11 苗期不同水分亏缺处理、复水和氮磷营养对玉米干物质累积的影响(单位：g·株$^{-1}$)

水分亏缺	施肥水平	复水前1 d			复水后21 d		
		地上部干重	地下部干重	干物质总量	地上部干重	地下部干重	干物质总量
不亏水	N_0P_0	1.95d	0.52def	2.47d	11.21f	4.78d	15.98g
	N_1P_1	2.53a	0.67a	3.19a	20.05c	7.61bc	27.67c
	N_2P_2	2.08c	0.56de	2.63c	19.85c	5.39d	25.24d
轻度亏水	N_0P_0	1.85ef	0.54def	2.44d	12.21f	7.26bc	19.47f
	N_1P_1	2.37b	0.65ab	3.02b	24.26a	9.56a	33.82a
	N_2P_2	1.93de	0.57cd	2.5d	22.24b	7.92b	30.16b
中度亏水	N_0P_0	1.73g	0.51ef	2.23e	8.78g	3.73e	12.51h

续表

水分亏缺	施肥水平	复水前 1 d			复水后 21 d		
		地上部干重	地下部干重	干物质总量	地上部干重	地下部干重	干物质总量
中度亏水	N_1P_1	2.05c	0.61bc	2.66c	14.1e	5.10d	19.20f
	N_2P_2	1.8fg	0.51ef	2.31e	19.55c	6.95c	26.50cd
重度亏水	N_0P_0	1.49h	0.37g	1.86f	7.85g	3.40e	11.25h
	N_1P_1	1.84f	0.5f	2.32e	11.48f	3.99e	15.46g
	N_2P_2	1.57h	0.35g	1.92f	17.51d	5.12d	22.63e
显著性检验（F 值）							
施肥水平		273.17^{**}	62.84^{**}	202.66^{**}	782.00^{**}	64.06^{**}	483.98^{**}
水分亏缺		218.84^{**}	76.83^{**}	189.23^{**}	231.20^{**}	153.17^{**}	239.24^{**}
水分亏缺×施肥水平		6.01^{**}	1.059	3.00^{*}	38.84^{**}	18.78^{**}	33.68^{*}

7.5.2.3 苗期不同水分亏缺处理、复水和氮磷营养对叶片生理特性和水分利用的影响

表 7-12 为玉米苗期不同水分亏缺处理和氮磷营养对玉米叶片生理特征和水分利用效率的影响。光合作用是植物体生长所需要的能量和干物质累积形成的生理过程，它对土体内水分反应十分敏感。玉米苗期进行水分亏缺处理，在相同氮磷营养条件下，复水前 2 d 玉米光合速率趋势为：不亏水＞轻度＞中度＞重度，表明水分胁迫处理使得光合速率降低，与 CK 相比，玉米苗期(复水前 2 d)轻度亏水、中度亏水和重度亏水处理在 N_0P_0、N_1P_1、N_2P_2 3 种施肥处理条件下的光合速率分别降低了 16.73%、10.91%、9.02%，29.54%、20.51%、24.74%和 41.65%、30.14%、31.8%。同时蒸腾速率也随着胁迫的加剧，而先增大后减小。说明在水分胁迫下，蒸腾作用对玉米叶片气孔开度的依赖程度大于光合作用，蒸腾作用的变化率大于光合作用(张光灿等，2004)。在复水 8 d 后，胁迫处理下的玉米叶片光合速率与 CK 相比较都有了明显的提升，玉米经过苗期轻度亏水处理后复水，光合速率超过了苗期不亏水处理，水分利用效率大于 CK、中度和重度水分处理，出现了超补偿效应。在中度和重度水分胁迫后复水，虽然光合速率有一定补偿，但是补偿能力有限。表明玉米苗期在适度水分胁迫下能促进后续叶片的生理补偿，所以通过合理控制土壤水分条件可以提高作物光合速率。

表 7-12 苗期不同水分亏缺处理、复水和氮磷营养对玉米叶片生理特性和水分利用的影响

水分亏缺	施肥水平	复水前 2 d			复水后 8 d		
		光合速率 /($\mu mol \cdot m^{-2} \cdot s^{-1}$)	蒸腾速率 /($mmol \cdot m^{-2} \cdot s^{-1}$)	水分利用效率 /($\mu mol \cdot mmol^{-1}$)	光合速率 /($\mu mol \cdot m^{-2} \cdot s^{-1}$)	蒸腾速率 /($mmol \cdot m^{-2} \cdot s^{-1}$)	水分利用效率 /($\mu mol \cdot mmol^{-1}$)
不亏水	N_0P_0	30.06c	7.44b	4.04i	27.57f	4.75i	5.80c
	N_1P_1	32.52a	7.46a	4.36d	30.52b	6.13a	4.98f
	N_2P_2	30.72b	6.83c	4.50b	28.57d	5.66d	5.05e
轻度亏水	N_0P_0	25.03g	5.57g	4.49b	28.44e	4.03k	7.06a

续表

水分亏缺	施肥水平	复水前 2 d			复水后 8 d		
		光合速率 /(μmol · m^{-2} · s^{-1})	蒸腾速率 /(mmoi · m^{-2} · s^{-1})	水分利用效率 /(μmol · mmol^{-1})	光合速率 /(μmol · m^{-2} · s^{-1})	蒸腾速率 /(mmol · m^{-2} · s^{-1})	水分利用效率 /(μmol · mmol^{-1})
轻度亏水	N_1P_1	28.97d	6.57d	4.41c	32.77a	5.77c	5.68d
	N_2P_2	27.95e	6.16e	4.54a	30.24c	4.96g	6.09b
中度亏水	N_0P_0	21.18j	4.95j	4.28e	22.12k	5.54e	3.99j
	N_1P_1	25.85f	6.16e	4.19g	26.97g	5.95b	4.53h
	N_2P_2	23.12h	5.43h	4.25f	24.34i	5.45f	4.47i
重度亏水	N_0P_0	17.54L	4.56k	3.85k	20.62L	4.65j	4.43i
	N_1P_1	22.72i	5.75f	3.95j	25.16h	5.64d	4.46i
	N_2P_2	20.95k	5.08i	4.13h	22.35j	4.86h	4.60g
显著性检验(F 值)							
施肥水平		47 900.08**	20 104.12**	2 185.09**	67 124.15**	9 105.14**	975.56**
水分亏缺		188 412.30**	65 500.03**	7 692.89**	152 605.04**	2 610.35**	13 232.30**
水分亏缺×施肥水平		1 630.38**	2 873.37**	866.85**	697.37**	727.63**	1 177.05**

7.5.2.4 苗期不同水分亏缺处理、复水和氮磷营养对根系活力的影响

图 7-5 为玉米苗期不同水分亏缺处理和氮磷营养对根系活力的影响。

根是植物的合成、吸收器官，根部的生长情况影响着冠部及最终产量，通常采用根系活力来表示根系功能的强弱。由图中可知玉米苗期进行水分亏缺处理，在相同氮磷营养条件下，复水前 1 d 玉米根系活力趋势为：轻度＞中度＞不亏水＞重度，除重度水分亏缺外，轻度、中度亏水处理根系活力都高于 CK，表明适当水分胁迫可以提高玉米根系活力。与 CK 相比，玉米苗期(复水前 1 d)轻度亏水、中度亏水处理在 N_0P_0、N_1P_1、N_2P_2 3 种施肥处理条件下的根系活力分别增加了 36.74%、28.98%，40.22%、23.91%和 39.41%、20.45%；重度亏水分别减少了 8.57%、3.62%、4.83%。

与之相对应的各个处理在复水 21 d 后，和复水前 1 d 相比都降低了，这可能是由于此时玉米已经进入拔节期初期，玉米生长主要集中在冠部，地下部生长放慢。除重度亏水处理外，轻度、中度胁迫处理复水 21 d 后的玉米根系活力还是高于 CK 对照，与 CK 相比，玉米苗期(复水 21 d)轻度亏水、中度亏水处理在 N_0P_0、N_1P_1、N_2P_2 3 种施肥处理条件下的根系活力分别增加了 30.81%、19.77%，52.55%、29.08%和 52.41%、24.60%；重度亏水分别减少了 10.47%、8.67%、5.88%。说明玉米经过苗期轻度、中度亏水处理后复水，根系活力还可以保持比较高的活性，这为后期的营养生长和生殖生长打下了一个良好的基础。相同水分条件下，随着土壤肥力增加根系活力也相应有所提高，但是肥力过高反而不利于根系生长，表明合理施肥能够提高冬小麦根系活力。

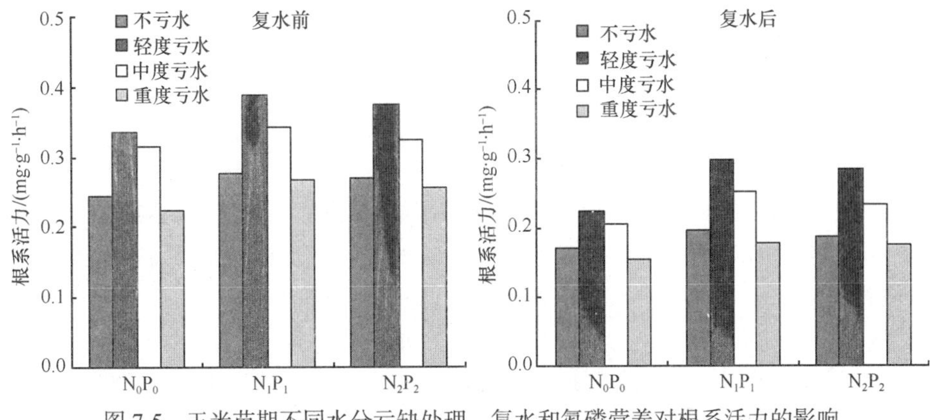

图 7-5　玉米苗期不同水分亏缺处理、复水和氮磷营养对根系活力的影响

7.5.2.5 苗期不同水分亏缺处理、复水和氮磷营养对叶片叶绿素的影响

由图 7-6 可知玉米苗期进行水分亏缺处理，在相同氮磷营养条件下，复水前 1 d 玉米叶片叶绿素含量变化趋势为：不亏水＞轻度＞中度＞重度。即随土壤水分含量降低，叶片叶绿素含量也在下降,下降幅度与水分胁迫程度呈正相关。与 CK 相比,玉米苗期(复水前 1 d)轻度亏水、中度亏水和重度亏水处理在 N_0P_0、N_1P_1、N_2P_2 3 种施肥处理条件下的叶片叶绿素含量分别减少了 2.72%、9.24%、11.68%, 6.96%、12.63%、13.92%和 3.22%、7.51%、12.33%。相同水分条件下，中肥处理下的叶绿素含量最高。

复水21 d后，各个水分胁迫处理叶绿素含量都逐渐增大(N_0P_0除外)，这与复水后光合速率增大有显著的正相关性，轻度胁迫增幅最为明显。与CK相比，玉米苗期(复水21 d)轻度亏水处理在N_0P_0、N_1P_1、N_2P_2 3种施肥处理条件下的叶绿素分别增加了3.81%、4.32%、3.21%；中度亏水、重度亏水分别减少了9.84%、5.56%，6.21%、13.02%，11.11%、5.99%。

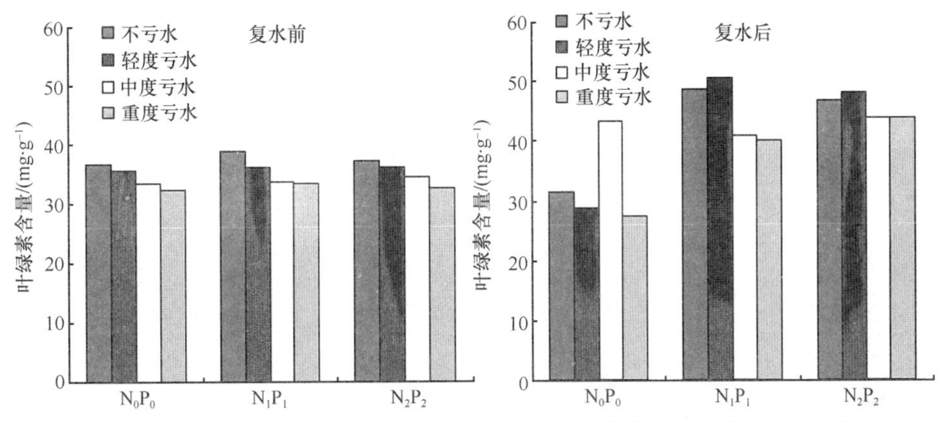

图 7-6　玉米苗期不同水分亏缺处理、复水和氮磷营养对叶绿素含量的影响

7.5.3 结论与讨论

研究表明，植物体在某一生长阶段，经过一定程度的水分胁迫后复水可以提高后期产量和品质，通过这种干旱锻炼，能够使植物体产生一定的适应性与抵抗性，一旦水分胁迫解除后，植物体还可能产生超补偿效应（山仑和徐萌，1991）。本试验研究发现，玉米苗期轻度亏水对其后期的干物质累积有显著的增加效应。苗期水分亏缺抑制了玉米株高、叶面积的生长和干物质的累积，抑制程度与水分亏缺程度有关，而根冠比相应有所提高，复水后补偿效应明显，尤其在苗期轻度亏水条件下后复水，水分利用效率明显提高，出现了超补偿效应，这说明在供水充分时，有大量的蒸腾耗水，适当的水分亏缺能够减小气孔开度而对光合作用影响不大，这样可以明显降低蒸腾耗水。苗期轻度亏水对玉米的生长有一定的抑制作用，但复水后补偿效应明显，因此可以进行适当的亏水（邢英英等，2010）。除重度亏水外，苗期轻度、中度亏水条件下玉米根系活力均高于CK，适当水分胁迫可以提高根系活力，进而能够促进根系生长。水分亏缺特别严重时，根系活力反而下降，抑制根系生长。在相同水分条件下，低肥处理下的根系活力最高，不施肥和高肥都不利于根系生长。在相同水分亏缺下，施用低氮低磷肥有利于提高玉米干物质累积和水分利用效率，这可能与土壤中的氮磷元素含量及玉米吸收的氮磷配比有关，玉米根部为了吸收更多的养分而向深处发展，施入的氮磷肥过多时反而抑制了根系的生长，无氮无磷处理下的玉米植株由于缺乏氮磷元素导致基部老叶发黄、茎短而细，出现早衰现象。此试验在不亏水（CK）条件下，N_2P_2 处理下玉米的株高、叶面积、地上地下干物质量及光合速率都低于N_1P_1处理，这可能是由于盆内氮磷肥施用过多，使得土壤溶液浓度过高，土壤板结加重，渗透阻力增大，根系吸水困难，导致盆内玉米根系生长不良，叶片出现萎蔫，即传统上说的“烧苗”现象。

梁银丽（1996）研究表明：土壤水分亏缺，首先影响了根系对水分的吸收，从而减少了对地上部的营养物质供应，使地上部生长受到抑制。氮、磷是植物生长必需的营养元素，它们能够促进植物茎、根、叶的生长。增施氮、磷肥，能够增加土壤中碱解氮、速效磷的供应浓度，有利于植株对养分的吸收、转化及向穗轴、籽粒的输送，促进灌浆中后期籽粒氮素、磷素积累（李建奇，2008）。土壤缺氮缺磷，根系吸收的氮磷营养减少，供给地上部的氮磷量会显著降低，也会影响地上部的正常生长。本次试验研究表明：土壤水分亏缺严重时，植物腾发量及光合速率显著降低，根系生长严重受阻，根干重降低；随着复水时间的推移，土壤水分状况趋于良好，根干重在低氮低磷条件下时最大，而在无氮无磷和高氮高磷营养条件下玉米根系生长具有明显的抑制作用。作物生长不仅与水分和氮磷元素有很大关系，而且与环境条件有关。本试验是在盆栽条件下完成的，在大田中不同水分条件下氮磷营养的玉米试验结论还需要深入研究。

7.6 沟灌方式和水氮对玉米产量与水分传导的影响

植物的水分传导表示根系运输传导水分的能力，它的高低直接影响根系吸收水分的多少，是根系感受土壤水分变化的最直接生理指之一。为了揭示植物水分传导的影响因素，明确不同植物的抗旱性及其对环境的适应性，许多学者对干旱、盐分、温度、复水和土壤通气状况等环境因素对植物水分传导的影响进行了大量研究。国内外的研究表明，施氮磷肥均提高作物根系水分传导，而氮磷亏缺降低根系水分传导；适度的土壤水分亏缺因水通道蛋白的调节并不会引起根系水分传导的下降，而土壤水分含量过高或过低均降低根系水分传导。胡田田等研究了局部湿润方式对玉米不同根区土-根系统水分传导的影响，结果表明，部分根区交替灌溉的非灌水区的水分传导明显大于部分根区固定灌溉处理。

过去对不同湿润方式的研究和实践表明，隔沟交替灌溉、控制性分根交替灌溉及固定部分根区灌溉等是维持部分根区干燥的湿润方式，在不影响光合作用的前提下可以明显减小作物的蒸腾速率和灌水量，维持甚至提高产量，改善作物品质，显著提高作物的水分利用效率。但对不同沟灌方式下不同灌水量和施氮量对玉米不同生育期水分传导的研究还尚未见报道。

因此，本部分以玉米为供试材料，在不同沟灌方式和水氮处理下对玉米根系和冠层水导、产量和植株氮的影响进行了试验研究。拟为玉米在不同生育期的灌水量、全生育期的施氮量、作物的水分传输机制及选择合理的灌溉方式提供依据。

7.6.1 材料与方法

7.6.1.1 试验概况

试验于 2006 年 4~9 月在西北农林科技大学节水灌溉试验站的移动式防雨棚中进行。试验站地处 N34°20′，E108°24′，海拔为 521 m，气候为干旱半干旱气候，属渭河北三道台塬区，地下水埋深较深，供试土壤为塿土，土壤质地为中壤。该试验田土壤基本理化性质为：有机质 9.34 $g \cdot kg^{-1}$，全氮 0.87 $g \cdot kg^{-1}$，碱解氮 33.43 $mg \cdot kg^{-1}$，速效磷 12.78 $mg \cdot kg^{-1}$，速效钾 116 $mg \cdot kg^{-1}$。

7.6.1.2 试验设计

供试玉米品种为‘豫玉 22 号’，2006 年 4 月 24 日播种，9 月 10 日收获。本试验采用正交设计 L9(34)，为 3 因素 3 水平(表 7-13)。本试验正交设计 9 个处理，又添加 3 个处理(常规沟灌高水高肥，常规沟灌中水高肥，交替沟灌中水高肥)共 12 个处理，2 次重复，共 24 个小区。于 2006 年 6 月 8 日开始灌水处理，根据不同的生育期共灌水 7 次；灌水时交替沟灌第 1 次为东侧灌水沟，第 2 次为西侧，轮流交替灌水，固定沟灌固定于东侧灌水沟，常规沟灌在两侧灌水沟均供水。不同时期的水分处理如表 7-14。小区面积 14 m^2，行距 60 cm，株距 40 cm，每小区共计 60 株。磷肥选用过磷酸钙(600 $kg \cdot hm^{-2}$)，播种时作为基肥一次统一施入；氮肥选用尿素，分两次施入，第一次播种时(4 月 24 日)施入 40%，第 2 次(7 月 18 日)施入 60%。3 次水分传导测定时对应生育期的灌溉量和施肥量分别为：拔节后期(7 月 8 日)，高水、中水和低水分别为 210 mm、153 mm 和 118 mm，高肥、低肥和不施肥分别为 96 $kg \cdot hm^{-2}$、48 $kg \cdot hm^{-2}$ 和 0 $kg \cdot hm^{-2}$；抽雄后期(7 月 25 日)，高水、中水和低水分别为 267 mm、191 mm 和 148 mm，高肥、低肥和不施肥分别为 240 $kg \cdot hm^{-2}$、120 $kg \cdot hm^{-2}$ 和 0 $kg \cdot hm^{-2}$；灌浆后期(9 月 3 日)，高水、中水和低水分别为 400 mm、282 mm 和 216 mm，高肥、低肥和不施肥分别为 240 $kg \cdot hm^{-2}$、120 $kg \cdot hm^{-2}$ 和 0 $kg \cdot hm^{-2}$。其他田间管理均保持一致。

表 7-13　玉米 3 因素 3 水平的正交试验方案

编号	A 沟灌方式		B 灌溉量/mm		C 施氮量/($kg \cdot hm^{-2}$)	
1	A_1	交替沟灌(AFI)	B_1	高水(400)	C_1	高肥(240)
2	A_1	交替沟灌(AFI)	B_2	中水(282)	C_2	低肥(120)
3	A_1	交替沟灌(AFI)	B_3	低水(216)	C_3	不施肥(0)
4	A_2	常规沟灌(CFI)	B_1	高水(400)	C_2	低肥(120)
5	A_2	常规沟灌(CFI)	B_2	中水(282)	C_3	不施肥(0)
6	A_2	常规沟灌(CFI)	B_3	低水(216)	C_1	高肥(240)
7	A_3	固定沟灌(FFI)	B_1	高水(400)	C_3	不施肥(0)
8	A_3	固定沟灌(FFI)	B_2	中水(282)	C_1	高肥(240)
9	A_3	固定沟灌(FFI)	B_3	低水(216)	C_2	低肥(120)

表 7-14　不同生育期灌水处理(单位：mm)

生育期	灌水日期	高水	中水	低水
播种—出苗	5-18	20	20	20
出苗—拔节	6-08	76	57	38
拔节—抽穗前	6-23	57	38	30
拔节—抽穗	7-06	57	38	30
抽穗后—灌浆	7-23	57	38	30
灌浆—蜡熟前	8-08	57	38	30
灌浆—蜡熟后	8-23	57	38	30
蜡熟—收获	9-01	19	15	8
灌水量合计		400	282	216

7.6.1.3 测定指标及方法

每个处理每次测定选择 4 株长势均匀健壮的植株用高压流速仪测定根系和冠层水导。用百分之一感量的天平测定根干物质量、冠层干物质量和玉米籽粒质量。根系和冠层干物质磨碎后用瑞士福斯特卡托公司(Foss Tecator AB)生产的自动定氮仪测定全氮，全氮测定用凯氏定氮法。

玉米水分传导测定前给仪器加水后保持压力 550 kPa，排除高压流速仪(high pressure flow meter，HPFM)内的气泡，历时 12 h。测定前对仪器进行归零，本试验测定根系及冠层水导采用瞬时法，即调整压力变率达 5～10 $kPa \cdot s^{-1}$，持续增压到大约 500 kPa 时获得流速和压力随时间的变化关系，其曲线斜率表示根系或冠层水导。本试验测定玉米根水导时均在土表面以上 7 cm 处割断玉米秆与压力耦合器相接，切割点以下测定根水导，以上测定冠层水导。

7.6.1.4 统计分析

数据处理采用正交设计中的直观分析法，用 SAS 软件进行方差分析。

7.6.2 结果与分析

植物的水分传导是水分经由土壤进入根系-茎-叶柄-叶片系统传输的过程，是反映生长和水分生理特性的一个重要指标。其根系及冠层水导的大小受沟灌方式、灌水量、施肥量和生育期等许多因素的影响。

7.6.2.1 不同因素水平对玉米根水导的影响

由表 7-15 可知，各处理玉米根水导随生育期的推移而逐渐变小，均随施肥量的增加而增加。从沟灌方式、灌水量和施氮量 3 因素对不同生育期玉米根水导影响的极差可以看出，在拔节期灌水量的极差 R 最大，施肥量的极差 R 最小，3 个因素对拔节期玉米根水导影响的主次顺序为灌水量＞沟灌方式＞施肥量，而抽雄期和蜡熟期 3 因素对玉米根水导影响的主次顺序为施肥量＞沟灌方式＞灌水量。方差分析结果显示，3 因素对不同生育期根水导的影响均达显著水平。

表 7-15 不同处理对玉米根水导的影响

处理编号	因素水平			根水导/(10^{-5} kg · s^{-1} · MPa^{-1} · g^{-1})		
	A	B	C	拔节期	抽雄期	蜡熟期
1	1	1	1	7.88	1.07	0.54
2	1	2	2	7.99	0.82	0.38
3	1	3	3	2.03	0.61	0.25
4	2	1	2	6.76	0.88	0.28
5	2	2	3	4	0.28	0.34
6	2	3	1	4.07	0.88	0.37
7	3	1	3	2.66	0.55	0.26
8	3	2	1	5.41	0.64	0.39
9	3	3	2	1.15	0.43	0.3
	拔节期				最佳组合方案	
	A	B	C		主次因素	最优组合
K_1	5.97	5.77	5.79		B＞A＞C	$B_2A_1C_1$
K_2	4.94	5.8	5.3			
K_3	3.07	2.42	2.9			
极差 R	2.9	3.38	2.88			
	抽雄期				最佳组合方案	
	A	B	C		主次因素	最优组合

续表

处理编号	因素水平			根水导/(10^{-5} kg · s^{-1} · MPa^{-1} · g^{-1})		
	A	B	C	拔节期	抽雄期	蜡熟期
K_1	0.84	0.83	0.86		C＞A＞B	$C_1A_1B_1$
K_2	0.68	0.88	0.71			
K_3	0.54	0.64	0.48			
极差 R	0.3	0.25	0.38			
	蜡熟期				最佳组合方案	
	A	B	C		主次因素	最优组合
K_1	0.39	0.36	0.43		C＞A＞B	$C_1A_1B_2$
K_2	0.33	0.37	0.32			
K_3	0.32	0.31	0.28			
极差 R	0.07	0.06	0.15			

注：这里根水导的量化采用根水导测定值除以根系干物质量所得的比值。A 为沟灌方式；B 为灌溉量；C 为施氮量

由各因素不同水平对不同生育期玉米根水导的影响可知，在 3 个生育期中，A 因素交替沟灌(K_1)处理均取得最大值，平均根水导分别高出常规沟灌(K_2)和固定沟灌(K_3)达 21%和 83.2%；而 B 因素中水(K_2)处理均取得最大值，平均根水导分别高出高水(K_1)和低水(K_3)达 1.3%和 109.2%；C 因素高肥(K_1)处理均取得最大值，平均根水导分别高出中肥(K_2)和不施肥(K_3)达 11.9%和 93.4%。可见，沟灌方式、灌水量和施肥量对根水导的影响均比较明显。试验结果表明，根水导的优选组合是 $A_1B_2C_1$，在添加的交替沟灌中水高肥处理取得。

7.6.2.2 不同因素水平对玉米冠层水导的影响

由表 7-16 可知，玉米冠层水导随生育期的推移而逐渐变小。从沟灌方式、灌水量和施氮量 3 因素对不同生育期玉米冠层水导影响的极差可以看出，在拔节期和抽雄期灌水量的极差 R 最大，沟灌方式的极差 R 最小。3 个因素对拔节期和抽雄期玉米冠层水导影响的主次顺序为灌水量＞施肥量＞沟灌方式，3 个因素对蜡熟期玉米冠层水导影响的主次顺序为施肥量＞灌水量＞沟灌方式。方差分析结果显示，除了抽雄期沟灌方式对根水导的影响不显著外，3 因素对其他生育期根水导的影响均达显著水平。

表 7-16　不同处理对玉米冠层水导的影响

处理编号	因素水平			冠层水导/(10^{-5}kg · s^{-1} · MPa^{-1} · g^{-1})		
	A	B	C	拔节期	抽雄期	蜡熟期
1	1	1	1	5.08	1.98	0.96
2	1	2	2	4.91	1.63	0.61
3	1	3	3	4.61	1.41	0.99
4	2	1	2	5.08	1.77	0.83
5	2	2	3	5.44	1.72	0.8

续表

处理编号	因素水平			冠层水导/(10^{-5}kg · s^{-1} · MPa^{-1} · g^{-1})		
	A	B	C	拔节期	抽雄期	蜡熟期
6	2	3	1	3.78	1.36	0.49
7	3	1	3	5.07	1.49	0.6
8	3	2	1	5.29	2.2	1.42
9	3	3	2	3.16	1.02	0.21
	拔节期				最佳组合方案	
	A	B	C		主次因素	最优组合
K_1	4.87	5.08	4.72		B>C>A	$B_2C_1A_1$
K_2	4.77	5.21	4.38			
K_3	4.51	3.85	4.06			
极差 R	0.36	1.36	0.66			
	抽雄期				最佳组合方案	
	A	B	C		主次因素	最优组合
K_1	1.67	1.75	1.85		B>C>A	$B_2C_1A_1$
K_2	1.62	1.85	1.47			
K_3	1.57	1.26	1.54			
极差 R	0.1	0.59	0.37			
	蜡熟期				最佳组合方案	
	A	B	C		主次因素	最优组合
K_1	0.85	0.8	0.96		C>B>A	$C_1B_2A_1$
K_2	0.71	0.94	0.55			
K_3	0.74	0.56	0.8			
极差 R	0.15	0.38	0.41			

注：这里冠层水导的量化采用冠层水导测定值除以冠层干物质量所得的比值

由各因素不同水平对不同生育期玉米冠层水导的影响可知，3 个生育期中，A 因素交替沟灌(K_1)处理均取得最大值，平均冠层水导分别高出常规(K_2)和固定(K_3)沟灌处理达 4.1%和 8.4%；而 B 因素中水处理(K_2)均取得最大值，平均冠层水导分别高出高水(K_1)和低水(K_3)处理达 4.9%和 41.1%；C 因素高肥处理(K_1)均取得最大值，平均冠层水导分别高出中肥(K_2)和不施肥(K_3)处理达 17.1%和 17.7%。可见，灌水处理对冠层水导的影响比较明显，而沟灌方式和施肥处理对冠层水导的影响并不明显。试验结果表明，3 个生育期冠层水导的优选组合均为 $A_1B_2C_1$，在添加的交替沟灌中水高肥处理取得。

7.6.2.3 不同因素水平对玉米产量和植株氮的吸收的影响

由表 7-17 可知，从沟灌方式、灌水量和施氮量 3 因素对不同生育期玉米产量和植株氮影响的极差可以看出，对产量而言，灌水量的极差 R 最大，其次为施肥量，再次是沟灌方式。3 个因素对玉米产量影响的主次顺序为灌水量>施肥量>沟灌方式。对植株氮而言，施肥量的极差 R 最大，其次为沟灌方式，再次是灌水量。3 个因素对玉米植株氮影响的主次顺序为施肥量>沟灌方式>灌水量。方差分析结果显示，3 因素对产量的影响均达显著水平，而 3 因素对植株氮的影响均不显著(表 7-18)。

表 7-17　不同处理对玉米产量和植株氮的影响

处理编号	因素水平			单株产量/g	产量/(kg · hm^{-2})	根系全氮/%	冠层全氮/%
	A	B	C				
1	1	1	1	213.22	9137.79	1.327	1.948
2	1	2	2	209.22	8966.57	1.286	1.955
3	1	3	3	177.73	7616.79	1.023	1.789
4	2	1	2	209.02	8957.79	1.192	1.883
5	2	2	3	191.75	8217.64	1.052	1.742
6	2	3	1	179.09	7675.07	1.217	1.915
7	3	1	3	190.27	8154.43	0.974	1.647
8	3	2	1	212.11	9090.21	1.224	1.875
9	3	3	2	157.69	6758.14	1.192	1.796
	单株产量/g				最佳组合方案		
	A	B	C		主次因素	最优组合	
K_1	200.1	204.2	201.5		B>C>A	$B_2C_1A_1$	
K_2	193.3	204.4	192				
K_3	186.7	171.5	186.6				
极差 R	13.4	32.9	14.9				
	产量/(kg · hm^{-2})				最佳组合方案		
	A	B	C		主次因素	最优组合	
K_1	8573.7	8750	8634.4		B>C>A	$B_2C_1A_1$	
K_2	8283.5	8758.1	8227.5				
K_3	8000.9	7350	7996.3				
极差 R	572.8	1408.1	638.1				
	根系全氮/%				最佳组合方案		
	A	B	C		主次因素	最优组合	
K_1	1.212	1.165	1.256		C>A>B	$C_1A_1B_2$	
K_2	1.154	1.187	1.223				
K_3	1.13	1.144	1.016				
极差 R	0.082	0.043	0.24				
	冠层全氮/%				最佳组合方案		
	A	B	C		主次因素	最优组合	
K_1	1.898	1.826	1.912		C>A>B	$C_1A_1B_2$	
K_2	1.846	1.857	1.878				
K_3	1.773	1.833	1.726				
极差 R	0.125	0.031	0.186				

表 7-18　玉米水分传导、产量和植株氮的方差分析

项目		方差来源	偏差平方和	自由度	均方	F 值	P 值
根水导	拔节期	A	2.09×10^{-9}	2	1.05×10^{-9}	557.6	<0.01
		B	6.74×10^{-9}	2	3.37×10^{-9}	1798.3	<0.01
		C	1.40×10^{-10}	2	0.70×10^{-10}	37.3	<0.01
	抽雄期	A	1.16×10^{-11}	2	0.58×10^{-11}	23.2	<0.01
		B	2.56×10^{-11}	2	1.23×10^{-11}	51.0	<0.01
		C	1.57×10^{-11}	2	0.79×10^{-11}	31.3	<0.01
	蜡熟期	A	6.05×10^{-13}	2	3.03×10^{-13}	8.2	0.01
		B	4.93×10^{-12}	2	2.46×10^{-12}	66.8	<0.01
		C	5.33×10^{-12}	2	2.66×10^{-12}	72.3	<0.01
冠层水导	拔节期	A	4.1×10^{-13}	2	2.1×10^{-13}	5.3	0.03
		B	9.0×10^{-12}	2	4.5×10^{-12}	118.1	<0.01
		C	6.7×10^{-13}	2	3.4×10^{-13}	8.8	0.01
	抽雄期	A	1.3×10^{-14}	2	0.7×10^{-14}	3.8	0.06
		B	1.4×10^{-12}	2	0.7×10^{-12}	412.1	<0.01
		C	8.2×10^{-13}	2	4.1×10^{-13}	239.1	<0.01
	蜡熟期	A	8.6×10^{-15}	2	4.3×10^{-15}	6.5	0.02
		B	3.5×10^{-13}	2	1.8×10^{-13}	261.1	<0.01
		C	1.0×10^{-12}	2	0.5×10^{-12}	764.7	<0.01
产量	单株产量	A	2.6×10^{2}	2	1.3×10^{2}	14.6	0.01
		B	6.4×10^{3}	2	3.2×10^{3}	359.0	<0.01
		C	5.4×10^{2}	2	2.7×10^{2}	30.3	<0.01
	总产量	A	4.8×10^{5}	2	2.4×10^{5}	14.6	0.01
		B	1.2×10^{7}	2	0.6×10^{7}	359.0	<0.01
		C	9.9×10^{5}	2	4.9×10^{5}	30.3	<0.01
植株氮含量	根系	A	3.3×10^{-3}	2	1.7×10^{-3}	1.1	0.31
		B	2.5×10^{-3}	2	1.3×10^{-3}	0.8	0.38
		C	6.4×10^{-3}	2	3.2×10^{-3}	2.1	0.17
	冠层	A	3.3×10^{-2}	2	1.7×10^{-2}	5.6	0.03
		B	3.0×10^{-4}	2	1.5×10^{-4}	0.1	0.82
		C	7.1×10^{-3}	2	3.5×10^{-3}	1.2	0.28

表 7-19　添加处理对玉米水分传导、产量和植株氮的影响

添加处理	根水导 /(10^{-5}kg · s^{-1} · MPa^{-1} · g^{-1})			冠层水导 /(10^{-5}kg · s^{-1} · MPa^{-1} · g^{-1})			产量		植株氮	
	拔节期	抽雄期	蜡熟期	拔节期	抽雄期	蜡熟期	单株产量/g	产量/(kg · hm^{-2})	根系全氮/%	冠层全氮/%
常规沟灌高水高肥	7.10	0.77	0.36	6.06	2.13	0.34	187.25	8 024.79	1.277	1.889
常规沟灌中水高肥	7.23	0.61	0.39	6.59	1.70	0.79	232.73	9 974.14	1.302	2.050
交替沟灌中水高肥	10.63	0.80	0.62	9.76	2.24	1.43	244.28	10 468.93	1.413	2.224

由各因素不同水平对玉米产量和植株总氮含量的影响可知，无论玉米产量，还是植株总氮含量，A 因素交替沟灌(K_1)处理均取得最大值，平均产量分别高出常规(K_2)和固定(K_3)沟灌处理达 3.5%和 7.16%，平均植株氮含量分别高出 3.7%和 7.1%；而 B 因素中水处理(K_2)均取得最大值，平均产量分别高出高水(K_1)和低水(K_3)处理达 0.1%和 19.2%，平均植株氮含量分别高出 1.8%和 2.3%；C 因素高肥处理(K_1)均取得最大值，平均产量分别高出中肥(K_2)和不施肥(K_3)处理达 5%和 8%，平均植株氮含量分别高出 2.2%和 15.5%。试验结果表明，玉米产量和植株氮的优选组合是 $A_1B_2C_1$，在添加的交替沟灌中水高肥处理取得(表 7-19)。

7.6.3 讨论

试验表明，3 个因素对拔节期玉米根水导影响的主次顺序为灌水量＞沟灌方式＞施肥量，抽雄期和蜡熟期的主次顺序为施肥量＞沟灌方式＞灌水量。这是由于本试验玉米各生育期的灌水量和施肥量均有所不同，拔节期玉米正处于营养生长阶段，对水分的需求较多，本试验灌水量较多(表 7-14)，而在抽雄和蜡熟期玉米处于生殖生长阶段，对养分的需求较水分敏感，本试验施肥分两次进行，第 1 次于播种时施入 40%，第 2 次于 7 月 18 日(抽雄期)施入 60%。对植株氮影响的主次顺序为施肥量＞沟灌方式＞灌水量。对玉米产量影响的主次顺序为灌水量＞施肥量＞沟灌方式。综合比较不同处理对根水导、冠层水导、产量和植株氮的影响得出，最优组合处理是交替沟灌中水高肥(表 7-18)。

7.6.3.1 沟灌方式对玉米水分传导和产量的影响

部分根区交替灌溉每次灌水后大约一半根系被湿润，而另一半根系处于干燥状态，以一定的周期反复对干燥侧根系灌水，刺激次生根较快生长，明显提高根密度和水肥利用效率，产量降低不明显，甚至有所提高。本研究表明，与常规和固定沟灌相比，交替沟灌根系水导较大，植株氮含量较多，产量较高。其中交替沟灌提高根水导的原因是多方面的。①部分根区灌溉时，灌水侧根系存在明显的吸水补偿效应。当植物生长在根区土壤水分不均一的环境时，促进了根系对水分的吸收。交替沟灌总是按照一定的频率对干燥侧根系反复灌水，当植物经过一段时间的干旱复水后出现了新的侧根，具有提高水通道蛋白活性、增大根水导的功能。②当水分流经侧根和主根相连的部位时促进了水分的流入。研究发现根条数与根水导呈正相关关系，由于交替沟灌提高根条数，并增加侧根与主根相连的节点数，这也会提高根水导。③交替沟灌(AFI)处理干燥侧根系产生的脱落酸(ABA)具有提高根水导的功能，加之，AFI 处理根区通气性和土壤温度的提高也会提高根水导，因此，经过干旱锻炼复水后的根系更容易吸收水分，且根水导还高于充分供水处理。虽然固定沟灌处理也提高根区土壤温度，干燥侧根系也诱导产生干旱信号脱落酸，由于固定沟灌处理非灌水侧长时间的干燥，土-根界面阻力增大，根系开始收缩，一方面使得该侧的根密度减小，根系生长减缓、衰老甚至死亡，另一方面使得根系栓质化程度加重，木质部空穴化，均导致根水导减小，因此，根水导明显降低。此外，本研究发现 3 种沟灌方式处理的根水导均随着生育期的推移而减小，这与以前的研究结果保持一致。

7.6.3.2 灌水量对玉米水分传导和产量的影响

水分是作物进行光合作用制造有机质的原料，是向作物体内输送营养的媒介，决定着作物的健康生长状况、产量的高低和品质的好坏。本研究表明，根水导、植株氮含量和产量最大值均在中水处理(282 mm)而并非高水处理(400 mm)和低水处理(216 mm)取得，可能的原因是低水处理使得根区土壤干旱。有研究表明，土壤干旱促使根栓质化和空穴化，导致根水导减小。而高水处理使得根区土壤的通透性变差，导致根水导减小，同时灌水量较大，根系密集区的部分营养物质向下迁移，不利于根系吸收，导致水肥利用效率和产量下降，加之，通气状况较差会降低根对水分的吸收，主要表现在根的径向导水阻力增大，根系呼吸强度和氧气含量降低，根区 CO_2 浓度增大，而较高浓度的 CO_2 比缺氧更容易导致根水导降低。根水导的降低也减小了向冠层输送水分养分的效率，导致光合速率、蒸腾速率和气孔导度下降，限制碳的同化，使产量降低。有研究表明，在适度水分胁迫下，水通道蛋白会提高自身调控能力，对根水导具有一定调节作用。也有研究表明，水通道蛋白充当阀门而可逆地提高植物的水分传导，在不利条件下促使植物吸水。

7.6.3.3 施肥量对玉米水分传导和产量的影响

氮亏缺会引起根水导降低，而施用氮肥提高根水导，导致光合速率、蒸腾速率和气孔导度增大和产量提高。本研究表明，与不施肥处理相比，高氮(240 $kg \cdot hm^{-2}$)和低氮(120 $kg \cdot hm^{-2}$)处理均提高根水导、植株氮含量和产量，且其均随着施肥量的增加而增大，这与以往研究结果一致。当给植物供应营养物质时，提高了水通道蛋白活性，使得植物体内随水分流动的水通道蛋白的速度增大，促进根水导提高(Barbara et al.,2002)。

7.6.4 结论

干旱半干旱地区，在玉米营养生长和生殖生长的过程中，不仅要选择合理的灌水量和施肥量，而且更应该合理选用灌溉方式，只有将各个方面有机地结合起来才能达到节水增效的目的。本试验通过比较得出最优组合处理为交替沟灌中水高肥，即沟灌方式为交替沟灌、灌溉量为 282 mm、施肥量为 240 $kg \cdot hm^{-2}$ 的处理。具体结果如下。

A. 与常规和固定沟灌相比，交替沟灌的平均根水导、冠层水导、产量和植株氮含量分别提高了 21%和 83.2%、4.1%和 8.4%、3.5%和 7.16%、3.7%和 7.1%。

B. 与高水和低水处理相比，中水处理的平均根水导、冠层水导、产量和植株氮含量分别提高了 1.3%和 109.2%、4.9%和 41.1%、0.1%和 19.2%、1.8%和 2.3%。

C. 与中肥和不施肥处理相比，高肥处理的平均根水导、冠层水导、产量和植株氮含量分别提高了 11.9%和 93.4%、17.1%和 17.7%、5%和 8%、2.2%和 15.5%。

可见，与常规和固定灌溉方式相比，交替沟灌中水高肥处理能更有效地展现自己的优越性，提高根系和冠层水导，促进水分养分吸收利用，增加产量，具有很好的应用价值。

参考文献

白莉萍，隋方功，孙朝晖，等.2004.土壤水分胁迫对玉米形态发育及产量的影响.生态学报，24(7)：1556-1560

陈晓远，罗远培. 2002.不同生育期复水对受旱冬小麦的补偿效应研究.中国生态农业学报，10(1)：25-27

程福厚，霍朝忠，张纪英，等.2000.调亏灌溉对鸭梨果实的生长、产量及品质的影响.干旱地区农业研究，18(4)：72-76

党廷辉，郝明德，郭胜利，等.2003.黄土高原南部春玉米地膜栽培的水肥效应与氮肥去向.应用生态学报，14(11)：1901-1905

丁端峰，蔡焕杰，王健，等.2006.玉米苗期调亏灌溉的复水补偿效应.干旱地区农业研究，24(3)：64-67

杜红霞，吴普特，冯浩，等. 2009. 氮施用量对夏玉米土壤水氮动态及水肥利用效率的影响. 中国水土保持科学，7(4)：82-87

郭大应，熊清瑞，谢成春，等.2001. 灌溉土壤硝态氮运移与土壤湿度的关系. 灌溉排水，20(2)：66-72

郭相平，康绍忠.1998.调亏灌溉—节水灌溉的新思路.西北水资源与水工程，9(4)：22-26

郭相平，康绍忠.2000.玉米调亏灌溉的后效性.农业工程学报，16(4)：58-60

何华，耿增超，康绍忠.1999.调亏灌溉及其在果树上的应用.西北林学院学报，14(2)：83-87

胡田田，康绍忠.2007.局部灌水方式对玉米不同根区土-根系统水分传导的影响.农业工程学报，23(2)：11-16

胡笑涛，梁宗锁，康绍忠，等. 1998. 模拟调亏灌溉对玉米根系生长及水分利用效率的影响. 灌溉排水，17(2)：11-15

黄明丽，邓西平，周生路，等.2007.二倍体、四倍体和六倍体小麦产量及水分利用效率.生态学报，27(3)：1113-1121

姜琳琳，韩立思，韩晓日，等. 2011. 氮素对玉米幼苗生长、根系形态及氮素吸收利用效率的影响. 植物营养与肥料学报，17(1)：247-253

康绍忠，史文娟，胡笑涛，等.1998.调亏灌溉对玉米生理指标及水分利用效率的影响.农业工程学报，14(4)：82-72

康绍忠，张建华，梁宗锁，等.1997.控制性交替灌溉-一种新的农田节水调控思路.干旱地区农业研究，15(1)：1-6

李建奇.2008.氮、磷营养对黄土高原旱地玉米产量、品质的影响机理研究，植物营养与肥料学报，14(6)：1042-1047

李世娟，周殿玺，兰林旺.2002. 不同水分和氮肥水平对冬小麦吸收肥料氮的影响.核农学报，16(5)：315-319

李世娟，周殿玺，李建民，等.2000.限水灌溉条件下冬小麦氮肥利用研究.中国农业大学学报，5(5)：17-22

李世清，李生秀.2000.半干旱地区农田生态系统中硝态氮的淋失.应用生态学报，11(2)：240-242

李晓欣，胡春胜，程一松.2003.不同施肥处理对作物产量及土壤中硝态氮累积的影响.干旱地区农业研究，21(3)：38-42

李秀芳，李淑文，和亮，等. 2011. 水肥配合对夏玉米养分吸收及根系活性的影响. 水土保持学报，25(1)：188-192

梁银丽，康绍忠. 1998. 节水灌溉对冬小麦光合速率与产量的影响. 西北农业大学学报，26(4)：16-19

梁银丽.1996.土壤水分和氮磷营养对冬小麦根系生长及水分利用的调节.生态学报，16(3)：258-264

梁宗锁，康绍忠，胡张建，等.1997.控制性分根交替灌水的节水效应.农业工程学报，(4)：58-63

刘小刚，张富仓，田育丰，等. 2008. 水氮处理对玉米根区水氮迁移和利用的影响. 农业工程学报，24(11)：19-24

刘小刚，张富仓，杨启良，等. 2010.调亏灌溉与氮营养对玉米根区土壤水氮有效性的影响.农业工程学报，26(2)：135-141

刘晓英，罗远培，石元春.2001.水分胁迫后复水对小麦叶面积的激发作用. 中国农业科学，34(4)：422-428

吕殿青，杨学云，张航，等.1996.陕西塿土中硝态氮运移特点及影响因素. 植物营养与肥料学报，2(4)：289-296

孟庆伟，李德全，赵世杰.1990.干旱条件下小麦叶片膨压维持方式的研究.山东农业大学学报，25(4)：459

莫江华，李伏生，李桂湘，等. 2008. 不同生育期适度缺水对烤烟生长、水分利用和氮钾含量的影响. 土壤通报，39(5)：1071-1076

庞秀明，康绍忠，王密侠.2005.调亏灌溉理论与技术研究动态及其展望.西北农林科技大学学报(自然科学版)，33(6)：141-145

裴冬，孙振山，陈四龙，等. 2006. 水分调亏对冬小麦生理生态的影响. 农业工程学报，22(8)：68-72

祁有玲，张富仓，李开峰.2009. 水分亏缺和施氮对冬小麦生长及氮素吸收的影响.应用生态学报，20(10)：2399-2405

山仑，徐萌.1991.节水农业及其生理生态基础.应用生态学报，2(1)：70-76

邵兰军，陈建军，王维.2010. 水分亏缺对烤烟光合特性和氮代谢的影响.中国农学通报，26(21)：136-141

石喜，王密侠，姚雅琴，等.2009. 水分亏缺对玉米植株干物质累积、水分利用效率及生理指标的影响.干旱区研究，26(3)：396-400

史文娟，胡笑涛，康绍忠.1998.干旱缺水条件下作物调亏灌溉技术研究状况与展望.干旱地区农业研究，16(2)：84-88

汤章城.1983.植物对水分胁迫的反应和适应性.植物生理学通讯，9(1)：1-7

汪志农.2000.灌溉排水工程学.北京：中国农业出版社

王丽梅，李世清，邵明安.2010.水、氮供应对玉米冠层营养器官干物质和氮素累积、分配的影响.中国农业科学，43(13)：2697-2705

王密侠，康绍忠，蔡焕杰，等.2000.调亏对玉米生态特性及产量的影响.西北农业大学学报，28(1)：31-36

邢英英，张富仓，王秀康. 2010. 不同生育期水分亏缺灌溉和氮营养对玉米生长的影响. 干旱地区农业研究，28(6)：1-6
许振柱，于振文，李晖，等.1997.限量灌水对冬小麦光合性能和水分利用的影响.华北农学报，12(2)：65-70
易镇邪，王璞，刘明，等. 2006. 不同类型氮肥与施氮量下夏玉米水、氮利用及土壤氮素表观盈亏. 水土保持学报，20(1)：65-67
曾德超，彼得·杰里.1994.果树调亏灌溉密植节水增产技术的研究与开发.北京：中国农业大学出版社
张步翀，赵文智，张炜.2008.春小麦调亏灌溉对土壤氮素养分的影响.中国生态农业学报，16(5)：1095-1099
张光灿，刘霞，贺康宁，等.2004.金矮生苹果叶片气体交换参数对土壤水分的响应.植物生态学报，28(1)：66-72
张寄阳，刘祖贵，段爱旺，等.2006.棉花对水分胁迫及复水的生理生态响应.棉花学报，18(6)：398-399
张家铜，彭正萍，李婷，等. 2009. 不同供氮水平对玉米体内干物质和氮动态积累与分配的影响. 河北农业大学学报，32(2)：1-5
张岁岐，山仑.1997.磷素营养和水分胁迫对春小麦产量及水分利用效率的影响.西北农业学报， 6(1)：22-25
张喜英，由懋正，王新元.1999.冬小麦调亏灌溉制度田间试验初报.生态农业研究，6(3)：33-36
赵秉强，张福锁，李增嘉，等. 2001. 间套作条件下作物根系数量与活性的空间分布及变化规律研究. 作物学报，27(6)：974-979
郑剑英，张兴昌，吴瑞俊，等. 2001. 黄土丘陵区梯田谷子养分循环特征与生产力关系的研究.中国生态农业学报，9(1)：28-31
Barbara K, Arkadiusz C, Lucrezia S.2002.Stabilization of heat-induced changes in plant peroxidase preparations by clpx, a bacterial heat shock protein. Journal of Plant Physiology，159(12)：1295-1299
Blachman P G，Davies W J.1985.Root to shoot communication in maize plants of the effects of soil drying.J Exp Bot，36：39-48
Boyer J S，Westgate M E. 2004. Grain yields with limited water. Journal of Experimental Botany，(25)：2385-2394
Brocklehurst P A.1977.Factors controlling grain weight in wheat.Nature，266：348-349
Cakir R.2004.Effect of water stress at different development stages onvegetative and reproductive growth of corn.Field CroPs Res，89：1-16
Chalmers D J，Burge P H，Mitchell P D.1986.The mechanism of regulation of Bartlett pear fruit and vegetative growth by irrigation withhold-ing and regulated deficit irrigation.J Amer Soc for Hor Sci，11(6)：944-947
Dioufa O，Broub Y C，Dioufa M，et al. 2004. Response of Pearl Millet to nitrogen as affected by water deficit.Agronomie，24：77-84
Kage H，Kochler M，Stützel H.2004.Root growth and dry matter parti-tioning of cauliflower under drought stress conditions：measurement and simulation.Eur Jagron，20：379-394
Kang S Z，Zhang J H. 2000. An improved water–use efficiency for maize grown under regulated deficit irrigation. Field Crops Research，67：207-214
Kang S Z，Zhang L，Liang Y L，et al. 2002. Effects of limited irrigation on yield and water use efficiency of winter wheat in the Loess Plateau of China. Agricultural Water Management，55：203-216
Nicolas M E，Lambers H，Simpson R J，et al. 1985.Effect of drought on metabolism and partitioning of carbon in two wheat varieties differing in drought-tolerance.Annals of Botany，55：727-747
Pandey R K，Maraville J W，Admou A.2001a.Tropical wheat response to irrigation and nitrogen in a Sahelian environment. I. Grain yield，yield components and water use efficiency.European Journal of Agronomy，15：93-105
Pandey R K，Maraville J W，Chetima M M.2001b.Tropical wheat response to irrigation and nitrogen in a Sahelian environment. II. Biomass accumulation，nitrogen uptake and water extraction.European Journal of Agronomy，15：106-118
Payero J O, Melvin S R，Irmak S, et al.2006.Yield response of corn to deficit irrigation in a semiarid climate.Agric Water Manage，101-112
Rau A H，Karunasree B，Reday A R. 1993.Water stress responsive 23kDa polypeptide from rice seedlings.J Plat physoil，142：88-93
Steward B A，Masick J T，Dusek D A.1983.Yield and water use efficiency of grain sorghum in a limited irrigation- dryland farming system.Agronomy Journal，75 (4)：629-634
Turner NC，Begg LE.1981.Plant water relationship and adaptation to stress.Plant and Soil，58：97-131
Turner NC.1990.Plant water relations and irrigation management.Agri Water Manage，17：59-73

第8章　节水灌溉条件下作物根区水氮迁移和高效利用研究

8.1 国内外研究进展

我国水资源供需矛盾尖锐、农业用水浪费严重、水污染问题突出，已成为制约国民经济可持续发展的瓶颈。多年来我国平均水资源总量为 2.81 万亿 m^3，但人均水资源占有量仅为 2200 m^3，不足世界人均占有量的 1/4。预计到 2030 年，当人口达到 16 亿高峰时，在降水不减少的情况下，人均水资源量将逼近目前国际上公认的严重缺水警戒线 1700 m^3。农业是我国的用水大户，年用水总量为 4000 亿 m^3，占全国总用水量的 70%。据权威部门预测，在不增加现有农田灌溉用水量的情况下，2030 年全国缺水高达 1300 亿～2600 亿 m^3，其中农业缺水 500 亿～700 亿 m^3。若将农田灌溉水的利用效率由目前的 45%提高到发达国家水平的 70%，则可节水 900 亿～950 亿 m^3，这无疑会对未来国家经济持续发展和社会安全稳定作出重大贡献。因此对于我国这样的农业大国，发展节水农业势在必行。切实可行的节水灌溉方法可以提高水分利用效率，缓解水资源的紧张局面(康绍忠等，1997)。

国家中长期科学和技术发展规划纲要(2006～2020 年)也把重点研究农业高效节水、综合节水、水资源优化配置与综合开发利用作为水与矿产资源研究领域的发展思路和重点研究问题。近年来，国内外提出的如限水灌溉、非充分灌溉与调亏灌溉等新的节水灌溉理论与技术在我国得到了大量的研究和应用。从改变作物根系土壤湿润方式、有效刺激作物根系吸收补偿功能、提高水分养分利用效率方面考虑提出的“作物根系分区交替灌溉”等概念和方法，打破了传统丰水高产型灌溉的思想，使灌溉向节水优产型方向发展，对我国北方旱区尤其是西北旱区的农业节水具有重要的理论和现实意义。

作物水肥利用率低是我国农业生产发展中面临的重大问题。适宜的水分条件和合理的养分供应是作物高产优质的基本保证，水分胁迫、养分缺乏及二者供应的不同步都不利于作物生长。因此，开展节水灌溉条件下的最佳水肥配合模式及水肥高效利用机制研究是农业可持续发展中迫切需要解决的关键科学问题。

8.2 不同沟灌模式和施氮对玉米群体水氮利用及根区水氮迁移的影响

地面灌溉面积占全国总灌溉面积的98%以上,其中沟灌是一种古老的地面灌溉技术。研究和改进地面沟灌技术，既是节水农业发展的需要，也是适应我国经济发展的需要。交替隔沟灌溉是康绍忠等(1997)提出的一种新的农田节水调控技术。近年来，国内学者对隔沟灌溉技术进行了大量研究，结果表明，该技术根据植物气孔的最优调节理论，改变土壤湿润方式，充分考虑植物根系的调节功能，既是对目前常规沟灌技术的重大改进与提高，又具有明显减少株间土壤蒸发、降低作物蒸腾和充分利用天然降雨的优点，而作物的产量或品质基本不受影响，甚至还略有提高或改善。同时还可以减少再次灌水间隙期株间土壤湿润面积，减少株间蒸发损失，因湿润区向干燥区的侧向水分运动而减少深层渗漏(Kang，1998)。在甘肃河西民勤沙漠绿洲区的大田玉米试验结果表明，交替隔沟灌溉定额由常规灌溉的 3150 $m^3 \cdot hm^{-2}$ 减少到 2100 $m^3 \cdot hm^{-2}$ 时，产量无明显变化(梁宗锁，1997)。杜太生等(2007a)研究表明，根系分区交替灌溉使棉花叶水势与均匀供水相比无显著差异，而溶质势下降，细胞膨压增大，表现出较强的渗透调节能力。并且能有效控制作物生长冗余，使光合同化产物向有利于经济产量形成的方向转化和分配。杜太生在石羊河流域干旱荒漠绿洲区的大田试验结果表明，交替隔沟灌溉对棉花株高抑制作用较明显，而对蕾铃等生殖生长的影响较小，该技术能够调整棉花营养生长与生殖生长的关系，有效控制作物生长冗余，调节光合产物在根冠间的比例和分配，优化根冠比；可以在保持相同光合速率水平下大大降低叶片蒸腾损失，提高叶片水分利用效率，使霜前花比例提高，产量水平的水分利用效率分别较常规沟灌和固定隔沟灌溉提高 17.22%和 18.59%(杜太生等，2006)。杜太生等(2007b)对葡萄的研究表明，交替隔沟灌溉条件下葡萄叶片气孔开度减小，光合速率略有降低或下降不显著，而蒸腾速率明显下降，水分利用效率增大。光合作用日变化也表现出类似规律，交替隔沟灌溉与地膜覆盖技术相结合能显著提高水分利用效率，为在田间实施气孔最优化调控提供了一种有效途径。潘英华和康绍忠(2000)的研究发现：在同等灌水量水平下，采用交替隔沟灌溉不降低玉米产量，收获等产量的玉米，交替隔沟灌溉比常规沟灌省水 33.3%。孙景生等(2002)从提高农田水分利用效率的角度，对交替隔沟灌溉技术的节水机制进行剖析。

美国等一些发达国家的干旱半干旱地区，早在 20 世纪 60 年代中期即已开始了跳行灌溉和隔沟灌溉技术的研究，至今已有 40 多年的研究历史，总结得出了许多可供我国借鉴参考的资料，但他们的研究重点大多集中在跳行灌溉和隔沟灌溉的节水效应及对产量的影响方面。Graterol 等(1993)对大豆进行试验的结果表明，采用交替沟灌方式，株高降低，单荚粒数增加，最终产量略有提高，而灌水量则大幅度减少。与常规沟灌相比，交替沟灌总的毛灌水量和净灌水量分别减少 46%和 29%，总的水分利用效率和净灌溉水利用效率分别为 6.12 $kg \cdot hm^{-2} \cdot mm^{-1}$ 和 57 $kg \cdot hm^{-2} \cdot mm^{-1}$，而常规沟灌的则低得多，分别为 5.52 $kg \cdot hm^{-2} \cdot mm^{-1}$ 和 36 $kg \cdot hm^{-2} \cdot mm^{-1}$；交替沟灌减少了径流损失，且在灌溉季节期间没有发现沟灌宽度对 1.52 m 剖面的土壤水分变化产生影响。Tsegaye 等(1993)对高粱进行试验的结果表明，隔沟灌溉对高粱是有益的，当水量一定时，可比常规沟灌的高粱增产 10%左右，水分利用效率提高 24%，株间土壤表面蒸发减少 30 mm。Stone 和 Nofziger(1993)根据 7 年的试验研究结果，拟合并建立了隔沟灌溉和常规沟灌条件下的棉花产量与灌水量之间的函数关系，结果表明：隔沟灌溉的水分利用效率比常规沟灌的高 15%；在观测到的最高产量水平，收获相同产量的棉花，采用隔沟灌溉省水 38%；灌水量相同时，采用隔沟灌溉可增产 48%。

作物吸收养分是以水分为主要媒介的，土壤水分对作物吸收养分有显著影响；施肥具有明显的调水作用，肥料可提高水分利用效率。在交替隔沟灌溉这种新的沟灌方式条件下，如何将水肥有效地配合起来，达到以水调肥、以水促肥的最佳效果，这对于此种灌水技术的推广有现实意义。关于隔沟灌溉结合施氮处理对作物生长、产量及水氮利用方面的研究进展见第 7 章的论述。前人关于隔沟灌溉的研究大多是在自然降雨条件下进行的，本研究根据作物各生育阶段的需水规律，利用可移动遮雨棚严格控制降雨对试验结果的影响。研究 3 种沟灌方式和不同灌水量及施氮水平对作物的群体产量、水氮利用及根区水氮迁移动态的影响，以期为这一新的灌水技术的推广应用提供理论依据。

8.2.1 材料与方法

试验于 2006 年 4～9 月在西北农林科技大学旱区农业水土工程教育部重点实验室试验田里进行。试验田位于北纬 34°20′，东经 108°24′，海拔 521 m。土壤容重为 1.38 g · cm^{-3}，分析耕层(0～20 cm)土壤，质量田间持水量为 24%，有机质含量为 1.589%，全氮含量为 0.95 g · kg^{-1}，全磷含量为 0.62 g · kg^{-1}，全钾含量为 18.46 g · kg^{-1}，硝态氮含量为 74.1 mg · kg^{-1}，铵态氮含量为 8.91 mg · kg^{-1}，速效磷含量为 26.62 mg · kg^{-1}，肥力属于中等偏上。供试作物为玉米(‘豫玉 22 号’)。

试验为 3 因素 3 水平正交设计，3 因素包括沟灌模式、灌水量、施氮量。其中 3 种沟灌模式分别是交替隔沟灌溉、常规沟灌、固定隔沟灌溉；灌水量和施氮量各有 3 个水平。各处理重复 3 次。试验概况见图 8-1，各生育阶段的灌水量见表 8-1，各因素水平见表 8-2。

氮肥分两次施入，播前(5 月 13 日)施入 40%，拔节期(7 月 3 日)施入 60%。第一次在垄的中心开沟施入；第二次在沟的中心位置开沟施入。施氮沟深 15 cm 左右，施后覆土。在玉米生育期使用可移动式遮雨棚，严格控制降雨量，无雨时敞开遮雨棚和大田状况一样。

图 8-1 试验概况(见图版)

表 8-1 不同水分处理玉米生育期灌水处理(单位：mm)

生育阶段	播种	苗期	拔节	抽穗	灌浆	乳熟	蜡熟	成熟	合计
时间	18 d	8 d	23 d	6 d	23 d	8 d	23 d	1 d	
高水	19	76	57	57	57	57	57	19	400
中水	15	57	38	38	38	38	38	15	278
低水	8	38	30	30	30	30	30	8	206

表 8-2　正交处理表

列	1	2		3		4
试验因素	灌溉模式	灌水量/($m^3 \cdot hm^{-2}$)		氮肥/($kg \cdot hm^{-2}$)		4
1	1(交替隔沟灌溉)	1(高水)	400	1(高氮)	240	1
2	1(交替隔沟灌溉)	2(中水)	278	2(低氮)	120	2
3	1(交替隔沟灌溉)	3(低水)	206	3(无氮)	0	3
4	2(常规沟灌)	1(高水)	400	2(低氮)	120	3
5	2(常规沟灌)	2(中水)	278	3(无氮)	0	1
6	2(常规沟灌)	3(低水)	206	1(高氮)	240	2
7	3(固定隔沟灌溉)	1(高水)	400	3(无氮)	0	2
8	3(固定隔沟灌溉)	2(中水)	278	1(高氮)	240	3
9	3(固定隔沟灌溉)	3(低水)	206	2(低氮)	120	1

8.2.2 结果与分析

8.2.2.1 不同沟灌方式和施氮对玉米群体产量及水氮利用的影响

不同沟灌方式和施氮对玉米群体产量、生物量累积、百粒重、水氮利用及全氮累积量的影响结果见表 8-3，各结果的极差和方差分析见表 8-4 和表 8-5，各因素水平条件下的指标平均值见图 8-2。

试验结果表明，交替中水低氮处理的产量最高，是交替高水高氮处理产量的 1.06 倍；固定高水无氮的产量最低，仅为交替中水低氮处理的 76.1%。在同一水分和氮肥条件下，交替隔沟灌溉的玉米平均产量可达 9317 $kg \cdot hm^{-2}$，分别是常规沟灌和固定隔沟灌溉的 1.05 和 1.16 倍。在沟灌方式和施氮量相同时，中水处理的产量大于高水处理和低水处理，这说明中水处理能够为作物提供比较适宜的土壤水分环境。中氮处理的产量比高氮处理产量高约 120 $kg \cdot hm^{-2}$，低氮处理的产量最低为 8373 $kg \cdot hm^{-2}$，比高氮处理的约小 462 $kg \cdot hm^{-2}$。分析试验因素对产量影响的极差可知，沟灌方式对产量的影响最大，施氮量影响次之，灌水量影响最小。方差分析可知，沟灌方式、灌水量及施氮量各因素对产量的影响都达到了极显著水平。所以获得较大产量的最优组合为交替隔沟灌中水中氮处理。由于本试验中没有设置交替隔沟灌溉中水中氮处理，关于分析结果还需进一步试验验证。

保证一定的生物学产量是获得较高籽粒产量的生物学基础。统计表明，常规沟灌高水低氮处理的生物学产量最高可达 6583 $kg \cdot hm^{-2}$，是固定隔沟灌低水低氮处理生物量的 1.34 倍；交替隔沟灌高水高氮处理的产量比常规沟灌高水高氮处理略低 140 $kg \cdot hm^{-2}$。在同一水分和氮肥条件下，交替隔沟灌溉的玉米平均产量可达 5820 $kg \cdot hm^{-2}$，分别是常规沟灌和固定隔沟灌溉的 1.03 和 1.11 倍。在沟灌方式和施氮量相同时，高水处理的生物学产量大于中水处理和低水处理。这说明高水处理能够获得较大的生物学产量，但并不能保证有较高的籽粒产量，从水分的有效利用上讲中水处理明显优于高水处理。中氮处理的生物学产量最大，高氮处理的次之，低氮处理的最小，为 5323 $kg \cdot hm^{-2}$，比高氮处理的小约 336 $kg \cdot hm^{-2}$。由极差分析可知，灌水量对产量的影响最大，沟灌方式影响次之，施氮量影响最小。方差分析可知，灌水量对生物学产量影响显著，所以高水处理可以产生较大的生物学产量。籽粒产量和总的生物学产量的比值为收获指数，收获指数反映了生殖生长和营养生长的比例。计算可知常规沟灌低水高氮处理的收获指数最大为0.638，交替隔沟灌和固定隔沟灌低水处理的收获指数也较大，可达到0.623以上。这说明在水资源亏缺的条件下，适当的低水处理可以提高作物的收获指数，也就是抑制作物的营养生长，提高了生殖生长的比例。中水灌溉处理的次之，高水处理的收获指数最小。其中常规高水低氮处理的收获指数最小，为0.580。在相同灌水量和施氮量的条件下，不同沟灌方式的收获指数的位次依次为交替隔沟灌溉＞常规沟灌＞固定隔沟灌溉；在同一沟灌方式和施氮量的条件下，低水处理的收获指数最大，中水的次之，高水的最小；在沟灌方式和灌水量一定的条件下，各处理的收获指数都为 0.575～0.638，并且高氮处理的收获指数略大。统计分析表明，灌水量对作物的收获指数影响显著，沟灌方式的影响大于施氮量对收获指数的影响。

表 8-3　不同沟灌方式和施氮对玉米群体产量及水氮利用的影响

处理	产量 /(kg · hm^{-2})	生物量 /(kg · hm^{-2})	水分利用效率 /(kg · m^{-3})	百粒重 /g	籽粒全氮含量 /%	植株全氮含量 /%	籽粒氮素累积量 /(kg · hm^{-2})	植株氮素累积量 /(kg · hm^{-2})	合计全氮吸收 /(kg · hm^{-2})
1	9208.33	6445.6944	2.302	34.963	1.4347	0.8520	132.1074	54.9079	187.0153
2	9851.85	5838.7500	3.544	36.355	1.4326	0.8475	141.1376	49.4832	190.6208
3	8893.52	5175.5556	4.317	35.610	1.3892	0.6607	123.5443	34.1968	157.7411
4	8925.93	6583.1944	2.231	34.648	1.3850	0.7996	123.6241	52.6297	176.2538
5	8726.85	5377.0833	3.139	36.428	1.3673	0.7100	119.3222	38.2004	157.5226
6	8907.41	5053.8889	4.324	32.705	1.4537	0.8588	129.4825	43.4038	172.8863
7	7500.00	5418.1944	1.875	35.128	1.3727	0.7525	102.9488	40.7758	143.7246
8	8393.52	5479.7222	3.019	34.255	1.4324	0.8421	120.2288	46.1463	166.3751
9	8101.85	4899.8611	3.933	34.435	1.3640	0.7807	110.5052	38.2590	148.7642

常规沟灌低水高氮处理的水分利用效率最大可达 4.324 kg · m^{-3}，是固定隔沟灌高水无氮处理的 2.31 倍，是固定隔沟灌中水高氮处理的 1.43 倍。总体来说，低水处理的水分利用效率最大，中水处理的次之，高水处理的最小。在灌水量和施氮量相同的条件下，交替隔沟灌溉的水分利用效率最大，均值为 3.39 kg · m^{-3}，常规沟灌的次之，固定隔沟灌溉的最小，为 2.94 kg · m^{-3}。在沟灌方式和灌水量一定的条件下，中氮处理的水分利用效率最大，高氮的次之，低氮处理的最小。由极差分析可得，灌水量对水分利用效率的影响最大，沟灌方式的影响次之，施氮量影响最小。其中灌水量对其影响达到了极显著水平，沟灌方式对其影响显著，而施氮量对其影响不显著。所以欲获得较大的水分利用效率，必选的处理组合为交替隔沟灌溉低水组合。本研究中交替隔沟灌溉低水低氮处理的水分利用效率为 4.317 kg · m^{-3}，至于交替隔沟灌溉低水高氮或者交替隔沟灌溉低水中氮处理是否可以获得较高的水分利用效率还需进一步试验验证。

百粒重是构成玉米产量的重要农艺性状。结果表明，所有处理的百粒重都为 32～37 g，其中常规沟灌中水无氮处理的百粒重最大，常规沟灌低水高氮处理的百粒重最小。交替隔沟灌溉高水高氮处理的百粒重反映了试验各处理百粒重的平均水平。不同因素和处理的试验均值大小表明(图 8-2)，沟灌方式对百粒重的影响为：交替隔沟灌溉明显大于常规沟灌和固定隔沟灌溉，其中常规沟灌和固定隔沟灌溉的百粒重大小都约为 34.6 g，比交替隔沟灌溉小约 1 g；中水处理的百粒重最大，高水处理的次之，低水处理的最小；不同氮肥水平的百粒重依次为低氮＞中氮＞高氮。进行方差和极差分析可知，各因素对百粒重的影响位次为：施氮量＞灌水量＞沟灌方式。其中施氮量对百粒重的影响达到了显著水平，总体看来无氮处理的百粒重较大。

表 8-4　群体产量和水氮利用的极差分析表

处理	产量 $/(kg \cdot hm^{-2})$	生物量 $/(kg \cdot hm^{-2})$	水分利用效率 $/(kg \cdot m^{-3})$	百粒重 /g	籽粒全氮含量 /%	植株全氮含量 /%	籽粒氮素累积量 $/(kg \cdot hm^{-2})$	植株氮素累积量 $/(kg \cdot hm^{-2})$	合计全氮吸收 $/(kg \cdot hm^{-2})$
沟灌方式	1319.4444	554.0741	0.4453	1.0492	0.0291	0.0051	21.0355	4.4689	25.5044
灌水量	445.9877	1105.9259	2.0552	1.4292	0.0133	0.0346	7.3362	10.8180	11.7090
施氮量	586.4198	450.3241	0.1256	1.7475	0.0639	0.1432	12.0011	10.4284	22.4295

籽粒全氮含量的多少既反映了籽粒对全氮的吸收状况，又反映了籽粒品质的好坏。其中常规沟灌低水高氮处理的籽粒含量最大，为 1.45%，比固定隔沟灌溉高水无氮和固定隔沟灌溉低水无氮处理分别高出 0.8%和 0.9%。统计分析表明，交替隔沟灌溉的籽粒全氮含量最高，常规沟灌的次之，固定隔沟灌溉的最小。在沟灌方式和施氮量相同时，各水分水平的籽粒全氮含量的位次为中水处理＞低水处理＞高水处理。分析表明籽粒全氮含量和施氮量呈正相关，其中高氮处理的全氮含量均值为 1.44%，比无氮处理的高约 0.07%。方差分析表明，施氮量对籽粒全氮含量影响最大，沟灌方式次之，灌水量的影响最小。极差分析表明，试验处理的各因素对籽粒的全氮含量影响不显著。

植株的全氮含量分布规律和籽粒的全氮含量基本一致。常规沟灌低水高氮处理的植株全氮含量最大，比常规沟灌中水无氮和交替隔沟灌溉低水无氮处理分别高 0.149%和 0.198%。分析各因素水平对植株全氮含量的影响可知，交替隔沟灌溉＞常规沟灌＞固定隔沟灌溉；中水＞低水＞高水；高氮＞中氮＞低氮处理。通过方差和极差分析可知，沟灌方式、灌水量及施氮量对植株的全氮含量的影响都达到了显著水平。获得较高植株全氮含量的最优试验组合为交替隔沟灌溉中水高氮处理。由于试验中没有设置此处理，因此试验的结论还得进一步验证。

籽粒的数量及其全氮含量决定籽粒的全氮累积量。试验结果表明，交替隔沟灌溉中水低氮处理的籽粒全氮累积量最大。虽然交替隔沟灌溉中水低氮处理的籽粒的全氮含量仅为 1.43%，但由于该处理的产量最高，计算得到的籽粒全氮累积量是最大的。交替隔沟灌溉高水高氮处理的籽粒全氮累积量比交替隔沟灌溉中水低氮处理少 9 $kg \cdot hm^{-2}$。

表 8-5　群体产量和水氮利用的方差分析表

项目	方差来源	离差平方和	自由度	方差估计	F 值
产量	沟灌方式	2.69×10^6	2	1.34×10^6	293.28
	灌水量	3.34×10^5	2	1.67×10^5	36.45
	施氮量	5.73×10^5	2	2.87×10^5	62.58
生物量	沟灌方式	4.93×10^5	2	2.47×10^5	3.43
	灌水量	1.84×10^6	2	9.18×10^5	12.75
	施氮量	3.29×10^5	2	1.64×10^5	2.28
水分利用效率	沟灌方式	0.31	2	0.15	13.51
	灌水量	6.35	2	3.17	279.92
	施氮量	0.03	2	0.01	1.20
百粒重	沟灌方式	2.18	2	1.09	4.34
	灌水量	3.07	2	1.53	6.13
	施氮量	4.76	2	2.38	9.50
籽粒全氮含量	沟灌方式	0.00	2	0.00	0.89
	灌水量	0.00	2	0.00	0.19
	施氮量	0.01	2	0.00	4.51
植株全氮含量	沟灌方式	31.18	2	15.59	33.72
	灌水量	176.22	2	88.11	190.55
	施氮量	192.80	2	96.40	208.48
籽粒氮素累积量	沟灌方式	675.24	2	337.62	29.90
	灌水量	89.14	2	44.57	3.95
	施氮量	245.17	2	122.59	10.85
植株氮素累积量	沟灌方式	31.18	2	15.59	33.72
	灌水量	176.22	2	88.11	190.55
	施氮量	192.80	2	96.40	208.48
合计全氮吸收	沟灌方式	995.95	2	497.97	30.79
	灌水量	228.04	2	114.02	7.05
	施氮量	872.24	2	436.12	26.97

$F_{0.05}(2, 4)=6.94$，$F_{0.01}(2, 4)=18.00$

固定隔沟灌溉高水无氮处理的籽粒全氮累积量最小，仅为交替隔沟灌溉中水低氮处理的73%。由各因素水平条件下的籽粒全氮累积量的分布图（图 8-2）可知，交替隔沟灌溉的全氮累积量最大为178 kg · hm^{-2}，比常规沟灌和固定隔沟灌溉的分别多6 kg · hm^{-2}和27 kg · hm^{-2}；中水处理的籽粒全氮累积量最大，低水处理比高水处理的高约 5 kg · hm^{-2}，这说明高水处理并不能提高籽粒全氮含量和改善作物品质；籽粒的全氮含量和施氮量是呈正相关的，高氮处理的最大，中氮的次之，低氮的最小。结果表明在中水条件下，增施氮肥可以提高作物的品质。水氮只有相互配合，才能达到提高产量和改善品质的效果。方差和极差分析结果表明，各因素对籽粒氮素累积量的影响位次为沟灌方式＞施氮量＞灌水量。其中沟灌方式对其影响达到了极显著水平，施氮量对其影响显著。获得较大籽粒全氮累积量的处理组合应该包括交替隔沟灌溉中氮处理。

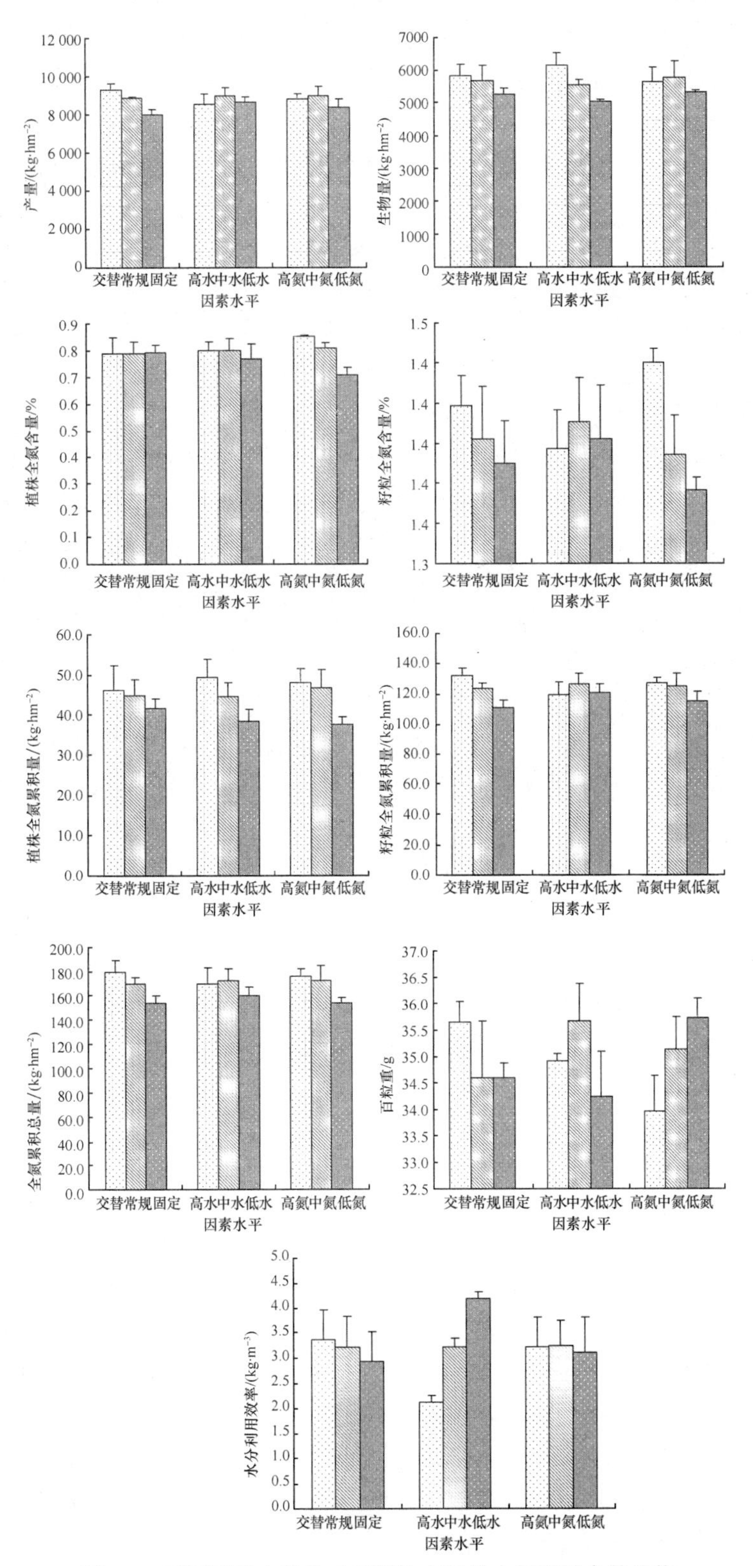

图 8-2　不同因素水平的玉米群体产量及水氮利用参数均值

植株全氮累积量为植株的干物质累积量和其全氮含量的乘积，植株的干物质累积量包括除籽粒外的其余生物量。交替隔沟灌溉高水高氮处理的植株全氮累积量最大，比固定隔沟灌溉高水无氮处理的高 14 kg · hm^{-2}。和籽粒的全氮累积量的分布规律一致，交替隔沟灌溉的植株的全氮累积量是最大的，常规沟灌的次之，固定隔沟灌溉的最小。高水处理明显提高了植株的全氮累积量，这是由于高水处理显著提高了植株的干物质累积量，中水处理的植株全氮累积量大于低水处理。高氮处理的植株全氮累积量可达 144 kg · hm^{-2}，分别比低氮和无氮水平的高出 4 kg · hm^{-2} 和 31 kg · hm^{-2}。统计表明，灌水量对植株的全氮累积量的影响最大，沟灌方式影响次之，而施氮量对其影响最小。其中各因素对植株的全氮累积量的影响均达到了显著效果。获得较大的植株全氮累积量的试验处理组合应该为交替隔沟灌溉高水高氮处理。

籽粒和植株的全氮吸收之和为合计全氮吸收。其中交替隔沟灌溉中水低氮处理的全氮累积总量最大，为 190 kg · hm^{-2}，交替隔沟灌溉高水高氮处理仅比交替隔沟灌溉中水低氮处理的低约 3 kg · hm^{-2}，固定隔沟灌溉高水无氮的累积总量最小，占交替隔沟灌溉中水低氮处理的 75%。从不同因素水平的全氮累积总量可知，交替隔沟灌溉的全氮累积总量最大，常规沟灌的次之，固定隔沟灌溉的小于交替隔沟灌溉均值可达 26 kg · hm^{-2}；中水处理大于高水处理，低水处理的最小；高氮处理的最大，中氮处理的次之，无氮处理的最小。统计分析表明，各因素对全氮累积总量的影响位次为：沟灌方式＞施氮量＞灌水量。其中沟灌方式和施氮量对全氮累积量的影响极显著，灌水量对其影响也达到了显著的水平。所以交替隔沟灌溉高水高氮处理可以获得较大的全氮累积总量。

8.2.2.2 不同沟灌模式和施氮对根区土壤水氮迁移动态的影响

由于试验因素水平较多，试验采用了正交设计。为探明不同沟灌方式对根区土壤水氮迁移的影响，选取 3 种沟灌方式（常规沟灌、交替隔沟灌溉和固定隔沟灌溉）的中水高氮处理作为研究对象。根区土壤的矿物氮（硝态氮和铵态氮）和水分变化动态见图 8-3～图 8-11 所示。

1）不同沟灌模式和施氮条件下的土壤硝态氮迁移动态

由常规沟灌中水高氮处理的硝态氮迁移动态（图 8-3）可知，硝态氮含量等值线沿着垄的中心对称，同一时期相邻 2 个沟中的硝态氮含量基本一致。播后 30 d、61 d 土壤硝态氮的等值线的图像形似于开口向上的系列抛物线，播后 75 d、139 d 的形似于开口向下的抛物线。播后 30 d，垄上 0～60 cm 硝态氮含量明显大于两侧沟中同一层次上的含量，垄沟上硝态氮含量的差值是沿着深度的增加而逐渐减小的，差值最大可达 184～135 mg · kg^{-1}，70～80 cm 沟垄的硝态氮含量基本相同。由试验结果可知，灌水导致了硝态氮主要向垂直方向迁移，侧向迁移不明显。播后 61 d，和播后硝态氮含量分布相比，垄上 0～40 cm 明显减小，其中减小最大可达 116 mg · kg^{-1}。两侧沟中的硝态氮略有增加，50～80 cm 沟垄上的硝态氮含量基本相同。垄上硝态氮含量减小主要由于作物在拔节期生长旺盛，对根区土壤水分和养分的需求量较大。由于拔节期在沟的中心进行了第二次施氮，播后 75 d 沟中 0～40 cm 剖面上的硝态氮含量增幅为 10～100 mg · kg^{-1}，在地表处增幅最大，随着深度的增加，增幅逐渐减少。在剖面 50～80 cm，沟和垄上的硝态氮含量为 40～60 mg · kg^{-1}。

这是由于在拔节施氮后，在气温和湿度都非常适宜的情况下，氮肥很快转化为矿物氮，导致沟中硝态氮含量的明显升高。播后 139d，由于水分处理和作物对养分的吸收，土壤中的硝态氮含量为 30～50 mg · kg^{-1}，沟和垄剖面上的硝态氮含量基本相同。

交替隔沟灌溉中水高氮处理的硝态氮的迁移规律(图 8-4)和常规沟灌的相似。播后 30 d、61 d，硝态氮集中在垄的中心剖面上；播后 75 d，硝态氮集中在沟的中心剖面上。播后 30 d，垄上硝态氮含量是沟内同一层次上的 1.2～5.0 倍，地表处的硝态氮含量最大。在 0～60 cm 剖面上，垄上的硝态氮含量均值比常规灌溉相同层次上的低约 15 mg · kg^{-1}，而沟内均值比常规灌溉相同层次上的高约 7 mg · kg^{-1}。和播后 30 d 相比，播后 61 d 垄上 0～40 cm 剖面硝态氮含量降低幅度可达 26～98 mg · kg^{-1}；40～80 d 剖面硝态氮含量则略有提高，提高幅度最大可达 30 mg · kg^{-1}。和常规灌溉相比，沟内硝态氮含量增加约为 10 mg · kg^{-1}。拔节期施氮以后(播后 75 d)，沟内 0～30 cm 剖面上的硝态氮含量增加很快，最大增幅可达 100 mg · kg^{-1}，而剖面 30～80 cm 上的硝态氮含量变化不明显。垄上剖面 0～50 cm 比常规灌溉的硝态氮含量提高约为 8 mg · kg^{-1}，而 50～80 cm 的硝态氮含量比常规灌溉的略低。播后 139d 的硝态氮含量明显降低，沟垄剖面上的硝态氮含量基本相等，硝态氮为 33～52 mg · kg^{-1}。

固定隔沟灌溉中水高氮处理播后 30 d、61 d、75 d 的硝态氮含量等值线(图 8-5)和常规沟灌的相似。播后 30 d 垄上剖面 0～40 cm 的硝态氮含量是沟内同一层次上的 1.6～5.7 倍，沟垄在剖面 50～80 cm 上的硝态氮含量基本相同。由于湿润沟为固定灌水沟，因此湿润沟中的硝态氮含量比干燥沟略低。播后 61 d，垄上 0～20 cm 的硝态氮含量降幅可达 90 mg · kg^{-1}，40～70 cm 的硝态氮含量略有提高。湿润沟中的硝态氮含量变化不大，而干燥沟中剖面 0～60 cm 的硝态氮含量增加均值为 13 mg · kg^{-1}。拔节期施氮后(播后 75 d)沟内硝态氮含量增加明显，湿润沟在剖面 0～40 cm 上硝态氮含量比干燥沟同一层次上小 20～50 mg · kg^{-1}，干燥沟在剖面 0～30 cm 都超过了 100 mg · kg^{-1}。播后 139 d，湿润沟剖面上的硝态氮含量最低，垄上次之，干燥沟上的含量最大。湿润沟剖面上的硝态氮含量为 34～46 mg · kg^{-1}；垄上在地表处的含量可达 60 mg · kg^{-1}，干燥沟在整个剖面上的硝态氮均值可达 70 mg · kg^{-1}，在地表处较大，随着深度的增加硝态氮的含量缓慢减小，在剖面 70～80 cm 处的硝态氮含量和垄上、湿润沟同一层次上的基本相同。

总之，在播后 30 d 和 61 d，交替隔沟灌溉沟中的硝态氮含量比常规沟灌的硝态氮含量略高，而垄上的含量略低；而在播后 75 d，沟中的硝态氮含量比常规灌溉的略低，垄上的含量比常规沟灌的略高；在播后 139 d，沟和垄中硝态氮含量的残留量比常规沟灌的高。固定隔沟灌溉的灌水沟内剖面上硝态氮含量小于非灌水沟，施氮后非灌水沟硝态氮一直保持较高水平。

2）不同沟灌模式和施氮条件下土壤铵态氮迁移动态

图8-6～图8-8分别表示了3种沟灌方式的铵态氮迁移动态。和硝态氮的分布相比，铵态氮在根区土壤中的含量很小，沟和垄中的铵态氮含量没有明显的差异。在播后30 d，垄上剖面0～30 cm的铵态氮含量较大，但最大不超过20 mg · kg^{-1}。在播后75 d，在沟的上层土壤其含量较大。这与施氮的位置有关。铵态氮的变化范围为3～18 mg · kg^{-1}，铵态氮含量主要集中在5～6 mg · kg^{-1}。这主要是因为在较高的温度和适宜的水分条件下，铵

态氮很容易硝化变成硝态氮，所以在土壤中的矿物氮主要是以硝态氮的形式存在。铵态氮容易被土壤吸附，所以在整个生育期内土壤铵态氮的含量始终保持同一水平。个别土样的铵态氮含量后期增高是土壤反硝化的结果。

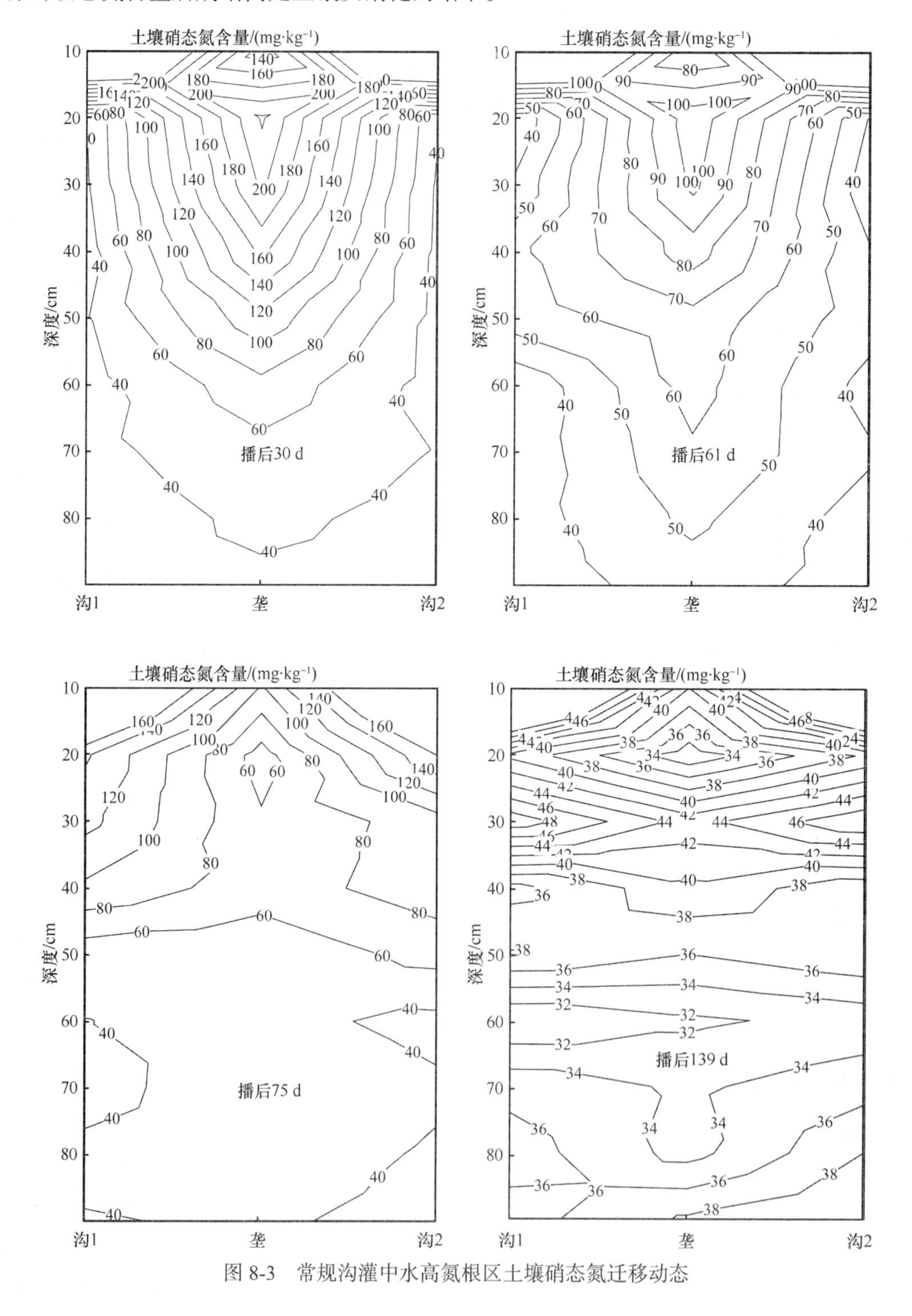

图 8-3　常规沟灌中水高氮根区土壤硝态氮迁移动态

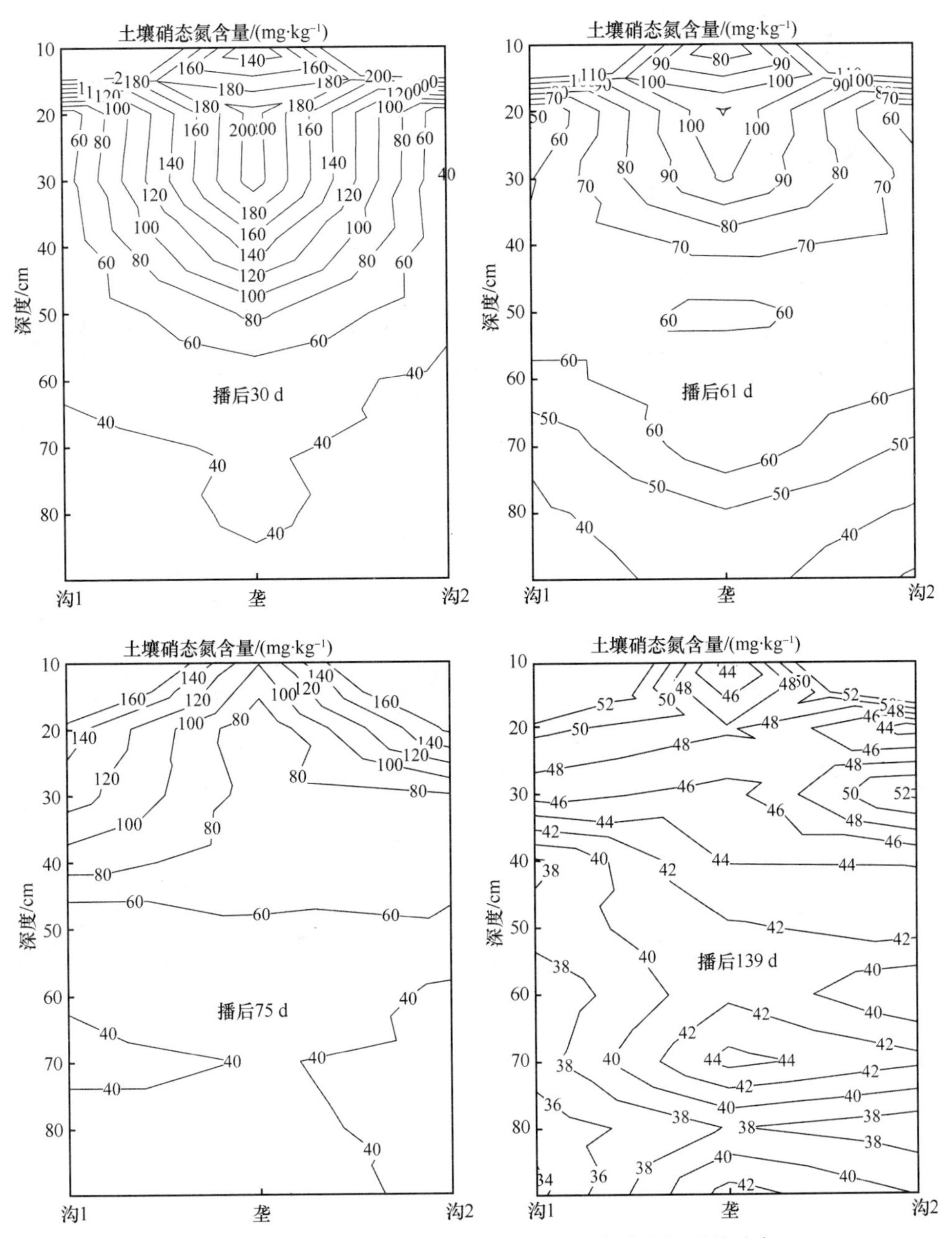

图 8-4　交替隔沟灌溉中水高氮处理根区土壤硝态氮迁移动态

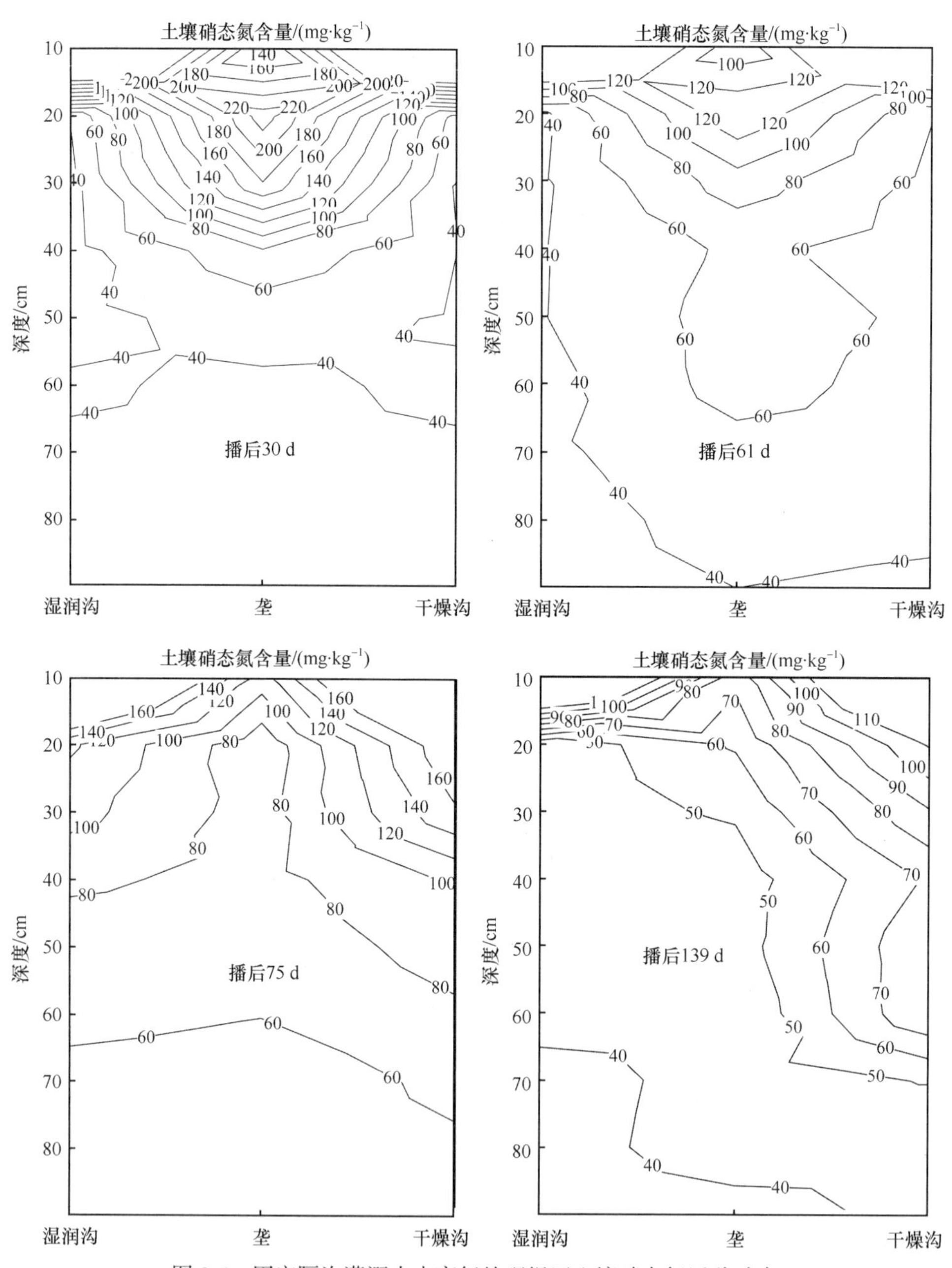

图 8-5 固定隔沟灌溉中水高氮处理根区土壤硝态氮迁移动态

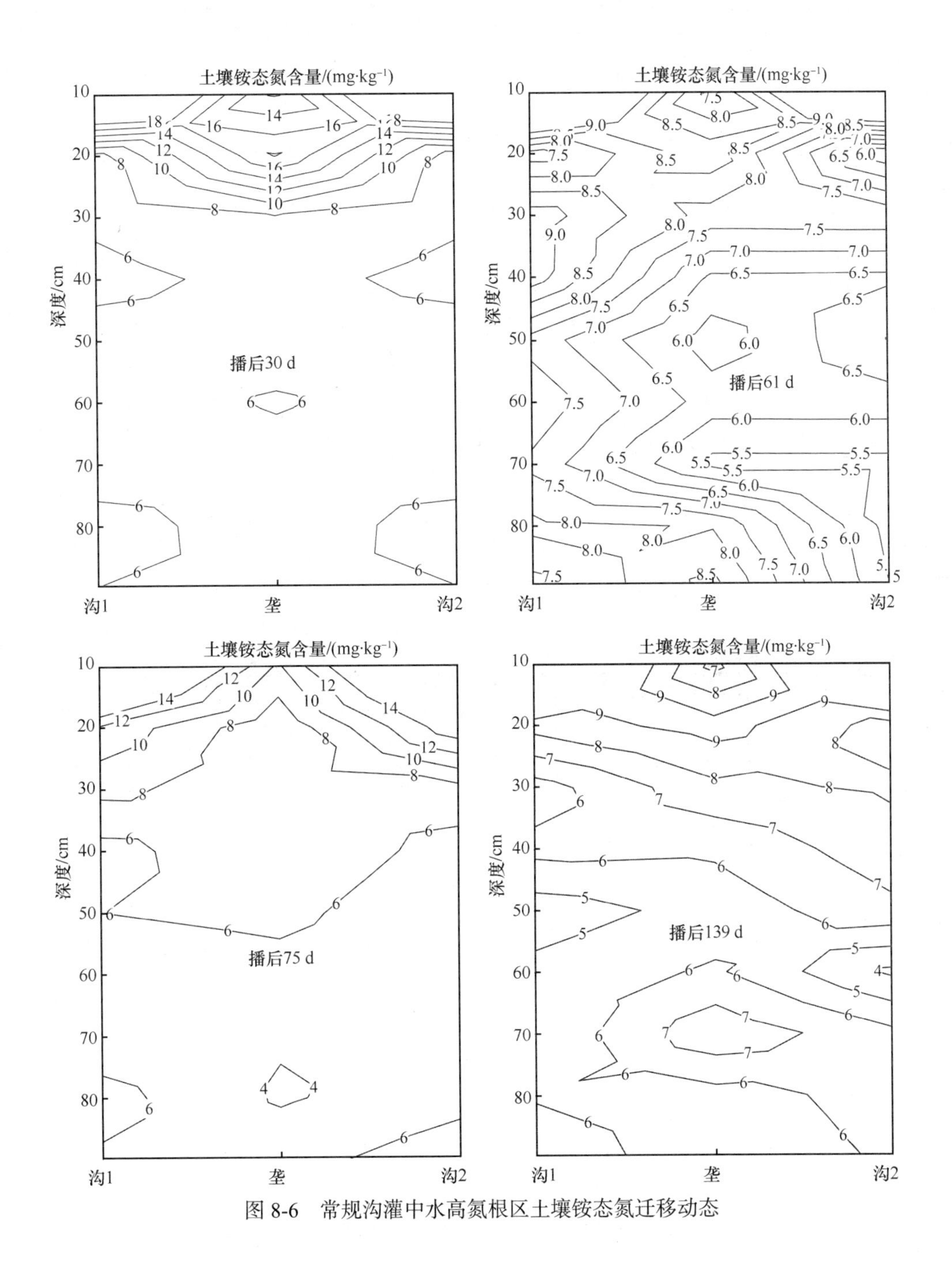

图 8-6　常规沟灌中水高氮根区土壤铵态氮迁移动态

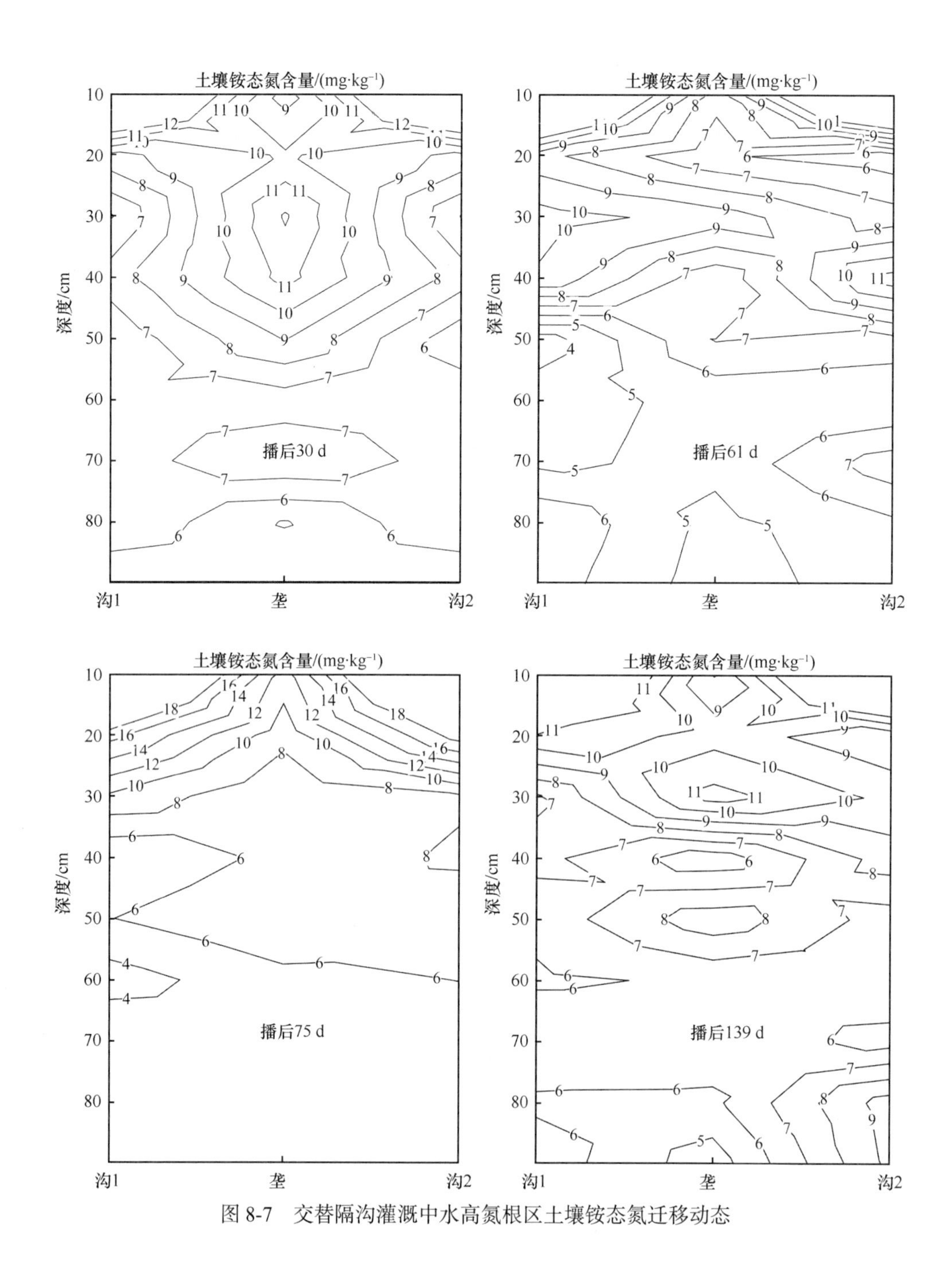

图 8-7 交替隔沟灌溉中水高氮根区土壤铵态氮迁移动态

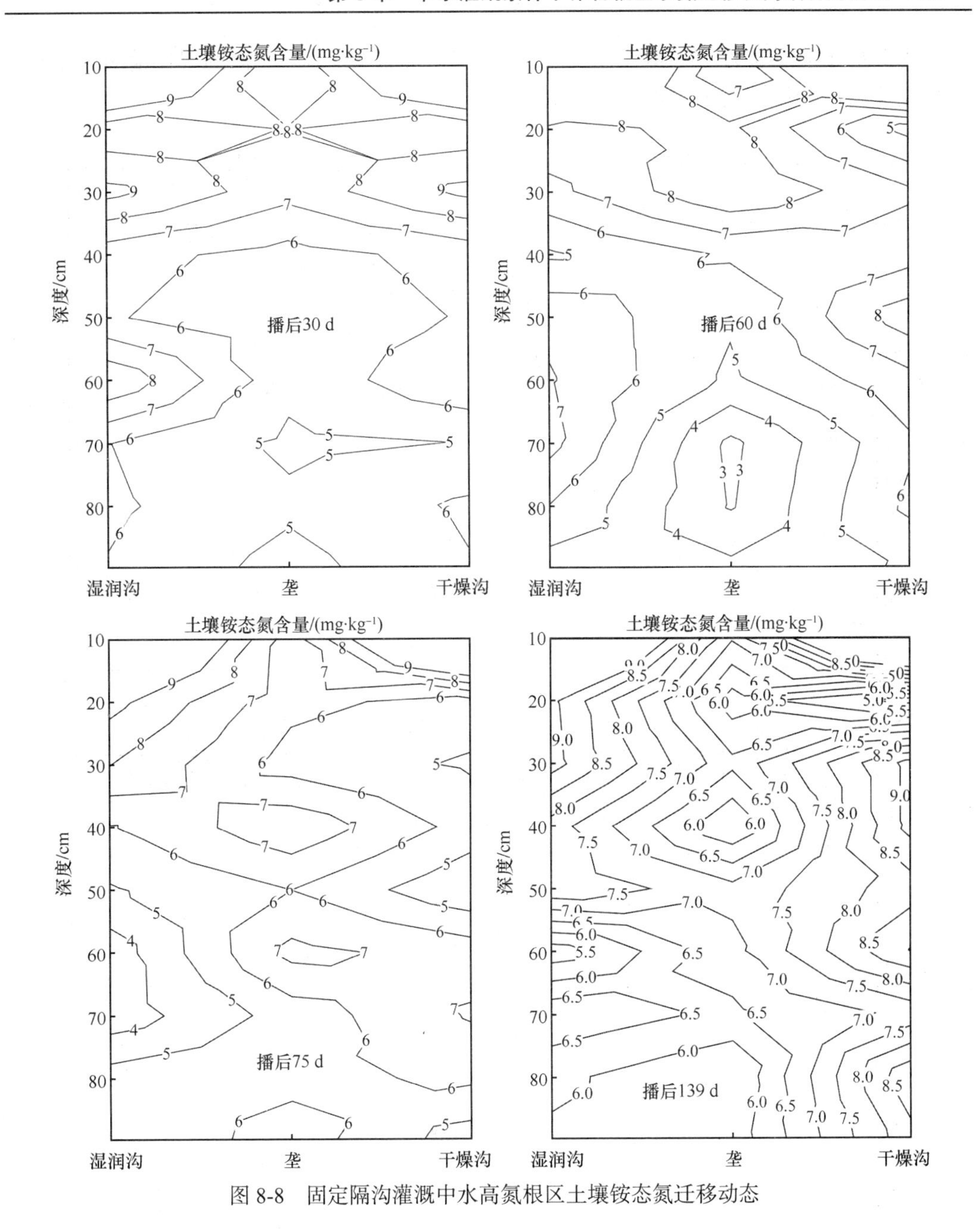

图 8-8　固定隔沟灌溉中水高氮根区土壤铵态氮迁移动态

3）不同沟灌模式和施氮条件下的土壤水分迁移动态

适宜的土壤含水量是保证作物正常生理活动的物质基础，也是土壤养分迁移的主要动因之一。3 种沟灌方式的根区土壤含水量差异明显(图 8-9～图 8-11)。常规沟灌的土壤含水量分布的特点是沟和垄在同一层次的数值大小基本相同，其含水量等值线基本上沿着垄的中心近似对称。播后 30 d，交替隔沟灌溉沟 1 的含水量明显大于沟 2 的含水量，这是由于取土最临近的一次灌水在沟 1。沟 1 的含水量大于常规沟灌 1.2%～1.6%，而沟 2

的含水量小于常规灌溉，交替灌溉的垄上水分累积量略大于常规灌溉的累积量约 36 mm，这说明交替隔沟灌溉的土壤水分侧渗明显。

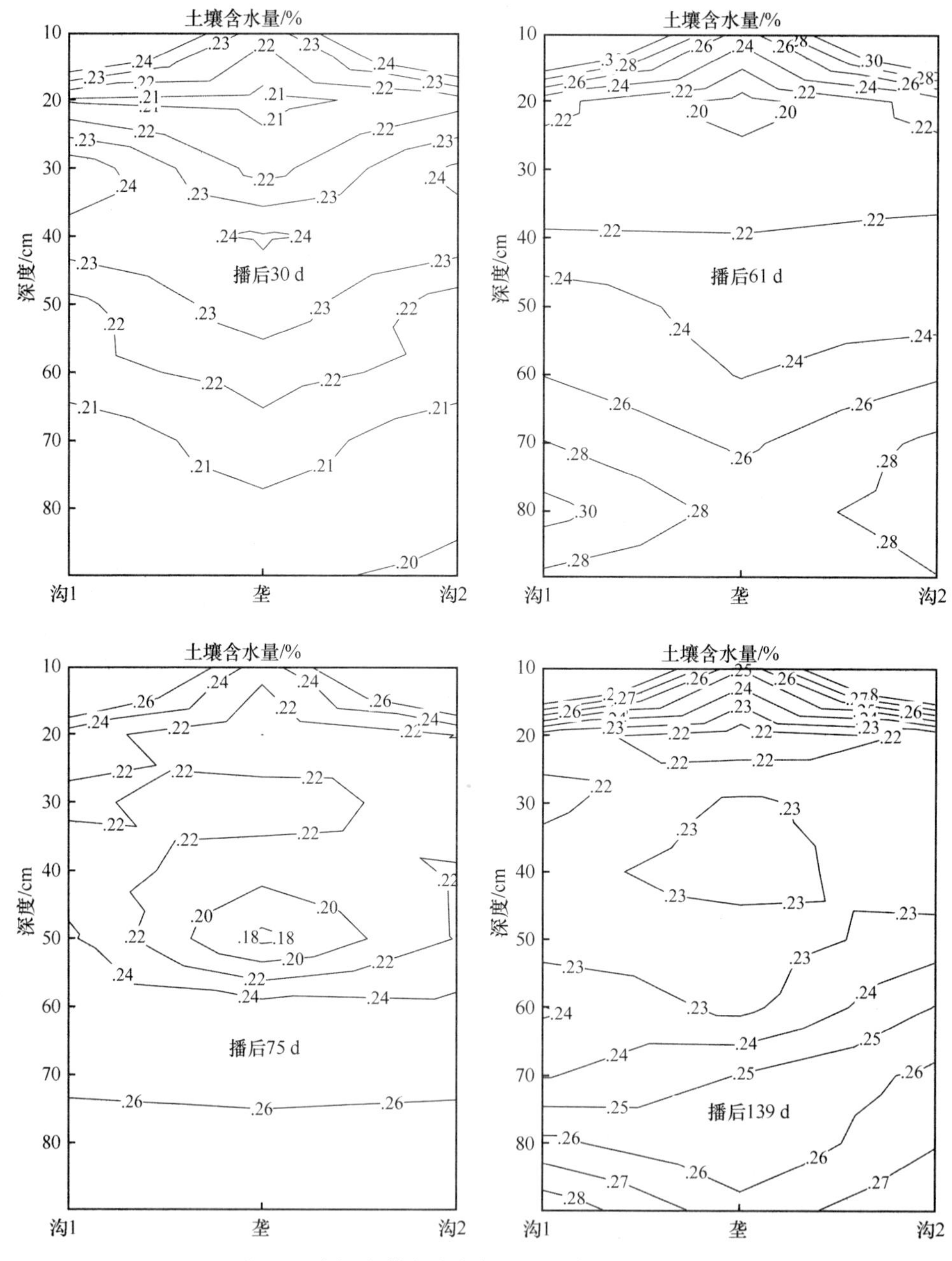

图 8-9 常规沟灌中水高氮根区土壤水分迁移动态

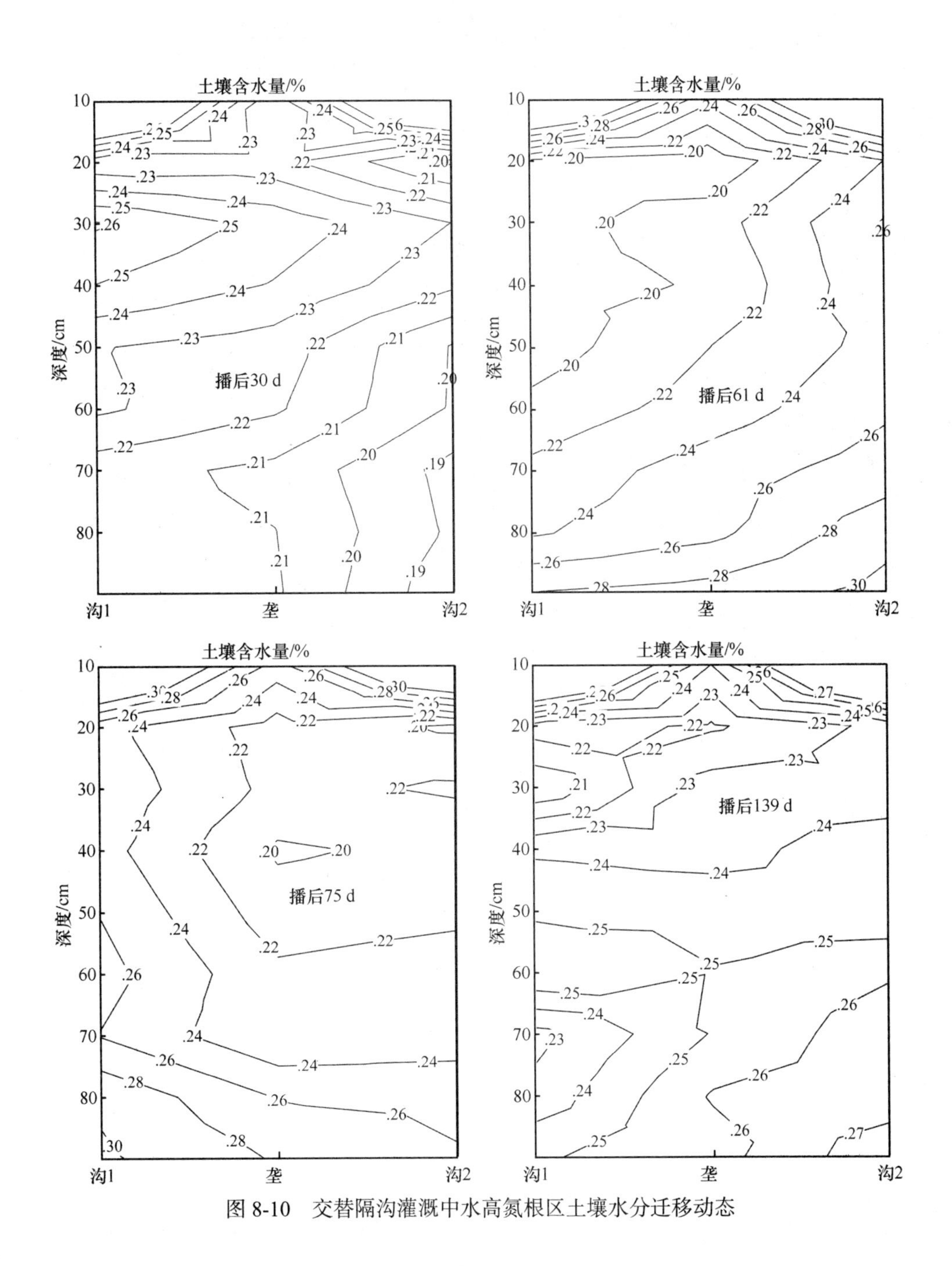

图 8-10　交替隔沟灌溉中水高氮根区土壤水分迁移动态

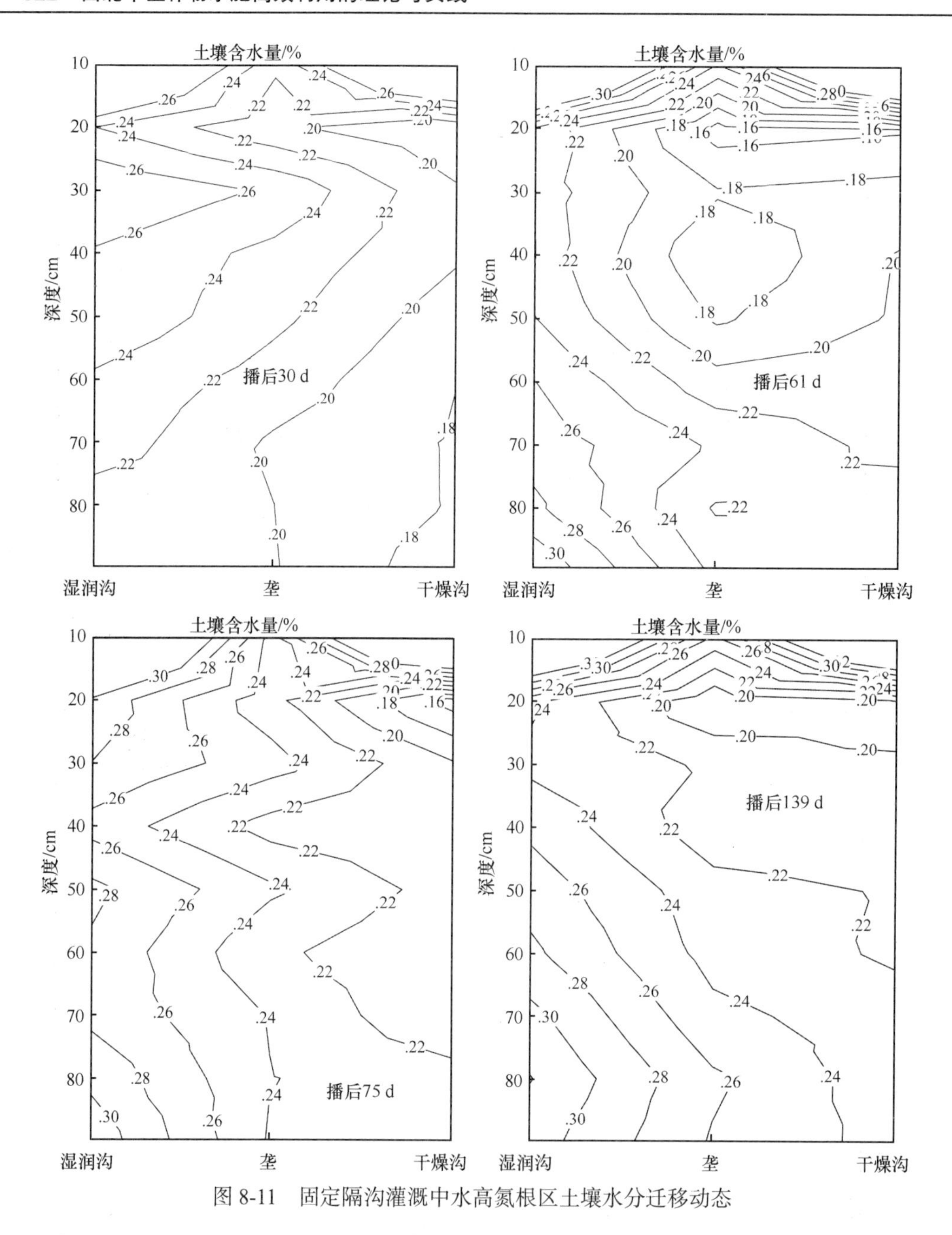

图 8-11　固定隔沟灌溉中水高氮根区土壤水分迁移动态

播后 61 d，交替灌溉沟 20～40 cm 剖面上的含水量平均大于常规沟灌约 3%，垄上和沟 1 内含水量普遍小于常规沟灌约 2%。播后 75 d，沟 1 在整个剖面上大于常规沟灌，垄上和沟 2 内的含水量小于常规沟灌。交替隔沟灌溉的水分累积量大于常规沟灌的水分累积量约 21 mm，这主要是由于沟 1 内的含水量相对较高所致。在播后 139 d，交替隔沟灌溉含水量均值比常规沟灌的略大，差值仅为 0.3%。这主要是因为在玉米成熟期，灌溉水量较小，地表蒸发较大，沟灌方式对土壤水分的空间变异的影响不明显。

和交替隔沟灌溉、常规沟灌相比，固定隔沟灌溉根区土壤含水量等值线偏向一侧。

湿润沟内的土壤含水量大于垄上及干燥沟内的含水量；而干燥沟内的含水量小于交替隔沟灌溉和常规沟灌的同一层次上的含水量。固定隔沟灌溉的 4 次土样总的水分累积量比常规灌溉的少 59 mm，比交替隔沟灌溉的少约 51 mm。这说明交替隔沟灌溉土壤水分累积量和常规沟灌的相当，而固定隔沟灌溉的则明显较小。收获时交替隔沟灌溉的土壤水分残留量最大，常规沟灌的次之，固定隔沟灌溉的最小。

8.2.3 讨论

隔沟灌溉是分根区交替灌溉技术在大田中的实现和应用，国内外学者对这一新的灌水技术的节水机制、节水效应进行了较多研究，取得了一定的研究成果。合理施肥可以提高水分利用效率。水分影响着土壤和肥料中不同位点的养分的转化速率，从而影响作物对养分的吸收和肥料的效果。土壤水分是影响养分有效性的重要因素。Stanfoud 和 Epstein (1974) 研究表明，在土壤水势为−0.1～−11.5 MPa，土壤有机氮的矿化量随水分含量增高而增多，两者之间近乎成比例关系。李生秀等(1995)也发现，土壤有机氮矿化出来的硝态氮都随水分含量增高而增多。旱地中 NO_3^-是作物吸收的主要氮素形态，肥料中 NH_4^+的硝化速率与水分含量间存在着密切的线性关系。所以在考虑节水的同时，应该考虑水肥耦合，达到以水促肥、以肥调水的目的。将先进的灌水技术和合理施肥结合起来研究，以期找到水肥高效利用的具体模式和实用技术。

刘小刚等(2008b)研究了降雨条件玉米交替隔沟灌溉的水分迁移状况，结果表明高水处理造成根区硝态氮淋失，降低了氮肥的利用率。施氮量与硝态氮在根区剖面上的累积呈正相关。与硝态氮含量相比，铵态氮含量较低并且变化不大。最佳的水氮耦合形式为低水高氮处理(施氮量 240 $kgN \cdot hm^{-2}$，灌水量 1485.71 $m^3 \cdot hm^{-2}$)。刘小刚等(2008a)对隔沟灌溉条件下不同根区施氮(水肥同区和水肥异区)的水氮利用及根区水氮迁移动态进行了探讨。研究表明，同区低水处理和异区高水处理收获时根区土壤硝态氮残留量较大，同区高水处理更容易导致硝态氮的淋失。异区高氮低水处理的籽粒产量最大，为 9953 $kg \cdot hm^{-2}$，并且灌溉水分利用效率也最高，为 6.70 $kg \cdot m^{-3}$，比同区高氮高水处理的水分利用效率提高 72.68%。高水处理的水分利用效率小于低水处理的水分利用效率；高氮处理玉米的氮素累积总量大于低氮处理的氮素累积总量，作物的氮素累积总量和施氮量呈正相关；其中异区高氮低水的氮素累积总量最大，同区低氮高水处理的最小。最佳水氮耦合是异区高氮低水处理。由本试验的水氮迁移动态分布可知，在灌水量和施氮量相同的条件下，常规沟灌和交替隔沟灌溉的硝态氮等值线以垄的中心近似对称，固定隔沟灌溉的灌水沟剖面上的硝态氮残留量明显小于非灌水沟上的残留量，非灌水沟在整个剖面上的硝态氮含量相对较高。这是由于硝态氮不易被土壤胶体所吸附，易随水运动。灌水是对硝态氮分布产生影响的主要原因，灌溉在增加土壤湿度时，也加剧了土壤硝态氮的运移(郭大应等，2001)。研究表明，尿素施入土壤后，在土壤脲酶的作用下首先分解为碳酸铵，后者又可进一步分解产生铵。在旱地土壤中，铵很快被氧化为 NO_3^--N(邢维芹等，2003)。这和本试验根区土壤中的铵态氮含量较小并且变化不大相一致。

试验结果表明，在灌水量和施氮量相同的条件下，交替灌溉的玉米平均产量可达 9317 kg · hm^{-2}，分别是常规灌溉和固定灌溉的 1.05 和 1.16 倍；交替灌溉的玉米平均生物学产量可达 5820 kg · hm^{-2}，分别是常规灌溉和固定灌溉的 1.03 和 1.11 倍。这和潘英华、康绍忠在甘肃民勤小坝口试验站的结果一致。这是由于交替隔沟灌溉能够在土壤干燥区内产生控制气孔开度的根源信号，使作物气孔开度在一个较为适宜的范围内，从而减少了作物奢侈的蒸腾耗水，降低了作物的蒸发蒸腾，从而提高灌溉水分利用效率。固定隔沟灌溉让部分根区长期处于比较干燥的状态，严重地抑制了根系空间协调的发育，降低了水氮的有效性，导致了产量的降低。从产量统计分析确定的最优组合为交替中水中氮处理，但试验没有设置这一处理，还需进一步验证。灌水量和沟灌方式对水分利用效率影响显著，低水交替隔沟灌溉处理可以获得较高的水分利用效率，本试验还不能确定最优的施氮方案。虽然施氮量对水分利用效率的影响不显著，但施氮对产量等影响显著，而产量的多少又决定了水分利用效率的多少。

作物养分的累积与生物量累积有着密切的关系，养分累积是生物量累积的基础，也是作物产量形成的基础。生物量、产量及其全氮含量决定作物的全氮累积量，试验结果表明，交替隔沟灌溉的全氮累积总量最大，常规沟灌的次之，其中固定隔沟灌溉的小于交替灌溉均值可达 26 kg · hm^{-2}。交替高水高氮处理可以获得较大的全氮累积总量。这说明了试验 3 因素(沟灌方式、灌水量、施氮量)对作物水氮累积量的作用是交互的，综合考虑各因素对产量、水氮利用的效应，才能为提高水氮利用效率找到最佳的水肥耦合模式。

8.2.4 结论

交替隔沟灌溉中水低氮处理的产量最高，是交替隔沟灌溉高水高氮处理产量的 1.06 倍。在相同水分和氮肥条件下，交替隔沟灌溉的玉米平均产量可达 9317 kg · hm^{-2}，分别是常规沟灌和固定隔沟灌溉的 1.05 和 1.16 倍。在沟灌方式和施氮量相同时，中水处理的产量大于高水处理和低水处理。高水处理可以产生较大的生物学产量。在相同灌水量和施氮量的条件下，不同沟灌方式的收获指数依次为交替隔沟灌溉＞常规沟灌＞固定隔沟灌溉；灌水量对作物的收获指数影响显著，沟灌方式对收获指数的影响大于施氮量。低水处理的水分利用效率最大，中水处理的次之，高水处理的最小。交替隔沟灌溉的水分利用效率最大均值为 3.39 kg · m^{-3}，常规沟灌的次之，固定隔沟灌溉的最小，为 2.94 kg · m^{-3}。

交替隔沟灌溉的籽粒全氮累积量最大，为 396 kg · hm^{-2}，分别比常规沟灌和固定隔沟灌溉多 24 kg · hm^{-2} 和 63 kg · hm^{-2}；中水处理的籽粒全氮累积量最大，低水处理比高水处理的高约 5 kg · hm^{-2}。籽粒的全氮含量和施氮量是呈正相关的，高氮处理的最大，低氮的次之，无氮的最小。中水条件下增施氮肥可以提高作物的品质。灌水量对植株全氮累积量的影响最大，沟灌方式影响次之，施氮量对其影响最小。各因素对植株全氮累积量的影响达到了显著水平。交替隔沟灌溉的全氮累积总量最大，常规沟灌的次之，其中固定沟灌的小于交替灌溉，均值可达 26 kg · hm^{-2}；中水处理大于高水处理，低水处理的最小；高氮处理的最大，中氮处理的次之，无氮处理的最小。各因素对全氮累积总量的影响位次为：沟灌方式＞施氮量＞灌水量。沟灌方式和施氮量对其影响极显著，灌水量对其影响也达到了显著的水平。交替隔沟灌溉高水高氮处理可以获得较大的全氮累积总量。

灌水量和施氮量相同时，交替隔沟灌溉根区硝态氮等值线和常规沟灌的相似，沟内硝态氮含量基本沿垄的中心对称分布。固定隔沟灌溉的灌水沟内硝态氮含量小于非灌水沟，施氮后非灌水沟硝态氮一直保持较高水平。收获时交替隔沟灌溉的土壤水分残留量最大，常规沟灌的次之，固定隔沟灌溉的最小。和硝态氮的分布相比，铵态氮在根区土壤中的含量很小，3 种沟灌方式在沟和垄中的铵态氮含量没有明显的差异。

8.3 水氮同区、异区对玉米根区水氮迁移和利用的影响研究

根区部分干燥是一种新的节水技术,可以通过改变和调节作物根系区域的湿润方式，使其产生水分胁迫的信号传递至叶片气孔，减小奢侈的蒸腾耗水。同时可以改善根系的吸收功能，亦可减少株间全部湿润时的无效蒸发和总的灌溉用水量，达到不牺牲光合产物而大幅度提高水肥利用效率的目的。Lehrsch等(2000)研究了不同隔沟灌溉方式对玉米生长和硝态氮淋洗的影响，表明交替隔沟灌溉在维持作物产量的同时，可使土壤氮的吸收增加21%。Skinner等(1998)研究了交替和常规灌溉方式下玉米对氮素的吸收和分配，研究认为交替沟灌并将肥料施于干沟内可减少肥料淋溶的可能性。与常规灌溉相比，交替沟灌施肥条件下土壤硝态氮含量在营养生长期和生殖生长期较高。Benjamin等(1997)研究了隔沟灌溉带状施肥对玉米生长和氮肥吸收的影响，认为在干旱年份氮肥施在不灌水沟，氮肥吸收降低50%；而在相对湿润年份氮肥施在灌水沟和不灌水沟，二者之间肥料吸收无差异。何华等(2002)的研究表明，限域供应硝态氮能刺激作物侧根萌发和伸长，增加作物根系密度。谭军利等(2005)通过微区试验，研究表明水肥异区交替灌溉的产量效应和灌溉效率及肥料利用率比均匀灌水处理的高。邢维芹等(2002)研究了不同水氮组合对作物产量和收获时土壤中速效氮残留的影响，结果表明水肥异区交替灌溉是一种较好的水氮空间耦合形式。

前人的研究大多集中在交替灌溉条件下不同的水肥组合对作物的产量、生长和生态指标的影响。也有水肥同区和异区对土壤速效氮和土壤水分分布影响的个别报道，但没有把作物根区土壤水氮的动态分布和水氮的利用结合起来。本试验研究春玉米在水氮同区和水氮异区沟灌条件下根区土壤水氮的迁移变化规律和对水氮利用的影响，以期为这一新的水氮空间组合提供理论依据，揭示不同灌水和施氮条件下水氮迁移和利用规律，并找到最优的水氮耦合形式。

8.3.1 材料与方法

试验于 2006 年 4～9 月在西北农林科技大学旱区农业水土工程教育部重点实验室试验田里进行。试验田位于北纬 34°20'，东经 108°24'，海拔 521 m。试验地土壤为杨凌重

壤土，土壤容重为 1.38 $kg \cdot cm^{-3}$。分析耕层土壤，田间持水量为 24%，有机质含量为 1.589%，全氮含量为 0.95 $g \cdot kg^{-1}$，全磷含量为 0.62 $g \cdot kg^{-1}$，全钾含量为 18.46 $g \cdot kg^{-1}$，硝态氮含量为 74.1 $mg \cdot kg^{-1}$，铵态氮含量为 8.91 $mg \cdot kg^{-1}$，速效磷含量为 26.62 $mg \cdot kg^{-1}$，肥力属于中等偏上(鲍士旦，2000)。

试验设3因素2水平，因素包括水氮位置、水分和氮素。水氮位置包括水氮同区和水氮异区。所谓水氮同区是指灌水沟就是施肥沟，反之是水氮异区。试验为完全随机组合，具体包括：同区高氮高水，同区高氮低水，同区低氮高水，同区低氮低水，异区高氮高水，异区高氮低水，异区低氮高水，异区低氮低水。合计8个处理，每个处理重复3次。高氮为240 $kg \cdot hm^{-2}$纯氮，低氮120 $kg \cdot hm^{-2}$纯氮。采用大田垄植隔沟灌溉技术，沟和垄的断面为梯形。沟深30 cm，沟底宽20 cm，垄顶宽20 cm，垄底宽40 cm，沟间距为60 cm。沟长为3 m。小区为东西方向，四周开阔，每个小区面积为15 m^2。播种前深翻并平整土地，挖沟起垄。4月27日垄上点播，种植密度为0.6 m×0.3 m，5月22日定苗，9月6日收获。灌水时间根据作物各生育阶段的需水量来确定，高水处理和低水处理的灌水时间相同。

供试玉米品种为当地种植的‘豫玉22号’。氮肥选用尿素，分两次施入。苗期(5月23日)施入40%，拔节期(7月3日)施入60%。开沟施肥，沟深15 cm左右，施后覆土，垄上不施。磷肥选用过磷酸钙，作为底肥深翻土地前一次均匀撒施(50 $kg \cdot hm^{-2}$五氧化二磷)。灌水水量用低压管出水口处精确水表测量。各生育期灌水和降雨见表8-6。

表 8-6　玉米不同生育期灌水处理和有效降雨量

水分处理	播种—出苗	出苗—拔节	拔节—抽穗	抽穗—灌浆	灌浆—蜡熟	蜡熟-—收获	全生育期
起讫日期(月-日～月-日)	4-27～5-5	5-8～6-5	6-8～7-3	7-4～7-20	7-21～8-16	8-17～9-6	4-27～9-6
天数/d	9	31	28	18	26	19	131
有效降雨/mm	1.40	44.80	22.90	31.90	23.10	29.50	153.60
灌水日期(月-日)	4-27	5-12，5-30	6-6，6-20	7-5，7-18	7-25，8-6	8-19	—
高水/($m^3 \cdot hm^{-2}$)	76.19	152.38，228.57	285.71，285.72	142.85，142.86	333.33，333.34	95.24	2076.19
低水/($m^3 \cdot hm^{-2}$)	76.19	114.28，171.43	190.47，190.48	114.28，114.29	228.57，228.57	57.14	1485.71

全生育期取土样4次，分别在苗期施氮后、拔节期施氮前后和收获时取土。土钻取土，3个取土位置，即垄中心和两个沟的中心。每10 cm取一个土样，取样深度80 cm。部分土样用烘干法测定含水率，剩余新鲜土样立即晾开风干后磨碎过筛待测氮素。土壤矿物氮采用2 $mol \cdot L^{-1}$KCl(土液比1∶5)浸提，铵态氮测定采用靛酚蓝比色法，硝态氮用紫外可见分光光度计测定。收获时在每个小区中随机选取4.5 m^2的玉米脱粒称重，70℃烘干至恒重，折算产量。玉米收获后105℃杀青30 min，60℃烘至恒重，分别测定根干重和地上部分干重。植株和籽粒经烘干磨碎后测定全氮。全氮测定用凯氏定氮法，用瑞士福斯特卡托公司(Foss Tecator AB)生产的自动定氮仪测定全氮。

8.3.2 结果与分析

8.3.2.1 不同水氮处理对玉米根区土壤硝态氮分布的影响

无肥沟和垄上的硝态氮和铵态氮变化很小，本研究重点对施氮沟（水氮同区湿润沟和水氮异区干燥沟，简称湿润沟和干燥沟）进行分析。图8-12（a）是不同水氮处理硝态氮的动态变化。播后30 d（苗期施氮8 d后）取第1次土样，由于还没有进行水分处理，各处理硝态氮的分布规律相似。大部分硝态氮分布在0～40 cm，地表10 cm处硝态氮含量最大，硝态氮的分布曲线呈L形。剖面10 cm处高氮处理硝态氮的含量是低氮处理的1.4倍左右。根层以下土壤硝态氮的含量代表土壤本底情况。

播后61 d（拔节期施氮前）取第2次土样。从图8-12（a）可知土壤硝态氮浓度的峰值位置下移，比播后30 d的根区土壤硝态氮分布曲线平滑，并且呈弓形。各处理地表处硝态氮含量基本相同，平均为40 mg · kg^{-1}左右，剖面70～80 cm上硝态氮的含量也基本相同。低水处理条件下，干燥沟硝态氮含量的峰值在20～40 cm处，湿润沟的峰值在30～60 cm处。高水处理条件下，湿润沟硝态氮峰值不太明显，在大于60 cm处；而干燥沟硝态氮峰值出现在20～50 cm处。这主要是因为灌水处理，湿润沟的硝态氮向下迁移比干燥沟快。如高氮低水干燥沟在30 cm处硝态氮含量最大为108 mg · kg^{-1}，而高氮高水湿润沟在60 cm处含量最大为120 mg · kg^{-1}。说明水分是影响土壤硝态氮分布的最主要因素。

播后75 d（拔节施氮10 d后）取第3次土样。由图8-12（a）可知，土壤剖面的硝态氮含量分布主要受第2次施氮的影响较大。第2次施氮后的硝态氮还集中在地表附近，而第1次施氮后的硝态氮大多已经运移到剖面40 cm以下，所以含量分布曲线表现出高低高低的趋势。施氮后经过灌水处理，干燥沟在10 cm处硝态氮含量最大，而湿润沟在20～30 cm出现峰值。同一氮素水平下干燥沟硝态氮含量的最大值比湿润沟的较高。在湿润沟内，高氮处理硝态氮含量的最大值是低氮处理的2.5倍左右。在干燥沟内，高氮处理硝态氮含量的最大值是低氮处理的1.80倍左右。本次土壤剖面的硝态氮累积量最大。

播后139 d（收获时）取第4次土样。和前3次土壤硝态氮的分布相比，本次整个剖面硝态氮含量较小并且分布曲线比较平滑。异区低氮低水的分布图和异区高氮低水相似。高水处理的湿润沟根区土壤硝态氮含量较低，可能大多已经淋失到80 cm以外。低水处理的湿润沟根区土壤硝态氮含量在60～80 cm出现峰值。高水处理的干燥沟土壤硝态氮集中在60～70 cm处，而低水处理的干燥沟集中在40～60 cm处。由图8-12（a）可知，干燥沟根区硝态氮含量大于湿润沟的含量。异区干燥沟中硝态氮的累积量低水高氮最大，低水低氮次之，高水高氮较小，高水低氮最小。异区高氮低水在50 cm的含量最大，达到135 mg · kg^{-1}左右，这是同区高水高氮50 cm处的2.6倍左右。同区湿润沟整个剖面上各处理硝态氮累积量基本相等，且都小于异区高水低氮的累积量。

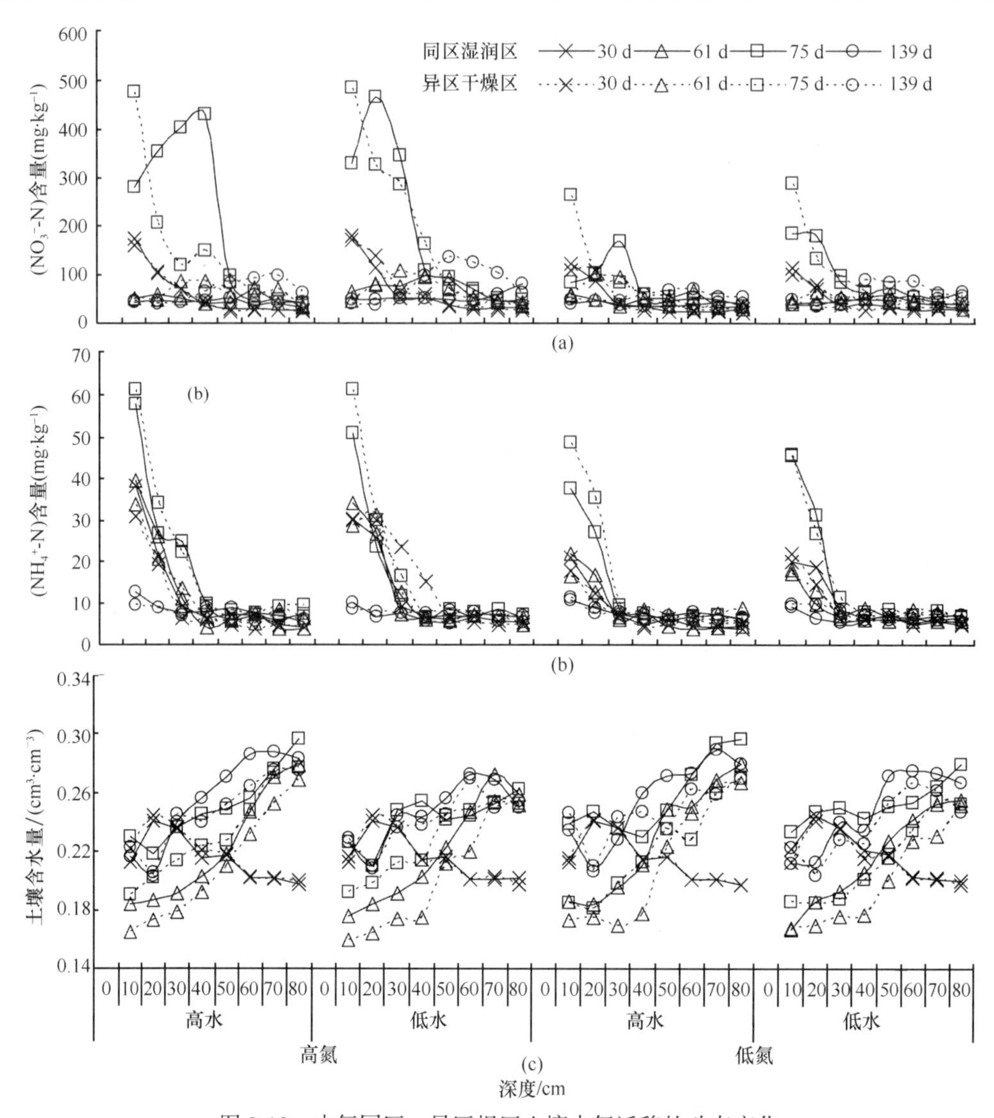

图 8-12　水氮同区、异区根区土壤水氮迁移的动态变化

8.3.2.2 不同水氮处理对玉米根区土壤铵态氮分布的影响

图8-12(b)是不同水氮处理条件下根区土壤铵态氮的动态分布。播后30 d土样，高氮处理在10 cm处土壤铵态氮含量最大，约为30 mg · kg^{-1}，是低氮处理在10 cm处的1.5倍。各处理剖面30～80 cm土壤铵态氮含量都约为4 mg · kg^{-1}。播后61 d土壤的铵态氮分布和第30 d的基本一致，剖面0～30 cm铵态氮的含量较大。这是因为铵态氮被土壤吸附不容易淋失，虽经过水分处理，但还集中在地表。播后75 d土壤铵态氮集中在0～40 cm，其中在10 cm处最大，高氮处理的约为60 mg · kg^{-1}，低氮处理的约为45 mg · kg^{-1}。剖面40～80 cm铵态氮的含量较小，约为5 mg · kg^{-1}。地表处铵态氮含量比前两次的都高。这是因为经过第2次施氮并且间隔时间较短，铵态氮还没有完全被硝化。各处理第139天土壤铵态氮

含量较小且分布比较均匀，剖面0～30 cm约为7 mg · kg^{-1}，剖面30～80 cm约为4 mg · kg^{-1}。说明铵态氮经过硝化作用基本完全转化成硝态氮。总的来说，铵态氮的分布曲线和硝态氮的相似，但铵态氮的变化幅度不大。地表处铵态氮的含量比地下大，湿润沟和干燥沟铵态氮的分布曲线基本一致。

8.3.2.3 不同水氮处理对玉米根区土壤含水率分布的影响

图8-12(c)是不同水氮处理根区土壤含水率动态分布。播后30 d取样，所有的处理含水率的分布基本一致。曲线上大下小，剖面0～40 cm的平均含水率为23.6%左右，而剖面50～80 cm的平均含水率为20.4%左右。由于蒸发蒸腾和灌水的影响，播后61 d土壤含水率随剖面深度的增加而增大，相同深度上湿润沟的含水率比干燥沟的含水率大，高水处理的比低水处理的大。低水处理湿润沟的平均含水率为21.5%左右，比低水处理干燥沟的平均含水率高7.6%。高水处理湿润沟的平均含水率为23%左右，比高水处理干燥沟的平均含水率高9.5%。播后第75天土样相同深度上湿润沟的含水率大于干燥沟，湿润沟和干燥沟含水率的变化趋势一致；低水处理湿润沟的最大含水率不超过27%，高水处理湿润沟的最大含水率可达到30%。播后139 d低水处理湿润沟的最大含水率不超过28%，并且分布在剖面约70 cm处；高水处理的湿润沟的含水率的最大值一般出现在80 cm处，有可能出现在大于80 cm处，说明深层含水率较大。这和收获时高水处理的湿润沟硝态氮的累积较少相一致，过量的水分导致了硝态氮的淋失。

8.3.2.4 不同水氮处理对产量和灌溉水分利用效率的影响

用 SAS 软件进行方差分析(表 8-7)，同区高氮低水处理的生物学产量最高，是异区低氮高水的 1.30 倍。高氮处理的生物学产量明显高于相同条件下的低氮处理的生物学产量。氮素对生物学产量影响极显著，水氮位置和灌水量对其影响不显著，各因素交互作用都不明显。这可能是由于水分相对充分的条件下氮肥是影响生物学产量的主要因素。水氮位置、灌水量和氮素对籽粒产量的影响都达到了显著水平，施氮水平和灌水量以及水氮位置和灌水量交互作用极显著，其余各因素之间交互作用不显著。异区高氮低水的籽粒产量最高，是同区低氮低水的 1.29 倍。其次是同区高氮低水，比异区高氮低水低 7.64%。总的来说，水氮同区条件下高水处理的籽粒产量比低水处理的低，如同区高氮高水的籽粒产量比同区高氮低水的低 12.76%。在高水条件下，水氮异区比水氮同区的籽粒产量高，这是由于施肥沟就是固定灌水沟，造成了大量的土壤硝态氮淋失，作物对其吸收减少所致。由根区剖面上硝态氮的分布和累积也可以说明这一点。施氮水平和灌水量对生物学产量的灌溉水利用效率影响极显著，水氮位置对其影响不显著，各因素之间的交互作用不显著。同区高氮低水生物学产量的灌溉水利用效率最大，达到 8.21 kg · m^{-3}，是同区高氮高水的 1.56 倍，是异区低氮高水的 1.82 倍。水氮位置、施氮水平和灌水量对籽粒的灌溉水利用效率影响极显著，施氮水平和灌水量以及水氮位置和灌水量交互作用也达到了极显著，其余各因素交互作用对其影响不显著。不论是水氮同区还是异区，低水处理的籽粒灌溉水利用效率比高水处理的高；相同水氮水平下，水氮异区的籽粒灌溉水利用效率比同区的大。

表 8-7　水氮同区、异区对产量和灌溉水分利用效率的影响

处理			生物学产量/(kg · hm^{-2})	籽粒产量/(kg · hm^{-2})	生物学产量的灌溉水利用效率/(kg · m^{-3})	籽粒的灌溉水利用效率/(kg · m^{-3})
水氮同区	高氮	高水	10 905.97±534.65A	8 066.67±65.99G	5.25±0.26AC	3.88±0.04D
		低水	12 211.53±534.31A	9 246.67±98.99B	8.21±0.36AD	6.22±0.07A
	低氮	高水	9 759.45±266.81B	8 640.00±314.27D	4.70±0.18BC	4.16±0.15F
		低水	9 917.78±530.75B	7 693.33±91.14H	6.67±0.36BD	5.18±0.06E
水氮异区	高氮	高水	12 103.20±628.03A	8 124.44±188.56F	5.82±0.30AC	3.91±0.09B
		低水	11 741.53±515.71A	9 953.33±136.71A	7.90±0.35AD	6.70±0.09C
	低氮	高水	9 365.97±209.50B	8 822.22±28.28C	4.51±0.11BC	4.24±0.01H
		低水	9 446.25±362.55B	8 608.89±75.43E	6.35±0.24BD	5.79±0.05G
显著性检验(*P* 值)						
水氮位置			0.9211	0.0013	0.7676	0.0002
施氮水平			<0.0001	0.0028	<0.0001	0.0001
灌水量			0.3995	0.0014	<0.0001	<0.0001
水氮位置×施氮水平			0.2599	0.3869	0.3622	0.2764
施氮水平×灌水量			0.6134	<0.0001	0.1540	<0.0001
水氮位置×灌水量			0.2182	0.0065	0.2289	0.007
水氮位置×施氮水平×灌水量			0.2608	0.8219	0.3635	0.6493

注：大写字母表示通过$R_{0.01}$检验，小写字母代表为通过$R_{0.05}$检验，下同

8.3.2.5 不同水氮处理对玉米氮素累积量的影响

由表8-8可知，施氮水平对籽粒的氮素累积量影响极显著，水氮位置和灌水量对其影响极显著(P<0.01)，施氮水平和灌水量交互作用极显著，水氮位置和灌水量的交互作用显著，其他因素交互作用不显著。说明水氮在空间上的不同分布会影响籽粒的氮素累积量，如异区高氮低水的籽粒氮素累积量最高达到134.44 kg · hm^{-2}，是同区低氮低水的1.34倍，是同区高氮高水的1.22倍。水氮位置和灌水量对植株氮素累积量影响不显著，施氮水平对其影响极显著，各因素之间的交互作用不显著。同区高氮低水的植株氮素累积量最高，为100.66 kg · hm^{-2}，异区高氮高水次之，异区低氮高水最小。各处理的籽粒和植株的氮素累积量的比例不同，说明不同的水氮组合可以影响作物体内的氮素分配。籽粒和植株的氮素累积量之和为氮素累积总量，施氮水平对氮素累积总量影响极显著，水氮位置和灌水量对其影响显著，施氮水平和灌水量交互作用对其影响显著，其他因素交互作用不显著。其中异区高氮低水的氮素累积总量最大，为232.39 kg · hm^{-2}，是同区低氮低水的1.32倍。总的来说，水氮位置、施氮水平和水分都会影响作物的氮素吸收和在体内的分配，高氮处理的氮素累积量大于低氮处理的氮素累积量。

表 8-8　水氮同区、异区对玉米氮素累积量的影响

处理			籽粒氮素累积量/(kg · hm^{-2})	植株氮素累积量/(kg · hm^{-2})	氮素累积总量/(kg · hm^{-2})
水氮同区	高氮	高水	109.86±1.05G	88.03±4.79A	197.89±5.31Ace
		低水	125.73±1.13B	100.66±2.37A	226.40±3.04Acf
	低氮	高水	110.70±4.27F	75.80±2.39B	186.51±2.44Bce
		低水	100.46±0.92H	75.85±2.47B	176.32±1.69Bcf
水氮异区	高氮	高水	110.85±2.49E	98.42±5.23A	209.28±0.63Ade
		低水	134.44±1.95A	97.94±5.79A	232.39±5.13Adf
	低氮	高水	115.26±0.39C	72.46±3.66B	187.72±2.93Bde
		低水	113.18±1.17D	74.08±4.32B	187.27±0.06Bdf
显著性检验(*P* 值)					
水氮位置			0.0017	0.8302	0.047
施氮水平			0.0001	<0.0001	<0.0001
灌水量			0.0017	0.2529	0.0128
水氮位置×施氮水平			0.2101	0.2887	0.6851
施氮水平×灌水量			<0.0001	0.3830	0.0015
水氮位置×灌水量			0.0233	0.3376	0.7355
水氮位置×施氮水平×灌水量			0.9390	0.2255	0.2602

8.3.3 讨论

适当地让部分根系承受一定的水分胁迫，能刺激根系吸收的补偿功能，提高根系的传导能力。研究表明，在作物生长阶段适当地让其部分根区干燥是一种有效的节水灌溉技术，可以提高水分利用效率。本试验在不同的水氮空间组合条件下让玉米部分根区保持干燥，结果表明异区高氮低水籽粒产量最大，其次是同区高氮低水。异区高氮低水的籽粒灌溉水分利用效率最大，是同区高氮高水的1.73倍，这和Lehrsch等(2000)、谭军利等(2005)的结论一致。说明在半湿润地区，采用水氮异区空间耦合，进行适当补灌，可以节约水资源，提高灌溉水的利用效率。

由试验结果可知，土壤铵态氮含量从剖面的上层到下层基本上呈递减趋势，这是因为土壤铵态氮容易被土壤颗粒吸附。夏季土壤硝化能力较强，肥料氮或土壤有机氮释放的铵态氮会很快经硝化作用形成硝态氮。而土壤硝态氮不易被土壤胶体所吸附，在水分充足的条件下，极易随水迁移进入土壤剖面的下层。施肥后表层土壤矿物氮增长很快，随着土壤水分的提高，土壤硝态氮向下迁移。研究表明，养分在土壤中移动的速度和距离与土壤含水率密切相关。当土壤水分稍低于田间持水量时，离子扩散和质流所通过的营养面积最大。土壤含水率是否适宜，直接影响到作物的长势和根系的活力，从而影响到作物对养分的吸收与利用(梁运江等，2006)。本试验在玉米整个生育期内降雨量较大，降雨量基本上与低水处理的灌溉定额相等，还有灌水沟水分的侧渗，都会增加干燥沟的根区土壤含水率，为作物根区的养分吸收提供了条件。在相同氮素水平条件下干燥沟根区土壤硝态氮的含量比湿润沟中的大，增加了作物对氮的吸收。试验表明，高氮处理的

氮素累积量大于低氮处理的氮素累积量，作物的氮素累积总量随着施氮量的增加呈正相关。这和宁堂原等(2006)随着施氮量的增加玉米吸氮量显著增加结果一致。籽粒和植株的氮素累积量的比值同区高氮高水较小，异区高氮高水最小。说明高氮高水处理不利于提高水氮利用效率。水氮空间组合、施氮量、灌水定额都会影响作物的氮素累积和在体内的分配，籽粒的氮素累积量异区高氮低水最大，植株的氮素累积量同区高氮低水最大，氮素累积总量异区高氮低水最大而同区低氮低水最小。

试验结果表明，降水量相对充分的条件下，水氮异区隔沟灌溉是一种较好的水肥耦合模式。水分过多会导致土壤硝态氮淋失，过少则降低了土壤养分的有效性，生产中应统筹考虑沟灌模式和肥料的时空分布两方面因素。在干旱地区，不宜采用水氮异区隔沟灌溉；在半干旱地区，水氮异区隔沟灌溉有利于水氮的高效利用。将沟灌模式(常规沟灌、交替隔沟灌溉和固定隔沟灌溉)和施肥的空间位置相结合，找到适合于不同地区的水肥空间耦合模式还需进一步研究。

8.3.4 结论

灌水和施氮是影响土壤中硝态氮分布的最主要因素。施氮后表层土壤矿物氮含量明显增大，硝态氮含量随着土壤水分下渗，造成下层土壤硝态氮含量的上升。同区低水处理和异区高水处理收获时根区土壤硝态氮残留量较大，而同区高水处理更容易导致硝态氮的淋失，收获时同区高氮高水和同区低氮高水的有肥沟上硝态氮浓度基本相同。土壤铵态氮含量不大并集中在地表，同区湿润沟和异区干燥沟内的铵态氮分布曲线基本一致。高水处理的含水率大于低水处理，湿润沟大于干燥沟。

在高水条件下，同一氮素水平条件下水氮异区比水氮同区的籽粒产量高。水氮异区高氮低水处理的籽粒灌溉水分利用效率最大，为6.70 kg · m^{-3}，是水氮同区高氮高水的1.73倍。相同条件下低水处理的水分利用效率大于高水处理的水分利用效率。

施氮水平对生物学产量影响显著，高氮处理的生物学产量高于相同条件下的低氮处理的生物学产量。高氮处理的氮素累积总量大于低氮处理的氮素累积总量，玉米的氮素累积总量和施氮量呈正相关。其中水氮异区高氮低水的氮素累积总量最大，是水氮同区低氮低水的1.32倍。适当减少灌水定额、增加施氮量，可以减少土壤硝态氮的淋失和损失，提高作物的水分利用效率和品质。在半干旱地区，水氮异区高氮低水是一种比较好的水氮空间耦合形式。

8.4 调亏灌溉与氮营养对玉米根区水氮有效性的影响

调亏灌溉是20世纪70年代中后期出现的一种新的节水灌溉技术。调亏灌溉是基于作物生理生化过程受遗传特性或生长激素的影响，在作物生长发育的某些阶段主动施加一定的水分胁迫，即人为地让作物经受适度的缺水锻炼，从而影响光合同化产物向不同组织器官的分配，以调节作物的生长进程，改善产品品质，达到在不影响作物产量的条件下提高水分利用效率的目的。大量的研究表明，调亏灌溉不仅适宜于果树，也适宜于玉米、小麦、棉花、烟草等大田作物，与充分灌溉相比，调亏灌溉具有一定的节水增产功效。近些年来，国外就调亏灌溉条件下作物水肥高效利用的机制方面进行了一些研究。Olesinski 等(1989)研究了灌水频率和氮肥共同作用对马铃薯光合作用的影响，结果表明，适当降低灌水频率和施氮，有利于马铃薯光合作用和根茎的生长。Pandey 等(2001)田间试验表明，在小麦苗期进行调亏灌溉，作物对氮素的吸收能力降低，在生长中期复水后，小麦对氮素的吸收有强烈的补偿效应。Dioufa 等(2004)研究了调亏灌溉条件下小米对氮肥的交互作用，研究表明不同生育期的调亏灌溉，作物对氮肥的吸收和利用有所不同，适宜时期的缺水和复水对作物吸收水分和肥料及提高水肥利用效率有重要作用。近年来国内学者开始把调亏灌溉和施肥结合起来进行研究，黄高宝和张恩和(2002)采用池栽法对春小麦/春玉米间套系统在不同水分调亏水平下，对水、肥与根系的时空协调性进行了研究，结果表明，在小麦拔节后期(玉米苗期)以土壤相对含水率(SRW)的 50%进行亏缺灌水，可明显提高间作系统总的生产力。张步翀等(2007)研究了河西绿洲灌区春小麦调亏灌溉两年后的土壤碱解氮和全氮的变化，试验结果表明，0～40 cm 土层的土壤全氮与小麦全生育期供水量呈线性负相关，而碱解氮与全生育期供水量呈线性正相关。莫江华等(2008)研究表明，在较低施肥条件下进行伸根期轻度水分亏缺处理(占田间持水量的 50%～60%)可明显提高烟叶产量和水分利用效率。而国内对调亏灌溉条件下的水肥高效利用机制报道较少。

本研究对盆栽玉米进行调亏灌溉和氮肥处理，研究了调亏灌溉条件下玉米根区的水氮变化动态、水氮的有效性和水氮利用效率，以期摸清调亏灌溉条件下的水分养分高效利用的机制及效应，为调亏灌溉的水氮高效利用和最优调控提供理论基础。

8.4.1 材料与方法

试验于 2008 年 4～7 月在旱区农业水土工程教育部重点实验室温室里进行。供试玉米品种为‘沈单 16 号’，种于内径 26 cm、高 28 cm 的植物生长盆内，盆底铺有细砂，盆底均匀地打有 5 个小孔以提供良好的通气条件。供试土壤为西北农林科技大学节水灌溉试验站的大田土壤，土壤自然风干、磨细过 2 mm 筛，装土容重为 1.30 $g \cdot cm^{-3}$。土壤的基本理化参数为：pH 8.14、有机质含量为 6.08 $g \cdot kg^{-1}$、全氮为 0.89 $g \cdot kg^{-1}$、全磷为 0.72 $g \cdot kg^{-1}$、全钾为 13.8 $g \cdot kg^{-1}$、碱解氮为 55.93 $mg \cdot kg^{-1}$、速效磷为 8.18 $mg \cdot kg^{-1}$、速效钾为 102.30 $mg \cdot kg^{-1}$，田间持水量(θ_F)为 24%。播前将盆内土壤灌至田间持水量，先将玉米在 24℃恒温培养箱中催芽。4 月 23 日播种，每盆 1 株。

试验设不同生育期水分亏缺和施氮水平 2 个因素。不同生育期水分亏缺分别设苗期亏水、拔节期亏水、抽雄期亏水 3 个处理，另外设置全生育期不亏水和亏水处理作为对照。亏水和不亏水处理以控制土壤含水量占田间持水量(θ_F)的百分数表示，分别是 50%～65%θ_F(W_L)和 65～80%θ_F(W_H)；施氮设不施氮(N_Z)、低氮(N_L)和高氮(N_H)3 个水平，低氮和高氮处理分别按 0.15 g 纯 $N \cdot kg^{-1}$ 干土、0.30 g 纯 $N \cdot kg^{-1}$ 干土施入，氮肥用尿素。P 肥施用 KH_2PO_4，所有处理均施 0.15 g $P_2O_5 \cdot kg^{-1}$ 干土，氮肥和磷肥均用分析纯试剂。试验共 15 个处理，每个处理重复 6 次，共 90 盆，随机区组排列，试验处理组合见表 8-9；试验概况见图 8-13。试验在生长盆(上口内径 26 cm、下口内径 20 cm、高 28 cm)中进行，盆底铺有细砂。种植前各处理均灌至 85%θ_F。

表 8-9 水氮处理组合

处理	施氮水平	灌水水平		
		苗期	拔节期	抽穗期
$N_ZW_LW_HW_H$	无(N_Z)	低(W_L)	高(W_H)	高(W_H)
$N_ZW_HW_LW_H$	无(N_Z)	高(W_H)	低(W_L)	高(W_H)
$N_ZW_HW_HW_L$	无(N_Z)	高(W_H)	高(W_H)	低(W_L)
$N_LW_LW_HW_H$	低(N_L)	低(W_L)	高(W_H)	高(W_H)
$N_LW_HW_LW_H$	低(N_L)	高(W_H)	低(W_L)	高(W_H)
$N_LW_HW_HW_L$	低(N_L)	高(W_H)	高(W_H)	低(W_L)
$N_HW_LW_HW_H$	高(N_H)	低(W_L)	高(W_H)	高(W_H)
$N_HW_HW_LW_H$	高(N_H)	高(W_H)	低(W_L)	高(W_H)
$N_HW_HW_HW_L$	高(N_H)	高(W_H)	高(W_H)	低(W_L)
$N_ZW_HW_HW_H$	无(N_Z)	高(W_H)	高(W_H)	高(W_H)
$N_ZW_LW_LW_L$	无(N_Z)	低(W_L)	低(W_L)	低(W_L)
$N_LW_HW_HW_H$	低(N_L)	高(W_H)	高(W_H)	高(W_H)
$N_LW_LW_LW_L$	低(N_L)	低(W_L)	低(W_L)	低(W_L)
$N_HW_HW_HW_H$	高(N_H)	高(W_H)	高(W_H)	高(W_H)
$N_HW_LW_LW_L$	高(N_H)	低(W_L)	低(W_L)	低(W_L)

在苗期、拔节期和抽穗期结束时取根区土样和植物样。用小土钻在离玉米 5 cm 处取土，每 6 cm 取一个土样，分上、中、下共 3 层。土壤硝态氮用紫外可见分光光度计测定。采集各处理根系及地上部分，105℃杀青 30 min，60℃烘至恒重，测其干重，干物质磨碎后测定全氮。采用凯氏定氮法，用瑞士福斯特卡托公司(Foss Tecator AB)生产的自动定氮仪测定全氮。水分利用效率(WUE)用干物质总质量与总耗水量的比值表示。氮肥表观利用效率(%)=(施氮处理的氮吸收量−未施氮处理的氮吸收量)×100/氮肥用量。

图 8-13 试验概况(见图版)

8.4.2 结果与分析

8.4.2.1 调亏灌溉和氮肥处理对玉米根区土壤硝态氮分布的影响

在北方旱作条件下，土壤具有很强的硝化与矿化潜力，施入的氮肥在土壤中 1～2 周转化为 NO_3^--N，NO_3^--N 为土壤矿质氮的主要存在形式。图 8-14 为调亏灌溉和施氮处理条件下根区土壤硝态氮变化动态。由图 8-14(a)可知，在无氮条件下，根区土壤硝态氮的含量都小于 32 mg · kg^{-1}，并且变化幅度不超过 19 mg · kg^{-1}。经过苗期水分处理，播后 38 d 的各层土壤硝态氮含量比后 2 次的硝态氮含量略大。总体上，上层土壤硝态氮的含量随着灌水处理时间的延长是减少的；而中层和下层含量偶尔增高可能是土壤矿物氮硝化和上层的硝态氮向下迁移造成的。播后 73 d 各处理硝态氮含量从上层到下层略有增加，都大约为 20 mg · kg^{-1}。由于作物吸收和灌水处理，全生育期低水处理的硝态氮含量残留量最大，是全生育期高水处理的 1.30 倍。在处理结束时，各处理盆内硝态氮均值为 16～21 mg · kg^{-1}。

图 8-14(b)为低氮水平条件下调亏灌溉根区硝态氮分布状况。播后 38 d 土壤硝态氮含量从上到下依次增加，低水处理的上层硝态氮含量是高水处理相同层次上含量的 1.47～1.72 倍，低水处理的中层土壤硝态氮含量约为高水处理的 1.1 倍，这与灌水量呈负相关。各处理下层硝态氮含量受水分处理和作物根系吸收的影响不大，都集中在 140～150 mg · kg^{-1}。这是因为苗期灌水量较小，并且作物根系集中在中、上土层，下层的硝态氮对作物来说是无效的。经过苗期和拔节期水分处理后，各处理中、上层土壤硝态氮含量都显著降低，其中常规灌溉高水处理的下层含量略低于调亏灌溉的下层含量，这说明常规灌溉高水处理在拔节期结束时已造成了土壤硝态氮的淋失。拔节期调亏的中、下层土壤硝态氮含量比苗期调亏的含量略高，这主要是因为拔节期作物需灌水量较大，低水处理抑制了作物生长和对养分的吸收。和前 2 次相比，播后 87 d 土壤硝态氮含量在同一层次上有明显降低。中氮条件下，中、上层硝态氮含量为 18～23 mg · kg^{-1}（$W_LW_LW_L$ 处理除外），下层硝态氮含量表现出不同程度的累积；其中 $W_LW_LW_L$ 下层含量约是 $W_HW_HW_H$ 的 2.6 倍。抽穗期结束时，调亏灌溉土壤硝态氮均值是充分灌溉均值的 1.20～1.31 倍，其中拔节调亏的均值稍大。相同水分条件下中氮处理土壤硝态氮均值是无氮处理的 1.59～2.92 倍。

由图 8-14(c)高氮处理条件下根区硝态氮分布可知，同一处理盆内土壤硝态氮含量都是从上层到下层表现出递增的趋势。播后 38 d 盆内硝态氮含量最大，上层含量大于 135 mg · kg^{-1}，下层含量是上层的 1.25～2.14 倍。这主要是因为苗期作物对水分和养分的需求量不大，盆内的硝态氮表现出富余。经过苗期和拔节期水分处理后，$W_LW_LW_L$ 处理的中层土壤硝态氮还大于 200 mg · kg^{-1}，其他处理盆内上、下层硝态氮含量有了大幅度的降低，其含量均小于 110 mg · kg^{-1}。拔节期调亏的中、下层土壤硝态氮含量比苗期调亏的略大，这和低氮处理的结果一致。抽穗结束时各处理的中上层土壤硝态氮含量都降低到 85 mg · kg^{-1} 以下，根区下层的含量依次为：$W_LW_LW_L$＞$W_HW_LW_H$＞$W_HW_HW_L$＞

$W_LW_HW_H > W_HW_HW_H$，其中 $W_LW_LW_L$ 的下层含量仅约为 $W_HW_HW_H$ 的 3.6 倍。处理结束时，常规高水灌溉的盆内硝态氮含量均值占调亏灌溉的 56%～66%，常规低水其均值最大为 126 mg · kg^{-1}。

综上所述，施氮量决定了根区土壤硝态氮含量，各阶段的灌水水平和养分吸收影响盆内硝态氮的动态变化。抽穗期结束时上层硝态氮含量都降至同一水平，而中下层土壤硝态氮含量与施氮量呈正相关关系。苗期水分处理后，上层土壤硝态氮含量明显低于中下层土壤，拔节后中层土壤硝态氮含量降幅最大，而下层的含量变化缓慢并且表现出盈余。除常规低水处理，拔节、抽穗后的低氮、无氮处理中层土壤硝态氮含量差值小于 15 mg · kg^{-1}；而下层土壤硝态氮含量差值较大，为 60～108 mg · kg^{-1}。播后 38 d 高氮处理上层硝态氮含量高于无氮处理同一层次可达 160～100 mg · kg^{-1}，拔节结束时，和苗期处理后相比高氮处理上层含量减少的幅度可达 90～150 mg · kg^{-1}，等到抽穗结束时其上层含量和无氮处理的差异不超过 10 mg·kg^{-1}。处理结束时，在常规高水条件下，高氮处理盆内硝态氮均值分别为无氮和低氮处理的 1.7 和 2.7 倍；调亏灌溉条件下，高氮处理分别是无氮和低氮处理盆内硝态氮含量均值的 3.8～4.3 倍和 2.0～2.3 倍；在常规低水条件下，高氮的盆内硝态氮含量均值是低氮、无氮的 2.0～6.0 倍。

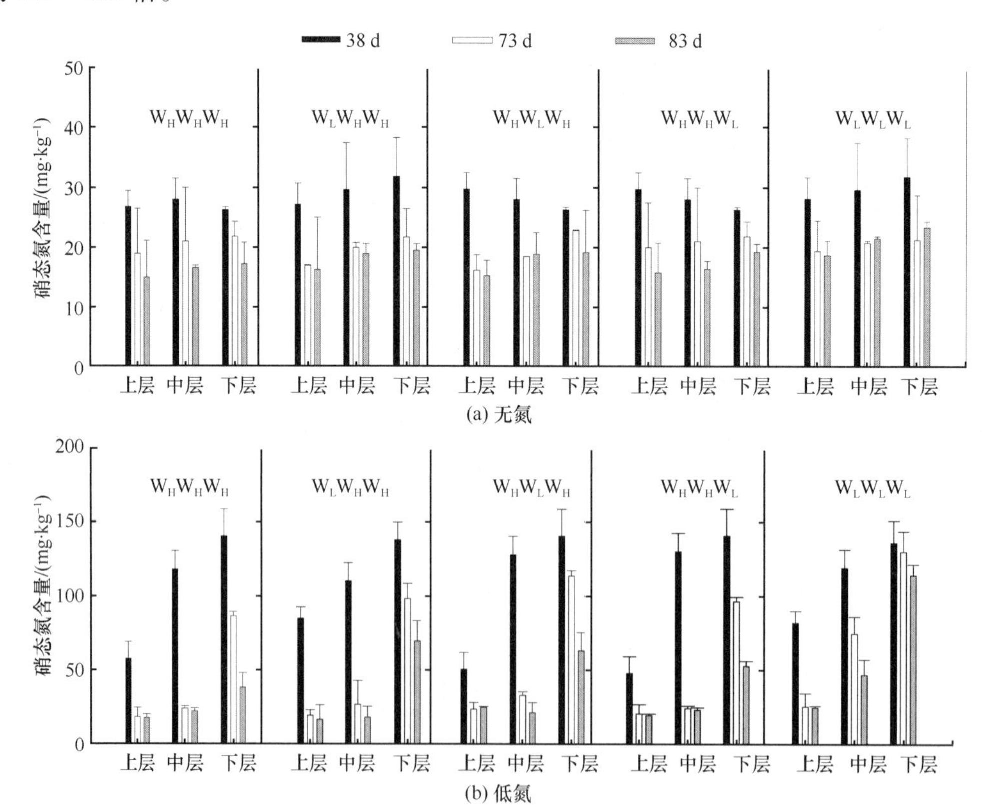

(a) 无氮

(b) 低氮

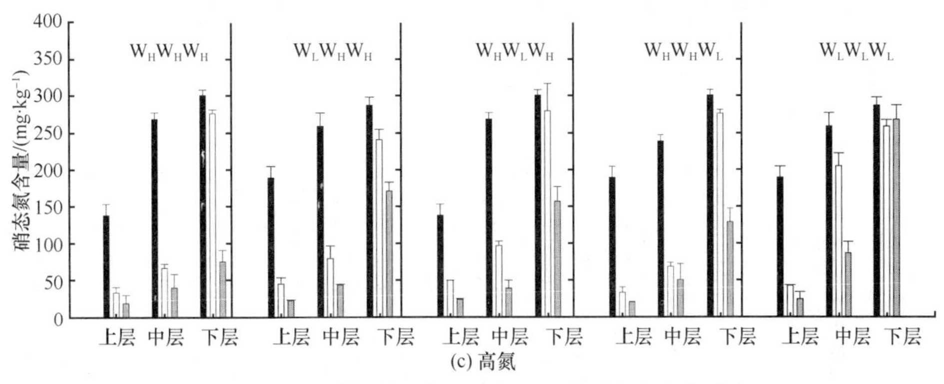

图 8-14　亏灌溉施和氮玉米根区土壤硝态氮变化动态

8.4.2.2 调亏灌溉和氮肥处理对水氮利用的影响

土壤水分、养分状况直接影响作物的生长发育和氮素吸收。表 8-10 表示氮肥处理和不同时期调亏灌溉对作物干物质和全氮累积的影响。

表 8-10　调亏灌溉和氮肥处理对作物水分利用和全氮吸收的影响

施氮量	灌水水平			冠层干物质/g	根系干物质/g	水分利用效率/(kg · m^{-3})	冠层含氮量/(mg · kg^{-1})	根系含氮量/(mg · kg^{-1})	氮素累积量/g
	苗期	拔节期	抽穗期						
无(N_Z)	高(W_H)	—	—	9.255±1.011	3.065±0.120	1.334±0.078	22.990±1.423	13.699±0.817	0.255±0.037
	低(W_L)	—	—	5.485±0.233	1.925±0.064	1.185±0.016	26.071±0.403	15.650±0.794	0.173±0.009
低(N_L)	高(W_H)	—	—	10.070±0.283	2.985±0.148	1.506±0.029	28.454±0.624	19.673±0.450	0.345±0.016
	低(W_L)	—	—	6.805±0.488	1.895±0.078	1.469±0.122	29.664±0.349	17.880±0.960	0.236±0.014
高(N_H)	高(W_H)	—	—	7.385±1.322	1.060±0.085	1.198±0.025	30.259±1.346	20.988±0.096	0.247±0.052
	低(W_L)	—	—	3.615±0.841	0.660±0.042	0.745±0.146	25.258±0.622	16.703±0.422	0.103±0.024
显著性检验(*P*值)									
氮肥				0.0120	<0.0001	0.0070	0.0033	0.0040	0.0093
苗期水分				0.0008	<0.0001	0.0055	0.6962	0.0415	0.0107
氮肥×苗期水分				0.8922	0.0070	0.0320	0.0050	0.0301	0.5483
无(N_Z)	高(W_H)	高(W_H)	—	41.425±1.492	13.020±0.693	2.943±0.118	7.506±0.218	6.041±0.468	0.390±0.033
	高(W_H)	低(W_L)	—	35.305±1.775	10.215±0.742	3.190±0.176	9.786±0.137	7.504±0.012	0.422±0.022
	低(W_L)	高(W_H)	—	36.845±2.298	9.465±0.629	3.010±0.190	9.672±0.803	8.509±0.193	0.436±0.056
	低(W_L)	低(W_L)	—	31.190±0.311	8.600±0.523	3.426±0.072	9.166±0.665	6.107±0.125	0.338±0.026
低(N_L)	高(W_H)	高(W_H)	—	51.615±0.530	13.300±0.453	3.510±0.053	18.341±0.560	14.509±0.124	1.139±0.044

续表

施氮量	灌水水平			冠层干物质/g	根系干物质/g	水分利用效率/($kg \cdot m^{-3}$)	冠层含氮量/($mg \cdot kg^{-1}$)	根系含氮量/($mg \cdot kg^{-1}$)	氮素累积量/g
	苗期	拔节期	抽穗期						
低(N_L)	高(W_H)	低(W_L)	—	39.010±0.212	8.970±0.127	3.329±0.023	21.423±1.493	14.614±0.144	0.966±0.066
	低(W_L)	高(W_H)	—	42.980±1.273	9.495±0.021	3.488±0.086	20.714±1.054	13.768±0.058	1.021±0.073
	低(W_L)	低(W_L)	—	28.563±0.703	7.225±0.346	3.221±0.095	22.146±2.188	11.884±1.430	0.718±0.083
高(N_H)	高(W_H)	高(W_H)	—	59.495±1.379	19.445±0.516	4.327±0.139	23.314±1.697	16.415±0.372	1.706±0.091
	高(W_H)	低(W_L)	—	44.350±0.990	11.575±0.460	4.259±0.110	23.071±0.693	15.852±0.171	1.206±0.006
	低(W_L)	高(W_H)	—	47.820±1.626	11.535±0.276	4.804±0.115	22.753±0.341	16.658±0.126	1.280±0.020
	低(W_L)	低(W_L)	—	27.205±2.355	5.660±0.495	3.133±0.272	22.354±0.493	6.041±0.468	0.642±0.044
显著性检验(P值)									
施氮量				0.0301	0.0431	<0.0001	0.0378	0.0063	<0.0001
苗期水分				0.0407	0.0314	0.1317	0.9175	0.0708	0.0478
拔节水分				<0.0001	<0.0001	0.0089	0.0202	0.0401	<0.0001
施氮量×苗期水分				0.0097	0.0067	0.0095	0.0086	0.0286	0. 4009
施氮量×拔节期水分				<0.0001	0.0689	<0.0001	0.1716	0.0338	0.0052
苗期水分×拔节期水分				0.0391	0.0456	0.0038	0.1875	0.0060	0.0237
施氮量×苗期水分×拔节期水分				0.0816	0.9849	0.0806	0.2148	0. 2000	0.5525
无(N_Z)	低(W_L)	高(W_H)	高(W_H)	44.440±1.556	9.320±0.792	2.818±0.123	6.613±0.432	8.299±0.031	0.372±0.036
	高(W_H)	低(W_L)	高(W_H)	37.240±0.721	6.790±0.156	2.431±0.049	11.380±0.252	11.438±0.072	0.502±0.020
	高(W_H)	高(W_H)	低(W_L)	47.765±0.346	14.340±0.636	2.978±0.013	8.548±0.199	8.650±0.095	0.532±0.013
低(N_L)	低(W_L)	高(W_H)	高(W_H)	53.795±0.460	9.605±0.375	3.369±0.004	17.106±0.120	16.138±0.070	1.075±0.009
	高(W_H)	低(W_L)	高(W_H)	44.400±0.580	7.715±0.148	2.872±0.040	20.970±0.395	17.425±0.040	1.066±0.032
	高(W_H)	高(W_H)	低(W_L)	61.965±0.049	12.740±0.594	3.587±0.025	16.694±0.042	16.828±0.218	1.248±0.010
高(N_H)	低(W_L)	高(W_H)	高(W_H)	59.020±0.141	10.950±0.156	4.107±0.001	17.086±0.771	17.966±0.773	1.205±0.054
	高(W_H)	低(W_L)	高(W_H)	49.235±0.120	10.685±0.332	3.574±0.013	22.359±0.346	19.039±0.572	1.304±0.007
	高(W_H)	高(W_H)	低(W_L)	67.885±0.559	11.440±0.297	3.843±0.045	16.826±0.422	18.414±0.746	1.352±0.020
显著性检验(P值)									
施氮量				<0.0001	0.0037	0.0029	<0.0001	<0.0001	<0.0001
调亏时期				<0.0001	0.0021	0.0067	0.0429	0.0392	<0.0361
施氮量×调亏时期				0.0050	0.0043	0.0643	0.0604	0. 2035	0.0601

续表

施氮量	灌水水平			冠层干物质/g	根系干物质/g	水分利用效率/($kg \cdot m^{-3}$)	冠层含氮量/($mg \cdot kg^{-1}$)	根系含氮量/($mg \cdot kg^{-1}$)	氮素累积量/g
	苗期	拔节期	抽穗期						
对照(CK)									
无(N_Z)	高(W_H)	高(W_H)	高(W_H)	53.755±1.690	10.510±0.240	2.891±0.087	8.639±0.148	9.223±0.016	0.561±0.025
无(N_Z)	低(W_L)	低(W_L)	低(W_L)	32.885±0.078	7.320±0.099	2.846±0.013	11.859±0.076	9.381±0.105	0.459±0.001
低(N_L)	高(W_H)	高(W_H)	高(W_H)	67.305±0.021	11.320±0.212	3.549±0.011	14.584±0.086	15.958±0.029	1.162±0.002
低(N_L)	低(W_L)	低(W_L)	低(W_L)	35.535±0.148	5.585±0.064	3.015±0.016	17.253±3.861	18.302±0.141	0.716±0.142
高(N_H)	高(W_H)	高(W_H)	高(W_H)	71.310±1.485	11.865±0.078	4.174±0.071	15.872±1.908	17.887±0.077	1.345±0.157
高(N_H)	低(W_L)	低(W_L)	低(W_L)	34.850±0.863	6.530±0.141	3.224±0.056	16.660±3.022	16.638±0.059	0.691±0.118

1）苗期调亏灌溉对水分利用和氮素吸收的影响

从表 8-10 统计结果可知，施氮量和苗期水分处理对干物质累积量、水分利用效率、根系含氮量和植株全氮累积量影响显著，而苗期水分处理对作物冠层含氮量影响不显著。其中施氮水平和苗期水分的交互作用对根系干重、水分利用效率、植株含氮量的影响达到了显著水平。

低氮处理的干物质总量最大，无氮的次之，高氮的最小。在高水条件下，无氮处理的干物质是高氮处理的 1.45 倍；在低水条件下，无氮处理的干物质是高氮处理的 1.73 倍。无氮处理的根冠比可以达到 0.34，分别是低氮处理和高氮处理的 1.22 倍和 2.05 倍。低氮条件下水分利用效率可达 1.45 $kg \cdot m^{-3}$ 以上，约为高氮低水处理的 2 倍。这主要是因为高氮处理使土壤硝态氮含量偏大，作物的正常生理活动受阻，抑制了根系对土壤中的水分和养分的汲取，限制了根系生长，降低了干物质总量。苗期植株含氮量和施氮量呈正相关，相同处理的冠层含氮量大于根系含氮量。植株全氮累积量受干物质总量和全氮含量的影响，低氮处理的全氮累积量最大，这也反映出苗期低氮处理给作物提供了比较适宜的水氮环境，有利于作物的干物质累积和水氮的有效累积。在苗期，高氮虽然可以提高植株的全氮含量，但并没有显著提高作物的干物质、全氮累积量。

2）苗期、拔节期调亏灌溉对水分利用和氮素吸收的影响

由表 8-10 试验结果可知，苗期水分处理对水分利用效率、植株含氮量影响不显著，施氮量、拔节水分对表中所列指标都达到了显著水平，其中 2 因素的交互作用对水分利用效率也达到了显著水平；施氮量×拔节期水分、苗期水分×拔节期水分对全氮累积量影响显著。3 因素的交互作用对表中列出的所有指标影响不显著。

高水高氮处理($N_HW_HW_H$)的干物质总量最大，是低水高氮($N_HW_LW_L$)的 2.4 倍。除低水处理(W_LW_L)外，低氮处理的干物质累积是无氮处理的 1.05～1.19 倍。这说明在水分充足的条件下，施氮能显著地提高作物干物质总量，而水分持续亏缺时，根系吸收的水分不能满足冠层的光合和蒸腾损失，使冠层的光合作用受到抑制，新生同化产物数量减少，表现出植株的总抑制量增大。和高水处理相比，苗期调亏和拔节调亏对作物干物质总量影响不同。施氮条件下拔节期水分调亏对干物质总量的影响超过苗期调亏的影响，无氮处理的则相反。这可能是由于在拔节期，无氮处理的土壤矿物氮亏缺。无氮处理的植株全氮含量基本上小于 10 mg · kg^{-1}，明显低于施氮处理的全氮含量。在施氮条件下，低水处理（W_LW_L）的全氮含量最小；在无氮条件下，高水处理（W_HW_H）的全氮含量较小。这说明植株全氮含量不但与施氮量有关，还与土壤水分状况有关。植株全氮累积量与施氮量正相关。无氮处理的全氮累积量变幅仅约为 0.1 g，这主要由于各处理植株含氮量普遍较低所致；低氮的变幅超过 0.4 g，高氮处理的超过 0.9 g，这主要是 W_LW_L 处理的干物质累积量偏低所致。在同一氮素水平条件下，苗期调亏处理（W_LW_H）的全氮累积量比拔节亏缺处理（W_HW_L）的全氮累积量稍大。这可能是由于苗期的水分胁迫产生了补偿效应，拔节期生长和吸收养分的速率大大增强；在生长旺盛的拔节期，低水处理（W_HW_L）抑制了干物质的累积，降低了全氮累积量。

3）调亏灌溉时期（苗期、拔节期、抽穗期）对水分利用和氮素吸收的影响

统计结果（表 8-10）表明，施氮量、调亏时期及二者交互作用对干物质累积量的影响达到了显著水平，其单因素对水分利用效率、全氮含量及全氮累积量也影响显著。

施氮增加了作物干物质累积量，高、低氮处理的干物质总量均值分别比无氮处理的高约 16.44 g · 株$^{-1}$、10.10 g · 株$^{-1}$。调亏时期影响干物质累积总量，试验结果表明，拔节期水分亏缺对干物质累积量影响最大，苗期水分亏缺影响次之，抽穗期水分亏缺影响最小。和同一氮素条件下常规灌溉（$W_HW_HW_H$）相比，低氮拔节期调亏（$N_LW_HW_LW_H$）干物质降幅最大，可达约 26.51 g · 株$^{-1}$，无氮抽穗调亏（$N_ZW_HW_HW_L$）的降幅最小，仅为 2.16 g · 株$^{-1}$。常规灌溉条件下低水、高水处理的干物质累积量的差值与施氮量有关，高氮处理的可达到 42.51 g · 株$^{-1}$，而无氮处理的为 23.52 g · 株$^{-1}$。这是由于在低水条件下，土壤水分过低影响了作物对养分的吸收利用，也影响了氮肥效应的发挥。同一水分条件下，高氮处理的水分利用效率最高，其中高氮苗期调亏（$N_HW_LW_HW_H$）的水分利用效率可达 4.107 kg · m^{-3}。无氮处理的水分利用效率都小于 3.00 kg · m^{-3}，这说明土壤水分适宜的情况下，施氮可以提高水分利用效率。低水处理（$W_LW_LW_L$）的水分利用效率没有显著降低，但这是以牺牲干物质的累积量为代价的。植株的全氮含量和施氮量相关，无氮处理的全氮含量明显低于低氮、高氮处理的全氮含量。高氮处理的植株全氮累积量最大，是无氮处理的 2.54～3.23 倍，是低氮处理的 1.08～1.20 倍。低水高氮处理（$N_HW_LW_LW_L$）的全氮累积量仅为高水处理的一半，比低氮低水处理（$N_LW_LW_LW_L$）的累积量还低 0.025 g · 株$^{-1}$。这说明低水处理降低了养分的有效性，降低了氮肥的利用效率。计算氮肥的表观利用效率可知，低氮处理调亏灌溉的氮肥表观利用效率都大于 30%，其中抽穗期调亏灌溉（$N_LW_HW_HW_L$）的表观效率最高，为 39.80%。高氮处理调亏灌溉表观效率均值为 23.34%，明显低于低氮处理的利用效率。低水高氮处理（$N_HW_LW_LW_L$）的氮肥表观利用效率最低，约为高氮调亏灌溉表观利用效率的一半。这是由于水分长期胁迫降低了根系的吸收面积和吸收能力，木质部液流黏滞性增大，降低了对氮素的吸收和运输。

8.4.3 讨论

试验结果表明，调亏灌溉的灌水量介于高水($W_HW_HW_H$)和低水($W_LW_LW_L$)之间，而灌水量是硝态氮迁移的主要因素(刘小刚等，2008b)，表现为调亏灌溉中下层土壤硝态氮含量介于常规高水、低水处理之间。高氮调亏处理的干物质、水分利用效率和氮素累积量相对较大,这说明氮肥能促进玉米对土壤水氮的利用,提高玉米生物量(王西娜等，2007)。研究表明，高氮处理的氮肥表观利用效率偏低，这和高氮处理盆内下层硝态氮含量偏大一致。在所有处理中，低水处理($W_LW_LW_L$)的干物质累积和全氮累积量最小，这主要是由于水分亏缺影响土壤溶液浓度，浓度过高抑制根系的生长和对水分、养分的吸收。同时土壤水分是保证氮肥充分发挥作用的主要因子，对氮肥在土壤中的转化、迁移(质流与扩散)、植物吸收，以及在体内的代谢均有很大的影响(王朝辉等，2002)。由试验结果可以看出，调亏灌溉亏水程度、调亏生育期及施氮量对玉米干物质和氮素累积量的交互作用明显。如在抽穗期结束时高氮苗期调亏处理($N_HW_LW_HW_H$)的干物质累积量比高氮拔节调亏处理($N_HW_HW_LW_H$)的高约 10 g · 株$^{-1}$；拔节调亏($N_HW_HW_LW_H$)的全氮累积量比苗期调亏($N_HW_LW_HW_H$)的高约 0.1 g · 株$^{-1}$。同样苗期调亏，低氮处理(N_LW_L)的干物质累积量大于高氮处理(N_HW_L)的累积量。说明在不同施氮水平和土壤肥力条件下,适宜的调亏时期和亏水程度与玉米的生育阶段密切相关。

本试验只对在玉米某一生育期进行调亏灌溉做了研究，而对 2 个以上生育期的调亏问题还有待研究。在大田中结合氮肥处理的调亏灌溉对作物产量及其水氮利用效率还需进一步研究。在生产中可以根据作物的某些生理生态指标及时诊断缺水状况，保证作物根区有比较适宜的水氮环境，在不影响作物产量或者影响很小的情况下充分利用水氮资源，提高水氮利用效率。

8.4.4 结论

施氮量决定调亏灌溉盆内土壤硝态氮含量，各生育阶段的灌水量和养分吸收影响硝态氮的动态变化。根区土壤硝态氮随着生育期的推进逐渐向下层运移，拔节、抽穗期下层硝态氮含量明显增大。调亏灌溉的中下层土壤硝态氮含量介于非调亏灌溉的高水、低水处理之间。抽穗后上层硝态氮含量都降至同一水平，而中下层土壤硝态氮含量与施氮量呈正相关关系。苗期水分处理后，上层土壤硝态氮含量明显低于中下层土壤，拔节后中层土壤硝态氮含量降幅最大，而下层的含量变化缓慢并且表现出盈余。

施氮量、调亏时期对干物质、氮素累积量影响显著。拔节期水分亏缺对干物质累积量影响最大，苗期水分亏缺影响次之，抽穗期水分亏缺影响最小。高氮苗期亏水处理的水分利用效率最高。高氮处理的植株氮素累积量最大，是无氮处理的2.54～3.23倍。低氮调亏灌溉的氮肥表观利用效率都大于30%，比高氮调亏灌溉的高约6.6%，其中低氮抽穗期调亏的氮肥表观利用效率最高，为39.80%。

8.5 交替隔沟灌溉和施氮对玉米根区水氮迁移的影响

交替隔沟灌溉技术作为地面节水灌溉技术之一，具有节水、减少土壤水分深层渗漏等特点。研究交替隔沟灌溉条件下作物根区水氮迁移和累积，对于提高有限灌水和肥料的利用效率、节水节肥具有重要的理论和现实意义。国内外许多学者对交替沟灌条件下作物的生长发育、产量、水分利用效率等方面进行了较多研究。研究结果表明：通过改变和调节作物根系区域的湿润方式，可使其产生水分胁迫的信号传递至叶气孔，减小奢侈的蒸腾耗水。同时可以改善根系的吸收功能，亦可减少株间全部湿润时的无效蒸发和总的灌溉用水量，达到以不牺牲光合产物积累和产量而大幅度提高水肥利用效率的目的。Lehrsch 等（2000）研究了不同隔沟灌溉方式对玉米生长和硝态氮淋洗的影响，结果显示交替隔沟灌溉在维持作物产量的同时，可使土壤氮的吸收增加 21%。Skinner 等（1998）研究了交替和常规沟灌方式下玉米对氮素的吸收和分配，认为交替隔沟灌并将肥料施于干沟内可减少肥料淋溶的可能性，与常规灌溉相比交替沟灌施肥条件下土壤硝态氮含量在营养生长期和生殖生长期较高。Benjamin 等（1997）等研究了隔沟灌溉带状施肥对玉米生长和氮肥吸收的影响，认为在干旱年份氮肥施在不灌水沟，氮肥吸收降低 50%，在相对湿润年份，灌水沟和不灌水沟之间肥料吸收无差异。高明霞（2004）研究表明，在分根条件下不同的灌水方式影响玉米苗期根际硝态氮的分布。在湿润区交替灌溉硝态氮的累积趋势大于固定灌溉和常规灌溉。韩艳丽和康绍忠（2001）研究表明，交替供水方式较均匀灌水方式单位耗水量氮利用效率提高 4.54%，节水 27.6%，水分利用效率提高 5.3%。邢维芹等（2002）对半干旱地区玉米交替隔沟灌溉的水肥效应进行了研究，结果表明，水肥异区交替灌水和水肥同区交替灌水是较好的水肥空间耦合方式。过去的研究主要从交替隔沟灌溉对作物生长的宏观效应及引起这种效应的生理学机制方面考虑问题较多，但对该灌水技术条件下根区土壤的水氮变化动态研究较少，缺乏对作物根区土壤水氮的综合考虑，难于依据土壤水氮条件的改变来定量确定更有效的灌水和施氮的优化决策，达到节水、节肥的目标。本部分旨在对春玉米交替隔沟灌溉条件下根区土壤水分和氮素的变化动态及累积进行研究，探求该灌水技术对作物根区土壤水分和氮素的分布和累积的影响，为改善农田水氮环境、提高水氮利用效率提供理论依据。

8.5.1 材料与方法

试验于 2006 年 4～9 月在西北农林科技大学旱区农业水土工程教育部重点实验室试验田里进行。试验田位于北纬 34°20′，东经 108°24′，海拔 521 m。土壤容重为 1.38 $g \cdot cm^{-3}$，分析耕层（0～20 cm）土壤，质量田间持水量为 24%，有机质含量为 1.589%，全氮含量为 0.95 $g \cdot kg^{-1}$，全磷含量为 0.62 $g \cdot kg^{-1}$，全钾含量为 18.46 $g \cdot kg^{-1}$，硝态氮含量为 74.1 $mg \cdot kg^{-1}$，铵态氮含量为 8.91 $mg \cdot kg^{-1}$，速效磷含量为 26.62 $mg \cdot kg^{-1}$，肥力属于中等偏上。供试作物为玉米（‘豫玉 22 号’）。

试验采用大田垄植交替隔沟灌溉技术，沟和垄的断面为梯形。垄的下底为0.4 m，上底为0.2 m，沟的下底为0.2 m，上底为0.4 m，沟长为3 m。试验设水分处理和氮肥处理，各为2个水平。4个处理为高水高氮（HH），高水低氮（HL），低水高氮（LH）和低水低氮（LL）。每个处理重复3次，合计12个小区。小区为东西方向，四周开阔，每个小区面积为15 m^2。试验为完全随机组合。播种前深翻并平整土地，挖沟起垄。磷肥选用过磷酸钙，施磷量为150 $kg \cdot hm^{-2}$五氧化二磷，作为底肥深翻土地前一次均匀撒施。氮肥选用尿素，分两次施入。苗期（5月23日）施入40%，拔节期（7月3日）施入60%。高氮为240 $kg \cdot hm^{-2}$纯氮，低氮为120$kg \cdot hm^{-2}$纯氮。开沟施入尿素，沟深15 cm左右，施后覆土。垄上不施。4月27日垄上点播，种植密度为0.6 m×0.3 m。5月22定苗，9月6日收获。灌水水量用低压管出水口处精确水表测量。各生育期降雨和灌水见表8-11。

表 8-11　玉米不同生育期降雨和灌水处理表

	播种—出苗	出苗—拔节		拔节—抽穗		抽穗—灌浆		灌浆—蜡熟		蜡熟—收获	全生育期
起讫日期	4-27~5-5	5-6~6-5		6-6~7-3		7-4~7-20		7-21~8-16		8-17~9-6	4-27~9-6
灌水日期	4-27	5-12	5-30	6-6	6-20	7-5	7-18	7-25	8-6	8-19	
高水 /($m^3 \cdot hm^{-2}$)	76.19	152.38	228.57	285.71	285.72	142.85	142.86	333.33	333.34	95.24	2076.19
低水 /($m^3 \cdot hm^{-2}$)	76.19	114.28	171.43	190.47	190.48	114.28	114.29	228.57	228.57	57.14	1485.71
有效降雨/mm	1.4	44.8		22.9		31.9		23.1		29.5	153.6

全生育期取土样4次，土钻取土，取土位置在垄和两个沟的中心。每10 cm取一个土样，一共80 cm。部分土样用烘干法测定含水率，剩余新鲜土样立即晾开风干后磨碎过筛待测氮素。土壤无机氮采用2 $mol \cdot L^{-1}$KCl（土液比1∶5）浸提，铵态氮测定采用靛酚蓝比色法，硝态氮用紫外可见分光光度计测定（鲍士旦，2000）。环刀法测土壤容重。土壤剖面硝态氮或铵态氮累积量的计算公式：$A=c \times h \times BD \times 10 \times 0.01$，$A$为硝态氮或铵态氮累积量（$kg \cdot hm^{-2}$），$c$为土壤矿物氮的含量（$mg \cdot kg^{-1}$），$h$为土层厚度（cm），BD为土壤容重（$g \cdot cm^{-3}$）。土壤水分累积量的计算公式：$A=\theta \times h \times 10$，$A$为土壤储水量（mm），$\theta$为土壤体积含水率，$h$为土层厚度（cm）。

8.5.2　结果与分析

8.5.2.1　不同水氮处理对玉米根区土壤矿质氮和土壤水分分布的影响

由于测得垄上土壤矿物氮的含量较小并且变化不大，分析数据用的是两个沟中同一层次上测得数据的平均值。图8-15（a）表示不同处理土壤硝态氮的动态变化。图8-15（a）表明，播后第30天（苗期施氮5天后）所有处理在剖面10 cm处土壤硝态氮含量最大，高氮处理是低氮处理的1.61倍。主要原因是苗期土壤表层中有机质含量较高，通气性也较好，硝化作用产生的硝态氮也较多。同时施氮主要在表层，还没有进行水分处理。高水高氮和低水高氮处理的表层土壤硝态氮含量基本相等，平均为169 mg · kg^{-1}左右。同样，高水低氮和低水低氮处理土壤的硝态氮基本相等，平均为110 mg · kg^{-1}。耕层40 cm以下土壤中硝态氮分布基本反映了土壤的本底情况。

播后第61天(第二次施肥前取土)，由于灌水和降雨的影响，硝态氮分布有了明显的变化，靠近地面0～30 cm处硝态氮含量较小，大于30 cm处较大。由于水肥交互作用，各处理表现不一。高水处理在30～70 cm土壤硝态氮含量较大，而低水处理在20～50 cm的土壤硝态氮含量较大。

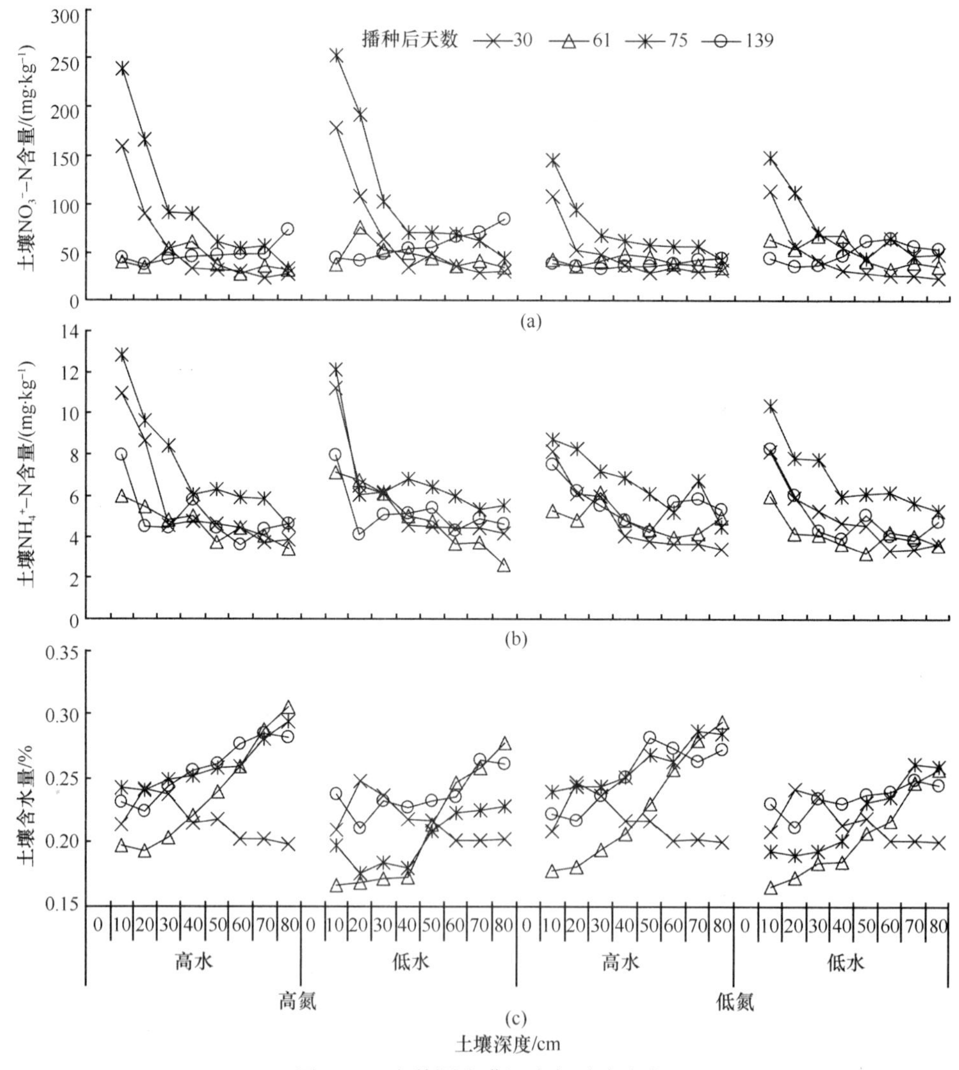

图 8-15　交替隔沟灌溉水氮动态变化

播后第75 d(拔节期施氮10 d后)取第三次土样，所有处理沟中硝态氮分布和第一次土样硝态氮分布曲线相似。只是在不同深度上硝态氮含量要比第一次土样的含量大。剖面10 cm处硝态氮含量是第一次土样剖面10 cm处含量的1.30～1.52倍。拔节期施氮水平高低决定了沟中0～30 cm处土壤硝态氮含量，高氮处理的含量是低氮处理的1.17～1.78倍。剖面30 cm以下硝态氮的分布主要受到第一次施氮和灌水、降雨的影响。

播后第139天(玉米收获时)取第四次土样。经过降雨和灌水处理，上层土壤水分携带氮素养分的下渗，造成下层土壤硝态氮浓度的上升，还有作物的吸收等影响，土壤中硝态氮浓度发生了明显的变化。高水处理土壤硝态氮在80 cm处出现最大值，估计大于80 cm土壤中还有硝态氮的淋失。而低水处理土壤硝态氮主要集中在50～80 cm。

图8-15 (b)表示不同处理铵态氮的动态变化。和硝态氮含量相比，铵态氮含量较低并且变化不大。施氮后表层0～30 cm土壤铵态氮达到高峰，高氮处理在地表处可以达到13 $mg \cdot kg^{-1}$左右，低氮处理的可以达到11 $mg \cdot kg^{-1}$左右。剖面30 cm以下铵态氮含量变化不明显。由播后第61天和第139天的土壤铵态氮分布可以看出，各水氮处理土壤铵态氮含量基本相同。这是由于5月和7月地温很高，灌水后尿素水解和硝化的速度很快。尿素水解生成的铵态氮经过硝化作用完全转化成硝态氮。总的来说，同一处理的表层0～30 cm层次上铵态氮含量比30～80 cm层次上铵态氮含量大。这是因为铵态氮易为土壤胶体所吸附，不易随水分的运动而移动。

图8-15(c)表示不同处理土壤水分的动态变化。播后第30天由于还没有进行水分处理，所有处理不同层次上含水量分布基本一致。总的趋势为表层0～40 cm较大，而深层60 cm后相对较小。播后第61天由于蒸发蒸腾作用，地表处的土壤含水率较低并且各处理的基本相同。高水处理的沟中80 cm处含水率达到30%左右，明显大于相同位置的低水处理26%左右。低水处理含水率的最大值出现在剖面60～80 cm处。播后第75天由于降雨和水分处理，高水处理的土样含水率集中在25%左右并且变化幅度不超过20%，含水率在剖面上分布比较均匀，最大值出现在剖面80 cm处，为30%左右。在同一层次上，低水处理的土样含水率小于高水处理的含水率。在整个剖面上，低水处理含水率的最大不超过26%。播后第139天10 cm处的含水率比20 cm处的大，这是由于少量的降雨所致。高水处理整个剖面上的含水率都比较大，平均在25%左右，50～80 cm处的含水率基本上都超过了26%，0～50 cm的含水率比50～80 cm的含水率小，说明在收获时土壤水分主要集中在根区以下，从而造成了大量硝态氮的淋失。

8.5.2.2 不同水氮处理对玉米根区土壤矿质氮和土壤储水量的影响

1）不同水氮处理对土壤硝态氮累积的影响

表8-12A是不同水氮处理土壤硝态氮的累积情况。播后30 d由于没有进行水分处理，施氮是硝态氮累积的主要影响因素。硝态氮的累积主要集中在耕层，剖面0～40 cm的累积量占整个剖面累积量的60%～70%。高氮处理在整个剖面上硝态氮总的累积量是低氮处理的1.2～1.4倍。

播后61 d(拔节期施氮前)地表20 cm的累积量明显减小，这主要是因为经过灌水处理，硝态氮随着土壤水分向下迁移。低水处理的累积集中在20～40 cm处，而高水处理的累积集中在30～50 cm处。同一施氮条件下，整个剖面上高水处理的土壤硝态氮累积量比低水处理的大。同一水分条件下，整个剖面上高氮处理的累积量比低氮处理的大，高氮处理的累积量是低氮处理的1.2倍左右。和苗期整个剖面的累积量相比，所有处理都有所减少。其中低水高氮减小的幅度最大，达到166 kg · hm^{-2}，高水高氮次之，低水低氮最小。

播后75 d(拔节期施氮10 d后)各处理土壤剖面硝态氮的累积量都有所增大。0～20 cm硝态氮累积量占整个剖面的50%左右。同一水分条件下，高氮处理整个剖面上总的累积量比低氮处理的大。不同氮素水平条件下，水分对整个剖面上硝态氮累积量影响各异，低水高氮大于高水高氮，高水低氮大于低水低氮。和其他三次累积相比，在整个剖面上本次硝态氮的累积量最大。这是因为苗期和拔节期施氮及适量的灌水处理，绝大多硝态氮集中在0～80 cm的剖面上。总的来看，剖面各层的累积从地表到深层依次降低，各处理在70～80 cm硝态氮的累积量都基本相等，为55 kg · hm^{-2}左右。

播后 139 d(收获时)硝态氮在剖面上累积量代表硝态氮残留的多少,低水高氮整个剖面上的累积量最大，是高水高氮的 1.2 倍，低水低氮是高水低氮的 1.27 倍。和播后 75 d 相比，各处理累积量都有所减小且减少的幅度不同，高水处理的减少量大于低水处理减少量，高氮处理减少量大于低氮处理减少量。高水高氮减少最多，达 520 kg · hm^{-2}，低水高氮减少次之，低水低氮减少得最少。高水条件下，整个剖面上高氮处理比低氮处理累积量增加了 115 kg · hm^{-2}；低水条件下，整个剖面上高氮处理比低氮处理累积量增加了 170 kg · hm^{-2}。高氮条件下，整个剖面上高水处理比低水处理的累积量减少了 160 kg · hm^{-2}；低氮条件下，整个剖面上高水处理比低水处理的累积量减少了 110 kg · hm^{-2}。收获时单位施氮量硝态氮的相对残留值低水低氮最大，低水高氮次之，高水低氮较小，高水高氮最小，仅占低水低氮的一半。说明高水高氮处理更容易导致硝态氮损失，高水处理让硝态氮产生了淋失，降低了氮肥的利用效率。

2）不同水氮处理对土壤铵态氮累积的影响

表 8-12B 是不同水氮处理在不同时段铵态氮的累积情况。所有处理铵态氮在土壤剖面上累积规律基本相同。播后 30 d 在剖面 10～20 cm 土壤铵态氮累积量占整个剖面上累积量的 30%，剖面 30～80 cm 土壤铵态氮分布较均匀。播后 75 d 土壤铵态氮的累积分布和播后 31 d 的相似，但整个剖面上总的累积量比播后 31 d 的多约 20 kg · hm^{-2}。播后 61d 和播后 139 d 整个剖面上土壤铵态氮累积量都约为 55 kg · hm^{-2}。整个剖面上土壤铵态氮累积量是播后 75 d 最大，播后 30 d 次之，61 d 最小。这是因为氮肥投入对旱地土壤铵态氮影响的时间比较短暂，在施氮后的短期内表现出增加土壤铵态氮的效果，且主要发生在上层土壤。夏季土壤硝化能力较强，肥料氮或土壤有机氮释放的铵态氮会很快经硝化作用形成硝态氮。

表 8-12　土壤剖面水分和氮素累积表

土层/cm	播种后天数/d															
	30				61				75				139			
	HH	HL	LH	LL	HH	HL	LH	LL	HH	HL	LH	LL	HH	HL	LH	LL
A 硝态氮 NO_3^--N/(kg · hm^{-2})																
0～10	209.6	145.3	228.6	150.3	69.1	56.5	64.1	56.9	319.3	232.8	348.0	199.1	59.0	50.9	61.3	58.2
10～20	118.6	69.0	135.6	80.4	66.0	49.7	101.1	48.1	226.6	112.3	258.8	138.7	49.6	48.1	58.9	47.5
20～30	71.9	62.8	81.5	57.8	107.2	70.3	73.3	87.3	126.9	92.3	129.6	84.6	56.9	44.1	71.2	49.2
30～40	43.3	48.4	45.1	42.1	89.8	63.3	67.2	82.2	117.4	83.0	107.3	69.7	60.3	46.9	85.1	62.9
40～50	43.5	41.2	66.2	37.4	53.8	61.1	62.4	47.2	81.1	75.3	88.9	56.9	64.0	49.5	89.3	85.9
50～60	42.0	43.1	52.4	36.7	49.2	52.6	50.6	35.5	66.1	69.9	83.0	75.0	66.8	52.6	97.7	89.2
60～70	34.6	42.7	41.6	37.8	54.5	51.1	55.7	44.0	59.8	71.8	75.3	63.1	68.8	60.4	107.8	80.5
70～80	39.3	40.4	43.6	34.2	56.9	50.9	54.1	41.9	52.3	68.4	56.9	64.6	104.6	63.7	119.5	56.3
0～80	602.8	492.9	694.6	476.7	546.5	455.5	528.5	443.1	1049.5	805.8	1147.8	751.7	530.0	416.2	690.8	529.7
B 铵态氮 NH_4^+-N/(kg · hm^{-2})																
0～10	14.5	10.8	14.9	10.8	7.9	6.9	9.4	7.9	17.0	11.6	16.1	13.7	10.5	9.9	10.6	11.0
10～20	11.5	8.0	8.5	7.9	7.2	6.4	8.9	5.5	12.7	11.0	8.0	10.5	6.0	8.3	5.4	8.0
20～30	6.0	8.0	8.1	6.9	6.4	8.1	8.1	5.5	11.2	9.4	8.1	10.2	5.9	7.3	6.7	5.6
30～40	6.3	5.4	6.0	6.3	6.6	6.4	6.6	4.8	7.9	9.2	9.1	7.9	7.6	6.4	6.8	5.2
40～50	6.3	5.2	6.1	6.2	5.2	6.1	6.6	4.4	8.7	8.4	8.8	8.4	6.2	5.8	7.4	7.0
50～60	6.1	5.1	6.2	4.6	6.1	5.5	5.0	5.8	8.2	7.2	8.3	8.5	4.9	7.9	5.9	5.6
60～70	5.3	5.2	6.2	4.9	5.8	5.9	5.2	5.8	8.3	9.6	7.5	8.1	6.2	8.3	6.9	5.5
70～80	5.5	4.8	5.9	5.2	4.8	7.1	3.7	5.1	6.5	6.4	7.9	7.5	6.5	7.6	6.5	6.7
0～80	61.5	52.5	61.9	52.8	50.0	52.4	53.5	44.8	80.5	72.8	73.8	74.8	53.8	61.5	56.2	54.6
C 土壤储水量/mm																
0～10	21.4	20.9	21.0	20.9	19.7	17.8	16.6	16.5	24.2	24.0	19.7	19.3	23.1	22.2	23.7	23.1
10～20	24.1	24.7	24.8	24.2	19.4	18.1	16.9	17.3	24.1	24.3	17.6	19.0	22.4	21.8	21.1	21.2
20～30	23.7	23.7	23.7	23.7	20.4	19.5	17.2	18.4	25.0	24.4	18.4	19.3	24.5	23.6	23.2	23.5
30～40	21.5	21.7	21.8	21.4	22.1	20.6	17.3	18.5	25.2	25.2	17.9	20.1	25.6	25.1	22.8	23.1
40～50	21.8	21.7	21.6	22.0	23.9	23.0	21.3	20.8	25.8	26.9	21.0	23.1	26.1	28.2	23.3	22.8
50～60	20.3	20.1	20.2	20.1	25.9	25.7	24.7	21.7	26.0	26.3	22.3	23.6	27.7	27.4	23.6	22.9
60～70	20.2	20.3	20.1	20.2	28.8	27.9	25.9	24.6	28.1	28.7	22.5	26.1	28.5	26.3	24.4	23.9
70～80	19.8	20.1	20.3	20.0	30.6	29.4	27.7	25.7	29.4	28.5	28.9	26.0	28.2	27.3	24.1	23.5
0～80	172.8	173.2	173.5	172.5	190.8	182.0	167.6	163.5	207.8	208.3	168.3	176.5	206.1	201.9	186.2	184.0

3）不同水氮处理对土壤储水量的影响

表 8-12C 是不同水氮处理在不同时段土壤储水量的变化情况。由表可知，土壤储水量的变化主要取决于灌水和降雨。苗期没有水分处理，各处理在整个剖面上土壤储水量约 172 mm。播后 61 d，高水处理在整个剖面上土壤储水量比苗期增大 10～20 mm，低水处理在整个剖面上土壤储水量比苗期减小 6 mm 左右。播后 75 d，高水处理在整

个剖面上土壤储水量比苗期高约 35 mm，低水处理在整个剖面上土壤储水量和苗期的基本相等。收获时高水处理在剖面 0～40 mm 土壤储水量和低水处理同一层次上相等，约为 90 mm。剖面 40～80 mm 土壤储水量比低水处理同一层次上高 20 mm。总的来看，在整个剖面上的储水量高水处理在苗期最低，播后 75 d 最高，约为 208 mm，收获时比播后 61 d 高约 10 mm。而低水处理在播后 61 d 最低，约为 163 mm，收获时达到最大，约 184 mm。

8.5.3 讨论

潘英华和康绍忠(2000)对交替隔沟灌溉水分入渗规律研究表明：和常规灌溉相比，交替隔沟灌溉水分侧向入渗比较明显，湿润锋到达深度小于常规灌溉。交替隔沟灌溉可以减少土壤水分的深层渗漏，可节省约30%的灌水量。交替隔沟灌溉中，由于在灌水沟和非灌水沟之间没有形成零通量面，其水分的侧向入渗明显增强，从而减少了土壤水分发生深层渗漏的概率。虽然交替灌溉的用水量有所减少，但其灌水均匀性与常规灌溉没有显著差异。所以采用交替隔沟灌溉方式并不影响灌水均匀度。袁锋明等(1996)研究表明，硝态氮难以被土壤胶体吸附，水分在土壤剖面的向下运动是硝态氮淋溶必不可少的条件，土壤水分的入渗和再分布是引起硝态氮入渗和再分布的动因。从本试验土壤水氮分布和累积的过程可知，高水处理的土壤水分在大于剖面80 cm的地方才有可能达到最大值，且收获时在整个剖面上矿物氮的累积量小于低水处理。说明高水处理导致了硝态氮的淋失，降低了水氮利用率。

谭军利等(2005)研究表明，交替灌溉的硝态氮残留量比传统灌溉要高，而土壤含水率分布则相反。所以常规灌溉更容易导致硝态氮的淋失。这和潘英华等的结论是一致的。大量研究发现，土壤中硝态氮的累积量随氮肥用量的增加而增加，过量施氮引起土壤中硝态氮的大量累积(Miller and smith，1996；Coruzzi and Bush，2001)。黄绍敏等(2000)研究认为，土层中硝态氮相对值随降雨量增大而减小，降雨量大则硝态氮向下淋溶较多。这和本试验在整个剖面上高氮处理土壤硝态氮的累积量比低氮的高，单位施氮量硝态氮的相对残留量高水高氮最小相一致。低水处理的硝态氮大多集中在根区土壤，淋失和损失较小。

土壤水分和氮素都是影响作物产量的最重要的因素。为提高作物产量应该考虑水肥耦合，达到水分和氮肥的利用效率最高，减少硝态氮淋失。从本试验硝态氮在根区的累积结果来看最佳的水氮耦合形式是低水高氮。在该灌水方式下，施肥位置(如氮肥施在沟里，施在垄上)和施肥方式(撒施和穴施)及作物的吸收都会影响土壤中水氮的分布和累积。结合降雨，如何适时适量灌溉才能在根区有较大的水氮累积而不会产生淋失，如何获得最大的水氮利用效率还需进一步研究。

8.5.4 结论

灌水、降雨和施氮是影响土壤中硝态氮和铵态氮的分布的最主要因素。在半干旱地区，使用交替隔沟灌溉新技术要考虑水氮耦合。高水处理会引起根区土壤硝态氮累积量减小而产生大量淋失。相同氮素水平下，低水处理能保证根区土壤较高的硝态氮含量，有利于作物的吸收和提高水氮利用效率。土壤剖面硝态氮含量和累积与施氮量呈正相关。与硝态氮含量相比，铵态氮含量较低并且变化不大。在半干旱地区，高水处理导致深层土壤含水率较大，氮素处理对土壤储水量影响不大。最佳的水氮耦合形式为低水高氮。

8.6 控制性根系分区交替灌溉对玉米根区水氮迁移和利用的影响

控制性根系分区交替灌溉技术(CRDAI)是一种节水灌溉新技术。该技术通过改变和调节作物根系区域的湿润方式，使其产生水分胁迫的信号传递至叶片气孔，减小奢侈的蒸腾耗水。同时可以改善根系的吸收功能，达到不牺牲光合产物而大幅度提高水肥利用效率的目的。大量研究表明，控制性分根区交替灌水技术可以减少作物的生长冗余，可使灌溉水分利用效率和植物水分利用效率明显提高(康绍忠和蔡焕杰，2000；梁宗锁等，1997，1998；Kang et al.，2001；李志军等，2005)。关于 CRDAI 对作物养分吸收的影响，Benjamin 等(1998)研究了隔沟灌溉带状施肥对玉米生长和氮肥吸收的影响，结果表明，在干旱年份当氮肥施在不灌水沟时，氮肥吸收降低 50%，在相对湿润年份灌水沟和不灌水沟之间肥料吸收无差异。Lehrsch 等(2000)研究了不同隔沟灌溉方式对玉米生长和硝态氮淋洗的影响，表明交替隔沟灌溉在维持作物产量的同时，可使土壤氮的吸收增加 21%。Skinner 等(1998)报道了隔沟灌溉施肥对玉米根系分布的影响，不灌水沟与灌水沟相比根生物量增加了 26%，若生长季早期湿度合适，灌水沟和不灌水沟上下根层根量都增加，氮的吸收也因此而增加。在国内，韩艳丽和康绍忠(2001)研究了控制性分根区交替灌溉对玉米养分吸收的影响。高明霞等(2004)研究了不同灌溉方式下玉米根际土壤硝态氮的分布。李志军、张富仓等利用盆栽试验研究了不同灌水方式对冬小麦水分和养分的影响，结果表明，控制性交替灌溉对养分离子的吸收优于常规灌溉和固定灌溉(李志军等，2005)。梁继华等(2006)研究表明，在施肥和充分供水条件下，与常规灌溉(CI)相比，控制性根系分区交替灌溉节水 29.1%，总干物质量和冠层干物质量仅分别减少 6.3%和 5.6%，而水分利用效率和氮肥表观利用率分别提高 24.3%和 16.4%。胡田田等(2005)对局部灌水方式的玉米不同根区氮素吸收和利用进行了研究，结果表明交替灌水的不同根区对作物吸收氮素有同等贡献。黄春燕等(2004)在南方酸性红壤上对两种施肥水平下控制性根系分区交替灌溉对甜玉米水分利用的效应进行了初步研究。

关于控制性分根区灌溉条件下根区的水氮迁移动态报道较少，本文利用盆栽试验，研究 3 种灌水方式(常规灌溉、控制性根系分区交替灌溉、固定部分根区灌溉)对玉米根区水氮迁移和水氮利用效率的影响，以期为不同根区湿润方式下的水氮高效利用与调控提供理论基础。

8.6.1 材料与方法

试验于 2006 年 4～7 月在旱区农业水土工程教育部重点实验室温室里进行，供试玉米品种为‘豫玉 22 号’，种于内径 26 cm、高 28 cm 的植物生长盆内，桶底铺有细砂，桶底均匀地打有 5 个小孔以提供良好的通气条件。交替灌溉处理和固定灌溉处理的桶中央用塑料膜隔开，防止水分的侧渗。在膜上中部做“V”形缺口，用于播种玉米。供试土壤为西北农林科技大学节水灌溉试验站的大田土壤，土壤经自然风干、磨细过 2 mm 筛，控制装土容重为 1.30 g · cm^{-3}。土壤的基本理化性质为：pH 8.14、有机质含量 6.08 g · kg^{-1}、全氮 0.89 g · kg^{-1}、全磷 0.72 g · kg^{-1}、全钾 13.8 g · kg^{-1}、碱解氮 55.93 mg · kg^{-1}、速效磷 8.18 mg · kg^{-1}、速效钾 102.30 mg · kg^{-1}，土壤田间持水量(θ_F)为 24%。播前将其灌至田间持水量。先将玉米在 24℃恒温培养箱中催芽。2006 年 4 月 10 日播种，每桶 1 粒。播种时对分根灌溉处理的玉米人为进行分根，将催出的玉米须根均匀分置于桶中央隔膜的两侧，确保根系初期分布均匀。

试验设灌水方式和氮肥 2 个因素。3 种灌水方式包括：①交替 1/2 根系区域灌水，对根系两侧进行控制性交替灌水；②固定 1/2 根系区域灌水，每次固定对一侧进行灌水，另一侧保持干燥；③常规灌水。氮肥选用尿素，分为 4 个水平。5 月 18 日按 0.3 g · kg^{-1} 纯 N(高氮)、0.2 g · kg^{-1} 纯 N(中氮)、0.1 g · kg^{-1} 纯 N(低氮)、0 g · kg^{-1} 纯 N(无氮)和 0.2 g · kg^{-1} P_2O_5(KH_2PO_4)将肥料溶液施入植物生长盆中。各处理重复 3 次。灌水量以田间持水率的(60%～80%θ_F)来控制，利用 Type HH2 型土壤水分测定仪进行含水量的测定，严格控制各处理土壤含水量，当含水量降至或接近该处理水分下限即进行灌水，灌水至该处理水分控制上限。用量筒精确量取所需水量，灌水至该处理水分控制上限，记录每次灌水量。由水量平衡方程计算出各时期的总耗水量。

取土样 3 次，用小土钻在离玉米 5 cm 处取土，每 12 cm 取一个土样。控制性分根区交替灌溉和固定根区灌溉分别在两侧取土。新鲜土样放入冰箱待测氮素。土壤矿物氮采用 2 mol · L^{-1}KCl(土液比 1∶5)浸提，铵态氮测定采用靛酚蓝比色法，硝态氮用紫外可见分光光度计测定。处理结束后采集各处理根系及地上部分，105℃杀青 30 min，60℃烘至恒重，分别测定根干重和地上部分干重，植株经烘干磨碎后测定全氮。全氮测定用凯氏定氮法，用瑞士福斯特卡托公司(Foss Tecator AB)生产的自动定氮仪测定全氮。水分利用效率(WUE)用干物质总质量与总耗水量的比值表示。氮肥表观利用效率(%)=(施氮处理的氮吸收量-未施氮处理的氮吸收量)×100/氮肥用量。

8.6.2 结果与分析

8.6.2.1 控制性根系分区交替灌溉对根区土壤硝态氮的影响

土壤中的硝态氮是一种能被作物直接吸收利用的矿物氮。试验结果分析表明，根区土壤硝态氮含量随着玉米生育期时间(取土时间)的变化基本上呈递减趋势。不同湿润方式条件下玉米根区土壤硝态氮含量动态变化如图 8-16～图 8-18 所示。

由图 8-16 可知，同一氮素水平的交替灌溉两侧根区同一层次上土壤硝态氮的含量基本相同。这是因为灌水是土壤硝态氮迁移的最主要的影响因素，而交替灌水使玉米两侧根区湿润程度相当。由图 8-16 可知，施氮后根区土壤硝态氮的含量与施氮水平正相关，经过 35 d 不同方式的灌水处理，上层土壤硝态氮含量的降低幅度是下层降低幅度的 1.5～4.1 倍。不同施氮处理的上层土壤硝态氮含量降低到同一水平，高氮处理降低的幅度最大，为 114～125 mg · kg^{-1}，无氮处理的降低幅度最小为 17～44 mg · kg^{-1}。和上层相比，下层土壤硝态氮含量减小幅度不大，在 5～24 mg · kg^{-1} 变化，这主要由于上层土壤硝态氮的向下迁移增加了下层土壤的含量。处理结束后，和交替灌溉相比，常规灌溉上层土壤硝态氮含量减小的幅度和交替灌溉的相当，而交替灌溉下层硝态氮的残留值比常规灌溉的大。

图 8-17 表示固定部分根区干燥灌溉的玉米根区土壤硝态氮的变化。经过施氮后水分处理和玉米的吸收，上层土壤的硝态氮含量都有大幅度的减小，湿润侧的减小幅度是干燥侧减小幅度的 1.3～2.8 倍。固定灌溉上层湿润侧土壤硝态氮的残留量和常规灌溉在同一层次上相当，而上层干燥侧硝态氮的残留量为常规灌溉同一层次上的 1.2～1.9 倍。湿润侧下层土壤硝态氮残留量比常规灌溉同一层次的含量略低，这可能是由于固定单侧的灌水量较大，导致了土壤硝态氮的深层迁移，加之固定灌水条件下作物吸收的氮素主要来自于湿润区。干燥侧下层土壤硝态氮的残留量是湿润侧同一层次上残留量的 1.7～2.4 倍，和施氮后 5 d 的土壤硝态氮含量相当。低氮处理的高于最初含量 8 mg · kg^{-1}，高氮处理的残留量可达到 188 mg · kg^{-1}。固定灌溉干燥侧土壤硝态氮残留量较大也说明了固定根区干燥会导致氮肥利用效率的降低。

总体上，交替灌溉的玉米根区在同一层次上土壤硝态氮含量基本相当，土壤硝态氮的残留量比常规灌溉的略大。固定灌溉湿润侧的残留量小于常规灌溉和交替灌溉的残留量，干燥侧的残留量明显大于湿润侧的残留量。这说明常规灌溉和交替灌溉对玉米根区土壤硝态氮的吸收能力相当，而固定灌溉则严重抑制了玉米根系对土壤硝态氮的吸收。

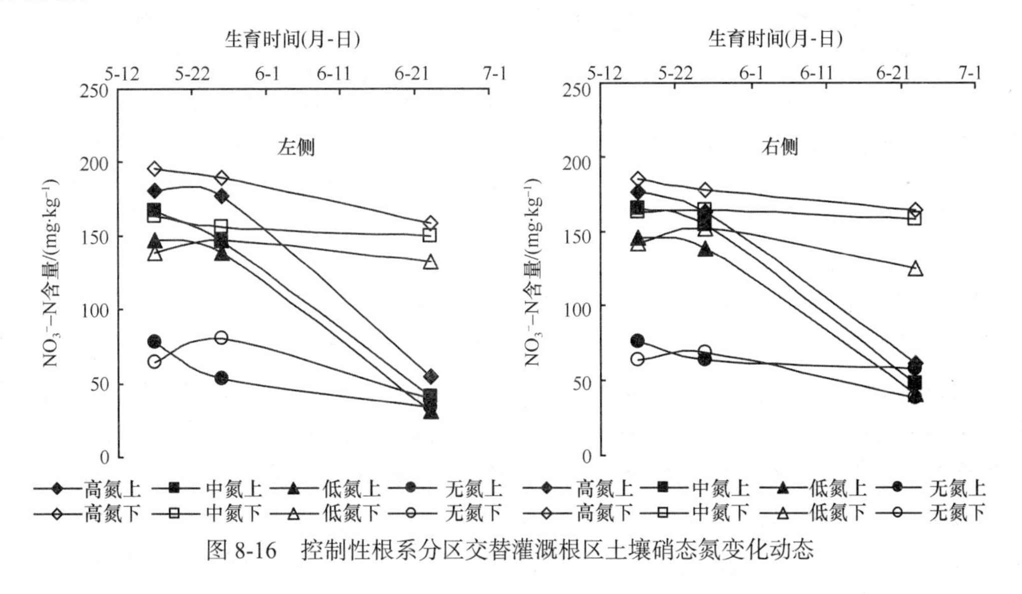

图 8-16　控制性根系分区交替灌溉根区土壤硝态氮变化动态

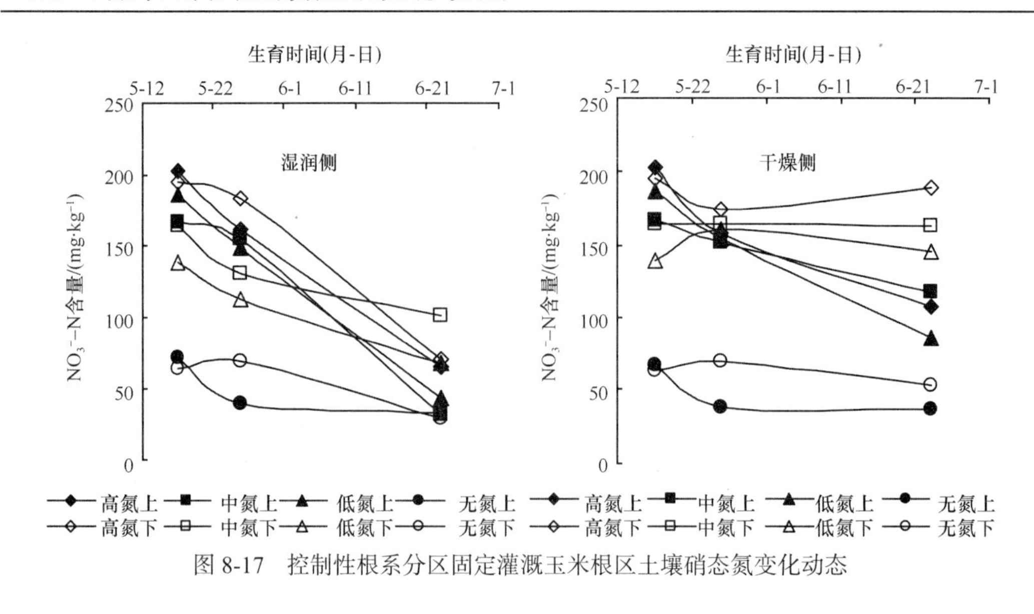

图 8-17　控制性根系分区固定灌溉玉米根区土壤硝态氮变化动态

8.6.2.2 控制性根系分区交替灌溉对干物质累积的影响

统计分析(表 8-13)结果表明：灌水方式和施氮水平对冠层干重、根重、根冠比和干物质总量的影响都达到了显著水平，灌水方式和施氮水平的交互作用对根冠比的影响也达到了显著水平，而灌水方式和施氮水平的交互作用对冠层干重、根重及干物质总量的影响不显著。

同一施氮水平下，常规灌溉的冠层干物质质量最大，交替灌溉次之，固定灌溉较小。常规灌溉各氮素处理的冠层干物质质量相差不大，其中高氮处理的冠层质量比低氮处理冠层质量大 3.76%，冠层质量的最大值和最小值相差仅为 1.77 g。交替高氮处理的冠层质量最大，为 32.34 g，分别比低氮和无氮处理的高 5.7 g 和 6.7 g。和常规灌溉同一氮素水平的冠层质量相比，交替灌溉的冠层质量都有所减小，高氮处理的降低幅度最小，为 14.62 g，无氮处理降低的幅度最大，为 19.50 g。交替灌溉的冠层质量是固定灌溉冠层质量的 1.01～1.17 倍，固定灌溉的冠层质量变化幅度仅为 2.84 g，且最大也不超过 28 g。根系是植物的主要器官，同时也是光合同化产物的一个巨大的库，根在土壤水转化为作物水的过程中起着关键作用。试验结果表明，交替灌溉的根系分布比较均匀，左侧根和右侧根的最大差小于 0.5 g，这样有利于充分利用土壤中的水分和氮肥。而固定灌溉由于一侧土壤水分含量长期较低，土壤硝态氮含量偏高，使作物根系的正常生理活动受到阻碍，湿润侧的根干重明显大于干燥侧的根干重，最大相差可达到 1.6 g，最小差也为 0.9 g。交替灌溉中氮处理的根冠比最大，比同一氮素水平的常规灌溉和固定灌溉的根冠比高大约 25%，交替灌溉的根冠比为 0.24～0.25。常规灌溉除高氮处理外，其余处理的根冠比和固定灌溉的根冠比基本相同。和各处理的冠层干重规律一致，干物质总量也是常规灌溉最大，交替灌溉次之，固定灌溉最小。和交替灌溉相比，固定灌溉的不同氮素水平的干物质质量偏差为 4 g，仅为交替灌溉的干物质质量偏差的 55%，说明氮素处理对交替灌溉的干物质质量的影响比对固定灌溉的大。固定灌溉的作物根区一侧土壤过度干旱，对根系造成了伤害，导致根系生长一直较弱，由此抑制了冠层生长，也限制了氮肥对作物生长的增长效应。

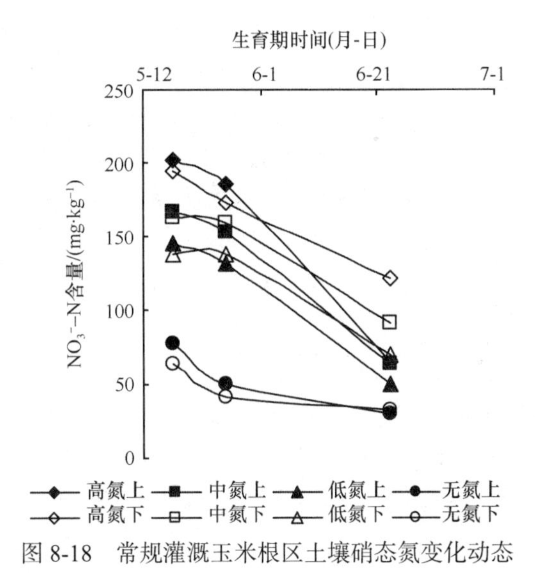

图 8-18 常规灌溉玉米根区土壤硝态氮变化动态

表 8-13 不同根区湿润方式和施氮对玉米干物质累积和水分利用效率的影响

处理		冠层/g	左根/g	右根/g	根/g	根/冠	合计干物质/g	水分利用效率/(kg·m^{-3})
交替灌溉	高氮	32.34±0.63ae	3.74±0.94	3.88±0.14	7.62±0.54ae	0.24±0.02ae	39.96±2.33ae	2.84±0.16ae
	中氮	28.24±1.09bf	3.70±0.24	3.26±0.12	6.96±0.18bf	0.25±0.01bf	34.45±1.82bf	2.48±0.08bf
	低氮	26.69±1.18cg	3.25±0.27	3.38±0.47	6.63±0.10cg	0.24±0.06cg	33.32±2.57cg	2.40±0.13cg
	无氮	25.69±1.19dh	3.19±0.31	3.03±0.65	6.22±0.48dh	0.24±0.09dh	32.63±1.42dh	2.32±0.11dh
固定灌溉	高氮	27.64±0.43ai	3.66±0.47	2.15±0.20	5.81±0.13ai	0.21±0.01ai	33.45±1.12ai	2.57±0.08ai
	中氮	26.85±0.45bj	3.13±0.29	2.25±0.03	5.38±0.16bj	0.20±0.00bj	32.23±1.20bj	2.48±0.09bj
	低氮	26.19±0.08ck	3.36±0.06	1.91±0.02	5.27±0.03ck	0.20±0.02ck	31.47±0.11ck	2.42±0.04ck
	无氮	24.80±0.01dl	3.17±0.60	1.55±0.35	4.93±0.02dl	0.19±0.02dl	29.52±0.24dl	2.27±0.01dl
常规灌溉	高氮	46.96±1.00a	—	—	10.88±0.43a	0.23±0.01a	57.63±1.15a	2.44±0.05a
	中氮	46.92±0.06b	—	—	9.41±0.23b	0.20±0.01b	56.34±0.32b	2.38±0.01b
	低氮	45.26±0.02c	—	—	9.62±0.01c	0.21±0.00c	54.88±0.07c	2.27±0.07c
	无氮	45.19±1.15d	—	—	8.02±0.03d	0.18±0.00d	53.21±2.36d	2.25±0.10d
显著性检验(P 值)								
灌水方式		<0.0001	—	—	<0.0001	<0.0001	<0.0001	0.0005
氮素水平		0.0032	—	—	0.0034	0.0461	<0.0001	<0.0001
灌水方式×氮素水平		0.2017	—	—	0.0982	0.0017	0.1361	0.0195

注：表中数值为平均值±标准误差，小写字母表示同一列在 $P_{0.05}$ 水平下的统计显著性差异，如为不同小写字母，则处理之间差异显著(P<0.05)；如为相同小写字母，则处理之间差异不显著(P>0.05)。下同

8.6.2.3 控制性根系分区交替灌溉对水分利用效率的影响

表 8-13 中水分利用效率的统计结果表明，灌水方式和施氮水平对水分利用效率的影响达到了显著水平，两个因素的交互作用对水分利用效率的影响也达到了显著水平。总的来说，交替灌溉的水分利用效率最大，固定灌溉次之，常规灌溉最小。交替高氮处理的水分利用效率最大，是 2.84 kg · m^{-3}，分别是常规灌溉和固定灌溉高氮水平的 1.16 和 1.11 倍。在无氮条件下，常规灌溉和固定灌溉的水分利用效率都约为 2.26 kg · m^{-3}，说明固定灌溉虽然减少了灌水量，但是没有显著地提高水分利用效率，没有达到节水的目的。

8.6.2.4 控制性根系分区交替灌溉对植株全氮吸收和氮肥表观利用效率的影响

由表 8-14 的统计结果表明，灌水方式和施氮水平分别对作物(冠层和根及整个植株)的全氮吸收和氮肥的表观利用效率影响显著。两因素的交互作用对根系的全氮吸收影响显著，而对冠层和整个植株的全氮吸收及氮肥表观利用效率影响不显著。

表 8-14 不同根区湿润方式和施氮对植株氮的吸收和氮肥表观利用效率的影响

处理		冠层 /(mg · kg^{-1})	左根 /(mg · kg^{-1})	右根 /(mg · kg^{-1})	根 /(mg · kg^{-1})	植株吸收 /(mg · kg^{-1})	氮肥表观利用效率 /%
交替灌溉	高氮	21.37±0.10ae	16.77±1.19	15.90±0.03	16.84±0.13ae	20.64±0.04ae	17.80±1.01ad
	中氮	20.90±0.61bf	15.29±0.34	16.10±0.13	15.70±0.23bf	20.35±0.67bf	23.38±2.00be
	低氮	19.67±0.19cg	15.89±0.17	15.43±0.26	15.66±0.21cg	18.86±0.14cg	41.90±3.54cf
	无氮	17.76±2.97dh	12.67±1.14	13.32±0.54	13.00±0.84dh	16.27±0.57dh	—
固定灌溉	高氮	20.64±0.11ai	16.22±0.61	16.53±0.20	16.38±0.40aj	19.81±0.12ai	14.72±0.58ag
	中氮	20.48±0.14bj	15.34±0.28	16.54±0.19	15.95±0.23bi	19.09±0.18bj	21.27±0.99bh
	低氮	19.57±0.411ck	14.39±0.34	14.95±0.01	14.68±0.18ck	18.74±0.36ck	39.30±0.61ci
	无氮	18.00±0.011dl	13.22±0.86	13.80±0.31	13.51±0.28dl	14.64±066dl	—
常规灌溉	高氮	20.27±0.57a	—	—	18.53±0.52a	19.93±0.53a	25.52±0.17a
	中氮	19.31±0.46b	—	—	14.92±1.70b	18.57±0.07b	34.87±0.33b
	低氮	18.98±0.52c	—	—	12.53±0.04c	17.85±0.43c	48.30±3.54c
	无氮	15.99±0.32d	—	—	11.59±0.09d	14.83±0.46d	—
显著性检验(*P* 值)							
灌水方式		0.0385	—	—	0.0327	0.0011	0.0112
氮素水平		0.0002	—	—	<0.0001	<0.0001	<0.0001
灌水方式×氮素水平		0.7850	—	—	0.0015	0.0659	0.1933

由表 8-14 可知，同一氮素水平下，交替灌溉的单位植株的全氮吸收量最大，固定灌溉的次之，常规灌溉的最小。高氮条件下，交替灌溉的单位植株全氮吸收量分别是常规灌溉和固定灌溉全氮吸收量的 1.036 和 1.04 倍。各处理的冠层和根系的全氮吸收量和整

个植株的全氮吸收量的分布规律一致。交替灌溉的左根和右根的全氮吸收量基本相同，固定灌溉的湿润侧和干燥侧的根的全氮吸收也基本相同。由于在表中所列的全氮吸收是单位干物质的吸氮量，这并不代表各处理植株总的吸氮量。由表 8-14 中统计结果可知，同一灌水方式条件下，低氮处理的氮肥表观利用效率最大，中氮处理的次之，高氮处理的最小。同一氮素水平条件下，常规灌溉的氮肥表观利用效率最大，交替灌溉次之，固定灌溉最小。在所有的处理中，常规低氮处理的氮肥表观利用效率最大，分别是同一氮素水平条件下交替灌溉和固定灌溉的 1.15 和 1.23 倍。

8.6.3 讨论

由试验结果可知，土壤硝态氮不易被土壤胶体所吸附，在水分充足的条件下，极易随水向下层迁移。施氮后土壤硝态氮增长很快，由于灌水处理和作物的吸收，土壤硝态氮含量在下层土壤出现累积。本试验中固定灌溉的干燥侧由于土壤水分持续偏低，直接影响了作物的长势和根系活力，从而影响到作物的养分吸收和利用，因此固定灌溉的干燥侧出现了较大的土壤硝态氮累积。交替灌溉的土壤硝态氮累积量比常规灌溉的累积量稍大，说明交替灌溉能为作物生长提供较为适宜的水氮环境。

研究表明，水分状况是影响作物生长和根冠比的主要因素之一，供水充足时光合产物的累积主要集中在地上部分，根冠比降低，亏缺时冠层生长受阻，根系表现出相对较强的优势，根冠比增大。从一定意义上说，根冠比增大有利于水分吸收和胁迫解除后的补偿和生长。试验结果也表明，在同一氮素水平下，交替灌溉的根冠比大于固定灌溉的根冠比，常规灌溉的根冠比最小。适当地让作物生长阶段部分根系承受一定的水分胁迫，能刺激根系吸收的补偿功能，提高根系的传导能力，从而可以提高水分利用效率。本试验在不同氮肥水平条件下，采用不同的灌水方式，结果表明，交替高氮处理的水分利用效率最大，分别是高氮水平下常规灌溉和固定灌溉的水分利用效率的 1.16 和 1.11 倍。交替灌溉的水分利用效率是常规灌溉的 1.03～1.16 倍，而灌水量是常规灌溉的 0.75 倍，节水效果明显。固定灌溉的灌水量是常规灌溉的 0.76 倍，但水分利用效率没有得到显著提高。

灌水方式、施氮量、灌水定额都会影响作物的全氮吸收和在体内的分配，同一灌水方式条件下，作物植株全氮吸收和施氮量呈正相关。这和宁堂原等（2006）的试验结果一致。由试验结果可知：固定灌水条件下，湿润区根系的干物质累积量明显大于干燥区的累积量，而交替灌溉的两侧根系的干物质累积量则基本相同。这是因为固定灌溉干燥侧水分亏缺，土壤养分向根表迁移的速率下降，土壤中的有效养分不能变成根际的实际养分，同时水分亏缺会使土壤缓效养分向速效养分的释放过程变慢变少。而交替灌溉避免了局部根区长期干旱对作物生长和养分吸收的不良影响。

8.6.4 结论

施氮后盆内土壤硝态氮含量和施氮量呈正相关。交替灌溉根区两侧的土壤硝态氮分布均匀，固定灌溉根区干燥侧的土壤硝态氮的累积量明显大于湿润侧。交替灌溉上层土壤硝态氮的残留量和常规灌溉同一层次上的残留量相当，下层硝态氮的残留量比常规灌溉的大。常规灌溉和交替灌溉的玉米根系对土壤硝态氮的吸收能力相当，而固定灌溉则严重抑制了玉米根系对土壤硝态氮的吸收。

3 种灌水方式中交替灌溉的根冠比最大，固定灌溉的次之，常规灌溉的最小。交替灌溉的水分利用效率是常规灌溉的 1.03～1.16 倍，而灌水量是常规灌溉的 0.75 倍，节水效果明显。同一氮肥水平下，交替灌溉的单位干物质的全氮吸收量最大，固定灌溉的次之，常规灌溉的最小。

8.7 玉米叶绿素、脯氨酸和根系活力对调亏灌溉和施氮的响应

调亏灌溉基于作物的遗传和生态特性，在作物生长的某一适当阶段，人为地对其施加一定程度的水分胁迫，以影响作物的生理和生化过程，通过作物自身的变化可实现较高的水分利用率。国内学者在 20 世纪八九十年代对调亏灌溉的节水机制和节水增产功效及对果实品质的改善进行了大量研究。从 90 年代后期开始，将调亏灌溉从果树引申到玉米、小麦、棉花、烟草等大田作物上，已取得了阶段性的研究成果。调亏灌溉不但适用于果树、蔬菜，对大田作物同样可以实现产量、水分利用、品质和经济价值的全面提高。近几年，国外有少量关于调亏灌溉和施氮处理对作物生长、水氮利用、产量影响的报道，而国内对此报道较少。在调亏灌溉条件下氮肥处理对作物的生理特性的影响研究较少。

本研究通过对盆栽玉米进行调亏灌溉和氮肥处理，研究了调亏灌溉条件下玉米在 3 个生育时期叶绿素、叶片脯氨酸含量、根系活力的变化动态。探讨水分亏缺程度、施氮量对作物生理过程的影响，以期为确定调亏灌溉的最佳水氮组合提供理论依据。

8.7.1 材料与方法

试验于2008年4～7月在旱区农业水土工程教育部重点实验室温室里进行。供试玉米品种为‘沈单16号’，种于内径26 cm、高28 cm的植物生长盆内，盆底铺有细砂，盆底均匀地打有5个小孔以提供良好的通气条件。供试土壤为西北农林科技大学节水灌溉试验站的大田土壤，土壤自然风干、磨细过2 mm筛，装土容重为1.30 $g \cdot cm^{-3}$。土壤的基本理化参数为：pH 8.14、有机质含量为6.08 $g \cdot kg^{-1}$、全氮为0.89 $g \cdot kg^{-1}$、全磷为0.72 $g \cdot kg^{-1}$、全钾为13.8 $g \cdot kg^{-1}$、碱解氮为55.93 $mg \cdot kg^{-1}$、速效磷为8.18 $mg \cdot kg^{-1}$、速效钾为102.30 $mg \cdot kg^{-1}$，田间持水量(θ_F)为24%。播前将盆内土壤灌至田间持水量，先将玉米在24℃恒温培养箱中催芽。4月23日播种，每桶1株。

盆栽试验设不同生育期水分亏缺和施氮水平 2 个因素。不同生育期水分亏缺分别设苗期亏水、拔节期亏水、抽穗期亏水和全生育期亏水 4 个处理，另外设置 1 个全生育期不亏水处理作为对照。亏水和不亏水处理以控制土壤含水量占田间持水量(θ_F)的百分数表示，分别是 50%～65%θ_F 和 65%～80%θ_F；施氮设不施氮(N_Z)、低氮(N_L)和高氮(N_H) 3 个水平，低氮和高氮处理分别按 0.15 g 纯 $N \cdot kg^{-1}$ 干土、0.30 g 纯 $N \cdot kg^{-1}$ 干土施入，氮肥用尿素。P 肥施用 KH_2PO_4，所有处理均施 0.15 $g \cdot kg^{-1}$ 干土的 P_2O_5，氮肥和磷肥均

用分析纯试剂。试验共 15 个处理，每个处理重复 6 次，共 90 盆，随机区组排列(表 8-15)。试验在生长盆(上口内径 26 cm、下口内径 20 cm、高 28 cm)中进行，盆底铺有细砂。种植前各处理均灌至 85%θ_F。

2008 年 4 月 23 日每盆各播 5 粒已催芽种子，待长到两叶一心期，每桶留长势均匀的植株一株。按照试验处理进行灌水。用称重法确定每次灌水量，苗期间隔 3 d 称 1 次，拔节后间隔 1 d 称 1 次，用量筒量取灌水量，并记下各处理的灌水量。

表 8-15　试验设计

处理	施氮水平	灌水水平			处理	施氮水平	灌水水平		
		苗期	拔节期	抽穗期			苗期	拔节期	抽穗期
$N_ZW_HW_HW_H$	无(N_Z)	高(W_H)	高(W_H)	高(W_H)	$N_LW_HW_HW_L$	低(N_L)	高(W_H)	高(W_H)	低(W_L)
$N_ZW_LW_HW_H$	无(N_Z)	低(W_L)	高(W_H)	高(W_H)	$N_LW_LW_LW_L$	低(N_L)	低(W_L)	低(W_L)	低(W_L)
$N_ZW_HW_LW_H$	无(N_Z)	高(W_H)	低(W_L)	高(W_H)	$N_HW_HW_HW_H$	高(N_H)	高(W_H)	高(W_H)	高(W_H)
$N_ZW_HW_HW_L$	无(N_Z)	高(W_H)	高(W_H)	低(W_L)	$N_HW_LW_HW_H$	高(N_H)	低(W_L)	高(W_H)	高(W_H)
$N_ZW_LW_LW_L$	无(N_Z)	低(W_L)	低(W_L)	低(W_L)	$N_HW_HW_LW_H$	高(N_H)	高(W_H)	低(W_L)	高(W_H)
$N_LW_HW_HW_H$	低(N_L)	高(W_H)	高(W_H)	高(W_H)	$N_HW_HW_HW_L$	高(N_H)	高(W_H)	高(W_H)	低(W_L)
$N_LW_LW_HW_H$	低(N_L)	低(W_L)	高(W_H)	高(W_H)	$N_HW_LW_LW_L$	高(N_H)	低(W_L)	低(W_L)	低(W_L)
$N_LW_HW_LW_H$	低(N_L)	高(W_H)	低(W_L)	高(W_H)					

分别在玉米苗期、拔节期、抽雄期取植株顶端第一片完全展开叶，作为待测样品，每次采样各处理均取两盆。用湿抹布擦净、剪碎、混匀后装于封口袋内，并迅速放于冰箱中，用于生理指标的测定。叶绿素的测定参照 Lichtenthaler 法；脯氨酸的测定采用磺基水杨酸法；根系活力的测定采用 TTC 法(高俊凤，1999)。

8.7.2 结果与分析

8.7.2.1 玉米叶绿素含量对调亏灌溉和氮肥处理的响应

1) 叶绿素 a(Chla)含量对调亏灌溉和氮肥处理的响应

由不同生育时期的 Chla 含量(图 8-19)可知，苗期(5 月 22 日)Chla 含量相对较低，拔节前期(6 月 10 日)其值有较大幅度的提高，拔节后期(6 月 28 日)达到最大值，抽穗期(7 月 13 日)表现出降低的趋势。在无氮处理条件下，苗期叶绿素含量都约为 0.92 $mg \cdot g^{-1}$，苗期水分调亏对其影响不大；在施氮条件下，苗期水分调亏可使叶绿素的含量降低约 0.07 $mg \cdot g^{-1}$。和苗期相比，拔节前期的叶绿素含量都有不同程度的提高。其中无氮处理的增幅最小，仅为 0.15～0.34 $mg \cdot g^{-1}$；高氮处理的增幅最大，最高可达 0.80 $mg \cdot g^{-1}$。

W_LW_L处理由于土壤水分持续亏缺，高氮处理的 Chla 含量仅为 1.3 mg · g^{-1}，约等于无氮高水处理拔节前期的含量。和 W_HW_H 处理相比，苗期水分亏缺对拔节前期 Chla 含量影响不大。苗期水分亏缺处理的叶绿素含量在拔节前期得到了恢复，并且略高于高水处理；而无氮条件下，其含量没有完全恢复。这说明在适宜氮肥条件下，苗期水分亏缺对作物后期生长产生了补偿效应，使 Chla 的含量略有提高。W_HW_L 处理的 Chla 含量和 W_HW_H 相差不超过 0.04 mg · g^{-1}，这可能是由于拔节期水分处理的时间较短。拔节后期 Chla 含量达到最大，在同一氮素条件下，W_LW_L 处理的含量最小，W_HW_L 处理的较小。水分亏缺导致了 Chla 含量的降低，其降低幅度和施氮水平有关。和 W_HW_H 相比，$N_ZW_HW_L$ 处理的含量降低幅度最大可达 0.21 mg · g^{-1}，$N_LW_HW_L$ 和 $N_HW_HW_L$ 处理降低幅度都约为 0.16 mg · g^{-1}。高氮处理的 Chla 含量均值可达 2.37 mg · g^{-1}，分别是低氮、无氮处理的 1.04 和 1.18 倍。抽穗期的 Chla 含量出现降低的态势，占拔节后期其含量的 65%～94%。降低幅度最大的为 $N_LW_LW_L$ 和 $N_HW_HW_L$，结果表明水分亏缺抑制了作物生长，破坏了叶片的正常生理功能。其中 $N_HW_LW_HW_H$ 处理的 Chla 含量最大，为 2.24 mg · g^{-1}，比 $N_HW_HW_HW_H$ 处理的高约 0.08 mg · g^{-1}，$N_LW_LW_HW_H$ 处理和 $N_LW_HW_HW_H$ 处理的含量都约为 2.00 mg · g^{-1}，这说明苗期水分亏缺没有明显降低 Chla 的含量。和高水处理相比，拔节亏水和抽穗期亏水降低了 Chla 含量，其降低的幅度最大为 0.52 mg · g^{-1}。统计分析表明，水分状况和施氮水平对 Chla 含量影响显著，氮肥的效应大于水分的效应。总之，Chla 的含量与施氮量和土壤水分呈正相关，其含量不但与本阶段的水分状况有关，而且受到前期水分状况的影响。只是受当前水分影响较大，受前期水分影响相对较小。持续低水处理的 Chla 含量始终保持较低的水平，这是由于水分亏缺降低了氮肥的有效性，使作物的正常生长受阻造成的。

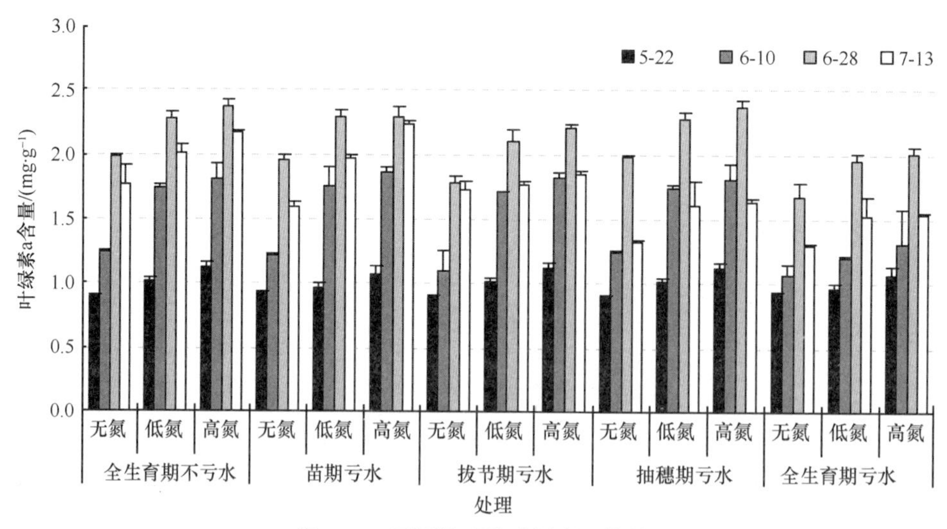

图 8-19　不同处理的叶绿素 a 状况

2）玉米叶绿素 b（Chlb）含量对调亏灌溉和氮肥处理的响应

图 8-20 表示不同生育阶段 Chlb 的变化动态。和 Chla 的分布规律类似，在苗期 Chlb

含量较低，之后升高，在抽穗期降低。苗期 Chlb 含量为 0.34～0.41 mg · g^{-1}，相同水分条件下，Chlb 含量随着施氮量的增加而增加。同一氮肥条件下，苗期水分亏缺导致 Chlb 含量略有增加，增幅约为 0.03 mg · g^{-1}。拔节前期 Chlb 含量最高可达 0.80 mg · g^{-1}，最低的也达到 0.44 mg · g^{-1}。这说明随着 Chla 含量的增加，Chlb 含量随之增加。和 W_HW_H 处理相比，W_LW_H 处理对拔节前期 Chlb 含量影响不大。拔节后期 Chlb 含量达到峰值，其中 W_LW_L 处理的均值最大，为 0.94 mg · g^{-1}，W_HW_L 次之，为 0.90 mg · g^{-1}，而 W_HW_H 处理的均值相对较小。在高氮条件下，抽穗期 Chlb 含量位次是 $W_LW_LW_L > W_HW_HW_L > W_HW_LW_H > W_HW_HW_H > W_LW_HW_H$，处理 $W_LW_HW_H$ 在抽穗期和拔节前期的 Chlb 含量都约为 0.66 mg · g^{-1}，其余处理在抽穗期的含量都低于拔节前期的含量。

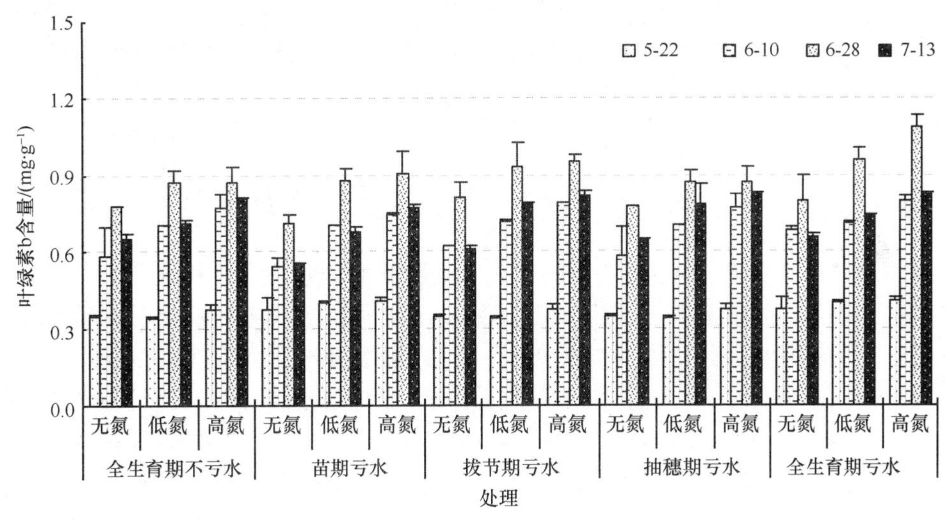

图 8-20　不同处理的叶绿素 b 状况

3）玉米叶绿素(Chl)含量对调亏灌溉和氮肥处理的响应

叶绿素(Chl)含量变化(图 8-21)与 Chla 含量变化基本一致。各处理 Chl 含量在拔节后期达到最大值，抽穗期降低。水分亏缺和无氮处理的 Chl 含量较小。施氮苗期亏水处理在拔节前期 Chl 含量增长可达 1.08 mg · g^{-1}，无氮处理的最大增幅为 0.58 mg · g^{-1}。和拔节后期相比，$W_HW_HW_L$ 和 $W_LW_LW_L$ 处理在抽穗期 Chl 含量的降幅最大。统计分析结果表明，施氮量和水分水平对 Chl 含量影响显著，施氮量对其影响大于水分的影响。Chlb/Chla 为 0.33～0.60，水分亏缺处理的比值相对较大。在某一生育阶段亏水处理中，$W_HW_HW_L$ 的 Chlb/Chla 最大，$W_HW_LW_H$ 的次之，$W_LW_HW_H$ 的最小。研究表明，Chlb/Chla 值越小，叶片光合作用能力越强(彭致功等，2006)。这说明苗期亏水虽然降低了 Chl 含量，但叶片还能保持较高的光合作用。而在拔节期和抽穗期亏水处理，不但导致 Chl 含量减少，而且影响到叶片的正常光合作用。

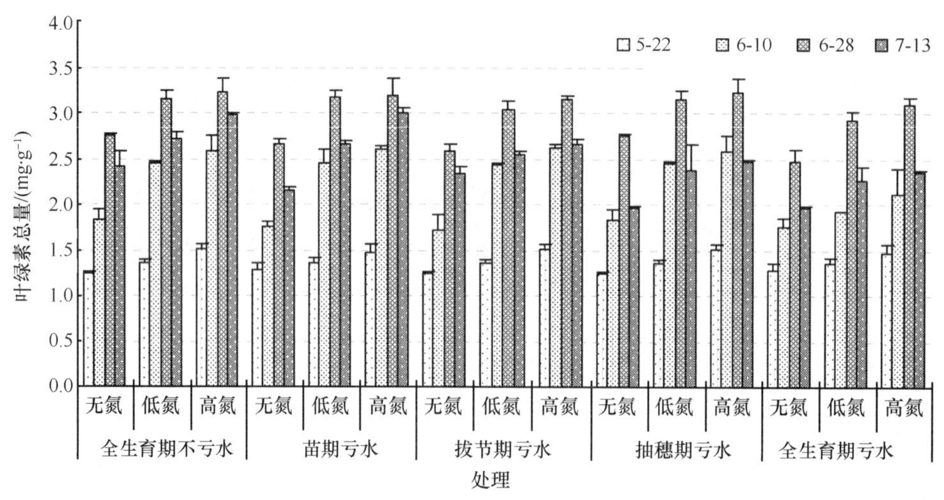

图 8-21　不同处理的叶绿素含量状况

8.7.2.2 叶片脯氨酸(Pro)含量对调亏灌溉和氮肥处理的响应

脯氨酸(Pro)是重要的渗透调节物质，它的积累对植物适应逆境显得尤为重要。在干旱胁迫条件下，脯氨酸的升高被认为是植株对干旱胁迫的生理响应。试验结果表明(图8-22)，在苗期水分处理前期(5月22日)，W_L处理的Pro含量超过20 μg · g^{-1}，其中无氮处理的略大于施氮处理。充分供水处理的Pro含量则小于20 μg · g^{-1}。到苗期水分处理后期(6月1日)，N_ZW_L处理的Pro含量可达到45 μg · g^{-1}，N_LW_L和N_HW_L处理的量都超过40 μg · g^{-1}。这说明随着干旱时间的持续，Pro含量会持续增加，无氮处理的Pro含量稍大于有氮处理的含量。W_LW_H处理在拔节期(6月14日)的Pro含量降低到对照(W_HW_H)水平。W_HW_L处理在拔节期(6月14日和6月29日)的Pro含量比苗期增长30～40 μg · g^{-1}。W_HW_L处理在拔节后期叶片Pro含量比拔节前期略有增加，其中$N_ZW_HW_L$处理的Pro含量可达60 μg · g^{-1}，其余处理的Pro含量大约是$N_ZW_HW_L$处理的1/3。到抽穗期(7月13日)，水分亏缺处理的叶片脯氨酸含量达到最大值。不同氮素条件下$W_HW_HW_L$处理的叶片Pro含量分别是对照($W_HW_HW_H$)的5.58、4.58和3.06倍。不同处理的叶片脯氨酸含量依次为：$W_HW_HW_L > W_LW_LW_L > W_HW_LW_H > W_LW_HW_H$，这说明抽穗调亏对其含量影响最大，持续干旱使抽穗期的脯氨酸含量增长受到限制，拔节期水分调亏对脯氨酸含量的影响表现出了后效性。对结果统计分析表明，不同生育时期的亏水处理对叶片脯氨酸含量影响极显著，氮肥处理对其影响也达到显著水平。总之，某一生育阶段的水分亏缺会使作物叶片Pro含量增加，苗期增加较小，抽穗期达到最大。施氮处理会使同一水分条件下的Pro含量略有减小。

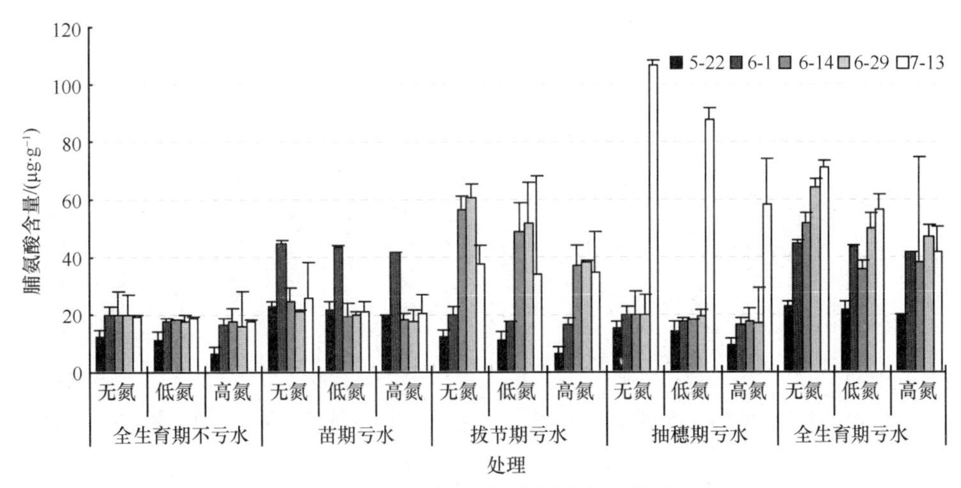

图 8-22　不同处理的脯氨酸含量状况

8.7.2.3 根系活力对调亏灌溉和氮肥的响应

根系活力泛指根系整个代谢的强弱，包括吸收、合成、呼吸作用、氧化力等。根系活力的大小与整个植株生命活动的强度紧密相关，是一种客观反映根系生命活动的生理指标。由试验的结果(图8-23)可知，充分供水条件下苗期根系活力都大于0.5 $mg \cdot g^{-1} \cdot h^{-1}$，而苗期亏水处理的保持为0.33～0.42 $mg \cdot g^{-1} \cdot h^{-1}$。高氮处理的较大，低氮处理次之，无氮处理的最小。拔节亏水处理(W_HW_L)的明显低于对照处理(W_HW_H)，其降幅可达0.08～0.11 $mg \cdot g^{-1} \cdot h^{-1}$。$W_HW_H$处理的根系活力比苗期的略有提高，最大增量为0.06 $mg \cdot g^{-1} \cdot h^{-1}$。经苗期亏水处理($W_LW_H$)的根系活力补偿作用明显，其值超过了对照0.01～0.03 $mg \cdot g^{-1} \cdot h^{-1}$。持续亏水处理($W_LW_L$)的根系活力最低，比苗期还略有降低。抽穗期的根系活力都有不同程度的减弱，最大不超过0.4 $mg \cdot g^{-1} \cdot h^{-1}$，其中$W_HW_HW_L$处理和$W_LW_LW_L$降幅最大。这是因为水分亏缺促使根系进一步老化，根系活力快速衰减。统计分析结果表明，水分亏缺和氮肥处理对玉米的根系活力影响显著。总之，不同水氮处理的玉米根系活力在不同生育时期的变化趋势基本一致。随着生育时期进程先增大后减小。在水分亏缺条件下，根系活力明显下降，复水后根系活力补偿效应明显。这是因为根系活力与根系的衰老进程有关，水分亏缺导致细胞受到伤害，代谢紊乱，这直接影响到根系活力，使根系活力下降。本研究表明，在相同水分条件下，施氮处理的根系活力较大。这是因为氮素是酶的基本成分，合适的氮肥供应必然促进这些有机物的形成，从而提高作物的根系活性。

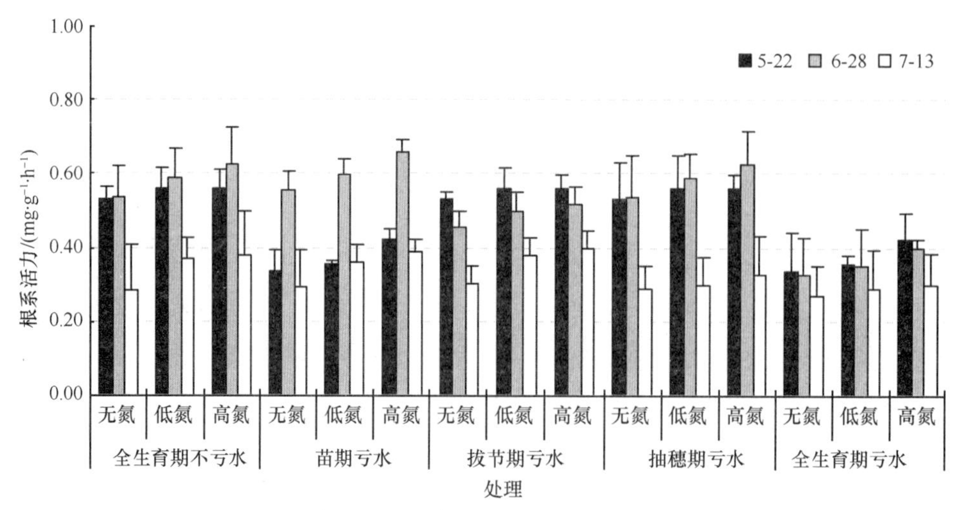

图 8-23 不同处理的根系活力状况

8.7.3 讨论

关于水分胁迫对作物叶绿素含量的影响报道很多，大多研究表明随着土壤水分胁迫的增加，叶绿素含量下降。这和本试验结果相一致，在某一生育阶段水分亏缺导致了叶绿素含量的减小，降低了光合作用，限制了干物质的累积。由本试验结果可知，水分亏缺可使 Chlb 含量略有增加，说明亏水处理抑制了光合作用，降低了作物的干物质累积。这和调亏灌溉在作物的某一生长阶段使其产生一定的水分亏缺，从而达到节水和提高作物水分利用效率的思想相一致。本试验还表明，随着施氮量的增加，作物叶绿素含量呈增加趋势，这也说明适当增施氮肥可以提高干物质累积，提高水分利用效率，这和前人研究成果一致(何承刚等，2004；谢华等，2003；曹翠玲和李生秀，1999)。

脯氨酸是作物抗旱生理的一个重要指标，其主要作为植物的渗透调节物质，以防水分散失，保持膜的完整性，增强蛋白水合作用。试验结果表明，水分亏缺导致叶片脯氨酸含量升高，说明作物对干旱的适应能力增强。在相同水分条件下，无氮处理的脯氨酸含量比施氮处理的略大，这是因为氮肥能缓解水分胁迫对作物的伤害作用。

试验结果表明，水分亏缺明显降低了作物的根系活力，复水后补偿作用明显。这表明调亏灌溉可以改善根系吸收性能，在功能上表现出较强的补偿能力，可使玉米在生长后期维持较高根系活力。在相同水分条件下，施氮处理的根系活力相对较高。这说明适当提高土壤含氮量可以有效提高作物根系活力，有利于作物在生育后期保持较高的根系生理活性，对于防止地上部早衰、促进作物后期发育有重要意义。从试验的结果和根系活力在不同生育阶段的变化规律可知，前期亏水处理对后期的根系活力有较好的补偿效应，后期作物根系衰老，根系活力的补偿作用有限。所以在苗期进行亏水处理有较好的生理学基础。

8.7.4 结论

施氮量和灌水水平对 Chl 含量影响显著，施氮量对其影响大于水分的影响。叶绿素(Chl)含量变化与 Chla 含量变化基本一致。各处理 Chl 含量在拔节后期达到最大值，抽穗期降低。无氮调亏灌溉的 Chla 含量最小。苗期亏水虽然降低了 Chl 含量，但叶片还能保持较高的光合作用。

调亏灌溉会使作物叶片脯氨酸含量增加，苗期增加较小，抽穗期达到最大。施氮会使调亏灌溉的脯氨酸含量略有减少。抽穗期调亏对其含量影响最大，持续干旱使抽穗期的脯氨酸含量增长受到限制，拔节水分亏缺对脯氨酸含量的影响表现出后效性。亏水和氮肥处理对叶片脯氨酸含量影响显著。

水分亏缺和氮肥处理对玉米根系活力影响显著。玉米根系活力随着生育时期进程先增大后减小。在水分亏缺条件下，根系活力明显下降，复水后根系活力补偿效应明显，使玉米在生长后期维持较高根系活力。在相同水分条件下，施氮处理的根系活力较大。最佳的水氮组合为苗期亏水高氮处理。

8.8 调亏灌溉和施氮对玉米叶片生理生化特性的影响

调亏灌溉(regulated deficit irrigation，RDI)是一种可以在保持产量的同时使作物的营养生长得以有效控制的节水灌溉新技术。国内外学者对调亏灌溉的节水机制和节水效应进行了大量研究，取得了大量成果。这些研究大多是在单纯水分处理条件下进行的。而在实际生产过程中，只有科学地进行水肥调控，才能提高水肥利用效率和生产效益。近年来国内外学者开始把调亏灌溉和施肥结合起来进行研究，取得了初步成果(张步翀等，2007；Pandey et al.，2001)。研究表明，土壤干旱情况下，氮、磷营养增强了作物的渗透调节能力。氮素营养可增强作物对干旱的敏感性，使其水势和相对含水量大幅度下降，蒸腾失水减少，自由水含量增加而束缚水含量减少，并使膜稳定性降低；而磷素营养则明显改善了植株的水分状况，增大了气孔导度，降低了其对干旱的敏感性，增加了束缚水含量，并使膜稳定性增强(张岁岐等，2000)。孔庆波等(2005)研究表明：在水分适宜条件下，和施用 N-P-K 肥的处理相比，施用生物有机肥可以提高小麦根系活力，在水分中度、重度亏缺时，施用生物有机肥处理的小麦干物质重、养分吸收和根系活力均比 N-P-K 肥处理高。孟兆江等(2003)利用防雨测坑对玉米进行了调亏灌溉试验，结果表明施肥能显著提高产量和水分利用效率。在高水分条件下，施肥的增产作用比低水分条件下显著，水分利用效率也得到极大提高。国外学者就调亏灌溉和氮肥处理对作物光合特性、生理补偿效应和水氮吸收利用方面进行了少量报道，研究表明，施肥可以提高旱地作物的水分利用效率，选择适宜时期进行水分亏缺和复水对作物的水氮利用效率影响较大(Pandey et al.，2001；Dioufa et al.，2004)。但目前关于调亏灌溉结合氮肥处理对作物生理生化指标影响的研究较少。为此，本试验研究了作物对亏水程度、亏水时期及施氮量的渗透调节物质和抗氧化酶参数的动态响应，为制订科学的调亏灌溉和施肥方案提供理论基础。

8.8.1 材料与方法

试验在西北农林科技大学旱区农业水土工程教育部重点实验室温室里进行。供试玉米品种为‘沈单 16 号’。供试土壤为西北农林科技大学节水灌溉试验站的大田耕作土壤，土壤自然风干、磨细过 2 mm 筛，装土容重为 1.30 g · cm^{-3}。土壤的基本理化参数为：pH 8.14、有机质含量为 6.08 g · kg^{-1}、全氮为 0.89 g·kg^{-1}、全磷为 0.72 g · kg^{-1}、全钾为 13.8 g · kg^{-1}、碱解氮为 55.93 g · kg^{-1}、速效磷为 8.18 g · kg^{-1}、速效钾为 102.30 g · kg^{-1}，田间持水量(θ_F)为 24%。

盆栽试验设不同生育期水分亏缺和施氮水平 2 个因素。不同生育期水分亏缺分别设苗期亏水、拔节期亏水、抽雄期亏水和全生育期亏水 4 个处理，另外设置一个全生育期不亏水处理作为对照。亏水和不亏水处理以控制土壤含水量占田间持水量(θ_F)的百分数表示，分别是 50%～65%θ_F 和 65%～80%θ_F；施氮设不施氮(N_0)、低氮(N_1)和高氮(N_2)3 个水平，低氮和高氮处理分别为 0.15 g · kg^{-1} 土、0.30 g · kg^{-1} 土，氮肥用尿素。P 肥施用 KH_2PO_4，所有处理均施 0.15 g · kg^{-1} 土的 P_2O_5，氮肥和磷肥均用分析纯试剂。试验共 15 个处理，每个处理重复 6 次，共 90 盆，随机区组排列。试验在生长盆(上口内径 26 cm、下口内径 20 cm、高 28 cm)中进行，盆底铺有细砂。种植前各处理均灌至 85%θ_F。

2008 年 4 月 23 日每盆各播 5 粒已催芽种子，待长到两叶一心期，每桶留长势均匀的植株一株。按照试验处理进行灌水。用称重法确定每次灌水量，苗期间隔 3 d 称 1 次，拔节后间隔 1 d 称 1 次，用量筒量取灌水量，并记下各处理的灌水量。各处理其他农业技术措施相同。

分别在玉米苗期、拔节期、抽雄期取各处理植株顶端第一片完全展开叶，作为待测样品，每次采样各处理均取两盆。分别用湿抹布擦净、剪碎、混匀后装于封口袋内，并迅速放于冰箱中，用于各生理指标的测定。

丙二醛(malondialdehyde，MDA)测定采用硫代巴比妥酸比色法，可溶性糖(soluble sugar，SS)含量测定采用蒽酮比色法，叶片过氧化物酶(peroxidase，POD)活性测定采用愈创木酚法，叶片超氧物歧化酶(superoxide dismutase，SOD)活性测定采用氮蓝四唑法(高俊凤，1999)。

8.8.2 结果与分析

8.8.2.1 丙二醛

MDA 是植物细胞过氧化作用的产物之一，其含量的高低在一定程度上能反映脂膜过氧化作用水平和膜结构的受害程度及植物的自我修复能力(朱维琴等，2006)。试验结果(图 8-24)表明，在播后 33 d(5 月 22 日)，苗期亏水处理的 MDA 含量明显高于不亏水处理的含量，不亏水处理的在 7.02～8.16 mmol · g^{-1}FW 变化，而亏水处理的在 15.50～

19.17 mmol · g^{-1}FW 变化。在相同水分条件下，各氮肥水平的含量依次为无氮＞低氮＞高氮。其中亏水条件下各氮肥处理的 MDA 含量最大变幅为 3.66 mmol · g^{-1}FW，而不亏水条件下各氮肥处理的 MDA 含量最大变幅为 1.14 mmol · g^{-1}FW。和苗期 W_H 相比，不亏水处理在拔节前期(6 月 10 日)的 MDA 含量略有提高，增幅为 4～8 mmol · g^{-1}FW，其中无氮处理的增幅较大。而拔节亏水处理的增幅最大，可达 9～26 mmol · g^{-1}FW。苗期亏水处理的 MDA 含量和对照最大不超过 4 mmol · g^{-1}FW，这说明苗期亏水处理在拔节前期的生理特性已经基本上得到了恢复。在所有处理当中，持续亏水处理的 MDA 含量最大，是不亏水处理的 1.68～2.07 倍。到拔节后期(6 月 28 日)，不同氮肥条件下的不亏水处理的 MDA 增幅不同，其中无氮处理的增幅最大，为 14 mmol · g^{-1}FW，低氮的次之，高氮的最小。这说明氮肥可以缓解作物受逆境胁迫的程度，从而降低了叶片的 MDA 含量。拔节前期和后期的 MDA 含量变化趋势一致。到抽穗期(7 月 14 日)，除无氮处理外，低氮和高氮处理的 MDA 含量持续增加。其中全生育期亏水处理的 MDA 含量最大，达到 55 mmol · g^{-1}FW，无氮和高氮全生育期亏水处理的都约为 47 mmol · g^{-1}FW。这是由于水氮的交互作用，持续亏水导致了土壤溶液浓度过大，破坏了作物正常的生理功能，而细胞抗膜脂过氧化能力增强有限，所以表现为高氮和无氮处理的 MDA 含量偏低。苗期亏水、拔节亏水、全生育期不亏水处理的 MDA 含量都是 35～18 mmol · g^{-1}FW 变化，并且随着施氮量的增加其含量略有减小。这说明在苗期和拔节期亏水处理对后期的 MDA 含量影响不大，亏水处理导致了叶片 MDA 含量增加，复水后其含量恢复到对照处理水平。总之，MDA 含量在苗期最低，低氮和高氮处理的在抽雄期达到最大；而无氮处理在拔节后期达到最大，在抽雄期略有降低。亏水处理后 MDA 的补偿效应明显，施氮处理使 MDA 含量略有降低。

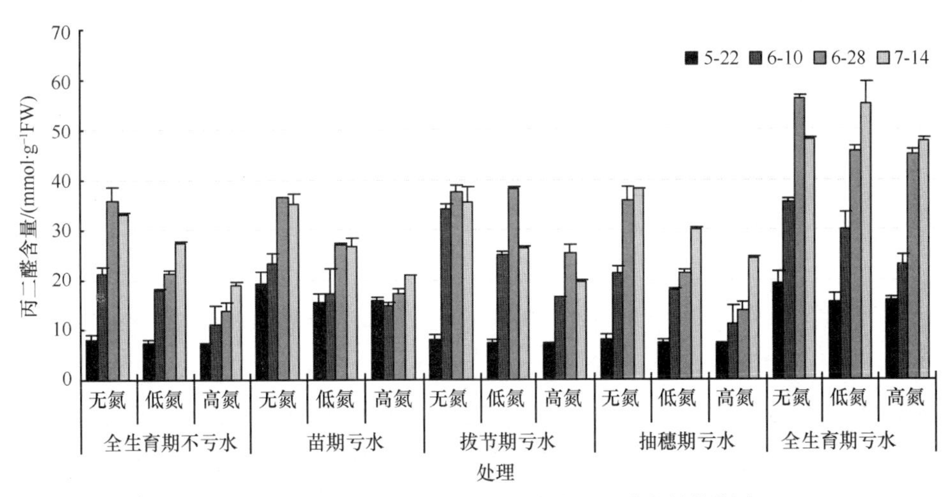

图 8-24　水分亏缺和施氮处理对叶片丙二醛含量的影响

8.8.2.2 可溶性糖

SS 是植物体内较为重要的渗透调节物质之一，可以通过增加其含量来维持细胞的平衡，起到一定的抗逆性。苗期亏水处理的 SS 含量明显高于高水处理(图 8-25)，所有处理的 SS 含量都为 0.61～1.01 μg · g^{-1}，其中高氮处理的最大。除苗期亏水处理外，其余各处理在拔节前期的SS含量都有所增加。其中高氮拔节亏水处理的增幅最大，可达0.75 μg · g^{-1}；而高氮苗期亏水的增幅次之，增幅最小的为高氮全生育期亏水。苗期亏水处理的 SS 含量略有降低，这是因为苗期亏水处理导致 SS 含量增高，复水后其含量有所降低。各处理在拔节后期SS含量的分布规律和拔节前期规律一致。抽雄期SS含量达到最大值，相同水分条件下，抽雄期高水施氮处理比无氮处理的 SS 含量偏高；而低氮抽雄期亏水处理的比无氮和高氮抽雄期亏水处理的 SS 含量略高。在全生育期亏水处理中，无氮处理的 SS 含量最高。SS 含量的增高可导致其他生理代谢的响应，如原生质黏度增大，弹性增强，细胞液浓度增大。这就提高了作物对水分的吸收能力及保水能力，从而有利于适应缺水的环境，提高原生质胶体束缚水含量，使水解类酶如蛋白酶和脂酶等保持稳定，从而保持原生质体结构(刘建新等，2005)。

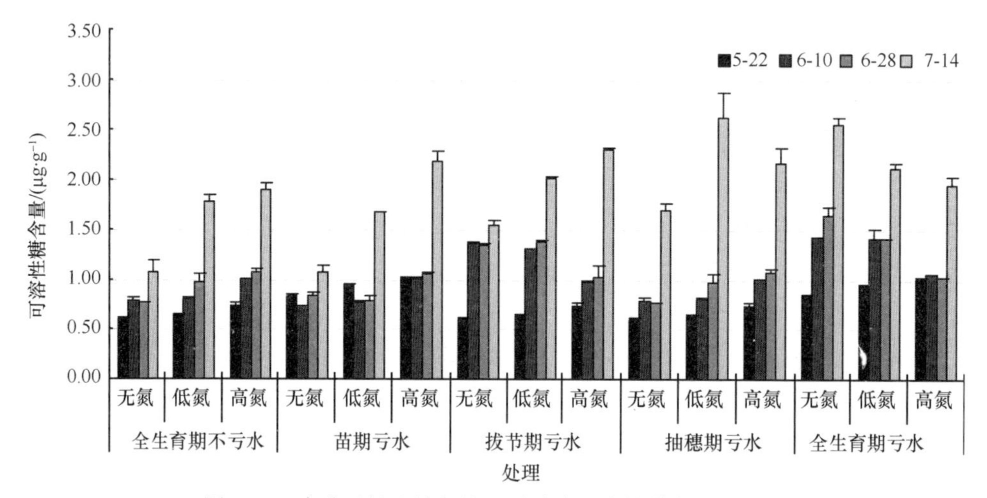

图 8-25　水分亏缺和施氮处理对叶片可溶性糖含量的影响

8.8.2.3 过氧化物酶

POD 是细胞内清除活性氧的重要保护酶。在干旱胁迫下，植物体内活性氧的产生与清除的平衡遭到破坏，从而加速活性氧的积累，当其积累到一定程度时就会对植物造成伤害。由试验结果可知，苗期亏水明显降低了叶片的 POD 含量(图 8-26)。苗期亏水处理的POD含量为55～68 mg · g^{-1}，比非亏水处理的低6～10 mg · g^{-1}。各处理的POD含量随着施氮量的增加略有增加，这可能是由于施氮增加了作物的抗旱能力。和苗期相比，拔节前期的POD含量都有所提高，其中苗期亏水处理的增加幅度最大，可达57～74 mg · g^{-1}，非亏水处理的增幅次之，为43～58 mg · g^{-1}，拔节期亏水处理的增幅最小。这说明苗期水分亏缺导致了复水后 POD 补偿明显，其 POD 含量超过了对照处理，拔节期亏水处理显著降低了保护酶的活性。在拔节前期和后期亏水处理和施氮水平对 POD 含量的影响规律一致。到抽雄期各处理的 POD 含量都明显降低，估计是叶片开始衰老所致。和拔节后期相比，POD 降低幅度为 11～54 mg · g^{-1}。在抽雄期亏水处理和全生育期亏水处理中低氮处理的 POD 含量偏高，这说明低氮抽雄期亏水能提供较好的水肥环境，使保护酶活性保持一定水平。而其余处理的 POD 含量是高氮的最大，低氮的次之，无氮的最小。总之，叶片 POD 含量在苗期较小，到拔节后期达到最大，抽雄期有所降低。亏水处理明显降低了叶片 POD 含量，复水后补偿明显。氮肥可以适当提高保护酶活性，高氮处理在抽雄期的酶活性降低。

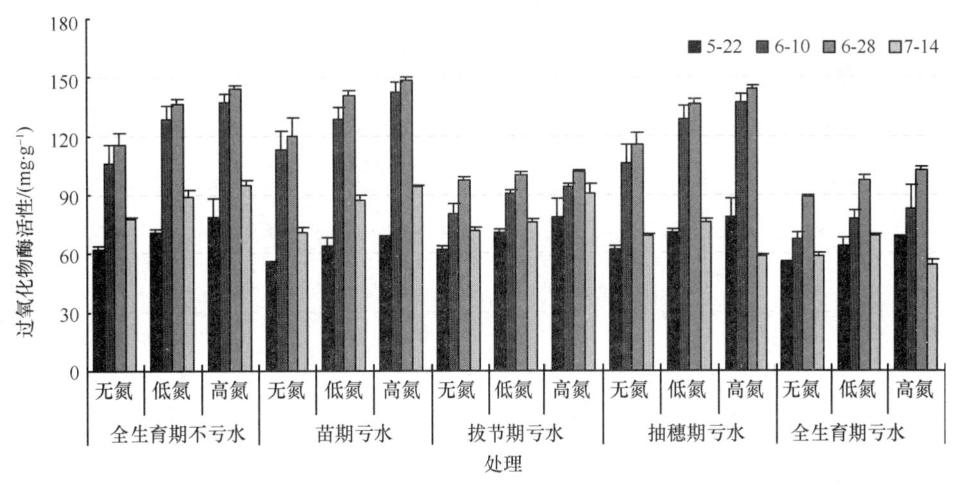

图 8-26　水分亏缺和施氮处理对叶片过氧化物酶活性的影响

8.8.2.4 超氧物歧化酶

SOD 的主要功能是清除生物体内超氧离子基团，防御活性氧或其他过氧化物自由基对细胞膜的伤害(孙一荣等,2008)。苗期非亏水处理的 SOD 含量是亏水处理的 1.28～1.36 倍，其中非亏水处理的 SOD 含量约为 900 μg · g^{-1}，这说明亏水处理降低了 SOD 的活性(图 8-27)。不同施氮水平的 SOD 含量和 POD 的含量分布一致,施氮处理的 SOD 含量偏高。拔节期亏水处理导致拔节前期的 SOD 的活性明显降低，其中低氮和高氮处理的含量低于苗期的含量。非亏水处理的 SOD 含量是苗期含量的 1.22～1.50 倍，施氮处理的 SOD 含量较大。和拔节前期相比，非亏水处理的 SOD 含量持续增加，个别亏水处理的 SOD 含量明显降低，其中高氮拔节期亏水处理的在拔节后期的 SOD 含量减少幅度可以达 142 μg · g^{-1}。各处理 SOD 含量的变化趋势和 POD 同一时期的一致。拔节亏水处理 SOD 含量恢复到对照(全生育期不亏水)处理的 0.72～0.84 μg · g^{-1},这说明在抽雄期 SOD 的补偿能力有限。无论高水还是亏水处理、高氮还是无氮处理，在抽雄期的 SOD 含量都明显降低。其中高氮抽雄期亏水处理的 SOD 含量降低幅度很大，可达 740 μg · g^{-1}。全生育期亏水处理的降低幅度不超过 200 μg · g^{-1}，这是因为持续亏水在拔节后期 SOD 含量的基础较低。

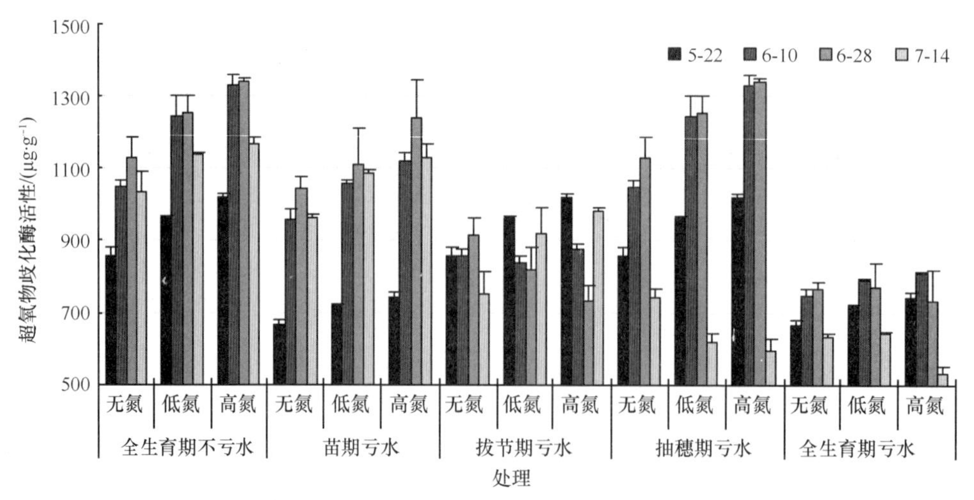

图 8-27　水分亏缺和施氮处理对叶片超氧物歧化酶活性的影响

8.8.3 讨论

在干旱、半干旱地区，水分是影响植物生长最主要的限制因子，更是影响作物生产力的最重要因素之一。氮肥不仅供应养分，而且能通过改善氮代谢而增强作物的抗旱性能。合理的水肥环境可以促进作物根系深扎，扩大根系在土壤中的吸水范围，多利用土壤深层储水，并提高作物的蒸腾和光合强度，减少土壤的无效蒸发，达到以水促肥、以肥调水的作用。水分亏缺不但会影响作物生长发育的各个阶段，还会影响作物体内各种生理代谢过程，如光合作用、呼吸作用、营养元素的吸收和运输、酶活性和植物体内有机物的消长等。在细胞水平上，水分亏缺会使细胞结构和功能受到破坏，导致植物组织伤害和衰老，但作物在水分胁迫时会诱导酶和非酶的防御保护系统来保护细胞膜免遭氧化伤害。干旱胁迫下植物膜脂过氧化作用及保护酶系统活性的变化已经广泛用于植物对逆境的反应机制研究。生物自由基伤害学说认为，在逆境条件下，植物体内自由基的大量产生会引发膜脂过氧化作用，其最终分解产物丙二醛含量也会增加，会造成细胞膜系统破坏，严重时导致植物死亡。但当干旱胁迫加重时，这种平衡状态被打破，活性氧产生增加，就会导致对植物的伤害(Bowler et al.，1992；Pauls and Thompson，1980)。

试验结果表明，在相同水分条件下，氮肥处理对不同时期的各生理指标影响不同；在同一氮肥水平下，不同生育期亏水和不亏水处理对各生理指标影响显著。这说明水分和氮肥对作物的生理指标有交互作用。试验表明，MDA 含量与土壤水分状况和施氮量呈负相关，拔节后期的 MDA 含量达到最大，之后减小。由于水分胁迫，膜脂遭到破坏，叶片 MDA 水平升高。复水后 MDA 含量逐渐下降，可见玉米经过胁迫锻炼后，体内的抗旱机制逐渐启动，细胞抗膜脂过氧化能力增强，从而减小了水分胁迫对膜脂的损害，MDA 含量降低。施氮增强了细胞抗膜脂过氧化的能力，所以 MDA 含量也略有减小。

可溶性糖是植物体内重要的渗透调节物质，在干旱逆境下可溶性糖含量增加是作物对干旱胁迫的一种适应性反应。水分亏缺时可溶性糖主动积累，参与降低植物体渗透势，以利植物体在干旱逆境下维持植物体正常生长所需水分，以提高抗逆适应性。这和本试验结果一致，从苗期到拔节后期，调亏灌溉施氮处理的可溶性糖含量略高，而高氮持续亏水处理可导致可溶性糖含量降低。这说明只有在土壤水分适宜的条件下，氮肥才能增强作物的抗逆能力。

SOD 和 POD 作为植物内源的活性氧清除剂，属保护酶系统，逆境中维持较高的酶活性，才能有效地清除活性氧使之保持较低水平，从而减少其对膜结构和功能的破坏。SOD 与 POD 协同防御活性氧或其他过氧化物自由基对细胞膜系统的伤害，这一原理已广泛应用于植物对逆境的反应机制的研究。SOD 主要功能是清除机体所产生的超氧化物自由基，阻止自由基对器官和生理过程的破坏，抑制膜脂过氧化作用发生。POD 是一种多功能酶，在植物体内可参与多种代谢，可将植物体内 H_2O_2 和其他一些有害的中间产物分解掉，对调节细胞代谢起着较大的作用(刘亚云等，2007)。本试验中，POD 含量到拔节后期达到最大，抽穗期有所降低。亏水处理明显降低了叶片 POD 含量，复水后补偿明显。氮肥可以适当提高保护酶活性，高氮处理在抽雄期的酶活性降低。SOD 活性的变化规律和 POD 的相似。SOD 的活性比 POD 的活性对水分敏感，所有处理在抽雄期的 SOD 含量都明显降低，降幅最大可达 740 $\mu g \cdot g^{-1}$。

8.8.4 结论

调亏灌溉可导致玉米叶片丙二醛和可溶性糖含量明显升高，而 POD 和 SOD 含量有所降低。施氮处理能保证叶片在抽雄期以前的可溶性糖含量、SOD 和 POD 的含量处于较高的水平。

MDA 含量与灌水和施氮水平呈负相关，拔节后期的 MDA 含量达到最大，之后减小。从苗期到拔节后期，调亏灌溉施氮处理的可溶性糖含量略高，而高氮持续亏水处理可导致可溶性糖含量降低。POD 含量到拔节后期达到最大，抽雄期有所降低。亏水处理明显降低了叶片 POD 含量，复水后补偿明显。氮肥可以适当提高保护酶活性，高氮处理在抽雄期的酶活性降低。SOD 活性的变化趋势和 POD 的相似。SOD 活性比 POD 活性对水分敏感。

苗期亏水处理在复水后各生理指标补偿效果较好，拔节期亏水处理的次之。高氮处理不宜在抽雄期调亏灌溉。最佳处理组合为苗期调亏低氮处理。

参 考 文 献

鲍士旦. 2000. 土壤农化分析. 北京： 中国农业出版社： 49-60

曹翠玲，李生秀. 1999. 氮素对植物某些生理生化过程影响的研究进展. 西北农业大学学报，27(4)：98-101

杜太生，康绍忠，王振昌，等. 2007a. 交替隔沟灌溉对棉花生长、产量和水分利用效率的调控效应. 作物学报，33(12)：1982-1990

杜太生，康绍忠，闫博远，等. 2007b. 干旱荒漠绿洲区葡萄根系分区交替灌溉试验研究. 农业工程学报，23(11)：52-58

杜太生，康绍忠，张霁，等. 2006. 不同沟灌模式对沙漠绿洲区葡萄生长和水分利用的效应. 应用生态学报，17(5)：805-810

高俊凤. 1999. 植物生理学实验技术. 西安：世界图书出版社：97-202

高明霞，王国栋，胡田田，等. 2004. 不同灌溉方式下土娄土玉米根际硝态氮的分布. 西北植物学报，24(5)：881-885

高明霞. 2004. 不同灌水方式下玉米根际硝态氮的分布. 杨凌：西北农林科技大学硕士学位论文：27-40

郭大应，冯艳，谢成春，等. 2001. 灌溉土壤硝态氮运移与土壤湿度的关系. 灌溉排水，20(2)，66-68

韩艳丽，康绍忠. 2001. 控制性分根交替灌溉对玉米养分吸收的影响. 灌溉排水，20(2)：5-7

何承刚，黄高宝，姜华. 2004. 氮素水平对单作和间套作小麦玉米叶片叶绿素含量及品质的影响. 干旱地区农业研究，22(3)：32-34
何华， 康绍忠， 曹红霞. 2002. 限域供应NO_3^-对玉米根系形态及其吸收的影响. 西北农林科技大学学报， 30(1)： 5-7
胡田田，康绍忠，张富仓. 2005. 局部灌水方式对玉米不同根区氮素吸收与利用的影响. 中国农业科学，38(11)：2290-2295
黄春燕，李伏生，覃秋兰，等. 2004. 两种施肥水平下根区局部灌溉对甜玉米水分利用的效应. 节水灌溉，6：8-11
黄高宝，张恩和. 2002. 调亏灌溉条件下春小麦玉米间套农田水、肥与根系的时空协调性研究. 农业工程学报，18(1)：53-57
黄绍敏，张鸿程，宝德俊，等. 2000. 施肥对土壤硝态氮含量及分布的影响及合理施肥研究. 土壤与环境，9(3)：201-203
康绍忠，蔡焕杰. 2000. 作物根系分区交替灌溉和调亏灌溉的理论与实践. 北京：中国农业出版社
康绍忠，张建华，梁宗锁，等. 1997. 控制性交替灌溉——一种新的农田节水调控思路. 干旱地区农业研究，15(1)：1-6
孔庆波，聂俊华，张青. 2005. 生物有机肥对调亏灌溉下冬小麦苗期生长的影响. 河南农业科学，2：51-53
李生秀，巨孝棠，王喜庆，等. 1995. 水分对土壤养分矿化的影响.北京：中国农业科学技术出版社
李志军，张富仓，康绍忠. 2005. 控制性根系分区交替灌溉对冬小麦水分与养分利用的影响. 农业工程学报，21(8)：17-21
梁继华，李伏生，唐梅，等. 2006. 分根区交替灌溉对盆栽甜玉米水分及氮素利用的影响. 农业工程学报，22(10)：68-72
梁运江， 依艳丽， 许广波. 2006. 水肥耦合效应的研究进展与展望. 湖北农业科学， 45(3)：385-388
梁宗锁，康绍忠，胡炜，等. 1997. 控制性分根交替灌水的节水效应.农业工程学报，13(4)：58-63
梁宗锁，康绍忠，张建华，等. 1998.控制性分根交替灌水对作物水分利用率的影响及节水效应. 中国农业科学，31(5)：88-90
刘建新，王鑫，王凤琴. 2005. 水分胁迫对苜蓿幼苗渗透调节物质积累和保护酶活性的影响. 草业科学，22(3)：18-21
刘小刚，张富仓，田育丰，等. 2008a. 水氮处理对玉米根区水氮迁移和利用的影响. 农业工程学报，24(11)：19-24
刘小刚，张富仓，田育丰. 2008b. 交替隔沟灌溉和施氮对玉米根区水氮迁移的影响. 中国农业科学，41(7)：2025-2032
刘亚云，孙红斌，陈桂珠. 2007. 多氯联苯对桐花树幼苗生长及膜保护酶系统的影响. 应用生态学报，18(1)：123-128
孟兆江，贾大林，刘安能，等. 2003. 调亏灌溉对冬小麦生理机制及水分利用效率的影响. 农业工程学报，7(4)：68-69
莫江华，李伏生，李桂湘. 2008. 不同生育期适度缺水对烤烟生长、水分利用和氮钾含量的影响. 土壤通报，39(5)：1071-1076
宁堂原，焦念元，李增嘉，等. 2006. 施氮水平对不同种植制度下玉米氮利用及产量和品质的影响. 应用生态学报，17(12)：2332～2336
潘英华，康绍忠. 2000. 交替隔沟灌溉水分入渗规律及其对作物水分利用的影响. 农业工程学报，16(1)：39-43
彭致功，杨培岭，任树梅，等. 2006. 再生水灌溉对草坪草生长速率、叶绿素及类胡萝卜素的影响特征.农业工程学报，22(10)：105-108
孙景生，康绍忠，蔡焕杰，等. 2002. 交替隔沟灌溉提高农田水分利用效率的节水机理. 水利学报，3：64-68
孙一荣，朱教君，康宏樟. 2008. 水分处理对沙地樟子松幼苗膜脂过氧化作用及保护酶活性影响. 生态学杂志，27(5)：729-734
谭军利，王林权，李生秀. 2005. 不同灌溉模式下水分养分的运移及其利用. 植物营养与肥料学报，11(4)：442-448
王朝辉，宗志强，李生秀. 2002. 蔬菜的硝态氮累积和菜地土壤的硝态氮残留.环境科学，23(3)：79-83
王西娜，王朝辉，李生秀. 2007. 施氮量对夏季玉米产量及土壤水氮动态的影响. 生态学报，27(1)：197-205
谢华，沈荣开，徐成剑，等. 2003. 水、氮效应与叶绿素关系试验研究. 中国农村水利水电，8：40-43
邢维芹，王林权，李立平，等. 2003. 半干旱区玉米水肥空间耦合效应Ⅱ. 土壤水分和速效氮的动态分布. 土壤，35(3)：242-247
邢维芹，王林权，骆永明，等. 2002. 半干旱地区玉米的水肥空间耦合效应研究. 农业工程学报，18(6)：48-49
袁锋明，陈子明，姚造华. 1996. 土壤中的氮素淋洗. 北京：中国农业科技出版社：191-208
张步翀，李凤民，齐广平. 2007. 调亏灌溉对干旱环境下春小麦产量与水分利用效率的影响. 中国生态农业学报，15(1)：58-62
张岁岐，山仑，薛青武. 2000. 氮磷营养对小麦水分关系的影响. 植物营养与肥料学报，6(2)：147-151
朱维琴，吴良欢，陶勤南. 2006. 不同氮营养对干旱逆境下水稻生长及抗氧化性能的影响研究. 植物营养与肥料学报，12(4)：506-510
Benjamin J G，Porter I K，Duke H R，et al. 1997. Corn growth and nitrogen uptake with furrow irrigation and fertilizer bands. Agronomy Journal，89：609-612
Benjamin J G，Porter L K，Duke H R，et al.1998. Nitrogen movement with furrow irrigation method and fertilizer band placement. Soil Science Society of America Journal，62(4)：1103-1108
Bowler C，Montagu M V，Inze D. 1992. Superoxide dismutase and stress tolerance.Annual Review of Plant Physiology and Plant Molecular Biology，43：83-116
Coruzzi G，Bush D R. 2001. Nitrogen and carbon nutrient and metabolite signaling in plants. Plant Physiology，125：61-64
Dioufa O，Broub Y C，Dioufa M，et al. 2004. Response of Pearl Millet to nitrogen as affected by water deficit. Agronomie，24：77-84

Graterol Y E，Eisenhauer D E，Elmore R. 1993. Alternate furrow irrigation for soybean production. Agricultural Water Management，24：133-145

Kang S，Liang Z，Hu W，et al. 2001.Water use efficiency of controlled alternate irrigation on roots divided maize plants. Agricultural Water Management，38：69-76

Lehrsch G A，Sojka R E，Westermann D T. 2000. Nitrogen placement，row spacing，and furrow irrigation water positioning effects on corn yield. Agronomy Journal，92(6)：1266-1275

Miller A J，Smith S J. 1996. Nitrate transport and compartmentation in cereal root cells. Journal of Experimental Botany，47：843-854

Olesinski A A，Wolf S，Rudich J，et al. 1989. The effect of nitrogen fertilization and irrigation frequency on photosynthesis of potatoes (*Solanum tuberosum*). Annals of Botany，64：651-657

Pandey R K，Maraville J W，Admou A. 2001. Tropical wheat response to irrigation and nitrogen in a Sahelian environment. I. Grain yield，yield components and water use efficiency. European Journal of Agronomy，15：93-105

Pandey R K，Maraville J W，Chetima M M. 2001. Tropical wheat response to irrigation and nitrogen in a Sahelian environment. II. Biomass accumulation，nitrogen uptake and water extraction. European Journal of Agronomy，15：106-118

Pauls K P，Thompson J E. 1980. In vitro simulation of senescence-related membrane damage by ozone-induced lipid peroxidation. Nature，283：504-506

Skinner R H，Hanson J D，Benjamin J G. 1998.Root distribution following spatial of water and nitrogen supply in furrow irrigated corn. Plant and Soil，199：187-194

Stanford G，Epstein E. 1974. Nitrogen mineralization water relations in soils. Soil Science，38：103-106

Stone J F，Nofziger D L. 1993. Water use and yields of cotton grown under wide-spaced furrow irrigation. Agricultural Water Management，24：27-28

Tsegaye T，Stone J F，Reeves H E. 1993. Water use characteristics of wide spaced furrow irrigation. Soil Science Society of America，57：240-245

第9章　亏缺灌溉和氮营养对关中地区茄子生长和水氮利用的影响

水肥耦合是指农田生态系统中，水分和肥料两个体系相互作用，相互影响，其耦合效应大于各自效应之和。在干旱半干旱地区施用肥料，尤其是化学肥料时回报率低，主要是因为肥料只有溶解于水中才能被植物吸收，在这些地区干旱少雨，土壤水分与肥料之间配合不协调，限制肥料效应的发挥，所以这些地区在应用水肥空间耦合这一技术时，提出了"以水定肥"的思路(肖自添等，2007；梁运江等，2006)。

在我国，茄子栽培面积300多万亩，分布于全国各省，是供应夏秋季节的重要蔬菜品种，其果实可做多种菜肴，是日常食用较多的蔬菜品种之一(黄德明等，2001)。茄子为直根系，耐旱性弱，需要充足的土壤水分，而且茄子是喜肥作物，土壤状况和施肥水平对茄子产量影响较大。因此，研究不同生育期水分亏缺和施氮对茄子生长和水分利用，有利于通过调控水氮状态来控制茄子生长发育，为提高茄子产量和水分生产效率提供一定的理论基础，同时对其他蔬菜的生产实践提供一定的理论指导。

9.1 国内外研究现状

9.1.1 水分和养分对作物生长发育和生理特性的影响

近些年来，国内外许多文献就水分和养分对蔬菜作物生长和发育进行了大量的研究，对揭示蔬菜作物的水分和养分利用机制有重要作用。有关茄子的研究也有很多报道，其中关于水分和养分供应对茄子生长和生理特性的影响，较多的学者进行了深入的研究。

李文霞(2007)研究了大田滴灌条件下不同水肥处理对茄子生长和产量的影响，结果表明：施肥和灌水都有利于株高的增大，但对茎粗的影响不显著。

杜社妮等(2005)通过研究日光温室中常规灌溉(定植行和操作行均进行大水灌溉)、固定灌溉(定植行进行大水灌溉，操作行不进行大水灌溉)、交替隔沟灌溉(定植行和操作行轮流进行大水灌溉)3种灌溉方式对茄子生长和水分利用效率的影响，结果表明，茄子生长初期，固定灌溉茄子的株高最高，常规灌溉的最低；常规灌溉茄子的叶面积最小，交替隔沟灌溉的最大；交替隔沟灌溉茄子的叶片数最多，常规灌溉的最少。生育中后期，3种处理的叶数变化与生长初期相似，株高是常规灌溉的最高，交替隔沟灌溉的最低。交替隔沟灌溉茄子的光合速率最高，固定灌溉的最低。

蒋树芳等(2009)通过研究滴灌条件下不同土壤基质势对圆茄子生长和水分利用的影响，发现不同基质势处理茄子整个生育期株高差异不显著。整个生育期，株高不断增加，生长中期株高增加迅速。

李波等（2007）研究了沟灌、滴灌、渗灌、小孔出流 4 种灌溉方法不同水分处理对茄子生长的影响，结果表明，灌溉方法对茄子全生育期的株高、茎粗影响显著，相同水分处理条件下表现为小孔流出最大，滴灌次之，渗灌最小；水分处理对全生育期株高、茎粗影响显著，同种灌溉方法对茄子株高、茎粗影响表现为随着灌水量的增加株高、茎粗也相应增加；灌溉方法和水分处理双因素对株高影响不显著，对茎粗影响的交互作用显著。

Kirnak 等（2001）研究了水分亏缺对盆栽茄子的影响水分亏缺显著影响了茄子叶片的水分含量、蒸腾速率和叶片的生长；重度水分胁迫（40%土壤田间持水量）使得茄子的株高、茎粗、干物质重与对照相比（100%土壤田间持水量）分别降低了 46%、51%、43%，水分胁迫处理植株的根冠比是对照处理的 2.1 倍，说明水分胁迫处理导致茄子植株干物质分配的改变。

Sarker 等（2005）研究了不同程度的土壤水分胁迫周期对茄子脯氨酸合成、生理反应和生物学产量的影响，结果表明，不论是短期还是长期的严重水分胁迫都会增加脯氨酸的合成，但是胁迫结束后又返回胁迫前的水平，说明脯氨酸可能在植物胁迫后产生的补偿效应的机制中起着一定的作用；随着胁迫程度和周期的延长，蒸腾速率、气孔导度和净光合速率也受到明显的抑制，胁迫后净光合速率和气孔导度有所回升，出现一定的补偿效应，但是这种补偿效应是有限的，它们的值并没有回升到胁迫前的水平。

国内外许多文献就水分和养分对其他蔬菜作物生长和发育进行了大量的研究。张国红（2004）研究了不同施肥对日光温室番茄生长发育的影响，结果表明：随着施肥水平的提高，番茄的株高逐渐增加，茎粗在生育期早期施肥处理间没有显著差异，但随着生育期的推进，差异逐渐明显。不施肥处理和超量施肥处理的叶片数达到显著水平，其他处理的差异不显著。各施肥处理叶面积指数在生育期早期差异不显著，随着生育期的发展，所有处理差异逐渐显现，表现为合理的施肥有利于叶面积的增长，施肥过多、过少都对叶面积的增长不利。不同施肥水平对番茄叶片的光合生理有一定影响，测定发现理论施肥处理的净光合速率、蒸腾速率、气孔导度都是最高，并与不施肥、只施有机肥、经验施肥、超量施肥处理有显著差异。

王学文等（2010）通过研究水分胁迫对番茄生长及光合系统结构性能的影响，结果表明：水分胁迫明显地抑制了株高、茎粗的增长。水分胁迫后番茄的叶片净光合速率（Pn）、气孔导度（Gs）、蒸腾速率（Tr）、胞间 CO_2 浓度（Ci）、PSⅡ光化学量子效率（ΦPSⅡ）、光化学猝灭系数（qP）及光合电子传递速率（ETR）均有不同程度的下降。

王磊（2004）通过研究有机栽培条件下水肥环境对盆栽番茄生长影响的试验，结果表明：在各种水分环境条件下，70%～85%的田间持水量最有利于作物生长，40%～55%、55%～70%水平由于水量较少，不能满足作物正常生长的需要，因此株高发育相对缓慢；并且通过 F 检验发现，水分对株高的影响较为显著，而施肥不显著，水分和施肥对茎粗的增长均不显著。水分亏缺对根系活力产生抑制作用，并随着时间的延长而减低。随着土壤水分的增加，番茄植株的生长也比较旺盛，所以净光合速率、蒸腾速率、气孔导度都有相应的增加趋势。而且，在土壤水分含量较低的情况下，叶片的气孔开度将减小，降低叶片的蒸腾速率和气孔导度，从而降低植株体对水分的消耗。

任华中(2003)通过研究不同水氮对日光温室番茄发育、品质及土壤环境的影响，结果表明：不同水氮处理对番茄叶片数影响不显著。姚磊和杨阿明(1997)等通过不同水分胁迫对番茄生长影响的研究表明，水分胁迫尽管可以降低番茄茎粗，但对叶片数影响不显著。刘明池和陈殿奎(1996)通过氮肥用量与黄瓜产量和硝酸盐积累的关系的研究表明，适量增施氮肥对促进塑料大棚春茬黄瓜单叶面积、增加叶片数等均有显著效果。Merghany(1997)研究了灌溉和施氮对番茄生长、产量及产量构成要素的影响，表明植株叶面积与施氮量呈正相关。

李波等(2007)研究了供水条件对温室番茄根系分布和产量的影响，表明随着灌水下限的降低，番茄根系根长、根体积均呈现下降趋势，开花座果期过高的土壤含水量不利于根系的分生，并且造成“奢侈”耗水。

陈新明等(2009)通过无压地下灌溉对番茄根系分布特征的调控效应的研究，发现供水量随着供水压力的增大而增大，不同供水压力下番茄的总生物量随着供水压力的增大而增大，而根冠比随着供水压力的增大而减小。随着生育进程的推进，总生物量呈逐渐增大趋势，而根冠比呈现先下降后上升的趋势。

陈金平等(2004)通过土壤水分对温室盆栽番茄叶片生理特性的影响及光合下降因子动态的研究表明，随着土壤水分胁迫程度的增加，净光合速率(Pn)、蒸腾速率(Tr)、气孔导度(Gs)明显下降。土壤水分胁迫和高水分处理的Pn与Tr日变化呈双峰曲线，但在适宜土壤水分下为单峰曲线。

程智慧等(2002)在水培条件下研究了50 $g \cdot L^{-1}$、75 $g \cdot L^{-1}$和100 $g \cdot L^{-1}$ PEG水分胁迫对叶片气孔传导、光合色素含量及发叶速度的影响。结果表明，水分胁迫使气孔传导度和发叶速度降低，光合色素增加。气孔传导度和发叶速度的降低均与水分胁迫强度和持续时间有关，而光合色素的增加主要与胁迫持续时间有关。

氮素营养状况影响植物叶片的光合作用和Rubisco活性。氮肥处理可增加Rubisco活性，高氮钾肥水平可以提高叶片的光合电子传递和Rubisco活性，CO_2同化力加强(江力和张荣铣，2000)；氮缺乏时，叶片净光合速率下降(Warren et al.，2000)且表观量子效率下降。磷是Rubisco的活化剂，充足的磷可以提高植物光饱和速率、表观量子效率、CO_2饱和时的光合速率，还可以增加叶绿素含量(曲文章等，2001)。短期缺磷可以限制光合磷酸化，导致光合速率下降，长期缺磷可使Rubisco活性和RUBP羧化酶再生速率下降，而使光合速率降低，但磷过量也可导致光合速率下降(Rao，1997)。钾可提高叶片的叶绿素含量，保持叶绿体片层结构，增加光合电子链活性，提高光合速率(江力和张荣铣，2000)。

关于水分亏缺和施氮对其他作物生长、生理特性的影响，近几年也有较多的报道。刘小刚等(2009)研究了玉米生理特性对调亏灌溉和施氮的响应，表明在水分亏缺条件下，根系活力降低，复水后根系活力补偿效应明显。在相同水分条件下，施氮处理的根系活力较大。祁有玲等(2009)研究了水分亏缺和施氮对冬小麦生长及氮素吸收的影响，表明任何生育期水分亏缺都会影响冬小麦干物质累积，开花期适度干旱后复水对生物量形成和氮素吸收有一定的补偿作用，拔节期干旱对小麦的生长影响明显。水分逆境条件下施用氮肥对冬小麦植株生长和干物质累积及氮吸收具有明显的调节效应。张凤祥等(2006)通过研究水肥耦合对水稻根系形态与活力的影响，发现在低土壤水分条件下增加氮素供应水平能够显著增加根体积，促进根系扎深。

9.1.2 水分和养分对蔬菜作物产量和水分利用效率的影响

近些年来，不同水肥条件、不同灌水方法对蔬菜作物的产量、品质及水分利用效率的影响有较多的研究，特别是对茄子的研究，报道较多。

9.1.2.1 关于施肥对茄子产量的影响

夏广清等(1999)研究了氮磷复合粒肥及不同腐殖酸质量分数对茄子生长发育及产量的影响，结果表明：茄子氮磷复合粒肥最佳经济用量为 918 $kg \cdot hm^{-2}$，对应的产量为 29 833.8 $kg \cdot hm^{-2}$，其产投比为 4 : 1；同时获得了植株、果实营养的最佳诊断指标，即植株营养状况为 N、P、K 质量分数分别是 1.45%、0.34%、2.78%)；果实养分状况为 N、P、K 质量分数分别是 2.63%、0.46%、2.82%。张恩平等(2000)在长期定位施肥条件下研究了不同施肥处理对保护地茄子产量及品质的影响，结果表明：施用有机肥的处理产量均高于相应的不施有机肥处理；速效钾对茄子中维生素 C 含量的影响较大，其次是有机质和碱解氮的增加能提高硝酸盐含量，而施用磷、钾肥能够有效降低硝酸盐含量，钾肥的作用更明显。

9.1.2.2 关于灌水和施肥对茄子产量及水分利用效率的影响

Aujla 等(2007)研究了不同灌水量和施氮量对茄子产量及水分利用效率的影响，结果表明：在滴灌条件下，D75(灌水量为时段内累积蒸发量的 75%)，在施氮量为 120 $kg \cdot hm^{-2}$ 时产量最大，比在沟灌条件下施氮量为 150 $kg \cdot hm^{-2}$ 的处理增产 23%，节水 25%，节肥 30 $kg \cdot hm^{-2}$；当施氮量为 150 $kg \cdot hm^{-2}$ 时，沟灌和交替沟灌的水分利用效率分别为 89.9 $kg \cdot hm^{-2} \cdot mm^{-1}$ 和 73.3 $kg \cdot hm^{-2} \cdot mm^{-1}$；当施氮量为 120 $kg \cdot hm^{-2}$ 时，D75 (滴灌量为 75%的时段内累积蒸发量) 的水分利用效率为 109.9 $kg \cdot hm^{-2} \cdot mm^{-1}$；当施氮量为 150 $kg \cdot hm^{-2}$ 时，D50(滴灌量为 50%的时段内累积蒸发量) 的水分利用效率为 119.9 $kg \cdot hm^{-2} \cdot mm^{-1}$。Chartzoulakis 和 Drosos(1995)对日光温室滴灌条件下不同灌水量对茄子产量和品质影响研究的结果表明：灌水量为 0.85 ETm 时，每株茄子的产量为 6.5 kg；灌水量为 0.65 ETm 和 0.40 ETm 时，果实产量分别降低了总产量的 35%和 46%。王培兴等(2003)在大棚条件下以黄瓜、茄子为研究对象，设置了 3 种灌水水平，即 T1、T2、T3 分别为当土壤含水量达到田间持水量的 65%左右、75%左右、85%左右时开始灌水至田间持水量，结果表明：对于黄瓜和茄子，均以 T3 处理的产量最高，分别为 6028.5 $kg \cdot 亩^{-1}$ 和 2656.9 $kg \cdot 亩^{-1}$；在全生育期内这两种蔬菜也均以 T3 处理的平均日耗水量最多，即分别为 5.26 mm 和 4.44 mm。李文霞(2007)研究了大田滴灌不同水肥处理对茄子生长和产量的影响，表明在高灌水水平和中灌水水平条件下，茄子的产量都随着施氮量的增加呈现先上升后下降的趋势。陈修斌等(2004)通过对温室茄子水肥耦合数学模型及其优化方案的研究认为：在温室里影响茄子产量的顺序为施钾量>灌水量>施磷量；各因素间存在交互作用，水与钾、水与磷、钾与磷分别在低于 1.132 和 2.312，0.714 和 0.431，–4.289 和 4.092 水平时对产量存在正相关关系，在分别高于以上水平时又会呈负相关关系；茄子达到最高产量 76 459.34 $kg \cdot hm^{-2}$ 时，相对应的灌水量、施钾量、施磷量分别为 2904.6 $m^3 \cdot hm^{-2}$、78.6 $kg \cdot hm^{-2}$、15.5 $kg \cdot hm^{-2}$。

9.1.2.3 不同灌水方法和灌水定额对茄子产量和水分利用的影响

杜社妮等(2005)通过研究日光温室中常规灌溉(定植行和操作行均进行大水灌溉)、固定灌溉(定植行进行大水灌溉，操作行不进行大水灌溉)、交替隔沟灌溉(定植行和操作行轮流进行大水灌溉)3 种灌溉方式对茄子生长和水分利用效率的影响，结果表明：交替隔沟灌溉茄子的产量最高，为 19.78 kg，比常规灌溉和固定灌溉分别增产 19.25%和 25.35%；交替隔沟灌溉的水分利用率为 21.98%，比常规灌溉和固定灌溉分别提高 19.17%和 25.39%。

李巧灵(2006)通过设置 T1、T2、T3、T4、T5(灌水定额分别为 0.4 Ep、0.6 Ep、0.8 Ep、1.0 Ep、2.5 Ep)和一个对照(沟灌，灌水定额 45 mm)，研究了滴灌灌水定额对大田茄子生长及产量的影响，结果表明，T3 和 T5 处理的总产量较对照处理分别增产 11.9%和 3.3%，T1 和 T4 处理总产量较对照分别减产 17.1%和 17.7%，T2 产量最优，较对照增产 14.2%，节水 27%，水分生产效率最高。

9.1.2.4 不同水肥条件对其他蔬菜作物的产量和水分利用的影响

关于不同水肥条件对其他蔬菜作物的产量和水分利用的影响，近些年来也有许多报道。何华等(1999)在大田进行的不同水肥条件对马铃薯的影响研究表明，补水量与施氮量的配合对马铃薯产量影响很大，低水低氮，产量极低；高水高氮，产量也在中产程度徘徊不前，即在该试验条件下，每公顷施尿素量为 120 kg，补水量为 20 mm 时，马铃薯的产量为 0.204 $t \cdot hm^{-2}$；每公顷施氮量为 600 kg，补水量为 140 mm 时，其产量为 12.016 $t \cdot hm^{-2}$，而最优的组合为每公顷施尿素量为 600 kg 与补水 150 mm 配合，产量高达 19.051 $t \cdot hm^{-2}$。

周娜娜等(2004)对马铃薯的研究表明：马铃薯的产量、单株薯重、商品薯率和淀粉含量都随施氮量的增加而呈抛物线趋势变化，其中以小水量多次灌水(张力计示数为 20 kPa 时，灌水 30 mm)的灌水方式下施氮量为 180 $kg \cdot hm^{-2}$ 的处理，其产量、商品薯率和淀粉含量都表现最好，分别为 46 216.4 $kg \cdot hm^{-2}$、877.56%和 17.71%。

Darwish 等(2006)研究了滴灌和施氮对马铃薯产量的影响，表明在滴灌条件下。当灌水量为 700 mm 时，施纯氮量为 125 $kg \cdot hm^{-2}$ 产量较高；在滴灌条件下，当施氮量为 125 $kg \cdot hm^{-2}$ 时，灌水量为 0.8 ET(全生育期总灌水量 469 mm)时产量最高。

孙文涛等(2005)在滴灌条件下研究了水、肥交互对温室番茄产量的影响，结果表明：影响番茄产量的主要因素是灌水量与钾肥用量的交互作用，其次是氮肥用量，并且从产量角度评价，水肥调控的最佳组合为：氮肥用量(以纯氮计)为 415.499 $kg \cdot hm^{-2}$、钾肥(K_2O)

用量为 451.956 kg · hm^{-2}、累计灌水量为 1273.032 m^3 · hm^{-2}。

虞娜等(2006)研究了覆膜条件下滴灌施肥量和灌溉控制下限对温室番茄产量和果实品质的影响，得出如下结论：肥料用量和灌溉控制下限土壤水吸力值的大小对番茄的产量及其果实的品质影响显著，肥料用量以纯氮 1337.5 kg · hm^{-2}、纯 K_2O 337.5 kg · hm^{-2}，灌水下限以土壤水吸力 40 kPa，番茄产量最高，达 130.26 t · hm^{-2}，且其品质较好。李波等(2007)研究了不同供水条件对温室番茄根系分布及产量的影响。番茄开花座果期一定程度的水分亏缺(60%田间持水量)，结果期恢复正常供水后获得了最高的产量。

梁运江等(2003)在试验中认为：在塑料大棚中，辣椒取得高产的最佳经济水肥管理措施为：灌水 168.5 m^3 · 次$^{-1}$ · hm^{-2}，施纯氮 220.0 kg · hm^{-2}，施纯磷 179.9 kg · hm^{-2}。

Rajput 和 Patel(2006)在大田滴灌试验中以洋葱为研究对象，设置了三种灌水水平(即 60%、80%、100%的作物腾发量)和 4 种滴灌施肥频率(即每天 1 次，每 2 天 1 次，每周 1 次，每月 1 次)。研究结果表明：施肥频率对洋葱的产量影响不显著。但随着施氮频率的减少，产量变小；在施肥频率为每天 1 次 (每天施氮量为 3.4 kg · hm^{-2})，灌水量为 80%的作物腾发量时，产量最大且 NO^-_3-N 的流失也较小。

Buwalda 和 Freeman(1987)通过研究氮肥对 4 种蔬菜(马铃薯、洋葱、大蒜、南瓜)生长和产量的影响，得出如下结论：氮肥对作物生长的影响大于其对产量的影响，且当作物株高最大时所对应的产量也最大。

陈修斌等(2004)采用 3 因素二次回归通用旋转组合设计，研究了在温室滴灌条件下灌水量、氮肥、钾肥的耦合效应对西葫芦产量的影响，结果表明：对西葫芦产量的影响顺序为氮、水、钾；西葫芦产量达到最高值 88 578.0 kg · hm^{-2}，相对应的灌水量为 2515.5 m^3 · hm^{-2}，施氮量、施钾量分别为 583.1 kg · hm^{-2} 和 265.4 kg · hm^{-2}。

9.1.2.5 水分亏缺对蔬菜及其他作物的水分生产函数的影响

关于水分亏缺对蔬菜及其他作物的水分生产函数影响的研究，近几年也有一些报道。郑健等(2009)通过日光温室西瓜产量影响因素经分析及水分生产函数的研究发现，在苗期和开花座果期进行一定程度的水分亏缺(0.6 Epan)，在膨大期恢复正常灌水(1.25 Epan)的处理，不仅获得了最高的产量，而且获得了较高的水分利用效率。此外，还建立了温室西瓜水分生产函数：

$$\frac{Y'}{Y_m}=\left(\frac{ET_1}{ETm_1}\right)^{0.021}\bullet\left(\frac{ET_2}{ETm_2}\right)^{0.177}\bullet\left(\frac{ET_3}{ETm_3}\right)^{0.212}\bullet\left(\frac{ET_4}{ETm_4}\right)^{0.068} \tag{9-1}$$

翟胜等(2005)通过对干旱半干旱地区日光温室黄瓜水分生产函数的研究发现，在开花前期保持为 70%～80%田间持水量、初瓜期 80%～90%田间持水量、盛瓜期提高到 90%～100%田间持水量和结瓜后期降至 80%～90%田间持水量，不仅可获得最高产量，同时也达到了最大水分利用效率。并建立了温室黄瓜水分生产函数：

$$\frac{Y_a}{Y_m}=\left(\frac{ET_1}{ETm_1}\right)^{0.233}\bullet\left(\frac{ET_2}{ETm_2}\right)^{0.311}\bullet\left(\frac{ET_3}{ETm_3}\right)^{0.473}\bullet\left(\frac{ET_4}{ETm_4}\right)^{0.314} \tag{9-2}$$

胡顺军等(2004)通过对棉花水分生产函数Jensen模型敏感指数累积函数研究构建了棉花的水分生产函数：

$$\frac{Y_a}{Y_m}=\left(\frac{\mathrm{ET}}{\mathrm{ETm}}\right)_1^{0.1864}\cdot\left(\frac{\mathrm{ET}}{\mathrm{ETm}}\right)_2^{0.2029}\cdot\left(\frac{\mathrm{ET}}{\mathrm{ETm}}\right)_3^{0.6780}\cdot\left(\frac{\mathrm{ET}}{\mathrm{ETm}}\right)_4^{0.1358} \tag{9-3}$$

9.1.3 水分和养分对作物生长的土壤环境的影响

不同水分条件除了对作物生长、产量及水分和养分利用效率的影响，还对作物生长的土壤环境产生很大的影响。

施氮或灌水均显著影响硝态氮的积累和淋失，硝态氮累积量随着施氮量的增加而增加(张树兰等，2004；赵俊晔和于振文，2006)，土壤供水量越高，土体硝态氮的淋洗量越大(Diez et al.，2000)。高亚军等(2005)研究了施肥和灌水对硝态氮在土壤中残留的影响，结果表明，施氮量是造成土壤中硝态氮累积的主要因素，灌水量对硝态氮累积量的影响较小。

葛晓光等(2000)报道，长期偏施氮肥露地菜田有机质和腐殖质含量增加不明显，对增加土壤供氮能力及有效磷含量作用很小，有效钾含量降低；但配施有机肥时，增施氮肥对提高土壤肥力、改善土壤-蔬菜生态系统具有积极作用。

陈宝明(2006)研究了施氮对植物生长、硝态氮累积及土壤硝态氮残留的影响，表明施氮量与土壤硝态氮残留量之间存在显著的正相关关系。

任华中(2003)研究了不同水氮对日光温室番茄土壤环境的影响，发现土壤表层硝态氮含量变化幅度较大，而土壤深层变化幅度较小；在灌溉量相同的情况下，随着施氮量增加，不同土层硝态氮变化幅度都较大。在施氮量相同的情况下，随着灌水量增加，可以减少各土层硝态氮含量。

刘小刚等(2010)研究了调亏灌溉与氮营养对玉米根区土壤水氮有效性的影响，发现施氮量决定根区土壤硝态氮含量，各生育阶段的灌水量和养分吸收影响硝态氮的变化动态。调亏灌溉的玉米根区中、下层土壤硝态氮含量介于常规灌溉的高水和低水处理之间。抽穗期结束时根区中、下层土壤硝态氮含量与施氮量呈正相关关系。

李建民等(2003)通过对冬小麦限水灌溉条件下土壤硝态氮变化与氮素平衡的研究发现，冬小麦拔节期1 m土层的硝态氮含量主要受基肥施氮量的影响，开花期和成熟期的硝态氮含量除了与追肥与否及追肥施氮量有关外，还受基肥施氮量的一定影响。土壤硝态氮含量的分布，在拔节期处理间差异主要在0～60 cm土层内，在开花期和成熟期则整个1 m根层内都有差异。144～213 kg · hm^{-2}的施氮量，都能维持土壤氮素的表观平衡，但以144 kg · hm^{-2}施氮量、全部基施的处理吸氮比例(作物吸氮量/施氮量)最高，残留比例(土壤残留量/作物吸氮量)最低。

张霞等(2007)研究了限水条件下氮肥用量及施氮时期对土壤硝态氮含量的影响，表明开花期及成熟期各施氮处理0～100 cm土体硝态氮含量均明显高于N_0，各生育期0～60 cm土层硝态氮含量均随施氮量增加而增加，开花期各处理2 m土体硝态氮含量达到最高值，成熟期 20～60 cm 土层相同施氮量（157.5kg · hm^{-2}，226.5 kg · hm^{-2}）均表现为氮肥分次施用处理硝态氮含量高于一次性底施处理，成熟期土壤硝态氮 2 m 土体累积量随施氮量增加显著增加，且等量氮肥分次施用显著高于一次性底施。

王晓英等（2008）研究了水氮耦合对冬小麦氮肥吸收及土壤硝态氮残留淋溶的影响，灌水促进了施氮处理（N168，N240）中土壤硝态氮向下迁移，从开花到收获 0～100 cm 土层中部分硝态氮迁移到了 100～200 cm 土层。灌水次数是导致收获期 0～100 cm 土层残留 NO^{-}_{3}-N 累积量变化的主导因素；水氮互作效应是决定收获期 100～200 cm 土层残留 NO^{-}_{3}-N 累积量变化的主导因素，且灌水效应大于施氮效应。

刘小刚等（2009）研究了控制性分根区灌溉对玉米根区水氮迁移和利用的影响，施氮后盆内土壤硝态氮含量和施氮量呈正相关，交替灌溉根区两侧土壤硝态氮分布均匀，固定灌溉根区干燥侧土壤硝态氮累积量明显大于湿润侧。交替灌溉上层土壤硝态氮残留量和常规灌溉同一层次上的残留量相当，下层的残留量比常规灌溉的大。

Elrick 和 French（1966）发现，当灌水强度大于土壤入渗速率时，易形成优势流，溶质很快淋出；而当灌水强度小于土壤入渗速率时，水与溶质都通过土壤基质进行运移，两者无明显差异。

9.2 不同生育期水分亏缺和施氮对茄子生长发育的影响

蔬菜作物大都是需水需肥量较大的作物，因此水分和养分势必成为限制茄子生长发育的重要因素。大量的研究结果表明，在适当的生育期进行适当程度的水分亏缺对蔬菜作物的生长发育影响不大，甚至会产生一定的促进作用。但是作物的生长发育及产量并不总是随着施氮量的增加而增加的，过量的施氮可能会对作物的生长发育产生一定的抑制作用。因此，合理、科学的水分和养分管理是蔬菜生产过程中的重要技术措施。王朝辉等（1998）的调查发现，一定范围内，增加氮肥的施用有利于植株的生长发育及产量的提高，生长量可提高 1.1～6 倍，但是，过量施氮往往对作物造成许多不利影响，如造成植株徒长，座果率降低、抗逆性差等。可以看出，蔬菜作物不同生育期合理的水分和养分的投入有利于促进作物生长发育，相反，不合理的水分和养分管理措施会对茄子的生长发育产生不利影响。本章主要研究不同生育期水分亏缺和施氮对茄子生长发育的影响。

9.2.1 研究内容与方法

9.2.1.1 试验区概况

试验于 2009 年 5 月 17 日至 2009 年 9 月 14 日在西北农林科技大学旱区农业水土工程教育部重点实验室的温室内进行。该实验室位于东经 107°40′ ～107°49′ ，北纬 33°39′ ～33°45′。试验站海拔 524.7 m，年平均气温 13℃，年平均降水量 550～600 mm，主要集中在 7～9 月三个月。站内设有县级气象站，按照国家气象局的《地面气象观测规范》标准，进行气温、湿度、降水、日照、水面蒸发、风速、气压和地温观测，并设有自动气象站自动记录气温、相对湿度、太阳辐射和风速。

9.2.1.2 试验材料

供试土壤为西北农林科技大学灌溉试验站的耕层土壤(塿土)。供试土壤的基本理化参数：pH 8.14、有机质含量为 6.08 $g \cdot kg^{-1}$、全氮为 0.89 $g \cdot kg^{-1}$、全磷为 0.72 $g \cdot kg^{-1}$、全钾为 13.8 $g \cdot kg^{-1}$、碱解氮为 55.93 $mg \cdot kg^{-1}$、速效磷为 8.18 $mg \cdot kg^{-1}$、速效钾 102.30 $mg \cdot kg^{-1}$，田间持水量(θ_F)为 24%。供试作物品种为‘陕西绿茄’。该品种植株生长旺盛，果实长卵圆形，个大油绿，抗茄子绵疫、褐纹、黄萎病。

9.2.1.3 试验设计

见表 9-1，试验设不同生育期水分亏缺和氮肥 2 个因素。不同生育期水分亏缺设开花座果期水分亏缺(W_1，从定植后 20 d 开始水分亏缺，水分亏缺持续 19 d，然后恢复正常)、初果期水分亏缺(W_2，从定植后 39 d 开始水分亏缺，持续 32 d，其他时间正常灌水)、盛果期水分亏缺(W_3，从播种后 70 d 开始水分亏缺，持续 50 d，其他时间正常灌水)，以全生育期不进行水分亏缺作为对照(W_0)。亏水与不亏水以控制土壤含水量占田间持水量(θ_F)的百分数表示，不亏水时为 70%～85%θ_F，亏水时为 55%～70%θ_F。施氮水平设置低氮(N_1，0.1 $g \cdot kg^{-1}$)、中氮(N_2，0.3 $g \cdot kg^{-1}$)、高氮(N_3，0.5 $g \cdot kg^{-1}$)3 个水平。试验共设 12 个处理，每个处理重复 20 次，随机排列，共 240 盆。

氮肥为尿素，磷钾肥为磷酸二氢钾。定植前将试验站土壤自然风干、过筛(3 mm)并与肥料混匀，按照 1.35 $g \cdot cm^{-3}$ 的容重装入盆口内径 30 cm、高 30 cm 的盆中。盆底铺有细砂且均匀地打有 6 个小孔，以提供良好的通气条件。土装盆后，每盆灌水至田间持水量，并于 2009 年 5 月 17 日定植，每盆 1 株。各处理除水分和养分两个试验因素外，其他环境条件和管理措施均尽可能保持一致。

表 9-1 茄子不同生育期水分亏缺和施氮试验设计

灌水处理设置	施氮水平	灌水量		
		开花座果期	初果期	盛果期
W_0	N_1：0.1 $gN \cdot kg^{-1}$ 土	70%～85%θ_F	70%～85%θ_F	70%～85%θ_F
	N_2：0.3 $gN \cdot kg^{-1}$ 土	70%～85%θ_F	70%～85%θ_F	70%～85%θ_F
	N_3：0.5 $gN \cdot kg^{-1}$ 土	70%～85%θ_F	70%～85%θ_F	70%～85%θ_F
W_1	N_1：0.1 $gN \cdot kg^{-1}$ 土	55%～70%θ_F	70%～85%θ_F	70%～85%θ_F
	N_2：0.3 $gN \cdot kg^{-1}$ 土	55%～70%θ_F	70%～85%θ_F	70%～85%θ_F
	N_3：0.5 $gN \cdot kg^{-1}$ 土	55%～70%θ_F	70%～85%θ_F	70%～85%θ_F
W_2	N_1：0.1 $gN \cdot kg^{-1}$ 土	70%～85%θ_F	55%～70%θ_F	70%～85%θ_F
	N_2：0.3 $gN \cdot kg^{-1}$ 土	70%～85%θ_F	55%～70%θ_F	70%～85%θ_F
	N_3：0.5 $gN \cdot kg^{-1}$ 土	70%～85%θ_F	55%～70%θ_F	70%～85%θ_F
W_3	N_1：0.1 $gN \cdot kg^{-1}$ 土	70%～85%θ_F	70%～85%θ_F	55%～70%θ_F
	N_2：0.3 $gN \cdot kg^{-1}$ 土	70%～85%θ_F	70%～85%θ_F	55%～70%θ_F
	N_3：0.5 $gN \cdot kg^{-1}$ 土	70%～85%θ_F	85%～70%θ_F	55%～70%θ_F

注：灌水量按照土壤田间持水量的百分比表示

9.2.2 结果与分析

9.2.2.1 不同生育期水分亏缺和施氮对茄子株高的影响

表 9-2 显示了不同生育期水分亏缺和施氮对茄子株高的影响。由表可知，随着生育进程的推进，株高也在不断增长。与对照处理相比，在低氮条件下，开花座果期、初果期、盛果期进行水分亏缺处理的株高分别较对照下降 7.87%、2.53%、10.94%；在中氮条件下，开花座果期、初果期、盛果期进行水分亏缺处理的株高分别较对照下降 24.51%、4.59%、10.27%；在高氮条件下，开花座果期、初果期、盛果期进行水分亏缺处理的株高分别较对照下降 16.34%、12.22%、8.15%。说明不同生育期水分亏缺对茄子株高有不同程度的抑制作用。

此外，开花座果期水分亏缺处理复水后补偿效应明显，与对照处理生育期结束时株高差异不显著，其中 W_1N_2 处理甚至超过了对照处理；初果期进行水分亏缺的低氮、中氮、高氮处理 W_2N_1、W_2N_2、W_2N_3 复水后，与对照处理生育期结束时的株高相比分别下降了 5.2%、5.1%、8.73%，表明尽管复水后株高有所增加，但仍低于对照处理，这同时也说明初果期进行水分亏缺的处理自我调节能力有限。由于试验规模限制，盛果期没有进行复水处理，但就开花座果期和初果期水分亏缺相比，前者对最终植株株高的形成影响较小。从表中还可以看出，无论是开花座果期、初果期、盛果期水分亏缺处理还是对照处理，随着施氮量的增加，株高呈现逐渐增大的趋势，表现为 $N_3>N_2>N_1$。说明施氮对株高有一定的促进作用。

根据表 9-2 的显著性检验可以发现，开花座果期水分处理的 P 值小于 0.05，氮肥处理的 P 值小于 0.01，水分处理×氮肥处理的 P 值大于 0.05，说明开花座果期不同水分和施氮处理对茄子的株高影响显著，但水分处理×氮肥处理对株高的影响不显著；初果期水分处理的 P 值小于 0.05，氮肥处理的 P 值小于 0.01，水分处理×氮肥处理的 P 值大于 0.05，说明初果期不同水分和施氮处理对茄子的株高影响显著，但水分处理×氮肥处理对株高的影响不显著；盛果期水分处理的 P 值小于 0.01，氮肥处理的 P 值小于 0.05，水分处理×氮肥处理的 P 值大于 0.05，说明盛果期不同水分和施氮处理对茄子的株高影响显著，但水分处理×氮肥处理对株高的影响不显著。

表 9-2　不同生育期水分亏缺和施氮对茄子株高的影响

灌水处理设置	施氮水平	株高/cm		
		开花座果期	初果期	盛果期
W_0	N_1	25.4de	53cde	64abc
	N_2	36.43ab	56.18abcd	68.17ab
	N_3	38.33a	60ab	69.68ab
W_1	N_1	23.4e	50.67e	65.27abc
	N_2	27.5d	55bcde	70.67a
	N_3	32.07c	55bcde	69ab

续表

灌水处理设置	施氮水平	株高/cm		
		开花座果期	初果期	盛果期
W_2	N_1	25.0e	51.66cde	60.67bc
	N_2	34.43bc	53.6cde	64.69abc
	N_3	37.3ab	52.33cde	63.6abc
W_3	N_1	25.1de	52.67de	57c
	N_2	36.43ab	57.33abc	61.17bc
	N_3	36.6ab	60.8a	64abc
显著性检验（*P* 值）				
水分处理		15.281^{*}	4.02^{*}	5.160^{**}
氮肥处理		51.899^{**}	11.371^{**}	3.890^{*}
水分处理×氮肥处理		2.192	1.915	0.184

注：同列不同字母表示处理间差异显著（$P<0.05$）；$*P<0.05$；$**P<0.01$；下同

9.2.2.2 不同生育期水分亏缺和施氮对茄子茎粗的影响

表 9-3 显示了不同生育期水分亏缺和施氮对茄子茎粗的影响。从表中可以看出，开花座果期各处理茎粗最大不超过 7.613 mm，随着生育期的发展，茎粗呈现逐渐增大的趋势，进入盛果期后，各处理茎粗均大于 9.267 mm。与对照处理相比，在低氮条件下，开花座果期、初果期、盛果期进行水分亏缺处理的茎粗分别较对照下降 19.08%、7.77%、14.57%；在中氮条件下，开花座果期、初果期、盛果期进行水分亏缺处理的茎粗分别较对照下降 18.11%、16.34%、9.21%；在高氮条件下，开花座果期、初果期、盛果期进行水分亏缺处理的茎粗分别较对照下降 10.44%、4.67%、10.74%，这说明任何生育期的水分亏缺都会对茎粗的生长产生一定的抑制作用。此外，开花座果期进行水分亏缺的低氮、中氮、高氮处理 W_1N_1、W_1N_2、W_1N_3 和初果期进行水分亏缺的低氮、中氮、高氮处理 W_2N_1、W_2N_2、W_2N_3 复水后，与对照处理生育期结束时的茎粗相比，分别下降了 0.74%、1.51%、5.25% 和 3.82%、4.49%、5.86%，说明开花座果期和初果期水分亏缺后复水对茄子茎粗的增长产生一定的补偿效应。从表中还可以看出，无论是开花座果期、初果期、盛果期水分亏缺处理还是对照处理，施氮量对茎粗的影响不显著。说明施氮对茎粗的影响较小。

表 9-3　不同生育期水分亏缺和施氮对茄子茎粗的影响

灌水处理设置	施氮水平	茎粗/mm		
		开花座果期	初果期	盛果期
W_0	N_1	7.537a	8.767abc	10.847a
	N_2	7.613a	9.1a	10.923a
	N_3	7.107ab	8.567abc	10.8ab
W_1	N_1	6.097c	8.647abc	10.767ab
	N_2	6.243c	8.9abc	10.767ab
	N_3	6.365c	8.367abcd	10.233ab

续表

灌水处理设置	施氮水平	茎粗/mm		
		开花座果期	初果期	盛果期
W_2	N_1	7.537a	8.086cd	10ab
	N_2	7.433a	7.613d	10.433ab
	N_3	7.416a	8.167bcd	10.167ab
W_3	N_1	7.536a	8.867abc	9.267bc
	N_2	7.613a	9.0ab	9.917ab
	N_3	7.317ab	8.567abc	9.64b
显著性检验（P 值）				
水分处理		52.443^*	6.766^*	5.090^*
氮肥处理		9.163	0.842	2.903
水分处理×氮肥处理		3.789^*	1.009	2.152

根据表 9-3 的显著性检验可以发现，开花座果期水分处理的 P 值小于 0.05，氮肥处理的 P 值大于 0.05，水分处理×氮肥处理的 P 值小于 0.05，说明开花座果期不同水分处理对茄子的茎粗影响显著，施氮对茎粗的影响不显著，水分处理×氮肥处理对茎粗的影响显著；初果期不同水分处理的 P 值小于 0.05，氮肥处理的 P 值大于 0.05，水分处理×氮肥处理的 P 值大于 0.05，说明初果期不同水分处理对茄子的茎粗的影响显著，施氮对茎粗的影响不显著，水分处理×氮肥处理对茎粗的影响不显著；盛果期水分处理的 P 值小于 0.05，氮肥处理的 P 值大于 0.05，水分处理×氮肥处理的 P 值大于 0.05，说明盛果期不同水分处理对茄子的茎粗影响显著，施氮对茎粗的影响不显著，水分处理×氮肥处理对茎粗的影响不显著。

9.2.2.3 不同生育期水分亏缺和施氮对茄子叶片数的影响

表 9-4 显示了不同生育期水分亏缺和施氮对茄子叶片数的影响。从表中可以看出，与株高、茎粗相同，随着生育期的推进，叶片数逐渐增加。方差分析表明，在各生育期施氮量相同的条件下，开花座果期、初果期、盛果期进行水分亏缺的处理，与对照相比，叶片数均没有明显差异。另外，施氮对各处理的叶片数也不显著。根据表 9-4 的显著性检验可以发现，开花座果期、初果期、盛果期水分处理的 P 值均小于 0.05，氮肥处理的 P 值均大于 0.05，水分处理×氮肥处理的 P 值也都大于 0.05，说明不论是开花座果期、初果期还是盛果期，不同水分处理对茄子的叶片数影响显著，施氮、水氮互作对叶片数的影响均不显著。

表 9-4　不同生育期水分亏缺和施氮对茄子叶片数的影响

灌水处理设置	施氮水平	叶片数		
		开花座果期	初果期	盛果期
W_0	N_1	16a	24ab	26abc
	N_2	15.3a	24.7ab	25abc
	N_3	13.7a	27.3a	28ab

续表

灌水处理设置	施氮水平	叶片数		
		开花座果期	初果期	盛果期
W_1	N_1	12.8a	21b	25.5abc
	N_2	12.7a	23ab	29ab
	N_3	11.3a	22ab	30a
W_2	N_1	16a	22ab	24.3abc
	N_2	15.3a	21.3ab	24.3abc
	N_3	14a	19b	26abc
W_3	N_1	16a	22.7ab	24.5abc
	N_2	15.3a	24.7ab	25.5abc
	N_3	15a	27.3a	29ab
显著性检验（P 值）				
水分处理		3.313*	4.683*	3.709*
氮肥处理		1.773	0.743	2.898
水分处理×氮肥处理		0.078	1.034	0.705

9.2.2.4 不同生育期水分亏缺和施氮对茄子叶面积指数的影响

从表 9-5 中可以看出，叶面积指数随着生育期的进展逐渐增大。与对照处理相比，在低氮条件下，开花座果期、初果期、盛果期进行水分亏缺处理的叶面积指数分别较对照下降 30%、13.64%、5.4%；在中氮条件下，开花座果期、初果期、盛果期进行水分亏缺处理的叶面积指数分别较对照下降 43.93%、14.29%、8.8%；在高氮条件下，开花座果期、初果期、盛果期进行水分亏缺处理的叶面积指数分别较对照下降 61%、17.65%、10%，说明无论在哪个生育期进行水分亏缺都会抑制叶片的生长，其中开花座果期进行水分亏缺的处理叶面积指数下降尤为明显，这是因为开花座果期植株生长较快，没有进行水分亏缺的处理叶面积增长很快，而进行了水分亏缺的处理叶面积增长的速率减缓，因此表现为进行水分亏缺处理的叶面积指数与对照相比有很大程度的下降。不过，开花座果期进行水分亏缺的低氮、中氮、高氮处理在后面的生育期复水后产生一定补偿效应，叶面积的增长速率迅速升高，与对照处理生育期结束时的叶面积指数相比，分别提高了 6.67%、9.52%、10.45%。初果期进行水分亏缺的低氮、中氮、高氮处理 W_2N_1、W_2N_2、W_2N_3 在盛果期复水后，叶面积指数与对照处理相比分别下降了 10.71%、5.26%、8.33%，说明初果期水分亏缺后复水对叶面积的增长有一定的补偿效应，但是这种补偿是有限的。各个生育期，不论是进行水分亏缺的处理还是没有进行水分亏缺的处理，随着施氮量的增加，叶面积指数的变化不显著。

根据表 9-5 的显著性检验可以发现，开花座果期、盛果期水分处理的 P 值小于 0.01，氮肥处理的 P 值大于 0.05，水分处理×氮肥处理的 P 值大于 0.05，说明开花座果期、盛果期不同水分处理对茄子的叶面积指数的影响极显著，施氮对叶面积指数的影响不显著，水氮互作对叶面积指数的影响也不显著；初果期不同水分和施氮处理的 P 值大于 0.05，水分处理×氮肥处理的 P 值大于 0.05，说明初果期不同水分处理、施氮处理及水氮互作对茄子叶面积指数的影响均未达到显著水平。

表 9-5　不同生育期水分亏缺和施氮对茄子叶面积指数的影响

灌水处理设置	施氮水平	叶面积指数		
		开花座果期	初果期	盛果期
W_0	N_1	3.0ab	4.4ab	5.6abc
	N_2	3.21ab	4.9a	5.7abc
	N_3	3.6a	5.1a	6.0abc
W_1	N_1	2.1bc	4.3ab	6.1abc
	N_2	1.8c	4.7ab	6.3ab
	N_3	1.4c	4.3ab	6.7a
W_2	N_1	3.0ab	3.8b	5.0c
	N_2	3.1ab	4.2ab	5.4bc
	N_3	3.6a	4.2ab	5.5abc
W_3	N_1	3.1ab	4.3ab	5.3bc
	N_2	3.2ab	4.9a	5.2bc
	N_3	3.4a	4.9a	5.4bc
显著性检验（P 值）				
水分处理		11.311^{**}	2.710	5.407^{**}
氮肥处理		0.324	0.157	1.517
水分处理×氮肥处理		0.585	0.117	0.441

9.2.2.5 不同生育期水分亏缺和施氮对茄子根系生长的影响

表 9-6 显示了不同生育期水分亏缺和施氮对茄子根系生长的影响。从表中可以看出，不同生育期水分亏缺和施氮对茄子总根长有一定的影响。在任何施氮水平下，与对照处理比较，开花座果期和初果期水分亏缺对总根长没有显著影响，而盛果期的水分亏缺对总根长有着明显的抑制作用。与对照处理相比，在低氮、中氮、高氮条件下，盛果期水分亏缺的总根长比对照分别降低了 12.39%、18.82%、15.29%。不论是全生育期没有进行水分亏缺的处理 W_0，还是在开花座果期、初果期、盛果期进行水分亏缺的处理 W_1、W_2、W_3，随着氮肥施用量的增加，总根长呈现先增大后减少的趋势，表现为 $N_2>N_1>N_3$。

根体积呈现了与总根长基本一致的趋势。在任何施氮水平下，与对照处理相比，在低氮、中氮、高氮条件下，盛果期的水分亏缺对总根体积有着明显的抑制作用，较对照处理分别降低了 30.97%、42.36%、32.05%。总根长随着氮肥施用量的增加也呈现先增大后减少的趋势。

表 9-6　不同生育期水分亏缺和施氮对茄子根系生长的影响

灌水处理设置	施氮水平	总根长/(cm · 盆$^{-1}$)	总根体积/(g · 盆$^{-1}$)
W_0	N_1	4163.32b	90.98cd
	N_2	5136.35a	169.93a
	N_3	2490.17ef	58.01g
W_1	N_1	3719.76bc	79.77de
	N_2	5573.86a	105.92b
	N_3	2866.31de	64.07fg
W_2	N_1	4149.45b	91.21cd
	N_2	4898.07a	163.34a
	N_3	3390.22cd	74.58ef
W_3	N_1	3647.55bc	62.8fg
	N_2	4169.70b	97.59bc
	N_3	2109.31f	39.42h
显著性检验（P 值）			
水分处理		8.156^{**}	23.235^{**}
施氮处理		95.065^{**}	67.764^{**}
水分处理×施氮处理		2.779^{*}	4.462^{*}

从表 9-6 中的显著性检验可以发现，水分处理和施氮处理对生育期结束时的总根长和总根体积影响极显著，水氮互作对总根长和总根体积影响也达到了显著水平。

9.2.2.6 不同生育期水分亏缺和施氮对根系重量空间分布特征的影响

由图 9-1 可知，无论是全生育期正常灌水还是在开花座果期、初果期、盛果期进行亏水处理，随土壤垂直深度的增加，茄子根系重量在垂直方向上呈现对数递减函数分布，各处理相关系数 R^2 均达到 0.92 以上。根系主要分布在 0～20 cm 土层，0～20 cm 的土层中根干重占总根干重的 81.7%～98.74%，而在 20cm 以下的土层中，根重迅速减少。

由图 9-1 还可以明显看出，在低氮、中氮、高氮条件下，与对照处理相比，生育期内的水分亏缺对各层根干重分布有一定的影响，其中尤其以对盛果期水分亏缺处理的影响最为明显，其各层根干重均低于对照处理。进一步分析可以看出，在低氮和中氮条件下，亏缺灌溉的时间越早，20 cm 以下根干重占总根干重的比例也越大；然而在高氮条件下，水分亏缺进行得越早，20 cm 土层下的根干重占总根干重的比例也越小。随着施氮量的增加，所有处理 0～20 cm 土层根干重占总根干重的比例显著提高，分布在 20 cm 土层下的根干重占总根干重的比例显著下降，出现高氮营养浅根化趋势。从图中可以看出，W_0N_3、W_1N_3、W_2N_3、W_3N_3 处理在 25～30 cm 处几乎观察不到根系的存在。

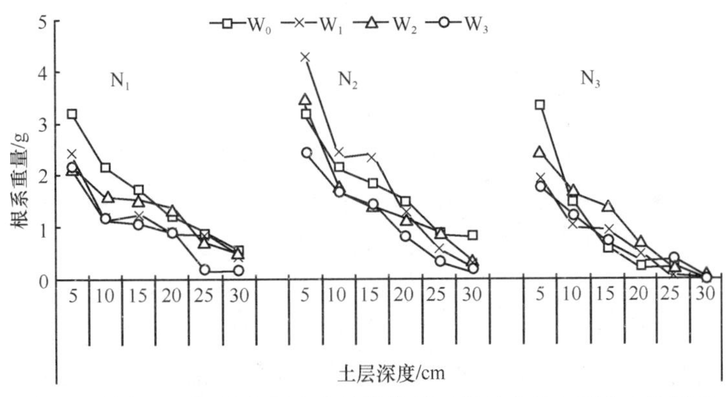

图 9-1　施氮对不同生育期水分亏缺条件下根系重量空间分布的影响

9.2.2.7 不同生育期水分亏缺和施氮对茄子根系活力的影响

图 9-2 显示了不同生育期水分亏缺和施氮处理下茄子根系活力的变化。从图中可以看出，在开花座果期，对照处理根系活力均大于 0.12 mg · g^{-1}FW · h^{-1}，并保持在 0.12～0.14 mg · g^{-1} FW · h^{-1}，随着生育进程的推进，根系活力也在不断地增长，初果期对照处理根系活力保持在 0.14～0.17 mg · g^{-1} · FW · h^{-1}，盛果期达到 0.15～0.18 mg · g^{-1} FW · h^{-1}。

不同生育期水分亏缺和施氮对茄子根系活力有明显的影响。与对照处理相比，在低氮条件下，开花座果期、初果期、盛果期进行水分亏缺处理的根系活力分别较对照下降 11.86%、19.72%、32.72%；在中氮条件下，开花座果期、初果期、盛果期进行水分亏缺处理的根系活力分别较对照下降 11.29%、21.33%、25.61%；在高氮条件下，开花座果期、初果期、盛果期进行水分亏缺处理的根系活力分别较对照下降 23.91%、20.5%、35.71%。从全生育期看，与对照处理相比，盛果期进行水分亏缺的低氮、中氮、高氮处理 W_3N_1、W_3N_2、W_3N_3 在生育期结束时的根系活力下降最为显著，最低可达 0.11 mg · g^{-1} · FW · h^{-1}，这是由灌水量的减少引起的。由于盛果期是产量形成的重要时期，根系活力的大小影响着水分和养分的传输效率，因此保持盛果期根系活力是尤为重要的。此外，开花座果期和初果期水分亏缺的处理在随后的生育期复水后显示出一定的补偿效应，其中，开花座果期的水分亏缺 W_1 处理复水后的补偿效应要明显大于初果期水分亏缺处理 W_2。

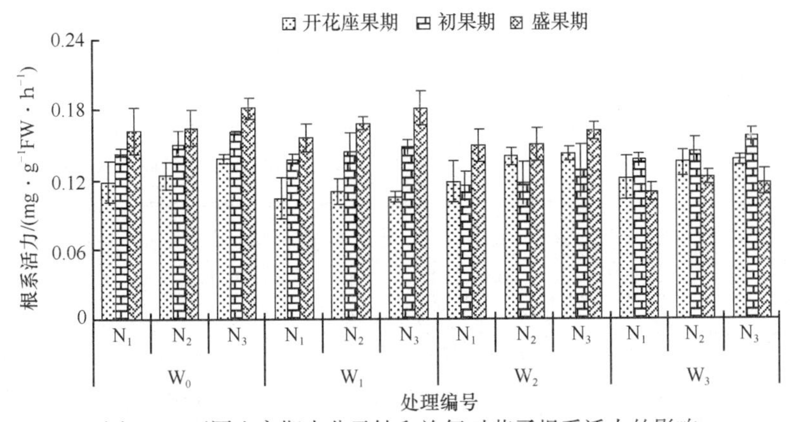

图 9-2　不同生育期水分亏缺和施氮对茄子根系活力的影响

从图中还可以看出，对照处理 W_0 的根系活力表现为高氮处理的最大，中氮处理次之，低氮处理的最小，而对于开花座果期进行水分亏缺的处理 W_1，其生育期内根系活力随着施氮量的增加逐渐增大；对于初果期进行水分亏缺的处理 W_2，其生育期内根系活力随着施氮量的增加呈现先减小后增大的趋势，这是因为初果期进行水分亏缺的缘故；对于盛果期进行水分亏缺的处理 W_3，其生育期内根系活力随着施氮量的增加呈先增大后减小的趋势，这是因为 W_3 处理在盛果期进行水分亏缺。

9.2.2.8 不同生育期水分亏缺和施氮对茄子干物质积累的影响

从表 9-7 中可以看出，任何生育期的水分亏缺都会对茄子叶片、茎、根、果实的干物质质量产生影响。在同一施氮水平条件下，开花座果期进行水分亏缺的低氮、中氮、高氮处理 W_1N_1、W_1N_2、W_1N_3 干物质的积累明显受到抑制，与对照处理相比，叶干物质质量分别下降了 23.6%、33.63%、42.33%，茎干物质质量分别下降了 43.42%、50.76%、35.41%，根干物质质量分别下降了 32.18%、31.34%、11.96%。不同施氮条件下，高氮、中氮、低氮处理叶片、茎干物质质量差异不显著，而根干物质质量随着施氮量的增加呈现中间大两头小的趋势，其中高氮处理的根干物质质量明显低于低氮和中氮处理。这说明高氮对根系干物质的积累有明显的抑制作用。显著性检验分析表明，水分处理对叶干物质质量、茎干物质质量的影响达到极显著水平，对根干物质质量达到显著水平；施氮处理对叶干物质质量、茎干物质质量达到显著水平，对根干物质质量达到极显著水平；水氮互作对叶干物质质量的影响不显著，对茎干物质质量和根干物质质量的影响达到显著水平。

表 9-7 不同生育期水分亏缺和施氮对茄子干物质累积的影响

灌水处理	施氮水平	开花座果期			初果期				盛果期			
		叶干重/g	茎干重/g	根干重/g	叶干重/g	茎干重/g	根干重/g	果干重/g	叶干重/g	茎干重/g	根干重/g	果干重/g
W_0	N_1	9.15ab	5.09abc	9.54ab	12.19abc	6.8ab	11.07abcd	13.49ab	15.83ab	8.13cd	9.95ab	31.42abc
	N_2	11.06a	5.93a	11.04a	12.83ab	7.98a	12.74ab	14.96ab	16.16ab	13.67a	10.37a	32.87abc
	N_3	10.89a	4.97abc	6.02de	13.82a	6.05b	9.07de	12.99ab	15.56ab	13.17ab	5.9e	30.68abc
W_1	N_1	6.99bc	2.88e	6.47de	11.7abc	5.55b	9.77cde	12.57ab	14.77ab	8.57cd	7.01de	32.36abc
	N_2	7.34bc	2.92e	7.58cd	11.92abc	6.99ab	12.87a	13.87ab	16.79a	14.29a	11.04a	34.26ab
	N_3	6.28c	3.21de	5.3e	11.16bc	5.86b	9.01de	10.91b	13.5b	12.63ab	4.44f	27.87bcd
W_2	N_1	9ab	5.14abc	8.45bc	10.32c	5.84b	9.27de	10.81b	13.69b	8.93cd	7.65cd	31.97abc
	N_2	10.84a	5.8ab	10.73a	11.33bc	6.5ab	10.75bcd	12.31ab	14.63ab	12.94ab	8.94bc	35.12a
	N_3	8.78a	4.6bc	5.62de	11.16bc	5.56b	8.27e	10.83b	15.34ab	11.23abc	6.41de	31.15abc
W_3	N_1	10.69ab	5.54ab	9.16abc	11.09bc	6.73ab	10.87abcd	14.21ab	13.98b	7.82d	5.74ef	26.36cd
	N_2	10.71a	5.82ab	10.62a	12.43abc	8.08a	11.74abc	15.59a	14.36ab	10.37bcd	6.9de	28.43abcd
	N_3	9.15a	4.21cd	5.86de	12.02abc	6.15b	9.26de	13.99ab	14.86ab	8.2cd	4.4f	22.32d
显著性检验（P 值）												
水分亏缺		13.5**	26.767**	9.318*	4.238*	2.949	3.400*	3.853*	4.751*	8.632*	9.883**	25.503**
施氮水平		3.935*	5.430*	49.731**	1.568	8.408	25.255**	2.569	3.601*	36.083*	54.303**	18.351**
水分×氮肥		0.631	1.548*	1.402*	0.544	0.356	0.755	0.103	3.114*	1.644*	6.812**	1.190*

同一施氮条件下，初果期进行水分亏缺的低氮、中氮、高氮处理 W_2N_1、W_2N_2、W_2N_3，干物质积累也受到一定的抑制，与对照处理相比，叶干物质质量分别下降了 19.56%、18.01%、4.6%，其中低氮和中氮处理下降最明显；茎干物质质量分别比对照处理下降了 26.82%、18.55%、8.1%，其中低氮处理下降最为明显；根干物质的积累与对照相比，分别下降了 16.26%、17.03%、8.82%；果实干物质质量也低于对照处理，分别下降了 19.87%、17.71%、16.63%。另外，开花座果期进行水分亏缺的低氮、中氮、高氮处理 W_1N_1、W_1N_2、W_1N_3 在初果期复水后，叶干物质质量、茎干物质质量、根干物质质量与对照处理差异均不显著，与对照处理相比，叶干物质质量分别下降了 4.02%、7.09%、19.24%，茎干物质质量分别下降了 18.38%、12.41%、3.14%，低氮和高氮处理的根干物质质量下降了 11.74%、0.66%，而中氮处理的根干物质质量则超过了对照处理，说明开花座果期进行水分亏缺的处理在初果期复水后各器官都出现一定的补偿效应。不同施氮水平条件下，高氮、中氮、低氮处理叶片、茎干物质质量差异不显著，而根干物质质量随着施氮量的增加呈现中间大两头小的趋势，其中高氮处理的根干重明显低于低氮和中氮处理，这说明高氮对根系干物质的积累有明显的抑制作用。通过显著性检验分析可以发现，初果期不同水分处理对叶干重、根干重、果实干重的影响达到显著水平，而对茎干重的影响不显著；施氮处理对根干重的影响达到极显著水平；水氮互作对叶干重、茎干重、根干重和果实干重的影响均不显著。

同一施氮条件下，盛果期进行水分亏缺的低氮、中氮、高氮处理 W_3N_1、W_3N_2、W_3N_3，与对照处理相比，叶干物质质量分别下降了 11.69%、11.14%、4.5%；茎干物质质量分别比对照下降 3.81%、24.14%、37.73%；根干物质质量分别比对照处理下降了 42.31%、33.46%、25.42%；果实干物质质量比对照分别下降了 16.3%、13.51%、27.25%。此外，开花座果期进行水分亏缺的低氮、中氮、高氮处理 W_1N_1、W_1N_2、W_1N_3 在初果期和盛果期复水后，与对照处理比较，叶、茎、根、果实干物质质量差异不显著。其中，低氮处理的茎干物质质量、果实干物质质量，中氮处理的叶、茎、根、果实干物质质量甚至超过了相应的对照处理，出现超补偿效应。初果期进行水分亏缺的低氮、中氮、高氮处理 W_2N_1、W_2N_2、W_2N_3 在盛果期复水后，除了低氮和中氮处理根干物质质量显著低于对照外，其余处理的叶干物质质量、茎干物质质量、根干物质质量和果实干物质质量与对照处理差异不显著，说明初果期复水后各器官都出现一定的补偿效应，但补偿效应很有限。不同施氮水平条件下，低氮、中氮、高氮处理叶片、茎、根、果实干物质质量随着施氮量的增加呈现中间大两头小的趋势，但差异不显著，说明合理的施肥有利于茄子植株各器官干物质的产生和积累。由显著性检验分析可知，盛果期水分处理对叶干重、茎干重的影响达到显著水平，对根干重和果实干重的影响达到极显著水平；施氮对叶干重的影响达到显著水平，对茎干重、根干重和果实干重的影响达到极显著水平；水氮互作对根系的影响达到极显著水平，对叶干重、茎干重、果实干重的影响均达到显著水平。

9.2.2.9 不同生育期水分亏缺和施氮对茄子根冠比的影响

图 9-3 显示了不同生育期水分亏缺和施氮处理对茄子根冠比的影响。从图中可以看出，根冠比在开花座果期时最大，其值为 0.38～0.74，随着生育进程的推进，根冠比逐

渐减小，进入盛果期后，根冠比最小，维持为 0.08～0.18。

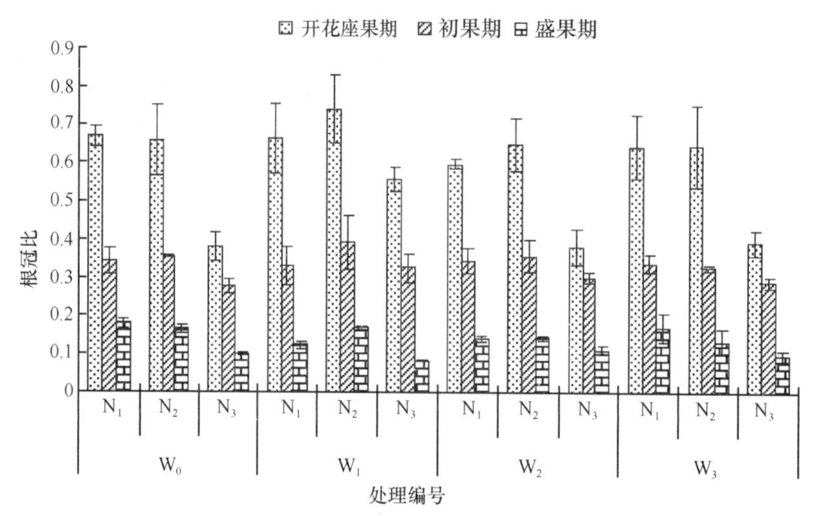

图 9-3　不同生育期水分亏缺和施氮对茄子根冠比的影响

不同生育期水分亏缺和施氮对茄子根冠比有一定的影响。开花座果期进行水分亏缺的处理与对照相比，差异不显著，其中，W_1N_2、W_1N_3 处理的根冠比高于对照处理；初果期进行水分亏缺的处理也表现出相似的规律，与对照处理相比，W_2N_1、W_2N_2、W_2N_3 处理的根冠比均高于对照处理，但差异不显著，这是因为土壤中常有一定的可用水，所以根系相对不易缺水，而地上部分则依靠根系供给水分，又因枝叶大量蒸腾，所以地上部水分容易亏缺。因而土壤水分不足对地上部分的影响比对根系的影响更大，使根冠比增大。盛果期进行水分亏缺处理 W_3N_1、W_3N_2、W_3N_3 的根冠比变化略有不同，与对照处理相比均略有下降，这可能是由于盛果期水分的亏缺加速了根系的衰老所致。此外，从图中还可以看出，低氮和中氮的根冠比均高于高氮处理，说明氮素供应不足时，首先满足根的生长，运到冠部的氮素就少，使根冠比增大；氮素供应充足时，大部分氮素与光合产物用于枝叶生长，供应根部的数量相对较少，根冠比降低。

9.2.3 结论

本研究的结果表明，在任何施氮水平下，任何生育期的水分亏缺都会抑制相应亏水生育期植株株高的增长。所有处理随着施氮量的增加，株高呈现逐渐增大的趋势，表现为 $N_3 > N_2 > N_1$。

叶片数、叶面积指数是反映叶片生长发育状态的最直观的指标。在同一施氮条件下，任何生育期的水分亏缺都会使叶面积指数下降，但是只有开花座果期水分亏缺对叶面积的影响达到显著水平。

本试验的研究结果表明，在同一施氮水平下，与对照处理比较，开花座果期和初果期水分亏缺对生育期结束时总根长、总根体积影响较小，而盛果期的水分亏缺对总根长有着明显地抑制作用。这与李波等的研究结果有出入，可能是因为本试验中设置了不同施氮水平。不论是全生育期有没有进行水分亏缺的处理，还是在开花座果期、初果期、盛果期进行了水分亏缺的处理，随着氮肥施用量的增加，生育期结束时总根长、总根体积呈现先增大后减少的趋势，表现为 $N_2>N_1>N_3$。这与张凤祥等的结论也有一定的不同，这可能是因为试验中水氮设置不同。

本研究结果显示，任何生育期的水分亏缺都会导致根系活力的下降，其中盛果期下降最为明显，这与王磊的研究结果一致；开花座果期、初果期水分亏缺的处理复水后均出现一定的补偿效应，尤其以开花座果期补偿效应最明显。所有处理在没有进行水分亏缺的生育期，根系活力均表现为高氮处理的最大，中氮处理次之，低氮处理的最小。这与刘小刚等的研究结果一致，而对于开花座果期、初果期、盛果期水分亏缺的处理，根系活力在亏水生育期内随施氮量的变化不显著。这可能是因为施氮不足以弥补水分亏缺对根系活力造成的影响。

本研究的结果显示，任何时期的水分亏缺都会抑制茄子地上部和地下部干物质的积累，各生育期亏水处理复水后，各器官均出现不同程度的补偿效应。水分亏缺对根系生物量的影响小于对叶、茎、果实，因此水分亏缺导致了根冠比的上升。

9.3 不同生育期水分亏缺和施氮对茄子光合特性的影响

植物光合作用是指绿色植物通过叶绿体，利用光能，把二氧化碳和水转化成储存着能量的有机物，并且释放出氧的过程。有关水分胁迫和施肥对光合作用影响已有较多的研究和报道。水分亏缺条件下施肥提高了作物的光合速率，可能是因为无机营养减少了光合作用的气孔与非气孔限制。营养较好的植株在水分胁迫下常常有较大的气孔导度，这就减少了气孔对 CO_2 扩散的限制，从而有助于作物光合速率的提高。施肥提高光合速率主要依赖于非气孔限制的减少，即叶肉细胞光合活性的提高而得以实现。许多研究表明，施肥可以提高作物的光合作用能力，表现为促进干物质的形成和积累，以及增加产量。例如，在轻度和中度水分胁迫下，叶片光合速率随施氮水平的升高而提高；但在严重水分胁迫下，不同氮水平的光合速率差异性不显著。所以，合理的水肥配合可以有效延长作物的光合功能期和提高叶片光合速率，有利于改善作物生理机能，提高蔬菜作物产量。本章主要研究和分析不同生育期水分亏缺和施氮对茄子光合特性的影响。

9.3.1 研究内容与方法

9.3.1.1 试验区概况

试验于 2009 年 5 月 17 日至 2009 年 9 月 14 日在西北农林科技大学旱区农业水土工程教育部重点实验室的温室内进行，供试土壤为西北农林科技大学灌溉试验站的耕层土壤(塿土)，供试作物品种为‘陕西绿茄’。

9.3.1.2 试验设计

试验设不同生育期水分亏缺和氮肥两个因素。不同生育期水分亏缺设开花座果期水分亏缺(W_1，从定植后 20 d 开始水分亏缺，水分亏缺持续 19 d，然后恢复正常)、初果期水分亏缺(W_2，从定植后 39 d 开始水分亏缺，持续 32 d，其他时间正常灌水)、盛果期水分亏缺(W_3，从播种后 70 d 开始水分亏缺，持续 50 d，其他时间正常灌水)，以全生育期不进行水分亏缺作为作为对照(W_0)。亏水与不亏水以控制土壤含水量占田间持水量(θ_F)的百分数表示，不亏水时为 70%～85%θ_F，亏水时为 55%～70%θ_F。施氮水平设置低氮(N_1，0.1 g · kg^{-1})、中氮(N_2，0.3g · kg^{-1})、高氮(N_3，0.5 g · kg^{-1}) 3 个水平。试验共设 12 个处理，每个处理重复 20 次，随机排列，共 240 盆。

9.3.2 结果与分析

9.3.2.1 不同生育期水分亏缺和施氮对茄子净光合速率的影响

由图 9-4～图 9-6 可以看出，无论是开花座果期、初果期还是盛果期，茄子功能叶片的净光合速率日变化呈双峰曲线，上午 8：00 开始上升，10：00 时达到峰值后开始回落，12：00 后又开始上升，并在 14：00 达到第二个峰值，之后呈下降趋势。随着生育进程的推进，从整体上看，对照处理 W_0 各个时间段的净光合速率均呈现增大趋势，其中开花座果期净光合速率最小，初果期次之，盛果期净光合速率最大。

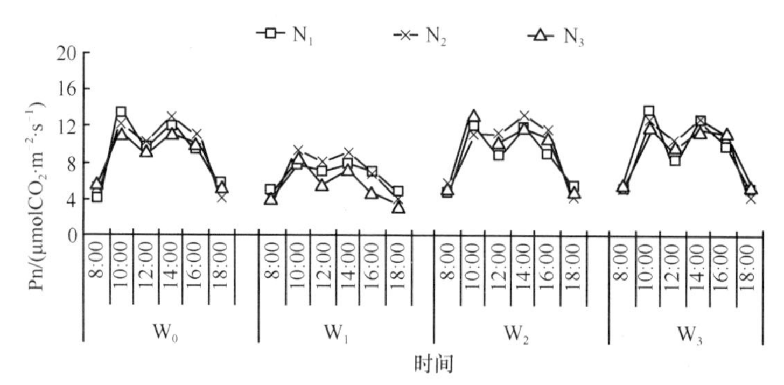

图 9-4 开花座果期不同水氮处理条件下茄子净光合速率日变化

从图 9-4 可以看出，在任何施氮条件下，开花座果期没有进行水分亏缺的 W_0、W_2、W_3 处理各个时段的净光合速率均高于开花座果期进行水分亏缺的 W_1 处理，且 W_1 处理下降明显。说明开花座果期的水分亏缺明显抑制了茄子植株的净光合速率。W_2、W_3 处理由于在开花座果期没有进行水分亏缺处理，其各个时间段的净光合速率与对照 W_0 处理变化趋势一致，且差异不大。

从图 9-5 可以看出，在任何施氮条件下，初果期没有进行水分亏缺的 W_0、W_1、W_3 处理各个时间段的净光合速率均高于初果期进行水分亏缺的 W_2 处理，说明初果期的水分亏缺对净光合速率产生了明显的影响。开花座果期进行了水分亏缺的 W_1 处理在初果期复水后表现出一定的补偿效应，其各个时间段的净光合速率与对照 W_0 处理差异不显著。W_3 处理由于开花座果期和初果期都没有进行水分亏缺处理，与对照处理差异也不显著。

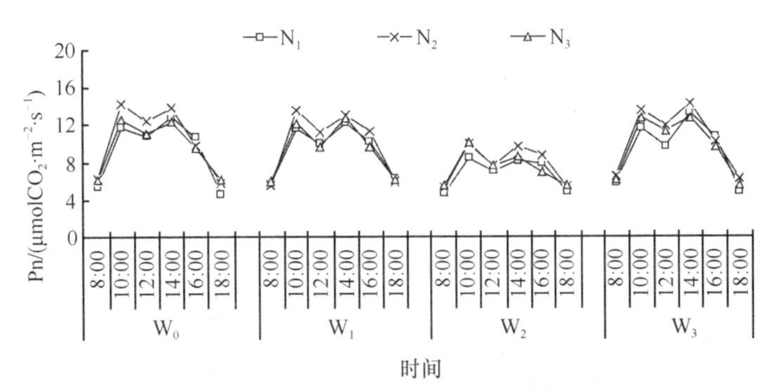

图 9-5　初果期不同水氮处理条件下茄子净光合速率日变化

从图 9-6 可以看出，任何施氮条件下，盛果期进行水分亏缺的处理 W_3 各个时段的净光合速率均低于 W_0、W_1、W_2 处理，且下降明显，说明盛果期的水分亏缺对净光合速率有着明显的影响。开花座果期进行水分亏缺的处理 W_1 和初果期进行水分亏缺的处理 W_2 在后面生育期复水后表现出一定的补偿效应，尤其以中氮处理的补偿效应最为明显。从整体上看，各个生育期无论是进行水分亏缺的处理还是没有进行水分亏缺的处理，均表现为中氮处理下的净光合速率较高。

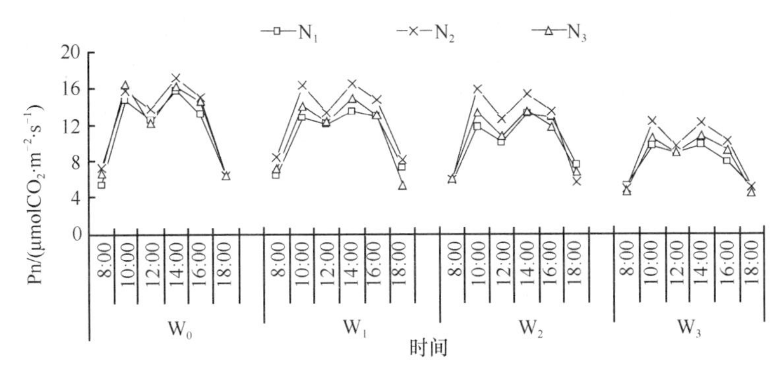

图 9-6　盛果期不同水氮处理条件下茄子净光合速率日变化

9.3.2.2 不同生育期水分亏缺和施氮对茄子蒸腾速率日变化特征的影响

由图 9-7～图 9- 9 可以看出，无论是开花座果期、初果期还是盛果期，茄子功能叶片的蒸腾速率日变化均呈单峰曲线，对于生育期不亏水处理，蒸腾速率从早上 8：00 开始缓慢上升，10：00 之后上升的趋势明显加强，14：00 达到峰值，随后开始下降；对于亏水的处理，情况有所不同，蒸腾速率从早上 8：00 开始缓慢上升，10：00 之后上升的趋势明显加强，其峰值出现在中午 12：00，随后开始下降。从整体上看，随着生育进程的推进，对照处理各个时段的蒸腾速率呈先上升后下降的趋势。

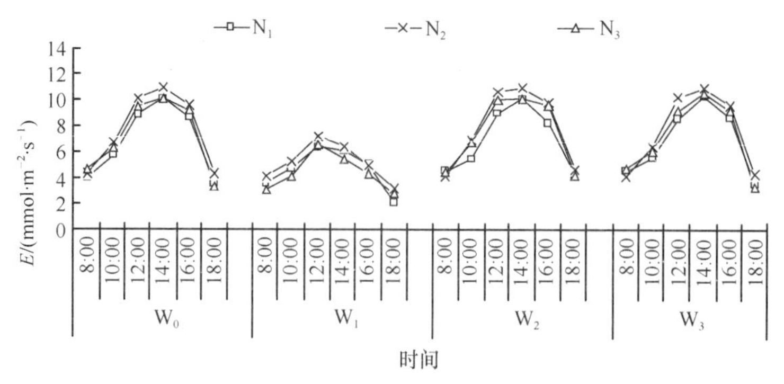

图 9-7 开花座果期不同水氮处理条件下茄子蒸腾速率日变化

从图 9-7 可以看出，在任何施氮条件下，开花座果期没有进行水分亏缺的 W_0、W_2、W_3 处理各个时段的蒸腾速率均高于开花座果期进行水分亏缺的 W_1 处理，且 W_1 处理下降明显。说明开花座果期的水分亏缺明显抑制了茄子植株的蒸腾速率。W_2、W_3 处理由于在开花座果期没有进行水分亏缺处理，其各个时间段的蒸腾速率与对照 W_0 处理变化趋势一致，且差异不大。

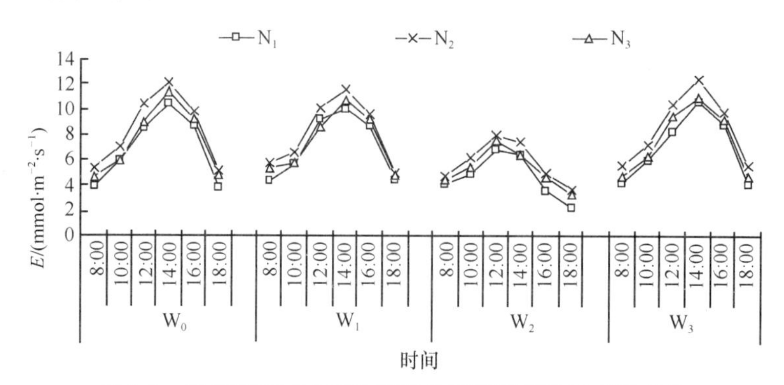

图 9-8 初果期不同水氮处理条件下茄子蒸腾速率日变化

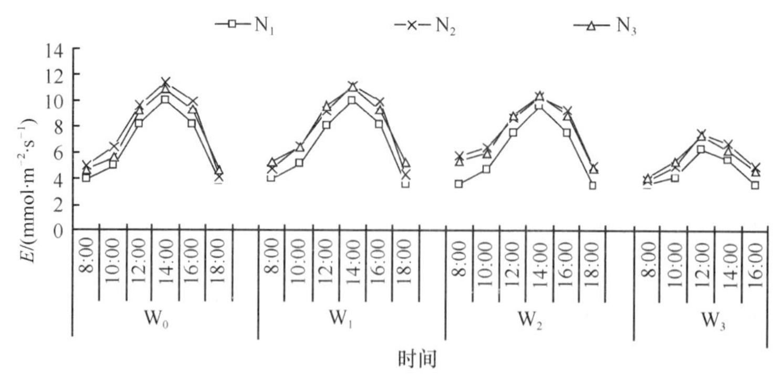

图 9-9 盛果期不同水氮处理条件下茄子蒸腾速率的日变化

从图 9-8 可以看出，在任何施氮条件下，初果期没有进行水分亏缺的 W_0、W_1、W_3 处理各个时间段的蒸腾速率均高于初果期进行水分亏缺的 W_2 处理，说明初果期的水分亏缺对蒸腾速率产生了明显的影响。开花座果期进行了水分亏缺的 W_1 处理在初果期复水后表现出一定的补偿效应，其各个时间段的蒸腾速率与对照 W_0 处理差异不显著。W_3 处理由于开花座果期和初果期都没有进行水分亏缺处理，与对照处理差异也不显著。

从图 9-9 可以看出，任何施氮条件下，盛果期进行水分亏缺的处理 W_3 各个时段的蒸腾速率均低于 W_0、W_1、W_2 处理，且下降明显，说明盛果期的水分亏缺对蒸腾速率有着明显的影响。开花座果期进行水分亏缺的处理 W_1 和初果期进行水分亏缺的处理 W_2 在后面生育期复水后表现出一定的补偿效应，尤其以中氮和高氮处理的补偿效应最为明显。与净光合速率类似，各个生育期无论是进行水分亏缺的处理还是没有进行水分亏缺的处理，均表现为中氮处理下的蒸腾速率较高。

9.3.2.3 不同生育期水分亏缺和施氮对茄子气孔导度日变化特征的影响

由图 9-10～图 9-12 可以看出，无论是开花座果期、初果期还是盛果期，茄子功能叶片的气孔导度日变化呈双峰曲线，上午 8：00 开始上升，10：00 时达到峰值后开始回落，12：00 后又开始上升，并在 14：00 达到第二个峰值，之后一直呈下降趋势。随着生育进程的推进，对照处理各个时段气孔导度均呈现先增大后减小的趋势，其中初果期气孔导度最大。

从图 9-10 可以看出，在任何施氮条件下，开花座果期进行水分亏缺的 W_1 处理除了下午 14：00 的气孔导度与开花座果期没有进行水分亏缺的 W_0、W_2、W_3 处理没有明显差异外，其他各个时段的气孔导度均低于开花座果期没有进行水分亏缺的 W_0、W_2、W_3 处理。说明开花座果期的水分亏缺对茄子植株的气孔导度产生一定的影响。W_2、W_3 处理由于在开花座果期没有进行水分亏缺处理，其各个时间段的气孔导度与对照 W_0 处理变化趋势一致，且差异不大。

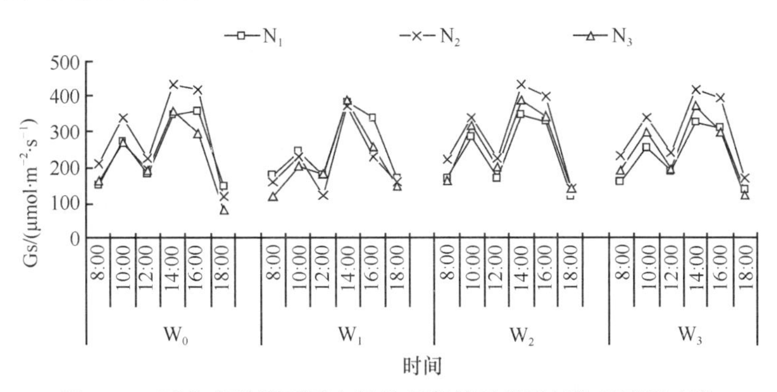

图 9-10　开花座果期不同水氮处理条件下茄子气孔导度日变化

从图 9-11 可以看出，在任何施氮条件下，整体上看，初果期没有进行水分亏缺的 W_0、W_1、W_3 处理各个时间段的气孔导度均高于初果期进行水分亏缺的 W_2 处理，说明初果期的水分亏缺对气孔导度产生了明显的影响。开花座果期进行了水分亏缺的 W_1 处理在初果期复水后表现出一定的补偿效应，其各个时间段的气孔导度与对照 W_0 处理差异不显著。W_3 处理由于开花座果期和初果期都没有进行水分亏缺处理，与对照处理差异也不显著。

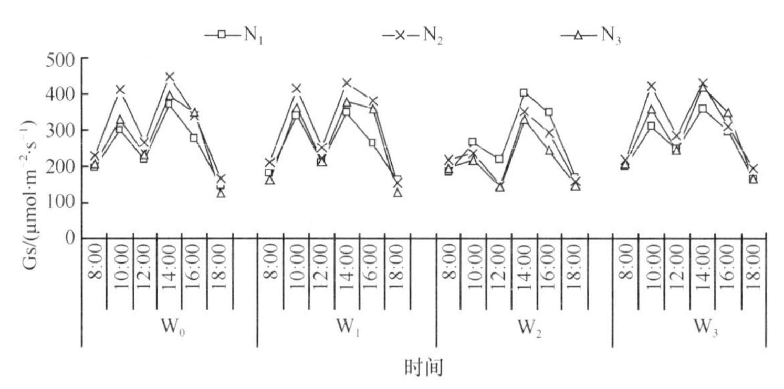

图 9-11 初果期不同水氮处理条件下茄子气孔导度日变化

从图 9-12 可以看出，任何施氮条件下，整体上看，盛果期进行水分亏缺的处理 W_3 各个时段的气孔导度均低于 W_0、W_1、W_2 处理，且下降明显，说明盛果期的水分亏缺对气孔导度有着明显的影响。开花座果期进行水分亏缺的处理 W_1 和初果期进行水分亏缺的处理 W_2 在后面生育期复水后表现出一定的补偿效应，尤其以中氮和高氮处理的补偿效应最为明显。在进行水分亏缺的条件下，随着施氮量的增加，气孔导度呈下降趋势，这可能是因为低的施氮水平提高了土壤水势，提高了土壤水分的有效性。在不进行水分亏缺的条件下，随着施氮量的增加，气孔导度呈先增大后减小的趋势。

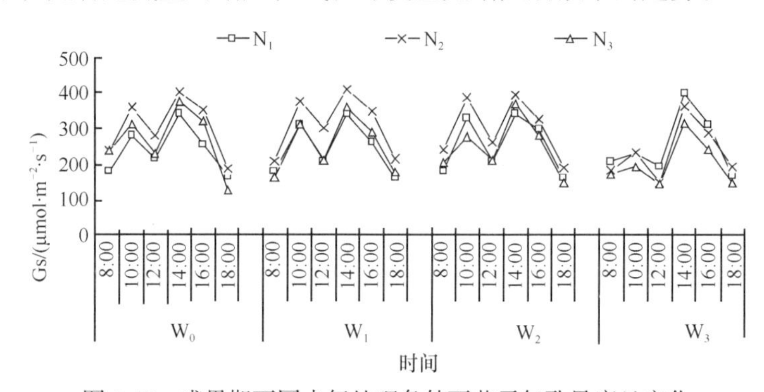

图 9-12 盛果期不同水氮处理条件下茄子气孔导度日变化

9.3.2.4 不同生育期水分亏缺和施氮对饱和光强下茄子光合特性的影响

由表 9-8 可以看出，各施氮水平与对照相比，开花座果期的水分亏缺处理 W_1 在饱和光强时的净光合速率比对照分别下降了 40.91%、23.87%、23.93%。说明水分的亏缺明显降低了净光合速率。从表中还可以看出，无论是开花座果期进行水分亏缺的处理还是没有进行水分亏缺的处理，饱和光强时的净光合速率均随着施氮量的增大而呈现先增大后减小的趋势。在各施氮水平下，与对照相比，初果期的水分亏缺处理 W_2 在饱和光强时的净光合速率比对照分别下降了 29.41%、30.23%、20.25%。说明水分的亏缺明显降低了净光合速率。W_1、W_3 处理由于在初果期没有进行水分亏缺，与对照处理相比没有显著差异，这同时也说明 W_1 处理在开花座果期水分亏缺后复水，显示出一定的补偿效应。不同施氮条件下，无论是初果期进行水分亏缺的处理还是没有进行水分亏缺的处理，饱和光强时的净光合速率均随着施氮量的增大而呈现先增大后减小的趋势，这与开花座果期的结果是一致的。各施氮水平下，与对照相比，盛果期的水分亏缺处理在饱和光强时的净光合速率较对照分别下降了 35.33%、21.71%、37.2%。不同施氮条件下，无论是盛果期进行水分亏缺的处理还是没有进行水分亏缺的处理，饱和光强时的净光合速率均随着施氮量的增大而呈现先增大后减小的趋势，这与开花座果期、初果期的结果是一致的。

在各施氮水平下，与对照处理相比，开花座果期进行水分亏缺的 W_1 处理在饱和光强时的蒸腾速率明显降低，分别下降了 17.82%、21.96%、33.7%。说明水分的亏缺使叶片气孔开度减小，降低了蒸腾速率。W_2、W_3 处理由于在开花座果期没有进行亏水处理，饱和光强下的蒸腾速率与对照处理差异不显著。从表中还可以看出，无论是开花座果期进行水分亏缺的处理还是没有进行水分亏缺的处理，随着施氮量的增加，蒸腾速率呈现先增大后减小的趋势，说明合理的施氮有利于提高蒸腾速率。在任何施氮水平下，与对照相比，初果期的水分亏缺处理 W_2 在饱和光强时的蒸腾速率明显降低，比对照分别下降了 19.24%、11.79%、7.67%。说明水分的亏缺明显降低了蒸腾速率，这与开花座果期的结论相一致。W_1、W_3 处理由于在初果期没有进行水分亏缺，与对照处理相比没有显著差异。另外，这同时也说明 W_1 处理在开花座果期水分亏缺后复水，显示出一定的补偿效应。从表中还可以看出，无论是初果期进行水分亏缺的处理还是没有进行水分亏缺的处理，随着施氮量的增加，蒸腾速率呈现先增大后减小的趋势，说明合理的施氮有利于提高蒸腾速率。任何施氮水平下，与对照相比，盛果期的水分亏缺处理在饱和光强下的蒸腾速率比对照下降了 15.18%、22.81%、3.75%。W_1、W_2 处理没有进行水分亏缺，蒸腾速率与对照处理差异不显著。无论是盛果期进行水分亏缺的处理还是没有进行水分亏缺的处理，随着施氮量的增加，蒸腾速率呈现先增大后减小的趋势，说明合理的施氮有利于提高蒸腾速率。这与开花座果期、初果期的结果是一致的。

表 9-8 各生育期饱和光强下茄子光合特性的变化特征

水分处理	施氮水平	净光合速率/($\mu molCO_2 \cdot m^{-2} \cdot s^{-1}$)			蒸腾速率/($mmol \cdot m^{-2} \cdot s^{-1}$)			气孔导度/($\mu mol \cdot m^{-2} \cdot s^{-1}$)		
		开花座果期	初果期	盛果期	开花座果期	初果期	盛果期	开花座果期	初果期	盛果期
W_0	N_1	13.2ab	12.24e	14.69c	5.78ef	6.03cde	4.94de	275de	300e	286d
	N_2	12.15cd	14.72a	15.71b	6.74ab	7.04a	6.4a	339a	412a	366b
	N_3	11.2e	13.04cd	16.4a	6.29cd	6cdef	5.6bc	270de	329cd	320c
W_1	N_1	7.8h	12.06e	12.7ef	4.75h	5.69ef	5.2cde	246fg	342bc	318c
	N_2	9.25f	14.12b	16.27ab	5.26g	6.59b	6.51a	229g	414a	385ab
	N_3	8.52g	12.58de	14d	4.17i	5.76def	6.4a	204h	364b	318c
W_2	N_1	12.2bcd	8.64g	11.7g	5.48fg	4.87g	4.8e	285cd	267f	337c
	N_2	13.12ab	10.27f	15.8ab	6.9a	6.21bcd	6.4a	339a	238g	396a
	N_3	11.15e	10.4f	13.2e	6.69abc	5.54ef	6ab	320ab	220g	283d
W_3	N_1	13.62a	12.12e	9.5i	5.58fg	6.03cde	4.19f	255ef	310de	233e
	N_2	12.75bc	14b	12.3fg	6.44bcd	7.24a	4.94de	339a	422a	238e
	N_3	11.82d	13.24c	10.3h	6.09de	6.3bc	5.39cd	300bc	359b	198f

在各施氮水平下，与对照处理相比，开花座果期进行水分亏缺的 W_1 处理在饱和光强时的气孔导度明显降低，分别下降了 10.55%、32.45%、24.44%。说明水分亏缺使叶片气孔开度减小。W_2、W_3 处理由于在开花座果期没有进行亏水处理，气孔导度与对照处理差异不显著。从表中还可以看出，无论是开花座果期进行水分亏缺的处理还是没有进行水分亏缺的处理，随着施氮量的增加，气孔导度呈现先增大后减小的趋势。初果期的水分亏缺处理 W_2 在任何施氮水平下，与对照相比，饱和光强时的气孔导度明显降低，比对照分别下降了 11.00%、42.23%、33.13%。说明水分的亏缺明显降低了气孔导度，这与开花座果期的结论相一致。W_1、W_3 处理由于在初果期没有进行水分亏缺，与对照处理相比没有显著差异。从表中还可以看出，无论是初果期进行水分亏缺的处理还是没有进行水分亏缺的处理，随着施氮量的增加，气孔导度呈现先增大后减小的趋势。任何施氮水平下，与对照相比，盛果期水分亏缺处理 W_3 在饱和光强时的气孔导度明显降低，比对照分别下降了 18.53%、62.3%、39.69%。W_1、W_2 处理没有进行水分亏缺，其各个时间段的气孔导度与对照处理差异不显著。无论是开花座果期进行水分亏缺的处理还是没有进行水分亏缺的处理，随着施氮量的增加，气孔导度呈现先增大后减小的趋势，说明合理的施氮有利于提高气孔导度。这与开花座果期、初果期的结果是一致的。

9.3.3 结论

本研究的结果表明，无论是开花座果期、初果期还是盛果期，茄子功能叶片的净光合速率日变化呈双峰曲线，且中午 12：00 时达到最低值，出现“午休现象”，并且随着生育期的发展，净光合速率呈现逐渐增大的趋势。这与郁继华等的研究结果一致。生育期前期的蒸腾速率较后期的大，这可能是因为生育期后期，阳光照射强烈，温度较高，导致气孔开度减小，从而使蒸腾速率降低。气孔开度随生育期的推进，呈现先增大后减小的趋势。此外，任何生育期的水分亏缺都会使净光合速率、蒸腾速率、气孔导度的值降低。这与王学文等、王磊等、陈金平等的研究结果一致。随着施氮量的增加，净光合速率、蒸腾速率、气孔导度均呈现先增大后减小的趋势，这与张国红的研究结果一致。

9.4 不同水肥配合对茄子产量和水分利用效率的影响

许多研究表明，在作物不同生育期施加水分胁迫都会不同程度地影响作物各器官的生长，使叶面积、叶绿素含量降低，作物水分状况变差，影响作物一系列的生理代谢功能，光合产物减少，进而影响作物的生长。干旱通过水分胁迫的直接影响和促进早衰的间接影响而降低植株的光合能力，并因同化产物供应不足导致减产。氮素参与作物光合作用中许多重要化合物的合成，许多研究结果表明，合理的施氮有利于作物产量的形成，过高或过低的施氮量可能会对作物的产量产生一定的抑制作用。本部分研究和分析不同生育期水分亏缺和施氮对茄子作物的水分消耗，以及对茄子果实产量和水分利用的影响。

9.4.1 研究内容与方法

9.4.1.1 试验区概况

试验于 2009 年 5 月 17 日至 2009 年 9 月 14 日在西北农林科技大学旱区农业水土工程教育部重点实验室的温室内进行，供试土壤为西北农林科技大学灌溉试验站的耕层土壤(塿土)，供试作物品种为陕西绿茄。

9.4.1.2 试验设计

试验设不同生育期水分亏缺和氮肥两个因素。不同生育期水分亏缺设开花座果期水分亏缺(W_1，从定植后 20 d 开始水分亏缺，水分亏缺持续 19 d，然后恢复正常)、初果期水分亏缺(W_2，从定植后 39 d 开始水分亏缺，持续 32 d，其他时间正常灌水)、盛果期水分亏缺(W_3，从播种后 70 天开始水分亏缺，持续 50 d，其他时间正常灌水)，以全生育期不进行水分亏缺作为对照(W_0)。亏水与不亏水以控制土壤含水量占田间持水量(θ_F)的百分数表示，不亏水时为 70%～85%θ_F，亏水时为 55%～70%θ_F。施氮水平设置低氮(N_1，0.1 g · kg^{-1})、中氮(N_2，0.3 g · kg^{-1})、高氮(N_3，0.5 g · kg^{-1})3 个水平。试验共设 12 个处理，每个处理重复 20 次，随机排列，共 240 盆。

9.4.2 结果与分析

9.4.2.1 不同生育期水分亏缺和施氮对茄子日耗水量的影响

图 9-13 显示了不同生育期水分亏缺和施氮条件下的茄子日均耗水量变化。由图可知，对于所有处理，随着生育进程的发展，从开花座果期到盛果期，茄子日耗水量呈现逐渐增大的趋势，其日均耗水量分别为 1.91 mm · d^{-1}、2.45 mm · d^{-1}、3.38 mm · d^{-1}。

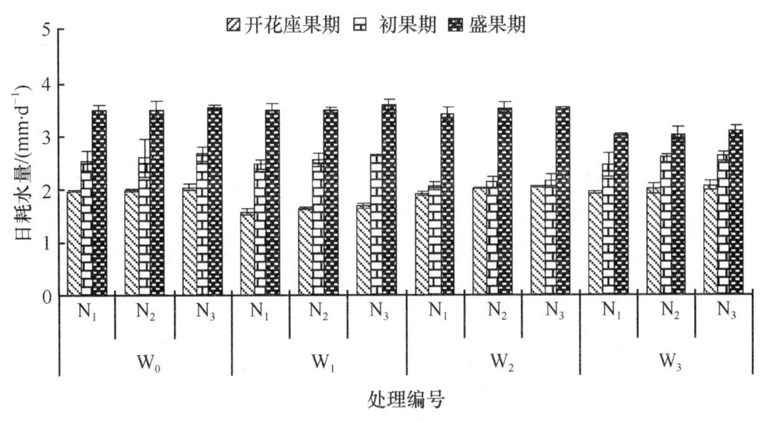

图 9-13　不同水氮处理茄子日耗水量的生育期变化

在施氮水平一定的条件下，开花座果期、初果期、盛果期进行水分亏缺的处理在相应亏水生育期的日耗水量明显降低，与对照处理的日平均耗水量相比均达到显著水平。其中低氮条件下，开花座果期、初果期、盛果期进行水分亏缺的处理在相应亏水生育期的日耗水量分别下降了 17.28%、15.92%、10.95%；中氮条件下，开花座果期、初果期、盛果期进行水分亏缺的处理在相应亏水生育期的日耗水量分别下降了 14.14%、13.27%、10.36%；高氮条件下，开花座果期、初果期、盛果期进行水分亏缺的处理在相应亏水生育期的日耗水量分别下降了 12.04%、11.43%、9.17%。这一方面是因为任何生育期的水分亏缺都会抑制该生育期植株的生长，使得植株的叶面积指数下降，蒸腾速率降低，进而降低了植株的耗水量。另一方面是因为设置了较低的灌水下限。此外，随着施氮量的增加，所有处理的日耗水量均呈现上升趋势，表现为 $N_3>N_2>N_1$。这是因为施氮量大的植株生长旺盛，因此日耗水量大，施氮少的植株长势较弱，因此耗水量小。其中对照处理、开花座果期水分亏缺处理、盛果期水分亏缺处理的低氮、中氮、高氮之间的差异均达到显著水平，而初果期的 W_2N_1、W_2N_2、W_2N_3 处理由于初果期的水分亏缺导致低氮和中氮处理日耗水量差异不显著。

9.4.2.2 不同生育期水分亏缺和施氮对茄子单株总耗水量的影响

图 9-14 显示了不同生育期水分亏缺和施氮对茄子单株总耗水量的影响。由图可知，所有处理单株茄子总耗水量都为260～310 mm，其中以 W_0N_3 处理总耗水量最大，达到301 mm。

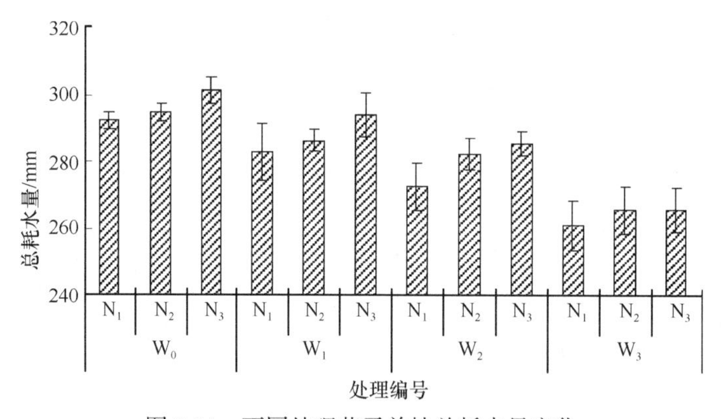

图 9-14 不同处理茄子单株总耗水量变化

从图中还可以看出，对照处理 W_0N_1、W_0N_2、W_0N_3 的总耗水量均高于生育期内进行过水分亏缺的处理。与对照处理相比，开花座果期进行了水分亏缺的低氮、中氮、高氮处理 W_1N_1、W_1N_2、W_1N_3 总耗水量分别下降了 19.9%、17.68%、17.24%，初果期进行了水分亏缺的低氮、中氮、高氮处理 W_2N_1、W_2N_2、W_2N_3 总耗水量分别下降了 19.29%、17.76%、18.42%，盛果期进行了水分亏缺的低氮、中氮、高氮处理 W_3N_1、W_3N_2、W_3N_3 总耗水量分别下降了 16.2%、16.95%、19.15%。其中，以初果期、盛果期下降最为显著，其次是开花座果期。这是因为盛果期进行水分亏缺的时间长，灌水量较少，所以耗水量最低。开花座果期进行水分亏缺的时间最短，灌水量较初果期、盛果期多，所以耗水量也相对较大。

不同施氮量对植株耗水量的影响表现为随着施氮量的上升，耗水量也上升。氮是植株器官生长发育所需的重要元素，施氮多的处理，生长势旺盛，叶面积指数大，蒸腾作用较为强烈，因此，不同处理的总耗水量均表现为 $N_3>N_2>N_1$。

9.4.2.3 不同生育期水分亏缺和施氮对茄子总产量和水分利用效率的影响

由表 9-9 可知，在同一施氮水平下，与对照相比，开花座果期、初果期、盛果期的水分亏缺处理茄子的产量均有不同程度减少，在低氮条件下，分别较对照降低了 6.13%、10.84%、14.64%；中氮条件下，分别较对照降低了 3.94%、5.62%、11.6%，高氮条件下，分别较对照降低了 11.35%、4.23%、16.14%，其中尤其以盛果期进行了水分亏缺处理的产量下降最大，其次是初果期和开花座果期。对照中的中氮处理（W_0N_2）的平均产量最高，达到 73.65 $t\cdot hm^{-2}$。另外，在 3 种水分亏缺处理中，开花座果期水分亏缺处理的产量也较高，尤其以施氮量为 0.3 $g\cdot kg^{-1}$ 处理（W_1N_2）的平均产量最高，达到 70.75 $t\cdot hm^{-2}$。进一步分析可以看出，在低氮和中氮条件下，水分亏缺的时期越早，对产量的影响越小；在高氮条件下，开花座果期进行了水分亏缺处理的产量最低。随着施氮量的增加，无论是生育期没有进行水分亏缺的处理还是进行了水分亏缺的处理，茄子的产量均表现出先上升后下降的趋势。

从表 9-9 可以看出，不同生育期水分亏缺和施氮处理对茄子水分利用效率均有一定的影响。在同一施氮水平下，开花座果期、初果期和盛果期进行水分亏缺的处理 W_1、W_2、W_3 与对照处理 W_0 相比，茄子的水分利用效率差异不显著。在同一施氮条件下，初果期、盛果期水分亏缺的处理虽然获得了较高的水分利用效率，但是建立在牺牲产量基础上的，而在中氮、低氮条件下，开花座果期水分亏缺的处理在获得了较高的产量的同时也获得了较高的水分利用效率。无论是生育期内没有进行亏水的处理，还是开花座果期、初果期、盛果期进行亏水的处理，随着氮肥施用量的增加，水分利用效率均呈现先增大后减少的趋势，即 $N_2>N_1>N_3$。说明合理的施氮能够促进水分利用效率的提高，过高、过低的施氮都会降低水分利用效率。这可能是因为施氮较少，植株生长势弱，叶面积指数较小，最终导致水分直接从土面蒸发而没有被植物利用；过高的施氮造成植株徒长，蒸腾作用强烈，形成了“奢侈”耗水。

表 9-9　不同生育期亏水和不同施氮量对茄子产量和水分利用效率的影响

水分处理	施氮水平	全生育期耗水量/($m^3\cdot hm^{-2}$)	产量/($t\cdot hm^{-2}$)	水分利用效率/($kg\cdot m^{-3}$)
	N_1	2922.86	70.29ab	24.05abc
W_0	N_2	2947.71	73.65a	24.99a
	N_3	3014.14	64.24de	21.31d
	N_1	2827.71	65.98bcd	23.33bc
W_1	N_2	2863.86	70.75ab	24.7ab
	N_3	2940	56.95gh	19.37e
	N_1	2724.57	62.67def	23c
W_2	N_2	2824	69.51bc	24.61ab
	N_3	2853.71	61.52ef	21.56d

续表

水分处理	施氮水平	全生育期耗水量/($m^3 \cdot hm^{-2}$)	产量/($t \cdot hm^{-2}$)	水分利用效率/($kg \cdot m^{-3}$)
W_3	N_1	2608.86	60fg	23c
	N_2	2654.71	65.11de	24.53ab
	N_3	2656	53.87h	20.28de
显著性检验(*P* 值)				
	水分处理		29.381*	2.794
	施氮处理		39. 586**	30.348**
	水分处理×施氮处理		1. 950*	1.399

9.4.2.4 不同生育期水分亏缺和施氮条件下茄子水分生产函数的建立

作物水分生产函数是作物产量与水之间的数量关系。了解作物不同生育期对水分的敏感程度，有助于认识作物的需水规律，知道什么生育期需要控水，什么生育期需要大量供水，把有限的水量合理地分配到各个生育期，以获得较大的经济效益。

作物水分生产函数包括两种，一种是用于描述整个生育期的耗水量与产量之间关系的函数，另一种是考虑灌水时间和灌水量与产量之间的函数关系，称之为分阶段考虑的水分生产函数。本试验以不同生育期的水分亏缺和不同施氮量来研究茄子水分生产函数。近年来，应用最普遍的是詹森(Jensen)连乘模型(沈荣开等，1995)：

$$\frac{Y}{Y_{\mathrm{m}}}=\prod_{i=1}^{n}\left[\frac{\mathrm{ET}_i}{\mathrm{ETm}_i}\right]^{\lambda_i} \tag{9-4}$$

式中，Y 为水分亏缺条件下作物的产量；Y_{m} 为不受水分胁迫或充分供水条件下作物的产量；n 表示作物生育期的阶段数；i 为阶段序号；ET_i 为第 i 阶段水分亏缺条件下作物的实际需水量；ETm_i 为第 i 阶段充足供水条件下作物的需水量；λ_i 为第 i 生育期作物的水分敏感指数，该值表示水分亏缺对产量的影响，其值越大表示该阶段缺水作物的减产率越大，其值越小表示该阶段缺水作物的减产率越小。

根据试验结果，利用最小二乘法将上述模型转化为线性方程组来求解水分敏感指数 λ_i，从而可以得到低氮条件下温室茄子的水分生产函数模型：

$$\frac{Y}{Y_{\mathrm{m}}}=\left(\frac{\mathrm{ET}_1}{\mathrm{ETm}_1}\right)^{0.233}\bullet\left(\frac{\mathrm{ET}_2}{\mathrm{ETm}_2}\right)^{0.442}\bullet\left(\frac{\mathrm{ET}_3}{\mathrm{ETm}_3}\right)^{0.791} \tag{9-5}$$

中氮条件下温室茄子水分生产函数模型：

$$\frac{Y}{Y_{\mathrm{m}}}=\left(\frac{\mathrm{ET}_1}{\mathrm{ETm}_1}\right)^{0.158}\bullet\left(\frac{\mathrm{ET}_2}{\mathrm{ETm}_2}\right)^{0.342}\bullet\left(\frac{\mathrm{ET}_3}{\mathrm{ETm}_3}\right)^{0.668} \tag{9-6}$$

高氮条件下温室茄子水分生产函数模型：

$$\frac{Y}{Y_{\mathrm{m}}}=\left(\frac{\mathrm{ET}_1}{\mathrm{ETm}_1}\right)^{0.628}\cdot\left(\frac{\mathrm{ET}_2}{\mathrm{ETm}_2}\right)^{0.229}\cdot\left(\frac{\mathrm{ET}_3}{\mathrm{ETm}_3}\right)^{0.778} \tag{9-7}$$

从构建的 3 种施氮条件下的水分生产函数可以看出，低氮和中氮条件下，水分敏感指数在盛果期最大，其次是初果期和开花座果期，高氮处理条件下，水分敏感指数的大小顺序依次为盛果期＞开花座果期＞初果期。随着施氮量的增加，盛果期的水分敏感指数变化不明显，开花座果期的水分敏感指数呈逐渐变大的趋势，而初果期的水分敏感指数则呈逐渐减小的趋势。

9.4.2.5 不同生育期水分亏缺和施氮条件下茄子水分敏感系数的敏感分析

Jensen 模型最直接的用途就是指导非充分灌溉制度。根据试验数据得到施氮和耗水量对参数 λ 的敏感度，结果见表 9-10。

表 9-10　不同施氮水平和耗水量对水分敏感系数波动性的敏感度分析

A	施氮水平			耗水量		
	N_1	N_2	N_3	ET_1	ET_2	ET_3
$A_{\lambda 1}$	0.3191	0	1.9981	0.0164	0	0.2341
$A_{\lambda 2}$	0.1961	0	0.222	0.0095	0	0.008
$A_{\lambda 3}$	0.1233	0	0.1101	0.0021	0	0.0025

由表 9-10 可以看出，各生育阶段的耗水量对参数 λ_i 的敏感度均不超过 1，最大不超过 0.24。这表明，在一定范围内，各生育期的耗水量对 Jensen 模型参数 λ 的波动影响不明显。而不同施氮水平对参数 λ 的敏感度较为明显，尤其以高氮水平下，开花座果期的水分敏感指数 λ_1 的敏感度最高，达到 1.9981，这正是导致在高氮条件下水分生产函数中，开花座果期水分敏感指数急剧上升的原因。此外还可以看出，施氮对 λ 的敏感度的上升会引起需水量对 λ 敏感度的上升，这可能是因为施氮量的增加引起耗水量增加的缘故。

9.5 不同生育期水分亏缺和施氮对茄子氮素吸收和根区土壤氮素迁移的影响

现代农业的出现与发展为人类解决饥饿问题提供了许多新兴的理论和技术，但是与此同时，一些国家和地区仍然保留着传统的农业经营管理措施，使得二者显得格格不入，从而导致了一系列的环境问题，硝态氮淋失的问题就是其中之一。硝态氮淋失是指土壤中的氮随水向下移动至根系活动层以下，从而不能被作物根系吸收所造成的氮素损失（任华中，2003）。淋失损失的氮可归纳为土壤氮、土壤中残留的肥料氮、当季施入的肥料氮。土壤硝态氮淋失需要满足以下两个条件：首先土壤中硝酸盐含量较高，大于当季作物的吸收量；其次存在向下的水分运动。是否满足以上两个条件及促进或阻碍这两个条件之一的任何因素，都会决定氮素淋失是否发生，以及氮素淋失发生的程度大小（袁新民和王周琼，2000）。据报道，化学氮肥施入土壤后，只有 30%～40%的氮肥被作物吸收，剩下的氮素经各种途径而损失，使得生产成本上升，氮肥利用率低，并产生一系列的环境问题，如地表水富营养化和地下水硝酸盐含量超标等（朱兆良，2000）。氮肥的淋失是氮素损失的重要途径之一，也是造成地下水硝酸盐污染的重要原因（Barraelough et al.，1992；Pye and Patriek，1983）。与大田作物相比，蔬菜生产中施肥量大、灌溉强度大，其氮淋失也更为严重（陈新平和张福锁，1996；李俊良等，2001；Gysi，1991；Neve and Hofman，1998；Sangodoyin，1992）。本章主要研究不同生育期水分亏缺和施氮对茄子根区氮素迁移的影响。

9.5.1 研究内容与方法

9.5.1.1 试验区概况

试验于 2009 年 5 月 17 日至 2009 年 9 月 14 日在西北农林科技大学旱区农业水土工程教育部重点实验室的温室内进行，供试土壤为西北农林科技大学灌溉试验站的耕层土壤（塿土），供试作物品种为‘陕西绿茄’。

9.5.1.2 试验设计

试验设不同生育期水分亏缺和氮肥 2 个因素。不同生育期水分亏缺设开花座果期水分亏缺（W_1，从定植后 20 d 开始水分亏缺，水分亏缺持续 19 d，然后恢复正常）、初果期水分亏缺（W_2，从定植后 39 d 开始水分亏缺，持续 32 d，其他时间正常灌水）、盛果期水分亏缺（W_3，从播种后 70 d 开始水分亏缺，持续 50 d，其他时间正常灌水），以全生育期不进行水分亏缺作为对照（W_0）。亏水与不亏水以控制土壤含水量占田间持水量（θ_F）的百分数表示，不亏水时为 70%～85%θ_F，亏水时为 55%～70%θ_F。施氮水平设置低氮（N_1，0.1 $g \cdot kg^{-1}$）、中氮（N_2，0.3 $g \cdot kg^{-1}$）、高氮（N_3，0.5 $g \cdot kg^{-1}$）3 个水平。试验共设 12 个处理，每个处理重复 20 次，随机排列，共 240 盆。

9.5.2 结果与分析

9.5.2.1 不同生育期水分亏缺和施氮对茄子各部位氮素吸收的影响

从表 9-11 中可以看出，在同一施氮水平条件下，开花座果期进行水分亏缺的低氮、高氮处理 W_1N_1、W_1N_3 的茄子单株氮素累积量明显受到抑制，与对照处理相比，分别下降了 24.81%、14.86%；而中氮处理 W_1N_2 的单株氮素累积量则明显高于对照处理，比对照增加了 5.66%，说明在这一生育期的水分亏缺和中等施氮量对茄子氮素累积有一定的促进作用。与开花座果期水分亏缺处理不同的是，在相同施氮水平条件下，初果期进行水分亏缺的低氮、中氮、高氮处理 W_2N_1、W_2N_2、W_2N_3，以及盛果期进行水分亏缺的低氮、中氮、高氮处理 W_3N_1、W_3N_2、W_3N_3 的茄子单株氮素累积量，与对照处理相比均呈明显的下降趋势，分别较对照下降了 25.26%、8.49%、10.87%和 43.43%%、19.93%、28.21%。这说明任何生育期的水分亏缺都会对单株茄子氮素累积量产生影响，而且水分亏缺进行得越晚，单株茄子的氮素累积量下降越明显。随着施氮量的增加，整株茄子植株氮素累积量呈现先增大后减小的趋势，这说明合理的水氮配合有利于茄子植株对氮素的吸收与累积。

就茄子植株各器官的氮素累积量来说，果实中氮素累积量最高，其次是叶片、根和茎的氮素累积量低。在同一施氮水平条件下，开花座果期进行水分亏缺的中氮、高氮处理 W_1N_2、W_1N_3 的单株茄子叶片和根系的氮素累积量均有所下降，但是与对照处理相比，差异不显著，而低氮处理 W_1N_1 叶片和根系的氮素累积量与对照相比则明显下降，分别较对照下降了 26.49%、33.53%；W_1N_2、W_1N_3 处理的单株茄子茎氮素累积量较对照处理均略有增加，且差异显著，而 W_1N_1 茎氮素累积量则低于对照处理；W_1N_1、W_1N_3 处理的单株茄子果实氮素累积量较对照下降明显，分别下降了 23.68%和 27.55%，而 W_1N_2 处理的单株茄子果实氮素累积量比对照处理增加了 10.67%，且达到显著水平，说明合理的水氮配合有利于果实中氮素的累积。随着施氮量的增加，茄子各个部位氮素累积的情况有所不同。对于叶片来说，随着施氮量的增加，叶片中氮素累积量呈现逐渐上升的趋势，且低氮与中氮、高氮处理之间的差异达到显著水平；而对于其他部位来说，随着施氮量的增加，氮素累积均呈现先上升后下降的趋势。

表 9-11　不同水氮处理单株茄子各部位全氮累积量

水分处理	施氮水平	叶片/(g · 株$^{-1}$)	茎/(g · 株$^{-1}$)	根/(g · 株$^{-1}$)	果实/(g · 株$^{-1}$)	总量/(g · 株$^{-1}$)
W_0	N_1	0.419d	0.071e	0.173ab	0.663d	1.326f
	N_2	0.583ab	0.215d	0.190a	0.778b	1.766b
	N_3	0.607a	0.249c	0.119de	0.755bc	1.730b
W_1	N_1	0.308f	0.069e	0.115de	0.506ef	0.997h
	N_2	0.547bc	0.302ab	0.162abc	0.861a	1.872a
	N_3	0.562ab	0.281b	0.084e	0.547e	1.473de
W_2	N_1	0.295f	0.072e	0.131	0.494f	0.991h
	N_2	0.396de	0.307ab	0.194a	0.720c	1.616c
	N_3	0.499c	0.314a	0.109de	0.621d	1.542cd
W_3	N_1	0.214g	0.066e	0.101de	0.369g	0.750i
	N_2	0.408d	0.205d	0.154bc	0.647d	1.414def
	N_3	0.348ef	0.185d	0.096e	0.615d	1.242fg
显著性检验（P 值）						
水分处理		35.658*	36.666*	11.169*	53.176**	60.828*
施氮处理		53.534**	64.684**	47.399**	73.277**	83.575**
水分处理×施氮处理		29.746*	10.007*	1.340	24.144*	18.018*

在同一施氮水平条件下，初果期进行水分亏缺的低氮、中氮、高氮处理 W_2N_1、W_2N_2、W_2N_3 的单株茄子叶片、根系和果实的氮素累积量均有所下降，与对照相比分别下降了

29.59%、32.08%、17.79%，24.28%、2.06%、8.4%，25.49%、7.46%、17.35%；W_2N_1、W_2N_2、W_2N_3 的单株茄子茎氮素累积量较对照处理均有不同程度的增加，其中中氮和高氮处理增加明显，达到显著水平。随着施氮量的增加，初果期水分亏缺的处理各部位氮素的积累与开花座果期略有不同。初果期水分亏缺的处理随着施氮量的上升，茎氮素累积量呈现逐渐上升的趋势。

在同一施氮水平条件下，盛果期进行水分亏缺的低氮、中氮、高氮处理 W_3N_1、W_3N_2、W_3N_3 的单株茄子各部位氮素累积量与对照处理相比均有不同程度的下降，其中叶片氮素累积量分别下降 48.93%、30.02%、42.67%，茎氮素累积量分别下降 7.04%、4.65%、25.7%，根氮素累积量分别下降 41.62%、18.94%、19.33%，果实氮素累积量分别下降 44.34%、16.84%、18.67%。说明盛果期的水分亏缺对茄子植株各个部位的氮素累积有抑制作用。随着施氮量的增加，W_3N_1、W_3N_2、W_3N_3 处理的单株茄子叶片、茎、根、果实氮素累积量均呈现先上升后下降的趋势。

通过显著性检验分析可以发现，不同水分处理对单株茄子叶片、茎、根、整株氮素累积的影响均达到显著水平，对果实氮素累积的影响达到极显著水平；不同施氮处理对单株茄子叶片、茎、根、果实、整株氮素累积的影响均达到极显著水平；水氮互作对单株茄子叶片、茎、果实、整株氮素累积的影响均达到显著水平，而对根系氮素累积的影响未达到显著水平。

9.5.2.2 不同生育期水分亏缺和施氮对茄子氮素利用的影响

氮肥利用率是指地上部分植株吸氮量与总施氮量的比值。从表 9-12 可以看出，开花座果期进行水分亏缺的低氮、高氮处理 W_1N_1、W_1N_3 的氮肥利用率均低于对照，分别下降了 23.51%、13.8%，而中氮处理 W_1N_2 的氮肥利用率比对照增加了 8.5%，说明开花座果期的水分亏缺和中等施氮水平有利于氮肥利用率的提高。初果期进行水分亏缺的低氮、中氮、高氮处理 W_2N_1、W_2N_2、W_2N_3 的氮肥利用率与对照处理相比，均呈现下降趋势，分别下降了 18.32%、9.81%、11.02%，说明初果期的水分亏缺对氮肥的吸收利用有一定的负面作用。与初果期进行水分亏缺的处理相同，盛果期进行水分亏缺的低氮、中氮、高氮处理 W_3N_1、W_3N_2、W_3N_3 的氮肥利用率与对照处理相比，也呈现下降趋势，分别下降了 43.76%、20.07%、28.85%，可以看出盛果期进行水分亏缺的处理对氮肥利用率的影响最大。随着施氮量的增加，氮肥利用率呈现逐渐下降的趋势。

氮肥的利用效率是指作物的经济产量（果实干质量）与总施氮量的比值。由表 9-12 可知，开花座果期进行水分亏缺的低氮、中氮处理 W_1N_1、W_1N_2 的氮肥利用效率较对照处理有不同程度的增加，但差异不显著，而高氮处理 W_1N_3 则较对照处理降低了 11.17%。初果期进行水分亏缺的低氮、中氮、高氮处理 W_2N_1、W_2N_2、W_2N_3 的氮肥利用效率与对照处理相比分别下降了 4.74%、0.8%、3.85%。盛果期进行水分亏缺的低氮、中氮、高氮处理 W_3N_1、W_3N_2、W_3N_3 的氮肥利用效率与对照处理相比分别下降了 9.65%、7.93%、16.85%。说明生育期前期的水分亏缺对氮肥利用效率的影响较小。随着施氮量的增加，所有处理的氮肥利用效率均呈现逐渐下降的趋势，且不同水平氮肥处理间的差异达到显著水平。

表 9-12　不同水氮处理对茄子氮肥利用的影响

处理	施氮量/（$g \cdot 株^{-1}$）	经济产量/（$g \cdot 盆^{-1}$）	地上吸氮量/（$g \cdot 盆^{-1}$）	氮肥利用率/%	氮肥利用效率/（$g\ DW \cdot g^{-1}$）	氮生理效率/（$g\ DW \cdot g^{-1}$）
W_0	1.6	44.91abc	1.153e	72.06a	28.07a	39.02c
	4.8	47.82a	1.576b	32.84cde	9.96c	30.34ef
	8	43.67abcd	1.611b	20.14h	5.46d	27.08f
W_1	1.6	44.93abc	0.882f	55.12b	28.08a	50.91b
	4.8	48.13a	1.710a	35.63cd	10.03c	28.17f
	8	38.78de	1.389c	17.36hi	4.85d	27.93f
W_2	1.6	42.78abcd	0.860f	53.74b	26.74ab	49.73b
	4.8	47.43ab	1.422c	29.62ef	9.88c	33.42de
	8	41.98bcd	1.433c	17.92hi	5.25d	29.28ef
W_3	1.6	40.57cde	0.649g	40.53c	25.36b	62.56a
	4.8	44.02abcd	1.260d	26.25efg	9.17c	34.93cd
	8	36.31e	1.147e	14.33i	4.54d	31.63def

氮肥生理效率是指经济产量（果实干质量）与植株地上部分吸氮量的比值。由表 9-12 可知，除了开花座果期进行水分亏缺的中氮处理外，其他处理的氮生理效率均较对照处理有所增加，这说明生育期内一定的水分亏缺有助于提高作物的氮生理效率。

9.5.2.3 不同生育期水分亏缺和施氮对茄子根区土壤硝态氮含量的影响

图 9-15 为低氮条件下，不同生育期水分亏缺对茄子根区土壤硝态氮变化动态的影响。由图可知，在低氮处理条件下，随着生育进程的推进，硝态氮含量呈下降趋势；各生育期根区土壤硝态氮含量均以 20～30 cm 土层最高，0～10 cm 处最低，且保持为 25.7～149 $mg \cdot kg^{-1}$。从图中还可以看出，开花座果期水分亏缺处理 0～10 cm、10～20 cm 土层硝态氮含量分别是对照处理的 1.3 倍和 1 倍，说明灌水量的增加会降低 20cm 以上土层中硝态氮的含量；20～30 cm 土层的硝态氮含量与对照处理相比下降了 5%，说明下层土壤的硝态氮受灌水和植株吸收的影响较小，因为开花座果期植株灌水量较少，水分无法渗透到深层土壤，并且茄子根系主要集中在 20 cm 以上土层，20～30 cm 土层中的氮不容易被植株利用。进入初果期后，所有处理各土层硝态氮含量均有所下降。此外，初果期水分亏缺处理的各土层硝态氮浓度均高于对照处理，说明水分亏缺一方面降低了植株对氮素的吸收利用速率，另一方面减缓了氮素的迁移。进入盛果期后，所有处理各土层深度的硝态氮含量进一步减少，其中没有进行亏水的处理硝态氮含量略低于进行了水分亏缺的处理，说明没有亏水的处理在初果期结束时就已经造成了土壤硝态氮的淋失。

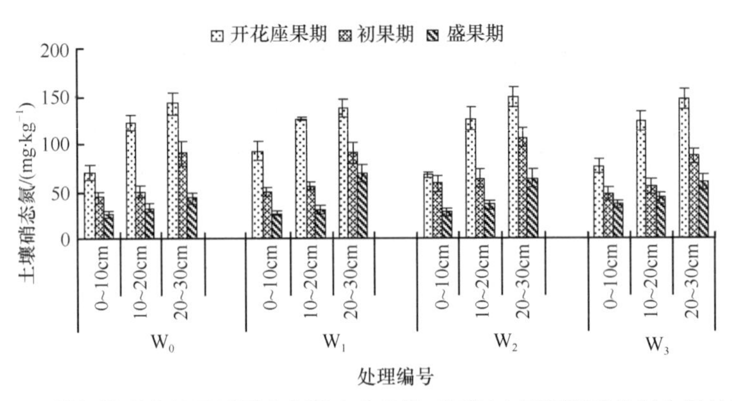

图 9-15 低氮处理条件下不同生育期水分亏缺对不同土层深度硝态氮含量的影响

图 9-16 显示了中氮条件下，不同生育期水分亏缺对茄子根区土壤硝态氮变化动态的影响。由图可知，随着生育期的推进和土层深度的增加，土壤硝态氮的含量的变化趋势与低氮处理的相似，但是，中氮处理由于施氮量的增加，所有处理各土层和生育期的硝态氮含量明显上升。

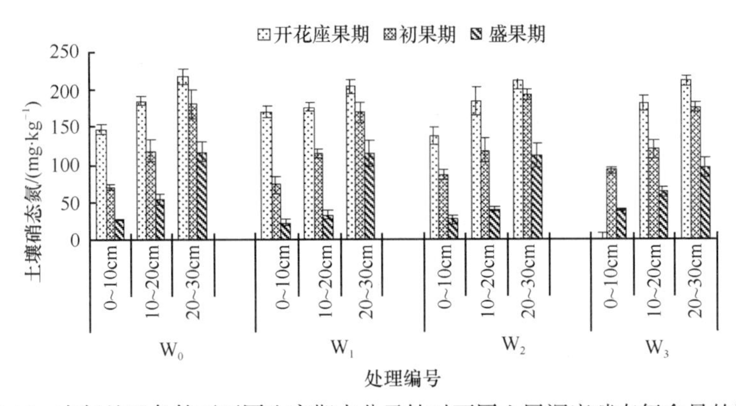

图 9-16 中氮处理条件下不同生育期水分亏缺对不同土层深度硝态氮含量的影响

由图还可以看出，开花座果期各处理 0～10 cm 土层的硝态氮含量均超过 135 mg · kg^{-1}，20～30 cm 土层是 0～10 cm 土层的 1.2～1.5 倍。这主要是因为生育期前期，灌水量较少，植株需氮量不大，因此盆内出现富余。进入初果期后，0～20 cm 土层硝态氮含量迅速减少，这主要是因为初果期为茄子第一穗果的生长期，需氮量较前一生育期大，此外，灌水量的增加也是其降低的一个原因。初果期亏水处理各土层深度的硝态氮含量均高于对照处理，说明水分的亏缺影响植株的生长发育，降低了氮素的吸收速率。这与低氮处理的结果是一致的。进入盛果期，各处理土壤硝态氮浓度进一步下降，保持为 26.65～117 mg · kg^{-1}。盛果期水分亏缺的处理，各土层硝态氮的含量均高于不亏水的处理，说明不亏水处理在初果期时硝态氮的淋失就已经开始。这也和低氮处理的结果相符。

图 9-17 显示了高氮条件下，不同生育期水分亏缺对茄子根区土壤硝态氮变化动态的影响。由图可知，盆内土壤硝态氮含量 0～30 cm 表现出递增的趋势。开花座果期盆内硝态氮含量最大，上层硝态氮含量大于 205 mg · kg^{-1}，下层含量均大于 285 mg · kg^{-1}。这主

要是因为开花座果期茄子对水分和养分的需求量不大，盆内的硝态氮表现出富余。这与中氮处理的结果一致。开花座果期水分亏缺处理 0～10 cm、10～20 cm 土层硝态氮含量分别是对照处理的 1.1 倍和 1 倍，说明灌水量的增加会降低 20 cm 以上土层中硝态氮的含量；20～30 cm 土层的硝态氮含量与对照处理相比略有下降，这与低氮处理的结果相一致。经过初果期水分处理后，所有处理各土层硝态氮浓度下降迅速，均维持为 88～95 $mg \cdot kg^{-1}$。进入盛果期，所有处理各土层硝态氮含量进一步下降，尤其以 0～20 cm 土层下降最为明显，最终维持为 45～60 $mg \cdot kg^{-1}$；20 cm 以下土层硝态氮浓度则表现为 $W_1 > W_2 > W_3 > W_0$。

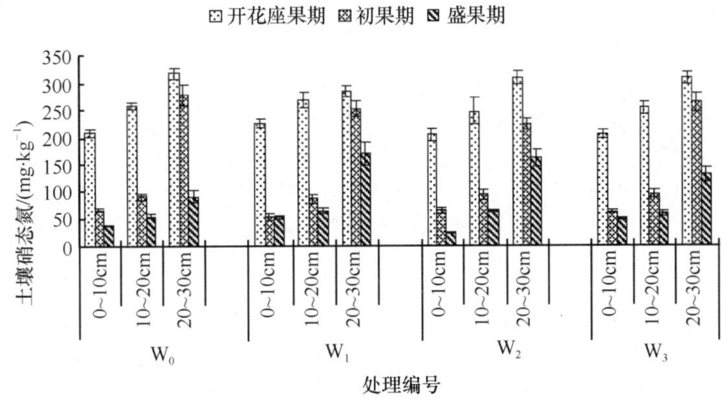

图 9-17　高氮处理条件下不同生育期水分亏缺对不同土层深度硝态氮含量的影响

9.5.3 结论

水分和施氮处理对茄子氮素累积的影响显著。任何生育期的水分亏缺都会对茄子氮素累积产生一定的影响。初果期和盛果期进行的水分亏缺对单株茄子氮素累积量均产生抑制作用，其中以盛果期的水分亏缺尤为明显。开花座果期进行水分亏缺的低氮、高氮处理的茄子单株氮累积量也有所降低，中氮处理的氮累积量高于对照处理。这说明生育前期的水分亏缺对茄子氮素累积的影响要小于后期水分亏缺的影响。随着施氮量的增加，茄子单株氮素累积量呈先上升后下降的趋势，这说明合理的施氮有利于植株氮素的积累，这与刘小刚等和张国红的结论不一致，这可能是试验中水氮设置不同造成的。茄子各器官氮素累积量最多的是果实，其次是叶片，根和茎的氮素累积量低，这与张国红的结果一致；所有处理中尤其以盛果期进行水分亏缺对茄子各器官的氮素累积影响最大。盛果期进行水分亏缺的处理对氮肥利用率、氮肥利用效率的影响最大，生育前期进行水分亏缺的影响较小。随着施氮量的增加，所有处理氮肥利用率和氮肥利用效率均呈现逐渐下降的趋势。整体上看，生育期内进行水分亏缺处理的氮生理效率均较对照处理有所增加，这说明生育期内一定的水分亏缺有助于提高作物的氮生理效率。

随着生育进程的推进，硝态氮含量呈下降趋势；各生育期根区土壤硝态氮含量均以 0～10 cm 处最低，20～30 cm 土层最高；随着施氮量的增加，各生育期 0～30 cm 土层的硝态氮含量明显上升。无论是高氮、中氮还是低氮，生育期不亏水的处理，由于灌水量较多，土壤中硝态氮的淋失均早于亏水的处理。这与陈宝明等、任华中、刘小刚等的研究结果是一致的。

参 考 文 献

陈宝明. 2006. 施氮对植物生长、硝态氮累积及土壤硝态氮残留的影响. 生态环境，15(3)：630-632

陈金平，刘祖贵，段爱旺，等. 2004. 土壤水分对温室盆栽番茄叶片生理特性的影响及光合下降因子动态. 西北植物学报，24(9)：1589-1593

陈新明，蔡焕杰，单志杰，等. 2009. 无压地下灌溉对番茄根系分布特征的调控效应. 农业工程学报，25(3)：10-15

陈新平，张福锁. 1996. 北京地区蔬菜施肥的问题与对策. 中国农业大学学报，1(5)：63-66

陈修斌，邹志荣，熊汉琴. 2004. 温室茄子水肥耦合数学模型及其优化方案研究. 水土保持研究，11(3)：201-203

程智慧，孟焕文，Rolfe S A，等. 2002. 水分胁迫对番茄叶片气孔传导及光合色素的影响. 西北农林科技大学学报(自然科学版)，30(6)：93-96

杜社妮，梁银丽，翟胜，等. 2005. 不同灌溉方式对茄子生长发育的影响. 中国农学通报，21(6)：430-432

高亚军，李生秀，李世清，等. 2005. 施肥与灌水对硝态氮在土壤中残留的影响. 水土保持学报，19(6)：61-62

葛晓光，王晓雪，张昕，等. 2000. 园艺学报. 长期偏施氮肥对露地土壤——蔬菜生态系统变化的影响. 中国蔬菜，4：263-268

何华，赵世伟，陈国良. 1999. 不同水肥条件对马铃薯产量的影响. 西北农业大学学报，27(5)：22-27

胡顺军，王仰仁，康绍忠，等. 2004. 棉花水分生产函数 Jensen 模型敏感指数累积函数研究.沈阳农业大学学报，35(5-6)：423-425

黄德明，白刚义，樊淑文. 2001. 蔬菜配方施肥. 北京：中国农业出版社：50-53

江力，张荣铣. 2000. 不同氮钾水平对烤烟光合作用的影响. 安徽农业大学学报，27(4)：328-331

蒋树芳，万书勤，康跃虎. 2009. 滴灌条件下不同土壤基质势对圆茄子生长与水分利用的影响. 灌溉排水学报，4：66-69

李波，任树梅，杨培岭，等. 2007. 供水条件对温室番茄根系分布及产量影响. 农业工程学报，23(9)：39-44

李建民，李世娟，曾长立，等. 2003. 冬小麦限水灌溉条件下土壤硝态氮变化与氮素平衡. 华北农学报，18(2)：51-55

李俊良，朱建华，张晓晟，等. 2001. 保护地番茄养分利用及土壤氮素淋失. 应用与环境生物学报，7(2)：126-129

李巧灵. 2006. 滴灌灌水定额对大田茄子生长及产量的影响. 北京：中国农业大学硕士学位论文

李文霞. 2007. 大田滴灌不同水肥处理对茄子生长和产量的影响. 北京：中国农业大学硕士学位论文

梁运江，依艳丽，许广波，等. 2006. 水肥耦合效应的研究进展与展望. 湖北农业科学，45(3)：385-388

梁运江，依艳丽，尹英敏，等. 2003. 水肥耦合效应对辣椒产量影响初探. 土壤通报，34(4)：262-266

刘明池，陈殿奎. 1996. 氮肥用量与黄瓜产量和硝酸盐积累的关系. 中国蔬菜，(3)：26-28

刘小刚，张富仓，杨启良，等. 2009. 控制性分根区灌溉对玉米根区水氮迁移和利用的影响. 农业工程学报，25(11)：62-67

刘小刚，张富仓，杨启良，等. 2009. 玉米叶绿素、脯氨酸、根系活力对调亏灌溉和氮肥处理的响应. 华北农学报，24(4)：106-111

刘小刚，张富仓，杨启良，等. 2010. 调亏灌溉与氮营养对玉米根区土壤水氮有效性的影响.农业工程学报，26(2)：135-141

祁有玲，张富仓，李开峰. 2009. 水分亏缺和施氮对冬小麦生长及氮素吸收的影响. 应用生态学报，20(10)：2399-2405

曲文章，耿立清，高妙真. 2001. 磷素水平对甜菜光合作用的影响. 中国甜菜糖业，8(4)：8-11

任华中. 2003. 水氮供应对日光温室番茄发育、品质及土壤环境的影响. 北京：中国农业大学博士学位论文

沈荣开，张瑜芳，黄冠华. 1995. 作物水分生产函数与农田非充分灌溉研究述评. 水科学进展，6(3)：248-254

孙文涛，张玉龙，王思林，等. 2005. 滴灌条件下水肥耦合对温室番茄产量效应的研究. 土壤通报，36(2)：202-205

王磊. 2004. 有机栽培条件下水肥环境对盆栽番茄生长影响的试验研究. 北京：中国农业大学硕士学位论文

王培兴，盛平，洪嘉琏. 2003. 大棚蔬菜滴灌试验与耗水量估算. 上海交通大学学报(农业科学版)，21(1)：64-69

王晓英，贺明荣，刘永环，等. 2008. 水氮耦合对冬小麦氮肥吸收及土壤硝态氮残留淋溶的影响. 生态学报，28(2)：667-694

王学文，付秋实，王玉珏，等. 2010. 水分胁迫对番茄生长及光合系统结构性能的影响. 中国农业大学学报，15(1)：7-13

王朝辉，李生秀，田霄鸿，1998. 不同氮肥施用量对蔬菜硝态氮的影响. 植物营养与肥料学报，(1)：22-28

夏广清，杨金，高强，等. 1999. 茄子氮磷复合粒肥最佳施用量的初步研究. 吉林农业大学学报，21(1)：64-66

肖白添，蒋卫杰，余宏军，2007. 作物水肥耦合效应研究进展. 作物杂志，(6)：18-22

姚磊，杨阿明. 1997. 不同水分胁迫对番茄生长的影响. 华北农学报，12(2)：102-106

虞娜，张玉龙，邹洪涛，等. 2006. 温室内膜下滴灌不同水肥处理对番茄产量和品质的影响.干旱地区农业研究，24(1)：60-64

袁新民，王周琼. 2000. 硝态氮的淋洗及其影响因素. 干旱地区农业研究，17(4)：46-52

翟胜，梁银丽，王巨媛，等. 2005. 干旱半干旱地区温室黄瓜水分生产函数的研究. 农业工程学报，4(21)：136-139
张恩平，张淑红，葛晓光. 2000. 土壤有效养分含量对保护地茄子产量及品质影响. 沈阳农业大学学报，31(1)：75-77
张凤祥，周明耀，周春林，等. 2006.水肥耦合对水稻根系形态与活力的影响. 农业工程学报，22(5)：197-200
张国红. 2004. 施肥水平对日光温室番茄生育和土壤环境的影响. 北京：中国农业大学博士学位论文
张树兰，同延安，梁东丽，等. 2004. 氮肥用量及施用时间对土体中硝态氮移动的影响. 土壤学报，41(2)：270-277
张霞，罗延庆，张胜全，等. 2007. 限水条件下氮肥用量及施氮时期对冬小麦产量、土壤硝态氮含量的影响. 华北农学报，22(3)：163-167
赵俊晔，于振文. 2006. 不同土壤肥力条件下施氮量对小麦氮肥利用和土壤硝态氮含量的影响. 生态学报，26(3)：815-822
郑健，蔡焕杰，王健，等. 2009. 日光温室西瓜产量影响因素通径分析及水分生产函数. 农业工程学报，10(25)：30-34
周娜娜，张学军，秦亚兵，等. 2004. 不同滴灌量和施氮量对马铃薯产量和品质的影响. 土壤肥料，(6)：11-16
朱兆良. 2000. 农田中氮肥的损失与对策. 土壤与环境，9(1)：1-6
Archie R，Portis J.1984.Regulation of ribulose l，5-bisphosphate carboxylase/oxygenase activity. Annu Rev Plant Physoil，35：15-44
Aujla M S，Thind H S，Buttar G S. 2007. Fruit yield and water use efficiency of eggplant (*Solanum melongema* L) as influenced by different quantities of nitrogen and water applied through drip and furrow irrigation. Scientia Horticulturae，112：142-148
Barraelough D，Jarvis S C，Davies G P，et al. 1992. The relation between fertilizer nitrogen applications and nitrate leaching from grazed grassland. Soil Use Manage，8：51-56
Buwalda J G，Freeman R E.1987. Effects of nitrogen fertilizers on growth and yield of potato (*Solarium uberosum* L. 'Ham Hardy')，onion (*Allinm cepa* L. 'Pukekohe Longkeeper')，gaflic (*Allium sativum* L. 'Y strain') and hybrid squash (*Cucurbita maxima* L. 'Delica'). Scientia Horficulturae，32：161-173
Chartzoulakis K，Drosos N. 1995. Water use and yield of greenhouse grown eggplant under drip irrigation. Agricultural Water Management，28：113-120
Darwish T M，Atallah T W，Hajhasan S，et al. 2006. Nitrogen and water use efficiency of fertigated processing potato. Agricultural Water Management，85：95-104
Diez J A，Caballero R，Roman R，et al. 2000. Intergrated fertilizer and irrigation management to reduce nitrate leaching in central Spain. Journal of Environment Quality，29：1539-1547
Elrick D E，French L K. 1966. Miscible displacement patterns on disturbed and undisturbed soil cores. Soil Sci Soc Amer Proc，30：153-156
Kirnak H，Kaya C，Tas I，et al. 2001. The influence of water deficit on vegetative growth，physiology，fruit yield and quality in eggplants. Bulg J Plant Physiol，27(3-4)：34-46
Lawrence U. 2003. Eggplant growing. NSW Agriculture，(3)：3304-3307
Merghany M M. 1997. Effect of irrigation system and nitrogen levels on vegetative growth，yield，yield components and some chemical composition of tomato plants grown in newly reclaimed sandy soils. Annals of Agricultural Science，35(2)：965-981
Neve S，Hofman G. 1998. N mineralization and nitrate leaching from vegetable crop residues under field conditions：a model evaluation. Soil Biology and Biochemistry，30(14)：2067-2075
Pye V I，Patriek R. 1983. Ground water contamination in the United States. Science，221(No.4612)：713-718
Rajput T B S，Patel N. 2006. Water and nitrate movement in drip-irrigated onion under fertigation and irrigation treatments，79(3)：293-311
Rao I M. 1997. The role of phosphorusvin photosynthesis//Passaraki M. Handbook of photosynthesis. NewYork：Marcel Dekker：173-194
Sangodoyin A Y. 1992. Environmental study on surface and groundwater pollution frattoir effluents. Biology Resource Technology，41：93-120
Sarker B C，Hara M，Uemura M. 2005. Proline synthesis，physiological responses and biomass yield of eggplants during and after repetitive soil moisture stress. Scientia Horticulturae，103 (4)：387-402
Warren C R，Adams M A，Chen Z L. 2000. Is Photosynthesis related to concentration of nitrogen and Rubisco in leaves of Australian native plants? Aust J Plant Physiol，27：407-416

第 10 章　关中地区桃树需水信号对灌水量和微气象环境的响应研究

果业不仅是我国农村经济的一大支柱产业，而且是我国干旱半干旱地区乃至全国农民脱贫致富、增加收入的重要渠道。我国是一个人口大国，随着人口的急剧增长、社会经济的快速发展和人民生活水平的不断提高，人们对水果的需求量愈来愈大，并且对水果的品质(如色泽、口感、大小、维生素含量等)要求也越来越高。桃、苹果、梨、柑橘等主要果树在我国具有广阔的发展前景，种植面积发展较快。2002 年全国果业学术研讨会的资料表明，中国目前水果年总产量达 5900 多万 t，占世界果品总产量的 13.4%；种植面积也达 840 万 hm^2，约占我国农业耕地面积的 6.8%，占世界果树总面积的 21%左右，这两项指标都已跃居世界第一。目前在我国许多干旱缺水的贫困落后地区，水果产业已成为当地脱贫和农业经济发展的重要支柱(沈明林，2000)。虽然中国人均果树面积 79 m^2，已接近 83 m^2 的世界人均水平，但中国果树平均单产仅为世界平均值的 66%，造成了我国人均果品拥有量仅为 47 kg，远低于世界人均水平(75 kg)。这项指标表明中国果树增产的潜力巨大，果树的经济效益还有很大的升值空间(龚道枝，2005)。因此，对果树水分实施科学的管理既能有效地节约用水又能增加果实的产量，最终达到增加农民收益的效果。

10.1 国内外研究概况

国外对果树精量控制灌溉理论的研究主要体现在果树对水分胁迫响应的生理指标及作为灌溉控制判据的可行性等方面，主要集中在基于果树水分胁迫时叶-气温差、叶水势和茎秆变差、液流通量及土壤墒情信息的研究(Damiano and Rossano，2003；Goldhamer and Fereres，2004；Cohen and Naor，2002；Fernández et al.，2001；Thompson et al.，2007)，而针对基于果树需水信号的灌溉决策与控制理论涉及较少，即使涉及也只是在果树需水信号作为灌溉判据的可行性方面做过探讨。而我国对果树精量控制灌溉技术的研究主要集中在果树水分亏缺诊断指标的筛选与评价(杨方云，2004；夏阳等，1995)、水分胁迫时果树茎秆直径变差机制(余克顺等，1999)等方面，而对如何依据果树最直接的需水信息准确快速地判断果树水分状况及以此为基础进行科学决策和控制灌溉方面的研究也才刚刚起步。如何根据果树需水信号变化特征准确诊断果树水分状况并进行科学灌溉决策，需要我们深入了解果树需水信号对土壤水分和果园微气象环境变化的响应机制与灵敏度，进而选择合适稳健的需水信号进行水分诊断；同时还需准确掌握维持果树正常生长和保证果品优质高产的诊断指标阈值，以及以此为判据的智能决策和灌溉控制方法。这些需要我们将果树需水信号对土壤水分与微气象环境变化的响应和精量灌溉决策控制有机地结合起来，使需水信号检测技术在精量控制灌溉中得到真正的应用。龚道枝(2002，2005)、孙慧珍等(2006)曾利用热脉冲技术在桃树、苹果树、梨树树干或主根木质部液流对土壤水分变动和根区供水方式改变的响应机制等方面进行研究，已经证明基于热脉冲技术测定的液流作为果树水分状况判据是可行的，蔡焕杰等(2001)曾在作物冠-气温差方面做了较深入的工作，但就如何依据果树需水信号进行精量控制灌溉还缺乏系统深入的研究。

国内外研究表明，对果树树干液流、冠-气温差及光合与蒸腾的监测是果园精量控制灌溉中最有应用前景的几种水分亏缺诊断方法(Jones，2004)。因为树干液流、冠-气温差及光合与蒸腾的应变信息能综合反映与植株水分状况密切相关的土壤水分和微气象环境信息，又密切联系果树果实产量和品质，同时也适合自动检测，易于被智能化灌溉系统应用。因此，桃树水分胁迫时需水信号对不同灌溉水量和微气象环境变化响应信息作为灌溉用水量的控制指标具有土壤水分指标无法比拟的优势。

10.1.1 果树液流

茎液流测定技术通常有热扩散法、热脉冲法、热平衡法等。国外学者 Fernández 等(2001)研究了橄榄树液流的变化规律，认为液流信息能很好反映水分状况，可作为水分诊断指标在精量灌溉中应用，并提出可行性理论。但依据液流进行精量灌溉及确定临界控制点还需进一步的系统研究与探讨。Damiano 和 Rossano(2003)测定在不同灌水量条件下，4 年生桃树主要水分生理和环境指标，也认为液流能准确反映植物水分亏缺状况。Ortuño 等(2004)对柠檬树在水分亏缺和充分供水下连续监测树干液流通量和直径变差，发现液流通量信号强度与噪声的比值(即通量平均强度与变差系数比)比茎秆直径变差高 50%，表明液流可以很好地作为水分诊断指标，并设想建立树干液流与空气饱和水气压差的关系来应用到精量控制灌溉技术中。Sousa 等(2006)在不同灌溉模式下利用热脉冲技术、光合测定系统对葡萄树干液流与水势、叶片水势、气孔导度、光合速率和蒸腾速率等指标测定，发现 14：00 左右液流对土壤水分亏缺响应最强烈也最敏感。

通过以上结果可以表明，基于果树液流的水分亏缺诊断是可行的，且具有稳健和敏感的特点，适合作为果园精量控制灌溉理论的判据，但缺乏如何依据这一信息进行控制的研究，只是提出了一些可行性的设想和思路，并未真正地系统研究。

国内学者大多数研究森林树种和温室作物的液流变化特征及其影响因素(李国臣，2005)，只有少数几位研究果树液流。如康绍忠等(2001)研究分根区交替灌溉、部分根区干燥灌溉、传统畦灌对梨树茎液流、水分平衡、水分利用效率和产量的影响，结果表明分根区交替灌溉和部分根区干燥灌溉根系吸水能力超过了传统畦灌，且由于分根区交替灌溉和部分根区干燥灌溉灌水量减少，平均水果质量虽然有轻微减少，但每树的水果数和产量增加，这说明此灌溉方法既节约了灌水量又增加了果树的产量，此结论的得出特别对干旱半干旱地区灌溉具有重要价值。孙慧珍等(2006)采用热脉冲技术研究了降雨条件下梨树液流的变化规律，发现木质部不同位点的液流变化特征能很好反映果树的水分亏缺状况。龚道枝研究了桃树、苹果树液流对根区湿润模式和土壤水分变动的响应规律，发现桃树主根和树干液流在水分胁迫时出现明显的昼夜波动特征(龚道枝等，2001)，液流通量与潜在蒸腾的比值和根区土壤水分状况密切相关，基于这些研究提出了果树水分亏缺指数的计算公式，但就各个生育阶段的临界水分亏缺指数还没有研究（龚道枝，2002）；同时还发现水分胁迫时桃树和苹果树主根、树干液流与叶面蒸腾和潜在蒸腾之间存在明显的滞后效应，其滞后时间的长短与根区土壤水分亏缺程度呈正相关（龚道枝，2002，2005），与参考作物蒸发蒸腾的瞬时序列的相关度在较短周期（如一天、一周）内与土壤亏缺程度呈负相关（Gong et al.，2005，2006，2007；龚道枝等，2004）。

这些结果表明果树树干和根液流能很好反映果树水分亏缺状况，热扩散技术诊断果树水分状况是可行的，但就如何依据果树水分胁迫时液流应变信息进行判断、决策和控制灌溉还需进行系统试验研究，方可使该项技术真正应用到果园水分精确灌溉管理中。

10.1.2 果树冠-气温差

植物冠层温度是由土壤-植物-大气连续体的热量和水汽流决定，与植物冠层吸收和释放能量的过程有关。植物冠层吸收太阳辐射并转化成热能，会使冠层温度升高。而蒸腾作用又会将液态水转化为气态水，这种耗热过程会使叶片冷却。当植物水分供应减少时，蒸腾强度降低，蒸腾消耗热量减少，感/显热通量增加，从而引起冠层温度升高。因此，水分供应充足时冠层温度值要低于缺水时的冠层温度值。基于这一理论，可以将植物冠层温度作为水分亏缺诊断的指标，用以研究和监测旱情的发生发展。

Tanner 于 1963 年提出了用叶面温度指示植物水分亏缺的设想，并首次利用红外测温仪研究植物冠层温度。此后，众多学者围绕冠层温度与植物或土壤水分状况之间的关系进行了多方面的研究。主要研究内容是如何尽可能地排除其他因素对冠层温度的影响，以便使这一指标值能更准确地反映作物水分状况。冠层温度指标可避免直接测定叶水势和土壤含水量，也可充分利用红外测温技术发挥在复杂天气条件下的多点、连续和随时工作的技术优势。

国外 Massai 等（1999）报道了桃树叶温对水分胁迫的响应规律及与产量的关系；Garcia 等（1999）分析了基于叶温的桃树水分胁迫指数；Remorini 和 Massai（2003）对比研究了桃树包括叶温、水势等的不同水分指标；Sepulcre-Canto 等（2006）研究了水分胁迫时橄榄树的冠层温度的时空变异特征及二者测定值的相关关系；Moller 等（2007）结合热成像法和可见光图像法，利用 FLIR 热成像仪和数码相机估计了灌溉葡萄园的水分状况及基于叶温的水分亏缺指数与果树叶片气孔导度、树干水势的定量关系。但是基于叶温的植物水分诊断进行灌溉控制的研究工作至今还没有详尽文献报道。

国内研究主要集中在基于作物冠层温度的水分亏缺诊断的报道，大多涉及小麦、玉米、棉花及温室西红柿等（蔡焕杰等，1994，2001；袁国富等，2002；张振华等，2005；李国臣，2005），而对果树的研究较少，只见孟平（2005）报道苹果树冠层温度时间变化规律和基于冠-气温差诊断苹果树水分胁迫的可行性。

10.1.3 果树光合与蒸腾

光合作用是植物将太阳能转换为化学能，并利用它将二氧化碳和水等无机物合成有机物时释放出氧气的过程。光合作用研究既在生命科学中非常重要，又和人类的发展有十分密切的关系，因而诺贝尔奖委员会在 1988 年宣布光合作用研究成果获奖的评语中，称光合作用是“地球上最重要的化学反应”(沈允钢，1998；李明启，1980；邹琦和李德全，1998)。

光合作用和蒸腾作用是植物最重要的生理活动，它们与环境因子中的光照、温度和湿度的关系密切，同时光合作用还是植物产量构成的主要因素，研究光合作用、蒸腾作用特性与环境因素的关系，有助于采取适当的栽培措施增强植物的光合能力，从而达到提高产量的目的(匡廷云，2004)。

在干旱或半干旱地区，由于常年降水量小，蒸发强度大，植被恢复水分的条件很差，因此水分是影响植物生长的关键因子(Clarke，2000)。土壤灌水量的多少直接影响土壤含水量的高低，而土壤含水量对作物光合作用、蒸腾和气孔导度等生理特征的影响十分明显，土壤含水量不足或过多都会影响作物的各项生理指标(刘殊和廖镜思，1997)。基于这一理论，可以将植物光合蒸腾等各项生理指标作为水分亏缺诊断的指标，从而达到研究或者监测旱情的目的。近年来国内外对作物光合速率、蒸腾速率和水分利用效率等生理指标的研究十分活跃，但主要集中在小麦、玉米等禾本科植物上，而果树上进行的类似试验却鲜有报道(常耀中，1983；山仑和陈陪元，1998；李世清等，2000；陈家宙等，2001；康绍忠等，2004；郭天财等，2004；Lemcoff and Loomis，1994；Zebarth et al.，2001；Subedi and Ma，2005)。

10.2 试验概况

10.2.1 试验地简介

试验于 2010 年 3 月 25 日～2010 年 7 月 20 日在西北农林科技大学旱区农业水土工程教育部重点实验室的灌溉试验站移动式防雨棚中进行。试验站地处 34°20′N、108°42′E，海拔 521 m，多年平均气温 12.5℃，属于半干旱半湿润气候，多年平均降雨量 632 mm，蒸发量 1500 mm，地下水埋深较深，土壤质地为中壤，其 1 m 土层内的田间持水率为 23.3%～25.5%，平均干容重为 1.44 g · cm^{-3}，土壤肥力较均一，0～1 m 土壤初始平均体积含水率为 25.99%。

10.2.2 试验设计

供试果树为桃树(FX2000-1)，试验设 4 个灌水量处理，1 个为充分灌水，其灌水指标为 100%ET_c(I_1)；另外 3 个灌水处理为非充分灌水，即灌水分别为 75%ET_c(I_2)、

$50\%ET_c(I_3)$ 和 $25\%ET_c(I_4)$。作物需水量依据 2002～2004 年的参考作物腾发量 ET_0 计算，每次灌水量的计算一般采用的 ET_0 为 2002～2004 年 3 年间 10～15 d 的平均值，例如，第 1 次灌水采用的就是 3 年中每年 4 月 5 日～4 月 14 日 ET_0 的平均值。ET_c 可用下式计算：

$$ET=K_cET_0 \tag{10-1}$$

式中，ET_c 为某时段桃树实际需水量($mm \cdot d^{-1}$)，ET_0 为某时段当地参考作物腾发量($mm \cdot d^{-1}$)；K_c 为作物系数，K_c 值参照联合国粮食及农业组织(FAO)提供的数据取值。

作物实际灌水量 ET 按下式计算：

$$ET=AET_c \tag{10-2}$$

式中，ET 为桃树实际灌水量(m^3)，A 为灌溉面积(m^2)，ET_c 为某时段桃树实际需水量($mm \cdot d^{-1}$)。

其中灌溉面积取值为

$A=\pi r^2=3.14\times0.8^2=2.0096m^2$（$r$=0.8 m，为桃树周围隔离带的半径）。

第 1 次灌水时间为 4 月 5 日，I_1 灌水量：

$ET_1=AET_c=AK_cET_0=2.0096\times0.55\times24.87\div1000=0.027m^3$

第 2 次灌水时间为 4 月 25 日，I_1 灌水量：

$ET_2=AET_c=AK_cET_0=2.0096\times0.9\times43.66\div1000=0.079m^3$

第 3 次灌水时间为 5 月 15 日，I_1 灌水量：

$ET_3=AET_c=AK_cET_0=2.0096\times0.9\times45.74\div1000=0.083m^3$

第 4 次灌水时间为 6 月 5 日，I_1 灌水量：

$ET_4=AET_c=AK_cET_0=2.0096\times0.9\times45.77\div1000=0.083m^3$

第 5 次灌水时间为 6 月 22 日，I_1 灌水量：

$ET_5=AET_c=AK_cET_0=2.0096\times0.55\times56.39\div1000=0.102m^3$

每个灌水量处理设 3 次重复(表 10-1)。在桃园选取冠幅大小相近、树干直径相同且周围环境相似的 12 株桃树为监测样树。在每个样树根部挖 20 cm 宽、1 m 深的防侧渗沟，埋入 1 m 深的双层防侧渗塑料膜，同时地表以上预留 20 cm 双层防渗塑料膜，防止样树之间水分侧渗，灌水采用穴灌方式。

表 10-1　桃树试验处理

灌水量＼重复	一次重复	二次重复	三次重复
$100\%ET_c(I_1)$	1 号样树	8 号样树	9 号样树
$75\%\ ET_c(I_2)$	2 号样树	5 号样树	10 号样树
$50\%\ ET_c(I_3)$	3 号样树	6 号样树	11 号样树
$25\%\ ET_c(I_4)$	4 号样树	7 号样树	12 号样树

10.2.3 测定项目及方法

10.2.3.1 树干液流的测定

采用热扩散法，利用法国人 Granier 发明的热扩散式探针(thermal dissipation probe，TDP)，每套 TDP 由一根线性加热探针和另一根不加热探针组成，安装在沿树干方向处于同一水分通道上的两个钻孔中，距树干底部 0.35 m，防止外界环境的影响，用锡箔纸将探针进行包裹，测量两探针的温差(dT)。加之利用英国 Grant 公司生产的 SQ 系列数采器对桃树树干液流进行连续的定位监测，每 10 min 采集一个温差平均值。最后用 Granier 的数学关系式便可以利用热扩散式探针测定得到树干的液流速率。

10.2.3.2 冠层温度的测定

用美国产红外测温仪(STProPlus，Raytek)测定冠层温度和大气温度，具体方法是每天下午 14：00 左右从冠层上方约 50 cm 高处，以 45°俯角往返从东、南、西、北 4 个方位各测定 1 个数值，取平均值作为桃树的冠层温度及大气温度，并选取典型天气(晴天和阴天)从 08：00～18：00 每隔 2 h 测定 1 次，分别测定冠层温度及大气温度的日变化，计算出冠层温度-气温差。

10.2.3.3 光合与蒸腾的测定

采用美国 Li-cor 公司生产的 Li-6400 光合测定系统活体测定不同灌水量条件下桃树中上部(1.5～1.8 m)健康、完整叶片，测定时每株取东南方向叶 5 片，每个叶片每次连续采集 3 个稳定数据，观测结果存储于数据 Data-log 中。观测时间每天 08：00～18：00，每 2 h 测定 1 次。观测因子包括：光合速率(Pn，$\mu mol \cdot m^{-2} \cdot s^{-1}$)、蒸腾速率(Tr，$mmol \cdot m^{-2} \cdot s^{-1}$)、气孔导度(Gs，$mol \cdot m^{-2} \cdot s^{-1}$)、光合有效辐射(PAR，$\mu mol \cdot m^{-2} \cdot s^{-1}$)、大气 CO_2浓度(Ca，$\mu mol \cdot mol^{-1}$)、空气相对湿度(RH，%)、气温(Ta，℃)等。

10.2.3.4 土壤水分及气象数据的测定

在每株桃树距树干 10 cm 东西两侧打入 2 个土壤水分测试管，用 Trime 测定 0～1 m 土壤含水量，以 10 cm 分层测定。试验站设有标准的自动气象站监测温度、湿度、辐射等气象数据。

10.2.3.5 果实品质及产量的测定

在不同灌水量处理的桃树树冠东西南北部各选取代表性果实 5 个，每株桃树共选取 20 个果实，为了消除采样时人为因素对测定结果的影响，我们利用 4 分法进行测定样品的随机选取。采摘后在 8℃的冰箱内冷藏 1 周，采用烘干法测定果实含水率(将果实鲜样放入培养皿称质量并记录，置于烘箱中 70℃烘干后再称质量，计算出果实含水率)；采用称重法测定选取的 10 个果实的平均单果质量；同时用意大利 FT327 硬度计测定果实硬度；着色度与口感风味采用专家打分法(着色度满分为 1 分，打分标准是：着色 60%以上 0.8～1.0 分，着色 40%～60%为 0.6～0.8 分，着色 40%～20%为 0.4～0.5 分，着色 20%以下为 0～0.4 分。口感风味满分为 10 分，打分标准是：口感极好为 9～10 分，口感好为 7～8 分，口感一般为 5～6 分，口感较差为 0～4 分)；采用钼蓝比色法测定果实维生素 C，日本 ATAGO 数显糖度计测定果实可溶性固形物，酸碱滴定法测定果实酸度。

10.2.3.6 数据处理

应用 SPSS Statistics 18.0 统计软件对数据进行处理及相关性分析；对不同处理间指标进行方差分析，若差异显著，再用 Duncan 多重比较进行分析。

10.3 桃树树干液流对灌水量和微气象环境的响应

茎流测定可以分为热扩散法、热脉冲法、热平衡法。其中热扩散法(TDP)是根据电热转换和能量平衡原理，将微型热电偶传感器插入边材木质部中，测得边材液流的运移速率，进而通过边材部分的横断面积计算求得整株液流量，这种方法是当前测算树木液流速率中最为稳定的技术，具有良好的精度和准确性。热脉冲法(HPVR) 根据“补偿原理”和“脉冲滞后效应”，利用插入树干中的热电偶检测出埋设在其下部电阻丝所发出的热脉冲，测定树干中由于液流运动产生的热传导现象。但热脉冲方法中的加热间隔、热脉冲等待等问题使得该技术存在一定的局限性，导致数据的连续性不强。热平衡法使用范围很小，只能适用于幼树或者作物，并且要求树皮相对光滑。本试验采用最精确、最稳定的 TDP 技术。

10.3.1 不同灌水量处理下液流速率的日际变化

不同灌水量处理桃树液流多日变化规律如图 10-1 所示。从图 10-1 可以看出，桃树液流速率存在明显的日变化周期和连日变化规律。相对缺水时桃树液流速率较小，5 月 15 日灌水后，桃树液流迅速上升且在一段时间内液流速率较大，随后土壤含水率下降，液流速率开始下降。在正常生长状态下，液流速率基本在 6：00 左右开始随着温度的升高、蒸腾强度的增加和空气相对湿度的下降而持续上升，呈现出典型的多峰曲线特征。随着灌水量、大气温度、太阳辐射等因子的变化，出现峰值的大小变化，最大峰值出现在 14:00 前后。不同灌水量处理之间的液流变化在峰值起升和降落时间方面无明显差别，但在液流速率峰值大小上存在明显差异，高水处理液流速率较大(最大值为 33.2 $\mu g \cdot m^{-2} \cdot s^{-1}$)，低水处理液流速率相对较小(最大值为 23.3 $\mu g \cdot m^{-2} \cdot s^{-1}$)；夜间不同灌水处理之间也存在差异，同样是高水处理的液流速率较大，低水处理的液流速率相对较小，但液流速率变化维持在一个较小的范围(0～4.1 $\mu g \cdot m^{-2} \cdot s^{-1}$)内。

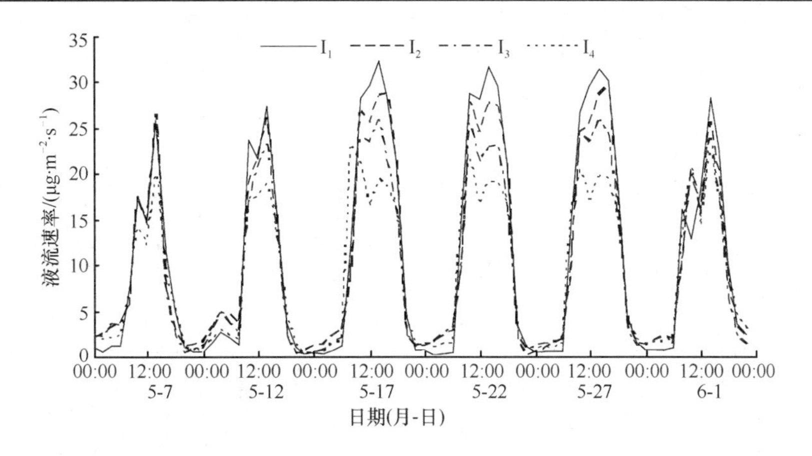

图 10-1　不同灌水量处理下桃树液流的日际变化曲线

10.3.2 不同天气状况下(晴天、阴天)液流速率的日变化

图 10-2 和图 10-3 分别是典型晴天、阴天条件下桃树液流速率的变化特征。从图 10-2 和图 10-3 可以看出，在晴天(5 月 23 日)，液流速率 6：30 左右开始上升，且上升速率较快，在 10：00 左右达到峰值，在此上升过程中，4 个灌水量处理桃树的液流速率大致相同，无明显差异；但随后随着温度、大气相对湿度等环境因子的变化，液流速率开始有下降的趋势，在 11：00 左右出现第 1 个波谷，此后液流速率又开始回升，在 14：00 左右达到第 2 次峰值(最大值 I_1 为 35.9 $\mu g \cdot m^{-2} \cdot s^{-1}$，最小值 I_4 为 19.3 $\mu g \cdot m^{-2} \cdot s^{-1}$，$I_1$ 比 I_4 峰值提高了 86%，此时不同灌水处理间液流速率差异最大)，然后开始缓慢下降，到 21：00 左右到达最小值附近并趋于稳定，此过程不同灌水处理间液流速率差异明显，表现为 $I_1>I_2>I_3>I_4$；在 17：00～19：00 液流速率急剧下降。而在阴天(5 月 21 日)，液流速率从 8：00 左右开始上升，上升速度较晴天小，在 11：00 左右到达峰值，此过程不同灌水处理间液流速率差异不明显，即与晴天相同；随后由于温度、大气相对湿度等环境因子的变化，液流速率开始有下降的趋势，在 12：00 左右出现第 1 个波谷，之后液流速率又开始回升，在 14：00 左右与晴天相同达到第 2 次峰值(最大值 I_1 为 27.3 $\mu g \cdot m^{-2} \cdot s^{-1}$，最小值 I_4 为 18.4 $\mu g \cdot m^{-2} \cdot s^{-1}$，$I_1$ 比 I_4 峰值提高了 48%，此时不同灌水处理间液流速率差异最大)，然后缓慢下降直到 15：00 左右，此过程不同灌水处理间液流速率差异没有晴天明显，表现与晴天相同；在 15：00～17：00 液流速率急剧下降，之后缓慢下降，到 20：00 左右到达最小值附近并趋于稳定。桃树液流速率晴天比阴天变化明显，且阴天的液流速率明显小于晴天的液流速率。

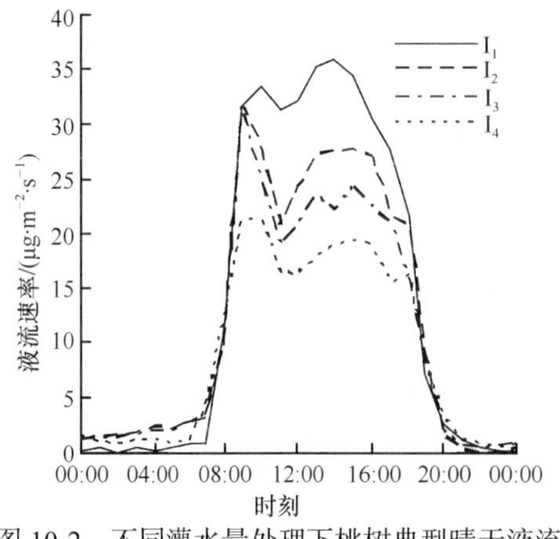

图 10-2　不同灌水量处理下桃树典型晴天液流速率的变化曲线

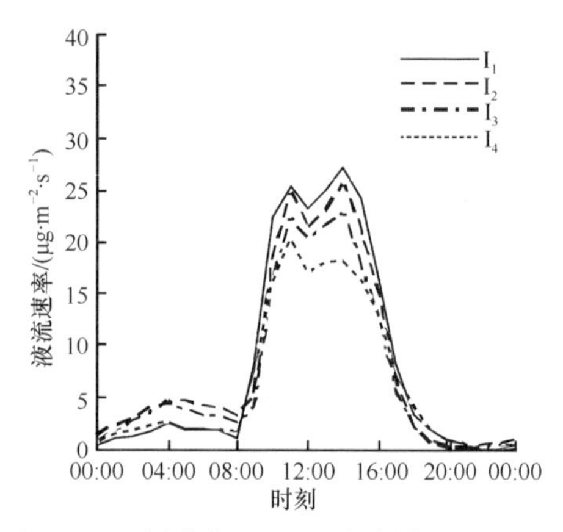

图 10-3　不同灌水量处理下桃树典型阴天液流速率的变化曲线

10.3.3 液流速率对大气相对湿度变化的响应

图 10-4 为 5 月 24 日～5 月 26 日大气相对湿度与桃树液流速率变化的比较结果。从图 10-4 可以看出，大气相对湿度与桃树液流速率的变化呈现昼夜的周期性，白天上午 8：00 开始，随着大气相对湿度的下降，桃树液流速率处于上升阶段，且在大气湿度出现波谷前先达到峰值，下午 14：00 以后大气相对湿度开始回升，但液流速率开始持续下降；夜晚大气相对湿度继续保持上升，液流速率在大气相对湿度达到波峰之前趋于一个稳定的值，此时液流的变化基本停止，次日 2：00～8：00 大气相对湿度持续下降，但液流变化仍然保持在一个较低的水平。

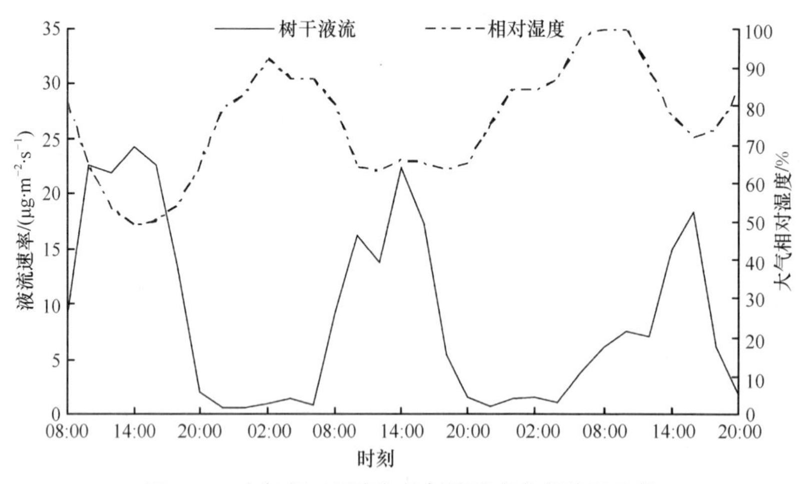

图 10-4　大气相对湿度与桃树液流变化规律的比较

10.3.4 讨论与结论

国外学者 Fernández(2001)研究了橄榄树液流的变化规律，认为液流信息能很好反映水分状况，可作为水分诊断指标在精量灌溉中应用，并提出可行性理论。但依据液流进行精量灌溉及确定临界控制点上还需进一步的系统研究与探讨。Damiano 和 Rossano（2003）测定在不同灌水量条件下，4 年生桃树主要水分生理和环境指标，也认为液流能准确反映植物水分亏缺状况。Ortuño（2004）对柠檬树在水分亏缺和充分供水下连续监测树干液流通量和直径变差，发现液流通量信号强度与噪声的比值（即通量平均强度与变差系数比）比茎秆直径变差高 50%，表明液流可以很好地作为水分诊断指标，并设想建立树干液流与空气饱和水气压差的关系来应用到精量控制灌溉技术中。Sousa（2006）在不同灌溉模式下利用热脉冲技术、光合测定系统对葡萄树干液流与水势，叶片水势、气孔导度、光合速率和蒸腾速率等指标进行测定，发现下午 14：00 左右液流对土壤水分亏缺响应最强烈也最敏感。

国内学者康绍忠等（2001）研究分根区交替灌溉、部分根区干燥灌溉、传统畦灌对梨树茎液流、水分平衡、水分利用效率和产量的影响，结果表明分根区交替灌溉和部分根区干燥灌溉根系吸水能力超过了传统畦灌，且由于分根区交替灌溉和部分根区干燥灌溉灌水量减少，平均水果质量虽然有轻微减少，但每树的水果数和产量增加，这说明此灌溉方法既节约了灌水量又增加了果树的产量，此结论的得出特别对干旱半干旱地区灌溉具有重要价值。孙慧珍等（2006）采用热脉冲技术研究了降雨条件下梨树液流的变化规律，发现木质部不同位点的液流变化特征能很好反映果树的水分亏缺状况。龚道枝研究了桃树、苹果树液流对根区湿润模式和土壤水分变动的响应规律，发现桃树主根和树干液流在水分胁迫时出现明显的昼夜波动特征（龚道枝等，2001），液流通量与潜在蒸腾的比值和根区土壤水分状况密切相关，基于这些研究提出了果树水分亏缺指数的计算公式，但就各个生育阶段的临界水分亏缺指数还没有研究（龚道枝，2002）；同时还发现水分胁迫时桃树和苹果树主根、树干液流与叶面蒸腾和潜在蒸腾之间存在明显的滞后效应，其滞后时间的长短与根区土壤水分亏缺程度呈正相关（龚道枝，2002，2005），与参考作物蒸发蒸腾的瞬时序列的相关度在较短周期（如一天、一周）内与土壤亏缺程度呈负相关（Gong et al.，2005，2006，2007；龚道枝等，2004）。

本研究表明，不同灌水量处理条件下桃树液流速率存在明显的日周期和连日变化规律。桃树液流速率在正常生长状态下呈现出典型的多峰曲线特征。桃树液流速率晴天比阴天变化明显，且阴天的液流速率明显小于晴天的液流速率。各个灌水量处理间液流速率变化在峰值起升和降落时间无明显差别，但在低水条件下，峰值较小；高水条件下，峰值较大。不同灌水处理之间液流速率日际变化存在明显差异，高水处理液流速率大，低水处理液流速率相对较小，这与龚道枝等（2001）的研究结论相一致。

果树的液流速率除与土壤水分大小有关外，还与太阳辐射、大气温度、大气相对湿度等微气象环境因素密切相关（龚道枝，2005）。本研究表明，晴天，液流速率上升较快；阴天，液流速率上升较晴天小，不同灌水处理条件下，桃树液流速率晴天比阴天变化明显，且阴天的液流速率明显小于晴天的液流速率。这与丁日升等（2004）的研究结论相一致，出现这种现象的原因是太阳辐射的强度很大程度影响着桃树液流速率的大小。

大气相对湿度的昼夜变化也影响着桃树液流的周期变化，随着大气相对湿度的下降，桃树液流速率处于上升阶段，且在大气湿度出现波谷时先达到峰值。当大气相对湿度保持在上升阶段时，液流开始下降，且在大气相对湿度到达波峰之前趋于一个稳定的值，液流速率的变化基本停止，这与张志亮(2008)的研究结果一致。

10.4 桃树冠层温度及冠层温度-气温差对灌水量和微气象环境的响应

作物冠层温度是由土壤-植物-大气连通体内的热量和水汽流决定的，它反映了作物和大气之间的能量交换，作物冠层温度的大小与其能量的吸收和释放过程有关。近年随着红外测温技术的快速发展，冠层温度和冠层温度-气温差已经成为判别作物水分状况的重要指标之一(梁银丽和张成娥，2000)。国内研究主要集中在基于作物冠层温度的水分亏缺诊断的报道，大多涉及小麦、玉米、棉花及温室西红柿等(蔡焕杰，1994，2001；袁国富等，2002；张振华等，2005；李国臣，2005)，而对果树的研究较少，只见孟平(2005)报道苹果树冠层温度时间变化规律和基于冠-气温差诊断苹果树水分胁迫的可行性。因此研究桃树冠层温度及冠层温度-气温差对灌水量和微气象环境的响应具有很好的可行性和价值。

10.4.1 不同灌水量处理下冠层温度及冠层温度-气温差的日际变化

10.4.1.1 冠层温度的日际变化

图 10-5 显示了不同灌水处理下桃树午后 14：00 冠层温度和大气温度的变化趋势。由图 10-5 可以看出，冠层温度随着大气温度的变化而变化，其中灌水量最小的 I_4 处理随大气温度的变化冠层温度变化最为平缓，而灌水量最大的 I_1 随大气温度的变化冠层温度变化幅度最大。这是由于 I_4 处理土壤处于严重亏水状态，桃树蒸腾速率最弱，冠层温度相对较高；而 I_1 处理为充分灌水，桃树叶片蒸腾速率较大，冠层温度相对较低。4 种灌水处理桃树冠层温度表现为 $I_1 < I_2 < I_3 < I_4$，说明灌水量的多少可以反映出桃树冠层温度的高低，表明桃树的冠层温度与其水分亏缺状况密切相关。

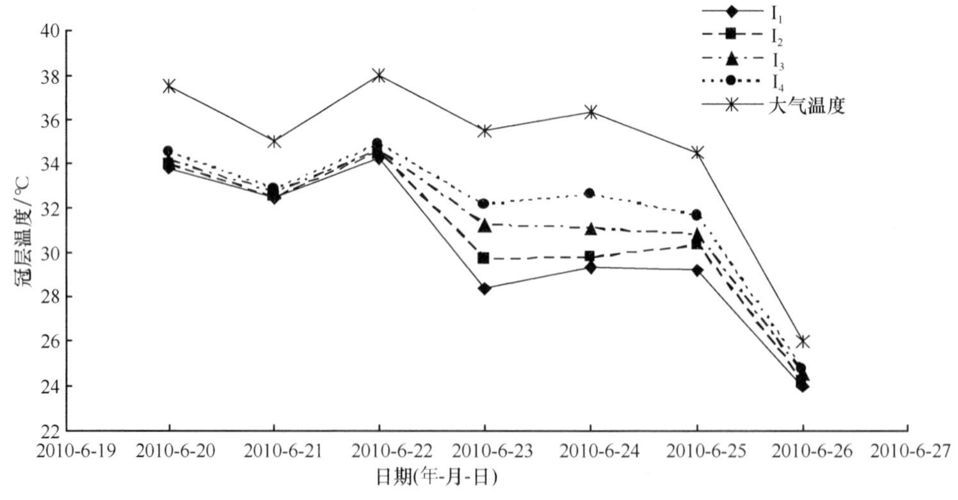

图 10-5　不同灌水量处理下桃树 14：00 冠层温度的日际变化曲线

10.4.1.2 冠层温度-气温差的日际变化

图 10-6 为 6 月 20 日～6 月 26 日不同灌水量处理下桃树冠层温度-气温差的日际变化情况，桃树冠层温度测定的时间为每天 14：00。由图 10-6 可以看出，在 6 月 20 日～6 月 22 日，距离前次灌水 15 d 左右时，4 个灌水量处理冠层温度-气温差的差异不大（最大差值为 0.7℃），但受之前不同灌水的影响，桃树的冠层温度和冠层温度-气温差仍然表现为 $I_1 < I_2 < I_3 < I_4$；在 6 月 22 日依照 4 种不同灌水处理对桃树灌水后，在 6 月 23 日和 6 月 24 日 2 个晴天不同灌水量处理桃树的冠层温度-气温差的差异极为显著，冠层温度-气温差表现为 $I_1 < I_2 < I_3 < I_4$；6 月 25 日多云和 6 月 26 日阴天，冠层温度-气温差较晴天高，不同灌水处理的桃树冠层温度-气温差的差异与晴天相比较小，这说明阴天蒸腾强度较弱，蒸腾作用减缓，蒸腾消耗热量减少，从而引起冠层温度升高，冠层温度-气温差的值就较大。

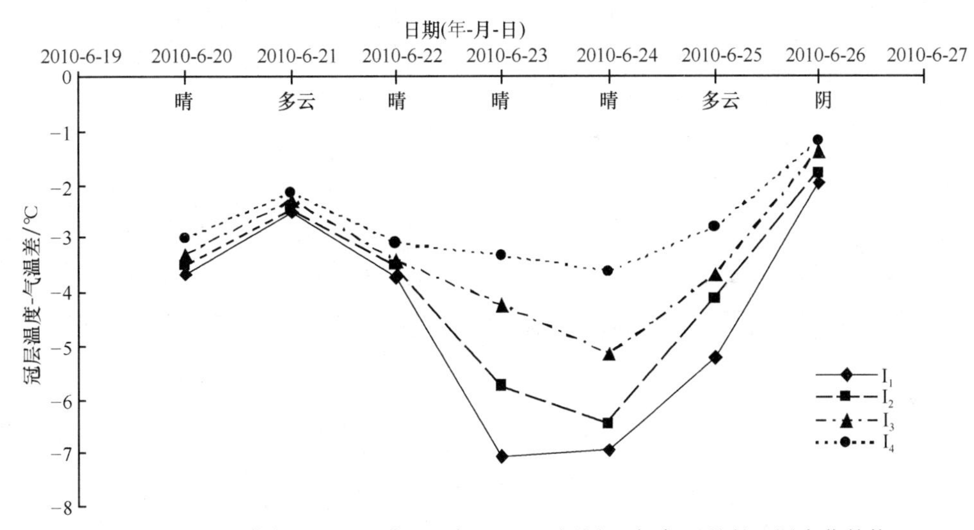

图 10-6　不同灌水量处理下典型天气 14：00 冠层温度-气温差的日际变化趋势

10.4.2 不同天气状况下（晴天、阴天）冠层温度及冠层温度-气温差的日变化

10.4.2.1 冠层温度的日变化

图 10-7 和图 10-8 是桃树冠层温度分别在典型晴天（5 月 23 日）和阴天（5 月 21 日）的日变化趋势。从图中可以看出，不论是晴天还是阴天，8：00～18：00，冠层温度先随大气温度的升高而升高，当大气温度达到最大时，冠层温度基本上也达到最大值，然后随着大气温度的降低，冠层温度也呈下降的趋势。在典型晴天，日出后冠层温度随太阳辐射的增强迅速升高，但 11：00 前不同灌水处理冠层温度的差异不明显（最大差值为 0.4℃左右）；在 14：00 左右冠层温度达到峰值，此时不同灌水处理间冠层温度差异达到

最大值（最大差值约为 2.1℃）；下午随太阳辐射强度的降低，冠层温度开始回落，不同灌水处理冠层温度差异慢慢减小；日落前 1～2 h，由于太阳辐射强度降低很快，冠层温度迅速下降且不同处理间冠层温度差异逐渐消失。在典型阴天，冠层温度随大气温度的缓慢上升也呈缓慢上升趋势，不同灌水处理 10：00 前冠层温度差异不明显（最大差值为 0.3℃左右），在 12：00 左右，冠层温度受环境影响略有下降的趋势，随后又开始上升，并随大气温度在 14:00 左右达到最大值时亦达到峰值，但不同灌水处理冠层温度差异（最大差值约为 0.8℃，比晴天减小了 62%）不如晴天明显；随后随着大气温度的降低，冠层温度也呈缓慢降低趋势，在 18：00 左右，不同灌水处理间冠层温度差异消失。综上可知，晴天，桃树冠层温度随大气温度的变化相对明显，变幅较大；阴天，桃树冠层温度随大气温度变化不太明显，变幅较小。

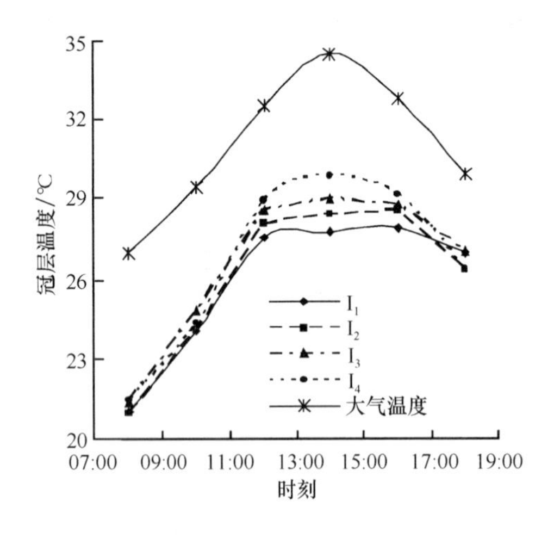

图 10-7　不同灌水处理下典型晴天桃树冠层温度日变化趋势

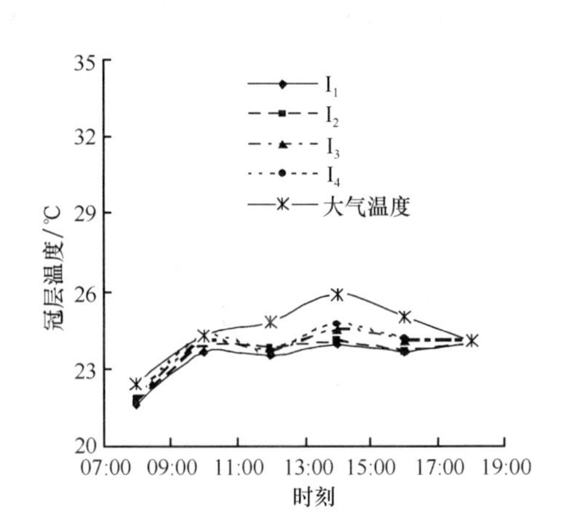

图 10-8　不同灌水处理下典型阴天桃树冠层温度日变化趋势

10.4.2.2 冠层温度-气温差的日变化

从图 10-9（5 月 23 日晴天）和图 10-10（5 月 21 日阴天）可以看出，太阳净辐射是影响冠层温度的关键因素之一，晴天果树的冠层温度明显高于阴天，而晴天果树的冠层温度-气温差日变化幅度也明显大于阴天，两者峰值都出现在 14：00 左右，即一天温度最高时，表明冠层温度随太阳净辐射量的增加而增大，冠层温度-气温差也随太阳净辐射量的增大而变化明显。同时，不同灌水处理之间也存在明显的差异，晴天和阴天的冠层温度-气温差均表现为 $I_1 < I_2 < I_3 < I_4$，但晴天较阴天变化显著。

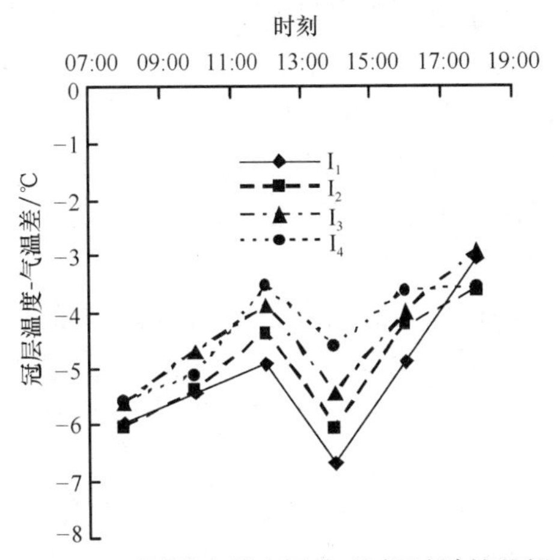

图 10-9　不同灌水处理下典型晴天桃树冠层温度-气温差的日变化特征

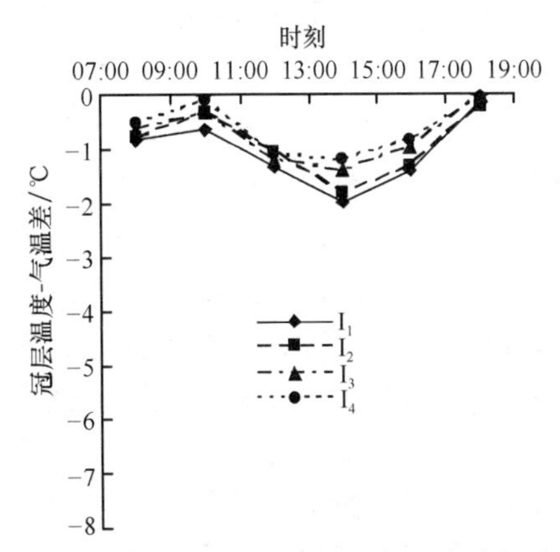

图 10-10　不同灌水处理下典型阴天桃树冠层温度-气温差的日变化特征

10.4.2.3 冠层温度-气温差与土壤含水量的关系

土壤水分不足可导致果树的气孔关闭，蒸腾作用减弱，从而引起果树冠层温度升高。研究认为，作物冠层温度-气温差(T_c–T_a)与作物水分状况密切相关，一般由于 12：00～14：00 蒸腾作用最强烈，(T_c–T_a)差异最大，此时的冠层温度-气温差最能反映作物的水分状态(梁银丽和张成娥，2000)，因此，可用此时段的冠层温度-气温差反映果树的水分亏缺程度。本研究对 5 月 24 日～5 月 26 日 14：00 左右不同灌水处理的桃树冠层温度-气温差与 0～100 cm 土层土壤含水量的关系进行了相关分析，如图 10-11 所示。试验结果表明，桃树冠层温度-气温差与土壤含水量具有较好的负相关关系，其相关系数为 0.882。

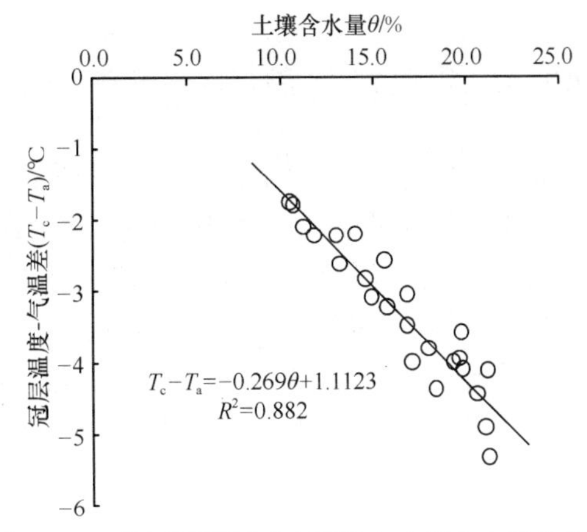

图 10-11　桃树冠层温度-气温差与土壤含水量的关系

10.4.3 讨论与结论

国外 Massai 等(1999)报道了桃树叶温对水分胁迫的响应规律及与产量的关系；Garcia 等(1999)分析了基于叶温的桃树水分胁迫指数；Remorini 和 Massai(2003)对比研究了桃树包括叶温、水势等的不同水分指标；Sepulcre-Canto 等(2006)研究了水分胁迫时橄榄树的冠层温度的时空变异特征及二者测定值的相关关系；Moller 等(2007)结合热成像法和可见光图像法，利用 FLIR 热成像仪和数码相机估计了灌溉葡萄园的水分状况及基于叶温的水分亏缺指数与果树叶片气孔导度、树干水势的定量关系。但是基于叶温的植物水分诊断进行灌溉控制的研究工作至今还没有详尽文献报道。

国内研究主要集中在基于作物冠层温度的水分亏缺诊断的报道，大多涉及小麦、玉米、棉花及温室西红柿等(蔡焕杰，1994，2001；袁国富等，2002；张振华等，2005；李国臣，2005)，而对果树的研究较少，只见孟平(2005)报道苹果树冠层温度时间变化规律和基于冠层温度-气温差诊断苹果树水分胁迫的可行性。

本研究表明，桃树冠层温度-气温差绝对值随时间变化有较大差异，但每次测定值为低灌水量处理冠层温度-气温差高于高灌水量。冠层温度随着气温的升高不断增加，中午12：00～14：00 达到最大，然后逐渐降低，有明显的日变化过程。桃树冠层温度达到峰值时间基本与气温峰值时间一致。

太阳净辐射是影响冠层温度的关键因素之一，晴天桃树的冠层温度明显高于阴天，而晴天桃树的冠层温度-气温差日变化差异也明显大于阴天，两者峰值都出现在 14：00 左右，即一天温度最高时，表明冠层温度随太阳净辐射量的增加而增大，冠层温度-气温差也随太阳净辐射量的增大而变化显著。同时，不同灌水量处理之间冠层温度及冠层温度-气温差也存在差异，高灌水量处理冠层温度及冠层温度-气温差较低灌水量处理变化显著。

冠层温度-气温差与土壤含水量间具有较好的负相关关系。这与冠层温度及冠层温度-气温差与土壤含水量和太阳净辐射量的变化有关(梁银丽和张成峨，2000)。

10.5 桃树光合与蒸腾对灌水量和微气象环境的响应

光合作用是植物将太阳能转换为化学能,并利用它将二氧化碳和水等无机物合成有机物时释放出氧气的过程。光合作用研究既在生命科学中非常重要，又和人类的发展有十分密切的关系，因而诺贝尔奖委员会在 1988 年宣布光合作用研究成果获奖的评语中，称光合作用是“地球上最重要的化学反应”(沈允钢 ，1998；李明启，1980；邹琦和李德全，1998)。

光合作用和蒸腾作用是植物最重要的生理活动，它们与环境因子中的光照、温度和湿度的关系密切，同时光合作用还是植物产量构成的主要因素，研究光合作用、蒸腾作用特性与环境因素的关系，有助于采取适当的栽培措施增强植物的光合能力，从而达到提高产量的目的(匡廷云，2004)。

10.5.1 观测日微气象环境因子分析

2010 年 5 月下旬(选择晴天)，晴天微气象环境等因素变化较显著，因此对不同灌水量条件下桃树蒸腾与光合等生理生态指标进行分析，从而得到桃树光合与蒸腾对灌水量和微气象环境的响应规律具有十分重要的意义。

从图 10-12 可以看出，光合有效辐射(PAR)呈单峰曲线变化特征，从上午 8：00 开始缓慢增强，为 13：00 左右达到最大值 1890.94 $\mu mol \cdot m^{-2} \cdot s^{-1}$，之后开始迅速下降，在18：00 达到观测最小值 780.21 $\mu mol \cdot m^{-2} \cdot s^{-1}$，光合有效辐射全天变化幅度较大。大气$CO_2$ 浓度全天的变化范围不大，为 361.12～370.59 $\mu mol \cdot mol^{-1}$，但受植物光合作用和呼吸作用竞争的影响，变化曲线起起伏伏，呈近似的“双 M”型。

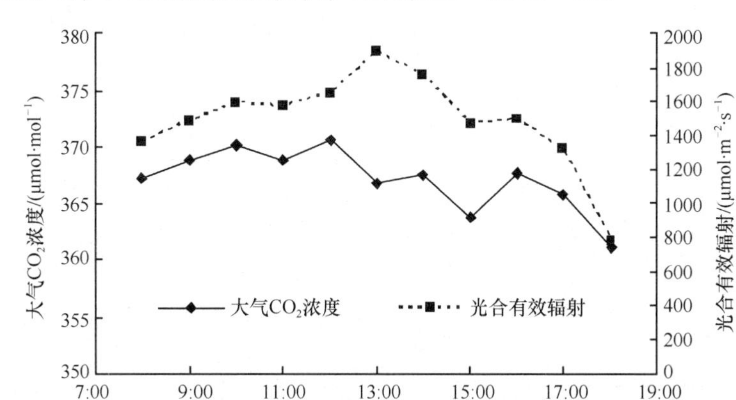

图 10-12　大气 CO_2 浓度与光合有效辐射变化曲线

空气相对湿度和空气温度也是影响蒸腾的重要大气环境因子(郭连生和刘亮，1992)。由图 10-13 可知，空气温度从上午 8：00 开始升高，在 15：00 达到全天的最高值 36.37℃之后开始下降，随后因为风速等因素的影响又有小幅度的上升，之后不断下降。空气相对湿度从上午 8：00 时的 62%开始逐渐降低，在 15：00 左右达到全天的最低值 38.13%，然后缓慢回升，但回升的速度较慢。由图 10-13 可以明显看出全天大气温度和湿度呈相反的变化态势，这说明当空气温度较高、相对湿度较低时，植物的蒸腾作用会明显增强，蒸腾速率变大。

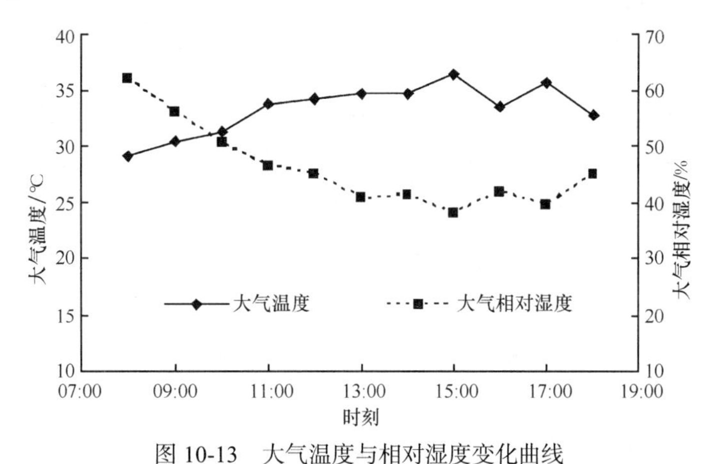

图 10-13　大气温度与相对湿度变化曲线

10.5.2 不同灌水量处理下光合与蒸腾特性分析

10.5.2.1 净光合速率的日变化

光合作用是植物体内极为重要的代谢过程，光合作用的强弱对植物的生长、产量及其抗逆性都具有十分重要的影响(惠红霞等，2003)，植物对环境的适应性沿着有利于光合作用的方向发展(Meianied and Thomasc，1988；Silvia et al.，2004)。从图 10-14 可以看

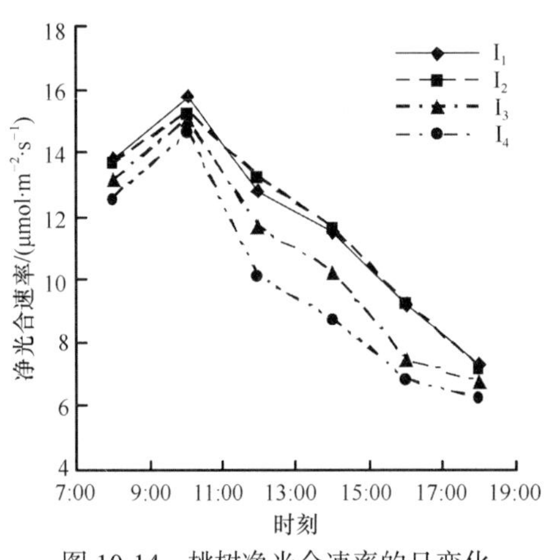

图 10-14 桃树净光合速率的日变化

出，不同灌水处理条件下桃树光合速率(Pn)具有明显的日变化规律，呈单峰曲线特征。在早晨 CO_2 浓度比较高，但其光合速率并不高，从上午 8：00 开始 I_1、I_2、I_3、I_4 值分别为 13.82μmol · m^{-2} · s^{-1}、13.71μmol · m^{-2} · s^{-1}、13.16 μmol · m^{-2} · s^{-1}、12.53 μmol · m^{-2} · s^{-1}，不同灌水处理间桃树光合速率都急剧上升，随着大气温度和光合有效辐射的增强，气孔导度不断增大，叶片的净光合速率增强，到 10：00 左右达到最大值，I_1、I_2、I_3 、I_4最大值分别为 15.74 μmol · m^{-2} · s^{-1}、15.24 μmol · m^{-2} · s^{-1}、15.04 μmol · m^{-2} · s^{-1}、14.61 μmol · m^{-2} · s^{-1}，此过程不同灌水处理间桃树净光合速率主要影响因素为气孔导度，因此差异不是十分明显。在 10：00 以后由于太阳辐射和大气温度等环境因素的影响诱导叶表气孔关闭，气孔导度减小，桃树净光合速率呈缓慢下降的趋势，到 18:00 时的净光合速率为所测定时间范围内的最小值，I_1 、I_2、I_3、I_4 最小值分别为 7.31 μmol · m^{-2} · s^{-1}、7.22 μmol · m^{-2} · s^{-1}、6.27 μmol · m^{-2} · s^{-1}，此过程 I_1 灌水处理和 I_2 灌水处理间桃树净光合速率几乎没有差异，但它们与 I_3、I_4 间的差异十分明显，表现为 $I_1 \approx I_2 > I_3 > I_4$。由此可以说明，不同灌水量对植物 Pn 日变化具有很大的影响，一般 Pn 值随灌水量的增加而显著升高，且具有明显的日变化，但当灌水量较高时，Pn 值随灌水量的增加变化不明显。

10.5.2.2 蒸腾速率的日变化

蒸腾作用既受到外界因子的影响(变化趋势见图 10-12、图 10-13)，也受植物体内部结构和生理状况的调节(Jones and Sutherl, 1991；Tyree and Sperry，1998)，与土壤水分条件也有着密切关系(杨娜等, 2006；廖行等, 2007)，如图 10-15 所示，桃树蒸腾速率的日变化和其他的生理过程一样，呈现出周期性的变化。不同灌水量处理下桃树蒸腾速率(Tr)的日变化具有显著的差异。4 种灌水处理下桃树蒸腾速率变化趋势基本一致。I_3、I_4 灌水处理条件下，桃树日蒸腾速率值均比较低，由于土壤水分束缚，Tr 值增长较缓慢，但 10：00 时，环境因素的变化使得蒸腾拉力增加，此时 Tr 达到最大值，分别为 6.41 mmol · m^{-2} · s^{-1} 和 5.98 mmol · m^{-2} · s^{-1}，此后直到 18：00Tr 缓慢下降到 2.86 mmol · m^{-2} · s^{-1} 和 2.76 mmol · m^{-2} · s^{-1}。I_1、I_2 灌水处理条件下 Tr 明显高于 I_3、I_4 的值，4 个灌水处理具有明显的日变化，且变化趋势相同，都呈单峰曲线的变化趋势。

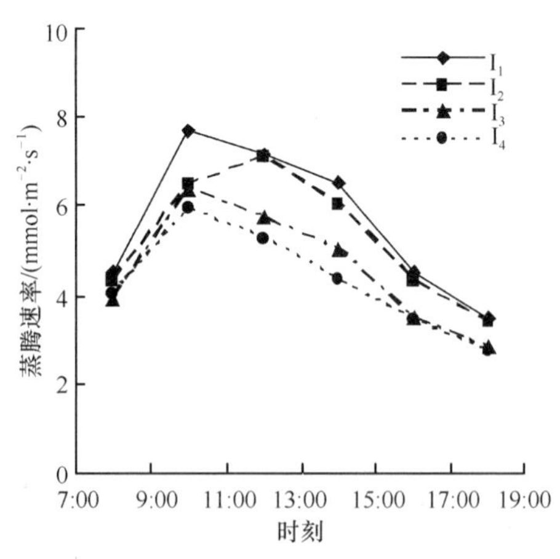

图 10-15 桃树蒸腾速率的日变化

I_1 灌水处理下桃树蒸腾速率 Tr 值增长较快，最大值出现在 10：00 左右，值为 7.73 mmol · m^{-2} · s^{-1}，比 I_3、I_4 最大值分别高出 20.59%和 29.26%；而 I_2 蒸腾速率 Tr 值增长缓慢，最大值出现在 12:00 左右，值为 7.12 mmol · m^{-2} · s^{-1}，比 I_3、I_4 最大值分别高出 11.08%和 19.06%，两者在出现最大值后随着 PAR、Ta 等气象因素的变化及气孔的逐渐关闭，Tr 趋于减弱，开始缓慢下降，之后变化幅度差别不大，但总体表现为 $I_1>I_2$。以上结果表明，不同灌溉水量对桃树的蒸腾速率有显著的影响。

10.5.2.3 气孔导度的日变化

研究表明，植物对水分胁迫最敏感的一个指标就是气孔导度(杨娜等，2006；王红等，2010)，水分通过气孔蒸腾是蒸腾作用的主要形式(何维明和马风云，2000)。图 10-16 表明，桃树气孔导度(Gs)随灌水量的多少呈梯度降低，说明桃树自身可以通过控制气孔开放程度以适应干旱的环境条件。且 Gs 具有比较显著的单峰曲线的日变化特征，8：00～10：00 时，Gs 从一个较高的水平上开始上升，10：00 左右达到当天的峰值(最大值)，I_1、I_2、I_3、I_4 最大值分别为 0.30 mol · m^{-2} · s^{-1}、0.23 mol · m^{-2} · s^{-1}、0.24 mol · m^{-2} · s^{-1}、0.22 mol · m^{-2} · s^{-1}，此后随时间不断下降。整个过程中，Gs 随不同灌水处理的差异比较明显，表现为 $I_1>I_2>I_3>I_4$。由图 10-14、图 10-16 可以看出，桃树气孔导度日变化曲线与 Tr 基本相似，说明其蒸腾速率受气孔导度的调控。

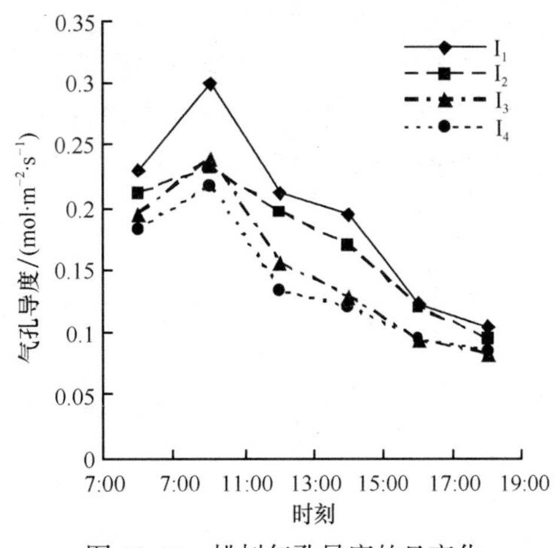

图 10-16　桃树气孔导度的日变化

10.5.2.4 光合速率、蒸腾速率和气孔导度间的关系

通过分析桃树在不同灌水处理下光合速率、蒸腾速率和气孔导度间的相关性可知(表 10-2)，随着灌水量的增加，桃树 Pn 与 Tr、Pn 与 Gs、Tr 与 Gs 相关性也在逐渐增高，不同灌水处理下 Pn 与 Tr、Tr 与 Gs 相关性几乎都达到了显著的水平，只有 I4 处理相关系数较低，这说明 I4 灌水处理桃树气孔几乎处于半关闭状态且全天变化幅度不大的情况下自身通过气孔对环境的调节能力很弱。因此，光合速率和蒸腾速率对环境的改变较敏感，

表 10-2　光合速率、蒸腾速率和气孔导度间的相关系数

灌水处理	Pn 与 Tr 的相关系数	Pn 与 Gs 的相关系数	Tr 与 Gs 的相关系数
I_1	0.807*	0.996**	0.770*
I_2	0.793*	0.996**	0.777*
I_3	0.783*	0.989**	0.740*
I_4	0.717	0.986**	0.692

注：*和**分别代表在 $P<0.05$ 和 $P<0.01$ 水平上的显著

但 Gs 又很大程度上限制了 Tr 和 Pn 的进行，因此值较低，无显著关系。Pn 与 Gs 的相关性最好，各个处理都达到了极显著的水平，这说明桃树净光合速率变化和气孔自身的调节密切相关，即桃树可根据环境的变化通过气孔来调节 CO_2 和 H_2O 的交换量，使自身达到最佳状态。不同灌水处理中，I_1 和 I_2 处理下桃树 Pn 与 Tr、Pn 与 Gs、Tr 与 Gs 相关性最好，效果最显著，这说明 I_1 和 I_2 灌水处理最有利于桃树的生长。

10.5.3 不同灌水量处理下水分利用效率和光能利用效率的日变化

10.5.3.1 水分利用效率的日变化

水分利用效率(WUE，μmol · $mmol^{-1}$)是植物光合与蒸腾特性的综合反映，它是用来说明植物消耗单位质量的水分所固定的 CO_2 的数量，Fisher 等把它定义为 WUE=Pn/Tr，WUE 值越大，则表明固定单位质量的 CO_2 所需的水量越小，因而水分利用效率也就越高。在同样干旱环境下，植物的 WUE 值越大，则表明植物节水能力越强，耐旱生产力越高(张建国等，2000)。

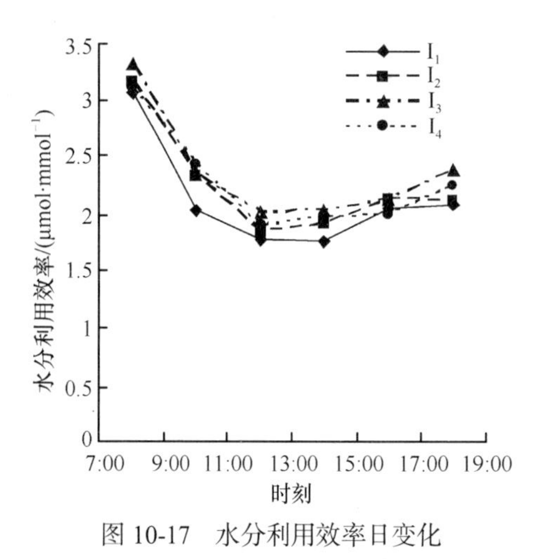

图 10-17　水分利用效率日变化

从图 10-17 可以看出 WUE 日变化特征为：上午时段的水分利用效率明显高于下午时段，最高值出现在 8：00 左右，因为此时光合有效辐射较强，气孔的开度较大，净光合速率增加较快，空气相对湿度较大，蒸腾速率处于较低的水平，所以水分利用效率最高。随着光照的增强、气温上升、空气的相对湿度明显下降、叶内外水蒸气气压差的上升等环境因素的影响，气孔部分关闭而限制了 H_2O 和 CO_2 的扩散，但蒸腾速率也随之增大，WUE 开始下降，在 12：00～14：00 降至低谷，16：00 前后 WUE 出现第 2 个高峰，之后又开始缓慢下降。全天整个过程不同灌水处理下 WUE 有明显差异，整体表现为 I_3＞I_4＞I_2＞I_1。不同灌水处理间 WUE 的平均最大值出现在 I_3 处理，说明 I_3 处理下的水分利用效率达到最佳状态。虽然在 I_1 处理下土壤灌水量最大，桃树具有较高的光合速率，但是其蒸腾速率也是最高的，致使其水分利用效率较低。

10.5.3.2 光能利用效率的日变化

光能利用效率(LUE，mol · mol^{-1}，LUE=Pn/PAR)是作物生长模型中最有用的参数之一(Kiniry et al.，1999)，LUE 的变化主要决定于植物冠层的物理和生物过程，影响 LUE 变化的物理因子有饱和差(VDP)、温度、太阳辐射等(Kiniry et al.，1998；Turner et al.，2003；Rouphael and Colla，2005；Francescangeli et al.，2006)。从图 10-18 中可以看出，桃树不同灌水处理下 LUE 变化曲线呈近似的“U”形，最大值出现在上午 8：00 左右，说明此时光能利用效率最高，然后开始下降，最小值出现在 16：00 左右，之后 Pn 和 PAR 继续下降，但光能利用效率则有所升高，说明 LUE、Pn 和 PAR 的变化趋势并不相同。全天不同灌水处理下 LUE 表现为 $I_1 \approx I_2 > I_3 > I_4$，这说明同等条件下桃树灌水越多 LUE 就越高，但灌水达到一定量的时候 LUE 就不会再增高。由此我们可以得出 I_2 处理既节约了灌水量，又使桃树的 LUE 达到了全天平均最大值。

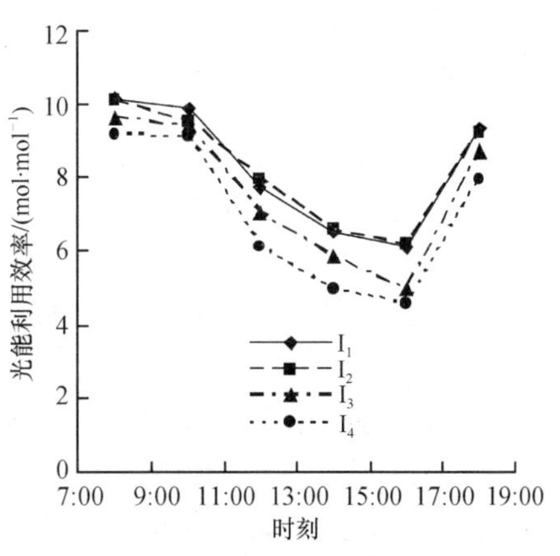

图 10-18　光能利用效率日变化

10.5.4 讨论与结论

土壤灌水量的多少直接影响土壤含水量的高低，而土壤含水量对作物光合作用、蒸腾和气孔导度等生理特征的影响十分明显，土壤含水量不足或过多都会影响作物的各项生理指标（刘殊和廖镜思，1997）。基于这一理论，可以将植物光合、蒸腾等各项生理指标作为水分亏缺诊断的指标，从而达到研究或者监测旱情的目的。近年来国内外对作物光合速率、蒸腾速率和水分利用效率等生理指标的研究十分活跃，但主要集中在小麦、玉米等禾本科植物上，而果树上进行的类似试验却鲜有报道（常耀中，1983；山仑和陈陪元，1998；李世清等，2000；陈家宙等，2001；康绍忠等，2004；郭天财等，2004；Lemcoff and Loomis，1994；Zebarth et al.，2001；Subedi and Ma，2005）。

本研究表明，在干旱或半干旱地区的初夏晴天光合有效辐射全天变化幅度较大；大气 CO_2 浓度全天的变化范围不大，但受植物光合作用和呼吸作用竞争的影响，变化曲线起起伏伏，呈近似的“双 M”形。空气温度较高、相对湿度较低时，植物的蒸腾作用会明显增强，蒸腾速率变大。不同灌水量处理下桃树蒸腾速率、光合速率、气孔导度都具有比较显著的单峰曲线的日变化特征。

桃树蒸腾速率的日变化和其他的生理过程一样，呈现出周期性的变化。不同灌水量处理下桃树蒸腾速率的日变化具有显著的差异，4 种灌水处理下桃树蒸腾速率变化趋势基本一致。不同灌水量对桃树 Pn 日变化具有很大的影响，一般 Pn 值随灌水量的增加而显著升高，且具有明显的日变化，但当灌水量较高时，Pn 值随灌水量的增加变化不明显。桃树气孔导度随灌水量的多少呈梯度降低，说明桃树自身可以通过控制气孔开放程度以适应干旱的环境条件。Gs 具有比较显著的单峰曲线的日变化特征，Gs 随不同灌水处理的差异比较明显，表现为 $I_1 > I_2 > I_3 > I_4$。桃树气孔导度日变化曲线与 Tr 基本相似，说明其蒸腾速率受气孔导度的调控。

不同灌水处理中，I_1 和 I_2 处理下桃树 Pn 与 Tr、Pn 与 Gs、Tr 与 Gs 相关性最好，效果最显著，这说明 I_1 和 I_2 灌水处理最有利于桃树的生长。

全天整个过程不同灌水处理下 WUE 有明显差异，整体表现为 $I_3 > I_4 > I_2 > I_1$。不同灌水处理间 WUE 的平均最大值出现在 I_3 处理，说明灌水在 I_3 处理下的水分利用效率达到最佳状态。虽然在 I_1 处理下土壤灌水量最大，桃树具有较高的光合速率，但是其蒸腾速率也是最高的，致使其水分利用效率较低。

全天不同灌水处理下 LUE 表现为 $I_1≈I_2>I_3>I_4$，这说明同等条件下桃树灌水越多 LUE 就越高，但灌水达到一定量的时候 LUE 就不会再增高。由此我们可以得出 I_2 处理既节约了灌水量，又使桃树的 LUE 达到了全天平均最大值。

10.6 不同灌水量处理对桃品质的影响

近年来随着经济的发展和生活水平的提高，人们对水果的需求和对其品质的要求也越来越高，果树的种植由粗放型转为集约型，果品的生产也由数量效益型转为品质质量效益型。因此，如何在保证水果产量不变或者有所提高的前提下大幅度提高果实的品质是当前果业生产的头等要务。

水分是实现对作物品质改善的媒体和介质，在作物某些生育阶段通过控制水分，改善植株代谢，促进光合产物的增加，可以改善产品品质(康绍忠等，2007)。Santos 等(2007)发现 RDI 可使葡萄浆果品质与香味得到明显改善；亏水处理有利于果实可溶性固形物的提高(柴成林等，2001；刘明池等，2001；Peng and Rabe，1998；Mpelasoka et al.，2001；Leib et al.，2006)，可明显提高不同品种水果的糖酸比，并使果实的色泽更加红润，明显改善果实的内在品质与外观(马福生等，2006；Ginestar and Castar，1996；Marsal et al.，2004；Dosantos et al.，2007)。国内外研究成果表明，亏水处理不但可以大量节约灌溉用水，而且可明显改善水果品质，提高水果的商品价值，具有重要的推广价值。

10.6.1 不同灌水量处理对桃品质物理指标的影响

由表 10-3 可以看出，不同灌水量处理对桃单果质量、着色度、口感风味产生了极显著的影响，I_2～I_4 各处理桃单果质量较 I_1 分别增加了 28.8%、36.9%和 26.3%，着色度分别增加了 85.7%、120%和 22.9%，口感风味分别增加了 2.2%、11.1%和 18.4%；不同灌水量处理对桃硬度产生了显著的影响，I_2～I_4 各处理桃的硬度较 I_1 分别增加了 22.1%、15.3%和 3.2%；不同灌水量处理桃果实含水率与 I_1 相比无显著性差异。

表 10-3　不同灌水量处理对桃品质物理指标的影响

灌水处理	单果质量/g	果实含水率/%	硬度/(kg · cm^{-2})	着色	口感风味
I_1	138.29C	0.84	4.97c	0.35D	7.29C
I_2	178.12B	0.85	6.07a	0.65B	7.45C
I_3	189.30A	0.84	5.73ab	0.77A	8.10B
I_4	174.71A	0.84	5.13bc	0.43C	8.63A
		显著性检验(*F* 值)			
灌水处理	46.432**	0.200	5.156*	129.184**	13.010**

注：*表示差异显著，**表示差异极显著；a，b，c，d 分别表示 P=5%水平下显著性差异；A，B，C，D 分别表示 P=1%水平下显著性差异，下同

10.6.2 不同灌水量处理对桃品质化学指标及产量的影响

由表 10-4 可以看出，不同灌水量处理对桃维生素 C、糖酸比、产量产生了极显著的影响，维生素 C 和糖酸比同时表现为 $I_1 < I_2 < I_3 < I_4$，I_2～I_4 各处理桃维生素 C 较 I_1 分别增加了 4.9%、9.3%和 22.4%，糖酸比分别增加了 24.4%、41.6%和 50.8%，产量表现为 $I_1 > I_2 > I_3 > I_4$，I_2～I_4 各处理桃的产量较 I_1 分别降低了 4.6%、18.7%和 43.4%。不同灌水量处理对桃可溶性固形物、可滴定酸产生了显著的影响，I_2～I_4 各处理桃可溶性固形物较 I_1 分别增加了 16.1%、20.8%和 34.3%，可滴定酸分别增加了 12.1%、27.3%和 51.5%，同时表现为 $I_1 < I_2 < I_3 < I_4$。

表 10-4　不同灌水量处理对桃品质化学指标与产量影响

灌水处理	维生素 C/(mg · kg^{-1})	可溶性固形物/%	可滴定酸/%	糖酸比	产量/(kg · hm^{-2})
I_1	90.32D	10.57b	0.33c	20.31C	19 705.46A
I_2	94.72C	12.27ab	0.37bc	25.26B	19 261.98A
I_3	98.75B	12.77a	0.42ab	28.75A	17 888.69B
I_4	110.51A	14.20a	0.50a	30.62A	15 496.13C
显著性检验(*F* 值)					
灌水处理	169.564**	5.197*	5.894*	37.135**	10.256**

10.6.3 讨论与结论

桃的品质主要分为营养品质和感官品质。本研究表明，桃树亏水处理能够提高果实硬度，与 Kilili 等(1996)、Bussakorn 等(2002)、Cuevas 等(2007)的结论相似，因为水分亏缺可使果肉细胞的扩大和分裂受到一定限制，从而使果肉细胞排列密度增大、栅栏组织厚度明显增加。果实硬度表现为 $I_2 > I_3 > I_4 > I_1$。

亏水处理增加了桃最终的单果质量，这与马福生等(2006)、Cuevas 等(2007)、Leib 等(2006)亏水会降低水果最终的单果质量不太一致，分析原因可能是桃园土壤初始含水率高，导致在萌芽期、花期不同水分处理间桃树土壤含水率差异不大，随后因为土壤水分亏缺造成了 I_2、I_3、I_4 处理部分果实的坠落，所以收获时剩下的果实少而大，而充分灌水的 I_1 果实结得多，加上后期没有摘果，所以果实多而小。但最终产量 $I_1 \approx I_2 > I_3 > I_4$ 量，说明 I_2 既可保证最终的产量又能减少灌水量，节约开支。

亏水处理有利于果实可溶性固形物的提高(柴成林等，2001；刘明池等，2001；Peng and Rabe，1998；Mpelasoka et al.，2001；Leib et al.，2006)，这与本研究得到的结论一致。有研究发现，亏水处理对苹果有机酸无明显影响(Bussakorn et al.，2002)，可使小柑橘有机酸增加 11%～13%(Verreynne et al.，2001)，不同生育期亏水处理对梨枣有机酸含量有一定抑制(崔宁博等，2009)，本研究表明不同灌溉亏水处理可使桃有机酸含量增加，可见因水果品种不同水分亏缺对果实有机酸影响会有较大差异。研究表明，亏水处理可明显提高不同品种水果的糖酸比(马福生，2006；Ginestar and Castar，1996；Marsal et al.，

2004；Dosantos et al.，2007)，本研究也发现不同灌溉亏水处理明显提高了糖酸比，主要因为不同灌溉亏水处理显著提高了可溶性固形物，因此可有效调节水果内部的糖酸平衡。

本研究表明，不同灌水量处理对桃单果质量、着色度、口感风味、维生素 C、糖酸比、产量产生了极显著的影响($P < 0.01$)，对硬度、可溶性固形物、可滴定酸产生了显著的影响($P < 0.05$)，对果实含水率影响不大。

参考文献

蔡焕杰，康绍忠，熊运章. 1994. 用冠层温度计算作物缺水指标的一种简化模式. 水利学报，5：44-49
蔡焕杰，张振华，柴红敏. 2001. 冠层温度定量诊断覆膜作物水分状况试验研究. 灌溉排水，20 (01)：1-4
柴成林，李绍华，徐迎春. 2001. 水分胁迫期间及胁迫解除后桃树叶片中的碳水化合物代谢.植物生理学通讯，37(6)：495-498
常耀中. 1983. 大豆需水规律与灌溉增产效果研究. 大豆科学，(2)：277-285
陈家宙，陈明亮，何圆球. 2001. 土壤水分状况及环境条件对水稻蒸腾的影响. 应用生态学报，12(1)：63-67
崔宁博，杜太生，李忠亭，等. 2009. 不同生育期调亏灌溉对温室梨枣品质的影响.农业工程学报，25(7)：32-38
丁日升，康绍忠，龚道枝. 2004. 苹果树液流变化规律研究. 灌溉排水学报，23(2)：21-25
龚道枝，康绍忠，佟玲，等. 2004. 分根交替灌溉对土壤水分分布和桃树根茎液流动态的影响. 水利学报，35(10)：112-118
龚道枝，王金平，康绍忠，等. 2001. 不同水分状况下桃树根茎液流变化规律研究. 农业工程学报，17(4)：34-37
龚道枝. 2002. 分根区交替灌溉下桃树蒸腾液流的热脉冲测定和模拟研究. 杨凌：西北农林科技大学硕士学位论文
龚道枝. 2005. 苹果园 SPAC 水分传输动力学机制与模拟. 杨凌：西北农林科技大学博士学位论文
郭连生，刘亮. 1992. 9 种阔叶幼树的蒸腾速率、叶水势和大气环境因子关系的研究. 生态学报，12(1)：47-52
郭天财，姚战军，王晨阳，等. 2004. 水肥运筹对小麦旗叶光合特性及产量的影响.西北植物学报，24(10)：1786-1791
何维明，马风云. 2000. 水分梯度对沙地柏幼苗荧光特征和气体交换的影响. 植物生态学报，24(5)：630-634
惠红霞，许兴，李前荣. 2003. 外源甜菜碱对盐胁迫下枸杞光合功能的改善. 西北植物学报，23(12)：2137-2142
康绍忠，蔡焕杰，冯绍元. 2004. 现代农业与生态节水的理论创新及未来的研究重点. 农业工程学报，20(1)：1-4
康绍忠，杜太生，孙景生，等. 2007. 基于生命需水信息的作物高效节水调控理论与技术.水利学报，38(6)：661-667
康绍忠，胡笑涛，Goodwin I，等. 2001. 地下水位较高条件下不同根区湿润方式对梨树根与茎液流及其水分平衡的影响.农业工程学报，17(3)：15-23
匡廷云. 2004. 作物光能利用效率与调控. 济南：山东科学技术出版社：58-89
李国臣，马成林，于海业，等. 2002. 温室设施的国内外节水现状与节水技术分析. 农机化研究，4：8-13
李国臣. 2005. 植物水运移机理分析与温室作物水分亏缺诊断方法的研究. 长春：吉林大学博士学位论文
李明启. 1980. 关于植物的光能利用效率与作物产量问题. 光合作用研究进展，(2)：171-178
李世清，田霄鸿，李生秀. 2000. 养分对旱地小麦水分胁迫的生理补偿效应. 西北植物学报，20(1)：22-28
梁银丽，张成峨. 2000. 冠层温度-气温差与作物水分亏缺关系的研究. 中国农业生态学报，8(1)：24-26
廖行，王百田，武晶. 2007. 不同水分条件下核桃蒸腾速率与光合速率的研究. 水土保持研究，14(4)：30-34
刘明池，小岛孝之，田中宗浩，等. 2001. 亏缺灌溉对草莓生长和果实品质的影响. 园艺学报，28(4)：307-311
刘殊，廖镜思. 1997. 水分胁迫对龙眼光合作用的影响. 果树科学，14(4)：244-247
刘贤赵，黄明斌. 2002. 渭北旱塬苹果园土壤水分环境效应. 果树学报，19(2)：75-78
马福生，康绍忠，王密侠，等. 2006. 调亏灌溉对温室梨枣树水分利用效率与枣品质的影响. 农业工程学报， 40(1)：37-43
孟平. 2005. 苹果蒸腾耗水特征及水分胁迫诊断预报模型研究. 长沙：中南林学院博士学位论文
山仑，陈陪元. 1998. 旱地农业生理生态基础. 北京：科学出版社
沈明林. 2000. 我国果树科技发展战略研究. 南京：南京农业大学博士学位论文
沈允钢. 1998. 动态光合作用. 北京：科学出版社
孙慧珍，康绍忠，龚道枝. 2006. 测定位点对计算梨树树干液流的影响. 应用生态学报，17 (11)：2024-2028
王红，王百田，王婷，等. 2010. 不同土壤含水量对山杏盆栽幼苗蒸腾速率和光合速率的影响. 北方园艺，(2)：1-5
夏阳，梁惠敏，罗新书. 1995. 果树水分亏缺指标的探讨. 果树科学，12(4)：211-214
杨方云. 2004. 柑橘节水性生理指标的筛选与评价. 重庆：西南农业大学硕士学位论文
杨娜，王冬梅，王百田，等. 2006. 土壤含水量对紫穗槐蒸腾速率与光合速率影响研究.水土保持应用技术，6(3)：6-9
余克顺，李绍华，孟昭请，等. 1999. 水分胁迫条件下几种果树茎杆直径微变化规律的研究. 果树科学，16(2)：86-91

袁国富，罗毅，孙晓敏，等. 2002. 作物冠层表面温度诊断冬小麦水分胁迫的试验研究.农业工程学报，18(06)：13-17

张建国，李吉跃，沈国舫. 2000. 树木耐旱特性及其机理研究. 北京：中国林业出版社，1-9

张振华，蔡焕杰，杨润亚，等. 2005. 膜下滴灌棉花产量和品质与作物缺水指标的关系研究. 农业工程学报，21(06)：26-29

张志亮. 2008. 灌水和施氮对果树幼苗水分传输和耗水规律的影响.杨凌：西北农林科技大学硕士学位论文

中国工程院重大咨询项目组. 2001. 中国水资源现状评价和供需发展趋势分析. 北京：中国水利水电出版社

邹琦，李德全. 1998. 作物栽培生理研究. 北京：中国农业科技出版社

Bussakorn S，Mpelasoka M，Hossein B. 2002. Production of aroma volatiles in response to deficit irrigation and to crop load in relation to fruit maturity for 'Brae burn' apple Postharvest. Biology and Technology，24(1)：111-116

Chalmers D J，Mitchell P D，Heek L. 1981. Control of peach tree growth and productivity by regulated water supply，tree density and summer pruning. J Amer Soc Hort Sci，106(3)：307-312

Clarke J M.2000.Effect of drought stress on residual transpiration and its relationship with water use of wheat. Canadian Journal of Plant Science. (3)：695-702

Cohen S，Naor A.2002.The effect of three rootstocks on water use，canopy conductance and hydraulic parameters of apple trees and predicting canopy from hydraulic conductance. Plant and Soil. 25：17-28

Cuevas J，Canete M L，Pinillos V，et al. 2007. Optimal dates for regulated deficit irrigation in'Algerie'loquat.Eriobotrya japonica Lindl cultivated in southeast Spain. Agri Water Mana，89(1/2)：131-136

Damiano R，Rossano M. 2003. Comparision of water status indicators for young peach trees. Irrigation Science，22：39-46

Dosantos T P，Lopes C M，Rodrigues M L，et al. 2007. Effects of deficit irrigation strategies on cluster microclimate for improving fruit composition of Moscatel field-grown grapevines. Sci Hortic，112(3)：321-330

Fernández J E，Palomo M J，Díaz-Espejo A，et al. 2001. Heat-pulse measurements of sap flow in olives for automating irrigation：tests，root flow and diagnostics of water stress. Agricultural Water Management，51(2)：99-123

Francescangeli N，Sangiacomo M A，Mart H. 2006.Effects of plant density in broccolion yield and radiation use efficiency. Scientia Horticulture，110：135-143

Garcia A，André R G B，Ferreira M I，et al.1999. Diurnal and seasonal variations of CWSI and non-water-stressed baseline with nectarine trees. Third International Symposium on Irrigation of Horticultural Crops. Estoril (Lisbon)

Ginestar C，Castar J R. 1996. Response of young Clementine citrus trees to water stress during different phonological periods. Hort Sci，71(4)：551-559

Goldhamer D A and Fereres A E. 2004. Irrigation scheduling of almond trees with trunk diameter sensors. Irrigation Science，23：11-19

Gong D Z，Kang S Z，Zhang J H.2005.Responses of canopy transpiration and canopy conductance of peach (*Prunus persica*) trees to alternate partial root zone drip irrigation. Hydrological Processes，19：2575-2590

Gong D Z，Kang S Z，Zhang L，et al. 2006. A two-dimensional model of root water uptake for single apple trees and its verification with sap flow and soil water content measurements. Agricultural Water Management，83：119-129

Gong D Z，Kang S Z，Zhang L，et al. 2007. Comparison of evapotranspiration measured by sap flow plus mini-lysimeter and estimated by soil water balance method in an apple (*Malus pumila* Mill.) Orchard in Northwest China. Hydrological Processes，21(7)：931-938

Jones H G，Sutherland R A. 1991. Stomatal control of xylem embolism. Plant，Cell and Environment，14：607-612

Jones H G. 2004. Irrigation scheduling：advantages and pitfalls of plant-based methods. Journal of Experimental Botany，55(407)：2427-2436

Kilili A W，Behboudian M H，Mills T M. 1996. Composition and quality of 'Braeburn' apples under reduced irrigation. SciHortic，67(1/2)：1-11

Kiniry J R，Landivar J A，Witt M，et al. 1998. Radiation use efficiency response to vapor pressure deficit for maize and sorghum. Field Crops Research，56：265-270

Kiniry J R，Tischler C R，Esbroeck G A. 1999. Radiation use and leaf CO_2 exchange for diverse C_4 grasses.Biomass Bioenergy，17：95-112

Leib B G，Caspari H W，Redulla，et al. 2006. Partial root zone drying and deficit irrigation of 'Fuji' apples in a semiarid climate. Irrigation science，24(2)：85-99

Lemcoff J H，Loomis R S.1994.Nitrogen and density influences on silk emergence，endosperm development，and grain yield in maize (*Zea mays* L.). Field Crops Research，38：63-72

Marsal J，Area T，Fruticola，et al. 2004. Effects of stage II and postharvest deficit irrigation on peach quality during maturation and after cold storage. Journal of the Science of Food and Agriculture，84(6)：561-568

Massai R，Remorini D，Casula F，et al. 1999. Leaf temperature measured on peach trees growing in different climatic and soil water conditions. Third International Symposium on Irrigation of Horticultural Crops Estoril（Lisbon）

Meianied J，Thomasc H. 1988. Nickel toxicity in mycorrhizal birch seedlings infected with *Lactarius rufus* or *Scleroderma flavidum*. I. Effects on growth，photosynthesis，respiration and transpiration. New Phytologist，108(4)：451-459

Moller M，Alchanatis V，Cohen Y，et al. 2007. Use of thermal and visible imagery for estimating crop water status of irrigated grapevine. Journal of Experimental Botany，58(4)：827-838

Mpelasoka B S，Behboudian M H，Mills T M. 2001. Effects of deficit irrigation on fruit maturity and quality of 'Braeburn' apple. Sci Hortic，90(3/4)，279-290

Ortuño M F，Alarc′on J J，Nicol′as E，et al. 2004. Comparison of continuously recorded plant-based water stress indicators for young lemon trees. Plant and Soil，267：263-270

Peng Y H，Rabe E. 1998. Effect of differing irrigation regimes on fruit quality，yield，fruit size and net CO_2 assimilation of Mihowase Satsuma. Hort Sci Biotechnol，73(2)：229-234

Remorini D，Massai R. 2003. Comparison of water status indicators for young peach trees. Irrigation Science，22(I)：39-46

Rouphael Y，Colla G. 2005. Radiation and water use efficiencies of greenhouse zucchini squash in relation to different climate parameters. European Journal of Agronomy，23：183-194

Santos T P，Lopes C M，Rodrigues M L，et al. 2007. Effects of deficit irrigation strategies on cluster microclimate for improving fruit composition of Moscatel field-grown grap evinces. Sciatica Horticulture，112：321-330

Sepulcre-Canto C G，Zarco T P J，Jime′nez M J C，et al. 2006.Detection of water stress in an olive orchard with thermal remote sensing imagery. Agricultural and Forest Meteorology，136 (1)：31-44

Silvia A，Marta C，Monica G，et al. 2004. Estimation of Mediterranean forest transpiration and photosynthesis through the use of an ecosystem simulation model driven by remotely sensed data. Global Ecology and Biogeography，13(4)：371-380

Sousa T A，Oliveira M T，Pereira J M. 2006. Physiological indicators of plant water status of irrigated and non-irrigated grapevines grown in a low rainfall area of Portugal. Plant and Soil，282：127-134

Subedi K D，Ma B L.2005. Nitrogen uptake and partitioning in stay-green and leafy maize hybrids. Crop Science，45：740-747

Thompson R B，Gallardo M，Valdez L C，et al. 2007. Using plant water status to define threshold values for irrigation management of vegetable crops using soil moisture sensors. Agricultural Water Management，88：147-158

Turner D P，Urbansk I S，Bremer D，et al. 2003. A cross biome comparison of daily light use efficiency for gross primary production. Global Change Biology，9：383-395

Tyree M T，Sperry I S. 1998. Do woody plants operate near the point of catastrophic xylem dysfunction caused by dynamic water stress answers from a mode. Plant Physiology，88：574-580

Verreynne J S，Rabe E T，Heron K I. 2001. The effect of combined deficit irrigation and summer trunk girdling on the internal fruit quality of'Marisol'Clementines. Scientia Horticulturae，91(1/2)：25-37

Zebarth B J，Paul J W，Younie M. 2001. Fertilizer nitrogen recommendations for silage corn in high-fertility environment based on preside dress soil nitrate test. Communications in Soil Science and Plan Analysis，32(17，18)：2721-2739

第11章　关中地区灌水和施氮对果树幼苗水分传输和耗水规律的影响

果树生产能为农民带来较好的经济效益，因此，果树的用水效益已普遍受到重视，并在过去的20年里得到了迅猛发展，2001年全国果树栽培面积92万hm^2，居世界第一位。并且，半数以上的果树在我国北方干旱和半干旱地区栽培（中国农业年鉴编辑委员会，2002）。据报道，作为我国水果第一大产量的苹果，1998年占到全世界种植面积的54%，总产量的31%。水果中苹果、梨和桃为30多种经济栽培果树中的三大品种，其总产值在我国农业生产中仅次于粮食、蔬菜而居第三位。果业不仅是农村经济的一大支柱产业，而且是干旱半干旱地区乃至全国农村经济的重要组成部分，还是我国广大农民脱贫致富、增加收入的重要渠道。

水分是影响土壤养分转化的重要因素，是地球上最为丰富的资源，但是全球范围内的缺水仍然是陆地生产的主要限制因素。我国的水资源尤其贫乏，全国人均占有量2700m^3，居世界第127位（吴玉芹和史群，1998）。干旱严重地影响着农业生产的发展。据统计，全世界每年由于水分胁迫造成的粮食生产损失约等于其他所有环境因子胁迫所造成损失的总和，世界干旱、半干旱地区占地球陆地面积的1/3。虽然我国国土面积较大，但人均所占耕地较少，我国干旱、半干旱地区约占国土面积的一半，而且水资源浪费十分严重，水分利用效率低下。有限的水资源在时空上的分布不均，南多北少、东多西少、夏秋多、冬春少，随着我国经济社会的不断发展，水资源短缺和水环境恶化等问题表现得越来越突出，已成为我国西部旱区农村经济社会发展严重的制约因素。因此，揭示果树的蒸腾耗水特征及其影响机制对发展节水农业具有重要的理论指导意义，尤其是干旱半干旱地区亟待解决水资源的利用问题。缓解干旱农业缺水矛盾，已成为当前和今后农业可持续发展必须解决的紧迫问题。

11.1 国内外研究进展

11.1.1 林木水力结构特征研究现状与存在问题

在20世纪前半叶，由于人们一直未能以有效的方式来测定植物和土壤中的水分状况，因此关于植物水分生理方面所进行的多数研究价值有限，直到应用热电偶湿度计和压力室测定技术以后，植物水分关系及耐旱性的研究才有了较快的发展。20世纪70年代以来，人们开始从水力结构（李吉跃和翟洪波，2000）的角度来认识植物的水分运输分配特点和耐旱生态策略，树木水分生理的研究进入了全新的发展阶段。

11.1.1.1 水力结构参数及其生理意义

水力结构是指植物在自然生存环境中为适应生存竞争的需要所形成的不同形态结构

及水分运输供给策略(翟洪波和李保华，2001)。其特征通常用导水率(K_h)、比导率(K_s)、叶比导率(LSC)、胡伯尔值(Hv)等参数来描述。导水率是重要的参数之一，在植物水力结构试验研究中是必不可少的。水力结构参数直接或间接地反映树木水分状况的指标，这些指标具有不同的生理生态学意义。通过对这些指标的变化规律及其相互关系的研究，可以认识树木的水分生理生态特点，从而阐明树木的耐旱特性及其机制。

导水率 K_h($g \cdot m \cdot Mpa^{-1} \cdot min^{-1}$)：表征植物运输水分的能力的大小。单位压力梯度下的导水率是最常测量的参数，它等于通过一个离体茎段的水流量(F, $kg \cdot s^{-1}$)与该茎段引起水流动的压力梯度(dP/dx，$MPa \cdot m^{-1}$)的比值，即 $K_h=F/(dP/dx)$，水流量 F 与导水率 K_h 大小呈正比，而 F 值是随茎直径的增加而增加的。在研究木本植物水力结构抗旱性方面得到在压力梯度一定的情况下，当离体植物茎段越粗时，其单位时间内导水量越大，这是因为较粗的茎中相应含有更多的输水组织。具有较高 K_h 值的茎段，其导水率越大，导水能力较强(李吉跃和翟洪波，2000)。

将导水率除以茎段边材横截面积，得出的值是比导率 K_s，它标志该茎段孔隙值的大小。也可以用 POISEUILLE 定律中得出的 K_h 除以边材横截面积(S_A，m^2)，即 $K_s=(\pi\rho/128\eta)\sum_{i=1}^{n}(d_i^4)/S_A$；或者 $K_s=K_h/S_A$。由此可见，如果每单位茎横截面积的导管数量或导管平均直径增加，K_s 值就会增大，K_s 值可能随纹孔膜多孔性及导管长度的减少而降低。比导率反映出树木各部分输水系统的效率，在茎段边材横截面积一定的情况下，K_s 越大，则说明该部分输水效率越高，单位有效面积的输水能力越强。

当 K_h 被茎段末端的叶面积(LA，m^2)或叶干重(LW，g)除时，得到叶比导率(LSC)，即 $LSC=K_h/LA(KW)$。这是对茎段末端的叶片供水情况的重要表征，LSC 越大，说明单位叶面积的供水情况越好。在压力势梯度相同的情况下，植物中 LSC 值高的部分，可以优先获得水分，而水分在植物中的供给策略直接影响植物在干旱半干旱环境中的竞争与生存。

胡伯尔值(Hv)被定义为边材横截面积(也可以是茎截面积)除以茎末端的叶面积(或叶干重)，即 $Hv=S_A/LA(LW)$。胡伯尔值测定的是对单位面积(或叶干重)的茎组织投入量。胡伯尔值越大，说明维持单位叶面积水分供给所需的茎干组织投入就越大，对不同植物而言，其胡伯尔值各异。从上述定义中可以推出：$LSC=Hv\times K_s$。因此可以看出，植物供水情况的好坏取决于：是否有发达的输水组织，即茎和枝条的投入程度；输水组织是否有高的输水效率。只有在 Hv 和 K_s 都高的情况下，叶片才能有较好的水分供给情况。

11.1.1.2 林木木质部导水率测定方法的研究

目前国内外在进行作物导水率及阻力测定时常用的方法有：压力室(pressure chamber)法、蒸发流(evaporative flux，简称 EF)法、压力探针法、根系加压法、蒸腾计法、根部负压流系统、高压流速仪(high press flow meter，简称 HPFM)。

每一种方法都有一个独特的目的和各自的优缺点。蒸发流法是一种比较传统的方法，既可以用来估算成年的树种也可以用来计算较小的盆栽植物。该技术同样可以估算在考虑土壤和非蒸腾叶片水势梯度下根系的导水率(Tsuda and Tyree，2000)，该方法是非破坏性的，包括土根系统临界阻力，但是缺少准确性。根压探针法既可以用于全根系也可以用单个的根系来测定，但是施加在根系的水势梯度会产生渗透和静水力学的特征。压力室法测定导水率常采用冲洗法（冲洗液有抗坏血酸溶液和草酸溶液等，起防止导水率降低的作用），先计算出汁液流速（水流速率），再将水流速率与压力相关曲线的斜率定为根系导水率。此方法在测定中所需工序较多，耗时较长，冲洗液及人为带来的误差较大导致精度不高，而且最终作物导水率的确定要通过间接计算获得。压力探针技术为人们从器官水平和细胞水平上测定根系吸水性能和导水性能提供了比较完善的方法（Steudle，1994）。该技术以一棵完整的植物根系或一条根为研究对象，将微毛细管插入根中或完整植株已被切去的茎中，通过外加压力或加入少量盐溶液介质以改变根中汁液的流出量，反映根或根系吸水性能和导水性能的变化。

以上几种方法的共同点是：在测定植物体导水率和阻力时都通过间接计算获得，测量过程相对复杂、精度不高、耗时较长、测量范围较小等。与以上方法相比较，HPFM 法是一种较新颖的直接测定植物导水率和阻力的方法，可以用来测定作物冠层阻力值（R_{sh}）和根阻力值（R_r），其中冠层阻力包括茎阻力 R_s、叶柄阻力 R_p 和叶阻力 R_l；其作物全阻力（R_p）与各部分之间的关系为：$(R_p)=(R_{sh})+(R_r)$；而冠层各组成部分的阻力关系为：$R_{sh}=R_s+R_{petiole}+R_l$；但是在测定时需要破坏植物本体；相对这些方法而言 HPFM 法可用于实验室及田间进行原位测定，避免了将植物根系从土壤中挖出时带来人为误差的缺陷。HPFM 法是将现代高科技电子产品与计算机技术相结合所得的成果，测定方法相对简单，测定结果通过计算机在较短时间内（3～45 min）直接获得，测定精度相对较高。HPFM 是测定当水被注入作物体并快速改变输送压力时，流速随时间的变化关系，从而反映出物体的导水率和阻力随时间的变化关系，其中导水率和阻力成倒数关系。HPFM 的最大特点是：在测定根系导水率时，加压后其水的流动方向与根系吸水的方向相反；用 HPFM 测定作物根、茎、叶的导水率及阻力值时，其导水率（K）是流速（F）与应用压力（P）的比值；将 HPFM 的八通出口阀门通过 Teflon FEP 管或 HPLC 管与植物体相连的压力耦合器相接，受压力驱动下将水灌注到作物体内，其流速与压力曲线的斜率表示导水率。

11.1.1.3 作物木质部导水率研究进展及存在问题

国内许多研究也证明根系活力能从本质上反映苗木根系生长与土壤水分及环境之间的动态关系，根系活力是衡量林木根系抵御干旱能力大小的重要生理指标（宋娟丽等，2003）。根系导水率表示根系运输传导水分的能力，它的高低直接影响根系吸收水分的多少，是根系感受土壤水分变化的最直接生理指标之一，在作物生理抗旱机制研究中受到广泛关注（曲东等，2004）。

近年来，在作物体内水分运输机制的研究中，国内外许多学者在作物导水率方面做了大量的工作。其中主要包括：作物叶片水分传导、茎部水分传导、全冠层导水率及根系导水率。目前，对林木导水率在整株水平上的研究主要是测定其根系、冠层导水率及导水阻力特性。

在国内康绍忠等（1999）用压力室测定了土壤水分与温度共同作用下的作物根系水分

传导。刘晚苟等(2002)利用压力室连续测定了升压过程和降压过程玉米根系的水流量和导水率，分析了在升压与降压过程中根系水流量和导水率不吻合的原因可能是细胞壁空间充水程度不同。结果表明降压过程测得的根系水流量和导水率显著大于升压过程的，并且前者的起始压小于后者。

Sack 等(2005)对热带雨林的几种树种叶导水率进行了研究，叶导水率对植物水分运输能力具有重要的决定性作用。由于导管(或管胞)直径随树高和枝条增长而减小，水分传导阻力主要集中在那些末端分支内，即末端分支导水率较小，这是一种普遍的水力结构模式(Tyree and Ewers，1991)。木质部水势通常在树木顶端枝条内最低，即张力最大(Cruiziat et al.，2002)；这样的水力结构模式有 4 个好处：①降低了树冠内不同部位根到叶片水力导度的差异，使整个树冠内所有叶片获得大体相同的水分供应，维持叶片相近的水分动态和气体交换能力；②上部枝条具有较低的导水率，即使不同部位的树干和枝条水分运输路径长度不同，其总的水力阻力也基本相近；③通常占优势的顶端枝条具有较高的叶比导率($KL=K/A\triangle L$)，运输相同的水分所需的压力差比侧枝要小，即使优势的顶端枝条运输路径比侧枝长得多，优势的顶端枝条也能获得比侧枝更加有利的水分供应，以维持其优势的伸长生长(Ewers and Zimmermann，1984)；④即使在空穴化发生的情况下，这样的水力结构使得空穴化伤害被限制在导管直径较少数顶端枝条内部，而不至于扩散到整个输水系统(Comstock et al.，2000)。

Zhu 和 Steudle(1991)用压力探针技术测定了玉米幼苗的根系水力导度，并估测了根系横截面每个细胞层的水流，发现质外体水流在径向水流中占据主导地位，但共质体途径水力导度由外向内依次增加，由 2%增加到 23%，这是由于细胞膜透性增大。Bimer 和 Steudle(1993)用压力探针技术测定结果表明：胁迫条件下，细胞水平上水力导度的降低要明显大于根水平上水力导度的降低，因此质外体水流的相对贡献增加。很明显，在这种情况下，根系吸水能力的改变主要发生在细胞到细胞的途径，而不是在胁迫引起细胞壁结构改变的质外体途径，这一改变极有可能是水通道蛋白的变化所引起的。

国内外许多专家在施肥与作物的导水率方面做了大量的研究，Tyree 在2000年指出，虽然氮、磷的增加可以提高树木的养分利用效率，但是由于增加氮、磷引起作物的生长并不归因于叶面光合作用的增加。增加氮、磷最主要的是影响树木茎干的导水率(Lovelock et al. 2004)。缺氮、磷降低小麦根的导水率(Quintero et al.，1999)，缺硫降低大麦根的导水率(Karmoker et al.，1991)。曲东等(2004)通过研究硫对小麦根系导水率的测定得出：无论在正常供水还是干旱胁迫时，供硫处理的根系导水率始终高于无硫处理，硫营养显示出对根系导水率的调节能力。旱后复水过程中，供硫处理的导水率较无硫处理有显著的增加，供硫处理显示出较强的恢复能力。水培和盆栽试验的结果均证实了硫营养对小麦根系导水率有明显的调节作用。沈玉芳等(2002)研究了水分胁迫下磷营养对玉米苗期根系导水率的影响，表明缺磷植株根系的导水率显著降低，但在复磷后 4～24 h 导水率能恢复到与供磷对照植株接近的数值；干旱胁迫可导致玉米根系导水率急剧降低，但供磷处理的导水率仍然大于无磷处理；复水后，供磷植株导水率 Lpr 恢复能力较无磷植株强，表明磷处理植株对干旱有较强的忍受能力和恢复能力。$HgCl_2$ 处理表明磷营养可通过影响水通道蛋白的活性或表达来调节根系导水率。沈玉芳等(2002，2005)研究了干旱胁迫下磷营养对玉米、小麦和大麦苗期的根系导水率变化的影响。同时用盆栽试验研究了磷对大麦根系导水率的调节作用，得出无磷处理植株的 Lpr 远远低于有磷植株；也同时得出结论，磷营养对增强大麦对干旱胁迫的适应性及提高恢复能力具有非常重要的作用。

从 1993 年 HPFM 的发明到现在的 20 多年中，此仪器的应用有：Tyree 等(1993)利用此仪器测定了 *Quercus* 物种的全冠层的水力阻力；Tyree 等(1995)在实验室和大田中用 HPFM 动态测定了根系导水率；Tsuda 和 Tyree(1997)测定了 *Acer saccharinum* 全作物的阻力和脆弱性分割；Smith 和 Roberts(2003)测定了 *Grevillea robusta* 和玉米根系的竞争水导；Kyllo 等(2003)测定了 *Arbuscular mycorrhizas* 和光照对亚热带底层灌木 *Piper* 和 *Psychotria* 吸水的组合影响；Tyerman 等(2004)直接测定了正在生长的 *Visit vinifera* L. cv. Shiraz Chardonnay 的水力特性；Gascó 等(2004)测定发现水流通过 *Coffea arabica* 叶子时的阻力以额外的叶脉细胞为主；Sack 等(2005)测定了在热带雨林树种叶子的水力结构与光照的关系。

11.1.2 林木耗水特性研究进展

目前，林木耗水的研究主要集中在耗水测定技术的研究、林木传输机制与耗水调节机制的研究、林木耗水特性与耗水性评价的研究。

11.1.2.1 林木耗水特性测定方法研究现状及存在问题

从 20 世纪 60 年代开始，国外相继提出了各种树木蒸腾耗水量测定方法。但是由于受到环境等多种因素的制约，每一种测定方法各有其优缺点。随着技术的不断发展，测定方法逐渐得到更新和完善。从研究的层次看，主要有叶水平、单木水平、林分水平和区域水平尺度。

叶水平的测定方法主要有气孔计法、叶室法和快速称重法，也可以用便携式光合系统用于叶水平上进行蒸腾速率等的测定。由于这些方法在研究树木的耗水时，只是测定了植物体的部分器官，是以苗木潜在的耗水能力、瞬时的蒸腾速率来推算总的耗水情况，然而树木蒸腾速率的日变化幅度较大，同一树种不同部位的叶片蒸腾速率也不相同，如果在测定时间、测定方法、取样上不恰当，测定中很容易产生误差，不能充分地体现出植物的水分消耗情况，在实际测定中需要进行校正。例如，刘奉觉(1992，1997)、郭柯和赵雨星(1996)在对用气孔计法、快速称重法进行树木的蒸腾耗水研究中发现结果有偏差，对这些测定方法的结果进行了修订。

单木水平蒸腾耗水的测定方法有整树容器法、茎流计法、热脉冲法、同位素示踪法等。这些方法从植物生理生态学的角度出发，或是通过对整株树木的直接测定，或是以水分在林木茎干中的流动速度来计算树木的耗水，或是测定固定空间中的水汽含量变化来获得林木的蒸散量。这个水平上的研究是目前对树木耗水特性研究的主要方向和研究热点，从中获得的数据可以合理地进行尺度放大到林分的水平，具有实际应用价值。整树容器法由 Ladefoged(1960)提出。Roberts(1977)和 Knight(1980)分别进行过实际应用和测定，刘奉觉(1997)在国内也应用该方法对 2 年生和 6 年生的杨树进行过耗水研究。该方法是在凌晨时将树木从地面处锯断，移入盛有水的容器中，通过记录容器中水分减少的数量来测定整株林木的蒸腾耗水量。但由于破坏了树木，会对其正常的生理活动产生影响。李吉跃和翟洪波(2002)和周平等通过用保鲜膜将盆栽的苗木密封覆盖的方法，每天定时应用精密电子天平对树种进行称重，通过计算每天的质量变化，得到任意天数之间整株苗木的蒸腾耗水量，可以认为是一种改进的整树容器法。茎流计法和热脉冲法都是以在树干的上下固定距离放置探针到木材中，通过加热树液、测定液流速度和温度变化从而计算出树木的耗水量(Edwards et al., 1984; Edwards and Hanson, 1996; Swanson, 1994; 刘奉觉等, 1993; 孙鹏森和马履一, 2002; 王华田和马履一, 2002; 翟洪波, 2002)。同位素示踪法和染色法是通过在树木体内注入示踪物质或有色物质，测定其在植物体中的移动情况来对树木的耗水量进行计算的一种方法(Kline et al., 1970)。蒸渗仪法是指将装有土壤和植物的容器——蒸渗仪(lysimeter)埋入自然土壤中，通过称其质量的变化，得到树木的蒸散量(Edwards et al., 1986)。封闭大棚法或风调室法是指将研究的树木或小片林地置于一个透明的风调室中，通过测定进出气体的水汽含量差及室内的水汽增量来获得蒸散量(Greenwood and Beresford, 1979; Denmead, 1984; Dunin and Greenwood, 1986)。

林分水平的研究是一个与生产管理紧密相关的层次，也是森林经营者最为关心的内容。通常主要的测定方法包括微气象法、水文学方法和生理学方法。

A. 微气象法又包括波文比-能量平衡法(BEER 法)、空气动力学阻力-能量平衡综合法(AREB)、空气动力学方法和涡度相关法。此类方法的优点是可以测定每小时林分蒸散的变化率，并且可以用来分析蒸散耗水与环境因子之间的关系；但是它对下垫面和气体稳定度要求严格，只适于林木整齐、作用面均一、坡度变化不大的林分，然而在现实林分中，这样的条件往往难以满足，故使它的应用范围受到限制。

B. 水文学方法主要包括水量平衡法和水分运动通量法。本方法的优点在于任何天气条件下都能够应用，可以测定各种森林、森林小流域在不同时段内的耗水量，分析其季节变化规律和立地条件间的差异；缺点是测定时间必须是一周以上，同时此方法还存在无法估计地下水分深层渗漏的缺陷。

C. 植物生理学方法主要是通过测定典型天气条件下叶片日蒸腾强度、蒸腾时间、林分叶量来推算出整个林分某一时段的蒸腾量。其优点在于可操作性强、准确，但是都存在着由一株或几株样木外推到整个林分所遇到的统计学的问题。

从近年来的文献可以发现，随着用生理方法(如热脉冲技术)测定单木蒸腾耗水研究的日益完善及与生态学尺度转换方法的有机结合，直接测定林分蒸腾耗水量成为了可能，这样就克服了传统上森林蒸腾耗水研究常与林地土壤水分蒸发紧密联结在一起而很难分开的缺陷，同时该方法还克服了微气象方法对下垫面和气体稳定度要求严格的限制及传统森林水文法具有较大不确定性的缺点，可以在坡度较大的山区使用。

区域水平的研究则是在更大的空间尺度上来预测蒸腾耗水量，它有助于区域水资源水环境管理和植被生态用水限额的制订，目前常用的方法有气候学方法和红外遥感法。

A. 气候学方法是指将某一地区的气象资料与月蒸散量或年蒸散量建立起经验统计模型进行大面积蒸散量的预测，现在已经有很多相关的著名方程，如彭曼公式、布得科公式、Thornthwaite 等，此方法最大的优点在于利用现有的气象资料来计算某一地区的蒸散量和植被的生态需水量，缺点是诸多的方程都是特定条件研究时段内的产物，其研究对象多是均匀的草地和农田作物等，将它用于其他地域时有可能产生较大的偏差，因此它对于森林估算的蒸散只具有参考价值(魏天兴等，1999)。

B. 红外遥感法是 20 世纪 70 年代以来，随着遥感技术的不断发展所形成的测定植被蒸散量的一种新方法，它是应用遥感技术来获得能量界面的净辐射量和表面温度，并以植被光谱取得生态参数信息、微气象或气候参数，进行区域蒸散的计算模拟。它的优点在于应用多时相、多光谱的观测资料，既克服微气象方法因下垫面几何结构和物理属性的非均匀性所受到的限制性，同时也克服了水分平衡法在时间分辨率上的缺陷(张劲松等，2001)。Fuqin 和 Lyons (1999)评价该方法是大面积研究蒸散最经济、有效的估算方法，发展很快。它的缺点是遥感技术受天气条件的影响很大，如阴雨天所得的数据无效，同时由于卫星遥感受卫星围绕地球旋转周期的限制、航空遥感受飞机空中续航能力的限制而无法实现连续的、全天候的观测(王安志和裴铁璠，2001)。

到 20 世纪 90 年代以来，单木水平耗水特性的测定方法主要以热脉冲法、热平衡法和热扩散法(TDP)为主。

热脉冲法(HPVR)利用插入树干中的热电偶检测出埋设在其下部的电阻丝所发出的热脉冲，根据“补偿原理”和“脉冲滞后效应”，测定树干中由于液流运动产生的热传导现象。可测定作物的根液流、茎液流。液流速率根据运动的液流传送的一种短暂热脉冲确定的速度来测得。热平衡法适用于幼树或小树或作物，且要求树皮相对光滑。热扩散法(thermal dissipation sap flow velocity probe，TDP)是 Granier 在热脉冲法的基础上经过改进后用来测定蒸腾的最新方法。它是一种基于热耗散原理，通过测定植物茎秆液流速率推算林木蒸腾耗水速率的方法。该方法适用于测定茎干较粗树木和高大的植物，原理上克服了蒸腾量测定的系统上的误差，受外界条件影响小，如配合其他传感器的使用，可测量环境因子(气温、湿度、土温等)影响下的茎流量，且在测定的过程中能够连续放热，实现连续或任意时间间隔液流速率的测定，近年来在国内外逐渐得到推广，方法上不断得到改进。但利用该方法也存在一些问题，树木的边材宽度是非均匀性的，会造成测定结果误差；由于树干液流传输的滞后性，并不能同步反映叶片的蒸腾量，因此在研究中要加以重视。

11.1.2.2 林木水分传输机制与耗水调节机制研究现状及存在问题

林木水分传输机制与耗水调控机制的研究主要是树木水分吸收、传输和蒸腾耗散过程中对耗水产生重大影响和关键调节环节的作用机制的研究。

国内对于树木蒸散的研究可以追溯到 20 世纪 60 年代，王正菲于 1964 年用能量平衡法在甘肃的子午岭对山杨和辽东栎林进行了蒸散测定。马雪华(1963)应用水量平衡法研究了四川米亚的冷杉林。进入 20 世纪 80 年代以后，森林蒸散的研究逐渐成为一个研究热点，而且在方法上也呈现出相对多样化。我国从 20 世纪 60 年代就开始运用此法开展研究。贺庆棠等于 1964 年用这种方法在东北对落叶松的蒸散做了研究，此后相继在全国陆续有此法的研究报道；徐德应等于 1986 年使用本法计算过多种森林的蒸散量。随着测量仪器的改进，温、湿度测量系统误差减少，该法进一步得到推广。贺庆棠等在 1980 年用 EBBR 方法测定了东北的落叶松林；徐德应在 1986 年用气象方法测定了热带雨林的蒸散，同时用 Penman-Monteith 方程计算进行比较；黄基录等在 1987 年用 EBBR 方法、空气动力学法和 Paulson-Badgley 图解法测定了广东省小良的热带森林的蒸散，结果表明后两种方法的结果很近，而 EBBR 方法所得数值偏高。以上测定内容基本上都可以归结为测定森林总蒸散量的范畴，也就是说，测定的结果并未将林木的蒸腾量与土壤水分蒸发量加以区分。同时在这一时期内，尤其是进入 20 世纪 90 年代以后，也出现了一些将林木蒸腾量与土壤水分蒸发测定加以分离的研究，如满荣洲和董世仁(1986)用氚水作为示踪计测定了油松林的蒸腾和蒸发；齐亚东和周晓峰(1990)用 EBBR 法和氚水法测定了东北柞木林的蒸腾和蒸发；刘奉觉等(1987)在测定杨树单叶蒸腾速率的基础之上，引入估算参数和空间、叶位、白昼时间长短、气候等因素并提出了计算人工林蒸腾耗水量的经验公式；孙长忠和黄宝龙(1996)对水量平衡法进行了改进，设计提出了单株平衡法测定林木的蒸腾量，此方法还可以同时测定林地内的土壤蒸发；魏天兴等于 1991～1994 年曾经使用直径 1.2 m 的蒸渗仪测定山西吉县油松、刺槐、草地、裸地的蒸散量。研究表明设计的蒸渗仪深埋至少应该达到植物根层深度，并且蒸渗仪内部的土壤理化性质都与四周土壤性质接近才能取得较好的结果；魏天兴等(1998)在黄土区用水分通量法与用能量平衡法的测定结果相吻合。孙鹏森(2000)在北京附近的密云水库防护林中应用热脉冲法测定了刺槐和油松单株的蒸腾量，并通过尺度放大估计了相应林分的蒸腾量。尽管这些方法的使用是在不同的时间、地点进行，同时没有统一规范，所得结果也难以进行比较，但是毕竟为今后的研究提供了宝贵的经验和极高的借鉴价值。

魏天兴等(1999)从森林群体水平和树木个体水平方面对林分蒸散耗水量测定方法进行了评述；王华田和马履一(2002)对树木耗水特性测定方法的优缺点进行了阐述，并对热扩散式液流探针(TDP)测定树木蒸腾耗水的方法做了研究；刘奉觉等(1998)和巨关升等(1997)对测定树木蒸腾耗水的各种方法(快速称重法、热脉冲法、气孔计法、整株容器法、微气象法等)进行了比较研究和鉴别。

丁日升等(2004)采用热脉冲法(HPVR)开展苹果蒸腾规律的研究，康绍忠和蔡焕杰(2000)采用热脉冲法研究了 3 种处理梨树根、茎液流的变化；Green 等(1997)提出湿润侧根液流比对照(两侧湿润)增加 50%；Smith 和 Allen(1996)发现采用热脉冲法测定的液流流速远远低于实际值，强调了使用它来衡量蒸腾之前验证该方法的重要性。实际的液流流速与采用热脉冲技术得到的测量值之间是线性关系，当把茎液流测量值看作蒸腾量用于水量平衡计算时必须进行校正。但是，用于比较不同表面灌溉湿润方式下茎液流速度的差异仍然是可取的。龚道枝等(2001)利用热脉冲技术对液流日变化、日际变化及不同位点液流变化规律进行了研究，分析了水分胁迫下树干液流的波动特征，运用回归的方法建立环境气象因子与树干液流量之间的数量关系。李国臣等(2004)分析了不同供水条件下的黄瓜茎流日变化规律及环境因素对茎流变化的影响，提出了基于作物茎流变化的作物亏水诊断方法。表明作物茎流的日变化规律明显，茎流的变化与光辐射强度、空气温湿度等气象因子显著相关；在相同的环境下，充分供水与水分亏缺的黄瓜茎流日变化曲线间的相关关系可以反映作物水分的亏缺程度。

向小琴等(2006)用树干液流探针对银杏树干液流流速在标准日昼夜及阴天的变化过程进行了测定。孙守家等(2006)利用 GREENSPAN 茎流测定系统监测银杏树干茎流的动态变化。Federik 等在 2002 年总结了国际上对树干液流量和蒸腾关系的研究成果，指出在正常情况下一天的蒸腾量与液流量相等，因而在日时间尺度上，可以用树干液流量表征蒸腾量(陈仁升等，2004)。Salleo 等(2002)通过 *Castanea sativa* L.液流改变茎和叶的水力传输途径。

田晶会等(2005)在对侧柏的生理生态研究中用气孔、非气孔限制和土壤水分是否充足来解释蒸腾日变化的“单峰”、“双峰”型。

本章利用美国生产的包裹式茎流计对 1 年生的苹果、梨、桃树苗进行了树干液流的连续观测，通过不同树种液流和主要环境因子(土壤水分、氮肥)的分析，探讨果树幼苗液流与环境因子间关系和不同苗木液流变化规律，在此基础上，研究不同品种果树幼苗液流的时空变异规律，掌握测定苗木整株耗水量的技术，从而为准确地评价果树单木蒸腾耗水特性，最终果园幼苗栽培水分环境的实时监控提供理论依据。

11.2 试验概况

11.2.1 试验材料

本试验于 2007 年 3～11 月在西北农林科技大学旱区农业水土工程教育部重点实验室的遮雨棚中进行。试验所用容器为塑料盆(内径 30 cm、高 30 cm)。供试果树品种为 1 年生的桃树苗、梨树苗和苹果树苗。

供试土壤采自西北农林科技大学节水灌溉试验站 0～20 cm 耕层的红油土(重壤土)，土壤经风干、磨细过 2 mm 筛。土壤主要理化性状见表 11-1。

表 11-1 供试土壤的主要理化性状

全氮 $/(g \cdot kg^{-1})$	全磷 $/(g \cdot kg^{-1})$	全钾 $/(g \cdot kg^{-1})$	碱解氮 $/(mg \cdot kg^{-1})$	速效磷 $/(mg \cdot kg^{-1})$	速效钾 $/(mg \cdot kg^{-1})$	有机质 $/(g \cdot kg^{-1})$	土壤 pH
0.89	0.72	13.8	55.93	28.18	102.30	10.92	8.14

11.2.2 试验设计

在栽种前将树苗根系在生根粉中浸泡以催进根系生长发育。3 月 22 日选择长势均匀的树苗进行移栽，移栽后，灌水至土壤的田间持水量。待果树苗长势均匀，叶片展开 3～5 叶时，开始进行施肥和灌水处理。待树苗经过缓苗期，生长到 7 月底旺盛期进行导水率测定。

试验设 3 种灌水水平，即高水(W_1，灌水上下限为田间持水率的 75%～85%)；中水

(W_2，灌水上下限为田间持水率的 60%～70%)；低水(W_3，灌水上下限为田间持水率的 45%～55%)。氮肥处理分为 3 个氮肥水平：即不施氮(N_1)0 gN · kg^{-1} 土、低氮(N_2)0.15 gN · kg^{-1} 土、高氮(N_3)0.3 gN · kg^{-1} 土，氮肥用尿素(分析纯)，装土前与土均匀拌入。本试验中，苹果树苗没有设氮肥处理，只进行了不同的水分处理。试验设 21 个处理，3 次重复。

11.2.3 测定指标

11.2.3.1 生长量的测定

基茎生长量：在盆内土层表面上方 5 cm 处，做一测量标记，用游标卡尺采用十字交叉的方式测定直径，进行水分处理后每月测定一次。

植株高度：以盆上沿为基准至幼苗最高点，用卷尺测量其垂直高度。

枝条的生长量：用卷尺测量其每根枝条的绝对长度，将前后数据相减得到枝条阶段生长量。

干物质量：冠层和根系在烘箱烘干至恒重后用精密电子天平称其干重。

根系长度：将根系冲洗干净后铺平，用卷尺量取主根(最长)的长度。

11.2.3.2 光合特性的测定

本试验选择晴天，采用 CID-301PS 型便携式光合测定系统，进行光合速率的测定。

11.2.3.3 导水率的测定

果树苗茎干和根系的导水率，用美国 Dynamax 公司生产的高压流速仪(high pressure flow meter，简称 HPFM)测定。

11.2.3.4 茎流的测定

采用美国生产的 DeTransfer 3.27 茎流测定系统测定。

11.2.3.5 叶片中化学酶的测定

丙二醛(MDA)含量、过氧化物酶(POD)活性、超氧化物歧化酶(SOD)活性测定，参照余淑文和汤章城主编的《植物生理与分子生物学》。

11.2.3.6 盆内土壤含水量的测定

桶内的土壤含水量用 Type HH_2 型土壤水分测定仪进行测定，当含水量降至该处理水分下限即进行灌水，用量筒精确量取所需水量，灌水至该处理水分控制上限。

11.3 不同水氮处理对果树幼苗生理生长特性的影响

11.3.1 不同水氮处理对果树苗冠层和根系生长的影响

表 11-2 为不同水分、氮肥处理对果树幼苗根系和冠层生长的影响。由表 11-2 结果可以看出，不同的水分处理对桃树苗、梨树苗冠层、根系干重的影响都达到了显著的水平，对苹果苗冠层干重和根长的影响达到了显著水平；氮肥对果树苗冠层、根系生长也有显著的影响；水分×氮肥的交互作用对桃树苗根系及冠层生长没有明显的影响，而对梨树冠层、根系干重的影响达到了极显著的水平。从以上结论可以说明水分、氮肥是果树苗生长发育过程中一个至关重要的因素，对果树根系、冠层的生长发育起重要的作用。

表 11-2　不同处理对果树苗根冠生长的影响

水分	氮肥	桃树苗			梨树苗			苹果树苗		
		冠干重/g	根干重/g	根长/cm	冠干重/g	根干重/g	根长/cm	冠干重/g	根干重/g	根长/cm
低水	无氮	40.20d	26.49c	30.5e	6.70e	7.59e	28.65c	8.23b	3.86b	29.05b
	低氮	42.49c	26.53c	32.25d	7.37d	7.62e	29.05bc	—	—	—
	高氮	46.16ab	26.60c	33.75c	8.22c	10.49bc	29.30bc	—	—	—
中水	无氮	40.64d	26.96ab	30.01e	8.43c	10.18d	29.15bc	8.56a	4.53a	29.b
	低氮	41.59cd	26.73bc	32.20d	8.26c	10.06d	29.4bc	—	—	—
	高氮	46.08ab	26.98ab	34.30c	8.46c	10.28cd	29.75b	—	—	—
高水	无氮	45.16b	26.97ab	32.20d	9.19b	10.59b	29.5b	8.66a	4.94a	30.55a
	低氮	46.70a	26.98ab	45.25a	10.28a	11.78a	30.60a	—	—	—
	高氮	47.47a	27.18a	46.25a	10.54a	11.87a	30.60a	—	—	—
显著性检验(*P* 值)										
水分		<0.05	0.0004	<0.05	<0.05	<0.05	<0.01	0.0487	<0.01	0.031
氮肥		<0.05	0.1362	<0.05	<0.05	<0.05	<0.01	—	—	—
水分×氮肥		0.107	0.595	0.263	0.001	<0.05	0.413	—	—	—

表注：—表示不设该处理；分别对表中每一列数据进行方差分析，小写字母表示 $a \leq 0.05$ 水平，同一列标有相同字母的两数间无差异。下同

果树苗在不同的水分处理下，冠层干重、根系干重及根系的长度都是随着土壤含水量的升高而增加。在不同的氮肥处理下，冠层、根系干重及根系的长度也有增加的趋势。不同的树种增加幅度不同。从结果可以看出，施充足的水分、氮肥可以促进根系、冠层的生长和发育，增加果树苗生物量的累积。

11.3.2 不同水氮处理对果树幼苗株高和茎粗的影响

图 11-1 为不同水分处理(相同施肥量)对桃树苗生长的影响，从图 11-1 可以看出，桃树苗株高是随着土壤水分的升高而增加；在高水处理下，叶片稀疏，而叶面积较大；中水、低水处理下桃树苗叶片繁多、密集，但是叶片面积较小。

图 11-1　不同水分处理对桃树苗生长的影响（见图版）

图 11-2 为不同水分、氮肥处理下果树幼苗株高、茎粗的变化。从图 11-2 可以看出，在不同的土壤水分条件下，苹果树苗、桃树苗在水分供应充足时生长较快，都表现出株高随土壤含水量的升高而显著性增加。梨树苗受水分条件的影响不明显，株高的增加幅度不大。可以看出 3 种果树苗对水分的敏感程度不同，桃树苗、苹果树苗受土壤水分的影响较为明显，而梨树苗对土壤水分的敏感度较迟缓。

3 种树苗茎粗受水分条件的变化如图 11-2 所示，3 种果树苗茎粗的变化都是随着土壤含水量的升高而变粗。充分灌水处理下果树苗的茎粗最大，中水处理的次之，低水处理下树苗的茎粗直径最小。可以看出，果树苗茎粗的变化也是随着土壤含水量的增加而增加。

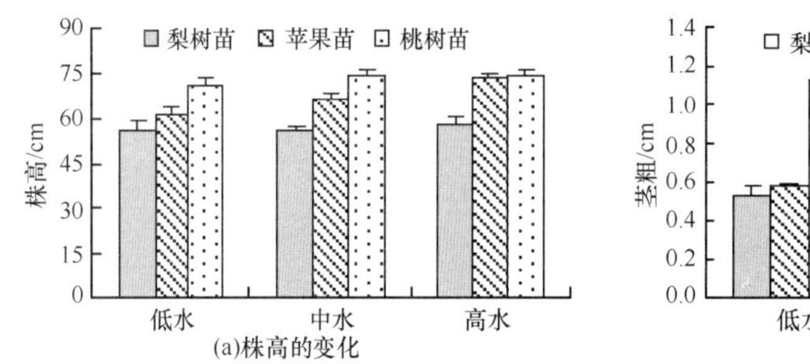

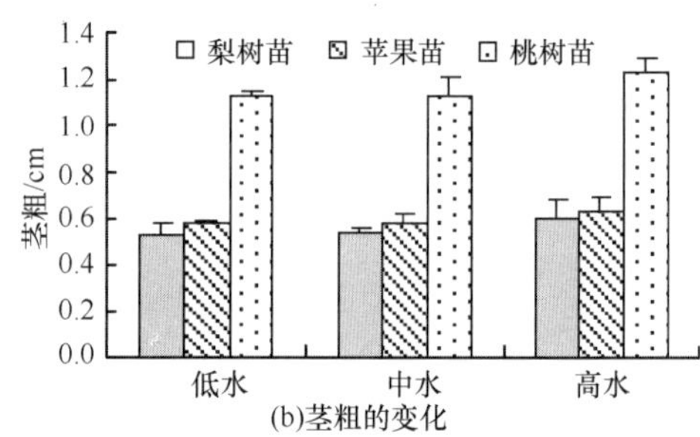

图 11-2　不同水分处理对果树苗株高及茎粗的影响

11.3.3 不同水氮处理对果树幼苗抗逆指标的影响

在 7 月中旬对各树种进行抗逆性（过氧化物酶 POD、丙二醛、超氧化物歧化酶 SOD）指标的测定。

11.3.3.1 不同水氮处理对果树幼苗叶片丙二醛的影响

MDA 是植物在胁迫环境中进行膜脂过氧化作用产生的有害代谢产物，其含量的高低可以反映植物细胞受环境胁迫程度的大小。研究表明：土壤干旱胁迫极显著地刺激叶片中 MDA 含量。

表 11-3 为土壤水氮处理对梨树幼苗叶片 MDA 含量，SOD、POD 活性的影响，由表 11-3 可知，土壤水分对梨树幼苗叶片丙二醛有显著影响。整体趋势上表现为：随着土壤含水量的下降，叶片中 MDA 含量依次降低，在低水处理下 MDA 的值达到最大。在相同水分处理下，叶片 MDA 含量随着施氮量的增加而减小，说明施氮肥可以降低树苗叶片细胞胁迫的程度。

表 11-3　土壤水氮处理对梨树幼苗叶片 MDA 含量，SOD、POD 活性的影响

处理		丙二醛含量/(μmol · g^{-1})	超氧化物歧化酶活性/(U · g^{-1})	过氧化物酶活性/(ΔA$_{470}$ · g^{-1}FW • min^{-1})
W_1	N_1	265.6a	106.8e	122.2d
	N_2	235.6b	163.8cd	159.8d
	N_3	219.2b	181.4ce	248.1c
W_2	N_1	178.9c	150.3d	501.9a
	N_2	213.2b	219.2ab	516.9a
	N_3	207.9b	180.9cd	478.1a
W_3	N_1	152.0d	189.6bc	471.9a
	N_2	107.1e	182.0cd	395.9b
	N_3	87.8e	229.4a	529.4a
显著性检验(*P* 值)				
W		<0.001	0.0131	<0.001
N		0.1823	0.0127	0.1025

对桃树苗叶片 MDA 含量的影响如表 11-4 所示，可以看出，水分对叶片 MDA 含量有显著影响，总体趋势为：随着土壤含水量的下降，叶片中 MDA 含量依次增加，在低水处理下 MDA 的值达到最大。在中水、高水处理下，叶片 MDA 含量随着施氮量的增加没有明显的差异，在低水处理下，叶片 MDA 含量随着施氮量的增加呈降低的趋势。说明随着干旱胁迫的加重，刺激叶片的膜脂过氧化作用增强，干旱对叶片细胞的伤害程度增加。对比两种果树幼苗可以看出，梨树苗在相同处理下具有较高的 MDA 含量。

表 11-4　土壤水氮处理对桃树幼苗叶片 MDA 含量，SOD、POD 活性的影响

处理		丙二醛含量/(μmol · g^{-1})	超氧化物歧化酶活性/(U · g^{-1})	过氧化物酶活性/(ΔA$_{470}$ · g^{-1}FW • min^{-1})
W_1	N_1	129.8a	111.1d	17.68cd
	N_2	115.3a	131.1d	66.51b
	N_3	71.8b	119.9d	32.10c
W_2	N_1	56.3bc	145.009cd	8.84d
	N_2	42.9c	183.9c	77.25b
	N_3	48.4bc	264.0b	76.51b
W_3	N_1	51.6bc	380.6a	106.05a
	N_2	66.1bc	375.7a	104.89a
	N_3	53.23bc	389.5a	100.23a
显著性检验(*P* 值)				
W		0.0002	<0.001	0.0003
N		0.1063	0.089	0.0162

11.3.3.2 不同水氮处理对果树幼苗叶片 POD 活性的影响

各种环境因子是共同作用影响树木生长的，植物体内的保护酶防御体系除了 SOD，还有 POD 和 CAT，它们协同清除体内产生的自由基，减小逆境伤害。POD 是植物体内重要的保护酶之一。它与 CAT 一起分解由 SOD 作用产生的 H_2O_2，生成无害的 H_2O，在植物抗性中可能发挥重要作用(Takahama，1997)。POD 作为植物体内消除自由基伤害防护酶系成员之一，与植物的抗逆境能力密切相关，尤其是在水分胁迫条件下，POD 活性往往升高。由于不同植物抗旱能力不尽相同，POD 活性变化幅度产生差别，因此，可以将在水分胁迫条件下 POD 活性变化幅度作为树种间抗旱能力判断的生物化学指标。

不同水氮处理对梨树幼苗叶片 POD 活性的影响如表 11-3 所示。由显著性检验得出，土壤水分对梨树叶片 POD 活性的影响达到了显著的水平，而土壤中氮肥对 POD 没有显著的影响。从表 11-3 可以看出，POD 活性随着土壤含水量的升高依次呈降低的趋势，在充分灌水和中水处理下，梨树叶片 POD 活性较大，但是两种水分处理下没有显著性差异。低水处理与中水、充分灌水处理有显著的差异。

不同水氮处理对桃树幼苗叶片 POD 活性的影响如表 11-4 所示。根据显著性检验结果，土壤水分、土壤中氮素的含量对桃树苗叶片中 POD 活性有显著的影响。由多重检验结果表明，桃树苗叶片中 POD 活性随着土壤含水量的升高依次降低(W_2N_1 除外)。

比较两种树种可以看出，梨树叶片 POD 活性高于桃树叶片，由此可见，在土壤干旱条件下，梨树苗能维持较高的活性，可以减少干旱胁迫伤害的幅度。

11.3.3.3 不同水氮处理对果树幼苗叶片 SOD 活性的影响

超氧化物歧化酶(SOD)作为植物抗氧化系统的第一道防线，其主要功能是清除细胞中多余的超氧阴离子，防止对细胞膜系统造成伤害。

早在 20 世纪 70 年代就发现植物细胞通过多种代谢途径产生 O^{2-}、H_2O_2、OH^-等，同时植物体内也存在着清除自由基的多种途径，正常情况下两者对立统一，保持平衡。大量研究证明：植物在逆境条件，如低温、干旱、盐害等胁迫因子作用下，植物膜系统的受损与生物氧自由基有关，而植物体内 SOD、POD、CAT 可清除氧自由基保护膜而被称为是植物的保护酶并与抗旱性有关。SOD 可以将 O^{2-}歧化 H_2O_2，从而影响植物体内 O^{2-}和 H_2O_2 浓度，由于 SOD 是氧自由基代谢的第一个酶类，常被认为是关键酶，因此受到了广泛的研究。SOD 是防御超氧阴离子自由基对细胞伤害的抗氧化酶，其活性高低是植物抗旱性的重要指标。在干旱条件下植物体内的 SOD 与其抗氧化胁迫能力呈正相关从而能够表现出较强的抗旱性，这已在小麦、玉米、棉花等作物和樟子松、元宝枫、柿树、荔枝、青杨、板栗、沙棘等林木上得到证实。研究则表明，I-107 杨在适宜水分下 SOD 活性变化幅度较小，在中度干旱和严重干旱下 SOD 活性均为先升后降，证明土壤水分缺乏导致 I-107 杨 SOD 活性下降。文建雷等(2000)研究表明，杜仲枝条受水分胁迫时，叶片 SOD 活性随水分胁迫程度加大而降低，但在同等胁迫程度下，随胁迫时间的延长 SOD 活性明显升高后又逐渐降低。

不同水氮处理对梨树幼苗叶片 SOD 活性的影响如表 11-3 所示，根据结果可以看出，水分胁迫对梨树叶片 SOD 活性有显著性的影响，随着土壤水分含量的降低，梨树叶片 SOD 活性依次呈增加的趋势；由此可见，水分胁迫降低梨树叶片 SOD 的活性。水分条件相同时，叶片 SOD 活性随着施氮量的增加而增加，其中在 W_2 条件下，则表现为 N_2

条件下取得最大值；在 W_3 条件下，N_1 与 N_2 处理条件下 SOD 活性无显著差异。说明施氮可以提高梨树苗叶片 SOD 活性。

各处理下桃树苗叶片 SOD 活性的变化如表 11-4 所示，与梨树叶片都表现出相同的趋势，水分胁迫对梨树叶片 SOD 活性有显著性的影响，随着土壤水分含量的降低，桃树叶片 SOD 活性依次呈下降的趋势；水分胁迫也同样降低桃树叶片 SOD 的活性。而对于不同施氮量对叶片 SOD 活性的影响则在不同水分处理条件下表现为不同的变化趋势。

对比两种果树品种，相同条件下梨树叶片的 SOD 活性相对较低，可以看出，在相同水分处理下，桃树苗能保持较高的 SOD 活性，有利于减少干旱胁迫造成叶片细胞的伤害程度。

11.3.4 讨论与小结

SOD 和 POD 是广泛存在于植物组织中的内源酶，是植物体内活性氧的清除剂，干旱胁迫下保护酶对植物的保护作用已经有了大量的研究。本研究表明，各树种在水分胁迫初期 SOD 和 POD 的活性均有所上升，随着水分胁迫的加剧，抗旱性较弱的树种最先呈现出下降的趋势，抗旱性强的树种下降幅度要小于抗旱性弱的树种，这一研究结果与前人的研究结果是一致的。邵世勤（1995）在研究玉米保护酶活性中发现 POD 活性不宜作为抗旱鉴定指标，而本研究表明，干旱胁迫下，SOD 活性与 POD 活性的变化呈现正相关的变化趋势，因此 POD 作为树种抗旱性鉴定指标具有一定的可行性。水分胁迫是限制林木生长的主要环境因子，故环境干旱是林业的最大威胁，近年来对林木抗旱生理的研究格外引人关注。本试验条件下水分对树种株高、茎粗、物质的量等均有显著性的影响。总体趋势上表现为：随着土壤水分含量的增加，干物质量也依次增加。随着施氮量的增加，干物质量也依次增加。从结果可以看出，施充足的水分、氮肥可以促进根系、冠层的生长和发育，增加果树苗生物量的累积。说明水分、氮肥是果树苗生长发育过程中一个至关重要的因素。对果树根系、冠层的生长发育起重要的作用。

分析树苗叶片受水分、氮肥因素的影响，本试验中，对比两种果树幼苗叶片在水分、氮素胁迫下的膜脂过氧化的产物丙二醛（MDA）和 POD、SOD 活性可知，在相同的条件下梨树具有较高的 MDA 值、POD 活性，活性相差不大，因此梨树叶片在相同的处理下产生的有害代谢产物较多，故梨树叶片受水分、氮肥胁迫程度较大。相比较而言，桃树、苹果树苗抗逆性较强。果树叶片在环境胁迫下抗逆性表现出很大的差异，这在很大程度上跟树苗品种、所受到的环境胁迫有关。

11.4 不同水氮对果树幼苗叶片导水特性的影响

苹果、梨、桃是我国北方最常见的果园树种，近年来，引种面积仍在不断扩大。许多重要的果树如苹果、梨、桃等经济作物多分布在丘陵、山地，且这些地形多是易受到水分胁迫的干旱、半干旱地区，相当多的果园立地条件较差，灌溉条件较差或根本无灌溉设施，水分利用率也较低，果树生产遭受严重的干旱威胁。构成果树根、茎、叶、花、果实的干物质 90%以上来自于叶片的光合产物。植物冠层的生长依赖于根系不断地吸收水分和养分，冠层的生长速率对养分的吸收有一定的相关关系。通过测定果树叶片的水分传导，研究不同树种叶片导水特性，可为因地制宜选择优良品种，改善栽培措施等提出理论依据；对科学栽培管理具有重要意义。植物受水分胁迫时能作出多种抗逆性反应，除引起导水率下降、气孔关闭蒸腾下降外，还有渗透调节能力和抗氧化能力的提高，以及产生抗逆蛋白等。Brodribb 和 Holbrook（2003）通过研究干旱森林两种树种，结果表明，叶片在后期衰老时导水率降低 1/10～1/5。在叶片衰老过程中，叶片导水率会继续下降直到叶片最终脱落。Brodribb 和 Holbrook（2004）通过研究热带树种叶片导水率的日变化，结果发现在中午时叶片导水率的值是黎明前的 40%～50%，但不久又会恢复；在这个恢复过程中叶片导水率的损失和气穴现象无关；叶片导水率、气孔导度和光合作用（CO_2 吸收）之间的紧密相关关系表明：叶片木质部功能障碍可以导致树种正午气体交换的下降。近年来，许多国外学者就温度、干旱、辐射对作物叶片的影响进行了大量的研究。而国内学者对不同水肥条件下作物叶片导水率的影响报道较少。本试验主要研究不同水分、氮肥条件下果树幼苗叶片水分传导的变化规律特征，揭示果树的水分传输规律及其水肥的影响机制，以期为发展果园节水灌溉和抗旱栽培提供理论依据。

11.4.1 结果与分析

11.4.1.1 果树幼苗叶片导水率日变化

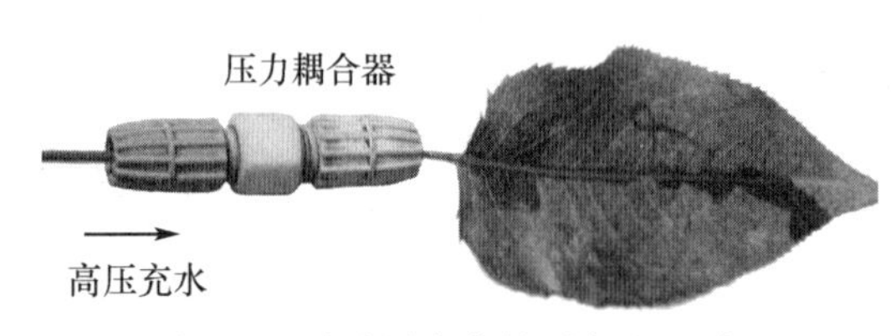

图 11-3　叶片导水率的测定（见图版）

果树苗叶片导水率的测定如图 11-3 所示。用直径较小的红色导管相连接，左侧为压力导水管、压力耦合器，植物叶柄与压力导水管由压力耦合器相连接。

果树幼苗叶片导水率的日变化如图 11-4 所示，可以看出大气温度的变化趋势是先升高后降低，在 13：00 达到最高。叶片导水率的变化趋势为：桃树苗、苹果树苗呈单峰变化曲线，而梨树苗呈双峰变化曲线。桃树叶片在 15：00 左右叶片导水率达到最大，此后呈下降趋势。梨树叶片在温度达到 28℃左右时叶片导水率最大，说明在此后由于根系不能及时补充蒸腾消耗的大量水分，气孔导度开始减小。在 15：00 左右随着水分的补充又出现第二个峰值，之后又开始下降。苹果树苗叶片大气温度达到 29℃左右时叶片导水率达到最大峰值，此后呈线性下降趋势。

11.4.1.2 果树幼苗叶片面积与导水率的关系

不同果树苗叶面积与叶片导水率的关系变化如图 11-5 所示。可以看出，叶片导水率是随着叶面积的增大而增加，果树幼苗的叶片面积与叶片水分传导呈线性关系。本试验采样自树苗枝端 3～5 片功能叶，由此说明，功能叶部是树苗水分传输的主要通道，而且功能叶片导水的状况决定了叶片的发育程度。

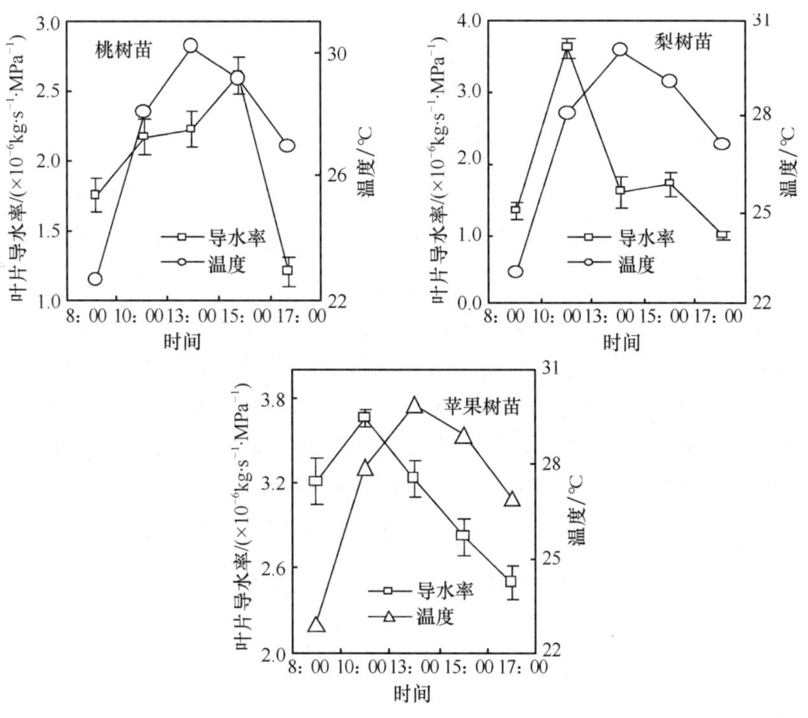

图 11-4　叶片导水率、温度日变化规律

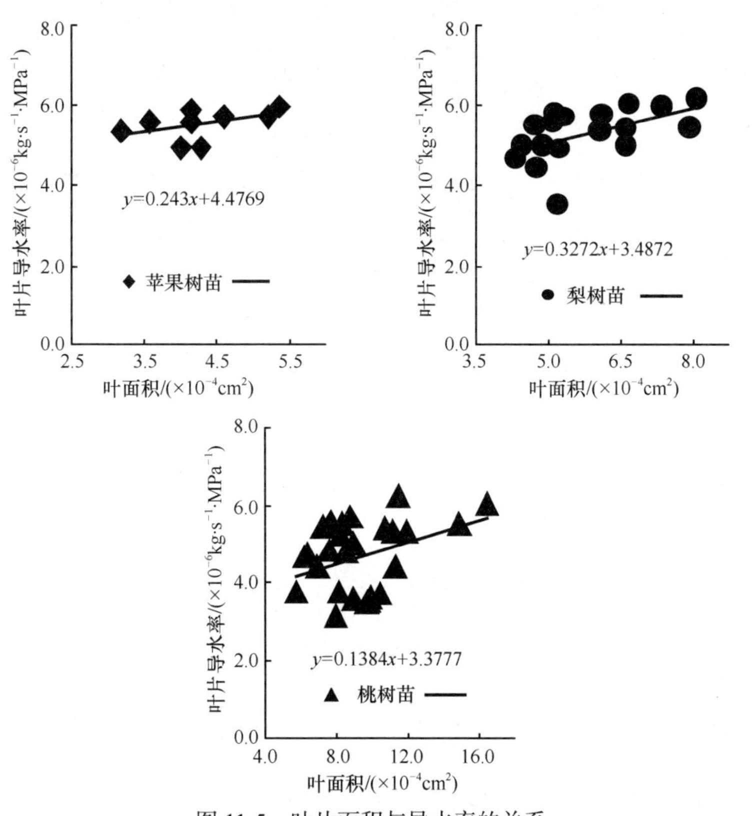

图 11-5　叶片面积与导水率的关系

11.4.1.3 水分对果树苗导水率及叶面积的影响

1）土壤水分对果树幼苗叶片导水率的影响

图 11-6 为土壤水分对果树苗叶片导水率、叶片面积的影响，从结果可以看出，3 种树苗叶片导水率都是随着土壤水分的升高而增加。土壤水分对苹果树苗叶片导水率有显著的影响，在充分灌水处理下叶片导水率极显著高于中度缺水、重度缺水处理，中度缺水与重度缺水处理下叶片导水率没有显著的差异。土壤水分对梨树苗叶片导水率有显著的影响，随着土壤水分的升高导水率的值依次增加，在充分灌水处理下叶片导水率的值最大。充分灌水处理与缺水处理下叶片导水率有显著性的差异。土壤水分对桃树苗叶片导水率有显著的影响，中度缺水处理与重度缺水处理下叶片导水率没有明显的差异，在充分灌水处理下叶片导水率的值达到最大。由此可以看出，当土壤水分供应良好时，能够促进果树幼苗叶片的水分传导，更进一步地促进果树苗冠层的生长和发育。

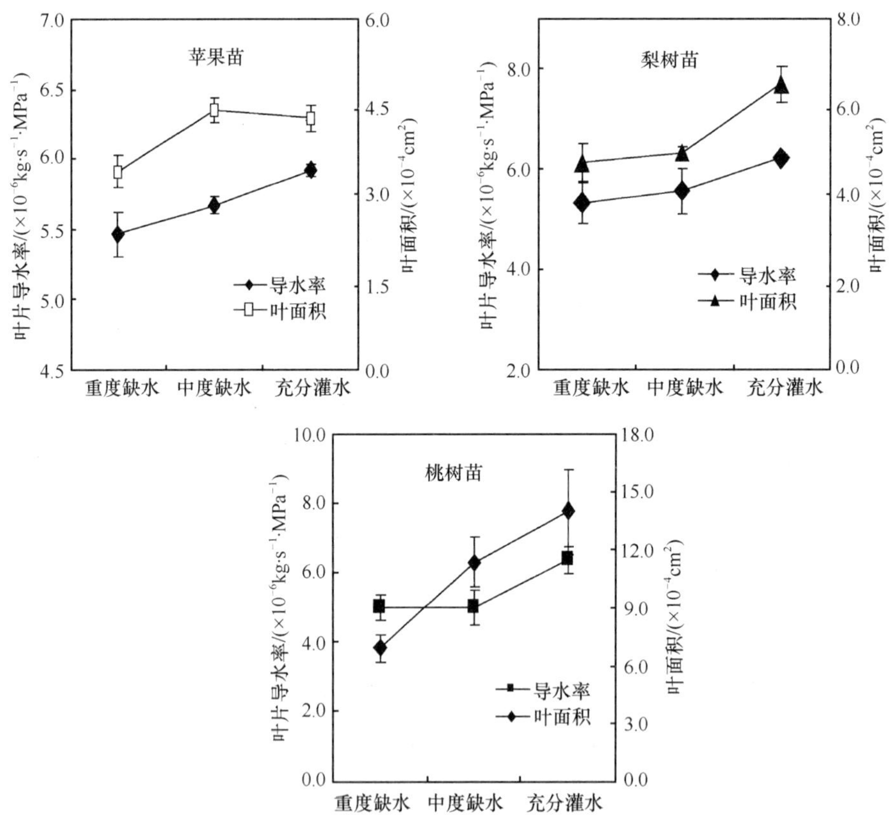

图 11-6 土壤水分对果树苗叶片导水率和叶面积的影响

2）土壤水分对果树幼苗叶片面积的影响

由图 11-6 可以看出，叶片面积与土壤水分有一定的线性关系，随着土壤水分的升高，果树苗叶片面积有增大的趋势，在重度缺水处理下幼苗叶片面积最小。土壤水分对苹果树苗叶片面积的影响，在重度缺水处理下叶片面积最小，充分灌水处理与轻度缺水处理之间没有明显的差异。因此可以说明在适当的水分亏缺条件下，苹果树苗叶片面积不会受到影响。土壤水分对梨树苗叶片面积有显著的影响，随着土壤水分的升高，梨树苗叶片面积依次增加，在充分灌水处理下叶片面积最大，缺水处理下叶片面积没有明显的差异，充分灌水处理与中度、重度缺水处理下叶片面积有明显的差异。土壤水分对桃树幼苗叶片面积的影响，表现出相同的趋势，随着土壤水分的增加叶片面积增大，在重度缺水处理下叶片面积最小，充分灌水处理与中度缺水处理下叶片面积没有明显的差异。由此可以看出，桃树苗在适当的水分亏缺条件下既可以保持叶片的正常生长和发育又可以达到节水的效果。

11.4.1.4 氮肥对果树苗叶片导水特性的影响

氮肥对果树幼苗叶片导水率的影响如图 11-7 所示，在不同的氮肥处理下，叶片导水率的变化趋势都是：随着施氮量的增加导水率依次增加，在高氮处理下果树幼苗叶片导水率的值最大。氮肥对梨树幼苗叶片导水率有显著的影响，无氮肥处理的叶片导水率与施低氮、高氮处理有显著的差异，低氮与高氮处理叶片导水率没有明显的差异。氮肥对桃树幼苗叶片导水率有显著的影响，由结果可以看出桃树苗对氮肥比较敏感，在不同氮肥处理下桃树苗叶片导水率有显著的差异。在高氮处理下桃树苗叶片导水率的值最大，低氮处理次之，无氮处理桃树幼苗叶片导水率的值最小。由此可以看出，在本试验条件下，桃树苗较梨树苗对氮素敏感，增加土壤氮素的含量可以促进桃树幼苗根系的吸水能力而增加叶片的水力导度。

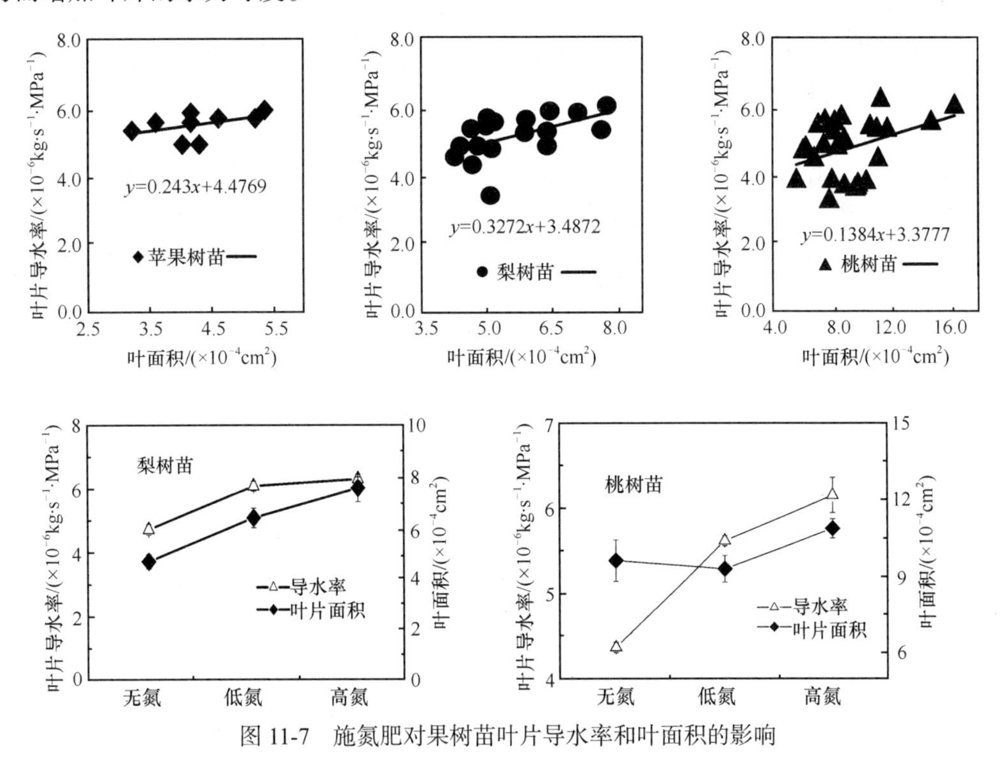

图 11-7　施氮肥对果树苗叶片导水率和叶面积的影响

氮肥对果树幼苗叶片面积的影响，从图 11-7 可以看出，果树幼苗叶面积随着施氮量的增加呈增加的趋势，在高氮处理下果树幼苗叶面积较大。施氮对梨树幼苗叶片面积有显著性的影响，不同氮肥处理下叶面积表现出明显的差异，在不施氮肥条件下叶的面积较小，施高氮叶面积最大。由此可以看出，梨树幼苗叶片生长发育受氮素的影响较为敏感，随着施氮量的增加可以促进梨树幼苗叶片的生长发育。氮肥对桃树幼苗叶面积也有显著的影响，高氮处理下桃树幼苗叶片面积最大，显著高于施低氮处理和不施氮肥处理。

11.4.2 结论与讨论

影响植物水分吸收和传输的众多因子中，水分和养分是居首位的。植物在受水分胁迫时能作出多种抗逆性反应如引起气孔关闭、蒸腾下降外还会引起导水率下降。在水分胁迫条件下，随着胁迫程度的加强，果树叶面积减少，叶数增加缓慢，细胞的生长和分裂受限制，幼叶变厚。在组织建造过程中，幼叶可以因土壤水分状况的变化改变其建造方向，形成与之相适应的显微结构，从而增强抵抗能力。本试验中，不同品种果树苗在受到水分胁迫时，叶片面积变小，导水率表现出明显的下降趋势。导水率受叶片面积的影响呈线性关系。水分亏缺限制了果树幼苗叶片的生长发育，使叶片的输水组织抑制从而降低了叶片的导水率。

植物冠层的正常发育和生长依赖于土壤养分的供应状况，氮是作物生长所必需的营养元素，土壤中充足的氮素供应是保证植物能够正常生长发育的前提，氮素亏缺常常会导致植物的许多代谢和生理过程发生改变，其中较为显著的是对植物水分关系的影响。已有结论得出土壤氮素的亏缺会降低植物根系的水分传导，而冠层水分来源于根部的吸水，氮素亏缺影响了根部的吸水能力必然会影响整个冠层的水分状况，影响叶片的导水能力。

本试验条件下，果树苗叶片导水率受温度的影响呈单峰或双峰的变化；水分对果树幼苗叶片面积、叶片导水率有显著的影响，叶片面积、叶片导水率随着土壤水分的升高而增加；施氮肥对梨树和桃树幼苗叶片导水率有显著的影响，桃树和梨树叶片面积，叶片导水率都是随着施氮量的增加而增加；3 种果树幼苗叶片导水率与叶片面积都呈线性增加关系。

果树幼苗的生长和发育在一定程度上受土壤温度的影响，由于本试验在桶栽条件下研究果树苗叶片水分的导水特性，根区温度昼夜差异较大，对冠层的水分状况影响有多大，还有待于进一步的研究。

11.5 不同水氮对果树幼苗根系和冠层导水特性的影响

11.5.1 不同水氮处理对果树苗导水率的影响

单位压力梯度下的导水率是最常测量的参数，它等于通过一个离体茎段的水流通量（F，$kg \cdot s^{-1}$）与该茎段引起水流动的压力梯度（dP/dx，$MPa \cdot m^{-1}$）的比值，它反映植物导水率能力的强弱。由此可见，水流量 F 与导水率 K 大小成正比，而 F 值是随茎直径的增加而增加的。这说明在压力梯度一定的情况下，当离体植物茎段越粗时，其单位时间内导水量越大，这是因为较粗的茎中相应含有更多的输水组织。当具有较高 K 值的茎段，其导水率越大，导水能力较强。而水分、养分的供应情况决定了植物的生长状况。

不同土壤水分、氮肥处理下果树幼苗导水率的变化分别如表 11-5 和表 11-6 所示。由方差分析结果可以看出，水分、氮素对果树苗根系、冠层导水率的影响都达到显著的水平。

11.5.1.1 土壤水分对果树苗导水率的影响

1）对果树苗根系导水率的影响

在不同的水分和养分条件下，树苗形成不同的输水组织。其在相同的压力下输水的效率不同。本试验结果，表 11-5 为水分对 3 种果树苗导水率的影响。从表 11-5 可以看出，水分对桃树苗、梨树苗导水率的影响达到了极显著的水平，苹果树苗在不同的水分条件下导水率也有极显著的差异。水分对根系的影响较冠层导水率的影响更明显，对冠层导水率的影响没有显著性的差异。

表 11-5　不同水分处理对果树苗导水率的影响

水分处理	根系导水率 K_r/(10^{-5}kg · s^{-1} · MPa^{-1})			冠层导水率 K_s/(10^{-5}kg · s^{-1} · MPa^{-1})		
	桃树苗	梨树苗	苹果树苗	桃树苗	梨树苗	苹果树苗
充分灌水（W_1）	1.45Aa	1.55Aa	0.28Aa	1.47Aa	0.46Aa	0.64Aa
轻度缺水（W_2）	1.44Aa	0.79Bb	0.27Aa	1.42Aa	0.45Aa	0.58Bb
严重缺水（W_3）	1.26Bb	0.70Bc	0.25Bb	1.06Ab	0.39Bb	0.54Cc
显著性检验（P 值）						
水分（W）	0.0002	<0.01	0.0023	0.0231	0.0067	0.0007

注：分别对表中每一列数据进行方差分析，小写字母表示 $a \leqslant 0.05$ 水平，大写字母表示 $a \leqslant 0.01$ 水平，同一列标有相同字母的两组间无差异。以下同

3 种树苗在不同的水分处理条件下，根系导水率的变化与水分的高低有一定的正比关系，从结果可以看出，随着土壤含水量的升高导水率随着增加，在充分灌水处理下导水率最大，严重缺水处理条件下导水率的值最小。桃树苗根系导水率的变化为，充分灌水处理下导水率较大，充分灌水处理较轻度缺水处理导水率没有显著的增加；严重缺水处理下导水率值最小，与充分灌水、轻度缺水处理达到了极显著的差异；充分灌水比严重缺水根系导水率增加了 13%。梨树苗根系导水率的变化为，充分灌水处理比轻度缺水、严重缺水处理下根系导水率分别增加了 49%、55%。不同的土壤含水量对梨树苗根系导水率的影响达到了显著的水平。苹果树苗根系导水率较桃树、梨树苗导水率的值小，受水分的影响也较敏感。充分灌水处理较轻度缺水处理导水率没有显著的增加。充分灌水处理下导水率较严重缺水处理下的导水率增加了 10.7%，差异显著。在相同的水分处理下，根系导水率 K_r 的大小为桃树苗＞梨树苗＞苹果树苗。

2）对果树苗冠层导水率的影响

冠层的生长依赖于根系源源不断地提供水分和养分，土壤水分、养分的不同影响根系的生长和发育，结果必然会影响冠层的生长。本试验中，水分对桃树苗冠层导水率的影响达显著水平，对梨树苗、苹果树苗冠层导水率的影响都达到了极显著水平。水分×氮肥交互作用对果树苗冠层导水率没有明显的影响。由表 11-5 可见，果树冠层导水率的变化也依次随土壤含水量的增加而增加，在充分灌水条件下冠层导水率的值较大，轻度缺水、严重缺水处理依次减小。桃树苗冠层导水率的变化，充分灌水处理较轻度缺水处理导水率没有显著增加，充分灌水处理较严重缺水处理增长了 28%。梨树苗冠层导水率的变化与桃树苗的变化趋势基本一致。苹果树苗冠层导水率的变化随土壤含水量的不同有极显著的差异，充分灌水条件下冠层导水率分别较轻度缺水、严重缺水处理下增加了 9.4%、15.6%。在相同的水分和氮肥的处理下，桃树苗冠层导水率 K_s 最大。

11.5.1.2 氮肥对果树苗导水率的影响

由于水分和养分之间存在复杂的相互作用，养分供应状况会影响果树苗的根系和冠层生长，进而影响树苗对水分的吸收和传输。

1）对果树苗根系导水率的影响

由表 11-6 的显著性检验得知，氮肥对果树苗根系导水率有显著性的影响。从试验结果可以看出，随着施氮量的增多，果树苗根系导水率也依次增大，氮肥促进了根系的生长和发育，在高肥处理下根部茎端有较多的输水组织。施氮肥对桃树苗根系导水率的影响达到了极显著的水平($P<1\%$)，在 N_1 处理下根系导水率最大，N_2、N_3 处理下依次减小。高氮处理较低氮处理、无氮处理下根系导水率分别增加了 10.4%和 18.3%。梨树苗从长势上次于桃树苗，导水率相对较小，不同的氮肥处理对梨树苗根系导水率的影响也达到了显著水平。在施高氮处理下根系导水率分别较低氮处理、无氮处理下根系导水率分别增长了 37.1%和 45%。

表 11-6 不同氮肥处理对果树苗导水率的影响

氮肥处理	根系导水率 K_r/(10^{-5}kg · s^{-1} · MPa^{-1})		冠层导水率 K_s/(10^{-5}kg · s^{-1} · MPa^{-1})	
	桃树苗	梨树苗	桃树苗	梨树苗
高氮(N_1)	1.53Aa	1.40Aa	1.58Aa	0.52Aa
低氮(N_2)	1.37Bb	0.88Bb	1.36ABa	0.47Ab
无氮(N_3)	1.25Cc	0.77Bc	1.02Bb	0.30Bc
显著性检验(P 值)				
氮肥(N)	<0.01	<0.01	0.0065	<0.01

2）对果树苗冠层导水率的影响

从表 11-6 果可以看出，冠层导水率的变化受氮肥的影响也有显著的变化，在施高氮处理下冠层导水率最大，而 N_2、N_3 处理下依次减小，和根系导水率表现出相同的变化趋势。桃树苗在生长阶段较梨树苗长势旺盛，其冠层导水率也高于梨树苗。桃树苗受氮肥影响达极显著水平，其施高氮处理较无氮处理下冠层导水率增加了 35.4%，高氮处理和低氮处理下桃树苗冠层导水率没有显著性的差异。梨树苗冠层导水率较小，其在施高氮处理下冠层导水率分别较低氮处理、无氮处理下根系导水率分别增长了 9.6%和 42.3%。

11.5.2　不同水氮处理对果树苗比导率的影响

比导率 K_s（$ml \cdot s^{-1} \cdot cm^{-2}$ 或 $ml \cdot h^{-1} \cdot cm^{-2}$）是水力结构理论中用来描述植物水分生理特性的参数，定义为单位时间内通过树木单位边材木质部横截面积的流量（Tyree and Ewers，1991；李吉跃和翟洪波，2000）。随着技术的不断发展，测量方法也日趋成熟。本章用 Dynamax 公司提供的高压流速仪（high press flow meter）测定树苗全根系、全冠层的导水率，根据木质部横截面积计算出根比导率、冠比导率。此方法与以往测定方法的不同之处在于：以往测量树木木质部导水率的常用方法都是采用“冲洗法”，在此过程中，根系会被破坏。目前采用 HPFM 可以进行原位测定，即不将根系破坏，这就减少了不必要的工序，同时也减少了由于破坏根系造成的误差。即当测定时，根系保持原有的提水能力，施加压力与根液流方向相反；冠层保持原有的蒸腾提水能力，施加压力与冠层蒸腾拉力方向相同。

不同水氮处理下桃树苗比导率的变化如图 11-8 所示。在此季节，桃树苗生长旺盛，冠层、根系生长良好。由图 11-8 可以看出，桃树苗根比导率（根系导水率与木质部横截面积之比）、冠比导率（冠层导水率与木质部横截面积之比）具有相同的趋势，而且无明显差异。各个水分梯度处理下，比导率随土壤水分的增加而呈上升的趋势；施氮肥对比导率的影响，在相同水分下，不同施肥处理有明显的差异；除中水条件下，比导率在处理 6 下呈下降的趋势，其他各个处理都是随施氮量的增加比导率依次增加，而且差异显著。

不同水氮处理下梨树苗比导率的变化如图 11-9 所示。在此季节，梨树苗生长比较缓慢。由图 11-9 可以看出，梨树苗根、冠比导率有很大的差别，根比导率相对较大。水分对冠比导率没有明显的影响，对根比导率有明显的影响。

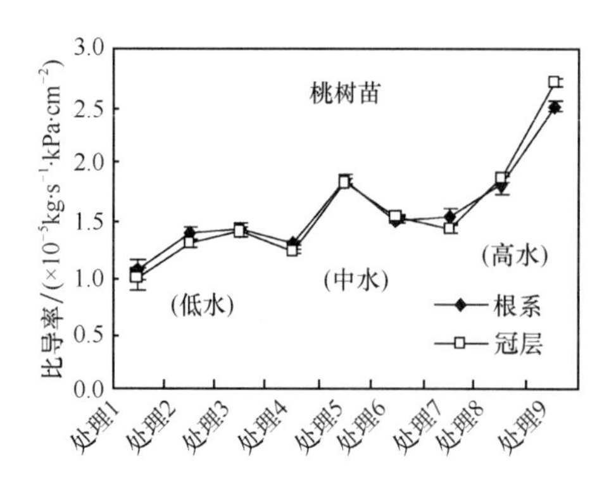

图 11-8　不同处理下桃树苗比导率的变化

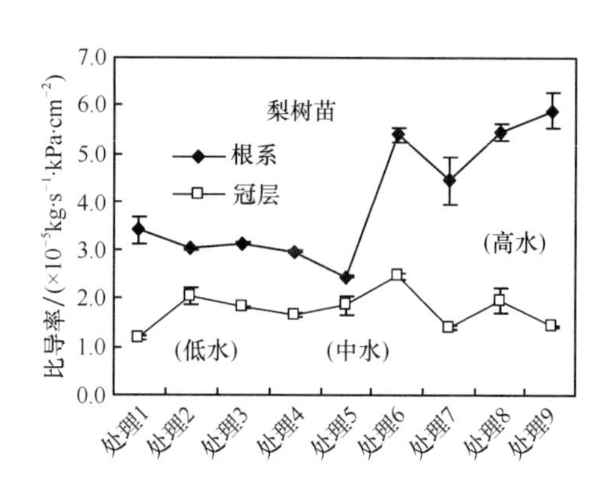

图 11-9　不同处理下梨树苗比导率的变化

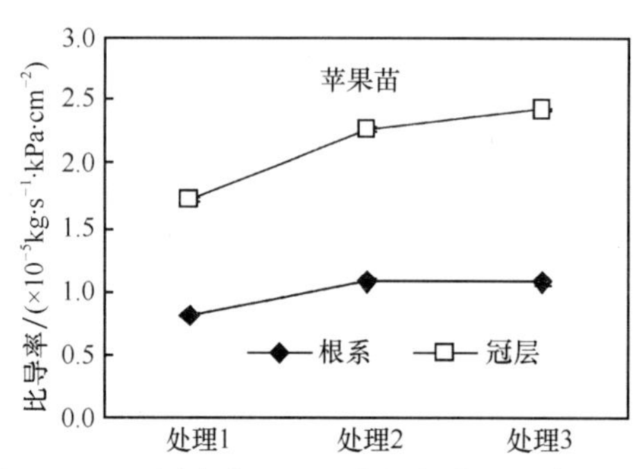

图 11-10　不同水分处理下苹果树苗比导率的变化

图 11-10 为不同水分处理下苹果树苗比导率的变化。可以看出，苹果苗根、冠比导率都有相同的趋势：随着土壤水分的升高比导率依次上升，根比导率相对较小；冠层比导率不同水分处理下都有显著的差异，而根比导率在中水、高水处理下无明显的差异；低水处理与中水处理、高水处理有明显的差异。

由此可见，水分、氮肥是影响比导率的主要因素，土壤水分、氮肥决定了果树苗的生长及生理状况，水分、氮肥充足时树苗可能表现株高增加，叶片增大，但茎粗相反较小；而水分、氮肥亏缺时茎粗增加、叶片密集，从而比导率会有所下降。

11.5.3 果树苗导水率与根粗和株高的关系

在不同的水分、氮肥处理条件下，3 种果树幼苗根系导水率与根系直径关系如图 11-11 所示，根系导水率的大小与根系直径存在正相关关系，但是趋势线的幅度不同，苹果树苗根系导水率与根系直径变化的幅度较小。可以说明根系直径增大导水率也增大。株高与茎粗也呈线性的变化趋势，随着茎粗的增加，株高正比例增加，梨树苗、苹果树苗增加的较明显，而桃树苗增加的趋势较缓慢，幅度小。

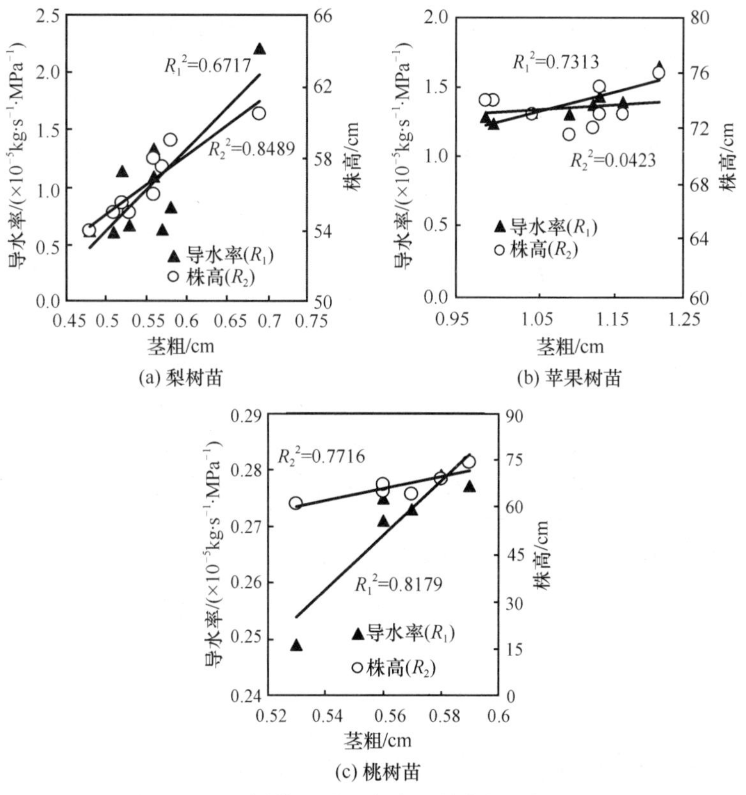

图 11-11　果树苗根系导水率、株高与茎粗的关系

11.5.4 结论与讨论

水分和养分是影响植物水分吸收和传输的重要因素。植物根系的吸水和吸肥是一个相当复杂的过程，当受水分胁迫时能作出多种抗逆性反应，如引起导水率下降、气孔关闭蒸腾下降等。本试验中，不同品种果树苗在受到水分胁迫时，导水率表现出明显的下降趋势。当水分亏缺时，树苗的生长受到抑制，木质部茎干较细，输水能力下降，因而导水率降低。

植物的导水率在一定程度上受土壤氮素水平的影响，土壤中氮素的充足供应是保证植物能够正常生长发育的前提，氮素亏缺常常会导致植物的许多代谢和生理过程发生改变，其中较为显著的是对植物水分关系的影响。有研究表明，根系的养分状况是影响根系导水率的重要环境因素。氮肥的亏缺可以降低植物根系的导水。氮是作物生长所必需的营养元素，在本试验中，高氮量处理下较无氮处理下根系导水率分别为：桃树苗增长了 18.3%、梨树苗增长了 45%。其冠层导水率分别增长了 35.4%和 42.3%。说明了梨树苗对氮素较为敏感。而就目前的研究来说，植物在不同的供应氮素水平下对水分亏缺的反应也不同，主要原因可能是植物种类的不同，有报道指出，植物对氮素的反应存在着敏感和不敏感。水分胁迫是限制农业生产的一个重要因子，更需要加强研究水分胁迫条件下氮素的生理反应和内部调节机制，探讨氮素在水分胁迫中的作用，从而经济合理利用水肥，提高氮肥利用效率，并通过改善氮素营养提高水分胁迫下植物的水分传输能力、水分利用效率。

木质部导水率的大小还与木质结构的组成有关，即因作物的不同而呈现不同的变化规律。而本试验中果树苗的根粗、株高、根长与导水率的关系都是针对同种植物而言。在不同作物中比较以上的关系，可能还与作物的遗传、解剖学等有关。

11.6 不同水分、氮肥对果树幼苗茎流及耗水规律的影响

植物的需水信息较多，以叶水势(ψ)和基于叶面蒸腾的水分亏缺指数(CWSI)作为植物供水状况的基本度量已得到公认。但是常规测量叶水势和叶面蒸腾的方法不能实现植物活体的连续测量，而且测量繁琐，存在很多不便之处。目前，作物生理需水与用水，精确控制灌溉等已成为现代节水农业的研究重点，尤其是作物茎秆、叶片等植物器官有关的生理信息一直成为作物需水信息指标的研究重点。作物用于蒸腾耗水的量占总耗水量的 90%以上，而作物蒸腾与茎秆茎流之间存在着必然的联系，当作物蒸腾速率等于或小于茎液流速率时，作物处于充分供水状态，当蒸腾速率大于茎液流速率时，作物将产生不同程度的水分亏缺。本章内容主要研究桃树幼苗在不同的土壤水分、氮肥处理条件下茎液流的变化特征，以及果树幼苗在不同水分、氮肥处理下的耗水特性。

11.6.1 不同水氮处理对桃树幼苗茎流特征的影响

果树茎干液流变化特征反映的是其蒸腾耗水特性。其液流特征通常用液流启动时间、液流上升速率、液流值出现的时间和达到的高度、液流高峰持续的时间、液流下降的速率、进入低谷的时间等特征表示，其日周期变化、多日变化节律是环境因子如土壤水分含量、空气温湿度、土壤温湿度变化节律和树木生长节律共同作用的结果。

11.6.1.1 不同水分氮肥处理下桃树苗茎流多日变化特征

对桃树苗进行连续的茎流观测(8 月 25～30 日)，研究不同土壤水分条件和不同的施氮处理对茎流变化的影响。不同水分条件下桃树苗茎流连日变化如图 11-12、图 11-13 所示，从图可以看出桃树苗茎流速率存在明显的日周期和连日变化规律。桃树茎流在正常的生长状态下，茎流日变化动态为单峰曲线。桃树苗茎液流基本在 8：00 左右开始，随着温度的升高，蒸腾强度的增加和空气相对湿度的下降茎液流持续上升，呈现出典型的单峰曲线特征。随着土壤温湿度、大气温度、太阳辐射等环境因子的变化，出现峰值的大小变化，最大峰值出现在 12：30 前后。在低水条件下，比较各个氮肥处理下桃树苗茎流的变化(图 11-12)，在不同的日期内，茎流最大峰值都随环境因素的不同而上下波动。而各个氮肥处理下茎流变化在峰值升高和降落时无明显的差别，在接近 12：00～14：00 时间段，最大峰值出现差异，低氮处理下峰值较小，而中氮、高氮相对较大，但二者差异变化不是很明显，在 20：00 以后茎液流基本上停滞在很小的一个范围内($0\sim1\ g\cdot h^{-1}$)。高水条件下桃树苗茎流连日变化如图 11-13 所示，在各个施氮处理桃树苗茎液流变化也

存在明显的日周期和连日变化规律。高水条件下峰值的最大值出现在 11：30～13：30，各个不同氮肥处理下，茎流峰值存在着明显的差异，其最大峰值与低水条件下相比，在高水处理下茎流相对较大(最大值在 23 g · h^{-1} 左右，而低水条件下最大值在 15 g · h^{-1} 左右)。在夜间茎流也维持在一个较小的范围内。

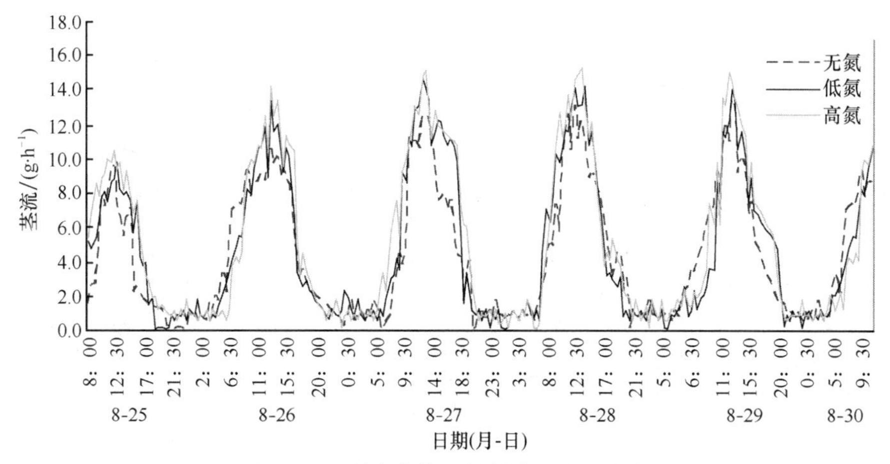

图 11-12　低水条件下桃树苗茎流日变化

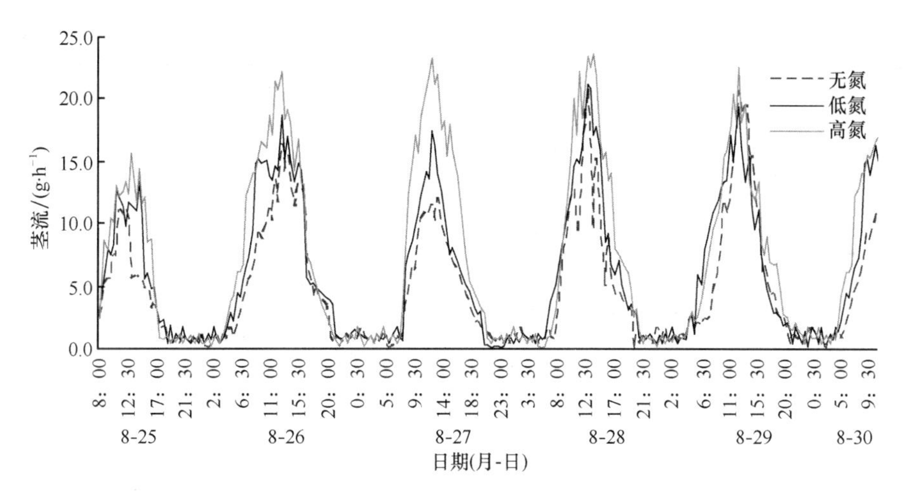

图 11-13　高水条件下桃树苗茎流日变化

11.6.1.2 不同土壤水分对桃树苗茎流日变化的影响

7 月 18 日前后对果树苗进行了茎流测定。为了研究不同土壤水分条件下果树苗茎流变化特征，作者对相同氮肥条件下不同土壤水分处理果树茎流进行连续地观测(图 11-14～图 11-16)。图 11-14 为无氮处理下土壤水分对桃树苗茎流日变化的影响。由图可以看出，茎流日动态变化呈典型的单峰曲线。8：00 开始茎流速率开始上升，在 12：00 前后峰值出现最大值，之后随温度、湿度等环境条件的改变相继出现不同程度的峰值。结果显示，低水处理下峰值达到 9.5 g · h^{-1} 左右，高水处理下峰值在 11 g · h^{-1} 左右，低水条件下茎液流下降速率明显，且有提前下降的趋势。

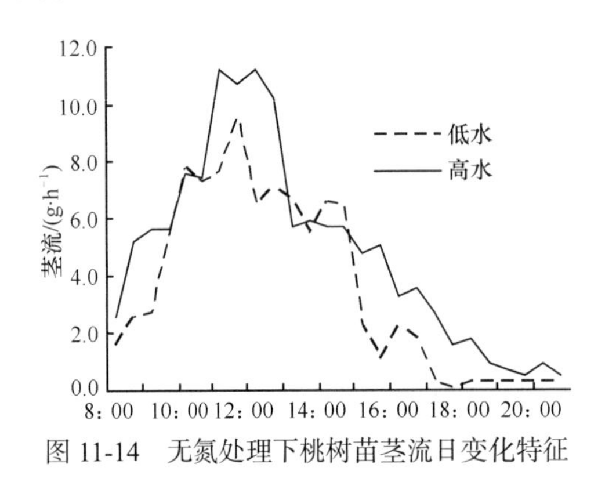

图 11-14 无氮处理下桃树苗茎流日变化特征

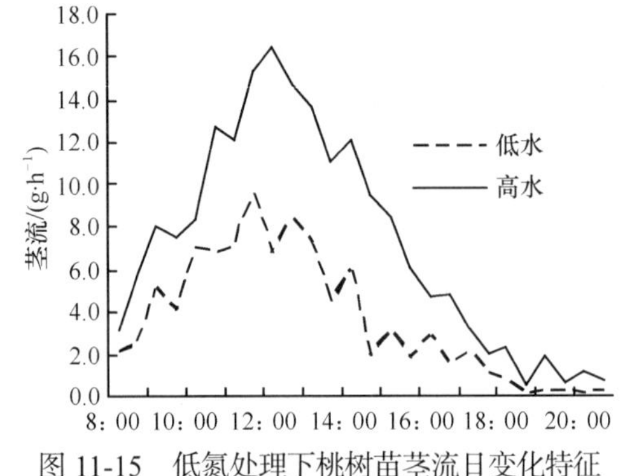

图 11-15 低氮处理下桃树苗茎流日变化特征

图 11-15 为低氮处理下土壤水分对桃树苗茎流日变化的影响，可以看出，在 8：00 之前茎流速率就开始上升，而且上升速率较快，在 12：00 左右达到峰值；在此之前高水处理下茎流速率明显高于低水处理。高水处理茎流速率最高达到了 16.5 $g \cdot h^{-1}$，低水处理最大峰值最到达到了 10 $g \cdot h^{-1}$；高水处理较低水处理最高峰值增加了 65%。由此可以看出，当土壤水分充足时，树苗生长旺盛，树干茎流速率会上升。在施高氮处理下土壤水分对桃树苗茎流日变化的影响从图 11-16，可以看出，不同土壤水分处理下，树苗茎流的变化趋势更加明显，高水处理下茎流速率远远高于低水处理，而且高水处理下茎流上升速率也较低水处理快；在 12：00 前后都达到了峰值，高水处理下峰值达到 23.5 $g \cdot h^{-1}$ 左右，低水处理下最高峰值较小(约为 7.5 $g \cdot h^{-1}$)；在 18：00 开始茎流基本稳定在一个非常小的范围内波动。

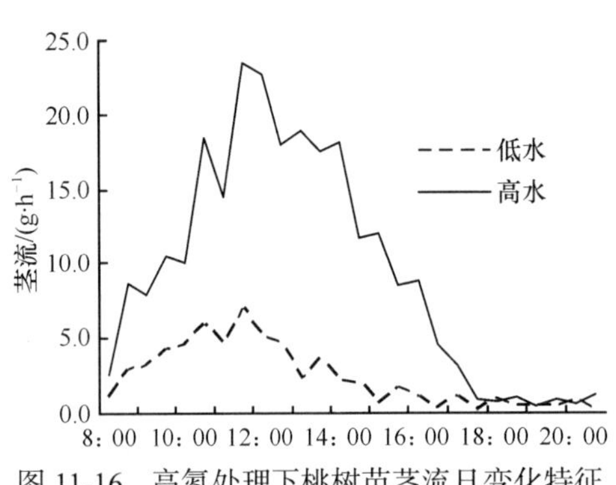

图 11-16 高氮处理下桃树苗茎流日变化特征

从图 11-14～图 11-16 可以看出，桃树苗在遭受土壤水分亏缺程度，与充分供水的情况相比，茎液流的日变化存在一定的差异。桃树苗茎液流速率在上升时较快，变化趋势明显；14：00 之后开始逐渐下降，下降趋势缓慢，并出现较多变化波动峰值。早上 8：00 开始，温度急剧上升、空气湿度减小、太阳辐射增加等引起茎流变化较大；而在 14：00 之后，温度、大气相对湿度较上午变化缓慢。试验结果表明，茎液流速率因环境的影响呈现一定的波动性，因此，某一时刻根据茎流速率的大小确定作物供水状况是不准确的。

11.6.1.3 不同施氮处理对桃树苗茎流日变化的影响

不同的氮肥水平下桃树苗茎流日变化如图 11-17 所示，在低水条件下，各个氮素处理茎流变化有共同的趋势，茎流开始上升发生在相同的时间段内，在中午 12：00 左右茎流速率达到最大峰值；在整个茎流日变化过程中，高氮处理下，茎流速率峰值最小，而施低氮和不施氮处理下峰值相差不大；14：00 以后茎流开始下降，高氮处理下茎流速率下降较快，在此时段内高氮处理下降缓慢，且出现不同的峰值。在土壤水分充分时(图 11-18)，各个氮肥处理茎流变化明显，在高氮处理下茎流有最大的峰值(24 $g \cdot h^{-1}$ 左右)，低氮处理最大峰值 17 $g \cdot h^{-1}$ 左右，无氮处理下峰值最小(12 $g \cdot h^{-1}$ 左右)。

氮肥对果树苗茎流影响主要存在于两个方面的原因：氮肥促进了桃树苗叶片及茎秆的发育和生长，使叶片及茎秆中生有较多的输水组织，在水分充足的情况下，树苗自身的蒸腾作用增强，茎液流速率较高；在水分亏缺时，土壤中的氮素浓度过高，对树苗的根系造成一定的伤害，使根系活力下降，因此根系提水能力受到影响。

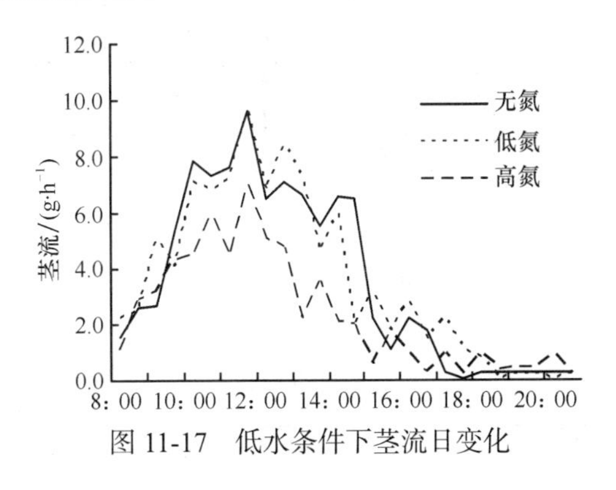

图 11-17　低水条件下茎流日变化

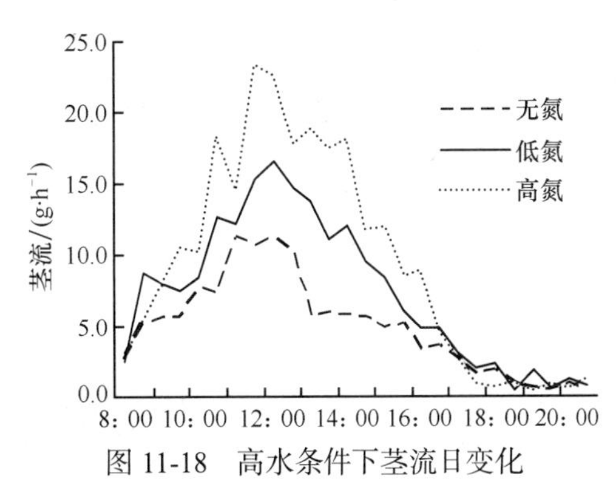

图 11-18　高水条件下茎流日变化

11.6.1.4 不同环境因素下桃树苗茎流日变化

9 月中旬对桃树苗进行第二次茎流测定，在不同天气状况下(晴天、阴天)对桃树苗茎流进行观测。比较在不同的天气状况下，桃树苗茎流变化特征。从图 11-19 可以看出，在晴天树苗茎液流速率从 6：00 左右开始上升且速率较快，在 12：00 左右达到最高峰值(约为 25 $g \cdot h^{-1}$)，随着温度、空气相对湿度等环境因子的变化，茎流速率开始有下降的趋势，在 13：00 前后出现第一个波谷；在 14：00 左右茎流速率又开始恢复，接着达到第二次峰值(约为 22.5 $g \cdot h^{-1}$)；而在阴天，茎液流从 6：00 左右开始上升，但是上升速率缓慢并出现较多峰值，从整个茎流变化动态上看。在 11：00～14：30 茎流变化基本趋于一个稳定的值(9 $g \cdot h^{-1}$)；15：00 以后开始缓慢下降，此时与晴天下茎流相比，晴天茎流下降迅速，变化趋势明显。

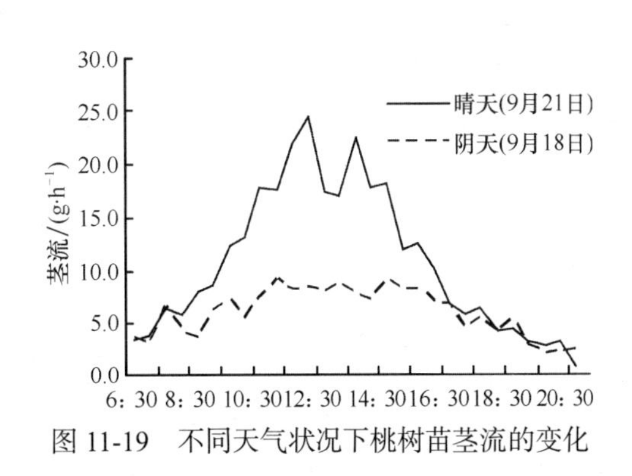

图 11-19　不同天气状况下桃树苗茎流的变化

在晴天里，茎流会出现迅速的上升，此刻蒸腾速率也在增加，随着温度的上升、大气相对湿度的下降及太阳辐射等因子的影响，蒸腾速率随气孔开度的增加而增加，在一定程度下当根系不能补充蒸腾消耗所需水分，叶片气孔开度会减小。此时叶片蒸腾速率下降，因此茎液流速率也随着下降；当根系的吸水能力恢复以后，气孔又开始增大，蒸腾速率增加，茎液流速率也开始上升。在 16：30 以后，受大气温度、土壤温度等环境因子的影响，茎液流开始下降。此刻，在晴天表现下降趋势明显，而阴天则表现下降缓慢。

图 11-20 为大气相对湿度对桃树苗茎流变化的比较。由图可以看出大气相对湿度的变化出现昼夜的周期性，随着大气相对湿度的下降，桃树茎流速率处于上升阶段，且在大气相对湿度出现波谷时到达峰值。当大气相对湿度保持在上升阶段时，茎流开始下降且在大气相对湿度到达波峰之前趋于一个稳定的值，此时茎流的变化基本上停止(在 1 $g \cdot h^{-1}$ 左右的范围变化)。

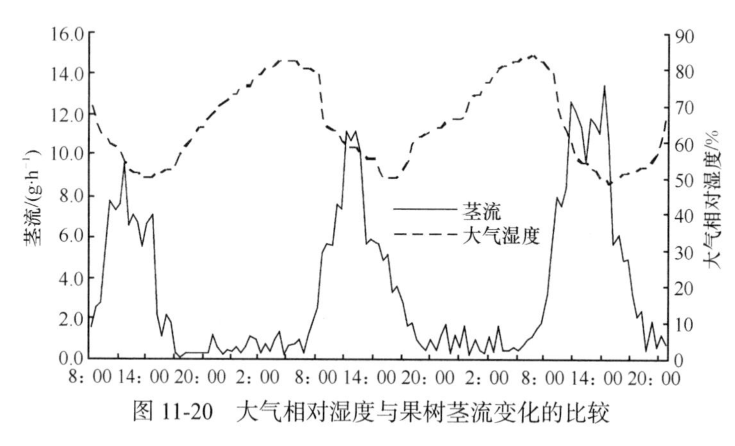

图 11-20 大气相对湿度与果树茎流变化的比较

11.6.1.5 桃树苗茎流速率与蒸腾速率的关系

茎流与作物的蒸腾是息息相关的，气孔是植物与外界环境进行气体、水分交换的通道，与其光合作用、呼吸作用和蒸腾作用都有密切的关系。气孔的主要作用是调节叶片水汽和 CO_2 交换，气孔开度变化对树木生理活动和环境因子的变化非常敏感。已经有研究证明：叶片气孔开度不断变化以维持根系吸水速率与蒸腾速率之间的平衡。

图 11-21、图 11-22 为不同土壤水分条件下桃树苗蒸腾速率与茎液流的关系曲线。可以看出在不同的水分条件下，茎流速率和蒸腾速率动态曲线有着相似的变化规律；蒸腾速率在整个日变化过程中出现两次峰值，茎液流在日变化过程中波动曲线基本一致(此时用 7 个点的曲线图，实际茎液流在连续日变化过程中会出现多次峰值)；两次出现峰值分别为 11：30 和 14：30 前后，在此时间段内蒸腾速率、茎液流速率有明显的下降趋势。第二次峰值之后蒸腾速率、茎液流速率都开始下降，18：00 左右趋于一个稳定的值，此时波动变化较小。

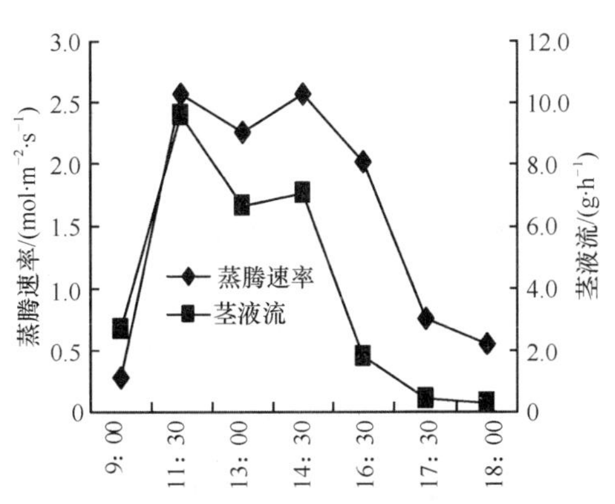

图 11-21　低水条件下蒸腾速率与茎液流的关系

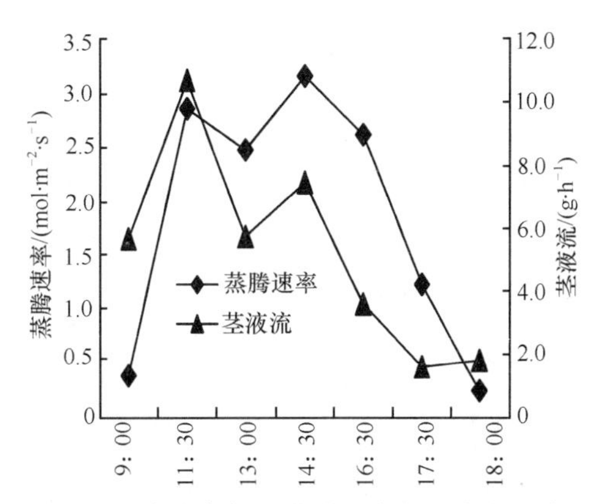

图 11-22　高水条件下蒸腾速率与茎液流的关系

由此可以看出，茎液流速率与蒸腾速率的变化曲线是相一致的，在温度升高、植物蒸腾速率加快时，植物根系要补充蒸腾散失的水分，根系提水能力上升；当植物根系的提水能力不能满足蒸腾散失的水分时，此时叶片气孔导度开始下降（气孔开始减小甚至关闭）。因此在 13：00 前后蒸腾速率、茎液流速率会下降。而随着根系提水能力的恢复蒸腾速率开始上升，此时茎液流速率也开始增加。

11.6.2 不同处理下果树幼苗蒸腾速率的比较

植物的蒸腾作用在植物生命过程中发挥重要的作用，也是植物耗水的重要途径。蒸腾速率是衡量植物水分平衡的重要生理指标，可以反映树种调节自身水分损耗能力及干旱环境的能力，其作为树木的一个重要水分参数，早已受到研究者的关注，并取得了很多研究成果。而且用盆栽的方法研究植物的生理特性已被认为简单可行。尽管盆栽试验无法模拟真实野外生境条件，但是，由于盆栽试验能较方便地人为控制水分、养分条件等因子，这是野外自然环境下所难以调控的。

蒸腾作用的强弱主要取决于土壤中可利用的水分、所必需的能量及叶片内外间存在的水汽压（水势）梯度。土壤含水量对植物蒸腾起重要作用，其中土壤水分的变化将会使水分散失的主要通道——气孔作出积极的反应，因而，水分胁迫造成气孔关闭，气孔导度降低，而使蒸腾速率大幅度下降。然而，不同树种蒸腾作用对于水分胁迫的适应和反应是不同的，在不同土壤水分、氮肥条件下各树种苗木的蒸腾速率、水分利用效率在本节中做了进一步的研究。

蒸腾速率是说明树木耗水性能的重要指标之一。如果在不考虑苗木皮孔蒸发的情况下，苗木的蒸腾作用主要受气孔反应所影响。气孔反应通常利用气孔导度或气孔阻力来描述，两者互为倒数的关系。气孔是植物与周围环境进行气体交换的门户，气孔的开闭影响蒸腾作用、光合作用、呼吸作用等生理过程。光照是影响蒸腾作用最主要的外界条件，它通过引起气孔的开放，使蒸腾作用发生，然后提高大气和植物体的温度，增加叶片内外蒸汽压而加速蒸腾。但随着温度的升高和水分的暂时亏缺，气孔阻力加大，蒸腾作用也相应得到抑制。

11.6.2.1 3 种果树苗在不同水分条件下蒸腾速率日变化比较

3 种果树苗升腾速率的比较(在 N_2 条件下)如图 11-23、图 11-24 所示。在土壤水分亏缺的条件下比较 3 种果树苗蒸腾速率(图 11-23)，可以看出，随着大气相对湿度的降低，蒸腾速率在迅速的上升(9：00 左右开始)，3 种树苗蒸腾速率日变化动态都呈双峰曲线，在 11：30 前后达到第一次峰值；桃树苗的蒸腾速率相对较大，其次是苹果树苗、梨树苗；之后曲线开始下降，13：00 前后达到第一次波谷；苹果蒸腾速率下降明显，相对最小；此时大气相对湿度还没有达到最小，还在继续下降；在 14：30 左右大气相对湿度达到波谷，同时果树蒸腾速率也第二次达到峰值；蒸腾速率依次为：桃树苗>梨树苗>苹果树苗。15：00 时 3 种树苗蒸腾速率都开始下降，而大气相对湿度在继续上升，18：00 前后树苗蒸腾达到最小，此时趋于一个稳定的值。高水处理下也呈现典型的双峰曲线，第一次峰值在 11：30 前后，蒸腾速率峰值在大气相对湿度达到最小之前达到最大，说明蒸腾速率较大气相对湿度具有超前性；在大气相对湿度达到波谷时蒸腾速率第二次达到最大值；在充分灌水条件下，3 种树苗蒸腾速率的变化关系为：桃树苗>苹果树苗>梨树苗。

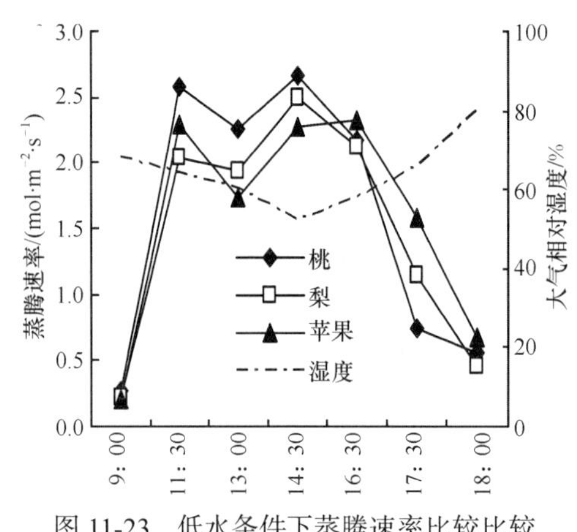

图 11-23　低水条件下蒸腾速率比较比较

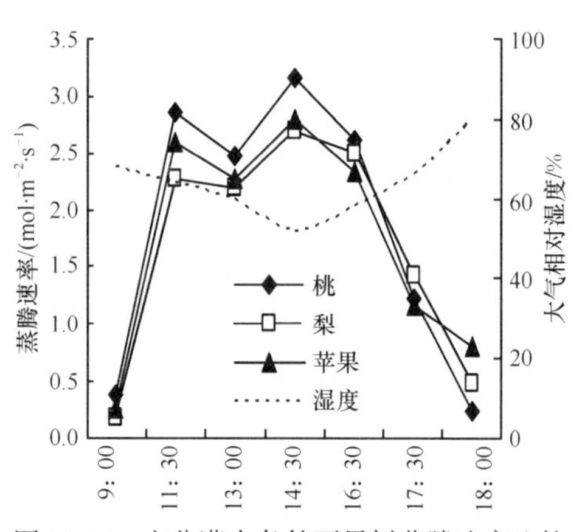

图 11-24　充分灌水条件下果树蒸腾速率比较

由此可以看出，3 种果树苗相比桃树苗具有较高的蒸腾速率，而苹果树苗、梨树苗蒸腾速率相对较小；从生长状况上来看，桃树苗在此时段内生长旺盛，叶片茂盛，蒸腾耗水能力应该较强；梨树苗、苹果树苗在此时段内生长缓慢，叶片稀疏，蒸腾耗水能力相对较弱。

11.6.2.2 3 种果树苗在不同氮肥条件下蒸腾速率日变化比较

在中水条件下，3 种果树苗蒸腾速率比较如图 11-25～图 11-27 所示。在无氮条件下比较 3 种果树幼苗蒸腾速率，可以看出在 9：00 之前蒸腾速率很小，且 3 种果树苗蒸腾速率相近；随着温度的升高，蒸腾速率 11：30 左右达到第一个峰值，此时苹果苗相对蒸腾速率较大，梨树苗、桃树苗依次减小；在 13：00 左右蒸腾速率停止增长，在 14：30 左右出现第二个峰值，桃树苗在此增加幅度较大，而苹果苗出现第二次峰值相对较迟缓一些，其原因可能是因为出现第一个峰值时消耗了大量的水分，而在恢复植物体内水分的过程中需要更长的时间。第二次峰值之后，蒸腾速率开始下降，18：30 下降到最小(0.5 $mol \cdot m^{-2} \cdot s^{-1}$ 左右)。

在低氮条件下，3 种果树苗蒸腾速率的变化如图 11-26 所示，与无氮处理相比较，3 种果树苗蒸腾速率都有所提高，因此可以看出，施氮肥可以提高果树苗的蒸腾耗水量。从图可以看出，在低氮处理下，3 种果树苗蒸腾速率也有明显的变化趋势；在 11：30 左右蒸腾速率出现第一次峰值，桃树苗较大，依次是苹果树苗、梨树苗；在 13：00 左右开始下降到波谷，14：30 左右相继出现第二次峰值，此时蒸腾速率大小依次为：桃树苗、苹果树苗、梨树苗；在 16：30 之后开始下降，18：30 左右下降到稳定的值，此时蒸腾速率相对很小。

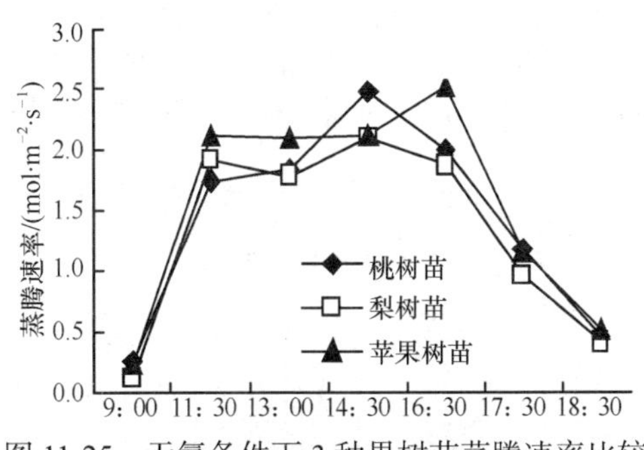

图 11-25　无氮条件下 3 种果树苗蒸腾速率比较

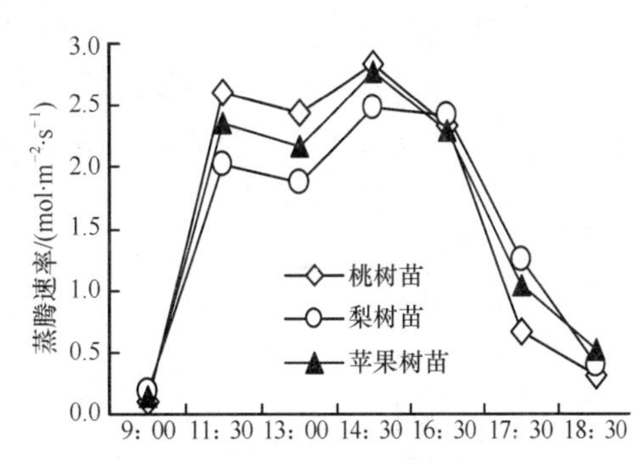

图 11-26　低氮条件下 3 种果树苗蒸腾速率比较

图 11-27 为高氮处理下 3 种果树苗蒸腾速率的比较。从前面可以看出，从无氮到低氮，果树苗蒸腾速率有一个明显的增加趋势，但是在高氮处理下，与低氮处理相比较，并没有明显的增加趋势；从整体上看来，3 种果树苗蒸腾速率的变化呈典型的双峰曲线；相比较桃树苗蒸腾速率在两次峰值时较大，梨树苗与苹果树苗在高氮处理下，蒸腾速率并没有出现明显的差别。

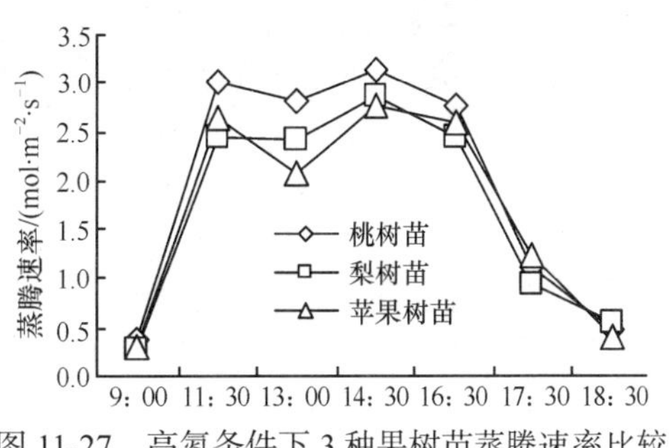

图 11-27　高氮条件下 3 种果树苗蒸腾速率比较

11.6.3 不同水氮处理对果树幼苗叶片水分状况的影响

植物组织相对含水量、水分饱和亏(WSD)是反映植物水分状况，研究植物水分关系的重要指标。Sinclair 等指出，与水势相比，叶片相对含水量是更好的水分状况指标，因为它能密切反映水分供应与蒸腾之间的平衡关系。相对含水量(RWC)指组织含水量占饱和含水量的百分数，水分饱和亏指植物组织实际相对含水量距饱和相对含水量(100%)的差值大小，用 WSD=1−RWC 计算得到。相对含水量反映了树木叶片的保水能力。在干旱胁迫下抗旱性强树种叶片含水量下降速度往往比抗旱性弱树种的叶片要迟缓，以维持植物体生理生化的正常运转。

水分饱和亏表示了植物达到充分饱和状态所需要的水量，在相同的水分条件下，植物的水分亏缺越小，表明其受旱程度越小，抗旱能力越强。在相同的水分胁迫条件下，比较各树种间的水分饱和亏值，可以反映它们维持水分平衡的能力(谢寅峰等，1999)。水分饱和亏是植物组织的实际含水量距离其饱和含水量的差值，相对含水量越高，水分饱和亏越小，说明其水分状况越好。水分饱和亏小，相对含水量高的植物抗旱性强，反之则抗旱性差。

图 11-28 为不同水分、氮肥处理下果树幼苗叶片相对含水量的变化。桃树苗叶片相对含水量的变化由图 11-28(a)可知，随着土壤水分含水量的升高叶片相对含水量逐渐提高，在无氮条件下，中水处理、高水处理分别较低水处理增加了 6.2%、7.1%；在施低氮条件下，中水处理、高水处理分别较低水处理增加了 3.2%、9.4%；在施高氮条件下，低水、中水处理无明显的差异，高水处理则较低水处理增加了 4.8%。随着土壤中施氮量的增加，相同水分处理下桃树叶片相对含水量也在增加，而且也有着显著的差异性。在低水条件下，高氮处理较无氮处理叶片相对含水量增加了 11.8%；在中水、高水条件下分别增加了 4.5%、9.3%。

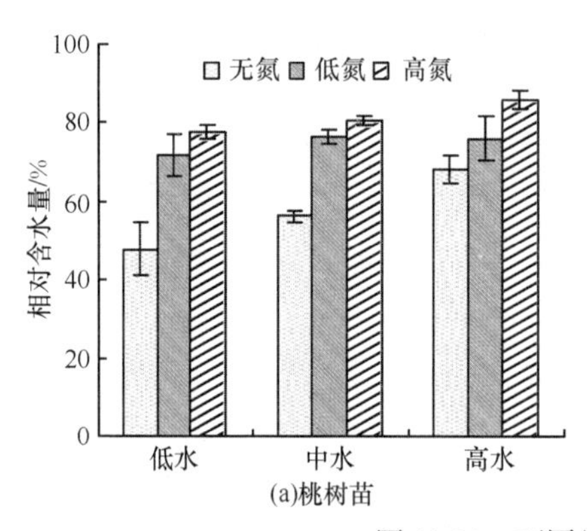

(a)桃树苗

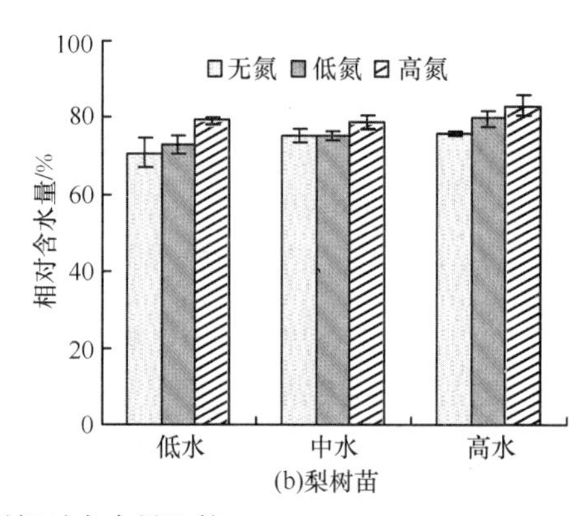

(b)梨树苗

图 11-28　不同处理下相对含水量比较

梨树苗叶片相对含水量的变化如图 11-28(b)所示，可以看出，土壤水分、氮肥水平对梨树叶片相对含水量都有显著性的影响。随着土壤含水量的升高叶片相对含水量逐渐升高，在无氮条件下中水处理、高水处理分别较低水处理增加了 4.2%、4.6%；在施低氮条件下中水处理、高水处理分别较低水处理增加了 3.1%、5.8%；在施高氮条件下，则分别增加了 3.8%、10.7%。随着土壤中施氮量的增加，相同水分处理下梨树叶片相对含水量也在增加，而且也有着显著的差异性。在低水条件下，高氮处理较无氮处理叶片相对含水量增加了 62.6%；在中水、高水条件下分别增加了 43.3%、26.2%。

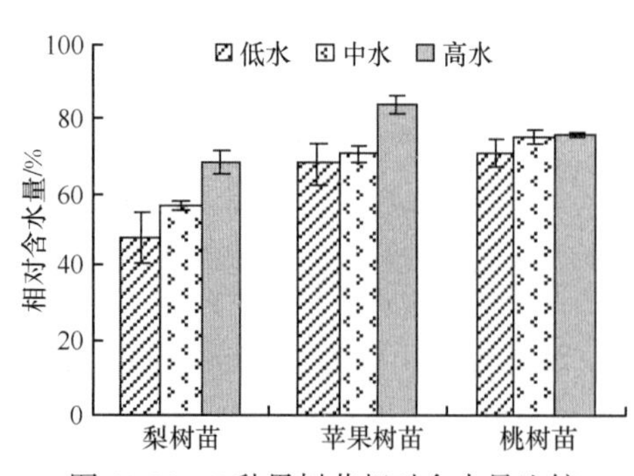

图 11-29　3 种果树苗相对含水量比较

3 种果树苗叶片相对含水量变化如图 11-29 所示，可以看出 3 种果树苗叶片相对含水量在不同的水分、氮肥处理下，各树种随着土壤水分含量的减小，相对含水量逐渐下降，下降的幅度不尽相同。梨树苗的变化幅度较大。说明与桃树苗、苹果树苗相比，梨树苗在抗旱性方面较弱，容易引起水分胁迫现象。

11.6.4 不同水氮处理对果树幼苗耗水特性的影响

盆栽苗木称重法(potted plant weighting method)，测定方法简便易行，可以人为地控制土壤水分测定不同水分梯度下苗木的蒸腾量，估算苗木的耗水量。6、7 月在不同的天气状况(阴天、晴天)下对果树苗进行连续称重，计算昼夜耗水量与昼夜蒸腾耗水量。

苗木的耗水量是衡量该种苗木所消耗水分的潜力大小。通过 3 种果树幼苗耗水量的比较可以了解不同树种之间的耗水能力大小，从而选择出耗水小、耐旱的果树，也可为调控果园树种的水分消耗提供一定的理论依据。

图 11-30、图 11-31 为 3 种果树苗在不同天气状况(阴天、晴天)蒸腾耗水量昼夜变化的比较。从图 11-30 可以看出 3 种果树苗阴天耗水量有着明显的差异，桃树苗耗水量较大，依次是苹果树、梨树苗。蒸腾耗水量与日总耗水量相比较小；苹果、梨、桃树日蒸腾量占日总耗水量依次为：21.9%、10%、33.1%。夜间耗水量很小，蒸腾耗水量微乎其微，3 种树苗夜间耗水量为 40～45 $g\cdot d^{-1}$，而蒸腾耗水量为 0～10 $g\cdot d^{-1}$；在夜间苹果、梨、桃树日蒸腾量占日总耗水量依次为：9.8%、3.8%、13.1%，可以看出在夜间蒸腾很小。

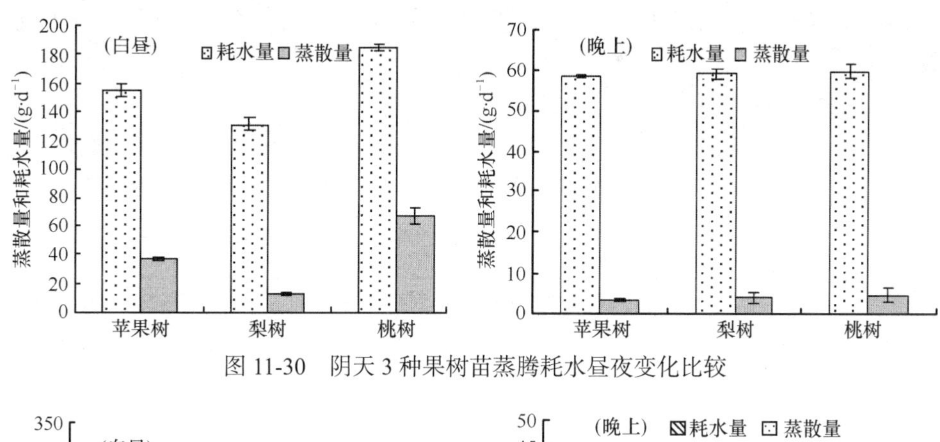

图 11-30　阴天 3 种果树苗蒸腾耗水昼夜变化比较

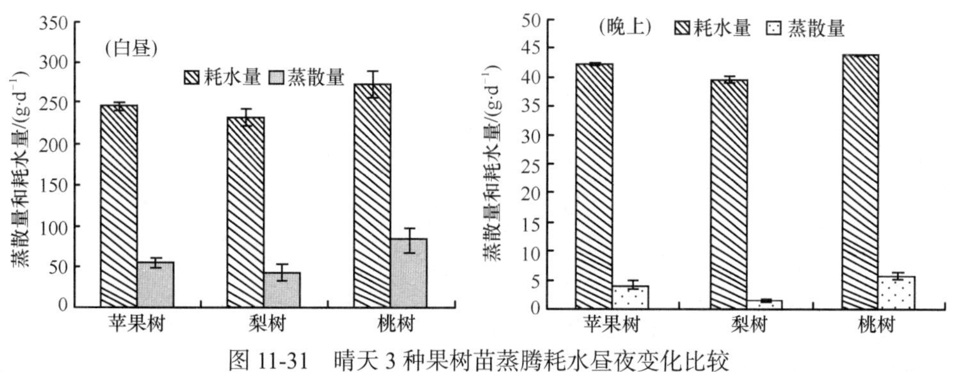

图 11-31　晴天 3 种果树苗蒸腾耗水昼夜变化比较

图 11-31 为 3 种果树苗在晴天蒸腾耗水量昼夜变化的比较。3 种果树苗晴天耗水量有着明显的差异，桃树苗耗水量较大，依次是苹果树、梨树苗。相比较而言，在晴天的日

总耗水量、蒸腾耗水量都有明显的提高。蒸腾耗水量占日总耗水量的比值上升；苹果、梨、桃树日蒸腾量占日总耗水量依次为：22.4%、18%、35.7%。较阴天苹果树、梨树、桃树苗蒸腾耗水量比值依次提高了 0.5%、8%、22.6%。在不同的天气状况下，果树苗耗水量跟蒸腾强度有很大的正比例关系；而在夜间耗水量较阴天的有所提高，但是夜间蒸腾并没有明显的提高趋势，其主要原因可能是晴天蒸腾加快，消耗了叶片大量的水分，在夜间冠层有一个恢复的过程，在这个过程中，叶片主要是吸收由土壤提供的水分，此时向外界交换的气体较少。

11.6.5 不同水氮处理对果树幼苗水分利用效率的影响

关于水分胁迫对不同果树树种生长发育的影响，前人做了大量的研究，另外水分胁迫的生理反应，国内外也有许多报道。但是在不同的水分、氮肥条件下有关不同品种果树苗水分生理及 WUE 特性的研究很少。

各树种在不同的土壤水分、氮肥条件下耗水量的日变化趋势都呈锯齿波状曲线，曲线变化与气象因素(包括大气相对湿度、温度等)变化曲线相近，节律相同。各树种日耗水量随水分梯度、氮肥梯度表现出明显的梯度变化，以水分为最明显的影响因素：高水处理>中水处理>低水处理。氮素的影响：高氮处理>低氮处理>无氮处理。10 月中旬果树苗进入落叶期果树苗已经停止生长，此时对果树苗进行第三次采样，从萌芽到落叶整个生育期当中，对地上、根系干物质量进行对比，研究不同的水分处理、氮肥处理对果树苗生长量的影响，以及整个生育阶段耗水量。

表 11-7 为不同水氮处理对果树苗生长和水分利用效率的影响。10 月中旬，果树苗进入落叶期，此时受气候等因素的影响果树基本停止生长和发育，蒸腾耗水很小。

表 11-7　不同水氮处理对果树苗生长和水分利用效率的影响

果树种	水分	氮肥	株高/cm	根粗/cm	冠层干物质/g	根干物质/g	灌水量/g	WUE/(10^{-4}g · kg^{-1})
桃树苗	低水	无氮	67.0c	1.07e	35.29d	32.57d	9 587.8	49.68b
		低氮	71.5bc	1.08de	37.79cd	33.61cd	9 588.3	53.37ab
		高氮	72.5b	1.1cde	39.05cd	35.01bcd	9 584.6	56.17a
	中水	无氮	72.5b	1.08de	38.62cd	34.57cd	14 250.1	37.16cde
		低氮	74.0b	1.1cde	40.89bcd	35.61bcd	14 837.3	37.93cde
		高氮	75.5ab	1.15bcd	44.25bc	38.5ab	14 844.8	42.12c
	高水	无氮	74.0b	1.17abc	46.11bc	35.06bcd	18 084.2	33.69e
		低氮	75.5ab	1.23ab	48.79b	36.71abc	18 695.6	34.91de
		高氮	80.0a	1.24a	62.14a	39.60a	19 207.2	39.83cd
梨树苗	低水	无氮	54.0d	0.46c	7.49c	8.04d	8 905.4	6.48c
		低氮	59.5b	0.54bc	9.82abc	11.20cd	8 902.6	12.65ab
		高氮	60.5ab	0.59ab	10.23ab	13.55bc	8 910.5	15.75a
	中水	无氮	59bc	0.56bc	8.76bc	10.35cd	9 894.6	9.47bc
		低氮	59.8b	0.59ab	11.08ab	11.98bc	11 807.3	11.27abc
		高氮	61.1ab	0.58b	12.14a	15.33ab	12 814.8	13.83ab

续表

果树种	水分	氮肥	株高/cm	根粗/cm	冠层干物质/g	根干物质/g	灌水量/g	WUE/(10^{-4}g · kg^{-1})
梨树苗	高水	无氮	57.0c	0.55bc	8.50bc	12.98bc	16 453.2	7.12c
		低氮	62.5a	0.59ab	10.70ab	18.47a	17 662.7	10.99abc
		高氮	61.3ab	0.67a	12.25a	17.64a	19 477.2	10.34bc
苹果苗	低水		61.5b	0.62b	10.88b	9.14b	7 770	11.07a
	中水		66.0ab	0.67b	13.96ab	10.74ab	11 534.8	12.87a
	高水		77.5a	0.81a	14.87a	12.78a	16 609.2	10.71b

注：同种果树苗在栽种前称取干重平均值(苹果苗 9.86 g、梨树苗 9.75 g、桃树苗 20.23 g)，以此为基准计算整个生育阶段的生长量(前后两次之差)

从试验结果可以看出，3 种果树苗生长到 10 月中旬时，株高、茎粗等生长量的积累幅度上桃树苗最为明显；3 种果树苗在低水条件下水分利用效率最大。研究结果表明，水分、氮肥对果树干物质量的影响也都达到了显著水平，干物质量随着土壤含水量的增加而增加；随着土壤中施氮量的增加，果树苗干物质量也随之增加；在不同水分处理下水分利用效率比较，桃树苗在低水条件下 WUE 最大，在高水处理下最小，说明在低水条件下，桃树苗根系能有效地吸收土壤中的水分，但同时由于土壤水分含量相对较低，影响了桃树苗根系、冠层的正常生理和生长，使桃树苗正常生理生长受到阻碍。由此可以看出在土壤含水量为田间持水率的 60%～70%时，桃树苗既可以保证正常的生理生长又可以保证水分利用效率。苹果树 WUE 的变化为：中水＞低水＞高水，苹果树在土壤水分为 70%～80%时，水分利用效率下降，也说明在土壤水分含量增加的过程中，果树充分利用的有效水分比例下降，而无效浪费的水分比例上升。

11.6.6 讨论与小结

果树耗水特性是果园育种和造林树种选择的一个重要依据，研究树木的蒸腾耗水调控机制，比较不同树种的耗水特性，将成为果园栽培耗水研究的一个重要研究途径。土壤水分、氮肥是果树遭受最常见的环境胁迫，不但直接影响树木的水分吸收和传输，而且可能进一步影响气孔运动及树木的抗旱能力(Tyree and Ewers，1991)。

本试验研究表明，桃树苗茎液流速率存在明显的日周期和连日变化规律。桃树茎液流在正常的生长状态下，茎流日变化动态为单峰曲线。

在植物的蒸腾作用中，通常认为气孔的调节作用发挥着不可替代的作用。而大气相对湿度也是影响植物气孔开度的一个重要的因素。对植物来说，在叶片或冠层水汽的逸散过程中，由于大气相对湿度的影响，叶片周围的空气变得比大气更为湿润，其结果使两者的水汽压出现分离现象，继而改变了植物蒸腾作用的驱动力，从而最终影响到叶片或树冠的蒸腾耗水。

韩蕊莲和侯庆春(1996)通过盆栽容器中补充水量作为耗水量的方法，研究了 2 年生的山桃苗木，结果表明在 6～10 月共消耗水分 1878～4133.3 g · 株$^{-1}$；程积民和万慧娥(2002)报道了黄土高原 10～12 年生的山桃林的年蒸散量为 352～411.31 mm，其中树木蒸腾量为

256.7～311 mm。而 8 年生的山桃林的蒸散量为 399.73 mm，蒸腾量为 235.35～241.21 mm，比前者略小，可能与树龄有关。本试验中，桃树苗 4～10 月总耗水量为 9587.8～19 207.2 g · 株$^{-1}$，梨树 4～10 月总耗水量为 8905.4～19 477.2 g · 株$^{-1}$，苹果树苗 4～10 月总耗水量为 7770～16 609.2 g · 株$^{-1}$。各个树种因受环境因素胁迫程度的不同，耗水量也不同。桃树苗与梨树苗总耗水量相当，但是水分利用效率却有明显的不同，桃树苗水分利用效率较高，梨树苗水分利用效率较低。由此可以看出，梨树苗在高水处理下，消耗了大量"无效"水分，浪费了水资源。因此在果园栽培梨树苗时选择中低水处理，既可以提高水分利用效率又节约了水资源，从而经济合理地发展经济林木。

参 考 文 献

陈仁升，康尔泗，赵文智，等. 2004. 中国西北干旱区树木蒸腾对气象因子的响应. 生态学报，24(3)：477-485

程积民，万慧娥. 2002. 中国黄土高原植被建设与水土保持. 北京：中国林业出版社

丁日升. 康绍忠，龚道枝. 2004. 苹果树液流变化规律研究. 灌溉排水学报，23(2)：21-25

郭柯，赵雨星. 1996. 植物剪枝蒸腾速率变化规律的初步研究. 植物学报(英文版)，38(8)：661-665

韩蕊莲，侯庆春. 1996. 山桃山杏苗木耗水特性研究. 西北植物学报，16(6)：92-94

巨关升，刘奉觉，郑世锴. 1997. 选择树木蒸腾耗水测定方法的研究. 林业科技通讯，(10)：12-14

康绍忠，蔡焕杰. 2000. 作物根系分区交替灌溉和调亏灌溉的理论与实践. 北京：中国农业出版社

康绍忠，张建华，梁建生. 1999. 土壤水分与温度共同作用对植物根系水分传导的效应. 植物生态学报，3(3)：211-219

康绍忠，张建华，梁宗锁，等. 2000. 控制性作物根系分区交替灌溉的概念及其研究进展. 作物根系分区交替灌溉和调亏灌溉的理论与实践，3：12

李国臣，于海业，马成林. 2004. 作物茎流变化规律的分析及其在作物水分亏缺诊断中的应用. 吉林大学学报，34(4)：573-577

李吉跃，翟洪波. 2000. 木本植物水力结构与抗旱性. 应用生态学报，11：(2)：301-305

刘奉觉. 1992. 快速称重法蒸腾测值的订正//刘奉觉，郑世锴. 杨树水分生理研究. 北京：北京农业大学出版社：35-40

刘奉觉. 1997. 树木蒸腾耗水测算技术的比较研究. 林业科学，33(2)：117-126

刘奉觉，Edwards W R N，郑世锴，等. 1993. 杨树树干液流时空动态研究. 林业科学研究，6(4)：368-372

刘奉觉，郑世锴，藏道群. 1987. 杨树人工幼林的蒸腾变异与蒸腾耗水量估算方法的研究. 林业科学，(11)：23-26

刘奉觉，郑世锴，巨关升，等. 1998. 树木蒸腾耗水测算技术的比较研究. 林业科学，33(2)：117-126

刘晚苟，山仑，邓西平. 2002. 不同土壤水分条件下土壤容重对玉米根系生长的影响. 西北植物学报，22(4)：831-838

马雪华. 1963. 四川米亚罗地区高山冷杉林水文功能研究. 林业科学，2：253-256

满荣洲，董世仁. 1986. 华北油松人工林蒸腾的研究. 北京林业大学学报，8(2)：1-7

曲东，周莉娜，王保莉，等. 2004. 硫营养对小麦苗期根系导水率的影响. 干旱地区农业研究，22(1)：40-43

邵世勤. 1995. 水分胁迫对玉米保护酶系活力及膜系统结构的影响. 华北农学报，10(2)：43-49

沈玉芳，曲东，王保莉，2002. 水分胁迫下磷营养对玉米苗期根系导水率的影响. 西北农林科技大学学报，30(15)：11-15

沈玉芳，曲东，王保莉，2005. 干旱胁迫下磷营养对不同作物苗期根系导水率的影响. 作物学报，3(12)：214-218

宋娟丽，姚军，吴发启. 2003. 黄土高原 21 种造林树种的苗木根系活力与土壤含水量的研究. 西北植物学报，23(10)：1688-1694

孙长忠，黄宝龙. 1996. 单株平衡法的建立. 林业科学，32(4)：378-381

孙鹏森. 2000. 北京水源保护林树种不同尺度耗水特性及林木配置的研究. 北京：北京林业大学博士学位论文

孙鹏森，马履一. 2002. 水源保护树种耗水特性研究与应用. 北京：中国环境科学出版社

孙守家，古润泽，丛日晨，等. 2006. 银杏树干茎流变化及其对抑制蒸腾措施的响应. 林业科学，42(5)：22-28

田晶会，贺康宁，王百田，等. 2005. 黄土半干旱区侧柏气体交换和水分利用效率日变化研究. 北京林业大学学报，27(1)：42-46

王安志，裴铁璠. 2001. 森林蒸散测算方法研究进展与展望. 应用生态学报，12(6)：933-937

王华田，马履一. 2002. 油松、侧柏深秋边材木质部液流变化规律的研究. 林业科学，38(5)：31-37

魏天兴，朱金兆，张学培，等. 1998. 晋西南黄土区刺槐油松林地耗水规律的研究. 北京林业大学学报，20(4)：37-40

魏天兴，朱金兆，张学培. 1999. 林分蒸散耗水量测定方法述评. 北京林业大学学报，21(3)：85-91

文建雷，张檀，胡景江，等. 2000. 三种杜仲无性系抗旱性比较. 西北林学院学报，15(3)：12-15

吴玉芹，史群. 1998. 我国发展节水灌溉的重要意义. 节水灌溉，（4）：39
向小琴，宋西德，李巧芹. 2006. 银杏水分输过程研究. 干旱地区农业研究，24（1）：149-153
谢寅峰，沈惠娟，罗爱珍. 1999. 水分胁迫下南方四种针叶树幼苗水分参数的测定. 南京林业大学学报，23（1）：41-44
于日升，康绍忠，袭道枝. 2004. 苹果树液流变化规律研究. 灌溉排水学报，23（2）：21-25
翟洪波. 2002. 中国北方主要造林树种水力结构研究. 北京：北京林业大学博士学位论文
翟洪波，李保华. 2001. Darcy 定律在测定油松木质部导水特征中的应用. 北京林业大学学报，（4）：6-9
张劲松，孟平，尹昌君. 2001. 植物蒸散耗水量计算方法研究. 世界林业研究，14（2）：23-28
中国农业年鉴编辑委员会. 2002. 中国农业年鉴. 北京：中国农业出版社
Bimer T P，Steudle E. 1993. Effect of anaerobic conditions on water and solute relations and active transport in roots of maize（*Zea mays* L.）. Planta，190：474-483
Brodribb T J，Holbrook N M. 2003. Stomatal closure during leaf dehydration，correlation with other leaf physiological traits. Plant Physiology，132：2166-2173
Brodribb T J，Holbrook N M. 2004. Diurnal depression of leaf hydraulic conductance in a tropical tree species. Plant，Cell & Environment，27（7）：820-827
Comstock J P，Sperry J S. 2000. Theoretical considerations of optimal conduit length for water transport in vascular plants. New Philologist，148（2）：195-218
Cruiziat P，Cochard H，Améglio T. 2002. Hydraulic architecture of trees：main concepts and results. Annals of Forest Science，59（7）：723-752
Denmead O T. 1984. Plant physiological methods for studying evapotranspiration：problems of telling the forest from the trees. Agricultural Water Management，8（1）：167-189
Dunin F X，Greenwood E A N. 1986. Evaluation of the ventilated chamber for measuring evaporation from a forest. Hydrological Processes，1（1）：47-62
Edwards N T，Hanson P J. 1996. Stem respiration in a closed-canopy upland oak forest. Tree Physiology，16（4）：433-439
Edwards W R N，Jarvis P G，Landsberg J J，et al. 1986. A dynamic model for studying flow of water in single trees. Tree Physiology，1（3）：309-324
Edwards W R N，Warwick N W M. 1984. Transpiration from a kiwifruit vine as estimated by the heat pulse technique and the Penman-Monteith equation. New Zealand Journal of Agricultural Research，27（4）：537-543
Ewers F W，Zimmermann M H. 1984. The hydraulic architecture of eastern hemlock（*Tsuga canadensis*）. Canadian Journal of Botany，62（5）：940-946
Fuqin L，Lyons T J. 1999. Estimation of regional evapotranspiration through remote sensing. Journal of Applied Meteorology，38（11）：1644-1654
Gascó A，Nardini A，Salleo S. 2004. Resistance to water flow through leaves of *Coffea arabica* is dominated by extra-vascular tissues. Functional Plant Biology，31（12）：1161-1168
Granier A，Breda N，Claustres J，et al. 1989. Variation of hydraulic conductance of some adult conifers under natural conditions. Ann Sci For，46：357-360
Greenwood E A N，Beresford J D. 1979. Evaporation from vegetation in landscapes developing secondary salinity using the ventilated-chamber technique. Ⅰ. Comparative transpiration from juvenile *Eucalyptus* above saline groundwater seeps. Journal of Hydrology，42（3）：369-382
Hee-Myong R. 2001. "Water use of young 'Fuji' apple trees at three soil moisture regimes in drainage lysimeters." Agricultural water management，50（3）：185-196
Karmoker J L，ClarksonD T，Saker L R，et al. 1991. Sulfate lfate depriuation depresses the transport of nitrogen to the x ylem and the hydraulic conductivity of barley（*Hordeum vulgare* L.）roots. Planta，185（2）：269-278
Kline J R，Martin J R，Jordan C F，et al. 1970. Measurement of transpiration in tropical trees with tritiated water. Ecology，51：1068-1073
Knight J N. 1980. Fruit thinning of the apple cultivar Cox'sOrange Pippin. Journal of Horticultural Science，55（3）：267-273
Kyllo D A，Velez V，Tyree M T. 2003. Combined effects of arbuscular mycorrhizas and light on water uptake of the geotropically under story shrubs，*Piper* and *Psychotria*. New Physiologist，160（2）：443-454
Ladefoged K. 1960. A method for measuring the water consumption of larger intact trees. Physiologia Plantarum，13（4）：648-658
Lagergren F，Lindroth A. 2002. Transpiration response to soil moisture in pine and spruce trees in Sweden. Agricultural and Forest

Meteorology, 112(2): 67-85

Lovelock C E, Wright S F, Nichols K A. 2004 Using glomalin as an indicator for arbuscular mycorrhizal hyphal growth: an example from a tropical rain forest soil. Soil Biology and Biochemistry, 36(6): 1009-1012

Oniki T, Lwakami M. 1997. Is anrterial remodeling truly a compensatory biological reaction? A mechanical deformation hypothesis. Atherosclorosis, 132(1): 115-118

Roberts J. 1977. The use of tree-cutting techniques in the study of the water relations of mature *Pinus sylvestris* L. Ⅰ. The technique and survey of the results. Journal of Experimental Botany, 28(3): 751-767

Sack L, Tyree M T, Holbrook N M. 2005.Leaf hydraulic architecture correlates with regeneration irradiance in tropical rainforest trees. New Phytologist. 167(2): 403-413

Salleo S, Nardini A, Gullo M A L, et al. 2002. Changes in stem and leaf hydraulics preceding leaf shedding in *Castanea sativa* L. Biologia Plantarum, 45(2): 227-234

Shimozaki K, Shinozaki K Y. 1997. Gene expression and signal transduction in water-stress response. Plant Physiol, 115: 327-334

Smith D M, Allen S J. 1996. Measurement of sap flow in plant stems. Journal of Experimental Botany, 47(12): 1833-1844

Smith D M, Roberts J M. 2003. Hydraulic conductivities of competing root systems of *Grevillea robusta* and maize in agroforestry. Plant and Soil, 251(2): 343-349

Steudle E. 1994. Water transport across roots. Plant and Soil, 167: 79-90

Swanson R H. 1994. Significant historical developments in thermal methods for measuring sap flow in trees. Agricultural and Forest Meteorology, 72(1): 113-132

Takahama U. 1997. Enhancement of the peroxidase-dependent oxidation of dopa by components of *Vicia faba* leaves. Phytochemistry, 46(3): 427-432

Tsuda M, Tyree M T. 1997. Whole-plant hydraulic resistance and vulnerability segmentation in *Acer saccharinum*. Tree Physiology. 17(6): 351-357

Tsuda M, Tyree M T. 2000. Plant hydraulic conductance measured by the high pressure flow meter in crop plants. Journal of Experimental Botony, 51(345): 823-828

Tyerman S D, Tilbrook J, Pardo C, et al. 2004. Direct measurement of hydraulic properties in developing berries of *Vitis vinifera* L. cv. Shiraz and Chardonnay. Australian Journal of Grape and Wine Research, 10(3): 170-181

Tyree M T, Ewers F W. 1991. The hydraulic architecture of trees and other woody plants. New Phytologist, 119(3): 345-360

Xu D Y, Guo Q S. 1996. Study on the Effect of Climate Changes to China Forest. Beijing: China Science and Technology Press

Zhu G L, Steudle E. 1991. Water transport across maize roots simultaneous measurement of flows at the cell and root level by double pressure probe technique. Plant Physiology, 95(1): 305-315

第12章　部分根区滴灌和环境因素对关中地区苹果幼树水分传输机制的影响

12.1 部分根区滴灌和土壤水分对苹果幼树水分传输与利用的影响

水分在植物体内的传输研究是当今农业水土工程、土壤学、农业气象学、植物生理学等学科的重要研究内容，是土壤-植物-大气连续体（SPAC）系统中的热点和难点领域。近年来，国内外对此进行了大量的研究工作，取得了不少研究成果。本章主要介绍了作者在关中地区采用部分根区滴灌和土壤水分下苹果幼树水分传输与利用研究方面的进展。

12.1.1 国内外研究进展

土壤水分不足是干旱半干旱地区果树生长的主要限制因子，这种环境下的果树生长必须以水分的高效利用为中心，提高果树本身的水分利用效率（WUE）是实现果树高效用水的生理基础（山仑和徐萌，1991）。植物水分传导（植物导水率）表示单位压力梯度下单位时间内通过单位面积的植物传导水分的通量，是植物吸收及传输水分能力大小的一个重要生理指标（杨启良等，2011）。近年来，环境因素对植物根系水分传导的影响研究是国内外的一个热点领域，特别是在干旱半干旱地区，在有限水灌溉条件下，如何调节植物根系生长，维持根系较高的水分传导能力，对于植物适应环境胁迫有重要作用。根系水分传导的大小与根区土壤水分、养分、盐分和温度等因素有关，根区环境因素的胁迫可降低根系的水分传导，导致叶片水分亏缺、气孔开度减小和生长受抑制（Lovelock et al.，2006；Veselova et al.，2005；Martre et al.，2001；康绍忠和张建华，1997）。在干旱环境中，通过调节植物根系的水分传导和气孔开度大小来控制叶片水分散失，对维持植物体内水分平衡有重要作用（李凤民等，2000）。

在我国，大多数优质果园分布在干旱半干旱地区，水分是限制这些地区果实数量及质量的关键因素。当果树受到水分胁迫时，其自身的代谢活动减弱、叶面积减小、气孔开度也相应减小（Younis et al.，1993），根系水流阻力增大（郭庆荣和李玉山，1998），而较大的叶片水流阻力对阻止果树水分散失有重要作用。根系水流阻力是限制土壤-植物-大气连续体（SPAC）系统中水分传输速率的重要因素，而果树最小冠层阻力是研究果园蒸发和果树缺水的一个重要参数（袁国富等，2002），反映了果树的水分消耗特征。果树的水力特性随着周围环境的变化而变化，当水分充足时，较低的水流阻力反映了较高的蒸腾速率（Tyree et al.，1993）。影响果树水流阻力的因素较多，其中灌溉方式是引起其变化的重要因素。确定水流阻力不仅有助于定量描述 SPAC 的水分传输过程，而且对建立减少水流阻力的节水农业措施，解决季节性干旱有重要意义。

部分根区灌溉(PRI)，包括分根区交替灌溉(APRI)，部分根区固定灌溉(FPRI)或部分根区干燥(PRD)，分根区交替灌溉技术是近年来众多学者推崇的一种节水灌溉技术(Kang and Zhang，2004)。APRI 技术是将一半根系暴露在干燥土壤中，而另一半根系正常灌水，根系两侧的湿润和干燥以一定的频率反复交替(Kirda et al.，2004；Kang et al.，2002)。但部分根区固定灌溉总是固定一半根区灌水，而另一半根区保持干燥。APRI 技术可以平衡果树营养生长与生殖生长的矛盾，在使产量不下降的同时，又限制了过多的营养生长，不仅可以提高水分利用率，降低修剪强度，还可改善树体的通风透光性从而有利于提高果实品质。采用该技术使根区两侧根系始终处于干湿反复交替的非均一环境中，对根系的生长和分布产生较大影响，从而影响冠层生长及生理特性。与常规灌溉相比，分根区交替灌溉(APRI)具有明显减少蒸散耗水，提高水分利用效率(WUE)、产量和品质的效应(Kirda et al.，2004；Kang et al.，2002)。APRI 技术干燥侧根系不断通过木质部向冠层和叶片传送化学信号如脱落酸(ABA)和水力信号如水分传导(Tardieu and Davies，1993)，ABA 使得叶片气孔导度和蒸腾速率减小及冠层生长减缓(Zhang and Davies，1990)，同时，湿润侧根系具有提高根系水分传导的功能且存在明显的吸水补偿效应(Hu et al.，2011)，从而使得植物能满足最佳需水要求，始终保持植物处于最适宜水分状态。到目前为止，APRI 技术已在多种果树作物上如梨树、桃树、葡萄和苹果树进行试验研究和应用(Du et al.，2008；Leib et al.，2006；Kang et al.，2003；Goldhamer et al.，2002)。Kang 等(2003)发现，梨树实施分根区交替灌溉后在产量没有显著降低前提下，蒸腾耗水明显减少，WUE 明显提高，同时部分根区灌溉处理湿润侧根系存在吸水补偿效应。Goldhamer 等(2002) 发现，桃树部分根区干燥(PRD)和调亏灌溉之间没有差异。PRD 在节水 50%以上前提下，虽然葡萄地上部生长受到抑制，但是产量没有降低，而葡萄品质显著提高(Loveys et al.，1998)。Du 等(2008)研究发现，与常规滴灌相比，交替滴灌葡萄产量没有降低，而 WUE 提高 26.7%～46.4%，葡萄质量也得到明显改善。Caspari 等(2004)研究表明，嘎啦、富士和 Braeburn 苹果实施 PRD 后，依照季节灌水量减少 30%～50%时，果实大小或产量并没有降低。Leib 等(2006)研究表明，调亏灌溉和 PRD 在节水 45%～50%前提下，与常规灌溉相比，两者均提高苹果品质，PRD 没有降低苹果大小和产量，而调亏灌溉第二年的产量下降。

植物水分传导通常是引起植物水分利用效率变化的重要原因，而植物水分传导常常会随着周围环境特别是根区环境的改变而发生变化。根区土壤水分亏缺可能会影响根系对水分的吸收、水分在植物体内传输及利用。APRI 方式使得根区两侧的土壤水分存在明显的水势梯度，这将影响根系对水肥的吸收与利用(Hu et al.，2009；Li et al.，2007；李志军等，2005)，水分在植物体内的传输与调控(Yang et al.，2011)。近年来，Hu 等(2011)研究发现，APRI 和 FPRI 等可以显著增强玉米灌水区土-根系统水分传导的补偿效应，APRI 非灌水区的水分传导明显大于 FPRI 处理。杨启良等(2009)对苹果幼树采用部分根区灌溉方式和 NaCl 处理后，与常规灌溉相比，在节水达 50%的前提下，低浓度 NaCl 处理后 APRI 的根系水分传导下降甚微，而高浓度 NaCl 处理后其根系水分传导反而超过常规灌溉，说明 APRI 技术提高了调控植物体内水分平衡和抗盐分胁迫能力。以往研究均表明，APRI 技术有提高作物水分利用效率的作用，并从蒸腾速率、气孔开度和 ABA 等方面进行了相关解释，但并没有从水分传导角度对这一机制进行解释。

因此，本章目的是研究交替滴灌时苹果幼树根区土壤水分、根系、冠层和带叶柄叶片水分传导和水流阻力及水分利用效率将会发生什么样的变化？随着灌水量的变化，交替滴灌处理苹果幼树水分传导和水流阻力及水分利用效率如何变化，有利于增加水分传导和水分利用效率适宜的水分范围是什么？在根区不同的滴灌模式下对根系生长、形态特征和水分传导的研究，可以揭示该环境下植物根系的水分传导机制。其研究结果将不仅为大田实施交替滴灌技术提供理论依据，而且有助于充实 SPAC 系统水分传输理论。

12.1.2 试验材料与设计

12.1.2.1 研究区概况

大田苹果幼树滴灌试验于 2006 年 11 月至 2008 年 9 月在西北农林科技大学旱区农业水土工程教育部重点实验室的移动式防雨棚中进行。气候为半干旱半湿润的暖温带，年均温度 11～13℃，年降水量 535 mm。供试土壤为土垫旱耕人为土。0.6 m 土层内田间持水率(θ_f)为 24%，平均干容重 1.39 g·cm^{-3}，有机质 8.45 mg·kg^{-1}，速效磷 13.11 mg·kg^{-1}，速效钾 116 mg·kg^{-1}，全氮 0.94 g·kg^{-1}，速效氮 31.67 mg·kg^{-1}。

12.1.2.2 试验设计

供试树种为 2 年生矮化红富士苹果幼树(*Malus pumila* Mill. cv. Fuji)，于 2006 年 11 月 15 日进行移栽，移栽后统一浇水保证根系与土壤充分接触。2007 年 4 月 5 日为发芽期，统一定株高为 70 cm，4 月 22 日开始水分处理(表 12-1)。试验设 3 种滴灌模式：①交替滴灌(ADI)，距幼树基部 20 cm 处的东西两侧铺设 2 条滴灌毛管，每次灌水时仅打开一侧滴灌毛管，另一侧关闭，两侧滴灌毛管轮流交替灌水，使东西两侧的幼树根区土壤反复干湿交替；②固定滴灌(FDI)，距幼树基部 20 cm 处的西侧铺设 1 条滴灌毛管进行灌水；③常规滴灌(CDI)，紧贴幼树基部铺设 1 条滴灌管进行灌水。每种滴灌模式设 3 个灌水定额，其中，ADI 和 FDI 处理的灌水定额均为 10 mm、20 mm 和 30 mm，CDI 处理为 20 mm、30 mm 和 40 mm。2007 年和 2008 年 3 种滴灌模式的灌水周期分别为 15 d(5 月和 10 月为 30 d)和 20 d。试验共 9 个处理，以一行 24 株幼树为 1 个处理，每处理每次测定 3 个重复。

表 12-1　苹果幼树生长期灌水处理情况

滴灌模式	灌水定额	2007 年			2008 年		
		灌水次数	灌溉量/mm	灌水日期	灌水次数	灌溉量/mm	灌水日期
ADI_{10}	10		110	4-22、5-22、6-5、6-22		50	4-21、5-10
ADI_{20}	20	11	220	7-5、7-22、8-5、8-22	5	100	6-5、6-26
ADI_{30}	30		330	9-5、9-22、10-22		150	7-16

续表

滴灌模式	灌水定额	2007 年			2008 年		
		灌水次数	灌溉量/mm	灌水日期	灌水次数	灌溉量/mm	灌水日期
FDI_{10}	10		110	4-22、5-22、6-5、6-22		50	4-21、5-10
FDI_{20}	20	11	220	7-5、7-22、8-5、8-22	5	100	6-5、6-26
FDI_{30}	30		330	9-5、9-22、10-22		150	7-16
CDI_{20}	20		220	4-22、5-22、6-5、6-22		100	4-21、5-10
CDI_{30}	30	11	330	7-5、7-22、8-5、8-22	5	150	6-5、6-26
CDI_{40}	40		440	9-5、9-22、10-22		200	7-16

注：ADI 为交替滴灌；FDI 为固定滴灌；CDI 为常规滴灌

为了消除边界影响，在边界处布置行距为 1 m 的保护行，其他行距为 1.2 m，株距为 0.4 m。滴灌毛管铺设与幼树行方向一致，系统首部组成包括压力表、闸阀、水表、球阀、滴灌毛管等，滴灌毛管采用分支控制法，即在每一根滴灌毛管前加装球阀，灌水量由感量为 0.0001 m^3 的水表控制。灌水采用外径 1.6 cm 的压力补偿式滴灌管，滴头间距 40 cm，流量 1.3 $L·h^{-1}$。各处理的田间管理措施相同。2007 年 10 月 8 日，每行选择 3 株长势均匀健壮的幼树进行长势观测。

12.1.3 结果与分析

12.1.3.1 部分根区滴灌下苹果幼树根区土壤水分的动态变化

由图 12-1 可以看出，在 3 种滴灌模式下，苹果幼树生长期根区 0～50 cm 土壤水分的变化趋势不同。其中，在交替滴灌处理中，根区土壤含水率在东西两侧存在反复干湿交替过程；在固定滴灌处理中，根区土壤含水率在西侧显著高于东侧；在常规滴灌处理中，根区土壤含水率在东西两侧并未出现显著差异。在 3 种滴灌模式下，根区土壤含水率均随灌水定额的增加而增大；在灌水定额相同时，灌水侧的土壤含水率在 3 种滴灌模式间没有显著差异，而灌水侧土壤含水率均显著高于非灌水侧。

由图 12-2 可以看出，在交替滴灌、固定滴灌和常规滴灌处理的灌水定额分别为 30 mm、30 mm 和 40 mm 条件下，苹果幼树根区土壤含水率在 10～20 cm 土层均显著大于 0～10 cm 土层，之后土壤含水率随着土层的加深逐渐减小。可能是由于地表蒸发量较大，因此无论灌水与否，0～10 cm 土层土壤含水率均较小。在 3 种滴灌模式下，50～60 cm、60～70 cm 和 70～80 cm 土层根系两侧的土壤含水率无明显变化，表明 3 种滴灌模式的最大湿润深度均为 50 cm。与 2007 年相比，2008 年在灌水定额不变的情况下，灌水周期由 15 d 增加到 20 d，而且由于树苗长大，所消耗的土壤水分随之增加，因此土壤含水率较 2007 年有所降低。另外，在交替滴灌和固定滴灌处理中，2008 年的灌水侧与非灌水侧的土壤含水率之差也大于 2007 年。

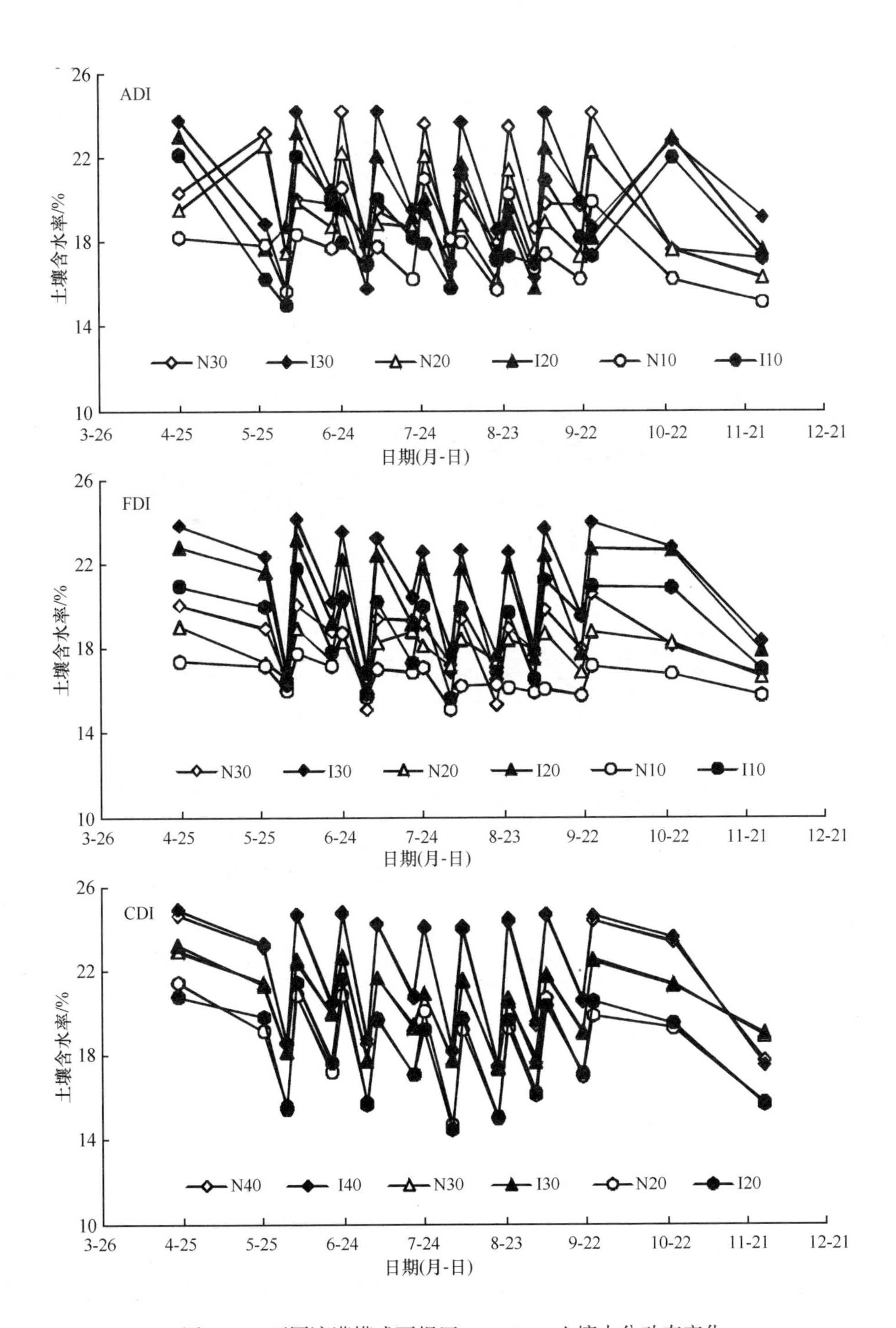

图 12-1　不同滴灌模式下根区 0～50 cm 土壤水分动态变化

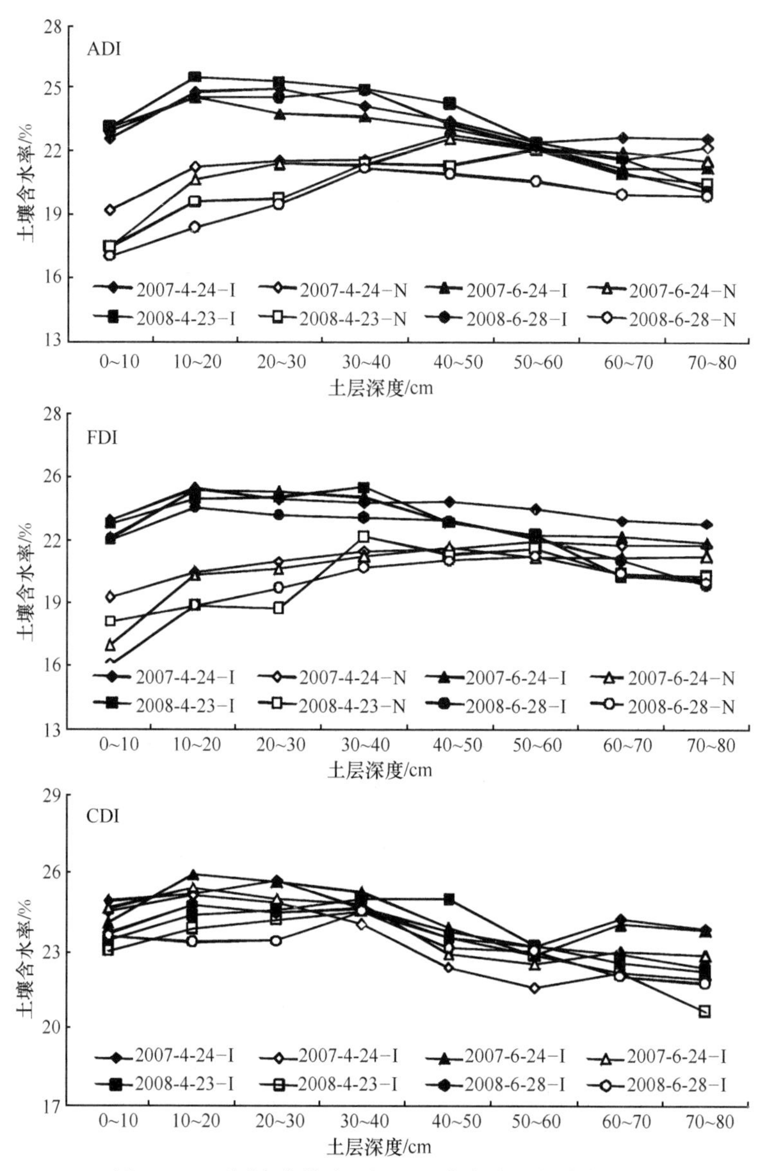

图 12-2　不同滴灌模式下根区土壤水分垂向动态变化

12.1.3.2 部分根区滴灌和土壤水分对苹果幼苗叶片光合、蒸腾和水分利用的影响

滴灌方式对苹果幼苗叶片光合、蒸腾和水分利用的影响如表 12-2 所示。结果表明：在相同灌水量下，ADI 和 FDI 的光合速率与常规滴灌相比并没有显著减小(9 月 19 日灌水量为 20 mm 例外)。然而，ADI 和 FDI 处理的蒸腾速率在 20 mm 和 30 mm 灌水量下的 6 次测定中均有 4 次显著低于 CDI。由于 ADI 和 FDI 处理的光合速率减少量小于蒸腾速率的减少量，因此，ADI 和 FDI 的 WUE 均得到显著的提高，但 ADI 的 WUE 高于 FDI。这种作用在 6 次测定的平均值中也可以明显看到。可见气孔限制使得蒸腾速率大大降低是引起叶水分利用效率提高的重要因素。

表 12-2　滴灌方式对苹果幼苗叶片光合、蒸腾和水分利用的影响

光合指标	滴灌方式	测定时间(月-日)						
		5-28	6-27	7-10	7-22	8-14	9-19	平均值
光合速率 /(μmol · m^{-2} · s^{-1})	CDI_{20}	12.07ab	13.47a	14.50cd	14.07b	10.57b	11.87b	12.76
	CDI_{30}	13.17a	14.17a	15.33ab	15.73a	13.13a	13a	14.09
	FDI_{20}	11.67b	13.53a	13.80d	13.7b	10.5b	10.4c	12.27
	FDI_{30}	12.87a	14.53a	14.70bc	15.6a	13.43a	13.27a	14.07
	ADI_{20}	11.63b	13.63a	14.37cd	14b	10.53b	10.1c	12.38
	ADI_{30}	13a	14.53a	15.53a	16a	13.17a	13.3a	14.26
蒸腾速率 /(mol · m^{-2} · s^{-1})	CDI_{20}	4.65b	6.92a	9.25a	10.94ab	8.82b	7.04b	7.94
	CDI_{30}	5.58a	6.69b	8.69b	11.2a	9.23a	7.79a	8.20
	FDI_{20}	4.52b	6.49c	6.91d	10.4b	7.89d	5.35d	6.93
	FDI_{30}	5.42a	6.05d	7.95c	11.22a	8.65bc	6.16c	7.57
	ADI_{20}	4.58b	6.48c	6.92d	10.35b	7.89d	5.46d	6.95
	ADI_{30}	5.34a	6.09d	7.96c	11.4a	8.50c	5.88c	7.53
水分利用率 /(μmol · mol^{-1})	CDI_{20}	2.59a	1.95b	1.57e	1.29c	1.20d	1.68c	1.71
	CDI_{30}	2.36a	2.12b	1.77d	1.41ab	1.42b	1.67c	1.79
	FDI_{20}	2.58a	2.09b	2.00b	1.32bc	1.33c	1.95b	1.88
	FDI_{30}	2.37a	2.40a	1.85c	1.39a	1.55a	2.15a	1.95
	ADI_{20}	2.54a	2.10b	2.08a	1.35abc	1.34c	1.85b	1.88
	ADI_{30}	2.43a	2.39a	1.95b	1.40a	1.55a	2.26a	2.00

注：表中的水分利用率为光合速率与蒸腾速率的比值

12.1.3.3 部分根区滴灌和土壤水分对苹果幼苗叶水势的影响

滴灌方式对苹果幼苗叶水势的影响如表 12-3 所示。由表 12-3 知，各处理灌水前叶水势均显著地小于灌水后的叶水势。在 9 月 21 日灌水前，灌水量对叶水势的影响达显著水平。除了 9 月 23 日(灌水定额为 20 mm 时)灌水后 1 d 外，在相同的灌水量下，滴灌方式对苹果幼苗叶水势的影响均不显著(灌水后 3 d，20 mm 例外)。由叶水势平均值可以看出，与 CDI 处理相比，在 20 mm 灌水定额下，ADI 和 FDI 的叶水势分别降低了 13.64%和 9.09%。当灌水定额为 30 mm 时，FDI 的叶水势降低了 4.26%，ADI 的叶水势提高了 6.38%。平均节水达 33.3%时，ADI 和 FDI 处理的叶水势分别降低了 8.20%和 11.19%。

表 12-3　滴灌方式对苹果幼苗叶水势的影响

滴灌处理	灌水前后叶水势				
	灌水前 1 d	灌水后 1 d	灌水后 2 d	灌水后 3 d	平均值
CDI_{20}	−0.62bC	−0.42aB	−0.42abB	−0.30abA	−0.44
CDI_{30}	−0.55aB	−0.50abB	−0.41abA	−0.39cA	−0.47
CDI_{40}	−0.55aD	−0.42aC	−0.36aB	−0.29aA	−0.41
FDI_{10}	−0.83dC	−0.48abB	−0.42abAB	−0.34abcA	−0.52

续表

滴灌处理	灌水前后叶水势				
	灌水前 1 d	灌水后 1 d	灌水后 2 d	灌水后 3 d	平均值
FDI_{20}	−0.65bC	−0.48abB	−0.43abAB	−0.37cA	−0.48
FDI_{30}	−0.58cC	−0.45abB	−0.45bB	−0.34abcA	−0.49
ADI_{10}	−0.71cC	−0.47abB	−0.37aA	−0.38cA	−0.48
ADI_{20}	−0.65bD	−0.53bC	−0.46bB	−0.34abcA	−0.50
ADI_{30}	−0.55aC	−0.43aB	−0.43abB	−0.35bcA	−0.44

注：表中小写字母表示各列在 $P < 0.05$ 水平下的显著性，大写字母表示灌水前后不同测定时间的显著性分析

12.1.3.4 部分根区滴灌和土壤水分对苹果幼树形态指标的影响

由表 12-4 可以看出，滴灌模式对东侧(非灌水侧)根干质量、茎粗/株高、根冠比和壮苗指数的影响均达显著水平，对西侧(灌水侧)根干质量和全株干质量的影响不显著；灌水定额对东侧根干质量、全株干质量、根冠比和壮苗指数的影响均达显著水平，对东侧根干质量和茎粗/株高的影响不显著；滴灌模式和灌水定额的交互作用对东侧根干质量的影响达显著水平，对其他指标的影响均不显著。

当灌水定额为 20 mm 时，与常规滴灌处理相比，交替滴灌处理的东侧根干质量、全株干质量和茎粗/株高分别降低了 6.4%、2.3%和 0.9%，而西侧根干质量、根冠比和壮苗指数分别提高了 11.3%、57.1%和 51.4%；与固定滴灌处理相比，交替滴灌处理的东侧根干质量、西侧根干质量、全株干质量、茎粗/株高、根冠比和壮苗指数分别增加 30.2%、12.6%、5.1%、4.7%、57.1%和 67.4%。当灌水定额为 30 mm 时，与常规滴灌处理相比，交替滴灌处理的东侧根干质量、西侧根干质量及全株干质量、根冠比和壮苗指数分别提高了 0.7%、4.5%、3.4%、31.6%和 34.2%，而茎粗/株高降低了 90.4%；与固定滴灌处理相比，交替滴灌处理的东侧根干质量、西侧根干质量、全株干质量、茎粗/株高、根冠比和壮苗指数分别增加 30.3%、7.2%、6.6%、−90.4%、47.1%和 53.6%。当交替滴灌处理节水 33%时，与平均灌水定额为 30 mm 的常规滴灌处理相比，灌水定额为 20 mm 的交替滴灌处理的东侧根干质量、西侧根干质量和全株干质量分别降低了 25.5%、7.9%和 8.1%，而茎粗/株高、根冠比和壮苗指数分别提高了 7.7%、15.8%和 7.5%。

固定滴灌处理的西侧根干质量均显著高于东侧；交替滴灌和常规滴灌处理的东、西两侧的根干质量分布均匀，差异不显著。反映出根系生长具有明显的向水性，干旱抑制根系的生长。相同滴灌模式下，东侧根干质量、西侧根干质量及全株干质量、根冠比和壮苗指数均随着灌水定额的增加而增加。

表 12-4　不同滴灌模式下苹果幼树的形态指标

滴灌模式	东侧根干质量/g	西侧根干质量/g	全株干质量/g	茎粗/株高	根冠比	壮苗指数
ADI_{10}	3.05dcA	3.01cA	116.21f	0.0090bc	0.16efd	19.42ed
FDI_{10}	2.19dB	3.31cA	100.79g	0.0091bc	0.12f	13.49f
CDI_{20}	5.58bA	5.31bA	126.30ecd	0.0113a	0.14ef	19.00ed

续表

滴灌模式	东侧根干质量/g	西侧根干质量/g	全株干质量/g	茎粗/株高	根冠比	壮苗指数
ADI_{20}	5.22bA	5.91abA	123.41efd	0.0112a	0.22ba	28.77b
FDI_{20}	4.01cB	5.25bA	117.41ef	0.0107ab	0.14ef	17.19ef
CDI_{30}	7.01aA	6.42abA	134.33bc	0.0104abc	0.19bcd	26.76cb
ADI_{30}	7.06aA	6.71abA	138.86ab	0.0010d	0.25a	35.92a
FDI_{30}	5.42bB	6.26abA	130.22bcd	0.0104abc	0.17ecd	23.38cd
CDI_{40}	6.86aA	6.85aA	143.43a	0.0087c	0.20bc	29.52b
方差分析						
D	<0.05	0.67	0.05	0.04	<0.01	<0.01
W	<0.01	0.05	<0.01	0.06	<0.01	<0.01
D×W	<0.05	0.85	0.45	0.38	0.65	0.93

注：D 为滴灌模式；W 为灌水定额。同列不同小写字母表示处理间差异显著，不同大写字母表示同一处理不同指标间差异显著($P<0.05$)

12.1.3.5 部分根区滴灌和土壤水分对苹果幼苗生物量和水分利用效率的影响

滴灌方式对苹果幼苗生物量和水分利用效率的影响如表 12-5 所示，滴灌方式和灌水量对根干重和总生物量均有影响，滴灌方式相同时，生物量随着灌水量的增加而增加，灌水量相同时，ADI 的根干重高于 FDI 和 CDI；在 20 mm 灌水定额下，ADI 的总生物量小于 CDI，但在 30 mm 灌水定额下，ADI 的生物量反而高于 CDI，差异均不显著。

表 12-5　滴灌方式对苹果幼苗生物量和水分利用效率的影响

滴灌处理	灌溉定额/mm	根干重/($g·株^{-1}$)	总生物量/($g·株^{-1}$)	株间蒸发量/mm	蒸散量/mm	水分利用效率/($g·mm^{-1}$)	
						WUE_{ET}	WUE_i
CDI_{20}	240	17.08cd	126.3ecd	146.58b	363.93c	0.34b	0.52b
CDI_{30}	340	21.00b	134.33bc	154.14ab	441.85b	0.29d	0.40c
CDI_{40}	440	18.13c	143.43a	162.85a	469.57a	0.30cd	0.32d
FDI_{10}	140	11.51f	100.79g	99.86d	321.83e	0.31bc	0.72ab
FDI_{20}	240	14.05e	117.41ef	94.64d	257.62f	0.41a	0.49b
FDI_{30}	340	18.70bc	130.22bcd	106.32c	348.59d	0.37a	0.38c
ADI_{10}	140	15.20de	116.21f	103.80c	354.04d	0.32bc	0.82a
ADI_{20}	240	18.56bc	123.41efd	108.55c	315.46e	0.38a	0.50b
ADI_{30}	340	25.82a	138.86ba	109.33c	353.24d	0.39a	0.41c

注：WUE_{ET} 和 WUE_i 分别表示总水分利用效率和灌溉水利用效率，$WUE_{ET} = W/ET_c$，$WUE_i = W/I$

在相同的灌水量下，由于 ADI 和 FDI 的蒸散量均显著低于 CDI，虽然对生物量均有影响，但差异并不显著，使得总水分利用效率显著地高于 CDI，但对灌溉水利用效率的影响有所不同。在 20 mm 灌水定额下，ADI 和 FDI 的蒸散量较 CDI 降低了 13.32%和 29.21%，灌溉水利用效率降低了 3.85%和 5.77%，但总水分利用效率提高了 11.76%和

20.59%。在 30 mm 灌水定额下，ADI 和 FDI 的蒸散量较 CDI 降低了 20.05%和 21.11%，但总水分利用效率、灌溉水利用效率分别提高了 34.48%和 27.59%、2.5%和−5%。与 CDI 处理相比，ADI 和 FDI 处理平均节水达 33.3%时，ADI 和 FDI 的平均总水分利用效率、灌溉水利用效率分别高出 CDI 处理达 16.31%和 14.48%、40.52%和 27.65%；这说明 CDI 处理较大的灌水量并没有取得较高的水分利用效率，这是由于虽然 CDI 处理较大的灌水量使得总生物量有所增加，同时使得株间蒸发量显著提高，由于株间蒸发量的增加量超过了总生物量的增加量，从而使得水分利用效率反而降低。总的来看，虽然 ADI 平均蒸散量高于 FDI，但 ADI 平均总生物量的增加幅度大于蒸散量的增加幅度，这样使得 ADI 的总水分利用效率和灌溉水利用效率均高于 FDI。ADI 在根区通过不断的轮回交替改善了植物根区的微环境，刺激根系较快生长和新生根的萌发，拓宽了根系的吸水范围，这样使得 ADI 的水分利用效率大大提高。

12.1.3.6 部分根区滴灌和土壤水分对苹果幼树根系水分传导的影响

1）不同生长时期的苹果幼树根系水分传导

由图 12-3 可以看出，在 2007 年，各处理 K_r 存在明显的季节变化，K_r 呈先增大后减小的趋势，与 Aranda 等的研究结果一致。与 2007 年相比，2008 年各处理的 K_r 有所降低，其原因可能是根龄增大和灌水周期增长引起干旱胁迫。

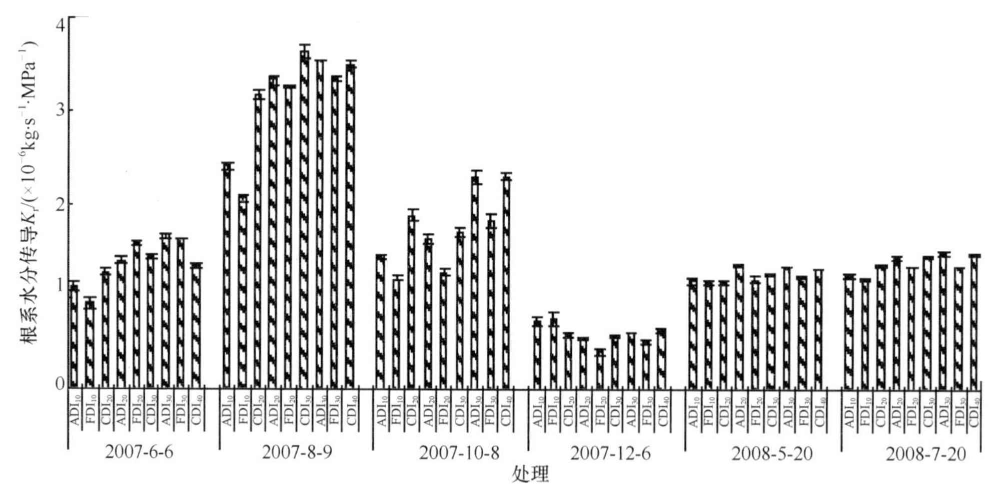

图 12-3 不同滴灌模式下苹果幼树根系的水分传导

当灌水定额为 20 mm 时，交替滴灌处理的平均 K_r 比常规滴灌处理提高了 2.6%，比固定滴灌处理提高了 6.6%；当灌水定额为 30 mm 时，交替滴灌处理的平均 K_r 比常规滴灌处理提高了 9.0%，比固定滴灌处理提高了 11.0%；当交替滴灌处理平均节水达 33%时，即与平均灌水定额为 30 mm 的常规滴灌处理相比，灌水定额为 20 mm 的交替滴灌处理的平均 K_r 仅降低了 4.4%。

在交替滴灌处理下，灌水定额为 30 mm 时平均 K_r 比灌水定额为 20 mm 和 10 mm 的处理分别提高 13.0%和 38.4%；在固定滴灌处理下，灌水定额为 30 mm 时平均 K_r 比灌水定额为 20 mm 和 10 mm 的处理分别提高 8.6%和 34.4%；在常规滴灌处理下，灌水定额为 40 mm 时平均 K_r 比灌水定额为 30 mm 和 20 mm 的处理分别提高 5.4%和 12.1%。可见，随着灌水定额的增大，交替滴灌和固定滴灌处理的平均 K_r 增幅均高于常规滴灌处理。

2）根系水分传导与根干质量和叶面积的关系

由图 12-4 可知，根干质量（W_r）与根系水分传导（K_r）［图 12-4（a）］、叶面积（L_A）与根系水分传导（K_r）［（图 12-4（b）］均呈显著线性相关，并且 K_r 均随 W_r 和 L_A 的增加而增大。交替滴灌的直线斜率和相关系数均高于常规滴灌。

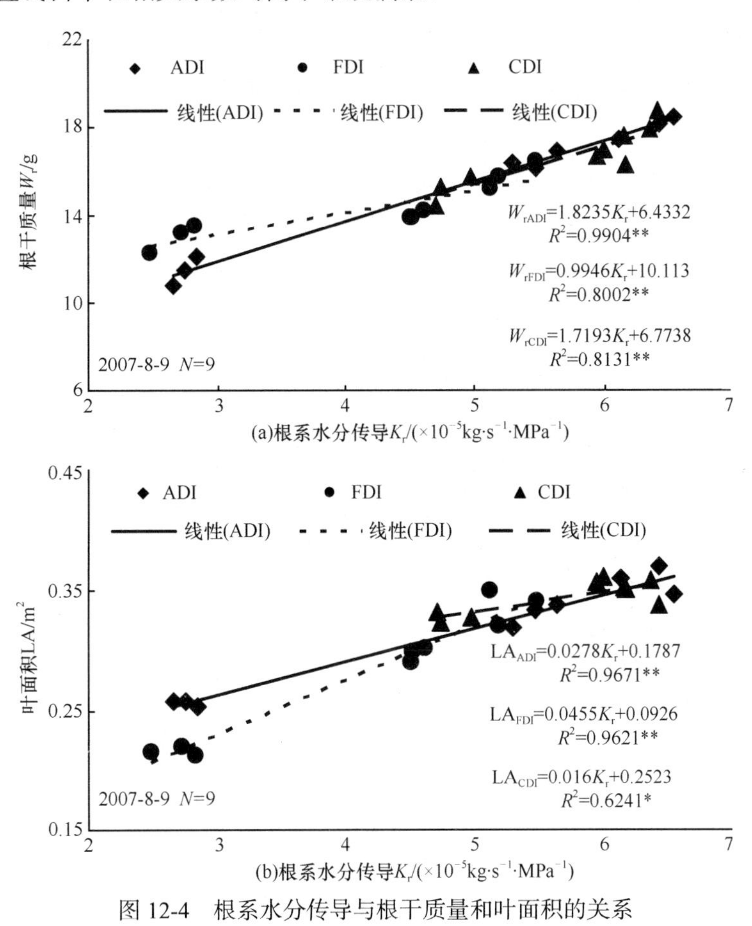

图 12-4　根系水分传导与根干质量和叶面积的关系

12.1.3.7 部分根区滴灌和土壤水分对苹果幼树水流阻力的影响

1）苹果幼树冠层和根系水流阻力

由表 12-6 可知，各处理无论是冠层水流阻力还是根系水流阻力均存在明显的季节变化，随着生长季节的推移，苹果幼苗冠层水流阻力（R_s）逐渐增大，表现为 10 月＞8 月＞

6 月；而根系水流阻力（R_r）先减小后增大，表现为 10 月＞6 月＞8 月，这一变化规律与其他研究结果相一致，根系水流阻力的这种季节性差异与植物的生长节律相吻合，在植物生长的旺盛时期，根系水流阻力较小，水分传输效率较大。

表 12-6　根区不同湿润方式对苹果幼苗冠层和根系水流阻力的影响

处理	冠层水流阻力 R_s/（$\times10^3$ MPa · m^2 · s · kg^{-1}）				根系水流阻力 R_r/（$\times10^3$ MPa · m^2 · s · kg^{-1}）			
	6-6	8-9	10-8	平均值	6-6	8-9	10-8	平均值
ADI_{10}	3.36ab	4.70a	5.40e	4.49	11.20a	9.55a	11.16cd	10.64
FDI_{10}	3.10b	4.32bc	6.26c	4.56	10.29ab	8.06b	14.0a	10.78
CDI_{20}	3.71a	4.62ab	6.75b	5.03	9.14bc	6.81c	11.65bcd	9.20
ADI_{20}	3.46ab	3.90def	6.68b	4.68	7.36cde	6.02de	12.28b	8.55
FDI_{20}	3.63ab	3.78efg	5.73d	4.38	6.55e	6.49cd	14.40a	9.15
CDI_{30}	3.74a	3.60fg	7.08a	4.81	7.21de	5.89de	12.17bc	8.42
ADI_{30}	3.91a	3.95de	6.75b	4.87	6.17e	5.62e	8.89f	6.89
FDI_{30}	3.90a	4.19cd	5.87d	4.65	5.90e	6.39cd	10.76de	7.69
CDI_{40}	3.60ab	3.51g	6.70b	4.60	8.89bcd	5.52e	9.91e	8.11

注：表中所列数据均以冠层及根系水流阻力测定值与对应幼苗叶面积的乘积使其标准化。同列不同字母表示差异显著（$P<0.05$）

当灌水量相同时，根区不同湿润方式对 R_s 的影响由 6 月的不显著变为 8 月和 10 月的显著。当灌水量为 20 mm 时，与常规滴灌相比，交替滴灌处理的 R_s 平均降低了 6.9%，在 8 月生长旺盛期，交替滴灌处理的 R_s 降低了 15.59%；当灌水量为 30 mm 时，与常规滴灌相比，交替滴灌处理的 R_s 平均增加了 1.25%，在 8 月生长旺盛期，交替滴灌处理的 R_s 降低了 9.66%。当交替滴灌和固定滴灌的平均灌水量减小到常规滴灌的 2/3 时，交替滴灌和固定滴灌的平均 R_s 较常规滴灌分别降低了 3.47%和 6.51%，其中交替滴灌处理的 R_s 高于固定滴灌处理。

根区不同湿润方式对 R_r 的影响在 6 月并不显著，而在 8 月和 10 月达显著水平。当灌水量为 20 mm 时，与常规滴灌相比，交替滴灌处理的 R_r 平均降低了 7.06%，在 8 月生长旺盛期，交替滴灌处理的 R_r 降低了 11.60%；当灌水量为 30 mm 时，与常规滴灌相比，交替滴灌处理的平均 R_r 降低了 18.17%，在 8 月生长旺盛期，交替滴灌处理的 R_r 降低了 4.58%。当交替滴灌和固定滴灌的平均灌水量减小到常规滴灌的 2/3 时，与常规滴灌相比，交替滴灌和固定滴灌的平均 R_r 分别提高了 1.39%和 7.34%，而在 8 月分别提高了 16.26%和 14.95%。除 6 月外，在 8 月和 10 月，在相同的灌水定额下，交替滴灌处理的 R_r 均低于固定滴灌处理。

2）苹果幼树各组成部分水流阻力及所占比例

根区不同湿润方式下苹果幼苗各组成部分水流阻力及所占比例见表 12-7，从不同处理的平均水流阻力值可以看出，R_r 占全株水流阻力（R_t）的比例最大，达 62.28%，其次为

R_s，占 37.72%，叶片和叶柄水流阻力(R_{l+p})及侧枝和主杆水流阻力(R_{lb+mr})分别占 19.9%和 17.82%。

在 8 月生长旺盛期，根区不同湿润方式和灌水量对苹果幼苗水流阻力的影响均达显著水平，各组成部分水流阻力随着灌水量的增大而减小。在灌水定额为 20 mm 时，与常规滴灌相比，交替滴灌处理的苹果幼苗 R_{l+p} 降低了 17.96%，但 R_t 和 R_{lb+mr} 分别降低了 13.3%和 12.96%，在灌水定额为 30 mm 时，与常规滴灌相比，交替滴灌处理的苹果幼苗 R_{l+p} 提高了 24.07%，但 R_t 和 R_{lb+mr} 分别增加了 0.74%和–2.53%。可见，交替滴灌处理提高了 R_{l+p}，降低了 R_{lb+mr} 和 R_t。当交替滴灌和固定滴灌的平均灌水量减小到常规滴灌的 2/3 时，与常规滴灌相比，交替滴灌和固定滴灌处理的平均 R_{l+p} 分别提高了 19.65%和 24.34%，R_t 分别提高了 3.49%和 3.08%，而 R_{lb+mr} 分别降低了 3.19%和 4.71%。

表 12-7　根区不同湿润方式对苹果幼苗各组成部分水流阻力(10^3 MPa · m^2 · s · kg^{-1})及所占比例影响

处理	R_{l+p}	R_{lb+mr}	R_s	R_r	R_t
ADI_{10}	2.68a	2.02b	4.70a	9.55a	14.24a
ADI_{20}	2.01c	1.88cde	3.90def	6.02de	9.91de
ADI_{30}	2.01c	1.93bcd	3.95de	5.62e	9.56ef
平均值	2.24	1.94	4.18	7.06	11.24
占 R_t 比例/%	19.89	17.30	37.19	62.81	100
FDI_{10}	2.63ab	1.69f	4.32bc	8.06b	12.38b
FDI_{20}	1.99c	1.79ef	3.78efg	6.49cd	10.27de
FDI_{30}	2.35b	1.84de	4.19cd	6.39cd	10.58d
平均值	2.32	1.77	4.10	6.98	11.08
占 R_t 比例/%	20.97	16.01	36.98	63.02	100
CDI_{20}	2.45ab	2.16a	4.62ab	6.81c	11.43c
CDI_{30}	1.62d	1.98bc	3.60fg	5.89de	9.49ef
CDI_{40}	1.54d	1.97bc	3.51g	5.52e	9.03f
平均值	1.87	2.04	3.91	6.07	9.98
占 R_t 比例/%	18.72	20.43	39.15	60.85	100
所有处理平均值	2.14	1.92	4.06	6.71	10.77
占 R_t 比例/%	19.90	17.82	37.72	62.28	100

注：表中数据均为 2007 年 8 月 9 日 3 次测定结果的平均值

3)苹果幼树叶片水流阻力与气孔导度和叶面积的关系

根区不同湿润方式和灌水量下叶片水流阻力(R_{l+p})、气孔导度(G_s)和叶面积(LA)均有所不同，随着灌水量的增加，LA、G_s 及 R_{l+p} 均增大。随着生长期的推移，R_{l+p} 先降低后升高，G_s 的变化趋势则正好相反，先上升后降低，而 LA 一直呈增大趋势，均存在明显的季节变化。R_{l+p} 的这种季节性差异与叶片的生长节律相吻合，在植物生长的旺盛时期，新生叶片数量较多，叶片肉质化程度较低，R_{l+p}较小，水分传输效率较大。在 3 次测定中，交替滴灌和固定滴灌处理的 G_s 和 LA 均低于常规滴灌处理，而在 6 月和 8 月两次测定中交替滴灌和固定滴灌处理的 R_{l+p} 均高于常规滴灌处理，但在 10 月测定的 R_{l+p} 均低于常规滴灌处理。

对苹果幼苗 R_{l+p} 与 G_s 和 LA 的相关性分析(表 12-8)表明，R_{l+p} 与 G_s 呈负相关，与 LA 呈正相关关系。以 2007 年 8 月的测定为例，在 30 mm 灌水量下，ADI 和 FDI 的相关系数绝对值均大于 CDI，说明部分根区滴灌模式使气孔限制起作用，G_s 减小，R_{l+p} 增大，ADI 处理下的相关系数达显著水平。一些研究表明，在水分充足的条件下，较高的水流阻力反映了较低的蒸腾速率，蒸腾速率较小，气孔导度也较小。R_{l+p} 与 LA 的相关性分析也表明，ADI 和 FDI 的相关系数均显著地高于 CDI，这是由于在苹果幼苗生长前期，部分根区滴灌模式仅对一侧根系灌水提高了根区土壤温度和通透性，刺激根系较快生长，对苹果幼苗的生长具有明显的补偿效应。ADI 的相关系数均大于 FDI，因为 ADI 处理在根区不断的轮回交替，对根系生长具有反复刺激作用，而 FDI 处理的一侧根系长时间处于干燥土壤环境中，明显抑制了叶片生长。

表 12-8　根区不同湿润方下叶片阻力与气孔导度和叶面积的相关性分析

处理	叶片阻力 R_{l+p} 与气孔导度 G_s 的相关系数			叶片阻力 R_{l+p} 与叶面积 LA 的相关系数		
	6-6	8-9	10-8	6-6	8-9	10-8
ADI_{20}	−0.986 67	−0.424 78	−0.922 09	0.999 57*	0.878 31	0.994 60
FDI_{20}	−0.910 39	−0.994 23	−0.981 98	0.997 82*	0.885 64	0.209 48
CDI_{20}	−0.802 96	−0.984 11	−0.775 13	0.849 07	0.997 41*	−0.711 42
ADI_{30}	−0.972 45	−0.998 14*	−0.449 25	0.998 53*	0.999 99**	0.975 03
FDI_{30}	−0.986 76	−0.993 40	0.525 63	0.996 99*	0.999 67*	0.095 09
CDI_{30}	−1.000 00**	−0.933 96	−0.879 84	0.968 75	0.982 39	0.752 18

注：n=3；*、**显著性水平分别为 0.05、0.01

12.1.4 结论与讨论

12.1.4.1 部分根区滴灌和土壤水分对苹果幼树生长的影响

灌水方式和根区土壤水分含量是影响根系水分传导(简称根水导)和植物形态特征的主要因素。根系不仅对植物起支撑和固定作用，而且是植物从土壤环境中获取水分和养分的重要器官，根系的分布状况与植物对水肥的吸收利用效率密切相关(Fernández-Gálvez and Simmonds，2006)。前人的研究表明，交替灌溉具有刺激根系较快生长的作用(胡田田等，2008；Wang et al.，2005)。本研究结果表明，在相同的灌水定额下，与固定滴灌相比，交替和常规滴灌处理的根系在根区两侧分布比较均匀，而固定滴灌处理灌水侧的干物质量显著地高于未灌水侧，当灌水定额为 20 mm 和 30 mm 时，与常规滴灌处理相比，交替滴灌处理的东侧和西侧根干质量分别增加了−6.4%

和 11.4%、0.6%和 0.9%，与固定滴灌处理相比，交替滴灌处理的东侧和西侧根干质量分别增加了 30.1%和 12.6%、30.2%和 3.6%，这与一些学者的研究（杨启良等，2009）结果一致。

12.1.4.2 部分根区滴灌和土壤水分对苹果幼树形态特征的影响

壮苗指数是评价苗木质量好坏的重要指标之一。前人研究结果表明，交替灌溉具有提高根冠比的作用（梁宗锁等，2000）。本研究结果表明，与常规滴灌和固定滴灌相比，在相同的灌水定额下，交替滴灌显著地增加了苹果幼树的根冠比，从而导致壮苗指数大大提高，20 mm 和 30 mm 灌水定额，根冠比分别增加了 59.5%和 62.7%、31.4%和 47.2%，壮苗指数分别增加了 51.5%和 67.4%、34.2%和 53.7%（表 12-2），由此可见，根冠比是引起壮苗指数变化的重要原因，这与一些学者的研究结果一致（眭晓蕾等，2006）。

12.1.4.3 部分根区滴灌和土壤水分对苹果幼树根系水分传导的影响

根水导是表征植物吸收根区土壤水分养分大小的重要指标之一。过去的研究结果表明，交替灌溉灌水侧的根水导均具有补偿效应（Kang et al.，2002）。本研究结果表明，与常规滴灌和固定滴灌比较，在相同的灌水定额下，交替滴灌显著地提高了苹果幼树的根水导，20 mm 和 30 mm 灌水定额，根水导分别增加了 2.6%、6.6%和 9.0%、11.0%，交替滴灌处理根水导增大的原因是多方面的。①交替滴灌使得根区两侧始终存在明显的水势梯度，一些学者（Martre et al.，2001）认为，当植物生长在根区土壤水分不均一的环境时促进了根系对水分的吸收，同时交替灌溉每次对干燥侧根系复水，具有刺激根系较快生长的作用（Wang et al.，2005），出现大量新的毛须根（胡田田等，2008），新生根（根梢末端）具有提高水通道蛋白活性、增大根水导的功能（Hose et al.，2000），因此，交替滴灌的根水导增大。②交替滴灌干燥侧根系产生的 ABA 具有提高根水导的功能。③一些学者（Ekanayake et al.，1985）研究发现根条数与根水导呈正相关关系，由于交替滴灌处理提高根条数（梁宗锁等，2000），因此增加侧根与主根相连的节点数，这也会引起根水导的增大。虽然 FDI 处理干燥侧根系也诱导产生 ABA，由于固定滴灌处理非灌水侧长时间的干燥，土-根界面阻力增大，根系开始收缩，一方面使得该侧的根密度减小，根系生长减缓、衰老甚至死亡（康绍忠等，2001），另一方面使得根系栓质化程度加重，同时由于干旱使得木质部空穴化导致根的轴向水导减小（刘晓燕和李吉跃，2003），因此，导致根水导明显降低。本研究也表明，根干质量与根水导呈显著的线性正相关，交替滴灌较高的直线斜率和相关系数（图 12-4），这可能与交替滴灌的生长调节和气孔限制有关（杨启良等，2009）。

12.1.4.4 部分根区滴灌和土壤水分下苹果幼树根系水分传导与水分利用效率的关系

根系导水率表示根系吸收及传输水分的能力大小，是根系感受土壤水分变化最直接的生理指标之一。而植物水分利用效率指植物消耗单位水分所生产的同化物质的量，它实质上反映了植物耗水与其干物质生产之间的关系，是评价植物生长适宜程度的综合生理生态指标(张岁岐和山仑，2002)。本研究表明，在相同灌水量下，交替滴灌明显地提高了苹果幼苗根系导水率，同时也提高了叶水分利用效率、总水分利用效率和灌溉水分利用效率。这是由于交替滴灌的根系始终处于反复变化的非均一环境中，虽然土壤水分发生了侧向入渗，但湿润侧土壤与干燥侧土壤间，以及叶片与湿润侧土壤和干燥侧土壤间仍然形成明显的反复变化的水势梯度，对幼苗根系生长具有反复的刺激作用，使得根系导水率明显增大；同时根系生长较快，发现根条数较多(武永军等，1999)，在土壤中分布范围较广，增加了根系有效的吸水范围，加之，干燥侧根系具有提水作用，不仅提高了湿润侧而且也提高了干燥侧根系竞争吸收水肥的能力和水分在幼苗体内的传输效率，同时根源 ABA 具有减小气孔开度的功能，使得叶片奢侈的蒸腾失水大大降低，但对叶水势和光合速率的影响微不足道，从而使得水分利用效率大大提高。由于固定滴灌非灌水侧长时间的干燥，一方面使得该侧的根系收缩较大，导致与周围土壤难以接触，从而使得根系生长逐渐减缓、衰老甚至死亡，另一方面使得根系栓质化程度加重，从而导致根系导水率大大降低。交替滴灌提高了水分利用效率也可能与苹果幼苗本身的水容调节能力有关，从而从更深层次挖掘交替滴灌高效用水的机制和节水潜力，有待更进一步深入的研究。

12.1.4.5 部分根区滴灌和土壤水分下苹果幼树的水分消耗特征

植物的水分消耗是水分经由根区土壤进入根系—茎秆—侧枝—叶柄—叶，最后通过叶片散失到大气的传输过程，是 SPAC 系统水分传输与转换的热点问题，植物的水流阻力是研究农田蒸散效应的重要参数，反映植物对环境的适应能力和抗干旱能力。苹果幼苗水流阻力的变化是内因和外因共同作用的结果，外因通常(主要包括灌溉方式、土壤水分状况、土壤养分状况、盐分和温度等)会引起内因(包括生长状况、内部结构和生理特性等)的一系列变化。根系分区灌溉使得一部分根系处于湿润状态，而另一部分根系处于干燥环境中，影响了根系、冠层及其叶片的生长，同时也引起水流阻力和气孔开度的变化，可见，灌溉方式也是影响苹果幼苗水流阻力的重要因素。

12.1.4.6 部分根区滴灌和土壤水分对苹果幼树水流阻力的影响

本研究表明，根区不同湿润方式下，水流阻力均表现为：$R_r > R_s$，$R_{l+p} > R_{lb+mr}$，随着生长期的推移，根系水流阻力先降低后升高，6～8 月根系水流阻力先减小，这是由于 6 月根系生物量相对弱小，新生根产生的比率较少，单位体积根密度较小，而根密度与根系水流阻力呈反比(郭庆荣和李玉山，1998)；8～10 月根系水流阻力逐渐增大，虽然此时期单位体积根密度也在增大，但随着时间的推移根系逐渐变老，根系的栓质化程度增大是引起这一变化的主要原因。随着生长季节的推移，冠层水流阻力逐渐增大，表现为 10 月>8 月>6 月，这是由于本研究将测定的水流阻力值乘以单株叶面积作为量化标准，因此 6～10 月单株叶面积逐渐增大是引起水流阻力增大的一个方面，而冠层干物质逐渐增大也是引起冠层水流阻力增大的另一个重要因素；也可能是随着生长季节的推移，叶数量和侧枝数量增多，使得与主杆或枝条相连的节点数增多，导致节点阻力增大，从而使冠层阻力逐渐增大。在生长旺盛期，根区不同湿润方式和灌水量对苹果幼苗水流阻力的影响均达显著水平。在相同的根区湿润方式下，苹果幼苗根系水流阻力随着灌水量的减少而增大，这一结论与一些研究相一致(郭庆荣和李玉山，1999)，当土壤水分较少时，随着土壤水势递减，细根吸水阻力急剧增加至几倍乃至几十倍(崔晓阳等，2004)，土壤水分胁迫提高了根系的单根水流阻力(王周锋等，2005)。在相同的灌水量下，交替滴灌和固定滴灌等局部根区湿润方式降低了苹果幼苗的 R_r、R_s、R_{lb+mr} 和 R_t，这是因为本研究以水流阻力的测定值乘以叶面积作为量化标准，交替滴灌和固定滴灌的部分根系始终处于干燥环境促使其叶面积减小，导致 R_r、R_s、R_{lb+mr} 和 R_t 减小。Poni 等(1992)的研究表明，苹果、葡萄、桃树和梨树的根系能从局部的水分有效区域吸水，而且其吸水速率大大超过全部根区湿润时的速率，而较大的吸水速率反映出较小的水流阻力。在相同的灌水量下，交替滴灌的 R_s 高于固定滴灌，而 R_r 低于固定滴灌，由于固定滴灌非灌水侧的长时间干燥，一方面使得该侧的根系生长减缓、衰老甚至死亡(康绍忠等，2001；North and Nobel，1992)，从而导致 R_r 增大，另一方面也使冠层干物质量减少，一般认为干物质量越小，其 R_s 也越小。

12.1.4.7 部分根区滴灌下苹果幼树根系水流阻力与干物质量、蒸腾量和气孔导度的关系

本研究表明，R_{l+p} 与 G_s 呈负相关，与 LA 呈正相关关系。在相同的灌水量下，与常规滴灌相比，交替滴灌和固定滴灌降低了气孔导度和叶面积，提高了 R_{l+p}，Francesco 等(2007)的研究表明，气孔导度与导水率呈正比，而导水率与水流阻力呈反比。随着水分胁迫程度的加剧，果树叶面积减少，幼叶变厚(程瑞平等，1992)。当水分在植物体内流动时，使得从茎秆到植株末端的木质部水势快速降低(Tyree et al.，1993b；Zimmermann，1983)，植物水分传导速率小于蒸腾速率，气孔导度逐渐减小，从而使蒸腾量大大降低，廖建雄和王根轩(2000)认为水流阻力是蒸腾波动产生的重要前提条件，而蒸腾波动则可能是气孔开合波动的直接结果。与常规滴灌相比，在平均节水达 33%的前提下，交替滴灌和固定滴灌等局部根区不同湿润方式通过有效减小气孔导度和叶面积，提高了 R_t、R_r、R_s 和 R_{l+p}，从而减少了蒸腾失水，提高了植物的水分利用效率和抗干旱能力(Klepper，1983)，通过降低 R_{lb+mr} 来提高苹果幼苗的储水调节能力。

12.2 部分根区滴灌和土壤养分对苹果幼树水分传导与利用的影响

水分在植物体内的传输与利用研究是土壤-植物-大气连续体(SPAC)系统水分传输过程中的难度和热点领域。部分根区交替灌溉综合吸收了农艺节水和生物节水的优点，是一种节水效果显著的灌水技术，这一技术的显著特点是根区两侧的土壤水分存在明显的水势梯度，因此会对根系吸水及水分在植物体内的传输产生很大的影响。近年来，国内外对此进行了大量的研究工作，取得了不少研究成果。本节主要介绍了作者在关中地区采用部分根区滴灌和不同的土壤养分处理后苹果幼树水分传导与利用研究方面的

进展。

12.2.1 国内外研究进展

水分和养分胁迫是影响西北地区农业生产和产量降低的两大制约因素，但是充足的光照为这一地区苹果大面积种植创造了有利条件。近年来，西北半干旱地区为了增加苹果产量和效益，苹果园灌溉需水量日益增大(Kang and Zhang，2004)，同时灌溉面临水资源不足的挑战，因此，当前农业实践需要开发既可减少水分消耗，又能有利于环境友好的新灌溉方法。

部分根区灌溉(PRI)，包括分根区交替灌溉(APRI)，部分根区固定灌溉(FPRI)或部分根区干燥(PRD)，作为一种节水灌溉技术已经引起高度的重视。APRI 技术是将一半根系暴露在干燥土壤中，而另一半根系正常灌水，根系两侧的湿润和干燥以一定的频率反复交替。研究表明，APRI 保持较高的光合速率，明显减少蒸腾速率，从而使叶片水分利用效率(WUE)明显提高(Kirda et al.，2004；Kang et al.，2002)，同时减小作物奢侈生长(Graterol et al.，1993)。到目前为止，APRI 技术已在多种果树作物上如梨树和桃树(Kang et al.，2003；Goldhamer et al.，2002)，葡萄(Du et al.，2008；Loveys et al.，1998)及苹果树(Leib et al.，2006)进行试验研究和应用。Kang 等(2003)的研究发现，梨树实施分根区交替灌溉后在产量没有显著降低前提下，蒸腾耗水明显减少，WUE 明显提高，同时部分根区灌溉的湿润侧根系存在吸水补偿效应。Goldhamer 等(2002) 发现，桃树部分根区灌溉和调亏灌溉之间没有差异。PRD 在节水 50%以上前提下，虽然葡萄地上部生长受到抑制，但是产量没有降低，而葡萄品质提高 (Loveys et al.，1998)。Du 等(2008) 研究发现，与常规滴灌相比，交替滴灌葡萄产量没有降低，而 WUE 提高 26.7%～46.4%，葡萄质量也得到明显改善。Caspari 等(2004)的研究表明，嘎啦、富士和 Braeburn 苹果实施PRI后，依照季节灌水量减少30%～50%时，果实大小或产量并没有降低。Leib等(2006)的研究表明，调亏灌溉和 PRI 在节水 45%～50%的前提下，与常规灌溉相比，两者均提高苹果品质，部分根区灌溉没有降低苹果大小和产量，而调亏灌溉第二年的产量下降。有关 PRI 对作物养分吸收利用的影响已有较多报道，研究表明，交替沟灌显著增加氮的吸收利用，减少了 NO_3^-的损失(Skinner et al.，1999)。与常规灌溉处理相比，分根区交替灌溉增加氮磷吸收和氮磷利用效率(Hu et al.，2009；Li et al.，2007)。此外，根系在养分供应的区域显著地提高根系吸收能力，这样有利于补偿整个根区对养分的吸收利用(Robinson，1994)。

当植物遭受水分胁迫时，根系水分传导随着土壤水分含量的降低而不断减小。Kang 和 Zhang (1997)的研究发现，土壤水分传导，土-根间水分传导和根系水分传导随着土壤水势的减小而降低，三者之间的变幅关系为土壤水分传导＞土-根间水分传导＞根系水分传导。Lo Gullo 等(1998)的研究表明，当土壤含水量降低时，土壤水势下降，作物土-根界面的水势差减小，同时土壤水分传导降低，土-根界面阻力增大，根系水分传导下降。North 和 Nobel(1991)的研究表明，土壤干旱促使根木质化和栓质化，导致根系水分传导减小。Kramer 和 Boyer(1995)的研究表明，通气状况较差会降低根对水分的吸收，主要表现在根的径向导水阻力增大，根系呼吸强度和氧气含量降低，根区 CO_2 浓度增大，而较高浓度的 CO_2 比缺氧更容易导致根系水分传导降低。North 和 Nobel(1991)的研究表明，干旱使根系水分传导大大降低，但重新复水 3 d 后，大量新根出现，且根系水分传导还高于充分供水处理。近年来，Hu 和 Kang(2007)对玉米不同根区的水分传导研究发现，APRI 非灌水区的水分传导明显大于 FPRI 处理。但是在不同施肥条件下，分根区交替灌溉对根系水分传导的影响报道较少。

氮磷胁迫导致植物生长和生理发生明显的变化。施用氮磷肥均提高植物根系水分传导，而氮磷亏缺则降低根系水分传导(Lovelock et al.，2006)。氮磷亏缺导致棉花叶片生长受限、气孔导度减小、蒸腾和光合速率下降、根系水分传导降低 60%，但是并不影响叶水势(Radin and Matthews，1989)。有关 PRI 条件下，当给作物根区供给不同氮磷肥后，根系水分传导如何变化及它与生长状况、光合生理和蒸腾耗水之间的关系如何的研究不多，值得进一步研究。因此，本研究目标是在不同氮磷肥条件下，研究 PRI 对盆栽苹果幼树生长、光合生理、根系水分传导和水分利用的影响，以期为 PRI 技术在果园中的应用和推广提供依据。

12.2.2 试验材料与设计

12.2.2.1 试验材料

试验于 2008 年 3～8 月在西北农林科技大学旱区农业水土工程教育部重点实验室日光温室里进行(北纬 34°18′N，东经 108°24′E，海拔 521 m)，日光温室内没有控温装置，试验期间白天和夜间的平均温度为 15～27℃，光子流密度变化范围为 450～800 $\mu mol \cdot m^{-2} \cdot s^{-1}$。供试土壤为沙壤土，其有机质含量为 6.88 $g \cdot kg^{-1}$、全氮 0.98 $g \cdot kg^{-1}$、全磷 0.76 $g \cdot kg^{-1}$、全钾 14.9 $g \cdot kg^{-1}$、碱解氮 69.8 $mg \cdot kg^{-1}$、速效磷 10.07 $mg \cdot kg^{-1}$、速效钾 163.30 $mg \cdot kg^{-1}$。供试作物为 2 年生红富士苹果(*Malus pumila* Mill. cv. Fuji)幼树，矮化中间砧为 M26，基砧为西府海棠(*Malus micromalus* Mak)。

12.2.2.2 试验设计

试验设 3 种滴灌模式和 5 种施肥处理，完全方案设计，共 15 个处理，每个处理共 9 次重复。滴灌模式如图 12-5 所示，包括常规滴灌(CDI，在盆两侧布设 2 条滴灌管，每次灌水时 2 条滴灌管同时供水)、交替滴灌(ADI，在盆两侧布设 2 条滴灌管反复轮回交替供水，每次仅对 1 条滴灌管供水，下次灌水时交换滴灌管)、固定滴灌(FDI，滴灌管固定布设于盆一侧进行供水)。采用重力式滴灌系统(陕西杨凌秦川节水公司生产)供水，滴头为压力补偿式滴头，其流速为 0. 5$L \cdot h^{-1}$，滴头间距为 40 cm，由于滴头流量较小，每次灌水约 5 h，侧渗量较少。5 种施肥处理，包括 CK(不施肥)、N_1(0.2 $g N \cdot kg^{-1}$)、N_2(0.4 $g N \cdot kg^{-1}$)、P_1(0.2 $g P_2O_5 \cdot kg^{-1}$)和 P_2(0.4 $g P_2O_5 \cdot kg^{-1}$)，氮肥用尿素(分析纯)，磷肥用磷酸二氢钾(分析纯)，按照田间持水量计算，将氮磷肥溶于水中随水浇入桶中保证肥料均匀分布于桶内土壤中。由于土壤中速效钾含量较高，本研究没有考虑不同磷肥处理时，磷酸二氢钾中钾的数量差异。试验土壤为磨细过 2 mm 筛的土壤，其装土容重为 1.33 g · cm^{-3}，每桶装 15 kg 土。

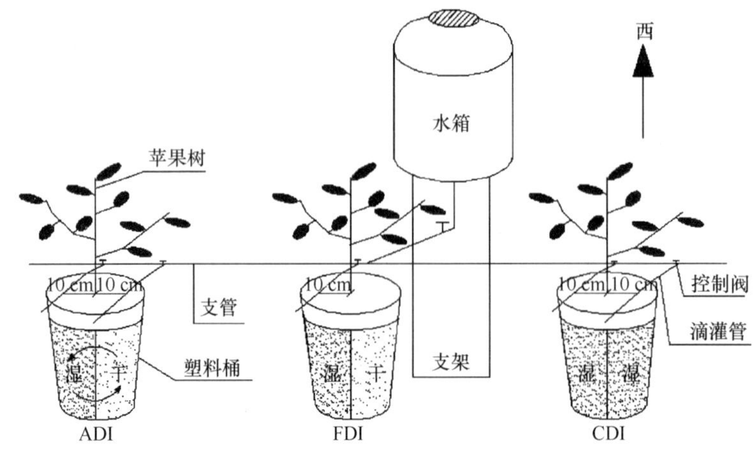

图 12-5　3 种滴灌方式下根区滴灌系统布设示意图

试验于 2008 年 3 月 20 日将苹果幼树移栽到塑料桶中(高和上底宽均为 30 cm，下底宽 22.5 cm)，每桶只栽 1 株，幼树移栽前为了促进新生根的萌发，将其根系在生根粉溶液中浸泡 30 min，移栽后桶内统一浇水至田间持水量，盆底均匀打有 6 个小孔以提供良好的通气条件。土表面铺 1 cm 厚的蛭石阻止因灌水导致的土壤板结。经过 35 d 的缓苗后，从中挑选长势均一的幼树于 4 月 24 日进行施肥处理，施肥处理后于 5 月 4 日开始按不同滴灌模式处理。试验期间 CDI 处理每次灌水定额为 22.64 mm，灌溉定额均为 384.88 mm，ADI 和 FDI 处理每次灌水定额均为 11.32 mm，灌溉定额均为 192.44 mm，共灌水 17 次，灌水日期分别为 5 月 4 日、5 月 11 日、5 月 18 日、5 月 25 日、6 月 2 日、6 月 9 日、6 月 14 日、6 月 19 日、6 月 24 日、6 月 29 日、7 月 4 日、7 月 9 日、7 月 14 日、7 月 19 日、7 月 29 日、8 月 4 日、8 月 9 日。其中，6 月 10 日之前共灌水 6 次，灌溉定额 CDI 为 135.84 mm，ADI 和 FDI 为 67.92 mm；7 月 10 日之前共灌水 12 次，灌溉定额 CDI 为 271.68 mm，ADI 和 FDI 为 135.84 mm；8 月 10 日之前共灌水 17 次，灌溉定额 CDI 为 384.88 mm，ADI 和 FDI 为 192.44 mm。

12.2.2.3 结果分析

1)滴灌模式和氮磷肥对苹果幼树根系水分传导的影响

滴灌模式和施肥处理对苹果幼树根系水分传导(简称根水导)的影响均显著(表 12-9)。相同施肥处理时，在 ADI 和 FDI 处理较 CDI 处理节水 50%前提下，与 CDI 处理相比，ADI 和 FDI 处理根水导分别减少 6.8%和 37.9%。

滴灌模式相同时，与 CK 处理相比，施 P 和施 N 处理平均根水导增加 4.27～5.02 倍和 2.36～3.11 倍，说明施 P 和施 N 均增加根水导，且施 P 处理大于施 N 处理。与 CK 处理相比，施 P_1 和 P_2 处理平均根水导增加 3.34～4.29 倍和 5.22～5.76 倍，施 N_1

和 N_2 处理平均根水导增加 1.83～2.73 倍和 2.89～3.51 倍，说明根水导均随着施 P 或 N 量的增加而增大。

表 12-9　滴灌模式和氮磷肥对苹果幼树根系水分传导/[K_r/(×10^{-6}kg · s^{-1} · g^{-1} · MPa^{-1})]的影响

施肥水平	滴灌模式	测定日期(年-月-日)			
		2008-6-10	2008-7-10	2008-8-10	平均
N_1	ADI	0.85±0.03defg	4.29±0.71efg	6.05±0.66de	3.73
	FDI	0.68±0.05efgh	2.53±0.71fgh	2.86±0.64f	2.02
	CDI	0.98±0.05cdef	4.68±0.54def	6.08±0.48de	3.92
N_2	ADI	1.11±0.09abcde	5.64±0.86cde	7.67±0.8cd	4.81
	FDI	0.81±0.03fg	4.24±0.43efg	4.53±0.3ef	3.19
	CDI	1.22±0.07abc	6.03±0.43cde	7.89±0.51cd	5.04
P_1	ADI	1.04±0.03bcdef	7.03±0.8bcde	9.55±0.16bc	5.88
	FDI	0.82±0.01efg	4.45±0.71defg	5.78±0.64de	3.69
	CDI	1.12±0.14abcd	7.68±1.14bc	10.74±0.83ab	6.51
P_2	ADI	1.29±0.04ab	9.64±2.01ab	12.72±0.2a	7.88
	FDI	0.93±0.02defg	7.29±0.76bcd	9.07±0.19bc	5.76
	CDI	1.33±0.25a	10.84±1.62a	12.95±1.62a	8.38
CK	ADI	0.48±0.1hi	1.25±0.24h	2.38±0.55f	1.37
	FDI	0.31±0.05i	0.95±0.26h	2.05±0.48f	1.10
	CDI	0.50±0.05hi	1.59±0.09gh	2.52±0.73f	1.54
显著性检验(P 值)					
滴灌模式		<0.001	0.001	<0.001	
施肥水平		<0.001	<0.001	<0.001	
滴灌模式×施肥水平		0.928	0.870	0.490	

2) 滴灌模式和氮磷肥对苹果幼树光合生理的影响

除滴灌模式对光合速率的影响，5 月 16 日和 6 月 3 日施肥处理对叶片水分利用效率(WUE)的影响及滴灌模式和施肥处理之间交互作用不显著外，其余各处理均达显著水平(表 12-9)。与 CDI 处理相比，ADI 和 FDI 处理平均光合速率(Pn)、蒸腾速率(Tr)和气孔导度(Gs)分别降低 2.5%和 4.8%、32.6%和 33.0%、22.1%和 22.3%，而叶片 WUE 分别提高 31.3%和 29.8%。

滴灌模式相同时，与 CK 处理相比，施 P 和施 N 处理平均 Pn、Tr、Gs 和 WUE 分别增加 1.23～1.30 倍和 1.33～1.36 倍、1.08～1.20 倍和 1.10～1.23 倍、1.13～1.22 倍和 1.16～1.25 倍、1.09～1.14 倍和 1.11～1.19 倍，说明施 N 和施 P 均增加 Pn、Tr、Gs 和 WUE，且施 N 处理大于施 P 处理。与 CK 处理相比，施 P_1 和 P_2 处理平均 Pn、Tr、Gs 和 WUE 分别增加 1.11～1.19 倍和 1.34～1.41 倍、1.07～1.17 倍和 1.09～1.23 倍、1.09～1.14 倍和 1.17～1.31 倍、1.01～1.05 倍和 1.15～1.23 倍；施 N_1 和 N_2 处理 Pn、Tr、Gs 和 WUE 分别增加 1.24～

1.27 倍和 1.41～1.45 倍、1.08～1.21 倍和 1.13～1.26 倍、1.13～1.19 倍和 1.18～1.31 倍、1.05～1.15 倍和 1.15～1.25 倍，说明 Pn、Tr、Gs 和 WUE 均随着施 P 或 N 量的增加而增大。

3）滴灌模式和氮磷肥对苹果幼树干物质累积的影响

由图 12-6 可知，滴灌模式和施肥处理对苹果幼树干物质量的影响显著（$P<0.05$），滴灌模式和施肥处理之间的交互作用对根系干物质量的影响显著（$P<0.05$）。相同施肥处理时，与 CDI 处理相比，ADI 和 FDI 处理平均根系和总干物质量分别降低 6.9%和 27.7%、21.8%和 34.8%。

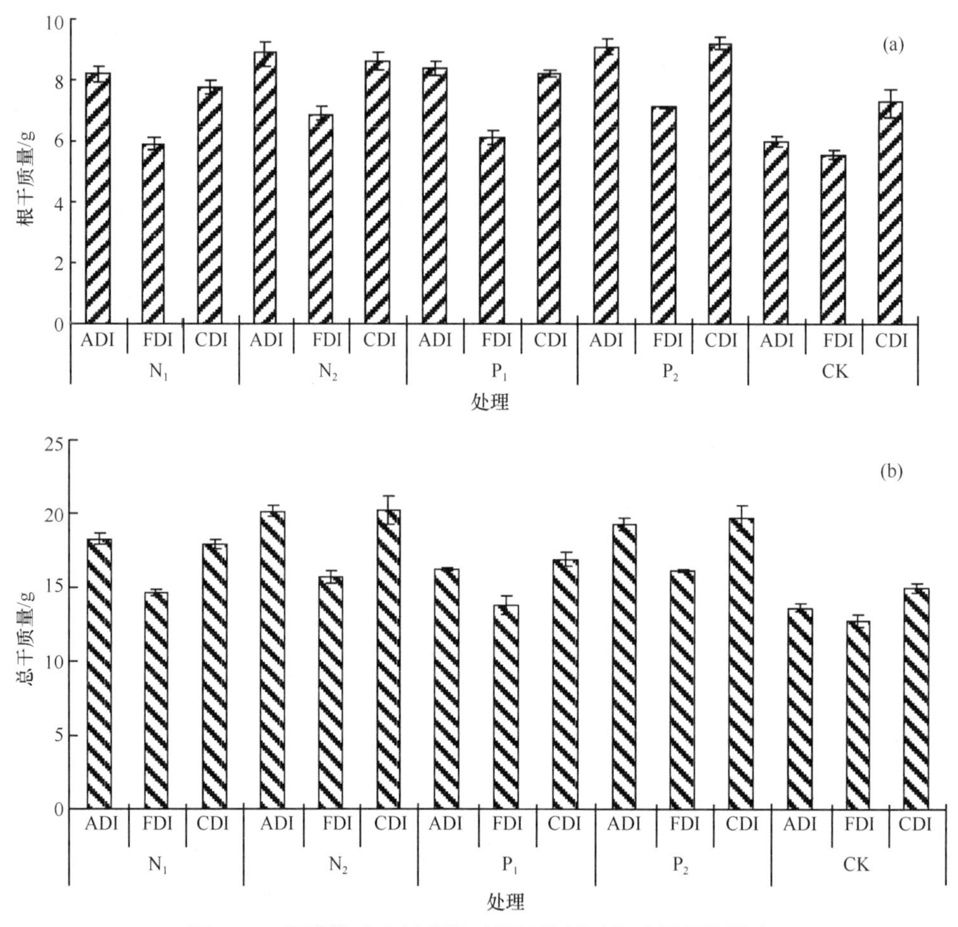

图 12-6 滴灌模式和氮磷肥对苹果幼树干物质累积的影响

滴灌模式相同时，与 CK 处理相比，施 P 和施 N 处理根系和总干物质量分别增加 19.0%～47.0%和 14.85%～42.9%、17.2%～30.3%和 18.0%～40.9%，说明施 N 和施 P 均增加干物质量，但是施 P 根系干物质量大于施 N，而施 N 总干物质量大于施 P。与 CK 处理相比，施 P_1 和 P_2 处理平均根系和总干物质量分别增加 10.0%～40.0%和 28.0%～55.0%、8.0%～19.0%和 26.0%～41.0%，施 N_1 和 N_2 处理平均根系和总干物质量分别增加 6.0%～37.0%和 24.0%～50.0%、9.0%～34.0%和 23.0%～48.0%，说明根系或总干物质量也随着施 P 或 N 量的增加而增大。

4) 滴灌模式和氮磷肥对苹果幼树日蒸腾量和日蒸散量的影响

滴灌模式和施肥处理对苹果幼树日蒸腾量和日蒸散量的影响均显著(图 12-7)。相同施肥处理时，与 CDI 处理相比，ADI 和 FDI 处理平均日蒸腾量分别减少 29.3%和 45.0%，日蒸散量分别减少 22.6%和 35.8%。

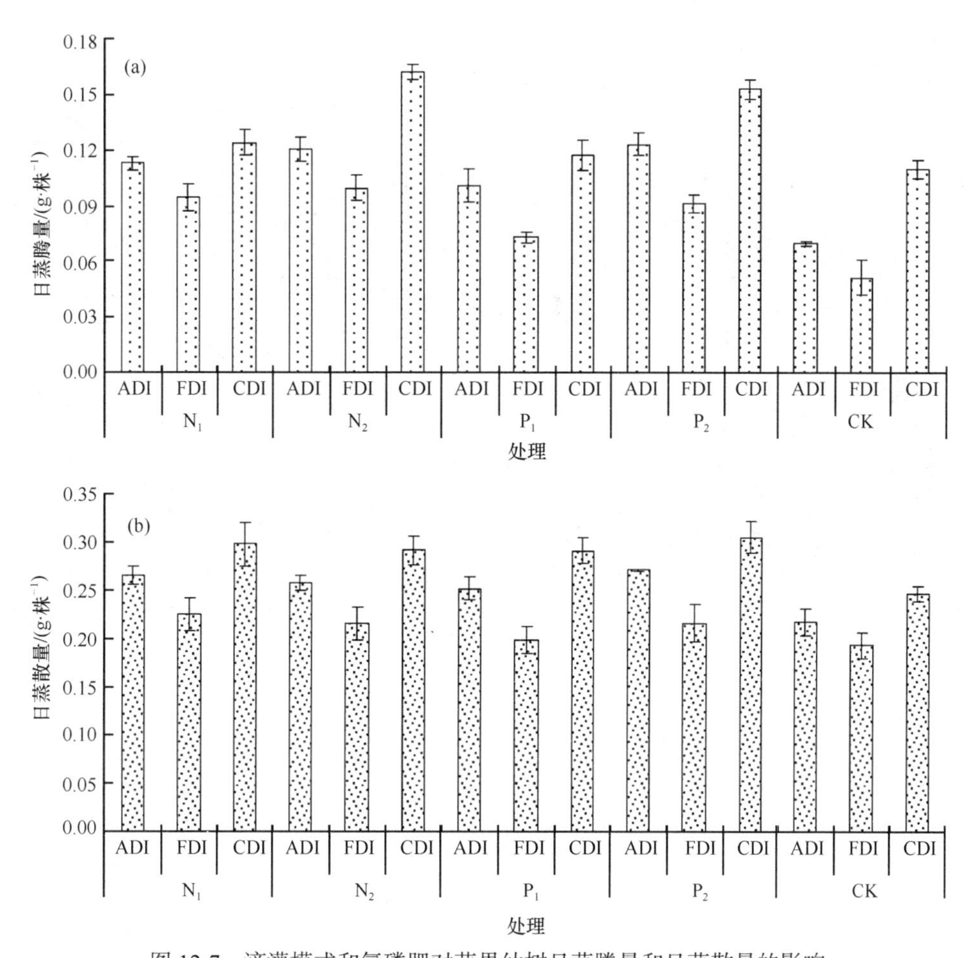

图 12-7　滴灌模式和氮磷肥对苹果幼树日蒸腾量和日蒸散量的影响

滴灌模式相同时，与 CK 处理相比，施 P 和施 N 处理平均日蒸腾量分别增加 21.3%～61%和 31.8%～87.7%，日蒸散量分别增加 7.2%～20.4%和 13.8%～25.8%，说明施 N 和施 P 均增加日蒸腾量和日蒸散量，且施 N 效应大于施 P 效应。与 CK 处理相比，施 P_1 和 P_2 处理平均日蒸腾量和日蒸散量分别增加 7.0%～45.0%和 35.0%～77.0%、3.0%～18.0%和 12.0%～27.0%，施 N_1 和 N_2 处理平均日蒸腾量和日蒸散量分别增加 17.0%～83.0%和 47.0%～93.0%、16.0%～23.0%和 11.0%～29.0%，说明日蒸腾量和日蒸散量也随着施 P 或施 N 量的增加而增大。

5）苹果幼树根系水分传导与生长、日蒸腾量及气孔导度的关系

滴灌模式和施肥处理下苹果幼树根水导与生长、日蒸腾量及气孔导度的关系如图12-8 所示，图 a-P 和 a-N、b-P 和 b-N、c-P 和 c-N 分别表示施磷和施氮处理下根水导与根干质量、日蒸腾量及气孔导度的关系。由图可知，在不同滴灌模式和施肥处理下根水导随着根干质量、日蒸腾量及气孔导度的增加而增大，根水导与根干质量、日蒸腾量及气孔导度的关系均为二次抛物线。

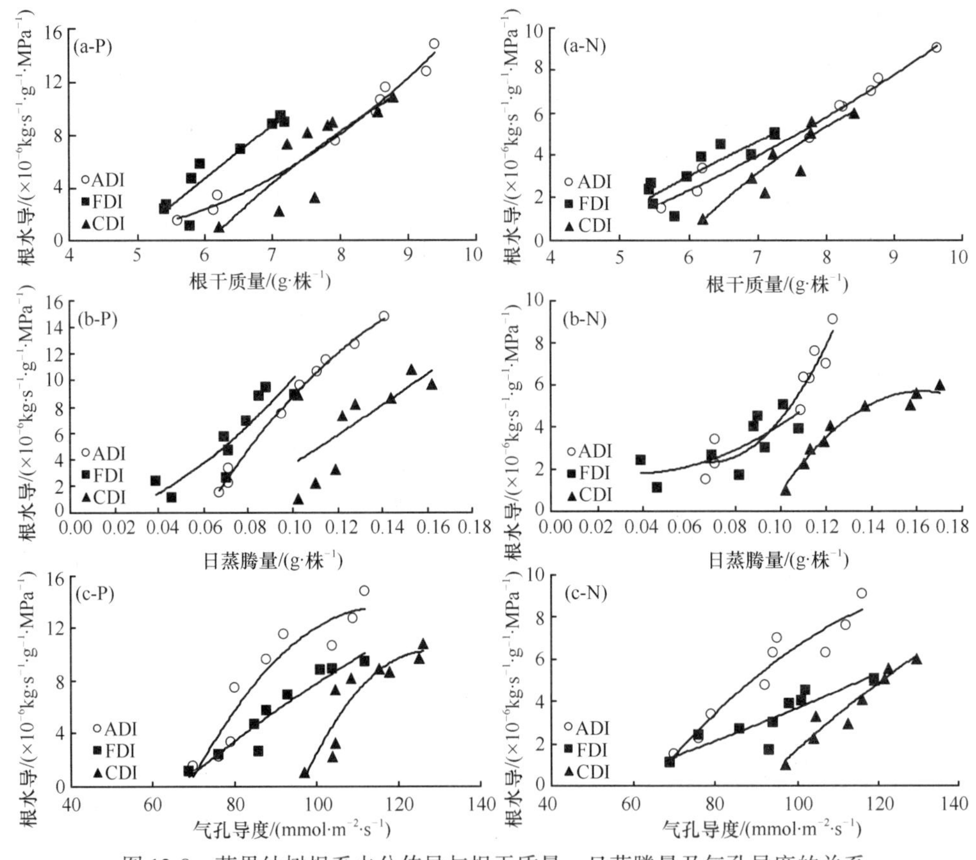

图 12-8 苹果幼树根系水分传导与根干质量、日蒸腾量及气孔导度的关系

12.2.3 结论与讨论

在交替滴灌减少灌水 50%前提下，与常规滴灌相比，交替滴灌根系水分传导和根干物质量分别仅降低了 6.8%和 6.9%，日蒸腾量降低 29.3%，而水分利用效率提高 31.3%，因此，交替滴灌有利于提高根系对水分的吸收和传输效率，也有利于提高幼树体内水分平衡的调控能力。

根水导是根系吸收及传输水分能力的大小，是根系感受土壤水分变化的基本指标。本研究表明，在不同氮磷肥处理下，与 CDI 处理相比，ADI 处理根水导降低不明显，而 FDI 处理降低幅度较大(表 12-9)。ADI 处理根水导降低不明显的原因是多方面的。

A. 部分根区灌溉时，灌水侧根系存在明显的吸水补偿效应(Hu and Kang，2007；Kang et al.，2003)。ADI 处理总是按照一定的频率对干燥侧根系反复灌水，当植物经过一段时间的干旱复水后出现了新的侧根，增加了导管外侧器官的径向水导(North and Nobel，1996)，同时新生根(根梢末端)具有提高水通道蛋白活性、增大根水导的功能(Martre et al.，2001)。也有研究表明，在适度水分胁迫下，水通道蛋白通常会提高自身调控能力(Kirch et al.，2000)，对根水导具有一定的调节作用。Steudle(2000)认为，水通道蛋白可能充当阀门而可逆地提高植物的水分传导，在不利条件下促使植物吸水。Martre 等(2001)认为，当植物生长在根区土壤水分不均一的环境时促进了根系对水分的吸收。因此，经过干旱锻炼复水后的根系更容易吸收水分 (Häussling et al.，1988)，且根系水分传导还高于充分供水处理(Hu and Kang，2007；North and Nobel，1991)。

B. 当水分流经木质化和栓化的器官及内皮层后，接着进入侧根和主根相连的部位时促进了水分的流入(McCully and Canny，1988)。Ekanayake 等(1985)研究发现根条数与根水导呈正相关关系，由于 ADI 处理提高根条数(Liang et al.，2000；Sepaskhah and Kamgar-Haghighi，1997)，并增加侧根与主根相连的节点数(McCully and Canny，1988)，这也会引起根水导降低不明显。

C. ADI 处理干燥侧根系产生的 ABA 具有提高根水导的功能(Hose et al.，2000)，加之，ADI 处理根区通气性(Kang and Cai，2002)和土壤温度的提高(Monteith and Unsworth，2007)也会提高根水导(Cochard et al.，2000；Kramer and Boyer，1995)，因而 ADI 处理降低根水导不明显。虽然 FDI 处理也提高根区土壤温度，干燥侧根系也诱导产生干旱信号脱落酸，由于 FDI 处理非灌水侧长时间的干燥，土-根界面阻力增大，根系开始收缩，一方面使得该侧的根密度减小，根系生长减缓、衰老甚至死亡(Kang and Cai，2002)，另一方面使得根系栓质化程度加重(North and Nobel，1991)，同时由于干旱使得木质部空穴化导致根的轴向水导减小 (Sperry et al.，2002)，因此，根水导明显降低。此外，本研究发现 3 种滴灌方式处理的根水导均随着时间(6～8 月)的推移而增大，这与 Nardini 等(1998)在 5 月和 8 月以 *Quercus pubescens* 为研究对象的试验结果相似。

氮磷亏缺会引起根水导降低，而根水导降低会导致蒸腾速率、气孔导度和光合速率的下降(Clarkson et al.，2000a)。本研究表明，与无肥处理相比，施用氮磷肥均提高根水导，这与以往研究结果一致(Trubat et al.，2006；Clarkson et al.，2000a)。一方面，当植物遭受养分胁迫时，使得植物体内随水分流动的水通道蛋白的速度减缓，导致根水导降低。另一方面，氮磷亏缺抑制水通道活性，因此降低根水导(Clarkson et al.，2000)。本研究还表明，施用磷肥的苹果幼树根水导的增加幅度较施氮肥明显，这与以往的研究结果相似(Lovelock et al.，2006；Trubat et al.，2006)。

部分根区灌溉减小蒸腾水分损失，但对光合速率的影响较小(Kang and Zhang，2004)。本研究表明，在施肥处理 20 d、40 d 和 60 d 后，ADI 和 FDI 处理并没有明显降低 Pn(表 12-10)，但显著降低 Gs 和 Tr[表 12-10，图 12-8(a)]，加之，ADI 和 FDI 处理仅对一半根区进行灌水，明显减少土壤表面蒸发量，使得蒸散量大大减小[图 12-8(b)]，这样就会明显提高 WUE，这与其他果树的研究结果相似（Spreer et al., 2007; Kang et al., 2002）。

与无肥处理相比，施用氮磷肥增加叶片光合速率、蒸腾速率和气孔导度，由于光合速率的增加量超过蒸腾速率的增加，因此，施用氮磷肥也增加了叶片水分利用效率，这与以前的研究结果一致(Zhang and Li，1996；Xue and Chen，1990；Radin and Matthews，1989)。

本研究表明，与 CDI 处理相比，ADI 处理减少灌水量 50%，但是根系和总干物质量分别减少 6.9%和 21.8%，因此，ADI 处理提高 WUE，这与以前的研究结果一致(Li et al.，2007；Kang and Cai，2002)。虽然 ADI 和 FDI 处理每次灌水定额相同，但是与 ADI 处理相比，FDI 处理明显降低根系和总干物质量，这是由于 FDI 处理大约有一半的根系长时间暴露在干燥土壤中，会明显影响根系和冠层的生长(Kang et al.，2002)。

本研究表明，根水导与根干质量、日蒸腾量及气孔导度的关系均为二次抛物线(图 12-9)。这是由于在不同滴灌模式和施肥处理下，根水导随着根干质量、日蒸腾量及气孔导度的增加而增大，当根干质量、日蒸腾量及气孔导度增加到一定值时根水导反而减小，这可能与根系生长、根水导和气孔的日季节变化有关(Clarkson et al.，2000b；Hubbard et al.，1999；Yang and Tyree，1993)。

12.3 部分根区滴灌和土壤盐分对苹果幼树水分传输的影响及抗盐胁迫机制

土壤干旱和盐渍化是我国果树栽培区的两大主要制约因素。部分根区交替灌溉技术的显著特点是根区两侧的土壤水分存在明显的水势梯度，从而影响了根系对水盐的吸水与传输。近年来，国内外对此进行了大量的研究工作，取得了不少研究成果。本节主要介绍了作者在关中地区采用部分根区滴灌和不同的土壤盐分处理后苹果幼树水分传输及抗盐胁迫能力研究方面的进展。

12.3.1 国内外研究进展

土壤干旱和盐渍化是我国果树栽培的两大主要制约因素(康绍忠和蔡焕杰，2002)。在黄土高原地区，良好的通气状况为提高果品质量创造有利条件，使得这一地区的果树种植面积逐渐增大，同时因追求高产也使得果园的灌溉需求量日益增大(Kang and Zhang，2004)。盐胁迫是抑制果树生长、降低产量和品质的主要环境因素之一。全世界约有 10 亿 hm^2 盐渍土，约占世界陆地面积的 7.6%；我国是世界盐碱地大国之一，盐渍土面积约 0.27 亿 hm^2（高光林等，2003）。近年来采用含盐量较高的水进行不合理灌溉，导致盐碱地面积不断扩大，土壤次生盐渍化问题日益突出。

表 12-10　滴灌模式和氮磷肥对苹果幼树光合生理的影响

施肥水平	滴灌模式	光合速率/(μmol·m⁻²·s⁻¹)			蒸腾速率/(mmol·m⁻²·s⁻¹)			气孔导度/(mmol·m⁻²·s⁻¹)			水分利用效率(WUE)/(μmol·mmol⁻¹)		
		2009-5-16	2009-6-3	2009-6-25	2009-5-16	2009-6-3	2009-6-25	2009-5-16	2009-6-3	2009-6-25	2009-5-16	2009-6-3	2009-6-25
N_1	ADI	4.43±0.34bcd	7.23±0.33ab	9.8±0.1bc	2.51±0.12bc	2.6±0.19b	2.68±0.25b	63.0±1.15ef	78.33±0.67cd	93.67±0.88e	1.77±0.13abc	2.81±0.24a	3.72±0.32ab
	FDI	4.3±0.12bcd	7.27±0.2ab	9.33±0.55c	2.53±0.18bc	2.53±0.17b	2.67±0.09b	63.0±1.15ef	74.33±2.60d	95.0±1.53e	1.72±0.17abcd	2.89±0.17a	3.49±0.16bc
	CDI	4.37±0.12bcd	7.13±0.12ab	10.8±0.65ab	3.59±0.21a	3.63±0.19a	4.05±0.22a	80.0±4.04ab	90.0±2.65a	136.67±2.40abc	1.23±0.1d	1.98±0.13b	2.67±0.1de
N_2	ADI	5.07±0.09ab	7.57±0.19ab	11.97±0.27a	2.6±0.16b	2.72±0.18b	2.78±0.16b	67.33±1.76de	80.33±0.88cd	111.67±2.60d	1.96±0.09a	2.81±0.21a	4.32±0.23a
	FDI	4.93±0.03abc	7.43±0.28ab	11.6±0.46a	2.6±0.17b	2.71±0.21b	2.79±0.14b	72.0±2.53bcd	80.67±1.76cd	107.33±5.84d	1.92±0.14a	2.77±0.21a	4.18±0.25a
	CDI	5.6±0.49a	7.77±0.19a	11.93±0.28a	3.84±0.19a	3.89±0.22a	4.09±0.09a	83.67±2.91a	93.67±1.20a	141.67±0.88a	1.47±0.15abcd	2.01±0.15b	2.92±0.07cd
P_1	ADI	4.8±0.21abc	7.07±0.09b	7.9±0.35d	2.44±0.16bc	2.4±0.22b	2.57±0.20b	61.67±2.33ef	75.0±1.73d	86.67±3.53ef	2.0±0.21a	3.0±0.32a	3.09±0.15bcd
	FDI	4.67±0.57bcd	7.07±0.3b	7.87±0.5d	2.46±0.14bc	2.53±0.18b	2.53±0.08b	62.67±1.20ef	74.33±2.33d	88.67±2.33e	1.9±0.24a	2.82±0.23a	3.1±0.15bcd
	CDI	4.83±0.37abc	7.0±0.23b	8.07±0.23d	3.6±0.22a	3.73±0.2a	3.85±0.22a	76.0±2.08abc	88.0±3.06ab	130.33±4.10bc	1.36±0.18bcd	1.89±0.15b	2.12±0.17ef
P_2	ADI	5.0±0.12ab	7.67±0.15ab	11.1±0.38a	2.55±0.11bc	2.71±0.21b	2.66±0.23b	67.33±1.76de	83.33±0.88bc	108.33±2.33d	1.97±0.08a	2.86±0.19a	4.25±0.46a
	FDI	4.87±0.29abc	7.3±0.12ab	11.03±0.33ab	2.62±0.2b	2.68±0.21b	2.58±0.09b	69.67±1.45cde	79.33±2.03cd	105.67±3.28d	1.86±0.04ab	2.75±0.19a	4.27±0.11a
	CDI	5.1±0.21ab	7.77±0.07a	11.17±0.62a	3.75±0.2a	3.85±0.22a	3.87±0.1a	83.0±6.43a	93.67±2.91a	140.33±3.18ab	1.37±0.13bcd	2.03±0.11b	2.89±0.21cd
CK	ADI	4.07±0.15cd	6.03±0.17c	6.97±0.18d	2.06±0.16bc	2.14±0.19b	2.47±0.22b	57.67±1.76f	65.0±1.00e	75.0±2.65g	1.99±0.08a	2.85±0.19a	2.88±0.33cd
	FDI	3.8±0.25d	5.8±0.21c	6.87±0.09d	2.0±0.19c	2.15±0.18b	2.26±0.01b	57.0±2.31f	64.67±0.33e	77.0±4.93fg	1.95±0.31aa	2.75±0.34a	3.03±0.03bcd
	CDI	4.3±0.10bcd	6.2±0.15c	7.4±0.53d	3.33±0.19a	3.37±0.18a	3.77±0.17a	63.0±1.15ef	80.67±2.73cd	126.67±6.33c	1.3±0.08cd	1.86±0.14b	1.96±0.11f
显著性检验(*P*值)													
滴灌模式		0.189	0.281	0.13	<0.001	<0.001	<0.001	<0.001	<0.001	<0.001	<0.001	<0.001	<0.001
施肥水平		<0.001	<0.001	<0.001	0.005	0.013	0.046	<0.001	<0.001	<0.001	0.543	0.989	<0.001
滴灌模式×施肥水平		0.937	0.832	0.840	0.998	0.999	0.999	0.427	0.898	0.124	0.999	0.996	0.902

盐分对植物的影响，一直是众多学者十分关注的热点问题。已有的研究和实践表明：盐分通过诱导植物水分胁迫、营养不平衡和离子毒害等来影响植物(Czerniawska et al., 2004；Franklin and Zwiazek，2004)，随着盐分浓度的增加，叶水势不断下降，尽管植物能保持一个较高的叶-土水势梯度(Suárez and Sobrado，2000)，但气孔导度、蒸腾速率和光合速率减小，同时使细胞膜稳定性受到破坏，叶绿素荧光和根系导水率(又称根系水分传导)下降(薛延丰和刘兆普，2008；袁琳等，2005)。果树属于盐敏感的非盐生植物，生长极限盐度小，平均仅为 1.4 ds/m(Josefa et al., 2003)。果树耐盐性越强、生长受抑制程度越小(张建锋等，2005)。近年来，国内外一些学者对果树耐盐机制(杜中军等，2002；汪良驹等，1999)及盐分对果树生长等方面的影响(Kent et al., 2004；Carmen et al., 2003)进行了一些研究，在均一环境下围绕水、肥、盐和温度等因素对植物的水分传导做了大量的研究(Lovelock et al., 2006；康绍忠等，1999)。但在不同灌溉方式下盐分对苹果幼树根系和冠层水分传导的变化、生长和水分传导的关系等方面影响如何还未见报道？

植物体内的水流阻力被认为是控制土壤-植物系统水分运动的重要参数之一。根水流阻力决定着植物根系从土壤中获取水分的能力，而叶水流阻力控制着叶片水分的快速消耗，对植物的水分关系和水分利用效率产生较大的影响。较小的根水流阻力有利于作物根区的物质流随水分运送到冠层，促进作物吸收利用，较大的根水流阻力会阻碍作物对水分的吸收利用。植物体内的水流阻力对调控植物的气孔开度和气孔交换速率具有重要的作用(Lo Gullo et al., 1998)，也为作物蒸散模型和灌溉制度的建立提供重要的理论依据。

部分根区交替灌溉具有节水增效和调质的明显效果已引起国内外众多学者的广泛关注(刘永贤等，2009；李志军等，2005；Kirda et al., 2004)，其不仅在大田作物，而且在果树作物上得到广泛应用，国内外进行的大量研究和实践表明，部分根区交替灌溉大大减少了作物的蒸腾失水，维持甚至提高光合速率，从而使得水肥利用效率显著提高(Kang and Zhang，2004)，同时也减少了作物奢侈的营养生长和修剪次数(杜太生等，2005)。Wahbi 等(2005)的研究表明，部分根区交替灌溉显著地影响橡胶树的水分关系，增加气孔阻力和叶水势，但并没有影响叶片的相对水分含量。作者的研究表明，在不同氮磷肥处理下，部分根区交替灌溉显著地提高了苹果幼树的根系水分传导(Yang et al., 2011)。作物的水流阻力是限制土壤-植物-大气连续体(SPAC)系统中水分传输速率的重要因素，而果树最小冠层阻力是研究果园蒸发和果树缺水的一个重要参数(康绍忠和刘晓明，1993)。为了探索作物的吸水及耗水规律，许多学者对作物水流阻力的变化进行了大量的研究(Cohen et al., 2007)，这些研究都是在均一环境体系下进行的，而在盐胁迫影响下，采用部分根区交替灌溉时果树水流阻力与水分利用关系的研究尚未见报道。因此，本节在部分根区交替灌溉和 NaCl 处理下探讨水流阻力与蒸腾速率及水分利用的关系，将为部分根区交替灌溉在盐胁迫环境中的推广应用提供理论依据。

12.3.2　材料与方法

12.3.2.1 试验区基本概况

试验于 2008 年 3～8 月在西北农林科技大学旱区农业水土工程教育部重点实验室的日光温室内进行。该实验室地处北纬 34°20′，东经 108°24′，海拔 521 m，属半干旱半湿润的暖温带气候，多年平均降雨量 535 mm、日照时数 2163.8 h、蒸发量 1500 mm、气温 11～13℃、无霜期 210 d，试验区 5～8 月的平均干湿温度分别为 29.1℃和 23.6℃。供试土壤为中壤土，土壤有机质为 16.88 g · kg^{-1}、碱解氮 69.8 mg · kg^{-1}、全氮 0.98 g · kg^{-1}、速效磷 15.07 mg · kg^{-1}、速效钾 163 mg · kg^{-1}。

12.3.2.2 试验材料及设计

以 2 年生矮化红富士苹果(*Malus pumila* Mill. cv. Fuji)幼树为材料，试验设 3 种滴灌模式(交替滴灌 ADI、固定滴灌 FDI、常规滴灌 CDI)和 4 个土壤 NaCl 处理浓度[0%(CK)、0.2%(S_1)、0.3%(S_2)、0.4%(S_3)]，共 12 个处理，每个处理 3 次重复。2008 年 3 月 20 日将苹果幼树移栽至高为 30 cm，上底宽为 30 cm，下底宽为 22.5 cm 的桶中；桶底均匀地打有 6 个孔径为 5 mm 的小孔以提供良好的通气条件，装土前将其自然风干过 2 mm 筛，控制装土容重 1.35 g · cm^{-3}，桶中装土 15 kg。为了促进新生根的萌发，苹果幼树移栽前将其根系浸泡在强力牌生根粉中达 30 min，移栽后桶内浇水至田间持水量。采用自压重力式滴灌供水系统及外径为 1.6 cm 的滴灌管进行灌水，平均滴头流量实测值为 0.12 L · h^{-1}。在每一个毛管前装单支控制阀门以方便控制。本试验常规滴灌(CDI)将在距幼树基部 10 cm 处的两侧铺设两条滴灌管；交替滴灌(ADI)也将在距幼树基部 10 cm 处的两侧铺设两条滴灌管，交替滴灌处理在灌溉前仅打开一侧毛管，另一侧毛管关闭，每次灌水时将上次未灌水侧毛管打开，上次灌水侧毛管关闭，两侧毛管轮流灌水，使幼树根区两侧的土壤干湿交替变化；固定滴灌(FDI)将一条滴灌管固定铺设在距幼树基部 10 cm 处进行灌水。

各盆栽幼树于 2008 年 4 月 24 日进行统一施肥，其中磷肥选用磷酸二氢钾(施 P_2O_5：0.2 g · kg^{-1} 风干土)，氮肥选用分析纯尿素(施纯 N：0.2 g · kg^{-1} 风干土)，将氮磷肥溶于水中随水浇入桶中至田间持水量。经过 75 d 的缓苗后，从 150 桶中挑选长势均一的幼树于 2008 年 6 月 4 日进行 NaCl 处理，先将 NaCl 溶于水中配成不同浓度的溶液一次性浇入盐水的方法，每盆浇盐水直到盆底有水溢出为准。NaCl 处理后于 2008 年 6 月 14 日开始水分处理，ADI 和 FDI 每次灌水定额均为常规滴灌的 1/2，试验期灌水情况如表 12-11 所示。

表 12-11　2008 年苹果幼树盐分试验期灌水情况

滴灌方式	灌水定额/mm	灌水次数	灌水日期(月-日)
ADI、FDI	11.32	10	6-14、6-19、6-24、6-29、7-4、7-9、7-14、7-19、7-24、7-29
CDI	22.64		

注：ADI 为交替滴灌；FDI 为固定滴灌；CDI 为常规滴灌。下同

12.3.3 结果与分析

12.3.3.1 不同滴灌方式和 NaCl 处理对苹果幼树干物质累积的影响

由表 12-12 可以看出，滴灌方式和 NaCl 处理对干物质均有一定的影响。在相同滴灌方式下，各处理的干物质均随着 NaCl 浓度的增加而降低。在侧根干重中，ADI 和 CDI 南北两侧的侧根干重分布比较均匀，差异并不显著，而 FDI 南侧根干重(灌水区)显著地高于北侧(未灌水区)。

表 12-12 滴灌方式和 NaCl 处理对苹果幼树干物质的影响

NaCl 浓度	滴灌方式	侧根干重/(g · 株$^{-1}$)		根干重/(g · 株$^{-1}$)	冠层干重/(g · 株$^{-1}$)	叶干重/(g · 株$^{-1}$)	总干重/(g · 株$^{-1}$)
		南侧	北侧				
CK	ADI	2.0b	1.86bc	10.5b	12.98b	4.74b	23.48b
	FDI	2.65a	1.6c	8.07d	9.52de	4.1d	17.58d
	CDI	2.45a	2.19a	11.82a	14.98a	6.36a	26.8a
S_1	ADI	1.2dc	1.14d	9.12c	12.48b	3.81e	21.6c
	FDI	1.30c	0.8e	9.87cb	11.03c	3.33f	20.9c
	CDI	2.03b	2.13ba	10.28b	14.57a	4.5c	24.85b
S_2	ADI	0.85de	0.86de	6.25ef	9.85dc	2.64h	16.1d
	FDI	1.19dc	0.7e	5.04gh	8.02fg	2.94g	13.07e
	CDI	1.0dce	1.13d	7.17ed	10.25dc	3.2f	17.42d
S_3	ADI	0.8de	0.84de	6.21ef	7.11gh	2.07i	13.32e
	FDI	0.87dce	0.54e	4.57h	6.57h	1.71j	11.14f
	CDI	0.72e	0.66e	5.87gf	8.42fe	1.99i	14.29e
显著性检验(P 值)							
滴灌方式	A	0.01	<0.01	<0.01	<0.01	<0.01	<0.01
NaCl 浓度	B	<0.01	<0.01	<0.01	<0.01	<0.01	<0.01
交互作用	A×B	0.01	<0.01	<0.01	<0.01	<0.01	<0.01

注：表中数据均为 2008 年 8 月 3 日在相同条件下 3 次测定结果的平均值；小写字母表示各列的在 $P<0.05$ 水平下的显著性；符号 CK、S_1、S_2 和 S_3 分别表示施 NaCl 浓度梯度分别为 0%、0.2%、0.3%和 0.4%。以下图表符号含义相同

在相同 NaCl 处理下，与 CDI 处理相比，虽然 ADI 和 FDI 处理节水达 50%，但 ADI 处理南北根区的平均侧根干重分别降低了 21.85%和 23.24%；FDI 处理湿润和干燥侧的平均侧根干重分别降低了 3.33%和 40.37%。虽然 CDI 处理的侧根干重较大，但这一结果是以多消耗 50%的灌溉水量为代价的。CK 和 S_1 处理中 CDI 南北两侧的侧根干重均显著地高于 ADI 和 FDI(CK 的 FDI 处理南侧根干重有例外)，而在 S_2 和 S_3 处理中差异并不显著。这种情况在根干重中同样得到体现，ADI 和 FDI 的平均根干重分别降低了 8.7%和 21.57%。在不同 NaCl 浓度条件下，与 CDI 相比，ADI 的平均冠层干重、叶干重和总干重分别降低了 19.24%、17.33%和 15.01%；FDI 分别降低了 33.1%、24.67%和 28.48%。

在根干重、冠层干重、叶干重和总干重中，在低盐分(CK 和 S_1)处理下 CDI 处理的值均显著地高于 ADI 和 FDI(S_1 的 FDI 处理根干重有例外)；而在高盐分(S_2 和 S_3)处理下的 8 个比较项中，与 CDI 处理相比，ADI 处理有 6 项差异并不显著，但 FDI 处理的均显著低于 CDI 处理。

12.3.3.2 不同滴灌方式和 NaCl 处理对苹果幼树叶面积和净生长量的影响

从图 12-9 可以看出，滴灌方式和 NaCl 处理对叶面积和净生长量均有一定的影响。在相同滴灌方式下，各处理叶面积和净生长量均随着 NaCl 浓度的增大而变小，但 ADI 和 FDI 处理在低盐分处理(S_1)的净生长量反而高于对照(CK)，但差异并不显著。在相同 NaCl 处理下，CDI 处理的叶面积和净生长量均显著地高于 ADI 和 FDI，但在 S_3 处理下 ADI 处理的叶面积反而高于 CDI。与 CDI 相比，虽然 ADI 和 FDI 处理节水达 50%，但 ADI 和 FDI 处理的平均叶面积分别降低了 11.87%和 19.65%，平均净生长量分别降低了 32.96%和 38.5%。在盐分浓度逐渐增大的条件下，与 CDI 相比，ADI 处理的叶面积在 CK、S_1、S_2 和 S_3 的盐浓度下分别降低了 11.61%、15.45%、17.58%和–4.04%，FDI 处理的叶面积分别降低了 23.36%、26.02%、8.22%和 14.34%；ADI 处理的净生长量在 CK、S_1、S_2 和 S_3 的盐浓度下分别降低了 33.08%、29.46%、41.21%和 25.01%，FDI 的净生长量分别降低了 37.82%、32.2%、41.57%和 51.29%。对叶面积而言，ADI 在 CK、S_1 和 S_3 处理下均显著地高于 FDI 处理；对净生长量而言，ADI 在 S_3 处理下显著地高于 FDI 处理，虽然 ADI 在 CK、S_1 和 S_2 处理下的净生长量与 FDI 处理相比差异并不显著，但分别高出 FDI 处理达 7.63%、4.04%和 0.62%。

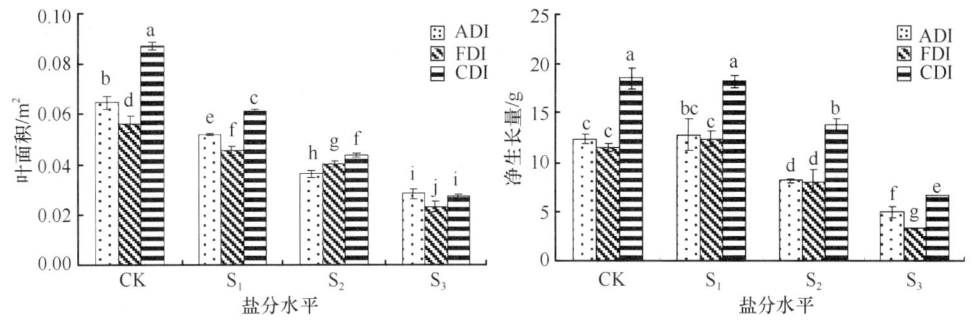

图 12-9　滴灌方式和 NaCl 处理对叶面积和净生长量的影响

在相同的滴灌方式下，通过 S_3、S_2、S_1 与对照 CK 相比发现，ADI 处理的叶面积和净生长量中 AS_3、AS_2、AS_1 与 ACK 相比分别降低了 56.03%和 60.08%、44.19%和 34.47%、19.63%和–3.45%；FDI 处理的叶面积和净生长量中 FS_3、FS_2、FS_1 与 FCK 相比分别降低了 58.36%和 72.09%、28.27%和 29.91%、18.85%和–7.02%；CDI 处理的叶面积和净生长量中 CS_3、CS_2、CS_1 与 CCK 相比分别降低了 68.64%和 64.38%、49.58%和 47.06%、29.21%和 1.86%。对叶面积而言，平均降幅大小顺序为 CDI(49.14%)＞ADI(40.02%)＞FDI(35.16%)；对净生长量而言，平均降幅大小顺序为 CDI(37.76%)＞FDI(31.66%)＞ADI(30.37%)。说明 NaCl 浓度对 CDI 处理的生长影响最大，对 ADI 和 FDI 处理的生长

影响较小。

12.3.3.3 滴灌模式和 NaCl 处理对苹果幼树光合生理的影响

从表 12-13 可以看出，除了滴灌模式和 NaCl 处理的交互作用对苹果幼树的光合速率(Pn)影响均不显著外，滴灌模式、NaCl 处理及其交互作用对苹果幼树的蒸腾速率(Tr)、气孔导度(Gs)和叶水分利用效率(WUE_l)的影响均达极显著水平。

表 12-13 灌溉模式和 NaCl 处理对苹果幼树光合速率、蒸腾速率、气孔导度和叶水分利用效率的影响

盐分水平	滴灌方式	光合速率 Pn ($\mu mol \cdot m^{-2} \cdot s^{-1}$)	蒸腾速率 Tr ($mol \cdot m^{-2} \cdot s^{-1}$)	气孔导度 Gs ($mmol \cdot m^{-2} \cdot s^{-1}$)	叶水分利用效率 WUE_l ($\mu mol \cdot mol^{-1}$)
	ADI	10.73a	2.38b	107b	4.5a
CK	FDI	10.1ba	2.38b	114b	4.24ba
	CDI	10.83a	2.90a	124a	3.73b
	ADI	9.47bc	2.16c	88c	4.38ba
S_1	FDI	8.73c	2.23c	67d	3.91ba
	CDI	9.17bc	2.34b	96c	3.92ba
	ADI	3e	1.19f	50e	2.51c
S_2	FDI	2.43fe	1.40e	54e	1.74d
	CDI	4.07d	1.59d	66d	2.55c
	ADI	1.83f	0.49h	38f	3.76ba
S_3	FDI	1.4f	0.77g	41f	1.81d
	CDI	2.2fe	0.56h	37f	3.88ba
		显著性检验(*P* 值)			
滴灌模式	A	0.149	<0.01	<0.01	<0.01
盐分水平	B	<0.01	<0.01	<0.01	<0.01
交互作用	A×B	0.56	<0.01	<0.01	<0.01

在相同 NaCl 处理下，与 CDI 处理相比，虽然 ADI 和 FDI 处理节水达 50%，但 ADI 和 FDI 处理的平均 Tr 和 Gs 分别降低了 15.8%和 8.3%、12.4%和 14.6%。由于 ADI 处理的 Pn 较 Tr 并没有显著的下降，这样使得 ADI 处理的 WUE_l 均得到不同程度的提高。

从表 12-13 还可以看出，与 CK 相比，在 ADI、FDI 和 CDI 处理下，S_1、S_2 和 S_3 的 Pn、Tr、Gs 和 WUE_l 均有所降低，当 NaCl 处理浓度较高时影响更为明显，如 S_2 和 S_3 处理使得 Pn 较 Tr 明显下降，导致 WUE_l 均显著下降，而这种作用对低浓度 NaCl 处理的 S_1 并不明显。

12.3.3.4 不同滴灌方式和 NaCl 处理对苹果幼树水分传导的影响

从表 12-14 可以看出，滴灌方式和 NaCl 处理对苹果幼树的水分传导均有一定的影响，两者的交互作用在侧枝水分传导(K_{lb})中达显著水平，在主杆和侧枝水分传导(K_{mr+lb})并不显著，其余各部分的交互作用均达极显著水平。

表 12-14 滴灌方式和 NaCl 处理对苹果幼树水分传导的影响

NaCl 浓度	滴灌方式	各器官的水分传导/($\times 10^{-5}$ kg · s^{-1} · MPa^{-1})					
		根系(K_r)	冠层(K_{sh})	主杆+侧(K_{mr+lb})	主杆(K_{mr})	叶+柄(K_{l+p})	侧枝(K_{lb})
CK	ADI	1.03c	0.80c	1.39cb	5.04a	0.68c	3.65a
	FDI	0.82e	0.68d	1.45cb	3.25b	0.74c	1.79b
	CDI	1.26a	1.05a	2.30a	5.31a	1.35a	3.01a
S_1	ADI	0.95d	0.66d	1.22cbd	2.60c	0.63c	1.38cbd
	FDI	0.80e	0.58e	1.35cb	1.99dc	0.65c	0.64ed
	CDI	1.11b	0.92b	2.13a	3.56b	1.22b	1.42cb
S_2	ADI	0.555f	0.52fg	0.95ed	1.78de	0.45d	0.83ced
	FDI	0.551f	0.49g	1.17cd	1.76de	0.68c	0.35e
	CDI	0.548f	0.66d	1.52b	2.60c	0.68c	1.08cebd
S_3	ADI	0.33g	0.38h	0.74e	1.54de	0.34d	0.80ced
	FDI	0.29h	0.34i	0.89ed	1.12e	0.43d	0.43e
	CDI	0.30hg	0.54fe	1.19cbd	1.56de	0.61c	0.37e
显著性检验(P 值)							
滴灌方式(A)		<0.01	<0.01	<0.01	<0.01	<0.01	<0.01
NaCl 浓度(B)		<0.01	<0.01	<0.01	<0.01	<0.01	<0.01
交互作用(A×B)		<0.01	<0.01	0.09	<0.01	<0.01	0.04

注：表中数据均为 2008 年 8 月 3 日在相同条件下 3 次测定结果的平均值。在测定冠层水分传导的过程中，当曲线平稳后摘取叶片和叶柄，曲线再次平稳后剪掉侧枝，通过加减关系获取叶和柄及侧枝水分传导

在相同 NaCl 处理下，滴灌方式对苹果幼树水分传导的影响均达极显著水平。与 CDI 相比，虽然 ADI 和 FDI 处理节水达 50%，但 ADI 和 FDI 的平均 K_r 降低了 10.72%和 23.45%，在 CK 和 S_1 处理下，ADI 处理的 K_r 分别降低了 18.25%和 14.41%，差异均达显著水平；虽然在 S_2 和 S_3 处理下的 K_r 差异均不显著，但 ADI 处理反而高出了 CDI 1.28%和 10%。同样在 CK 和 S_1 处理下，FDI 处理的 K_r 显著地低于 CDI 35.06%和 14.2%，而在 S_2 和 S_3 处理下 FDI 的 K_r 分别高出了 CDI 0.4%和−2.85%，差异并不显著。可见随着 NaCl 浓度的增大，局部根区滴灌方式在水分传输能力上没有显著降低，对根系和冠层的输水能力影响不大。在相同 NaCl 处理下的冠层及各组成部分水分传导中，与 CDI 相比，ADI 处理的平均 K_{sh}、K_{mr+lb}、K_{mr}、K_{l+p} 和 K_{lb} 分别降低了 25.52%、39.81%、15.82%、45.51%和−13.26%，FDI 处理的平均 K_{sh}、K_{mr+lb}、K_{mr}、K_{l+p} 和 K_{lb} 分别降低了 34.14%、31.83%、37.67%、35.27%和 45.29%，这说明在节水达 50%时，局部根区灌溉方式降低了冠层及各组成部分水分传导，对 ADI 处理而言，K_{l+p} 降幅较大，K_{mr} 影响较小，但 K_{lb} 反而有所提高，这样使得 ADI 处理的节水调控能力得到明显的提高。

从表 12-14 还可以看出，NaCl 浓度对苹果幼树水分传导的影响均达极显著水平，NaCl 浓度较高，苹果幼树各组成部分水分传导较小。在 ADI 和 FDI 处理下的 K_r 中，S_3、S_2、S_1 与对照 CK 相比分别降低了 67.96%和 64.62%、46.12%和 32.8%、7.77%和 2.44%，而在 CDI 处理下，S_3、S_2、S_1 与对照 CK 相比分别降低了 76.19%、56.51%和 11.90%；同样在 K_r 中，平均降幅大小顺序为 CDI(48.06%)>ADI(40.57%)>FDI(32.82%)。在 K_{sh}

和 K_{l+p} 中，3 种滴灌方式在不同 NaCl 浓度下的平均降幅大小顺序均为 CDI(48.06%和 38.18%)＞ADI(35.29%和 29.65%)＞FDI(32.82%和 21.22%)。说明 NaCl 浓度对 CDI 处理的 K_r、K_{sh} 和 K_{l+p} 影响最大，对 ADI 和 FDI 处理的 K_r 影响较小。

12.3.3.5 苹果幼树的生长与水分传导的关系

为了探索果树幼树的生长与水分传导的关系，将根系水分传导与根干重、冠层水分传导与冠层干重间的关系进行相关分析，其结果如图 12-10 所示，由图可知，根系水分传导与根干重，冠层水分传导与冠层干重均呈显著的线性关系，说明植物的水分传导与植物的生长密切相关，在果树节水灌溉中，采用适宜的灌水方式，不但有利于调节果树根系和冠层的生长，而且对果树水分的吸收和传输有一定的作用。

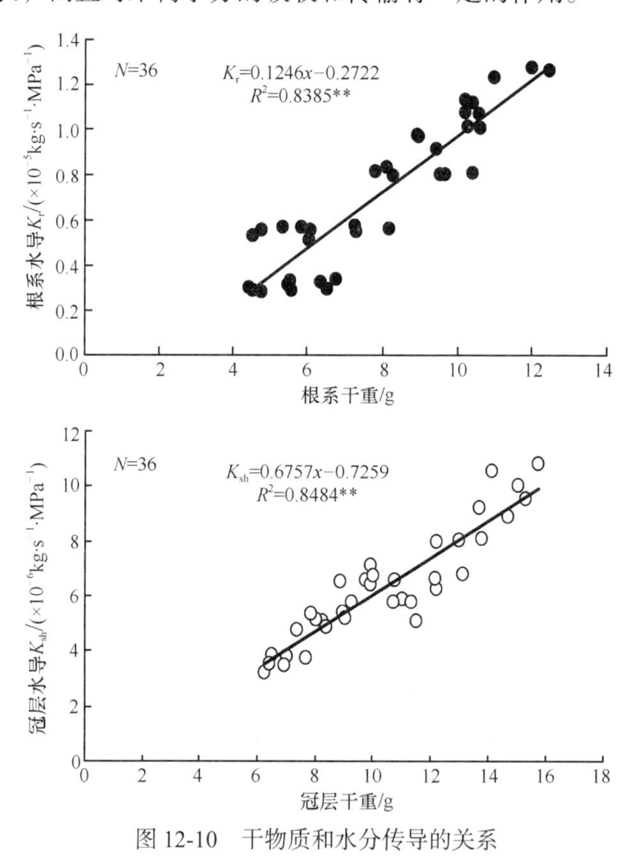

图 12-10　干物质和水分传导的关系

12.3.3.6 滴灌模式和 NaCl 处理对苹果幼树水流阻力的影响

从表 12-15 可以看出，滴灌模式和 NaCl 处理对苹果幼树的水流阻力均达极显著水平，两者的交互作用在侧枝水流阻力达显著水平，在主杆和侧枝水流阻力并不显著，其余各部分的交互作用均达极显著水平。

表 12-15　灌溉模式和 NaCl 对苹果幼树各组成部分水流阻力的影响

盐分水平	滴灌处理	各组成部分水流阻力/($\times 10^4$MPa · s · kg^{-1})						
		根系(R_r)	冠层(R_{sh})	带侧枝主杆(R_{mr+lb})	主杆(R_{mr})	带柄叶片(R_{l+p})	侧枝(R_{lb})	总阻力(R_t)
CK	ADI	9.71ef	12.45g	7.37d	2.01e	14.82cd	2.88b	22.15h
	FDI	12.26d	14.82f	6.91d	3.08de	13.52d	5.64b	27.08g
	CDI	7.96g	9.55i	4.40f	1.89e	7.49e	3.35b	17.52j
S_1	ADI	10.50e	15.24f	8.61d	4.00cd	15.77c	7.94b	25.74g
	FDI	12.43d	17.19e	7.50d	5.02bc	15.74c	16.19ab	29.62f
	CDI	9.00fg	10.84h	4.69ef	2.81de	8.27e	7.11b	19.84i
S_2	ADI	18.03c	19.17d	10.62bc	6.17b	22.08b	20.24ab	37.20d
	FDI	18.17c	20.38c	8.72cd	5.70bc	14.87cd	44.83a	38.56d
	CDI	18.28c	15.19f	6.58de	3.89cd	14.67cd	9.81b	33.47e
S_3	ADI	30.36b	26.24b	13.63a	6.53b	29.52a	12.66ab	56.61b
	FDI	34.68a	29.34a	11.21b	9.01a	23.18b	35.55ab	64.02a
	CDI	33.72a	18.42d	8.52d	6.67b	16.58c	51.77a	52.14c
显著性检验(P 值)								
滴灌模式 A		<0.01	<0.01	<0.01	<0.01	<0.01	<0.01	<0.01
盐分水平 B		<0.01	<0.01	<0.01	<0.01	<0.01	<0.01	<0.01
交互作用 A×B		<0.01	<0.01	0.09	<0.01	<0.01	0.04	<0.01

注：A 为滴灌模式、B 为盐分水平、A×B 为滴灌模式和盐分水平的交互作用，CK(0%)、S_1(2%)、S_2(3%)、S_3(4%)为 NaCl 处理浓度，表中数据均为 3 次测定结果的平均值，同列不同字母表示差异显著(P<0.05)。下同

在相同 NaCl 处理下，与 CDI 处理相比，ADI 和 FDI 处理节水达 50%，但 ADI 的平均根水流阻力(R_r)降低了 0.53%，而 FDI 的平均 R_r 升高了 12.45%，在不同的 NaCl 处理浓度下滴灌模式对 R_r 的影响均有所不同，在 CK 和 S_1 处理下，ADI 处理的 R_r 分别升高了 21.98%和 16.67%，FDI 处理的 R_r 分别升高了 54.02%和 38.11%，而在 S_2 和 S_3 处理下，ADI 处理的 R_r 反而比 CDI 降低了 1.34%和 9.96%，FDI 处理的 R_r 分别低于 CDI 达 0.55%和–2.84%。可见，随着 NaCl 浓度增大到 S_2 和 S_3，ADI 和 FDI 处理均有降低 R_r 的作用，该作用在 ADI 处理表现得更为明显。因此，ADI 处理提高了抗盐分胁迫能力。

在相同 NaCl 处理下，与 CDI 相比，ADI 处理的平均总水流阻力(R_t)、冠层水流阻力(R_{sh})、带侧枝主杆水分传导(R_{mr+lb})、主杆水流阻力(R_{mr})、侧枝水流阻力(R_{lb})及带叶柄叶片水流阻力(R_{l+p})分别升高了 15.22%、35.33%、66.28%、22.69%、–39.29%和 74.85%，FDI 处理的平均 R_t、R_{sh}、R_{mr+lb}、R_{mr}、R_{lb} 和 R_{l+p} 分别升高了 29.52%、51.31%、41.95%、49.6%、41.89%和 43.21%，说明在节水达 50%时，ADI 和 FDI 处理较常规滴灌升高了苹果幼树总水流阻力及冠层各组成部分水流阻力，对 ADI 处理而言，R_{l+p} 增幅较大，R_t 增幅较小，而 R_{lb} 反而有所降低，这样使得 ADI 处理的节水调控能力得到明显提高。

从表 12-15 还可以看出，苹果幼树各组成部分水流阻力随 NaCl 浓度的增加而增大。S_1、S_2 和 S_3 与对照 CK 相比，在 ADI 处理下，R_r 及 R_t 分别升高了 8.14%和 16.21%、85.68%

和 67.95%、212.67%和 155.58%，FDI 处理下，R_r 及 R_t 分别升高了 1.34%和 9.37%、48.19%和 42.38%、182.76%和 136.39%，在 CDI 处理下，R_r 及 R_t 分别升高了 13.03%和 13.28%、129.47%和 91.05%、323.42%和 197.66%。与对照 CK 相比，在 ADI 处理下，S_1、S_2 和 S_3 的 R_{l+p} 分别升高了 6.39%、49.02%和 99.2%，FDI 处理下，R_{l+p} 分别升高了 16.42%、9.98%和 71.44%，在 CDI 处理下，R_{l+p} 分别升高了 10.39%、95.97%和 121.4%。可见，当苹果幼树生长在盐胁迫的环境中，CDI 处理受盐胁迫的影响最大，而对 ADI 和 FDI 处理的影响较小。

12.3.3.7 滴灌模式和 NaCl 处理对水分利用效率的影响

由图 12-11 可以看出，滴灌方式和 NaCl 处理对灌溉水利用效率（WUE_i）的影响达极显著水平。在相同 NaCl 处理下，与 CDI 处理相比，虽然 ADI 处理的灌溉水量减少 50%，但 ADI 处理的 WUEi 反而高出了 CDI 处理达 16.96%。

从图 12-12 还可以看出，在相同滴灌方式下，与对照 CK 相比，在 ADI 处理下，S_1、S_2 和 S_3 的 WUE_i 分别降低了 8.02%、35.69%和 43.27%，FDI 处理下，S_1、S_2 和 S_3 的 WUE_i 分别降低了–18.88%、25.69%和 36.64%，在 CDI 处理下，S_1、S_2 和 S_3 的 WUE_i 分别降低了 7.29%、35%和 46.68%。可见，NaCl 处理浓度较低的 S_1 对 WUE_i 的影响并不明显，而较高浓度的 S_2 和 S_3 对 WUE_i 的影响较明显。

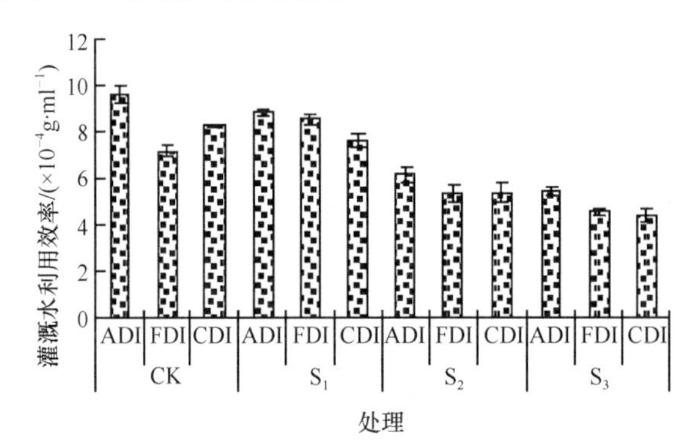

图 12-11 滴灌方式和 NaCl 处理对苹果幼树灌溉水利用效率的影响

12.3.3.8 滴灌模式和 NaCl 处理下苹果幼树水流阻力与水分利用的关系

叶水分利用效率（WUE_l）与叶水流阻力（R_{l+p}）、灌溉水利用效率（WUE_i）与总水流阻力（R_t）的关系如图 12-12 所示，WUE_l 与 R_{l+p}、WUE_i 与 R_t 的关系均为对数关系（图 12-12）。尽管水分利用效率随着水流阻力的减小而增大，但由于 ADI 处理的气孔限制和根系的吸水补偿效应使得拟合曲线的相关系数均取得最大值。在相同的 R_{l+p} 或 R_t 下，ADI 处理的 WUE_l 和 WUE_i 均取得最大值，CDI 处理取得最小值；ADI 处理取得较高的 WUE_l 和 WUE_i 归因于较大的 R_{l+p} 和 R_t 及其较小的根水流阻力（R_r）。

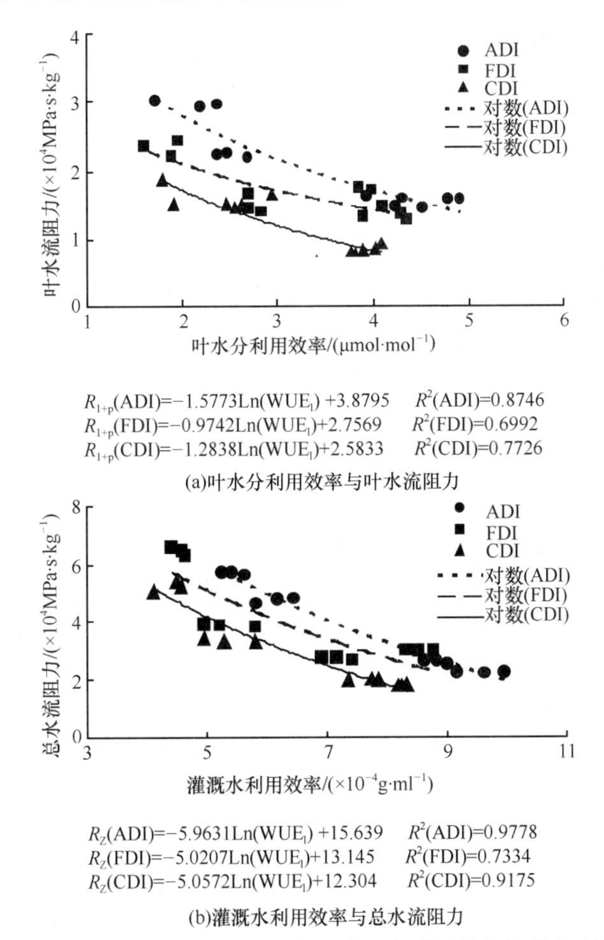

图 12-12　叶水分利用效率与叶水流阻力、灌溉水利用效率与总水流阻力的关系

12.3.4　结论与讨论

与常规滴灌处理相比，ADI 处理不仅节水达 50%，而且在盐胁迫环境中，其根系干物质量和根水流阻力下降不明显，在高浓度盐分胁迫环境根水流阻力反而提高，但叶水流阻力、冠层水流阻力和总水流阻力均显著提高。因此，ADI 处理提高了调控植物体内水分平衡的能力。叶水分利用效率与叶水流阻力、灌溉水利用效率与总水流阻力的关系均为对数关系。ADI 处理取得较高的叶水分利用效率和灌溉水利用效率归因于较大的叶水流阻力和较小的根水流阻力。

1）盐胁迫和 ADI 处理对苹果幼树生长的影响

本研究表明，不同滴灌方式使得 NaCl 对苹果幼树生长和水分传导产生较大影响。NaCl 处理 60 d 后，随着 NaCl 浓度的增加各滴灌方式的干物质、叶面积和净生长量均显著降低。在相同的 NaCl 处理下，与 CDI 相比，ADI 处理节水达 50%，平均根系（WD_r）、冠层（WD_{sh}）和总干物质量（WD_t）分别下降了 8.7%、12.4%和 10.63%；从苹果幼树生长的外观症状观察发现，高浓度盐分处理(S_3)后叶片逐渐变黄、变干甚至脱落，他人的研究表明，这些伤害症状与较高的 pH 通过诱导水分和养分胁迫有关(Islam et al.，1980)；Nastou 等(1999)的研究也表明，在较长时间盐胁迫下，叶肉阻力增加的主要原因是离子浓度增加。因此导致树体总光合面积的下降和叶片同化能力的降低，最终导致植物生长受抑制。本研究表明，水分传导与干物质间均存在显著的线性正相关关系，说明苹果幼树的水分传导与其生长密切相关。Apostol 等(2004)的研究表明，NaCl 处理后显著地抑制了植物的生长，通过根系与冠层比较发现，盐分对冠层生长的影响较根系大，根系储存的 Na^+相对较多，而冠层及在木质部汁液中积累了较高浓度的 Cl^-，导致离子毒害的发生，从而导致生长减缓，水分传导降低。

2）盐胁迫和 ADI 处理对苹果幼树水分传导的影响

受盐胁迫影响其水分传导显著减小，植物通过减少内部的渗透势，以实现水分的吸收并且维持膨压，保持苹果幼树体内水分平衡。NaCl 含量较高导致 K_r 减少(Navarro et al.，2007；Martínez et al.，2000)。本试验也表明，随着 NaCl 浓度的增加各处理 K_r 均显著降低。在相同 NaCl 处理下，与 CDI 相比，虽然 ADI 处理节水达 50%，但 ADI 处理的平均 K_r 仅降低了 10.72%。说明 ADI 处理对 K_r 具有一定的促进作用。随着 NaCl 浓度增大到 S_2 和 S_3，ADI 处理的 K_r 均高于 CDI，可见 ADI 处理提高了根系抗盐分胁迫能力。与对照 CK 处理相比发现，在含盐量较高的 S_3、S_2、S_1 的叶面积，K_r、K_{sh} 和 K_{l+p} 的平均降幅大小顺序均为 CDI＞ADI＞FDI。说明 NaCl 浓度对 CDI 处理影响最大。加之随着 NaCl 浓度的增大盐分离子对苹果幼树根系毒害增强，CDI 每次对南北两侧根系均灌水，导致根系吸收离子较多，而 ADI 和 FDI 处理每次仅对一侧根系灌水，干燥侧根系对盐分离子的吸收起阻碍作用，从而导致 NaCl 浓度较高时对生长的影响并没有 CDI 明显。另外盐分对 K_r 的影响可能涉及水通道蛋白对其的调控，水通道蛋白广泛分布于活的生物体中，在膜外侧形成大的中心空腔，提高了生物膜对水的渗透性。ADI 和 FDI 的干燥侧根系会诱导产生化学信号 ABA，而一些学者的研究表明 ABA 具有调节水通道蛋白活性、增加 K_r 的功能(Zhang et al.，2003；Hose and Hartung，1999)，而且随着 NaCl 浓度的增大，较高的 NaCl 浓度诱导幼树发生水分、养分胁迫，CDI 在根区两侧灌溉减小了土壤的通透性，使得氧气缺乏，臭氧浓度增大，而缺氧可以增加 Na^+ 进入根系和容许更多的 NaCl 进入木质部，根系缺氧也抑制根系水通道蛋白，导致 K_r 降低(Zhang and Tyerman，1991)。对 K_{l+p} 而言，ADI 和 FDI 的值均显著地小于 CDI。Nastou 等(1999)对盐胁迫下柠檬叶片解剖结构的观察发现，盐胁迫诱导叶肉细胞数目增多且体积变大，使细胞间隙变小，气孔阻力增加也是引起 K_{l+p} 变小的一个重要因素。本研究也表明，ADI 处理的干物质、叶面积、净生长量及 K_r 均高于 FDI 处理。一些学者认为 FDI 处理干燥侧 K_r 降低是引起总 K_r 降低的主要原因(胡田田和康绍忠，2007)。同时 ADI 处理在根区不断的轮回交替灌溉对根系生长具有反复刺激作用，而 FDI 处理非灌水侧由于长时间的干燥，一方面使得该侧的根系生长减缓、衰老甚至死亡(康绍忠等，2001)，另一方面使得根木质部、栓塞化程度加重，从而导致 ADI 处理的生长状况和 K_r 的影响程度小于 FDI 处理。

3）盐胁迫和 ADI 处理对苹果幼树水流阻力的影响

过去的研究和实践表明，盐分主要通过诱导植物水分胁迫、营养不平衡和离子毒害等来影响植物生长及生理生态特性(Franklin and Zwiazek，2004)。叶水流阻力(R_{l+p})、冠层水流阻力(R_{sh})和总水流阻力(R_t)分别提高了 74.85%、35.33%和 15.22%(表 12-15)，平均光合速率、蒸腾速率和气孔导度仅分别下降了 4.7%、15.83%和 12.4%(表 12-13)，这与前人的结果保持一致(薛延丰和刘兆普，2008；Carmen et al.，2006)，对 R_{l+p} 而言，ADI 和 FDI 处理均显著地高于 CDI。Navarro 等(2007)对盐胁迫下柠檬叶片解剖结构的研究发现，盐胁迫诱导叶肉细胞数增多且体积增大，使细胞间隙变小，同时 ADI 和 FDI 处理的气孔开度减小，导致气孔阻力增加也是引起 R_{l+p} 增大的一个重要因素。但 ADI 处理的平均根水流阻力(R_r)反而降低了 0.53%，这是由于 CDI 在根区两侧均灌溉，减小了土壤的通透性，使得氧气缺乏，臭氧浓度增大，而缺氧可以增加 Na^+进入根系和容许更多的 NaCl 进入木质部，根系缺氧也抑制根系水通道蛋白，导致根系水分传导(K_r)降低(Zhang and Tyerman，1991)，同时 ADI 和 FDI 的干燥侧根系诱导产生的脱落酸(ABA)具有调节水通道蛋白活性、增加 K_r 的功能(Zhang et al.，2003)，而 K_r 与 R_r 呈倒数关系，因此，ADI 处理的 R_r 反而降低。虽然 ADI 处理的 R_r 有所降低，K_r 增大，但蒸腾速率和气孔导度并没有增加，反而显著降低(表 12-13)，这与一些学者的研究结果并不一致(Juan et al.，2010)，这是由于一方面 ADI 处理每次仅对一侧根系灌水，根系从土壤中获取有效水分主要通过灌水侧约一半根系完成，导致通过根系吸收累积的 Na^+和 Cl^-较 CDI 大大减少，减轻了离子毒害的程度；另一方面部分根区灌溉时未灌水侧根系产生的 ABA 随植物体内水分传输给叶片，使得气孔开度大大减小，从而使蒸腾速率显著下降。从苹果幼树生长的外观症状观察发现，在 CDI 处理下，高浓度 NaCl 处理(S_3)后叶片逐渐变黄、变干甚至脱落，而 ADI 处理并没有受到明显影响，这是由于 ADI 处理不断对两侧根系轮回交替灌水，反复刺激干燥侧根系使其较快生长，加之，植物体内累积的 Na^+和 Cl^-较少，有利于根系向冠层供水，而 CDI 处理诱导苹果幼树发生明显的水分胁迫；他人的研究表明，这些伤害症状与较高的 pH 通过诱导水分和养分胁迫有关(Islam et al.，1980)；Nastou 等(1999)的研究也表明，在长时间盐胁迫下，叶肉阻力增加的主要原因是离子浓度增加，作者的研究表明，气孔开度减小甚至关闭也是引起叶肉阻力增加的重要方面。因此，导致树体总光合面积的下降和叶片同化能力的降低，最终植物生长受抑制，R_{l+p}、R_{sh} 和 R_t 均提高。

4）盐胁迫和 ADI 处理对苹果幼树光合生理的影响

本研究也表明，ADI 处理的干物质量和光合作用均高于 FDI 处理，但 R_r、R_{sh} 和 R_t 均低于 FDI 处理。过去的研究表明，FDI 处理干燥侧根系水分传导降低是引起总根系水分传导降低的主要原因(胡田田和康绍忠，2007)，从而使 R_r 显著下降。同时 ADI 处理在根区两侧反复的轮回交替灌水对根系生长具有一定的刺激作用，而 FDI 处理未灌水侧长时间的干燥，一方面使得该侧的根系生长减缓、衰老甚至死亡(康绍忠等，2001)，另一方面使得根木质部、栓塞化程度加重，从而导致 FDI 处理的生长状况、光合生理、R_r、

R_{sh} 和 R_t 均受较大影响。

5）盐胁迫和 ADI 处理下苹果幼树的水流阻力与水分利用的关系

本研究表明，在盐胁迫环境中，叶水分利用效率（WUE_l）与叶水流阻力（R_{l+p}）、灌溉水利用效率（WUE_i）与总水流阻力（R_t）的关系均为对数关系。虽然 ADI 处理较 CDI 处理节水达 50%，但在相同的水流阻力下，ADI 处理的 WUE_l 和 WUE_i 均取得最大值，CDI 处理取得最小值；ADI 处理取得较高的 WUE_l 和 WUE_i 归因于较大的 R_{l+p} 和 R_t 及其较小的根水流阻力（R_r）。Apostol 等（2004）的研究表明，NaCl 处理后显著地抑制了植物的生长，通过根系与冠层比较发现，盐分对冠层生长的影响较根系大，根系贮存的 Na^+ 相对较多，而在冠层及木质部汁液中积累了较高浓度的 Cl^-，导致离子毒害的发生，从而导致生长减缓，水流阻力增大。本试验表明，在相同的 NaCl 处理下，与 CDI 处理相比，ADI 处理节水达 50%，ADI 处理的 R_r 不但没有增大反而有所降低，这样使得 ADI 处理的根系从土壤中获取水分的能力明显增强，但 ADI 处理每次仅对一侧根系灌水，根系从土壤中获取有效水分主要通过灌水侧约一半根系完成，干燥侧根系对盐分离子的吸收起阻碍作用，导致通过根系吸收的 Na^+ 和 Cl^- 的量较 CDI 大大减少，因此，ADI 处理对苹果幼树的生长和光合生理的影响程度较小，但蒸腾速率和气孔开度大大减小，从而使得 WUE_l 和 WUE_i 显著提高。

6）在盐胁迫环境中 ADI 处理提高了苹果幼树的节水调控和抗盐分胁迫能力

植物体内的水流阻力被认为是控制土壤-植物系统水分运动的重要因素，反映了植物对环境特别是盐分胁迫的能力。在节水达 50%的前提下，与 CDI 处理相比，在 CK 和 S_1 处理下，ADI 处理的 R_r 分别升高了 21.98%和 16.67%，FDI 处理的 R_r 分别升高了 54.02%和 38.11%，而在 S_2 和 S_3 处理下，ADI 处理的 R_r 反而比 CDI 降低了 1.34%和 9.96%，FDI 处理的 R_r 分别低于 CDI 达 0.55%和–2.84%。可见，随着 NaCl 浓度增大到 S_2 和 S_3，部分根区滴灌模式特别是 ADI 处理提高了抗盐分胁迫能力。ADI 处理的 R_{l+p} 分别提高了 50.5%和 78.07%，但 ADI 处理的平均 R_r 反而降低了 1.34%和 9.96%。可见，采用 ADI 处理进行灌溉显著地提高了调控植物体内水分平衡的能力。因此，ADI 处理的 R_{l+p} 显著提高，大大减小了植物体内水分的散失，同时，降低了 R_r，提高了根系获取土壤水分的能力，是引起水分利用效率提高的重要原因之一，不仅提高了节水调控能力，而且也增强了抗盐分胁迫能力。

可见，ADI 处理的苹果幼树提高了抗盐分胁迫能力，使得根系吸水能力增强，但 K_{l+p} 明显降低，从而大大减小了叶片无效的水分蒸腾，也有利于维持苹果幼树体内水分平衡。因此，采用 ADI 方式进行灌溉提高了苹果幼树的节水调控能力，而且也增强了抗盐分胁迫能力。分根交替滴灌条件下土壤盐分对植物生长的影响还受灌水周期、滴灌管布设参数、灌水定额和滴头流量等诸多因素的影响，还需要进行更深入的研究。

参 考 文 献

程瑞平，束怀瑞，顾曼如. 1992. 水分胁迫对苹果树生长和叶中矿质元素含量的影响. 植物生理学通讯，28（1）：32-34

崔晓阳，宋金凤，屈明华. 2004. 土壤水势对水曲柳幼苗水分生态的影响. 应用生态学报，15(12)：2237-2244
杜太生，康绍忠，夏桂敏，等. 2005. 滴灌条件下不同根区交替湿润对葡萄生长和水分利用的影响. 农业工程学报，21(11)：43-48
杜中军，翟衡，罗新书，等. 2002. 苹果砧木耐盐性鉴定及其指标判定. 果树学报，19(1)：4-7
高光林，姜卫兵，俞开锦，等. 2003. 盐胁迫对果树光合生理的影响. 果树学报，20(6)：493-497
郭庆荣，李玉山. 1998. 土壤-植物系统中水流阻力变化和分布规律的研究. 应用生态学报，9(1)：32-36
郭庆荣，李玉山. 1999. 植物根系吸水过程中根系水流阻力的变化特征. 生态科学，18(1)：30-34
胡田田，康绍忠. 2007. 局部湿润方式对玉米不同根区土-根系统水分传导的影响. 农业工程学报，23(2)：11-16
胡田田，康绍忠，原丽娜，等. 2008. 不同灌溉方式对玉米根毛生长发育的影响. 应用生态学报，19(6)：1289-1295
康绍忠，蔡焕杰. 2002. 作物根系分区交替灌溉和调亏灌溉的理论与实践. 北京：中国农业出版社
康绍忠，刘晓明. 1993. 玉米生育期土壤-植物-大气连续体水流阻力与水势的分布. 应用生态学报，4(3)：260-266
康绍忠，潘英华，石培泽，等. 2001. 控制性作物分区交替灌溉的理论与试验. 水利学报，11：80-86
康绍忠，张建华. 1997. 不同土壤水分与温度条件下土-根系统中导水率的变化及其相对重要性. 农业工程学报，2(13)：76-81
康绍忠，张建华，梁建生. 1999. 土壤水分与温度共同作用对植物根系水分传导的效应. 植物生态学报，23(3)：211-219
李凤民，王俊，郭安红. 2000. 供水方式对春小麦根源信号和水分利用效率的影响. 水利学报. 1：23-27
李志军，张富仓，康绍忠. 2005. 控制性根系分区交替灌溉对冬小麦水分与养分利用的影响. 农业工程学报，21(8)：17-21
梁宗锁，康绍忠，石培泽，等. 2000. 隔沟交替灌溉对玉米根系分布和产量的影响及其节水效益. 中国农业科学，33(6)：26-32
廖建雄，王根轩. 2000. 光照和水流阻力对小麦蒸腾波动的影响. 作物学报，26(5)：605-608
刘晓燕，李吉跃. 2003. 从树木水力结构特征探讨植物耐旱性. 北京林业大学学报，25(3)：48-54
刘永贤，李伏生，农梦玲. 2009. 烤烟不同生育时期分根区交替灌溉的节水调质效应. 农业工程学报，25(1)：16-20
山仑，徐萌. 1991. 节水农业及其生理生态基础. 应用生态学报，2(1)：70-76
眭晓蕾，张振贤，张宝玺，等. 2006. 不同基因型辣椒光合及生长特性对弱光的响应. 应用生态学报，17(10)：1877-1882
王周锋，张岁岐，刘小芳. 2005. 玉米根系水流导度差异及其与解剖结构的关系. 应用生态学报，16(12)：2349-2352
武永军，刘红侠，梁宗锁，等. 1999. 分根区干湿交替对玉米光合速率及蒸腾效率的影响. 西北植物学报，19(4)：605-611
薛延丰，刘兆普. 2008. 不同浓度 NaCl 和 Na_2CO_3 处理对菊芋幼树光合及叶绿素荧光的影响. 植物生态学报，32(1)：161-167
杨启良，张富仓. 2009. 根区不同灌溉方式对苹果幼树水流阻力的影响. 应用生态学报，20(1)：128-134
杨启良，张富仓，刘小刚，等. 2009. 不同滴灌方式和 NaCl 处理对苹果幼树生长和根系水分传导的影响. 植物生态学报，33(4)：824-832
杨启良，张富仓，刘小刚，等. 2011. 环境因素对植物导水率影响的研究综述. 中国生态农业学报，19(2)：456-461
袁国富，罗毅，唐登银，等. 2002. 冬小麦不同生育期最小冠层阻力的估算. 生态学报，22(6)：930-934
袁琳，克热木 · 伊力，张利权. 2005. NaCl 胁迫对阿月浑子实生苗活性氧代谢与细胞膜稳定性的影响. 植物生态学报，29(6)：985-991
张建锋，张旭东，周金星，等. 2005. 盐分胁迫对杨树苗期生长和土壤酶活性的影响. 应用生态学报，16(3)：426-430
张岁岐，山仑. 2002. 植物水分利用效率及其研究进展. 干旱地区农业研究，20(4)：1-5
Apostol K G，Zwiazek J J，MacKinnon M D. 2004. Naphthenic acids affect plant water conductance but do not alter shoot Na^+ and Cl^- concentrations in jack pine (*Pinus bankshiana*) seedlings. Plant and Soil，263：183-190
Caspari H，Neal S，Alspach P. 2004. Partial root zone drying—a new deficit irrigation strategy for apple. Acta Hort，646：93-100
Clarkson D，Carvajal M，Henzler T，et al. 2000a. Root hydraulic conductance：diurnal aquaporin expression and the effects of nutrient stress. J Exp Bot，51：61-70
Clarkson D，Carvajal M，Henzler T，et al. 2000b. Temperature effects on hydraulic conductance and water relation of *Quercus robur* L. J Exp Bot，51：1255-1259
Cohen S，Naor A，Bennink J，et al. 2007. Hydraulic resistance components of mature apple trees on rootstocks of different vigours. Journal of Experimental Botany，58(15/16)：4213-4224
Czerniawska K I，Kusza G，Dużyński M. 2004. Effect of deicing salts on urban soils and health status of roadside trees in the Opole region . Environ Toxicol，19：296-301
Du T，Kang S，Zhang J，et al. 2008. Water use efficiency and fruit quality of table grape under alternate partial root-zone drip irrigation. Agric Water Manage，95(6)：659-668
Ekanayake I J，O' Toole J C，Garrity D P. 1985. Inheritance of root characters and their relations to drought resistance in rice. Crop Science，25：927-933
Fernández-Gálvez J，Simmonds L P. 2006. Monitoring and modelling the three-dimensional flow of water under drip irrigation.

Agricultural Water Management，83：197-208

Francesco R，Maria R G，Angelo N，et al. 2007. Stomatal conductance and leaf water potential responses to hydraulic conductance variation in *Pinus pinaster* Aiton seedlings. Trees，21：371-378

Franklin J A，Zwiazek J J. 2004. Ion uptake in *Pinus bankshiana* treated with sodium chloride and sodium sulfate. Physiol Plant，120：482-490

Goldhamer D，Salinas M，Crisosto C，et al. 2002. Effects of regulated deficit irrigation and partial root zone drying on late harvest peach tree performance. Acta Hort，592：345-350

Graterol Y，van E，Eisenhauer D，et al. 1993. Alternate-furrow irrigation for soybean production. Agric Water Manage，24：133-145

Häussling M，Jorns C，Lehmbecker G，et al. 1988. Ion and water uptake in relation to root development in Norway spruce（*Picea abies*（L.）Karst.）. J Plant Physiol，133：486-491

Hose E，Hartung W .1999. The effect of abscisic acid on water transport through maize roots. J Exp Bot，50（Suppl）：40-51

Hose E，Steudle E，Hartung W. 2000. Abscisic acid and hydraulic conductivity of maize roots：a study using cell- and root-pressure probes. Planta，211：874-882

Hu T，Kang S，Li F，et al. 2009. Effects of partial root-zone irrigation on the nitrogen absorption and utilization of maize. Agric Water Manage，96：208-214

Hu T，Kang S，Li F，et al. 2011. Effects of partial root-zone irrigation on hydraulic conductivity in the soil–root system of maize plants. Journal of Experimental Botany，62（12）：4163-4172

Hu T，Kang S. 2007. Effects of localized irrigation model on hydraulic conductivity in soil-root system for different root-zones of maize. Trans CSAE，23（2）：11-16（in Chinese with English abstract）

Hubbard R，Bond B，Ryan M.1999. Evidence that hydraulic conductance limits photosynthesis in old *Pinus* ponderosa trees. Tree Physiol，111：413-417

Islam A K，Edwards D G，Asher C J .1980. PH optima for crop growth. Results of a flowing solution culture experiment with six species. Plant Soil，54：339-357

Josefa M N，Consuelo G，Vicente M，et al. 2003. Water relations and. xylem transport of nutrients in pepper plants grown under two different salts stress regimes. Plant Growth Regulation，41：237-245

Juan R G，Diego S I，Eduardo P M，et al. 2010. Relationships between xylem anatomy，root hydraulic conductivity，leaf/root ratio and transpiration in citrus trees on different rootstocks. Physiologia Plantarum，139：159-169

Kang S Z，Zhang J H. 2004. Contr olled alternate partial rootzone irrigation：its physiological consequences and impact on water use efficiency. Journal of Experimental Botany，55（407）：2437-2446

Kang S，Cai H. 2002. Theory and Practice of the Controlled Alternate Partial Root Zone Irrigation and Regulated Deficit Irrigation. Beijing：China Agricultural Press

Kang S，Hu X，Goodwin I，et al. 2002. Soil water distribution，water use and yield response to partial rootzone drying under flood-irrigation condition in a pear orchard. Scientia Hortic，92：277-291

Kang S，Hu X，Jerie P，et al. 2003. The effects of partial rootzone drying on root，trunk sap flow and water balance in an irrigated pear（*Pyrus communis* L.）orchard. J Hydrol，280：192-206

Kang S，Zhang J. 1997. Hydraulic conductivities in soil-root system and relative importance at different soil water potential and temperature. Trans CSAE，2：76-81（in Chinese with English abstract）

Kirch H，Vera-Estrella R，Golldack D，et al. 2000. Expression of water channel proteins in *Mesembryanthemum crystallinum*. Plant Physiol，123：111-124

Kirda C，Cetin M，Dasgan Y，et al. 2004. Yield response of greenhouse grown tomato to partial root drying and conventional deficit irrigation. Agric Water Manage，69：191-201

Klepper B. 1983. Managing root systems for efficient water use：axial resistances to flow in root system-anatomical considerations，limitations to efficient water use in crop production. *In*：Taylor H M，Jordan W R，Sinclair T R. Soil Science Society of America. Madison W I，USA：115-126

Kramer P J，Boy J S. 1995. Water Relation of Plant and Soil. Orlando：Academic Press

Leib B，Caspari H，Redulla C，et al. 2006. Partial rootzone drying and deficit irrigation of 'Fuji' apples in a semi-arid climate. Irrig Sci，24：85-99

Li F，Liang J，Kang S，et al. 2007. Benefits of alternate partial root-zone irrigation on growth，water and nitrogen use efficiencies modified by fertilization and soil water status in maize. Plant Soil，295：279-291

Liang Z, Kang S, Shi P, et al. 2000. Effect of alternate furrow irrigation on maize production, root density and water-saving benefit. Sci Agric Sin, 33(6): 26-32 (in Chinese, with English abstract)

Lo Gullo M, Nardini A, Salleo S.1998. Changes in root hydraulic conductance of *Olea oleaster* seedlings following drought stress and irrigation. New Phytol, 140: 25-31

Lopez-Berenguer C, Garcia-Viguera C, Carvajal M. 2006. Are root hydraulic conductivity responses to salinity controlled by aquaporins in broccoli plants. Plant and Soil, 279: 13-23

Lovelock C E, Ball M C, Feller I C, et al. 2006. Variation in hydraulic conductivity of mangroves: influence of species, salinity, and nitrogen and phosphorus availability. Physiologia Plantarum, 127: 457-464

Loveys B, Stoll M, Dry P, et al. 1998. Partial rootzone drying stimulates stress responses in grapevine to improve water use efficiency while maintaining crop yield and quality. Aust Grapegrow Winemak Annu Tech Issu, 414: 108-113

Martínez-Ballesta M C, Aparicio F, Pallás V, et al. 2003. Influence of saline stress on root hydraulic conductance and PIP expression in *Arabidopsis*. J Plant Physiol, 160: 689-697

Martínez-Ballesta M C, Martínez V, Carvajal M. 2000. Regulation of water channel activity in whole roots and in protoplasts from roots of melon plants grown under saline conditions. Aust J Plant Physiol, 27: 685-691

Martre P, North G, Nobel P. 2001. Hydraulic conductance and mercury-sensitive water transport for roots of *Opuntia acanthocarpa* in relation to soil drying and rewetting. Plant Physiol, 126: 352-362

McCully M, Canny M. 1988. Pathways and processes of water and nutrient movement in roots. Plant Soil, 111: 159-170

Monteith J, Unsworth M. 2007. Principles of Environmental Physics. London: Edward Arnold

Nardini A, Lo Gullo M, Salleo S.1998. Seasonal changes of root hydraulic conductance (KRL) in four forest trees: an ecological interpretation. Plant Ecol, 139: 81-90

Nastou A, Chartaoulakis K, Atherios I. 1999. Leaf anatomical responses, ion content and CO_2 assimilation in three lemon cultivars under NaCl salinity. Adv in Hort Sci, 13(2): 61-67

Navarro A, Bañon S, Olmos E, et al. 2007. Effects of sodium chloride on water potential components, hydraulic conductivity, gas exchange and leaf ultrastructure of *Arbutus unedo* plants. Plant Science, 172: 473-480

Navarro J M, Garrido C, Martinez V, et al. 2003. Water relations and xylem transport of nutrients in pepper plants grown under two different salts stress regimes. Plant Growth Regulation, 41(3): 237-245

North G B, Nobel P S. 1992. Drought-induced changes in hydraulic conductivity and structure in roots of *Ferocactus acanthodes* and *Opuntia ficus-indica*. New Phytologist, 120: 9-19

North G, Nobel P. 1991. Changes in hydraulic conductivity and anatomy caused by drying and rewetting roots of A gave deserti (A gavaceae). Amer J Bot, 78: 906-915

North G, Nobel P. 1996. Radial hydraulic conductivity of individual root tissues of *Opuntia ficus-indica* (L.) miller as soil moisture varies. Ann Bot, 77: 133-142

Poni S, Tagliavini M, Neri D, et al. 1992. Influence of root pruning and water stress on growth and physiological factors of potted apple, grape, peach and pear trees. Scientia Horticulturae, 52: 223-226

Radin J, Matthews M. 1989. Water transport properties of cortical cells in roots of nitrogen and phosphrus deficient cotton seedlings. Plant Physiol, 89: 264-268

Robinson D. 1994. The responses of plants to non-uniform supplies of nutrients. New Phytol, 127: 635-674

Rodriguez-Gamira J, Intrigliolo D S, Primo-Milloa E, et al. 2010. Relationships between xylem anatomy, root hydraulic conductivity, leaf/root ratio and transpiration in citrus trees on different rootstocks. Physiologia Plantarum, 139(2): 159-169

Sepaskhah A, Kamgar-Haghighi A. 1997. Water use and yields of sugar beet grown under every other furrow irrigation with different irrigation intervals. Agric Water Manage, 34: 71-79

Skinner R, Hanson J, Benjamin J. 1999. Nitrogen uptakes and partitioning under alternate-and every-furrow irrigation. Plant Soil, 210: 11-20

Sperry J, Hacke U, Oren R, et al. 2002. Water deficits and hydraulic limits to leaf water supply. Plant Cell Environ, 25: 251-263

Spreer W, Naglea M, Neidhartb S, et al. 2007. Effect of regulated deficit irrigation and partial rootzone drying on the quality of mango fruits (*Mangifera indica* L. cv. 'Chok Anan'). Agric Water Manage, 88: 173-180

Steudle E. 2000. Water up take by roots: effects of water deficit. J Exp Bot, 51: 1531-1542

Suárez N, Sobrado M A. 2000. Adjustments in leaf water relations of the mangrove, *Avicennia germinans* (L.), grown in a salinity gradient. Tree Physiol, 20: 227-282

Tardieu F, Davies W J. 1993. Integration of hydraulic and chemical signalling in the control of stomatal conductance and water status of droughted plants. Plant Cell Environ, 16: 341-349

Trubat R, Cortina J, Alberto V. 2006. Plant morphology and root hydraulics are altered by nutrient deficiency in *Pistacia lentiscus* (L.). Trees, 20: 334-339

Tyree M T, Cochard H, Cruiziat P, et al. 1993a. Drought-induced leaf shedding in walnut: evidence for vulnerability segmentation. Plant Cell & Environment, 16: 879-882

Tyree M T, Sinclair B, Lu P, et al. 1993b. Whole shoot hydraulic resistance in quercus species measured with a new high-pressure flow meter. Annals Science Forest, 50: 417-423

Veselova S V, Farhutdinov R G, Veselov S Y, et al. 2005. The effect of root cooling on hormone content, leaf conductance and root hydraulic conductivity of durum wheat seedlings (*Triticum durum* L.). Journal of Plant Physiology, 162: 6-21

Wahbi S, Wakrima R, Aganchich B, et al. 2005. Effects of partial rootzone drying (PRD) on adult olive tree (*Olea europaea*) in field conditions under arid climate. Ⅰ. Physiological and agronomic responses. Agric Ecosyst Environ, 106: 289-301

Wang L, de Kroon H, Bogemann G M, et al. 2005. Partial root drying effects on biomass production in *Brassica napus* and the significance of root responses. Plant and Soil, 276: 313-326

Xue Q, Chen P. 1990. Effect of nitrogen nutrition of water status and photosynthesis in water under soil drought. Acta Phyto-Physiol Sin, 16(1): 49-56

Yang Q L, Zhang F C, Li F S. 2011. Effect of different drip irrigation methods and fertilization on growth, physiology and water use of young apple tree. Scientia Horticulturae, 129: 119-126

Yang S, Tyree M. 1993. Hydraulic resistance in the shoots of *Acer saccharum* and its influence on leaf water potential and transpiration. Tree Physiol, 12: 231-242

Younis M E, El Shahaby O A, Hasaneen M N, et al. 1993. Plant growth metabolism and adaptation in relation to stress conditions. XⅧ. Influence of different water treatments on stomatal apparatus, pigments and photosynthetic capacity in *Vicia faba*. Journal of Arid Environments, 25: 221-232

Zhang J, Davies W J. 1990. Changes in the concentration of ABA in xylem sap as a function of changing soil water status can account for changes in leaf conductance and growth. Plant Call Environ, 13: 277-285

Zhang J, Zhang X, Liang J. 2003. Exudation rate and hydraulic conductance of maize roots are enhanced by soil drying and abscisic acid treatment. New Phytol, 131(3): 329-336

Zhang S, Li Y. 1996. Study on effects of fertilizing on crop yield and its mechanism to raise water use efficiency. Res Soil and Water Conserv, 3(1): 185-191

Zhang W H, Tyerman S D. 1991. Effect of low O_2 concentration and azide on hydraulic conductance and osmotic volume of the cortical cells of wheat roots. Aust J Plant Physiol, 18: 603-613

Zimmermann H M. 1983. Xylem Structure and the Ascent of Sap. New York: Springer-Verlag: 143

第13章　保水剂保水持肥特征及作物效应研究

13.1 国内外研究概况

旱地农业节水技术主要包括工程节水技术、农艺节水技术、生物节水技术、化学节水技术和管理节水技术。化学节水技术是农业生产中抗旱节水的一项高新技术，它采用高分子化学成膜物质，喷洒地表后，形成膜状覆盖，既能抑制蒸发，又能透水透气，进而提高植物的水分利用效率和水的利用效率。经过不断试验研究和生产实践，化学节水技术已经成为一种现代农业生产中，即具有现实应用价值、更具发展前景的新技术（黄占斌等，2003；吴德瑜，1991；华孟和苏宝林，1989）。

保水剂是化学节水材料的一种，又称高吸水剂，它能迅速吸收比自身重数百倍甚至上千倍的纯水，而且具有反复吸水功能，保水剂所吸持的大部分水分可释放供作物吸收利用。同时，保水剂可以改良土壤结构，提高土壤的水分保持，提高水肥的利用率(贾朝霞和郑焰，1999；Michael and Cornelis，1985；薛景云，1985)。当土壤中加入保水剂后，保水剂在土壤中吸水膨胀，把分散的土壤颗粒黏结成团块状，使土壤容重下降，孔隙度增加，调节土壤中的水、气、热状况而有利于作物生长。保水剂表面有吸附、离子交换作用，肥料溶液中的离子能被保水剂中的离子交换，减少了肥料的淋失(宋立新，1990)。因此，对保水剂的保水、保肥机制及对玉米生长发育、生理特性、养分吸收，以及水分利用效率的影响进行试验，研究其作用机制，为旱地农业的节水增产、肥料利用效率的提高、现代高效节水农业的发展提供理论依据。

13.1.1 保水剂吸水机制

保水剂属于高分子电解质，它具有空间网状结构，且其分子上有大量的亲水性基团(黄占斌，2005)。保水剂的物理结构和化学结构的特点决定了它能够吸持大量的水分。在物理结构上，高吸水树脂具有三维网络多极空间结构，保水剂在吸水的过程中大量的水分子进入保水剂分子网状结构的网眼内，保水剂吸收这部分水分的过程是物理吸附的过程。从化学结构上来看，高吸水性树脂分子上的亲水性基团的官能团能够电离，并与水分子结合，从而能够吸持大量的水分，保水剂吸收这部分水分的过程是化学吸附的过程。所以说，保水剂吸水的过程是物理吸附和化学吸附共同作用的结果。被物理作用吸附的水分自由度较大，具有普通水的物理化学性质，只是行动受到了保水剂分子网状结构的限制，属于被贮存的自由水。被化学作用吸附的水分自由度较低，属于结合水。被贮存的自由水与结合水在量上，相差2～3个数量级(丁善普和李旭东，1997；林润雄，1998；王解新和陈建定，1999)。保水剂同时具有线型和体型两种结构，保水剂的线型结构决定了它能够在吸水的过程中膨胀，保水剂的体型结构决定了它在吸水的过程中不能无限膨胀。因此，保水剂在水中只膨胀形成凝胶而不溶解。保水剂在吸水的过程中只要其线型结构和空间结构没有破坏，其吸水能力就可以恢复，保水剂就可以重复使用（杜尧东等，2000）。保水剂分子的吸水过程见图 13-1 和图 13-2。

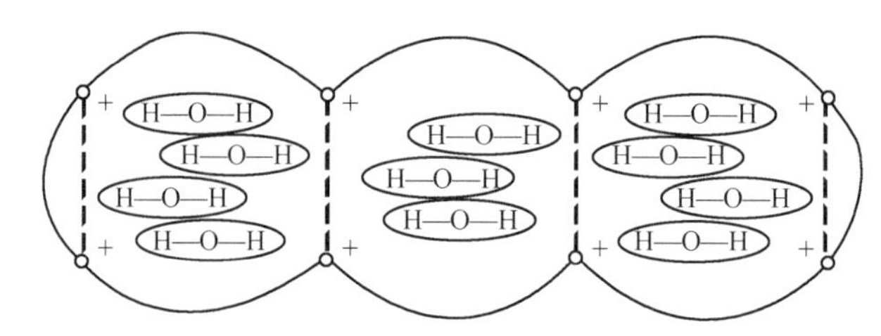

图 13-1　保水剂的分子结构与吸水的关系

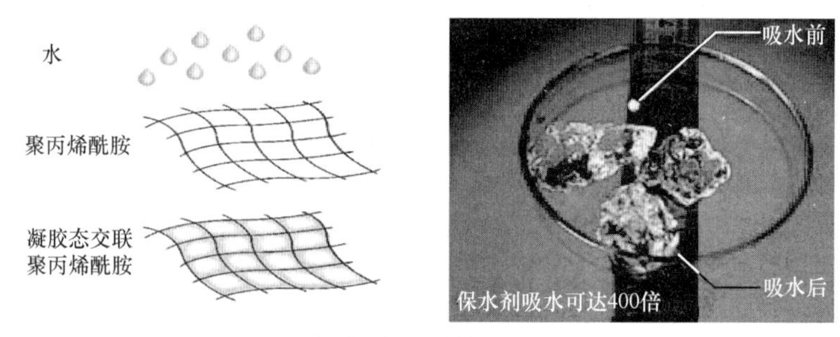

图 13-2　保水剂分子结构及吸水示意图

13.1.2 保水剂国内外研制及应用概况

高吸水性树脂的研究开发始于 20 世纪 60 年代后期。1966 年，美国农业部北方研究所研制出淀粉接枝丙烯腈高吸水性树脂，从此开始了高吸水性树脂的发展。此后各国对高吸水性树脂的制造方法、种类、性能及应用进行了大量的研究。其中，美国和日本的成效最大。1969 年，美国农业部研究中心首先研制出保水剂并应用于农业。1975 年，保水剂进入美国市场，受到农场主的认可，从此保水剂逐渐形成了一个新的科研领域（黄占斌，2005）。1978 年，日本实现了保水剂的工业化生产，而且产量以 20%的速度递增。根据相关资料，高吸水性树脂的需求仍以每年8%的速度递增，需求明显高于其他高分子材料。目前无论生产能力还是应用，日本在保水剂领域均处于领先地位（黄占斌，2005）。随着保水剂的工业化生产，许多国家对保水剂开始了广泛的研究及应用（李元芳等，1988；吴德瑜和梁鸣早，1987）。美国、日本、法国、德国、比利时等发达国家都设立了专门的研究机构，近 30 个国家已将其应用于旱地植树造林、果园、苗圃建设、公路行道树的种植、矿区的绿地恢复等领域（Parichehr and Nofziger，1981；Seybold，1994）。

我国保水剂的研制研究工作起步较晚，但是发展速度较快。自 20 世纪 80 年代有保水剂专利以来，目前已有 40 多个单位进行该方面的研究。国内生产厂家研制的保水剂类型主要有：淀粉-丙烯腈接枝共聚、淀粉-丙烯酸接枝共聚、丙烯酸钠-丙烯酰胺类单体交联共聚、丙烯酸钠-其他单体制备保水剂等。但由于产品质量不高，不能连续生产，至今没有工业化生产装置，同国外相比，无论规模上还是产品质量上都有很大差距（黄占斌，

2005)。虽然我国的保水剂技术还不成熟，但在科研部门和生产厂家的共同努力下，保水剂技术有了较快的发展，目前在经济作物、花卉蔬菜、果树林木、草坪培植等方面得到了广泛应用(黄占斌，2005)。

13.1.3 保水剂基本性能指标研究进展

保水剂的基本性能指标包括吸水倍率、吸水速率、保水能力等。吸水倍率是衡量保水剂性能的主要指标，是指保水剂所吸收的水分质量与自身质量的比值。目前测量保水剂吸水倍率的方法主要是自然过滤法。一般在蒸馏水、自来水、盐溶液、肥料溶液等中测定保水剂的吸水倍率，进而分析保水剂的性能。吸水速率反映保水剂在单位时间内吸收的水量。由于保水剂的吸水速率随时间的推移有较大的变化，因此在实际中一般用保水剂的吸液量与时间的关系曲线来分析保水剂的吸水速率。测量保水剂吸水速率的方法有：筛网法、搅拌停止法(黄占斌，2005)。保水剂的保水能力是指保水剂吸水后保持水分不被离析的能力，主要指标有加热条件下的保水率、离心条件下的保水率、在土壤中的保水能力(黄占斌，2005)。保水剂在使用的过程中受到外界条件的影响较大，因此在评价保水剂的性能时还要考虑保水剂的稳定性，主要包括：热稳定性、耐光性、存储稳定性、反复使用性等(黄占斌，2005)。井上光弘等研究了 5 种保水剂与沙土混合后的保水能力，结果表明 5 种保水剂在不同阶段保水能力各不相同(李景生和黄韵珠，1996)，说明不同类型的保水剂性能有较大的差异。陈玉水(1997)测定了保水剂在不同湿度的土壤中的吸水倍率，以及在不同水温的去离子水中的吸水倍率，结果表明，保水剂在含水量为 20%的土壤中的吸水倍率比在渍水土壤中的吸水倍率降低了 63.84%，同时表明，适当增加水温可以提高保水剂的吸水倍率。黄占斌等(2002)研究发现，Ca^{2+}、Mg^{2+}等阳离子对钠类保水剂吸水能力有明显的拮抗作用。当保水剂与尿素混施时，因为尿素中没有离子析出，所以保水剂的吸水倍率几乎不受尿素的影响(Foster and Gary，1990)。陈宝玉等(2004)对 3 种不同类型的保水剂进行反复吸水、烘干试验，经过 27 次的反复试验后，在室温条件下保水剂能保持水分 2 d 之久。刘瑞凤等(2005b)对 PAA-AM/SH 复合保水剂在蒸馏水中进行了吸水-失水-吸水试验，结果发现，经过两次反复吸水失水后保水剂的吸水倍率变化不大，经过 5 次后吸水倍率仅为第一次的 40%。在实际应用时，由于土壤质地、温度、含水量等的不同，以及保水剂使用方法的不同都会使保水剂的使用效果发生变化(李继成，2008)。

13.1.4 保水剂对土壤性状的影响

13.1.4.1 保水剂对土壤持水性能的影响

吴德瑜(1991)对保水剂在土壤中的吸水机制做了深入研究后认为，保水剂施入土壤后，能够抑制土壤蒸发、减少水分的深层渗漏，从而提高土壤的含水量，在土壤中形成一个个“小水库”，当土壤干旱时，保水剂可以缓慢释放出所贮存的水分，供作物根部吸收，从而缓减旱情。大量文献表明，在土壤中加入不同浓度的保水剂，土壤含水量随保水剂浓度的增大而增大(Costigan and Locascio，1982；介晓磊等，2000；林文杰等，2004；

Silberbush et al.，1993；Wallace，1988）。贺湘逸等（1992）将不同浓度的保水剂与红壤土混合，发现 1.2%保水剂处理的土壤的含水量比对照多 2 倍以上。邓敬宁等（1992）的试验也表明，保水剂可使土壤含水量提高 16%～30%。张富仓和康绍忠（1999）用离心机法测定了 BP 保水剂的持水曲线，BP 保水剂吸收的水分在 0～1.5 MPa 吸力段的持水量相当于饱和吸水量的 68%，还有 32%的吸水量在 1.5 MPa 以上。蔡典雄等（1999）研究了 0.2%～1.2%的保水剂与沙土混合后的土壤持水能力，结果表明，在相同的水势条件下，土壤含水量随保水剂用量的增加而增加，在 0～0.6 MPa 水势范围土壤含水量比对照增加了 1.5～35.4 倍。黄占斌等（2004）研究了沙壤土和重壤土中加入 2%的保水剂后土壤含水量的变化，结果得出，保水剂使沙壤土含水量提高了 76%，使重壤土含水量增加了 69%，同时发现保水剂所吸收的水分 90%以上可被作物吸收利用。陈宝玉等（2008）将 0.5%、1.0%、1.5%的保水剂与土壤混合，发现施入保水剂后的混剂土的自然含水率、毛管含水率、田间含水率、饱和含水率较对照都有所提高，且随保水剂用量的增加而增加。

13.1.4.2 保水剂对土壤蒸发的影响

土壤的水分蒸发是农田土壤水分损失的主要原因，许多研究表明，土壤中施入保水剂后可以减少水分的无效蒸发。王一鸣（1996，2000）的研究表明，历时 60 d，0.2%保水剂处理的土壤日均蒸发量较对照减少 0.93 g，抑制蒸发率为 18.75%；历时 30 d，1.0%保水剂处理的土壤日均蒸发量较对照减少 2.84 g，抑制蒸发率为 25.06%。蔡典雄等（1999）的研究表明，保水剂能够抑制土壤水分蒸发，且随保水剂用量的增加，抑制作用越明显，在第 17 天，1.2%保水剂处理土壤的含水量比对照高 9 倍，但当土壤含水量低于凋萎含水量或高于饱和含水量时，保水剂用量处理间的差异不大。杜太生等（2002）对固体水对土壤水分蒸发的影响进行了研究，结果表明，保水剂的施用方式及施用深度对土壤水分的蒸发有一定的影响。谢伯承等（2003）将保水剂分别与沙土和壤土混合后研究保水剂对土壤蒸发的影响，结果表明，保水剂能减少土壤的无效蒸发，沙土的效果要好于壤土。黄占斌等（2004）发现有 0.1%保水剂处理的土壤饱和后自然蒸发至恒重需要 25 d，而对照土壤只需要 16 d，说明保水剂能抑制土壤蒸发。高凤文等（2005a）、刘世亮等 （2005）的试验同样证明，保水剂能减少土壤的无效蒸发。有的研究表明，保水剂对土壤的蒸发没有明显影响，张富仓和康绍忠（1999）研究了 BP 保水剂对轻壤土、中壤土和重壤土 3 种土壤蒸发的影响，结果表明，施用不同浓度的 BP 保水剂，3 种土壤的蒸发均没有显著差异。还有研究认为，土壤中施加保水剂后，土壤的蒸发量反而增大（王砚田等，1990）。

13.1.4.3 保水剂对土壤水稳性团粒结构的影响

土壤团粒结构为近似圆球状的土团，粒径为 0.25～10 mm，农业上最理想的为 2～3 mm。团粒结构较多的土壤，由于空隙性得到改善，因而能协调土壤透水和持水的关系、水分和空气的关系、好气和嫌气的关系，以及保肥和供肥的关系，从而有利于土壤肥力的提高（黎庆淮等，1979）。保水剂施入土壤后吸水膨胀，把分散的土粒黏结成团块状，使土壤的粒度增大，土壤的孔隙发生明显变化，使土壤向有利于作物生长的方向发展。张富仓和康绍忠（1999）研究 BP 保水剂对轻壤土、中壤土和重壤土 3 种不同质地土壤团聚作用的影响，结果发现不同浓度的 BP 保水剂对土壤团聚体有较大的影响；随着 BP 保水剂用量的增大，土壤团聚作用越强，轻壤土效果要好于中壤土和重壤土，主要是因为中壤土和重壤土本身团聚结构较好。何传龙等(2002)的研究表明，1 g · kg^{-1} 保水剂处理的土壤＞0.25 mm 的团聚体含量由对照的 3.6%提高到 4.1%。崔英德等(2003)研究了保水剂用量和保水剂粒径对土壤团聚体含量的影响，结果表明，保水剂能促进土壤团聚体的形成，特别是 0.5～4 mm 粒径的团聚体，同时得出，保水剂用量为 0～0.3%时，保水剂用量与＞0.25 mm 的团聚体含量近似呈线性关系，保水剂粒径越小，土壤团聚作用越明显。黄占斌等(2004)的研究表明，保水剂对土壤中 0.5～5 mm 粒径的团聚体形成影响最明显，且团聚体以大于 1 mm 的大团聚体最多。杨红善等(2005a)研究了 PAAM-atta 和 PAAM 两种保水剂对土壤团聚体的影响，结果表明，两种保水剂均可以促进 0.25～5 mm 团聚体的形成，但当保水剂用量超过 0.25%时，这种作用不明显，甚至是负面的，说明保水剂用量不能过大，否则会破坏土壤结构，造成土壤板结。员学锋等(2005a)的研究表明，施用 PAM 后土壤水稳性团聚体含量比对照有显著提高，且有随 PAM 用量的加大土壤水稳性团聚体含量增多的趋势，各处理中大于 0.25 mm 的团聚体总量较对照平均增加 30.2 %以上。刘瑞凤等(2006)的研究表明，在使用量为 0.5%时，PAA-atta 复合保水剂在 0～10 cm 和 30～40 cm 处，大于 0.25 mm 的团粒含量分别比对照提高 10.01%和 15.60%。所以在实际生产应用时，保水剂的使用要根据土壤结构来确定。

13.1.4.4 保水剂对土壤入渗的影响

Lentz 等(1992)的试验表明，1×10^{-5} 浓度的 PAM 灌溉水能增加 30%～40%的入渗。Levy 等(1992)在连续的模拟喷灌试验中，1×10^{-5}～2×10^{-5} 浓度的 PAM 灌溉水能使入渗量增加 58%～70%。Kristian 等(1998)在类似的模拟喷灌试验中使用 2～4 kg·hm^{-2} 的 PAM，减少了 7%的土壤流失量，增加了 70%的入渗。龙明杰等(2001)的研究表明，保水剂通过抑制土壤表层板结的形成，从而提高土壤透水性，增强土粒间内聚力及提高其抗水蚀性，达到水土保持的目的。雷廷武等(2004)通过室内试验研究，发现 PAM 的施入可以减小沙壤土的入渗率，施用 PAM 对于提高该地区地面灌溉效率将会有很大的作用。王成志等(2006)研究了层施保水剂对滴灌土壤湿润体的影响，结果表明，由于保水剂层的存在，使保水剂层下层的土体水平入渗速率大于垂向入渗速率，使水分保持在距地面较近的范围内，减少了水分的深层渗漏。张振华等(2006)研究了 PAM 对一维垂直积水入渗的入渗率、累积入渗量及湿润锋的影响，结果表明，在同一时刻，PAM 浓度越大，入渗率、累积入渗量越小；PAM 浓度越大，对湿润峰的抑制也越明显。白文波等(2009)研究了保水剂对土壤水分垂直入渗特征的影响，同样得出结论，保水剂能抑制入渗率、累积入渗量及湿润锋移动。

13.1.4.5 保水剂与肥料的相互作用效应

保水剂施入土壤，不但能起到保水、保土的作用，还能起到保肥的作用，同时，施入肥料抑制了保水剂的性能。由于保水剂具有吸收和保蓄水分的作用，因此保水剂可将溶于水中的化肥固定在其中，在一定程度上减少了养分的淋溶损失，达到了节水、节肥、提高水肥利用率的效果(迟永刚等，2005；杜建军等，2007)。国内外学者对保水剂与肥料的相互作用机制进行了大量的研究。李长荣等(1989)的研究表明，NH_4Cl、$Zn(NO_3)_2$等电解质肥料降低了保水剂的吸水倍率，而尿素属于非电解质肥料，因此尿素是水肥耦合的最佳选择。黄占斌等(2002)对钠类保水剂进行了田间试验，表明钠类保水剂与氮肥或氮磷肥混合使用时可以提高吸氮量，氮肥利用率分别提高了 18.27%和 27.06%。Paul 和 Tim(2003)及 Melissa 等(2005b)等通过试验发现，在废水中和动物粪便溶液中加入保水剂可以吸附溶液中的氮磷钾等营养元素。马焕成等(2004)的试验表明，在森林土壤中施入保水剂，土壤中的碱解氮、有效磷、速效钾含量均有所提高，说明保水剂对养分有一定的保蓄作用。员学锋等(2005b)的试验表明，保水剂处理的土壤淋溶液中 NO_3^-、PO_4^{3-}、K^+的浓度较对照平均减少了 45.55%、49.37%、70.24%；保水剂处理的土壤淋溶液中全 N、全 P、全 K 含量明显低于对照，且保水剂浓度越大，这种抑制养分流失的效果越明显。Sojka 等(2006)发现，在土壤中施入保水剂能够促进土壤中的微生物活动，提高土壤养分的利用效率。宫辛玲等(2008)的研究表明，保水剂对溶液中 NH_4^+与 NO_3^-均有明显的吸附作用，作用大小是对 NH_4^+的吸附作用明显高于 NO_3^-，说明保水剂更易于吸附阳离子型的 NH_4^+。

13.1.5 保水剂对作物生长发育的影响

大量研究表明，在保水剂施用量合适的情况下，使用保水剂可以提高出苗率和移栽成活率，可以促进植物根系发育、植株生长发育，从而取得增产效果(Alasdair，1984；Gehring and Levis，1980)。王志玉等(2004)的研究表明，高吸水树脂包衣的大豆出苗时间提前、出苗率提高，同时促进了大豆早期的营养生长，净光合速率较对照也有所提高。也有研究表明，当保水剂施用量过大时，会与种子发生争水现象，从而抑制种子萌芽，降低出苗率和成活率(Bowman and Evans，1991；何腾兵等，1997；李青丰等，1996；肖海华等，2002)。冯金朝等(1993)的研究表明，保水剂使用浓度为 0.1%～0.4%时，玉米种子几乎全部萌芽，而当保水剂使用浓度大于 0.5%时，对玉米种子萌芽产生了不利影响。大量研究表明，施用保水剂对作物具有普遍的增产效果。雷辉俐等(1992)的研究表明，保水剂不同施用量、不同使用时期及不同施用方式对玉米生长生育有一定的影响。胡芬和陈尚漠(2000)研究表明，保水剂不仅对作物生长有促进作用，而且可提高穗粒数和粒重，使水分利用效率提高 23.1%～25.2%。罗维康(2005)研究表明，在相同土壤条件下，施用适量的保水剂，可促进甘蔗生长，增强光合作用，促进糖分积累，提高单产和糖分，经济效益幅度提高 14.04%。刘效瑞等(1993)的研究表明，保水剂使用量过多，也会对作物产量产生不利影响。黄占斌(2005)指出，不同种类的保水剂、不同粒径的保水剂、保水剂的不同使用方式、保水剂的不同施用量对植株生长的影响效果不一。因此，在保水剂的具体使用过程中，不仅要注重保水剂的种类、用量、使用方式，还要考虑土壤、温度、湿度等条件，只有通过试验才能做到兼顾经济效益，才能达节水高效生产目的。

13.2 保水剂与氮肥混施对土壤持水持肥特性的影响

保水剂的成分因生产厂家和剂型而不同，主要种类有淀粉-丙烯腈接枝共聚、淀粉-

丙烯酸接枝共聚、丙烯酸钠-丙烯酰胺类单体交联共聚、丙烯酸钠-其他单体制备保水剂等(黄占斌，2005)。不同种类的保水剂其性能也有所差异。在农业实际生产应用中，影响保水剂使用效果的因素很多，如土壤质地、土壤 pH、离子浓度、保水剂使用方法、保水剂使用量、保水剂颗粒大小等(闫永利等，2007；党秀丽等，2005)。许多学者经过试验证明，盐溶液和肥料会降低保水剂的吸水能力。本节以盐溶液、氮肥溶液对保水剂的吸水能力影响试验为基础，针对 3 种保水剂和氮肥混施在土壤中对土壤持水能力的影响进行研究，从机制方面分析其持水效果，以期为农业生产中保水剂和氮肥的正确施用和合理配比提供理论依据。

13.2.1 材料与方法

13.2.1.1 供试材料

供试保水剂 3 种：①得米高吸水性树脂(PAM)，聚丙烯酰胺；②沃特多功能抗旱保水剂(WT)，凹凸棒(有机)/聚丙烯酸(无机)保水剂；③海明高能抗旱保水剂(HM)，聚丙烯酸钠型。供试土壤为塿土、重壤土，取自西北农林科技大学节水灌溉试验站。

13.2.1.2 研究方法

1)保水剂吸水倍率的测定

准确称取 0.50 g 保水剂，装入已经称重的尼龙网(200 目)袋子中，袋子长 20 cm，宽 15 cm。将装有保水剂的袋子分别放入 500 ml 浓度为 2‰、5‰、8‰的 NaCl、$MgCl_2$、$CaCl_2$、$FeCl_3$、$CO(NH_2)_2$(尿素)、KNO_3、NH_4Cl 溶液中，让其充分吸水 24 h 后，将布袋提起悬空，过滤 1 h，称量装有保水剂的袋子质量，每个处理设 3 个重复。待过滤完毕按照公式 13-1 计算保水剂的吸水倍率：

$$Q=(M_2-M_1)/M_1 \tag{13-1}$$

式中，Q 为保水剂的吸水倍率($g \cdot g^{-1}$)；M_1 为吸水前保水剂的质量(g)；M_2 为吸水后保水剂的质量(g)。

2)施入保水剂与氮肥的土壤持水曲线测定

供试土壤为塿土，供试氮肥为硝酸铵。将塿土风干并过 2 mm 的筛，按干容重 1.3 $g \cdot cm^{-3}$ 与不同浓度的氮肥和不同浓度处理的保水剂充分混合均匀。保水剂施用量处理用占干土重的千分比表示，用量分别为 0‰(CK)、2‰(PAM_1，WT_1，HM_1)、6‰(PAM_2，WT_2，HM_2)、10‰(PAM_3，WT_3，HM_3)；氮肥施用量处理分别为不施氮 CK(N_0)、中氮处理 0.25 $gN \cdot kg^{-1}$ 干土(N_1)、高氮处理 0.50 $gN \cdot kg^{-1}$ 干土(N_2)。每个处理设 2 个重复。将保水剂、土壤、氮肥三者混合均匀放在特制并且规格相同的环刀中，然后放在去离子水中进行吸水饱和，24 h 后取出，放在 PF 离心机(SCR20 型)中进行分离，测定不同处理的土壤持水曲线，同时收集滤液，测定滤液中 NO_3^--N、NH_4^+-N 浓度，NO_3^--N 浓度采用紫外分光光度法测定，NH_4^+-N 浓度采用靛酚蓝比色法测定。

13.2.2 结果与分析

13.2.2.1 盐溶液对 3 种保水剂吸水倍率的影响

表 13-1 为 3 种保水剂在不同盐溶液中的吸水倍率。在去离子水中(对照)PAM、WT 和 HM 保水剂的吸水倍率分别为 231.1 $g \cdot g^{-1}$、348.4 $g \cdot g^{-1}$ 和 470.1$g \cdot g^{-1}$，在自来水中的分别为 120.0 $g \cdot g^{-1}$、165.8 $g \cdot g^{-1}$ 和 171.8 $g \cdot g^{-1}$，在自来水中的吸水倍率分别为对照的 51.9%、47.6%和 36.6%。PAM、WT 和 HM 保水剂在 8‰的 NaCl、$MgCl_2$、$CaCl_2$、$FeCl_3$ 溶液中的吸水倍率分别为 45.3 $g \cdot g^{-1}$、10.0 $g \cdot g^{-1}$、8.9 $g \cdot g^{-1}$、6.4 $g \cdot g^{-1}$，52.9 $g \cdot g^{-1}$、18.0 $g \cdot g^{-1}$、14.8 $g \cdot g^{-1}$、9.2 $g \cdot g^{-1}$ 和 54.5 $g \cdot g^{-1}$、7.3 $g \cdot g^{-1}$、6.6 $g \cdot g^{-1}$、4.8 $g \cdot g^{-1}$，且分别为对照的 19.6%、4.3%、3.8%、2.8%，15.2%、5.2%、4.3%、2.6%和 11.6%、1.5%、1.4%、1.0%。表明在自来水和盐溶液中保水剂的吸水倍率较在去离子水中均有较大的下降，且随着溶液浓度的增大而下降。对于同一盐溶液浓度，离子类型对其吸水倍率的影响均表现为：$Na^+ < Mg^{2+} < Ca^{2+} < Fe^{3+}$。可见电解质阳离子所带电荷数越多对保水剂吸水倍率的抑制作用越明显；阳离子所带电荷数相同时，原子量越大，抑制作用也越明显。根据 Flory-Hugginsd 的吸水理论(邹新禧，1991)，这是由于外部溶液的离子强度越大，树脂网络内外的渗透压差就越小，树脂的吸水能力降低(杜建军等，2005)。同时可以看出，除 NaCl 溶液外，WT 保水剂在 $MgCl_2$、$CaCl_2$、$FeCl_3$ 溶液中表现出较强的抗离子特性，这是由于 WT 保水剂中加入了凹凸棒黏土，凹凸棒黏土具有大的比表面积和一定的耐盐性能，可增强保水剂的耐盐碱性(刘瑞凤等，2005a)。由于保水剂对盐分的敏感性，因此在使用时应考虑土壤盐碱化程度和灌溉水质，以确定最佳用量。

表 13-1 保水剂在不同盐溶液中的吸水倍率(单位：$g \cdot g^{-1}$)

溶液类型	浓度/‰	保水剂类型		
		PAM	WT	HM
去离子水	—	231.1	348.4	470.1
自来水	—	120.0	165.8	171.8
NaCl 溶液	2	81.5	88.2	105.2
	5	64.0	67.9	82.2
	8	45.3	52.9	54.5
$MgCl_2$ 溶液	2	21.1	38.0	17.9
	5	15.7	22.0	12.0
	8	10.0	18.0	7.3
$CaCl_2$ 溶液	2	14.4	27.4	8.1
	5	13.8	17.3	7.1
	8	8.9	14.8	6.6
$FeCl_3$ 溶液	2	7.7	10.4	5.2
	5	6.8	9.4	4.9
	8	6.4	9.2	4.8

13.2.2.2 氮肥溶液对 3 种保水剂吸水倍率的影响

表 13-2 为 3 种保水剂在不同氮肥溶液中的吸水倍率。PAM、WT 和 HM 保水剂在 8‰的尿素、硝酸钾、氯化铵溶液中的吸水倍率分别为 230.1 g · g^{-1}、59.3 g · g^{-1}、44.5 g · g^{-1}，330.6 g · g^{-1}、59.6 g · g^{-1}、47.1 g · g^{-1}和 447.8 g · g^{-1}、71.4 g · g^{-1}、53.6 g · g^{-1}，分别为对照的 99.5%、25.7%、19.2%，94.9%、17.1%、13.5%和 95.2%、15.2%、11.4%。表明在硝酸钾、氯化铵溶液中保水剂的吸水倍率较在去离子水中均有较大的下降。3 种氮肥对保水剂吸水倍率的影响表现为：尿素<硝酸钾<氯化铵。3 种保水剂在氮肥溶液中的性能表现为：PAM < WT < HM。其中尿素溶液对保水剂的吸水倍率几乎没有影响，这是因为尿素为分子态化合物。李长荣等(1989)的研究也表明，保水剂与尿素混施，可以充分发挥其保水保肥特性，是水肥耦合的最佳选择。由表 13-1 和表 13-2 可以看出，尿素、硝酸钾、氯化铵对保水剂的影响小于 $MgCl_2$、$CaCl_2$、$FeCl_3$，但同样随溶液浓度的增加保水剂的吸水倍率降低。

表 13-2 保水剂在不同氮肥溶液中的吸水倍率(单位：g · g^{-1})

溶液类型	浓度/‰	保水剂类型		
		PAM	WT	HM
去离子水	—	231.1	348.4	470.1
尿素溶液	2	229.6	330.1	451.9
	5	229.8	334.7	448.2
	8	230.1	330.6	447.8
KNO_3 溶液	2	101.8	105.8	136.8
	5	78.8	85.3	99.4
	8	59.3	59.6	71.4
HH_4Cl 溶液	2	77.6	73.3	101.8
	5	62.2	56.3	72.3
	8	44.5	47.1	53.6

13.2.2.3 保水剂与氮肥混施对土壤持水曲线的影响

图 13-3 为不施氮肥条件下 3 种保水剂施入土壤对土壤持水曲线的影响。PAM、WT 和 HM 保水剂以 2‰、6‰、10‰用量施入土壤中，土壤饱和含水率较对照(CK N_0)分别增加了 39.9%、50.1%、54.4%，38.1%、46.2%、47.2%和 39.4%、48.8%、52.4%。表明土壤中施入保水剂能提高土壤的持水能力，表现为土壤持水曲线明显上移，随着保水剂用量的增加，土壤持水能力明显提高。PAM、WT 和 HM 保水剂在施用 2‰、6‰、10‰用量，0～0.50 MPa 土壤水吸力之间的有效水分较对照(CK N_0)分别增加了 41.1%、50.6%、8.7%，42.7%、52.6%、44.0%和 44.2%、50.3%、8.8%。保水剂使用量为 6‰，0～0.50 MPa 土壤水吸力之间 3 种保水剂处理土壤保持的有效水分含量最大，一般土壤中 0～0.50 MPa 吸力下保持的水量是易于作物利用的，可见保水剂使用量不能过大，否则保持的水量不易被作物吸收利用。

图 13-4、图 13-5 分别为施氮水平为 0.25 gN · kg^{-1} 干土、0.50 gN · kg^{-1} 干土条件下施

入 3 种保水剂的土壤持水曲线。图 13-4 和图 13-5 表明，保水剂与氮肥混合施入土壤同样能提高土壤的持水能力，且土壤的持水能力随保水剂施入量的增加而提高。PAM、WT 和 HM 保水剂以 6‰用量施入土壤中，施氮水平为 0.25 gN · kg^{-1} 干土、0.50 gN · kg^{-1} 干土，土壤饱和含水率较对照(PAM_2 N_0、WT_2 N_0、HM_2 N_0)分别减少了 2.0%、3.5%，2.0%、5.0%和 0.9%、1.6%，可见土壤中施入氮肥降低了保水剂的性能。PAM、WT 和 HM 保水剂在施用 2‰、6‰、10‰用量，施氮水平为 0.25 gN · kg^{-1} 干土，0～0.50 MPa 土壤水吸力的有效水分较对照(CK N_1)分别增加了 31.6%、49.3%、35.0%，28.9%、46.0%、35.3% 和 40.6%、47.4%、29.3%。PAM、WT 和 HM 保水剂在施用 2‰、6‰、10‰用量，施氮水平为 0.50 gN · kg^{-1} 干土，0～0.50 MPa 土壤水吸力的有效水分较对照(CK N_2)分别增加了 46.3%、50.8%、45.3%，29.6%、46.1%、41.7%和 39.1%、54.3%、49.2%。表明在

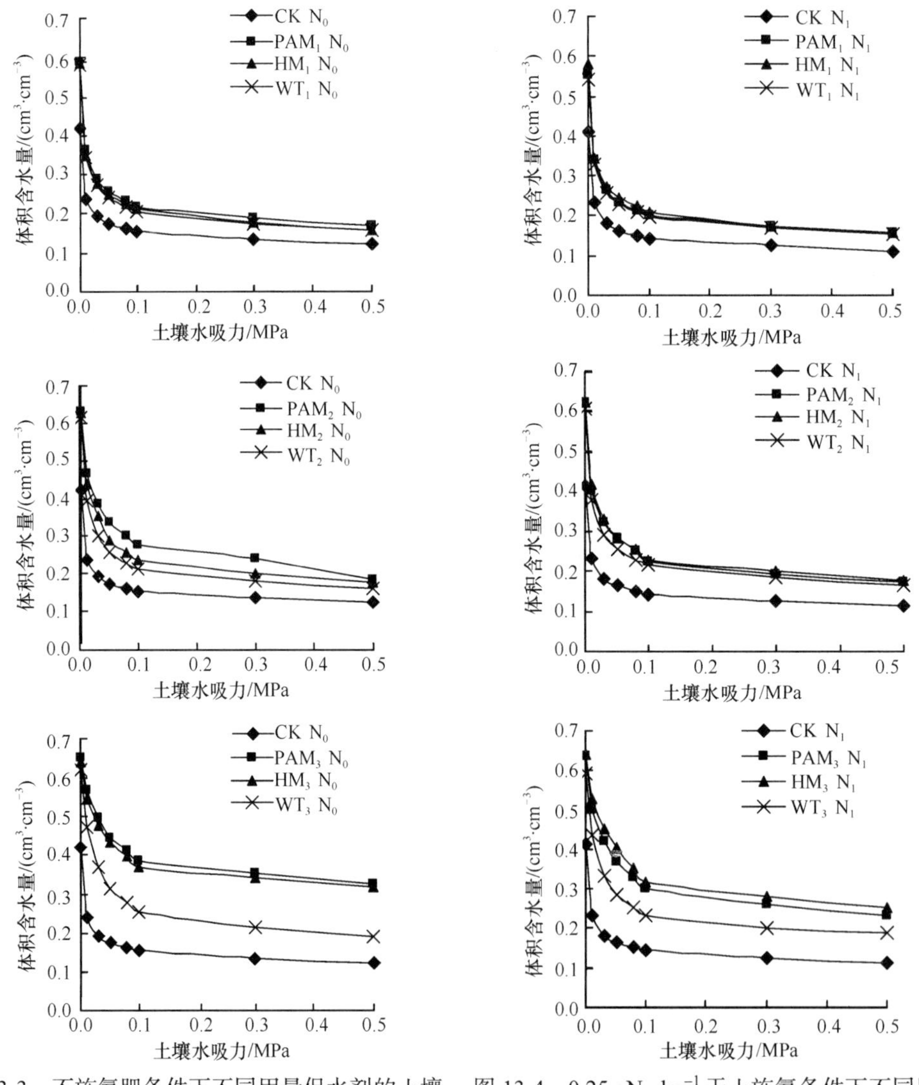

图 13-3　不施氮肥条件下不同用量保水剂的土壤持水曲线

图 13-4　0.25 gN · kg^{-1} 干土施氮条件下不同用量保水剂的土壤持水曲线

施氮条件下，保水剂使用量为 6‰，0～0.50 MPa 土壤水吸力之间 3 种保水剂处理土壤保持的有效水分含量最大，故推荐保水剂使用量不宜超过 6‰；施氮水平为 0.50 gN · kg^{-1} 干土，0～0.50 MPa 土壤水吸力之间 3 种保水剂处理土壤保持的有效水分含量最大，推荐保水剂与氮肥混合使用时，施氮量为 0.50 gN · kg^{-1} 干土。PAM、WT 和 HM 保水剂以 6‰用量施入土壤中，施氮水平为 0.50 gN · kg^{-1} 干土，0～0.50 MPa 土壤水吸力之间的有效水分较对照（CK N_2）分别增加了 50.8%、46.1%和 54.3%。表明保水剂与氮肥混施对土壤持水能力的影响，3 种保水剂的性能表现为：HM＞PAM＞WT。

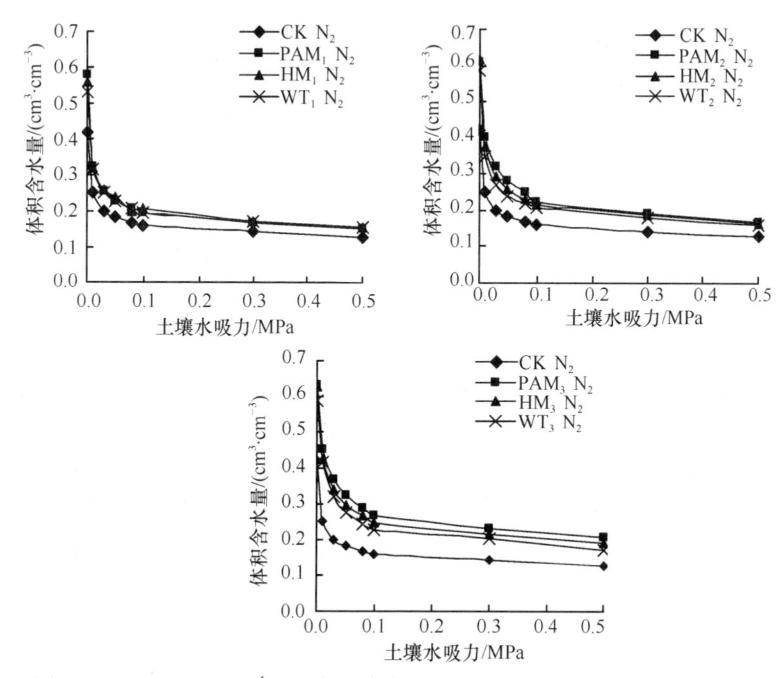

图 13-5 0.50 gN · kg^{-1} 干土氮肥条件下不同用量保水剂的土壤持水曲线

13.2.2.4 保水剂对土壤 NO_3^--N 持留特性的影响

图 13-6 为不施氮肥条件下保水剂对不同土壤水吸力下滤液 NO_3^--N 累积含量的影响。PAM、WT 和 HM 保水剂以 2‰、6‰、10‰用量施入土壤中，在 0.01 MPa 土壤水吸力下离心滤液 NO_3^--N 累积含量较对照（CK N_0）分别减少了 20.6%、27.2%、68.7%，44.1%、50.2%、76.2%和 18.7%、24.6%、63.7%；在 0.1 MPa 土壤水吸力下离心滤液 NO_3^--N 累积含量较对照（CK N_0）分别减少了 10.0%、17.7%、35.1%，10.6%、28.2%、40.5%和 3.5%、12.8%、20.0%；在 0.5 MPa 土壤水吸力下离心滤液 NO_3^--N 累积含量较对照（CK N_0）分别减少了 2.7%、12.1%、25.2%，3.6%、21.8%、29.2%和 1.3%、5.6%、8.3%；表明土壤中施入保水剂能显著减少离心滤液中 NO_3^--N 累积含量，表现为 NO_3^--N 累积含量曲线明显下移，随着保水剂用量的增加，离心滤液中 NO_3^--N 累积含量明显减少。

图 13-7 为施氮水平为 0.25 gN · kg^{-1} 干土条件下保水剂对不同土壤水吸力下滤液 NO_3^--N 累积含量的影响。PAM、WT 和 HM 保水剂以 2‰、6‰、10‰用量施入土壤中，在 0.01 MPa

土壤水吸力下离心滤液 NO_3^--N 累积含量较对照（CK N_1）分别减少了 10.5%、16.9%、59.5%，42.8%、44.0%、66.4%和 6.6%、8.4%、52.9%；在 0.1 MPa 土壤水吸力下离心滤液 NO_3^--N 累积含量较对照（CK N_1）分别减少了 13.1%、17.8%、33.0%，25.3%、32.8%、55.8%和 10.5%、14.9%、28.2%；在 0.5 MPa 土壤水吸力下离心滤液 NO_3^--N 累积含量较对照（CK N_1）分别减少了 12.2%、17.6%、23.6%，22.7%、32.7%、52.7%和 9.3%、14.6%、21.4%。

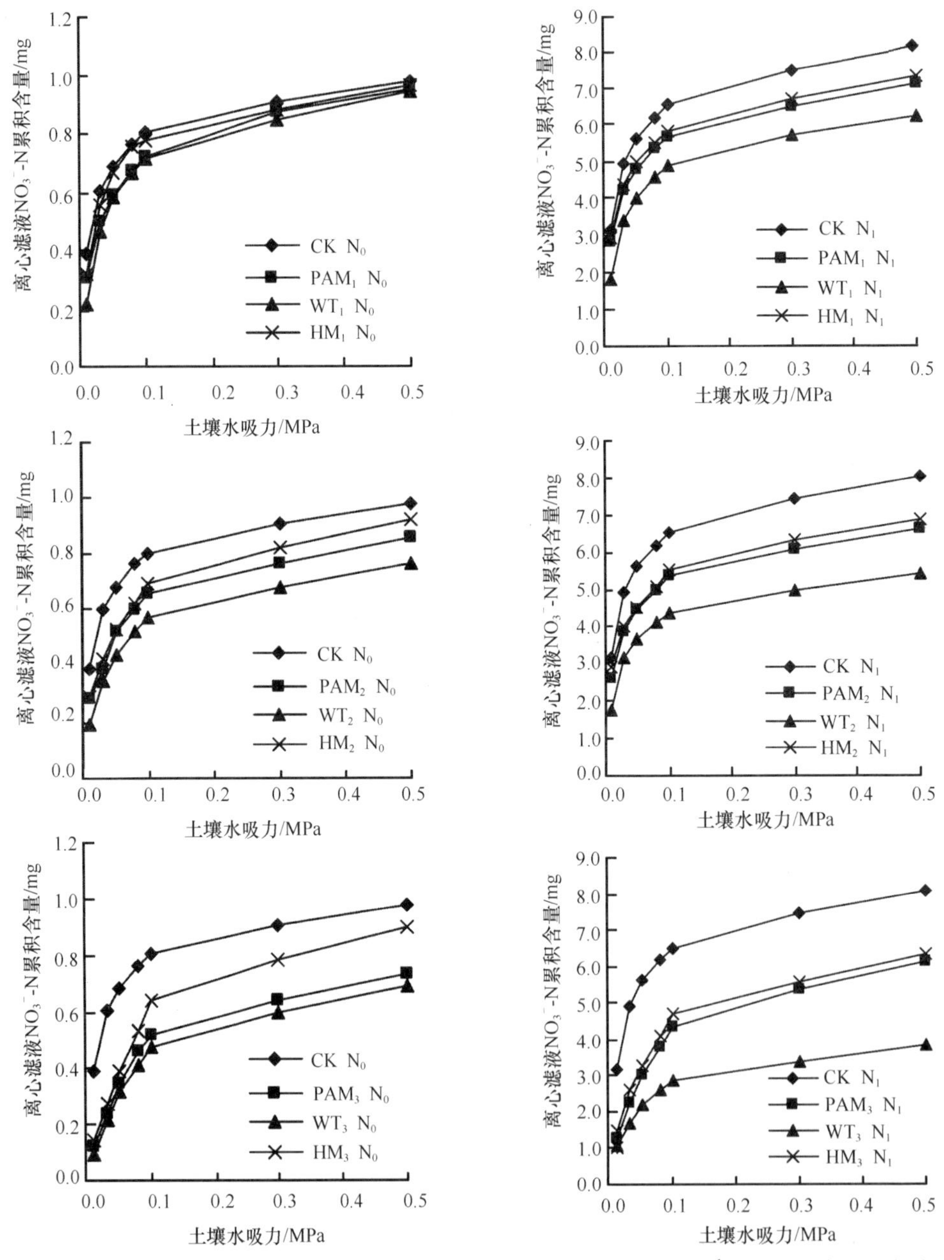

图 13-6 不施氮肥条件下保水剂对不同土壤水吸力下滤液 NO_3^--N 累积含量的影响

图 13-7 0.25 gN · kg^{-1} 干土氮肥条件下保水剂对不同土壤水吸力下滤液 NO_3^--N 累积含量的影响

图 13-8 为施氮水平为 0.50 gN · kg^{-1} 干土条件下保水剂对不同土壤水吸力下滤液 NO_3^--N 累积含量的影响。PAM、WT 和 HM 保水剂以 2‰、6‰、10‰用量施入土壤中，在 0.01 MPa 土壤水吸力下离心滤液 NO_3^--N 累积含量较对照（CK N_2）分别减少了 7.8%、14.4%、43.6%，45.0%、48.2%、48.9%和 6.6%、13.3%、13.8%；在 0.1 MPa 土壤水吸力下离心滤液 NO_3^--N 累积含量较对照（CK N_2）分别减少了 3.1%、19.1%、27.8%，28.0%、42.1%、42.5%和 1.3%、4.7%、14.1%；在 0.5 MPa 土壤水吸力下离心滤液 NO_3^--N 累积含量较对照（CK N_2）分别减少了 3.0%、20.4%、23.9%，23.9%、39.8%、43.0%和 0.6%、6.7%、16.7%。表明保水剂与氮肥混施能显著减少离心滤液中 NO_3^--N 累积含量，表现为 NO_3^--N 累积含量曲线明显下移，随着保水剂用量的增加，离心滤液中 NO_3^--N 累积含量明显减少。PAM、WT 和 HM 保水剂以 6‰用量施入土壤中，不施氮肥条件下 0.03 MPa、0.08 MPa、0.3 MPa 土壤水吸力下离心滤液 NO_3^--N 累积含量较对照（CK N_0）分别减少了 35.0%、21.3%、15.3%，42.3%、31.5%、24.8%和 28.8%、17.7%、9.6%；施氮水平为 0.25 gN · kg^{-1} 干土条件下，0.03 MPa、0.08 MPa、0.3 MPa 土壤水吸力下离心滤液 NO_3^--N 累积含量较对照（CK N_1）分别减少了 20.9%、19.4%、18.6%，35.5%、33.5%、33.6%和 18.3%、18.1%、15.1%；施氮水平为 0.50 gN · kg^{-1} 干土条件下 0.03 MPa、0.08 MPa、0.3 MPa 土壤水吸力下离心滤液 NO_3^--N 累积含量较对照（CK N_2）分别减少了 21.8%、20.4%、20.8%，43.8%、41.8%、41.2%和 7.3%、5.3%、6.5%。表明保水剂与氮肥混施对土壤 NO_3^--N 含量的影响，3 种保水剂的性能表现为：WT＞PAM＞HM。

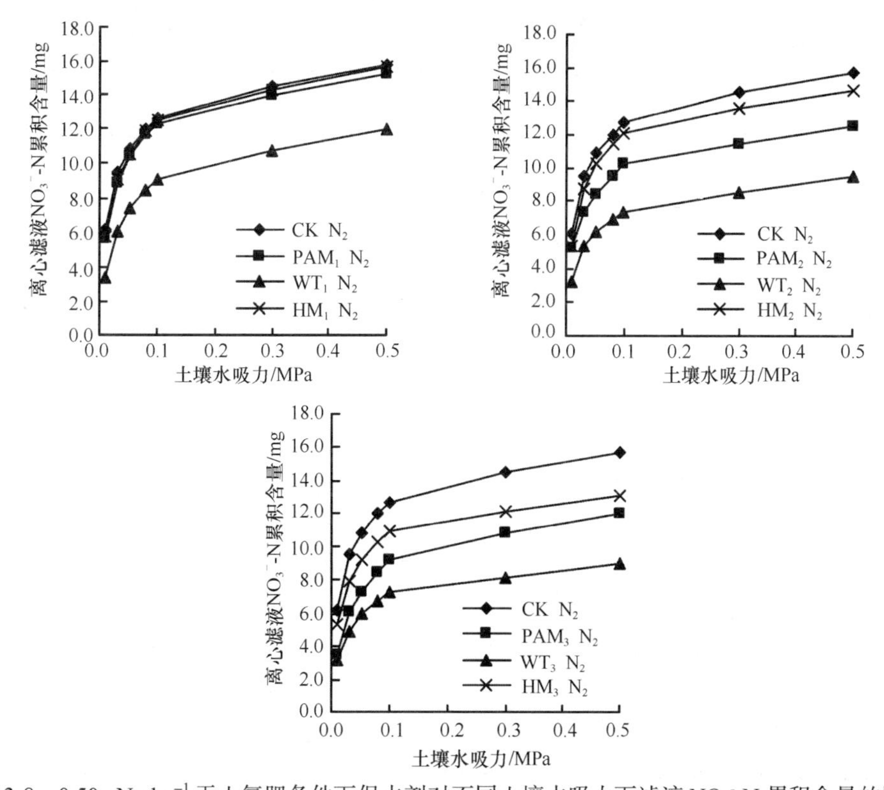

图 13-8　0.50 gN · kg^{-1} 干土氮肥条件下保水剂对不同土壤水吸力下滤液 NO_3^--N 累积含量的影响

13.2.2.5 保水剂对土壤 NH_4^+-N 持留特性的影响

图 13-9 为不施氮肥条件下保水剂对不同土壤水吸力下滤液 NH_4^+-N 累积含量的影响。PAM、WT 和 HM 保水剂以 2‰、6‰、10‰用量施入土壤中，在 0.01 MPa 土壤水吸力下离心滤液 NH_4^+-N 累积含量较对照（CK N_0）分别减少了 20.6%、53.7%、73.0%，10.6%、35.8%、58.9%和 49.7%、58.0%、76.6%；在 0.1 MPa 土壤水吸力下离心滤液 NH_4^+-N 累积含量较对照（CK N_0）分别减少了 28.7%、46.2%、59.5%，12.5%、19.9%、29.0%和 41.9%、48.6%、65.1%；在 0.5 MPa 土壤水吸力下离心滤液 NH_4^+-N 累积含量较对照（CK N_0）分别减少了 28.7%、35.4%、52.6%，7.0%、15.4%、22.9%和 34.7%、41.5%、61.3%；表明土壤中施入保水剂同样能显著减少离心滤液中 NH_4^+-N 累积含量，同样表现为 NH_4^+-N 累积含量曲线明显下移，随着保水剂用量的增加，离心滤液中 NH_4^+-N 累积含量明显减少。

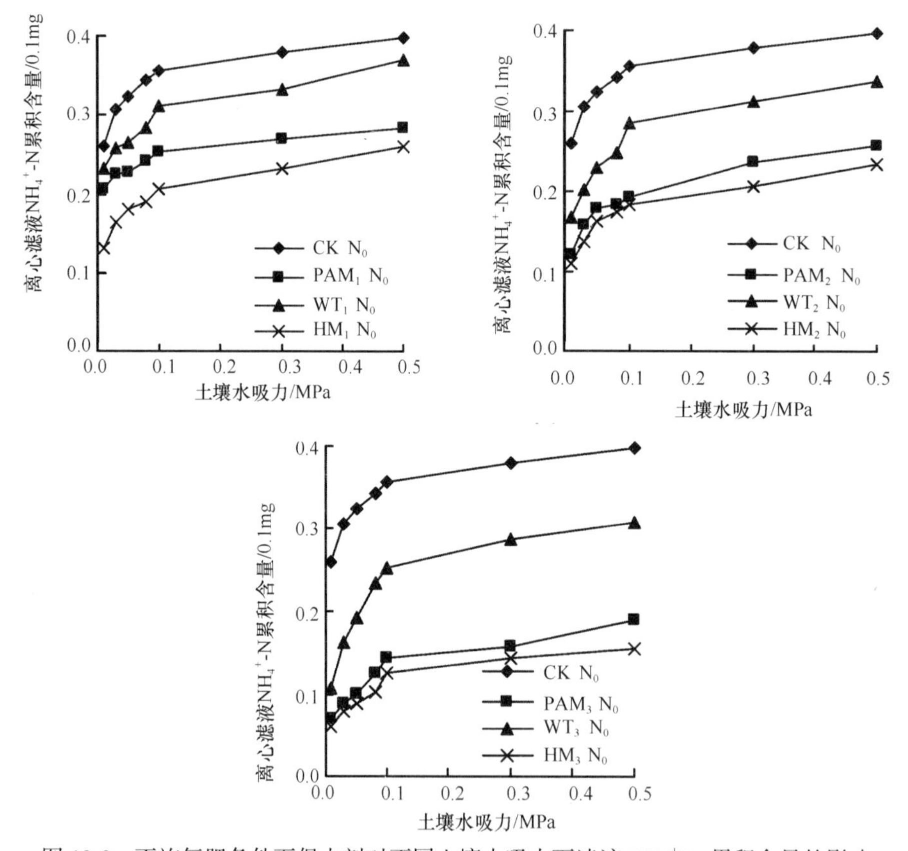

图 13-9　不施氮肥条件下保水剂对不同土壤水吸力下滤液 NH_4^+-N 累积含量的影响

图 13-10 为施氮水平为 0.25 $gN \cdot kg^{-1}$ 干土条件下保水剂对不同土壤水吸力下滤液 NH_4^+-N 累积含量的影响。PAM、WT 和 HM 保水剂以 2‰、6‰、10‰用量施入土壤中，在 0.01 MPa 土壤水吸力下离心滤液 NH_4^+-N 累积含量较对照（CK N_1）分别减少了 28.1%、46.8%、69.3%，13.9%、34.1%、40.6%和 41.1%、52.0%、66.9%；在 0.1 MPa 土壤水吸力下离心滤液 NH_4^+-N 累积含量较对照（CK N_1）分别减少了 13.4%、24.2%、48.1%，6.3%、10.6%、33.9%和 19.7%、

46.2%、56.3%；在 0.5 MPa 土壤水吸力下离心滤液 NH_4^+-N 累积含量较对照（CK N_1）分别减少了 10.2%、24.7%、45.4%，6.3%、17.4%、34.5%和 23.8%、31.9%、49.8%。

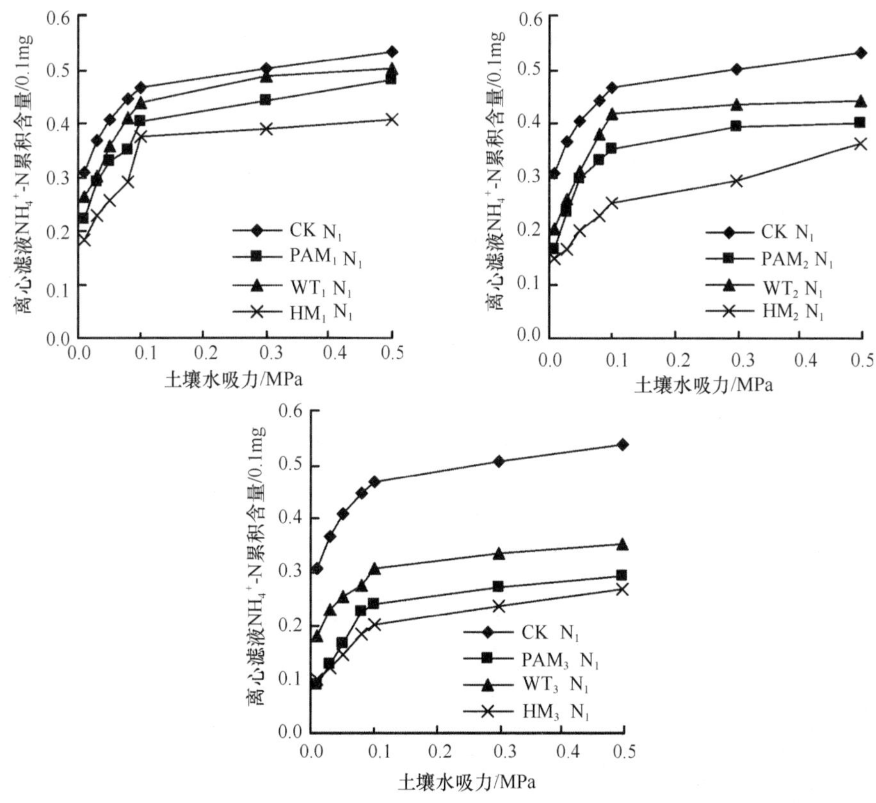

图 13-10　0.25 gN · kg^{-1} 干土氮肥条件下保水剂对不同土壤水吸力下滤液 NH_4^+-N 累积含量的影响

图 13-11 为施氮水平为 0.50 gN · kg^{-1} 干土条件下保水剂对不同土壤水吸力下滤液 NH_4^+-N 累积含量的影响。PAM、WT 和 HM 保水剂以 2‰、6‰、10‰用量施入土壤中，在 0.01 MPa 土壤水吸力下离心滤液 NH_4^+-N 累积含量较对照（CK N_2）分别减少了 17.7%、40.8%、59.9%，14.0%、35.7%、53.8%和 78.5%、86.4%、88.5%；在 0.1 MPa 土壤水吸力下离心滤液 NH_4^+-N 累积含量较对照（CK N_2）分别减少了 23.4%、37.8%、55.2%，18.0%、31.6%、41.5%和 54.3%、58.5%、67.7%；在 0.5 MPa 土壤水吸力下离心滤液 NH_4^+-N 累积含量较对照（CK N_2）分别减少了 25.0%、32.9%、51.4%，19.0%、28.6%、40.8%和 37.8%、57.0%、65.0%。同样表明保水剂与氮肥混施能显著减少离心滤液中 NH_4^+-N 累积含量，表现为 NH_4^+-N 累积含量曲线明显下移，随着保水剂用量的增加，离心滤液中 NH_4^+-N 累积含量明显减少。PAM、WT 和 HM 保水剂以 6‰用量施入土壤中，不施氮肥条件下 0.03 MPa、0.08 MPa、0.3 MPa 土壤水吸力下离心滤液 NH_4^+-N 累积含量较对照（CK N_0）分别减少了 48.5%、46.5%、37.8%，34.1%、27.7%、17.5%和 55.6%、49.5%、45.6%；施氮水平为 0.25 gN · kg^{-1} 干土条件下 0.03 MPa、0.08 MPa、0.3 MPa 土壤水吸力下离心滤液 NH_4^+-N 累积含量较对照（CK N_1）分别减少了 35.9%、25.6%、21.8%，29.8%、14.7%、13.6%和 55.7%、49.3%、41.4%；施氮水平为 0.50 gN · kg^{-1} 干土条件下 0.03 MPa、0.08 MPa、

0.3 MPa 土壤水吸力下离心滤液 NH_4^+-N 累积含量较对照(CK N_2)分别减少了 42.3%、40.3%、36.5%，35.4%、33.1%、29.9%和 72.6%、59.1%、57.7%。表明保水剂与氮肥混施对土壤 NH_4^+-N 含量的影响，3 种保水剂的性能表现为：HM＞PAM＞WT。

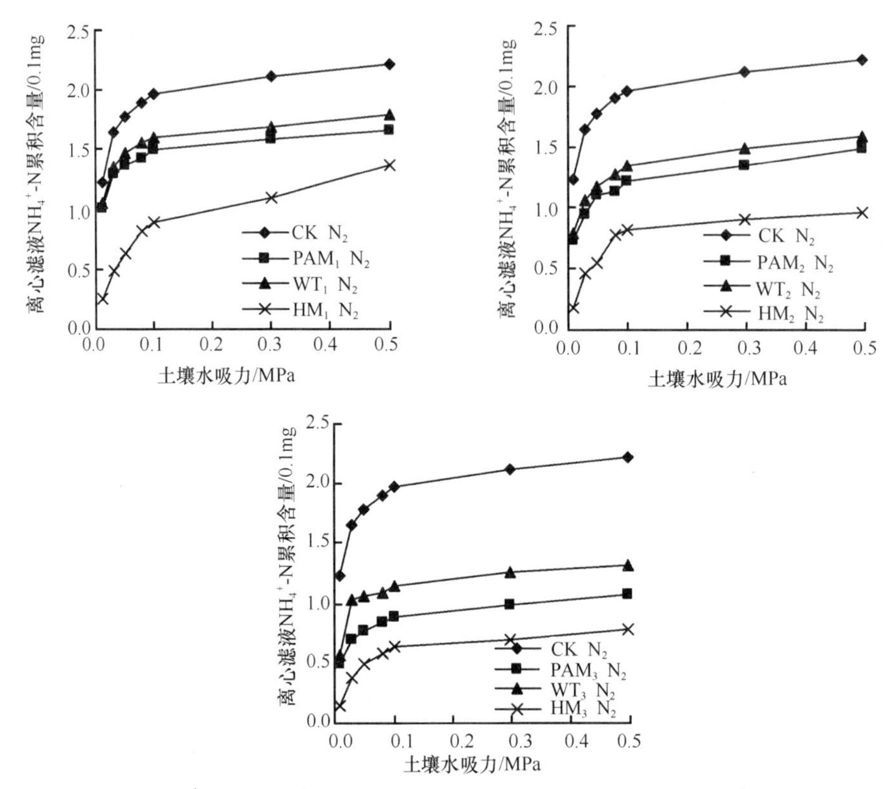

图 13-11 0.50 gN · kg^{-1} 干土氮肥条件下保水剂对不同土壤水吸力下滤液 NH_4^+-N 累积含量的影响

13.2.3 结论

A. 在自来水和盐溶液中保水剂的吸水倍率较在去离子水中有较大的下降，且随盐溶液浓度增加保水剂吸水倍率降低的幅度增大。对于同一盐溶液浓度，离子类型对保水剂吸水倍率的影响表现为：$Na^+ < Mg^{2+} < Ca^{2+} < Fe^{3+}$；WT 保水剂在 $MgCl_2$、$CaCl_2$、$FeCl_3$ 溶液中表现出较强的抗离子特性。

B. 在电解质氮肥溶液中保水剂的吸水倍率较在去离子水中有较大的下降，且随氮肥溶液浓度增加，保水剂吸水倍率降低的幅度增大。尿素溶液对保水剂的吸水倍率几乎没有影响。3 种保水剂在氮肥溶液中的性能表现为：PAM < WT < HM。

C. 保水剂能显著提高土壤的持水能力，且土壤的持水能力随保水剂施入量的增加而提高；保水剂使用量为 6‰，0～0.50 MPa 土壤水吸力之间 3 种保水剂处理土壤保持的有效水分含量最大。

D. 保水剂与氮肥混合施入土壤能提高土壤的持水能力，但施入氮肥降低了保水剂的性能。推荐保水剂与氮肥混合使用时，施氮量不超过 0.50 gN · kg^{-1} 干土，保水剂用量不超过 6‰。保水剂与氮肥混施对土壤持水能力的影响，3 种保水剂的性能表现为：HM＞PAM＞WT。

E. 土壤中施入保水剂能显著减少离心滤液中 NO_3^--N 和 NH_4^+-N 累积含量，且随保水剂用量的增加这种减少的幅度增大，保水剂对土壤的 NO_3^--N 和 NH_4^+-N 有一定的保持能力。

13.3 保水剂与氮肥混施对土壤蒸发及团聚性能的影响

保水剂与肥料混施及相互作用研究开展得较早，国外在 20 世纪 70 年代就对保水剂对肥料效应的影响进行过研究。我国于 20 世纪 80 年代开展过保水剂与肥料相互作用的研究(李长荣，1989)。保水剂与肥料混施，肥料可以被吸收进入保水剂分子网状交联的结构空间内，随时间的延长缓慢释放，从而提高肥料利用率，对土壤养分有明显的保蓄作用(吴增芳，1976)。保水剂与肥料混施，保水剂的吸水倍率会受到影响，加入较低浓度的电解质肥料即可使其显著降低(杜太生等，2002；杨磊和苏文强，2004；张富仓和康绍忠，1999)。保水剂与肥料一同施入土壤中，可以抑制土壤表层水分的蒸发，稳定土壤含水率(李继成，2008)。目前，尽管对于保水剂的研究已有许多报道，但是对于不同类型的保水剂和氮肥间的相互作用关系的研究报道很少。因此，需要对它们之间的相互作用原理做进一步研究和探讨。本文研究了 PAM(聚丙烯酰胺)、WT(凹凸棒/聚丙烯酸)、HM(聚丙烯酸钠)3 种保水剂与氮肥混施的土壤水分蒸发特征和土壤团聚体数量及分布，同时分析土壤团聚体的养分状况，为保水剂在农业上的合理使用提供理论依据。

13.3.1 材料与方法

13.3.1.1 供试材料

供试保水剂 3 种：①得米高吸水性树脂(PAM)，聚丙烯酰胺；②沃特多功能抗旱保水剂(WT)，凹凸棒(有机)/聚丙烯酸(无机)保水剂；③海明高能抗旱保水剂(HM)，聚丙烯酸钠型。供试土壤为塿土、重壤土，取自西北农林科技大学节水灌溉试验站。

13.3.1.2 研究方法

供试土壤为塿土，供试氮肥为硝酸铵。将风干土壤过 1 mm 的筛并称取每份土样 250 g，在塿土中加入 0(CK)、2‰(PAM_1、WT_1、HM_1)、6‰(PAM_2、WT_2、HM_2)、10‰(PAM_3、WT_3、HM_3)的保水剂与不同浓度的氮肥，氮肥浓度为不施氮 CK(N_0)、中氮处理 0.25 $gN \cdot kg^{-1}$ 干土(N_1)、高氮处理 0.50 $gN \cdot kg^{-1}$ 干土(N_2)，试验共 30 个处理，每个处理重复 2 次。将土壤、保水剂、氮肥三者充分混合均匀后放入规格相同的大铝盒中，各处理分别加入蒸馏水 100 g，让其在 25℃恒温箱中蒸发 14 d，期间观察不同时间累积蒸发量，试验完毕，将土壤倒在纸上，令其自然风干。同时测定风干的 250 g 土壤中粒径大于 0.25 mm 的土壤团聚体含量，并测定粒径大于 0.25 mm 和小于 0.25 mm 的土粒中的硝态氮和铵态氮含量。土壤累积蒸发量采用称重法，土壤团聚体采用沙维诺夫分级法(干筛法)。土壤团聚体中 NO_3^--N 和 NH_4^+-N 浓度分别采用紫外分光光度法和靛酚蓝比色法测定。

13.3.2 结果与分析

13.3.2.1 保水剂与氮肥混施对土壤蒸发的影响

1) 保水剂用量对土壤蒸发的影响

表 13-3 为不施氮肥条件下不同用量保水剂处理的土壤在不同时段的含水量。PAM、WT 和 HM 保水剂以 2‰、6‰、10‰用量施入土壤中，在第 6 天，土壤含水量较对照(CK N_0)分别增加了 1.4%、3.5%、3.7%，11.2%、11.6%、11.9%和 14.0%、14.5%、16.2%；在第 10 天，土壤含水量较对照(CK N_0)分别增加了 3.0%、7.3%、7.7%，23.5%、24.3%、24.4%和 29.6%、30.1%、33.6%；在第 14 天，土壤含水量较对照(CK N_0)分别增加了 10.6%、20.7%、20.9%，44.9%、45.3%、46.6%和 57.5%、58.0%、66.1%。

表 13-3　不施氮肥条件下不同保水剂处理的土壤含水量

处理	不同时段土壤含水量/%							
	0 d	2 d	4 d	6 d	8 d	10 d	12 d	14 d
CK N_0	40.00	36.71	32.35	28.64	25.16	21.61	18.46	15.10
PAM_1 N_0	40.00	36.70	32.56	29.05	25.53	22.26	19.68	16.70
PAM_2 N_0	40.00	36.93	32.89	29.63	26.36	23.18	20.66	18.22
PAM_3 N_0	40.00	36.98	32.95	29.70	26.48	23.28	20.77	18.26
WT_1 N_0	40.00	37.62	34.34	31.84	29.03	26.69	24.65	21.88
WT_2 N_0	40.00	37.78	34.58	31.97	29.18	26.86	24.78	21.94
WT_3 N_0	40.00	37.82	34.62	32.05	29.22	26.88	24.84	22.14
HM_1 N_0	40.00	37.90	35.04	32.66	30.32	28.01	26.24	23.79
HM_2 N_0	40.00	37.99	35.14	32.80	30.42	28.12	26.33	23.86
HM_3 N_0	40.00	38.07	35.34	33.27	31.11	28.88	27.14	25.08

表 13-4 为 0.25 gN · kg^{-1} 干土氮肥条件下不同用量保水剂处理的土壤在不同时段的含水量。PAM、WT 和 HM 保水剂以 2‰、6‰、10‰用量施入土壤中，在第 6 天，土壤含水量较对照(CK N_1)分别增加了 0.5%、3.9%、4.7%，7.3%、7.8%、7.9%和 9.2%、9.3%、12.5%；在第 10 天，土壤含水量较对照(CK N_1)分别增加了 1.0%、6.7%、7.5%，15.2%、15.6%、16.0%和 19.0%、19.2%、26.0%；在第 14 天，土壤含水量较对照(CK N_1)分别增加了 4.0%、15.7%、16.9%，33.6%、33.6%、34.4%和 40.3%、40.6%、51.7%。

表 13-4　0.25 $gN \cdot kg^{-1}$ 干土氮肥条件下不同保水剂处理的土壤含水量

处理	不同时段土壤含水量/%							
	0 d	2 d	4 d	6 d	8 d	10 d	12 d	14 d
CK N_1	40.00	36.78	32.42	28.92	25.30	21.77	18.59	15.31
PAM_1 N_1	40.00	36.74	32.45	29.07	25.44	21.78	18.92	15.93
PAM_2 N_1	40.00	37.04	33.26	30.06	26.61	23.22	20.63	17.72
PAM_3 N_1	40.00	37.02	33.34	30.29	26.71	23.40	20.86	17.90
WT_1 N_1	40.00	37.38	33.88	31.03	28.01	25.08	22.89	20.46
WT_2 N_1	40.00	37.42	34.01	31.17	28.13	25.16	22.92	20.46
WT_3 N_1	40.00	37.45	34.04	31.21	28.32	25.26	23.05	20.57
HM_1 N_1	40.00	37.39	34.02	31.58	28.54	25.90	23.91	21.48
HM_2 N_1	40.00	37.47	34.08	31.62	28.54	25.96	24.00	21.52
HM_3 N_1	40.00	37.57	34.71	32.54	29.88	27.44	25.50	23.23

表 13-5 为 0.50 $gN \cdot kg^{-1}$ 干土 氮肥条件下不同用量保水剂处理的土壤在不同时段的含水量。PAM、WT 和 HM 保水剂以 2‰、6‰、10‰用量施入土壤中，在第 6 天，土壤含水量较对照（CK N_2）分别增加了 0.5%、1.9%、2.2%，4.9%、5.1%、5.3%和 9.1%、9.4%、12.2%；在第 10 天，土壤含水量较对照（CK N_2）分别增加了 0.8%、5.2%、6.9%，11.4%、12.1%、12.7%和 17.7%、18.3%、23.9%；在第 14 天，土壤含水量较对照（CK N_2）分别增加了 3.6%、11.1%、12.7%，21.2%、21.8%、23.2%和 34.2%、35.6%、46.6%。

表 13-5　0.50 $gN \cdot kg^{-1}$ 干土氮肥条件下不同保水剂处理的土壤含水量

处理	不同时段土壤含水量/%							
	0 d	2 d	4 d	6 d	8 d	10 d	12 d	14 d
CK N_2	40.00	36.78	32.33	28.60	25.11	21.18	18.02	14.84
PAM_1 N_2	40.00	36.89	32.49	28.94	25.40	21.55	18.40	15.37
PAM_2 N_2	40.00	36.92	32.56	29.14	25.50	22.09	18.98	16.08
PAM_3 N_2	40.00	36.94	32.68	29.24	25.64	22.64	19.65	16.72
WT_1 N_2	40.00	37.05	33.29	29.99	26.79	23.59	21.02	17.98
WT_2 N_2	40.00	37.06	33.29	30.05	26.84	23.75	21.25	18.08
WT_3 N_2	40.00	37.07	33.33	30.12	26.92	23.88	21.36	18.28
HM_1 N_2	40.00	37.43	34.11	31.40	28.04	24.92	22.81	19.91
HM_2 N_2	40.00	37.45	34.02	31.38	28.14	25.06	22.87	20.12
HM_3 N_2	40.00	37.68	34.90	32.30	28.94	26.24	24.14	21.76

由以上数据可以看出，在土壤中施入保水剂能显著减少土壤的累积蒸发量，提高土壤的含水量，且随着保水剂用量的增加，土壤含水量提高的幅度增大。对于 PAM 保水剂，保水剂用量为 2‰～6‰时，随保水剂用量的增加，土壤含水量提高的幅度明显；当保水剂用量大于 6‰时，随保水剂用量的增加，土壤含水量提高的幅度不明显。对于 WT 保水剂，保水剂用量为 2‰～10‰时，随保水剂用量的增加，土壤含水量提高的幅度不明显。对于

HM 保水剂，保水剂用量为 2‰～6‰时，随保水剂用量的增加，土壤含水量提高的幅度不明显；当保水剂用量 6‰～10‰时，随保水剂用量的增加，土壤含水量提高的幅度明显。

2）保水剂类型对土壤蒸发的影响

PAM、WT 和 HM 保水剂以 6‰用量施入土壤中，不施氮肥条件下，在第 6 天土壤含水量较对照（CK N_0）分别增加了 3.5%、11.6%和 14.5%，在第 10 天土壤含水量较对照（CK N_0）分别增加了 7.3%、24.3%和 30.1%，在第 14 天土壤含水量较对照（CK N_0）分别增加了 20.7%、45.3%和 58.0%。PAM、WT 和 HM 保水剂以 6‰用量施入土壤中，施氮水平为 0.25 $gN \cdot kg^{-1}$ 干土，在第 6 天土壤含水量较对照（CK N_1）分别增加了 3.9%、7.8%和 9.3%，在第 10 天土壤含水量较对照（CK N_1）分别增加了 6.7%、15.6%和 19.2%，在第 14 天土壤含水量较对照（CK N_1）分别增加了 15.7%、33.6%和 40.6%。PAM、WT 和 HM 保水剂以 6‰用量施入土壤中，施氮水平为 0.50 $gN \cdot kg^{-1}$ 干土，在第 6 天土壤含水量较对照（CK N_2）分别增加了 1.9%、5.1%和 9.4%，在第 10 天土壤含水量较对照（CK N_2）分别增加了 5.2%、12.1%和 18.3%，在第 14 天土壤含水量较对照（CK N_2）分别增加了 11.1%、21.8%和 35.6%。由以上数据可以看出，在保水剂使用量相同的条件下，在抑制土壤蒸发方面，3 种保水剂的性能表现为：PAM < WT < HM。

3）保水剂与不同用量氮肥混施对土壤蒸发的影响

PAM、WT 和 HM 保水剂以 2‰用量施入土壤中，施氮水平为 0.25 $gN \cdot kg^{-1}$ 干土、0.50 $gN \cdot kg^{-1}$ 干土，在第 6 天土壤含水量较对照（$PAM_1\ N_0$、$WT_1\ N_0$、$HM_1\ N_0$）分别减少了–0.07%、0.38%，2.5%、5.8%和 3.3%、4.5%；在第 10 天土壤含水量较对照分别减少了 2.2%、3.2%，6.0%、11.6%和 7.5%、11.0%；在第 14 天土壤含水量较对照分别减少了 4.6%、8.0%，6.5%、17.8%和 9.7%、16.3%。PAM、WT 和 HM 保水剂以 6‰用量施入土壤中，施氮水平为 0.25$gN \cdot kg^{-1}$ 干土、0.50 $gN \cdot kg^{-1}$ 干土，在第 6 天土壤含水量较对照（$PAM_2\ N_0$、$WT_2\ N_0$、$HM_2\ N_0$）分别减少了–1.5%、1.7%，2.5%、6.0%和 3.6%、4.6%；在第 10 天土壤含水量较对照分别减少了–0.2%、4.7%，6.3%、11.6%和 7.7%、10.9%；在第 14 天土壤含水量较对照分别减少了 2.7%、9.5%，6.7%、17.6%和 9.8%、15.7%。PAM、WT 和 HM 保水剂以 10‰用量施入土壤中，施氮水平为 0.25 $gN \cdot kg^{-1}$ 干土、0.50 $gN \cdot kg^{-1}$ 干土，在第 6 天土壤含水量较对照（$PAM_3\ N_0$、$WT_3\ N_0$、$HM_3\ N_0$）分别减少了–2.0%、1.5%，2.6%、6.0%和 2.2%、3.5%；在第 10 天土壤含水量较对照分别减少了–0.5%、2.7%，6.0%、11.2%和 5.0%、9.1%；在第 14 天土壤含水量较对照分别减少了 2.0%、8.4%，7.1%、17.4%和 7.4%、13.2%。由以上数据可以看出，保水剂与氮肥混合施入土壤中能够抑制土壤蒸发，提高土壤含水量，但是施入氮肥降低了保水剂的性能，且随着氮肥使用浓度的提高，保水剂性能的下降明显。

13.3.2.2 保水剂与氮肥混施对土壤团聚体的影响

表 13-6 为不施氮肥条件下不同保水剂处理的土壤团聚体含量。PAM、WT 和 HM 保水剂以 2‰、6‰、10‰用量施入土壤中，＞0.25 mm 的土壤团聚体总量较对照（CK N_0）分别增加了 8.5%、10.4%、11.5%，3.2%、5.4%、5.9%和 9.5%、10.9%、14.6%；＞0.5 mm

的土壤团聚体总量较对照（CK N_0）分别增加了 13.0%、14.1%、15.4%，5.9%、7.6%、9.6%和 15.5%、16.5%、23.1%；＞1.0 mm 的土壤团聚体总量较对照（CK N_0）分别增加了 17.3%、17.7%、21.3%，13.2%、15.4%、18.3%和 27.2%、29.7%、35.3%。

表 13-6　不施氮肥条件下不同保水剂处理的土壤团聚体含量

处理	各级团粒的分布（占土重的百分比）								
	>5 mm	5～3 mm	3～2 mm	2～1 mm	1～0.5 mm	0.5～0.25 mm	>0.25 mm	>0.5 mm	>1.0 mm
CK N_0	16.72	14.52	7.53	11.42	10.42	8.78	69.39	60.61	50.19
PAM_1 N_0	24.70	14.78	7.64	11.73	9.66	6.81	75.31	68.51	58.85
PAM_2 N_0	26.42	13.97	7.37	11.32	10.09	7.45	76.63	69.18	59.09
PAM_3 N_0	26.58	15.09	7.79	11.42	9.09	7.41	77.37	69.96	60.88
WT_1 N_0	19.86	15.76	9.03	12.18	7.34	7.47	71.64	64.17	56.83
WT_2 N_0	20.10	16.36	9.71	11.74	7.27	7.97	73.16	65.19	57.91
WT_3 N_0	19.95	16.00	10.43	12.98	7.07	7.05	73.48	66.43	59.36
HM_1 N_0	25.41	18.17	8.23	12.02	6.16	5.98	75.99	70.00	63.84
HM_2 N_0	27.09	18.24	7.85	11.93	5.50	6.33	76.94	70.61	65.10
HM_3 N_0	29.76	17.79	7.59	12.77	6.73	4.90	79.53	74.63	67.91

表 13-7 为 0.25 $gN \cdot kg^{-1}$ 干土氮肥条件下不同保水剂处理的土壤团聚体含量。PAM、WT 和 HM 保水剂以 2‰、6‰、10‰用量施入土壤中，＞0.25 mm 的土壤团聚体总量较对照（CK N_1）分别增加了 5.1%、5.6%、9.3%，1.3%、4.5%、5.8%和 6.0%、9.3%、14.4%；＞0.5 mm 的土壤团聚体总量较对照（CK N_1）分别增加了 10.8%、10.8%、15.3%，4.4%、7.5%、9.0%和 11.9%、15.1%、21.2%；＞1.0 mm 的土壤团聚体总量较对照（CK N_1）分别增加了 16.2%、16.4%、20.8%，13.9%、16.2%、18.7%和 24.8%、30.7%、37.1%。

表 13-7　0.25 $gN \cdot kg^{-1}$ 干土氮肥条件下不同保水剂处理的土壤团聚体含量

处理	各级团粒的分布（占土重的百分比）								
	>5 mm	5～3 mm	3～2 mm	2～1 mm	1～0.5 mm	0.5～0.25 mm	>0.25 mm	>0.5 mm	>1.0 mm
CK N_1	17.12	13.79	7.23	11.29	10.93	8.76	69.12	60.36	49.43
PAM_1 N_1	24.76	13.60	7.46	11.61	9.44	5.80	72.67	66.87	57.43
PAM_2 N_1	26.01	13.52	7.21	10.81	9.34	6.12	73.01	66.88	57.55
PAM_3 N_1	26.26	14.24	7.82	11.38	9.86	5.98	75.55	69.57	59.71
WT_1 N_1	19.55	15.60	8.90	12.24	6.74	7.00	70.04	63.04	56.30
WT_2 N_1	19.84	15.60	9.84	12.19	7.42	7.37	72.25	64.88	57.46
WT_3 N_1	19.97	15.40	10.27	13.04	7.13	7.30	73.11	65.81	58.68
HM_1 N_1	24.78	17.48	7.30	12.13	5.86	5.74	73.28	67.54	61.68
HM_2 N_1	26.80	17.74	7.44	12.63	4.88	6.05	75.53	69.48	64.60
HM_3 N_1	30.25	17.89	7.54	12.08	5.40	5.93	79.09	73.16	67.76

表 13-8 为 0.50 $gN \cdot kg^{-1}$ 干土氮肥条件下不同保水剂处理的土壤团聚体含量。PAM、WT 和 HM 保水剂以 2‰、6‰、10‰用量施入土壤中，＞0.25 mm 的土壤团聚体总量较对照（CK N_2）分别增加了 2.4%、4.7%、5.8%，–1.1%、2.3%、3.1%和 3.9%、6.5%、13.9%；

＞0.5 mm 的土壤团聚体总量较对照（CK N_2）分别增加了 6.3%、9.0%、9.7%，0.6%、3.7%、4.8%和 8.6%、11.2%、18.7%；＞1.0 mm 的土壤团聚体总量较对照（CK N_2）分别增加了 12.0%、15.9%、16.3%，10.6%、14.1%、15.1%和 21.6%、25.3%、34.1%。可见，土壤中施入保水剂后的土壤团聚体含量较对照有了显著提高，且随着保水剂用量的增加，这种效果越显著；土壤中施入保水剂与氮肥后的土壤团聚体含量较对照有了显著提高，同样随着保水剂用量的增加，这种效果越显著。

表 13-8　0.50 $gN \cdot kg^{-1}$ 干土氮肥条件下不同保水剂处理的土壤团聚体含量

处理	各级团粒的分布（占土重的百分比）								
	>5 mm	5～3 mm	3～2 mm	2～1 mm	1～0.5 mm	0.5～0.25 mm	>0.25 mm	>0.5 mm	>1.0 mm
CK N_2	17.37	13.60	7.01	11.98	11.04	8.54	69.54	61.00	49.96
PAM_1 N_2	24.99	13.28	6.83	10.84	8.89	6.39	71.22	64.83	55.94
PAM_2 N_2	26.18	13.54	6.91	11.28	8.54	6.36	72.83	66.47	57.92
PAM_3 N_2	26.14	13.75	6.85	11.36	8.83	6.61	73.54	66.93	58.10
WT_1 N_2	19.83	15.23	8.33	11.89	6.07	7.41	68.76	61.34	55.27
WT_2 N_2	19.83	15.96	8.95	12.28	6.24	7.90	71.16	63.26	57.02
WT_3 N_2	19.98	16.23	9.14	12.15	6.42	7.79	71.70	63.91	57.49
HM_1 N_2	24.34	16.97	7.50	11.95	5.46	6.06	72.28	66.22	60.76
HM_2 N_2	25.70	17.42	7.80	11.67	5.26	6.24	74.09	67.85	62.59
HM_3 N_2	29.45	17.71	7.82	12.02	5.39	6.84	79.23	72.39	67.00

PAM、WT 和 HM 保水剂以 2‰用量施入土壤中，施氮水平为 0.25 $gN \cdot kg^{-1}$ 干土、0.50 $gN \cdot kg^{-1}$ 干土，＞0.25 mm 的土壤团聚体总量较对照（PAM_1 N_0、WT_1 N_0、HM_1 N_0）分别减少了 3.5%、5.4%，2.2%、4.0%和 3.6%、4.9%；＞0.5 mm 的土壤团聚体总量较对照分别减少了 2.4%、5.4%，1.8%、4.4%和 3.5%、5.4%；＞1.0 mm 的土壤团聚体总量较对照分别减少了 2.4%、4.9%，0.9%、2.7%和 3.4%、4.8%。PAM、WT 和 HM 保水剂以 6‰用量施入土壤中，施氮水平为 0.25 $gN \cdot kg^{-1}$ 干土、0.50 $gN \cdot kg^{-1}$ 干土，＞0.25 mm 的土壤团聚体总量较对照（PAM_2 N_0、WT_2 N_0、HM_2 N_0）分别减少了 4.7%、5.0%，1.2%、2.7%和 1.8%、3.7%；＞0.5 mm 的土壤团聚体总量较对照分别减少了 3.3%、3.9%，0.5%、3.0%和 1.6%、3.9%；＞1.0 mm 的土壤团聚体总量较对照分别减少了 2.6%、2.0%，0.8%、1.5%和 0.8%、3.9%。PAM、WT 和 HM 保水剂以 10‰用量施入土壤中，施氮水平为 0.25 $gN \cdot kg^{-1}$ 干土、0.50 $gN \cdot kg^{-1}$ 干土，＞0.25 mm 的土壤团聚体总量较对照（PAM_3 N_0、WT_3 N_0、HM_3 N_0）分别减少了 2.4%、5.0%，0.5%、2.4%和 0.6%、0.4%；＞0.5 mm 的土壤团聚体总量较对照分别减少了 0.6%、4.3%，0.9%、3.8%和 2.0%、3.0%；＞1.0 mm 的土壤团聚体总量较对照分别减少了 1.9%、4.6%，1.1%、3.2%和 0.2%、1.3%。可见，土壤中施入保水剂与氮肥后的土壤团聚体含量较土壤中只施入保水剂的团聚体含量有了减少，且随着施入氮肥浓度的增加，这种减少的趋势增大。这是因为保水剂作为土壤改良剂施入土壤中，其和黏粒间的相互作用属于表面特征；分子的舒展性能越好，越有利于絮凝形成团粒结构；由于保水剂分子链上的伸展状态是属于电黏滞效应并且受电解质影响，因此当电解质溶液存在时，分子的舒展性降低，团聚作用也相应降低（陈宗淇等，1981；

侯万国等，1989；许冀泉等，1982）。

13.3.2.3 保水剂对硝态氮在土壤团聚体中分布的影响

表 13-9 和表 13-10 为不同的保水剂和氮肥配比时不同团聚体类型中 NO_3^--N 含量及贮量的分布结果。PAM、WT 和 HM 保水剂以 2‰、6‰、10‰用量施入土壤中，不施肥条件下，<0.25 mm 的土壤团聚体中 NO_3^--N 含量较对照（CK N_0）分别增加了 10.0%、42.6%、48.7%，24.8%、33.5%、37.6%和 46.5%、50.1%、53.3%；0.25 gN · kg^{-1} 干土氮肥条件下，<0.25 mm 的土壤团聚体中 NO_3^--N 含量较对照（CK N_1）分别增加了 11.1%、12.8%、13.0%，3.2%、5.6%、13.2%和 12.2%、21.4%、30.6%；0.50 gN · kg^{-1} 干土氮肥条件下，<0.25 mm 的土壤团聚体中 NO_3^--N 含量较对照（CK N_2）分别增加了 1.1%、6.3%、12.7%，2.3%、5.9%、10.5%和 6.9%、10.2%、20.6%。可以说明当土壤中施加保水剂时，<0.25 mm 的土壤团聚体中 NO_3^--N 含量随着保水剂用量的增加而增加，在不施氮肥的条件下，这种增加的趋势更明显。土壤中施入 HM 保水剂后，<0.25 mm 的土壤团聚体中 NO_3^--N 含量的增加最大。

表 13-9 小于 0.25 mm 团聚体中 NO_3^--N 含量及贮量分布

处理	NO_3^--N 含量 /(mg · kg^{-1})	NO_3^--N 贮量 /mg	处理	NO_3^--N 含量 /(mg · kg^{-1})	NO_3^--N 贮量 /mg	处理	NO_3^--N 含量 /(mg · kg^{-1})	NO_3^--N 贮量 /mg
CK N_0	43.90	3.36	CK N_1	188.70	14.57	CK N_2	328.00	24.98
PAM_1 N_0	48.30	2.98	PAM_1 N_1	209.70	14.33	PAM_1 N_2	331.50	23.85
PAM_2 N_0	62.60	3.66	PAM_2 N_1	212.80	14.36	PAM_2 N_2	348.50	23.67
PAM_3 N_0	65.30	3.69	PAM_3 N_1	213.20	13.03	PAM_3 N_2	369.50	24.44
WT_1 N_0	54.80	3.89	WT_1 N_1	194.80	14.59	WT_1 N_2	335.50	26.21
WT_2 N_0	58.60	3.93	WT_2 N_1	199.30	13.83	WT_2 N_2	347.50	25.06
WT_3 N_0	60.40	4.00	WT_3 N_1	213.70	14.36	WT_3 N_2	362.50	25.65
HM_1 N_0	64.30	3.86	HM_1 N_1	211.80	14.15	HM_1 N_2	350.50	24.29
HM_2 N_0	65.90	3.80	HM_2 N_1	229.00	14.01	HM_2 N_2	361.50	23.42
HM_3 N_0	67.30	3.44	HM_3 N_1	246.40	12.88	HM_3 N_2	395.50	20.53

表 13-10 大于 0.25 mm 团聚体中 NO_3^--N 含量及贮量分布

处理	NO_3^--N 含量 /(mg · kg^{-1})	NO_3^--N 贮量 /mg	处理	NO_3^--N 含量 /(mg · kg^{-1})	NO_3^--N 贮量 /mg	处理	NO_3^--N 含量 /(mg · kg^{-1})	NO_3^--N 贮量 /mg
CK N_0	32.00	5.55	CK N_1	168.30	29.08	CK N_2	321.00	55.81
PAM_1 N_0	49.10	9.24	PAM_1 N_1	194.50	35.34	PAM_1 N_2	325.00	57.87
PAM_2 N_0	53.50	10.25	PAM_2 N_1	194.70	35.54	PAM_2 N_2	337.00	61.36
PAM_3 N_0	63.10	12.21	PAM_3 N_1	196.50	37.11	PAM_3 N_2	360.50	66.28
WT_1 N_0	54.10	9.69	WT_1 N_1	183.70	32.17	WT_1 N_2	322.30	55.40
WT_2 N_0	56.70	10.37	WT_2 N_1	184.30	33.29	WT_2 N_2	333.00	59.24
WT_3 N_0	60.50	11.11	WT_3 N_1	190.70	34.86	WT_3 N_2	338.50	60.68
HM_1 N_0	56.60	10.75	HM_1 N_1	204.70	37.50	HM_1 N_2	337.00	60.90
HM_2 N_0	58.10	11.18	HM_2 N_1	214.00	40.41	HM_2 N_2	378.00	70.01
HM_3 N_0	60.30	11.99	HM_3 N_1	224.50	44.39	HM_3 N_2	382.50	75.77

PAM、WT 和 HM 保水剂以 2‰、6‰、10‰用量施入土壤中，不施肥条件下，＞0.25 mm 的土壤团聚体中 NO_3^--N 含量较对照（CK N_0）分别增加了 53.4%、67.2%、97.2%，69.1%、77.2%、89.1%和 76.9%、81.6%、88.4%，＞0.25 mm 的土壤团聚体中 NO_3^--N 贮量较对照（CK N_0）分别增加了 66.6%、84.7%、119.9%，74.6%、86.8%、100.2%和 93.7%、101.4%、116.0%；0.25 gN · kg^{-1} 干土氮肥条件下，＞0.25 mm 的土壤团聚体中 NO_3^--N 含量较对照（CK N_1）分别增加了 15.6%、15.7%、16.8%，9.2%、9.5%、13.3%和 21.6%、27.2%、33.4%，＞0.25 mm 的土壤团聚体中 NO_3^--N 贮量较对照（CK N_1）分别增加了 21.5%、22.2%、27.6%，10.6%、14.5%、19.9%和 29.0%、39.0%、52.6%；0.50 gN · kg^{-1} 干土氮肥条件下，＞0.25 mm 的土壤团聚体中 NO_3^--N 含量较对照（CK N_2）分别增加了 1.2%、5.0%、12.3%，0.4%、3.7%、5.5%和 5.0%、17.8%、19.2%，＞0.25 mm 的土壤团聚体中 NO_3^--N 贮量较对照（CK N_2）分别增加了 3.7%、9.9%、18.8%，–0.7%、6.1%、8.7%和 9.1%、25.4%、35.8%。同样可以说明当土壤中施加保水剂时，＞0.25 mm 的土壤团聚体中 NO_3^--N 含量和贮量随着保水剂用量的增加而增加，在不施氮肥的条件下，这种增加的趋势更明显。土壤中施入 HM 保水剂后，＞0.25 mm 的土壤团聚体中 NO_3^--N 含量的增加最大。同时可以看出，两种不同类型的团聚体中 NO_3^--N 含量的分布，无论塿土中施入哪种保水剂，当施氮量＜0.25 gN · kg^{-1} 干土时，＜0.25 mm 团聚体中 NO_3^--N 含量明显大于＞0.25 mm 团聚体中 NO_3^--N 含量，这可能与 < 0.25 mm 团聚体内部小孔隙溶液中 NO_3^--N 含量较高有关，有学者在研究中发现，细小颗粒更利于土壤氮素的富集（张庆忠等，2002）。

13.3.2.4 保水剂对铵态氮在土壤团聚体中分布的影响

表 13-11 和表 13-12 为不同的保水剂和氮肥配比时不同团聚体类型中 NH_4^+-N 含量及贮量的分布结果。PAM、WT 和 HM 保水剂以 2‰、6‰、10‰用量施入土壤中，不施氮肥条件下，＜0.25 mm 的土壤团聚体中 NH_4^+-N 含量较对照（CK N_0）分别增加了 9.3%、20.0%、31.8%，47.9%、61.8%、65.1%和 40.4%、57.6%、62.9%；0.25 gN · kg^{-1} 干土氮肥条件下，＜0.25 mm 的土壤团聚体中 NH_4^+-N 含量较对照（CK N_1）分别增加了 2.4%、4.1%、38.5%，–3.0%、7.7%、31.4%和 10.1%、15.4%、31.4%；0.50 gN · kg^{-1} 干土氮肥条件下，＜0.25 mm 的土壤团聚体中 NH_4^+-N 含量较对照（CK N_2）分别增加了 53.7%、53.7%、71.2%，27.8%、35.1%、64.9%和 25.4%、33.2%、35.6%。可以说明当土壤中施加保水剂时，＜0.25 mm 的土壤团聚体中 NH_4^+-N 含量随着保水剂用量的增加而增加；对于 PAM 保水剂，0.50 gN · kg^{-1} 干土氮肥条件下，这种增加的趋势更明显；对于 WT、HM 保水剂，不施氮肥条件下，这种增加的趋势更明显。

表 13-11　小于 0.25 mm 团聚体中 NH_4^+-N 含量及贮量分布

处理	NH_4^+-N 含量 /(mg · kg^{-1})	NH_4^+-N 贮量 /mg	处理	NH_4^+-N 含量 /(mg · kg^{-1})	NH_4^+-N 贮量 /mg	处理	NH_4^+-N 含量 /(mg · kg^{-1})	NH_4^+-N 贮量 /mg
CK N_0	9.33	0.71	CK N_1	16.90	1.30	CK N_2	20.50	1.56
PAM_1 N_0	10.20	0.63	PAM_1 N_1	17.30	1.18	PAM_1 N_2	31.50	2.27
PAM_2 N_0	11.20	0.65	PAM_2 N_1	17.60	1.19	PAM_2 N_2	31.50	2.14
PAM_3 N_0	12.30	0.70	PAM_3 N_1	23.40	1.43	PAM_3 N_2	35.10	2.32

续表

处理	NH_4^+-N 含量/(mg · kg^{-1})	NH_4^+-N 贮量/mg	处理	NH_4^+-N 含量/(mg · kg^{-1})	NH_4^+-N 贮量/mg	处理	NH_4^+-N 含量/(mg · kg^{-1})	NH_4^+-N 贮量/mg
WT_1 N_0	13.80	0.98	WT_1 N_1	16.40	1.23	WT_1 N_2	26.20	2.05
WT_2 N_0	15.10	1.01	WT_2 N_1	18.20	1.26	WT_2 N_2	27.70	2.00
WT_3 N_0	15.40	1.02	WT_3 N_1	22.20	1.49	WT_3 N_2	33.80	2.39
HM_1 N_0	13.10	0.79	HM_1 N_1	18.60	1.24	HM_1 N_2	25.70	1.78
HM_2 N_0	14.70	0.85	HM_2 N_1	19.50	1.19	HM_2 N_2	27.30	1.77
HM_3 N_0	15.20	0.78	HM_3 N_1	22.20	1.16	HM_3 N_2	27.80	1.44

表 13-12　大于 0.25 mm 团聚体中 NH_4^+-N 含量及贮量分布

处理	NH_4^+-N 含量/(mg · kg^{-1})	NH_4^+-N 贮量/mg	处理	NH_4^+-N 含量/(mg · kg^{-1})	NH_4^+-N 贮量/mg	处理	NH_4^+-N 含量/(mg · kg^{-1})	NH_4^+-N 贮量/mg
CK N_0	8.93	1.55	CK N_1	15.30	2.64	CK N_2	17.70	3.08
PAM_1 N_0	10.40	1.96	PAM_1 N_1	18.40	3.34	PAM_1 N_2	32.00	5.70
PAM_2 N_0	13.20	2.53	PAM_2 N_1	19.60	3.58	PAM_2 N_2	33.80	6.15
PAM_3 N_0	14.40	2.79	PAM_3 N_1	19.80	3.74	PAM_3 N_2	34.30	6.31
WT_1 N_0	12.60	2.26	WT_1 N_1	14.90	2.61	WT_1 N_2	15.80	2.72
WT_2 N_0	12.90	2.36	WT_2 N_1	15.70	2.84	WT_2 N_2	16.30	2.90
WT_3 N_0	13.20	2.42	WT_3 N_1	18.90	3.45	WT_3 N_2	19.80	3.55
HM_1 N_0	9.92	1.88	HM_1 N_1	16.30	2.99	HM_1 N_2	23.80	4.30
HM_2 N_0	12.60	2.42	HM_2 N_1	16.50	3.12	HM_2 N_2	24.20	4.48
HM_3 N_0	14.40	2.86	HM_3 N_1	18.80	3.72	HM_3 N_2	25.80	5.11

PAM、WT 和 HM 保水剂以 2‰、6‰、10‰用量施入土壤中，不施肥条件下，>0.25 mm 的土壤团聚体中 NH_4^+-N 含量较对照（CK N_0）分别增加了 16.5%、47.8%、61.3%，41.1%、44.5%、47.8%和 11.1%、41.1%、61.3%，>0.25 mm 的土壤团聚体中 NH_4^+-N 贮量较对照（CK N_0）分别增加了 26.3%、63.2%、79.7%，45.6%、52.2%、56.4%和 21.6%、56.4%、84.7%；0.25 gN · kg^{-1} 干土氮肥条件下，>0.25 mm 的土壤团聚体中 NH_4^+-N 含量较对照（CK N_1）分别增加了 20.3%、28.1%、29.4%，−2.6%、2.6%、23.5%和 6.5%、7.8%、22.9%，>0.25 mm 的土壤团聚体中 NH_4^+-N 贮量较对照（CK N_1）分别增加了 26.6%、35.5%、41.7%，−1.2%、7.4%、30.9%和 13.1%、18.0%、40.8%；0.50 gN · kg^{-1} 干土氮肥条件下，>0.25 mm 的土壤团聚体中 NH_4^+-N 含量较对照（CK N_2）分别增加了 80.8%、91.0%、93.8%，−10.7%、−7.9%、11.9%和 34.5%、36.7%、45.8%，>0.25 mm 的土壤团聚体中 NH_4^+-N 贮量较对照（CK N_2）分别增加了 85.0%、99.8%、104.7%，−11.8%、−5.9%、15.2%和 39.6%、45.5%、65.9%。同样可以说明当土壤中施加保水剂时，>0.25 mm 的土壤团聚体中 NH_4^+-N 含量和贮量随着保水剂用量的增加而增加。

13.3.3 结论

A. 土壤中施入保水剂能显著减少土壤的累积蒸发量，提高土壤的含水量，且随着保水剂用量的增加，土壤含水量提高的幅度增大。在保水剂使用量相同的条件下，在抑制土壤蒸发方面，3 种保水剂的性能表现为：PAM＜WT＜HM。

B. 保水剂与氮肥混合施入土壤中能够抑制土壤蒸发，提高土壤含水量，但是施入氮肥降低了保水剂的性能，且随着氮肥使用浓度的提高，保水剂性能的下降明显。

C. 土壤中施入保水剂后的土壤团聚体含量较对照有了显著提高，且随着保水剂用量的增加，这种效果越显著，但是施入氮肥降低了保水剂的性能。

D. 土壤中施加保水剂时，＜0.25 mm 的土壤团聚体中 NO_3^--N 和 NH_4^+-N 含量随着保水剂用量的增加而增加；＞0.25 mm 的土壤团聚体中 NO_3^--N 和 NH_4^+-N 含量和贮量都随着保水剂用量的增加而增加。

13.4 保水剂与氮肥互作对玉米生理特性和水氮利用的影响

西北地区深居内陆腹地而远离海洋，加之高山峻岭的阻隔，气候十分干旱，许多地方平均降水量小于 300 mm，内陆河区降水量一般都在 200 mm 以下，蒸发量却高达 1000～2800 mm。降水少而蒸发大，使得西北地区的水分短缺程度远高于国内其他地区。西北地区水资源总量 2344 亿 m^3，仅占全国水资源总量的 8%。因此，有效利用和开发高效的节水材料是解决西部干旱的重要途径之一(刘瑞凤等，2006)。

20 世纪 70 年代以来，保水剂的研究与应用日益普及，日本在沙漠绿化、英国在水土保持、法国在土壤改良、俄罗斯在节水农业等方面都取得了明显效果(李景生和黄韵珠，1996；吴景社，1994)。使用保水剂可以提高作物的干物质积累量，提高作物产量、肥料利用效率及水的利用效率，并且对作物无毒、无害、无不良反应(杜社妮等，2007；林文杰等，2004；刘煜宇等，2005)，在我国广大的干旱、半干旱、季节性干旱地区有着广泛的应用前景(陈岩和张希财，1994)。本研究采用盆栽试验比较不同保水剂与氮肥组合对玉米生长效应的影响，探索最佳的保水剂与氮肥组合，为保水剂的合理使用提供理论依据。

13.4.1 材料与方法

13.4.1.1 试验材料与设计

供试土壤为塿土、重壤土，取自西北农林科技大学灌溉站。供试保水剂有 3 种：①得米高吸水性树脂(PAM)，聚丙烯酰胺；②沃特多功能抗旱保水剂(WT)，凹凸棒(有机)/聚丙烯酸(无机)保水剂；③海明高能抗旱保水剂(HM)，聚丙烯酸钠型。供试氮肥为尿素。供试磷肥为过磷酸钙。供试玉米为‘高农 901’。

试验采用盆栽玉米，在桶底底部铺一层 3 cm 厚的沙子。试验按照保水剂类型、保水剂用量、氮肥用量三因素 $L_9(3^3)$ 正交设计，各处理重复 3 次。保水剂设 3 个水平：①不施保水剂；②施用 2‰的保水剂(占干土重的千分比)；③施用 4‰的保水剂(占干土重的千分比)。氮肥用量设 3 个水平：①N_0(对照)，不施氮肥；②N_1，0.25 gN · kg^{-1} 干土；③N_2，0.50 gN · kg^{-1} 干土。具体处理见表 13-13。所用磷肥为过磷酸钙，用量为 0.13 gP · kg^{-1}

干土。以上肥料全部一次施入，要求以上肥料在种植前要混合均匀，不能出现肥料集中现象，并按 1.35 $g \cdot cm^{-3}$ 的容重装土。在每盆播 3 粒供试玉米种子，播种前灌水至田间持水量，玉米 3 叶前各处理水量均控制在 80%～95%田间持水量，3 叶后各处理水量均控制在 65%～80%田间持水量，3 叶期定苗两株。7 叶期收获，测定玉米的生长、生理指标、植株全氮，同时计算水分利用效率。

表 13-13 试验设计方案表

处理	A 保水剂种类	B 保水剂用量（占干土重的千分比）	C 氮肥用量 /($gN \cdot kg^{-1}$ 干土)
1	PAM	4	0.5
2	PAM	2	0.25
3	PAM	0	0
4	WT	4	0.25
5	WT	2	0
6	WT	0	0.5
7	HM	4	0
8	HM	2	0.5
9	HM	0	0.25

13.4.1.2 测定项目与方法

叶面积计算方法：采用 Montgomery 法，按照叶长×最大叶宽×0.75 求出各单叶面积后，累计相加得到全株总面积。地上生物学量：玉米 7 叶期时，将植株按茎、叶、根分开，在 105℃进行杀青 30～40 min，然后在 85℃烘干至恒重后称重，各部分干物质相加得出单株总干物重。叶绿素含量采用分光光度法测定。根系活力用 TTC 还原法测定。水分利用效率=干物质累积量/总耗水量。玉米苗期收获后根据凯氏定氮法分别测定玉米叶片、茎、根的全氮含量。养分吸收量=叶干重×叶片养分含量+茎干重×茎养分含量+根干重×根养分含量。

13.4.2 结果与分析

不同保水剂与氮肥组合对玉米苗期株高、叶面积、生物学产量、叶绿素含量、根系活力、氮素吸收量及水分利用效率的影响结果见表 13-14，其极差和方差分析结果见表 13-15 和表 13-16。

表 13-14 保水剂与氮肥互作对玉米生理特性和水氮利用的影响

处理	株高 /cm	叶面积 /cm^2	地上部干重 /($g \cdot 株^{-1}$)	叶绿素含量 /($mg \cdot g^{-1}$ 鲜重)	根系活力 /($\mu g \cdot g^{-1} \cdot h^{-1}$)	N 吸收量 /($mgN \cdot 株^{-1}$)	水分利用效率 /($g \cdot kg^{-1}$)
1	85.6	775.8	11.33	3.86	232.6	282.5	2.39
2	83.6	756.7	9.35	3.63	134.2	191.7	1.94

3	78.3	675.3	6.71	3.32	114.1	151.6	1.32

续表

处理	株高/cm	叶面积/cm^2	地上部干重/($g \cdot 株^{-1}$)	叶绿素含量/($mg \cdot g^{-1}$鲜重)	根系活力/($\mu g \cdot g^{-1}h^{-1}$)	N 吸收量/($mgN \cdot 株^{-1}$)	水分利用效率/($g \cdot kg^{-1}$)
4	83.4	763.5	9.94	3.65	139.1	272.9	2.92
5	80.3	682.1	7.75	3.42	116.9	183.7	2.13
6	87.3	831.4	11.43	3.78	154.2	170.6	1.45
7	80.3	684.8	8.32	3.55	123.1	227.7	2.62
8	84.1	767.5	10.49	3.79	177.1	201.2	2.09
9	82.8	740.6	8.64	3.61	132.6	167.3	1.48

表 13-15　玉米生理特性和水氮利用的极差分析

处理	株高/cm	叶面积/cm^2	地上部干重/($g \cdot 株^{-1}$)	叶绿素含量/($mg \cdot g^{-1}$鲜重)	根系活力/($\mu g \cdot g^{-1}h^{-1}$)	N 吸收量/($mgN \cdot 株^{-1}$)	水分利用效率/($g \cdot kg^{-1}$)
保水剂种类	1.30	28.05	0.58	0.05	23.54	10.35	0.28
保水剂用量	0.42	13.68	0.93	0.12	31.30	97.82	1.23
氮肥用量	6.03	110.80	3.49	0.38	69.95	30.42	0.14

表 13-16　玉米生理特性和水氮利用的方差分析

项目	方差来源	离差平方和	自由度	均方	*F* 值	显著水平
株高	保水剂种类	6.07	2	3.04	3.58	0.07
	保水剂用量	0.54	2	0.27	0.32	0.73
	氮肥用量	110.64	2	55.32	65.17	0.00
叶面积	保水剂种类	2 688.62	2	1 344.31	5.41	0.03
	保水剂用量	565.00	2	282.50	1.14	0.36
	氮肥用量	38 050.26	2	19 025.13	76.56	0.00
地上部干物重	保水剂种类	1.29	2	0.64	4.33	0.05
	保水剂用量	2.77	2	1.39	9.33	0.01
	氮肥用量	36.58	2	18.29	123.14	0.00
叶绿素含量	保水剂种类	0.01	2	0.00	0.85	0.46
	保水剂用量	0.04	2	0.02	5.40	0.03
	氮肥用量	0.44	2	0.22	54.03	0.00
根系活力	保水剂种类	1 735.94	2	867.97	7.17	0.01
	保水剂用量	3 111.03	2	1 555.51	12.84	0.00
	氮肥用量	15 931.00	2	7 965.50	65.77	0.00
N 吸收量	保水剂种类	410.04	2	205.02	8.91	0.01
	保水剂用量	30 287.01	2	15 143.51	658.33	0.00
	氮肥用量	3 013.19	2	1 506.60	65.50	0.00
水分利用效率	保水剂种类	0.25	2	0.12	5.65	0.03
	保水剂用量	4.53	2	2.26	103.72	0.00
	氮肥用量	0.06	2	0.03	1.37	0.30

13.4.2.1 保水剂与氮肥互作对玉米苗期株高的影响

由表 13-14 知，处理 6 的玉米株高最大，为 87.3 cm，处理 1 次之，为 85.6 cm，处理 3 的最低，为 78.3 cm，是处理 6 的 89.6 %。根据表 13-15 的极差分析结果可以看出，在本试验中 C 因素氮肥用量对玉米株高的影响作用最大，其次是 A 因素保水剂种类，再次是 B 因素保水剂用量。因此各因素组合对玉米株高的影响作用由大到小的位次关系为氮肥用量＞保水剂类型＞保水剂用量。根据表 13-16 的方差分析结果可以看出，氮肥用量对玉米株高的影响达到了极显著水平，保水剂种类和保水剂用量对玉米株高的影响不显著。表 13-17 为 C 因素氮肥用量各水平间玉米株高的多重比较，由此可知，玉米苗期株高随着施氮量的增加有增加的趋势，C 因素氮肥用量 3 水平间达到了极显著差异水平。促进玉米苗期株高增加的方案是：施氮量为 0.50 $gN \cdot kg^{-1}$ 干土。

表 13-17　C 因素氮肥用量各水平间玉米株高的多重比较

水平	平均株高/cm	$F_{0.05}$	$F_{0.01}$
C_1	85.7	a	A
C_2	83.2	b	B
C_3	79.6	c	C

13.4.2.2 保水剂与氮肥互作对玉米苗期叶面积的影响

由表 13-14 可知，处理 6 的玉米叶面积最大，为 831.4 cm^2，处理 3 的最低，为 675.3 cm^2，为处理 6 的 81.2 %。根据表 13-15 的极差分析结果可以看出，在本试验中 C 因素氮肥用量对玉米叶面积的影响作用最大，其次是 A 因素保水剂种类，再次是 B 因素保水剂用量。因此各因素组合对玉米叶面积的影响作用由大到小的位次关系为氮肥用量＞保水剂类型＞保水剂用量。根据表 13-16 的方差分析结果可以看出，氮肥用量对玉米叶面积的影响达到了极显著水平，保水剂种类对玉米叶面积的影响达到了显著水平，保水剂用量对玉米叶面积的影响不显著。表 13-18 和表 13-19 分别为 A 因素保水剂种类和 C 因素氮肥用量各水平间玉米叶面积的多重比较，由此可知，A_2 和 A_1、A_3 分别达到了显著差异水平，在促进玉米苗期叶面积增加方面，WT 保水剂要优于 PAM 和 HM 保水剂；玉米苗期叶面积随着施氮量的增加有增加的趋势，C 因素氮肥用量 3 水平间达到了极显著差异水平。促进玉米苗期叶面积增加的方案是：使用 WT 保水剂，施氮量为 0.50 $gN \cdot kg^{-1}$ 干土。

表 13-18　A 因素保水剂种类各水平间玉米叶面积的多重比较

水平	叶面积/cm^2	$F_{0.05}$	$F_{0.01}$
A_2	759.0	a	A
A_1	735.9	b	A
A_3	731.0	b	A

表 13-19　C 因素氮肥用量各水平间玉米叶面积的多重比较

水平	叶面积/cm^2	$F_{0.05}$	$F_{0.01}$
C_1	791.6	a	A
C_2	753.6	b	B
C_3	680.8	c	C

13.4.2.3 保水剂与氮肥互作对玉米苗期生物学产量的影响

由表 13-14 可知，处理 6 的玉米地上部干物重最大，为 11.43 g · 株$^{-1}$，处理 1 次之，为 11.33 g · 株$^{-1}$，处理 3 的最低，为 6.71 g · 株$^{-1}$，仅为处理 6 的 58.7%。根据表 4-3 的极差分析结果可以看出，在本试验中 C 因素氮肥用量对玉米地上部干物重的影响作用最大，其次是 B 因素保水剂用量，再次是 A 因素保水剂种类。因此各因素组合对玉米地上部干物重的影响作用由大到小的位次关系为氮肥用量＞保水剂用量＞保水剂种类。根据表 13-16 的方差分析结果可以看出，保水剂用量和氮肥用量对玉米地上部干物重的影响达到了极显著水平，保水剂种类对玉米地上部干物重的影响达到了显著水平。表 13-20、表 13-21 和表 13-22 分别为 A 因素保水剂种类、B 因素保水剂用量和 C 因素氮肥用量各水平间玉米地上部干物重的多重比较，由此可知，A_2 和 A_1、A_3 分别达到了显著差异水平，在促进玉米苗期地上部干物重增加方面，WT 保水剂要优于 PAM 和 HM 保水剂；随着保水剂用量的增加，玉米苗期地上部干物重有增加的趋势，其中 B_1 和 B_2、B_3 分别达到了显著差异水平；随着氮肥用量的增加，玉米苗期地上部干物重也有增加的趋势，C 因素氮肥用量 3 水平间达到了极显著差异水平。促进玉米苗期地上部干物重增加的方案是：使用 WT 保水剂，保水剂用量为 4‰，施氮量为 0.50 gN · kg^{-1} 干土。

表 13-20　A 因素保水剂种类各水平间玉米地上部干物重的多重比较

水平	地上部干物重/(g · 株$^{-1}$)	$F_{0.05}$	$F_{0.01}$
A_2	9.70	a	A
A_3	9.15	b	A
A_1	9.13	b	A

表 13-21　B 因素保水剂用量各水平间玉米地上部干物重的多重比较

水平	地上部干物重/(g · 株$^{-1}$)	$F_{0.05}$	$F_{0.01}$
B_1	9.86	a	A
B_2	9.19	b	AB
B_3	8.93	b	B

表 13-22　C 因素氮肥用量各水平间玉米地上部干物重的多重比较

水平	地上部干物重/(g · 株$^{-1}$)	$F_{0.05}$	$F_{0.01}$
C_1	11.08	a	A
C_2	9.31	b	B
C_3	7.59	c	C

13.4.2.4 保水剂与氮肥互作对玉米苗期叶绿素含量的影响

叶绿素是植物进行光合作用的物质基础，是影响叶片光合能力的重要生理指标。有关研究表明，在一定范围内，叶绿素含量越多，光合作用就越强，就能制造更多的光合产物，为高产提供更多的物质基础(潘瑞帜和董愚得，1995)。由表 13-14 可知，处理 1 的玉米叶片叶绿素含量最大，为 3.86 $mg \cdot g^{-1}$ 鲜重，处理 3 的最低，为 3.32 $mg \cdot g^{-1}$ 鲜重。根据表 13-15 的极差分析结果可以看出，在本试验中 C 因素氮肥用量对玉米叶片叶绿素含量的影响作用最大，其次是 B 因素保水剂用量，再次是 A 因素保水剂种类。因此各因素组合对玉米叶片叶绿素含量的影响作用由大到小的位次关系为氮肥用量＞保水剂用量＞保水剂种类。根据表 13-16 的方差分析结果可以看出，氮肥用量对玉米叶片叶绿素含量的影响达到了极显著水平，保水剂用量对玉米叶片叶绿素含量的影响达到了显著水平，保水剂类型对玉米叶片叶绿素含量的影响不显著。表 13-23 和表 13-24 分别为 B 因素保水剂用量和 C 因素氮肥用量各水平间玉米叶片叶绿素含量的多重比较，由此可知，随着保水剂用量的增加，玉米苗期叶片叶绿素含量有增加的趋势，其中 B_1 和 B_3 达到了显著差异水平；随着氮肥用量的增加，玉米苗期叶片叶绿素含量也有增加的趋势，C 因素氮肥用量 3 水平间达到了极显著差异水平。促进玉米苗期叶片叶绿素含量增加的方案是：保水剂用量为 4‰，施氮量为 0.50 $gN \cdot kg^{-1}$ 干土。

表 13-23　B 因素保水剂用量各水平间玉米苗期叶片叶绿素含量的多重比较

水平	叶绿素含量/($mg \cdot g^{-1}$ 鲜重)	$F_{0.05}$	$F_{0.01}$
B_1	3.69	a	A
B_2	3.61	ab	A
B_3	3.57	b	A

表 13-24　C 因素氮肥用量各水平间玉米苗期叶片叶绿素含量的多重比较

水平	叶绿素含量/($mg \cdot g^{-1}$ 鲜重)	$F_{0.05}$	$F_{0.01}$
C_1	3.81	a	A
C_2	3.63	b	B
C_3	3.43	c	C

13.4.2.5 保水剂与氮肥互作对玉米苗期根系活力的影响

在植物的生长过程中，根系不仅从土壤中摄取水分，同时也摄取养分。植物的根系是一个比较活跃的吸收器官，也是一个活跃的代谢、激素和氨基酸的合成器官，根的生长状况和活力水平直接影响地上部分的生长和营养状况及产量水平(王法宏等，1997)。由表 13-14 可知，处理 1 的玉米根系活力最大，为 232.6 $\mu g \cdot g^{-1} \cdot h^{-1}$，处理 8 次之，为 177.1 $\mu g \cdot g^{-1} \cdot h^{-1}$，处理 3 的最低，为 114.1 $\mu g \cdot g^{-1} \cdot h^{-1}$，仅为处理 1 的 64.4%。根据表 13-15 的极差分析结果可以看出，在本试验中 C 因素氮肥用量对玉米根系活力的影响作用最大，其次是 B 因素保水剂用量，再次是 A 因素保水剂种类。因此各因素组合对玉米根系活力的影响作用由大到小的位次关系为氮肥用量＞保水剂用量＞保水剂类型。根据表 13-16 的方差分析结果可以看出，保水剂种类、保水剂用量和氮肥用量对玉米根系活力的影响均达到了极显著水平。表 13-25、表 13-26 和表 13-27 分别为 A 因素保水剂种类、B 因素保水剂用量和 C 因素氮肥用量各水平间玉米根系活力的多重比较，由此可知，A_1 和 A_2、A_3 分别达到了极显著差异水平，在促进玉米苗期根系活力增加方面，PAM 保水剂要优于 WT 和 HM 保水剂；随着保水剂用量的增加，玉米苗期根系活力有增加的趋势，其中 B_1 和 B_2、B_3 分别达到了极显著差异水平；随着氮肥用量的增加，玉米苗期根系活力也有增加的趋势，C 因素氮肥用量 3 水平间达到了极显著差异水平。促进玉米苗期根系活力增加的方案是：使用 PAM 保水剂，保水剂用量为 4‰，施氮量为 0.50 gN · kg^{-1} 干土。

表 13-25　A 因素保水剂种类各水平间玉米根系活力的多重比较

水平	根系活力/(μg · g^{-1} · h^{-1})	$F_{0.05}$	$F_{0.01}$
A_1	160.30	a	A
A_3	144.23	b	B
A_2	136.76	b	B

表 13-26　B 因素保水剂用量各水平间玉米根系活力的多重比较

水平	根系活力/(μg · g^{-1} · h^{-1})	$F_{0.05}$	$F_{0.01}$
B_1	164.93	a	A
B_2	142.73	b	B
B_3	133.63	c	B

表 13-27　C 因素氮肥用量各水平间玉米根系活力的多重比较

水平	根系活力/(μg · g^{-1} · h^{-1})	$F_{0.05}$	$F_{0.01}$
C_1	187.97	a	A
C_2	135.30	b	B
C_3	118.02	c	C

13.4.2.6 保水剂与氮肥互作对玉米苗期氮素吸收转化的影响

氮是植物生命中具有重要意义的一个营养元素，也是植物进行光合作用起决定作用的叶绿素的组成部分，对植物生长有促进作用。施用氮肥不仅能提高农产品的产量，还能提高农产品的质量。由表 13-14 可知，处理 1 的玉米苗期氮素吸收量最大，为 282.5 mgN · 株$^{-1}$，处理 4 次之，为 272.9 mgN · 株$^{-1}$，处理 3 的最低，为 151.6 mgN · 株$^{-1}$，仅为处理 1 的 53.7%。根据表 13-15 的极差分析结果可以看出，在本试验中 B 因素保水剂用量对玉米氮素吸收量的影响作用最大，其次是 C 因素氮肥用量，再次是 A 因素保水剂种类。因此各因素组合对玉米氮素吸收量的影响作用由大到小的位次关系为保水剂用量＞氮肥用量＞保水剂类型。根据表 13-16 的方差分析结果可以看出，保水剂种类、保水剂用量和氮肥用量对玉米氮素吸收量的影响均达到了极显著水平。表 13-28、表 13-29 和表 13-30 分别为 A 因素保水剂种类、B 因素保水剂用量和 C 因素氮肥用量各水平间玉米氮素吸收量的多重比较，由此可知，A_1、A_2 和 A_3 分别达到了极显著差异水平，在促进玉米苗期氮素吸收量增加方面，PAM 和 WT 保水剂要优于 HM 保水剂；随着保水剂用量的增加，玉米苗期氮素吸收量有增加的趋势，B 因素保水剂用量 3 水平间达到了极显著差异水平；随着氮肥用量的增加，玉米苗期氮素吸收量也有增加的趋势，C 因素氮肥用量 3 水平间达到了显著差异水平。促进玉米苗期氮素吸收量增加的方案是：使用PAM 或 WT 保水剂，保水剂用量为 4‰，施氮量为 0.50 $gN \cdot kg^{-1}$ 干土。

表 13-28　A 因素保水剂种类各水平间玉米氮素吸收量的多重比较

水平	N 吸收量/($mgN \cdot 株^{-1}$)	$F_{0.05}$	$F_{0.01}$
A_2	209.1	a	A
A_1	208.6	a	A
A_3	198.7	b	B

表 13-29　B 因素保水剂用量各水平间玉米氮素吸收量的多重比较

水平	N 吸收量/($mgN \cdot 株^{-1}$)	$F_{0.05}$	$F_{0.01}$
B_1	261.0	a	A
B_2	192.2	b	B
B_3	163.2	c	C

表 13-30　C 因素氮肥用量各水平间玉米氮素吸收量的多重比较

水平	N 吸收量/($mgN \cdot 株^{-1}$)	$F_{0.05}$	$F_{0.01}$
C_1	218.1	a	A
C_2	210.6	b	A
C_3	187.7	c	B

13.4.2.7 保水剂与氮肥互作对玉米苗期水分利用效率(WUE)的影响

由表 13-14 可知，处理 4 的玉米苗期 WUE 最高，为 2.92 $g \cdot kg^{-1}$，处理 7 次之，为 2.62 $g \cdot kg^{-1}$，处理 3 的最低，为 1.32 $g \cdot kg^{-1}$，仅为处理 4 的 45.2%。根据表 13-15 的极差分析结果可以看出，在本试验中 B 因素保水剂用量对玉米苗期 WUE 的影响作用最大，其次是 A 因素保水剂种类，再次是 C 因素氮肥用量。因此各因素组合对玉米苗期 WUE 的影响作用由大到小的位次关系为保水剂用量＞保水剂类型＞氮肥用量。根据表 13-16 的方差分析结果可以看出，保水剂用量对玉米苗期 WUE 的影响达到了极显著水平，保水剂种类对玉米苗期 WUE 的影响达到了显著水平，氮肥用量对玉米苗期 WUE 的影响不显著。表 13-31 和表 13-32 分别为 A 因素保水剂种类、B 因素保水剂用量各水平间玉米苗期 WUE 的多重比较，由此可知，A_2、A_3 和 A_1 分别达到了显著差异水平，在促进玉米苗期 WUE 增加方面，WT 和 HM 保水剂要优于 PAM 保水剂；随着保水剂用量的增加，玉米苗期 WUE 有增加的趋势，B 因素保水剂用量 3 水平间达到了极显著差异水平。促进玉米苗期 WUE 增加的方案是：使用 WT 或 HM 保水剂，保水剂用量为 4‰。

表 13-31　A 因素保水剂种类各水平间玉米苗期 WUE 的多重比较

水平	水分利用效率/(g · kg^{-1})	$F_{0.05}$	$F_{0.01}$
A_2	2.16	a	A
A_3	2.06	a	AB
A_1	1.88	b	B

表 13-32　B 因素保水剂用量各水平间玉米苗期 WUE 的多重比较

水平	水分利用效率/(g · kg^{-1})	$F_{0.05}$	$F_{0.01}$
B_1	2.64	a	A
B_2	2.05	b	B
B_3	1.41	c	C

13.4.3 结论

本章通过保水剂种类、保水剂用量、氮肥用量 3 种因素作为控制因子，采用正交设计，研究玉米苗期的生长发育、生理特性、养分吸收及水分利用效率，得出以下结论。

A. 氮肥用量对玉米苗期株高、叶面积的影响作用最大，其次是保水剂种类，再次是保水剂用量。综合考虑，促进玉米苗期株高增加的方案是施氮量为 0.50 gN · kg^{-1} 干土；促进玉米苗期叶面积增加的方案是使用 WT 保水剂，施氮量为 0.50 gN · kg^{-1} 干土。

B. 氮肥用量对玉米地上部干物重的影响作用最大，其次是保水剂用量，再次是保水剂种类。综合考虑，促进玉米苗期地上部干物重增加的方案是：使用 WT 保水剂，保水剂用量为 4‰，施氮量为 0.50 gN · kg^{-1} 干土。

C. 氮肥用量对玉米叶片叶绿素含量的影响作用最大，其次是保水剂用量，再次是保水剂种类。综合考虑，促进玉米苗期叶片叶绿素含量增加的方案是：保水剂用量为 4‰，施氮量为 0.50 gN · kg^{-1} 干土。

D. 氮肥用量对玉米根系活力的影响作用最大，其次是保水剂用量，再次是保水剂种类。综合考虑，促进玉米苗期根系活力增加的方案是：使用 PAM 保水剂，保水剂用量为 4‰，施氮量为 0.50 gN · kg^{-1} 干土。

E. 保水剂用量对玉米氮素吸收量的影响作用最大，其次是氮肥用量，再次是保水剂种类。综合考虑，促进玉米苗期氮素吸收量增加的方案是：使用 PAM 或 WT 保水剂，保水剂用量为 4‰，施氮量为 0.50 gN · kg^{-1} 干土。

F. 保水剂用量对玉米苗期 WUE 的影响作用最大，其次是保水剂种类，再次是氮肥用量。综合考虑，促进玉米苗期 WUE 增加的方案是：使用 WT 或 HM 保水剂，保水剂用量为 4‰。

参 考 文 献

白文波，宋吉青，李茂松，等. 2009. 保水剂对土壤水分垂直入渗特征的影响. 农业工程学报，25(2)：18～23

蔡典雄，王小彬，Keith S. 1999. 土壤保水剂对土壤持水性及作物出苗的影响. 土壤肥料，(1)：13～16
陈宝玉，黄选瑞，邢海福，等. 2004. 3 种剂型保水剂的特性比较. 东北林业大学学报，32(6)：99～100
陈宝玉，张林，滕轶龚，等. 2008. 保水剂对混剂土特性的影响. 中国水土保持科学，6(5)：62～65
陈岩，张希财. 1994. 保水剂拌种对玉米苗期性状的影响. 辽宁农业科学，(4)：40～56
陈玉水. 1997. 耐盐吸水抗旱剂及其在甘蔗上的应用研究. 甘蔗，4(4)：11～14
陈宗淇，张玉荣，曾利容. 1981. 聚丙烯酰胺对蒙脱土絮凝的研究. 化学学报，39(7)：672～676
迟永刚，黄占斌，李茂松. 2005. 保水剂与不同化学材料配合对玉米生理特性的影响. 干旱地区农业研究，23(6)：132～136
崔英德，郭建维，阎文峰，等. 2003. SA-IP-SPS 型保水剂及其对土壤物理性能的影响. 农业工程学报，19(1)：28～31
党秀丽，张玉龙，黄毅. 2005. 保水剂对土壤持水性能影响的模拟研究. 农业工程学报，21(4)：191～192
邓敬宁，戴国平，叶尚红. 1992. 土壤干旱下强吸水性树脂对烟草根系活力及生长的影响. 云南农业大学学报，7(2)：76～81
丁善普，李旭东. 1997. 影响吸水聚合物的吸水能力的因素及其特征. 青岛化工学院学报，18(2)：147～151
杜建军，苟春林，崔英德，等. 2007. 保水剂对氮肥氨挥发和氮磷钾养分淋溶损失的影响. 农业环境科学学报，26(4)：1296～1301
杜建军，王新爱，廖宗文，等. 2005. 不同肥料对高吸水性树脂吸水倍率的影响及养分吸持研究. 水土保持学报，19(4)：27～31
杜社妮，白岗栓，赵世伟，等. 2007. 沃特和 PAM 保水剂对土壤水分及马铃薯生长的影响研究. 农业工程学报，23(8)：72～79
杜太生，康绍忠，张富仓，等. 2002. 固体水的吸水特性及其抗旱节水效应. 干旱地区农业研究，20(3)：49～53
杜尧东，王丽娟，刘作新. 2000. 保水剂及其在节水农业上的应用. 河南农业大学学报，34(3)：255～259
冯金朝，赵金龙，胡应娣，等. 1993. 土壤保水剂对沙地农作物生长的影响. 干旱地区农业研究，11(2)：36～40
高凤文，罗盛国，姜佰文. 2005. 保水剂对土壤蒸发及玉米幼苗抗旱性的影响. 东北农业大学学报，36(1)：11-14
宫辛玲，刘作新，尹光华，等. 2008. 土壤保水剂与氮肥的互作效应研究. 农业工程学报，24(1)：50～53
何传龙，李布青，殷雄，等. 2002. 新型抗旱保水剂对土壤改良和作物抗旱节水作用的初步研究. 安徽农业科学，30(5)：771～773
何腾兵，陈焰，班赢红，等. 1997. 高吸水剂对盆栽玉米和小麦的影响研究. 耕作与栽培，(1，2)：115～118
贺湘逸，谢为民，邱礼平，等. 1992. 高吸水树脂提高红壤保水能力的初步研究. 江西农业学报，4(1)：34～41
侯万国，张春光，王果庭. 1989. 聚丙烯酰胺对黏土悬浮体的絮凝与稳定作用. 高等学校化学学报，10(8)：848～858
胡芬，陈尚漠. 2000. 旱地玉米农田地膜覆盖的水分调控效应研究. 中国农业气象，21(4)：14～17
华孟，苏宝林. 1989. 高吸水树脂在农业上的应用的基础研究. 中国农业大学学报，15(1)：37～43
黄占斌. 2005. 农用保水剂应用原理与技术. 北京：中国农业科学技术出版社：3～4，28～29，309～313
黄占斌，辛小桂，宁荣昌，等. 2003. 保水剂在农业生产中的应用与发展趋势. 干旱地区农业研究，21(3)：11～14
黄占斌，张国桢，李秧秧，等. 2002. 保水剂特性测定及其在农业中的应用. 农业工程学报，18(1)：22～26
黄占斌，朱书全，张铃春，等. 2004. 保水剂在农业改土节水中的效应研究. 水土保持研究，11(3)：57～60
贾朝霞，郑焰. 1999. 高吸水性树脂用于水土保持和节水农业的新思路. 农业环境与发展，16(3)：38～41
介晓磊，李有田，韩燕来，等. 2000. 保水剂对土壤持水特性的影响. 河南农业大学学报，34(1)：22～24
雷辉俐，魏竹涟，江锡瑜，等. 1992. 保水剂在玉米栽培上的应用. 贵州农业科学，(3)：35～39
雷廷武，袁普金，詹卫华，等. 2004. PAM 及波涌灌溉对水分入渗影响的微型水槽试验研究. 土壤学报，41(1)：140～143
黎庆淮，等. 1979. 土壤与农作. 北京：水利电力出版社：18
李长荣，刑玉芬，朱健康，等. 1989. 高吸水树脂与肥料相互作用的研究. 中国农业大学学报，15(2)：187～192
李继成. 2008. 保水剂-土壤-肥料的相互作用机制及作物效应的研究. 杨凌：西北农林科技大学硕士学位论文
李继成，张富仓，孙亚联，等. 2008. 施肥条件下保水剂对土壤蒸发和土壤团聚性状的影响. 水土保持通报，28(2)：48～53
李景生，黄韵珠. 1996. 土壤保水剂的吸水保水性能研究动态. 中国沙漠，16(1)：86～91
李青丰，房丽宁，徐军，等. 1996. 吸水剂对促进种子萌发作用的置疑. 干旱地区农业研究，14(4)：56～60
李元芳，吴德瑜，胡济生. 1988. 吸水剂在农业上的应用. 世界农业，(3)：39～40
林润雄. 1998. 高吸水树脂吸水机理的探讨. 北京化工大学学报，25(3)：20～25
林文杰，马焕成，周蛟. 2004. 干旱胁迫下不同保水剂处理的水分动态研究. 水土保持研究，11(2)：121～124
林文杰，马换成，周蛟，等. 2004. 干旱胁迫下保水剂对苗木生长及生理的影响. 干旱地区农业研究，21(4)：353～357
刘瑞凤，李安，王爱勤. 2005a. PAM-atta 有机无机复合保水剂保水性能研究. 干旱地区农业研究，23(4)：73～77

刘瑞凤，杨红善，李安，等. 2006. PAA-atta 复合保水剂对土壤物理性质的影响. 土壤通报，37(2)：231～235
刘瑞凤，张俊平，王爱勤. 2005b. PAA-AM/SH 复合保水剂吸水性能及缓释效果研究. 中国农学通报，21(12)：205～208
刘世亮，寇太记，介晓磊，等. 2005. 保水剂对玉米生长和土壤养分转化供应的影响研究. 河南农业大学学报，39(2)：146～150
刘效瑞，伍克俊，王景才，等. 1993. 土壤保水剂对农作物的增产增收效果. 干旱地区农业研究，11(2)：32～35
刘煜宇，马换成，黄金义. 2005. 保水剂与肥料交互作用对石楠抗旱效应的影响. 西南林学院学报，25(3)：10～13
龙明杰，张宏伟，曾繁森. 2001. 高聚物土壤结构改良剂的研究Ⅰ.淀粉接枝共聚物改良赤红壤的研究. 土壤学报，38(4)：284～290
罗维康. 2005. 保水剂对甘蔗生长与产量的影响. 亚热带农业研究，1(1)：27～29
马焕成，罗质斌，陈义群，等. 2004. 保水剂对土壤养分的保蓄作用. 浙江林学院学报，21(4)：404～407
潘瑞帜，董愚得. 1995. 植物生理学. 2 版. 北京：高等教育出版社：69～70
宋立新. 1990. 高吸水材料保肥效果试验. 陕西农业科学，(6)：27～28
王成志，杨培岭，任树梅，等. 2006. 保水剂对滴灌土壤湿润体影响的室内实验研究. 农业工程学报，22(12)：1～7
王法宏，王旭清，刘素英，等. 1997. 根系分布与作物产量的关系研究进展. 山东农业科学，(4)：48～51
王解新，陈建定. 1999. 高吸水性树脂研究进展. 功能高分子学报，12(2)：211～217
王砚田，华孟，赵小雯，等. 1990. 高吸水性树脂对土壤物理性状的影响. 中国农业大学学报，16 (2)：181～187
王一鸣. 1996. 农业化学抗旱节水技术的研究应用. 中国农业气象，17(2)：41～43
王一鸣. 2000. 保水剂在我国农业中的试验研究与应用. 中国农业气象，21(1)：49～51
王志玉，刘作新，魏义长. 2004. 高吸水树脂包衣对大豆光合作用及水分利用效率的影响. 干旱地区农业研究，22(3)：105～108
吴德瑜. 1991. 保水剂与农业. 北京：农业出版社：11
吴德瑜，梁鸣早. 1987. 保水剂及其在农业上的应用. 农业科技通讯，(3)：3～4
吴景社. 1994. 国外节水农业技术现状与发展趋势. 世界农业，(1)：36～38
吴增芳. 1976. 土壤结构改良剂. 北京：科学出版社：204～222
肖海华，张毅功，方正，等. 2002. 不同保水剂对基质保水性和黄瓜幼苗生长的影响. 河北农业大学学报，25(3)：45～49
谢伯承，薛绪掌，王纪华，等. 2003. 保水剂对土壤持水性状的影响. 水土保持通报，23(6)：44～46
许冀泉. 1982. 黏土胶体化学导论. 北京：农业出版社：171～176
薛景云. 1985. 吸水性聚合物的结构功能机理. 化学与粘合，(3)：180～183
闫永利，于健，魏占民，等. 2007. 土壤特性对保水剂吸水性能的影响. 农业工程学报，23(7)：76～79
杨红善，刘瑞凤，张俊平，等. 2005. PAAM-atta 复合保水剂对土壤持水性及其物理性能的影响. 水土保持学报，19(3)：38～41
杨磊，苏文强. 2004. 化肥对保水剂吸水性能的影响. 东北林业大学学报，32(5)：37～38
员学锋，汪有科，吴普特，等. 2005a. PAM 对土壤物理性状影响的试验研究及机理分析. 水土保持学报，19(2)：37～40
员学锋，汪有科，吴普特，等. 2005b. 聚丙烯酰胺减少土壤养分的淋溶损失研究. 农业环境科学学报，24(5)：929～934
张富仓，康绍忠. 1999. BP 保水剂及其对土壤与作物的效应. 农业工程学报，15(2)：74～78
张庆忠，陈欣，沈善敏. 2002. 农田土壤硝酸盐积累与淋失研究进展. 应用生态学报，13(2)：233～238
张振华，谢恒星，刘继龙，等. 2006. PAM 对一维垂直入渗特征量影响的试验研究. 中国农村水利水电，(3)：75～77
邹新禧. 1991. 超强吸水剂. 北京：化学工业出版社：200～204
Alasdair B. 1984. Super absorbents improve plant survival. World Crops，(102)：7～10
Bowman D C，Evans R Y. 1991. Calcium inhibition of polyacrylimide gelhydration is partially reversible by potassium. Hort Sci，26(8)：1063～1065
Costigan P A，Locascio S J. 1982. Fertilizer additives within or around the gel for fluid drilled cabage and lettuce. Hort Sci，5(17)：746～748
Foster W J，Gary J K. 1990. Water absorption of hydrophilic polymer reduced by media amendments. Environ Horta，8(3)：113～114
Gehring J M，Levis A J. 1980. Effect of hydrogel on wilting and moisture stress of bedding plants. Amer Soc Hort Sci，105(4)：511～513
Kristian A J，Bjomeberg D L，Sojka R E. 1998. Prinkler irrigation runoff and erosion control with polyacrylamide-laboratory tests. Soil Sci Soc Am J，(62)：1681～1687
Lentz R D，Shainberg I，Sojka R E. 1992. Preventing irrigation furrow erosion with small application of polymers. Soil Sci Soc Am J，(61)：565～570
Levy G J，Levin J，Gal M. 1992. Polymer effects on infiltration and soil erosion during consecutive simulated sprinkler irrigations.

Soil Sci Soc Am J，(56)：902～907

Melissa E H，Michael D M，Phillip M F. 2005. Polyacrylamide added as a nitrogen source stimulates methanogenesis in consortia from various wastewaters. Water Research，(39)：333～334

Michael S J，Cornelis J V. 1985. Structure and functioning of water-storing agricultural polyacry- lamides. Sci Food Agri，(36)：789～793

Parichehr H，Nofziger D L. 1981. Super slurper effects on crust strength，water retention，and water infiltration of soils. Soil Sci Soc Am J，(45)：799～801

Paul W，Tim K. 2003. Solids，organic load and nutrient concentration reductions in swine waste slurry using a polyacrylam ide (PAM) aided solids flocculation treatment. Bioresource Technology，(90)：151～158

Seybold C A. 1994. Polyacrylamide review：soil conditioning and environmental fate. Commun Soil Sci Plant Anal，(25)：2171～2185

Silberbush M，Adar E D，Malach Y. 1993. Use of an hydrophilic polymer to improve water storage and availability to crops grown in sand dunes. Ⅰ.Corn irrigated by trickling. Agricultural Water Management，(23)：303～313

Sojka R E，James A E，Jeffry J F. 2006. The influence of high application rates of polyacrylamide on microbial metabolic potential in an agricultural soil. Applied Soil Ecology，(32)：243～252

Wallace G P. 1988. Granular gels as growth media for tomato seedings. Hort Sci，6 (23)：998～1000

第 14 章　甘肃河西地区不同储水灌溉农田水分特征分析

14.1 国内外研究进展

14.1.1 土壤水分研究进展

土壤水是指由地表至地下水面(潜水面)以上土壤层中的水分，亦称土壤中非饱和带水分。早在 19 世纪人们就认识到土壤水这一土壤肥力组成部分的重要性。土壤学家库恰耶夫把土壤看作历史自然体，赋予土壤水及其存在的各种现象以特殊意义，把土壤水变动的许多现象同整个土壤形成和发展规律有机地联系起来。其后的许多学者对土壤水的运动和保持、土壤水物理性质、土壤水状况、土壤水形态和分类及土壤水与植物生长的关系进行了研究(杨文治和邵明安，2000)。H. A. 卡庆斯基在 20 世纪 30 年代对土壤水分物理性质的研究方法及其标准化方面进行了十分有价值的研究工作。A. A. 罗戴于 1952 年发表了《土壤水》，系统地阐述了土壤水运动、土壤水类型、各种土壤水类型的水分含量和水文常数、土壤水和植物的相互关系等，随后他又于 1965 年出版了《土壤水理论基础》一书。这两部专著是有关土壤水形态学研究比较系统全面的著作。

由于土壤水问题的复杂性，传统的形态学观点已不能很好地处理生产中不断出现的土壤水问题，因此土壤水的能量状态及动力学研究逐渐起步。1907 年，Buckinghan 首次提出毛管势理论，并将其应运于土壤水的研究，开辟了将能量观点进行土壤水研究的新途径。1920 年，Gardner 指出水势决定含水量的高低，将土壤水的含水量与能量联系起来。1931 年，Richards 从测定技术方面发展了卡德纳观点，发明了能直接测定毛管势的张力计，同年，他将达西定律扩展到研究非饱和流问题中，导出了非饱和流方程，数理方法被逐步引入到土壤水的研究，使该领域的研究有了长足发展，逐步由静态研究走向了动态研究，定性描述走向了定量分析，经验研究走向了机制研究(雷志栋等，1999)，用能态观点研究土壤水取代了形态学的观点与方法。随着能态观点的发展，“水势”已经成为研究土壤、植物和大气中水分问题并可以统一使用的水分能量指标。水分由土壤进入植物体，再由植物体向大气扩散，都是在水势梯度这一驱动力作用下完成的，因而土壤-植物-大气可视为物理上的连续体。1966 年，澳大利亚的 Philip 将这一水分循环过程，概括为 SPAC(soil plant atmosphere continuum)，在 SPAC 中，由于统一了能量关系，为分析研究系统中的水分运移和能量转化的动态过程提供了方便。

我国的土壤水分研究工作起步较晚，但取得的成就还是显著的，大致经历了两个阶段，早期(20 世纪 50 年代以前)的土壤水分研究只有少量零星的工作，大都局限于探讨土壤含水量对作物或树苗生长，作物产量的影响等(陈恩凤，1952)。从 50 年代中期至 60 年代中期的十年间，苏联土壤发生学介绍到中国以后，我国基本上仿效苏联发生学水分研究的观点和方法，对我国的土壤水分研究起了一定积极作用。70 年代末期，土壤水分的能量概念首次引入国内(朱祖祥，1979)，标志着我国的土壤水分研究已步入了一个崭新的阶段。从此，人们开始用定量的连续的能量观点代替以定性为主的间断形态观点来研究土壤水分，用水势能来解释土壤中的水分保持，用水分特征曲线来表示土壤水蕴有的能量水平，即水势的大小与土壤含水量之间的函数关系，认为土壤中的水势梯度才是土壤水分运动的驱动力(庄季屏，1989)。

SPAC 理论也于 20 世纪 80 年代初被介绍到国内，它把土壤-植物-大气看作一个连续体，水在该系统中运转传输，就像链环一样相互衔接，并可用统一的能量指标——水势来表示各部位甚至不同介质之间能量水平的变化和相互关系(邵明安和陈志雄，1991)，以植物根系吸水的人工模拟试验所测得的资料为依据，运用水流的电模拟原理，定量分析了 SPAC 中水流阻力各分量的大小、变化规律及其相对重要性。康绍忠等(1992)在对 SPAC 水分传输机制的研究基础上，提出了包括根区土壤水分动态模拟、作物根系吸水模拟和蒸发蒸腾模拟 3 个子系统的 SPAC 水分传输动态模拟模型，设计了 SPAC 水分传输模拟的计算机软件。陈建耀等(1999)利用中国科学院禹城综合试验站内的大型蒸渗仪、波文比和水力蒸发器等仪器，获得了大量水平衡因子的试验数据和 SPAC 模型中的有关参数，以大型蒸渗仪的实测值为基准，验证了农田土壤-植物-大气连续体模型的模拟值，并主要就蒸散和潜水蒸发量，对实测与模拟值做了比较分析，并探讨了两者之间差异的原因。

14.1.2 对“土壤水库”概念和功能的认识

土壤是布满大大小小孔隙的疏松多孔体，土层深厚的土壤具有显著的储存和调节水分的功能，称之为“土壤水库”。土壤水库的蓄水能力，即土壤水库的“库容”，是土壤水库利用和调节的基础，其大小与土壤类型、结构、质地的地下水埋深有很大关系(靳孟贵等，1999)。黄荣珍等(2005)认为林地土壤水库库容的增加，与林木生长对林地土壤结构的改良作用和林地地表的良好覆盖有关。土壤水库内能够长时间蓄持的水分主要是毛管孔隙水，调度靠土壤水分的蒸发、入渗和根系的吸收利用及蒸腾来实现，非毛管孔隙蓄水虽然是暂时的，但对洪水的拦蓄起重要作用(史学正等，2001)。探讨旱作区不同气候类型土壤储水能力及其运行规律，可以给出不同农业干旱程度的储水标准和储水量亏缺额，为土壤水库潜力的开发利用提供依据。在干旱农田实行全程、全覆盖的保水措施，采用不同覆盖材料，能较大程度地吸纳天然降水，又可做到全程、全封闭地抑制土壤水分蒸发，形成良好的土壤水库，使时间分布不均匀的天然降水变为比较均匀的连续性供水，在整个覆盖周期内，其土壤储水量始终高于半覆盖和不覆盖的处理，有效地提高了天然降水的利用效率(苏彩虹和郭闯业，2001)。另外，合理的施肥深度能有效地促进小麦根系的中下层生长发育，扩大作物摄取水分和养分的土壤空间，有效地吸收和利用储藏在土壤深层的水分，从而能充分发挥土壤水库的调控作用，提高作物产量和水分利用率(刘庚山和郭安红，2002)。

近年来关于土壤水库的研究逐步纳入到整个生态系统中。朱显谟(2000a，2000b，2006)

在对黄土高原特殊成壤过程及其演变规律分析时发现，土壤水库与陆地生态环境的发展过程有相辅相成的内在联系。储水灌溉是利用土壤水库的调蓄作用，把非生育期的地面来水或地下水以较大的灌水定额通过灌溉储存在土壤中，以满足作物生育期用水要求（张新民等，2007）。冬季储水灌溉在我国北方干旱半干旱地区被普遍采用（王仰仁，1999）。在我国西北地区，储水灌溉具有悠久的历史。

14.1.3 国内外对土壤水分动态变化及水量平衡的研究

土壤水分的时空动态多变性和环境因子的时空差异性决定了土壤水分的时空异质性。土壤水分的时空差异性是多重尺度上的各种环境因子共同作用的结果，这些不同尺度上的因子对土壤水分时空异质性的影响表现出显著的空间变化和时间变化规律（丘扬等，2001）。

14.1.3.1 土壤水分空间的变异性

20 世纪 70 年代起，土壤特性的异质性研究逐渐受到关注并逐步引入到土壤水分研究领域，使土壤水分异质性成为水文学和土壤学研究的一个热点，我国从 80 年代中期开始了这方面的研究。土壤水分的空间异质性主要影响因子因研究尺度的改变而改变。研究尺度主要分为坡面尺度、集水区或小流域尺度和区域尺度。王军等（2002）认为，坡面尺度、集水区或小流域尺度是区域和生态系统的桥梁，具有大尺度的概括性和小尺度的精确性，是土壤水分研究的主要尺度。国内外的研究多集中在这两个尺度进行。

1）坡面尺度

坡面尺度可大可小，既可以是单一土地利用类型，也包括多种土地利用类型。Henninger 等（1976）研究坡面土壤水分变异规律时发现，相对海拔和土壤的排水特性对土壤水分的变异性影响显著。Famiglietti 等（1998）研究了 200 m 坡面 0～5 cm 的土壤水分变异，结果表明，地形和土壤特性对土壤水分的变异随时间而有所变异。在我国，王军等（2000）研究发现土地利用单一，其土壤水分从坡顶部到坡脚具有增长趋势，而土地利用复杂，其土壤水分沿坡面分布复杂。

2）集水区或小流域尺度

集水区或小流域是江河水系的基本单元，在干旱半干旱的侵蚀地区是一个独立的产沙和输沙系统。Hawley 等（1983）分析了农田小流域植被覆盖、土壤特性和地形对土壤水分动态分布的影响，而土壤特性对土壤水分的影响最小。土壤水分异质性另外一种的表现形式为土壤水分的垂直剖面分布。从地表至地下水面之间，土壤空隙中含有一定量的空气，土壤水分经常呈非饱和状态，称之为非饱和带或包气带。非饱和带根据水分动态变化向下依次为土壤水分速变层、活跃层、缓变层、稳定层和地下水饱和层等，这些界面是水分能态变化大和水量交换强烈的地方。在植被和降雨共同作用下，土体内的水分经常发生上行移动和下行渗透。陈洪松等（2005）研究了黄土丘陵区深层土壤干燥化与土壤水分循环特征，得出了土壤水分交替动态变化的特征和年际变化的趋势。

14.1.3.2 土壤水分动态

实际上土壤水分的动态变化不仅体现在空间尺度上，还体现在时间尺度上。土壤水分的时间动态，即土壤水分随时间而发生的动态变化。土壤水分不是静止不变的，在时间尺度上有土体与环境之间不断的输入和输出，在土体内部也有水平的扩散，和垂直方向上的水分上下传输等小范围运动。冯起和程国栋(1999)研究了我国不同沙地类型的土壤水分状况，结果表明，沙地水分明显具有随时间变化的规律，并按沙地水分变化趋势，剖面水分分布与气象条件的关系，将沙地水分年内变化按季节划分为弱失水、降水补给、失水和调整 4 个阶段。赵从举等(2004)指出古尔班通古特沙漠腹地土壤水分时空分布变化为：3～4 月为土壤水分补给期，5～6 月为土壤水分快速损耗期，7～10 月为土壤水分最低，11 月到次年 2 月表层土壤水分积累，而次表层深层土壤水分年内变化相对稳定。纪瑞鹏等(2004)通过对农田土壤水分动态估算模式的研究，以蒸发力为基础，同时考虑作物、土壤特性，利用水分平衡原理估算出农田土壤水分变化。朱德兰等(2009)对黄土丘陵沟壑区 3 种不同植被土壤水分动态及蒸散耗水规律研究得出：当作物处于非充分供水或降水分布不均匀时，会造成土壤水分不同程度的亏缺，而土壤储水量能在一定程度上发挥水分调节作用。20 世纪 80 年代以来，侯喜禄(1985)分析了土壤状况与造林成活率的关系。

20 世纪 90 年代末，黄明斌等(1999)研究了森林系统中水分动态及环境演变。李凯荣(1998)对刺槐的蒸腾特征进行了研究，认为刺槐的蒸散是林地上土壤水分支出的主要形式。侯庆春、韩蕊莲等从林学角度出发，对土壤水分和树木生长等进行了综合调查研究。20 世纪后初，国内外学者对土壤水量平衡及水分动态分布进行了更为系统的研究；李建洪指出蒸散作用使林地土壤水分不断向大气逸散，同时降雨使土壤含水率升高，从而引起土壤水分的垂直变化、季节变化和年际变化(陈云明等，2004)。原焕英和许喜明(2004)研究了黄土高原人工林土壤水分效应特征，得出不同植被地带的人工林均存在一定的水分亏缺和干化层现象。茹桃勤等(2005)从苗木、单株、林分 3 个层面对刺槐林的耗水特性进行研究。李艳梅和王克勤(2003)进行了人工植被土壤水分状况与动态研究。余新晓和陈丽华(1996)对黄土地区防护林生态系统水量平衡进行了研究。赵名茶(1990)研究了黄土高原降水的季节性指标及其与作物水分亏缺的关系。残茬覆盖免耕能够减少土壤侵蚀，提高土壤有机质，增强土壤微生物活动，提高土壤水分入渗率，改善土壤结构，为作物取得增产奠定基础(朱文珊，1996)。在旱地农业区，秸秆覆盖的保墒效果已得到很多学者的肯定，但主要集中在作物的生育期。棉花作为我国主要的经济作物，其各生育期需水量的具体要求，除因其各阶段棉株生育情况不同外，主要视当时土壤水分的供应是否适宜，以及气候、土质情况等来决定。大量的试验研究多集中在土壤水分动态和阶段水分亏缺上，忽视了作物不同生育阶段土壤水分状况和耗水量对最终经济产量的作用。

土壤水是土壤-植被-大气连续体的核心，是土壤养分循环和流动的载体，土壤水分的变化对水分循环和作物需水耗水有重要影响。不同植被利用土壤水分的能力不同，且土壤水分时空动态变化往往影响土壤水分的储存、运移和转化（Wang et al.，2001）。因而应根据植被在特定区域的水分利用特征，选择植被覆盖类型（王晓燕等，2006）。魏邦龙等（2009）对甘肃河西绿洲灌区农田水分动态变化的模拟研究，得出了农田水分动态变化随季节变化趋势。农田土壤水分运移规律对于科学制订灌溉方案、有效调控土壤水分，节约水资源和提高农作物产量等均具有十分重要的意义。在华北平原农田土壤水分动态变化也有过较多研究，由于取样和观测手段的限制，过去较多研究侧重于作物根系层，很少对农田土壤水分运移的研究涉及根层以下，但是随着地下水开发利用程度的提高，地下水位也在逐年下降，地下水埋深的逐年加大使得平原区地下水的补给、径流、排泄条件发生了变化，土壤水分的运移规律也就相应的发生了变化。龚元石和李保国（1995）曾指出在华北平原夏玉米的生长期正是跨多雨的湿季，在这期间，一部分降水未被作物利用而渗漏至根层以下。李雪峰等 （2004）对华北平原地下水深埋区降水入渗补给过程的试验研究中发现，正常灌溉的情况下在距离地面以下 2～6 m 段每米土壤储水量的变化在 50～90 mm 波动，在距离地面 6～8 m 段每米土壤储水量的变化 10 mm 左右。刘贯群等（2008）对漫灌条件下内蒙古孪井灌区土壤水分动态变化特征的研究得出：双层结构的地层，春灌期，灌溉水主要补给上层土壤，对下层土壤影响较小，之后的几次灌水使土壤含水率不断升高；沙壤土的含水率及其变化始终大于砂砾石。对于多层结构的地层，春灌期，灌水后灌溉水对土壤的补给主要表现在对沙壤土的补给，砂砾石层和黏砂土层接受的补给相对较少；第 2 次灌水后，土壤含水率迅速升高，下层黏砂土含水率略高于上层沙壤土含水率，砂砾石层含水率最小。土壤水分动态变化是水循环的一个重要环节，研究土壤水的运移对掌握水循环机制、正确评价水资源具有重要意义。特别是对于生态脆弱的干旱区，土壤水的研究可以为灌区发展节水农业提供科学依据。

在干旱地区，降雨稀少且季节性分配不均。关于土壤水分运动规律有过很多研究。孙仕军等（2003）对于地下水埋深较大条件下井灌区的土壤水分动态变化特征进行了分析。王硷田和徐祝龄（1993）研究了半干旱偏旱地区土壤水分变化规律并提出了提高降水利用率的措施。龚学臣等（1998）分析了冀西北风沙半干旱区农田土壤水分动态。雷志栋等（1992）研究了地下水位埋深类型与土壤水分动态特征；Heathman 等（2003）根据表层土壤对水分的吸收建立模型估计土壤含水量。刘鹄等对祁连山浅山区草地生态系统点尺度土壤水分动态随机模拟结果得出：祁连山草地生态系统点尺度土壤湿度在生长季初期出现小时段峰值，之后逐渐衰减，生长季末期又呈上升趋势。土壤表层（0～20 cm）受降水与蒸散发影响最大，土壤水分波动显著，20～80 cm 深度土壤湿度生长季内变化趋势接近平均状态，但随着土壤深度的增加，土壤水分波动幅度明显减弱。土壤水分通过一种强烈的非线性方式控制着降水在蒸散发、径流、入渗等水分循环过程中的分配，是综合反映气候、土壤、水文、植被相互作用的关键变量，在维系生态系统的健康运转过程中起着核心作用。土壤水分动态也直接或间接控制着气象过程、植被动态、土壤生物化学过程、地下水动态及土壤-植被-大气之间的营养元素和污染物质交换。气候、土壤和植被之间的相互作用不是简单的线性关系，土壤水分动态涉及降水、空气扰动、土壤异质性、地形因素、有机质积累、植物根际层深度等不确定变量和从物理到生物的复杂过程，因此随机属性是其本质特征。这就决定了土壤水分动态研究中需要用统计思想阐释水、土、气、生物圈之间的复杂联系，用随机理念描述这种多维度、非线性动态关系。目前，土壤水分动态随机模拟研究已成为国内外生态水文学领域的研究热点。土壤水分的空间分布和随时间变化动态既是制约区域植被分布的原因，同时又受到植被存在的影响，是植物根系吸水作用与土壤表面蒸发共同作用的结果。系统地研究一个区域的土壤水分动态变化，在一定程度上可以反映出该区域植被对水分的利用现状、作用规律与强度，同时可揭示生态系统的水分过程与格局及系统水分运动的物理本质，有助于在水文过程与生态格局之间建立定量的联系。

14.1.3.3 土壤水量平衡的研究

组成水资源的各要素依据物理学的质量守恒定律而保持着一个平衡关系。通过对水量平衡各组成要素的计算和相互关系的分析，可以了解水资源的变化、使用和消耗情况，使人们认识在人类干预下水资源在水量、水质方面的变化情况，为决策部门、管理部门和用水部门提供理论依据。

由于水在地理环境中不断运动，大气水、地表水、土壤水、地下水和植物水等各种水体不断进行着循环和转化，由一种状态转变为另一种状态，因而弄清它们之间的相互关系和动态变化过程，就有可能为正确计算水资源与合理调控和利用水资源提供科学依据。同时水平衡与水循环问题是一个范围广阔的领域，从空间上看，它可以是全球的、全国的、地区的，也可以是整个地理圈的、部分地理圈的，还可以是单一地理类型的、多种地理类型的；从时间上看，它可以是多年平均的、一年的、一月的、一周的、一日的、瞬时的；从内容上看，它可以是全球环境变化服务的、为改善生态系统服务的、提高农业生产和水分利用效率服务的等。因此，水平衡与水循环研究表面上看是一个水文学问题，但它为多个学科(地理学、气候学、生态学、农学等)所关注。国际上广泛开展了水循环和水平衡研究，特别是国际水文十年及以后的长期研究计划，都把水平衡和水循环放在了重要位置，在研究方法、循环机制、模型的建立、人类活动的影响等各个方面进行了广泛而深入的研究。与此同时，水平衡与水循环研究广泛渗透于地理学、水文学、气候学、植物学、土壤学、生态学、农学和林学等，充分显示了水平衡和水循环研究在实践上的重要性，也显示了在理论研究工作中的活跃性。

在农田水量平衡研究中，计算时段可以任意选择，长可至年，短可到天，甚至瞬时。长时段内的水量平衡资料可用于农业区划、水利设施规划、作物布局规划等；短时段内的水量平衡资料，对掌握土壤水对植被的可给量和有效度，从而对农田的合理供水灌溉、田间作物管理等特别具有实用价值。李玉山认为农田水量平衡是一定时段内水分进入、移出或储存于一定土体中的情况，即进入一定容积土体的水量与移出的水量之差，等于这一时段土体的含水量的变化。掌握农田水量平衡规律，对于了解土壤水对作物的可给量和有效度，防止水分无效损失，提高水分利用效率，以及合理调节利用农田土壤水分等具有重要意义。一般情况下，土体中水量的变化是与外部的水量交换的结果，即土体水分的增加是由于降水、灌溉、径流入流和下层水向上补给的结果；土体水分的减少是由于地面蒸发、植物蒸腾、径流出流和土体向下排水的结果。农田水量平衡的一般表达式为

$$\Delta W=W_{\text{加入}}-W_{\text{移出}} \tag{14-1}$$

式中，ΔW 为土体水量的变化，当加入水量大于移出的水量时，ΔW 为正值，反之ΔW 为负值。

计算水量平衡的土体容积(或深度)可任意选取，从农业或植物生态角度出发，农田水量平衡一般考虑根层的水量平衡，一般 $W_{加入}$和 $W_{移出}$可表示为

$$W_{加入}=P+I+G \tag{14-2}$$

$$W_{移出}=R+D+E \tag{14-3}$$

式中，P、I 和 G 分别表示降水量、灌溉量和地下水补给量，是农田水分的收入项；R、D 和 E 分别代表径流量、内排水量(多指渗漏量)和蒸散量，是农田水分的支出项。

国内研究人员也对农田生态系统的水量平衡进行了大量的研究。王会肖对农田水量平衡中的各组成部分，即土壤水、雨水、径流和蒸散发特征及其相互间的关系进行了比较详细的研究：罗良国对北方稻田生态系统水量平衡研究后得出，农田的水分渗漏是农田耗水的主要方面，即使在渗漏能力较差的潮棕壤条件下，整个水稻生育期内的田间渗漏将达到水田耗水总量的 70%以上；徐建新通过实测资料分析认为，在黄淮海平原区，农业用水与降水量呈直线相关关系，农业用水量随降雨量的增加而成比例地增长，并得出年降水量与农业用水量符合公式：E=0.774P+127.7，以期从当地的降雨量来估算农业用水量：李峰瑞认为在完全雨养的农业生产条件下，降水年型、作物播期、生育期及作物耗水特征的不同是引起作物耗水量、土壤储水利用程度及土壤水分亏缺分异的主要原因；刘长民认为在无灌溉条件下，降水和气候蒸散引起的农田含水量变化，主要发生在根层(0～50 cm)，无论在灌溉还是非灌溉条件下，0～100 cm 和 0～200 cm 土壤有效含水量与同期根层土壤有效含水量密切相关；刘庚山的研究结果表明，农田的底墒显著影响冬小麦的生长发育和产量，底墒与植株高度、叶面积指数及籽粒重呈二次曲线关系；戴武刚对辽西低山丘陵区集流聚肥梯田土壤水分的动态变化规律进行研究后得出梯田玉米产量与生育期内 0～30 cm 土层土壤含水量呈二次抛物线的关系。封志明等对甘肃省农田水分平衡及其时空分布规律进行了研究，得出在天然状态下，甘肃省多年平均农田需水量为 121.06×10^8 m^3；亏水量为 43.28×10^8 m^3；盈水量为 0.62×10^8 m^3，农田水分满足率具有从东南向西北递减的趋势，河西地区水分满足率低于 20%。

14.1.3.4 储水灌溉条件下农田水量平衡

国内外研究人员对储水灌溉进行了大量的研究。胡想全和张新民通过干旱缺水区冬季储水灌溉水分利用效率试验，得出免耕覆盖具有提高土壤含水量，保持土壤水分作用；张新民和王以兵研究提出，提高储水灌溉的水分利用率，是节水灌溉制度研究的重要内容，对储水灌溉的水分利用效率进行了研究，探讨了在河西内陆区实行节水型冬季储水灌溉的可行性，分析了节水潜力；谢忠奎等对河西绿洲区储水灌溉节水技术的研究证明，储水灌溉始期可从习惯上的 10 月中旬提前到 9 月中旬，但灌水量不能低于 150 mm；10 月以后灌溉，灌水量可降低到 120 mm；储水灌溉后立即覆草或盖膜保墒，灌水量可降低至 60～90 mm。储水灌溉节水潜力很大，每次灌水可节水 50～80 mm；何斌生等通过分析黄羊灌区水利工程现状和近几年实施喷灌等高新节水灌溉技术及喷灌储水灌溉试验结果，介绍了春小麦喷灌储水灌溉技术及其推广应用前景；张金霞等在河西绿洲灌区进行

了休闲期秸秆覆盖免耕储水灌溉的节水效应试验研究。结果表明，在休闲期，NTS（覆盖免耕）可以有效地提高土壤的雨水蓄集和减少土壤的蒸发，具有明显的保墒作用；施炯林等对河西灌区休闲期秸秆覆盖对储水灌溉的影响的研究。结果表明，储水定额在 900 m^3/hm^2 较适宜，储水时间在 9 月中旬到 11 月上旬为好；王峰等在河西内陆河流域，覆盖免耕（NTS）、秸秆还田（CTS）和常规耕作（CTB）结合不同储水定额对豌豆所作的研究表明：在作物休闲期，覆盖免耕可以有效地增加土壤的蓄水和保墒能力，较常规耕作和秸秆还田的蒸发率分别降低 8.18%和 7.33%，但覆盖免耕和秸秆还田也会导致土壤的热传导性能降低，对太阳的反射强度增加，使春播时地温偏低，出苗困难；姚宝林等在河西内陆河灌区采用储水灌溉结合留茬覆盖免耕技术的试验研究表明：留茬覆盖免耕在夏季和冬季休闲期可以减少土壤水分蒸发和储水定额，留茬覆盖免耕产生的“增温效应”和“降温效应”在土壤表层表现突出，随储水定额的增加，条锈病发病减轻，散黑穗病发病加重，对春小麦白粉病影响不大；不同处理对春小麦产量影响不显著。赵聚宝等在《中国北方旱地农田水分平衡》一书中，对各种种植结构的农田水分平衡做了详细的阐述，得出北方旱地农田水分平衡的动态过程及其特征。澳大利亚的 Kirkegaard 和 Li 研究结果表明：残茬保护下（5 年内）小麦一般都减产，减产幅度为 20～310 $kg \cdot hm^{-2}$，储水量动态变化也比较大。考虑田间水量平衡方程中降水，蒸发蒸腾的随机性，制订作物灌溉制度的方法其一为解析法，如 Cordova 等通过对降水过程的随机性描述，推导出了作物灌溉的随机性模型。Rhenals 等研究了腾发量不确定性对灌溉制度的影响。Sddeer 等和 Azhar 等考虑了降雨量和腾发量的随机性，推出了作物最小灌溉需水量，用来指导灌溉制度的制订。Ahmed 等和 Villalobos 等用随机模拟法分别研究了高粱的灌溉制度和甜菜的灌溉制度。对作物水分的研究，大量的试验资料多集中在水分动态和阶段水分亏缺上，忽视了作物不同生育期土壤水分状况和耗水量对最终经济产量的影响。

14.2 不同储水灌溉和生育期灌溉农田水分特征分析

我国农业是用水大户，农田灌溉用水占我国水资源总消耗量的 84%（康绍忠等，1992），河西地区属常年灌溉农业区，没有灌溉就没有农业，水资源总量不足是农业发展的主要限制因素（冯国章和李佩成，1997）。近年来，随着工农业生产的快速发展，对水的需求不断增加，水资源供需矛盾日益突出。为了缓解水资源的紧张状况，提高水资源的利用率，该地区推广了许多减少作物生育期灌溉用水的节水技术，但目前该地区冬季储水灌溉仍然是主要的灌溉方式之一。储水灌溉是利用土壤水库的调蓄作用，把非生育期的地面来水或地下水以较大的灌水定额通过灌溉储存在土壤中，以满足作物生育期用水要求（张新民，2007）。冬季储水灌溉在我国北方干旱半干旱地区被普遍采用（王仰仁，1999）。在我国西北地区，储水灌溉具有悠久的历史。甘肃河西地区，储水灌溉占作物全年灌溉用水总量的 1/3，水量高、合理利用的问题还没有解决（Shi，1996，2000）。

甘肃河西地区冬季寒冷，大部分作物不秋播，而多采用春播。为了保证播种时有较好的墒情，本地一般在秋末冬初进行储水灌溉，也称冬季泡田。本次灌水，量大面广，灌水定额多在 200 mm 以上（李守谦和兰念军，1992），田间水的利用率很低，且灌水轮期短，习惯上冬灌从 10 月中旬开始到 11 月底结束，灌溉期限一个多月。进入冬季以后，气温降低，河流来水量减少，储水灌溉的水量不足，尤其进入 11 月以后，渠道开始结冰，输水困难，几乎每年都有一部分农田得不到灌溉，影响春季的播种(谢忠奎等，2000)。如果无计划地利用地下水进行储水灌溉，会加剧地下水位的下降，引起植被的破坏等，进而引起生态环境的恶化。超量灌水，又容易造成土壤的盐渍化。因此，通过对河西地区节水型储水灌溉的农田水量平衡特征的研究，探索出科学合理的节水型灌溉制度很有必要。

为了缓解水资源的紧张状况，提高水资源的利用效率，研究不同储水灌溉条件下的农田水量平衡及土壤水分分布特征，对于提高灌溉水的利用效率，开发节水型的储水灌溉技术，制订该地区合理的节水灌溉制度等具有重要的理论和实际意义。

14.2.1 试验区概况

试验区设在中国农业大学石羊河流域农业与生态节水试验站(图 14-1)，该站位于甘肃省武威市凉州区，地处腾格里沙漠边缘(37°50′49″N，102°51′01″E)。海拔 1500 m，为大陆性温带干旱气候，地下水埋深 25～30 m，该地区年平均气温 8℃，>0℃积温 3550℃以上，干旱指数 15～25。年均日照时数 3000 h 以上，年均降水量 160 mm，年均水面蒸发量 2000 mm 以上，无霜期 150 d 以上，日照充足，热量丰富，风大沙多，春季最大风速 38 m · s^{-1}，多为西北风。土壤质地属灰钙质轻沙壤土，土壤肥力较低，田间持水率 20%。

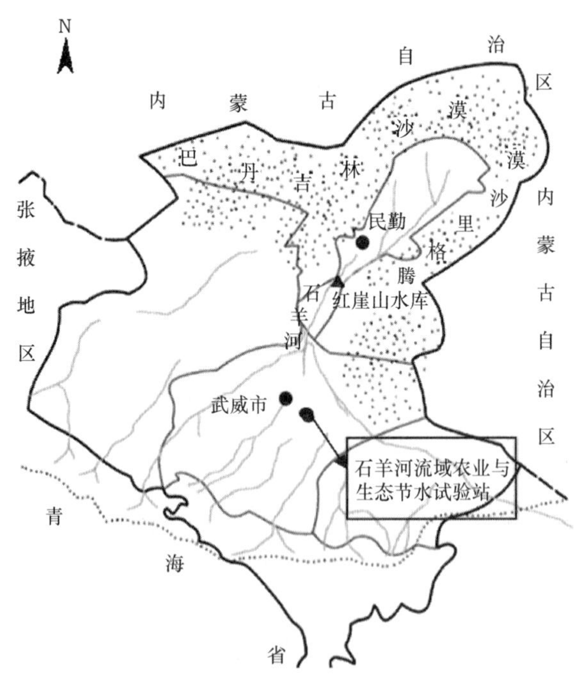

图 14-1　石羊河流域农业与生态节水试验站

14.2.2 试验区土壤水分物理参数的测定

土壤的物理特性指标有密度、干容重及土壤质地中的团粒结构含量、各粒径的土粒含量等，其中干容重反映了土体的密实程度，是土壤水分物理参数的主要因素；物理黏粒(< 0.01 mm 粒径的土粒)对水分的吸附力最强，因此在各粒径组成中其含量对水分运动参数的影响最为显著(李艳梅和王克勤，2003)。

研究资料表明，土壤的物理特性如可塑性、膨胀性、吸湿性、渗透性及最大分子持水量等均以小于 0.01 mm 粒级为明显界限(余新晓和陈丽华，1996)，在渗透能力上，表现为小于 0.01 mm 粒级的含量增大，其渗透性明显减少(赵名茶，1990)，而土壤层中土壤质地的非均匀性决定了土壤颗粒机械组成的复杂性。土壤的物理性状决定了土壤水分的有效性、土壤持水性及土壤水进入土壤时的入渗性能，影响到土壤的蓄水保墒能力及对灌水或降水的利用程度(朱文珊，1996)。

14.2.2.1 试验区剖面土壤容重的测定

土壤容重是指土壤在自然结构状态下单位体积土壤的质量。

本试验采用环刀法测定土壤容重。其测定方法如下。

A. 选择具有代表性的土壤，挖一剖面坑，深度为 2 m，在剖面的向阳面上，根据土壤剖面层次划分成不同层次，一般是每一层取一容重，重复 3 个环刀。

B. 再将剖面削齐铲平，用带有环套的环刀垂直压入土层内，再用剖面刀挖掘周围土壤取出环刀，用削土刀细微的切去环刀两端多余土，使土壤恰好和环刀齐平，然后盖好两端的盖子。将土层和环刀编号记录下来，取环刀时按划定的层次自下而上地取样。

C. 土壤容重的计算

容重的计算公式为：$S=M/V$，式中，S 为烘干土壤容重$(g \cdot cm^{-3})$，V 为环刀体积$(100\ cm^3)$，M 为环刀土壤干重(g)。

14.2.2.2 剖面土壤机械组成的测定

土壤质地是决定土壤水分入渗和含水率空间分布的主要因素之一，分析计划湿润层 2 m 土壤层内土壤质地的变化，是分析土壤中水分分布特征的基础。

本试验采用德国生产的 MS2000 型激光粒度分析仪测定其机械组成。土壤剖面不同层次的各级颗粒含量如表 14-1 和表 14-2 所示。

表 14-1　灰钙质轻砂土剖面土壤水分物理特征

土层/cm	容重 /$(g \cdot cm^{-3})$	田间持水量 /$(cm^3 \cdot cm^{-3})$	土壤质地	各级颗粒含量/%					
				1～0.25mm	0.25～0.05mm	0.05～0.01mm	0.01～0.005mm	0.005～0.001mm	<0.001mm
0～20	1.65	0.19	壤土	16.6	30	27	9.5	13	3.77
20～38	1.68	0.21	粉沙壤土	17.7	29	26	9.3	14	4.01
38～86	1.43	0.29	壤土	4.31	21	55	7.8	8.8	3.25
86～106	1.35	0.28	壤土	17.1	29	32	7.9	10	3.31
106～140	1.32	0.31	粉砂质黏土	3.74	5.4	31	20	33	7.59
140～200	1.45	0.28	粉砂质黏土	6.21	10	35	16	26	6.94

表 14-2　剖面土壤层次颗粒含量

土层	深度/cm	砂砾含量/%	粉粒含量/%	黏粒含量/%
1	0～20	46.20	36.62	17.18
2	20～38	46.95	35.26	17.79
3	38～86	25.46	62.47	12.07
4	86～106	46.08	40.15	13.77
5	106～140	9.13	50.60	40.27
6	140～200	16.65	50.73	32.62

A. 典型剖面土层间的砂砾含量大小相差较大，黏粒含量最大的土层为 20～38 cm 土层，为 46.95%，砂砾含量最小的土层在 106～111 cm，为 9.13%。

B. 各土层的黏粒含量分布在土壤表层至 106 cm 间，无明显差异，而 106 cm 土层以下变化比较大。黏粒含量最大的是 106～111 cm 土层，为 40.27%，其次是 111 cm 以下的土层，为 32.62%；黏粒最小的为 38～86 cm 土层，为 12.07%。该土层粉粒含量最大。

C. 各土层粉粒含量分布比较均匀，粉粒含量最大的是 38～86 cm 土层，为 62.47%，粉粒含量最小的是 20～38 cm 土层，为 35.26%。

2 m 土壤剖面的土壤水分物理性质如(表 14-1)所示。

14.2.3 试验方案与布置

14.2.3.1 试验处理方案

试验于 2007 年 11 月至 2008 年 11 月进行。试验种植春小麦和春玉米。

种植春小麦和春玉米农田灌溉处理分为两个阶段，第一阶段为储水灌溉阶段，种植春小麦时间是 2007 年 11 月 20 日至 2008 年 3 月 19 日，种植春玉米是 2007 年 11 月 20 日至 2008 年 4 月 10 日，在这段时间没有种植作物，其灌溉处理为冬季储水灌溉，设 3 个灌水定额处理，分别为 75 mm、120 mm 和 180 mm，其中 180 mm 为当地目前的储水灌溉定额；第二阶段为播种到收获阶段，春小麦种植下为 2008 年 3 月 20 日至 2008 年 7 月 20 日，春玉米种植下为 2008 年 4 月 10 日至 2008 年 9 月 20 日，种植春小麦和春玉米还分别设置了 2 个冬季不进行储水灌溉的灌水处理，这 2 个处理除了生育期灌水处理外，还增加了春季播种前的灌溉，组合起来共有 8 个灌水处理。为了分析降雨对农田土壤水分的影响，还设计了一个不灌水和不种作物处理，用于和灌水处理的比较，各个处理的灌水定额和灌溉定额如表 14-3 和表 14-4 所示。

表 14-3　春小麦不同储水灌溉灌水处理表(单位：mm)

灌溉处理(定额)			生育期灌水定额						灌溉定额
			播前灌	分蘖期	拔节期	孕穗期	灌浆期	共计	
冬季储水灌溉	T1	180	0	60	90	90	60	300	480
	T2	120	0	75	120	105	60	360	480
	T3	75	0	105	135	105	60	405	480
	T4	180	0	45	90	60	45	240	420
	T5	120	0	60	90	60	60	270	390
	T6	75	0	75	90	75	60	300	375
春季播前灌溉	T7	0	75	90	120	75	60	420	420
	T8	0	60	75	90	60	45	330	330

注：T1 为该地区的储水灌溉定额，其余处理均参照 T1 制订

表 14-4　春玉米不同储水灌溉灌水处理表(单位：mm)

灌溉处理(定额)			生育期灌水定额							灌溉定额
			播前灌	苗期	拔节期	大喇叭口	抽雄	灌浆期	共计	
冬季储水灌溉	T1	180	0	45	90	60	90	60	345	525
	T2	120	0	60	105	75	90	75	405	525
	T3	75	0	90	90	90	90	90	450	525
	T4	180	0	45	75	45	60	45	270	450
	T5	120	0	45	90	45	60	45	285	405
	T6	75	0	60	90	75	60	60	345	420
春季播前灌溉	T7	0	75	60	90	75	75	75	450	450
	T8	0	75	60	75	60	60	45	375	375

注：T1 为该地区的储水灌溉定额，其余处理均参照 T1 制订

试验小区播种的春小麦品种为‘甘农一号’，为当地常规品种，于 2008 年 3 月 20 日播种，7 月 20 日收获；春玉米品种为‘东单 11 号’，春玉米于 2008 年 4 月 15 日播种，9 月 25 日收获，播前对种子进行精选，以保证纯度和出苗整齐，大田耕作和施肥方式与当地常规管理一致，试验灌溉水源为机井水，采用 75 mm 口径的 PVC 管输水，灌水时在出水口安装水表进行量水。春小麦和春玉米的生育阶段的划分见表 14-5 和表 14-6。

表 14-5　春小麦生育阶段划分

生育期	日期(月-日)	生育期	日期(月-日)	生育期	日期(月-日)
播种期	3-15	拔节期	5-20	开花期	6-25
出苗期	4-15	孕穗期	6-9	灌浆期	7-1
分蘖期	5-4	抽穗期	6-15	成熟期	7-10

表 14-6　春玉米生育阶段划分

生育期	日期(月-日)	生育期	日期(月-日)	生育期	日期(月-日)
播种期	4-15	抽雄期	7-25	成熟期	9-20
出苗期	4-30	开花期	8-2		
拔节期	6-10	吐丝期	8-10		

14.2.3.2 田间试验布置

试验在大田小区中进行，两种作物设计种植面积均为 20 m×50 m，每小区的面积均为 4 m×8 m，试验周围有 2 m 的保护区和隔离区，每个处理均随机排列，3 个重复(图 14-2)。

<table>
<tr><td colspan="6">保护区</td></tr>
<tr><td rowspan="6">保护区</td><td>重复</td><td>重复</td><td>重复</td><td>重复</td><td rowspan="6">保护区</td></tr>
<tr><td>T1</td><td>重复</td><td>T4</td><td>重复</td></tr>
<tr><td>重复</td><td>T3</td><td>重复</td><td>重复</td></tr>
<tr><td>重复</td><td>重复</td><td>T8</td><td>T7</td></tr>
<tr><td>重复</td><td>T5</td><td>重复</td><td>重复</td></tr>
<tr><td>T6</td><td>重复</td><td>重复</td><td>T2</td></tr>
<tr><td colspan="6">隔离区</td></tr>
<tr><td rowspan="6">保护区</td><td>重复</td><td>重复</td><td>A7</td><td>重复</td><td rowspan="6">保护区</td></tr>
<tr><td>A6</td><td>A3</td><td>重复</td><td>A5</td></tr>
<tr><td>重复</td><td>重复</td><td>A4</td><td>重复</td></tr>
<tr><td>重复</td><td>A8</td><td>重复</td><td>重复</td></tr>
<tr><td>A1</td><td>重复</td><td>重复</td><td>A2</td></tr>
<tr><td>重复</td><td>重复</td><td>重复</td><td>重复</td></tr>
<tr><td colspan="6">保护区</td></tr>
</table>

图 14-2　试验布置图

T 为春小麦布置，A 为春玉米布置

14.2.4 观测指标和测定方法

14.2.4.1 常规气象资料

气象数据由距离试验区 200 m 的自动气象站(Hobo Weather Station，U.S.A.)每 15 s 获取一次。用 FAO56 提供的 Penman-Monteith 公式计算参考作物腾发量。

14.2.4.2 土壤含水量测定

在试验阶段，所有处理的土壤剖面安装剖面土壤水分测定仪，土壤含水量用管式 TDR(Trime)每 10 d 测定一次，降雨及灌水后各加测一次。土壤水分测定深度为 2 m(Papendick and Parr，1997)。1 m 以内每 10 cm 测定一次，1 m 以下每 20 cm 测一次，同时采用取土烘干法不定期对土壤含水量进行校正。

土壤分层及总的储水量用 $w_s=\Sigma\theta_i h_i$ 进行计算，θ_i 为分层测得的土壤体积含水率($cm^3 \cdot cm^{-3}$)，h_i 为 i 层的土层厚度(mm)。在不考虑地表径流和土壤对地下水的渗漏条件下，农田水量平衡方程可以写为

$$\mathrm{ETa}=P+I-\Delta S \tag{14-4}$$

式中，ETa 为实际作物蒸散量(mm)，P 为降雨量(mm)，I 为灌溉水量(mm)，ΔS 为 2 m 土体土壤水分的变化量(mm)。

14.2.5 不同储水灌溉春小麦农田土壤水分的动态分布特征

在半干旱地区，由于降雨量较少，农田土壤水分状况主要受灌水和农田蒸发蒸腾的影响，其中灌溉对土壤水分动态变化的影响较大，土壤中的水分在土面蒸发及株间蒸腾双重作用下，会逐渐降低，首先是土面变干(白振杰等，1998)，然后下层土壤中的水分因向上部传递也逐渐消耗，因此土壤无水分补充的时间越长，干土层就越深。图 14-3 为不同储水灌溉定额与不灌溉的裸地农田春小麦生育期 0～200 cm 土壤剖面水分的动态变化比较。

图 14-3(a)为 3 种不同冬季储水灌溉定额及作物生育期不同灌溉定额组合处理(T1、T2 和 T3)农田土壤水分的动态变化。由图 14-3(a)可以看出，在作物生育期内，不灌溉和不种作物的裸地，其土壤剖面的水分变化由于受降雨的影响，变化较小。与裸地比较，3 种灌溉处理的农田土壤剖面的水分动态变化较大，并随灌水处理的不同而显著不同。冬季储水灌溉定额较大的 T1 处理，其生育期剖面的土壤水分较多的分布在 0～80 cm 和 80～200 cm，特别是 140～160 cm 的土壤含水量达到了 30%以上，说明大定额的冬季储水灌溉增加了深层的土壤水分，容易发生渗漏；而冬季储水灌溉定额适中的 T2 处理，生育期剖面的土壤水分较多的分布在 0～200 cm，由于生育期灌水比 T1 多，因此剖面上部的水分比 T1 大，但水分的深层渗漏有所减小；与 T1 和 T2 比较，T3 处理的冬季储水灌溉定额较小，但生育期的灌水定额较大，从剖面的水分变化看，土壤水分主要分布在 0～100 cm，说明较小的储水灌溉定额，不会引起土壤剖面水分的深层渗漏。虽然从总的灌溉定额看，T1、T2 和 T3 处理都是 480 mm，但由于冬季储水灌溉和生育期灌水的分配不同，土壤剖面的水分差异明显。

图 14-3(b)为 3 种不同冬季储水灌溉定额及作物生育期不同灌溉定额组合处理(T4、T5 和 T6)农田土壤水分的动态变化。和图 14-3(a)不同的是，T4、T5 和 T6 处理生育期的灌溉定额小，因此总的灌溉定额也小，导致剖面上部的水分含量要低一些，但和图 14-3(a)相近的是，冬季大的储水灌溉定额(T4)，剖面下部 160～180 cm 的水分含量就多，深层渗漏的水分也多。

图 14-3(c)为相同总的灌溉定额的冬季储水灌溉与春季播前灌溉的组合处理(T4 和 T7)及两种春季播前及生育期不同灌溉定额的处理(T7 和 T8)农田土壤水分的动态变化。由图可以看出，与 T4 比较，生育期灌溉定额的大的处理(T7)，剖面水分含量普遍较高，且分布广，但 T4 是冬季储水灌溉处理，与 T7 处理比较，深层(160～200 cm)渗漏的水分就高。T7 和 T8 两个冬季不储水灌溉的处理比较，生育期灌溉定额愈大，剖面含水量就愈高，且剖面分布较均匀。

图 14-3(d)为不同储水灌溉定额与生育期不同灌溉处理 T1、T4 和 T7 的剖面水分比较。由图可以看出，冬季储水灌溉定额较大且相同的处理(T1 和 T4)，由于生育期的灌溉定额不同(T1>T4)，灌水定额大的 T1 处理其剖面含水量要高，且分布愈深，深层土壤的水分渗漏也愈大。冬季储水灌溉的 T4 处理与生育期灌溉的 T7 处理比较，虽然总的灌溉定额相同，但生育期灌溉定额较大的处理(T7)剖面水分的分布要明显大于小的处理(T4)，而且没有出现易发生深层渗漏较高的水分分布。

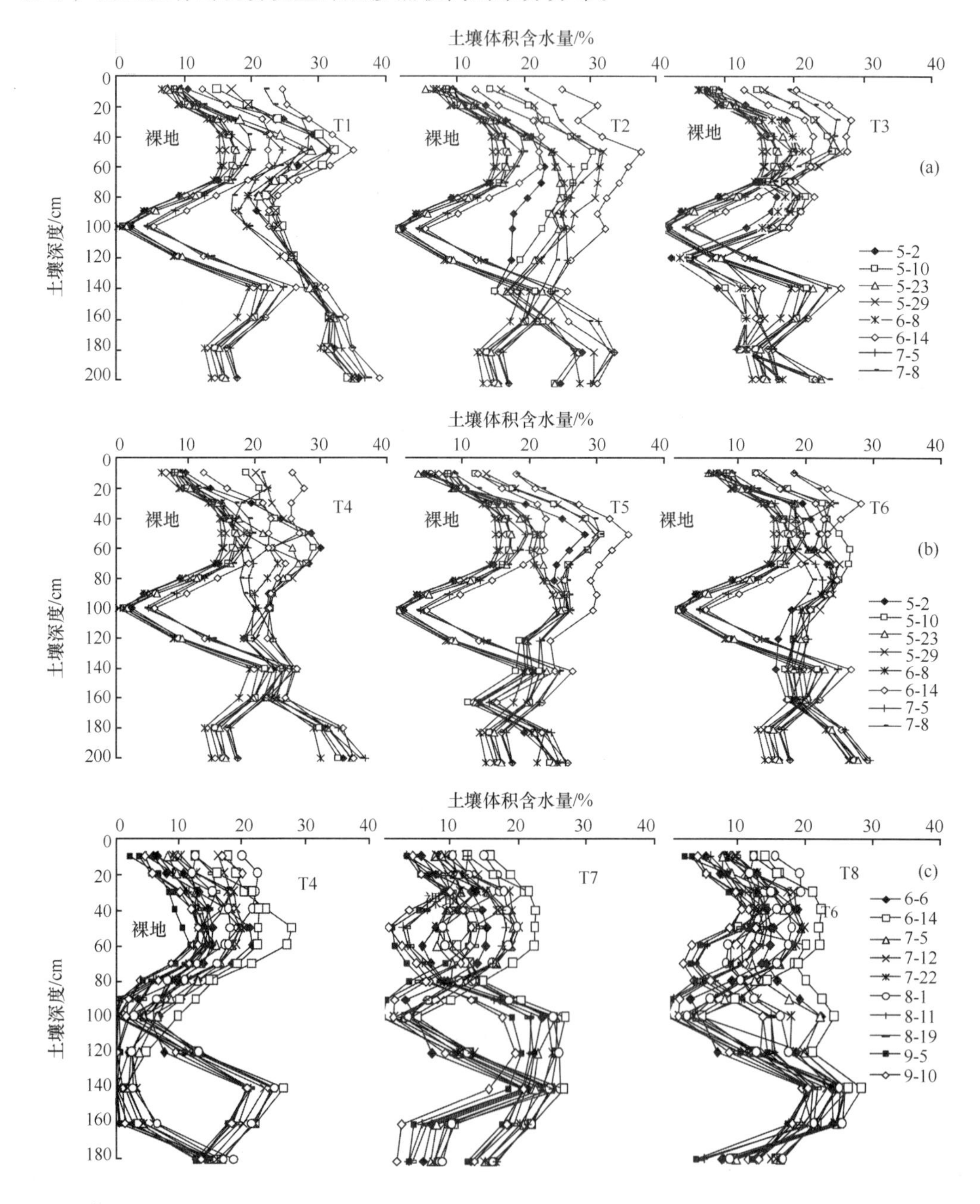

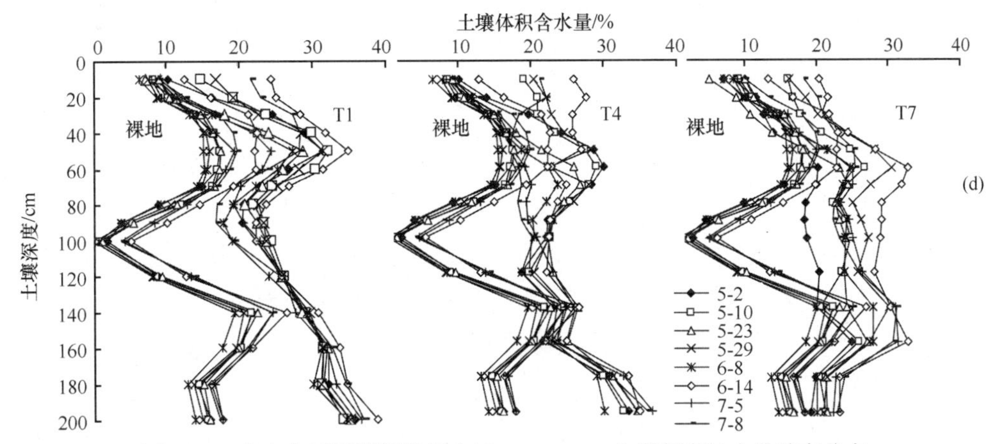

图 14-3　春小麦不同灌溉处理农田 0～200 cm 土壤剖面的水分动态分布

14.2.5.1 不同储水灌溉春小麦农田土壤剖面储水量分析

对于灌溉的农田，由于定期有灌溉水补给土壤水分，使得土壤水分一直保持在适宜于作物生长的较高水平，其垂直变化过程更复杂，受灌水量、土壤质地、作物生长状况及气候状况等各种因素影响。作物强烈的蒸腾作用使土壤水分表现为强烈的上升运动，而灌溉则改变了这一过程，一旦灌溉过程完成，上层的土壤水分，尤其是作物根系活动层的土壤水分表现为强烈的上升运动，当作物冠层充分覆盖农田时，根系运动层的土壤水分变幅要明显地大于其他深度的变化，而土壤表层水分变化幅度反而不大(许福利等，2001)。

图 14-4 为不同灌水处理下，从冬季储水灌溉到春小麦生育期土壤分层储水量随时间

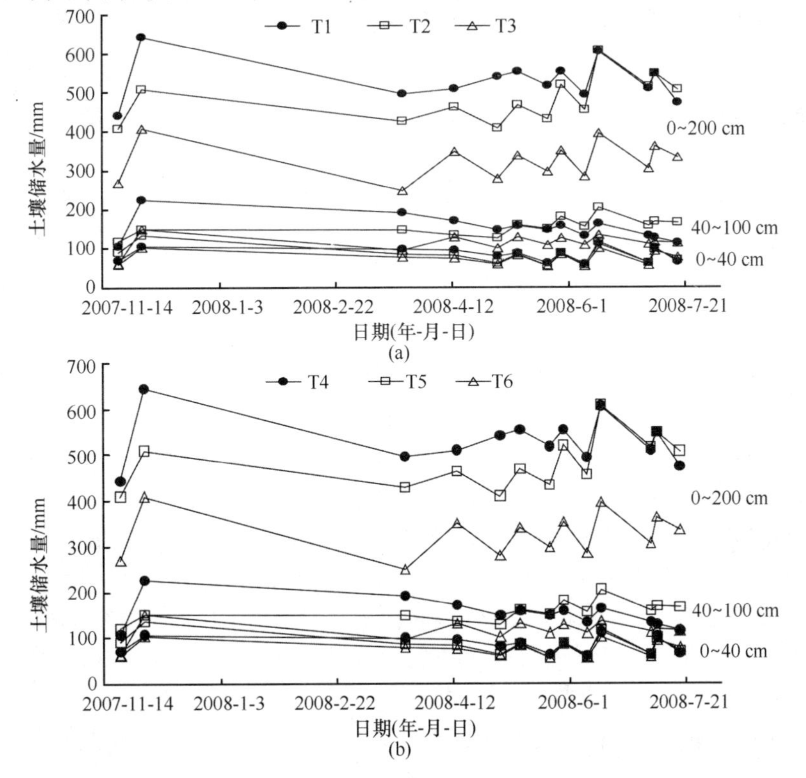

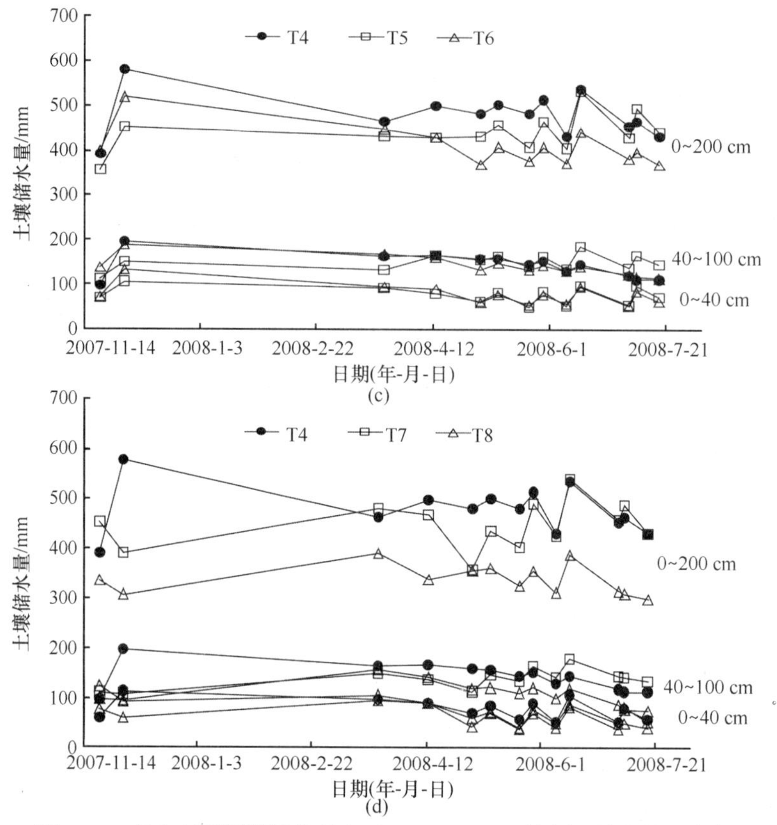

图 14-4　春小麦不同灌溉处理农田 0～200 cm 土壤剖面储水量的变化

的变化。由图 14-4 可看出，冬季储水灌溉的 T1～T6 处理和春季播前及生育期灌溉的 T7 和 T8 处理，0～40 cm 土层土壤储水量较小且变化趋势和范围基本一致，这个处理之间土壤分层储水量没有明显的差异，这是土壤表层或作物耕层的土壤水分受地表土壤蒸发和作物蒸腾的影响较大所致。

与 0～40 cm 不同的是，40～100 cm 土壤的储水量各处理之间呈现出一些差异。由图 14-4(a)可以看出，冬季储水灌溉的 T1、T2 和 T3 处理，储水灌溉后 40～100 m 剖面的土壤储水量随灌溉水量的增加而增加，在春小麦播种前，冬季储水灌溉定额分别为 180 mm、120 mm 和 75 mm 的 T1、T2 和 T3 处理 40～100 m 以下土壤渗漏量分别为 105 mm、93 mm 和 41 mm。在小麦生育期中，灌水 40～100 cm 土层土壤储水量随时间(灌水日期)的变化为：一水前，T1＞T2＞T3；一水后至二水前，T1=T2＞T3；二水后至四水前，T2＞T1＞T3；四水后至收获，T2＞T1=T3；说明在二水后，由于生育期增量灌水，提高了 T2 和 T3 处理的储水量，尤其是冬季储水灌溉定额为 120 mm 的处理，在生育期二水后，40～100 cm 土层土壤储水量就能超过 T1。图 14-4(b)的结果也与图 14-4(a)在储水灌溉时期有类似之处，在小麦生育期内，特别是在三水过后，T5 处理比 T4 和 T6 处理 40～100 cm 的储水量要高 15%～25%，虽然 T5 处理的冬季储水灌溉定额要小于 T4，但由于生育期的灌水量增大，该层次的储水量较高，冬季较高的灌水可能增加了 100 cm 以下的深层土壤水。图 14-4(c)和图 14-4(d)表明，春季播前灌溉和生育期灌水对土壤剖面 40～100 cm 的土壤储水也产生一定的影响。灌水量较大的 T7 处理剖面 40～100 cm 的储水量比灌水量小的 T8 处理增加 10%～30%，与冬季储水灌溉的 T4 处理比较，生育期灌溉定额较大的处理(T7)，剖面 40～100 cm 剖面储水增加 5%～15%，尽管两个处理的总灌水定额相同，也说明冬季的灌水增加了 100 cm 以下的深层土壤储水。

从 0～200 cm 总的储水情况看，不同灌溉处理有较为明显的差异。由图 14-4(a)可以看出，冬季储水灌溉的 T1、T2 和 T3 处理，0～200 cm 剖面的总储水量的大小与冬季储水灌溉定额和生育期的灌溉定额有关，主要表现在小麦播种前，冬季储水灌溉定额分别为 180 mm、120 mm 的 T1 和 T2 处理 0～200 cm 以下土壤渗漏量分别为 126 mm 和 103 mm，T3 处理没有 200 cm 以下的渗漏产生。在小麦生育期中，冬季储水灌溉的定额愈大，在生育期三水灌溉以前，0～200 cm 土壤储水量愈大，即 T1＞T2＞T3，三水后至四水后，T1=T2＞T3；收获后，T2＞T1＞T3。说明三水前，0～200 cm 土层土壤储水量主要受冬季储水量的影响，生育期加大灌水定额处理 T2、T3 的增水效应在三水后愈明显，由于三水后小麦进入了抽穗灌浆期，根据许翠平等(2002)在栾城试验站对小麦田间蒸散的研究表明，抽穗灌浆期是小麦的耗水高峰期之一，这一阶段灌水量的多少对 0～200 cm 土层土壤储水量的响应较大。由于这 3 个处理的总灌溉定额相同，因此出现这种差异的原因是 T1 处理增加了深层储水和深层渗漏，而生育期的灌水更多地用于农田蒸发蒸腾。图 14-4(b)和图 14-4(c)不同的是，图 14-4(b)的 3 个处理 T4、T5 和 T6 处理的生育期灌溉定额要小一些，因此在生育期 0～200 cm 土壤总的储水量为 T4＞T5≥T6。图 14-4(d)表明，春季播前灌溉和生育期灌水对土壤剖面 0～200 cm 的土壤储水也产生一定的影响。灌水量较大的 T7 处理整个生育期土壤剖面 0～200 cm 的储水量比灌水量小的 T8 处理增加 5%～30%，与冬季储水灌溉的 T4 处理比较，生育期灌溉定额较大的处理(T7)，在三水以后其储水量与 T4 处理相当，在三水以前小于 T4 处理，尽管两个处理的总灌水定额相同，也说明冬季的灌水增加了 100 cm 以下的深层土壤储水。

14.2.5.2 不同储水灌溉春玉米农田土壤剖面储水量分析

图 14-5 为不同灌水处理下，从冬季储水灌溉到玉米生育期土壤分层储水量随时间的变化。由图 14-5(a)～图 14-5(c)可看出，冬季储水灌溉的处理(T1～T6)和播前灌溉处理

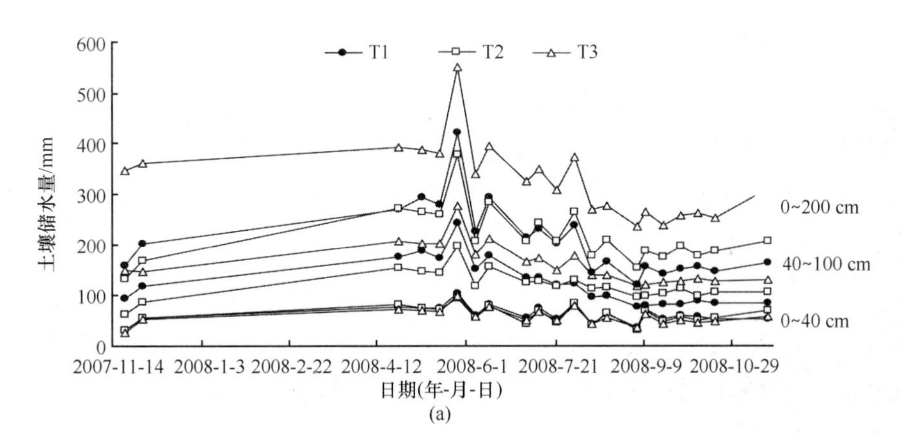

(a)

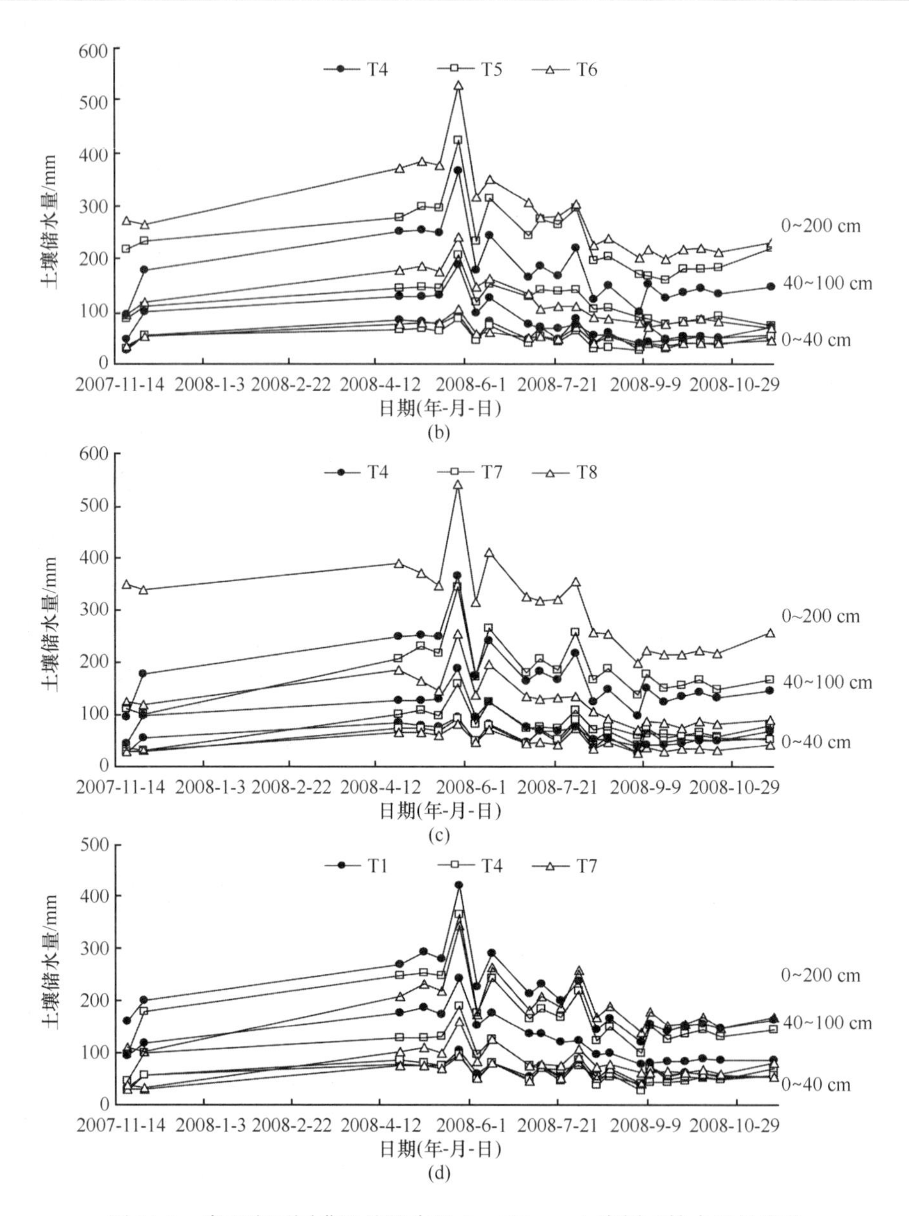

图 14-5 春玉米不同灌溉处理农田 0～200 cm 土壤剖面储水量的变化

(T7、T8)，0～40 cm 土层土壤储水量均低于 100 mm，变化趋势和范围基本一致，与冬季储水灌溉下春小麦不同的是，0～40 cm 土层土壤储水量从冬季储水灌溉后到播前先增后降，这是由于玉米播种时间较春小麦迟(4 月 20 日左右)，根据当地气候特点，4 月以后气温逐渐升高，地表温度回升，深层土壤水分向上运移，致使表层土壤含水量升高。生育期储水量变化与每次灌水同步，各处理之间差异不显著。

与 0～40cm 土层不同的是，40～100cm 土层土壤储水量各处理之间呈现出一些差异。由图 14-5(a)可以看出，冬季储水灌溉的 T1、T2、T3 处理，储水灌溉后，40～100 cm 剖面的土壤储水量与储水量正相关。在玉米播种前，冬季灌溉定额分别为 180 mm、120 mm、

75 mm 的 T1、T2、T3 处理，40～100 cm 剖面的土壤储水量先增加后减小，与 0～40 cm 土层土壤储水量变化同步。在生育期三水过后，冬季储水适中的 T2 处理 40～100 cm 土层土壤储水量赶上并超过冬季储水量较高的处理 T1。T2 处理比 T1、T3 处理在 40～100 cm 土层土壤储水量均高 10%～20%，生育期灌水结束后，在 T1、T2、T3 处理下，40～100 cm 土层土壤储水量变化趋势几乎成为一条直线。这是由于当地 9 月以后，气温急剧下降，土壤蒸发量急剧减少；另外，玉米灌浆结束后，根系对土壤水分吸收减弱。图 14-5(b) 的结果与图 14-5(a) 在储水灌溉时期有类似之处，玉米生育期内，二水过后，冬季储水灌溉适中的 T5 处理分别比 T4、T6 处理在 40～100 cm 土层土壤储水量高 15%～30%。生育期灌水结束后，T4、T5、T6 处理在 40～100 cm 土层土壤储水量变化趋势一致，各处理之间最大变化幅度为 25 mm。图 14-5(c) 和图 14-5(d) 表明，播前灌水处理(T7、T8) 对土壤剖面 40～100 cm 土层土壤储水量也产生较大影响。灌水量较大的 T7 处理在 40～100 cm 土层土壤储水量较灌水量较低的 T8 处理高 20%～35%。与冬季储水灌溉 T4 处理相比较，播前灌水处理 T7 在 40～100 cm 土层土壤储水量较 T4 处理高 5%～10%，说明冬季储水灌溉增加了 100 cm 以下的深层土壤储水。

从 0～200 cm 土层总的储水情况看，不同灌溉处理有明显差异。由图 14-5(a) 可看出，冬季储水后，0～200 cm 土层土壤水分增加的幅度大小依次为：T1＞T2＞T3，与冬季储水定额正相关。在玉米生育期，各处理 0～200 cm 土层土壤水分增量与每次灌水量正相关。三水过后，冬季储水定额适中的 T2 处理在 0～200 cm 土层土壤储水量超过了 T1 处理。玉米生育期灌水结束后，T1、T2、T3 处理在 0～200 cm 土层土壤储水量缓慢升高，升高幅度的大小次序为 T3＞T2＞T1。11 月，T1、T2、T3 处理在 0～200 cm 土层土壤储水量较 10 月高 16.36 mm、20.66 mm、56.78 mm。生育期过后，土壤储水量均低于 300 mm。

可见，生育期增大灌水量会使玉米收获后土壤水分得到及时恢复，恢复的幅度随玉米生育期灌水量的增大而增大。与图 14-5(a) 不同的是，图 14-5(b) 中的 3 个处理 T4、T5、T6 在生育期灌溉定额要小一些，玉米生育期 0～200 cm 土层土壤储水量增量高低次序为 T4＞T5≥T6。生育期灌水结束后，0～200 cm 土层土壤储水量增量高低次序为 T5＞T4＞T6，但是 3 个处理在 0～200 cm 土层土壤储水量均低于 250 mm，进一步说明较大定额的冬季储水灌溉处理，产生了深层土壤水分渗漏。图 14-5(c) 表明，播前灌水处理对 0～200 cm 土层土壤储水量产生一定影响。在三水前，灌水量较大的处理(T7) 较灌水量较小的处理(T8) 在 0～200 cm 土层土壤储水量高 4%～18%，在三水过后，T7 处理在 0～200 cm 土层土壤储水量超过了 T4 处理。可见，冬季储水定额较大的处理 T4，在冬季储水过后至春季播前这段时间，0～200 cm 土层土壤水分消耗大，高于相应春小麦的土壤水分消耗。玉米收获后，0～200 cm 土层土壤储水量均增加，增加幅度为 T8＞T7＞T4，说明播前灌溉处理对玉米收获后土壤水分恢复的影响较冬季储水灌溉处理显著。图 14-5(d) 表明，冬季储水灌溉定额和生育期灌水定额愈高的处理，在玉米整个生育期内，0～200 cm 土层土壤储水量愈高。四水过后，播前灌水处理(T7) 在 0～200 cm 土层土壤储水量超过了冬季储水灌溉的 T1 处理。

14.2.6 小结

1）种植春小麦农田土壤水分的动态分布特征

冬季储水灌溉定额较大的处理，其生育期剖面的土壤水分较多地分布在 140～160 cm，且土壤含水量达到了 30%以上，容易发生渗漏，冬季储水灌溉定额愈大，农田无效土壤蒸发也愈大，较小的储水灌溉定额，土壤水分主要分布在 0～100 cm，不会引起土壤剖面水分的深层渗漏。冬季储水灌溉定额相同，且生育期的灌溉定额较大的处理其剖面含水量要高，且分布愈深，深层土壤的水分渗漏也愈大。总的灌水定额相同，冬季储水灌溉和生育期灌溉比较，生育期灌溉定额较大的处理，剖面水分的分布主要集中在 0～100 cm 的土层，没有出现易发生深层渗漏较高的水分分布。与播前灌溉的处理比较，生育期灌溉定额愈大，剖面含水量就愈高，且剖面水分分布较均匀。在总的灌溉定额相同的冬季储水灌溉和播前灌溉处理下，生育期灌溉定额大的处理其剖面水分的分布范围广，但没有出现易发生深层渗漏较高的水分分布。

2）种植春玉米农田土壤水分的动态分布特征

冬季储水灌溉定额较大的处理，其生育期剖面的土壤水分较多地分布在 0～120 cm 和 120～180 cm 土层，除在一水过后 60～80 cm 土层的土壤含水量达到 30%以上，其余土层每次灌水后土壤含水量均低于 30%。120～180 cm 土层土壤含水量低于 10%，冬季储水灌溉适中的处理，生育期剖面的土壤水分较多地分布在 0～160 cm 和 160～180 cm，且土壤水分分布愈深，分布范围愈广，但未产生明显的深层渗漏。较大定额的生育期灌水会引起土壤水分深层渗漏。冬季储水灌溉定额相同，生育期灌溉定额较小的处理，在生育期剖面上部 0～100 cm 土层土壤水分含量低。与种植春小麦不同的是，冬季较大的储水灌溉定额，生育期较小的灌溉定额处理，生育期剖面 180 cm 处的土壤水分含量愈多，深层渗漏也愈多。当总灌溉定额相同时，生育期灌水定额愈大，整个剖面土壤水分含量愈高，且分布范围广，可达 120 cm 土层处，深层土壤渗漏愈大。总的灌溉定额相同的冬季储水灌溉和播前灌溉比较，在玉米生育期内，冬季储水灌溉的处理 180 cm 土层处土壤水分达到 10%～20%，产生明显的土壤水分渗漏。

3）不同储水灌溉种植春小麦农田土壤剖面储水量分析

各处理在春小麦生育期 0～40 cm 土层土壤储水量较小且变化趋势和范围基本一致。冬季储水灌溉的处理，储水灌溉后 40～100 m 剖面的土壤储水量随灌溉水量的增加而增加。从储水灌溉后到春小麦播种前，冬季储水灌溉处理 T1、T2 和 T3 或 T4、T5 和 T6 100 cm 以下土层渗漏量分别为 105 mm、93 mm 和 41 mm。在生育期二水后，冬季储水灌溉定额适中的处理，40～100 cm 土层土壤储水量就能超过冬季储水灌溉定额较大的处理。在三水过后，冬季储水灌溉定额和生育期灌水定额均适中的处理比冬季储水定额、生育期灌水定额均较大的处理和冬季储水定额、生育期灌水定额均较小的处理在 40～

100 cm 土层的储水量要高 15%～25%。

冬季储水灌溉到播种前，冬季储水灌溉的所有处理 0～200 cm 土层水分储存都有所增加，并且随着储水灌溉定额的增加而增加，冬季不进行储水灌溉的处理，这个阶段 0～200 cm 的土壤水分处于亏缺状态。在生育期，总的灌溉定额相同的条件下，冬季储水灌溉定额大的处理，0～200 cm 土壤水分有亏缺。冬季储水灌溉定额分别为 180 mm、120 mm 的处理在 200 cm 土层以下渗漏量分别为 126 mm 和 103 mm。三水前，0～200 cm 土层土壤储水量主要受冬季储水量的影响，生育期加大灌水定额处理的增水效应在三水后愈明显，播前灌溉灌水量较大的处理整个生育期土壤剖面的储水量比播前灌溉灌水量较小的处理增加 5%～30%。冬季储水灌溉定额大的或生育期灌溉定额较大的，农田腾发量也大。适中的储水灌溉定额，不仅有利于作物的生长，还有利于灌溉水分利用效率的提高。

4）不同储水灌溉种植春玉米农田土壤剖面储水量分析

冬季储水灌溉的处理和播前灌溉处理，0～40 cm 土层土壤储水量均低于 100 mm，变化趋势和范围基本一致，0～40 cm 土层土壤储水量从冬季储水灌溉后到播前先增后降。冬季储水灌溉的处理，播种前，40～100 cm 剖面的土壤储水量先增加后减小。在生育期三水过后，冬季储水灌溉定额适中的处理在 40～100 cm 土层土壤储水量赶上并超过了冬季储水量较高的处理，比冬季储水量较高和较低的处理土壤储水量均高 10%～20%，生育期灌水结束后，在冬季储水灌溉的处理下，40～100 cm 土层土壤储水量变化很小。播前灌水量较大的处理在 40～100 cm 土层土壤储水量比灌水量较小的处理高 20%～35%。总的灌溉定额相同，冬季储水灌溉的处理比播前灌溉处理在 40～100 cm 土层土壤储水量高 5%～10%。生育期，0～200 cm 土层土壤水分增量与生育期每次灌水量呈正相关。三水过后，冬季储水定额适中的处理在 0～200 cm 土层土壤储水量超过了冬季储水定额较大的处理。生育期灌水结束后，冬季储水灌溉的处理在 0～200 cm 土层土壤储水量缓慢升高，升高的幅度随冬季储水量的增加而降低。11 月，冬季储水灌溉下，生育期较大定额灌水的各处理，在 0～200 cm 土层土壤储水量较 10 月高 16.36 mm、20.66 mm、56.78 mm。生育期过后，各处理土壤储水量均低于 300 mm。可见，生育期增大灌水量会使玉米收获后土壤水分得到及时恢复，恢复的幅度随玉米生育期灌水量的增大而增大。在冬季储水灌溉下，生育期灌水定额较小的各处理在 0～200 cm 土层土壤储水量均低于 250 mm。其中冬季储水定额较大的处理，在冬季储水过后至播前这段时间，0～200 cm 土层土壤水分消耗大，高于相应春小麦的土壤水分消耗。播前灌溉处理较冬季储水灌溉处理对玉米收获后土壤水分恢复影响显著。冬季储水灌溉定额和生育期灌水定额愈高的处理，在整个生育期内，0～200 cm 土层土壤储水量愈高。四水过后，播前灌水较高的处理在 0～200 cm 土层土壤储水量超过了冬季储水灌溉定额较高的处理。

14.3 不同储水灌溉条件下农田土壤水量平衡特征

农田水量平衡问题实际上是 SPAC 系统中“五水——大气水、地面水、土壤水、地下水和植物水”的转化问题，对于以灌溉农业为主的甘肃河西地区，农田水分亏缺问题十分突出，因而农田水量平衡问题历来都是学者关注的重点。通常研究农田水量平衡所选用的时间段为作物某一生育期，或作物整个生育期。河西地区绝大多数农田都要进行冬季储水灌溉，为了提高农田水分利用效率，很有必要在考虑储水灌溉情况下进行水量平衡研究。

14.3.1 不同储水灌溉条件下的春小麦农田水量平衡分析

分析不同储水灌溉条件下的农田水量平衡，对于农作物的合理灌溉及节约用水有重要作用。

表 14-7 为不同灌溉处理条件下，在储水灌溉阶段(2007-11-21～2008-3-21)和春小麦生长阶段(2008-3-22～2008-7-18)及一年周期内(2007-11-21～2008-11-21)农田水量平衡表。对于 200 cm 土层内的土壤水分，收入项为灌溉和降水(不考虑地下水补给)，支出项为土壤蒸发和作物蒸腾(不考虑渗漏和径流量)。

表 14-7　2007～2008 年不同灌溉的小麦农田土壤水分平衡特征表

土壤水分平衡项	灌水处理							
	T1	T2	T3	T4	T5	T6	T7	T8
储水灌溉阶段(2007-11-27～2008-3-21)								
0～100 cm 土壤储水量变化/mm	116.5	40.8	53.3	103.4	42.7	55.1	−20.5	−26.1
100～200 cm 土壤储水量变化/mm	−32.6	27.5	−13.0	−31.9	29.9	−10.9	−9.2	−12.2
0～200 cm 土壤储水量变化	83.9	68.3	40.3	71.5	72.6	44.2	−29.7	−37.3
降雨量/mm	4.8	4.8	4.8	4.8	4.8	4.8	4.8	4.8
灌溉定额/mm	180	120	75	180	120	75	□	□
农田土壤蒸发/mm	100.9	56.5	39.5	113.3	52.2	35.6	34.5	42.1
小麦生育期阶段(2008-3-22 ~ 2008-7-18)								
0～100 cm 土壤储水量变化/mm	−112.6	4.5	17.2	−93.8	−5.6	−88.1	−68.9	−136.8
100～200 cm 土壤储水量变化/mm	90.7	76.9	66.9	61.3	16.6	13.1	17.4	44.4
0～200 cm 土壤储水量变化/mm	−21.9	81.4	84.1	−32.5	11.0	−75.0	−51.5	−92.4
降雨量/mm	46.8	46.8	46.8	46.8	46.8	46.8	46.8	46.8
灌溉定额/mm	300	360	405	240	270	300	420	330
农田土壤蒸发/mm	368.7	325.4	367.7	319.3	305.8	421.8	518.3	469.2
一年周期内(2007-11-21～2008-11-21)								
0～100 cm 土壤储水量变化/mm	−25.2	−5.16	−1.29	−23.2	−0.72	−54.77	−13.67	−62.39
100～200 cm 土壤储水量变化/mm	−37.46	−86.75	−53.78	−56.53	−28.66	−17.83	−40.37	5.26
0～200 cm 土壤储水量变化	−62.65	−91.91	−55.07	−79.73	−29.37	−72.6	−54.03	−57.12
降雨量/mm	143.9	143.9	143.9	143.9	143.9	143.9	143.9	143.9
灌溉定额/mm	480	480	480	420	390	375	420	330
农田土壤蒸发/mm	686.55	715.81	678.97	643.63	563.27	591.5	617.93	531.02

注：负数表示水分亏损；正数表示水分盈余；“□”表示没有进行灌溉

从表 14-7 中可看出，冬季储水灌溉到播种前，冬季储水灌溉的所有处理(T1～T6)0～

200 cm 的土壤水分储存都有所增加，并且随着储水灌溉定额的增加而增加，冬季不进行储水灌溉的处理(T7 和 T8)，这个阶段 0～200 cm 的土壤水分处于亏缺状态。从表 14-7 还可以看出，如果不考虑 200 cm 以下的深层渗漏，根据农田水分平衡方程计算表明，冬季储水灌溉定额愈大，农田土壤蒸发也愈大，也就是农田水分的无效消耗也愈大，冬季储水灌溉定额分别是 180 mm、120 mm、75 mm 的 T1、T2 和 T3 或 T4、T5 和 T6 处理，在小麦播种前，T1、T2 和 T3 处理的农田水分的无效蒸发分别为 100.9 mm、56.5 mm、39.5 mm，T4、T5 和 T6 处理分别为 113.3 mm、52.2 mm、35.6 mm，与不储水灌溉 T7 和 T8 处理比较，储水灌溉定额为 75 mm 的处理，春季播种前，农田水分状况与处理 T7 和 T8 没有明显的差异。

在春小麦生育期，不同储水灌溉处理及生育期灌溉处理的农田水分平衡也不相同。表 14-7 表明，冬季不同储水灌溉的 T1、T2 和 T3 处理，虽然储水灌溉定额不同，但总的灌溉定额相同，在小麦生育阶段，0～200 cm 土层土壤水分储存表现为，冬季储水灌溉定额较大的 T1 处理水分有亏缺，亏缺为 21.9 mm，而 T2 和 T3 处理土壤水分储存增加。与 T1、T2 和 T3 处理不同的是，T4、T5 和 T6 处理，其生育期灌溉定额比较小，表现为 0～200 cm 土壤水分变化除 T5 有点增加外，T4 和 T6 均有亏缺，这是由于生育期作物水分消耗大。播前和生育期灌溉的 T7 和 T8 处理，生育期 0～200 cm 的土壤水分均呈亏缺现象，其亏缺程度随灌水量的增加而较小。从所有灌溉处理比较可以看出，小麦生育期的农田腾发量与冬季储水灌溉定额和生育期的灌溉制度有关，冬季储水灌溉定额大的或生育期灌溉定额大的，农田腾发量也愈大。

一年内各处理在 0～100 cm 土层土壤水分均出现亏缺，表现为：总的灌溉定额越小，0～100 cm 土层土壤水分亏缺越大。在总的灌溉定额相同下，生育期灌水定额越大，0～100 cm 土层土壤水分亏缺越小。在 100～200 cm 土层，除播前灌溉定额较低的处理水分无亏缺外，其余处理均有亏缺。生育期灌水定额越大这一土层水分亏缺越大。在 0～200 cm 土层，各处理土壤水分均有亏缺。冬季储水灌溉定额分别是 180 mm、120 mm、75 mm 的 T1、T2 和 T3 或 T4、T5 和 T6 处理，在一年周期内，T1、T2 和 T3 处理的农田水分的蒸散分别为 686.55 mm、715.81 mm、678.97 mm，T4、T5 和 T6 处理分别为 643.63 mm、563.27 mm、591.5 mm，播前灌溉处理 T7、T8 分别为 617.93 mm、531.02 mm。可见在总的储水灌溉定额相同下，生育期灌水定额越高，土壤在一年内的蒸发量越大。

表 14-8 为不同灌溉处理条件下，在储水灌溉阶段(2007-11-21～2008-4-24)和春玉米生长阶段(2008-4-24～2008-9-10)及一年周期内(2007-11-21～2008-11-21)农田水量平衡表。对于 180 cm 土层内的土壤水分，收入项为灌溉和降水(不考虑地下水补给)，支出项为土壤蒸发和作物蒸腾(不考虑渗漏和径流量)。

表 14-8　2007～2008 年不同灌溉的春玉米农田土壤水分平衡特征表

土壤水分平衡项	灌水处理							
	T1	T2	T3	T4	T5	T6	T7	T8
	储水灌溉阶段(2007-11-21～2008-4-24)							
0～100 cm 土壤储水量变化/mm	129.46	125.02	122.19	140.81	108.90	133.00	96.13	111.83

续表

土壤水分平衡项	灌水处理							
	T1	T2	T3	T4	T5	T6	T7	T8
储水灌溉阶段（2007-11-21～2008-4-24）								
100～180 cm 土壤储水量变化/mm	−18.74	14.55	−76.35	13.68	−47.92	−31.97	0.35	−70.32
0～180 cm 土壤储水量变化	110.72	139.57	45.85	154.48	60.99	101.04	96.48	41.51
降雨量/mm	29.6	29.6	29.6	29.6	29.6	29.6	29.6	29.6
灌溉定额/mm	180	120	75	180	120	75	□	□
农田土壤蒸发/mm	98.88	10.03	58.75	55.12	88.61	3.56	−66.88	−11.91
玉米生育期阶段（2008-4-24～2008-9-10）								
0～100 cm 土壤储水量变化/mm	−81.50	−60.60	−85.70	−91.20	−79.80	−130.80	−34.50	−114.30
100～180 cm 土壤储水量变化/mm	−33.40	−25.00	-41.80	−5.60	−31.40	−24.00	6.60	−53.20
0～180 cm 土壤储水量变化/mm	−114.90	−85.60	−127.50	−96.80	−111.20	−154.80	−27.90	−167.50
降雨量/mm	67	67	67	67	67	67	67	67
灌溉定额/mm	345	405	450	270	285	345	450	375
农田腾发量/mm	526.9	557.6	644.5	433.8	463.2	566.8	545	609.5
一年周期内（2007-11-21～2008-11-21）								
0～100 cm 土壤储水量变化/mm	23.32	75.71	22.18	51.15	33.75	3.78	63.33	−5.22
100～180 cm 土壤储水量变化/mm	−18.84	−0.58	−59.16	−0.75	−30.96	−44.8	−6.87	−88.32
0～180 cm 土壤储水量变化	4.48	75.13	−36.98	50.4	2.79	−41.03	56.46	−93.54
降雨量/mm	143.9	143.9	143.9	143.9	143.9	143.9	143.9	143.9
灌溉定额/mm	525	525	525	450	405	420	450	375
农田土壤蒸发/mm	664.42	593.77	705.88	543.5	546.11	604.93	537.44	612.44

注：负数表示水分亏损；正数表示水分盈余；“□”表示没有进行灌溉

从表 14-8 中可看出，冬季储水灌溉到播种前，冬季储水灌溉的所有处理（T1～T6）0～180 cm 的土壤水分储存都有所增加，并且随着储水灌溉定额的增加而增加，冬季不进行储水灌溉的处理（T7 和 T8），这个阶段 0～180 cm 的土壤水分处于盈余状态。这是由于春季较多的降水和气温的逐渐升高，深层土壤水分向表层运移的结果。从表 14-8 中还可以看出，如果不考虑 180 cm 以下的深层渗漏，根据农田水分平衡方程计算表明，冬季储水灌溉定额愈大，农田土壤蒸发也愈大，也就是农田水分的无效消耗也愈大，冬季储水灌溉定额分别是 180 mm、120 mm、75 mm 的 T1、T2 和 T3 或 T4、T5 和 T6 处理，在春玉米播种前，T1、T2 和 T3 处理的农田水分的无效蒸发分别为 98.88 mm、10.03 mm、58.75 mm，T4、T5 和 T6 处理分别为 55.12 mm、88.61 mm、3.56 mm，与不储水灌溉 T7 和 T8 处理比较，储水灌溉定额为 75 mm 的处理，春季播种前，农田水分状况与处理 T7 和 T8 没有明显的差异。

生育期不同储水灌溉的处理及生育期灌溉的处理的农田水分平衡也不相同。表 14-9 表明，不同灌水处理下，0～180 cm 土层土壤水分均有亏缺，总体表现为冬季储水定额越低，其水分亏缺越大，播前灌溉定额较低处理下，水分亏缺量为 167.50 mm，在各处理中为最高。从所有灌溉处理比较可以看出，生育期的农田腾发量与冬季储水灌溉定额和生育期的灌溉制度有关，冬季储水灌溉定额较大或生育期灌溉定额较大，农田蒸散量也较大。

一年内各处理在 0～100 cm 土层土壤水分(除播前灌水处理外)均出现盈余，表现为：总的灌溉定额越高或储水灌溉定额越高，0～100 cm 土层土壤水分盈余越大。在 100～180 cm 土层，各处理土壤水分均有亏缺，储水灌溉定额越低，这一土层水分亏缺越大，进一步说明较大定额的储水灌溉能有效地增加土壤深层含水量。在 0～180 cm 土层，除冬季储水灌溉定额较低的处理和播前灌水定额较低的处理外，其余各处理土壤水分均有增加。冬季储水定额和生育期灌水定额适中的处理(T2)增加量最大。冬季储水灌溉定额分别是 180 mm、120 mm、75 mm 的 T1、T2 和 T3 或 T4、T5 和 T6 处理，一年周期内，T1、T2 和 T3 处理的农田水分的蒸散量分别为 664.42 mm、593.77 mm、705.88 mm，T4、T5 和 T6 处理分别为 543.5 mm、546.11 mm、604.93 mm，播前灌溉处理 T7、T8 分别为 537.44 mm、612.44 mm。可见在总的储水灌溉定额相同下，生育期灌水定额越高，土壤在一年内的蒸散越大。总的灌溉定额相同，冬季储水灌溉的处理和播前灌溉处理在一年内蒸散量无明显差异。

14.3.2 小结

A. 春小麦种植下，冬季储水灌溉到播种前，冬季储水灌溉的所有处理(T1～T6)0～200 cm 的土壤水分储存都有所增加，并且随着储水灌溉定额的增加而增加，冬季不进行储水灌溉的处理(T7 和 T8)，这个阶段 0～200 cm 的土壤水分处于亏缺状态。冬季储水灌溉定额分别是 180 mm、120 mm、75 mm 的 T1、T2 和 T3 或 T4、T5 和 T6 处理，在小麦播种前，T1、T2 和 T3 处理的农田水分的无效蒸发量分别为 100.9 mm、56.5 mm、39.5 mm，T4、T5 和 T6 处理分别为 113.3 mm、52.2 mm、35.6 mm。与不储水灌溉 T7 和 T8 处理比较，储水灌溉定额为 75 mm 的处理，春季播种前，农田水分状况与不进行储水灌溉的处理 T7 和 T8 没有明显的差异。

在生育期，0～200 cm 土层土壤水分储存表现为，冬季储水灌溉定额大的 T1 处理水分亏缺为 21.9 mm，而 T2 和 T3 处理土壤水分储存增加。生育期灌溉定额比较小的处理(T4、T5 和 T6)，表现为 0～200 cm 土壤水分变化除 T5 有点增加外，T4 和 T6 均有亏缺。播前和生育期灌溉的 T7 和 T8 处理，生育期 0～200 cm 的土壤水分均呈亏缺现象，亏缺程度随灌水量的增加而减小。冬季储水灌溉定额大的或生育期灌溉定额大的，农田腾发量也大。

一年内各处理在 0～100 cm 土层土壤水分均出现亏缺，表现为：总的灌溉定额越小，0～100 cm 土层土壤水分亏缺越大。在总的灌溉定额相同下，生育期灌水定额越大，0～100 cm 土层土壤水分亏缺越小。在 100～200 cm 土层，除播前灌溉定额较低的处理水分无亏缺外，其余处理均有亏缺。生育期灌水定额越大，这一土层水分亏缺越大。在 0～200 cm 土层，各处理土壤水分均有亏缺。冬季储水灌溉定额分别是 180 mm、120 mm、

75 mm 的 T1、T2 和 T3 或 T4、T5 和 T6 处理，一年周期内，T1、T2 和 T3 处理的农田水分的蒸散量分别为 686.55 mm、715.81 mm、678.97 mm，T4、T5 和 T6 处理分别为 643.63 mm、563.27 mm、591.5 mm，播前灌溉处理 T7、T8 分别为 617.93 mm、531.02 mm。可见在总的储水灌溉定额相同下，生育期灌水定额越高，土壤在一年内的蒸散越大。

B. 春玉米种植下，冬季储水灌溉到播种前，冬季储水灌溉的所有处理(T1～T6)在 0～180 cm 土层水分储存都有所增加，并且随着储水灌溉定额的增加而增加，冬季不进行储水灌溉的处理(T7 和 T8)，这个阶段 0～180 cm 的土壤水分处于盈余状态。冬季储水灌溉定额分别是 180 mm、120 mm、75 mm 的 T1、T2 和 T3 或 T4、T5 和 T6 处理，在小麦播种前，T1、T2 和 T3 处理的农田水分的无效蒸发分别为 98.88 mm、10.03 mm、58.75 mm，T4、T5 和 T6 处理分别为 55.12 mm、88.61 mm、3.56 mm，与不储水灌溉 T7 和 T8 处理比较，储水灌溉定额为 75 mm 的处理，春季播种前，农田水分状况与不进行储水灌溉的处理 T7 和 T8 没有明显的差异。各处理 0～180 cm 土层土壤水分均有亏缺，总体表现为冬季储水定额越低，其水分亏缺越大，播前灌溉定额较低处理下，水分亏缺量为 167.50 mm，在各处理中为最高。

一年内各处理在 0～100 cm 土层土壤水分(除播前灌水处理外)均出现盈余，表现为：总的灌溉定额越高或储水灌溉定额越高，0～100 cm 土层土壤水分盈余越大。在 100～180 cm 土层，各处理土壤水分均有亏缺，储水灌溉定额越低，这一土层水分亏缺越大。在 0～180 cm 土层，除冬季储水灌溉定额较低的处理和播前灌水定额较低的处理外，其余各处理土壤水分均有增加。增加量最大的处理为 T2。冬季储水灌溉定额分别是 180 mm、120 mm、75 mm 的 T1、T2 和 T3 或 T4、T5 和 T6 处理，在一年周期内，T1、T2 和 T3 处理的农田水分的蒸散分别为 664.42 mm、593.77 mm、705.88 mm，T4、T5 和 T6 处理分别为 543.5 mm、546.11 mm、604.93 mm，播前灌溉处理 T7、T8 分别为 537.44 mm、612.44 mm。可见在总的储水灌溉定额相同下，生育期灌水定额越高，土壤在一年内的蒸散越大。总的灌溉定额相同，冬季储水灌溉的处理和播前灌溉处理在一年内蒸散量无明显差异。

14.4 不同储水灌溉对作物生长和产量的影响

在以灌溉农业为主的河西地区，灌溉对农田土壤水分直接影响着作物的生长和产量的形成。前几节的研究表明，不同的储水灌溉对农田土壤水分的动态变化和农田水分平衡产生一定的影响，这种影响必定对作物的生长和产量产生一定的影响。本节研究和分析不同的储水灌溉对春小麦和春玉米的作物生长和产量的影响，已探求有利于作物生长的节水储水灌溉定额和作物合理的灌溉制度。

14.4.1 不同灌水处理对春小麦生长发育性状和产量的影响

14.4.1.1 不同灌水处理对春小麦株高和叶面积的影响

植物株高是冠层结构对水分响应的主要体现者。由图 14-6(a)可见，不论是哪种灌溉处理，春小麦整个生育期内株高的变化均呈现快—慢—平稳不变的生长趋势。不同储水灌溉对春小麦株高的影响表明，在生长初期，冬季不同储水灌溉的处理及播前灌水处理对株高影响很小，此时各个处理株高增长速率几乎相同。一水过后(播后 45 d)，各处理之间茎秆生长速率出现明显差异，冬季储水灌溉的(T1、T5)处理株高增长速率最高。冬季储水定额较小的 T3 处理和播前灌水的 T8 处理株高增长速率最低。二水过后(播后 70 d)，各处理茎秆生长速率高低的次序为：T5＞T7＞T8＞T3＞T2＞T4＞T1＞T6。可见冬季储水定额适中的处理和播前灌水的处理，生育期加大灌水定额能够有效促进植株茎秆的较快生长。三水过后(播后 90 d)，进入抽穗开花时期，此时处理茎秆增长速率均降低，最先达到最大株高的处理为 T5 和 T7 处理，T2、T3、T6 处理达到最大株高的时间延后。可见，冬季较低定额的储水灌溉，而生育期加大灌水量能在春小麦生长后期有效促进植株茎秆生长，进而延长了达到最大株高的时间。四水过后(播后 109 d)，进入灌浆乳熟时期，各处理茎秆生长的增长速率均下降，在 T3、T7 处理下植株茎秆几乎停止生长，同时当增长速率下降后，各处理的平均株高几乎达到最大值。此时的植株由营养生长转向生殖生长，各处理(T1～T8)最大株高分别为：86.29 cm、85.03 cm、83.72 cm、83.57 cm、82.93 cm、79.79 cm、79.38 cm、79.86 cm，可见生育期的灌水量对春小麦株高的影响较冬季储水量显著。

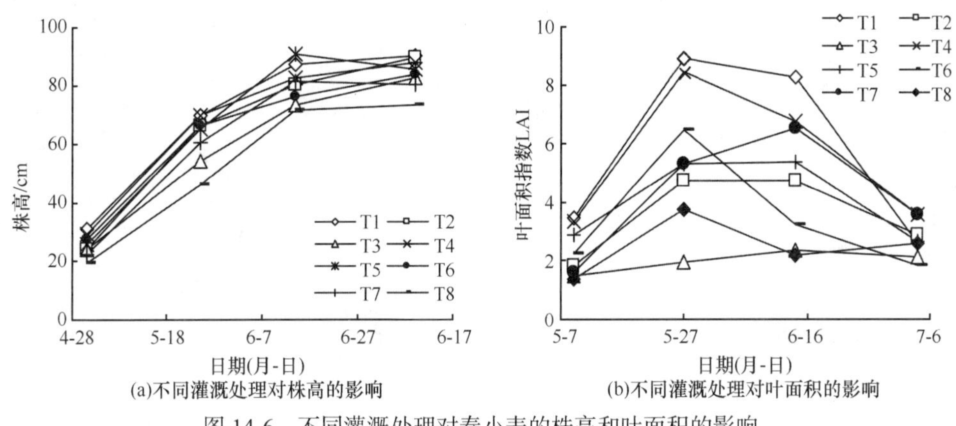

(a)不同灌溉处理对株高的影响　(b)不同灌溉处理对叶面积的影响

图 14-6　不同灌溉处理对春小麦的株高和叶面积的影响

由图 14-6(b)可见，不同灌水处理对春小麦叶面积的影响比较显著。在整个生育期内，叶面积变化大致呈倒“V”字形，一水前后(播后 45 d)，各处理之间叶面积指数差异不显著。二水过后(播后 70 d)，叶面积指数先达到最大的处理为 T1、T4、T6、T8，最大值分别为：8.9、8.4、6.5、3.8。三水过后(播后 90 d)，处理 T2、T3、T5、T7 的叶面积均达到最大值，最大值分别为：4.8、2.4、5.4、6.5。可见冬季较大定额的储水处理(T1、T4)能促进春小麦叶面积生长，而冬季储水定额适中的处理(T2、T5)对叶面积增长影响不显著。生育期较大定额的灌水处理(T3)和播前灌水处理(T8)在植株生长后期叶面积指数下降缓慢。而冬季较大定额的储水灌溉，生育期较小定额的灌水处理(T1、T4)，在植株生长后期叶面积指数下降较快。可见，生育期灌水量对其叶面积指数的影响较冬季储水量显著。

14.4.1.2 不同灌水处理对春小麦干物质积累的影响

春小麦株高、茎粗代表地上部分冠层的结构，不同的灌水处理将影响冠层结构的生长发育，最终影响冠层干物质的累积速率及累积总量的变化。由地上部分鲜重和干物质累积过程[图 14-7(a)、(b)]可见，地上部分鲜重和干物重累积的动态变化过程受水分的影响同株高受水分的影响基本一致。一水前，各处理之间地上部分鲜重和干重差异不显著，一水过后(播后 45 d)，冬季储水灌溉的处理(T1、T4、T5)地上部分鲜重和干重增加速率最大，而冬季较低的储水处理 T3 和播前灌水处理 T8 增加速率最小。二水过后(播后 70 d)，地上部分鲜重和干重增加速率最大的处理为 T2 和 T7，增加速率最小的处理为 T1 和 T4。三水过后(播后 90 d)，生育期加大灌水定额的处理 T2、T3、T5、T7 的地上部分鲜重和干重增加速率最大，而生育期较低灌水定额的处理(T1、T4)的地上部分鲜重和干重增加速率最小。四水过后(播后 109 d)，各处理地上部分鲜重和干重高低的次序为：T4>T2>T7>T1>T5>T6>T3>T8。可见，适中的灌溉定额 T2 处理和播前灌水 T7 处理能在春小麦生长后期有效提高地上部分鲜重和干物质，为春小麦后期的生殖生长创造良好条件。从整个春小麦生育期来看，各处理地上部分鲜重累积增长速率的趋势为：先大后小，而与之对应的地上部分干重累积增长速率的趋势为：先小后大。说明不同的灌水处理对春小麦地上部分的生长具有共同的特性，在灌溉水量的平衡下，春小麦植株的生长也在其整个生育期内达到生长平衡。

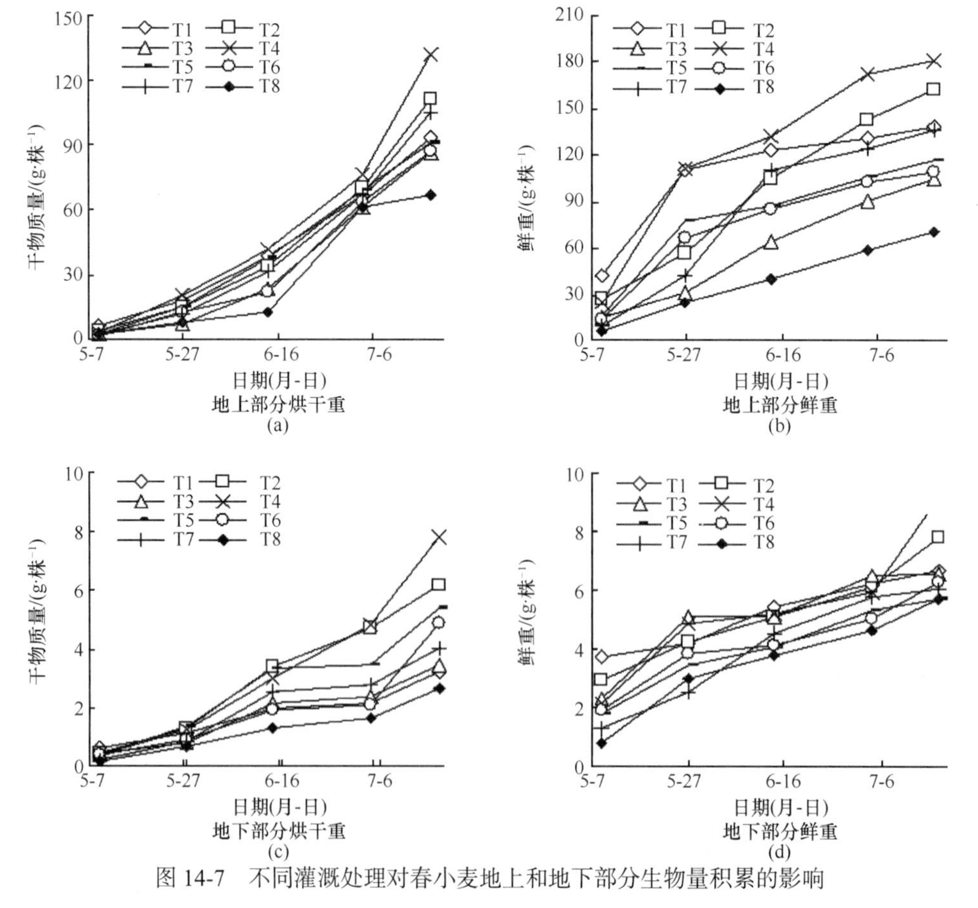

图 14-7 不同灌溉处理对春小麦地上和地下部分生物量积累的影响

冠层根系的生长集中体现生物量的累积，不同的水分条件根系生长表现出的结果并不相同。由图 14-7(c)和图 14-7(d)可看出，在整个春小麦生育期，各处理根鲜重累积过程均呈现出快—慢—快的累积趋势，而根干重呈现出慢—快—慢的累积趋势。在图 14-7(c)中，一水过后(播后 45 d)，各处理的根鲜重大小次序为：T1＞T2＞T3≥T4＞T5≥T6＞T7＞T8。说明冬季储水定额与这一时期春小麦的根鲜重正相关，并且冬季储水处理对这一时期根鲜重的影响较播前灌水处理显著。从图 14-7(d)可看出，这一时期各处理的根干重差异不显著。二水过后至四水前，地下部分鲜重增长速率最快的处理为 T2、T5 及 T7。由图 14-7(c)和图 14-7(d)总变化趋势来看，各处理之间根鲜重的差异在生育期内越来越不显著，而根干重的差异越来越显著。四水过后(播后 109 d)，各处理根干重的大小次序为：T4＞T2＞T5＞T6＞T7＞T3＞T1＞T8。说明冬季灌水定额适中的处理(T2、T5)对根系干物质的响应最为显著。

从图 14-8 可以看出，在整个春小麦生育期内各处理根冠比的变化趋势均为：减—增—减—增。各灌水处理之间根冠比在整个生育期差异由大变小，在三水前，冬季储水定额较小的处理，其根冠比大，冬季储水定额对根冠比的影响占主导地位，与根冠比负相关。可见，冬季较低定额的储水量能够在春小麦生长初期刺激根系的生长，为植株根系在生长后期更加充分地利用土壤水分和养分创造良好条件。三水过后，各处理之间根冠比差异不显著。这是由于春小麦生长后期由营养生长转向生殖生长，根系逐渐腐烂，植株地上部分加速生长，造成根冠比变小，有利于提高春小麦的产量。

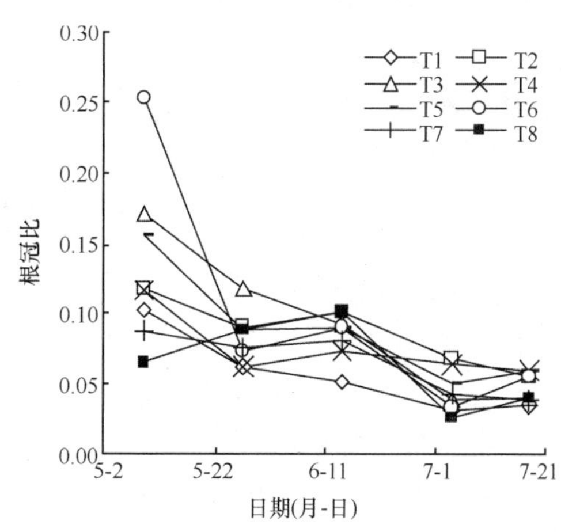

图 14-8　不同灌水处理对春小麦根冠比的影响

14.4.1.3　不同灌水处理对春小麦产量和产量构成的影响

由表 14-9 可看出，不同灌水处理下春小麦产量构成因素发生了较大变化。其中，穗长、小穗数、单株重各处理之间无明显差异，其余产量构成因子在不同灌水处理下差异明显。冬季适中的灌水处理 T2，其穗长、小穗数、单株重、穗干重、穗粒数、穗粒重、千粒重分别比当地常规灌溉处理 T1 下高 13.8%、8.8%、26.9%、30.5%、30.7%、28.5%、5.6%。冬季适中的储水定额，而生育期较小灌水定额的处理 T5 其穗长、小穗数、单株重、穗干重、穗粒数、穗粒重、千粒重分别比 T1 处理的高 2.5%、−0.4%(负号表示 T1 比 T5 高)、20%、24.4%、19.9%、25%、1.5%。播前灌水处理 T8 其产量构成各因素较其余处理均低。

表 14-9 不同灌水处理对春小麦的产量构成的影响

灌溉处理	穗长/cm	小穗数/个	单株重/g	穗干重/g	穗粒数/粒	穗粒重/g	千粒重/g
T1	9.59ab	15.93a	3.90b	2.62b	39.87a	2.00c	41.10ab
T2	10.91b	17.33b	4.95b	3.42a	52.13a	2.57b	43.41c
T3	9.99a	15.80b	4.28a	3.48a	44.53c	2.21a	43.08c
T4	10.43ab	16.93b	5.01a	2.95a	50.67b	2.70b	42.03a
T5	9.83b	15.87b	4.68c	3.26c	47.80b	2.50c	41.71a
T6	9.96a	15.93a	4.71b	3.23c	45.47a	2.51c	40.56ab
T7	9.92b	15.80a	4.20c	2.90c	43.33b	2.19b	42.13b
T8	9.27ab	15.60b	3.38c	2.32b	39.33b	1.72b	35.59b

注：同列不同小写字母表示差异显著($P<0.05$)，下同

14.4.1.4 不同灌水处理对春小麦水分利用效率的影响

作物产量与耗水量之间并不是成比例关系增加的，在一定范围内，随着产量的提高，用水越经济，水分利用效率也越高(鹿洁忠，1987)。

表 14-10 为收获期不同灌溉处理春小麦水分利用效率(WUE)的比较，其中水分利用效率为总干物质量与耗水量的比值，产量水分利用效率为产量与耗水量的比值。从表 14-11 中可以看出，各处理的水分利用效率高低次序为 T4＞T2＞T5＞T1＞T6＞T3＞T7＞T8，产量水分利用效率高低次序为 T5＞T2＞T3＞T4＞T6＞T1＞T7＞T8，产量高低次序为 T2＞T5＞T3＞T4＞T7＞T6＞T1＞T8，说明在相同的冬季储水定额下，生育期较小的灌溉定额处理能显著提高春小麦水分利用效率和产量水分利用效率，冬季储水灌溉定额适中的处理能显著提高春小麦产量。从春小麦农田水分平衡、作物产量和水分利用效率综合分析表明，T2 和 T5 处理是最优储水灌溉下的春小麦灌溉制度。

表 14-10 不同灌水处理春小麦水分利用效率(WUE)

灌溉处理	耗水量/mm	小麦产量 /(kg · hm^{-2})	总干物质量 /(kg · hm^{-2})	水分利用效率 /(kg · mm^{-1} · hm^{-2})	产量水分利用效率 /(kg · mm^{-1} · hm^{-2})
T1	469.6	8 658	34 954.92	74.44	18.44
T2	381.9	10 557	40 420.71	105.84	27.64
T3	407.2	10 017	27 655.65	67.92	24.60
T4	432.6	9 630	46 783.38	108.14	22.26
T5	358	10 071	37 556.06	104.91	28.13
T6	457.4	9 180	33 772.11	73.83	20.07
T7	552.8	9 396	34 521.48	62.45	17.00
T8	511.3	8 271	25 065.74	49.02	16.18

14.4.2 不同灌水处理对春玉米生长发育性状和产量的影响

14.4.2.1 不同灌水处理对春玉米株高和叶面积的影响

图 14-9 为不同生育期各灌溉处理对玉米株高、叶面积指数的影响。在玉米生长前期，

由于植株较小，对水分的需求量相对也较小，各灌溉处理的株高长势状况差异不大。随着植株的生长，进入 7 月，各处理的株高、叶面积出现明显的差异，生育期的灌溉定额对这一时期玉米株高、叶面积影响较大。即生育期灌溉定额越大，这一时期株高越高，叶面积指数越高，呈正相关。8 月以后，各处理玉米株高开始停止增长，此时进入抽穗灌浆时期，植株由生殖生长转向营养生长，株高超过 3 m 的处理为 T1、T3、T8，接近 3 m 的为 T5 处理。各处理之间株高最大变化幅度为 54 cm。可见，在本试验的灌水处理下，生育期玉米株高与生育期的灌水量正相关。

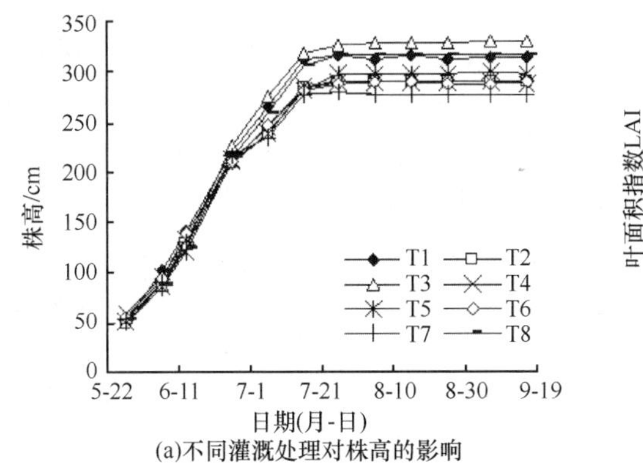

(a)不同灌溉处理对株高的影响

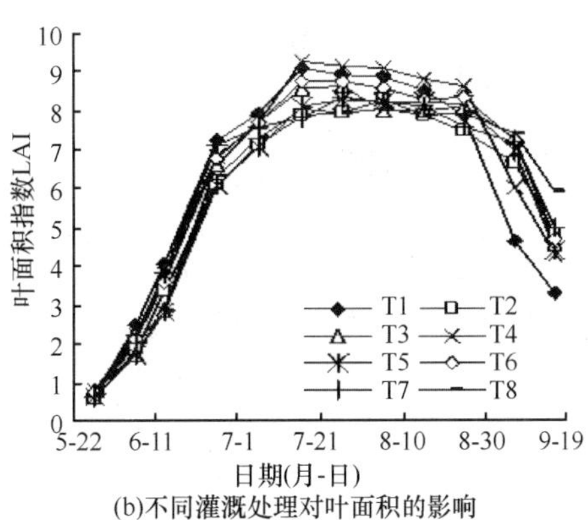

(b)不同灌溉处理对叶面积的影响

图 14-9　不同灌溉处理下春玉米的株高和叶面积的影响

在整个生育期内，叶面积呈倒“V”字形变化，7 月中旬以前各处理的叶面积均在增大，7 月中旬达到最大，此时叶面积指数最大为 9.1，7 月中旬以后开始变小，减小幅度最大的处理为 T1，可见减少生育期灌水对玉米植株生长后期叶面积影响较大，而春季播前灌水处理(T7、T8)，玉米生长后期叶面积指数下降缓慢。

14.4.2.2 不同灌水处理对春玉米干物质积累的影响

从图 14-10 中可以看出，不同灌水处理对玉米地上部分和地下部分生物量和干物质的积累有显著的影响。

在图 14-10(a)中，从整个生育期各处理地上部分解重的变化来看，冬季储水定额较高的处理和生育期灌水量较高的处理植株地上部分鲜重高。孕穗抽雄期，冬季储水中等的 T2 处理，植株地上部分鲜重均大于其他处理，抽雄期以后的变化缓慢。乳熟灌浆期，播前灌水处理的 T7 赶上并超过 T1 处理的植株地上部分鲜重。结实期，各处理植株地上部分湿重高低次序为：T1=T7＞T8＞T2=T4=T5=T6＞T3。

在图 14-10(b)中，各处理间植株的地上部分烘干重在整个生育期差异显著。乳熟以前，冬季储水灌溉的 T1 处理和播前灌水的 T7 处理植株地上部分烘干重最高，但增加幅度逐渐降低。而进入结实期，植株地上部分烘干重高低次序为：T8＞T3＞T6＞T4=T1＞T2＞T7＞T5。

图 14-10(c)中，从苗期开始，冬季储水定额较高的 T1 处理的植株生物量较高，其次是 T4 处理和播前灌水处理 T7，冬季储水定额中等(T5)和较低(T6)的处理植株地下部分鲜重最小。孕穗至结实期，各处理地下部分鲜重高低依次为：T4＞T7＞T1＞T5=T6＞T3＞T2＞T8。

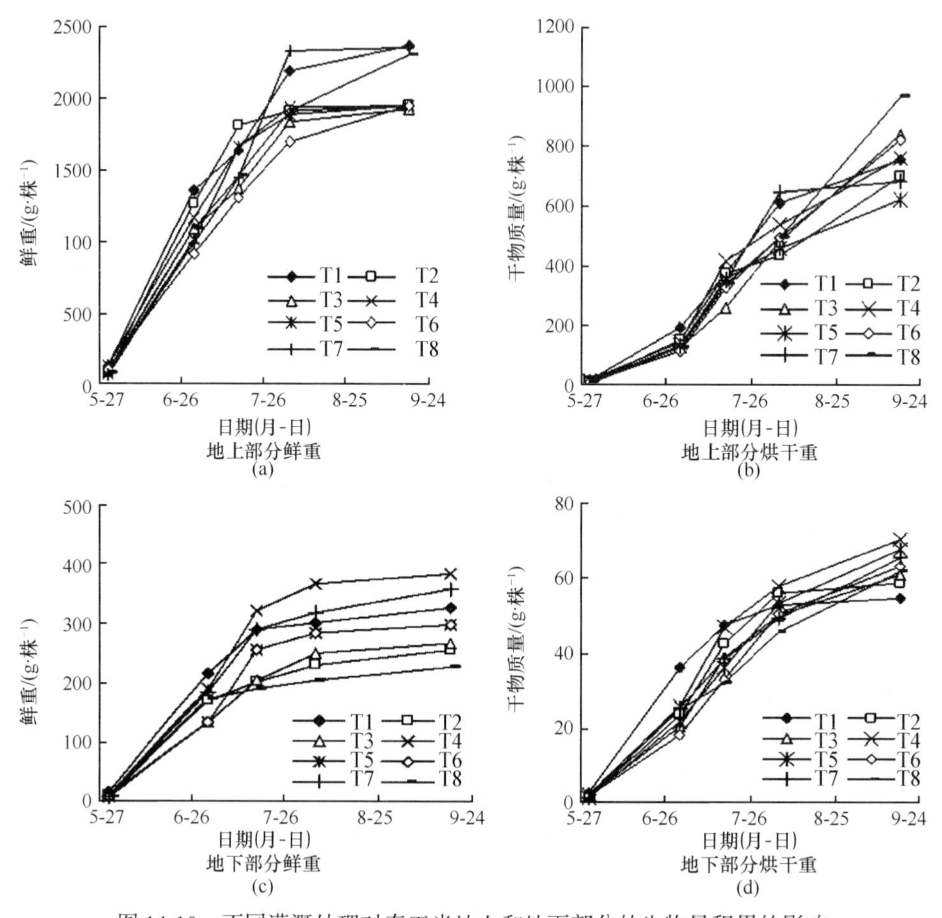

图 14-10　不同灌溉处理对春玉米地上和地下部分的生物量积累的影响

从图 14-10(d)中可以看出，在孕穗期前，冬季储水定额较高处理(T1)的植株地下部分烘干重明显高于其他各处理。抽雄开花期，在 T2 和 T4 处理下的植株地下部分烘干重均高于 T1 处理。灌浆结实期，各处理地下部分烘干重高低依次为：T4＞T5＞T7＞T6＞T8＞T3＞T2＞T1，可见，冬季储水灌溉定额相同的处理[(T1、T4)，(T2、T5)，(T3、T6)]下，生育期灌水定额较低的处理(T4、T5、T6)比生育期灌水定额较高的处理(T1、T2、T3)植株地下部分烘干重高。总灌溉定额相同的冬季储水灌溉处理(T4)其植株地下部分生物量高于播前灌溉处理(T7)。说明生育期较低的灌水处理，能够刺激植株根系的生长。可见，在植株生育期，较低的灌水定额处理能显著提高根系的生物量，增大根系活性，对根系更好地吸收养分和水分创造良好条件。其他研究(王砚田和徐祝龄，1993)表明，植株地下部分对水分胁迫后的复水有明显的补偿生长作用。

由图 14-11 可看出，在整个春玉米生育期内各处理根冠比的变化总趋势为逐渐降低。在二水之前，冬季储水定额较低的处理(T3、T6)和播前灌水的处理(T7、T8)根冠比较大。二水过后至收获，冬季储水定额适中，而生育期灌水定额较低的处理 T5 和生育期适中的处理 T2 根冠比较大。可见，冬季储水量较低的处理较冬季储水量较高的处理对生育前期根系生长更有促进作用，而生育期中后期，冬季储水定额适中，生育期灌水定额适中或较低的处理都能更显著地促进根系的生长。

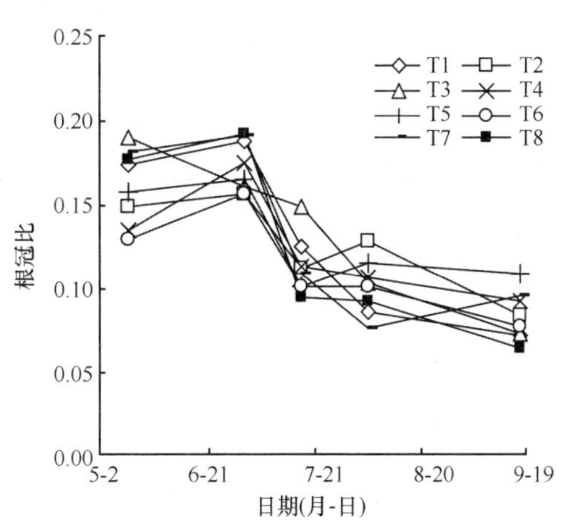

图 14-11　不同灌水处理对春玉米根冠比的影响

14.4.2.3 不同灌水处理对春玉米产量和产量构成的影响

表 14-11 为不同灌水处理对春玉米产量构成的影响。其中不同水分处理对春玉米的棒长、棒干重、行粒数、芯干重、棒粒数影响显著，其中冬季储水量适中的处理(T2)下的棒长、棒干重、行粒数、芯干重、棒粒数较当地常规灌水处理(T1)高 18.0%、22.7%、−1.6%(负号表示 T1 比 T2 高)、44.9%、−1.7%(负号表示 T1 比 T2 高)。播前灌水处理(T7)的棒长、棒干重、行粒数、芯干重、棒粒数较当地常规灌水处理(T1)高 17.2%、18.2%、15.9%、32.9%、0.1%。在冬季储水量较小，生育期灌水量较小的处理(T6)和播前灌水量较小的处理(T8)下，各项产量构成因子均较低。冬季储水定额相同，生育期灌水定额较低的处理(T4)下棒长、棒干重、棒周长、芯干重、芯周长较生育期灌水定额较高的处理(T1)高 10.4%、6.3%、1%、11.7%、2.2%，而行数、行粒数、秃顶长、棒粒数 T1 处理较 T4 处理高 4.3%、8.6%、13.2%、13.3%。其中对产量影响较大的构成因子是棒干重，可见冬季储水定额较低，生育期灌水定额较低的处理对产量构成因子产生负面影响，在冬季储水定额相同下，生育期一定程度地较低水分处理对产量构成因子产生正面影响，冬季储水定额适中，生育期灌水定额适中的处理(T2)在各处理中对产量构成因子产生最优正面影响。

表 14-11　不同灌水处理对春玉米的产量构成的影响

处理	棒长/cm	棒干重/g	棒周长/cm	行数/行	行粒数/粒	芯干重/g	芯周长/cm	秃顶长/cm	棒粒数/粒
T1	23.9b	312.3a	19.5ad	18.8a	37.7a	43.7a	11.9d	4.3b	708.4c
T2	28.2a	383.3b	20.3a	18.8c	37.1d	63.3a	12.8c	3.2a	696.6cd
T3	25.7a	363.3b	20.1b	18.8b	37.7d	43.7b	11.9c	4.3a	708.4b
T4	26.4c	332.1c	19.7b	18.0ad	34.7c	48.8b	12.2b	3.8b	625.0b
T5	26.1d	324.0c	19.3c	17.6a	34.1d	47.1a	11.9a	3.5b	600.2a
T6	23.9a	312.3b	19.5c	18.8a	34.6a	42.7cd	11.8b	3.2d	650.0a
T7	28.0c	369.0b	20.7c	16.2d	43.7b	58.1c	12.6d	3.3c	707.6c
T8	24.2d	323.8a	20.1a	20.0d	35.2a	38.0c	11.6a	3.9c	704.6c

14.4.2.4 不同灌水处理对春玉米水分利用效率的影响

表 14-12 为收获期不同灌溉处理春玉米水分利用效率的比较，其中水分利用效率为总干物质量与耗水量的比值，产量水分利用效率为产量与耗水量的比值。从表 14-13 中可以看出，各处理的水分利用效率高低次序为 T8＞T4＞T7＞T6＞T2＞T1＞T3＞T5，产量水分利用效率高低次序为 T7＞T2＞T4＞T1＞T5＞T8＞T6＞T3，产量高低次序为 T2＞T7＞T1=T3＞T8＞T4＞T5＞T6，说明在相同的冬季储水定额下，生育期较小或适中的灌溉定额处理能显著提高玉米水分利用效率和产量水分利用效率，冬季储水灌溉定额适中的处理能显著提高春小麦产量。从春玉米农田水分平衡、作物产量和水分利用效率综合分析表明，T2 和 T7 处理是最优的玉米灌溉制度。

表 14-12　不同灌水处理对春玉米水分利用效率的影响

处理	耗水量/mm	玉米产量/(kg · hm^{-2})	总干物质量/(kg · h m^{-2})	水分利用效率 /(kg · mm^{-1} · h m^{-2})	产量水分利用效率 /(kg · mm^{-1} · h m^{-2})
T1	625.78	13 748	45 006	71.92	21.97
T2	567.63	13 861	42 389	74.68	24.42
T3	703.25	13 748	50 128	71.28	19.55
T4	488.92	11 859	46 228	94.55	24.25
T5	551.81	11 560	38 275	69.36	20.95
T6	570.36	11 366	49 194	86.25	19.93
T7	478.12	13 859	41 617	87.04	28.99
T8	597.59	12 480	57 481	96.19	20.88

14.4.3 小结

1）不同灌水处理对春小麦生长发育性状和产量的影响

不同水分处理对春小麦茎秆生长累积过程曲线基本一致，在整个生育期内呈快—慢—平稳不变的生长趋势。生育期开始，冬季不同储水灌溉的处理及播前灌水处理下的土壤含水量对株高影响很小，此时各个处理株高增长速率几乎相同。一水过后（播后 45 d），各处理之间茎秆生长速率出现明显差异，冬季储水灌溉定额较高的处理株高增长速率最高。冬季储水灌溉定额较小的处理和播前灌水定额较低的处理株高增长速率最低。冬季储水定额适中的处理和播前灌水的处理，生育期加大灌水定额能够有效促进植株茎秆的生长。冬季较低定额的储水灌溉，而生育期加大灌水量能在春小麦生长后期有效促进植株茎秆生长，进而延长了达到最大株高的时间。进入灌浆乳熟时期，各处理茎秆生长的增长速率均下降，各处理的平均株高几乎达到最大值。生育期的灌水量对株高的影响较冬季储水量的影响显著。

在整个春小麦生育期内，叶面积变化大致呈倒“V”字形，冬季储水灌溉定额较大的处理叶面积指数先达到最大值，最大值分别为 8.9 和 8.4。冬季储水定额适中的处理对叶面积增长影响不显著。植株生长后期，生育期较大灌水定额的处理和播前灌水处理的叶面积指数下降缓慢。生育期灌水量对叶面积指数的影响较冬季储水量显著。

地上部分鲜重和干物重累积的动态变化过程受水分的影响同株高受水分的影响基本一致。整个生育期表现为：快—慢—平稳不变的累积增长趋势。冬季储水灌溉定额适中的处理和播前灌水处理能在生长后期有效提高地上部分鲜重和干物质。从整个生育期来看，各处理地上部分鲜重累积增长速率的趋势为：先大后小，而与之对应的地上部分干重累积增长速率的趋势为：先小后大。不同的灌水处理对春小麦地上部分的生长具有共同的特性。

在整个生育期，各处理根鲜重累积过程均呈现出快—慢—快的累积趋势，而根干重呈现出慢—快—慢的累积趋势。各处理之间根鲜重的差异在生育期内越来越不显著，而根干重的差异越来越显著。冬季灌水灌溉定额适中的处理对根系干物质的响应最为显著。

在整个生育期内各处理根冠比的变化趋势均为：减—增—减—增。各灌水处理之间春小麦根冠比在整个生育期差异由大变小。

穗长、小穗数、单株重各处理之间无明显差异，其余产量构成因子在不同灌水处理下差异明显。冬季适中的灌水处理穗长、小穗数、单株重、穗干重、穗粒数、穗粒重、千粒重分别比当地常规灌溉处理下高 13.8%、8.8%、26.9%、30.5%、30.7%、28.5%、5.6%。冬季适中的储水灌溉定额，而生育期较小灌水定额的处理其穗长、小穗数、单株重、穗干重、穗粒数、穗粒重、千粒重分别比当地常规灌溉处理高 2.5%、−0.4%（负号表示 T1 比 T5 高）、20%、24.4%、19.9%、25%、1.5%。在相同的冬季储水定额下，生育期较小的灌溉定额处理能显著提高春小麦水分利用效率和产量水分利用效率，冬季储水灌溉定额适中的处理能显著提高春小麦产量。从春小麦农田水分平衡、作物产量和水分利用效率综合分析表明，T2 和 T5 处理是最优的春小麦灌溉制度。

2）不同灌水处理对春玉米生长发育性状和产量的影响

在玉米生长前期，各灌溉处理的株高长势状况差异不大。进入 7 月，各处理的株高、叶面积出现明显的差异，生育期灌溉定额越大，这一时期株高越高、叶面积指数越高、呈正相关。生育期玉米株高与生育期的灌水量正相关。

在整个生育期内，叶面积呈倒“V”字形变化，7 月中旬以前各处理的叶面积均在增大，7 月中旬达到最大，此时叶面积指数最大为 9.1，7 月中旬以后开始变小，减少生育期灌水对玉米植株生长后期叶面积影响较大，播前灌水的处理，生长后期叶面积指数下降缓慢。

冬季储水定额较高的处理和生育期灌水量较高的处理植株地上部分鲜重高。孕穗抽雄期，冬季储水中等的处理，植株地上部分鲜重均大于其他处理，抽雄期以后的变化缓慢。冬季储水灌溉定额相同的处理[(T1、T4),(T2、T5),(T3、T6)]下,生育期灌水定额较低的处理(T4、T5、T6)比生育期灌水定额较高的处理(T1、T2、T3)植株地下部分烘干重高。总灌溉定额相同的冬季储水灌溉处理(T4)其植株地下部分生物量高于播前灌溉处理(T7),在植株生育期,较低的灌水定额处理能显著提高根系的生物量,增大根系活性。

不同水分处理对春玉米的棒长、棒干重、行粒数、芯干重、棒粒数影响显著,其中冬季储水量适中,生育期灌水量适中的处理下的棒长、棒干重、行粒数、芯干重、棒粒数较当地常规灌水处理高 18.1%、22.7%、–1.6%(负号表示 T1 比 T2 高)、44.9%、–1.7%(负号表示 T1 比 T2 高)。播前较大灌水处理的棒长、棒干重、行粒数、芯干重、棒粒数较当地常规灌水处理高 17.2%、18.1%、15.9%、32.9%、0.1%。在冬季储水量较小,生育期灌水量较小的处理和播前灌水量较小的处理下,各项产量构成因子均较低。冬季储水定额较高,生育期灌水定额较低的处理下棒长、棒干重、棒周长、芯干重、芯周长较生育期灌水定额较高的处理高 10.4%、6.3%、1%、11.7%、2.2%。在冬季储水定额相同下,生育期一定程度地较低水分处理对产量构成因子产生正面影响,冬季储水定额适中,生育期灌水定额适中的处理(T2)在各处理中对产量构成因子产生最优正面影响。

生育期内各处理根冠比的变化总趋势为逐渐降低。冬季储水量较低的处理较冬季储水量较高的处理对生育前期根系生长更有促进作用,而生育期中后期,冬季储水定额适中,生育期灌水定额适中和较低的处理都能更显著地促进根系的生长。

在相同的冬季储水定额下,生育期较小或适中的灌溉定额处理能显著提高玉米水分利用效率和产量水分利用效率,冬季储水灌溉定额适中的处理能显著提高玉米产量。从玉米农田水分平衡、作物产量和水分利用效率综合分析表明,T2 和 T7 处理是最优的玉米灌溉制度。

参 考 文 献

白振杰,张聪智,杨光仙,等. 1998 夏玉米地秸秆覆盖的节水调温效应. 中国农业气象,19(6):21-23

陈恩风. 1952. 土壤含水量对于油桐苗生长的影响. 土壤学报,2(1):30-33

陈洪松,邵明安,王克林. 2005. 黄土区深层土壤干燥化与土壤水分循环特征. 生态学报,25(10):2491-2498

陈建耀,刘昌明,吴凯. 1999. 利用大型蒸渗仪模拟土壤-植物-大气连续体水分蒸散. 应用生态学报,10(1):45-48

陈云明,刘国彬,杨勤科. 2004. 黄土高原人工林土壤水分效应的地带性特征. 自然资源学报,19(2):195-200

冯国章,李佩成. 1997. 西北内陆河区水资源天然分布的缺陷及其持续开发利用的对策. 干旱地区农业研究,15(3):64-71

冯起,程国栋. 1999. 我国沙地水分分布状况及其意义. 土壤学报,36(2):225-236

龚学臣,杨立廷,牛瑞明. 1998. 冀西北风沙半干旱区农田土壤水分动态分析. 土壤侵蚀与水土保持学报,4(2):88-91

龚元石,李保国. 1995. 应用农田水量平衡模型估算土壤水渗漏量. 水科学进展,6(1):16-21

侯喜禄. 1985. 实验区土壤水分动态与树种布设. 水土保持通报,5(4):9-12

黄明斌,康绍忠,李玉山. 1999. 黄土高原沟壑区小流域水分环境演变. 应用生态学报,10(4):411-414

黄荣珍,杨玉盛,谢锦升,等. 2005. 福建闽江上游不同林地类型土壤水库"库容"的特性. 中国水土保持科学,3(1):92-96

纪瑞鹏,张玉书,陈鹏狮,等. 2004. 农田土壤水分动态估算模式的研究. 干旱区资源与环境,18(1):64-67

靳孟贵,张人权,孙连发,等. 1999. 土壤水资源评价的研究. 水利学报,16(2):73-78

康绍忠,刘晓明,高新科,等. 1992. 土壤-植物-大气连续体水分传输的计算机模拟. 水利学报,(3):1-12

雷志栋,胡和平,杨诗秀. 1999. 土壤水研究进展与评述. 水科学进展,10(3):311-318

雷志栋，杨诗秀，倪广恒，等. 1992. 地下水位埋深类型与土壤水分动态特征. 水利学报，(2)：126.
李凯荣. 1998. 刺槐人工林地土壤水分下渗研究. 西北林学院学报，18(2)：26-29
李守谦，兰念军. 1992. 干旱地区农作物需水量及节水灌溉研究. 兰州：甘肃科学技术出版社：7-13
李雪峰，李亚峰，樊福来. 2004. 降水入渗补给过程的实验研究. 南水北调与水利科技，2(3)：33-35
李艳梅，王克勤. 2003. 人工植被土壤水分状况与动态研究进展. 西南林学院学报，23(3)：68-71
刘鹄，赵文智，何志斌，等. 2007. 祁连山浅山区草地生态系统点尺度土壤水分动态随机模拟. 中国科学 D 辑：地球科学，37(9)：1212-1222
刘庚山，郭安红. 2002. 开发利用土壤深层水资源一种有效途径“以肥润水”的大田试验研究. 自然资源学报，17(4)：423-429
刘贯群，宋涛，李义雯，等. 2008. 漫灌条件下内蒙李井灌区土壤水分动态变化特征. 中国海洋大学学报，38(6)：965-970
鹿洁忠. 1987. 根据土壤表层数据估算深层土壤水分. 农业气象，18(2)：60-62
丘扬，傅伯杰，王军，等. 2001. 黄土丘陵小流域土壤水分的空间异质性及其影响因子. 应用生态学报，12(5)：715-720
茹桃勤，李吉跃，朱延林，等. 2005. 刺槐耗水研究进展. 水土保持研究，12(2)：135-140
邵明安，陈志雄. 1991. SPAC 中的水分运动. 西北水土保持研究所集，(13)：3-12
史学正，梁因，于东升. 2001. “土壤水库”的合理调用与防洪减灾. 土壤侵蚀与水土保持学报，15(4)：87-91
苏彩虹，郭闯业. 2001. 黄土旱塬农田全程全覆盖的“土壤水库”作用. 水土保持学报，15(4)：87-91
孙仕军，丁跃元，马树文，等. 2003. 地下水埋深较大条件下井灌区土壤水分动态变化特征. 农业工程学报，19(2)：70-73
王硷田，徐祝龄. 1993. 半干旱偏旱地区土壤水分变化规律及提高降水利用率的措施. 北京农业大学学报，19(2)：31-40
王军，傅伯杰. 2000. 黄土丘陵区小流域土地利用与土壤水分的时空分布. 地理学报，55(1)：84-91
王军，傅伯杰，蒋小平. 2002. 土壤水分异质性的综述. 水土保持研究，9(1)：1-5
王晓燕，陈洪松，王克林，等. 2006. 不同利用方式下红壤坡地土壤水分时空动态变化规律研究. 水土保持学报，20(2)：110-113
王砚田，徐祝龄. 1993. 半干旱偏旱地区土壤水分变化规律及提高降水利用率的措施. 北京农业大学学报，9(2)：31-40
王仰仁. 1999. 冬小麦储水灌溉节水增产效果分析. 山西水利科技，(2)：92-93
魏邦龙，张志斌，刘君，等. 2009. 甘肃河西绿洲灌区农田水分动态变化的模拟研究. 农业系统科学与综合研究，11(1)：11-15
谢忠奎，王亚军，祁旭升，等. 2000. 河西绿洲区储水灌溉节水技术研究. 中国沙漠，20(4)：451-452
许翠平，刘洪禄，车建明，等. 2002. 秸秆覆盖对冬小麦耗水特性及水分生产率的影响. 灌溉排水，21(3)：24-26
许福利，严菊芳，王渭铃. 2001. 不同保墒耕作方法在旱地上的保墒效果及增产效应. 西北农业学报，10(4)：80-84
杨文治，邵明安. 2000. 黄土高原土壤水分研究. 北京：科学出版社
余新晓，陈丽华. 1996. 黄土地区防护林生态系统水量平衡研究. 生态学报，16(3)：238-245
原焕英，许喜明. 2004. 黄土高原半干旱丘陵沟壑区人工林土壤水分动态研究. 西北林学院学报，19(2)：5-8
张新民，马忠民，胡想全，等. 2007. 节水型冬季储水灌溉技术及其应用前景. 中国农村水利水电，(3)：48-49
赵从举，康幕谊，雷加强. 2004. 古尔班通古特沙漠腹地土壤水分时空分布研究. 水土保持学报，18(4)：158-161
赵名茶. 1990. 黄土高原降水的季节性指标及其与作物水分亏缺的关系. 自然资源学报，14(3)：218-228
朱德兰，杨涛，王得祥，等. 2009. 黄土丘陵沟壑区三种不同植被土壤水分动态及蒸散耗水规律研究. 水土保持研究. 16(1)：8-12
朱文珊. 1996. 地表覆盖种植与节水增产. 水土保持研究，3：141-145
朱显谟. 2000a. 抢救“土壤水库”实为黄土高原生态环境综合治理与可持续发展的关键. 水土保持学报，14(1)：1-6
朱显谟. 2000b. 抢救“土壤水库”治理黄土高原生态环境. 中国科学院院刊，(4)：293-295
朱显谟. 2006. 重建土壤水库是黄土高原治本之道. 中国科学院院刊，21(4)：320-324
朱祖祥. 1979. 壤水分的能量概念及其意义. 土壤学进展，(1)：1-2
庄季屏. 1989. 四十年来的中国土壤水分研究. 土壤学报，26(3)：241-247
Famiglietti J S，Rudnicki J W，Rodell M. 1998. Variability in surface moisture content along a hillslope transect：Rattlesnake Hill，Texas. Journal of Hydrology，210：259-281
Hawley M E，Jackson T J，Mccuen R H. 1983. Surface soil moisture variation on small agriculture watersheds. Journal of Hydrology，62：179-200
Heathman G C，Starks P J，Ahuja L R，et al. 2003. Assimilation of surface soil moisture to estimate profile soil water content. Journal of Hydrology，279：1-17
Henninger D L，Petersen G W，Engman E T. 1976. Surface soil moisture with a watershed factors influences and relationships to surface run off. Soil Science Society of American Journal，40(5)：773-776
James L S，Dennis J T. 2004. Using high resolution soil moisture data to assess soil water dynamics in the vadose zone. Vadose Zone

J，3：926-935

Papendick R I，Parr J F. 1997. The way of the future for a sustainable dryland agriculture. Annals of Arid Zone，36：193-208

Shi J L. 1996. Management and sustainable development of water resources in Shying river basin，Proctor 49th Annual Conference Canadian Water Resources Association，Quebec：(2)：829-837

Shi J L. 2000. Ecological aspects of water demand management：a case study of Minqin oasis in China. Water International，25(3)：418-424

Wang J，Fu BJ，Yang Q，et al. 2001. Geostatistical analysis of soil moisture variability on Da Nangou catchment of the loess plateau，China. Environment Geology，41：113-120

图　版

图 6-1　试验场景

图 6-22　试验场景

图　版

图 6-1　试验场景

图 6-22　试验场景

图 7-1　试验场景

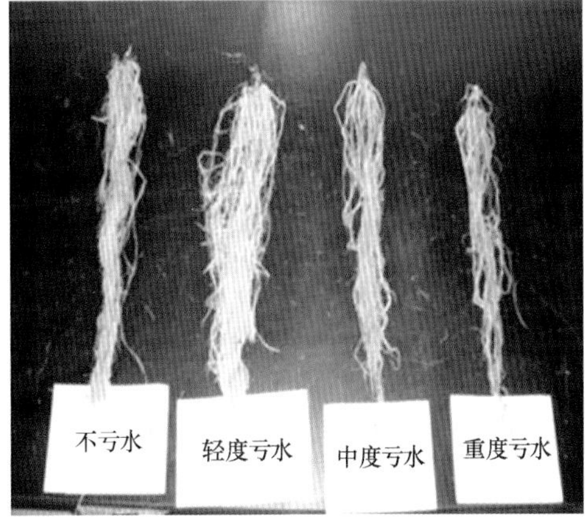

图 7-4　试验场景

图 8-1　试验概况

图 8-13　试验概况

图 11-1　不同水分处理对桃树苗生长的影响

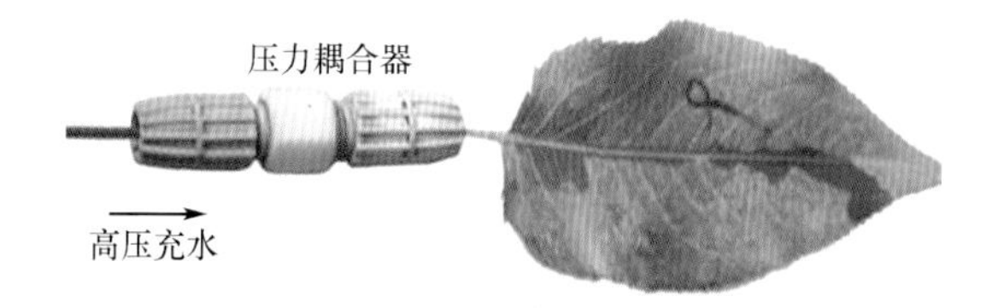

图 11-3　叶片导水率的测定